概率统计
辅导讲义

张立卓 / 编

（第2版）

清华大学出版社
北京

内 容 简 介

本书章节安排与"概率论与数理统计"普通教科书中的章节安排基本平行.书中每章的各节有内容要点与评注、典型例题以及习题.各章都设有专题讨论,每个专题以典型例题解析的方式阐述了围绕该专题的解题方法与技巧.每章末附有单元练习题,是在前各专题的引领下,对知识点融会贯通、综合运用的体现,它包含客观题和主观题,客观题的设置意在考查对该章知识点全面而深入的理解,主观题的设置意在考查对该章知识点的综合运用能力与掌握.对于典型例题的讲解处理得非常细致,试图营造一对一辅导的氛围,以帮助读者理解和掌握.对于专题的处理,力图理清知识点之间的脉络与联系,实现对知识的系统理解.

本书可作为学生学习"概率论与数理统计"课程时的同步学习辅导材料,也可作为考研复习的辅导教材.

版权所有,侵权必究. 举报:010-62782989,beiqinquan@tup.tsinghua.edu.cn.

图书在版编目(CIP)数据

概率统计辅导讲义/张立卓编.—2版.—北京:清华大学出版社,2024.6
ISBN 978-7-302-66345-4

Ⅰ.①概⋯ Ⅱ.①张⋯ Ⅲ.①概率统计 Ⅳ.①O211

中国国家版本馆 CIP 数据核字(2024)第 105972 号

责任编辑:刘 颖
封面设计:傅瑞学
责任校对:王淑云
责任印制:曹婉颖

出版发行:清华大学出版社
   网   址:https://www.tup.com.cn,https://www.wqxuetang.com
   地   址:北京清华大学学研大厦 A 座   邮 编:100084
   社 总 机:010-83470000   邮 购:010-62786544
   投稿与读者服务:010-62776969,c-service@tup.tsinghua.edu.cn
   质量反馈:010-62772015,zhiliang@tup.tsinghua.edu.cn
印 装 者:北京嘉实印刷有限公司
经 销:全国新华书店
开 本:185mm×260mm   印 张:27.75   字 数:672 千字
版 次:2018 年 9 月第 1 版 2024 年 6 月第 2 版   印 次:2024 年 6 月第1次印刷
定 价:84.80 元

产品编号:103024-01

第2版前言

学生们要学好概率论与数理统计,首先必须要弄清概念、理解定理,其次要掌握分析问题和解决问题的方法,而要实现这两点,最好的途径之一就是研读例题和演练习题,因此要学好概率论与数理统计,就必须要演练一定数量的习题.

在课堂教学中,课程的讲授是按知识的逻辑顺序展开的,习题则是按章或节编排的,学生们所受到的解题训练是单一的、不完善的.课堂教学的局限之一是缺乏对融会贯通的综合解题能力的训练与培养,再加上受教学时数的限制,许多解题方法与技巧未能在课堂上讲解与演练,当然更谈不上使学生系统掌握.

一些数学基础课程有开设习题课的做法,这对于学生学习课程无疑是有帮助的.但由于学时和助课人员的短缺等问题,许多学校已取消或削减了习题课的学时.

本辅导讲义试图为改善上述各点做出努力.具体的做法是将知识的细致性和系统性通过讲解的方式得以落实.所谓知识的细致性是指对概念和定理的多角度分析和讲解,使之细化,并在例题和习题中将这些细化的内容展现出来,实现对各个知识点的突破.所谓知识的系统性是指将涉及多个知识点的综合题目归纳为一些专题,对各个专题的解题方法和涉及的技巧进行抽丝剥茧式的分析和讲解,实现各个知识点间的线的突破.讲解是一个交互的过程,通过交互过程来达成讲解和理解的共识,这在书中是不好实现的.为此,笔者根据以往辅导学生时的经验,将问题细化,将解题的梯度细化,减少读者在阅读和理解本书过程中的阻力,努力营造出一对一辅导时的良好氛围.这也是书名"辅导讲义"的寓意所在.

本书内容的展开与普通教科书基本平行,每章各节有内容要点与评注、典型例题以及习题,各章还设有专题讨论,每个专题以典型例题解析的方式阐述了围绕该专题的解题方法与技巧.每章末附有单元练习题,是在前面各专题的引领下,对知识点融会贯通、综合运用的体现.它包含客观题和主观题.客观题的设置意在考查对该章知识点全面而深入的理解,主观题的设置意在考查对该章知识点的综合分析能力的领会与掌握.

全书包含了214道例题和490道习题.这些题目内容全面,类型多样,涵盖了概率论与数理统计教学大纲的全部内容,其中不少例题题型新颖、解法精巧.有些例题选自全国硕士研究生入学统一考试数学试题,这些题目都有中等或中等以上的难度.对于例题,大多先给出"分析",引出解题的思路,然后在分析的基础上给出详细的解答过程,其间注重各个步骤的理论依据,努力做到使读者知其然还要知其所以然,细化概念和定理在解决问题过程中的具体体现.之后通过"注""评"和"议"的方式将解题的要点提炼出来.一些题目还配以多种解题方法,以帮助读者从多个角度比较与归纳解题方法和技巧.对于习题,给出了答案与提示.

本书的一个特色是大多数例题都配以"分析""注""评"或"议",其中:

"分析"意在分析解题思路;

"注"意在强调求解过程中的关键点和重要环节;

"评"意在评述本例的技巧、方法或结论;

"议"意在对本例结论或方法的延伸与拓展.

本书的又一个特色是将知识点分 44 个专题展开,以强调对知识点及解题方法与技巧作系统而深入的阐述.

初学者可以把本书作为教辅书与课堂教学同步学习,以帮助其弄清概念、理解定理,掌握解题方法与技巧.进一步,本书提供的丰富材料将帮助学习者在期末总复习或备考硕士研究生时,作全面而深入的总结性复习或专题性研究.

本书是笔者多年来从事概率论与数理统计教学经验的积累与总结.

感谢对外经济贸易大学,是这片沃土滋养了这枚果实;感谢清华大学出版社刘颖老师;感谢书末参考文献所有的专家们,他们的著作为我的编著工作带来了启发与指导.

历时多年,数度修改,完成此稿,自知错误和不当之处在所难免,恳请专家与读者不吝赐教,万分感激.

作 者

2023 年 5 月

于对外经济贸易大学惠园

目 录

第1章　随机事件与概率 ·· **1**

1.1　样本空间与随机事件 ·· 1
　　一、内容要点与评注 ·· 1
　　二、典型例题 ·· 3
　　习题 1-1 ·· 5

1.2　古典概型 ·· 6
　　一、内容要点与评注 ·· 6
　　二、典型例题 ·· 8
　　习题 1-2 ·· 13

1.3　几何概型 ·· 14
　　一、内容要点与评注 ·· 14
　　二、典型例题 ·· 14
　　习题 1-3 ·· 18

1.4　概率及其性质 ·· 18
　　一、内容要点与评注 ·· 18
　　二、典型例题 ·· 20
　　习题 1-4 ·· 23

1.5　条件概率与乘法公式 ·· 23
　　一、内容要点与评注 ·· 23
　　二、典型例题 ·· 24
　　习题 1-5 ·· 27

1.6　全概率公式与贝叶斯公式 ·· 28
　　一、内容要点与评注 ·· 28
　　二、典型例题 ·· 28
　　习题 1-6 ·· 33

1.7　事件的独立性 ·· 33
　　一、内容要点与评注 ·· 33
　　二、典型例题 ·· 37
　　习题 1-7 ·· 40

1.8　伯努利概型 ·· 40
　　一、内容要点与评注 ·· 40

　　　　二、典型例题 ································· 41

　　　　习题 1-8 ···································· 43

　1.9　专题讨论 ··································· 44

　　　　一、利用加法公式求概率 ·················· 44

　　　　二、利用条件概率和乘法公式求概率 ······· 47

　　　　三、利用全概率公式和贝叶斯公式求概率 ··· 49

　　　　习题 1-9 ···································· 52

　单元练习题 1 ···································· 53

第 2 章　一维随机变量及其分布 ············· **58**

　2.1　随机变量及其分布函数 ················· 58

　　　　一、内容要点与评注 ······················ 58

　　　　二、典型例题 ··························· 59

　　　　习题 2-1 ································· 62

　2.2　离散型随机变量及其分布律 ············· 63

　　　　一、内容要点与评注 ······················ 63

　　　　二、典型例题 ··························· 66

　　　　习题 2-2 ································· 71

　2.3　连续型随机变量及其概率密度函数 ······· 72

　　　　一、内容要点与评注 ······················ 72

　　　　二、典型例题 ··························· 77

　　　　习题 2-3 ································· 81

　2.4　一维随机变量函数的分布 ··············· 81

　　　　一、内容要点与评注 ······················ 81

　　　　二、典型例题 ··························· 83

　　　　习题 2-4 ································· 88

　2.5　专题讨论 ··································· 89

　　　　既非离散型又非连续型随机变量的分布 ···· 89

　　　　习题 2-5 ································· 92

　单元练习题 2 ···································· 92

第 3 章　多维随机变量及其分布 ············· **98**

　3.1　多维随机变量及其分布函数 ············· 98

　　　　一、内容要点与评注 ······················ 98

　　　　二、典型例题 ··························· 99

　　　　习题 3-1 ································· 100

　3.2　二维离散型随机变量及其联合概率分布 ··· 101

　　　　一、内容要点与评注 ······················ 101

　　　　二、典型例题 ··························· 102

习题 3-2 ·· 106

3.3 二维连续型随机变量及其联合概率密度函数 ·········· 107
一、内容要点与评注 ································ 107
二、典型例题 ···································· 108
习题 3-3 ·· 112

3.4 边缘分布 ·· 112
一、内容要点与评注 ································ 112
二、典型例题 ···································· 116
习题 3-4 ·· 119

3.5 条件分布 ·· 120
一、内容要点与评注 ································ 120
二、典型例题 ···································· 122
习题 3-5 ·· 127

3.6 相互独立的随机变量 ······························ 128
一、内容要点与评注 ································ 128
二、典型例题 ···································· 130
习题 3-6 ·· 135

3.7 二维随机变量函数的分布 ·························· 136
一、内容要点与评注 ································ 136
二、典型例题 ···································· 139
习题 3-7 ·· 147

3.8 n 个独立随机变量最大(小)值的分布 ·············· 148
一、内容要点与评注 ································ 148
二、典型例题 ···································· 149
习题 3-8 ·· 154

3.9 二维随机变量变换的分布 ·························· 154
一、内容要点与评注 ································ 154
二、典型例题 ···································· 155
习题 3-9 ·· 157

3.10 专题讨论 ·· 157
一、相互独立的离散型随机变量(取值有限)与连续型随机变量函数的分布 ··· 157
二、服从正态分布的两个随机变量和的分布 ············ 162
三、服从正态分布的两个随机变量的联合分布 ·········· 163
习题 3-10 ··· 164

单元练习题 3 ·· 164

第 4 章 随机变量的数字特征 ························· 170
4.1 数学期望 ·· 170
一、内容要点与评注 ································ 170

二、典型例题 ……………………………………………………………… 172

习题 4-1 …………………………………………………………………… 177

4.2 方差 ……………………………………………………………………… 178

一、内容要点与评注 ……………………………………………………… 178

二、典型例题 ……………………………………………………………… 181

习题 4-2 …………………………………………………………………… 186

4.3 协方差、矩和协方差矩阵 ……………………………………………… 186

一、内容要点与评注 ……………………………………………………… 186

二、典型例题 ……………………………………………………………… 187

习题 4-3 …………………………………………………………………… 193

4.4 相关系数 ………………………………………………………………… 194

一、内容要点与评注 ……………………………………………………… 194

二、典型例题 ……………………………………………………………… 195

习题 4-4 …………………………………………………………………… 201

4.5 二维正态变量的性质 …………………………………………………… 202

一、内容要点与评注 ……………………………………………………… 202

二、典型例题 ……………………………………………………………… 202

习题 4-5 …………………………………………………………………… 209

*4.6 条件数学期望 …………………………………………………………… 209

一、内容要点与评注 ……………………………………………………… 209

二、典型例题 ……………………………………………………………… 211

习题 4-6 …………………………………………………………………… 217

4.7 专题讨论 ………………………………………………………………… 217

利用随机变量的和式分解求数字特征 ………………………………… 217

习题 4-7 …………………………………………………………………… 223

单元练习题 4 ……………………………………………………………… 223

第 5 章 极限定理 …………………………………………………………… 230

5.1 依概率收敛 ……………………………………………………………… 230

一、内容要点与评注 ……………………………………………………… 230

二、典型例题 ……………………………………………………………… 230

习题 5-1 …………………………………………………………………… 234

5.2 大数定律 ………………………………………………………………… 235

一、内容要点与评注 ……………………………………………………… 235

二、典型例题 ……………………………………………………………… 238

习题 5-2 …………………………………………………………………… 239

5.3 中心极限定理 …………………………………………………………… 240

一、内容要点与评注 ……………………………………………………… 240

二、典型例题 ……………………………………………………………… 241

习题 5-3 ·· 246

5.4 专题讨论 ·· 247

利用马尔可夫条件证明随机变量序列服从大数定律 ·············· 247

习题 5-4 ·· 250

单元练习题 5 ·· 250

第 6 章 抽样分布 ·· 254

6.1 基本概念及常用的分布 ·································· 254

一、内容要点与评注 ·································· 254

二、典型例题 ·· 256

习题 6-1 ·· 260

6.2 正态总体的抽样分布 ·································· 260

一、内容要点与评注 ·································· 260

二、典型例题 ·· 263

习题 6-2 ·· 267

6.3 专题讨论 ·· 268

非正态总体的抽样分布 ·································· 268

单元练习题 6 ·· 270

第 7 章 参数估计 ·· 274

7.1 估计方法 ·· 274

一、内容要点与评注 ·································· 274

二、典型例题 ·· 277

习题 7-1 ·· 284

7.2 估计量的评选标准 ···································· 284

一、内容要点与评注 ·································· 284

二、典型例题 ·· 286

习题 7-2 ·· 290

7.3 单个正态总体参数的区间估计 ························ 291

一、内容要点与评注 ·································· 291

二、典型例题 ·· 293

习题 7-3 ·· 296

7.4 专题讨论 ·· 297

一、关于同一总体的两个未知参数的估计 ·············· 297

二、关于估计量的无偏性、有效性和相合性的判定 ········ 299

习题 7-4 ·· 304

单元练习题 7 ·· 305

第 8 章 假设检验 ·· 308

  8.1 单个正态总体参数的假设检验 ·· 308

    一、内容要点与评注 ··· 308

    二、典型例题 ··· 310

    习题 8-1 ·· 314

  8.2 专题讨论 ·· 315

    两类错误的分析 ··· 315

    习题 8-2 ·· 320

  单元练习题 8 ··· 321

习题答案与提示 ·· 324

  第 1 章 随机事件与概率 ·· 324

  第 2 章 一维随机变量及其分布 ··· 340

  第 3 章 多维随机变量及其分布 ··· 352

  第 4 章 随机变量的数字特征 ··· 381

  第 5 章 极限定理 ··· 398

  第 6 章 抽样分布 ··· 406

  第 7 章 参数估计 ··· 413

  第 8 章 假设检验 ··· 425

参考文献 ·· 432

随机事件与概率

随机现象　在个别试验(观察)中其结果呈现不确定性,但在大量重复试验(观察)中其结果具有统计规律性的现象称为随机现象.

概率论与数理统计就是研究和揭示随机现象统计规律性的一门数学学科.

1.1　样本空间与随机事件

一、内容要点与评注

随机试验　如果观察随机现象的试验具有如下特点:

(1) 可以在相同的条件下重复进行;

(2) 每次试验的可能结果不止一个,并且能事先明确试验的所有可能结果;

(3) 试验之前不能确定哪一个结果会出现.

称具有上述特点的试验为随机试验,简称试验,通常记作 E.

样本点　在随机试验 E 中,每个可能出现的结果称为样本点,常用 $\omega_1,\omega_2,\cdots$ 表示.

样本空间　在随机试验 E 中,全体样本点的集合称为样本空间,记作 Ω.

样本空间有如下三种类型:

(1) 有限集合:样本空间所含样本点的个数是有限的.例如,掷一枚匀质的骰子,观察朝上的点数,则样本空间 $\Omega=\{1,2,3,4,5,6\}$.

(2) 无限可列集合:样本空间所含样本点的个数是无限的,但可一一列出.例如,如果某人射击,直至击中目标为止,观察射击的次数,则样本空间 $\Omega=\{1,2,3,\cdots\}$.

(3) 无限不可列集合:样本空间所含样本点的个数是无限的,且不可一一列出.例如,任取一灯泡,连续使用直至损坏为止,考查它的寿命,则样本空间 $\Omega=\{t\,|\,t\geqslant 0\}$.

样本点和样本空间的选取不是唯一的.在同一随机试验中,可以用不同的样本空间来描述试验的结果.比如:在某种产品中任取 n 件作检验,讨论其中合格品的数量.记 $v_k(k=0,1,2,\cdots,n)$ 代表 n 件产品中有 k 件合格品,于是样本空间为

$$\Omega=\{v_0,v_1,v_2,\cdots,v_n\}.$$

又如抽取的第 j 件产品是正品用"1"表示,次品用"0"表示,$j=1,2,\cdots,n$,于是样本空间也可表示为

$$\Omega=\{(0,0,\cdots,0),(1,0,\cdots,0),(0,1,\cdots,0),\cdots,(0,1,\cdots,1),(1,1,\cdots,1)\},$$

其中样本点 $(0,1,0,\cdots,0)$ 表示抽检的第 2 件产品是正品,其余 $n-1$ 件产品都是次品,以此类推.

同一样本空间可以表示不同的随机试验. 比如样本空间 $\Omega=\{0,1\}$, 既可以描述产品检验中出现"正品"或"次品"的试验, 也可以描述掷一枚硬币出现"正面"或"反面"的试验, 等等.

随机事件　样本空间的子集称为随机事件, 简称事件. 随机事件有以下几种:

(1) **基本事件**　由样本点构成的单点集称为基本事件, 用 $\omega_1,\omega_2,\omega_3,\cdots$ 表示.

(2) **复合事件**　由至少两个基本事件构成的事件称为复合事件, 用 $A,B,C,\cdots$ 表示.

(3) **必然事件**　在随机试验中, 必然出现的事件称为必然事件, 用 Ω 表示.

(4) **不可能事件**　在随机试验中, 不可能出现的事件称为不可能事件, 用 $\varnothing$ 表示.

必然事件和不可能事件虽然都不是随机事件, 但可视为随机事件的两个特殊情形.

事件 A 发生　当且仅当 A 所包含的一个样本点出现.

随机事件之间的关系　设随机试验 E 和样本空间 Ω, 事件 $A,B,C,A_k(k=1,2,\cdots)$.

(1) **包含关系**　如果 A 发生必导致 B 发生, 则称 B 包含 A, 记作 $A\subset B$.

(2) **相等关系**　如果 $A\subset B$ 且 $B\subset A$, 即当且仅当 A 发生时 B 发生, 则称 A 与 B 相等, 记作 $A=B$.

(3) **事件的和**　当且仅当 A 与 B 至少有一个发生时 C 发生, 则称 C 是 A 与 B 的和(或并), 记作 $C=A\cup B$.

n 个事件 $A_1,A_2,\cdots,A_n$ 的和记作 $\bigcup\limits_{k=1}^{n}A_k$, 可列个事件 $A_1,A_2,A_3,\cdots$ 的和记作 $\bigcup\limits_{k=1}^{\infty}A_k$.

(4) **事件的积**　当且仅当 A 与 B 同时发生时 C 发生, 则称 C 是 A 与 B 的积(或交), 记作 $C=A\cap B$, 简记作 $C=AB$.

n 个事件 $A_1,A_2,\cdots,A_n$ 的积记作 $\bigcap\limits_{k=1}^{n}A_k$, 可列个事件 $A_1,A_2,A_3,\cdots$ 的积记作 $\bigcap\limits_{k=1}^{\infty}A_k$.

(5) **互斥事件**　当且仅当 A 与 B 不能同时发生, 即 $AB=\varnothing$, 则称 A 与 B 为互斥事件(或互不相容事件).

注　任意两个基本事件都是互斥事件.

(6) **对立事件**　当且仅当 $AB=\varnothing$ 且 $A\cup B=\Omega$, 则称 A 与 B 互为对立事件(或互逆事件), 记作 $A=\overline{B}$ 或 $B=\overline{A}$.

(7) **差事件**　当且仅当 A 发生而 B 不发生时 C 发生, 则称 C 是 A 与 B 的差, 记作 $C=A-B$.

注　在随机试验中, 互逆的两个事件必有且仅有一个发生, 互斥的两个事件不能同时发生, 但有可能同时都不发生. 因此互逆事件一定是互斥的, 但是互斥事件未必是互逆的.

以上内容可用表 1.1 来汇总.

表　1.1

符号	事件与事件间的关系	事件的发生情况	集合与集合间的关系
Ω	必然事件	每次试验中必然发生	全集
$\varnothing$	不可能事件	每次试验中总不发生	空集
ω	基本事件	试验中有可能发生	元素
A	事件	试验中有可能发生	子集

符号	事件与事件间的关系	事件的发生情况	集合与集合间的关系
$\overline{A}$	A 的对立事件	A 与 $\overline{A}$ 有且仅有一个发生	A 的余集
$A \subset B$	A 包含于 B 中	A 发生必导致 B 发生	A 是 B 的子集
$A = B$	A 与 B 相等	A 与 B 同时发生或同时都不发生	A 与 B 相等
$A \cup B$	A 与 B 的和事件	A 与 B 至少有一个发生,即 $A \cup B$ 发生	A 与 B 的并集
$A \cap B$	A 与 B 的积事件	A 与 B 同时发生,即 $A \cap B$ 发生	A 与 B 的交集
$A - B$	A 与 B 的差事件	A 发生而 B 不发生	A 与 B 的差集
$AB = \varnothing$	A 与 B 互斥	A 与 B 不能同时发生	A 与 B 没有公共元素

事件的运算规则　设 $A, B, C, A_k(k=1,2,\cdots)$ 表示事件:

交换律　$A \cup B = B \cup A$;$AB = BA$.

结合律　$A \cup B \cup C = (A \cup B) \cup C = A \cup (B \cup C)$;$ABC = (AB)C = A(BC)$.

分配律　$(A \cup B)C = (AC) \cup (BC)$;$(AB) \cup C = (A \cup C)(B \cup C)$;

$$\left(\bigcup_{k=1}^{n} A_k \right) B = \bigcup_{k=1}^{n} (A_k B);\ \left(\bigcap_{k=1}^{n} A_k \right) \cup B = \bigcap_{k=1}^{n} (A_k \cup B).$$

德摩根律　$\overline{A \cup B} = \overline{A} \cap \overline{B}$;$\overline{AB} = \overline{A} \cup \overline{B}$;$\overline{\left(\bigcup_{k=1}^{n} A_k \right)} = \bigcap_{k=1}^{n} \overline{A_k}$;$\overline{\left(\bigcap_{k=1}^{n} A_k \right)} = \bigcup_{k=1}^{n} \overline{A_k}$;

$$\overline{\left(\bigcup_{k=1}^{\infty} A_k \right)} = \bigcap_{k=1}^{\infty} \overline{A_k};\ \overline{\left(\bigcap_{k=1}^{\infty} A_k \right)} = \bigcup_{k=1}^{\infty} \overline{A_k}.$$

事件间的运算顺序约定为:如果有括号,先进行括号内的运算.在括号内先进行逆运算,再进行积运算,最后进行和或差运算.

事件间常用的关系式　设 A, B 为任意事件,则

(1) $\varnothing \subset A \subset \Omega$;

(2) $A \cup \varnothing = A$,$A \cap \varnothing = \varnothing$,$A - \varnothing = A$,$\varnothing - A = \varnothing$;

(3) $A \cup \Omega = \Omega$,$A \cap \Omega = A$,$A - \Omega = \varnothing$,$\Omega - A = \overline{A}$;

(4) $A \cup \overline{A} = \Omega$,$A \cap \overline{A} = \varnothing$,$A - \overline{A} = A$,$\overline{A} - A = \overline{A}$;

(5) $A - B \subset A \subset A \cup B$,$AB \subset A \subset A \cup B$,$AB \subset B \subset A \cup B$;

(6) $(A-B) \cup A = A$,$(A-B) \cup B = A \cup B$,$(A-B) \cap A = A-B$,$(A-B) \cap B = \varnothing$;

(7) $(A \cup B) \cup A = A \cup B$,$(A \cup B) \cap A = A$;

(8) $(AB) \cup B = B$,$(AB) \cap B = AB$;

(9) $(A-B) \cup (AB) = A$,$(A-B) \cap (AB) = \varnothing$;

(10) $A - B = A - AB = A\overline{B}$;

(11) $(A-B) \cup (A \cup B) = A \cup B$,$(A-B) \cap (A \cup B) = A-B$.

二、典型例题

例 1.1.1　写出下述随机试验的样本空间:

(1) 在 $1,2,3$ 三个数中有放回地取两个数;

（2）将贴有标签 a,b 的两个球随机地放入编号为 1,2 的两个盒子中,每盒可容两球;

（3）在一批产品中抽取一件,直到抽到次品为止.

分析　用更简洁的方法表示样本点,比如有序数组.

解　（1）设样本点为 $\omega=(i,j),i,j=1,2,3$,表示第一次取到数 i,第二次取到数 j,则样本空间为 $\Omega=\{(1,1),(1,2),(1,3),(2,1),(2,2),(2,3),(3,1),(3,2),(3,3)\}$.

（2）设样本点 $(0,ab)$ 表示 a,b 两球都在 2 号盒中,(a,b) 表示 a 在 1 号盒中,b 在 2 号盒中,以此类推,则样本空间为

$$\Omega=\{(0,ab),(ab,0),(a,b),(b,a)\}.$$

（3）设样本点 $(1,1,0)$ 表示第一次、第二次是正品,第三次是次品,以此类推,则样本空间为 $\Omega=\{(0),(1,0),(1,1,0),(1,1,1,0),\cdots\}$.

评　（3）中样本空间的形式说明只要没有抽到次品,试验则继续进行.

注　样本点的表示方法有多种,但上述表述简洁明了.

例 1.1.2　抛掷一枚匀质的骰子,记事件 $A=\{$出现偶数点$\}$,$B=\{$点数小于 4$\}$,$C=\{$点数是大于 2 的奇数$\}$,试用集合表示下述事件:

（1）AB;（2）$A\bar{B}C$;（3）$A\cup B$;（4）$A\cup B\cup\bar{C}$;（5）$A-B$;（6）$C-\bar{B}$.

分析　依题设明确 Ω,A,B,C 所包含样本点,再依事件间的关系表述所求事件.

解　依题设,$\Omega=\{1,2,3,4,5,6\}$,$A=\{2,4,6\}$,$B=\{1,2,3\}$,$C=\{3,5\}$.

（1）$AB=\{2\}$.（2）$A\bar{B}C=\varnothing$.（3）$A\cup B=\{1,2,3,4,6\}$.（4）$A\cup B\cup\bar{C}=\{1,2,3,4,6\}$.

（5）$A-B=\{4,6\}$.（6）$C-\bar{B}=\{3\}$.

注　因为 $\bar{C}\subset A\cup B$,所以 $A\cup B\cup\bar{C}=A\cup B$.

例 1.1.3　向某一目标射击 4 次,记 $A_k=\{$第 k 次命中目标$\}$,$k=1,2,3,4$,叙述下述事件的概率意义:

（1）$\overline{A_1\cup A_2\cup A_3}$;（2）$A_2-A_1$;（3）$\overline{A_3 A_4}$;（4）$A_4-(A_1\cup A_2\cup A_3)$;（5）$A_2\cup A_3 A_4$.

分析　和事件或差事件转化为积事件,更易明确事件的意义.

解　依事件间的关系以及运算规则,有

（1）$\overline{A_1\cup A_2\cup A_3}=\bar{A_1}\,\bar{A_2}\,\bar{A_3}$,意指"前三次均未命中目标".

（2）$A_2-A_1=\bar{A_1}A_2$,意指"第一次未命中目标且第二次命中目标".

（3）$\overline{A_3 A_4}=\bar{A_3}\cup\bar{A_4}$,意指"第三次与第四次至少有一次未命中目标".

（4）$A_4-(A_1\cup A_2\cup A_3)=A_4\overline{A_1\cup A_2\cup A_3}=\bar{A_1}\,\bar{A_2}\,\bar{A_3}A_4$,意指"前三次均未命中目标而第四次命中目标".

（5）$A_2\cup A_3 A_4$,意指"第二次命中目标或第三次和第四次均命中目标".

注　$A-B=A\bar{B}$,$\overline{A_1\cup A_2\cup A_3}=\bar{A_1}\,\bar{A_2}\,\bar{A_3}$.

评　将具有某种关系的对立事件转化为对立事件的某种关系,更易阐述事件的概率意义.

议　对于事件,不仅要能用 A,B,C 等表述,还要明确表述的意义.

例 1.1.4　从一批产品中依次取 4 次,每次取 1 件,记事件 $A_k=\{$第 k 次取得正品$\}$,用它们表示下述事件:

（1）4 件中没有 1 件是次品;　　　　（2）4 件中恰有 1 件是次品;

（3）4 件中至少有 1 件是次品;　　　　（4）4 件中至多有 3 件是次品;

(5) 4 件中都是次品.

分析 依实际意义表示事件,比如,{4 件中没有 1 件是次品}$=A_1A_2A_3A_4$.

解 依题设,有

(1) $A_1A_2A_3A_4$;

(2) $\overline{A_1}A_2A_3A_4 \cup A_1\overline{A_2}A_3A_4 \cup A_1A_2\overline{A_3}A_4 \cup A_1A_2A_3\overline{A_4}$;

(3) $\overline{A_1} \cup \overline{A_2} \cup \overline{A_3} \cup \overline{A_4}$ 或者 $\overline{A_1A_2A_3A_4}$;

(4) $\overline{A_1}\,\overline{A_2}\,\overline{A_3}\,\overline{A_4}$ 或者 $\overline{A_1 \cup A_2 \cup A_3 \cup A_4}$;

(5) $\overline{A_1}\,\overline{A_2}\,\overline{A_3}\,\overline{A_4}$ 或者 $\overline{A_1 \cup A_2 \cup A_3 \cup A_4}$.

注 {4 件中至多有 3 件是次品}={4 件中至少有 1 件是正品}.

评 依德摩根律,有 $\overline{A_1 \cup A_2 \cup A_3 \cup A_4} = \overline{A_1}\,\overline{A_2}\,\overline{A_3}\,\overline{A_4}$;

$$\overline{\overline{A_1}\,\overline{A_2}\,\overline{A_3}\,\overline{A_4}} = \overline{A_1} \cup \overline{A_2} \cup \overline{A_3} \cup \overline{A_4}.$$

例 1.1.5 设 A,B,C 是随机事件,说明下列关系式的概率意义:

(1) $ABC=A$;(2) $A \cup B \cup C=B$;(3) $BC \subset A$;(4) $B \subset A \cup C$;(5) $C \subset \overline{AB}$;(6) $\overline{C} \subset B$.

分析 利用事件间的关系判断表达式的概率意义.

解 (1) 因为 $ABC \subset A$,所以 $ABC=A \Rightarrow A \subset ABC \subset BC$,说明 A 发生必导致 B,C 同时发生.

(2) 因为 $B \subset A \cup B \cup C$,$A \cup B \cup C=B \Rightarrow A \cup C \subset A \cup B \cup C \subset B$,说明 A 或 C 发生必导致 B 发生.

(3) B,C 同时发生必导致 A 发生.

(4) B 发生必导致 A 发生或 C 发生.

(5) $C \subset \overline{AB} = \overline{A} \cup \overline{B}$,$C$ 发生必导致 A 与 B 至少有一个不发生.

(6) C 不发生必导致 B 发生.

注 由 $C \subset \overline{AB} = \overline{A} \cup \overline{B}$ 更易明确事件的关系.

评 对于事件,不仅要明确所含样本点,还要清楚其意义以及事件间的关系.

例 1.1.6 证明 $(A-B) \cup (AB)=A$.

分析 依事件间的关系和运算规则证明.

证法一 依事件间的关系与运算规则,有

$$(A-B) \cup (AB) = (A\overline{B}) \cup (AB) = A(\overline{B} \cup B) = A\Omega = A.$$

证法二 $(A-B) \subset A$,$AB \subset A$,则 $(A-B) \cup (AB) \subset A$. 又设 A 发生.

(1) 若 B 不发生,则 $A-B$ 发生;(2) 若 B 发生,则 AB 发生.上两种情形表明,

$$A \subset (A-B) \cup (AB).$$

注 两个事件相等当且仅当同时发生或同时都不发生.

评 两种证明方法值得借鉴.

习题 1-1

1. 写出下述随机试验的样本空间:

(1) 同时掷两枚骰子,观察所得的点数之和;

(2) 在一批产品中每次任取一件,直至取到 5 件次品为止,记录所需抽取的次数.

2. 在一学生回答的 6 道选择题中，记 $A_k = \{$第 k 道选择题正确$\}(k=1,2,3,4,5,6)$，试用 $A_k(k=1,2,3,4,5,6)$ 表示下述事件：

(1) 6 道题中没有 1 道题错；　　　　(2) 6 道题中仅有 1 道题错；

(3) 6 道题中至少有 1 道题错；　　　(4) 6 道题中至少有 2 道题错；

(5) 6 道题中至多有 5 道题错；　　　(6) 6 道题都错．

3. 如图 1-1 所示，设随机事件 A,B,C，请用 A,B,C 表示图中事件①～④．

4. 设随机事件 A,B,C 分别表示订购报纸 A,B,C，试用 $A,B,$ C 表示下述事件：

(1) 只订购报纸 B；　　　　(2) 只订购一种报纸；

(3) 至少订购一种报纸；　　(4) 订购的报纸不多于一种；

(5) 只订购报纸 B 和 C；　(6) 只订购报纸 B 或 C；

(7) 恰好订购两种报纸；　　(8) 至少订购两种报纸；

(9) 订购的报纸不多于两种；(10) 三种报纸都不订．

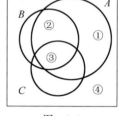

图　1-1

5. 证明 $(A-B) \bigcap (\overline{A}B) = \varnothing$．

6. 设 A 与 B 为两个随机事件，试求事件 C，使得 $\overline{(C \cup A) \bigcap (C \cup \overline{A})} = B$．

1.2　古典概型

一、内容要点与评注

古典概型　在随机试验中，如果

(1) 样本空间包含有限个样本点，即 $\Omega = \{\omega_1, \omega_2, \cdots, \omega_n\}$，

(2) 每个样本点发生的可能性相等，即 $P(\omega_1) = P(\omega_2) = \cdots = P(\omega_n)$，

则称这类试验的概率模型为古典概型．

在古典概型中，设事件 $A = \{\omega_{k_1}, \omega_{k_2}, \cdots, \omega_{k_m}\}$，即 A 包含 m 个样本点，称 $P(A) = \dfrac{m}{n}$ 为 A 的**古典概率**，其中 n 为样本空间所含样本点的总数．

抽样的两种方式：

(1) 有放回抽样：每次抽样后记下结果再放回．

(2) 不放回抽样：每次抽样后不放回．

乘法原理　如果完成一件事需要经过两个过程，进行第一过程有 n_1 种方法，进行第二过程有 n_2 种方法，则完成这件事共有 $n_1 \times n_2$ 种方法．

加法原理　如果完成一件事需要经过两个过程中的任一个过程，进行第一过程有 n_1 种方法，进行第二过程有 n_2 种方法，则完成这件事共有 $n_1 + n_2$ 种方法．

排列组合的定义及其运算公式：

排列　在不放回抽样中，从 n 个不同的元素中任取 r 个元素进行排列，其排法种数为
$$A_n^r = n(n-1)(n-2)\cdots(n-r+1).$$

在放回抽样中，从 n 个不同的元素中任取 r 个元素进行排列，其排法种数为
$$\underbrace{n \cdot n \cdot \cdots \cdot n}_{r个} = n^r.$$

组合 在不放回抽样中,从 n 个不同的元素中任取 r 个元素而不考虑其先后顺序,其取法种数为 $C_n^r = \dfrac{n(n-1)(n-2)\cdots(n-r+1)}{r!} = \dfrac{n!}{r!(n-r)!}$.

计数的两种方法:

(1) 依抽取的先后顺序将样品进行排列.

(2) 不依抽样的先后顺序,只要样品相同,视为同一种.

组合具有下述性质 设 n,k 都是整数,且 $n \geqslant 1, 0 \leqslant k \leqslant n$,则

(1) $C_n^0 = 1$;

(2) $C_n^k = C_n^{n-k}\,(k \leqslant n)$;

(3) $C_n^k + C_n^{k-1} = C_{n+1}^k\,(1 \leqslant k \leqslant n)$;

证 $C_{n+1}^k = \dfrac{(n+1)!}{k!(n+1-k)!} = \dfrac{n+1}{n+1-k} \cdot \dfrac{n!}{k!(n-k)!} = \dfrac{n+1}{n-k+1} C_n^k$,因此

$$C_{n+1}^k - C_n^k = \left(\frac{n+1}{n-k+1} - 1\right) C_n^k = \frac{k}{n-k+1} C_n^k$$

$$= \frac{k}{n-k+1} \cdot \frac{n!}{k!(n-k)!} = \frac{n!}{(k-1)!(n-k+1)!} = C_n^{k-1}.$$

(4) $C_n^0 + C_n^1 + \cdots + C_n^n = 2^n$;

证 依二项展开式,$2^n = (1+1)^n = C_n^0 + C_n^1 + \cdots + C_n^n$.

(5) $C_n^0 C_n^n + C_n^1 C_n^{n-1} + \cdots + C_n^n C_n^0 = C_{2n}^n$,即 $(C_n^0)^2 + (C_n^1)^2 + \cdots + (C_n^n)^2 = C_{2n}^n$;

证 依二项展开式,有

$$(1+x)^n = C_n^0 + C_n^1 x + C_n^2 x^2 + \cdots + C_n^{n-1} x^{n-1} + C_n^n x^n,$$

$$(1+x)^{2n} = C_{2n}^0 + C_{2n}^1 x + \cdots + C_{2n}^n x^n + \cdots + C_{2n}^{2n-1} x^{2n-1} + C_{2n}^{2n} x^{2n}.$$

因为 $(1+x)^n (1+x)^n = (1+x)^{2n}$,即

$$(C_n^0 + C_n^1 x + C_n^2 x^2 + \cdots + C_n^{n-1} x^{n-1} + C_n^n x^n)(C_n^0 + C_n^1 x + C_n^2 x^2 + \cdots + C_n^{n-1} x^{n-1} + C_n^n x^n)$$

$$= C_{2n}^0 + C_{2n}^1 x + \cdots + C_{2n}^n x^n + \cdots + C_{2n}^{2n-1} x^{2n-1} + C_{2n}^{2n} x^{2n},$$

等式左端括号乘开后,项 x^n 的系数为

$$C_n^0 C_n^n + C_n^1 C_n^{n-1} + C_n^2 C_n^{n-2} + \cdots + C_n^{n-1} C_n^1 + C_n^n C_n^0,$$

等式右端 x^n 的系数为 C_{2n}^n,依多项式相等当且仅当同次幂项的系数相等,有

$$C_n^0 C_n^n + C_n^1 C_n^{n-1} + C_n^2 C_n^{n-2} + \cdots + C_n^{n-1} C_n^1 + C_n^n C_n^0 = C_{2n}^n.$$

又因为 $C_n^k = C_n^{n-k}$,因此 $(C_n^0)^2 + (C_n^1)^2 + \cdots + (C_n^n)^2 = C_{2n}^n$.

同理可证

$$C_{n_1}^0 C_{n_2}^r + C_{n_1}^1 C_{n_2}^{r-1} + C_{n_1}^2 C_{n_2}^{r-2} + \cdots + C_{n_1}^{r-1} C_{n_2}^1 + C_{n_1}^r C_{n_2}^0 = C_{n_1+n_2}^r,$$

即 $\displaystyle\sum_{k=0}^r C_{n_1}^k C_{n_2}^{r-k} = C_{n_1+n_2}^r$,其中 n_1, n_2 是正整数,非负整数 $r \leqslant \min\{n_1, n_2\}$.

(6) 把 n 个不同的元素分成 k 个部分,第 i 个部分为 r_i 个元素 $(i=1,2,\cdots,k)$,$r_1 + r_2 + \cdots + r_k = n$,则不同分法的总数为 $C_n^{r_1} C_{n-r_1}^{r_2} C_{n-r_1-r_2}^{r_3} \cdots C_{n-r_1-\cdots-r_{k-1}}^{r_k} = \dfrac{n!}{r_1! r_2! \cdots r_k!}$.

二、典型例题

例 1.2.1 在 10 件产品中有 6 件一等品, 4 件二等品, 从中任取 3 件, 求下述事件概率:

(1) 所取的 3 件中有 1 件一等品;　　　(2) 所取的 3 件全是一等品;

(3) 所取的 3 件全是二等品;　　　(4) 所取的 3 件全是一等品或全是二等品;

(5) 所取的 3 件中既有一等品又有二等品.

分析 该试验属于古典概型, 其概率计算公式为

$$P(A) = \frac{\text{事件 } A \text{ 所包含的样本点数}}{\text{样本空间 } \Omega \text{ 所包含的样本点数}}.$$

解 依题设, 样本空间 Ω 包含 C_{10}^3 个样本点.

(1) 记事件 $A = \{$所取的 3 件中有 1 件一等品$\}$, 则 A 包含 $C_6^1 C_4^2$ 种取法, 依古典概率的计算公式, 有 $P(A) = \dfrac{C_6^1 C_4^2}{C_{10}^3} = \dfrac{3}{10}$.

(2) 记事件 $B = \{$所取的 3 件全是一等品$\}$, 则 B 包含 C_6^3 种取法, 且 $P(B) = \dfrac{C_6^3}{C_{10}^3} = \dfrac{1}{6}$.

(3) 记事件 $C = \{$所取的 3 件全是二等品$\}$, 则 C 包含 C_4^3 种取法, 且 $P(C) = \dfrac{C_4^3}{C_{10}^3} = \dfrac{1}{30}$.

(4) 记事件 $D = \{$所取的 3 件全是一等品或全是二等品$\}$, $D = B \cup C$, 且 $BC = \varnothing$, 则 D 包含 $C_4^3 + C_6^3$ 种取法, 且 $P(D) = \dfrac{C_4^3 + C_6^3}{C_{10}^3} = \dfrac{1}{5}$.

(5) 记事件 $E = \{$所取的 3 件中既有一等品又有二等品$\}$, $E = \Omega - D$, 则 E 包含 $C_{10}^3 - (C_4^3 + C_6^3)$ 种取法, 且 $P(E) = \dfrac{C_{10}^3 - (C_4^3 + C_6^3)}{C_{10}^3} = \dfrac{4}{5}$.

注 $C \neq \bar{B}$, $E = \bar{D}$.

评 利用古典概率的计算公式求概率的关键是确定样本空间所含的样本点数及事件所含的样本点数.

例 1.2.2 从 6 双不同尺码的鞋子中随机抽取 4 只, 求下述事件的概率:

(1) 4 只鞋子中任何两只不成双;　　　(2) 4 只鞋子恰成两双;

(3) 4 只鞋子中恰有两只成双;　　　(4) 4 只鞋子全部是左脚;

(5) 4 只鞋子中 2 只左脚, 2 只右脚, 但都不成双.

分析 该试验属于古典概型. 样本空间共有 C_{12}^4 个样本点. 如果在 6 双中取一整双, 有 C_6^1 种取法, 如果取两个不成双的单只, 有 $C_6^2 C_2^1 C_2^1$ 种取法. 其他情形同理.

解 依题设, 样本空间包含 C_{12}^4 个样本点.

(1) 记事件 $A = \{$4 只鞋子中任何两只不成双$\}$, 即分别取自不同尺码的 4 双鞋子中的各一只 (或左脚或右脚), 则 A 包含 $C_6^4 (C_2^1)^4$ 种取法, 依古典概率的计算公式, 有

$$P(A) = \frac{C_6^4 (C_2^1)^4}{C_{12}^4} = \frac{16}{33}.$$

(2) 记事件 $B = \{$4 只鞋子恰成两双$\}$, 即在 6 双鞋子中任取 2 双, 则 B 包含 $C_6^2 C_2^2$ 种取

法,且 $P(B) = \dfrac{C_6^2 C_2^2}{C_{12}^4} = \dfrac{1}{33}$.

(3) 记事件 $C = \{4$ 只鞋子中恰有两只成双$\}$. 方法① 先从 6 双鞋子中任取 1 双,再从其余 5 双鞋子中任取两双,两双中各任取 1 只,C 包含 $C_6^1 C_5^2 (C_2^1)^2$ 种取法,且

$$P(C) = \frac{C_6^1 C_5^2 (C_2^1)^2}{C_{12}^4} = \frac{16}{33}.$$

方法② $C = \Omega - A - B$,则 C 包含 $C_{12}^4 - C_6^4 (C_2^1)^4 - C_6^2$ 种取法,且

$$P(C) = \frac{C_{12}^4 - C_6^4 (C_2^1)^4 - C_6^2}{C_{12}^4} = \frac{16}{33}.$$

方法③ 先在 6 双鞋子中任取 1 双,再从其余 10 只中任选 2 只,减去有可能成双的,则 C 包含 $C_6^1 (C_{10}^2 - C_5^1)$ 种取法,且 $P(C) = \dfrac{C_6^1 (C_{10}^2 - C_5^1)}{C_{12}^4} = \dfrac{16}{33}$.

方法④ 先在 6 双鞋子中任取 1 双,从余下的 10 只中任取 1 只,在剩余的 9 只去掉与那只成双的,再从其余下的 8 只中任取 1 只,则 C 包含 $C_6^1 (C_{10}^1 C_8^1 / 2)$ 种取法(注意后两次取法有重复),且 $P(C) = \dfrac{C_6^1 \left(\dfrac{1}{2} C_{10}^1 C_8^1 \right)}{C_{12}^4} = \dfrac{16}{33}$.

(4) 记事件 $D = \{4$ 只鞋子全部是左脚$\}$,则 D 包含 $C_6^4 (C_1^1)^4$ 种取法,且

$$P(D) = \frac{C_6^4 (C_1^1)^4}{C_{12}^4} = \frac{1}{33}.$$

(5) 记事件 $E = \{4$ 只鞋子中 2 只左脚,2 只右脚,但都不成双$\}$,先在 6 双鞋子中任取 4 双,分为 2 组,左脚的 4 只一组,右脚的 4 只一组,则 E 包含 $C_6^4 C_4^2 C_2^2$ 种取法,且

$$P(E) = \frac{C_6^4 C_4^2 C_2^2}{C_{12}^4} = \frac{2}{11}.$$

或者事件 $E = A - \{$取出的 4 只都是左脚或都是右脚$\} - \{$取出的 4 只中恰有 3 只左脚或 3 只右脚(不成双)$\}$,则 E 包含 $C_6^4 (C_2^1)^4 - 2 C_6^4 C_4^4 - 2 C_6^4 C_3^3 C_1^1$ 种取法,且

$$P(E) = \frac{C_6^4 (C_2^1)^4 - 2 C_6^4 C_4^4 - 2 C_6^4 C_3^3 C_1^1}{C_{12}^4} = \frac{2}{11}.$$

注 在 (3) 的方法④ 中,取定 1 双后,在其余的 10 只中取不成双的 2 只时,应有 $\dfrac{1}{2} C_{10}^1 C_8^1$ 种取法,而不是 $C_{10}^1 C_8^1$ 种取法. 这是因为,设 5 双鞋编号为 $a_1/a_2, b_1/b_2, c_1/c_2, e_1/e_2, f_1/f_2$,标号 1 的均为左脚,先从 10 只中取 1 只,再从不与之成双的其余 8 只中取 1 只,所有可能的取法有

$(a_1, b_1), (a_1, b_2), (a_1, c_1), (a_1, c_2), (a_1, e_1), (a_1, e_2), (a_1, f_1), (a_1, f_2),$
$(a_2, b_1), (a_2, b_2), (a_2, c_1), (a_2, c_2), (a_2, e_1), (a_2, e_2), (a_2, f_1), (a_2, f_2),$
$(b_1, a_1), (b_1, a_2), (b_1, c_1), (b_1, c_2), (b_1, e_1), (b_1, e_2), (b_1, f_1), (b_1, f_2),$
$(b_2, a_1), (b_2, a_2), (b_2, c_1), (b_2, c_2), (b_2, e_1), (b_2, e_2), (b_2, f_1), (b_2, f_2), \cdots$

可以看到,(a_1, b_1) 与 (b_1, a_1) 属一种情形,被重复计数为两种,同理可说明其他样本点均被重复计数一次,因此所有样本点总数应为 $\dfrac{1}{2} C_{10}^1 C_8^1$.

评　本例是古典概型中常见的类型之一,所用方法为不放回抽样的组合法.

议　从 n 双不同尺码的鞋子中随机地抽取 $2k\,(1\leqslant 2k<n)$ 只,求下述事件的概率:

(1) 记 $A_1=\{2k$ 只鞋子中没有成双的$\}$;　(2) 记 $A_2=\{2k$ 只鞋子中恰有 4 只成两双$\}$;

(3) 记 $A_3=\{2k$ 只鞋子中恰成 k 双$\}$;　　(4) 记 $A_4=\{2k$ 只鞋子中全部是左脚$\}$;

(5) 记 $A_5=\{2k$ 只鞋子中 k 只左脚,k 只右脚,但都不成双$\}$.

解　(1) $P(A_1)=\dfrac{C_n^{2k}(C_2^1)^{2k}}{C_{2n}^{2k}}=\dfrac{2^{2k}C_n^{2k}}{C_{2n}^{2k}}$.

(2) $P(A_2)=\dfrac{C_n^2 C_{n-2}^{2k-4}(C_2^1)^{2k-4}}{C_{2n}^{2k}}=\dfrac{2^{2k-4}C_n^2 C_{n-2}^{2k-4}}{C_{2n}^{2k}}$.

(3) $P(A_3)=\dfrac{C_n^k C_2^2}{C_{2n}^{2k}}$.

(4) $P(A_4)=\dfrac{C_n^{2k}(C_1^1)^k}{C_{2n}^{2k}}=\dfrac{C_n^{2k}}{C_{2n}^{2k}}$.

(5) $P(A_5)=\dfrac{C_n^{2k} C_{2k}^k C_k^k}{C_{2n}^{2k}}=\dfrac{C_n^{2k} C_{2k}^k}{C_{2n}^{2k}}$.

例 1.2.3　袋中有 m 个红球,n 个黑球,把球一个一个取出来,求第 $k\,(1\leqslant k\leqslant m+n)$ 次取出红球的概率.

分析　依同颜色球是可区别的和不可区别的两种情形分别讨论.

解　(1) 假设 m 个红球,n 个黑球是带有不同编号的.该试验属于古典概型.样本空间 Ω 包含 $(m+n)!$ 个样本点,记事件 $A=\{$第 k 次取出红球$\}$,将取出的球依次放在直线上的 $m+n$ 个位置,共有 $(m+n)!$ 种放法,而第 k 个位置放红球,有 m 种放法,其余 $m+n-1$ 个球任意放置在其余 $m+n-1$ 位置,依乘法原理,A 包含 $m(m+n-1)!$ 个样本点,依古典概率的计算公式,有 $P(A)=\dfrac{m(m+n-1)!}{(m+n)!}=\dfrac{m}{m+n}$.

(2) 假设 m 个红球是相同的(不可区分的),n 个黑球是相同的,如果把取出的球依次放在一直线上的 $m+n$ 个位置,红球占有 m 个位置,即样本空间 Ω 包含 C_{m+n}^m 个样本点,而第 k 个位置要放一红球,其余红球要在其余 $m+n-1$ 个位置占有 $m-1$ 个位置,即 A 包含 C_{m+n-1}^{m-1} 个样本点,则 $P(A)=\dfrac{C_{m+n-1}^{m-1}}{C_{m+n}^m}=\dfrac{m}{m+n}$.

注　两种不同方法所得结果一致:

$$P(A)=\frac{m(m+n-1)!}{(m+n)!}=\frac{m}{m+n},\quad P(A)=\frac{C_{m+n-1}^{m-1}}{C_{m+n}^m}=\frac{m}{m+n}.$$

评　在计算概率时,重要的不是采用何种计数模式(考虑顺序还是不考虑顺序)来计算样本空间和随机事件中所包含的样本点数目,而是要保证对两者采用同一种计数模式.

议　本题结果与 k 无关,说明抽签与顺序无关.即无论第几个抽取,中签的概率都相等,都等于这类签(指中奖的签)在所有签中所占的比例.

例 1.2.4　n 名女生,m 名男生$(m\leqslant n+1)$随机地排成一列,求事件 $A=\{$任意 2 名男生都不相邻$\}$的概率.

分析　该试验属于古典概型.将 $n+m$ 个学生随机地排成一排,有 $(n+m)!$ 种排法,将女生排成一排,每名男生在任两名相邻女生间插空排入,再依古典概率的计算公式求概率.

解 依题设,样本空间 Ω 包含 $(n+m)!$ 个样本点,将 n 名女生随机地排成一排,有 $n!$ 种排法,相邻两名女生间有 $n-1$ 个位置,连同两头,共有 $n-1+2=n+1$ 个空位可供男生插空排入,因此 A 包含 $n!m!C_{n+1}^m$ 个样本点,则 $P(A)=\dfrac{n!m!C_{n+1}^m}{(n+m)!}$.

注 男生有 $n+1$ 个位置可选择,共有 $m!C_{n+1}^m$ 种排法.

评 本例是古典概型中常见的类型之一,所用方法为不放回抽样的排列法.

议 n 名女生,m 名男生 $(m\leqslant n)$ 随机地围圆桌而坐,求事件 $A=\{$任意 2 名男生都不相邻$\}$ 的概率.

解 $n+m$ 个人围圆桌而坐,所有坐法有 $(n+m-1)!$,即样本空间 Ω 包含 $(n+m-1)!$ 个样本点.围圆桌就座的 n 名女生共有 $(n-1)!$ 种坐法,之间有 n 个空位,男生可插空就座,能使任意 2 名男生都不相邻的坐法有 $m!C_n^m$ 种,即 A 所包含的样本点数为 $(n-1)!m!C_n^m$,依古典概率的计算公式,$P(A)=\dfrac{(n-1)!C_n^m m!}{(n+m-1)!}=\dfrac{C_n^m}{C_{n+m-1}^m}$.

注 k 名女生排成一排有 $k!$ 种排法,而直线上的 k 种排法对应于圆桌边的一种排法,例如以顺时针方向

$$1\cdot2\cdots\cdot k,2\cdot3\cdots\cdot k\cdot1,3\cdot4\cdots\cdot k\cdot1\cdot2,\cdots 和 k\cdot1\cdot2\cdots\cdot(k-1)$$

等都对应于圆桌边的一种排列,所以 k 名女生围圆桌而坐的圆形排法有 $\dfrac{k!}{k}=(k-1)!$ 种.

例 1.2.5 某宿舍有 5 名学生,求下述事件的概率:

(1) $A=\{5$ 人的生日都在星期一$\}$;

(2) $B=\{5$ 人中仅有 2 人生日在星期一$\}$;

(3) $C=\{5$ 人中仅有 2 人生日在星期一,其余人的生日在星期二至星期日不同时间$\}$;

(4) $D=\{5$ 人中有 2 人生日在星期一,有 3 人生日在星期二$\}$;

(5) $E=\{5$ 人中有 2 人生日在星期一,有 2 人生日在星期二,有 1 人生日在星期三$\}$;

(6) $F=\{5$ 人的生日不都在星期一$\}$;

(7) $G=\{5$ 人的生日都不在星期一$\}$;

(8) $H=\{5$ 人的生日恰好在星期一至星期五$\}$;

(9) $I=\{5$ 人的生日恰好在星期一至星期日 7 天中的不同 5 天$\}$.

分析 该试验属于古典概型.每个人的生日按星期一到星期日共有 7 种选法,5 个人的生日共有 7^5 种可能选法,再依古典概率的计算公式求概率.

解 依题设,样本空间 Ω 包含 7^5 个样本点.

(1) A 包含 1^5 个样本点,则 $P(A)=\dfrac{1}{7^5}$.

(2) B 包含 $C_5^2 C_1^1 6^3$ 个样本点,则 $P(B)=\dfrac{C_5^2 C_1^1 6^3}{7^5}=\dfrac{2160}{7^5}$.

(3) C 包含 $C_5^2 C_1^1 A_6^3$ 个样本点,则 $P(C)=\dfrac{C_5^2 C_1^1 A_6^3}{7^5}=\dfrac{1200}{7^5}$.

(4) D 包含 $C_5^2 C_1^1 C_3^3$ 个样本点,则 $P(D) = \dfrac{C_5^2 C_1^1 C_3^3 C_1^1}{7^5} = \dfrac{10}{7^5}.$

(5) E 包含 $C_5^2 C_1^1 C_3^2 C_1^1$ 个样本点,则 $P(E) = \dfrac{C_5^2 C_1^1 C_3^2 C_1^1 C_1^1}{7^5} = \dfrac{30}{7^5}.$

(6) F 包含 $7^5 - 1$ 个样本点,则 $P(F) = \dfrac{7^5 - 1}{7^5} = 1 - \dfrac{1}{7^5}.$

(7) G 包含 6^5 个样本点,则 $P(G) = \dfrac{6^5}{7^5}.$

(8) H 包含 A_5^5 个样本点,则 $P(H) = \dfrac{A_5^5}{7^5} = \dfrac{5!}{7^5}.$

(9) I 包含 A_7^5 个样本点,则 $P(I) = \dfrac{A_7^5}{7^5} = \dfrac{360}{7^4}.$

注　$F = \bar{A}$, $G \neq \bar{A}$.

评　本例是古典概型中常见的类型之一,所用方法为有放回抽样的排列法.

例 1.2.6　从 $1, 2, 3, \cdots, 9$ 这 9 个数字中,有放回地取 3 次,每次任取一个,求下述事件的概率:

(1) $B_1 = \{3$ 个数字全不同$\}$;

(2) $B_2 = \{3$ 个数字没有偶数$\}$;

(3) $B_3 = \{3$ 个数字中最大数字为 6$\}$;

(4) $B_4 = \{3$ 个数字形成一个严格单调数列$\}$;

(5) $B_5 = \{3$ 个数字之乘积能被 10 整除$\}$;

(6) $B_6 = \{3$ 个数字组成的三位数大于 $500\}$.

分析　该试验属于古典概型.从 $1, 2, 3, \cdots, 9$ 中有放回地取 3 次,共有 9^3 种取法,再依古典概率的计算公式求概率.

解　依题设,样本空间 Ω 包含 9^3 个样本点.

(1) "3 个数字全不同"意指从 $1, 2, 3, \cdots, 9$ 中取 3 个不同的数字,因此 B_1 包含 $C_9^1 C_8^1 C_7^1$ 个样本点,则 $P(B_1) = \dfrac{C_9^1 C_8^1 C_7^1}{9^3} = \dfrac{56}{81}.$

(2) "3 个数字没有偶数"意指先从 $1, 3, 5, 7, 9$ 中有放回地取三次,因此 B_2 包含 5^3 个样本点,则 $P(B_2) = \dfrac{5^3}{9^3} = \dfrac{125}{729}.$

(3) "3 个数字中最大数字为 6"意指从数字 $1 \sim 6$ 中任取 3 个数字的所有排列,减去从数字 $1 \sim 5$ 中任取 3 个数字的所有排列,因此 B_3 包含 $6^3 - 5^3$ 个样本点,则

$$P(B_3) = \frac{6^3 - 5^3}{9^3} = \frac{91}{729}.$$

或者"3 个数字中最大数字为 6"意指"3 个数字都是 6,或者其中 2 个数字是 6 另一个数字小于 6,或者其中 1 个数字是 6 另 2 个数字小于 6",因此 B_3 包含 $(C_1^1)^3 + C_3^2 (C_1^1)^2 C_5^1 + C_3^1 C_1^1 (C_5^1)^2$ 个样本点,则 $P(B_3) = \dfrac{(C_1^1)^3 + C_3^2 (C_1^1)^2 C_5^1 + C_3^1 C_1^1 (C_5^1)^2}{9^3} = \dfrac{1 + 15 + 75}{9^3} = \dfrac{91}{729}.$

(4)"3个数字形成一个严格单调数列"意指从 $1,2,3,\cdots,9$ 中有放回地取三个不同的数字,依由大到小排序或者由小到大排序,因此 B_4 包含 $2\mathrm{C}_9^3$ 个样本点,则

$$P(B_4)=\frac{2\mathrm{C}_9^3}{9^3}=\frac{56}{243}.$$

(5)"3个数字之乘积能被 10 整除"意指取出的三个数字中有两个偶数、一个 5,或者一个偶数、两个 5,或者一个偶数、一个 5 和一个非 5 的其他奇数,于是 B_5 包含 $\mathrm{C}_3^1\mathrm{C}_1^1(\mathrm{C}_4^1)^2+\mathrm{C}_3^2(\mathrm{C}_1^1)^2\mathrm{C}_4^1+\mathrm{C}_3^1\mathrm{C}_1^1\mathrm{C}_2^1\mathrm{C}_4^1\mathrm{C}_4^1$ 个样本点,则

$$P(B_5)=\frac{\mathrm{C}_3^1\mathrm{C}_1^1(\mathrm{C}_4^1)^2+\mathrm{C}_3^2(\mathrm{C}_1^1)^2\mathrm{C}_4^1+\mathrm{C}_3^1\mathrm{C}_1^1\mathrm{C}_2^1\mathrm{C}_4^1\mathrm{C}_4^1}{9^3}=\frac{48+12+96}{9^3}=\frac{52}{243}.$$

(6)"3个数字组成的三位数大于 500",即百位数要从 $5,6,7,8,9$ 中取,于是 B_6 包含 $\mathrm{C}_5^1 9^2$ 个样本点,则 $P(B_6)=\frac{\mathrm{C}_5^1 9^2}{9^3}=\frac{5}{9}.$

注 同一个事件可以从多个不同的角度来分析,因此概率的求法就有多种.

评 注意比较事件 $B_1,B_2,\cdots,B_6$ 之间的区别和概率求法的不同.

习题 1-2

1. 从一副抽出大小王的扑克牌中任取 4 张,求下述事件的概率:
(1) 它们分属不同的花色;　　(2) 它们全是红桃;
(3) 它们属于同一种花色;　　(4) 它们属于同色(比如草花和黑桃).

2. 8 个人随机地排成一排,求其中指定的 3 人排在一起的概率.

3. 编号 $1\sim7$ 的学生任意排成一排,试求下述事件的概率:
(1) $F_1=\{1$ 号学生在旁边$\}$;　　(2) $F_2=\{1$ 号和 7 号学生都在旁边$\}$;
(3) $F_3=\{1$ 号或 7 号学生在旁边$\}$;　　(4) $F_4=\{1$ 号和 7 号学生都不在旁边$\}$;
(5) $F_5=\{1$ 号学生正好在正中$\}$;　　(6) $F_6=\{1$ 号和 7 号学生相邻$\}$.

4. 设 n 个人排成一排,求其中甲与乙之间恰有 m 人的概率.

5. 同时掷 5 枚骰子,试求下述事件的概率:
(1) 5 枚骰子恰有不同点;
(2) 5 枚骰子恰有 2 枚同点;
(3) 5 枚骰子恰有 2 枚同一点,其余 3 枚同是另一点;
(4) 5 枚骰子恰有 2 枚同一点,其余 2 枚同是另一点,剩余一枚是第三点.

6. 从 $0,1,2,\cdots,9$ 中有放回地取 5 次,组成包含"0"在首位的整数,从中任取 1 个整数,求下述事件的概率:
(1) $B_1=\{$恰有一个数字出现两次$\}$;　　(2) $B_2=\{5$ 个数字全不同$\}$;
(3) $B_3=\{5$ 个数字没有偶数$\}$;　　(4) $B_4=\{5$ 个数字中最大数字为 7$\}$;
(5) $B_5=\{5$ 个数字形成一个严格单调序列$\}$.

1.3 几何概型

一、内容要点与评注

几何概型 如果随机试验的所有可能结果等可能地出现在一个有界可度量的区域 Ω 中,向 Ω 中随机地投一点,这点落入 Ω 中某区域 A(可度量)的概率 P 与 A 的度量(一维指长度,二维指面积,三维指体积)成正比,与其位置和形状无关,称 $P=\dfrac{m(A)}{m(\Omega)}$ 为事件 A 的**几何概率**,其中 $m(A),m(\Omega)$ 分别表示 A 和 Ω 的度量,并称利用上式来刻画概率的试验为几何概型.

注 几何概型的特点:

(1)样本空间包含无限多个样本点;(2)每个样本点发生的可能性相等.
因此几何概型不是古典概型.

评 向区间 $[0,1]$ 上随机地掷一个点,$\Omega=[0,1]$,记 $A=\{$该点落在区间中点$\}$,则 $A=\left\{\dfrac{1}{2}\right\}$,其长度 $L(A)=0$,则 $P(A)=\dfrac{L(A)}{L(\Omega)}=\dfrac{0}{1}=0$. 显然 $A=\left\{\dfrac{1}{2}\right\}\neq\varnothing$,说明概率为 0 的事件未必是不可能事件. 此时 $P(\bar{A})=1-P(A)=1$,但是 $\bar{A}=\left[0,\dfrac{1}{2}\right)\bigcup\left(\dfrac{1}{2},1\right]\neq\Omega$,说明概率为 1 的事件未必是必然事件.

二、典型例题

例 1.3.1 随机地向单位圆内掷一点 M,求 M 点到原点距离小于 $\dfrac{1}{4}$ 的概率.

分析 该试验属于几何概型,依计算公式,$P(A)=\dfrac{S(A)}{S(\Omega)}$,其中

$$\Omega=\{(x,y)\mid x^2+y^2\leqslant 1\},A=\left\{(x,y)\mid x^2+y^2\leqslant\left(\dfrac{1}{4}\right)^2\right\}.$$

解 依题设,样本空间 $\Omega=\{(x,y)\mid x^2+y^2\leqslant 1\}$,则 Ω 的面积 $S(\Omega)=\pi\cdot 1^2=\pi$,记事件 $A=\left\{M\text{ 点到原点的距离小于}\dfrac{1}{4}\right\}=\left\{(x,y)\mid x^2+y^2\leqslant\left(\dfrac{1}{4}\right)^2\right\}$,则 A 的面积 $S(A)=\pi\cdot\left(\dfrac{1}{4}\right)^2=\dfrac{\pi}{16}$,依几何概率的计算公式,有 $P(A)=\dfrac{S(A)}{S(\Omega)}=\dfrac{\dfrac{\pi}{16}}{\pi}=\dfrac{1}{16}$.

注 $\Omega=\{(x,y)\mid x^2+y^2\leqslant 1\},A=\left\{(x,y)\mid x^2+y^2\leqslant\left(\dfrac{1}{4}\right)^2\right\}$.

评 在几何概型中,明确事件及其"度量"是关键.

例 1.3.2 在长度为 1 的线段上任取两点,将线段分成长度分别为 $x,y,z(x+y+z=1)$ 的三段,试求可以用这三条线段为边组成三角形的概率.

分析 该试验属于几何概型,依计算公式,$P(A)=\dfrac{S(A)}{S(\Omega)}$,其中

$$\Omega = \{(x,y,z) \mid x+y+z=1, 0<x<1, 0<y<1, 0<z<1\}.$$

要使三条线段组成三角形，x,y,z 还应满足如下条件:

$$\begin{cases} x+y>z, \\ y+z>x, \\ z+x>y, \end{cases} \text{解之得 } 0<x<\frac{1}{2}, 0<y<\frac{1}{2}, 0<z<\frac{1}{2}.$$

解 依题设，则样本空间为

$$\Omega = \{(x,y,z) \mid x+y+z=1, 0<x<1, 0<y<1, 0<z<1\}.$$

记事件 $A=\{$折成的三段能组成三角形$\}$，则

$$A = \left\{(x,y,z) \mid x+y+z=1, 0<x<\frac{1}{2}, 0<y<\frac{1}{2}, 0<z<\frac{1}{2}\right\}.$$

如图 1-2 所示，在空间直角坐标系内，设 B,C,D 就是平面 $x+y+z=1$ 与坐标轴的交点，即 $\Omega = \triangle BCD$，设其面积为 $S(\Omega)$，设 E,F,G 分别是平面 $x=\frac{1}{2}, y=\frac{1}{2}, z=\frac{1}{2}$ 与 $\triangle BCD$ 的交点，则 $A=\triangle EFG$，设其面积为 $S(A)$，显然 $S(\Omega)=4S(A)$，依几何概率的计算公式，有

$$P(A) = \frac{S(A)}{S(\Omega)} = \frac{1}{4}.$$

注 $\Omega = \triangle BCD$， $A = \triangle EFG$.

评 借助几何概型，$S(\Omega)=4S(A)$，从而 $P(A) = \frac{S(A)}{S(\Omega)} = \frac{1}{4}$.

例 1.3.3 甲、乙两人约定在早上 7:00～8:00 之间在某处会面，并约定先到者应等候另一人 15min，过时对方不到则离去，求两人能会面的概率.

分析 该试验属于几何概型. 以 x 和 y 分别表示甲、乙两人到达的时刻，则

$$\Omega = \{(x,y) \mid 0 \leqslant x \leqslant 60, 0 \leqslant y \leqslant 60\},$$

$A = \{(x,y) \mid 0 \leqslant x \leqslant 60, 0 \leqslant y \leqslant 60, |x-y| \leqslant 15\}$，再依几何概率的计算公式求解.

解 依题设，从 7:00 开始计时（单位：min），以 x 和 y 分别表示甲、乙两人到达的时刻，如图 1-3 所示，则样本空间 $\Omega = \{(x,y) \mid 0 \leqslant x \leqslant 60, 0 \leqslant y \leqslant 60\}$，其面积为 $S(\Omega)=60^2$，记事件 $A=\{$两人能会面$\}$，则 $A = \{(x,y) \mid 0 \leqslant x \leqslant 60, 0 \leqslant y \leqslant 60, |x-y| \leqslant 15\}$，$A$ 就是阴影区域，其面积为 $S(A)=60^2-2\times\frac{1}{2}\times45^2=1575$，依几何概率的计算公式，有

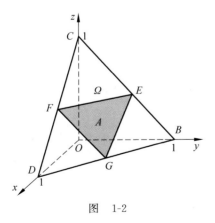

图 1-2

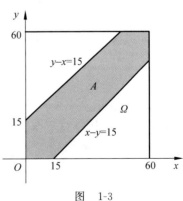

图 1-3

$$P(A) = \frac{S(A)}{S(\Omega)} = \frac{1575}{3600} = \frac{7}{16}.$$

注　$A = \{$阴影区域$\} = \{(x,y) \mid 0 \leqslant x \leqslant 60, \ 0 \leqslant y \leqslant 60, \ |x-y| \leqslant 15\}.$

评　将实际问题抽象为几何概型,再依几何概率的计算公式求概率.

例 1.3.4　在单位圆 S 内任作一弦,试求弦长大于 $\sqrt{3}$ 的概率.

分析　分三种情形讨论:(1) 在单位圆周上固定弦的一个端点 A,考查弦的另一端点 B;(2) 在单位圆内固定一直径 CD,考查与 CD 垂直的弦 AB;(3) 在单位圆内固定一正三角形以及其内切半径为 $\frac{1}{2}$ 的同心圆 K,考查 AB 的中点 F.上述三种试验均属于几何概型.

解　(1) 在单位圆周上固定弦 AB 的一个端点 A,如图 1-4(a) 所示,下面考查弦的另一端点 B,故样本空间 $\Omega = S$,其圆周长 $L(\Omega) = 2\pi$,以 A 为顶点做内接正三角形 $\triangle ACD$,其边长等于 $\sqrt{3}$,所以当且仅当弦 AB 与 CD 相交时,AB 的长度大于 $\sqrt{3}$.记事件 $H = \{B$ 落在以 $\angle CAD$ 为圆周角的圆弧 $\overset{\frown}{CD}$ 上$\}$(B 不与 C,D 重合),此时圆弧的长度为

$$L(H) = \frac{1}{3} \times 2\pi = \frac{2\pi}{3},$$

依几何概率的计算公式,有 $P(H) = \dfrac{L(H)}{L(\Omega)} = \dfrac{2\pi/3}{2\pi} = \dfrac{1}{3}.$

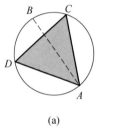
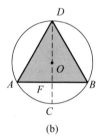
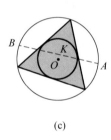

(a)　　　　　　　　(b)　　　　　　　　(c)

图　1-4

(2) 在单位圆内取定一条直径 CD,如图 1-4(b) 所示,下面考查与 CD 垂直的弦 AB,此时弦 AB 的中点 F 必在直径 CD 上,故样本空间 $\Omega = CD$,其长度 $L(\Omega) = 2$,所以当且仅当 AB 的中点与圆心 O 的距离小于 $\frac{1}{2}$ 时,弦 AB 的长度大于 $\sqrt{3}$,记 $H = \left\{ F \mid F \in CD, \ |OF| < \dfrac{1}{2} \right\}$,则 $L(H) = 1$,依几何概率的计算公式,有 $P(H) = \dfrac{L(H)}{L(\Omega)} = \dfrac{1}{2}.$

(3) 在单位圆内固定一正三角形以及半径为 $\frac{1}{2}$ 的同心圆 K,如图 1-4(c) 所示,下面考查 AB 的中点 F,当且仅当弦 AB 的中点 F 位于 K 内时,弦 AB 的长度大于 $\sqrt{3}$,故样本空间 $\Omega = $ 单位圆域,其面积为 $S(\Omega) = \pi \times 1^2 = \pi$,记事件 $H = \{$弦 AB 的中点在落入 K 内$\}$,其面积为 $S(H) = \pi \left(\dfrac{1}{2} \right)^2 = \dfrac{\pi}{4}$,依几何概率的计算公式,有

$$P(H) = \frac{S(H)}{S(\Omega)} = \frac{\frac{\pi}{4}}{\pi} = \frac{1}{4}.$$

注 在三种不同的情形下,所得的概率值不同,分别为

$$P(H) = \frac{1}{3}, \quad P(H) = \frac{1}{2}, \quad P(H) = \frac{1}{4}.$$

评 同一问题有三个不同的答案,究其原因,发现是在取弦时采用不同的等可能性假定造成的. 在解法(1)中,假定端点在圆周上具有等可能性;在解法(2)中,假定弦的中点在直径上具有等可能性;在解法(3)中,假定弦的中点在单位圆域内具有等可能性,这三种答案针对三种不同的随机试验而言,它们都是正确的. 因此在使用"随机""等可能"时,应明确指明其含义.

议 同一问题产生不同结论的原因在于题目中"作一弦"的含义不够清楚,因而可对其作各种不同的解释,从而导致对样本空间 Ω 和随机事件 H 的不同理解和演化,因此产生多种不同的结论. 上述现象也称为"贝特朗奇论".

例 1.3.5 平面上画有一族间距为 a 的平行直线,向平面上随机掷一枚长度为 $l(l < a)$ 的针,试求针与直线相交的概率.

分析 该试验属于几何概型. 设针的中点与最近直线的距离为 ρ,针与平行线的夹角为 α,若针与直线相交,则 $\rho \leqslant \frac{l}{2}\sin\alpha$,则

$$\Omega = \left\{ (\rho, \alpha) \,\middle|\, 0 \leqslant \rho \leqslant \frac{a}{2}, 0 \leqslant \alpha \leqslant \pi \right\}, \quad A = \left\{ (\rho, \alpha) \,\middle|\, 0 \leqslant \rho \leqslant \frac{a}{2}, 0 \leqslant \alpha \leqslant \pi, \rho \leqslant \frac{l}{2}\sin\alpha \right\},$$

再依几何概率的计算公式求概率。

解 依题设,设针的中点与最近直线的距离为 ρ,针与平行线的夹角为 α,如图 1-5(a)所示,故样本空间 $\Omega = \left\{ (\rho, \alpha) \,\middle|\, 0 \leqslant \rho \leqslant \frac{a}{2}, 0 \leqslant \alpha \leqslant \pi \right\}$,其面积为 $S(\Omega) = \frac{a}{2}\pi$,针与直线相交当且仅当 $\rho \leqslant \frac{l}{2}\sin\alpha$,记事件 $A = \{$针与直线相交$\}$,则

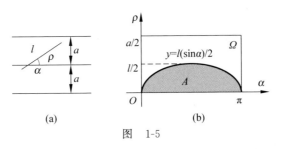

图 1-5

$$A = \left\{ (\rho, \alpha) \,\middle|\, 0 \leqslant \rho \leqslant \frac{a}{2}, 0 \leqslant \alpha \leqslant \pi, \rho \leqslant \frac{l}{2}\sin\alpha \right\},$$

如图 1-5(b)所示,其面积为 $S(A) = \int_0^\pi \frac{l}{2}\sin\alpha\, d\alpha = l$,依几何概率的计算公式,有

$$P(A) = \frac{S(A)}{S(\Omega)} = \frac{l}{\frac{a}{2}\pi} = \frac{2l}{a\pi}.$$

注 $\Omega = \left\{ (\rho, \alpha) \,\middle|\, 0 \leqslant \rho \leqslant \frac{a}{2}, 0 \leqslant \alpha \leqslant \pi \right\}$,其中 ρ 表示针的中点与最近平行线的距离,α 为

针与平行线的夹角.

议　依本例结论, $\pi = \dfrac{2l}{aP(A)} \approx \dfrac{2ln}{am}$, 其中 n, m 分别为所掷针的总数和其中与平行线相交的针的个数, 则 $P(A) \approx \dfrac{m}{n}$. 借助几何概率, 可得求圆周率 π 近似值的又一种方法.

习题 1-3

1. 设线段 OB 的长为 2, A 为其中点, 在 OB 上随机地取一点 C, 求 OC, CB, OA 能构成三角形的概率.

2. 在圆周上随机选取三个点 A, B, C, 求 $\triangle ABC$ 为锐角三角形的概率.

3. 在一圆周上随机地取三个点, 求这三个点在同一半圆周上的概率.

4. 某码头只能容纳一艘大型轮船. 现预知某日将有甲、乙两艘大型轮船独立到达码头, 且 $24\mathrm{h}$ 内各时刻到达码头的可能性相等, 如果它们需要停泊的时间分别为 $3\mathrm{h}, 4\mathrm{h}$, 求有一艘轮船要在江中等待的概率.

5. 从区间 $(0, 1)$ 中随机地取两个数, 求下述事件的概率:

(1) 两数之和小于 $\dfrac{6}{5}$; (2) 两数之积小于 $\dfrac{1}{4}$.

1.4　概率及其性质

一、内容要点与评注

概率的一般定义　对一个随机事件 A, 如果用一个数能表示事件 A 在一次试验中发生的可能性大小, 则称这个数为事件 A 的概率, 记作 $P(A)$.

例如古典概型、几何概型中的概率.

频率　在相同的条件下, 进行了 n 次试验, 如果事件 A 出现了 n_A 次, 则称比值 $\dfrac{n_A}{n}$ 为事件 A 在这 n 次试验中发生的频率, 记作 $f_n(A)$.

频率的性质　(1) $0 \leqslant f_n(A) \leqslant 1$; (2) $f_n(\Omega) = 1$; (3) 如果事件 A 与 B 互斥, 则
$$f_n(A \bigcup B) = f_n(A) + f_n(B).$$

推广: 如果 n 个事件 $A_1, A_2, \cdots, A_n$ 两两互斥, 则 $f_n \left(\bigcup_{k=1}^{n} A_k \right) = \sum_{k=1}^{n} f_n(A_k)$.

注　频率是一个变量. 当试验的次数 n 增大时, 频率 $f_n(A)$ 趋于稳定, 即在某一个数 p 的附近波动. 这一现象称为频率的稳定性.

概率的统计定义　若随着试验次数 n 的增大, 事件 A 的频率在数 p 的附近波动, 则称 p 是事件 A 的统计概率, 简称 A 的概率, 记作 $P(A) = p$.

注　当试验的次数 n 很大时, 可用 $f_n(A)$ 近似表示 A 的概率, 即 $P(A) \approx f_n(A)$.

概率的公理化定义　设随机试验 E 和样本空间 Ω, 对于 E 中的事件 A, 如果函数 $P(A)$ 满足下述条件:

(1) 非负性 $P(A) \geqslant 0$;

(2) 规范性 $P(\Omega)=1$；

(3) 可列可加性 对任何两两互不相容的事件 $A_1,A_2,A_3,\cdots$，有

$$P\left(\bigcup_{k=1}^{\infty}A_k\right)=\sum_{k=1}^{\infty}P(A_k),$$

则称 $P(A)$ 为事件 A 的概率.

概率的性质 设随机试验 E 和样本空间 $\Omega,A,B,C,A_1,A_2,\cdots,A_n$ 为事件.

(1) $0\leqslant P(A)\leqslant 1$；

(2) $P(\Omega)=1,P(\varnothing)=0$；

(3) 有限可加性 如果 $A_1,A_2,\cdots,A_n$ 两两互斥，则 $P\left(\bigcup_{k=1}^{n}A_k\right)=\sum_{k=1}^{n}P(A_k)$；

(4) $P(\overline{A})=1-P(A)$；

(5) 减法公式 如果 $A\supset B$，则 $P(A-B)=P(A)-P(B)$，且 $P(A)\geqslant P(B)$；

(6) 加法公式 $P(A\cup B)=P(A)+P(B)-P(AB)$，

$P(A\cup B\cup C)=P(A)+P(B)+P(C)-P(AB)-P(BC)-P(CA)+P(ABC).$

推广 $P\left(\bigcup_{k=1}^{n}A_k\right)=\sum_{k=1}^{n}P(A_k)-\sum_{1\leqslant i<j\leqslant n}P(A_iA_j)+\sum_{1\leqslant i<j<k\leqslant n}P(A_iA_jA_k)-\cdots+$

$(-1)^{n-1}P(A_1A_2\cdots A_n)$；

(7) $P(A\cup B)=1-P(\overline{A\cup B})=1-P(\overline{A}\overline{B})$；

推广 $P\left(\bigcup_{k=1}^{n}A_k\right)=1-P\left(\overline{\bigcup_{k=1}^{n}A_k}\right)=1-P\left(\bigcap_{k=1}^{n}\overline{A_k}\right)$.

(8) 下连续性 设事件序列 $\{A_n\}$，且 $A_n\subset A_{n+1}$，$n=1,2,3,\cdots$，则

$$P\left(\bigcup_{n=1}^{\infty}A_n\right)=\lim_{n\to\infty}P(A_n).$$

证 规定 $A_0=\varnothing$，$\bigcup_{n=1}^{\infty}A_n=\bigcup_{n=1}^{\infty}(A_n-A_{n-1})$，显然 $\{A_n-A_{n-1}\}$ 两两互斥，依概率的

可列可加性，$P\left(\bigcup_{n=1}^{\infty}(A_n-A_{n-1})\right)=\sum_{n=1}^{\infty}P(A_n-A_{n-1})$，依正项级数的收敛性，有

$$1\geqslant P\left(\bigcup_{n=1}^{\infty}A_n\right)=P\left(\bigcup_{n=1}^{\infty}(A_n-A_{n-1})\right)=\sum_{n=1}^{\infty}P(A_n-A_{n-1})=\lim_{m\to\infty}\sum_{n=1}^{m}P(A_n-A_{n-1}),$$

即 $P\left(\bigcup_{n=1}^{\infty}A_n\right)=\lim_{m\to\infty}P(A_m)=\lim_{n\to\infty}P(A_n)$.

(9) 上连续性 设事件序列 $\{B_n\}$，且 $B_n\supset B_{n+1}$，$n=1,2,3,\cdots$，则

$$P\left(\bigcap_{n=1}^{\infty}B_n\right)=\lim_{n\to\infty}P(B_n).$$

证 依题设，$\overline{B_n}\subset\overline{B_{n+1}}$，$n=1,2,3,\cdots$，依概率的下连续性，有

$$P\left(\bigcup_{n=1}^{\infty}\overline{B_n}\right)=\lim_{n\to\infty}P(\overline{B_n}).$$

依德摩根律及概率的性质，有

$$\lim_{n\to\infty}P(\overline{B_n})=P\left(\bigcup_{n=1}^{\infty}\overline{B_n}\right)=P\left(\overline{\bigcap_{n=1}^{\infty}B_n}\right)=1-P\left(\bigcap_{n=1}^{\infty}B_n\right),$$

即 $\lim\limits_{n\to\infty}(1-P(B_n))=1-P\left(\bigcap\limits_{n=1}^{\infty}B_n\right)$，因此 $P\left(\bigcap\limits_{n=1}^{\infty}B_n\right)=\lim\limits_{n\to\infty}P(B_n)$．

设事件 A,B,AB 的概率分别为 $P(A)=p$，$P(B)=q$，$P(AB)=r$，依概率的性质，有

(1) $P(\overline{A})=1-P(A)=1-p$；

(2) $P(\overline{B})=1-P(B)=1-q$；

(3) $P(\overline{A}B)=P(B)-P(BA)=q-r$；

(4) $P(A\overline{B})=P(A)-P(AB)=p-r$；

(5) $P(\overline{A}\,\overline{B})=P(\overline{A})-P(\overline{A}B)=(1-p)-(q-r)=1-p-q+r$；

(6) $P(A\cup B)=P(A)+P(B)-P(AB)=p+q-r$；

(7) $P(\overline{A}\cup B)=P(\overline{A})+P(B)-P(\overline{A}B)=(1-p)+q-(q-r)=1-p+r$；

(8) $P(A\cup\overline{B})=P(A)+P(\overline{B})-P(A\overline{B})=p+(1-q)-(p-r)=1-q+r$；

(9) $P(\overline{A}\cup\overline{B})=P(\overline{AB})=1-P(AB)=1-r$；

(10) $P(\overline{A}B\cup A\overline{B})=P(\overline{A}B)+P(A\overline{B})=(q-r)+(p-r)=p+q-2r$；

(11) $P(\overline{A}\,\overline{B}\cup AB)=P(\overline{A}\,\overline{B})+P(AB)=(1-p-q+r)+r=1-p-q+2r$；

(12) $P(\overline{\overline{A}B\cup A\overline{B}})=1-P(\overline{A}B\cup A\overline{B})=1-(p+q-2r)=1-p-q+2r$．

二、典型例题

例 1.4.1　在 $1\sim1000$ 的整数中随机地取一个数，问：取到的整数既不能被 6 整除，又不能被 8 整除的概率为多少？

分析　记事件 $A=\{$取到的数能被 6 整除$\}$，$B=\{$取到的数能被 8 整除$\}$，依概率的性质，

$$P(\overline{A}\,\overline{B})=P(\overline{A\cup B})=1-P(A\cup B)=1-P(A)-P(B)+P(AB).$$

解　依题设，样本空间 Ω 所含的样本点数为 1000，记事件 $A=\{$取到的数能被 6 整除$\}$，$B=\{$取到的数能被 8 整除$\}$，则 $AB=\{$取到的数能被 24 整除$\}$．因为

$$166<\frac{1000}{6}<167,\quad \frac{1000}{8}=125,\quad 41<\frac{1000}{24}<42,$$

上式表明 $1\sim1000$ 中能被 6 整除的数有 166 个，能被 8 整除的数有 125 个，能被 24 整除的数有 41 个，所以 $P(A)=\dfrac{166}{1000}$，$P(B)=\dfrac{125}{1000}$，$P(AB)=\dfrac{41}{1000}$，依德摩根律和概率的性质，有

$$P(\overline{A}\,\overline{B})=P(\overline{A\cup B})=1-P(A\cup B)=1-P(A)-P(B)+P(AB)$$
$$=1-\frac{166}{1000}-\frac{125}{1000}+\frac{41}{1000}=\frac{750}{1000}=\frac{3}{4}.$$

注　$AB=\{$能被 6 整除且能被 8 整除$\}=\{$能被 6,8 的最小公倍数 24 整除$\}$．因为 $41<\dfrac{1000}{24}<42$，所以 $1\sim1000$ 中能被 6 和 8 整除的数有 41 个．其他情形同理．

评　依德摩根律和概率的性质，将所求事件的概率转化为已知事件的概率．

例 1.4.2　口袋中有 $n-1$ 个白球和 1 个黑球，每次从中随机地取出一球，并放入 1 个白球，如此进行 m 次，求第 m 次取出的球是白球的概率．

分析 因为口袋中黑球只有 1 个,与其考虑第 m 次取出的球是白球的概率,不如考虑第 m 次取出的球是黑球的概率.记事件 $A=\{$第 m 次取出的球是白球$\}$,依概率的性质,有

$$P(A)=1-P(\overline{A}).$$

解 依题设,样本空间 Ω 包含的样本点数为 n^m,记事件 $A=\{$第 m 次取出的球是白球$\}$,则 $\overline{A}=\{$第 m 次取出的球是黑球$\}$,$\overline{A}$ 包含的样本点数为 $(n-1)^{m-1}\times 1=(n-1)^{m-1}$,则 $P(\overline{A})=\dfrac{(n-1)^{m-1}}{n^m}$,依概率的性质,所求的概率为

$$P(A)=1-P(\overline{A})=1-\frac{(n-1)^{m-1}}{n^m}=1-\frac{1}{n}\left(1-\frac{1}{n}\right)^{m-1}.$$

注 依放回抽样,$\overline{A}$ 包含的样本点数为 $(n-1)^{m-1}$.

评 口袋中只有 1 个黑球,故将所求概率转化为其对立事件的概率更易求解.

例 1.4.3 从数字 $1,2,\cdots,10$ 中不放回地任取一数,连取 m 次,求这 m 个数中最大的数是 $r(1\leqslant m<r\leqslant 10)$ 的概率.

分析 考虑抽取的次序,记事件 $C=\{m$ 个数中最大的数是 $r\}$,$A=\{m$ 个数中最大的数不超过 $r\}$,$B=\{m$ 个数中最大的数不超过 $r-1\}$,则 $C=A-B$,$A\supset B$,$P(C)=P(A)-P(B)$.

解 依题设,样本空间 Ω 所含的样本点数为 A_{10}^m,记事件 $C=\{m$ 个数中最大的数是 $r\}$,$A=\{m$ 个数中最大的数不超过 $r\}$,$B=\{m$ 个数中最大的数不超过 $r-1\}$,A 包含 A_r^m 个样本点,B 包含 A_{r-1}^m 个样本点,于是 $P(A)=\dfrac{A_r^m}{A_{10}^m}$,$P(B)=\dfrac{A_{r-1}^m}{A_{10}^m}$.

又因为 $C=A-B$,$A\supset B$,依减法公式,有

$$P(A-B)=P(A)-P(B)=\frac{A_r^m-A_{r-1}^m}{A_{10}^m}.$$

注 $\{m$ 个数中最大的数是 $r\}=\{m$ 个数中最大的数不超过 $r\}-\{m$ 个数中最大的数不超过 $r-1\}=A-B$.依不放回抽样,其中 A 包含 A_r^m 个样本点,B 包含 A_{r-1}^m 个样本点.

评 因为 $P(A)=\dfrac{A_r^m}{A_{10}^m}$,$P(B)=\dfrac{A_{r-1}^m}{A_{10}^m}$,故将所求概率转化为差事件的概率更易求解.实际上,若不考虑抽取的先后次序,$P(A-B)=\dfrac{C_r^m-C_{r-1}^m}{C_{10}^m}$.

议 将本例的"不放回"改为"有放回",其他条件不变,则这 m 个数中最大的数是 $r(1\leqslant m<r\leqslant 10)$ 的概率为 $P(A-B)=P(A)-P(B)=\dfrac{r^m}{10^m}-\dfrac{(r-1)^m}{10^m}$.

例 1.4.4 从 $1\sim 9$ 这 9 个数中有放回地任取一数,连取 n 次,试求取出的 n 个数的乘积能被 10 整除的概率.

分析 记事件 $C=\{$取出的 n 个数的乘积能被 10 整除$\}$,$A=\{$取出的 n 个数中至少有一个偶数$\}$,$B=\{$取出的 n 个数中至少有一个 5$\}$,则 $C=AB$,依概率的性质及德摩根律,有

$$P(C)=P(AB)=1-P(\overline{AB})=1-P(\overline{A}\cup\overline{B}).$$

解 依题设,样本空间 Ω 所含的样本点数为 9^n,记事件 $C=\{$取出的 n 个数的乘积能被 10 整除$\}$,$A=\{$取出的 n 个数中至少有一个偶数$\}$,$B=\{$取出的 n 个数中至少有一个 5$\}$,则

$C=AB$,依概率的性质及德摩根律,有

$$P(C)=P(AB)=1-P(\overline{AB})=1-P(\overline{A}\bigcup\overline{B})=1-P(\overline{A})-P(\overline{B})+P(\overline{AB})$$

$$=1-\frac{5^n}{9^n}-\frac{8^n}{9^n}+\frac{4^n}{9^n}.$$

注　依放回抽样,$P(\overline{A})=\dfrac{5^n}{9^n}$,$P(\overline{B})=\dfrac{8^n}{9^n}$,$P(\overline{AB})=\dfrac{4^n}{9^n}$.

评　因为 $P(\overline{A}\bigcup\overline{B})$ 更易求,依概率的性质及德摩根律,将所求概率转化为已知概率. 试比较例 1.4.1 的解法.

例 1.4.5　从 $0,1,\cdots,9$ 这 10 个整数中,任取 n 个不同的数,求这 n 个数的乘积能被 10 整除的概率.

分析　要使"n 个数的乘积能被 10 整除",必须满足"取出的 n 个数中含 0 或者含偶数和 5",可依 n 的取值范围分情形讨论.

解　依题设,样本空间 Ω 所含的样本点总数为 C_{10}^n,记事件 $A_n=\{$取出的 n 个数的乘积能被 10 整除$\}$,显然 $1\leqslant n\leqslant10$.

当 $n=1$ 时,只取一个整数当且仅当该数是 0 时,可以被 10 整除,于是 $P(A_1)=\dfrac{1}{10}$.

当 $n=10$ 时,所有整数全部取出,显然它们的乘积可被 10 整除,于是 $P(A_{10})=1$.

当 $2\leqslant n\leqslant9$ 时,记事件 $B_n=\{$所取的 n 个数中包含数 0 且其乘积能被 10 整除$\}$,$D_n=\{$所取的 n 个数中不包含数 0 且其乘积能被 10 整除$\}$,所以 $A_n=B_n\bigcup D_n$,$B_nD_n=\varnothing$.依概率的性质,有 $P(A_n)=P(B_n)+P(D_n)$.

因为包含数 0 必能被 10 整除,B_n 含 C_9^{n-1} 种取法,因此 $P(B_n)=\dfrac{C_9^{n-1}}{C_{10}^n}$.

(1) 当 $2\leqslant n\leqslant5$ 时,$D_n=\{$所取的 n 个数含 5 和至少含一个非零偶数$\}$,D_n 含 $C_1^1(C_8^{n-1}-C_4^{n-1})$ 个样本点,其中 C_8^{n-1} 意指在 $1,2,3,4,6,7,8,9$ 中任取 $n-1$ 个,C_4^{n-1} 意指在 $1,3,7,9$ 中任取 $n-1$ 个,于是 $P(D_n)=\dfrac{C_1^1(C_8^{n-1}-C_4^{n-1})}{C_{10}^n}$,依题设,有

$$P(A_n)=P(B_n)+P(D_n)=\frac{C_9^{n-1}}{C_{10}^n}+\frac{C_1^1(C_8^{n-1}-C_4^{n-1})}{C_{10}^n}=\frac{C_9^{n-1}+C_8^{n-1}-C_4^{n-1}}{C_{10}^n}.$$

(2) 当 $6\leqslant n\leqslant9$ 时,$1\sim9$ 中只有 5 个奇数,所以取出的 n 个数中必包含偶数. 则 D_n 含 $C_1^1C_8^{n-1}$ 个样本点,于是 $P(D_n)=\dfrac{C_1^1C_8^{n-1}}{C_{10}^n}$,则

$$P(A_n)=P(B_n)+P(D_n)=\frac{C_9^{n-1}}{C_{10}^n}+\frac{C_1^1C_8^{n-1}}{C_{10}^n}=\frac{C_9^{n-1}+C_8^{n-1}}{C_{10}^n}.$$

综上所述,有

$$P(A_n)=\begin{cases}\dfrac{1}{10}, & n=1,\\[2mm]\dfrac{C_9^{n-1}+C_8^{n-1}-C_4^{n-1}}{C_{10}^n}, & 2\leqslant n\leqslant5,\\[2mm]\dfrac{C_9^{n-1}+C_8^{n-1}}{C_{10}^n}, & 6\leqslant n\leqslant9,\\[2mm]1, & n=10.\end{cases}$$

注 当 $2 \leqslant n \leqslant 9$ 时，B_n 包含样本点数为 C_9^{n-1}，D_n 包含样本点数为 $\begin{cases} C_1^1(C_8^{n-1} - C_4^{n-1}), & 2 \leqslant n \leqslant 5, \\ C_1^1 C_8^{n-1}, & 6 \leqslant n \leqslant 9. \end{cases}$

评 为更方便求概率，对所抽取的整数的个数 n 分情形讨论，比如

当 $n=1$ 时，$P(A_1) = \dfrac{1}{10}$；当 $n=10$ 时，$P(A_{10}) = 1$；

当 $2 \leqslant n \leqslant 9$ 时，引入事件 B_n, D_n，则 $A_n = B_n \bigcup D_n$，$B_n D_n = \varnothing$.

议 比较例 1.4.4，可取多个"0"，解法复杂许多.

习题 1-4

1. 从 12 个编号为 $1 \sim 12$ 的球中任取一球，求下述事件的概率：
(1) 取到的球的号码能被 2 或 3 整除；(2) 取到的球的号码能被 2 或 3 或 5 整除.

2. 从数字 $1, 2, \cdots, 9$ 中任取三个不同的数字，求三个数字中不含 2 或不含 3 的概率.

3. $2m$ 名学生来自 m 个不同的班级，每班 2 名，现让他们随机坐成一排，试求同班的两人不都相邻的概率.

4. 在某城市居民中，共发行三种报纸 A, B, C，订报纸 A 的概率为 45%，订报纸 B 的概率为 35%，订报纸 C 的概率为 30%；同时订购 A, B 的概率为 8%，同时订购 A, C 的概率为 5%，同时订购 B, C 的概率为 10%；同时订购 A, B, C 的概率为 3%，试求下述事件的概率：

(1) 只订购 A；　　　　　　(2) 只订购 A 及 B；
(3) 只订购一种报纸；　　　　(4) 恰订购两种报纸；
(5) 至少订购一种报纸；　　　(6) 不订购任何报纸.

5. 如图 1-6 所示，三个系统 Ⅰ，Ⅱ，Ⅲ 正常工作的概率分别为 p_1, p_2, p_3，$A_j (j = 1, 2, \cdots, 7)$ 表示第 j 个部件正常工作，试用 $A_j (j = 1, 2, \cdots, 7)$ 表示 p_1, p_2, p_3.

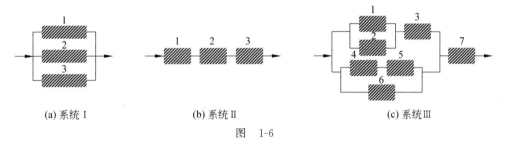

(a) 系统 Ⅰ　　　　　　　(b) 系统 Ⅱ　　　　　　　(c) 系统 Ⅲ

图　1-6

1.5　条件概率与乘法公式

一、内容要点与评注

条件概率 设随机事件 A, B，且 $P(B) > 0$，则称 $P(A \mid B) = \dfrac{P(AB)}{P(B)}$ 为在事件 B 已发生的条件下事件 A 发生的条件概率.

条件概率具有概率的一切性质　设 A,B,A_1,A_2 是事件,且 $P(B)>0$.

(1) $0 \leqslant P(A|B) \leqslant 1$；

(2) $P(\Omega|B)=1$, $P(\varnothing|B)=0$；

(3) $P(\overline{A}|B)=1-P(A|B)$；

(4) $P(A_1 \bigcup A_2|B)=P(A_1|B)+P(A_2|B)-P(A_1A_2|B)$.

注　(1) $P(A)$ 与 $P(A|B)$ 不能混为一谈. $P(A)$ 就是 A 发生的概率, $P(A|B)$ 是在事件 B 已发生的条件下事件 A 发生的条件概率,即 $P(A|B)$ 应在缩小的样本空间 $\Omega \bigcap B$ 上实施计算,或者可在 Ω 上分别计算 $P(AB)$, $P(B)$,再求 $P(A|B)=\dfrac{P(AB)}{P(B)}$.

(2) $P(AB)$ 与 $P(A|B)$ 不能混为一谈. $P(AB)$ 是 A 和 B 同时发生的概率, $P(A|B)$ 是在事件 B 已发生的条件下事件 A 发生的条件概率.

乘法公式

对于两个事件 A_1,A_2,当 $P(A_1)>0$ 时,依条件概率的定义,有
$$P(A_1A_2)=P(A_2|A_1)P(A_1).$$

对于三个事件 A_1,A_2,A_3,当 $P(A_1A_2)>0$ 时,有 $P(A_1) \geqslant P(A_1A_2)>0$,于是
$$P(A_1A_2A_3)=P(A_3|A_1A_2)P(A_2|A_1)P(A_1).$$

对于 n 个事件 $A_1,A_2,\cdots,A_{n-1},A_n$,当 $P(A_1A_2\cdots A_{n-2}A_{n-1})>0$ 时,因为 $A_1 \supseteq A_1A_2 \supseteq \cdots \supseteq A_1A_2\cdots A_{n-1}$,所以
$$P(A_1) \geqslant P(A_1A_2) \geqslant \cdots \geqslant P(A_1A_2\cdots A_{n-2}) \geqslant P(A_1A_2\cdots A_{n-2}A_{n-1})>0,$$
于是
$$
\begin{aligned}
P(A_1A_2\cdots A_{n-1}A_n) &= P(A_n|A_1A_2\cdots A_{n-1})P(A_1A_2\cdots A_{n-1}) \\
&= P(A_n|A_1A_2\cdots A_{n-1})P(A_{n-1}|A_1A_2\cdots A_{n-2})P(A_1A_2\cdots A_{n-2}) \\
&\qquad \vdots \\
&= P(A_n|A_1A_2\cdots A_{n-1})P(A_{n-1}|A_1A_2\cdots A_{n-2})\cdots \\
&\qquad P(A_3|A_1A_2)P(A_2|A_1)P(A_1).
\end{aligned}
$$

二、典型例题

例 1.5.1　已知 $P(\overline{A})=0.4$, $P(B)=0.4$, $P(A\overline{B})=0.5$,求条件概率 $P(B|A \bigcup \overline{B})$.

分析　依条件概率的定义, $P(B|A \bigcup \overline{B})=\dfrac{P(B(A \bigcup \overline{B}))}{P(A \bigcup \overline{B})}=\dfrac{P(AB)}{P(A \bigcup \overline{B})}$.

解　依概率的性质,有
$$0.5=P(A\overline{B})=P(A)-P(AB)=1-P(\overline{A})-P(AB)=0.6-P(AB),$$
解之得 $P(AB)=0.1$.依加法公式,有
$$P(A \bigcup \overline{B})=P(A)+P(\overline{B})-P(A\overline{B})=1-P(\overline{A})+1-P(B)-P(A\overline{B})=0.7.$$
依条件概率的定义,有
$$P(B|A \bigcup \overline{B})=\frac{P(B(A \bigcup \overline{B}))}{P(A \bigcup \overline{B})}=\frac{P((AB) \bigcup (B\overline{B}))}{P(A \bigcup \overline{B})}=\frac{P(AB)}{0.7}=\frac{0.1}{0.7}=\frac{1}{7}.$$

注　$P(A\overline{B})=P(A)-P(AB)$.

评 先找到解题思路,$P(B|A\bigcup\overline{B})=\dfrac{P(B(A\bigcup\overline{B}))}{P(A\bigcup\overline{B})}=\dfrac{P(AB)}{P(A\bigcup\overline{B})}$,再求分子和分母.

例 1.5.2 为防止意外,矿井内同时装有两种报警系统.系统Ⅰ和系统Ⅱ单独使用时,有效的概率分别为 0.90 和 0.95,在系统Ⅰ失灵的条件下,系统Ⅱ仍有效的概率为 0.85,求:

(1) 系统Ⅰ和系统Ⅱ都有效的概率;　　(2) 系统Ⅱ失灵而系统Ⅰ有效的概率;

(3) 在系统Ⅱ失灵的条件下,系统Ⅰ仍有效的概率.

分析 记事件 $A=\{$系统Ⅰ有效$\}$,$B=\{$系统Ⅱ有效$\}$,依概率的性质,有

(1) $P(AB)=P(B)-P(\overline{A}B)=P(B)-P(B|\overline{A})P(\overline{A})$;(2) $P(A\overline{B})=P(A)-P(AB)$;

(3) $P(A|\overline{B})=\dfrac{P(A\overline{B})}{P(\overline{B})}$.

解 记事件 $A=\{$系统Ⅰ有效$\}$,$B=\{$系统Ⅱ有效$\}$,依题设,有
$$P(A)=0.90,\quad P(B)=0.95,\quad P(B|\overline{A})=0.85.$$

(1) 依概率的性质及乘法公式,有
$$P(AB)=P(B)-P(\overline{A}B)=P(B)-P(B|\overline{A})P(\overline{A})$$
$$=P(B)-P(B|\overline{A})(1-P(A))=0.95-0.85\times0.10=0.865.$$

(2) 由(1)及概率的性质,有 $P(A\overline{B})=P(A)-P(AB)=0.90-0.865=0.035.$

(3) 由(2)及条件概率的定义,有 $P(A|\overline{B})=\dfrac{P(A\overline{B})}{P(\overline{B})}=\dfrac{0.035}{0.05}=0.70.$

注 依概率的性质及乘法公式:
$$P(AB)=P(B)-P(\overline{A}B)=P(B)-P(B|\overline{A})P(\overline{A}).$$

评 本例所求的概率环环相扣:
$$P(AB)\Rightarrow P(A\overline{B})\Rightarrow P(A|\overline{B}).$$

例 1.5.3 在数集 $\{1,2,\cdots,100\}$ 中随机地取一个数,已知取到的数不能被 2 整除,求它能被 3 或 5 整除的概率.

分析 记事件 $A_k=\{$取到的数能被 k 整除$\}$($k=2,3,5$),所求的概率为
$$P(A_3\bigcup A_5|\overline{A_2})=\frac{P((A_3\bigcup A_5)\overline{A_2})}{P(\overline{A_2})}=\frac{P(A_3\overline{A_2})+P(A_5\overline{A_2})-P(A_3A_5\overline{A_2})}{1-P(A_2)}.$$

解 记事件 $A_k=\{$取到的数能被 k 整除$\}$($k=2,3,5$),依题设,有
$$\frac{100}{2}=50,\quad 33<\frac{100}{3}<34,\quad \frac{100}{5}=20,$$
$$16<\frac{100}{6}<17,\quad \frac{100}{10}=10,\quad 6<\frac{100}{15}<7,\quad 3<\frac{100}{30}<4,$$
即
$$P(A_2)=\frac{50}{100},\quad P(A_3)=\frac{33}{100},\quad P(A_5)=\frac{20}{100},$$
$$P(A_2A_3)=\frac{16}{100},\quad P(A_2A_5)=\frac{10}{100},\quad P(A_3A_5)=\frac{6}{100},\quad P(A_2A_3A_5)=\frac{3}{100}.$$
依概率的性质,有
$$P(A_3\overline{A_2})=P(A_3)-P(A_3A_2)=\frac{33}{100}-\frac{16}{100}=\frac{17}{100},$$

$$P(A_5\overline{A_2})=P(A_5)-P(A_5A_2)=\frac{20}{100}-\frac{10}{100}=\frac{10}{100},$$

$$P(A_3A_5\overline{A_2})=P(A_3A_5)-P(A_3A_5A_2)=\frac{6}{100}-\frac{3}{100}=\frac{3}{100}.$$

依条件概率的定义、概率的运算规则和加法公式,有

$$P(A_3\bigcup A_5\mid\overline{A_2})=\frac{P((A_3\bigcup A_5)\overline{A_2})}{P(\overline{A_2})}=\frac{P(A_3\overline{A_2})+P(A_5\overline{A_2})-P(A_3A_5\overline{A_2})}{P(\overline{A_2})}$$

$$=\frac{\dfrac{17}{100}+\dfrac{10}{100}-\dfrac{3}{100}}{\dfrac{1}{2}}=\frac{12}{25}.$$

注　$\dfrac{100}{2}=50$ 表明数集 $\{1,2,\cdots,100\}$ 中能被 2 整除的数有 50 个,因此 $P(A_2)=\dfrac{50}{100}.$
其他情形同理.

评　本例解法的关键是思路:

$$P(A_3\bigcup A_5\mid\overline{A_2})=\frac{P((A_3\bigcup A_5)\overline{A_2})}{P(\overline{A_2})}=\frac{P(A_3\overline{A_2})+P(A_5\overline{A_2})-P(A_3A_5\overline{A_2})}{1-P(A_2)},$$

其中 $P(A_3A_5\overline{A_2})=P(A_3A_5)-P(A_3A_5A_2).$ $P(A_3\overline{A_2})$,$P(A_5\overline{A_2})$ 同理可求.

例 1.5.4　把字母 M,A,X,A,M 分开写在 5 张卡片上,每卡一字,充分混合后重新排列,求正好顺序为 MAXAM 的概率.

分析　将依次取到字母 M,A,X,A,M 分别记为事件 $A_i(i=1,2,3,4,5)$,再依乘法公式
$$P(A_1A_2A_3A_4A_5)=P(A_5\mid A_1A_2A_3A_4)P(A_4\mid A_1A_2A_3)P(A_3\mid A_1A_2)P(A_2\mid A_1)P(A_1).$$

解　记事件 $A_1=\{$第 1 次抽得字母 M$\}$,$A_2=\{$第 2 次抽得字母 A$\}$,$A_3=\{$第 3 次抽得字母 X$\}$,$A_4=\{$第 4 次抽得字母 A$\}$,$A_5=\{$第 5 次抽得字母 M$\}$,依题设,有

$$P(A_1)=\frac{2}{5},\quad P(A_2\mid A_1)=\frac{2}{4},\quad P(A_3\mid A_1A_2)=\frac{1}{3},$$

$$P(A_4\mid A_1A_2A_3)=\frac{1}{2},\quad P(A_5\mid A_1A_2A_3A_4)=1,$$

依乘法公式,有
$$P(A_1A_2A_3A_4A_5)=P(A_5\mid A_1A_2A_3A_4)P(A_4\mid A_1A_2A_3)P(A_3\mid A_1A_2)P(A_2\mid A_1)P(A_1)$$

$$=1\times\frac{1}{2}\times\frac{1}{3}\times\frac{2}{4}\times\frac{2}{5}=\frac{1}{30}.$$

注　在利用乘法公式时,等式右端各条件事件可依事件发生的先后选定.

评　乘法公式诠释了求多个事件积事件概率的方法.

例 1.5.5　甲给乙打电话,但忘记了电话号码的最后 1 位数字,因而随机拨号,如果拨完整个电话号码算完成 1 次拨号,并假设乙的电话不占线,求:

(1) 直到第 k 次才拨通乙的电话的概率;　　(2) 不超过 k 次而拨通乙的电话的概率.

分析　记事件 $A_k=\{$第 k 次拨通乙的电话$\}$,$B_k=\{$直到第 k 次才拨通乙的电话$\}$,$C_k=\{$不超过 k 次拨通乙的电话$\}$,则 $B_k=\overline{A_1}\ \overline{A_2}\cdots\overline{A_{k-1}}A_k$,$C_k=A_1\bigcup\overline{A_1}A_2\bigcup\cdots\bigcup\overline{A_1}\ \overline{A_2}\cdots$
$\overline{A_{k-1}}A_k$,$k=1,2,\cdots,10$,再依乘法公式求解.

解 （1）记事件 $A_k=\{$第 k 次拨通乙的电话$\}$，$B_k=\{$直到第 k 次才拨通乙的电话$\}$，则 $B_k=\overline{A_1}\,\overline{A_2}\cdots\overline{A_{k-1}}A_k,k=1,2,\cdots,10$，依题设，有

$$P(\overline{A_1})=\frac{9}{10},\quad P(\overline{A_2}\mid\overline{A_1})=\frac{8}{9},\quad P(\overline{A_3}\mid\overline{A_1}\,\overline{A_2})=\frac{7}{8},\cdots,$$

$$P(\overline{A_{k-1}}\mid\overline{A_1}\,\overline{A_2}\cdots\overline{A_{k-2}})=\frac{10-k+1}{10-k+2},\quad P(A_k\mid\overline{A_1}\,\overline{A_2}\cdots\overline{A_{k-1}})=\frac{1}{10-k+1}.$$

依乘法公式，有

$$P(B_k)=P(\overline{A_1}\,\overline{A_2}\cdots\overline{A_{k-1}}A_k)=P(A_k\mid\overline{A_1}\,\overline{A_2}\cdots\overline{A_{k-1}})P(\overline{A_{k-1}}\mid\overline{A_1}\,\overline{A_2}\cdots\overline{A_{k-2}})\cdots$$
$$P(\overline{A_3}\mid\overline{A_1}\,\overline{A_2})P(\overline{A_2}\mid\overline{A_1})P(\overline{A_1})$$

$$=\frac{1}{10-k+1}\cdot\frac{10-k+1}{10-k+2}\cdots\frac{8}{9}\cdot\frac{9}{10}=\frac{1}{10}.$$

（2）由（1）知，$P(B_k)=\frac{1}{10}$ 与 k 无关，于是

$$P(A_1)=P(\overline{A_1}A_2)=P(\overline{A_1}\,\overline{A_2}A_3)=\cdots=P(\overline{A_1}\,\overline{A_2}\cdots\overline{A_{k-1}}A_k)=\frac{1}{10}.$$

记事件 $C_k=\{$不超过 k 次拨通乙的电话$\}$，则 $C_k=A_1\cup\overline{A_1}A_2\cup\cdots\cup\overline{A_1}\,\overline{A_2}\cdots\overline{A_{k-1}}A_k$，这是互斥事件的并，依有限可加性，有

$$P(C_k)=P(A_1)+P(\overline{A_1}A_2)+\cdots+P(\overline{A_1}\,\overline{A_2}\cdots\overline{A_{k-1}}A_k)=\underbrace{\frac{1}{10}+\frac{1}{10}+\cdots+\frac{1}{10}}_{k\uparrow}=\frac{k}{10}.$$

注 注意区别下述事件：

$A_k=\{$第 k 次拨通乙的电话$\}$，$B_k=\{$直到第 k 次才拨通乙的电话$\}$，$C_k=\{$不超过 k 次拨通乙的电话$\}$.

评 依乘法公式求多个事件积事件的概率时，依事件发生的先后设置各条件事件的方法值得借鉴. 比如

$$P(B_k)=P(\overline{A_1}\,\overline{A_2}\cdots\overline{A_{k-1}}A_k)=P(A_k\mid\overline{A_1}\,\overline{A_2}\cdots\overline{A_{k-1}})P(\overline{A_{k-1}}\mid\overline{A_1}\,\overline{A_2}\cdots\overline{A_{k-2}})\cdots$$
$$P(\overline{A_3}\mid\overline{A_1}\,\overline{A_2})P(\overline{A_2}\mid\overline{A_1})P(\overline{A_1}).$$

习题 1-5

1. 已知 $P(A)=0.6$，$P(AB)=0.5$，求条件概率 $P(A\mid\overline{A}\cup B)$.

2. 以往的资料表明，某 3 口之家，患某种传染病的概率有以下规律：

$P\{$孩子得病$\}=0.6$，$P\{$父亲得病$\mid$孩子得病$\}=0.4$，$P\{$母亲得病$\mid$父亲及孩子得病$\}=0.5$，求父亲及孩子得病但母亲未得病的概率.

3. 某人忘记了电话号码的最后一个数字，因而随意选拨，求：

（1）拨号不超过 3 次拨对电话号码的概率；

（2）如果已知最后一个数字是奇数，则拨号不超过 3 次拨对电话号码的概率.

4. 袋中有 3 个白球和 2 个黑球，甲、乙两人轮流从袋中每次取 1 个球，由甲先取，取出白球不再放回，直到取出黑球为止，求各人先取到黑球的概率.

5. 一盒中装有 4 个白球，8 个黑球，从中取 3 个球，每次一个，作不放回抽样，求：

(1) 第 1 次和第 3 次都取到白球的概率；

(2) 在第 1 次取到白球的条件下,前 3 次都取到白球的概率.

1.6 全概率公式与贝叶斯公式

一、内容要点与评注

划分 设随机试验 E 的样本空间为 Ω, B_1, B_2, $\cdots$, B_n(或者 B_1, B_2, B_3, $\cdots$)为随机事件,如果满足:

(1) $B_i B_j = \varnothing$, $i \neq j$, $i,j = 1,2,\cdots,n$(或者 $i \neq j$; $i,j = 1,2,3,\cdots$),

(2) $\bigcup\limits_{i=1}^{n} B_i = \Omega$(或者 $\bigcup\limits_{i=1}^{\infty} B_i = \Omega$),则称 B_1, B_2, $\cdots$, B_n(或者 B_1, B_2, B_3, $\cdots$)为 Ω 的一个**划分**,也称为 Ω 的一个**完备事件组**(或者**可列完备事件组**).

全概率公式 设随机试验 E 的样本空间为 Ω, B_1, B_2, $\cdots$, B_n(或者 B_1, B_2, B_3, $\cdots$)为 Ω 的一个划分,$P(B_i) > 0$, $i = 1,2,\cdots,n$(或者 $i = 1,2,3,\cdots$),A 为 E 的任一事件,则有

$$P(A) = \sum_{i=1}^{n} P(A \mid B_i) P(B_i) \left(\text{或者 } P(A) = \sum_{i=1}^{\infty} P(A \mid B_i) P(B_i) \right).$$

注 (1)利用全概率公式求概率的关键是依题设选定一个划分,且等式右端的概率及条件概率可已知.

(2) 只要 $A \subset \bigcup\limits_{i=1}^{n} B_i$,其中 $B_i B_j = \varnothing$ $(i \neq j$; $i,j = 1,2,\cdots,n)$,或者 $A \subset \bigcup\limits_{i=1}^{\infty} B_i$,其中 $B_i B_j = \varnothing$ $(i \neq j$; $i,j = 1,2,3,\cdots)$,则全概率公式成立.

贝叶斯公式 设随机试验 E 的样本空间为 Ω, B_1, B_2, $\cdots$, B_n(或者 B_1, B_2, B_3, $\cdots$)为 Ω 的一个完备事件组(或者可列完备事件组),$P(B_i) > 0$, $i = 1,2,\cdots,n$(或者 $i = 1,2,3,\cdots$),A 为任一事件,且 $P(A) > 0$,则

$$P(B_i \mid A) = \frac{P(AB_i)}{P(A)} = \frac{P(A \mid B_i) P(B_i)}{\sum\limits_{i=1}^{n} P(A \mid B_i) P(B_i)},$$

或者

$$P(B_i \mid A) = \frac{P(AB_i)}{P(A)} = \frac{P(A \mid B_i) P(B_i)}{\sum\limits_{i=1}^{\infty} P(A \mid B_i) P(B_i)}.$$

注 构成完备事件组的每个事件 B_i 的发生,都有可能导致 A 的发生,故可视 B_i 为引起 A 发生的"原因事件",A 视为"结果事件",$P(B_i)(i = 1,2,\cdots)$ 称为**先验概率**,往往在试验之前就已知.$P(B_i|A)(i = 1,2,\cdots)$ 称为**后验概率**,它反映了试验后对各种"原因"的可能性大小的探究.可依后验概率做出贝叶斯决策.

二、典型例题

例 1.6.1 设甲袋中有 2 个白球和 3 个红球,乙袋中有 4 个白球和 2 个红球,今从甲袋中任取 2 个球放入乙袋中,再从乙袋中任取一球.

（1）求从乙袋中取出的一球是白球的概率；

（2）若已知从乙袋中取出的一球是白球，求从甲袋中取出放入乙袋中的 2 个球都为白球的概率.

分析 先从甲袋取出的 2 个球有三种可能：2 个白球，1 个红球和 1 个白球，2 个红球，可组成一个完备事件组，依全概率公式和贝叶斯公式求概率.

解 记事件 $B_1=\{$先从甲袋中取出的两球都为白球$\}$，$B_2=\{$先从甲袋中取出的两球为一白一红$\}$，$B_3=\{$先从甲袋中取出的两球都为红球$\}$，$A=\{$再从乙袋中取出的一球为白球$\}$，依题设，有

$$P(B_1)=\frac{C_2^2}{C_5^2}=\frac{1}{10}, \quad P(B_2)=\frac{C_2^1 C_3^1}{C_5^2}=\frac{6}{10}, \quad P(B_3)=\frac{C_3^2}{C_5^2}=\frac{3}{10},$$

$$P(A\mid B_1)=\frac{C_6^1}{C_8^1}=\frac{6}{8}, \quad P(A\mid B_2)=\frac{C_5^1}{C_8^1}=\frac{5}{8}, \quad P(A\mid B_3)=\frac{C_4^1}{C_8^1}=\frac{4}{8}.$$

（1）以 B_1,B_2,B_3 为一个完备事件组，依全概率公式，有

$$P(A)=P(A\mid B_1)P(B_1)+P(A\mid B_2)P(B_2)+P(A\mid B_3)P(B_3)$$
$$=\frac{6}{8}\times\frac{1}{10}+\frac{5}{8}\times\frac{6}{10}+\frac{4}{8}\times\frac{3}{10}=\frac{3}{5}.$$

（2）依贝叶斯公式，有 $P(B_1\mid A)=\dfrac{P(A\mid B_1)P(B_1)}{P(A)}=\dfrac{\frac{6}{8}\times\frac{1}{10}}{\frac{3}{5}}=\dfrac{1}{8}.$

注 依全概率公式的关键是选定完备事件组 B_1,B_2,B_3，将问题"化整为零""分而食之".

评 在结果"A"已发生的条件下，考查原因"B_1"发生的可能性大小，贝叶斯公式的作用在于反探究，求后验概率.

例 1.6.2 送检的两批灯管在运输中各打碎一支，若每批 10 支，而第一批中有一支次品，第二批中有两支次品，现从剩下的灯管中任取一支，求抽得次品的概率.

分析 记事件 $B=\{$抽得次品$\}$，$A=\{$灯管出自第一批$\}$，则 $\bar A=\{$灯管出自第二批$\}$，以 $A,\bar A$ 为一个完备事件组，依全概率公式，$P(B)=P(B\mid A)P(A)+P(B\mid\bar A)P(\bar A)$.

解 记事件 $B=\{$抽得次品$\}$，$A=\{$灯管出自第一批$\}$，则 $\bar A=\{$灯管出自第二批$\}$，显然 $P(A)=\dfrac{1}{2}$，$P(\bar A)=\dfrac{1}{2}$，依题设，有

$$P(B\mid A)=0\times\frac{1}{10}+\frac{1}{9}\times\frac{9}{10}=\frac{1}{10}, \quad P(B\mid\bar A)=\frac{1}{9}\times\frac{2}{10}+\frac{2}{9}\times\frac{8}{10}=\frac{2}{10}.$$

以 $A,\bar A$ 为一个完备事件组，依全概率公式，有

$$P(B)=P(B\mid A)P(A)+P(B\mid\bar A)P(\bar A)=\frac{1}{10}\times\frac{1}{2}+\frac{2}{10}\times\frac{1}{2}=\frac{3}{20}.$$

或者还可利用如下方法：记事件 $A_1=\{$次品，次品$\}$表示第一批打碎的是次品，且第二批打碎的也是次品，其他表示同理，$A_2=\{$次，正$\}$，$A_3=\{$正，次$\}$，$A_4=\{$正，正$\}$，依题设，有

$$P(A_1)=\frac{1}{10}\times\frac{2}{10}=\frac{2}{100}, \quad P(A_2)=\frac{1}{10}\times\frac{8}{10}=\frac{8}{100},$$

$$P(A_3) = \frac{9}{10} \times \frac{2}{10} = \frac{18}{100}, \quad P(A_4) = \frac{9}{10} \times \frac{8}{10} = \frac{72}{100},$$

$$P(B \mid A_1) = \frac{1}{18}, \quad P(B \mid A_2) = \frac{2}{18}, \quad P(B \mid A_3) = \frac{2}{18}, \quad P(B \mid A_4) = \frac{3}{18}.$$

以 A_1, A_2, A_3, A_4 为一个完备事件组,依全概率公式,有

$$P(B) = \sum_{i=1}^{4} P(B \mid A_i) P(A_i) = \frac{1}{18} \times \frac{2}{100} + \frac{2}{18} \times \frac{8}{100} + \frac{2}{18} \times \frac{18}{100} + \frac{3}{18} \times \frac{72}{100} = \frac{3}{20}.$$

注　同一个问题,选定不同的完备事件组,依全概率公式,分别有

$$P(B) = P(B \mid A) P(A) + P(B \mid \overline{A}) P(\overline{A}), P(B) = \sum_{i=1}^{4} P(B \mid A_i) P(A_i).$$

评　依据不同的角度,可选定不同的完备事件组.

完备事件组通常有两种情形:某过程第一步的所有可能事件,或者某先决事件 A 与 $\overline{A}$.

例 1.6.3　设甲、乙两箱产品,其中甲箱有 10 件正品和 5 件次品,乙箱有 12 件正品和 3 件次品,今随机任取一箱,再从中先后依次任取两件产品(不放回),求:(1)两件产品中有一件正品和一件次品的概率;(2)已知后取的产品是次品,则先取的产品是正品的概率.

分析　记事件 $A = \{$取甲箱$\}$,$B = \{$两件产品中有一件正品和一件次品$\}$,$C = \{$先取到的是正品$\}$,$D = \{$后取到的是次品$\}$,依全概率公式,有 $P(B) = P(B \mid A) P(A) + P(B \mid \overline{A}) P(\overline{A})$,$P(CD) = P(CD \mid A) P(A) + P(CD \mid \overline{A}) P(\overline{A})$,$P(\overline{C}) = P(\overline{C} \mid A) P(A) + P(\overline{C} \mid \overline{A}) P(\overline{A})$,$P(C \mid D) = \dfrac{P(CD)}{P(D)}$.

解　(1) 记事件 $A = \{$取甲箱$\}$,$B = \{$两件产品中有一件正品和一件次品$\}$,依题设,$P(A) = P(\overline{A}) = \frac{1}{2}$,且

$$P(B \mid A) = \frac{10}{15} \times \frac{5}{14} + \frac{5}{15} \times \frac{10}{14} = \frac{10}{21}, \quad P(B \mid \overline{A}) = \frac{12}{15} \times \frac{3}{14} + \frac{3}{15} \times \frac{12}{14} = \frac{12}{35},$$

以 $A, \overline{A}$ 为一个划分,依全概率公式,有

$$P(B) = P(B \mid A) P(A) + P(B \mid \overline{A}) P(\overline{A}) = \frac{10}{21} \times \frac{1}{2} + \frac{12}{35} \times \frac{1}{2} = \frac{43}{105}.$$

(2) 记事件 $C = \{$先取到的是正品$\}$,$D = \{$后取到的是次品$\}$,仍以 $A, \overline{A}$ 为一个划分,依全概率公式,有

$$P(CD) = P(CD \mid A) P(A) + P(CD \mid \overline{A}) P(\overline{A}) = \frac{10}{15} \times \frac{5}{14} \times \frac{1}{2} + \frac{12}{15} \times \frac{3}{14} \times \frac{1}{2} = \frac{43}{210},$$

$$P(\overline{C}) = P(\overline{C} \mid A) P(A) + P(\overline{C} \mid \overline{A}) P(\overline{A}) = \frac{5}{15} \times \frac{1}{2} + \frac{3}{15} \times \frac{1}{2} = \frac{4}{15},$$

因抽签和顺序无关,所以 $P(D) = P(\overline{C}) = \frac{4}{15}$,依条件概率的定义,有

$$P(C \mid D) = \frac{P(CD)}{P(D)} = \frac{\dfrac{43}{210}}{\dfrac{4}{15}} = \frac{43}{56}.$$

注　因抽签和顺序无关,所以 $P(D) = P(\overline{C})$,而相对于 $P(D)$,$P(\overline{C})$ 更易求解.

评 以 $A,\overline{A}$ 为一个划分,全概率公式的多样诠释:
$$P(B)=P(B\mid A)P(A)+P(B\mid\overline{A})P(\overline{A}),$$
$$P(\overline{C})=P(\overline{C}\mid A)P(A)+P(\overline{C}\mid\overline{A})P(\overline{A}),$$
$$P(CD)=P(CD\mid A)P(A)+P(CD\mid\overline{A})P(\overline{A}).$$

例 1.6.4 某种产品以 50 件装一箱,如果每箱产品中有 0,1,2,3,4 件次品的概率分别为 0.37,0.37,0.18,0.06,0.02,今从某箱中任取 10 件,经检验有 1 件次品,求该箱产品中次品超过 2 件的概率.

分析 记事件 $H_i=\{$一箱产品中有 i 件次品$\}(i=0,1,2,3,4)$,$A=\{$任取 10 件产品中有 1 件次品$\}$,则所求 $P(H_3\bigcup H_4\mid A)=\dfrac{P((H_3\bigcup H_4)A)}{P(A)}$.

解 记事件 $H_i=\{$一箱产品中有 i 件次品$\}(i=0,1,2,3,4)$,$A=\{$任取 10 件产品中有 1 件次品$\}$,依题设,有
$$P(H_0)=0.37,\quad P(H_1)=0.37,\quad P(H_2)=0.18,\quad P(H_3)=0.06,\quad P(H_4)=0.02,$$
$$P(A\mid H_0)=0,\quad P(A\mid H_1)=\frac{C_1^1 C_{49}^9}{C_{50}^{10}}=\frac{1}{5},\quad P(A\mid H_2)=\frac{C_2^1 C_{48}^9}{C_{50}^{10}}=\frac{16}{49},$$
$$P(A\mid H_3)=\frac{C_3^1 C_{47}^9}{C_{50}^{10}}=\frac{39}{98},\quad P(A\mid H_4)=\frac{C_4^1 C_{46}^9}{C_{50}^{10}}=\frac{26\times38}{49\times47}=\frac{988}{2303}.$$
以 H_0,H_1,H_2,H_3,H_4 为一个完备事件组,依全概率公式,有
$$P(A)=P(A\mid H_0)P(H_0)+P(A\mid H_1)P(H_1)+P(A\mid H_2)P(H_2)+$$
$$P(A\mid H_3)P(H_3)+P(A\mid H_4)P(H_4)$$
$$=0\times0.37+\frac{1}{5}\times0.37+\frac{16}{49}\times0.18+\frac{39}{98}\times0.06+\frac{988}{2303}\times0.02$$
$$=0+0.074+0.0588+0.024+0.0086=0.165.$$
因为事件 $H_3\bigcap H_4=\varnothing$,依加法公式和乘法公式,有
$$P(H_3 A\bigcup H_4 A)=P(H_3 A)+P(H_4 A)=P(A\mid H_3)P(H_3)+P(A\mid H_4)P(H_4)$$
$$=\frac{39}{98}\times0.06+\frac{988}{2303}\times0.02\approx0.033.$$
依贝叶斯公式,有
$$P(H_3\bigcup H_4\mid A)=\frac{P((H_3\bigcup H_4)A)}{P(A)}=\frac{P(H_3 A\bigcup H_4 A)}{P(A)}=\frac{0.033}{0.165}\approx0.197.$$

注 依全概率公式求概率的关键是划分的选取.

评 贝叶斯公式的别样表达:
$$P(H_3\bigcup H_4\mid A)=\frac{P(A\mid H_3)P(H_3)+P(A\mid H_4)P(H_4)}{P(A)},$$
其中 $P(A)=\sum_{i=0}^4 P(A\mid H_i)P(H_i)$.

例 1.6.5 假设有两箱同种零件,第一箱内装 50 件,其中 10 件一等品,第二箱内装 30 件,其中 18 件一等品,现从两箱中随意地挑出一箱,然后从该箱中随机地取出两个零件(取出的零件均不放回),求:

（1）先取出的零件是一等品的概率；

（2）在先取出的零件是一等品的条件下，第二次取出的零件仍是一等品的概率.

【1987 研数四】

分析　（1）记事件 $A_i = \{$取到第 i 箱$\}$ $(i=1,2)$，$B_j = \{$第 j 次取到一等品$\}$ $(j=1,2)$，则

$$P(B_1) = P(B_1 \mid A_1)P(A_1) + P(B_1 \mid A_2)P(A_2).$$

（2）$P(B_2 \mid B_1) = \dfrac{P(B_1 B_2)}{P(B_1)}$，其中

$$P(B_1 B_2) = P(B_1 B_2 \mid A_1)P(A_1) + P(B_1 B_2 \mid A_2)P(A_2).$$

解　记事件 $A_i = \{$取到第 i 箱$\}$ $(i=1,2)$，$B_j = \{$第 j 次取到一等品$\}$ $(j=1,2)$，依题设，有

$$P(A_1) = P(A_2) = \frac{1}{2}, \quad P(B_1 \mid A_1) = \frac{10}{50} = \frac{1}{5}, \quad P(B_1 \mid A_2) = \frac{18}{30} = \frac{3}{5}.$$

（1）以 A_1, A_2 为一个完备事件组，依全概率公式，有

$$P(B_1) = P(B_1 \mid A_1)P(A_1) + P(B_1 \mid A_2)P(A_2) = \frac{1}{5} \times \frac{1}{2} + \frac{3}{5} \times \frac{1}{2} = \frac{2}{5}.$$

（2）依题设，有

$$P(B_1 B_2 \mid A_1) = \frac{9}{49} \times \frac{10}{50} = \frac{9}{245}, \quad P(B_1 B_2 \mid A_2) = \frac{17}{29} \times \frac{18}{30} = \frac{51}{145}.$$

以 A_1, A_2 为一个完备事件组，依全概率公式，有

$$P(B_1 B_2) = P(B_1 B_2 \mid A_1)P(A_1) + P(B_1 B_2 \mid A_2)P(A_2) = \frac{9}{245} \times \frac{1}{2} + \frac{51}{145} \times \frac{1}{2} = \frac{276}{1421}.$$

依条件概率的定义，有 $P(B_2 \mid B_1) = \dfrac{P(B_1 B_2)}{P(B_1)} = \dfrac{\dfrac{276}{1421}}{\dfrac{2}{5}} = \dfrac{690}{1421} = 0.486.$

注　同一划分 A_1, A_2，诠释了不同的概率：

$$P(B_1) = P(B_1 \mid A_1)P(A_1) + P(B_1 \mid A_2)P(A_2),$$
$$P(B_1 B_2) = P(B_1 B_2 \mid A_1)P(A_1) + P(B_1 B_2 \mid A_2)P(A_2).$$

评　条件概率的别样表达：

$$P(B_2 \mid B_1) = \frac{P(B_1 B_2)}{P(B_1)} = \frac{P(B_1 B_2 \mid A_1)P(A_1) + P(B_1 B_2 \mid A_2)P(A_2)}{P(B_1 \mid A_1)P(A_1) + P(B_1 \mid A_2)P(A_2)}.$$

例 1.6.6　甲袋中有 5 个黑球和 1 个白球，乙袋中有 6 个黑球，每次从甲、乙两袋中随机各取 1 个球交换放入另一袋中，这样做了 3 次，求白球出现在甲袋中的概率.

分析　记事件 $A_i = \{$第 i 次交换后白球出现在甲袋中$\}$ $(i=1,2,3)$ 可作为一个划分，以此来求第 $i+1$ 次白球出现在甲袋中的概率.

解　记事件 $A_i = \{$第 i 次交换后白球出现在甲袋中$\}$ $(i=1,2,3)$，依题设，有

$$P(A_1) = \frac{5}{6} \times 1, \quad P(\overline{A_1}) = \frac{1}{6} \times 1, \quad P(A_2 \mid A_1) = \frac{5}{6} \times 1, \quad P(A_2 \mid \overline{A_1}) = 1 \times \frac{1}{6},$$

其中 $P(A_2 \mid \overline{A_1}) = 1 \times \dfrac{1}{6}$ 表示在 $\overline{A_1}$ 发生的条件下，在第 2 轮交换中，甲袋取黑球乙袋取白

球,以 A_1, $\overline{A_1}$ 为一个划分,依全概率公式,有

$$P(A_2)=P(A_2\mid A_1)P(A_1)+P(A_2\mid\overline{A_1})P(\overline{A_1})=\frac{5}{6}\times\frac{5}{6}+\frac{1}{6}\times\frac{1}{6}=\frac{26}{36}=\frac{13}{18},$$

于是 $P(\overline{A_2})=1-P(A_2)=\frac{5}{18}$,同理 $P(A_3\mid A_2)=\frac{5}{6}\times1$,$P(A_3\mid\overline{A_2})=1\times\frac{1}{6}$.

以 A_2, $\overline{A_2}$ 为一个划分,依全概率公式,有

$$P(A_3)=P(A_3\mid A_2)P(A_2)+P(A_3\mid\overline{A_2})P(\overline{A_2})=\frac{5}{6}\times\frac{13}{18}+\frac{1}{6}\times\frac{5}{18}=\frac{35}{54}.$$

注 "划分"有时也可依事件发生的先后次序选定.

评 要求 $P(A_3)$,需以 A_2, $\overline{A_2}$ 为一个划分,而要知 $P(A_2)$,需以 A_1, $\overline{A_1}$ 为一个划分,划分就这样被逐层选定,在环环相扣中发挥作用.

习题 1-6

1. 甲箱中有 4 个红球,3 个黑球;乙箱中有 5 个红球,2 个黑球,现从甲箱中任取 1 个球放入乙箱,再从乙箱中任取 2 个球,求在乙箱中取出的两球颜色相同的概率.

2. 一医生对某种稀有疾病能正确诊断的概率为 0.3,当诊断正确时,患者能治愈的概率为 0.4,若未被正确诊断,患者自然痊愈的概率为 0.1.已知某患者已痊愈,求他被该医生正确诊断的概率.

3. 设有白球与黑球各 4 个,从中任取 4 个放入甲盒,余下的 4 个放入乙盒,然后分别在两盒中各任取 1 个,颜色正好都是黑色,试求放入甲盒的 4 个球中有 3 个白球的概率.

4. 玻璃杯成箱出售,每箱 20 只,假设各箱含 0,1,2 只残次品的概率分别为 0.8,0.1 和 0.1,一顾客欲购一箱玻璃杯,在购买时,售货员随意取一箱,而顾客随机地查看 4 只,若无残次品,则买下该箱,否则退回,试求:

(1) 顾客买下该箱的概率;

(2) 在顾客买下的一箱中,确实没有残次品的概率. 【1988 研数三、四】

5. 连续做某项试验,每次试验只有成功和失败两种结果,已知第 k 次试验成功时,第 $k+1$ 次试验成功的概率为 $\frac{2}{3}$,当第 k 次试验失败时,第 $k+1$ 次试验成功的概率为 $\frac{3}{4}$,且第 1 次试验成功的概率为 $\frac{3}{5}$,试求第 3 次试验成功的概率.

6. 甲乙二人之间经常用 E-mail 相互联系,他们约定在收到对方信件的当天即给回复(即回一个 E-mail).由于线路问题,每 n 份 E-mail 中会有 1 份不能在当天送达收件人,甲在某日发了 1 份 E-mail 给乙,但未在当天收到乙的回复,试求乙在当天收到了甲发给他的 E-mail 的概率.

1.7 事件的独立性

一、内容要点与评注

两个事件相互独立 设事件 A,B,如果满足 $P(AB)=P(A)P(B)$,则称 A,B 相互独立,简称 A,B 独立.

如图 1-7 所示,在几何概型中,向边长为 1 的正方形内随机地投掷一点,记事件 $A=\{$投掷点落入区域 $A\}$,$B=\{$投掷点落入区域 $B\}$,显然

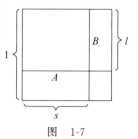

图　1-7

$$P(A)=\frac{1\times s}{1}=s, \quad P(B)=\frac{1\times l}{1}=l, \quad P(AB)=\frac{sl}{1}=sl,$$

则 $P(AB)=P(A)P(B)$,即 A,B 相互独立.

定理 1　设事件 A,B,则 A,B 相互独立的充分必要条件是 $P(B\mid A)=P(B)$ $(P(A)>0)$,或 $P(A\mid B)=P(A)$ $(P(B)>0)$.

定理 2　设事件 A,B,如果 A,B 相互独立,则这三对事件 $\bar{A},B$;$A,\bar{B}$;$\bar{A},\bar{B}$ 均相互独立.

注　四对事件 A,B;$\bar{A},B$;$A,\bar{B}$;$\bar{A},\bar{B}$ 中一对相互独立,则其余三对均相互独立.这是因为,不妨设 $\bar{A},B$ 相互独立,依定理 2,$\overline{(\bar{A})},B$ 相互独立,即 A,B 相互独立,进而 $A,\bar{B}$ 及 $\bar{A},\bar{B}$ 均相互独立.

评　概率为零的事件与任何事件相互独立.这是因为,设 $P(A)=0$,B 是任一事件,依概率的性质,有 $0\leqslant P(AB)\leqslant P(A)=0$,即 $P(AB)=0$,因此 $P(AB)=P(A)P(B)$,即 A,B 相互独立.显然 $\varnothing$ 与任一事件相互独立.

概率为 1 的事件与任何事件独立.这是因为,设 $P(A)=1$,B 是任一事件,则 $P(\bar{A})=0$,故依上述结论知,$\bar{A},B$ 相互独立.再由定理 2 知,A,B 相互独立.显然 Ω 与任一事件相互独立.

议　(1) 当 $P(A)>0$ 且 $P(B)>0$ 时,事件 A 与 B 互斥和 A,B 相互独立至多有一个成立.

① 如果 A 与 B 互不相容,则 A,B 一定不独立.这是因为,由 $AB=\varnothing$,有 $P(AB)=0$,则 $P(AB)\neq P(A)P(B)$,所以 A,B 不相互独立.

② 如果 A,B 相互独立,则 A 与 B 一定相容.这是因为,由 $P(AB)=P(A)P(B)>0$,则 $AB\neq\varnothing$,即 A 与 B 相容.

但是 A 与 B 相容与 A,B 不独立可同时成立.例如,掷一枚均匀的骰子,设 $A=\{2,4,6\}$,$B=\{4,5,6\}$,则 $AB=\{4,6\}\neq\varnothing$,即 A,B 相容,此时

$$P(A)=\frac{1}{2}, \quad P(B)=\frac{1}{2}, \quad P(AB)=\frac{1}{3},$$

于是 $P(AB)\neq P(A)P(B)$,即 A,B 不独立.

(2) 当 $P(A)=0$ 时,A 与任一事件相互独立,而此时 A 与 B 有可能相容,这是因为,①若 $A=\varnothing$,则 $AB=\varnothing$.②在几何概型中,$\Omega=[0,3)$,$A=\{1\}$,$B=[1,2]$,则 $AB=\{1\}\neq\varnothing$.

$P(B)=0$ 的情形同理.

三个事件相互独立　设事件 A,B,C,如果满足下述四个等式:

$$P(AB)=P(A)P(B), \quad P(AC)=P(A)P(C), \quad P(BC)=P(B)P(C),$$
$$P(ABC)=P(A)P(B)P(C),$$

则称 A,B,C 相互独立.

注　(1) 如果只有 $P(AB)=P(A)P(B)$,$P(AC)=P(A)P(C)$,$P(BC)=$

$P(B)P(C)$ 成立,未必有 $P(ABC)=P(A)P(B)P(C)$ 成立.

例如,一个均匀的正四面体,其第一面染成红色,第二面染成白色,第三面染成黑色,而第四面染成红、白、黑三种颜色,现在掷一次该四面体,记事件 $A=\{$着红色面朝下$\}$,$B=\{$着白色面朝下$\}$,$C=\{$着黑色面朝下$\}$,则

$$P(A)=P(B)=P(C)=\frac{1}{2},\quad P(AB)=P(BC)=P(CA)=\frac{1}{4},\quad P(ABC)=\frac{1}{4}.$$

显然 $P(AB)=P(A)P(B)$,$P(BC)=P(B)P(C)$,$P(AC)=P(A)P(C)$,但是 $P(ABC)\neq P(A)P(B)P(C)$,所以 A,B,C 不独立.

如果 A,B,C 只满足定义中的前三个等式,则称 A,B,C **两两相互独立**,简称 A,B,C **两两独立**.

(2) 如果只有 $P(ABC)=P(A)P(B)P(C)$,未必有 A,B,C 两两相互独立成立.

例如,若有一个均匀的正八面体,其第 $1,2,3,4$ 面染上红色,第 $1,2,3,5$ 面染上白色,第 $1,6,7,8$ 面染上黑色,现在掷一次该八面体,记事件 $A=\{$着红色面朝上$\}$,$B=\{$着白色面朝上$\}$,$C=\{$着黑色面朝上$\}$,则

$$P(A)=P(B)=P(C)=\frac{1}{2},\quad P(AB)=\frac{3}{8},\quad P(BC)=P(CA)=P(ABC)=\frac{1}{8}.$$

显然 $P(ABC)=P(A)P(B)P(C)$,但是

$$P(AB)\neq P(A)P(B),\quad P(BC)\neq P(B)P(C),\quad P(AC)\neq P(A)P(C),$$

所以 A,B,C 不独立.

议 (1) 下述各组事件:

$$A,B,C;\ \overline{A},B,C;\ A,\overline{B},C;\ A,B,\overline{C};\ \overline{A},\overline{B},C;\ \overline{A},B,\overline{C};\ A,\overline{B},\overline{C};\ \overline{A},\overline{B},\overline{C},$$

如果其中有一组相互独立,则其余各组也相互独立.

证 设 A,B,C 相互独立,下面要证 $A,\overline{B},\overline{C}$ 相互独立.

因为 A,B,C 相互独立,依定义,A,B;B,C;A,C 相互独立,依定理 2,$A,\overline{B}$;$\overline{B},\overline{C}$;$A,\overline{C}$ 相互独立.又因为

$$
\begin{aligned}
P(A\overline{B}\overline{C})&=P(A\overline{B\bigcup C})=P(A-A(B\bigcup C))\\
&=P(A)-P(AB\bigcup AC)\\
&=P(A)-P(AB)-P(AC)+P(ABC)\\
&=P(A)-P(A)P(B)-P(A)P(C)+P(A)P(B)P(C)\\
&=P(A)(1-P(B))(1-P(C))\\
&=P(A)P(\overline{B})P(\overline{C}),
\end{aligned}
$$

依定义,$A,\overline{B},\overline{C}$ 也相互独立.其他结论同理可证.

(2) 若事件 A,B,C 相互独立,则 AB 与 C 相互独立;$A\bigcup B$ 与 C 相互独立;$A-B$ 与 C 相互独立.这是因为

$$P((AB)C)=P(ABC)=P(A)P(B)P(C)=P(AB)P(C),$$

因此 AB 与 C 相互独立.

$$
\begin{aligned}
P((A\bigcup B)C)&=P(AC\bigcup BC)=P(AC)+P(BC)-P(ABC)\\
&=P(A)P(C)+P(B)P(C)-P(A)P(B)P(C)
\end{aligned}
$$

$$= (P(A) + P(B) - P(A)P(B))P(C)$$
$$= P(A \bigcup B)P(C),$$

因此 $A \bigcup B$ 与 C 相互独立.

$$P((A - B)C) = P(A\overline{B}C) = P(A)P(\overline{B})P(C) = P(A\overline{B})P(C) = P(A - B)P(C),$$

因此 $A - B$ 与 C 相互独立.

　　类似可证,如果三个事件相互独立,则其中任意两个事件的和、差、积以及它们的逆与第三个事件或其逆仍是相互独立的.

　　n 个事件相互独立　设事件 $A_1, A_2, \cdots, A_n (n \geqslant 2)$,如果对任意正整数 $k (1 \leqslant k \leqslant n)$ 及 $i_1, i_2, \cdots, i_k (1 \leqslant i_1 < i_2 < \cdots < i_k \leqslant n)$,有

$$P(A_{i_1} A_{i_2} \cdots A_{i_k}) = P(A_{i_1})P(A_{i_2}) \cdots P(A_{i_k}),$$

则称 $A_1, A_2, \cdots, A_n$ 相互独立.

　　如果 n 个事件 $A_1, A_2, \cdots, A_n$ 中任意两个事件都相互独立,则称 $A_1, A_2, \cdots, A_n$ **两两相互独立**.

　　注　如果 n 个事件 $A_1, A_2, \cdots, A_n$ 相互独立,则其中任意 k 个事件 $A_{i_1}, A_{i_2}, \cdots, A_{i_k}$ 也相互独立.

　　议　如果 n 个事件 $A_1, A_2, \cdots, A_n$ 相互独立,则其中任意 $k (1 \leqslant k \leqslant n)$ 个事件换成逆事件,所得的 n 个事件仍相互独立. 比如 $\overline{A_1}, A_2, \cdots, A_n$,或 $\overline{A_1}, \overline{A_2}, \cdots, A_n$,$\cdots$,或 $\overline{A_1}, \overline{A_2}, \cdots, \overline{A_{n-1}}, A_n$ 仍相互独立. 不仅如此,将它们分成 m 个组后,各组内事件分别经和或差或积或逆等运算后所得的 m 个事件仍相互独立.

　　独立事件的积与和的概率计算.

　　设事件 $A_1, A_2, \cdots, A_n$ 相互独立,则

$$P(A_1 A_2 \cdots A_n) = P(A_1)P(A_2) \cdots P(A_n),$$

$$P(A_1 \bigcup A_2 \bigcup \cdots \bigcup A_n) = 1 - P(\overline{A_1 \bigcup A_2 \bigcup \cdots \bigcup A_n}) = 1 - P(\overline{A_1}\, \overline{A_2} \cdots \overline{A_n})$$
$$= 1 - P(\overline{A_1})P(\overline{A_2}) \cdots P(\overline{A_n}).$$

　　条件独立　设事件 A, B, C,且 $P(C) > 0$,如果满足

$$P(AB \mid C) = P(A \mid C)P(B \mid C),$$

则称 A, B 关于 C 条件独立.

　　议　A, B 相互独立 $\nLeftrightarrow A, B$ 关于 C 条件独立.

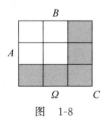

图　1-8

　　如图 1-8 所示,在几何概型中,正方形区域 Ω(由 9 个小方格组成)的面积为 1,其中 A 为 Ω 的第 2 行 3 个小方格所占的区域,B 为 Ω 的第 2 列 3 个小方格所占的区域,C 为 Ω 中灰色区域,现向 Ω 随机地投掷一点,记事件 $A = \{$点落入区域 $A\}$,$B = \{$点落入区域 $B\}$,$C = \{$点落入区域 $C\}$,则 $P(A) = \dfrac{1}{3}$,$P(B) = \dfrac{1}{3}$,$P(AB) = \dfrac{1}{9}$,于是 $P(AB) = P(A) \cdot P(B)$,即 A, B 相互独立.

又因为 $P(AB \mid C) = 0$,$P(A \mid C) = \dfrac{1}{5}$,$P(B \mid C) = \dfrac{1}{5}$,则

$$P(AB \mid C) \neq P(A \mid C)P(B \mid C),$$

即 A，B 关于 C 不是条件独立的.

又如图 1-9 所示，在几何概型中，正方形区域 Ω（由 4 个小方格组成）的面积为 1，记事件 $A=\{\Omega$ 的左 1/4 三角形区域$\}$，$B=\{\Omega$ 的左下 1/4 正方形区域$\}$，$C=\{\Omega$ 的左下 1/2 三角形区域$\}$，现向 Ω 随机地投掷一点，依题设，有

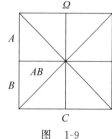

图 1-9

$$P(AB\mid C)=\frac{1}{4}, \quad P(A\mid C)=\frac{1}{2}, \quad P(B\mid C)=\frac{1}{2},$$

则 $P(AB\mid C)=P(A\mid C)P(B\mid C)$，所以 A，B 关于 C 条件独立. 但是

$$P(A)=\frac{1}{4}, \quad P(B)=\frac{1}{4}, \quad P(AB)=\frac{1}{8},$$

则 $P(AB)\neq P(A)P(B)$，所以 A，B 不独立.

二、典型例题

例 1.7.1 考虑 n 次独立试验，设在每次试验中，事件 A 发生的概率均为 $p(0<p<1)$，试证不论 p 多么小，只要不断重复这一试验，事件 A 几乎必然发生.

分析 记事件 $A_k=\{$第 k 次试验中事件 A 发生$\}(k=1,2,\cdots,n)$，则 $A_1,A_2,\cdots,A_n$ 相互独立，

$$P\left(\bigcup_{i=1}^{n}A_i\right)=1-P\left(\overline{\bigcup_{i=1}^{n}A_i}\right)=1-P\left(\bigcap_{i=1}^{n}\overline{A_i}\right)=1-P(\overline{A_1})P(\overline{A_2})\cdots P(\overline{A_n}).$$

解 首先指出，所谓"试验是独立的"意指试验的结果是相互独立的，记事件 $A_k=\{$第 k 次试验中事件 A 发生$\}(k=1,2,\cdots,n)$，$B_n=\{$在 n 次试验中事件 A 发生$\}$，则

$$\begin{aligned}P(B_n)&=P\left(\bigcup_{i=1}^{n}A_i\right)=1-P\left(\overline{\bigcup_{i=1}^{n}A_i}\right)=1-P\left(\bigcap_{i=1}^{n}\overline{A_i}\right)\\&=1-P(\overline{A_1})P(\overline{A_2})\cdots P(\overline{A_n})=1-(1-p)^n.\end{aligned}$$

因为 $0<p<1$，所以 $\lim\limits_{n\to\infty}P(B_n)=\lim\limits_{n\to\infty}(1-(1-p)^n)=1$.

上式表明，不论 p 多么小，只要试验大量重复进行，A 几乎必然发生.

注 因为 $A_1,A_2,\cdots,A_n$ 相互独立，可将独立事件的"和事件"的概率转成"积事件"的概率求解，$P\left(\bigcup_{i=1}^{n}A_i\right)=1-P\left(\overline{\bigcup_{i=1}^{n}A_i}\right)=1-P\left(\bigcap_{i=1}^{n}\overline{A_i}\right)=1-P(\overline{A_1})P(\overline{A_2})\cdots P(\overline{A_n})$.

评 小概率事件通常指概率小于 0.05 的事件，它有两个特点：（1）在一次试验中几乎不可能发生.（2）在大量重复试验中几乎必然发生.

例 1.7.2 设两门高炮独立射击，每门炮击落敌机的概率均为 0.6，求：

（1）两门高炮同时射击一次击落敌机的概率；

（2）欲以 99% 的把握击落敌机，需要多少门高炮齐射？

分析 记事件 $A_k=\{$第 k 门高炮射击一次击落敌机$\}(k=1,2,\cdots,n)$，（1）$P(A_1\bigcup A_2)=1-P(\overline{A_1})P(\overline{A_2})$；（2）设需 n 门炮齐射，则

$$P(A_1\bigcup A_2\bigcup\cdots\bigcup A_n)=1-P(\overline{A_1\bigcup A_2\bigcup\cdots\bigcup A_n})=1-P(\overline{A_1})P(\overline{A_2})\cdots P(\overline{A_n}).$$

解 记事件 $A_k=\{$第 k 门高炮射击一次击落敌机$\}(k=1,2,\cdots,n)$，$B_n=\{n$ 门高炮同

时射击一次击落敌机$\}$,则 $A_1,A_2,\cdots,A_n$ 相互独立.

（1）两门高炮射击一次击落敌机的概率为

$$P(B_2) = P(A_1 \bigcup A_2) = 1 - P(\overline{A_1 \bigcup A_2}) = 1 - P(\overline{A_1}\,\overline{A_2}) = 1 - P(\overline{A_1})P(\overline{A_2}) = 0.84.$$

（2）假设有 n 门高炮齐射,注意到 $A_1,A_2,\cdots,A_n$ 相互独立,则

$$P(B_n) = P(A_1 \bigcup A_2 \bigcup \cdots \bigcup A_n) = 1 - P(\overline{A_1 \bigcup A_2 \bigcup \cdots \bigcup A_n})$$
$$= 1 - P(\overline{A_1})P(\overline{A_2})\cdots P(\overline{A_n}) = 1 - 0.4^n.$$

根据题意,要求 n,使满足 $P(B_n) = 1 - 0.4^n \geqslant 0.99$ 的最小正整数,即

$$0.4^n \leqslant 0.01, n\lg 0.4 \leqslant \lg 0.01 = -2, 解之得 n \geqslant \frac{-2}{\lg 0.4} \approx 5.026,$$

至少需要 6 门高炮齐射.

注 （1）问还有方法：$P(B_2) = P(A_1 \bigcup A_2) = P(A_1) + P(A_2) - P(A_1)P(A_2)$.

评 两门高炮同时射击一次击落敌机的概率为 0.84,若要使概率提高为 99%,则至少需要 6 门高炮.

例 1.7.3 设事件 A,B,且 $0 < P(A) < 1$,证明 $P(B|A) = P(B|\overline{A})$ 是 A,B 相互独立的充分必要条件.

分析 A,B 相互独立 $\Leftrightarrow \overline{A},B$ 相互独立 $\Leftrightarrow P(B|A) = P(B), P(B|\overline{A}) = P(B)$.

证 由题设,$P(B|A), P(B|\overline{A})$ 均存在.

必要性.设 A,B 相互独立,依定理 2,$\overline{A},B$ 相互独立,依定理 1,有

$$P(B|A) = P(B), \quad P(B|\overline{A}) = P(B),$$

故 $P(B|A) = P(B|\overline{A})$.

充分性.设 $P(B|A) = P(B|\overline{A})$,依条件概率的定义,有

$$\frac{P(AB)}{P(A)} = \frac{P(\overline{A}B)}{P(\overline{A})} = \frac{P(B) - P(AB)}{1 - P(A)},$$

去分母整理得 $P(AB) = P(A)P(B)$,故 A,B 相互独立.

注 当 $P(A) > 0$ 时,A,B 相互独立 $\Leftrightarrow P(AB) = P(A)P(B) \Leftrightarrow P(B|A) = P(B)$.

评 如果 $0 < P(A) < 1$,则 A,B 相互独立 $\Leftrightarrow P(B|A) = (B|\overline{A})$.

例 1.7.4 甲、乙两坦克的首发命中率均为 0.9,经修正后的第二发命中率均为 0.95,敌目标被 1 发炮弹击中而被击毁的概率为 0.4,被 2 发炮弹击中而被击毁的概率为 0.7,被 3 发炮弹击中必定击毁,在战斗中,甲、乙两坦克分别向敌目标独立地发射了 2 发炮弹,求敌目标被击毁的概率.

分析 记事件 $C_i = \{$有 i 发炮弹击中目标$\}$ $(i = 0,1,2,3,4)$, $F = \{$目标被击毁$\}$,依全概率公式,$P(F) = \sum\limits_{i=0}^{4} P(F|C_i)P(C_i)$.

解 记事件 $A_k = \{$甲第 k 发炮弹击中目标$\}$ $(k = 1,2)$, $B_j = \{$乙第 j 发炮弹击中目标$\}$ $(j = 1,2)$, $C_i = \{$有 i 发炮弹击中目标$\}$ $(i = 0,1,2,3,4)$, $F = \{$目标被击毁$\}$,依题设,有

$$P(F|C_0) = 0, P(F|C_1) = 0.4, P(F|C_2) = 0.7, P(F|C_3) = 1, P(F|C_4) = 1.$$

依有限可加性及 A_1,A_2,B_1,B_2 相互独立,有

$$P(C_0) = P(\overline{A_1}\,\overline{A_2}\,\overline{B_1}\,\overline{B_2}) = P(\overline{A_1})P(\overline{A_2})P(\overline{B_1})P(\overline{B_2})$$
$$= 0.1 \times 0.05 \times 0.1 \times 0.05 = 0.000025,$$

$$P(C_1) = P((A_1\overline{A_2}\,\overline{B_1}\,\overline{B_2}) \bigcup (\overline{A_1}A_2\overline{B_1}\,\overline{B_2}) \bigcup (\overline{A_1}\,\overline{A_2}B_1\overline{B_2}) \bigcup (\overline{A_1}\,\overline{A_2}\,\overline{B_1}B_2))$$
$$= P(A_1\overline{A_2}\,\overline{B_1}\,\overline{B_2}) + P(\overline{A_1}A_2\overline{B_1}\,\overline{B_2}) + P(\overline{A_1}\,\overline{A_2}B_1\overline{B_2}) + P(\overline{A_1}\,\overline{A_2}\,\overline{B_1}B_2)$$
$$= P(A_1)P(\overline{A_2})P(\overline{B_1})P(\overline{B_2}) + P(\overline{A_1})P(A_2)P(\overline{B_1})P(\overline{B_2}) +$$
$$\quad P(\overline{A_1})P(\overline{A_2})P(B_1)P(\overline{B_2}) + P(\overline{A_1})P(\overline{A_2})P(\overline{B_1})P(B_2)$$
$$= 0.9 \times 0.05 \times 0.1 \times 0.05 + 0.1 \times 0.95 \times 0.1 \times 0.05 +$$
$$\quad 0.1 \times 0.05 \times 0.9 \times 0.05 + 0.1 \times 0.05 \times 0.1 \times 0.95$$
$$= 0.0014,$$
$$P(C_3) = P((A_1A_2B_1\overline{B_2}) \bigcup (A_1A_2\overline{B_1}B_2) \bigcup (A_1\overline{A_2}B_1B_2) \bigcup (\overline{A_1}A_2B_1B_2))$$
$$= P(A_1A_2B_1\overline{B_2}) + P(A_1A_2\overline{B_1}B_2) + P(A_1\overline{A_2}B_1B_2) + P(\overline{A_1}A_2B_1B_2)$$
$$= P(A_1)P(A_2)P(B_1)P(\overline{B_2}) + P(A_1)P(A_2)P(\overline{B_1})P(B_2) +$$
$$\quad P(A_1)P(\overline{A_2})P(B_1)P(B_2) + P(\overline{A_1})P(A_2)P(B_1)P(B_2)$$
$$= 0.9 \times 0.95 \times 0.9 \times 0.05 + 0.9 \times 0.95 \times 0.1 \times 0.95 +$$
$$\quad 0.9 \times 0.05 \times 0.9 \times 0.95 + 0.1 \times 0.95 \times 0.9 \times 0.95$$
$$= 0.2394,$$
$$P(C_4) = P(A_1A_2B_1B_2) = P(A_1)P(A_2)P(B_1)P(B_2) = 0.731025,$$
$$P(C_2) = 1 - P(C_0) - P(C_1) - P(C_3) - P(C_4) = 0.02815.$$

以 C_0, C_1, C_2, C_3, C_4 为一个划分,依全概率公式,有

$$P(F) = P(F|C_0)P(C_0) + P(F|C_1)P(C_1) + P(F|C_2)P(C_2) +$$
$$\quad P(F|C_3)P(C_3) + P(F|C_4)P(C_4)$$
$$= 0 + 0.4 \times 0.0014 + 0.7 \times 0.02815 + 1 \times 0.2394 + 1 \times 0.731025$$
$$= 0.99069.$$

注 依公式 $P(C_2) = 1 - P(C_0) - P(C_1) - P(C_3) - P(C_4)$ 求解 $P(C_2)$ 更快捷.

评 本例划分的选择是关键,不是 A_1, A_2,也不是 B_1, B_2,而是 C_0, C_1, C_2, C_3, C_4,同时事件的独立性贯穿解题过程的始终.

例 1.7.5 要验收 100 件乐器,验收方案如下:自该批乐器中随机地抽取 3 件测试(设 3 件乐器的测试是相互独立的),如果 3 件中至少有一件被测试为音色不纯,则这批乐器就拒绝接收.设一件音色不纯的乐器被测试出来的概率为 0.95,而一件音色纯的乐器被误测为音色不纯的概率为 0.01.如果这批乐器中恰有 4 件是音色不纯的,那么这批乐器被接收的概率是多少?

分析 记事件 $A = \{$这批乐器被接收$\}$,$H_i = \{$随机取出 3 件乐器中恰有 i 件音色不纯$\}$ $(i = 0,1,2,3)$,$P\{3$ 件乐器都被测试为音色纯 | 取出 3 件乐器中恰有 1 件音色不纯$\} = 0.99 \times 0.99 \times 0.05$,其他情形同理,$P(A) = \sum_{i=0}^{3} P(A|H_i)P(H_i)$.

解 记事件 $H_i = \{$随机取出的 3 件乐器中恰有 i 件音色不纯$\}$ $(i = 0,1,2,3)$,$A = \{$这批乐器被接收$\}$,A 发生即抽取的 3 件乐器都被测试为音色是纯的,依测试的独立性,有

$$P(A|H_0) = (0.99)^3, \quad P(A|H_1) = (0.99)^2 \times 0.05,$$

$$P(A \mid H_2) = 0.99 \times (0.05)^2, \quad P(A \mid H_3) = (0.05)^3,$$

$$P(H_0) = \frac{C_{96}^3}{C_{100}^3}, \quad P(H_1) = \frac{C_{96}^2 C_4^1}{C_{100}^3}, \quad P(H_2) = \frac{C_{96}^1 C_4^2}{C_{100}^3}, \quad P(H_3) = \frac{C_4^3}{C_{100}^3}.$$

以 H_0, H_1, H_2, H_3 为一个划分,依全概率公式,有

$$P(A) = \sum_{i=0}^{3} P(A \mid H_i) P(H_i)$$

$$= (0.99)^3 \times 0.8836 + (0.99)^2 \times 0.05 \times 0.1128 + 0.99 \times (0.05)^2 \times 0.0036 + 0$$

$$= 0.8625.$$

注　由测试的独立性,假设 3 件乐器中有一件音色不纯,而测试认为都是音色纯的概率应为 $P(A \mid H_1) = (0.99)^2 \times 0.05 = 0.049005$. 其他情形同理.

评　在事件 $H_i (i = 0, 1, 2, 3)$ 已发生的条件下,测试的结果相互独立.

习题 1-7

1. 设某种福利彩券中有 10% 会中奖,某人为了能以 99% 的把握保证所购买的彩券中至少有一张中奖,他应该购买几张这种福利彩券?

2. 一个枪室里有 10 支枪,其中 6 支经过校正,命中率可达 0.8,另外 4 支尚未校正,命中率仅为 0.4.

(1) 从枪室里任取 1 支枪,独立射击三次,求三次均命中目标的概率;

(2) 从枪室里任取 1 支枪,射击一次,然后放回,如此连续三次,结果三次均命中目标,求取出的 3 支枪中有 2 支是校正过的概率.

3. 将 A, B, C 三个字母之一输入信道,输出为原字母的概率为 α,而输出为其他字母的概率都是 $\dfrac{1-\alpha}{2}$,今将字母串 AAAA,BBBB,CCCC 之一输入信道,输入 AAAA,BBBB,CCCC 的概率分别为 $p_1, p_2, p_3 (p_1 + p_2 + p_3 = 1)$,已知输出为 AACB,问:输入的是 AAAA 的概率是多少?(设信道传输各个字母的工作是相互独立的).

4. 有两箱同类产品,已知第一箱的次品率为 $\dfrac{1}{8}$,第二箱的次品率为 $\dfrac{1}{4}$. 现从任一箱中取出 1 件,发现是次品,将此次品放入原箱,再从该箱中任取 1 件,求此产品为正品的概率.

5. 假设目标出现在射程之内的概率为 0.7,这时射击命中目标的概率为 0.6,试求两次独立射击至少有一次命中目标的概率.

1.8　伯努利概型

一、内容要点与评注

设有 n 次试验,每次试验只有两个结果 A(也称成功)和 $\overline{A}$(也称失败),各次试验的结果相互独立(也称各次试验相互独立),事件 A 在每次试验中出现的概率同为 $P(A) = p$ $(0 < p < 1)$,称这种试验为 n 重伯努利试验,称其相应的概率模型为 n 重伯努利概型.

在 n 重伯努利试验中,记事件 $A_k = \{$事件 A 出现 k 次$\}$ $(k = 0, 1, 2, \cdots, n)$,则

$$P(A_k)=C_n^k p^k (1-p)^{n-k}, \quad k=0,1,2,\cdots,n.$$

实际推断原理　概率接近于 0 的事件,在一次试验中几乎不可能发生,称之为实际上的不可能事件.概率接近于 1 的事件,在一次试验中几乎必然发生,称之为实际上的必然事件.

概率论的反证法　假设某事件的概率为 p,且 p 接近于 0(或 p 接近于 1),现有一种检验方法可以甄别这一假设.如果在一次试验中它就发生了(或它没发生),便可否定原假设.

二、典型例题

例 1.8.1　一次数学考试中,有 10 道选择题,每道题有 4 个答案供选择,其中只有一个答案是正确的,在单凭猜测的情况下,求选对 3 道题的概率.

分析　解答 10 道选择题可视为 10 重伯努利试验,且 $p=\dfrac{1}{4}$.

解　依题设,解答 10 道选择题可视为 $n=10$ 重伯努利试验,记事件 $A=\{$选对题目答案$\}$,$p=P(A)=\dfrac{1}{4}$,记事件 $B_k=\{$选对 k 道题$\}(k=0,1,\cdots,10)$,依伯努利概型概率的计算公式,有 $P(B_3)=C_{10}^3\left(\dfrac{1}{4}\right)^3\left(1-\dfrac{1}{4}\right)^7\approx 0.25$.

注　依伯努利概型概率的计算公式,$P(B_k)=C_{10}^k\left(\dfrac{1}{4}\right)^k\left(1-\dfrac{1}{4}\right)^{10-k}$.

评　完成 10 道选择题,(1) 每道题只有两个结果:"正确"或"不正确",即为伯努利试验.(2) 每道题选对与否相互独立,且选对的可能性同为 $p=\dfrac{1}{4}$,即"独立且重复",因此该试验为 10 重伯努利试验,这是解题的关键.

例 1.8.2　甲、乙两选手比赛,假定每局比赛甲胜的概率为 0.6,乙胜的概率为 0.4,那么采用 3 局 2 胜制还是 5 局 3 胜制对甲更有利?

分析　以 5 局 3 胜制为例,可视为 5 重伯努利试验,且 $p=0.6$.

解　依题设,n 局比赛可视为 n 重伯努利试验,记事件 $A=\{$甲胜$\}$,$p=P(A)=0.6$,可依伯努利概型概率的计算公式.

在 3 局 2 胜制中,如果 2 局甲胜,则 $P\{2$ 局甲连胜$\}=C_2^2\times 0.6^2$;如果 3 局甲胜,则第 3 局甲必胜,而前 2 局甲胜 1 局,则 $P\{$第 3 局甲胜,前 2 局甲胜 1 局$\}=C_2^1\times 0.6\times 0.4\times 0.6$.依有限可加性,有

$$P(A)=C_2^2\times 0.6^2+C_2^1\times 0.6^2\times 0.4\approx 0.648.$$

在 5 局 3 胜制中,如果 3 局甲胜,则 $P\{$甲胜$\}=C_3^3\times 0.6^3$;如果 4 局甲胜,则最后 1 局甲必胜,而前 3 局中甲胜 2 局,同理概率为 $C_3^2\times 0.6^2\times 0.4\times 0.6$;如果 5 局甲胜,则最后 1 局甲必胜,而前 4 局中甲胜 2 局,同理概率为 $C_4^2\times 0.6^2\times 0.4^2\times 0.6$.依有限可加性,有

$$P(A)=C_3^3\times 0.6^3+C_3^2\times 0.6^2\times 0.4\times 0.6+C_4^2\times 0.6^2\times 0.4^2\times 0.6\approx 0.683.$$

相比较而言,在 5 局 3 胜制中,甲胜的概率大,所以 5 局 3 胜制对甲更有利.

注　记事件 $A_k=\{$第 k 局甲胜$\}$,$B_k=\{$第 k 局乙胜$\}(k=1,2,3,4,5)$,则:

在 3 局 2 胜制中,$A=A_1A_2\cup A_1B_2A_3\cup B_1A_2A_3$.

在 5 局 3 胜制中,$A=A_1A_2A_3\cup A_1A_2B_3A_4\cup A_1B_2A_3A_4\cup B_1A_2A_3A_4\cup$

$$A_1A_2B_3B_4A_5 \bigcup A_1B_2A_3B_4A_5 \bigcup A_1B_2B_3A_4A_5 \bigcup$$
$$B_1A_2A_3B_4A_5 \bigcup B_1A_2B_3A_4A_5 \bigcup B_1B_2A_3A_4A_5.$$

评 对于胜率较高的选手,5 局 3 胜制更有利于稳定发挥.

例 1.8.3 甲、乙两人均有 n 枚匀质硬币,指定分值面为正面,全部掷完后分别计算出两人所掷出的正面数,求甲、乙两人掷出的正面数相等的概率.

分析 每人各掷 n 枚硬币,如同各进行 n 重伯努利试验,且 $p = \dfrac{1}{2}$.

解 依题设,甲、乙两人各掷 n 枚匀质硬币,如同各进行 n 重伯努利试验,且 $p = \dfrac{1}{2}$,记事件 $A = \{$甲、乙两人掷出的正面数相等$\}$,$B_k = \{$甲掷 n 枚硬币中出现 k 次正面$\}$,$C_k = \{$乙掷 n 枚硬币中出现 k 次正面$\}$,$k = 0,1,2,\cdots,n$,则 $A = \bigcup\limits_{k=0}^{n} B_k C_k$.

依 n 重伯努利概型概率的计算公式,有

$$P(B_k) = P(C_k) = C_n^k \left(\frac{1}{2}\right)^k \left(1 - \frac{1}{2}\right)^{n-k} = C_n^k \left(\frac{1}{2}\right)^n, \quad k = 0,1,2,\cdots,n.$$

由于 $B_1C_1, B_2C_2, \cdots, B_nC_n$ 两两互斥,且 B_k, C_k 相互独立 $(k = 0,1,2,\cdots,n)$,依有限可加性及事件的独立性,有

$$P(A) = P\left(\bigcup_{k=0}^{n} B_k C_k\right) = \sum_{k=0}^{n} P(B_k C_k) = \sum_{k=0}^{n} P(B_k) P(C_k)$$

$$= \left(\frac{1}{2}\right)^{2n} \sum_{k=0}^{n} (C_n^k)^2 = C_{2n}^n \left(\frac{1}{2}\right)^{2n}.$$

注 因为 $(1+x)^n (1+x)^n = (1+x)^{2n}$,等式两端含 x^n 项的系数相等,即

$$\sum_{k=0}^{n} (C_n^k)^2 = C_n^0 C_n^n + C_n^1 C_n^{n-1} + C_n^2 C_n^{n-2} + \cdots + C_n^n C_n^0 = C_{2n}^n,$$

其中 $C_n^k = C_n^{n-k}, k = 0,1,2,\cdots,n$.

评 依有限可加性及事件的独立性,有

$$P(A) = P\left(\bigcup_{k=0}^{n} B_k C_k\right) = \sum_{k=0}^{n} P(B_k C_k) = \sum_{k=0}^{n} P(B_k) P(C_k).$$

例 1.8.4 已知某种疾病患者在通常情况下治愈率为 0.2. 现在市场上出现一种新药,声称可将治愈率提高到 0.3. 一家医院把这种新药给 10 位患者服用,且决定 10 人中至少有 4 人治愈就购进这种新药供临床使用,反之则拒绝,求:

(1) 新药是有效的,且能把治愈率提高到 0.3,但是通过试验被医院拒绝的概率;

(2) 新药并无更好的疗效,其治愈率仍为 0.2,但是通过试验被医院接收的概率.

分析 10 位患者服药可视为 10 重伯努利试验,(1) $p = 0.3$,要求 $P\{10$ 人中治愈的人数不足 4 人$\}$;(2) $p = 0.2$,要求 $P\{10$ 人中治愈的人数至少有 4 人$\}$.

解 记事件 $A = \{$医院拒绝$\}$,10 位患者服用此药,可视为 10 重伯努利试验.

(1) 设新药的治愈率为 0.3,即 $p = 0.3$,依有限可加性及伯努利概型概率的计算公式,有

$$P(A) = P\{10 \text{ 人中治愈的人数不足 4 人}\} = \sum_{k=0}^{3} C_{10}^k \times 0.3^k \times 0.7^{10-k}$$

$$= C_{10}^0 \times 0.7^{10} + C_{10}^1 \times 0.3 \times 0.7^9 + C_{10}^2 \times 0.3^2 \times 0.7^8 + C_{10}^3 \times 0.3^3 \times 0.7^7$$

$$\approx 0.0282 + 0.1211 + 0.2335 + 0.2668 \approx 0.65.$$

（2）设新药的治愈率仍为 0.2，即 $p = 0.2$，依有限可加性及伯努利概型概率的计算公式，有

$$P(\bar{A}) = P\{10 \text{ 人中治愈的人数至少为 4 人}\} = \sum_{k=4}^{10} C_{10}^k \times 0.2^k \times 0.8^{10-k}$$

$$= 1 - (C_{10}^0 \times 0.8^{10} + C_{10}^1 \times 0.2 \times 0.8^9 + C_{10}^2 \times 0.2^2 \times 0.8^8 + C_{10}^3 \times 0.2^3 \times 0.8^7)$$

$$\approx 1 - (0.1074 + 0.2684 + 0.3020 + 0.2013) \approx 0.12.$$

注 新药有疗效，治愈率 $p = 0.3$，$A = \{10 \text{ 人中治愈的人数不足 4 人}\}$. 治愈意指"成功"，则 $\bar{A}$ 表示 10 重伯努利试验中"成功"至少 4 次.

评 即使新药有更好的疗效，医院拒绝的可能性仍为 0.65，可见医院接收新药的态度是审慎的. 如果新药并无更好的疗效，医院接收的可能性并不大，仅为 0.12.

例 1.8.5 某厂宣称自己产品的合格率超过 98%，检验人员从该厂的产品中抽查 100件，发现至少有 3 件次品，能否据此断定该厂谎报合格率？

分析 抽查 100 件，可视为 100 重伯努利试验. 考查 100 件中至少 3 件次品的概率是否为小概率. 再依实际推断原理推断该厂是否谎报合格率.

解 记事件 $A = \{\text{产品合格}\}$，假设产品的合格率 $p = 0.98$，抽查 100 件产品，可视为 100 重伯努利试验. 依有限可加性及伯努利概型概率的计算公式，有

$$P\{100 \text{ 件产品中至少 3 件次品}\} = P\{100 \text{ 件产品中至多有 97 件正品}\}$$

$$= \sum_{k=0}^{97} C_{100}^k \times 0.98^k \times 0.02^{100-k}$$

$$= 1 - (C_{100}^{100} \times 0.98^{100} + C_{100}^{99} \times 0.98^{99} \times 0.02 + C_{100}^{98} \times 0.98^{98} \times 0.02^2)$$

$$= 1 - 0.1326 - 0.2707 - 0.2734 \approx 0.32,$$

这不是小概率事件，在一次试验中有可能发生，故依实际推断原理，不能据此断定该厂谎报合格率.

注 依实际推断原理，概率接近于 0（概率接近于 1）的事件，在一次试验中几乎不可能发生（几乎一定发生），称之为实际上的不可能事件（实际上的必然事件）.

评 是否谎报合格率，可依实际推断原理，试验一次，即抽查 100 件产品，结果发现至少有 3 件次品，$P\{100 \text{ 件产品中至少 3 件次品}\} = 0.32$，显然不是小概率事件，在一次试验中有可能发生，即没有出现矛盾的结果，因此不能断定该厂谎报合格率.

习题 1-8

1. 某人进行射击，设每次射击的命中率为 0.02，独立射击 400 次，试求至少命中一次的概率.

2. 为了保证设备正常工作，需要配备适当数量的维修人员，设每台设备发生故障的概率为 0.01，各台设备工作情况相互独立. 如果 1 人维修 20 台设备，求设备发生故障不能及时维修的概率.

3. 某店的一个柜台有 3 名售货员，据统计每名售货员平均在 1h 内用秤 20min，各人何时用秤相互独立，若配 3 台秤有些浪费，问柜台上配几台秤较为合适？

4. 假设一厂家生产的每台仪器,以概率 0.7 可以直接出厂,以概率 0.3 需进一步调试,经调试后以概率 0.8 可以出厂,以概率 0.2 定为不合格品不能出厂. 现该厂生产了 $n(n \geqslant 2)$ 台仪器(假设各台仪器的生产过程是相互独立的),求:

(1) 全部能出厂的概率;　　　(2) 其中恰好有两台不能出厂的概率;

(3) 其中至少有两台不能出厂的概率.　　　　　　　　　　【1995 研数三、四】

5. 进行一系列独立试验,每次试验成功的概率均为 p,试求下述事件的概率:

(1) 直到第 r 次试验才成功;

(2) n 次试验中有 $r(1 \leqslant r \leqslant n)$ 次成功, $n-r$ 次失败;

(3) 试验直到第 n 次才取得第 $r(1 \leqslant r \leqslant n)$ 次成功.

1.9　专题讨论

一、利用加法公式求概率

例 1.9.1　在一独立重复试验序列中,每次试验掷一枚骰子两次,求两次点数之和为 5 的结果出现在两次点数之和为 7 的结果之前的概率.

分析　{出现点数之和为 5}={(1,4),(2,3),(3,2),(4,1)},{出现点数之和为 7}={(1,6),(2,5),(3,4),(4,3),(5,2),(6,1)}. 在{出现点数之和为 5}之前,上述事件不发生(即所含样本点都不出现)的概率即为所求.

解　记事件 A={两次点数之和为 5 的结果出现在两次点数之和为 7 的结果之前},事件 A_i={在前 $i-1$ 次试验中,既不出现点数之和为 5,也不出现点数之和为 7,但第 i 次出现点数之和为 5}$(i=1,2,\cdots)$,则 $A=\bigcup\limits_{i=1}^{+\infty} A_i$.

每次掷骰子两次,共有 36 种结果,出现点数之和为 5 等价于出现样本点{(1,4),(2,3),(3,2),(4,1)}共 4 种,而出现点数之和为 7 等价于出现样本点{(1,6),(2,5),(3,4),(4,3),(5,2),(6,1)}共 6 种. 从而每次试验不出现点数之和为 5 和 7 的概率为 $\dfrac{26}{36}$,而出现点数之和为 5 的概率为 $\dfrac{4}{36}$,依试验的独立性,有

$$P(A_i) = \left(\frac{26}{36}\right)^{i-1} \frac{4}{36}, \quad i=1,2,\cdots.$$

因为 $A_1, A_2, \cdots$ 两两互斥,依概率的可列可加性,有

$$P(A) = P\left(\bigcup_{i=1}^{+\infty} A_i\right) = \sum_{i=1}^{+\infty} P(A_i) = \sum_{i=1}^{+\infty} \left(\frac{26}{36}\right)^{i-1} \frac{4}{36} = \frac{4}{36} \cdot \frac{1}{1-\dfrac{26}{36}} = \frac{2}{5}.$$

注　由试验的独立性,有

$$P(A_i) = \left(\frac{26}{36}\right)^{i-1} \frac{4}{36}, \quad i=1,2,\cdots.$$

评　引入一系列事件 $A_i(i=1,2,\cdots)$,它们两两互斥,且 $A=\bigcup\limits_{i=1}^{+\infty} A_i$,依可列可加性,有

$$P(A) = P\left(\bigcup_{i=1}^{+\infty} A_i\right) = \sum_{i=1}^{+\infty} P(A_i),\ \text{其中}\ P(A_i) = \left(\frac{26}{36}\right)^{i-1} \frac{4}{36}\ \text{是解题关键}.$$

例 1.9.2 将 n 个球(编号 $1 \sim n$)随机地放入 n 个盒子(编号 $1 \sim n$)中去,一个盒子装一个球,若一个球装入与球同号的盒子中,称为一个配对,试求:

(1) 至少有一个配对的概率;(2) 恰有 $m(m \leqslant n)$ 个配对的概率.

分析 (1) 每个盒子都只放一个球,共有 $n(n-1) \times \cdots \times 3 \times 2 \times 1 = n!$ 种不同放法,第 i 号球放入第 i 号盒子,而其他 $n-1$ 个球随机地放入除第 i 号盒子之外的其余 $n-1$ 个盒子,共有 $(n-1)!$ 种不同放法,于是第 i 号球配对的概率为 $\dfrac{1 \times (n-1)!}{n!}$,其他情形同理.可依加法公式求至少有一个配对的概率.(2) 有 $m(m \leqslant n)$ 个球配对的概率为 $\dfrac{(n-m)!}{n!}$,事件{其余 $n-m$ 个球中无一配对}与{$n-m$ 个球中至少有 1 个配对}为互逆事件.

解 记事件 $A_i = \{$第 i 号球与第 i 号盒配对$\}(i=1,2,\cdots,n)$,$B = \{$至少有 1 个球与同号盒配对$\}$,则

$$B = A_1 \cup A_2 \cup \cdots \cup A_n.$$

(1) 依加法公式,有

$$P(B) = P(A_1 \cup A_2 \cup \cdots \cup A_n)$$

$$= \sum_{i=1}^{n} P(A_i) - \sum_{1 \leqslant i < j \leqslant n} P(A_i A_j) + \sum_{1 \leqslant i < j < k \leqslant n} P(A_i A_j A_k) - \cdots + (-1)^{n-1} P(A_1 A_2 \cdots A_n),$$

其中等号右端第一个和式共有 C_n^1 项,第二个和式共有 C_n^2 项,第三个和式共有 C_n^3 项,等等.

又知,$P(A_i) = \dfrac{1 \times (n-1)!}{n!} = \dfrac{1}{n},\quad i=1,2,\cdots,n,$

$P(A_i A_j) = \dfrac{1 \times 1 \times (n-2)!}{n!} = \dfrac{1}{n(n-1)},\quad 1 \leqslant i < j \leqslant n,$

$P(A_i A_j A_k) = \dfrac{1 \times 1 \times 1 \times (n-3)!}{n!} = \dfrac{1}{n(n-1)(n-2)},\quad 1 \leqslant i < j < k \leqslant n,$

$$\vdots$$

$P(A_1 A_2 \cdots A_n) = \dfrac{1 \times 1 \times 1 \times \cdots \times 1}{n!} = \dfrac{1}{n!}.$

注意上述各概率值与 i,j,k 无关,于是

$$P(B) = C_n^1 \frac{1}{n} - C_n^2 \frac{1}{n(n-1)} + C_n^3 \frac{1}{n(n-1)(n-2)} - \cdots + (-1)^{n-1} \frac{1}{n!}$$

$$= 1 - \frac{1}{2!} + \frac{1}{3!} - \frac{1}{4!} + \cdots + (-1)^{n-1} \frac{1}{n!} = \sum_{k=1}^{n} (-1)^{k-1} \frac{1}{k!}.$$

顺便指出,由无穷级数的结论可知,$\lim\limits_{n \to \infty} P(B) = 1 - e^{-1} \approx 0.63.$

(2) 某指定 m 个球配对的概率为 $\dfrac{1}{n(n-1)\cdots(n-m+1)}.$

由(1)知,其余 $n-m$ 个球中至少有 1 个配对的概率为 $\sum\limits_{k=1}^{n-m} (-1)^{k-1} \frac{1}{k!}$,于是这 $n-m$ 个球中无一配对的概率为 $1 - \sum\limits_{k=1}^{n-m} (-1)^{k-1} \frac{1}{k!}$,故 n 个球中指定的 m 个球配对,而其余

$n-m$ 个球无一配对的概率为

$$\frac{1}{n(n-1)\cdots(n-m+1)}\left(1-\sum_{k=1}^{n-m}(-1)^{k-1}\frac{1}{k!}\right).$$

由于在 n 个球中指定 m 个球的方式有 C_n^m 种,记事件 $D=\{$在 n 个球中恰有 m 个球配对$\}$,则

$$P(D)=C_n^m\frac{1}{n(n-1)\cdots(n-m+1)}\left(1-\sum_{k=1}^{n-m}(-1)^{k-1}\frac{1}{k!}\right)=\frac{1}{m!}\left(1+\sum_{k=1}^{n-m}(-1)^k\frac{1}{k!}\right)$$

$$=\frac{1}{m!}\left(\frac{1}{2!}-\frac{1}{3!}+\cdots+(-1)^{n-m}\frac{1}{(n-m)!}\right).$$

注　$\{n$ 个球中有 m 个球配对$\}$ 的概率为 $\dfrac{1}{n(n-1)\cdots(n-m+1)}$,$\{$其余 $n-m$ 个球中无一配对$\}$ 的概率为 $1-\sum\limits_{k=1}^{n-m}(-1)^{k-1}\dfrac{1}{k!}$,$\{n$ 个球中恰有 m 个球配对$\}$ 的概率为

$$\frac{1}{m!}\left(\frac{1}{2!}-\frac{1}{3!}+\cdots+(-1)^{n-m}\frac{1}{(n-m)!}\right).$$

评　$\{n$ 个球中恰有 m 个球配对$\}=\{n$ 个球中有 m 个球配对且其余 $n-m$ 个球中无一配对$\}$,$\{$至少有 1 个配对$\}$ 的概率为 $\sum\limits_{k=1}^{n-m}(-1)^{k-1}\dfrac{1}{k!}$,从而 $\{n-m$ 个球中无一配对$\}$ 的概率为 $1-\sum\limits_{k=1}^{n-m}(-1)^{k-1}\dfrac{1}{k!}$.

例 1.9.3　$n(n\geqslant2)$ 对夫妇随机坐在一张圆桌旁,求:(1) 没有一个妻子坐在她丈夫身旁的概率;(2) 恰有 $k(k\leqslant n)$ 对夫妇相邻就坐的概率.

分析　n 个不同的元素不分首尾地围成一圈,其排列种数为 $\dfrac{A_n^n}{n}=(n-1)!$.(1) 可先求得至少有一对夫妇相邻而坐的概率;(2) 当某指定 k 对夫妇相邻而坐时,由(1) 可知,其余 $n-k$ 对夫妇都不相邻而坐的概率.

解　(1) 记事件 $A_i=\{$第 i 对夫妇相邻而坐$\}(i=1,2,\cdots,n)$,则 $P(A_iA_j)$ 表示第 i 对夫妇相邻而坐、第 j 对夫妇相邻而坐,可视为 $2n-2$ 个人环状全排列,有 $(2n-2-1)!=(2n-3)!$ 种.又因为每对夫妇相邻而坐又有两种可能,于是

$$P(A_iA_j)=\frac{2^2(2n-3)!}{(2n-1)!}.$$

类似地,有

$$P(A_i)=\frac{2(2n-2)!}{(2n-1)!},\ P(A_iA_jA_k)=\frac{2^3(2n-4)!}{(2n-1)!},\ P(A_1A_2\cdots A_n)=\frac{2^n(n-1)!}{(2n-1)!},$$

故 n 对夫妇中没有妻子坐在她丈夫身旁的概率为

$$P\left(\bigcap_{i=1}^n\overline{A_i}\right)=P\left(\overline{\bigcup_{i=1}^n A_i}\right)=1-P\left(\bigcup_{i=1}^n A_i\right)$$

$$=1-\left(\sum_{i=1}^n P(A_i)-\sum_{1\leqslant i<j\leqslant n}P(A_iA_j)+\sum_{1\leqslant i<j<k\leqslant n}P(A_iA_jA_k)-\cdots+(-1)^{n-1}P\left(\bigcap_{i=1}^n A_i\right)\right)$$

$$=1-\left(C_n^1\frac{2(2n-2)!}{(2n-1)!}-C_n^2\frac{2^2(2n-3)!}{(2n-1)!}+\cdots+(-1)^{n-1}C_n^n\frac{2^n(n-1)!}{(2n-1)!}\right)$$

$$= 1 + \sum_{i=1}^{n} (-1)^i C_n^i \frac{2^i (2n - i - 1)!}{(2n - 1)!}.$$

(2) 指定 k 对夫妇相邻而坐,而其余 $n-k$ 对夫妇都不相邻而坐的概率为

$$\frac{2^k (2n - k - 1)!}{(2n - 1)!} \left(1 + \sum_{i=1}^{n-k} (-1)^i C_{n-k}^i \frac{2^i (2n - 2k - i - 1)!}{(2n - 2k - 1)!} \right).$$

记事件 $B = \{$恰有 k 对夫妻相邻就坐$\}$,则

$$P(B) = C_n^k \frac{2^k (2n - k - 1)!}{(2n - 1)!} \left(1 + \sum_{i=1}^{n-k} (-1)^i C_{n-k}^i \frac{2^i (2n - 2k - i - 1)!}{(2n - 2k - 1)!} \right).$$

注 $P = \{$没有一个妻子坐在她丈夫身旁$\} = P\left(\bigcap_{i=1}^{n} \overline{A_i} \right) = P\left(\overline{\bigcup_{i=1}^{n} A_i} \right) = 1 - P\left(\bigcup_{i=1}^{n} A_i \right).$

评 $\{$恰有 k 对夫妇相邻就坐$\} = \{n$ 对夫妇中有 k 对夫妇相邻就坐且其余 $n-k$ 对夫妇都不相邻就坐$\}$,则 $P(B) = C_n^k \dfrac{2^k (2n - k - 1)!}{(2n - 1)!} \left(1 + \sum_{i=1}^{n-k} (-1)^i C_{n-k}^i \dfrac{2^i (2n - 2k - i - 1)!}{(2n - 2k - 1)!} \right).$

二、利用条件概率和乘法公式求概率

例 1.9.4 有两个口袋,一号袋装有 2 个黑球和 3 个红球,二号袋装有 3 个黑球和 2 个红球,掷一枚骰子决定从哪个袋中取球. 若骰子出现的点数为 1~4,则从一号袋中取球,否则从二号袋中取球. 从同一口袋重复取出放回 n 次,记事件 $B_k = \{$第 k 次$(k=1,2,\cdots,n)$取出黑球$\}$,试求 $\lim\limits_{n \to \infty} P(B_n \mid B_1 B_2 \cdots B_{n-1})$.

分析 记事件 $A_i = \{$从 i 号口袋取球$\}(i=1,2)$,A_1, A_2 可视为一个划分,依全概率公式,有

$$P(B_1 B_2 \cdots B_{n-1}) = P(B_1 B_2 \cdots B_{n-1} \mid A_1) P(A_1) + P(B_1 B_2 \cdots B_{n-1} \mid A_2) P(A_2),$$
$$P(B_1 B_2 \cdots B_n) = P(B_1 B_2 \cdots B_n \mid A_1) P(A_1) + P(B_1 B_2 \cdots B_n \mid A_2) P(A_2),$$
$$P(B_n \mid B_1 B_2 \cdots B_{n-1}) = \frac{P(B_1 B_2 \cdots B_n)}{P(B_1 B_2 \cdots B_{n-1})}.$$

解 记事件 $A_i = \{$从 i 号口袋取球$\}(i=1,2)$,依题设,有

$$P(A_1) = \frac{4}{6}, \quad P(A_2) = \frac{2}{6}, \quad P(B_1 B_2 \cdots B_{n-1} \mid A_1) = \left(\frac{2}{5} \right)^{n-1},$$
$$P(B_1 B_2 \cdots B_{n-1} \mid A_2) = \left(\frac{3}{5} \right)^{n-1}.$$

以 A_1, A_2 为一个划分,依全概率公式,有

$$P(B_1 B_2 \cdots B_{n-1}) = P(B_1 B_2 \cdots B_{n-1} \mid A_1) P(A_1) + P(B_1 B_2 \cdots B_{n-1} \mid A_2) P(A_2)$$
$$= \left(\frac{2}{5} \right)^{n-1} \times \frac{4}{6} + \left(\frac{3}{5} \right)^{n-1} \times \frac{2}{6}.$$

同理

$$P(B_1 B_2 \cdots B_n \mid A_1) = \left(\frac{2}{5} \right)^n, \quad P(B_1 B_2 \cdots B_n \mid A_2) = \left(\frac{3}{5} \right)^n.$$

以 A_1, A_2 为一个划分,依全概率公式,有

$$P(B_1 B_2 \cdots B_n) = P(B_1 B_2 \cdots B_n \mid A_1) P(A_1) + P(B_1 B_2 \cdots B_n \mid A_2) P(A_2)$$

$$= \left(\frac{2}{5}\right)^n \times \frac{4}{6} + \left(\frac{3}{5}\right)^n \times \frac{2}{6}.$$

在前 $n-1$ 次抽到的都是黑球的条件下,第 n 次抽到的仍是黑球的概率为

$$P(B_n \mid B_1 B_2 \cdots B_{n-1}) = \frac{P(B_1 B_2 \cdots B_n)}{P(B_1 B_2 \cdots B_{n-1})} = \frac{\left(\frac{2}{5}\right)^n \times \frac{4}{6} + \left(\frac{3}{5}\right)^n \times \frac{2}{6}}{\left(\frac{2}{5}\right)^{n-1} \times \frac{4}{6} + \left(\frac{3}{5}\right)^{n-1} \times \frac{2}{6}}$$

$$= \frac{\frac{2}{5}\left(\frac{2}{3}\right)^{n-1} \times \frac{4}{6} + \frac{3}{5} \times \frac{2}{6}}{\left(\frac{2}{3}\right)^{n-1} \times \frac{4}{6} + \frac{2}{6}},$$

当 $n \to \infty$ 时,

$$\lim_{n \to \infty} P(B_n \mid B_1 B_2 \cdots B_{n-1}) = \lim_{n \to \infty} \frac{\frac{2}{5}\left(\frac{2}{3}\right)^{n-1} \times \frac{4}{6} + \frac{3}{5} \times \frac{2}{6}}{\left(\frac{2}{3}\right)^{n-1} \times \frac{4}{6} + \frac{2}{6}} = \frac{3}{5}.$$

注　同一划分 A_1, A_2 解析了两个概率 $P(B_1 B_2 \cdots B_{n-1})$ 与 $P(B_1 B_2 \cdots B_n)$:

$$P(B_1 B_2 \cdots B_{n-1}) = P(B_1 B_2 \cdots B_{n-1} \mid A_1) P(A_1) + P(B_1 B_2 \cdots B_{n-1} \mid A_2) P(A_2),$$
$$P(B_1 B_2 \cdots B_n) = P(B_1 B_2 \cdots B_n \mid A_1) P(A_1) + P(B_1 B_2 \cdots B_n \mid A_2) P(A_2).$$

评　条件概率的别样诠释:

$$P(B_n \mid B_1 B_2 \cdots B_{n-1}) = \frac{P(B_1 B_2 \cdots B_n)}{P(B_1 B_2 \cdots B_{n-1})}$$

$$= \frac{P(B_1 B_2 \cdots B_n \mid A_1) P(A_1) + P(B_1 B_2 \cdots B_n \mid A_2) P(A_2)}{P(B_1 B_2 \cdots B_{n-1} \mid A_1) P(A_1) + P(B_1 B_2 \cdots B_{n-1} \mid A_2) P(A_2)}.$$

例 1.9.5　罐中有 a 个红球及 b 个黑球,随机地取出一个,把原球放回,并加进与取出球同色的球 c 个.再取第二次,这样下去共取了 n 次,求前面的 m 次取出黑球,后面的 $n-m$ 次取出红球的概率.

分析　在前 $m-1$ 次取出黑球的条件下,第 m 次仍取出黑球,而第 $m+1$ 次取出红球的概率分别为 $\frac{b+(m-1)c}{a+b+(m-1)c}, \frac{a}{b+a+mc}$,其他情形同理.

解　记事件 $A_i = \{$第 i 次取出黑球事件$\}$ $(i=1,2,\cdots,m)$,事件 $A_j = \{$第 j 次取出红球$\}$ $(j=m+1, m+2, \cdots, n)$,依题设有

$$P(A_1) = \frac{b}{a+b}, \quad P(A_2 \mid A_1) = \frac{b+c}{a+b+c}, \quad P(A_3 \mid A_1 A_2) = \frac{b+2c}{a+b+2c}, \cdots,$$

$$P(A_m \mid A_1 A_2 \cdots A_{m-1}) = \frac{b+(m-1)c}{a+b+(m-1)c},$$

$$P(A_{m+1} \mid A_1 A_2 \cdots A_m) = \frac{a}{b+a+mc}, \quad P(A_{m+2} \mid A_1 A_2 \cdots A_{m+1}) = \frac{a+c}{a+b+(m+1)c}, \cdots,$$

$$P(A_n \mid A_1 A_2 \cdots A_{n-1}) = \frac{a+(n-m-1)c}{a+b+(n-1)c}.$$

因此

$$P(A_1 \cdots A_m A_{m+1} \cdots A_n) = P(A_n | A_1 A_2 \cdots A_{n-1}) \cdots P(A_{m+1} | A_1 A_2 \cdots A_m) \cdot$$

$$P(A_m | A_1 A_2 \cdots A_{m-1}) \cdots P(A_3 | A_1 A_2) P(A_2 | A_1) P(A_1) = \frac{a+(n-m-1)c}{a+b+(n-1)c} \cdot \cdots \cdot$$

$$\frac{a}{a+b+mc} \cdot \frac{b+(m-1)c}{a+b+(m-1)c} \cdot \cdots \cdot \frac{b+c}{a+b+c} \cdot \frac{b}{a+b}.$$

注 依事件发生的先后顺序设定条件事件,由乘法公式,有

$$P(A_1 \cdots A_m A_{m+1} \cdots A_n) = P(A_n | A_1 A_2 \cdots A_{n-1}) \cdots P(A_{m+1} | A_1 A_2 \cdots A_m) \cdot$$

$$P(A_m | A_1 A_2 \cdots A_{m-1}) \cdots P(A_2 | A_1) P(A_1).$$

评 若取 $c=0$,则是放回抽样,若取 $c=-1$,则是不放回抽样.

议 其实,所得概率与摸球次序无关,因此在 n 次摸球中有 m 次摸出黑球,另 $n-m$ 次摸出红球的概率同为

$$P = C_n^m \frac{a+(n-m-1)c}{a+b+(n-1)c} \cdot \cdots \cdot \frac{a}{a+b+mc} \cdot \frac{b+(m-1)c}{a+b+(m-1)c} \cdot \cdots \cdot \frac{b+c}{a+b+c} \cdot \frac{b}{a+b}.$$

三、利用全概率公式和贝叶斯公式求概率

例 1.9.6 每箱产品有 20 件,其次品数从 0 到 2 是等可能的,开箱检验时,从中任取一件,如果检验是次品,则认为该箱产品不合格而拒收. 假设由于检验有误,一件正品被误检为次品的概率为 3%,而一件次品被误检为正品的概率为 2%,求一箱产品通过验收的概率.

分析 记事件 $A_i = \{$箱中有 i 件次品$\}(i=0,1,2)$,$B = \{$抽到正品$\}$,$C = \{$通过验收$\}$. 依全概率公式,$P(C) = P(C|B)P(B) + P(C|\bar{B})P(\bar{B})$,其中

$$P(B) = \sum_{i=0}^{2} P(B|A_i)P(A_i), \quad P(\bar{B}) = 1 - P(B).$$

解 记事件 $A_i = \{$箱中有 i 件次品$\}(i=0,1,2)$,$B = \{$抽到正品$\}$,$C = \{$通过验收$\}$. 依题设,有

$$P(A_0) = P(A_1) = P(A_2) = \frac{1}{3}, \quad P(B|A_0) = 1, \quad P(B|A_1) = \frac{19}{20}, \quad P(B|A_2) = \frac{18}{20},$$

以 A_0, A_1, A_2 为一个划分,依全概率公式,有

$$P(B) = \sum_{i=0}^{2} P(B|A_i)P(A_i) = 1 \times \frac{1}{3} + \frac{19}{20} \times \frac{1}{3} + \frac{18}{20} \times \frac{1}{3} = \frac{57}{60},$$

于是 $P(\bar{B}) = 1 - P(B) = \frac{1}{20}$. 又依题设,$P(C|B) = 0.97$,$P(C|\bar{B}) = 0.02$,以 $B, \bar{B}$ 为一个划分,再依全概率公式,有

$$P(C) = P(C|B)P(B) + P(C|\bar{B})P(\bar{B}) = 0.97 \times \frac{57}{60} + 0.02 \times \frac{1}{20} = 0.9225.$$

注 依条件概率的性质,$P(\bar{B}|A_i) = 1 - P(B|A_i)$,$i=0,1,2$,还可有 $P(\bar{B}) = \sum_{i=0}^{2} P(\bar{B}|A_i)P(A_i)$.

评 全概率公式的双层效果:$P(C) = P(C|B)P(B) + P(C|\bar{B})P(\bar{B})$,其中

$$P(B) = P(B|A_0)P(A_0) + P(B|A_1)P(A_1) + P(B|A_2)P(A_2).$$

例 1.9.7 设某种产品 30 件,其中有 0,1,2,3 件次品的概率分别为 0.4,0.3,0.2,0.1,

今从产品中抽取 10 件,检查出 1 件次品,试求该批产品中次品不超过 2 件的概率.

分析　记事件 $A_i=\{$该批产品中有 i 件次品$\}(i=0,1,2,3)$,$B=\{$今从产品中抽取 10 件,检查出 1 件次品$\}$,则 $P(B)=\sum\limits_{i=0}^{3}P(B\mid A_i)P(A_i)$,且

$$P(A_0\bigcup A_1\bigcup A_2|B)=\frac{P((A_0\bigcup A_1\bigcup A_2)B)}{P(B)}=\frac{P(A_0B)+P(A_1B)+P(A_2B)}{P(B)}.$$

解　记事件 $A_i=\{$该批产品中有 i 件次品$\}(i=0,1,2,3)$,$B=\{$今从产品中抽取 10 件,检查出 1 件次品$\}$,依题设

$$P(A_0)=0.4,\quad P(A_1)=0.3,\quad P(A_2)=0.2,\quad P(A_3)=0.1,\quad P(B|A_0)=0,$$

$$P(B|A_1)=\frac{C_{29}^9C_1^1}{C_{30}^{10}}=\frac{1}{3},\quad P(B|A_2)=\frac{C_{28}^9C_2^1}{C_{30}^{10}}=\frac{40}{87},\quad P(B|A_3)=\frac{C_{27}^9C_3^1}{C_{30}^{10}}=\frac{95}{203}.$$

以 A_0,A_1,A_2,A_3 为一个划分,依全概率公式,有

$$P(B)=\sum_{i=0}^{3}P(B\mid A_i)P(A_i)=0\times 0.4+\frac{1}{3}\times 0.3+\frac{40}{87}\times 0.2+\frac{95}{203}\times 0.1$$

$$=0+0.1+0.092+0.047=0.24,$$

依贝叶斯公式,有

$$P(A_0\bigcup A_1\bigcup A_2\mid B)=\frac{P((A_0\bigcup A_1\bigcup A_2)B)}{P(B)}=\frac{P(A_0B)+P(A_1B)+P(A_2B)}{P(B)}$$

$$=\frac{1}{P(B)}(P(B|A_0)P(A_0)+P(B|A_1)P(A_1)+P(B|A_2)P(A_2))$$

$$=\frac{0+0.1+0.092}{0.24}=0.8.$$

注　依分配律,有限可加性和乘法公式,

$$P((A_0\bigcup A_1\bigcup A_2)B)=P(A_0B)+P(A_1B)+P(A_2B)$$

$$=P(B|A_0)P(A_0)+P(B|A_1)P(A_1)+P(B|A_2)P(A_2).$$

评　贝叶斯公式的别样形式和用途:

$$P(A_0\bigcup A_1\bigcup A_2\mid B)=\frac{1}{P(B)}(P(B|A_0)P(A_0)+P(B|A_1)P(A_1)+$$

$$P(B|A_2)P(A_2)).$$

例 1.9.8　某电厂由甲、乙两台机组并联向一城市供电,当一台机组发生故障时,另一台机组能在这段时间满足城市全部用电需求的概率为 85%,设每台机组发生故障的概率为 0.1,且它们是否发生故障相互独立.(1) 求保证城市供电需求的概率;(2) 已知电厂机组发生故障时,求供电能满足需求的概率.

分析　记事件 $A_i=\{$有 i 个机组发生故障$\}(i=0,1,2)$,$C=\{$保证城市供电需求$\}$,则 $P(C)=\sum\limits_{i=0}^{2}P(C\mid A_i)P(A_i)$,且

$$P(C\mid A_1\bigcup A_2)=\frac{P(C(A_1\bigcup A_2))}{P(A_1\bigcup A_2)}=\frac{P(A_1C)+P(A_2C)}{P(A_1\bigcup A_2)}.$$

解　记事件 $A_i=\{$有 i 个机组发生故障$\}(i=0,1,2)$,$B_1=\{$甲机组出故障$\}$,$B_2=\{$乙机组出故障$\}$,$C=\{$保证城市供电需求$\}$,同时注意到 B_1,B_2 相互独立,依题设,有

$$P(A_0)=P(\overline{B_1}\,\overline{B_2})=P(\overline{B_1})P(\overline{B_2})=0.9\times0.9=0.81,$$

$$P(A_1)=P(B_1\overline{B_2}\bigcup\overline{B_1}B_2)=P(B_1\overline{B_2})+P(\overline{B_1}B_2)$$

$$=P(B_1)P(\overline{B_2})+P(\overline{B_1})P(B_2)=0.1\times0.9+0.9\times0.1=0.18,$$

$$P(A_2)=P(B_1B_2)=P(B_1)P(B_2)=0.1\times0.1=0.01.$$

(1) 依题设，$P(C|A_0)=1,P(C|A_1)=0.85,P(C|A_2)=0$，以 A_0,A_1,A_2 为一个划分，依全概率公式，有

$$P(C)=\sum_{i=0}^{2}P(C|A_i)P(A_i)=1\times0.81+0.85\times0.18+0\times0.01=0.963.$$

(2) 依条件概率的定义、分配律、有限可加性及乘法公式，

$$P(C|A_1\bigcup A_2)=\frac{P(C(A_1\bigcup A_2))}{P(A_1\bigcup A_2)}=\frac{P(A_1C)+P(A_2C)}{P(A_1)+P(A_2)}$$

$$=\frac{P(C|A_1)P(A_1)+P(C|A_2)P(A_2)}{P(A_1)+P(A_2)}=\frac{0.85\times0.18+0}{0.18+0.01}=0.81.$$

注 强调下述表达式每步的理论依据，

$$P(C|A_1\bigcup A_2)=\frac{P(A_1C)+P(A_2C)}{P(A_1\bigcup A_2)}=\frac{P(C|A_1)P(A_1)}{P(A_1)+P(A_2)}.$$

评 本例体现了全概率公式、条件概率的定义、分配律、有限可加性及乘法公式的综合运用.

例 1.9.9 甲、乙、丙 3 人同时各自独立地对同一目标进行射击，3 人击中目标的概率分别为 0.4,0.5,0.7，设 1 人击中目标时目标被击毁的概率为 0.2,2 人击中目标时目标被击毁的概率为 0.6,3 人击中目标时，目标必定被击毁.

(1) 求目标被击毁的概率； (2) 已知目标被击毁，求由 1 人击中的概率；

(3) 已知目标被击毁，求只由甲击中的概率.

分析 记事件(1) $H_i=\{$有 i 个人击中目标$\}(i=1,2,3)$；(2) 事件 A,B,C 分别表示甲、乙、丙击中目标，$D=\{$目标被击毁$\}$，则

$$P(D)=\sum_{i=1}^{3}P(D|H_i)P(H_i),\quad P(H_1|D)=\frac{P(D|H_1)P(H_1)}{P(D)};$$

依条件概率的定义，$P(A\overline{B}\,\overline{C}|D)=\dfrac{P(A\overline{B}\,\overline{C}D)}{P(D)}.$

解 记事件 A,B,C 分别表示甲、乙、丙击中目标，$D=\{$目标被击毁$\}$，$H_i=\{$有 i 个人击中目标$\}(i=1,2,3)$，依题意，$P(A)=0.4,P(B)=0.5,P(C)=0.7$.

(1) 依题设，$H_1=A\overline{B}\,\overline{C}\bigcup\overline{A}B\overline{C}\bigcup\overline{A}\,\overline{B}C,H_2=AB\overline{C}\bigcup A\overline{B}C\bigcup\overline{A}BC,H_3=ABC.A,B,C$ 相互独立，且 $A\overline{B}\,\overline{C},\overline{A}B\overline{C},\overline{A}\,\overline{B}C$ 两两互斥，依有限可加性，有

$$P(H_1)=P(A\overline{B}\,\overline{C})+P(\overline{A}B\overline{C})+P(\overline{A}\,\overline{B}C)$$

$$=P(A)P(\overline{B})P(\overline{C})+P(\overline{A})P(B)P(\overline{C})+P(\overline{A})P(\overline{B})P(C)$$

$$=0.4\times0.5\times0.3+0.6\times0.5\times0.3+0.6\times0.5\times0.7=0.36.$$

同理，$P(H_2)=P(AB\overline{C}\bigcup A\overline{B}C\bigcup\overline{A}BC)=P(AB\overline{C})+P(A\overline{B}C)+P(\overline{A}BC)$

$$=P(A)P(B)P(\overline{C})+P(A)P(\overline{B})P(C)+P(\overline{A})P(B)P(C)$$

$$=0.4\times0.5\times0.3+0.4\times0.5\times0.7+0.6\times0.5\times0.7=0.41,$$
$$P(H_3)=P(ABC)=P(A)P(B)P(C)=0.14.$$
依题设，有
$$P(D\mid H_1)=0.2,\quad P(D\mid H_2)=0.6,\quad P(D\mid H_3)=1,$$
以 H_1,H_2,H_3 为一个划分，依全概率公式，有
$$P(D)=P(H_1)P(D\mid H_1)+P(H_2)P(D\mid H_2)+P(H_3)P(D\mid H_3)$$
$$=0.2\times0.36+0.6\times0.41+1\times0.14=0.458.$$

（2）依贝叶斯公式，有
$$P(H_1\mid D)=\frac{P(H_1D)}{P(D)}=\frac{P(D\mid H_1)P(H_1)}{P(D)}=\frac{0.2\times0.36}{0.458}=\frac{36}{229}=0.16.$$

（3）依贝叶斯公式，有
$$P(A\overline{B}\overline{C}\mid D)=\frac{P(A\overline{B}\overline{C}D)}{P(D)}=\frac{P(D\mid A\overline{B}\overline{C})P(A\overline{B}\overline{C})}{P(D)}$$
$$=\frac{P(D\mid A\overline{B}\overline{C})P(A)P(\overline{B})P(\overline{C})}{P(D)}$$
$$=\frac{0.2\times0.4\times0.5\times0.3}{0.458}=\frac{6}{229}=0.0262.$$

注　注意划分的选定为 H_1,H_2,H_3，而非 A,B,C，且
$$P(A\overline{B}\overline{C}\mid D)=\frac{P(A\overline{B}\overline{C}D)}{P(D)}=\frac{P(D\mid A\overline{B}\overline{C})P(A)P(\overline{B})P(\overline{C})}{P(D)}，其中 P(D\mid A\overline{B}\overline{C})=0.2.$$

评　基于独立性和两两互斥，集有限可加性、全概率公式和贝叶斯公式于一题，呈现综合运用的效果.

习题 1-9

1. 将 n 个人的帽子混在一起后每人任取一顶，求：（1）至少有一人拿对自己帽子的概率；（2）恰有 $m(0\le m\le n)$ 人拿对自己帽子的概率.

2. m 位观众随机走进 $n(m\ge n)$ 个会场，每个会场可容 m 人，求每个会场都至少有一位观众的概率.

3. 设甲、乙两人轮流射击，每次每人射击一枪，射击的次序为甲，乙，甲，乙，甲，乙，……，射击直至击中两枪为止. 设各人击中的概率均为 p $(0<p<1)$，且各次击中与否相互独立，求击中的两枪是由同一人完成的概率.

4. $m+n$ 个人排队买戏票，票价 10 元/张，其中 m 个观众仅持有 10 元的纸币，其余 n 个观众 $(n\le m)$ 仅持有 20 元的纸币，如果每个人只买一张戏票，并且售票处开始售票时无零钱可找，求在买票过程中没有一个人等候找钱的概率.

5. 盒子中装有编号为 $1\sim m(m\ge3)$ 的球，先从盒子中任取一球，如果是 1 号球则放回，否则不放回，再继续任取一球，如果第二次取到的是 $i(1\le i\le m)$ 号球，求第一次取到的是 1 号球的概率.

单元练习题 1

一、选择题(下列每小题给出的四个选项中,只有一项是符合题目要求的,请将所选项前的字母写在指定位置)

1. 对任意两个事件 A,B,下述 4 个选项中与 $A \cup B = B$ 不等价的是(   ).

   A. $A \subset B$ B. $\bar{B} \subset \bar{A}$ C. $A\bar{B} = \varnothing$ D. $\bar{A}B = \varnothing$

   【2001 研数四】

2. 对任意两个事件 A,B,下述结论错误的是(   ).

   A. $A \cup B = A\bar{B} \cup B$ B. $A \cup B = \bar{A}B \cup A$

   C. $(AB) \cup (A\bar{B}) = A$ D. $AB \cup \overline{AB} = \Omega$

3. 对任意两个事件 A,B,下述结论正确的是(   ).

   A. $\overline{AB} = \bar{A} \cup \bar{B}$ B. $\overline{A \cup BC} = \bar{A}\bar{B}\bar{C}$

   C. $(AB) \cap (A\bar{B}) = \varnothing$ D. $\overline{A}\overline{B} = AB$

4. 袋中有 5 个红球,3 个黑球,今从袋中随机取出 2 个球,取到 1 个红球得 1 分,取到 1 个黑球得 2 分,则得分不大于 3 分的概率为(   ).

   A. $\dfrac{6}{7}$ B. $\dfrac{25}{28}$ C. $\dfrac{13}{14}$ D. $\dfrac{27}{28}$

5. 设事件 A 与 B 互不相容,下述结论正确的是(   ).

   A. $P(\overline{AB}) = 0$ B. $P(AB) = P(A)P(B)$

   C. $P(A) = 1 - P(B)$ D. $P(\bar{A} \cup \bar{B}) = 1$ **【2009 研数三】**

6. 设事件 A,B 相互独立,且 $P(B) = 0.5$,$P(A - B) = 0.3$,则 $P(B - A) = ($ $).

   A. 0.1 B. 0.2 C. 0.3 D. 0.4

   【2014 研数一、三】

7. 设 A,B 为任意两个事件,下述结论成立的是(   ).

   A. $P(AB) \leqslant P(A)P(B)$ B. $P(AB) \geqslant P(A)P(B)$

   C. $P(AB) \leqslant \dfrac{P(A) + P(B)}{2}$ D. $P(AB) \geqslant \dfrac{P(A) + P(B)}{2}$

   【2015 研数一、三】

8. 设事件 A 与 B 互斥,且 $P(A) > 0$,$P(B) > 0$,下述结论正确的是(   ).

   A. $P(B \mid A) > 0$ B. $P(A \mid B) = 0$

   C. $P(A \mid B) = P(A)$ D. $P(AB) = P(A)P(B)$

9. 设 A,B 为两个事件,且 $0 < P(A) < 1$,$P(B) > 0$,$P(B \mid A) = P(B \mid \bar{A})$,则必有(   ).

   A. $P(A \mid B) = P(\bar{A} \mid B)$ B. $P(A \mid B) \neq P(\bar{A} \mid B)$

   C. $P(AB) = P(A)P(B)$ D. $P(AB) \neq P(A)P(B)$ **【1998 研数一】**

10. 设 A,B 为两个事件,且 $P(B) > 0$,$P(A \mid B) = 1$,则必有(   ).

    A. $P(A \cup B) > P(A)$ B. $P(A \cup B) > P(B)$

    C. $P(A \cup B) = P(A)$ D. $P(A \cup B) = P(B)$ **【2006 研数一】**

11. 设 A,B 为两个事件,且 $0 < P(A) < 1$,$0 < P(B) < 1$,若 $P(A \mid B) = 1$,则(   ).

A. $P(\bar{B}\,|\,\bar{A})=1$ B. $P(A\,|\,\bar{B})=0$ C. $P(A\cup B)=1$ D. $P(B\,|\,A)=1$

【2016 研数三】

12. 设事件 A,B,$0<P(A)<1$,$0<P(B)<1$,且 $P(A\,|\,B)+P(\bar{A}\,|\,\bar{B})=1$,则(   ).

    A. A,B 互不相容   B. A,B 是对立事件

    C. A,B 不独立   D. A,B 相互独立

13. 设事件 A_1,A_2,B,$A_1A_2=\varnothing$,$P(B)>0$,下述结论不正确的是(   ).

    A. $P(A_1\cup A_2\,|\,B)=P(A_1\,|\,B)+P(A_2\,|\,B)$

    B. $P(A_1A_2\,|\,B)=0$

    C. $P(\overline{A_1}\ \overline{A_2}\,|\,B)=1$

    D. $P(\overline{A_1}\cup\overline{A_2}\,|\,B)=1$

14. 设事件 A,B,$P(A)=0.7$,$P(B)=0.3$,$P(A\,|\,B)=0.7$,下述结论正确的是(   ).

    A. A,B 相互独立   B. A 与 B 互不相容

    C. $A\cup B=\Omega$(必然事件)   D. $P(A\cup B)=P(A)+P(B)$

15. 对任意两个事件 A,B,下述结论正确的是(   ).

    A. 若 $P(A)=0$,则 $A=\varnothing$ B. 若 $P(A)=0$,$P(B)\geqslant0$,则 $A\subset B$

    C. 若 $P(A)=0$,$P(B)=1$,则 $A=\bar{B}$ D. 若 $P(A)=0$,则 A,B 相互独立

16. 关于事件的独立性,下述说法错误的是(   ).

    A. 若 A_1,A_2,A_3 相互独立,则其中任意两个事件皆相互独立

    B. 若 A_1,A_2,A_3 相互独立,其中任意 $k(k=1,2,3)$ 个换成对立事件后仍相互独立

    C. 若 A_1,A_2,A_3 中任意两个事件都相互独立,则 A_1,A_2,A_3 相互独立

    D. 若 A_1,A_2,A_3 相互独立,则 $A_1\cup A_2$ 与 A_3 相互独立

17. 设事件 A,B,C 相互独立,且 $0<P(A)<1$,下述四对事件不独立的是(   ).

    A. $\overline{A\cup B}$ 与 C B. $\overline{AC}$ 与 $\bar{C}$ C. $\overline{A-B}$ 与 $\bar{C}$ D. $\overline{AB}$ 与 $\bar{C}$

【1998 研数四】

18. 设三个事件 A,B,C 两两独立,则 A,B,C 相互独立的充分必要条件是(   ).

    A. A,BC 相互独立   B. $AB,A\cup C$ 相互独立

    C. AB,AC 相互独立   D. $A\cup B,A\cup C$ 相互独立

【2000 研数四】

19. 将一枚硬币独立地掷两次,记事件 $A_1=\{$掷第一次出现正面$\}$,$A_2=\{$掷第二次出现正面$\}$,$A_3=\{$正、反面各出现一次$\}$,$A_4=\{$正面出现两次$\}$,则(   ).

    A. A_1,A_2,A_3 相互独立   B. A_2,A_3,A_4 相互独立

    C. A_1,A_2,A_3 两两相互独立   D. A_2,A_3,A_4 两两相互独立

【2003 研数三】

20. 设 A,B 为任意两个事件,则(   )正确.

    A. 若 $AB\neq\varnothing$,则 A,B 一定相互独立   B. 若 $AB\neq\varnothing$,则 A,B 有可能相互独立

    C. 若 $AB=\varnothing$,则 A,B 一定相互独立   D. 若 $AB=\varnothing$,则 A,B 一定不独立

【2003 研数四】

二、填空题(请将答案写在指定位置).

1. 已知 $P(A)=\dfrac{1}{2}$, $P(B|A)=\dfrac{1}{3}$, 则 $P(A-B)=$ _____.

2. 设事件 A 与 B 互斥, 且 $P(A)=0.4$, $P(B)=0.3$, 则 $P(\overline{AB})=$ _____.

3. 袋中有 50 个乒乓球, 其中 20 个是黄球, 30 个是白球, 今有两人依次随机地从袋中各取一球, 取后不放回, 则第二人取得黄球的概率是 _____. 【1997 研数一】

4. 设 A, B 为两个事件, 则 $P((A\cup B)(\overline{A}\cup B)(A\cup \overline{B})(\overline{A}\cup \overline{B}))=$ _____.
【1997 研数四】

5. 设两两相互独立的三事件 A, B, C 满足: $ABC=\varnothing$, $P(A)=P(B)=P(C)<\dfrac{1}{2}$, 且 $P(A\cup B\cup C)=\dfrac{9}{16}$, 则 $P(A)=$ _____. 【1999 研数一】

6. 设两个相互独立的事件 A 和 B 都不发生的概率为 $\dfrac{1}{9}$, A 发生 B 不发生的概率与 B 发生 A 不发生的概率相等, 则 $P(A)=$ _____. 【2000 研数一】

7. 在区间 $(0,1)$ 中随机地取两个数, 则这两个数之差的绝对值小于 $\dfrac{1}{2}$ 的概率为 _____. 【2007 研数一、三】

8. 设 A, B, C 为三个事件, A 与 C 互斥, $P(AB)=\dfrac{1}{2}$, $P(C)=\dfrac{1}{3}$, 则 $P(AB|\overline{C})=$ _____. 【2012 研数一、三】

9. 设袋中有红、白、黑球各 1 个, 从中有放回地取球, 每次取 1 个, 直到三种颜色的球都取到时停止, 则取球次数恰好为 4 的概率为 _____. 【2016 研数三】

10. 甲、乙两人独立地对同一目标射击一次, 其命中率分别为 0.6 和 0.5. 现已知目标被命中, 则它是甲射中的概率为 _____.

11. 设 10 件产品中有 4 件不合格品, 从中任取 2 件, 已知所取 2 件产品中有一件是不合格品, 则另一件也是不合格品的概率是 _____.

12. 掷 3 枚骰子, 已知所得 3 个点数都不一样, 则这 3 个点数中含有 1 点的概率为 _____.

13. 掷 3 枚骰子, 至少有 1 枚出现 6 点的概率为 _____.

14. 设事件 A, B 相互独立, A, C 相互独立, $BC=\varnothing$. 如果 $P(A)=P(B)=\dfrac{1}{2}$, $P(AC|AB\cup C)=\dfrac{1}{4}$, 则 $P(C)=$ _____. 【2018 研数一】

15. 设事件 A, B, C 相互独立, 且 $P(A)=P(B)=P(C)=\dfrac{1}{2}$, 则 $P(AC|A\cup B)=$ _____. 【2018 研数三】

三、判断题(请将判断结果写在题前的括号内, 正确写 √, 错误写 ×).

1. (　　) $\overline{A}\cup \overline{B}$ 表示事件 A 与 B 都不发生.

2. (　　) 事件 $\{A, B$ 都发生$\}$ 的对立事件是 $\{A, B$ 不都发生$\}$.

3. (   )从一批产品中随机抽取 100 件,发现 3 件次品,则该批产品的次品率为 3%.

4. (   )对于事件 A,B,若 $P(AB)=0$,则 A 与 B 互斥.

5. (   )在古典概型中,$P(A)=0$ 当且仅当 A 是不可能事件.

6. (   )若 $0<P(B)<1$ 且 $P(A)=P(A|B)$,则 $P(A)=P(A|\bar{B})$.

7. (   )对于事件 A,B,C,若 $P(ABC)=P(A)P(B)P(C)$,则 $P(AB)=P(A)P(B)$.

8. (   )设事件 A,B 的概率均大于 0,若 A 与 B 互不相容,则它们一定相互独立.

9. (   )设事件 A,B,C 相互独立,则 A 与 $B \cup C$ 相互独立.

10. (   )设条件概率 $P(A|B)$ 与 $P(\bar{B}|\bar{A})$ 均存在,如果 $P(A|B)=1$,则 $P(\bar{B}|\bar{A})=1$.

四、解答题(解答应写出文字说明、证明过程或演算步骤)

1. 将编号为 1～3 的小球随机地放入编号为 1～4 的盒子中,每盒可容 3 个球,求盒子中球的最大个数分别为 1,2,3 的概率.

2. 已知 40 件产品中有 3 件次品,现从中依次取两件,取后不放回,试求:

(1) 取出的两件产品中至少有一件是次品的概率;

(2) 取出的两件产品中有一件是次品,那么另一件也是次品的概率;

(3) 已知取出的两件产品中第一件是次品,那么第二件也是次品的概率;

(4) 第二次取到次品的概率;

(5) 第二次才取到次品的概率.

3. 甲、乙轮流投篮,当一人没投中后,另一人可继续投,直到有人投中为止.设二人投篮的投中率均为 $p(0<p<1)$,且各次投中与否相互独立,如果甲先投,问:谁先投中的可能性大?

4. 甲、乙、丙三人有球的情况如下:甲的球 3 白 2 红;乙的球全红;丙的球红白各半.三人各随机取出 1 个球,然后甲从取出的 3 个球中随机地取回 1 个球,求甲的红球数增加的概率.

5. 据以往的资料,一位母亲患某种传染病的概率为 0.5,当母亲患病时,她的第 1 个、第 2 个孩子患病的概率均为 0.5,且两个孩子均不患病的概率为 0.25,当母亲未患病时,每个孩子必定不患病,求:

(1) 第 1 个孩子未患病的概率,第 2 个孩子未患病的概率;

(2) 当第 1 个孩子未患病时,第 2 个孩子未患病的概率;

(3) 当两个孩子均未患病时,母亲患病的概率.

6. 装有 $m(m \geqslant 3)$ 个黑球和 n 个白球的盒中丢失了 1 个球,但不知其颜色,现随机地从盒中摸出 2 个球,结果都是黑球,求丢失的是白球的概率.

7. 某种仪器由 3 个部件组装而成,设 3 个部件的质量互不影响,其优质品率分别为 0.8,0.7,0.9.已知当 3 个部件都是优质品时,组装的仪器一定合格,如果有一个部件不是优质品时,则仪器的不合格率为 0.2,如果有 2 个部件不是优质品,则仪器的不合格率为 0.6,如果 3 个部件都不是优质品,则仪器的不合格率为 0.9.

(1) 求一台仪器不合格的概率;

(2) 如果一台仪器不合格,求该仪器上有 2 个部件不是优质品的概率.

8. 一打靶场备有 5 支某种型号的枪，其中 3 支已经校正，2 支未经校正，某人使用已校正的枪击中目标的概率为 p_1，使用未经校正的枪击中目标的概率为 p_2. 他随机地取一支枪进行射击，已知他射击了 5 次，其中击中目标 2 次，求他使用的是已校正的枪的概率（设各次射击的结果相互独立）.

第 2 章

一维随机变量及其分布

随机变量的引入,使概率论的研究由个别事件拓展到随机变量所能表征的随机现象的研究.

2.1 随机变量及其分布函数

一、内容要点与评注

随机试验的可能结果,有时可以用数值表征,但有时与数值无关.对于非数值结果的随机试验,为了进行定量的数学处理,需要把随机试验的结果数量化,这就是引进随机变量的原因.

随机变量 设随机试验 E 的样本空间为 Ω,如果对每一个样本点 $\omega \in \Omega$,都有一个实数 $X(\omega)$ 与之对应,即存在一个定义域为 Ω 的实值函数 $X = X(\omega): \Omega \to \mathbb{R}$,则称 $X(\omega)$ 为一个随机变量,简记作 X.

注 由于随机变量是试验结果的函数,依随机试验的特点,有:

(1) 在试验之前,不知道随机变量将取什么值,只知道它的所有可能取值,这就是"随机"的意义.

(2) 一旦试验完成,其取值随之确定,而随机试验的结果是有统计规律性的,因而随机变量的取值应具有统计规律性.

(3) 随机试验的整体概率规律可借助随机变量及其概率分布来刻画.

一般地,设 L 是一个实数集合,将随机变量 X 在 L 上取值写成 $\{x \in L\}$,它表示事件 $A = \{\omega \mid X(\omega) \in L\}$,此时 $P\{X \in L\} = P(A) = P\{\omega \mid X(\omega) \in L\}$.

分布函数 设 X 为随机变量,对于任意 $x \in \mathbb{R}$,概率 $P\{X \leqslant x\}$ 称为 X 的分布函数,记作

$$F(x) = P\{X \leqslant x\}.$$

分布函数 $F(x)$ 具有如下性质:设任意 $x \in \mathbb{R}$,则

(1) 有界性 $0 \leqslant F(x) \leqslant 1$;

(2) 规范性 $F(-\infty) = \lim\limits_{x \to -\infty} F(x) = 0$,$F(+\infty) = \lim\limits_{x \to +\infty} F(x) = 1$;

(3) 非降性 对任意 $x_1, x_2 \in \mathbb{R}$,且 $x_1 < x_2$,恒有 $F(x_1) \leqslant F(x_2)$;

(4) 右连续性 $F(x+0) = F(x)$,其中 $F(x+0)$ 为 $F(x)$ 在点 x 处的右极限.

注 (1)分布函数的本质就是概率,对于任意 $x \in \mathbb{R}$,$F(x)$ 就是事件 $\{X \leqslant x\}$ 发生的概率,即随机变量 X 落入 $(-\infty, x]$ 的概率.

(2) 分布函数的定义域为 $D=(-\infty,+\infty)$,值域 $W\subset[0,1]$.

(3) 可以证明,如果定义在实数域 $\mathbb{R}$ 上的函数 $G(x)$ 满足上述性质(2)~(4),则 $G(x)$ 一定是某随机变量的分布函数.

可利用随机变量 X 的分布函数 $F(x)$ 表示概率:设任意 $a,b\in\mathbb{R}$,依概率的下连续性,有

$$P\{X<a\}=P\left\{\bigcup_{n=1}^{\infty}\left\{X\leqslant a-\frac{1}{n}\right\}\right\}=\lim_{n\to\infty}P\left\{X\leqslant a-\frac{1}{n}\right\}=F(a-0);$$

$$P\{X=a\}=P\{X\leqslant a\}-P\{X<a\}=F(a)-F(a-0);$$

$$P\{X\geqslant a\}=1-P\{X<a\}=1-F(a-0);$$

$$P\{X>a\}=1-P\{X\leqslant a\}=1-F(a);$$

$$P\{a<X\leqslant b\}=P\{X\leqslant b\}-P\{X\leqslant a\}=F(b)-F(a);$$

$$P\{a\leqslant X\leqslant b\}=P\{X\leqslant b\}-P\{X<a\}=F(b)-F(a-0);$$

$$P\{a\leqslant X<b\}=P\{X<b\}-P\{X<a\}=F(b-0)-F(a-0);$$

$$P\{a<X<b\}=P\{X<b\}-P\{X\leqslant a\}=F(b-0)-F(a).$$

注 $F(a-0)$ 是 $F(x)$ 在点 a 处的左极限.

评 分布函数完整地刻画了随机变量的统计规律性.

议 (1) $\{X<a\}=\bigcup_{n=1}^{\infty}\left\{X\leqslant a-\frac{1}{n}\right\}$; (2) $\{X\leqslant a\}=\bigcap_{n=1}^{\infty}\left\{X\leqslant a+\frac{1}{n}\right\}$.

证 (1) 对任意正整数 n,$\{X<a\}\supset\left\{X\leqslant a-\frac{1}{n}\right\}$,所以 $\{X<a\}\supset\bigcup_{n=1}^{\infty}\left\{X\leqslant a-\frac{1}{n}\right\}$.

任取 $\omega\in\{X<a\}$,即 $\omega<a$,则存在正整数 n_1,使 $\omega+\frac{1}{n_1}<a$,于是 $\omega<a-\frac{1}{n_1}$,即 $\omega\in\left\{X\leqslant a-\frac{1}{n_1}\right\}$,从而 $\omega\in\bigcup_{n=1}^{\infty}\left\{X\leqslant a-\frac{1}{n}\right\}$,因此 $\{X<a\}\subset\bigcup_{n=1}^{\infty}\left\{X\leqslant a-\frac{1}{n}\right\}$.

综上所述,$\{X<a\}=\bigcup_{n=1}^{\infty}\left\{X\leqslant a-\frac{1}{n}\right\}$.

(2) 对任意正整数 n,$\{X\leqslant a\}\subset\left\{X\leqslant a+\frac{1}{n}\right\}$,所以 $\{X\leqslant a\}\subset\bigcap_{n=1}^{\infty}\left\{X\leqslant a+\frac{1}{n}\right\}$.

任取 $\omega\in\bigcap_{n=1}^{\infty}\left\{X\leqslant a+\frac{1}{n}\right\}$,如果 $\omega\notin\{X\leqslant a\}$,即 $\omega>a$,则存在正整数 n_2,使 $\omega>a+\frac{1}{n_2}$,因此 $\omega\notin\left\{X\leqslant a+\frac{1}{n_2}\right\}$,即 $\omega\notin\bigcap_{n=1}^{\infty}\left\{X\leqslant a+\frac{1}{n}\right\}$,矛盾! 所以 $\omega\in\{X\leqslant a\}$,

$$\{X\leqslant a\}\supset\bigcap_{n=1}^{\infty}\left\{X\leqslant a+\frac{1}{n}\right\}.$$

综上所述,$\{X\leqslant a\}=\bigcap_{n=1}^{\infty}\left\{X\leqslant a+\frac{1}{n}\right\}$.

二、典型例题

例 2.1.1 同时掷两枚骰子,以 X 表示朝上点数的最小值,求 X 的所有可能取值及其概率.

分析　依题设确定样本空间所含的样本点数,且

$$\{X=k\}=\{(k,6),(k,5),\cdots,(k,k+1),(k,k),(k+1,k),\cdots,(5,k),(6,k)\},$$

依古典概率的计算公式求解.

解　依题设,样本空间为 $\Omega=\{(i,j)\mid i,j=1,2,\cdots,6\}$,共含 36 个样本点,$X$ 的所有可能取值为 1,2,3,4,5,6,其中

$$\{X=k\}=\{(k,6),(k,5),\cdots,(k,k+1),(k,k),(k+1,k),\cdots,(5,k),(6,k)\},$$

共含 $(6-k)+1+(6-k)=13-2k$ 个样本点,则

$$P\{X=k\}=\frac{13-2k}{36},\quad k=1,2,\cdots,6.$$

注　依古典概率的计算公式,需要确定 Ω 及 $\{X=k\}$ 所含的样本点数. 事件 $\{X=k\}$ 含 $13-2k$ 个样本点,比如 $\{X=3\}=\{(3,6),(3,5),(3,4),(3,3),(4,3),(5,3),(6,3)\}$ 含 7 个样本点,其他情形同理.

评　以 Y 表示朝上点数的最大值,则 Y 的所有可能取值为 1,2,3,4,5,6,其中

$$\{Y=k\}=\{(k,1),(k,2),\cdots,(k,k-1),(k,k),(k-1,k),\cdots,(2,k),(1,k)\},$$

共含 $2k-1$ 个样本点,依古典概率的计算公式,有

$$P\{Y=k\}=\frac{2k-1}{36},\quad k=1,2,\cdots,6.$$

例 2.1.2　一射手向同一目标射击,直到击中一次为止,设他每次射击击中目标的概率皆为 $p(0<p<1)$,且各次射击结果互不影响,以 X 表示总的射击次数,求 X 的所有可能取值及其概率.

分析　$\{X=k\}$ 意指前 $k-1$ 次射击都没击中,第 k 次才击中.

解　依题设,X 的所有可能取值为 $1,2,\cdots$,因为各次射击结果相互独立,则

$$P\{X=k\}=(1-p)^{k-1}p,\quad k=1,2,\cdots.$$

议　如果其他条件不变,只是要求直到击中 r 次为止,则 X 的所有可能取值为 $r,r+1,r+2,r+3,\cdots$,其相应的概率为

$$P\{X=k\}=C_{k-1}^{r-1}p^{r-1}(1-p)^{k-1-(r-1)}p=C_{k-1}^{r-1}p^r(1-p)^{k-r},\quad k=r,r+1,r+2,\cdots.$$

例 2.1.3　一批产品中含有正品和次品,从中每次任取一件,有放回地连取 2 次,以 X 表示取到的次品数,设该产品的次品率为 p,求随机变量 X 的分布函数 $F(x)$ 并画出其图像.

分析　先确定 X 在各个可能取值点的概率,依定义,$F(x)=P\{X\leqslant x\}$,$\forall x\in\mathbb{R}$.

解　依题设,X 的所有可能取值为 0,1,2,依伯努利概型概率的计算公式,有

$$P\{X=0\}=(1-p)^2,\quad P\{X=1\}=C_2^1p(1-p),\quad P\{X=2\}=p^2.$$

依定义,$F(x)=P\{X\leqslant x\}$,$\forall x\in\mathbb{R}$,用 X 的所有可能取值 0,1,2 将 $F(x)$ 的定义域 $D=(-\infty,+\infty)$ 分割成 4 个左闭右开区间.

当 $x<0$ 时,$F(x)=P(\varnothing)=0$;

当 $0\leqslant x<1$ 时,$F(x)=P\{X=0\}=(1-p)^2$;

当 $1\leqslant x<2$ 时,$F(x)=P\{X=0\}+P\{X=1\}=(1-p)^2+2p(1-p)$;

当 $x\geqslant 2$ 时,$F(x)=P\{X=0\}+P\{X=1\}+P\{X=2\}=1.$

故 X 的分布函数 $F(x)$ 为

$$F(x)=\begin{cases}0, & x<0, \\ (1-p)^{2}, & 0\leqslant x<1, \\ (1-p)^{2}+2p(1-p), & 1\leqslant x<2, \\ 1, & x\geqslant2.\end{cases}$$

分布函数 $F(x)$ 的图像如图 2-1 所示.

注 用 X 的所有可能取值 $0,1,2$ 将 $F(x)$ 的定义域分割成 4 个部分区间,逐段求出 $F(x)$ 的表达式. $0,1,2$ 恰为 $F(x)$ 的跳跃间断点, $F(x)$ 的图像呈阶梯状. 第一个阶梯的跳跃度等于事件 $\{X=0\}$ 的概率,第二个阶梯跳跃度等于事件 $\{X=1\}$ 的概率,其他阶梯的跳跃度以此类推.

评 可以验证 $F(x)$ 满足非降性、有界性、规范性和右连续性.

议 尽管 X 的取值仅三点 $0,1,2$,但其分布函数的定义域为 $D=(-\infty,+\infty)$.

例 2.1.4 向一个半径为 1 的圆形靶面射击,假设射击都能中靶,并且命中靶上任一同心圆的概率与该圆的面积成正比,以 X 表示弹着点与圆心的距离,求:(1)命中靶上半径为 $x(0\leqslant x\leqslant1)$ 的同心圆的概率;(2) X 的分布函数 $F(x)$,并画出其图像.

分析 (1) $P\{0\leqslant X\leqslant x\}=k\pi x^{2}$,其中 k 为比例系数,同理 $P\{0\leqslant X\leqslant1\}=k\pi$; (2) $F(x)=P\{X\leqslant x\},\forall x\in\mathbb{R}$.

解 (1) 依题设, $X\in[0,1]$, $\forall x\in[0,1]$,事件 $\{0\leqslant X\leqslant x\}$ 表示命中靶上半径为 x 的同心圆,其概率为 $P\{0\leqslant X\leqslant x\}=k\pi x^{2}$.

又因为 $1=P(\Omega)=P\{0\leqslant X\leqslant1\}=k\pi\times1^{2}=k\pi$,解之得 $k=\dfrac{1}{\pi}$,于是

$$P\{0\leqslant X\leqslant x\}=\frac{1}{\pi}\times\pi x^{2}=x^{2}.$$

(2) 依定义, $F(x)=P\{X\leqslant x\}$, $\forall x\in\mathbb{R}$,用 X 的取值范围 $[0,1]$ 将 $F(x)$ 的定义域 $D=(-\infty,+\infty)$ 分割成 3 个左闭右开区间.

当 $x<0$ 时, $F(x)=P(\varnothing)=0$;

当 $0\leqslant x<1$ 时, $F(x)=P\{X<0\}+P\{0\leqslant X\leqslant x\}=0+x^{2}=x^{2}$;

当 $x\geqslant1$ 时, $F(x)=P(\Omega)=1$.

故 X 的分布函数 $F(x)$ 为

$$F(x)=\begin{cases}0, & x<0, \\ x^{2}, & 0\leqslant x<1, \\ 1, & x\geqslant1.\end{cases}$$

分布函数 $F(x)$ 的图像如图 2-2 所示.

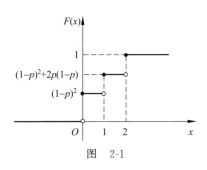

图 2-1

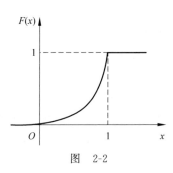

图 2-2

注 依必然事件 $\Omega=\{0\leqslant X\leqslant 1\}$ 求比例系数 k. 也可依几何概率的计算公式直接求概率 $P\{0\leqslant X\leqslant a\}=\dfrac{\pi a^2}{\pi\times 1^2}=a^2$.

评 $X\in[0,1]$, 但其分布函数 $F(x)$ 没有间断点, 是连续函数, 试比较上例的分布函数.

议 尽管 X 取值于 $[0,1]$, 但是其分布函数 $F(x)$ 的定义域却是 $D=(-\infty,+\infty)$.

例 2.1.5 设随机变量 X 的所有可能取值为 $-1,0,1$, 且

$$P\{X=-1\}=\frac{1}{4},\quad P\{X=0\}=\frac{1}{2},\quad P\{X=1\}=\frac{1}{4},$$

其分布函数为

$$F(x)=\begin{cases}a, & x<-1,\\ b, & -1\leqslant x<0,\\ 3/4, & 0\leqslant x<1,\\ c, & x\geqslant 1,\end{cases}$$

试求常数 a,b,c.

分析 $P\{X=k\}=P\{X\leqslant k\}-P\{X<k\}=F(k)-F(k-0)$, $k=-1,0,1$.

解 依定义, $F(x)=P\{X\leqslant x\}$, $\forall x\in\mathbb{R}$.

当 $x<-1$ 时, $a=F(x)=P(\varnothing)=0$; 当 $x\geqslant 1$ 时, $c=F(x)=P(\Omega)=1$,

$$\frac{1}{2}=P\{X=0\}=P\{X\leqslant 0\}-P\{X<0\}=F(0)-F(0-0)=\frac{3}{4}-b,$$

解之得 $b=\dfrac{1}{4}$.

或者, 当 $-1\leqslant x<0$ 时, $b=F(x)=P\{X\leqslant x\}=P\{X=-1\}=\dfrac{1}{4}$.

注 依规范性, $a=F(-\infty)=\lim\limits_{x\to-\infty}F(x)=0$, $c=F(+\infty)=\lim\limits_{x\to+\infty}F(x)=1$.

评 常数 a,b,c 的求解可依概率或分布函数的性质.

习题 2-1

1. 从正整数 $1,2,3$ 中不放回地连取两个数, 以 X 表示两数之差的绝对值.
(1) 写出 X 的所有可能取值及其各个可能值所对应的样本点;
(2) 求 X 取各个可能值的概率.

2. 一袋装有编号为 $1,2,3,4,5$ 的球, 从中任取 3 个球, 以 X 记取出的 3 个球中的最小号码. (1) 求 X 的所有可能取值点及其各点的概率; (2) 写出 X 的分布函数 $F(x)$, 并画出其图像.

3. 掷一枚匀质的骰子, 以 X 表示朝上的点数, 求 X 的分布函数 $F(x)$, 并画出其图像.

4. 某车站每 $30\min$ 发一班车, 乘客在任意时刻随机到达车站, 以 X 表示乘客的到达时刻, 求: (1) 乘客候车超过 $10\min$ 的概率; (2) X 的分布函数 $F(x)$, 并画出其图像.

5. 设随机变量 X 的所有可能取值为 $0,\dfrac{1}{2},1$, 且

$$P\{X=0\}=\frac{1}{10},\quad P\left\{X=\frac{1}{2}\right\}=\frac{2}{5},\quad P\{X=1\}=\frac{1}{2},$$

X 的分布函数为

$$F(x)=\begin{cases}0, & x<0,\\ c, & 0\leqslant x<\dfrac{1}{2},\\ d, & \dfrac{1}{2}\leqslant x<1,\\ 1, & x\geqslant 1,\end{cases}$$

求常数 c,d.

2.2 离散型随机变量及其分布律

一、内容要点与评注

离散型随机变量 如果随机变量 X 的所有可能取值为有限个或可列无限多个,则称 X 为离散型随机变量.

分布律 设 X 的所有可能取值为 $x_1,x_2,\cdots,x_n$ 或者 $x_1,x_2,\cdots$,且

$$P\{X=x_i\}=p_i,\ i=1,2,\cdots$$

称上式为 X 的分布律或 X 的概率分布.

通常将概率分布或分布律写成如下表格的形式:

X	x_1	x_2	x_3	x_4	$\cdots$
P	p_1	p_2	p_3	p_4	$\cdots$

其中要求 $x_1,x_2,\cdots$ 从小到大排列,同时任一 x_i 只出现一次.

分布律的性质

设随机变量 X 的分布律为 $P\{X=x_i\}=p_i,\quad i=1,2,\cdots$.

(1) 非负性 $P\{X=x_i\}=p_i\geqslant 0, i=1,2,\cdots$;

(2) 规范性 $\displaystyle\sum_{i=1}^{\infty}P\{X=x_i\}=1$.

注 如果数列 $\{p_n\}$ 满足 $p_n\geqslant 0, n=1,2,\cdots$,且 $\displaystyle\sum_{n=1}^{\infty}p_n=1$,则存在某离散型随机变量 Y 及数列 $\{y_n\}$,使 $P\{Y=y_n\}=p_n, n=1,2,\cdots$.

依分布律求概率 设 $W\subset\mathbb{R}$,则

$$P\{X\in W\}=\sum_{x_i\in W}P\{X=x_i\}=\sum_{x_i\in W}p_i.$$

依分布律求分布函数

$$F(x)=P\{X\leqslant x\}=\sum_{x_i\leqslant x}P\{X=x_i\}=\sum_{x_i\leqslant x}p_i,\quad \forall x\in\mathbb{R}.$$

设 X 的所有取值满足 $x_1<x_2<\cdots<x_n$(或者 $x_1<x_2<\cdots$),用 $x_1,x_2,\cdots,x_n$(或者

$x_1, x_2, \cdots$)将 $F(x)$ 的定义域 $D = (-\infty, +\infty)$ 分割成部分区间,依分布函数的定义,有

$$F(x) = P\{X \leqslant x\} = \begin{cases} 0, & x < x_1, \\ p_1, & x_1 \leqslant x < x_2, \\ p_1 + p_2, & x_2 \leqslant x < x_3, \quad \text{或者} \\ \vdots & \vdots \\ 1, & x \geqslant x_n. \end{cases} \quad F(x) = P\{X \leqslant x\} = \begin{cases} 0, & x < x_1, \\ p_1, & x_1 \leqslant x < x_2, \\ p_1 + p_2, & x_2 \leqslant x < x_3, \\ \vdots & \vdots \end{cases}$$

如图 2-3 所示,离散型随机变量的分布函数 $F(x)$ 的图像呈阶梯状,$F(x)$ 在 X 的各个取值点 $x_j (j = 1, 2, \cdots, n)$ 处间断,且 x_j 均为跳跃间断点,其跳跃度为

$$P\{X = x_j\} = F(x_j) - F(x_j - 0), \quad j = 1, 2, \cdots.$$

分布函数 $F(x)$ 的图像如图 2-3 所示.

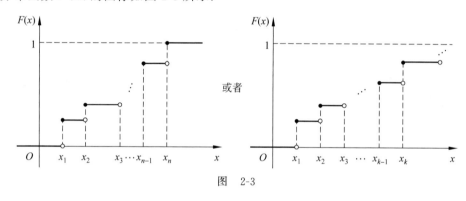

图　2-3

注　离散型随机变量的分布律和分布函数可相互确定.

常见的离散型分布

0-1 分布　将伯努利试验进行一次,设事件 A 发生的概率为 $p(0 < p < 1)$,令

$$X = \begin{cases} 1, & A \text{ 发生}, \\ 0, & A \text{ 不发生}, \end{cases}$$

则 X 的分布律为

X	0	1
P	$1-p$	p

称 X 服从参数为 p 的 0-1 分布,记作 $X \sim B(1, p)$.

注　服从 0-1 分布 $B(1, p)$ 的随机变量 X 意指伯努利试验中事件 A 发生的次数.

二项分布　在 n 重伯努利试验中,设事件 A 在每次试验中发生的概率为 $p(0 < p < 1)$,令 X 为 n 次试验中 A 发生的次数,则 X 的分布律为

$$P\{X = k\} = C_n^k p^k (1-p)^{n-k}, \quad k = 0, 1, 2, \cdots, n,$$

称 X 服从参数为 n, p 的二项分布,记作 $X \sim B(n, p)$.

注　设 $X \sim B(n, p)$.

(1) 称概率达到最大值的 X 的取值为**二项分布的最可能出现(成功)次数**,设其为 k_0,依二项分布的概率计算公式,有

$$\frac{P\{X=k\}}{P\{X=k-1\}}=\frac{C_n^k p^k (1-p)^{n-k}}{C_n^{k-1} p^{k-1}(1-p)^{n-(k-1)}}=\frac{(n-k+1)p}{k(1-p)}=1+\frac{(n+1)p-k}{k(1-p)},\quad k\geqslant 1.$$

当 $k<(n+1)p$ 时，$P\{X=k\}>P\{X=k-1\}$，表明 $P\{X=k\}$ 随 k 增大而增大，当 $k>(n+1)p$ 时，$P\{X=k\}<P\{X=k-1\}$，表明 $P\{X=k\}$ 随 k 增大而减少，因此 $P\{X=k\}$ 在 $k_0=[(n+1)p]$ 处取得最大值. 特别地，当 $(n+1)p$ 为正整数时，$k_0=(n+1)p$，此时 $\frac{P\{X=k_0\}}{P\{X=k_0-1\}}=1$，即 $P\{X=k_0\}=P\{X=k_0-1\}$，所以

$$k_0=\begin{cases} np+p,np+p-1, & np+p \text{ 为整数,}\\ [np+p], & \text{其他,} \end{cases}$$

其中 $[np+p]$ 表示不超过 $np+p$ 的最大整数.

(2) 令 $X_i=\begin{cases}1, & \text{在第 } i \text{ 次试验中 } A \text{ 发生,}\\ 0, & \text{在第 } i \text{ 次试验中 } A \text{ 不发生,}\end{cases}$

即 $X_i\sim B(1,p)$，$i=1,2,\cdots,n$，且 $X=X_1+X_2+\cdots+X_n$，因为伯努利试验是相互独立的，$X_1,X_2,\cdots,X_n$ 的取值互不影响. **服从 $B(n,p)$ 的随机变量 X 可以分解成 n 个同服从 $B(1,p)$ 的变量之和.**

试验的次数（n 次）是确定的，从而 A 发生的次数就是随机的，用 X 表示，$X\sim B(n,p)$.

几何分布 将伯努利试验进行到事件 A 发生为止，设事件 A 在每次试验中发生的概率为 $p(0<p<1)$，令 X 为所需进行试验的次数，则 X 的分布律为

$$P\{X=k\}=(1-p)^{k-1}p,\quad k=1,2,\cdots,$$

称 X 服从参数为 p 的几何分布，记作 $X\sim G(p)$.

注 对任意正整数 n,m，$P\{X>n+m\mid X>n\}=P\{X>m\}$，该式称为**几何分布的无记忆性**.

A 发生的次数（1 次）是确定的，从而试验的次数就是随机的，用 X 表示，$X\sim G(p)$.

帕斯卡分布（负二项分布） 将伯努利试验进行到事件 A 发生 r 次为止，设事件 A 在每次试验中发生的概率为 $p(0<p<1)$，令 X 为所需进行试验的次数，则 X 的分布律为

$$P\{X=k\}=C_{k-1}^{r-1}p^{r-1}(1-p)^{k-1-(r-1)}p=C_{k-1}^{r-1}p^r(1-p)^{k-r},\quad k=r,r+1,r+2,\cdots,$$

称 X 服从参数为 r,p 的帕斯卡分布，记作 $X\sim Q(r,p)$.

注 将伯努利试验进行到事件 A 发生 r 次为止，令 X_k 表示从 A 第 $k-1$ 次发生后的第一次试验开始到 A 第 k 次发生为止所需试验的次数，则 $X_k\sim G(p)$，$k=1,2,\cdots,r$，且 $X=X_1+X_2+\cdots+X_r$，因为伯努利试验是相互独立的，$X_1,X_2,\cdots,X_r$ 的取值互不影响. **服从 $Q(r,p)$ 的随机变量可以分解成 r 个同服从 $G(p)$ 的变量之和.**

A 发生的次数（r 次）是确定的，从而试验的次数就是随机的，用 X 表示，$X\sim Q(r,p)$.

泊松分布 如果随机变量 X 的概率分布为

$$P\{X=k\}=\frac{\lambda^k}{k!}e^{-\lambda},\quad k=0,1,2,\cdots,\quad \text{其中}\lambda>0,$$

则称 X 服从参数为 λ 的泊松分布，记作 $X\sim P(\lambda)$.

泊松定理 设 p_n 是 n 重伯努利试验中事件 A 发生的概率，$0<p_n<1$，如果 $np_n=\lambda$，则

$$\lim_{n\to\infty}C_n^k(p_n)^k(1-p_n)^{n-k}=\frac{\lambda^k}{k!}e^{-\lambda},\quad k=0,1,2,\cdots.$$

此定理表明,当 n 很大且 p 很小(通常要求 $n \geqslant 50, p \leqslant 0.1$)时,以 n, p 为参数的二项分布的概率值可由参数为 $\lambda = np$ 的泊松分布的概率值近似,即

$$\mathrm{C}_n^k (p_n)^k (1-p_n)^{n-k} \approx \frac{\lambda^k}{k!} \mathrm{e}^{-\lambda}, \quad k=0,1,2,\cdots.$$

注　(1) 泊松分布可作为描述大量试验中稀有事件出现次数的概率分布的模型.比如,某高速路段上每年的交通事故数等.

(2) 设 $X \sim P(\lambda)$,称概率达到最大值的 X 的取值为**泊松分布的最可能出现次数**,设其为 k_0,依泊松分布的概率计算公式,有

$$\frac{P\{X=k\}}{P\{X=k-1\}} = \frac{\dfrac{\lambda^k \mathrm{e}^{-\lambda}}{k!}}{\dfrac{\lambda^{k-1} \mathrm{e}^{-\lambda}}{(k-1)!}} = \frac{\lambda}{k}, \quad k \geqslant 1.$$

当 $k < \lambda$ 时,$P\{X=k\} > P\{X=k-1\}$,表明 $P\{X=k\}$ 随 k 增大而增大,当 $k > \lambda$ 时,$P\{X=k\} < P\{X=k-1\}$,表明 $P\{X=k\}$ 随 k 增大而减小,因此 $P\{X=k\}$ 在 $k_0 = [\lambda]$ 处取得最大值,特别地,当 λ 为正整数时,$k_0 = \lambda$,而此时 $\dfrac{P\{X=k_0\}}{P\{X=k_0-1\}} = 1$,即 $P\{X=k_0\} = P\{X=k_0-1\}$,所以

$$k_0 = \begin{cases} \lambda, \lambda-1, & \lambda \text{ 为正整数}, \\ [\lambda], & \text{其他}, \end{cases}$$

其中 $[\lambda]$ 表示不超过 λ 的最大整数.

超几何分布　设 N 个产品中有 M 件次品,从中不放回地任取 n 件,令 X 表示 n 件产品中次品的件数,则 X 的分布律为

$$P\{X=k\} = \frac{\mathrm{C}_M^k \mathrm{C}_{N-M}^{n-k}}{\mathrm{C}_N^n}, \quad k=1,2,\cdots,\min\{M,n\},$$

称 X 服从参数为 N, M, n 的超几何分布,记作 $X \sim H(n, M, N)$.

二、典型例题

例 2.2.1　进行非学历考试,规定考甲、乙两门课程,每门课程考试第一次未通过都只允许考第二次,考生仅在课程甲通过后才能考课程乙,如两门课程都通过可获得一张资格证书.设某考生通过课程甲的各次考试的概率为 p_1,通过课程乙的各次考试的概率为 p_2.设各次考试的结果相互独立,又设考生参加考试直至获得资格证书或者不准予再考为止,以 X 表示考生总共需考试的次数,求 X 的分布律.

分析　记事件 $A_i = \{$课程甲考第 i 次时通过$\}, B_i = \{$课程乙考第 i 次时通过$\}(i=1,2)$,依题设,$\{X=2\} = A_1 B_1 \bigcup \overline{A_1}\ \overline{A_2}, \{X=3\} = A_1 \overline{B_1} B_2 \bigcup \overline{A_1} A_2 B_1 \bigcup A_1 \overline{B_1}\ \overline{B_2}$,

$$\{X=4\} = \overline{A_1} A_2 \overline{B_1} B_2 \bigcup \overline{A_1} A_2 \overline{B_1}\ \overline{B_2}.$$

解　依题设,X 的所有可能取值为 $2,3,4$,记事件 $A_i = \{$课程甲考第 i 次时通过$\}$,$B_i = \{$课程乙考第 i 次时通过$\}(i=1,2)$,依事件的运算规则,有

$\{X=2\} = A_1 B_1 \bigcup \overline{A_1}\ \overline{A_2}$,

$\{X=3\} = A_1 \overline{B_1} B_2 \bigcup A_1 \overline{B_1}\ \overline{B_2} \bigcup \overline{A_1} A_2 B_1 = A_1 \overline{B_1}(B_2 \bigcup \overline{B_2}) \bigcup \overline{A_1} A_2 B_1 = A_1 \overline{B_1} \bigcup \overline{A_1} A_2 B_1$,

$$\{X=4\}=\overline{A_1}A_2\overline{B_1}B_2\bigcup\overline{A_1}A_2\overline{B_1}\,\overline{B_2}=\overline{A_1}A_2\overline{B_1}(B_2\bigcup\overline{B_2})=\overline{A_1}A_2\overline{B_1},$$

依概率的性质,同时注意到 A_1,A_2,B_1,B_2 相互独立,故

$$P\{X=2\}=P(A_1B_1\bigcup\overline{A_1}\,\overline{A_2})=P(A_1B_1)+P(\overline{A_1}\,\overline{A_2})$$

$$=P(A_1)P(B_1)+P(\overline{A_1})P(\overline{A_2})=p_1p_2+(1-p_1)^2,$$

$$P\{X=3\}=P(A_1\overline{B_1}\bigcup\overline{A_1}A_2B_1)=P(A_1\overline{B_1})+P(\overline{A_1}A_2B_1)$$

$$=P(A_1)P(\overline{B_1})+P(\overline{A_1})P(A_2)P(B_1)=p_1(1-p_2)+(1-p_1)p_1p_2,$$

$$P\{X=4\}=P(\overline{A_1}A_2\overline{B_1})=P(\overline{A_1})P(A_2)P(\overline{B_1})=(1-p_1)p_1(1-p_2),$$

或者依规范性,

$$P\{X=4\}=1-P\{X=2\}-P\{X=3\}=(1-p_1)p_1(1-p_2),$$

即 X 的分布律为

X	2	3	4
P	$p_1p_2+(1-p_1)^2$	$p_1(1-p_2)+(1-p_1)p_1p_2$	$(1-p_1)p_1(1-p_2)$

注 依事件的运算规则:

$$A_1\overline{B_1}B_2\bigcup A_1\overline{B_1}\,\overline{B_2}\bigcup\overline{A_1}A_2B_1=A_1\overline{B_1}(B_2\bigcup\overline{B_2})\bigcup\overline{A_1}A_2B_1=A_1\overline{B_1}\bigcup\overline{A_1}A_2B_1,$$

$$\overline{A_1}A_2\overline{B_1}B_2\bigcup\overline{A_1}A_2\overline{B_1}\,\overline{B_2}=\overline{A_1}A_2\overline{B_1}(B_2\bigcup\overline{B_2})=\overline{A_1}A_2\overline{B_1}.$$

评 先依事件的关系化简,再将事件 $\{X=3\}$ 表示成互斥事件的和,即 $\{X=3\}=A_1\overline{B_1}$ $\bigcup\overline{A_1}A_2B_1$,然后依概率的性质及 A_1,A_2,B_1,B_2 相互独立,有

$$P\{X=3\}=P(A_1\overline{B_1}\bigcup\overline{A_1}A_2B_1)=P(A_1\overline{B_1})+P(\overline{A_1}A_2B_1)$$

$$=P(A_1)P(\overline{B_1})+P(\overline{A_1})P(A_2)P(B_1)=p_1(1-p_2)+(1-p_1)p_1p_2.$$

其他情形同理,方法值得借鉴.

例 2.2.2 一盒中装两枚硬币,一枚是正品,另一枚是次品(两面都印有分值),在盒中随机地取一枚,投掷直至出现分值面,以 X 表示所需投掷的次数,求 X 的分布律.

分析 记事件 $A=\{$取到正品$\}$,以 $A,\overline{A}$ 为一个划分,依全概率公式求 X 的分布律.

解 依题设,X 的所有可能取值为 $1,2,\cdots$,记事件 $A=\{$取到正品$\}$,依全概率公式,有

$$P\{X=1\}=P\{X=1\mid A\}P(A)+P\{X=1\mid\overline{A}\}P(\overline{A})=\frac{1}{2}\times\frac{1}{2}+1\times\frac{1}{2}=\frac{3}{4}=\frac{3}{2^2},$$

$$P\{X=2\}=P\{X=2\mid A\}P(A)+P\{X=2\mid\overline{A}\}P(\overline{A})=\frac{1}{2}\times\frac{1}{2}\times\frac{1}{2}+0=\frac{1}{2^3},$$

$$P\{X=k\}=P\{X=k\mid A\}P(A)+P\{X=k\mid\overline{A}\}P(\overline{A})=\underbrace{\frac{1}{2}\times\frac{1}{2}\times\cdots\times\frac{1}{2}}_{(k+1)\text{个}}+0=\frac{1}{2^{k+1}},$$

$k=3,4,\cdots,$

即 X 的分布律为

X	1	2	3	$\cdots$	k	$\cdots$
P	$3/2^2$	$1/2^3$	$1/2^4$	$\cdots$	$1/2^{k+1}$	$\cdots$

注 可以验证,上表中的概率值满足分布律的非负性和规范性,其中

$$\sum_{i=1}^{\infty} P\{X=k\}=\frac{3}{4}+\frac{1}{2^3}+\frac{1}{2^4}+\cdots+\frac{1}{2^{k+1}}+\cdots=\frac{3}{4}+\frac{\dfrac{1}{2^3}}{1-\dfrac{1}{2}}=\frac{3}{4}+\frac{1}{4}=1.$$

评 在 A 已发生的条件下,事件{出现非分值面}与{出现分值面}条件独立,即

$$P\{X=2\mid A\}=P\{出现分值面\mid A\}P\{出现非分值面\mid A\}.$$

例 2.2.3 某实验室器皿中产生甲、乙两类细菌的机会是相等的,以 X 表示产生细菌的个数,其分布律为

$$P\{X=k\}=\frac{\lambda^k}{k!}e^{-\lambda},\quad k=0,1,2,\cdots,\quad \lambda>0,$$

求:(1) 产生甲类细菌但没有乙类细菌的概率;

(2) 在已知产生了细菌而且没有乙类细菌的条件下,有 2 个甲类细菌的概率.

分析 记 Y 为产生甲类细菌的个数,(1) 求 $P\{Y=X\}$;(2) 求 $P\{Y=2\mid Y=X\}$.

解 记 Y 为产生甲类细菌的个数,依题设及全概率公式,有

$$(1)\ P\{Y=X\}=\sum_{n=1}^{\infty}P(\{Y=n\}\bigcap\{X=n\})=\sum_{n=1}^{\infty}P(\{Y=n\}\mid\{X=n\})P\{X=n\}$$

$$=\sum_{n=1}^{\infty}\left(\frac{1}{2}\right)^n\frac{\lambda^n}{n!}e^{-\lambda}=e^{-\lambda}\sum_{n=1}^{\infty}\frac{\left(\frac{\lambda}{2}\right)^n}{n!}=e^{-\lambda}(e^{\frac{\lambda}{2}}-1).$$

(2) 依条件概率的定义及乘法公式,有

$$P(\{Y=2\}\mid\{Y=X\})=\frac{P(\{Y=2\}\bigcap\{Y=X\})}{P\{Y=X\}}=\frac{P\{X=2,Y=2\}}{P\{Y=X\}}$$

$$=\frac{P(\{Y=X\}\mid\{X=2\})P\{X=2\}}{e^{-\lambda}(e^{\frac{\lambda}{2}}-1)}=\frac{\left(\frac{1}{2}\right)^2\frac{\lambda^2}{2!}e^{-\lambda}}{e^{-\lambda}(e^{\frac{\lambda}{2}}-1)}$$

$$=\frac{\lambda^2}{8(e^{\frac{\lambda}{2}}-1)}.$$

注 以可列多个事件{X=1},{X=2},… 为一个划分,依全概率公式,有

$$P\{Y=X\}=\sum_{n=1}^{\infty}P(\{Y=n\}\bigcap\{X=n\}).$$

评 本例解法的关键是以随机变量诠释事件求概率,同时利用无穷级数的结论:

$$\sum_{n=0}^{\infty}\frac{x^n}{n!}=e^x,\ -\infty<x<+\infty.$$

例 2.2.4 将 3 个不同颜色的球随机逐个地放入编号为 1,2,3,4 的 4 个盒子中,以 X 表示有球盒子的最小号码,求 X 的分布律.

分析 记事件 $A_i=${第 i 个盒子有球}$(i=1,2,3,4)$,则 $P\{X=2\}=P(\overline{A_1}A_2)=P(\overline{A_1})-P(\overline{A_1}\ \overline{A_2})$.其他情形同理.

解 依题设,X 的所有可能取值为 1,2,3,4,记事件 $A_i=${第 i 个盒子有球}$(i=1,2,3,4)$,依概率的性质,有

$$P\{X=1\}=P(A_1)=1-P(\overline{A_1})=1-\frac{3^3}{4^3}=\frac{37}{64},$$

$$P\{X=2\}=P(\overline{A_1}A_2)=P(\overline{A_1})-P(\overline{A_1}\,\overline{A_2})=\frac{3^3}{4^3}-\frac{2^3}{4^3}=\frac{19}{64},$$

$$P\{X=3\}=P(\overline{A_1}\,\overline{A_2}A_3)=P(\overline{A_1}\,\overline{A_2})-P(\overline{A_1}\,\overline{A_2}\,\overline{A_3})=\frac{2^3}{4^3}-\frac{1}{4^3}=\frac{7}{64},$$

$$P\{X=4\}=P(\overline{A_1}\,\overline{A_2}\,\overline{A_3}A_4)=P(\overline{A_1}\,\overline{A_2}\,\overline{A_3})-P(\overline{A_1}\,\overline{A_2}\,\overline{A_3}\,\overline{A_4})=\frac{1}{4^3}-0=\frac{1}{64},$$

即 X 的分布律为

X	1	2	3	4
P	37/64	19/64	7/64	1/64

注 依概率的性质,将随机变量的取值分解为具有包含关系的差事件,概率易求. $\{X=2\}=\overline{A_1}A_2=A_2-A_1A_2$,$\{X=3\}=\overline{A_1}\,\overline{A_2}A_3=\overline{A_1}\,\overline{A_2}-\overline{A_1}\,\overline{A_2}\,\overline{A_3}$. 其他情形同理.

评 尽管 $P\{X=2\}=P(A_2)-P(A_1A_2)$,但依方法 $P\{X=2\}=P(\overline{A_1})-P(\overline{A_1}\,\overline{A_2})$ 概率更易求. 还可考虑如下方法:$P\{X=2\}=P\{X\geqslant2\}-P\{X\geqslant3\}=\frac{3^3}{4^3}-\frac{2^3}{4^3}$. 其他情形同理.

例 2.2.5 (1) 5 只电池,其中有 2 只是次品(表面看没有差别),每次取一只测试,直到将 2 只次品都找到. 设 X 为找到第 1 只次品所用的测试次数,Y 为找到第 2 只次品所用的测试次数,分别求 X 的分布律和 Y 的分布律.

(2) 5 只电池,其中 2 只是次品,每次取一只,直到找出 2 只次品或 3 只正品为止,写出所需测试次数 Z 的分布律.

分析 记事件 $A_i=\{$第 i 次取到次品$\}(i=1,2,3,4)$,依题设,有

$$\{X=3\}=\overline{A_1}\,\overline{A_2}A_3,\quad\{Y=3\}=A_1\overline{A_2}A_3\bigcup\overline{A_1}A_2A_3,$$

$$\{Z=3\}=\overline{A_1}\,\overline{A_2}\,\overline{A_3}\bigcup A_1\overline{A_2}A_3\bigcup\overline{A_1}A_2A_3,其他情形同理.$$

解 (1) 依题设,X 的所有可能取值为 1,2,3,4,记事件 $A_i=\{$第 i 次取到次品$\}(i=1,2,\cdots,5)$,依乘法公式,有

$$P\{X=1\}=P(A_1)=\frac{2}{5},$$

$$P\{X=2\}=P(\overline{A_1}A_2)=P(A_2\,|\,\overline{A_1})P(\overline{A_1})=\frac{2}{4}\times\frac{3}{5}=\frac{3}{10},$$

$$P\{X=3\}=P(\overline{A_1}\,\overline{A_2}A_3)=P(A_3\,|\,\overline{A_1}\,\overline{A_2})P(\overline{A_2}\,|\,\overline{A_1})P(\overline{A_1})=\frac{2}{3}\times\frac{2}{4}\times\frac{3}{5}=\frac{1}{5},$$

$$P\{X=4\}=P(\overline{A_1}\,\overline{A_2}\,\overline{A_3}A_4)=P(A_4\,|\,\overline{A_1}\,\overline{A_2}\,\overline{A_3})P(\overline{A_3}\,|\,\overline{A_1}\,\overline{A_2})P(\overline{A_2}\,|\,\overline{A_1})P(\overline{A_1})$$

$$=\frac{2}{2}\times\frac{1}{3}\times\frac{2}{4}\times\frac{3}{5}=\frac{1}{10},$$

或者 $P\{X=4\}=1-P\{X=1\}-P\{X=2\}-P\{x=3\}=\frac{1}{10}$.

即 X 的分布律为

X	1	2	3	4
P	2/5	3/10	1/5	1/10

依题设, Y 的所有可能取值为 2, 3, 4, 5, 且

$$P\{Y=2\}=P(A_1 A_2)=P(A_2 \mid A_1)P(A_1)=\frac{1}{4} \times \frac{2}{5}=\frac{1}{10},$$

依有限可加性和乘法公式, 有

$$
\begin{aligned}
P\{Y=3\}&=P((A_1 \overline{A_2} A_3) \bigcup (\overline{A_1} A_2 A_3))=P(A_1 \overline{A_2} A_3)+P(\overline{A_1} A_2 A_3) \\
&=P(A_3 \mid A_1 \overline{A_2})P(\overline{A_2} \mid A_1)P(A_1)+P(A_3 \mid \overline{A_1} A_2)P(A_2 \mid \overline{A_1})P(\overline{A_1}) \\
&=\frac{1}{3} \times \frac{3}{4} \times \frac{2}{5}+\frac{1}{3} \times \frac{2}{4} \times \frac{3}{5}=\frac{1}{5},
\end{aligned}
$$

$$
\begin{aligned}
P\{Y=4\}&=P((A_1 \overline{A_2}\, \overline{A_3} A_4) \bigcup (\overline{A_1} A_2 \overline{A_3} A_4) \bigcup (\overline{A_1}\, \overline{A_2} A_3 A_4)) \\
&=P(A_1 \overline{A_2}\, \overline{A_3} A_4)+P(\overline{A_1} A_2 \overline{A_3} A_4)+P(\overline{A_1}\, \overline{A_2} A_3 A_4) \\
&=P(A_4 \mid A_1 \overline{A_2}\, \overline{A_3})P(\overline{A_3} \mid A_1 \overline{A_2})P(\overline{A_2} \mid A_1)P(A_1)+ \\
&\quad P(A_4 \mid \overline{A_1} A_2 \overline{A_3})P(\overline{A_3} \mid \overline{A_1} A_2)P(A_2 \mid \overline{A_1})P(\overline{A_1})+ \\
&\quad P(A_4 \mid \overline{A_1}\, \overline{A_2} A_3)P(A_3 \mid \overline{A_1}\, \overline{A_2})P(\overline{A_2} \mid \overline{A_1})P(\overline{A_1}) \\
&=\frac{1}{2} \times \frac{2}{3} \times \frac{3}{4} \times \frac{2}{5}+\frac{1}{2} \times \frac{2}{3} \times \frac{2}{4} \times \frac{3}{5}+\frac{1}{2} \times \frac{2}{3} \times \frac{2}{4} \times \frac{3}{5}=\frac{3}{10},
\end{aligned}
$$

$$P\{Y=5\}=1-P\{Y=2\}-P\{Y=3\}-P\{Y=4\}=\frac{4}{10},$$

即 Y 的分布律为

Y	2	3	4	5
P	1/10	2/10	3/10	4/10

(2) 依题设, Z 的所有可能取值为 2, 3, 4, 且

$$P\{Z=2\}=P(A_1 A_2)=P(A_2 \mid A_1)P(A_1)=\frac{1}{4} \times \frac{2}{5}=\frac{1}{10},$$

依有限可加性和乘法公式, 有

$$
\begin{aligned}
P\{Z=3\}&=P((\overline{A_1}\, \overline{A_2}\, \overline{A_3}) \bigcup (A_1 \overline{A_2} A_3) \bigcup (\overline{A_1} A_2 A_3)) \\
&=P(\overline{A_1}\, \overline{A_2}\, \overline{A_3})+P(A_1 \overline{A_2} A_3)+P(\overline{A_1} A_2 A_3) \\
&=P(\overline{A_3} \mid \overline{A_1}\, \overline{A_2})P(\overline{A_2} \mid \overline{A_1})P(\overline{A_1})+P(A_3 \mid A_1 \overline{A_2})P(\overline{A_2} \mid A_1)P(A_1)+ \\
&\quad P(A_3 \mid \overline{A_1} A_2)P(A_2 \mid \overline{A_1})P(\overline{A_1}) \\
&=\frac{1}{3} \times \frac{2}{4} \times \frac{3}{5}+\frac{1}{3} \times \frac{3}{4} \times \frac{2}{5}+\frac{1}{3} \times \frac{2}{4} \times \frac{3}{5}=\frac{3}{10},
\end{aligned}
$$

依概率的性质, 有 $P\{Z=4\}=1-P\{Z=2\}-P\{Z=3\}=\dfrac{6}{10}$, 即 Z 的分布律为

Z	2	3	4
P	1/10	3/10	6/10

注 $\{Y=5\}=(A_1\overline{A_2}\ \overline{A_3}\ \overline{A_4}A_5)\bigcup(\overline{A_1}A_2\overline{A_3}\ \overline{A_4}A_5)\bigcup(\overline{A_1}\ \overline{A_2}A_3\overline{A_4}A_5).$
$\bigcup(\overline{A_1}\ \overline{A_2}\ \overline{A_3}A_4A_5),$

$\{Z=4\}=(A_1\overline{A_2}\ \overline{A_3}\ \overline{A_4})\bigcup(\overline{A_1}A_2\overline{A_3}\ \overline{A_4})\bigcup(\overline{A_1}\ \overline{A_2}A_3\overline{A_4})$
$\bigcup(A_1\overline{A_2}\ \overline{A_3}A_4)\bigcup(\overline{A_1}A_2\overline{A_3}A_4)\bigcup(\overline{A_1}\ \overline{A_2}A_3A_4).$

经验证，$\sum_{k=2}^{5}P\{Y=k\}=1,\sum_{k=2}^{4}P\{Z=k\}=1.$

评 将$\{Y=k\},\{Z=k\}$表示成互斥事件的和，依有限可加性，和事件的概率等于概率之和，再依事件发生的先后顺序，利用乘法公式求概率.

议 因为是不放回抽样，所以 X 不服从几何分布，Y 不服从帕斯卡分布.

例 2.2.6 为确保设备正常运转，需要配备适当数量的维修工人，现有同类型设备300台，各台工作相互独立，每台发生故障的概率都是 0.01. 在正常情况下，一台设备出故障时一人即能处理，问：至少应配备几名维修工人，才能以99%的把握保证设备出故障时不致因维修工人不足不能及时处理故障而影响生产？

分析 以 X 表示300台设备中同时段出故障的台数，要求满足 $P\{0\leqslant X\leqslant m\}\geqslant 0.99$ 的 m，其中 m 为配备的维修工人数.

解 以 X 表示300台设备中同时出故障的台数，依题设，$X\sim B(300,0.01)$，设至少应配备 m 名维修工人，使 $P\{0\leqslant X\leqslant m\}\geqslant 0.99$，依二项分布的概率计算公式，即

$$P\{0\leqslant X\leqslant m\}=\sum_{k=0}^{m}P\{X=k\}=\sum_{k=0}^{m}C_{300}^{k}\times 0.01^k\times 0.99^{300-k}\geqslant 0.99.$$

直接计算很繁琐，但 $n=300,p=0.01,\lambda=np=300\times 0.01=3$，依泊松定理，$C_{300}^{k}\times 0.01^k\times 0.99^{300-k}\approx\dfrac{3^k}{k!}\mathrm{e}^{-3}$，于是上式可表示为

$$P\{0\leqslant X\leqslant m\}\approx\sum_{k=0}^{m}\frac{3^k}{k!}\mathrm{e}^{-3}\geqslant 0.99,$$

查泊松分布数值表，当 $m=7$ 时，$\sum_{k=0}^{7}\dfrac{3^k}{k!}\mathrm{e}^{-3}=0.988095<0.99$；当 $m=8$ 时，$\sum_{k=0}^{8}\dfrac{3^k}{k!}\mathrm{e}^{-3}=0.996197>0.99$. 故至少应配备8名维修工人，才能以99%的把握保证设备出故障时不致因维修工人不足而影响生产.

注 $X\sim B(n,p)$，如果 n 相对大，p 相对小，$\lambda=np$ 大小适中，则可以泊松分布近似二项分布.

评 要求 m，使 $P\{0\leqslant X\leqslant m\}\approx\sum_{k=0}^{m}\dfrac{3^k}{k!}\mathrm{e}^{-3}\geqslant 0.99$，通过赋值和查泊松分布数值表，经比较确定 m.

习题 2-2

1. 一汽车沿一街道行驶，需要通过3个均设有红绿信号灯的路口，每个信号灯为红或

绿与其他信号灯为红或绿相互独立,且红或绿两种信号灯显示的时间相等,以 X 表示该汽车首次遇到红灯前已通过的路口个数,求 X 的概率分布. 【1991 研数三、四】

2. 某射手的射击命中率为 $\dfrac{4}{5}$,现对一目标射击:

(1)以 X 表示直到第一次命中为止所进行的射击次数,求 X 取奇数的概率;

(2)以 Y 表示直到第二次命中为止所进行的射击次数,求 $Y=6$ 的概率.

3. 盒中有 10 个晶体管,其中有 8 个正品,2 个次品(表面看次品与正品没有差别),现逐个进行测试,直到把 2 个次品测出来为止,以 X 表示所需测试的次数,求 X 的分布律.

4. 设某种产品每件上的缺陷数 X 服从参数为 0.9 的泊松分布.

(1)求每件产品上最可能的缺陷数及其概率;

(2)若一件产品上无缺陷则为优质品,有 1 个缺陷的为一级品,有 2 个缺陷的为二级品,有 3 个缺陷的为三级品,超过 3 个缺陷的称为废品,求 1 件产品分别为上述各级别产品的概率;

(3)现有这种产品 100 件,求废品不多于 2 件的概率.

5. 设一城镇每年每人患感冒的次数服从参数为 λ 的泊松分布,儿童、不吸烟成人、吸烟成人在感冒人群中所占的比例及参数 λ 见下表:

	占感冒人群的比例	参数 λ
儿童	0.3	3
不吸烟成人	0.6	1
吸烟成人	0.1	2

那么,在已知一个人一年恰患 4 次感冒的条件下,求此人是吸烟成人的概率.

6. 设随机变量 X 的分布函数为

$$F(x)=\begin{cases} 0, & x<0, \\ \dfrac{1}{4}, & 0\leqslant x<1, \\ \dfrac{2}{3}, & 1\leqslant x<2, \\ 1, & x\geqslant 2, \end{cases}$$

求:(1) X 的所有可能取值点及其相应的概率;

(2) $P\{1<X\leqslant 2\}$,$P\{1<X<2\}$,$P\{1\leqslant X<2\}$,$P\{1\leqslant X\leqslant 2\}$.

2.3 连续型随机变量及其概率密度函数

一、内容要点与评注

连续型随机变量   设随机变量 X 的分布函数为 $F(x)$,如果存在非负函数 $f(x)$,使对任意 $x\in\mathbb{R}$,有

$$F(x)=\int_{-\infty}^{x} f(t)\mathrm{d}t,$$

则称 X 为连续型随机变量.

注 依数学分析的理论知,连续型随机变量 X 的分布函数是连续函数.

概率密度函数 称满足上式的 $f(x)$ 为连续型随机变量 X 的概率密度函数,简称概率密度,或密度函数.

概率密度函数的性质 设 $f(x)$ 为随机变量 X 的概率密度函数,$F(x)$ 为 X 的分布函数,则

(1) 非负性 $f(x) \geqslant 0$,x 为任意实数;

(2) 规范性 $\displaystyle\int_{-\infty}^{+\infty} f(t)\mathrm{d}t = 1$;

(3) $P\{a < X \leqslant b\} = F(b) - F(a) = \displaystyle\int_a^b f(x)\mathrm{d}x$;

(4) 若 $f(x)$ 在点 x 处连续,则 $F'(x) = f(x)$.

注 (1) 如果 $g(y)$ 满足非负性和规范性,则存在某连续型随机变量 Y,使其分布函数为 $F(y) = \displaystyle\int_{-\infty}^{y} g(y)\mathrm{d}y$,概率密度函数 为 $g(y)$.

(2) 在 $f(x)$ 的连续点 x 处,设 $\Delta x > 0$,有

$$f(x) = \lim_{\Delta x \to 0^+} \frac{F(x + \Delta x) - F(x)}{\Delta x} = \lim_{\Delta x \to 0^+} \frac{P\{x < X \leqslant x + \Delta x\}}{\Delta x},$$

所以 $f(x)$ 可理解为 X 落在区间 $(x, x + \Delta x]$ 的单位长度上的平均概率的极限. 从这个意义上说,连续型随机变量的概率密度函数与离散型随机变量的概率分布有类似的含义.

(3) 依定义,概率密度函数 $f(x)$ 的定义域是 $(-\infty, +\infty)$,改变 $f(x)$ 在个别点的值不影响积分值 $F(x) = \displaystyle\int_{-\infty}^{x} f(t)\mathrm{d}t$,概率密度函数未必是连续函数.

(4) 对于连续型随机变量而言,$\forall c \in \mathbb{R}$,都有 $P\{X = c\} = 0$. 如果 c 是 X 的可能取值点,则 $\{X = c\}$ 并非不可能事件,说明概率为 0 的事件未必是不可能事件. 同理 $P\{X \neq c\} = 1 - P\{X = c\} = 1 - 0 = 1$,但 $\{X \neq c\}$ 并非必然事件,说明概率为 1 的事件未必是必然事件.

(5) $P\{a < X \leqslant b\} = P\{a \leqslant X \leqslant b\} = P\{a \leqslant X < b\} = P\{a < X < b\}$

$$= \int_a^b f(x)\mathrm{d}x = F(b) - F(a).$$

(6) 离散型随机变量的分布和连续型随机变量的分布是两种主要分布,但并不是所有的分布仅此两种类型,也有既不属于离散型随机变量的分布,又不属于连续型随机变量的分布函数. 例如

$$F(x) = \begin{cases} 0, & x < 0, \\ \dfrac{1+x}{3}, & 0 \leqslant x < 2, \\ 1, & x \geqslant 2. \end{cases}$$

如图 2-4 所示,$F(x)$ 满足分布函数的性质:规范性,右连续性,非降性,所以 $F(x)$ 是某随机变量的分布函数,设其为 X. 因为 $F(x)$ 有间断点 $x = 0$,所以 X 不是连续型随机变量. 又因为 $F(x)$ 的图像不呈阶梯状,因此 X 也不是离散型随机变量.

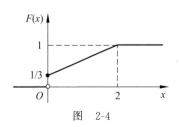

图 2-4

常见的连续型分布

均匀分布　如果随机变量 X 的概率密度函数为

$$f(x)=\begin{cases} \dfrac{1}{b-a}, & a\leqslant x\leqslant b, \\ 0, & 其他, \end{cases}$$

则称 X 在区间 $[a,b]$ 上服从均匀分布，记作 $X\sim U(a,b)$. 如图 2-5(a) 所示，显然 $f(x)$ 满足非负性和规范性.

如图 2-5(b) 所示，X 的分布函数为

$$F(x)=\begin{cases} 0, & x<a, \\ \dfrac{x-a}{b-a}, & a\leqslant x<b, \\ 1, & x\geqslant b. \end{cases}$$

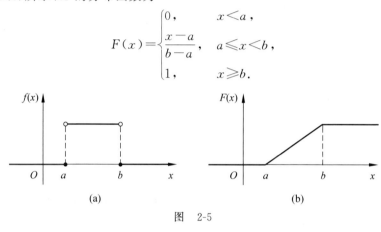

(a)　　　　　　　　　(b)

图　2-5

一般地，称概率密度函数大于 0 的区间为连续型随机变量的取值区间. 比如 $X\sim U(a,b)$，则 X 的取值区间为 $[a,b]$，记作 $X\in[a,b]$.

注　设 $X\sim U(a,b)$，则

(1) 如果 $(c,d)\subseteq[a,b]$，则 $P\{c\leqslant X\leqslant d\}=\dfrac{d-c}{b-a}$.

(2) X 以相等的概率取值于 $[a,b]$ 内的任一等长子区间，这就是"均匀"的意义.

(3) X 描述的是"等可能地"在 $[a,b]$ 上取值的随机变量，所以它的背景正是 $\Omega=[a,b]$ 的一维几何概型.

指数分布　如果随机变量 X 的概率密度函数为

$$f(x)=\begin{cases} \dfrac{1}{\theta}\mathrm{e}^{-\frac{1}{\theta}x}, & x>0, \\ 0, & 其他, \end{cases}$$

其中 $\theta>0$，则称 X 服从参数为 θ 的指数分布，记作 $X\sim E(\theta)$. 如图 2-6(a) 所示，显然 $f(x)$ 满足非负性和规范性.

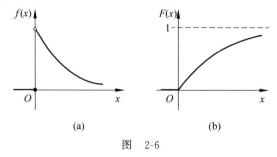

(a)　　　　　　　　　(b)

图　2-6

如图 2-6(b)所示，X 的分布函数为

$$F(x) = \begin{cases} 1 - e^{-\frac{1}{\theta}x}, & x > 0, \\ 0, & x \leqslant 0. \end{cases}$$

注 设 $X \sim E(\theta)$，则 $X \in [0, +\infty)$，且

(1) 指数分布是用来描述一类特定事件发生所需等待时间的分布的概率模型.

(2) 指数分布具有无记忆性，即对任意 $s > 0, t > 0$，有 $P\{X > s + t \mid X > t\} = P\{X > s\}$.

正态分布 如果随机变量 X 的概率密度函数为

$$f(x) = \frac{1}{\sqrt{2\pi}\,\sigma} e^{-\frac{(x-\mu)^2}{2\sigma^2}}, \quad -\infty < x < +\infty,$$

其中 $-\infty < \mu < +\infty$，$\sigma > 0$，则称 X 服从参数为 μ, σ 的正态分布，记作 $X \sim N(\mu, \sigma^2)$. 其图像 如图 2-7(a) 所示. 显然 $f(x)$ 满足非负性. 令 $\dfrac{x-\mu}{\sigma} = t$，则 $x = \sigma t + \mu$，$\mathrm{d}x = \sigma \mathrm{d}t$，$\displaystyle\int_{-\infty}^{+\infty} f(x)\mathrm{d}x = \int_{-\infty}^{+\infty} \frac{1}{\sqrt{2\pi}} e^{-\frac{t^2}{2}} \mathrm{d}t = 1$，这是因为 $\left(\dfrac{1}{\sqrt{2\pi}} \displaystyle\int_{-\infty}^{+\infty} e^{-\frac{t^2}{2}} \mathrm{d}t\right)^2 = \dfrac{1}{2\pi} \displaystyle\int_{-\infty}^{+\infty} \mathrm{d}s \int_{-\infty}^{+\infty} e^{-\frac{s^2+t^2}{2}} \mathrm{d}t = \dfrac{1}{2\pi} \displaystyle\int_{0}^{2\pi} \mathrm{d}\theta \int_{0}^{+\infty} e^{-\frac{r^2}{2}} r \mathrm{d}r = \dfrac{1}{2\pi} \times 2\pi = 1$，即 $\dfrac{1}{\sqrt{2\pi}} \displaystyle\int_{-\infty}^{+\infty} e^{-\frac{t^2}{2}} \mathrm{d}t = 1$，表明 $f(x)$ 满足规范性.

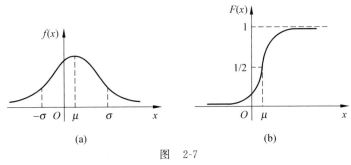

(a)   (b)

图 2-7

如图 2-7(b)所示，X 的分布函数为

$$F(x) = \frac{1}{\sqrt{2\pi}\,\sigma} \int_{-\infty}^{x} e^{-\frac{(t-\mu)^2}{2\sigma^2}} \mathrm{d}t, \quad \forall x \in \mathbb{R}.$$

注 设 $X \sim N(\mu, \sigma^2)$，则 $X \in (-\infty, +\infty)$.

(1) 正态分布是概率论中最重要的一种分布，相当广泛的一类随机变量其取值具有"中间多，两边少，左右基本对称"的特征，可以用正态分布或近似地用正态分布来刻画. 比如，人的身高、体重、测量的误差，等等.

(2) 正态分布的概率密度函数的图像有如下性质，如图 2-8 所示.

① 正态分布的概率密度曲线关于 $x = \mu$ 对称；

② 曲线以 x 轴为渐近线；

③ 函数 $f(x)$ 在 $x = \mu$ 取得最大值 $\dfrac{1}{\sqrt{2\pi}\,\sigma}$；

④ 曲线以 $x = \mu \pm \sigma$ 为其拐点；

⑤ 如果固定 σ 改变 μ 的值，则曲线沿 x 轴移动而不改变形状，因此也称 μ 为 $f(x)$ 的位置参数；

⑥ 如果固定 μ 改变 σ 的值，则曲线改变形状，σ 越小，曲线越尖陡.因此也称 σ 为 $f(x)$ 的形状参数.

标准正态分布　当 $\mu=0,\sigma=1$ 时，$N(0,1)$ 称为标准正态分布，其概率密度函数为

$$\varphi(x)=\frac{1}{\sqrt{2\pi}}\mathrm{e}^{-\frac{x^2}{2}},\quad -\infty<x<+\infty,$$

其图像如图 2-9(a)所示.

如图 2-9(b)所示，其分布函数为

$$\Phi(x)=\frac{1}{\sqrt{2\pi}}\int_{-\infty}^{x}\mathrm{e}^{-\frac{t^2}{2}}\mathrm{d}t,\quad \forall\, x\in\mathbb{R}.$$

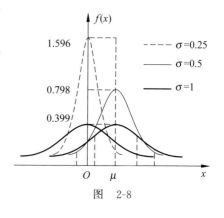

图　2-8

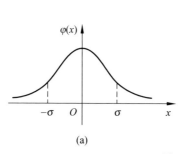

(a)　　　　　　　　　(b)

图　2-9

注　设 $X\sim N(0,1)$，则

① $\varphi(x)$ 是偶函数：即 $\varphi(-x)=\varphi(x)$；

② $\Phi(-x)=1-\Phi(x)$，即 $\Phi(x)+\Phi(-x)=1$；

③ 设 $X\sim N(\mu,\sigma^2)$，则 $Y=\dfrac{X-\mu}{\sigma}\sim N(0,1)$，于是

$$F(x)=P\{X\leqslant x\}=P\left\{\frac{X-\mu}{\sigma}\leqslant\frac{x-\mu}{\sigma}\right\}=\Phi\left(\frac{x-\mu}{\sigma}\right),$$

$$P\{a<X\leqslant b\}=P\left\{\frac{a-\mu}{\sigma}<\frac{X-\mu}{\sigma}\leqslant\frac{b-\mu}{\sigma}\right\}=\Phi\left(\frac{b-\mu}{\sigma}\right)-\Phi\left(\frac{a-\mu}{\sigma}\right),$$

借助标准正态分布函数值表查表可求 $F(x)$ 和 $P\{a<X\leqslant b\}$；

$$P\{\mu-\sigma<X<\mu+\sigma\}=P\left\{-1<\frac{X-\mu}{\sigma}<1\right\}=\Phi(1)-\Phi(-1)=2\Phi(1)-1=0.6826,$$

$$P\{\mu-2\sigma<X<\mu+2\sigma\}=P\left\{-2<\frac{X-\mu}{\sigma}<2\right\}=\Phi(2)-\Phi(-2)=2\Phi(2)-1=0.9544,$$

$$P\{\mu-3\sigma<X<\mu+3\sigma\}=P\left\{-3<\frac{X-\mu}{\sigma}<3\right\}=\Phi(3)-\Phi(-3)=2\Phi(3)-1=0.9974.$$

上式表明事件 $\{\mu-3\sigma<X<\mu+3\sigma\}$ 几乎是必然事件，X 几乎取值于 $(\mu-3\sigma,\mu+3\sigma)$，这就是正态分布的"$3\sigma$ 规则".

④ $\int_{-\infty}^{+\infty}\mathrm{e}^{-\frac{t^2}{2}}\mathrm{d}t=\sqrt{2\pi}$,同理 $\int_{-\infty}^{+\infty}\mathrm{e}^{-t^2}\mathrm{d}t=\sqrt{\pi}$.

设 $X\sim N(0,1),0<\alpha<1$,则称满足 $P\{X>z_\alpha\}=\alpha$ 的点 z_α 为**标准正态分布的上 α 分位点**,如图 2-10 所示.

注 $\Phi(z_\alpha)=1-\alpha$.

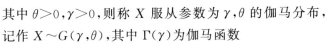

***伽马分布** 如果随机变量 X 的概率密度函数为

$$f(x)=\begin{cases}\dfrac{1}{\theta^\gamma\Gamma(\gamma)}x^{\gamma-1}\mathrm{e}^{-x/\theta}, & x>0,\\ 0, & x\leqslant 0,\end{cases}$$

其中 $\theta>0,\gamma>0$,则称 X 服从参数为 γ,θ 的伽马分布,记作 $X\sim G(\gamma,\theta)$,其中 $\Gamma(\gamma)$ 为伽马函数

$$\Gamma(\gamma)=\int_0^{+\infty}x^{\gamma-1}\mathrm{e}^{-x}\mathrm{d}x, \quad \gamma>0.$$

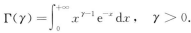

图 2-10

注 设 $X\sim G(\gamma,\theta)$,则 $X\in[0,+\infty)$,且

(1) $\gamma=1$ 时, $f(x)=\begin{cases}\dfrac{1}{\theta}\mathrm{e}^{-x/\theta}, & x>0,\\ 0, & x\leqslant 0,\end{cases}$ 即 $X\sim E(\theta)$.

(2) 伽马函数的性质:① $\Gamma(\gamma+1)=\gamma\Gamma(\gamma)$;② $\Gamma\left(\dfrac{1}{2}\right)=\sqrt{\pi}$;③ $\Gamma(n+1)=n!$(n 为正整数), $\Gamma(1)=1$.

定理 设随机变量 X 的分布函数 $F(x)$ 连续且除有限个点 $a_1,a_2,\cdots,a_k$ 外可导且导函数 $F'(x)$ 连续,则 X 是连续型随机变量,且 $f(x)$ 是 X 的概率密度函数,

$$f(x)=\begin{cases}F'(x), & x\neq a_1,a_2,\cdots,a_k,\\ b_i, & x=a_i(i=1,2,\cdots,k),\end{cases}$$

$b_1,b_2,\cdots,b_k$ 是任意非负数.

证 由题设, $f(x)\geqslant 0$,不妨设 $a_1<a_2<\cdots<a_j<x$,且 $(-\infty,x]$ 内不再有其他的不可导点,依定义, $F(x)=P\{X\leqslant x\},\forall x\in\mathbb{R}$,即

$$\begin{aligned}F(x)&=P\{-\infty<X\leqslant a_1\}+P\{a_1<X\leqslant a_2\}+\cdots+P\{a_j<X\leqslant x\}\\ &=(F(a_1)-F(-\infty))+(F(a_2)-F(a_1))+\cdots+(F(x)-F(a_j))\\ &=\int_{-\infty}^{a_1}F'(x)\mathrm{d}x+\int_{a_1}^{a_2}F'(x)\mathrm{d}x+\cdots+\int_{a_j}^{x}F'(x)\mathrm{d}x\\ &=\int_{-\infty}^{x}f(x)\mathrm{d}x,\end{aligned}$$

依定义, X 是连续型随机变量,且 $f(x)$ 是其概率密度函数.

二、典型例题

例 2.3.1 设随机变量 X 的概率密度函数为

$$f(x)=\begin{cases}A\cos x, & -\dfrac{\pi}{2}<x<\dfrac{\pi}{2},\\ 0, & \text{其他},\end{cases}$$

求：(1) 常数 A；(2) $P\left\{-\dfrac{\pi}{4}<X<\dfrac{\pi}{2}\right\}$；(3) X 的分布函数 $F(x)$.

分析　(1) 依规范性 $\displaystyle\int_{-\infty}^{+\infty}f(x)\mathrm{d}x=1$ 求 A；(2) 依概率密度函数的性质，

$P\left\{-\dfrac{\pi}{4}<X<\dfrac{\pi}{2}\right\}=\displaystyle\int_{-\pi/4}^{\pi/2}f(x)\mathrm{d}x$；(3) 依定义，$F(x)=\displaystyle\int_{-\infty}^{x}f(t)\mathrm{d}t$，$\forall x\in\mathbb{R}$.

解　(1) 依概率密度函数的规范性，有

$$1=\int_{-\infty}^{+\infty}f(x)\mathrm{d}x=A\int_{-\pi/2}^{\pi/2}\cos x\,\mathrm{d}x=A\,(\sin x)_{-\pi/2}^{\pi/2}=2A，\text{解之得 }A=\frac{1}{2}.$$

(2) 依概率密度函数的性质，有

$$P\left\{-\frac{\pi}{4}<X<\frac{\pi}{2}\right\}=\int_{-\pi/4}^{\pi/2}f(x)\mathrm{d}x=\int_{-\pi/4}^{\pi/2}\frac{1}{2}\cos x\,\mathrm{d}x=\frac{1}{2}(\sin x)_{-\pi/4}^{\pi/2}=\frac{1}{2}\left(1+\frac{\sqrt{2}}{2}\right).$$

(3) 依题设，X 取值于 $\left[-\dfrac{\pi}{2},\dfrac{\pi}{2}\right)$，由此将 $F(x)$ 的定义域 $(-\infty,+\infty)$ 分割成如下 3 个部分区间：$\left(-\infty,-\dfrac{\pi}{2}\right)$，$\left[-\dfrac{\pi}{2},\dfrac{\pi}{2}\right)$，$\left[\dfrac{\pi}{2},+\infty\right)$，依定义，$F(x)=P\{X\leqslant x\}=\displaystyle\int_{-\infty}^{x}f(t)\mathrm{d}t$，$\forall x\in\mathbb{R}$，于是

当 $x<-\dfrac{\pi}{2}$ 时，$F(x)=P(\varnothing)=0$；当 $x\geqslant\dfrac{\pi}{2}$ 时，$F(x)=P(\Omega)=1$；

当 $-\dfrac{\pi}{2}\leqslant x<\dfrac{\pi}{2}$ 时，

$$F(x)=\int_{-\infty}^{x}f(t)\mathrm{d}t=\int_{-\infty}^{-\pi/2}0\,\mathrm{d}t+\int_{-\pi/2}^{x}\frac{1}{2}\cos t\,\mathrm{d}t=\frac{1}{2}(\sin t)_{-\pi/2}^{x}=\frac{1}{2}(1+\sin x),$$

即 X 的分布函数为

$$F(x)=\begin{cases}0, & x<-\dfrac{\pi}{2}, \\[2mm] \dfrac{1}{2}(1+\sin x), & -\dfrac{\pi}{2}\leqslant x<\dfrac{\pi}{2}, \\[2mm] 1, & x\geqslant\dfrac{\pi}{2}.\end{cases}$$

注　依规范性求参数 A，同理当 $x\geqslant\dfrac{\pi}{2}$ 时，$F(x)=\displaystyle\int_{-\infty}^{x}f(t)\mathrm{d}t=\int_{-\pi/2}^{\pi/2}\frac{1}{2}\cos t\,\mathrm{d}t=1$.

评　对于连续型随机变量，分布函数和概率密度函数可相互确定，即

$$F(x)=\int_{-\infty}^{x}f(t)\mathrm{d}t,\forall x\in\mathbb{R}，f(x)=F'(x)，x\text{ 为 }f(x)\text{ 的连续点}.$$

例 2.3.2　已知随机变量 X 在 $[-4,4]$ 上服从均匀分布，现有方程
$$4y^{2}+4Xy+X+2=0,$$
求：(1) 方程有实根的概率；(2) 方程有重根的概率.

分析　(1) 方程 $4y^{2}+4Xy+X+2=0$ 有实根 $\Leftrightarrow$ 判别式 $\Delta\geqslant0$；(2) 方程有重根 $\Leftrightarrow$ 判别式 $\Delta=0$.

解　依题设，当 $X\in[-4,4]$ 时方程 $4y^{2}+4Xy+X+2=0$ 的判别式为

$$\Delta=16X^2-16(X+2)=16(X^2-X-2)=16(X-2)(X+1).$$

(1) $P\{方程有实根\}=P\{\Delta\geqslant0\}=P\{\{X\leqslant-1\}\bigcup\{X\geqslant2\}\}=P\{X\leqslant-1\}+P\{X\geqslant2\}$

$$=P\{-4\leqslant X\leqslant-1\}+P\{2\leqslant X\leqslant4\}=\frac{3}{8}+\frac{2}{8}=\frac{5}{8}.$$

(2) $P\{方程有重根\}=P\{\Delta=0\}=P\{\{X=-1\}\bigcup\{X=2\}\}$

$$=P\{X=-1\}+P\{X=2\}=0+0=0.$$

注　$\{方程有重根\}=\{\Delta=0\}=\{X=-1\}\bigcup\{X=2\}$. 可依几何概率的计算公式,对 $\forall a,b\in[-4,4]$,有 $P\{a\leqslant X\leqslant b\}=\dfrac{b-a}{8}.$

例 2.3.3　假设一大型设备在时间 t(单位:h)内发生故障的次数 $N(t)$ 服从参数为 λt 的泊松分布,若以 T 表示相邻两次故障之间的时间间隔,求:

(1) T 的分布函数 $F_T(t)$;

(2) 故障修复之后,设备无故障运行 6h 的概率;

(3) 在设备已经无故障运行 3h 的情况下,再无故障运行 6h 的概率.

分析　(1) 时间 $T\geqslant0$,当 $t\geqslant0$ 时,$F_T(t)=P\{T\leqslant t\}=1-P\{T>t\}=1-P\{N(t)=0\}$;

(2) $P\{T\geqslant6\}=1-P\{T<6\}=1-F_T(6)$; (3) $P\{T\geqslant6+3\mid T\geqslant3\}=P\{T\geqslant6\}$.

解　(1) 依题设,$T\in[0,+\infty)$,依定义,$F_T(t)=P\{T\leqslant t\}$,$\forall t\in\mathbb{R}$.

当 $t<0$ 时,$F_T(t)=P(\varnothing)=0$;当 $t\geqslant0$ 时,

$$F_T(t)=P\{T\leqslant t\}=1-P\{T>t\}=1-P\{N(t)=0\}=1-\frac{(\lambda t)^0\mathrm{e}^{-\lambda t}}{0!}=1-\mathrm{e}^{-\lambda t}.$$

于是 T 的分布函数为

$$F_T(t)=\begin{cases}0,&t<0,\\1-\mathrm{e}^{-\lambda t},&t>0.\end{cases}\quad 即\ T\sim E\left(\frac{1}{\lambda}\right).$$

(2) 依 T 的分布函数,有 $P\{T\geqslant6\}=1-P\{T<6\}=1-F_T(6)=\mathrm{e}^{-6t}.$

(3) 依指数分布的无记忆性,由(2)知

$$P\{T\geqslant6+3\mid T\geqslant3\}=P\{T\geqslant6\}=\mathrm{e}^{-6t}.$$

注　依指数分布的无记忆性,$P\{T\geqslant6+3\mid T\geqslant3\}=P\{T\geqslant6\}$.

评　$\{T>t\}$ 意指 $\{时长\ t\ 内设备无故障\}=\{N(t)=0\}$,则 $P\{T>t\}=P\{N(t)=0\}=\dfrac{(\lambda t)^0}{0!}\mathrm{e}^{-\lambda t}$,这是本例解法的关键.

例 2.3.4　在电源电压不超过 200V,在 200~240V 之间和超过 240V 三种情况下,某种电子元件损坏的概率分别为 0.1,0.001,0.2,假设电源电压 X 服从正态分布 $N(220,25^2)$,试求:(1)该电子元件损坏的概率;(2)该电子元件损坏时,电源电压在 200~240V 的概率.

【1991 研数四】

分析　以电源电压的三种情形为一划分,依全概率公式和贝叶斯公式求解.

解　记事件 $A_1=\{电压不超过\ 200V\}$,$A_2=\{电压在\ 200~240V\ 之间\}$,$A_3=\{电压超过\ 240V\}$,这是一个完备事件组,$B=\{电子元件损坏\}$,依题设,$X\sim N(220,25^2)$,

$$P(A_1)=P\{X\leqslant200\}=P\left\{\frac{X-220}{25}\leqslant\frac{200-220}{25}\right\}=\Phi(-0.8)=1-\Phi(0.8)$$

$$=0.2119,$$

$$P(A_2)=P\{200<X\leqslant240\}=P\left\{\frac{200-220}{25}<\frac{X-220}{25}\leqslant\frac{240-220}{25}\right\}$$

$$=\Phi(0.8)-\Phi(-0.8)=2\Phi(0.8)-1=0.5762,$$

$$P(A_3)=P\{X>240\}=1-P\{X\leqslant240\}=1-P(0.8)$$

$$=1-\Phi(0.8)=0.2119.$$

$$P(B|A_1)=0.1,\quad P(B|A_2)=0.001,\quad P(B|A_3)=0.2.$$

（1）依全概率公式，有

$$P(B)=P(B\mid A_1)P(A_1)+P(B\mid A_2)P(A_2)+P(B\mid A_3)P(A_3)$$

$$=0.1\times0.2119+0.001\times0.5762+0.2\times0.2119\approx0.064.$$

（2）依贝叶斯公式，有

$$P(A_2|B)=\frac{P(B|A_2)P(A_2)}{P(B)}=\frac{0.0005762}{0.064}\approx0.009.$$

注　要利用全概率公式或贝叶斯公式，势必已知先验概率，

$$P(A_1)=P\{X\leqslant200\},\quad P(A_2)=P\{200<X\leqslant240\},\quad P(A_3)=P\{X>240\}.$$

评　正态分布的概率计算公式＋全概率公式＋贝叶斯公式.本例的解法是综合运用的效果.

例 2.3.5　设测量误差 $X\sim N(0,10^2)$，现进行 100 次独立测量，求误差绝对值超过 19.6 的次数不小于 3 的概率.

分析　先求 $p=P\{|X|>19.6\}$，以 Y 表示 100 次独立测量中误差绝对值超过 19.6 的次数，则 $Y\sim B(100,p)$.

解　依题设，$\dfrac{X}{10}\sim N(0,1)$，于是

$$p=P\{|X|>19.6\}=1-P\{|X|\leqslant19.6\}=1-P\left\{\left|\frac{X-0}{10}\right|\leqslant\frac{19.6-0}{10}\right\}$$

$$=1-P\left\{-1.96\leqslant\frac{X-0}{10}\leqslant1.96\right\}=1-(\Phi(1.96)-\Phi(-1.96))$$

$$=2-2\Phi(1.96)=2-2\times0.975=0.05.$$

以 Y 表示 100 次独立测量中误差绝对值超过 19.6 的次数，则 $Y\sim B(100,0.05)$，依二项分布概率的计算公式，有

$$P\{Y\geqslant3\}=1-P\{Y=0\}-P\{Y=1\}-P\{Y=2\}$$

$$=1-0.95^{100}-C_{100}^1\times0.05\times0.95^{99}-C_{100}^2\times0.05^2\times0.95^{98}.$$

上式计算略繁，由于 $n=100$ 相对大，$p=0.05$ 相对小，$\lambda=np=5$ 适中，依泊松定理，有

$$P\{Y\geqslant3\}=1-P\{Y=0\}-P\{Y=1\}-P\{Y=2\}$$

$$\approx1-\frac{5^0\mathrm{e}^{-5}}{0!}-\frac{5^1\mathrm{e}^{-5}}{1!}-\frac{5^2\mathrm{e}^{-5}}{2!}=1-\frac{37}{2}\mathrm{e}^{-5}\approx0.876（查泊松分布表）.$$

注　100 次独立测量，每次测量误差的绝对值超过 0.05，显然可视为 100 重伯努利试验，因此自然想到引入服从二项分布的变量 Y，使 $Y\sim B(100,0.05)$.

评　X 是连续型随机变量，用来刻画测量的误差，$X\sim N(0,10^2)$，Y 是离散型随机变量，用来刻画 100 次独立测量中误差绝对值超过 19.6 的次数，$Y\sim B(100,0.05)$，利用两个不同类型的随机变量解析了所求概率.

习题 2-3

1. 设随机变量 X 的概率密度函数为

$$f(x) = \begin{cases} 1 - |x|, & -1 < x < 1, \\ 0, & \text{其他}, \end{cases}$$

求：(1) $P\left\{-\dfrac{1}{2} \leqslant X \leqslant \dfrac{1}{2}\right\}$；(2) X 的分布函数 $F(x)$.

2. 设连续型随机变量 X 的分布函数为

$$F(x) = \begin{cases} a\mathrm{e}^x, & x < 0, \\ b, & 0 \leqslant x < 1, \\ 1 - a\mathrm{e}^{-(x-1)}, & x \geqslant 1, \end{cases}$$

求：(1) 常数 a, b 的值；(2) 概率密度函数 $f(x)$；(3) $P\left\{X > \dfrac{1}{2}\right\}$.

3. 设随机变量 X 的概率密度函数为

$$f(x) = \begin{cases} 2x, & 0 < x < 1, \\ 0, & \text{其他}, \end{cases}$$

以 Y 表示对 X 的 4 次独立重复观察中事件 $\left\{X \geqslant \dfrac{1}{3}\right\}$ 出现的次数，求 $P\{Y \geqslant 2\}$.

4. 设顾客在银行的窗口等待服务的时间为 X（单位：min），其概率密度函数为

$$f_X(x) = \begin{cases} \dfrac{1}{5}\mathrm{e}^{-\frac{1}{5}x}, & x > 0, \\ 0, & x \leqslant 0, \end{cases}$$

某顾客在窗口等待服务，若超过 10min，他就离开，他一个月要到银行 5 次，以 Y 表示一个月他未等到服务而离开窗口的次数，写出 Y 的分布律，并求 $P\{Y \geqslant 1\}$.

5. 以 X 表示某校学生某次考试成绩（百分制），抽样调查结果表明，X 近似服从 $N(72, \sigma^2)$ $(\sigma > 0)$，96 分以上的学生占考生总数的 2.3%，试求考生的成绩在 48～96 分之间的概率.

2.4 一维随机变量函数的分布

一、内容要点与评注

已知随机变量 X 的分布函数为 $F(x)$，$Y = g(X)$，其中 $g(x)$ 是连续函数或分段连续函数，则 Y 仍是一个随机变量.

如果 X 是离散型随机变量，其分布律为

X	x_1	x_2	$\cdots$	x_n	$\cdots$
P	p_1	p_2	$\cdots$	p_n	$\cdots$

则

Y	$g(x_1)$	$g(x_2)$	$\cdots$	$g(x_n)$	$\cdots$
P	p_1	p_2	$\cdots$	p_n	$\cdots$

如果 $g(x_1),g(x_2),\cdots,g(x_n),\cdots$ 中有值相等,其在分布律表中只能出现一次,应把其所对应的概率值相加.另外注意 Y 的取值应由左向右从小至大,从而得 Y 的分布律.

设 Y 的分布函数为 $F_Y(y)$,依定义,$F_Y(y)=P\{Y\leqslant y\}$,$\forall y\in\mathbb{R}$,则

$$F_Y(y)=P\{g(X)\leqslant y\}=P\{X\in A\}=\sum_{x_k\in A}P\{X=x_k\},$$

其中 $A=\{x\,|\,g(x)\leqslant y\}$.

注　等价事件的转化,使 $P\{Y\leqslant y\}=P\{g(X)\leqslant y\}=P\{X\in A\}$.

如果 X 是连续型随机变量,其概率密度函数为 $f(x)(-\infty<x<+\infty)$,确定 Y 的分布可有如下两种方法.

(1) 分布函数法　设 Y 的分布函数为 $F_Y(y)$,依定义,$F_Y(y)=P\{Y\leqslant y\}$,$\forall y\in\mathbb{R}$,则

$$F_Y(y)=P\{g(X)\leqslant y\}=P\{X\in A\}=\int_{x\in A}f(x)\mathrm{d}x,$$

其中 $A=\{x\,|\,g(x)\leqslant y\}$.如果 Y 是连续型随机变量,可对 $F_Y(y)$ 关于 y 求导得其概率密度函数为

$$f_Y(y),\quad -\infty<y<+\infty.$$

(2) 单调变换法

定理　设连续型随机变量 X 的概率密度函数为 $f(x)(-\infty<x<+\infty)$,如果 $y=g(x)$ 严格单调,其反函数 $x=g^{-1}(y)$ 有连续的导函数,则 $Y=g(X)$ 是连续型随机变量,且其概率密度函数为

$$f_Y(y)=\begin{cases}f(g^{-1}(y))\,|\,(g^{-1}(y))'|,& \alpha<y<\beta,\\0,& \text{其他},\end{cases}$$

其中 $\alpha=\min\{g(-\infty),g(+\infty)\}$,$\beta=\max\{g(-\infty),g(+\infty)\}$.

推论 1　如果 $f(x)$ 在有限区间 $[a,b]$ 以外等于零,其他条件同上述定理,则 $Y=g(X)$ 是连续型随机变量,且其概率密度函数为

$$f_Y(y)=\begin{cases}f(g^{-1}(y))\,|\,(g^{-1}(y))'|,& \alpha<y<\beta,\\0,& \text{其他},\end{cases}$$

其中 $\alpha=\min\{g(a),g(b)\}$,$\beta=\max\{g(a),g(b)\}$.

推论 2　如果 $g(x)$ 在不相重叠的区间 $I_1,I_2,\cdots,I_n$ 上逐段严格单调,在 $I_1,I_2,\cdots,I_n$ 上,其反函数分别为 $h_1(y),h_2(y),\cdots,h_n(y)$,且都具有连续的导函数,则 $Y=g(X)$ 是连续型随机变量,且其概率密度函数为

$$f_Y(y)=f(h_1(y))\,|\,(h_1(y))'|+f(h_2(y))\,|\,(h_2(y))'|+\cdots+f(h_n(y))\,|\,(h_n(y))'|.$$

事实上,$F_Y(y)=P\{g(X)\leqslant y\}=P\{X\in(I_1\bigcup I_2\bigcup\cdots\bigcup I_n)\}$

$$=P\{X\in I_1\}+P\{X\in I_2\}+\cdots+P\{X\in I_n\}$$

$$=\int_{I_1}f_X(x)\mathrm{d}x+\int_{I_2}f_X(x)\mathrm{d}x+\cdots+\int_{I_n}f_X(x)\mathrm{d}x,$$

在 I_k 上,作变量代换 $x=h_k(y)$,则 $\mathrm{d}x=(h_k(y))'\mathrm{d}y$,$k=1,2,\cdots,n$,代入上式有

$$F_Y(y) = \int_{-\infty}^{y} f_X(h_1(y)) \mid h'_1(y) \mid \mathrm{d}y + \int_{-\infty}^{y} f_X(h_2(y)) \mid h'_2(y) \mid \mathrm{d}y + \cdots +$$

$$\int_{-\infty}^{y} f_X(h_n(y)) \mid h'_n(y) \mid \mathrm{d}y,$$

求导得 Y 的概率密度函数为

$$f_Y(y) = f(h_1(y)) \mid (h_1(y))' \mid + f(h_2(y)) \mid (h_2(y))' \mid + \cdots + f(h_n(y)) \mid (h_n(y))' \mid.$$

二、典型例题

例 2.4.1 设随机变量 X 的分布律为

X	1	2	3	$\cdots$	n	$\cdots$
P	$1/2$	$1/2^2$	$1/2^3$	$\cdots$	$1/2^n$	$\cdots$

令随机变量 $Y = \sin\left(\dfrac{\pi}{2}X\right)$,求 Y 的概率分布.

分析 确定 $Y = \sin\left(\dfrac{\pi}{2}X\right)$ 的所有可能取值,$P\{Y=k\} = P\left\{\sin\left(\dfrac{\pi}{2}X\right) = k\right\}$.

解 由 $Y = \sin\left(\dfrac{\pi}{2}X\right)$ 可知,Y 的所有可能取值为 $-1,0,1$,依概率的性质,有

$$P\{Y=-1\} = P\left\{\sin\left(\frac{\pi}{2}X\right) = -1\right\} = P\{X=3\} + P\{X=7\} + P\{X=11\} + \cdots$$

$$= \left(\frac{1}{2}\right)^3 + \left(\frac{1}{2}\right)^7 + \left(\frac{1}{2}\right)^{11} + \cdots = \frac{\left(\frac{1}{2}\right)^3}{1 - \left(\frac{1}{2}\right)^4} = \frac{2}{15},$$

$$P\{Y=0\} = P\left\{\sin\left(\frac{\pi}{2}X\right) = 0\right\} = P\{X=2\} + P\{X=4\} + P\{X=6\} + \cdots$$

$$= \left(\frac{1}{2}\right)^2 + \left(\frac{1}{2}\right)^4 + \left(\frac{1}{2}\right)^6 + \cdots = \frac{\left(\frac{1}{2}\right)^2}{1 - \left(\frac{1}{2}\right)^2} = \frac{1}{3},$$

$$P\{Y=1\} = 1 - P\{Y=-1\} - P\{Y=0\} = 1 - \frac{2}{15} - \frac{1}{3} = \frac{8}{15},$$

于是 Y 的分布律为

Y	-1	0	1
P	$2/15$	$1/3$	$8/15$

注 事件的互斥分解:$\{Y=-1\} = \{X=3\} \bigcup \{X=7\} \bigcup \{X=11\} \bigcup \cdots,$

$$\{Y=0\} = \{X=2\} \bigcup \{X=4\} \bigcup \{X=6\} \bigcup \cdots.$$

评 先将事件做互斥分解,再依可列可加性求概率. 比如

$$P\{Y=-1\} = P\{X=3\} + P\{X=7\} + P\{X=11\} + \cdots.$$

例 2.4.2　设随机变量 X 的分布函数 $F(x)$ 严格单调递增且连续,求(1)随机变量 $Y=F(X)$ 的概率密度函数;(2)随机变量 $Z=-2\ln F(X)$ 的概率密度函数($\ln t$ 为对数函数).

分析　(1) $Y=F(X)\in[0,1]$,$P\{Y\leqslant y\}=P\{F(X)\leqslant y\}$,$\forall y\in\mathbb{R}$;

(2) $Z=-2\ln F(X)\in[0,+\infty)$,$P\{Z\leqslant z\}=P\{-2\ln F(X)\leqslant z\}$,$\forall z\in\mathbb{R}$.
再求导得概率密度函数.

解　(1) 依题设,$Y=F(X)\in[0,1]$,设 Y 的分布函数为 $F_Y(y)$,依定义
$$F_Y(y)=P\{Y\leqslant y\},\quad \forall y\in\mathbb{R}.$$

当 $y<0$ 时,$F_Y(y)=P(\varnothing)=0$;当 $y\geqslant 1$ 时,$F_Y(y)=P(\Omega)=1$;

当 $0\leqslant y<1$ 时,因为 $F(x)$ 是严格单调递增函数,有
$$F_Y(y)=P\{F(X)\leqslant y\}=P\{X\leqslant F^{-1}(y)\}=F(F^{-1}(y))=y,$$
即 Y 的分布函数为
$$F_Y(y)=\begin{cases}0,&y<0,\\ y,&0\leqslant y<1,\\ 1,&y\geqslant 1,\end{cases}$$

求导得 Y 的概率密度函数为
$$f_Y(y)=[F_Y(y)]'=\begin{cases}1,&0\leqslant y<1,\\ 0,&\text{其他},\end{cases}\quad \text{即 }Y\sim U(0,1).$$

(2) 依题设,$Z=-2\ln F(X)\in[0,+\infty)$,设 Z 的分布函数为 $F_Z(z)$,依定义
$$F_Z(z)=P\{Z\leqslant z\},\quad \forall z\in\mathbb{R}.$$

当 $z<0$ 时,$F_Z(z)=P(\varnothing)=0$;当 $z\geqslant 0$ 时,因为 $\ln y$ 和 $F(y)$ 都是严格单调递增函数,故
$$F_Z(z)=P\{-2\ln F(X)\leqslant z\}=P\left\{\ln F(X)\geqslant-\frac{z}{2}\right\}=P\{F(X)\geqslant \mathrm{e}^{-\frac{z}{2}}\}$$
$$=P\{X\geqslant F^{-1}(\mathrm{e}^{-\frac{z}{2}})\}=1-F(F^{-1}(\mathrm{e}^{-\frac{z}{2}}))=1-\mathrm{e}^{-\frac{z}{2}},$$
即 Z 的分布函数为
$$F_Z(z)=\begin{cases}1-\mathrm{e}^{-\frac{z}{2}},&z\geqslant 0,\\ 0,&z<0.\end{cases}$$

求导得 Z 的概率密度函数为
$$f_Z(z)=[F_Z(z)]'=\begin{cases}\dfrac{1}{2}\mathrm{e}^{-\frac{z}{2}},&z>0,\\ 0,&z\leqslant 0,\end{cases}\quad \text{即 }Z\sim E(2).$$

注　先依题设确定函数 Y 和 Z 的取值范围,更有助于确定 Y 和 Z 的分布函数.比如 $Y=F(X)\in[0,1]$,当 $y<0$ 时,$F_Y(y)=P(\varnothing)=0$;当 $y\geqslant 1$ 时,$F_Y(y)=P(\Omega)=1$;当 $0\leqslant y\leqslant 1$ 时,$F_Y(y)=P\{F(X)\leqslant y\}=P\{X\leqslant F^{-1}(y)\}=F\{F^{-1}(y)\}=y.$

评　如果随机变量 X 的分布函数 $F(x)$ 严格单调递增且连续,则
$$Y=F(X)\sim U(0,1),\quad Z=-2\ln F(X)\sim E(2).$$

例 2.4.3 设随机变量 X 的概率密度函数为

$$f(x)=\begin{cases}\dfrac{A}{x^2}, & |x|>1,\\ 0, & |x|\leqslant 1,\end{cases}$$

求：(1) 常数 A 的值；(2) 随机变量 $Y=\ln|X|$ 的概率密度函数.

分析 (1) 依 $\int_{-\infty}^{+\infty}f(x)\mathrm{d}x=1$ 求 A；(2) Y 的分布函数 $F_Y(y)=P\{Y\leqslant y\}=P\{\ln|X|\leqslant y\},\forall y\in\mathbb{R}$，再求导得概率密度函数.

解 (1) 依规范性，$1=\int_{-\infty}^{+\infty}f(x)\mathrm{d}x=\int_{-\infty}^{-1}\dfrac{A}{x^2}\mathrm{d}x+\int_{1}^{+\infty}\dfrac{A}{x^2}\mathrm{d}x=A\left(-\dfrac{1}{x}\right)\Big|_{-\infty}^{-1}+A\left(-\dfrac{1}{x}\right)\Big|_{1}^{+\infty}=2A$，解之得 $A=\dfrac{1}{2}$.

(2) 依题设，$Y=\ln|X|\in[0,+\infty)$，设 Y 的分布函数为 $F_Y(y)$，依定义

$$F_Y(y)=P\{Y\leqslant y\}, \quad \forall y\in\mathbb{R}.$$

当 $y<0$ 时，$F_Y(y)=P(\varnothing)=0$；当 $y=0$ 时，$F_Y(0)=P\{Y\leqslant 0\}=P\{\ln|X|\leqslant 0\}=P\{|X|\leqslant 1\}=0(X\in(-\infty,-1)\cup[1,+\infty))$；当 $y>0$ 时，

$$\begin{aligned}F_Y(y)=P\{\ln|X|\leqslant y\}&=P\{|X|\leqslant\mathrm{e}^y\}\\&=P\{-\mathrm{e}^y\leqslant X\leqslant-1\}+P\{1\leqslant X\leqslant\mathrm{e}^y\}\\&=F_X(-1)-F_X(-\mathrm{e}^y)+F_X(\mathrm{e}^y)-F_X(1),\end{aligned}$$

即 Y 的分布函数为

$$F_Y(y)=\begin{cases}F_X(-1)-F_X(-\mathrm{e}^y)+F_X(\mathrm{e}^y)-F_X(1), & y>0,\\ 0, & y\leqslant 0,\end{cases}$$

其中 $F_X(x)$ 为 X 的分布函数，依 2.3 节定理，Y 是连续型随机变量，求导得 Y 的概率密度函数为

$$f_Y(y)=[F_Y(y)]'=\begin{cases}\mathrm{e}^{-y}, & y>0,\\ 0, & y\leqslant 0,\end{cases} \quad 即 Y\sim E(1).$$

注 分三种情况 $y<0,y=0,y>0$ 更易确定 Y 的分布函数. 因 $X\in(-\infty,-1]\cup[1,+\infty)$，所以 $\{|X|\leqslant\mathrm{e}^y\}=\{-\mathrm{e}^y\leqslant X\leqslant-1\}\cup\{1\leqslant X\leqslant\mathrm{e}^y\}$.

评 先确定 Y 的取值范围，$Y=\ln|X|\in[0,+\infty)$，则当 $y<0$ 时，$F_Y(y)=P(\varnothing)=0$；当 $y=0$ 时，$F_Y(0)=P\{Y\leqslant 0\}=P\{\ln|X|\leqslant 0\}=P\{|X|\leqslant 1\}=0$.

例 2.4.4 设 $X\sim N(\mu,\sigma^2)$，求随机变量 $Y=\mathrm{e}^X$ 的概率密度函数.

分析 依题设，$Y=\mathrm{e}^X\in(0,+\infty)$，$Y$ 的分布函数 $F_Y(y)=P\{Y\leqslant y\}=P\{\mathrm{e}^X\leqslant y\}$，$\forall y\in\mathbb{R}$，

$$f_Y(y)=[F_Y(y)]'.$$

解 依题设，$Y=\mathrm{e}^X\in(0,+\infty)$.

方法一 设 Y 的分布函数为 $F_Y(y)$，依定义，$F_Y(y)=P\{Y\leqslant y\},\forall y\in\mathbb{R}$.

当 $y\leqslant 0$ 时，$F_Y(y)=P(\varnothing)=0$；当 $y>0$ 时，$F_Y(y)=P\{\mathrm{e}^X\leqslant y\}=P\{X\leqslant\ln y\}=F_X(\ln y)$，即 Y 的分布函数为

$$F_Y(y)=\begin{cases}F_X(\ln y), & y>0,\\ 0, & y\leqslant 0,\end{cases}$$

其中 $F_X(x)$ 为 X 的分布函数,依 2.3 节定理,Y 是连续型随机变量,求导得 Y 的概率密度函数为

$$f_Y(y) = F'_Y(y) = \begin{cases} \dfrac{1}{y} f_X(\ln y) = \dfrac{1}{\sqrt{2\pi}\sigma y} \mathrm{e}^{-\frac{(\ln y - \mu)^2}{2\sigma^2}}, & y > 0, \\ 0, & y \leqslant 0. \end{cases}$$

方法二　设 $y = g(x) = \mathrm{e}^x, g'(x) = \mathrm{e}^x > 0$,说明 $y = g(x)$ 在 $(-\infty, +\infty)$ 上严格单调递增,其反函数 $g^{-1}(y) = \ln y$ 的导函数 $(g^{-1}(y))' = \dfrac{1}{y}$ 连续,依本节的定理,Y 的概率密度函数为

$$f_Y(y) = \begin{cases} f_X(\ln y) \,|\,(\ln y)'\,| = \dfrac{1}{\sqrt{2\pi}\sigma y} \mathrm{e}^{-\frac{(\ln y - \mu)^2}{2\sigma^2}}, & y > 0, \\ 0, & y \leqslant 0, \end{cases}$$

其中 $f_X(x)$ 为 X 的概率密度函数,$\alpha = 0, \beta = +\infty$.

注　称具有上述概率密度函数的随机变量 Y 服从**对数正态分布**,记作 $Y \sim LN(\mu, \sigma^2)$.

评　如果 $X \sim N(\mu, \sigma^2)$,则 $Y = \mathrm{e}^X \sim LN(\mu, \sigma^2)$.

例 2.4.5　设随机变量 $X \sim U\left(-\dfrac{\pi}{2}, \pi\right)$,求随机变量 $Y = \cos X$ 的概率密度函数.

分析　依定义,Y 的分布函数为 $F_Y(y) = P\{Y \leqslant y\} = P\{\cos X \leqslant y\}$,$\forall y \in \mathbb{R}$,再求导得概率密度函数.

解　依题设,X 的概率密度函数为

$$f_X(x) = \begin{cases} \dfrac{2}{3\pi}, & -\dfrac{\pi}{2} < x < \pi, \\ 0, & \text{其他}. \end{cases}$$

方法一　$Y = \cos X \in [-1, 1]$,设 Y 的分布函数为 $F_Y(y)$,依定义
$$F_Y(y) = P\{Y \leqslant y\}, \quad \forall y \in \mathbb{R}.$$
当 $y < -1$ 时,$F_Y(y) = P(\varnothing) = 0$;当 $y \geqslant 1$ 时,$F_Y(y) = P(\Omega) = 1$;
当 $-1 \leqslant y < 0$ 时,
$$F_Y(y) = P\{\cos X \leqslant y\} = P\{\arccos y \leqslant X \leqslant \pi\} = F_X(\pi) - F_X(\arccos y);$$
当 $0 \leqslant y < 1$ 时,
$$F_Y(y) = P\{\cos X \leqslant y\} = P\left\{-\dfrac{\pi}{2} \leqslant X \leqslant -\arccos y\right\} + P\{\arccos y \leqslant X \leqslant \pi\}$$
$$= \left(F_X(-\arccos y) - F_X\left(-\dfrac{\pi}{2}\right)\right) + (F_X(\pi) - F_X(-\arccos y)),$$
即 Y 的分布函数为

$$F_Y(y) = \begin{cases} 0, & y < -1, \\ F_X(\pi) - F_X(\arccos y), & -1 \leqslant y < 0, \\ F_X(-\arccos y) - F_X\left(-\dfrac{\pi}{2}\right) + F_X(\pi) - F_X(\arccos y), & 0 \leqslant y < 1, \\ 1, & y \geqslant 1, \end{cases}$$

其中 $F_X(x)$ 为 X 的分布函数, 依 2.3 节定理, Y 是连续型随机变量, 求导得 Y 的概率密度函数为

$$f_Y(y)=\begin{cases} f_X(\arccos y)\dfrac{1}{\sqrt{1-y^2}}=\dfrac{2}{3\pi\sqrt{1-y^2}}, & -1<y<0, \\[3mm] f_X(-\arccos y)\dfrac{1}{\sqrt{1-y^2}}+f_X(\arccos y)\dfrac{1}{\sqrt{1-y^2}}=\dfrac{4}{3\pi\sqrt{1-y^2}}, & 0\leqslant y<1, \\[3mm] 0, & \text{其他}. \end{cases}$$

方法二 设 $g(x)=\cos x$, $g(x)$ 在不相重叠的区间 $\left(-\dfrac{\pi}{2},0\right)$, $[0,\pi)$ 内逐段严格单调.

(1) 在 $\left(-\dfrac{\pi}{2},0\right)$ 内, $g(x)=\cos x$ 严格单调递增, 具有反函数 $-\arccos y$, 且其导函数 $(-\arccos y)'=\dfrac{1}{\sqrt{1-y^2}}$ 连续, 依推论 1, 有

$$h_Y(y)=\begin{cases} f_X(-\arccos y)\,|(-\arccos y)'|=\dfrac{2}{3\pi\sqrt{1-y^2}}, & 0\leqslant y<1, \\[3mm] 0, & \text{其他}, \end{cases}$$

其中 $Y=\cos X\in[0,1]$, 所以 $\alpha=0,\beta=1$.

(2) 在 $[0,\pi)$ 内, $g(x)=\cos x$ 严格单调递减, 具有反函数 $\arccos y$, 且其导函数 $(\arccos y)'=-\dfrac{1}{\sqrt{1-y^2}}$ 连续, 依推论 1, 有

$$s_Y(y)=\begin{cases} f_X(\arccos y)\,|(\arccos y)'|=\dfrac{2}{3\pi\sqrt{1-y^2}}, & -1<y<0, \\[3mm] f_X(\arccos y)\,|(\arccos y)'|=\dfrac{2}{3\pi\sqrt{1-y^2}}, & 0\leqslant y<1, \\[3mm] 0, & \text{其他}, \end{cases}$$

其中 $Y=\cos X\in[-1,1]$, 所以 $\alpha=-1,\beta=1$.

依推论 2, Y 的概率密度函数为

$$f_Y(y)=h_Y(y)+s_Y(y)=\begin{cases} \dfrac{2}{3\pi\sqrt{1-y^2}}, & -1<y<0, \\[3mm] \dfrac{4}{3\pi\sqrt{1-y^2}}, & 0\leqslant y<1, \\[3mm] 0, & \text{其他}. \end{cases}$$

注 $g(x)=\cos x$ 在 $\left(-\dfrac{\pi}{2},\pi\right)$ 内不满足单调性, 但在不相重叠的区间 $\left(-\dfrac{\pi}{2},0\right)$, $[0,\pi)$ 内分别严格单调, 且其反函数具有连续的导函数, 依推论 1 可逐段求得相应的概率密度函数, 再依推论 2 作和.

评 两种方法: (1) 分布函数法, 由 $F_Y(y)=P\{Y\leqslant y\}$ 求导得 $f_Y(y)$; (2) 逐段单调变换法. 设 $g(x)=\cos x$, 在不相重叠的区间 $\left(-\dfrac{\pi}{2},0\right)$, $[0,\pi)$ 内严格单调, 且其反函数都有连

续的导函数,依推论 1,有

$$h_Y(y)=\begin{cases}\dfrac{2}{3\pi\sqrt{1-y^2}}, & 0\leqslant y<1,\\ 0, & \text{其他},\end{cases} \qquad s_Y(y)=\begin{cases}\dfrac{2}{3\pi\sqrt{1-y^2}}, & -1<y<0,\\ \dfrac{2}{3\pi\sqrt{1-y^2}}, & 0\leqslant y<1,\\ 0, & \text{其他},\end{cases}$$

再依推论 2,$f_Y(y)=h_Y(y)+s_Y(y)$.

例 2.4.6　设随机变量 X 的概率密度函数为

$$f(x)=\frac{2}{\pi}\cdot\frac{1}{\mathrm{e}^x+\mathrm{e}^{-x}}, \quad -\infty<x<+\infty,$$

求随机变量 $Y=g(X)$ 的概率分布,其中 $g(x)=\begin{cases}-1, & x<0,\\ 1, & x\geqslant0.\end{cases}$

分析　Y 的取值点为 $-1,1$,$P\{Y=-1\}=P\{X<0\}$,$P\{Y=1\}=1-P\{Y=-1\}$.

解　依题设,Y 只取两个可能值:$-1,1$,且

$$P\{Y=-1\}=P\{X<0\}=\int_{-\infty}^0 f(x)\mathrm{d}x=\frac{2}{\pi}\int_{-\infty}^0\frac{1}{\mathrm{e}^x+\mathrm{e}^{-x}}\mathrm{d}x=\frac{2}{\pi}\int_{-\infty}^0\frac{\mathrm{e}^x}{\mathrm{e}^{2x}+1}\mathrm{d}x$$
$$=\frac{2}{\pi}(\arctan\mathrm{e}^x)\big|_{-\infty}^0=\frac{1}{2},$$

于是 $P\{Y=1\}=1-P\{Y=-1\}=\dfrac{1}{2}$,从而 Y 的分布律为

Y	-1	1
P	1/2	1/2

注　$P\{Y=-1\}=P\{X<0\}$,$P\{Y=1\}=P\{X\geqslant0\}$.

评　连续型随机变量 X 的函数有可能是非连续型随机变量.比如本例中的 $Y=g(X)$.

习题 2-4

1. 对于任意非负实数 x,记 $[x]$ 为不超过 x 的最大整数,设随机变量 $X\sim U(0,1)$,求 $Y=[nX]+1$ 的分布律,其中 n 为正整数.

2. 设 $X\sim U(0,1)$,求下述随机变量的概率密度函数:(1) $Y=1-X$;(2) $Z=-2\ln X$.

3. 设随机变量 $X\sim E(1)$,求下述随机变量的概率密度函数:(1) $Y=X^2$;(2) $Z=\mathrm{e}^X$.

4. 设随机变量 X 的概率密度函数为

$$f(x)=\begin{cases}\dfrac{1}{3\sqrt[3]{x^2}}, & 1\leqslant x\leqslant8,\\ 0, & \text{其他},\end{cases}$$

$F(x)$ 是 X 的分布函数,求随机变量 $Y=F(X)$ 的概率密度函数.　　【2003 研数三、四】

5. 设 $X\sim N(0,1)$,求下述随机变量的概率密度函数:

(1) $Y=\mathrm{e}^X$;(2) $Z=2X^2+1$;(3) $T=|X|$.

6. 设随机变量 X 的概率密度函数为

$$f_X(x) = \begin{cases} 0, & x \leqslant 0, \\ 1/2, & 0 < x < 1, \\ \dfrac{1}{2x^2}, & x \geqslant 1, \end{cases}$$

求随机变量 $Y = \dfrac{1}{X}$ 的概率密度函数 $f_Y(y)$.

2.5 专题讨论

既非离散型又非连续型随机变量的分布

例 2.5.1 在区间 $(0,1)$ 内随机地取一点 X, 引入随机变量 $Y = \min\left\{X, \dfrac{3}{4}\right\}$,

(1) 求 Y 的分布函数; (2) 说明 Y 既不是连续型随机变量也不是离散型随机变量.

分析 (1) 依定义, $F_Y(y) = P\{Y \leqslant y\}$, $\forall y \in \mathbb{R}$; (2) 再依定义说明 Y 的类型.

解 依题设, $X \sim U(0,1)$, 即 X 的分布函数为

$$F_X(x) = \begin{cases} 0, & x < 0, \\ x, & 0 \leqslant x < 1, \\ 1, & x \geqslant 1. \end{cases}$$

(1) $Y \in \left[0, \dfrac{3}{4}\right]$, 设 Y 的分布函数为 $F_Y(y)$, 依定义

$$F_Y(y) = P\{Y \leqslant y\}, \quad \forall y \in \mathbb{R}.$$

当 $y < 0$ 时, $F_Y(y) = P(\varnothing) = 0$; 当 $y \geqslant \dfrac{3}{4}$ 时, $F_Y(y) = P(\Omega) = 1$; 当 $0 \leqslant y < \dfrac{3}{4}$ 时,

$$F_Y(y) = P\left\{\min\left\{X, \dfrac{3}{4}\right\} \leqslant y\right\} = P\{X \leqslant y\} = F_X(y) = y,$$

于是 Y 的分布函数为

$$F_Y(y) = \begin{cases} 0, & y < 0, \\ y, & 0 \leqslant y < \dfrac{3}{4}, \\ 1, & y \geqslant \dfrac{3}{4}. \end{cases}$$

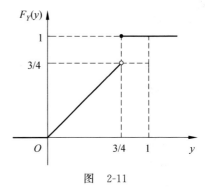

图 2-11

$F_Y(y)$ 的图像如图 2-11 所示.

(2) 从图 2-11 中可看出, $F_Y(y)$ 在 $y = \dfrac{3}{4}$ 间断, 故 Y 不是连续型随机变量. 又注意到, 在 $F_Y(y)$ 的任一连续点 a 处, 有 $P\{Y = a\} = 0$, 而在不连续点 $\dfrac{3}{4}$ 处,

$$P\left\{Y = \dfrac{3}{4}\right\} = F_Y\left(\dfrac{3}{4}\right) - F_Y\left(\dfrac{3}{4} - 0\right) = 1 - \dfrac{3}{4} = \dfrac{1}{4},$$

故不存在一可列点集 $y_1, y_2, \cdots$ (或有限点集 $y_1, y_2, \cdots, y_n$), 使得

$$\sum_{i=1}^{\infty}P\{Y=y_i\}=1, \quad 或者 \left(\sum_{i=1}^{n}P\{Y=y_i\}=1\right),$$

故 Y 也不是离散型随机变量.

注 当 $0 \leqslant y < \dfrac{3}{4}$ 时, $F_Y(y) = P\left\{\min\left\{X, \dfrac{3}{4}\right\} \leqslant y\right\} = P\{X \leqslant y\} = F_X(y) = y$.

议 如果随机变量的分布函数有间断点, 则它一定不是连续型随机变量. 如果不存在一个可列或有限点集, 使其满足规范性, 则它也不是离散型随机变量.

例 2.5.2 设随机变量 X 的概率密度函数为 $f(x) = \begin{cases} \dfrac{1}{a}x^2, & 0 < x < 3, \\ 0, & 其他, \end{cases}$ 令随机变量

$Y = \begin{cases} 2, & X \leqslant 1, \\ X, & 1 < X < 2, \\ 1, & X \geqslant 2, \end{cases}$ 求: (1) Y 的分布函数; (2) $P\{X \leqslant Y\}$. 【2013 研数一】

分析 (1) 依题设, $Y \in [1,2]$, 依定义, Y 的分布函数为 $F_Y(y) = P\{Y \leqslant y\}$, $\forall y \in \mathbb{R}$.

当 $1 < y < 2$ 时, $F_Y(y) = P\{Y < 1\} + P\{Y = 1\} + P\{1 < Y \leqslant y\} = P(\varnothing) + P\{X \geqslant 2\} + P\{1 < X \leqslant y\}$.

(2) $\{X \leqslant Y\} = \{X < Y\} \bigcup \{X = Y\} = \{0 \leqslant X \leqslant 1\} \bigcup \{1 < X < 2\}$.

解 依规范性, $1 = \displaystyle\int_{-\infty}^{+\infty} f(x)\mathrm{d}x = \dfrac{1}{a}\int_0^3 x^2 \mathrm{d}x = \dfrac{9}{a}$, 解之得 $a = 9$, 即 X 的概率密度函数为

$$f(x) = \begin{cases} \dfrac{1}{9}x^2, & 0 < x < 3, \\ 0, & 其他. \end{cases}$$

(1) 依题设, $Y \in [1,2]$, 设 Y 的分布函数为 $F_Y(y)$, 则 $F_Y(y) = P\{Y \leqslant y\}$, $\forall y \in \mathbb{R}$.

当 $y < 1$ 时, $F_Y(y) = P(\varnothing) = 0$; 当 $y \geqslant 2$ 时, $F_Y(y) = P(\Omega) = 1$; 当 $y = 1$ 时,

$$F_Y(1) = P\{Y \leqslant 1\} = P\{Y < 1\} + P\{Y = 1\} = 0 + P\{X \geqslant 2\} = \int_2^3 \dfrac{1}{9}x^2 \mathrm{d}x = \dfrac{19}{27},$$

当 $1 < y < 2$ 时,

$$\begin{aligned} F_Y(y) &= P\{Y < 1\} + P\{Y = 1\} + P\{1 < Y \leqslant y\} \\ &= 0 + P\{X \geqslant 2\} + P\{1 < X \leqslant y\} \\ &= \dfrac{19}{27} + \int_1^y \dfrac{1}{9}x^2 \mathrm{d}x = \dfrac{18}{27} + \dfrac{y^3}{27}. \end{aligned}$$

从而 Y 的分布函数为

$$F_Y(y) = \begin{cases} 0, & y < 1, \\ \dfrac{18}{27} + \dfrac{y^3}{27}, & 1 \leqslant y < 2, \\ 1, & y \geqslant 2. \end{cases}$$

注 由于 X 的分布已知, 故关于 Y 的事件需转化为 X 的事件求概率, 比如当 $1 < y < 2$ 时, $F_Y(y) = P\{Y < 1\} + P\{Y = 1\} + P\{1 < Y \leqslant y\} = 0 + P\{X \geqslant 2\} + P\{1 < X \leqslant y\}$.

(2) $P\{X \leqslant Y\} = P\{X < Y\} + P\{X = Y\} = P\{0 \leqslant X \leqslant 1\} + P\{1 < X < 2\} =$

$$\int_0^2 \frac{1}{9} x^2 \mathrm{d}x = \frac{8}{27}.$$

评 $F_Y(y)$ 在 $y=1, y=2$ 间断,故 Y 不是连续型随机变量. 又注意到,在 $F_Y(y)$ 的任一连续点 a 处,有 $P\{Y=a\}=0$,而在不连续点 $y=1, y=2$ 处,有

$$P\{Y=1\} = F_Y(1) - F_Y(1-0) = \frac{19}{27} - 0 = \frac{19}{27},$$

$$P\{Y=2\} = F_Y(2) - F_Y(2-0) = 1 - \frac{26}{27} = \frac{1}{27},$$

故不存在一可列点集 $y_1, y_2, \cdots$(或有限点集 $y_1, y_2, \cdots, y_n$),使得

$$\sum_{i=1}^{\infty} P\{Y=y_i\} = 1, \quad 或者 \quad \sum_{i=1}^{n} P\{Y=y_i\} = 1,$$

故 Y 也不是离散型随机变量.

例 2.5.3 假设随机变量 X 的绝对值不大于 1,$P\{X=-1\} = \frac{1}{8}$,$P\{X=1\} = \frac{1}{4}$,在事件"$|X|<1$"发生的条件下,X 在 $(-1,1)$ 内任一子区间上取值的条件概率与该子区间的长度成正比,求 X 的分布函数. **【1997 研数三、四】**

分析 依题意,$P\{-1<X\leqslant x \mid -1<X<1\} = k(x+1)$,令 $x\to 1$,有 $1=k(1+1)$,$k = \frac{1}{2}$,且 $P\{-1<X<1\} = 1 - P\{X=-1\} - P\{X=1\}$.

解 依题设,$X \in [-1,1]$,设 X 的分布函数为 $F(x)$,依定义,
$$F(x) = P\{X\leqslant x\}, \quad \forall x \in \mathbb{R}.$$

当 $x<-1$ 时,$F(x) = P(\varnothing) = 0$;当 $x\geqslant 1$ 时,$F(x) = P(\Omega) = 1$;当 $x=-1$ 时,$F(-1) = P\{X\leqslant -1\} = P\{X<-1\} + P\{X=-1\} = 0 + \frac{1}{8} = \frac{1}{8}$;当 $-1<x<1$ 时,

$$F(x) = P\{X\leqslant -1\} + P\{-1<X\leqslant x\} = \frac{1}{8} + P\{-1<X\leqslant x\}, \qquad (*)$$

由题设,$P\{-1<X\leqslant x \mid -1<X<1\} = k(x+1)$,令 $x\to 1$,有 $1=k(1+1)$,解之得 $k=\frac{1}{2}$,即

$$P\{-1<X\leqslant x \mid -1<X<1\} = \frac{1}{2}(x+1).$$

又

$$P\{-1<X<1\} = 1 - P\{X=-1\} - P\{X=1\} = 1 - \frac{1}{8} - \frac{1}{4} = \frac{5}{8},$$

依乘法公式,有

$$P\{-1<X\leqslant x\} = P\{-1<X\leqslant x \mid -1<X<1\} P\{-1<X<1\}$$
$$= \frac{1}{2}(x+1) \times \frac{5}{8} = \frac{5}{16}(x+1),$$

代入 $(*)$ 式得,$F(x) = \frac{1}{8} + \frac{5}{16}(x+1) = \frac{5x+7}{16}$.

于是 X 的分布函数为

$$F(x) = \begin{cases} 0, & x < -1, \\ \dfrac{5x+7}{16}, & -1 \leqslant x < 1, \\ 1, & x \geqslant 1. \end{cases}$$

注　$P\{-1 < X \leqslant x\} = P\{-1 < X \leqslant x \mid -1 < X < 1\} P\{-1 < X < 1\}$，其中

$$P\{-1 < X \leqslant x \mid -1 < X < 1\} = \frac{1}{2}(x+1),$$

$$P\{-1 < X < 1\} = 1 - P\{X = -1\} - P\{X = 1\} = 1 - \frac{1}{8} - \frac{1}{4} = \frac{5}{8}.$$

评　$F(x)$ 在 $x = -1$，$x = 1$ 处间断，故 X 不是连续型随机变量. 又注意到，在 $F(x)$ 的任一连续点 a 处，有 $P\{Y = a\} = 0$，而在不连续点 $x = -1$，$x = 1$ 处，$P\{X = -1\} = \dfrac{1}{8}$，$P\{X = 1\} = \dfrac{1}{4}$，同理 X 也不是离散型随机变量.

习题 2-5

1. 某人上班，自家里去办公楼要经过一交通指示灯，这一指示灯有 80% 时间亮红灯，此时他在指示灯旁等待直至绿灯亮，等待时间在区间 $[0,30]$（单位：s）上服从均匀分布，以随机变量 X 表示他的等待时间.（1）求 X 的分布函数 $F(x)$；（2）X 是连续型随机变量吗？X 是离散型随机变量吗？

2. 设随机变量 X 的概率密度函数为

$$f(x) = \begin{cases} 1/2, & -1 < x < 0, \\ x/4, & 0 < x < 2, \\ 0 & \text{其他.} \end{cases}$$

令随机变量 $Y = \min\{2X, 1\}$，求 Y 的分布函数及概率 $P\{Y = 1\}$.

单元练习题 2

一、选择题（下列每小题给出的四个选项中，只有一项是符合题目要求的，请将所选项前的字母写在指定位置）

1. $F_1(x)$ 与 $F_2(x)$ 分别为随机变量 X_1 与 X_2 的分布函数，为使 $aF_1(x) - bF_2(x)$ 是某一随机变量的分布函数，在下列给定的各组数值中应取（　　）.

　　A. $a = \dfrac{3}{5}, b = -\dfrac{2}{5}$　　B. $a = \dfrac{2}{3}, b = \dfrac{2}{3}$　　C. $a = -\dfrac{1}{2}, b = \dfrac{3}{2}$　　D. $a = \dfrac{1}{2}, b = -\dfrac{3}{2}$

【1998 研数三、四】

2. 假设随机变量 X 服从指数分布，则随机变量 $Y = \min\{X, 2\}$ 的分布函数（　　）.

　　A. 是连续函数　　　　　　　　　　B. 至少有两个间断点

　　C. 是阶梯函数　　　　　　　　　　D. 恰好有一个间断点　　　【1999 研数四】

3. 设随机变量 X 的分布律为

X	-1	0	1
P	1/3	1/6	1/2

则 X 的分布函数为（ ）.

A. $F(x)=\begin{cases}0, & x<-1, \\ 1/3, & -1\leqslant x<0, \\ 1/2, & 0\leqslant x<1, \\ 1, & x\geqslant 1\end{cases}$ B. $F(x)=\begin{cases}1/3, & -1\leqslant x<0, \\ 1/6, & 0\leqslant x<1, \\ 1/2, & x\geqslant 1, \\ 0, & \text{其他}\end{cases}$

C. $F(x)=\begin{cases}1/3, & x=-1, \\ 1/6, & x=0, \\ 1/2, & x=1, \\ 0, & \text{其他}\end{cases}$ D. $F(x)=\begin{cases}0, & x\leqslant -1, \\ 1/3, & -1<x\leqslant 0, \\ 1/2, & 0<x\leqslant 1, \\ 1, & x>1\end{cases}$

4. 下述函数中,可以作为某随机变量分布函数的是（ ）.

A. $F(x)=\dfrac{1}{1+x}, \forall x\in\mathbb{R}$ B. $F(x)=\begin{cases}0, & x\leqslant 0, \\ \dfrac{x}{1+x}, & x>0\end{cases}$

C. $F(x)=\dfrac{3}{4}+\dfrac{1}{2\pi}\arctan x, \forall x\in\mathbb{R}$ D. $F(x)=\dfrac{2}{\pi}\arctan x+1, \forall x\in\mathbb{R}$

5. 设随机变量 X 的分布函数为 $F(x)=\begin{cases}0, & x<0, \\ \dfrac{1}{2}, & 0\leqslant x<1, \\ 1-e^{-x}, & x\geqslant 1,\end{cases}$ 则 $P\{X=1\}=$（ ）.

A. 0 B. $\dfrac{1}{2}$ C. $\dfrac{1}{2}-e^{-1}$ D. $1-e^{-1}$

【2010 研数三】

6. 设随机变量 X 的分布函数为 $F(x)$,在下述概率中可表示为 $F(a)-F(a-0)$ 的是
（ ）.

A. $P\{X<a\}$ B. $P\{X>a\}$ C. $P\{X=a\}$ D. $P\{X\geqslant a\}$

7. 常数 $b=$（ ）时,$p_k=\dfrac{b}{k(k+1)}$ $(k=1,2,\cdots)$ 为离散型随机变量的概率分布.

A. 2 B. 1 C. $\dfrac{1}{2}$ D. 3

8. 设随机变量 X 的分布律为 $P\{X=k\}=\dfrac{C}{k!}$, $(k=1,2,\cdots)$,则 C 的取值为（ ）.

A. e^{-1}; B. $e-1$; C. $1-e^{-1}$; D. $\dfrac{1}{e-1}$

9. 下列函数能成为某随机变量概率密度函数的是（ ）.

A. $f(x)=\begin{cases}x^3, & -1<x<1, \\ 0, & \text{其他}\end{cases}$ B. $f(x)=\begin{cases}\dfrac{1}{1+x^2}, & x>0, \\ 0, & x\leqslant 0\end{cases}$

C. $f(x)=\begin{cases}\sin x, & x\in[0,\pi],\\ 0, & \text{其他}\end{cases}$　　　　D. $f(x)=\begin{cases}e^{-(x-a)}, & x>a,\\ 0, & x\leqslant a\end{cases}$

10. 设 $f_1(x)$ 为标准正态分布随机变量的概率密度函数,$f_2(x)$ 为 $[-1,3]$ 上均匀分布随机变量的概率密度函数,若 $f(x)=\begin{cases}af_1(x), & x\leqslant 0,\\ bf_2(x), & x>0\end{cases}$ $(a>0,b>0)$ 为概率密度函数,则 a,b 应满足(　　).

　　　　A. $2a+3b=4$　　B. $3a+2b=4$　　C. $a+b=1$　　D. $a+b=2$

【2010 研数一、三】

11. 设 $F_1(x)$,$F_2(x)$ 分别为两个连续型随机变量的分布函数,其相应的概率密度函数分别为 $f_1(x)$,$f_2(x)$,且都是连续函数,则下述函数中必为概率密度函数的是(　　).

　　　　A. $f_1(x)f_2(x)$　　　　　　　　　　B. $2f_1(x)F_2(x)$

　　　　C. $f_2(x)F_1(x)$　　　　　　　　　　D. $f_1(x)F_2(x)+f_2(x)F_1(x)$

【2011 研数一、三】

12. 某人向同一目标独立重复射击,每次射击命中目标的概率为 $p(0<p<1)$,则此人第 4 次射击恰好第 2 次命中目标的概率为(　　).

　　　　A. $3p(1-p)^2$　　B. $6p(1-p)^2$　　C. $3p^2(1-p)^2$　　D. $6p^2(1-p)^2$

【2007 研数一、三】

13. 设随机变量 X 的概率密度函数是 $f(x)$,且 $f(-x)=f(x)$,$F(x)$ 是 X 的分布函数,则对任意的实数 a,有(　　).

　　　　A. $F(-a)=1-\int_0^a f(x)\mathrm{d}x$　　　　　　B. $F(-a)=\dfrac{1}{2}-\int_0^a f(x)\mathrm{d}x$

　　　　C. $F(-a)=F(a)$　　　　　　　　　　D. $F(-a)=2F(a)-1$　【1993 研数三】

14. 设随机变量 $X\sim N(0,1)$,对给定的 $0<\alpha<1$,数 z_α 满足 $P\{X>z_\alpha\}=\alpha$,如果 $P\{|X|<x\}=\alpha$,则 x 等于(　　).

　　　　A. $z_{\frac{\alpha}{2}}$　　　　B. $z_{1-\frac{\alpha}{2}}$　　　　C. $z_{\frac{1-\alpha}{2}}$　　　　D. $z_{1-\alpha}$

【2004 研数一】

15. 设随机变量 $X\sim N(\mu_1,\sigma_1^2)$,$Y$ 服从正态分布 $N(\mu_2,\sigma_2^2)$,且 $P\{|X-\mu_1|<1\}>P\{|Y-\mu_2|<1\}$,则必有(　　).

　　　　A. $\sigma_1<\sigma_2$　　B. $\sigma_1>\sigma_2$　　C. $\mu_1<\mu_2$　　D. $\mu_1>\mu_2$

【2006 研数一、三】

16. 设随机变量 $X\sim N(\mu,\sigma^2)(\sigma>0)$,记 $p=P\{X\leqslant\mu+\sigma^2\}$,则(　　).

　　　　A. p 随着 μ 的增加而增加　　　　　B. p 随着 σ 的增加而增加

　　　　C. p 随着 μ 的增加而减少　　　　　D. p 随着 σ 的增加而减少【2016 研数一】

17. 设 X_1,X_2,X_3 是随机变量,且 $X_1\sim N(0,1)$,$X_2\sim N(0,2^2)$,$X_3\sim N(5,3^2)$,令 $P_i=\{-2\leqslant X_i\leqslant 2\}$,$i=1,2,3$,则(　　).

　　　　A. $P_1>P_2>P_3$　　B. $P_2>P_1>P_3$　　C. $P_3>P_1>P_2$　　D. $P_1>P_3>P_2$

【2013 研数一、三】

18. 若随机变量 $X\sim N(\mu,6^2)$,$Y\sim N(\mu,8^2)$,记 $p_1=P\{X\leqslant\mu-6\}$,$p_2=P\{Y\geqslant\mu+$

8}，则( ).

    A. $p_1=p_2$ B. $p_1>p_2$ C. $p_1<p_2$ D. $p_1\geqslant p_2$

19. 设随机变量 $X\sim P(\lambda)$，且 $P\{X=1|X\leqslant 1\}=0.8$，则 $\lambda=($).

    A. 0.8   B. 2   C. 4   D. 0.25

20. 设随机变量 X 的概率密度函数为 $f(x)$，且 $f(1+x)=f(1-x)$，$\int_0^2 f(x)\mathrm{d}x=0.6$，则 $P\{X\leqslant 0\}=($).

    A. 0.2   B. 0.3   C. 0.4   D. 0.6

【2018 研数一、三】

二、填空题（请将答案写在指定位置）

1. 设随机变量 X 的概率密度函数为 $f(x)=\begin{cases}\mathrm{e}^{-x}, & x>0,\\ 0, & x\leqslant 0,\end{cases}$ 则随机变量 $Y=2X+1$ 的概率密度函数为_____.

2. 设随机变量 X 的分布函数为 $F(x)=\begin{cases}0, & x<-1,\\ 0.4, & -1\leqslant x<1,\\ 0.8, & 1\leqslant x<3,\\ 1, & x\geqslant 3,\end{cases}$ 则 X 的分布律为_____.

3. 设随机变量 $X\sim B(2,p)$，随机变量 $Y\sim B(3,p)$. 若 $P\{X\geqslant 1\}=\dfrac{5}{9}$，则 $P\{Y\geqslant 1\}=$_____.

【1997 研数四】

4. 设在 3 次独立试验中事件 A 发生的概率相等. 已知 A 至少发生一次的概率为 $\dfrac{19}{27}$，则事件 A 最多发生一次的概率为_____.

5. 从数 1，2，3，4 中任取一个数，记为 X，再从 $1,2,\cdots,X$ 中任取一个数，记为 Y，则 $P\{Y=2\}=$_____. 【2005 研数一、三】

6. 设随机变量 $Y\sim E(1)$，常数 $a>0$，则 $P\{Y\leqslant a+1|Y>a\}=$_____.

【2013 研数一】

7. 设随机变量 $X\sim N(\mu,\sigma^2)$，且二次方程 $y^2+4y+X=0$ 无实根的概率为 $\dfrac{1}{2}$，则 $\mu=$_____. 【2002 研数一】

8. 设随机变量 $X\sim N(2,\sigma^2)$，且 $P\{2<X<4\}=0.3$，则 $P\{X<0\}=$_____.

9. 设随机变量 X 的概率密度函数为 $f(x)=\begin{cases}2x, & 0<x<1,\\ 0, & \text{其他},\end{cases}$ 随机变量 Y 表示对 X 的 3 次独立重复观察中事件 $\left\{X\leqslant\dfrac{1}{2}\right\}$ 出现的次数，则 $P\{Y=2\}=$_____.

10. 设随机变量 X 服从泊松分布，且 $P\{X=1\}=P\{X=2\}$，则 $P\{X=3\}=$_____.

三、判断题（请将判断结果写在题前的括号内,正确写√,错误写×）

1. (　　) 设 $F(x)=\begin{cases}\dfrac{1}{2}\mathrm{e}^x, & x<0,\\[2mm]\dfrac{1}{2}, & 0\leqslant x<1,\\[2mm]1-\dfrac{1}{2}\mathrm{e}^{-(x-1)}, & x\geqslant 1,\end{cases}$ 则 $F(x)$ 是某随机变量的分布函数.

2. (　　) 设 $F(x)=\begin{cases}0, & x\leqslant -1,\\ x+1, & -1<x<0,\\ x, & 0\leqslant x\leqslant 1,\\ 1, & x>1,\end{cases}$ 则 $F(x)$ 是某随机变量的分布函数.

3. (　　) 设 $f(x)=\begin{cases}\dfrac{6x}{(1+x)^4}, & x>0,\\[2mm]0, & x\leqslant 0,\end{cases}$ 则 $f(x)$ 是某随机变量的概率密度函数.

4. (　　) 设 X 是一个随机变量,a,b 是常数,则 $P\{a<X<b\}=P\{a\leqslant X<b\}$.

5. (　　) 设随机变量 X 的分布函数为 $F(x)$,则 $P\{a<X<b\}=F(b)-F(a)$.

6. (　　) 设随机变量 $X\sim N(0,1)$,则 $P\{X\leqslant 0\}=P\{X<0\}=\dfrac{1}{2}$.

7. (　　) 设随机变量 $X\sim U(0,2)$,则 X 的分布函数为 $F(x)=\begin{cases}\dfrac{x}{2}, & 0<x<2,\\[2mm]0, & \text{其他.}\end{cases}$

8. (　　) 设函数 $F(x)=\begin{cases}0, & x<0,\\[2mm]\dfrac{x}{2}, & 0\leqslant x<1,\\[2mm]1, & x\geqslant 1,\end{cases}$ 则 $F(x)$ 是连续型随机变量的分布函数.

9. (　　) 设随机变量 $X\sim N(-1,4)$,其分布函数为 $F(x)$,则
$$P\{X<-5\}=F(-5)=1-F(3).$$

10. (　　) 设随机变量 $X\sim N(-1,4)$,$\Phi(x)$ 是标准正态分布函数,则
$$P\{X>-5\}=\Phi(2).$$

四、解答题（解答应写出文字说明、证明过程或演算步骤）

1. 有一大批产品,其验收方案如下:先作第一次检验,从中任取 10 件,经检验无次品接收这批产品;次品数大于 2 拒收;否则作第二次检验,其做法是从中再任取 5 件,仅当 5 件产品中无次品时接收这批产品.若产品的次品率为 10%,求:

(1) 这批产品经第一次检验就能接收的概率;

(2) 这批产品需作第二次检验的概率;

(3) 这批产品按第二次检验的标准被接收的概率;

(4) 这批产品在第一次检验未能作决定且第二次检验时被接收的概率;

(5) 这批产品被接收的概率.

2. 设某设备中同种电子元件独立地工作,以 X 表示这种电子元件的寿命(单位:h),X 的概率密度函数为

$$f(x) = \begin{cases} \dfrac{100}{x^2}, & x > 100, \\ 0, & x \leqslant 100. \end{cases}$$

求在最初使用的 200h 内,5 个这种电子元件至少有 2 个损坏的概率.

3. 已知随机变量 X 的分布函数为

$$F(x) = \begin{cases} 0, & x < -1, \\ 1/3, & -1 \leqslant x < 0, \\ 1/2, & 0 \leqslant x < 1, \\ 2/3, & 1 \leqslant x < 2, \\ 1, & x \geqslant 2, \end{cases}$$

求随机变量 $Y = \left(\cos \dfrac{\pi}{6} X \right)^2$ 的分布律和分布函数.

4. 设随机变量 X 的概率密度函数为

$$f_X(x) = \begin{cases} \dfrac{2x}{\pi^2}, & 0 < x < \pi, \\ 0, & \text{其他}. \end{cases}$$

求:(1) X 的分布函数 $F_X(x)$;(2) 随机变量 $Y = \sin X$ 的概率密度函数 $f_Y(y)$.

5. 设随机变量 $X \sim U[-1,1]$,求随机变量 $Y = \mathrm{e}^{-|X|}$ 的分布函数 $F_Y(y)$ 及概率密度函数 $f_Y(y)$.

6. 设某机场在任何长为 t 的时间内飞机起飞的架次数 $N(t) \sim P(t)$;

(1) 求飞机相继两次起飞之间等待时间 T 的分布;

(2) 证明随机变量 $X = 2 - 2\mathrm{e}^{-T} \sim U(0,2)$.

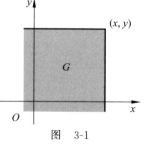

第 3 章　多维随机变量及其分布

在客观世界中,许多随机现象需要用多个随机变量才能刻画清楚,所以在理论上需要研究定义在同一样本空间上的多维随机变量.除了研究如一维随机变量类似的内容外,还需要研究其边缘分布、条件分布和随机变量的独立性等.

3.1　多维随机变量及其分布函数

一、内容要点与评注

二维随机变量　设随机试验 E 的样本空间为 Ω,$X=X(\omega)$ 和 $Y=Y(\omega)$ 是定义在 Ω 上的两个随机变量,由它们构成的向量 (X,Y) 称为二维随机变量或二维随机向量.

注　二维随机变量 (X,Y) 是一个整体,既分别与 X,Y 有关,还依赖于 X,Y 的相互关系.因此对二维随机变量 (X,Y),既要作为一个整体来研究,还要对 X,Y 逐个进行研究.

二维随机变量的分布函数　设 (X,Y) 是二维随机变量,对任意实数 x,y,称二元函数
$$F(x,y)=P\{X\leqslant x,Y\leqslant y\}$$
为 (X,Y) 的分布函数或 X 与 Y 的联合分布函数.

若将 (X,Y) 看成平面上随机点的坐标,则 $F(x,y)$ 可视为 (X,Y) 落在广义矩形区域 G 上的概率,如图 3-1 所示.

注　$P\{X\leqslant x,Y\leqslant y\}=P(\{X\leqslant x\}\bigcap\{Y\leqslant y\})$.

二维随机变量分布函数的性质

(1) 有界性　$0\leqslant F(x,y)\leqslant 1$;

(2) 非降性　$F(x,y)$ 分别关于 x,关于 y 都是单调不减函数,即当 $x_1<x_2$ 时,有 $F(x_1,y)\leqslant F(x_2,y)$;当 $y_1<y_2$ 时,有 $F(x,y_1)\leqslant F(x,y_2)$.

图　3-1

(3) 规范性　对任意给定的实数 x,y,$F(x,-\infty)=0$,$F(-\infty,y)=0$,$F(-\infty,-\infty)=0$,$F(+\infty,+\infty)=1$;

(4) 右连续性　$F(x,y)$ 分别关于 x,关于 y 都是右连续函数,即
$$F(x+0,y)=F(x,y),\quad F(x,y+0)=F(x,y);$$

(5) 非负性　对任意 $x_1<x_2,y_1<y_2$,必有
$$F(x_2,y_2)-F(x_1,y_2)-F(x_2,y_1)+F(x_1,y_1)=P\{x_1<X\leqslant x_2,y_1<Y\leqslant y_2\}\geqslant 0.$$

如图 3-2 所示,上式刻画了 (X,Y) 落入矩形阴影区域的概率.

注　具有上述性质(2)~(5)的二元函数必是某二维随机变量的分布函数.

n 维随机变量 设随机试验 E 的样本空间为 $\Omega=\Omega(\omega)$，$X_i=X_i(\omega)(i=1,2,\cdots,n)$是定义在 Ω 上的 n 个随机变量，由它们构成的向量$(X_1,X_2,\cdots,X_n)$称为 n 维随机变量或 n 维随机向量.

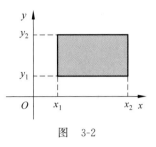

图 3-2

n 维随机变量的分布函数 设$(X_1,X_2,\cdots,X_n)$为 n 维随机变量,对任意实数 $x_1,x_2,\cdots,x_n$,称 n 元函数

$$F(x_1,x_2,\cdots,x_n)=P\{X_1\leqslant x_1,X_2\leqslant x_2,\cdots,X_n\leqslant x_n\}$$

为 n 维随机变量$(X_1,X_2,\cdots,X_n)$的分布函数或为 $X_1,X_2,\cdots,X_n$ 的联合分布函数.

n 维随机变量分布函数的性质（以三维随机变量为例说明）

(1) 有界性 $0\leqslant F(x_1,x_2,x_3)\leqslant 1$；

(2) 非降性 $F(x_1,x_2,x_3)$关于每个变元 $x_i(i=1,2,3)$是单调不减函数；

(3) 规范性 对任意给定的实数 x_1,x_2,x_3,有

$$F(x_1,-\infty,x_3)=F(-\infty,x_2,x_3)=F(x_1,x_2,-\infty)=0,F(+\infty,+\infty,+\infty)=1;$$

(4) 右连续性 $F(x_1,x_2,x_3)$关于每个变元 $x_i(i=1,2,3)$右连续,即

$$F(x_1+0,x_2,x_3)=F(x_1,x_2+0,x_3)=F(x_1,x_2,x_3+0)=F(x_1,x_2,x_3);$$

(5) 非负性 对任意给定的 x_1,x_2,x_3,y_1,y_2,y_3,且 $x_i\leqslant y_i,i=1,2,3$,有

$$F(y_1,y_2,y_3)-F(x_1,y_2,y_3)-F(y_1,x_2,y_3)-$$
$$F(y_1,y_2,x_3)+F(x_1,x_2,y_3)+F(x_1,y_2,x_3)+$$
$$F(y_1,x_2,x_3)-F(x_1,x_2,x_3)\geqslant 0.$$

二、典型例题

例 3.1.1 判断下列函数是否为某二维随机变量的分布函数：

(1) $F(x,y)=\begin{cases}0, & x<0 \text{ 或 } y<0 \text{ 或 } x+y<2,\\ 1, & \text{其他,}\end{cases}$

(2) $F(x,y)=\begin{cases}\dfrac{1}{2}+(1-\mathrm{e}^{-x})(1+\mathrm{e}^{-y}), & x>0,y>0,\\[2mm] \dfrac{1}{2}, & \text{其他.}\end{cases}$

分析 如果 $F(x,y)$满足非降性、规范性、右连续性和非负性,则 $F(x,y)$是某二维随机变量的分布函数.

解 (1) 取点$(2,2),(2,0.2),(0.5,2),(0.5,0.2)$,则有

$$F(2,2)-F(2,0.2)-F(0.5,2)+F(0.5,0.2)=1-1-1+0=-1<0,$$

即 $F(x,y)$不满足非负性,因此 $F(x,y)$不是某二维随机变量的分布函数.

(2) 因为 $\lim\limits_{\substack{x\to+\infty\\y\to+\infty}}F(x,y)=\dfrac{3}{2}\neq 1$,$F(x,y)$不满足规范性,因此 $F(x,y)$不是某二维随机变量的分布函数.

注 非降性、规范性、右连续性和非负性是二元函数 $F(x,y)$成为某二维随机变量分布函数的充分必要条件.

例 3.1.2　用二维随机变量 (X,Y) 的分布函数 $F(x,y)$ 表示下述概率：
$$P\{1<X\leqslant 2,Y\leqslant 3\},\quad P\{X>0,Y>2\}.$$

分析　依概率的性质及分布函数的定义求概率.

解　依概率的性质及分布函数的定义，有
$$P\{1<X\leqslant 2,Y\leqslant 3\}=P\{X\leqslant 2,Y\leqslant 3\}-P\{X\leqslant 1,Y\leqslant 3\}=F(2,3)-F(1,3).$$
依分布函数的性质，有
$$\begin{aligned}P\{X>0,Y>2\}&=P\{Y>2\}-P\{X\leqslant 0,Y>2\}\\&=1-P\{Y\leqslant 2\}-(P\{X\leqslant 0\}-P\{X\leqslant 0,Y\leqslant 2\})\\&=1-F(+\infty,2)-F(0,+\infty)+F(0,2).\end{aligned}$$

注　本例所依概率的性质，若 $A\supset B$，则 $P(A-B)=P(A)-P(B),P(A\bar B)=P(A)-P(AB),P(A)=1-P(\bar A)$.

评　用分布函数 $F(x,y)$ 可表示 (X,Y) 落入上述矩形区域或广义矩形区域的概率.

例 3.1.3　用二维随机变量 (X,Y) 的分布函数 $F(x,y)$ 表示下述概率：
$$P\{\max\{X,Y\}\leqslant 1\},\quad P\{\min\{X,Y\}\leqslant 1\}.$$

分析　事件 $\{\max\{X,Y\}\leqslant 1\}=\{X\leqslant 1,Y\leqslant 1\}$，
$$\{\min\{X,Y\}\leqslant 1\}=\Omega-\{\min\{X,Y\}>1\}=\Omega-\{X>1,Y>1\}.$$
再依概率的性质及分布函数的定义求概率.

解　因为 $\{\max\{X,Y\}\leqslant 1\}=\{X\leqslant 1,Y\leqslant 1\}$，依分布函数的定义，有
$$P\{\max\{X,Y\}\leqslant 1\}=P\{X\leqslant 1,Y\leqslant 1\}=F(1,1).$$
事件 $\{\min\{X,Y\}\leqslant 1\}=\Omega-\{\min\{X,Y\}>1\}=\Omega-\{X>1,Y>1\}$，依概率的性质及分布函数的定义，有
$$\begin{aligned}P\{\min\{X,Y\}\leqslant 1\}&=1-P\{X>1,Y>1\}\\&=1-(P\{Y>1\}-P\{X\leqslant 1,Y>1\})\\&=P\{Y\leqslant 1\}+(P\{X\leqslant 1\}-P\{X\leqslant 1,Y\leqslant 1\})\\&=F(+\infty,1)+F(1,+\infty)-F(1,1).\end{aligned}$$

注　(1) $\max\{X,Y\}$ 和 $\min\{X,Y\}$ 也是随机变量. 请参见 3.8 节.

(2) 事件 $\{\max\{X,Y\}\leqslant 1\}=\{X\leqslant 1,Y\leqslant 1\},\{\min\{X,Y\}\leqslant 1\}=\Omega-\{X>1,Y>1\}$.

评　先去掉最大(小)值符号，依概率的性质讨论概率，再依定义用分布函数表达概率. 用 (X,Y) 的分布函数表示 $P\{\max\{X,Y\}\leqslant 1\}$ 和 $P\{\min\{X,Y\}\leqslant 1\}$ 的方法值得借鉴.

习题 3-1

1. 证明二元函数 $F(x,y)=\begin{cases}1,&x\geqslant 0,y\geqslant 0,\\0,&\text{其他}\end{cases}$ 是某二维随机变量的分布函数.

2. 设二元函数 $F(x,y)=\begin{cases}\sin x\sin y,&0\leqslant x<\dfrac{\pi}{2},0\leqslant y<\dfrac{\pi}{2},\\0,&\text{其他},\end{cases}$ 问：$F(x,y)$ 是某二维随机变量的分布函数吗？为什么？

3. 用二维随机变量 (X,Y) 的分布函数 $F(x,y)$ 表示下述概率：
$$P\{X\leqslant 1,2<Y\leqslant 3\},\quad P\{X>3,Y>0\}.$$

4. 用二维随机变量 (X,Y) 的分布函数 $F(x,y)$ 表示下述概率:
$$P\{X>1\}, \quad P\{X=1,Y\leqslant 3\}.$$

5. 设二维随机变量 (X,Y) 的分布函数 $F(x,y)$ 值为
$$F(1,1)=0.3, \quad F(1,+\infty)=0.4, \quad F(+\infty,1)=0.5,$$
求 $P\{\max\{X,Y\}>1\}, P\{\min\{X,Y\}>1\}$.

3.2 二维离散型随机变量及其联合概率分布

一、内容要点与评注

二维离散型随机变量 如果二维随机变量 (X,Y) 的所有可能取值为有限对或可列无穷多对,则称 (X,Y) 为二维离散型随机变量.

二维离散型随机变量的联合分布律 设二维离散型随机变量 (X,Y) 的所有可能取值为 $(x_i,y_j),i,j=1,2,\cdots$,称
$$P\{X=x_i,Y=y_j\}=p_{ij}, \quad i,j=1,2,\cdots$$
为 (X,Y) 的概率分布或分布律,也称为 X 与 Y 的联合分布律,常用下表表示:

X \ Y	y_1	y_2	$\cdots$
x_1	p_{11}	p_{12}	$\cdots$
x_2	p_{21}	p_{22}	$\cdots$
$\vdots$	$\vdots$	$\vdots$	$\vdots$

二维离散型随机变量联合分布律的性质 设二维离散型随机变量 (X,Y) 的分布律为
$$P\{X=x_i,Y=y_j\}=p_{ij}, \quad i,j=1,2,\cdots,$$
则满足:(1)非负性 $p_{ij}\geqslant0$;(2)规范性 $\sum_{i=1}^{\infty}\sum_{j=1}^{\infty}p_{ij}=1$.

注 如果一数列 $\{p_{ij}\}$ 满足 $p_{ij}\geqslant0(i,j=1,2,\cdots)$,且 $\sum_{i=1}^{\infty}\sum_{j=1}^{\infty}p_{ij}=1$,则存在某离散型随机变量 (X,Y) 及点列 $\{(x_i,y_i)\}$,使 $P\{X=x_i,Y=y_j\}=p_{ij}(i,j=1,2,\cdots)$.

依分布律求概率 设 W 是平面上一点集,则
$$P\{(X,Y)\in W\}=\sum_{(x_i,y_i)\in W}P\{X=x_i,Y=y_i\}.$$

依分布律求联合分布函数
$$F(x,y)=P\{X\leqslant x,Y\leqslant y\}=\sum_{x_i\leqslant x}\sum_{y_j\leqslant y}p_{ij}, \quad x,y \text{ 为任意实数}.$$
上述和式是对一切满足 $x_i\leqslant x,y_j\leqslant y$ 的 x_i,y_j 求和.

n 维离散型随机变量 如果 n 维随机变量 $(X_1,X_2,\cdots,X_n)$ 的所有可能取值为有限组或可列无穷多组,则称 $(X_1,X_2,\cdots,X_n)$ 为 n 维离散型随机变量.

n 维离散型随机变量的联合分布律 设 n 维离散型随机变量 $(X_1,X_2,\cdots,X_n)$ 的所有可能取值点为 $(x_{i_1}^{(1)},x_{i_2}^{(2)},\cdots,x_{i_n}^{(n)})(i_1,i_2,\cdots,i_n=1,2,\cdots)$,称

$$P\{X_1=x_{i_1}^{(1)},X_2=x_{i_2}^{(2)},\cdots,X_n=x_{i_n}^{(n)}\}=p_{i_1i_2\cdots i_n}$$

为$(X_1,X_2,\cdots,X_n)$的概率分布或分布律,也称为 $X_1,X_2,\cdots,X_n$ 的联合分布律.

联合分布函数

$$F(x^{(1)},x^{(2)},\cdots,x^{(n)})=P\{X_1\leqslant x^{(1)},X_2\leqslant x^{(2)},\cdots,X_n\leqslant x^{(n)}\}$$
$$=\sum_{x_{i_1}^{(1)}\leqslant x^{(1)}}\sum_{x_{i_2}^{(2)}\leqslant x^{(2)}}\cdots\sum_{x_{i_n}^{(n)}\leqslant x^{(n)}}p_{i_1i_2\cdots i_n},\quad\forall x^{(1)},x^{(2)},\cdots,x^{(n)}\in\mathbb{R},$$

上述和式是对一切满足 $x_{i_1}^{(1)}\leqslant x^{(1)},x_{i_2}^{(2)}\leqslant x^{(2)},\cdots,x_{i_n}^{(n)}\leqslant x^{(n)}$ 的 $x_{i_1}^{(1)},x_{i_2}^{(2)},\cdots,x_{i_n}^{(n)}$ 求和.

常见的二维离散型分布

(1) **三项分布**　在一试验序列中,如果每次试验的可能结果为 A_1,A_2,A_3,且
$$P(A_i)=p_i,\quad i=1,2,3;\quad p_1+p_2+p_3=1,$$
将试验独立重复地进行 n 次,以 X,Y 分别记结果 A_1,A_2 出现的次数,则
$$P\{X=k_1,Y=k_2\}=C_n^{k_1}C_{n-k_1}^{k_2}p_1^{k_1}p_2^{k_2}p_3^{n-k_1-k_2}$$
$$=\frac{n!}{k_1!\,k_2!\,(n-k_1-k_2)!}p_1^{k_1}p_2^{k_2}(1-p_1-p_2)^{n-k_1-k_2},$$
其中整数 $k_j\geqslant0(j=1,2),k_1+k_2=0,1,2,\cdots,n$,称$(X,Y)$服从三项分布,记作$(X,Y)\sim T(n,p_1,p_2)$.

(2) **二维超几何分布**　盒中装有 i 号球 $N_i(i=1,2,3)$个,$N_1+N_2+N_3=N$,从盒中随机取出 n 个球,若以 X,Y 分别记 n 个球中 1 号球,2 号球的个数,则
$$P\{X=k_1,Y=k_2\}=\frac{C_{N_1}^{k_1}C_{N_2}^{k_2}C_{N-N_1-N_2}^{n-k_1-k_2}}{C_N^n},$$
其中整数 $k_j\geqslant0(j=1,2),k_1+k_2=0,1,2,\cdots,n$,称$(X,Y)$服从二维超几何分布,记作$(X,Y)\sim H(n,N_1,N_2,N)$.

二、典型例题

例 3.2.1　设袋中有 1 个红色球,2 个黑色球与 3 个白色球,现有放回地从中取两次,每次取一球,以 X,Y,Z 分别表示两次取球所取得的红球、黑球和白球的个数. 求:(1)$P\{X=1|Z=0\}$;(2)二维随机变量(X,Y)的概率分布. 　　　　**【2009 研数一、三】**

分析　(1)$\{X=1|Z=0\}$表示两次只在红球和黑球中取且一红一黑;(2)依古典概率的计算公式求概率分布,样本点总数是 6^2.

解　(1)$\{X=1|Z=0\}$表示两次有放回地取球都没有取到白球的条件下取到一个红球,一个黑球,其样本点总数为 3^2,于是 $P\{X=1|Z=0\}=\dfrac{C_1^1C_2^1+C_2^1C_1^1}{3^2}=\dfrac{4}{9}$.

(2)(X,Y)的取值点为$(0,0),(0,1),(0,2),(1,0),(1,1),(2,0)$,样本点总数为 6^2,则
$$P\{X=0,Y=0\}=\frac{C_3^1C_3^1}{6^2}=\frac{1}{4},\quad P\{X=0,Y=1\}=\frac{2C_2^1C_3^1}{6^2}=\frac{1}{3},$$
$$P\{X=0,Y=2\}=\frac{C_2^1C_2^1}{6^2}=\frac{1}{9},\quad P\{X=1,Y=0\}=\frac{2C_1^1C_3^1}{6^2}=\frac{1}{6},$$
$$P\{X=1,Y=1\}=\frac{2C_1^1C_2^1}{6^2}=\frac{1}{9},\quad P\{X=2,Y=0\}=\frac{C_1^1C_1^1}{6^2}=\frac{1}{36},$$

故二维随机变量(X,Y)的概率分布为

X \ Y	0	1	2
0	1/4	1/3	1/9
1	1/6	1/9	0
2	1/36	0	0

注 因是放回抽样,所以样本点总数为6^2,而在$Z=0$的条件下,样本点总数为3^2.事件$\{X=1,Y=2\}$,$\{X=2,Y=1\}$,$\{X=2,Y=2\}$均为不可能事件.

评 可以验证,上表中概率值满足非负性:$p_{ij}\geqslant 0$和规范性:$\sum_i\sum_j p_{ij}=1$.

例 3.2.2 设整数n在$1,2,\cdots,10$中等可能地取值,记X为$1,2,\cdots,10$中能整除n的整数的个数,Y为$1,2,\cdots,10$中能整除n的素数的个数,求X和Y的联合分布律.

分析 当$n=1,2,\cdots,10$时,分别确定(X,Y)的所有可能取值点,再逐一讨论概率.

解 依题设,n,X,Y的所有可能取值点为

n	1	2	3	4	5	6	7	8	9	10
X	1	2	2	3	2	4	2	4	3	4
Y	0	1	1	1	1	2	1	1	1	2

即(X,Y)的所有可能取值点为$(1,0),(2,1),(3,1),(4,1),(4,2)$,且

$$P\{X=1,Y=0\}=P\{在\ 1,2,\cdots,10\ 中取到\ 1\}=\frac{1}{10},$$

$$P\{X=2,Y=1\}=P\{在\ 1,2,\cdots,10\ 中取到\ 2\ 或\ 3\ 或\ 5\ 或\ 7\}=\frac{4}{10}=\frac{2}{5},$$

$$P\{X=3,Y=1\}=P\{在\ 1,2,\cdots,10\ 中取到\ 4\ 或\ 9\}=\frac{2}{10}=\frac{1}{5},$$

$$P\{X=4,Y=1\}=P\{在\ 1,2,\cdots,10\ 中取到\ 8\}=\frac{1}{10},$$

$$P\{X=4,Y=2\}=P\{在\ 1,2,\cdots,10\ 中取到\ 6\ 或\ 10\}=\frac{2}{10}=\frac{1}{5},$$

于是X和Y的联合分布律为

X \ Y	1	2	3	4
0	1/10	0	0	0
1	0	2/5	1/5	1/10
2	0	0	0	1/5

注 1 不是素数,事件$\{X=4,Y=2\}=\{在\ 1,2,\cdots,10\ 中取到\ 6\ 或\ 10\}$,其他同理.

评　依题设，$\{X=2,Y=1\}=\{n=2\}\bigcup\{n=3\}\bigcup\{n=5\}\bigcup\{n=7\}$，依概率的性质有

$$P\{X=2,Y=1\}=P\{n=2\}+P\{n=3\}+P\{n=5\}+P\{n=7\}=4\times\frac{1}{10}.$$

例 3.2.3　设随机变量 X 和 Y，它们都仅取 $-1,1$ 两个值，已知

$$P\{X=1\}=\frac{1}{2},\quad P\{Y=1\,|\,X=1\}=\frac{1}{3}=P\{Y=-1\,|\,X=-1\}.$$

求：(1) 二维随机变量 (X,Y) 的分布律；

(2) 关于 t 的方程 $t^2+(X+Y)t+X+Y=0$ 至少有一个实根的概率.

分析　(1) 可依概率的性质和乘法公式求 (X,Y) 的分布律；(2) 方程有实根当且仅当判别式 $\Delta\geqslant0$.

解　(1) 依概率性质及乘法公式，有

$$P\{X=-1\}=1-P\{X=1\}=\frac{1}{2},$$

$$P\{X=1,Y=1\}=P\{Y=1\,|\,X=1\}P\{X=1\}=\frac{1}{3}\times\frac{1}{2}=\frac{1}{6},$$

$$P\{X=1,Y=-1\}=P\{Y=-1\,|\,X=1\}P\{X=1\}$$

$$=(1-P\{Y=1\,|\,X=1\})P\{X=1\}=\left(1-\frac{1}{3}\right)\times\frac{1}{2}=\frac{1}{3},$$

$$P\{X=-1,Y=-1\}=P\{Y=-1\,|\,X=-1\}P\{X=-1\}=\frac{1}{3}\times\frac{1}{2}=\frac{1}{6},$$

$$P\{X=-1,Y=1\}=P\{Y=1\,|\,X=-1\}P\{X=-1\}$$

$$=(1-P\{Y=-1\,|\,X=-1\})P\{X=-1\}=\left(1-\frac{1}{3}\right)\times\frac{1}{2}=\frac{1}{3},$$

所以 X 和 Y 的联合分布律为

X ＼ Y	-1	1
-1	1/6	1/3
1	1/3	1/6

(2) 方程 $t^2+(X+Y)t+X+Y=0$ 有实根当且仅当 $\Delta=(X+Y)^2-4(X+Y)\geqslant0$，即 $(X+Y)(X+Y-4)\geqslant0$ 当且仅当 $X+Y\leqslant0$ 或 $X+Y\geqslant4$(不合题意，舍去)，于是

$$P\{\Delta\geqslant0\}=P\{X=-1,Y=-1\}+P\{X=-1,Y=1\}+P\{X=1,Y=-1\}=\frac{5}{6}.$$

注　事件 $\{(X+Y)^2-4(X+Y)\geqslant0\}=\{X+Y\leqslant0\}=\{X=-1,Y=-1\}\bigcup\{X=-1,Y=1\}\bigcup\{X=1,Y=-1\}$.

评　乘法公式和条件概率性质的灵活运用：
$P\{X=1,Y=-1\}=P\{Y=-1\,|\,X=1\}P\{X=1\}=(1-P\{Y=1\,|\,X=1\})P\{X=1\}.$

例 3.2.4 设二维随机变量 (X,Y) 的分布律为

X \ Y	-1	1
-1	1/4	1/4
1	1/6	a

求：(1) 常数 a；(2) (X,Y) 的分布函数.

分析 (1) 依联合分布律的规范性求 a；(2) 依定义求分布函数.

解 (1) 依联合分布律的规范性，有 $1=\dfrac{1}{6}+\dfrac{1}{4}+\dfrac{1}{4}+a$，解之得 $a=\dfrac{1}{3}$，即 (X,Y) 的分布律为

X \ Y	-1	1
-1	1/4	1/4
1	1/6	1/3

(2) 设 (X,Y) 的分布函数为 $F(x,y)$，依定义，有
$$F(x,y)=P\{X\leqslant x,Y\leqslant y\},\quad \forall x,y\in\mathbb{R}.$$
如图 3-3 所示，当 $x<-1$ 或 $y<-1$ 时，
$$F(x,y)=P(\varnothing)=0,$$
当 $-1\leqslant x<1,-1\leqslant y<1$ 时，
$$F(x,y)=P\{X=-1,Y=-1\}=\frac{1}{4},$$
当 $x\geqslant 1,-1\leqslant y<1$ 时，
$$F(x,y)=P\{X=-1,Y=-1\}+$$
$$P\{X=1,Y=-1\}$$
$$=\frac{1}{4}+\frac{1}{6}=\frac{5}{12},$$

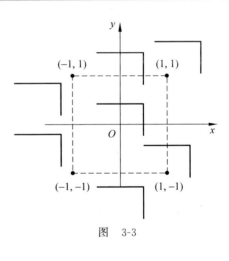

图 3-3

当 $-1\leqslant x<1,y\geqslant 1$ 时，
$$F(x,y)=P\{X=-1,Y=-1\}+P\{X=-1,Y=1\}=\frac{1}{4}+\frac{1}{4}=\frac{1}{2},$$
当 $x\geqslant 1,y\geqslant 1$ 时，
$$F(x,y)=P\{X=-1,Y=-1\}+P\{X=-1,Y=1\}+$$
$$P\{X=1,Y=-1\}+P\{X=1,Y=1\}=\frac{1}{4}+\frac{1}{4}+\frac{1}{6}+\frac{1}{3}=1,$$
于是 (X,Y) 的分布函数为

$$F(x,y)=\begin{cases}0, & x<-1 \text{ 或 } y<-1, \\ 1/4, & -1\leqslant x<1, -1\leqslant y<1, \\ 5/12, & x\geqslant 1, -1\leqslant y<1, \\ 1/2, & -1\leqslant x<1, y\geqslant 1, \\ 1, & x\geqslant 1, y\geqslant 1.\end{cases}$$

注　当 $-1\leqslant x<1, -1\leqslant y<1$ 时，$\{X\leqslant x, Y\leqslant y\}=\{X=-1, Y=-1\}$，其他情形同理.

评　已知二维离散型随机变量 (X,Y) 的分布律，可知其分布函数.

例 3.2.5　一批产品中有一等品 30%，二等品 40%，三等品 30%. 从这批产品中有放回地任取 5 次，每次抽取一件产品，以 X,Y 分别表示取出的 5 件产品中一等品，二等品的件数，求二维随机变量 (X,Y) 的概率分布.

分析　(X,Y) 服从三项分布 $T(5, 0.3, 0.4)$.

解　依题设，(X,Y) 服从三项分布，且

$$P\{X=i, Y=j\}=\frac{5!}{i!j!(5-i-j)!}\left(\frac{3}{10}\right)^i\left(\frac{4}{10}\right)^j\left(\frac{3}{10}\right)^{5-i-j},$$

其中 $i,j=0,1,\cdots,5, i+j\leqslant 5$.

注　三项分布属于放回抽样.

评　本例解法的关键是确认 (X,Y) 服从三项分布.

习题 3-2

1. 在 5 张卡片上分别写有数字 1,2,3,4,5，从中随机抽取 3 张，记 X,Y 分别表示三张卡片上数字的最小值和最大值，求 X 与 Y 的联合分布律.

2. 一盒内装有大小相同的 18 个球，分别标有号码 1, 2, $\cdots$, 18，现从中随机地取出一球，以 $X=0$，$X=1$ 分别记取出球的号码为偶数和奇数的事件，以 $Y=0$，$Y=1$ 分别记取出球的号码是 3 的倍数和不是 3 的倍数的事件，求 X 和 Y 的联合分布律.

3. 设掷一枚骰子两次，得偶数点 2 或 4 或 6 的次数记为 X，得 3 点或 6 点的次数记为 Y，求二维随机变量 (X,Y) 的分布律.

4. 设 A,B 为两个随机事件，且 $P(A)=\dfrac{1}{4}, P(B|A)=\dfrac{1}{3}, P(A|B)=\dfrac{1}{2}$，令

$$X=\begin{cases}1, & A \text{ 发生}, \\ 0, & A \text{ 不发生},\end{cases} \qquad Y=\begin{cases}1, & B \text{ 发生}, \\ 0, & B \text{ 不发生},\end{cases}$$

求：(1) 二维随机变量 (X,Y) 的概率分布；(2) 随机变量 $Z=X^2+Y^2$ 的概率分布.

5. 设二维随机变量 (X,Y) 的分布律为

X\Y	0	2
1	1/6	1/3
3	1/4	a

求：(1) 常数 a；(2) 分布函数值 $F(2,1), F(4,1), F(4,3), F(-1,1), F(2,3)$.

3.3 二维连续型随机变量及其联合概率密度函数

一、内容要点与评注

二维连续型随机变量 对于二维随机变量 (X,Y) 的分布函数 $F(x,y)$，如果存在非负函数 $f(x,y)$，使对任意实数 x,y，有

$$F(x,y)=\int_{-\infty}^{x}\int_{-\infty}^{y}f(s,t)\,\mathrm{d}t\,\mathrm{d}s,$$

则称 (X,Y) 为二维连续型随机变量.

二维连续型随机变量的联合概率密度函数 称满足上式的 $f(x,y)$ 为二维连续型随机变量 (X,Y) 的概率密度函数，简称概率密度，或称 X 与 Y 的联合概率密度函数.

二维连续型随机变量联合概率密度函数的性质 设 $f(x,y)$ 是二维随机变量 (X,Y) 的概率密度函数，$F(x,y)$ 为 (X,Y) 的分布函数，则

(1) 非负性 $f(x,y)\geqslant0$，x,y 为任意实数；

(2) 规范性 $\int_{-\infty}^{+\infty}\int_{-\infty}^{+\infty}f(x,y)\,\mathrm{d}y\,\mathrm{d}x=1$；

(3) $P\{(X,Y)\in D\}=\iint\limits_{D}f(x,y)\,\mathrm{d}y\,\mathrm{d}x$，其中 D 为 xOy 平面上的一个区域；

(4) 如果 $f(x,y)$ 在点 (x,y) 连续，则 $\dfrac{\partial^2 F(x,y)}{\partial x\partial y}=f(x,y)$；

(5) 对平面上任一条曲线 L，有 $P\{(X,Y)\in L\}=0$.

注 如果 $g(x,y)$ 满足非负性和规范性，则存在某二维连续型随机变量 (X,Y)，其概率密度函数为 $g(x,y)$.

n 维连续型随机变量 如果对于 n 维随机变量 $(X_1,X_2,\cdots,X_n)$ 的分布函数 $F(x_1,x_2,\cdots,x_n)$，存在非负函数 $f(x_1,x_2,\cdots,x_n)$，使

$$F(x_1,x_2,\cdots,x_n)=\int_{-\infty}^{x_1}\int_{-\infty}^{x_2}\cdots\int_{-\infty}^{x_n}f(t_1,t_2,\cdots,t_n)\,\mathrm{d}t_n\,\mathrm{d}t_{n-1}\cdots\mathrm{d}t_1,\quad\forall\,x_1,x_2,\cdots,x_n\in\mathbb{R},$$

则称 $(X_1,X_2,\cdots,X_n)$ 为 n 维连续型随机变量.

n 维连续型随机变量联合概率密度函数 称满足上式的 $f(x_1,x_2,\cdots,x_n)$ 为 $(X_1,X_2,\cdots,X_n)$ 的概率密度函数，简称概率密度，或 $X_1,X_2,\cdots,X_n$ 的联合概率密度函数.

常见的二维连续型分布

(1) **二维均匀分布** 如果二维随机变量 (X,Y) 的概率密度函数为

$$f(x,y)=\begin{cases}\dfrac{1}{S(D)},&(x,y)\in D,\\0,&\text{其他},\end{cases}$$

其中 $S(D)$ 为平面有界区域 D 的面积，则称 (X,Y) 在 D 上服从二维均匀分布，记作 $(X,Y)\sim U(D)$.

与一维均匀分布类似，(X,Y) 描述的是等可能地落入 D 中的随机变量.

(2) **二维正态分布** 如果二维随机变量 (X,Y) 的概率密度函数为

$$f(x,y)=\frac{1}{2\pi\sigma_1\sigma_2\sqrt{1-\rho^2}}\mathrm{e}^{-\frac{1}{2(1-\rho^2)}\left(\frac{(x-\mu_1)^2}{\sigma_1^2}-2\rho\frac{(x-\mu_1)(y-\mu_2)}{\sigma_1\sigma_2}+\frac{(y-\mu_2)^2}{\sigma_2^2}\right)},\quad -\infty<x,y<+\infty,$$

其中 $\mu_1,\mu_2,\sigma_1,\sigma_2,\rho$ 为常数,且 $-\infty<\mu_1<+\infty,-\infty<\mu_2<+\infty,\sigma_1>0,\sigma_2>0,-1<\rho<1$,则称 (X,Y) 服从参数为 $\mu_1,\mu_2,\sigma_1,\sigma_2,\rho$ 的二维正态分布,记作

$$(X,Y)\sim N(\mu_1,\mu_2,\sigma_1^2,\sigma_2^2,\rho).$$

注　$-\infty<x,y<+\infty$ 是指 x,y 为任意实数,余同.

二、典型例题

例 3.3.1　设非负函数 $g(x)$ 满足 $\int_0^{+\infty}g(x)\mathrm{d}x=1$,

$$f(x,y)=\begin{cases}\dfrac{2g\left(\sqrt{x^2+y^2}\right)}{\pi\sqrt{x^2+y^2}}, & 0\leqslant x,y<+\infty,\\[3mm]0, & \text{其他},\end{cases}$$

试问: $f(x,y)$ 是否为某二维连续型随机变量的概率密度函数?

分析　考查 $f(x,y)$ 是否满足非负性和规范性.

解　依题设, $f(x,y)\geqslant0$. 令 $x=r\cos\theta,y=r\sin\theta$,则

$$\int_{-\infty}^{+\infty}\int_{-\infty}^{+\infty}f(x,y)\mathrm{d}y\mathrm{d}x=\iint\limits_{x\geqslant0,y\geqslant0}\frac{2g\left(\sqrt{x^2+y^2}\right)}{\pi\sqrt{x^2+y^2}}\mathrm{d}y\mathrm{d}x=\iint\limits_{0\leqslant\theta\leqslant\frac{\pi}{2},r\geqslant0}\frac{2g(r)}{\pi r}r\mathrm{d}r\mathrm{d}\theta$$

$$=\frac{2}{\pi}\int_0^{\pi/2}\mathrm{d}\theta\int_0^{+\infty}g(r)\mathrm{d}r=\int_0^{+\infty}g(r)\mathrm{d}r=1.$$

因此 $f(x,y)$ 满足规范性,所以 $f(x,y)$ 是某二维连续型随机变量的概率密度函数.

注　$0\leqslant x,y<+\infty$ 是指: $0\leqslant x<+\infty,0\leqslant y<+\infty$,余同.将直角坐标化为极坐标验证规范性易行.

评　某二元函数 $f(x,y)$ 是某二维随机变量的概率密度函数 $\Leftrightarrow f(x,y)$ 满足:

(1) $f(x,y)\geqslant0$;　　(2) $\int_{-\infty}^{+\infty}\int_{-\infty}^{+\infty}f(x,y)\mathrm{d}y\mathrm{d}x=1.$

例 3.3.2　设二维随机变量 (X,Y) 的分布函数为

$$F(x,y)=A\left(B+\arctan\frac{x}{3}\right)\left(C+\arctan\frac{y}{2}\right),\quad -\infty<x,y<+\infty.$$

求: (1) A,B,C 的值; (2) (X,Y) 的概率密度函数 $f(x,y)$.

分析　(1) 可依分布函数的规范性求 A,B,C;(2) 依概率密度函数的性质求 $f(x,y)=\dfrac{\partial^2F(x,y)}{\partial x\partial y}$.

解　(1) 由分布函数的规范性知, $A\neq0$,且对任意的 $x,y\in\mathbb{R}$,有

$$0=F(x,-\infty)=A\left(B+\arctan\frac{x}{3}\right)\left(C-\frac{\pi}{2}\right),\quad \text{解之得}\ C=\frac{\pi}{2},$$

$$0=F(-\infty,y)=A\left(B-\frac{\pi}{2}\right)\left(C+\arctan\frac{y}{2}\right),\quad \text{解之得}\ B=\frac{\pi}{2},$$

$$1 = F(+\infty, +\infty) = A\left(\frac{\pi}{2} + \frac{\pi}{2}\right)\left(\frac{\pi}{2} + \frac{\pi}{2}\right), \quad 解之得 A = \frac{1}{\pi^2},$$

于是 (X,Y) 的分布函数为

$$F(x,y) = \frac{1}{\pi^2}\left(\frac{\pi}{2} + \arctan\frac{x}{3}\right)\left(\frac{\pi}{2} + \arctan\frac{y}{2}\right), \quad \forall x,y \in \mathbb{R}.$$

(2) 由 (1) 及概率密度函数的性质,有

$$f(x,y) = \frac{\partial^2 F(x,y)}{\partial x \partial y} = \frac{6}{\pi^2(9+x^2)(4+y^2)}, \quad -\infty < x, y < +\infty.$$

注 分布函数的规范性有助于确定分布函数表达式中的未知参数.

评 已知二维连续型随机变量的分布函数,求二阶混合偏导数可得其概率密度函数.

例 3.3.3 已知 (X,Y) 在 D 上服从二维均匀分布,其中 D 为 xOy 平面上 x 轴、y 轴及直线 $y = x+1$ 所围成的三角形区域,试求 (X,Y) 的概率密度函数及分布函数.

分析 依二维均匀分布写出概率密度函数.用 D 及其边界直线将 xOy 坐标平面分为 5 个部分区域,依定义,$F(x,y) = \int_{-\infty}^{x}\int_{-\infty}^{y} f(s,t)\mathrm{d}t\,\mathrm{d}s \ (\forall x,y \in \mathbb{R})$.

解 显然 D 的面积为 $\frac{1}{2}$,因此 (X,Y) 的概率密度函数为

$$f(x,y) = \begin{cases} 2, & (x,y) \in D, \\ 0, & 其他. \end{cases}$$

设 (X,Y) 的分布函数为 $F(x,y)$,依定义,$F(x,y) = \int_{-\infty}^{x}\int_{-\infty}^{y} f(s,t)\mathrm{d}t\,\mathrm{d}s \ (\forall x,y \in \mathbb{R})$.

当 $x < -1$ 或 $y < 0$ 时,如图 3-4(a) 所示,$F(x,y) = \int_{-\infty}^{x}\int_{-\infty}^{y} f(s,t)\mathrm{d}t\,\mathrm{d}s = 0$,

当 $-1 \leq x < 0, 0 \leq y < x+1$ 时,如图 3-4(a) 所示,有

$$F(x,y) = \int_{-\infty}^{x}\int_{-\infty}^{y} f(s,t)\mathrm{d}t\,\mathrm{d}s = \int_0^y \mathrm{d}t \int_{t-1}^x 2\mathrm{d}s = 2\int_0^y (x-t+1)\mathrm{d}t = 2\left(xy - \frac{y^2}{2} + y\right);$$

当 $-1 \leq x < 0, y \geq x+1$ 时,如图 3-4(b) 所示,有

$$F(x,y) = \int_{-\infty}^{x}\int_{-\infty}^{y} f(s,t)\mathrm{d}t\,\mathrm{d}s = \int_{-1}^x \mathrm{d}s \int_0^{s+1} 2\mathrm{d}t = 2\int_{-1}^x (s+1)\mathrm{d}s = (x+1)^2,$$

当 $x \geq 0, 0 \leq y < 1$ 时,如图 3-4(b) 所示,有

$$F(x,y) = \int_{-\infty}^{x}\int_{-\infty}^{y} f(s,t)\mathrm{d}t\,\mathrm{d}s = \int_0^y \mathrm{d}t \int_{t-1}^0 2\mathrm{d}s = 2\int_0^y (-t+1)\mathrm{d}t = 2y - y^2,$$

当 $x \geq 0, y \geq 1$ 时,如图 3-4(b) 所示,有

$$F(x,y) = \int_{-\infty}^{x}\int_{-\infty}^{y} f(s,t)\mathrm{d}t\,\mathrm{d}s = \int_{-1}^0 \mathrm{d}s \int_0^{s+1} 2\mathrm{d}t = 2\int_{-1}^0 (s+1)\mathrm{d}s = 1,$$

即 (X,Y) 的分布函数为

$$F(x,y) = \begin{cases} 0, & x < -1 \text{ 或 } y < 0, \\ (2x-y+2)y, & -1 \leq x < 0, 0 \leq y < x+1, \\ (x+1)^2, & -1 \leq x < 0, y \geq x+1, \\ (2-y)y, & x \geq 0, 0 \leq y < 1, \\ 1, & x \geq 0, y \geq 1. \end{cases}$$

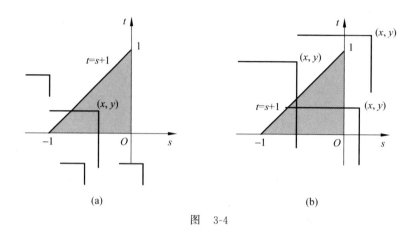

图 3-4

注 相对于 $F(x,y) = \int_{-\infty}^{x} \int_{-\infty}^{y} f(s,t) \mathrm{d}t \mathrm{d}s$ 的积分变量 s,t,x,y 是常量.

评 已知二维连续型随机变量的概率密度函数,可知其分布函数.

例 3.3.4 已知二维随机变量 (X,Y) 的概率密度函数为

$$f(x,y) = \begin{cases} A\mathrm{e}^{-(x+y)}, & 0 < x < y, \\ 0, & \text{其他}. \end{cases}$$

求:(1) 常数 A;(2) (X,Y) 的分布函数 $F(x,y)$.

分析 (1) 依概率密度函数的规范性求 A;(2) 用 $f(x,y) > 0$ 的区域 D 及其边界直线将 xOy 坐标平面分成 3 个部分区域,$F(x,y) = \int_{-\infty}^{x} \int_{-\infty}^{y} f(s,t) \mathrm{d}t \mathrm{d}s$ ($\forall x, y \in \mathbb{R}$).

解 (1) 依概率密度函数的规范性,有

$$1 = \int_{-\infty}^{+\infty} \int_{-\infty}^{+\infty} f(x,y) \mathrm{d}x \mathrm{d}y = A \int_{0}^{+\infty} \mathrm{e}^{-x} \mathrm{d}x \int_{x}^{+\infty} \mathrm{e}^{-y} \mathrm{d}y = A \int_{0}^{+\infty} \mathrm{e}^{-2x} \mathrm{d}x = \frac{A}{2},$$

解之得 $A = 2$.

(2) 依定义,$F(x,y) = \int_{-\infty}^{x} \int_{-\infty}^{y} f(s,t) \mathrm{d}t \mathrm{d}s$ ($\forall x, y \in \mathbb{R}$).

当 $x < 0$ 或 $y < 0$ 时,如图 3-5(a) 所示,$F(x,y) = \int_{-\infty}^{x} \int_{-\infty}^{y} 0 \mathrm{d}t \mathrm{d}s = 0$.

当 $0 \leqslant x < y$ 时,如图 3-5(a) 所示,

$$F(x,y) = 2 \int_{0}^{x} \mathrm{e}^{-s} \mathrm{d}s \int_{s}^{y} \mathrm{e}^{-t} \mathrm{d}t = 2 \int_{0}^{x} \mathrm{e}^{-s} (\mathrm{e}^{-s} - \mathrm{e}^{-y}) \mathrm{d}s = 1 - 2\mathrm{e}^{-y} - \mathrm{e}^{-2x} + 2\mathrm{e}^{-(x+y)}.$$

当 $0 \leqslant y < x$ 时,如图 3-5(b) 所示,

$$F(x,y) = 2 \int_{0}^{y} \mathrm{e}^{-t} \mathrm{d}t \int_{0}^{t} \mathrm{e}^{-s} \mathrm{d}s = 2 \int_{0}^{y} \mathrm{e}^{-t} (1 - \mathrm{e}^{-t}) \mathrm{d}t = 1 - 2\mathrm{e}^{-y} + \mathrm{e}^{-2y}.$$

于是 (X,Y) 的分布函数为

$$F(x,y) = \begin{cases} 0, & x < 0 \text{ 或 } y < 0, \\ 1 - 2\mathrm{e}^{-y} + \mathrm{e}^{-2y}, & 0 \leqslant y < x, \\ 1 - 2\mathrm{e}^{-y} - \mathrm{e}^{-2x} + 2\mathrm{e}^{-(x+y)}, & 0 \leqslant x < y. \end{cases}$$

注 在下述积分中,s,t 是积分变量,x,y 是常量:当 $0 \leqslant y < x$ 时,

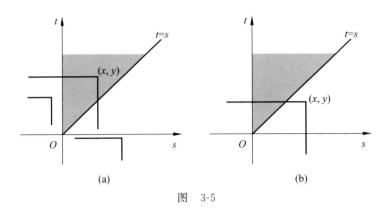

图 3-5

$$F(x,y)=2\int_0^x \mathrm{e}^{-s}\mathrm{d}s\int_s^y \mathrm{e}^{-t}\mathrm{d}t, \quad \text{或者} \quad F(x,y)=2\int_0^y \mathrm{e}^{-t}\mathrm{d}t\int_0^t \mathrm{e}^{-s}\mathrm{d}s.$$

评 可以验证 $F(x,y)$ 满足分布函数的性质：非降性、规范性、右连续性和非负性.

例 3.3.5 设 (X,Y) 服从二维正态分布，其概率密度函数为

$$f(x,y)=\frac{1}{2\pi\times 10^2}\mathrm{e}^{-\frac{x^2+y^2}{2\times 10^2}}, \quad -\infty<x,y<+\infty.$$

求：(1) $P\{Y\geqslant X\}$；(2) $P\{Y\geqslant|X|\}$；(3) $P\{|Y|\geqslant|X|\}$.

分析 依题设，$(X,Y)\sim N(0,0,10^2,10^2,0)$，$P\{(X,Y)\in D\}=\iint\limits_{(x,y)\in D}f(x,y)\mathrm{d}x\mathrm{d}y$.

解 依题设，$(X,Y)\sim N(0,0,10^2,10^2,0)$.

(1) 依概率密度函数的性质，令 $x=r\cos\theta, y=r\sin\theta$，如图 3-6(a)所示，有

$$P\{Y\geqslant X\}=\iint\limits_{y\geqslant x}f(x,y)\mathrm{d}x\mathrm{d}y=\frac{1}{200\pi}\int_{\pi/4}^{5\pi/4}\mathrm{d}\theta\int_0^{+\infty}\mathrm{e}^{-\frac{r^2}{200}}r\mathrm{d}r=\frac{1}{200\pi}\pi\left(-100\mathrm{e}^{-\frac{r^2}{200}}\right)_0^{+\infty}=\frac{1}{2}.$$

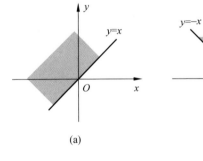 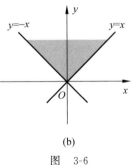 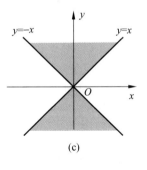

图 3-6

(2) 如图 3-6(b)所示，依概率密度的性质，有

$$P\{Y\geqslant|X|\}=\iint\limits_{y\geqslant|x|}f(x,y)\mathrm{d}x\mathrm{d}y=\frac{1}{200\pi}\int_{\pi/4}^{3\pi/4}\mathrm{d}\theta\int_0^{+\infty}\mathrm{e}^{-\frac{r^2}{200}}r\mathrm{d}r=\frac{1}{200\pi}\int_{\pi/4}^{3\pi/4}100\mathrm{d}\theta=\frac{1}{4}.$$

(3) 如图 3-6(c)所示，同理

$$P\{|Y|\geqslant|X|\}=\iint\limits_{|y|\geqslant|x|}f(x,y)\mathrm{d}x\mathrm{d}y=\frac{1}{200\pi}\int_{\pi/4}^{3\pi/4}\mathrm{d}\theta\int_0^{+\infty}\mathrm{e}^{-\frac{r^2}{200}}r\mathrm{d}r+\frac{1}{200\pi}\int_{7\pi/4}^{5\pi/4}\mathrm{d}\theta\int_0^{+\infty}\mathrm{e}^{-\frac{r^2}{200}}r\mathrm{d}r$$

$$= \frac{1}{200\pi} \int_{\pi/4}^{3\pi/4} 100 \mathrm{d}\theta + \frac{1}{200\pi} \int_{7\pi/4}^{5\pi/4} 100 \mathrm{d}\theta = \frac{1}{4} + \frac{1}{4} = \frac{1}{2}.$$

注　(1) 化直角坐标系下的二重积分为极坐标系下的累次积分,可使计算简化:

$$\iint_{y \geqslant x} f(x,y) \mathrm{d}x \mathrm{d}y = \frac{1}{200\pi} \int_{\pi/4}^{5\pi/4} \mathrm{d}\theta \int_0^{+\infty} \mathrm{e}^{-\frac{r^2}{200}} r \mathrm{d}r = \frac{1}{200\pi} \pi \left(-100 \mathrm{e}^{-\frac{r^2}{200}} \right)_0^{+\infty} = \frac{1}{2}.$$

(2) 判断 $y > x$ 是直线 $y = x$ 的哪一侧,可采用一点判别法,在直线某侧选定一点 (x_0, y_0),若 $y_0 > x_0$,则该点所在的侧即为 $y > x$,指直线 $y = x$ 的左上方.

评　$P\{(X,Y) \in D\} = \iint\limits_{(x,y) \in D} f(x,y) \mathrm{d}x \mathrm{d}y$,表明 $f(x,y)$ 是刻画二维连续型随机变量 (X,Y) 概率分布的工具.

习题 3-3

1. 判断函数 $f(x,y) = \begin{cases} x^2 + y^2, & x^2 + y^2 \leqslant 1, \\ 0, & \text{其他} \end{cases}$ 是否为某二维连续型随机变量的概率密度函数.

2. 设二维随机变量 (X,Y) 的概率密度函数为

$$f(x,y) = \begin{cases} A(4 - x - y), & 0 < x < 2, 0 < y < 2, \\ 0, & \text{其他}. \end{cases}$$

求: (1) 常数 A; (2) $P\{X < 1, Y < 2\}$, $P\{X + Y < 2\}$.

3. 设二维随机变量 (X,Y) 的概率密度函数为

$$f(x,y) = \begin{cases} 4xy, & 0 \leqslant x < 1, 0 \leqslant y < 1, \\ 0, & \text{其他}, \end{cases}$$

求 X 与 Y 的联合分布函数.

4. 设二维随机变量 (X,Y) 的概率密度函数为

$$f(x,y) = \begin{cases} 12\mathrm{e}^{-(3x+4y)}, & x > 0, y > 0, \\ 0, & \text{其他}. \end{cases}$$

求: (1) (X,Y) 的分布函数 $F(x,y)$; (2) $P\{X \leqslant Y\}$, $P\{X + Y \leqslant 1\}$.

5. 设二维随机变量 (X,Y) 在半径为 a 的区域 $D = \left\{ (x,y) \mid 0 < y < \sqrt{2ax - x^2} \right\}$ 上服从均匀分布,求 $P\{X \geqslant Y\}$.

3.4　边缘分布

一、内容要点与评注

二维随机变量 (X,Y) 关于 X 和关于 Y 的边缘分布函数　设 (X,Y) 的分布函数为 $F(x, y)$,而作为 (X,Y) 的分量 X, Y,都是一维随机变量,各自都有自己的分布函数 $F_X(x)$, $F_Y(y)$,相对于 $F(x,y)$,分别称 $F_X(x)$, $F_Y(y)$ 为 (X,Y) 关于 X 和关于 Y 的边缘分布函数,且有

$$F_X(x) = P\{X \leqslant x\} = P\{X \leqslant x, Y < +\infty\} = \lim_{y \to +\infty} F(x,y) = F(x, +\infty), \quad \forall x \in \mathbb{R}$$

$$F_Y(y) = P\{Y \leqslant y\} = P\{X < +\infty, Y \leqslant y\} = \lim_{x \to +\infty} F(x,y) = F(+\infty, y), \quad \forall y \in \mathbb{R}.$$

二维离散型随机变量(X,Y)关于 X 和关于 Y 的边缘分布律 设二维离散型随机变量(X,Y)的分布律为 $P\{X = x_i, Y = y_j\} = p_{ij}(i,j = 1,2,\cdots)$,显然 X 与 Y 都是一维离散型随机变量,都有自己的概率分布

$$p_{i.} = P\{X = x_i\}, \quad i = 1,2,\cdots, \qquad p_{.j} = P\{Y = y_j\}, \quad j = 1,2,\cdots$$

相对于(X,Y)的概率分布,分别称 X,Y 各自的概率分布为(X,Y)关于 X 和关于 Y 的边缘概率分布或边缘分布律. 且有

$$p_{i.} = P\{X = x_i\} = P\{X = x_i, Y < +\infty\} = \sum_{j=1}^{\infty} p_{ij}, \quad i = 1,2,\cdots,$$

$$p_{.j} = P\{Y = y_j\} = P\{X < +\infty, Y = y_j\} = \sum_{i=1}^{\infty} p_{ij}, \quad j = 1,2,\cdots$$

注 已知联合概率分布,可确定其边缘概率分布,但其逆不真.

边缘分布律的性质

(1) 非负性 $p_{i.} \geqslant 0, i = 1,2,\cdots; \ p_{.j} \geqslant 0, j = 1,2,\cdots;$

(2) 规范性 $\displaystyle\sum_{i=1}^{\infty} p_{i.} = \sum_{i=1}^{\infty}\sum_{j=1}^{\infty} p_{ij} = 1; \ \sum_{j=1}^{\infty} p_{.j} = \sum_{j=1}^{\infty}\sum_{i=1}^{\infty} p_{ij} = 1.$

注 $\displaystyle F_X(x) = P\{X \leqslant x\} = \sum_{x_i \leqslant x}\sum_{j=1}^{\infty} P\{X = x_i, Y = y_j\}, \quad \forall x \in \mathbb{R};$

$$F_Y(y) = P\{Y \leqslant y\} = \sum_{y_j \leqslant y}\sum_{i=1}^{\infty} P\{X = x_i, Y = y_j\}, \quad \forall y \in \mathbb{R}.$$

二维连续型随机变量(X,Y)关于 X 和关于 Y 的边缘概率密度函数 设二维连续型随机变量(X,Y)的概率密度函数为 $f(x,y)$,可以证明此时 X 和 Y 都是一维连续型随机变量. 都有自己的概率密度函数 $f_X(x), f_Y(y)$,相对于 $f(x,y)$,分别称 $f_X(x), f_Y(y)$ 为(X,Y)关于 X 和关于 Y 的边缘概率密度函数,简称边缘概率密度. 这是因为

$$F_X(x) = P\{X \leqslant x\} = P\{X \leqslant x, Y < +\infty\} = \int_{-\infty}^{x} \mathrm{d}x \int_{-\infty}^{+\infty} f(x,y)\mathrm{d}y, \quad \forall x \in \mathbb{R},$$

$$F_Y(y) = P\{Y \leqslant y\} = P\{X < +\infty, Y \leqslant y\} = \int_{-\infty}^{y} \mathrm{d}y \int_{-\infty}^{+\infty} f(x,y)\mathrm{d}x, \quad \forall y \in \mathbb{R},$$

上式表明 X 和 Y 都是连续型随机变量,且有

$$f_X(x) = \int_{-\infty}^{+\infty} f(x,y)\mathrm{d}y, \quad -\infty < x < +\infty,$$

$$f_Y(y) = \int_{-\infty}^{+\infty} f(x,y)\mathrm{d}x, \quad -\infty < y < +\infty.$$

边缘概率密度函数的性质

(1) 非负性 $f_X(x) \geqslant 0, -\infty < x < +\infty, f_Y(y) \geqslant 0, -\infty < y < +\infty;$

(2) 规范性 $\displaystyle\int_{-\infty}^{+\infty} f_X(x)\mathrm{d}x = \int_{-\infty}^{+\infty}\int_{-\infty}^{+\infty} f(x,y)\mathrm{d}y\mathrm{d}x = 1,$

$$\int_{-\infty}^{+\infty} f_Y(y)\mathrm{d}y = \int_{-\infty}^{+\infty}\int_{-\infty}^{+\infty} f(x,y)\mathrm{d}x\mathrm{d}y = 1.$$

注 $\displaystyle F_X(x) = \int_{-\infty}^{x} f_X(s)\mathrm{d}s = \int_{-\infty}^{x} \mathrm{d}s \int_{-\infty}^{+\infty} f(s,t)\mathrm{d}t, \quad \forall x \in \mathbb{R};$

$$F_Y(y) = \int_{-\infty}^{y} f_Y(t)\mathrm{d}t = \int_{-\infty}^{y} \mathrm{d}t \int_{-\infty}^{+\infty} f(s,t)\mathrm{d}s, \quad \forall y \in \mathbb{R}.$$

三项分布的边缘分布 设二维随机变量 (X,Y) 服从三项分布 $T(n,p_1,p_2)$，其概率分布为

$$P\{X=k_1, Y=k_2\} = \frac{n!}{k_1! k_2! (n-k_1-k_2)!} p_1^{k_1} p_2^{k_2} (1-p_1-p_2)^{n-k_1-k_2},$$

其中 $0<p_i<1(i=1,2)$，整数 $k_j \geqslant 0(j=1,2)$，$k_1+k_2=0,1,2,\cdots,n$，则

$$P\{X=k_1\} = \sum_{k_2=0}^{n-k_1} P\{X=k_1, Y=k_2\} = C_n^{k_1} p_1^{k_1} \sum_{k_2=0}^{n-k_1} C_{n-k_1}^{k_2} p_2^{k_2} (1-p_1-p_2)^{n-k_1-k_2}$$

$$= C_n^{k_1} p_1^{k_1} [p_2 + (1-p_1-p_2)]^{n-k_1} = C_n^{k_1} p_1^{k_1} (1-p_1)^{n-k_1}, \quad k_1=0,1,2,\cdots,n,$$

即 $X \sim B(n,p_1)$. 同理 $Y \sim B(n,p_2)$.

关于 X 和关于 Y 的边缘分布也可依问题的背景直接得出.

二维超几何分布的边缘分布 设 (X,Y) 服从二维超几何分布 $H(n,N_1,N_2,N)$，其概率分布为

$$P\{X=k_1, Y=k_2\} = \frac{C_{N_1}^{k_1} C_{N_2}^{k_2} C_{N-N_1-N_2}^{n-k_1-k_2}}{C_N^n},$$

其中整数 $k_j \geqslant 0(j=1,2)$，$k_1+k_2=0,1,2,\cdots,n$，则

$$P\{X=k_1\} = \sum_{k_2=0}^{n-k_1} P\{X=k_1, Y=k_2\} = \frac{C_{N_1}^{k_1}}{C_N^n} \sum_{k_2=0}^{n-k_1} C_{N_2}^{k_2} C_{N-N_1-N_2}^{n-k_1-k_2} = \frac{C_{N_1}^{k_1} C_{N-N_1}^{n-k_1}}{C_N^n},$$

$$k_1=0,1,2,\cdots,n,$$

即 X 服从超几何分布 $H(n,N_1,N)$. 或者依问题的背景直接得 X 的边缘分布. 同理 Y 服从超几何分布 $H(n,N_2,N)$.

二维均匀分布的边缘分布 设 (X,Y) 在平面有界区域 D 上服从二维均匀分布,则其边缘分布未必服从均匀分布. 例如:

(1) 设 (X,Y) 在矩形区域 $D=\{(x,y) \mid a \leqslant x \leqslant b, c \leqslant y \leqslant d\}$ 上服从均匀分布,其概率密度函数为

$$f(x,y) = \begin{cases} \dfrac{1}{(b-a)(d-c)}, & a<x<b, c<y<d, \\ 0, & \text{其他}, \end{cases}$$

则

$$f_X(x) = \begin{cases} \dfrac{1}{b-a}, & a<x<b, \\ 0, & \text{其他}, \end{cases} \qquad f_Y(y) = \begin{cases} \dfrac{1}{d-c}, & c<y<d, \\ 0, & \text{其他}, \end{cases}$$

显然 $X \sim U(a,b), Y \sim U(c,d)$.

(2) 设 (X,Y) 在圆域 $D=\{(x,y) \mid x^2+y^2 \leqslant 1\}$ 上服从均匀分布,其概率密度函数为

$$f(x,y) = \begin{cases} \dfrac{1}{\pi}, & x^2+y^2 \leqslant 1, \\ 0, & \text{其他}, \end{cases}$$

则

$$f_X(x) = \begin{cases} \dfrac{2}{\pi}\sqrt{1-x^2}, & -1 < x < 1, \\ 0, & \text{其他}, \end{cases} \qquad f_Y(y) = \begin{cases} \dfrac{2}{\pi}\sqrt{1-y^2}, & -1 < y < 1, \\ 0, & \text{其他}, \end{cases}$$

显然 X 不服从均匀分布, Y 也不服从均匀分布.

二维正态分布的边缘分布 设 (X,Y) 服从二维正态分布 $N(\mu_1,\mu_2,\sigma_1^2,\sigma_2^2,\rho)$, 则

$$X \sim N(\mu_1,\sigma_1^2), \quad Y \sim N(\mu_2,\sigma_2^2),$$

即 X 和 Y 都服从正态分布.

注 对于 $\forall \rho \in (-1,1)$, $N(\mu_1,\mu_2,\sigma_1^2,\sigma_2^2,\rho)$ 的边缘分布同为正态分布:

$$X \sim N(\mu_1,\sigma_1^2), \quad Y \sim N(\mu_2,\sigma_2^2).$$

所以边缘分布不能确定联合分布.

n 维随机变量 $(X_1,X_2,\cdots,X_n)$ 关于其变量的边缘分布函数 设 n 维随机变量 $(X_1, X_2,\cdots,X_n)$ 的分布函数为 $F(x_1,x_2,\cdots,x_n)$, 则 $(X_1,X_2,\cdots,X_n)$ 关于 X_k 的边缘分布函数为

$$F_{X_k}(x_k) = F(+\infty,\cdots,+\infty,x_k,+\infty,\cdots,+\infty), \quad \forall x_k \in \mathbb{R}.$$

$(X_1,X_2,\cdots,X_n)$ 关于 (X_k,X_j) 的边缘分布函数为

$$F_{(X_k,X_j)}(x_k,x_j) = F(+\infty,\cdots,+\infty,x_k,+\infty,\cdots,+\infty,x_j,+\infty,\cdots,+\infty),$$

$$\forall x_k, x_j \in \mathbb{R}.$$

其他边缘分布函数同理可得.

n 维离散型随机变量 $(X_1,X_2,\cdots,X_n)$ 关于其变量的边缘概率分布 设 n 维随机变量 $(X_1,X_2,\cdots,X_n)$ 的概率分布为

$$P\{X_1 = x_{i_1}^{(1)}, X_2 = x_{i_2}^{(2)}, \cdots, X_n = x_{i_n}^{(n)}\} = p_{i_1 i_2 \cdots i_n}, \quad i_1, i_2, \cdots, i_n = 1, 2, \cdots,$$

则 $(X_1,X_2,\cdots,X_n)$ 关于 X_k 的边缘概率分布为

$$P\{X_k = x_{i_k}^{(k)}\} = P\{X_1 < +\infty, \cdots, X_{k-1} < +\infty, X_k = x_{i_k}^{(k)}, X_{k+1} < +\infty, \cdots, X_n < +\infty\}$$

$$= \sum_{i_1} \cdots \sum_{i_{k-1}} \sum_{i_{k+1}} \cdots \sum_{i_n} P\{X_1 = x_{i_1}^{(1)}, \cdots, X_{k-1} = x_{i_{k-1}}^{(k-1)}, X_k = x_{i_k}^{(k)},$$

$$X_{k+1} = x_{i_{k+1}}^{(k+1)}, \cdots, X_n = x_{i_n}^{(n)}\}, \quad i_k = 1, 2, \cdots.$$

$(X_1,X_2,\cdots,X_n)$ 关于 (X_k,X_j) 的边缘概率分布为

$$P\{X_k = x_{i_k}^{(k)}, X_j = x_{i_j}^{(j)}\} = P\{X_1 < +\infty, \cdots, X_{k-1} < +\infty, X_k = x_{i_k}^{(k)}, X_{k+1} < +\infty,$$

$$\cdots, X_{j-1} < +\infty, X_j = x_{i_j}^{(j)}, X_{j+1} < +\infty, \cdots, X_n < +\infty\}$$

$$= \sum_{i_1} \cdots \sum_{i_{k-1}} \sum_{i_{k+1}} \cdots \sum_{i_{j-1}} \sum_{i_{j+1}} \cdots \sum_{i_n} P\{X_1 = x_{i_1}^{(1)}, \cdots,$$

$$X_{k-1} = x_{i_{k-1}}^{(k-1)}, X_k = x_{i_k}^{(k)}, X_{k+1} = x_{i_{k+1}}^{(k+1)}, \cdots, X_{j-1} = x_{i_{j-1}}^{(j-1)},$$

$$X_j = x_{i_j}^{(j)}, X_{j+1} = x_{i_{j+1}}^{(j+1)}, \cdots, X_n = x_{i_n}^{(n)}\},$$

$$i_k, i_j = 1, 2, \cdots.$$

其他边缘概率分布同理可得.

n 维连续型随机变量 $(X_1,X_2,\cdots,X_n)$ 关于其变量的边缘概率密度函数 设 n 维随机变量 $(X_1,X_2,\cdots,X_n)$ 的概率密度函数为 $f(x_1,x_2,,\cdots,x_n)$, 则 $(X_1,X_2,\cdots,X_n)$ 关于 X_k 的边缘概率密度函数为

$$f_{X_k}(x_k)=\int_{-\infty}^{+\infty}\int_{-\infty}^{+\infty}\cdots\int_{-\infty}^{+\infty}f(x_1,x_2,\cdots,x_n)\mathrm{d}x_n\cdots\mathrm{d}x_{k+1}\mathrm{d}x_{k-1}\cdots\mathrm{d}x_1,\quad-\infty<x_k<+\infty.$$

$(X_1,X_2,\cdots,X_n)$关于(X_k,X_j)的边缘概率密度函数为

$$f_{(X_k,X_j)}(x_k,x_j)=\int_{-\infty}^{+\infty}\int_{-\infty}^{+\infty}\cdots\int_{-\infty}^{+\infty}f(x_1,x_2,\cdots,x_n)\mathrm{d}x_n\cdots\mathrm{d}x_{j+1}\mathrm{d}x_{j-1}\cdots\mathrm{d}x_{k+1}\mathrm{d}x_{k-1}\cdots\mathrm{d}x_1,$$

$-\infty<x_k,x_j<+\infty.$

其他边缘概率密度函数同理可得.

二、典型例题

例 3.4.1 设二维随机变量(X,Y)的分布函数为

$$F(x,y)=\frac{1}{\pi^2}\left(\frac{\pi}{2}+\arctan\frac{x}{3}\right)\left(\frac{\pi}{2}+\arctan\frac{y}{2}\right),\quad\forall x,y\in\mathbb{R},$$

求(X,Y)关于X和关于Y的边缘分布函数$F_X(x),F_Y(y)$及边缘概率密度函数$f_X(x),f_Y(y).$

分析 对任意$x,y\in\mathbb{R}$,有

$F_X(x)=F(x,+\infty),\quad F_Y(y)=F(+\infty,y);\quad f_X(x)=[F_X(x)]',\quad f_Y(y)=[F_Y(y)]'.$

解 (1) 依边缘分布函数的定义,有

$$F_X(x)=F(x,+\infty)=\frac{1}{\pi^2}\left(\frac{\pi}{2}+\arctan\frac{x}{3}\right)\lim_{y\to+\infty}\left(\frac{\pi}{2}+\arctan\frac{y}{2}\right)$$

$$=\frac{1}{\pi}\left(\frac{\pi}{2}+\arctan\frac{x}{3}\right),\quad\forall x\in\mathbb{R},$$

$$F_Y(y)=F(+\infty,y)=\frac{1}{\pi^2}\left(\frac{\pi}{2}+\arctan\frac{y}{2}\right)\lim_{x\to+\infty}\left(\frac{\pi}{2}+\arctan\frac{x}{3}\right)$$

$$=\frac{1}{\pi}\left(\frac{\pi}{2}+\arctan\frac{y}{2}\right),\quad\forall y\in\mathbb{R}.$$

(2) 依概率密度函数的性质,有

$$f_X(x)=[F_X(x)]'=\frac{3}{\pi(9+x^2)},\quad-\infty<x<+\infty,$$

$$f_Y(y)=[F_Y(y)]'=\frac{2}{\pi(4+y^2)},\quad-\infty<y<+\infty.$$

或者先求(X,Y)的概率密度函数

$$f(x,y)=\frac{\partial^2 F(x,y)}{\partial x\partial y}=\frac{6}{\pi^2(9+x^2)(4+y^2)},\quad-\infty<x,y<+\infty.$$

再依边缘概率密度函数的定义,有

$$f_X(x)=\int_{-\infty}^{+\infty}f(x,y)\mathrm{d}y=\frac{3}{\pi^2(9+x^2)}\int_{-\infty}^{+\infty}\frac{1}{1+\left(\frac{y}{2}\right)^2}\mathrm{d}\left(\frac{y}{2}\right)$$

$$=\frac{3}{\pi^2(9+x^2)}\left(\arctan\frac{y}{2}\right)\Big|_{-\infty}^{+\infty}=\frac{3}{\pi(9+x^2)},\quad-\infty<x<+\infty,$$

$$f_Y(y)=\int_{-\infty}^{+\infty}f(x,y)\mathrm{d}x=\frac{2}{\pi^2(4+y^2)}\int_{-\infty}^{+\infty}\frac{1}{1+\left(\frac{x}{3}\right)^2}\mathrm{d}\left(\frac{x}{3}\right)$$

$$= \frac{2}{\pi^2(4+y^2)}\left(\arctan\frac{x}{3}\right)_{-\infty}^{+\infty} = \frac{2}{\pi(4+y^2)}, \quad -\infty < y < +\infty.$$

注 两种方法：$F(x,y) \Rightarrow F_X(x) \Rightarrow f_X(x)$，或者 $F(x,y) \Rightarrow f(x,y) \Rightarrow f_X(x)$；

$F(x,y) \Rightarrow F_Y(y) \Rightarrow f_Y(y)$，或者 $F(x,y) \Rightarrow f(x,y) \Rightarrow f_Y(y)$.

评 在本例中，$f(x,y)=f_X(x)f_Y(y)$，$-\infty < x,y < +\infty$，表明边缘分布有时也可确定联合分布.

例 3.4.2 将两个不同的小球随机地放入 3 个带有编号 1,2,3 的盒子中，每盒至多可容两球，以 X 表示放有小球的盒子的最小编号，以 Y 表示空盒的个数，求二维随机变量 (X,Y) 的分布律及其关于 X 和关于 Y 的边缘分布律.

分析 依题设确定 (X,Y) 的所有可能取值点，依古典概率的计算公式求 (X,Y) 落在各点的概率，再依联合分布律求边缘分布律.

解 依题设，(X,Y) 的所有可能取值点为 $(1,1),(1,2),(2,1),(2,2),(3,2)$，样本点总数为 3^2，事件 $\{X=1,Y=1\}$ 表示 1 号盒和 2 号盒各有一球，或 1 号盒和 3 号盒各有一球，共有 4 种放法，故 $P\{X=1,Y=1\}=\frac{2+2}{3^2}=\frac{4}{9}$；事件 $\{X=1,Y=2\}$ 表示 1 号盒有 2 个球，共有 1 种放法，于是 $P\{X=1,Y=2\}=\frac{1}{3^2}=\frac{1}{9}$；事件 $\{X=2,Y=1\}$ 表示 2 号盒、3 号盒各有一球，共有 2 种放法，于是 $P\{X=2,Y=1\}=\frac{2}{3^2}=\frac{2}{9}$；其他情形同理可得.

于是 (X,Y) 的概率分布及其关于 X 和关于 Y 的边缘分布分别为

X \ Y	1	2	3	$P\{Y=y_j\}$
1	4/9	2/9	0	2/3
2	1/9	1/9	1/9	1/3
$P\{X=x_i\}$	5/9	3/9	1/9	1

注 $\{X=3,Y=1\}=\varnothing$.

评 上表中右下角的"1"体现联合分布律和两个边缘分布律的规范性. 已知 (X,Y) 的分布律，可依横向、纵向分别取和求得关于 X 和关于 Y 的边缘分布律.

例 3.4.3 已知随机变量 X_1 和 X_2 的分布律分别为

X_1	-1	0	1
P	1/4	1/2	1/4

X_2	0	1
P	1/2	1/2

且 $P\{X_1 X_2=0\}=1$，求二维随机变量 (X_1,X_2) 的分布律. 　　　　**【1999 研数四】**

分析 依题设，$P\{X_1 X_2=0\}=1$，则 $P\{X_1 X_2\neq 0\}=1-P\{X_1 X_2=0\}=0$，再依联合分布律和边缘分布律的关系求 (X_1,X_2) 的分布律.

解 (X_1,X_2) 所有可能的取值点为 $(-1,0),(-1,1),(0,0),(0,1),(1,0),(1,1)$，依题设，$P\{X_1 X_2\neq 0\}=1-P\{X_1 X_2=0\}=0$，即

$$P\{X_1=-1,X_2=1\}=0, \quad P\{X_1=1,X_2=1\}=0.$$

又设 $P\{X_1=-1,X_2=0\}=p_{11}$，$P\{X_1=0,X_2=0\}=p_{12}$，$P\{X_1=1,X_2=0\}=p_{13}$，$P\{X_1=0,X_2=1\}=p_{22}$，则有分布律

X_2＼X_1	-1	0	1	$P\{X_2=x_j\}$
0	p_{11}	p_{12}	p_{13}	1/2
1	0	p_{22}	0	1/2
$P\{X_1=x_i\}$	1/4	1/2	1/4	1

依联合分布律与边缘分布律的关系，有

$$p_{11}=\frac{1}{4},\quad p_{13}=\frac{1}{4},\quad p_{22}=\frac{1}{2},\quad \text{于是 } p_{12}=\frac{1}{2}-\frac{1}{2}=0,$$

因此 (X_1,X_2) 的分布律为

X_2＼X_1	-1	0	1
0	1/4	0	1/4
1	0	1/2	0

注　$\overline{\{X_1X_2=0\}}=\{X_1X_2\neq 0\}=\{X_1=-1,X_2=1\}\bigcup\{X_1=1,X_2=1\}$.

评　已知 X_1 和 X_2 的边缘分布及条件 $P\{X_1X_2=0\}=1$，可知 X_1 和 X_2 的联合分布.

议　一般地，边缘分布是不能确定联合分布的. 但是如果再已知其他附加条件，有可能确定其联合分布.

例 3.4.4　设二维随机变量 (X,Y) 的概率密度函数为

$$f(x,y)=\begin{cases} A\mathrm{e}^{-Ay}, & 0<x<y, \\ 0, & \text{其他.} \end{cases}$$

求：(1) 常数 A；(2) 边缘概率密度函数 $f_X(x)$，$f_Y(y)$；(3) 概率 $P\{X+Y\leqslant 2\}$ 及 $P\{X+Y\leqslant 2\,|\,Y\geqslant 1\}$.

分析　(1) 依规范性 $\int_{-\infty}^{+\infty}\int_{-\infty}^{+\infty}f(x,y)\mathrm{d}x\,\mathrm{d}y=1$ 求 A；(2) $f_X(x)=\int_{-\infty}^{+\infty}f(x,y)\mathrm{d}y$，$f_Y(y)=\int_{-\infty}^{+\infty}f(x,y)\mathrm{d}x$；(3) 依概率密度函数的性质求 $P\{(X,Y)\in D\}=\iint\limits_{D}f(x,y)\mathrm{d}x\,\mathrm{d}y$.

解　(1) 如图 3-7(a) 所示，依规范性，$A>0$，且

$$1=\int_{-\infty}^{+\infty}\int_{-\infty}^{+\infty}f(x,y)\mathrm{d}x\,\mathrm{d}y=A\int_{0}^{+\infty}\mathrm{e}^{-Ay}\mathrm{d}y\int_{0}^{y}\mathrm{d}x=A\int_{0}^{+\infty}y\mathrm{e}^{-Ay}\mathrm{d}y$$

$$=-\left(y\mathrm{e}^{-Ay}+\frac{1}{A}\mathrm{e}^{-Ay}\right)\Big|_{0}^{+\infty}=\frac{1}{A},$$

解之得 $A=1$.

(2) 如图 3-7(a) 所示，依边缘概率密度函数的定义，有

$$f_X(x)=\int_{-\infty}^{+\infty}f(x,y)\mathrm{d}y=\begin{cases}\int_{x}^{+\infty}\mathrm{e}^{-y}\mathrm{d}y=(-\mathrm{e}^{-y})\big|_{x}^{+\infty}=\mathrm{e}^{-x}, & x>0, \\ 0, & x\leqslant 0,\end{cases}$$

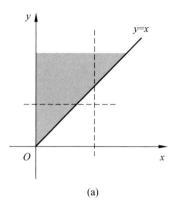
(a)

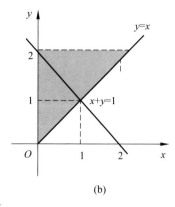
(b)

图 3-7

$$f_Y(y) = \int_{-\infty}^{+\infty} f(x,y)\,\mathrm{d}x = \begin{cases} \int_0^y \mathrm{e}^{-y}\,\mathrm{d}x = \mathrm{e}^{-y}(x)\,_0^y = y\mathrm{e}^{-y}, & y > 0, \\ 0, & y \leqslant 0. \end{cases}$$

(3) 如图 3-7(b)所示,依概率密度函数的性质,有

$$P\{X+Y \leqslant 2\} = \iint\limits_{x+y \leqslant 2} f(x,y)\,\mathrm{d}x\,\mathrm{d}y = \int_0^1 \mathrm{d}x \int_x^{2-x} \mathrm{e}^{-y}\,\mathrm{d}y$$

$$= \int_0^1 (\mathrm{e}^{-x} - \mathrm{e}^{-2+x})\,\mathrm{d}x = 1 - 2\mathrm{e}^{-1} + \mathrm{e}^{-2}.$$

$$P\{X+Y \leqslant 2 \mid Y \geqslant 1\} = \frac{P\{X+Y \leqslant 2, Y \geqslant 1\}}{P\{Y \geqslant 1\}} = \frac{\displaystyle\int_0^1 \mathrm{d}x \int_1^{2-x} \mathrm{e}^{-y}\,\mathrm{d}y}{\displaystyle\int_1^{+\infty} y\mathrm{e}^{-y}\,\mathrm{d}y}$$

$$= \frac{\displaystyle\int_0^1 (\mathrm{e}^{-1} - \mathrm{e}^{-2+x})\,\mathrm{d}x}{-(y\mathrm{e}^{-y} + \mathrm{e}^{-y})\,_1^{+\infty}} = \frac{\mathrm{e}^{-2}}{2\mathrm{e}^{-1}} = \frac{1}{2}\mathrm{e}^{-1}.$$

注 (1) 求 $P\{Y \geqslant 1\}$ 的两种方法:$P\{Y \geqslant 1\} = \int_1^{+\infty} f_Y(y)\,\mathrm{d}y$,

$$P\{Y \geqslant 1\} = \iint\limits_{-\infty < x < +\infty, y \geqslant 1} f(x,y)\,\mathrm{d}y\,\mathrm{d}x = \int_1^{+\infty} \mathrm{d}y \int_{-\infty}^{+\infty} f(x,y)\,\mathrm{d}x.$$

(2) 由一点判别法,$x+y \leqslant 2$ 是指直线 $x+y=2$ 的左下方.

评 求积分时,辅以图形会有助于分析和确定积分的上限和下限.

习题 3-4

1. 设二维随机变量 (X,Y) 的分布函数为

$$F(x,y) = \begin{cases} 1 - \mathrm{e}^{-0.5x} - \mathrm{e}^{-0.5y} + \mathrm{e}^{-0.5(x+y)}, & x > 0, y > 0, \\ 0, & \text{其他}, \end{cases}$$

求 (X,Y) 关于 X 和关于 Y 的边缘分布函数及边缘概率密度函数.

2. 设随机变量 X 和 Y 的概率分布分别为

X	-1	0	1
P	1/4	1/4	1/2

Y	-1	0	1
P	5/12	1/4	1/3

且 $P\{X<Y\}=0, P\{X>Y\}=\dfrac{1}{4}$，求二维随机变量 (X,Y) 的分布律.

3. 设二维随机变量 (X,Y) 的概率密度函数为

$$f(x,y)=\begin{cases}3y, & 0<x<2, 0<y<\dfrac{x}{2},\\ 0, & \text{其他}.\end{cases}$$

求：(1) (X,Y) 关于 X 和关于 Y 的边缘概率密度函数；

(2) 概率 $P\{X+Y\leqslant 2\}$ 和条件概率 $P\left\{X+Y\leqslant 2 \mid X\geqslant\dfrac{4}{3}\right\}$.

4. 设二维随机变量 (X,Y) 的概率密度函数为

$$f(x,y)=\begin{cases}1, & 0<x<1, 0<y<2x,\\ 0, & \text{其他}.\end{cases}$$

求：(1) (X,Y) 关于 X 和关于 Y 的边缘概率密度函数；(2) 条件概率 $P\left\{Y\leqslant 1 \mid X\leqslant\dfrac{2}{3}\right\}$.

3.5　条件分布

一、内容要点与评注

二维随机变量 (X,Y)，在 $X=x$ 条件下 Y 的条件分布函数（或 $Y=y$ 条件下 X 的条件分布函数）　任意给定 x，若 $P\{X=x\}>0$ 时，记条件概率为

$$F_{Y|X}(y\mid x)=P\{Y\leqslant y\mid X=x\}, \quad \forall y\in\mathbb{R},$$

称上式为在 $X=x$ 条件下 Y 的**条件分布函数**.

同理，任意给定 y，若 $P\{Y=y\}>0$，记条件概率为

$$F_{X|Y}(x\mid y)=P\{X\leqslant x\mid Y=y\}, \quad \forall x\in\mathbb{R},$$

称上式为在 $Y=y$ 条件下 X 的**条件分布函数**.

设 (X,Y) 为二维连续型随机变量. 给定 x，若对任意 $\varepsilon>0$，有 $P\{x-\varepsilon<X\leqslant x+\varepsilon\}>0$，且 $\forall y\in\mathbb{R}$，极限 $\lim\limits_{\varepsilon\to 0^+}P\{Y\leqslant y\mid x-\varepsilon<X\leqslant x+\varepsilon\}$ 存在，记

$$F_{Y|X}(y\mid x)=P\{Y\leqslant y\mid X=x\}=\lim\limits_{\varepsilon\to 0^+}P\{Y\leqslant y\mid x-\varepsilon<X\leqslant x+\varepsilon\}, \quad \forall y\in\mathbb{R},$$

则称上式为在 $X=x$ 条件下 Y 的**条件分布函数**.

同理，任意给定 y，若对任意 $\varepsilon>0$，有 $P\{y-\varepsilon<Y\leqslant y+\varepsilon\}>0$，且 $\forall x\in\mathbb{R}$，极限 $\lim\limits_{\varepsilon\to 0^+}P\{X\leqslant x\mid y-\varepsilon<Y\leqslant y+\varepsilon\}$ 存在，记

$$F_{X|Y}(x\mid y)=P\{X\leqslant x\mid Y=y\}=\lim\limits_{\varepsilon\to 0^+}P\{X\leqslant x\mid y-\varepsilon\leqslant Y\leqslant y+\varepsilon\}, \quad \forall x\in\mathbb{R},$$

则称上式为在 $Y=y$ 条件下 X 的**条件分布函数**.

注　$F_{X|Y}(x|y)$ 和 $F_{Y|X}(y|x)$ 都是一元函数.

二维离散型随机变量(X,Y),在$X=x$条件下Y的条件分布律(或$Y=y$条件下X的条件分布律) 设(X,Y)的分布律为$P\{X=x_i,Y=y_j\}=p_{ij}(i,j=1,2,\cdots)$.对于固定$x_i$,如果$P\{X=x_i\}>0$,则称

$$P\{Y=y_j\,|\,X=x_i\}=\frac{P\{X=x_i,Y=y_j\}}{P\{X=x_i\}}=\frac{p_{ij}}{p_{i\cdot}},\quad j=1,2,\cdots$$

为在$X=x_i$条件下Y的条件分布律;对于固定y_j,如果$P\{Y=y_j\}>0$,则称

$$P\{X=x_i\,|\,Y=y_j\}=\frac{P\{X=x_i,Y=y_j\}}{P\{Y=y_j\}}=\frac{p_{ij}}{p_{\cdot j}},\quad i=1,2,\cdots$$

为在$Y=y_j$条件下X的条件分布律.

条件分布律的性质 设(X,Y)的分布律为$P\{X=x_i,Y=y_j\}=p_{ij}(i,j=1,2,\cdots)$,且对于给定的$x_i,y_j,P\{X=x_i\}>0,P\{Y=y_j\}>0$,则

$$P\{Y=y_j\,|\,X=x_i\}\geqslant 0,\text{且}\sum_{j=1}^{\infty}P\{Y=y_j\,|\,X=x_i\}=\sum_{j=1}^{\infty}\frac{p_{ij}}{p_{i\cdot}}=\frac{1}{p_{i\cdot}}\sum_{j=1}^{\infty}p_{ij}=1;$$

$$P\{X=x_i\,|\,Y=y_j\}\geqslant 0,\text{且}\sum_{i=1}^{\infty}P\{X=x_i\,|\,Y=y_j\}=\sum_{i=1}^{\infty}\frac{p_{ij}}{p_{\cdot j}}=\frac{1}{p_{\cdot j}}\sum_{i=1}^{\infty}p_{ij}=1.$$

注 在$X=x_i$条件下Y的条件分布函数为

$$F_{Y|X}(y\,|\,x_i)=P\{Y\leqslant y\,|\,X=x_i\}=\sum_{y_j\leqslant y}P\{Y=y_j\,|\,X=x_i\},\quad\forall y\in\mathbb{R},$$

在$Y=y_j$条件下X的条件分布函数为

$$F_{X|Y}(x\,|\,y_j)=P\{X\leqslant x\,|\,Y=y_j\}=\sum_{x_i\leqslant x}P\{X=x_i\,|\,Y=y_j\},\quad\forall x\in\mathbb{R}.$$

二维连续型随机变量(X,Y),在$X=x$条件下Y的条件概率密度函数(或在$Y=y$条件下X的条件概率密度函数) 设(X,Y)的概率密度函数及其关于X和关于Y的边缘概率密度函数分别为$f(x,y),f_X(x),f_Y(y)$,对于固定的x,如果$f_X(x)>0$,则称

$$f_{Y|X}(y\,|\,x)=\frac{f(x,y)}{f_X(x)},\quad\forall y\in\mathbb{R}$$

为在$X=x$条件下Y的条件概率密度函数;对于固定的y,如果$f_Y(y)>0$,则称

$$f_{X|Y}(x\,|\,y)=\frac{f(x,y)}{f_Y(y)},\quad\forall x\in\mathbb{R}$$

为在$Y=y$条件下X的条件概率密度函数.

注 $f_{Y|X}(y\,|\,x)$和$f_{X|Y}(x\,|\,y)$都是一元函数.

条件概率密度函数的性质 设(X,Y)的概率密度函数为$f(x,y)$,且对于给定的x,y,$f_X(x)>0,f_Y(y)>0$,则

$$f_{Y|X}(y\,|\,x)\geqslant 0,\text{且}\int_{-\infty}^{+\infty}f_{Y|X}(y\,|\,x)\,\mathrm{d}y=\frac{1}{f_X(x)}\int_{-\infty}^{+\infty}f(x,y)\,\mathrm{d}y=1;$$

$$f_{X|Y}(x\,|\,y)\geqslant 0,\text{且}\int_{-\infty}^{+\infty}f_{X|Y}(x\,|\,y)\,\mathrm{d}x=\frac{1}{f_Y(y)}\int_{-\infty}^{+\infty}f(x,y)\,\mathrm{d}x=1.$$

注 在$X=x$条件下Y的条件分布函数为

$$F_{Y|X}(y\,|\,x)=P\{Y\leqslant y\,|\,X=x\}=\int_{-\infty}^{y}f_{Y|X}(t\,|\,x)\,\mathrm{d}t,\quad\forall y\in\mathbb{R}.$$

在$Y=y$条件下X的条件分布函数为

$$F_{X|Y}(x|y) = P\{X \leqslant x | Y = y\} = \int_{-\infty}^{x} f_{X|Y}(s|y)\,\mathrm{d}s, \quad \forall x \in \mathbb{R}.$$

二维正态分布的条件分布 设 (X,Y) 服从二维正态分布 $N(\mu_1, \mu_2, \sigma_1^2, \sigma_2^2, \rho)$,则:

在 $Y = y$ 的条件下,X 服从正态分布 $N\left(\mu_1 + \rho\dfrac{\sigma_1}{\sigma_2}(y - \mu_2), \sigma_1^2(1-\rho^2)\right)$,

在 $X = x$ 的条件下,Y 服从正态分布 $N\left(\mu_2 + \rho\dfrac{\sigma_2}{\sigma_1}(x - \mu_1), \sigma_2^2(1-\rho^2)\right)$.

二、典型例题

例 3.5.1 盒子里装有 3 只黑球、2 只红球、2 只白球,在其中任取 4 只球,以 X,Y 分别表示取到的黑球只数和红球只数,求:

(1) X 和 Y 的联合分布律及其关于 X 和关于 Y 的边缘分布律;

(2) 在 $Y = 1$ 的条件下,X 的条件分布律;

(3) 概率 $P\{Y = 2X\}$ 和 $P\{X < 3 - Y\}$.

分析 (1) 依题设求 (X,Y) 的分布律及边缘分布律; (2) $P\{X = x_k | Y = 1\} = \dfrac{P\{X = x_k, Y = 1\}}{P\{Y = 1\}}$;(3) 依联合分布律求概率.

解 (1) 依题设,(X,Y) 服从二维超几何分布,其分布律为

$$P\{X = i, Y = j\} = \frac{C_3^i C_2^j C_2^{4-i-j}}{C_7^4}, \quad i = 0,1,2,3;\ j = 0,1,2;\ 2 \leqslant i + j \leqslant 4.$$

于是 $P\{X = 0, Y = 0\} = P(\varnothing) = 0$,$P\{X = 0, Y = 1\} = P(\varnothing) = 0$,

$$P\{X = 0, Y = 2\} = \frac{C_3^0 C_2^2 C_2^2}{C_7^4} = \frac{1}{35}, \quad P\{X = 1, Y = 0\} = P(\varnothing) = 0,$$

$$P\{X = 1, Y = 1\} = \frac{C_3^1 C_2^1 C_2^2}{C_7^4} = \frac{6}{35}, \quad P\{X = 1, Y = 2\} = \frac{C_3^1 C_2^2 C_2^1}{C_7^4} = \frac{6}{35}.$$

其他点的概率同理可得.于是 (X,Y) 的分布律及其关于 X 及关于 Y 的边缘分布律为

Y \ X	0	1	2	3	$P\{Y = y_j\}$
0	0	0	3/35	2/35	5/35
1	0	6/35	12/35	2/35	20/35
2	1/35	6/35	3/35	0	10/35
$P\{X = x_i\}$	1/35	12/35	18/35	4/35	1

(2) $P\{Y = 1\} = \dfrac{20}{35} > 0$,依条件概率的定义,有

$$P\{X = 1 | Y = 1\} = \frac{P\{X = 1, Y = 1\}}{P\{Y = 1\}} = \frac{\dfrac{6}{35}}{\dfrac{20}{35}} = \frac{3}{10},$$

$$P\{X=2 \mid Y=1\}=\frac{P\{X=2,Y=1\}}{P\{Y=1\}}=\frac{\dfrac{12}{35}}{\dfrac{20}{35}}=\frac{3}{5},$$

$$P\{X=3 \mid Y=1\}=\frac{P\{X=3,Y=1\}}{P\{Y=1\}}=\frac{\dfrac{2}{35}}{\dfrac{20}{35}}=\frac{1}{10}.$$

在 $Y=1$ 的条件下, X 的条件分布律为

X	1	2	3
$P\{X=x_i \mid Y=1\}$	3/10	6/10	1/10

(3) $P\{Y=2X\}=P\{X=1,Y=2\}=\dfrac{6}{35}$,

$$\begin{aligned}
P\{X<3-Y\} &=P\{X+Y<3\}\\
&=P\{X=0,Y=2\}+P\{X=1,Y=1\}+P\{X=2,Y=0\}\\
&=\frac{1}{35}+\frac{6}{35}+\frac{3}{35}=\frac{2}{7}.
\end{aligned}$$

注 事件 $\{Y=2X\}=\{X=1,Y=2\}$,

$\{X<3-Y\}=\{X+Y<3\}=\{X=0,Y=2\}\bigcup\{X=1,Y=1\}\bigcup\{X=2,Y=0\}$,
且等号右端各事件互斥.

评 二维离散型随机变量 (X,Y) 落入区域 D 的概率的求解方法:

$$P\{(X,Y)\in D\}=\sum_{(x_i,y_j)\in D}P\{X=x_i,Y=y_j\}.$$

例 3.5.2 设某班车起点站上车人数 X 服从参数为 $\lambda(\lambda>0)$ 的泊松分布,每位乘客在中途下车的概率为 $p(0<p<1)$,且中途下车与否相互独立, Y 表示在中途下车的人数,求:

(1) 在发车时有 n 个乘客的条件下,中途有 m 人下车的概率;

(2) 二维随机变量 (X,Y) 的概率分布;

(3) Y 的分布律. 【2001 研数一】

分析 (1) 依题设,在条件 $X=n$ 下, $Y\sim B(n,p)$; (2) $P\{X=n,Y=m\}=P\{Y=m\mid X=n\}P\{X=n\}$; (3) $P\{Y=m\}=\sum_{n=m}^{\infty}P\{X=n,Y=m\}$.

解 (1) 每位乘客在中途下车看成是事件 A 发生,则在条件 $X=n$ 下, $Y\sim B(n,p)$,依二项分布的概率计算公式,在发车时有 n 个乘客的条件下,中途有 m 人下车的概率为

$$P\{Y=m \mid X=n\}=C_n^m p^m(1-p)^{n-m}, \quad m=0,1,2,\cdots,n.$$

(2) 依题设, $P\{X=n\}=\dfrac{\lambda^n \mathrm{e}^{-\lambda}}{n!}(n=0,1,2,\cdots)$,依乘法公式,有

$$\begin{aligned}
P\{X=n,Y=m\} &=P\{Y=m \mid X=n\}P\{X=n\}\\
&=C_n^m p^m(1-p)^{n-m}\cdot\frac{\lambda^n \mathrm{e}^{-\lambda}}{n!}=\frac{\lambda^n \mathrm{e}^{-\lambda}}{m!(n-m)!}p^m(1-p)^{n-m},
\end{aligned}$$

$$n=0,1,2,\cdots,\quad m=0,1,2,\cdots,n.$$

（3）依边缘分布律的定义

$$P\{Y=m\}=\sum_{n=m}^{\infty}P\{X=n,Y=m\}=\sum_{n=m}^{\infty}\frac{\lambda^{n}\mathrm{e}^{-\lambda}}{m!(n-m)!}p^{m}(1-p)^{n-m}$$

$$=\mathrm{e}^{-\lambda}\frac{(\lambda p)^{m}}{m!}\sum_{n=m}^{\infty}\frac{(\lambda(1-p))^{n-m}}{(n-m)!}=\mathrm{e}^{-\lambda}\frac{(\lambda p)^{m}}{m!}\mathrm{e}^{\lambda(1-p)}=\frac{(\lambda p)^{m}}{m!}\mathrm{e}^{-\lambda p},$$

$$m=0,1,2,\cdots.$$

上式表明，Y 服从参数为 λp 的泊松分布，即 $Y\sim P(\lambda p)$.

注　由边缘分布和条件分布确定联合分布，再由联合分布确定另一边缘分布.

评　$Y\sim P(\lambda p)$，但在 $X=n$ 的条件下，$Y\sim B(n,p)$.

例 3.5.3　设二维随机变量 (X,Y) 的概率密度函数为

$$f(x,y)=\begin{cases}x\mathrm{e}^{-x(y+1)},&x>0,y>0,\\0,&\text{其他}.\end{cases}$$

求：（1）边缘概率密度函数 $f_X(x),f_Y(y)$；

（2）条件概率密度函数 $f_{X|Y}(x|y),f_{Y|X}(y|x)$；

（3）条件概率 $P\{Y\leqslant 1|X\leqslant 2\}$ 及 $P\{Y\leqslant 1|X=2\}$.

分析　（1）依公式，$f_X(x)=\int_{-\infty}^{+\infty}f(x,y)\mathrm{d}y,f_Y(y)=\int_{-\infty}^{+\infty}f(x,y)\mathrm{d}x$；（2）依公式 $f_{Y|X}(y|x)=\frac{f(x,y)}{f_X(x)},f_{X|Y}(x|y)=\frac{f(x,y)}{f_Y(y)}$；（3）依条件概率的定义，$P\{Y\leqslant 1|X\leqslant 2\}=\frac{P\{X\leqslant 2,Y\leqslant 1\}}{P\{X\leqslant 2\}}$，依条件概率密度的性质，$P\{Y\leqslant 1|X=2\}=\int_{-\infty}^{1}f_{Y|X}(y|2)\mathrm{d}y$.

解　（1）依公式，(X,Y) 关于 X 和关于 Y 的边缘概率密度函数分别为

$$f_X(x)=\int_{-\infty}^{+\infty}f(x,y)\mathrm{d}y=\begin{cases}\int_0^{+\infty}x\mathrm{e}^{-x(y+1)}\mathrm{d}y=-\mathrm{e}^{-x}(\mathrm{e}^{-xy})_0^{+\infty}=\mathrm{e}^{-x},&x>0,\\0,&x\leqslant 0,\end{cases}$$

$$f_Y(y)=\int_{-\infty}^{+\infty}f(x,y)\mathrm{d}x$$

$$=\begin{cases}\int_0^{+\infty}x\mathrm{e}^{-x(y+1)}\mathrm{d}x=-\frac{1}{y+1}\Big(x\mathrm{e}^{-x(y+1)}+\frac{1}{y+1}\mathrm{e}^{-x(y+1)}\Big)_0^{+\infty}=\frac{1}{(y+1)^2},&y>0,\\0,&y\leqslant 0.\end{cases}$$

（2）在条件 $X=x(x>0)$ 下，有

$$f_{Y|X}(y|x)=\frac{f(x,y)}{f_X(x)}=\frac{f(x,y)}{\mathrm{e}^{-x}}=\begin{cases}\frac{x\mathrm{e}^{-x(y+1)}}{\mathrm{e}^{-x}}=x\mathrm{e}^{-xy},&y>0,\\0,&y\leqslant 0,\end{cases}$$

在条件 $Y=y(y>0)$ 下，有

$$f_{X|Y}(x|y)=\frac{f(x,y)}{f_Y(y)}=\frac{f(x,y)}{\frac{1}{(y+1)^2}}=\begin{cases}\frac{x\mathrm{e}^{-x(y+1)}}{\frac{1}{(y+1)^2}}=x(y+1)^2\mathrm{e}^{-x(y+1)},&x>0,\\0,&x\leqslant 0.\end{cases}$$

（3）如图 3-8 所示，依条件概率的定义，有

$$P\{Y\leqslant 1\,|\,X\leqslant 2\}=\dfrac{P\{X\leqslant 2,Y\leqslant 1\}}{P\{X\leqslant 2\}}=\dfrac{\displaystyle\int_0^2\mathrm{d}x\int_0^1 x\,\mathrm{e}^{-x(y+1)}\,\mathrm{d}y}{\displaystyle\int_0^2\mathrm{e}^{-x}\,\mathrm{d}x}$$

$$=\dfrac{\displaystyle\int_0^2(\mathrm{e}^{-x}-\mathrm{e}^{-2x})\,\mathrm{d}x}{-(\mathrm{e}^{-x})\Big|_0^2}=\dfrac{\left(-\mathrm{e}^{-x}+\dfrac{1}{2}\mathrm{e}^{-2x}\right)\Big|_0^2}{1-\mathrm{e}^{-2}}$$

$$=\dfrac{1-2\mathrm{e}^{-2}+\mathrm{e}^{-4}}{2(1-\mathrm{e}^{-2})},$$

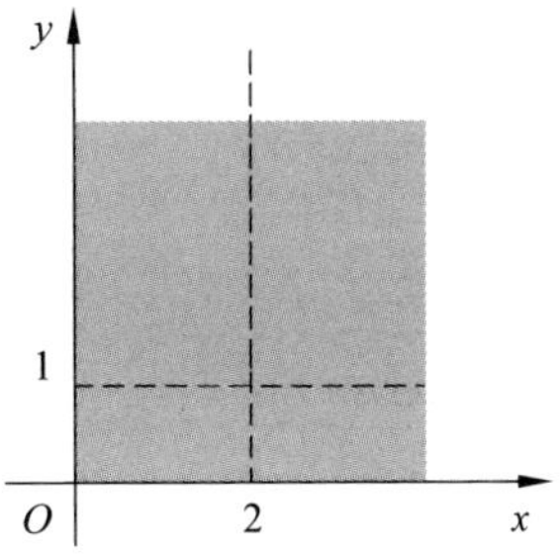

图 3-8

依条件概率密度函数的性质

$$P\{Y\leqslant 1\,|\,X=2\}=\int_{-\infty}^1 f_{Y|X}(y\,|\,2)\,\mathrm{d}y$$

$$=\int_0^1 2\mathrm{e}^{-2y}\,\mathrm{d}y=-\left(\mathrm{e}^{-2y}\right)\Big|_0^1=1-\mathrm{e}^{-2}.$$

注 （1）在 $X=x(x$：使 $f_X(x)>0)$ 的条件下，$f_{Y|X}(y\,|\,x)$ 有定义；同理在 $Y=y(y$：使 $f_Y(y)>0)$ 的条件下，$f_{X|Y}(x\,|\,y)$ 有定义.

（2）形如条件概率 $P\{Y\leqslant 1\,|\,X=2\}$ 要依条件概率密度求解：$P\{Y\leqslant 1\,|\,X=2\}=\int_{-\infty}^1 f_{Y|X}(y\,|\,x=2)\mathrm{d}y$. 又因为 $P\{X=2\}=0$，所以 $P\{Y\leqslant 1\,|\,X=2\}$ 不能依条件概率的定义求解，也不可写为 $\dfrac{P\{X=2,Y\leqslant 1\}}{P\{X=2\}}$.

评 给定 $x(x>0)$，$f_X(x)=x\mathrm{e}^{-xy}$ 是定值，$f(x,y)$ 是关于 y 的一元函数，因此在 $X=x(x>0)$ 条件下，$f_{Y|X}(y\,|\,x)=\dfrac{f(x,y)}{f_X(x)}=\dfrac{f(x,y)}{\mathrm{e}^{-x}}=\begin{cases}x\mathrm{e}^{-xy}, & y>0,\\ 0, & y\leqslant 0,\end{cases}$ 是关于 y 的一元函数. 同理在 $Y=y(y>0)$ 条件下，$f_{X|Y}(x\,|\,y)$ 是关于 x 的一元函数.

例 3.5.4 设二维随机变量 (X,Y)，X 的边缘概率密度函数为 $f_X(x)=\begin{cases}3x^2, & 0<x<1,\\ 0, & \text{其他},\end{cases}$ 在给定 $X=x(0<x<1)$ 条件下，Y 的条件概率密度函数为

$$f_{Y|X}(y\,|\,x)=\begin{cases}\dfrac{3y^2}{x^3}, & 0<y<x,\\[2mm] 0, & y\text{ 取其他值}.\end{cases}$$

求：（1）(X,Y) 的概率密度函数 $f(x,y)$；（2）Y 的边缘概率密度函数 $f_Y(y)$；

（3）$P\{X>2Y\}$. 　　　　　　　　　　　　　　　　　　　　　　**【2013 研数三】**

分析 （1）依公式，$f(x,y)=f_{Y|X}(y\,|\,x)f_X(x)$；（2）依公式，$f_Y(y)=\int_{-\infty}^{+\infty}f(x,y)\mathrm{d}x$；（3）依概率密度函数的性质，$P\{X>2Y\}=\iint\limits_{x>2y}f(x,y)\mathrm{d}x\,\mathrm{d}y$.

解 （1）依公式，(X,Y) 的概率密度函数为

$$f(x,y)=f_{Y|X}(y\,|\,x)f_X(x)=\begin{cases}\dfrac{9y^2}{x}, & 0<y<x<1,\\[2mm] 0, & \text{其他}.\end{cases}$$

（2）如图 3-9 所示，依公式，Y 的边缘概率密度函数为

$$f_Y(y) = \int_{-\infty}^{+\infty} f(x,y)\mathrm{d}x$$

$$= \begin{cases} \int_y^1 \dfrac{9y^2}{x}\mathrm{d}x = -9y^2\ln y, & 0 < y < 1, \\ 0, & \text{其他.} \end{cases}$$

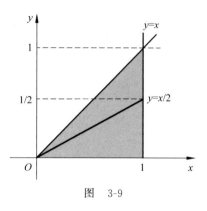

图　3-9

（3）如图 3-9 所示，依概率密度函数的性质，有

$$P\{X > 2Y\} = \iint\limits_{x>2y} f(x,y)\mathrm{d}x\,\mathrm{d}y$$

$$= \int_0^1 \mathrm{d}x \int_0^{x/2} \frac{9y^2}{x}\mathrm{d}y = \int_0^1 \frac{3}{8}x^2\,\mathrm{d}x$$

$$= \frac{1}{8}(x^3)\Big|_0^1 = \frac{1}{8}.$$

注　求联合概率密度函数的方法：$f(x,y) = f_{Y|X}(y\,|\,x)f_X(x)$.

评　解题思路：$\begin{cases} f_X(x), \\ f_{Y|X}(y\,|\,x) \end{cases} \Rightarrow f(x,y) \Rightarrow f_Y(y)$.

例 3.5.5　设二维随机变量 (X,Y) 的概率密度函数为

$$f(x,y) = \begin{cases} 1, & 0 < x < 1,\ |y| < x, \\ 0, & \text{其他.} \end{cases}$$

求：（1）(X,Y) 关于 X 和关于 Y 的边缘概率密度函数；

（2）条件概率密度函数 $f_{X|Y}(x\,|\,y)$，$f_{Y|X}(y\,|\,x)$；

（3）条件分布函数值 $F\left(\dfrac{1}{2}\,\Big|\,\dfrac{1}{3}\right)$ 及条件概率 $P\left\{X < \dfrac{1}{2}\,\Big|\,Y < \dfrac{1}{3}\right\}$.

分析　（1）$f_X(x) = \displaystyle\int_{-\infty}^{+\infty} f(x,y)\mathrm{d}y$；（2）$f_{Y|X}(y\,|\,x) = \dfrac{f(x,y)}{f_X(x)}$；（3）依定义，$F\left(\dfrac{1}{2}\,\Big|\,\dfrac{1}{3}\right) =$

$$P\left\{X \leqslant \frac{1}{2}\,\Big|\,Y = \frac{1}{3}\right\} = \int_{-\infty}^{1/2} f_{X|Y}\left(x\,\Big|\,\frac{1}{3}\right)\mathrm{d}x,\quad P\left\{X < \frac{1}{2}\,\Big|\,Y < \frac{1}{3}\right\} = \frac{P\left\{X < \dfrac{1}{2}, Y < \dfrac{1}{3}\right\}}{P\left\{Y < \dfrac{1}{3}\right\}}$$

解　（1）如图 3-10 所示，依公式，有

$$f_X(x) = \int_{-\infty}^{+\infty} f(x,y)\mathrm{d}y$$

$$= \begin{cases} \int_{-x}^x 1 \cdot \mathrm{d}y = 2x, & 0 < x < 1, \\ 0, & \text{其他,} \end{cases}$$

$$f_Y(y) = \int_{-\infty}^{+\infty} f(x,y)\mathrm{d}x$$

$$= \begin{cases} \int_{-y}^1 1 \cdot \mathrm{d}x = 1 + y, & -1 < y < 0, \\ \int_y^1 1 \cdot \mathrm{d}x = 1 - y, & 0 \leqslant y < 1, \\ 0, & \text{其他.} \end{cases}$$

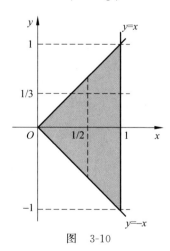

图　3-10

（2）在 $X=x(0<x<1)$ 条件下,有

$$f_{Y|X}(y\mid x)=\frac{f(x,y)}{f_X(x)}=\frac{f(x,y)}{2x}=\begin{cases}\dfrac{1}{2x}, & -x<y<x,\\ 0, & \text{其他},\end{cases}$$

即在 $X=x(0<x<1)$ 条件下,$Y\sim U(-x,x)$.

在 $Y=y(-1<y<1)$ 条件下, 有

$$f_{X|Y}(x\mid y)=\frac{f(x,y)}{f_Y(y)}=\frac{f(x,y)}{1-|y|}=\begin{cases}\dfrac{1}{1-|y|}, & |y|<x<1,\\ 0, & \text{其他},\end{cases}$$

即在 $Y=y(-1<y<1)$ 条件下,$X\sim U(|y|,1)$.

（3）如图 3-10 所示,依概率密度函数的性质,有

$$F\left(\frac{1}{2}\bigg|\frac{1}{3}\right)=P\left\{X\leqslant\frac{1}{2}\bigg|Y=\frac{1}{3}\right\}=\int_{-\infty}^{1/2}f_{X|Y}\left(x\bigg|\frac{1}{3}\right)\mathrm{d}x=\int_{1/3}^{1/2}\frac{3}{2}\mathrm{d}x=\frac{1}{4},$$

$$P\left\{X<\frac{1}{2}\bigg|Y<\frac{1}{3}\right\}=\frac{P\left\{x<\dfrac{1}{2},Y<\dfrac{1}{3}\right\}}{P\left\{Y<\dfrac{1}{3}\right\}}=\frac{\displaystyle\iint_{x<\frac{1}{2},y<\frac{1}{3}}f(x,y)\mathrm{d}x\mathrm{d}y}{\displaystyle\int_{-1}^{\frac{1}{3}}f_Y(y)\mathrm{d}y}$$

$$=\frac{\displaystyle\iint_{x<\frac{1}{2},y<\frac{1}{3}}\mathrm{d}x\mathrm{d}y}{\displaystyle\int_{-1}^{0}(1+y)\mathrm{d}y+\int_{0}^{\frac{1}{3}}(1-y)\mathrm{d}y}=\frac{\dfrac{1}{9}+\dfrac{1}{8}}{\dfrac{1}{2}+\dfrac{5}{18}}=\frac{17}{56}.$$

注 $P\left\{X<\dfrac{1}{2},Y<\dfrac{1}{3}\right\}=\displaystyle\iint_{x<\frac{1}{2},y<\frac{1}{3}}\mathrm{d}x\mathrm{d}y=$ 积分区域(直角梯形＋直角三角形) 的面积.

评 $(X,Y)\sim U(D)(D=\{(x,y)|0<x<1,|y|<x\})$,$(X,Y)$关于 X 和关于 Y 的边缘分布不再是均匀分布了,而在 $X=x(0<x<1)$ 条件下,$Y\sim U(-x,x)$,在 $Y=y(-1<y<1)$ 条件下,$X\sim U(|y|,1)$.

习题 3-5

1. 袋中装有标签为 $-1,0,0,1$ 的 4 个球,现从中不放回地随机取球两次,每次取一只,以 X,Y 分别表示第一次和第二次取到的球的标签码,求:

（1）(X,Y) 的分布律及其关于 X 和关于 Y 的边缘分布律;

（2）在 $Y=0$ 条件下,X 的条件分布律;

（3）随机变量 $Z=X+Y$ 的概率分布.

2. 一射手进行射击,击中目标的概率为 $p(0<p<1)$,射击直至击中目标 2 次为止,以 X 表示首次击中目标所进行的射击次数,以 Y 表示总共进行的射击次数,试求:

（1）X 和 Y 的联合分布律;

（2）(X,Y) 关于 X 和关于 Y 的边缘分布律;

（3）在 $X=m$ 条件下 Y 的条件分布律,在 $Y=n$ 条件下 X 的条件分布律.

3. 设二维随机变量 (X,Y) 的概率密度函数为
$$f(x,y)=\begin{cases}\mathrm{e}^{-x}, & 0<y<x,\\ 0, & \text{其他.}\end{cases}$$
求：(1) 条件概率密度函数 $f_{Y|X}(y|x)$；(2) 条件概率 $P\{X\leqslant1|Y\leqslant1\}$.　**【2009 研数三】**

4. 设二维随机变量 (X,Y) 的概率密度函数为
$$f(x,y)=\begin{cases}3x, & 0<x<1,0<y<x,\\ 0, & \text{其他.}\end{cases}$$
求：(1) 条件概率密度函数 $f_{X|Y}(x|y),f_{Y|X}(y|x)$；

(2) 条件概率 $P\left\{X\geqslant\dfrac{1}{2}\Big|Y=\dfrac{1}{3}\right\}$ 和条件分布函数值 $F_{Y|X}\left(\dfrac{1}{3}\Big|\dfrac{1}{2}\right)$.

5. 设随机变量 X 在 $[0,1]$ 上服从均匀分布，在 $X=x(0<x<1)$ 的条件下，随机变量 Y 在 $[0,x]$ 上服从均匀分布，求：

(1) X 和 Y 的联合概率密度函数；(2) Y 的边缘概率密度函数；(3) $P\{X+Y>1\}$.
【2004 研数四】

3.6　相互独立的随机变量

一、内容要点与评注

两个随机变量相互独立　设 $F(x,y),F_X(x),F_Y(y)$ 分别为 (X,Y) 的分布函数及其关于 X 和关于 Y 的边缘分布函数，如果对任意 $x,y\in\mathbb{R}$，都有
$$F(x,y)=F_X(x)F_Y(y),$$
则称 X 与 Y 相互独立. 否则称 X 与 Y 不相互独立，简称 X 与 Y 不独立.

注　(1) 随机变量 X 与 Y 相互独立 $\Leftrightarrow$ 对任意 $x,y\in\mathbb{R}$，$P\{X\leqslant x,Y\leqslant y\}=P\{X\leqslant x\}P\{Y\leqslant y\}$，即事件 $\{X\leqslant x\},\{Y\leqslant y\}$ 相互独立.

(2) 可以证明，随机变量 X 与 Y 相互独立，则对任意区间 $I_1,I_2\subset\mathbb{R}$，事件 $\{X\in I_1\}$ 与 $\{Y\in I_2\}$ 相互独立.

(3) 如果 X 与 Y 相互独立，则依 (X,Y) 的边缘分布函数可确定 X 与 Y 的联合分布函数：
$$F(x,y)=F_X(x)F_Y(y).$$

两个离散型随机变量相互独立的充分必要条件

定理 1　设 X 和 Y 的联合分布律为
$$P\{X=x_i,Y=y_j\}=p_{ij}, \quad i,j=1,2,\cdots,$$
(X,Y) 关于 X 的边缘分布律为 $P\{X=x_i\}=\sum_{j=1}^{\infty}p_{ij}=p_{i\cdot}\ (i=1,2,\cdots)$，$(X,Y)$ 关于 Y 的边缘分布律为 $P\{Y=y_j\}=\sum_{i=1}^{\infty}p_{ij}=p_{\cdot j}$，$(j=1,2,\cdots)$，则 X 与 Y 相互独立的充分必要条件是
$$p_{ij}=p_{i\cdot}\,p_{\cdot j}, \quad i,j=1,2,\cdots.$$

注　(1) 如果存在点 (x_0,y_0)，使 $P\{X=x_0,Y=y_0\}\neq P\{X=x_0\}P\{Y=y_0\}$，则 X 与

Y 不独立.

(2) 如果 X 与 Y 相互独立,则依边缘分布律可确定联合分布律:
$$p_{ij}=p_{i\cdot}\cdot p_{\cdot j}, \quad i,j=1,2,\cdots.$$

两个连续型随机变量相互独立的充分必要条件

定理 2 设 X 和 Y 的联合概率密度函数为 $f(x,y)$,(X,Y) 关于 X 和关于 Y 的边缘概率密度函数分别为 $f_X(x),f_Y(y)$,则 X 与 Y 相互独立的充分必要条件是
$$f(x,y)=f_X(x)f_Y(y) \text{ 几乎处处成立,对 } \forall x,y\in\mathbb{R}.$$

注 (1)"几乎处处成立"是指平面上除去"面积"为零的点集外处处成立.

(2) 当 X 与 Y 相互独立时,有 $f_{X|Y}(x|y)=f_X(x)$,$f_{Y|X}(y|x)=f_Y(y)$.

(3) 如果存在面积大于零的平面区域 G,使 $f(x,y)\neq f_X(x)f_Y(y)$,则 X 与 Y 不独立.

(4) 如果 X 与 Y 相互独立,则依边缘概率密度函数可确定 X 与 Y 的联合概率密度函数:
$$f(x,y)=f_X(x)f_Y(y) \text{ 几乎处处成立,对 } \forall x,y\in\mathbb{R}.$$

设 $X\sim N(\mu_1,\sigma_1^2)$,$Y\sim N(\mu_2,\sigma_2^2)$,且 X 与 Y 相互独立,则 (X,Y) 的概率密度函数为
$$f(x,y)=f_X(x)f_Y(y)=\frac{1}{2\pi\sigma_1\sigma_2}\mathrm{e}^{-\frac{1}{2}\left(\frac{(x-\mu_1)^2}{\sigma_1^2}+\frac{(y-\mu_2)^2}{\sigma_2^2}\right)}, \quad -\infty<x,y<+\infty,$$
即 $(X,Y)\sim N(\mu_1,\mu_2,\sigma_1^2,\sigma_2^2,0)$.

服从正态分布的两个变量相互独立的充分必要条件 设 $(X,Y)\sim N(\mu_1,\mu_2,\sigma_1^2,\sigma_2^2,\rho)$,则 X 与 Y 相互独立的充分必要条件是 $\rho=0$.

设 $X\sim U(a,b)$,$Y\sim U(c,d)$,且 X 与 Y 相互独立,则 (X,Y) 的概率密度函数为
$$f(x,y)=f_X(x)f_Y(y)=\begin{cases}\dfrac{1}{(b-a)(d-c)}, & a<x<b,c<y<d, \\ 0, & \text{其他,}\end{cases}$$
即 $(X,Y)\sim U(D)$,$D=\{(x,y)\mid a<x<b,c<y<d\}$.

n 个随机变量相互独立 设 n 维随机变量 $(X_1,X_2,\cdots,X_n)$,如果对任意 $x_1,x_2,\cdots,x_n\in\mathbb{R}$,都有
$$P\{X_1\leqslant x_1,X_2\leqslant x_2,\cdots,X_n\leqslant x_n\}=P\{X_1\leqslant x_1\}P\{X_2\leqslant x_2\}\cdots P\{X_n\leqslant x_n\},$$
则称 $X_1,X_2,\cdots,X_n$ 相互独立.

设 $F(x_1,x_2,\cdots,x_n),F_{X_1}(x_1),\cdots,F_{X_n}(x_n)$ 分别为 $(X_1,X_2,\cdots,X_n)$ 的分布函数及其关于 X_1,关于 X_2,$\cdots$,关于 X_n 的边缘分布函数,如果对任意 $x_1,x_2,\cdots,x_n\in\mathbb{R}$,都有
$$F(x_1,x_2,\cdots,x_n)=F_{X_1}(x_1)F_{X_2}(x_2)\cdots F_{X_n}(x_n),$$
则称 $X_1,X_2,\cdots,X_n$ 相互独立.

n 个离散型随机变量相互独立的充分必要条件 设 n 维离散型随机变量 $(X_1,X_2,\cdots,X_n)$,则 $X_1,X_2,\cdots,X_n$ 相互独立的充分必要条件是对 $(X_1,X_2,\cdots,X_n)$ 的任意可能取值点 $(x_{i_1}^{(1)},x_{i_2}^{(2)},\cdots,x_{i_n}^{(n)})$,都有
$$P\{X_1=x_{i_1}^{(1)},X_2=x_{i_2}^{(2)},\cdots,X_n=x_{i_n}^{(n)}\}=P\{X_1=x_{i_1}^{(1)}\}P\{X_2=x_{i_2}^{(2)}\}\cdots P\{X_n=x_{i_n}^{(n)}\},$$
$$i_1,i_2,\cdots,i_n=1,2,\cdots.$$

n **个连续型随机变量相互独立的充分必要条件**　设 n 维连续型随机变量 $(X_1,X_2,\cdots,X_n)$，$f(x_1,x_2,\cdots,x_n)$，$f_{X_1}(x_1)$，$f_{X_2}(x_2)$，$\cdots$，$f_{X_n}(x_n)$ 分别为 $(X_1,X_2,\cdots,X_n)$ 的概率密度函数及其关于 X_1，关于 X_2，$\cdots$，关于 X_n 的边缘概率密度函数，则 $X_1,X_2,\cdots,X_n$ 相互独立的充分必要条件是对任意 $x_1,x_2,\cdots,x_n\in\mathbb{R}$，几乎处处成立

$$f(x_1,x_2,\cdots,x_n)=f_{X_1}(x_1)f_{X_2}(x_2)\cdots f_{X_n}(x_n).$$

注　设 n 个随机变量 $X_1,X_2,\cdots,X_n$ 相互独立，则：

(1) 任意 $k(2\leqslant k\leqslant n)$ 个随机变量也相互独立.

(2) $g_1(X_1),g_2(X_2),\cdots,g_n(X_n)$ 相互独立，其中 $g_1(x_1),g_2(x_2),\cdots,g_n(x_n)$ 均为连续函数.

两个多维随机变量相互独立　设 $F(x_1,x_2,\cdots,x_m,y_1,y_2,\cdots,y_n)$，$F_{(X_1,X_2,\cdots,X_m)}(x_1,x_2,\cdots,x_m)$，$F_{(Y_1,Y_2,\cdots,Y_n)}(y_1,y_2,\cdots,y_n)$ 分别为 $m+n$ 维随机变量 $(X_1,X_2,\cdots,X_m,Y_1,Y_2,\cdots,Y_n)$ 的分布函数及其关于 m 维随机变量 $(X_1,X_2,\cdots,X_m)$ 和关于 n 维随机变量 $(Y_1,Y_2,\cdots,Y_n)$ 的边缘分布函数，如果对任意 $x_1,x_2,\cdots,x_m,y_1,y_2,\cdots,y_n\in\mathbb{R}$，都有

$$F(x_1,x_2,\cdots,x_m,y_1,y_2,\cdots,y_n)=F_{(X_1,X_2,\cdots,X_m)}(x_1,x_2,\cdots,x_m)F_{(Y_1,Y_2,\cdots,Y_n)}(y_1,y_2,\cdots,y_n),$$

则称 m 维随机变量 $(X_1,X_2,\cdots,X_m)$ 与 n 维随机变量 $(Y_1,Y_2,\cdots,Y_n)$ 相互独立.

注　设 $(X_1,X_2,\cdots,X_m)$ 与 $(Y_1,Y_2,\cdots,Y_n)$ 相互独立，则

(1) $(X_1,X_2,\cdots,X_m)$ 的子向量与 $(Y_1,Y_2,\cdots,Y_n)$ 的子向量相互独立.

(2) $h(X_1,X_2,\cdots,X_m)$ 与 $g(Y_1,Y_2,\cdots,Y_n)$ 相互独立，其中 h,g 为连续函数.

二、典型例题

例 3.6.1　设随机变量 X 与 Y 相互独立，都服从参数 $p=\dfrac{1}{2}$ 的 0-1 分布，令随机变量

$$U=\max\{X,Y\},\quad V=\min\{X,Y\},$$

求 U 和 V 的联合分布律.

分析　可依 X 与 Y 相互独立确定 U 与 V 的联合概率分布. 例如

$$P\{U=0,V=0\}=P\{X=0,Y=0\}=P\{X=0\}P\{Y=0\}.$$

解　依题设，X 和 Y 的分布律为

X	0	1
P	1/2	1/2

Y	0	1
P	1/2	1/2

(U,V) 的所有可能取值点为 $(0,0),(1,0),(1,1)$，因为 X 与 Y 相互独立，有

$$P\{U=0,V=0\}=P\{X=0,Y=0\}=P\{X=0\}P\{Y=0\}=\frac{1}{2}\times\frac{1}{2}=\frac{1}{4},$$

$$P\{U=1,V=0\}=P\{X=1,Y=0\}+P\{X=0,Y=1\}$$

$$=P\{X=1\}P\{Y=0\}+P\{X=0\}P\{Y=1\}=\frac{1}{4}+\frac{1}{4}=\frac{1}{2},$$

$$P\{U=1,V=1\}=P\{X=1,Y=1\}=P\{X=1\}P\{Y=1\}=\frac{1}{2}\times\frac{1}{2}=\frac{1}{4},$$

或者
$$P\{U=1,V=1\}=1-P\{U=0,V=0\}-P\{U=1,V=0\}=1-\frac{1}{4}-\frac{1}{2}=\frac{1}{4}.$$

于是 U 和 V 的联合分布律为

U \ V	0	1
0	1/4	0
1	1/2	1/4

注 (1) $\max\{X,Y\}$ 和 $\min\{X,Y\}$ 都是随机变量.(2) 依 X 与 Y 相互独立,由 X,Y 的概率分布可确定 U 与 V 的联合概率分布.

评 尽管 X 与 Y 相互独立,但是 U 与 V 不独立.这是因为
$$P\{U=0,V=0\}=\frac{1}{4},\ P\{U=0\}P\{V=0\}=\frac{1}{4}\times\frac{3}{4}=\frac{3}{16}.$$

例 3.6.2 设随机变量 X 与 Y 相互独立,下表列出了二维随机变量 (X,Y) 的分布律及 (X,Y) 关于 X 和关于 Y 的边缘分布律中的部分概率值,试将其余概率值填入表中的空白处:

X \ Y	y_1	y_2	y_3	$P\{X=x_i\}$
x_1		1/8		
x_2	1/8			
$P\{Y=y_j\}$	1/6			1

【1999 研数一】

分析 依 X 与 Y 相互独立、边缘分布与联合分布的关系及分布律的规范性逐一填空.

解 设 $P\{X=x_i,Y=y_j\}=p_{ij}(i=1,2;j=1,2,3)$,依联合分布律与边缘分布律的关系,有 $p_{11}=\frac{1}{6}-\frac{1}{8}=\frac{1}{24}$.再依 X 与 Y 相互独立,有 $p_{11}=p_{1\cdot}\cdot p_{\cdot 1}$,即 $\frac{1}{24}=p_{1\cdot}\times\frac{1}{6}$,解之得 $p_{1\cdot}=\frac{1}{4}$;依边缘分布律的规范性,有 $p_{2\cdot}=1-p_{1\cdot}=1-\frac{1}{4}=\frac{3}{4}$;又依 X 与 Y 相互独立,

$p_{12}=p_{1\cdot}\cdot p_{\cdot 2}$,即 $\frac{1}{8}=\frac{1}{4}\times p_{\cdot 2}$,解之得 $p_{\cdot 2}=\dfrac{\frac{1}{8}}{\frac{1}{4}}=\frac{1}{2}$.同理可得

$$p_{22}=p_{\cdot 2}-p_{12}=\frac{1}{2}-\frac{1}{8}=\frac{3}{8},p_{13}=p_{1\cdot}-p_{11}-p_{12}=\frac{1}{4}-\frac{1}{24}-\frac{1}{8}=\frac{1}{12},$$

$$p_{23}=p_{2\cdot}-p_{21}-p_{22}=\frac{3}{4}-\frac{1}{8}-\frac{3}{8}=\frac{1}{4},p_{\cdot 3}=p_{13}+p_{23}=\frac{1}{12}+\frac{1}{4}=\frac{1}{3},$$

即 (X,Y) 的分布律及其关于 X 和关于 Y 的边缘分布律分别为

X \ Y	y_1	y_2	y_3	$P\{X=x_i\}$
x_1	1/24	1/8	1/12	1/4
x_2	1/8	3/8	1/4	3/4
$P\{Y=y_j\}$	1/6	1/2	1/3	1

注 将独立性、边缘分布与联合分布的关系及其性质综合运用是求解本例的关键.

评 本例采用了"环环相扣,各个击破"的解题策略.

例 3.6.3 设二维随机变量 (X,Y) 的概率密度函数为

$$f(x,y)=\begin{cases} A\mathrm{e}^{-(2x+3y)}, & x>0,y>0, \\ 0, & \text{其他.} \end{cases}$$

(1) 判断 X 与 Y 是否独立? (2) 求 $P\{0<X<1,0<Y<2\}$.

分析 (1) $f_X(x)=\int_{-\infty}^{+\infty}f(x,y)\mathrm{d}y$, $f_Y(y)=\int_{-\infty}^{+\infty}f(x,y)\mathrm{d}x$, 考查 $f(x,y)=f_X(x)\cdot f_Y(y)$, $\forall x,y\in\mathbb{R}$ 是否几乎处处成立? (2) 依(1)的结论求概率.

解 (1) 如图 3-11 所示,

$$f_X(x)=\int_{-\infty}^{+\infty}f(x,y)\mathrm{d}y=\begin{cases} 6\int_{0}^{+\infty}\mathrm{e}^{-(2x+3y)}\mathrm{d}y=-6\mathrm{e}^{-2x}\left(\dfrac{1}{3}\mathrm{e}^{-3y}\right)\Big|_{0}^{+\infty}=2\mathrm{e}^{-2x}, & x>0, \\ 0, & x\leqslant 0, \end{cases}$$

$$f_Y(y)=\int_{-\infty}^{+\infty}f(x,y)\mathrm{d}x=\begin{cases} 6\int_{0}^{+\infty}\mathrm{e}^{-(2x+3y)}\mathrm{d}x=-6\mathrm{e}^{-3y}\left(\dfrac{1}{2}\mathrm{e}^{-2x}\right)\Big|_{0}^{+\infty}=3\mathrm{e}^{-3y}, & y>0, \\ 0, & y\leqslant 0, \end{cases}$$

从而 $f(x,y)=f_X(x)f_Y(y)$, $\forall x,y\in\mathbb{R}$, 因此 X 与 Y 相互独立.

(2) 由(1)知, X 与 Y 相互独立, 所以

$$P\{0<X<1,0<Y<2\}=P\{0<X<1\}P\{0<Y<2\}$$
$$=\int_{0}^{1}2\mathrm{e}^{-2x}\mathrm{d}x\int_{0}^{2}3\mathrm{e}^{-3y}\mathrm{d}y$$
$$=(1-\mathrm{e}^{-2})(1-\mathrm{e}^{-6}).$$

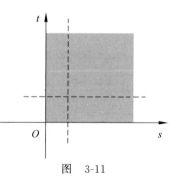

图 3-11

注 判别方法: X 与 Y 相互独立 $\Leftrightarrow$ 几乎处处成立 $f(x,y)=f_X(x)f_Y(y)$, $\forall x,y\in\mathbb{R}$.

评 利用 X 与 Y 独立性简化概率计算:
$$P\{0<X<1,0<Y<2\}=P\{0<X<1\}P\{0<Y<2\}.$$

例 3.6.4 设二维随机变量 (X,Y) 的概率密度函数为

$$f(x,y)=\begin{cases} 8xy, & 0<x<y<1, \\ 0, & \text{其他.} \end{cases}$$

(1) 判断 X 与 Y 是否独立? (2) 求概率 $P\left\{Y<\dfrac{1}{2}\right\}$, $P\left\{Y<\dfrac{1}{2}\,\Big|\,X<\dfrac{1}{3}\right\}$.

分析 (1) 考查 $f(x,y)=f_X(x)f_Y(y)$ 是否几乎处处成立; (2) 依概率密度函数的性质, 有

$$P\left\{Y<\frac{1}{2}\right\}=\int_{-\infty}^{\frac{1}{2}}f_Y(y)\mathrm{d}y, \quad P\left\{Y<\frac{1}{2}\,\bigg|\,X<\frac{1}{3}\right\}=\frac{P\left\{X<\frac{1}{3},Y<\frac{1}{2}\right\}}{P\left\{X<\frac{1}{3}\right\}}.$$

解 (1) 如图 3-12(a)所示,依定义,有

$$f_X(x)=\int_{-\infty}^{+\infty}f(x,y)\mathrm{d}y=\begin{cases}\int_x^1 8xy\mathrm{d}y=4x\left(y^2\right)_x^1=4x(1-x^2), & 0<x<1,\\0, & \text{其他,}\end{cases}$$

$$f_Y(y)=\int_{-\infty}^{+\infty}f(x,y)\mathrm{d}x=\begin{cases}\int_0^y 8xy\mathrm{d}x=4y\left(x^2\right)_0^y=4y^3, & 0<y<1,\\0, & \text{其他.}\end{cases}$$

在平面区域 $0<x<y<1$ 内,$f(x,y)\neq f_X(x)f_Y(y)$,因此 X 与 Y 不独立.

(2) 如图 3-12(b)所示,依概率密度函数的性质,有

$$P\left\{Y<\frac{1}{2}\right\}=\int_{-\infty}^{\frac{1}{2}}f_Y(y)\mathrm{d}y=\int_0^{\frac{1}{2}}4y^3\mathrm{d}y=y^4\,\bigg|_0^{\frac{1}{2}}=16.$$

如图 3-12(c)所示,依条件概率的定义,有

$$P\left\{Y<\frac{1}{2}\,\bigg|\,X<\frac{1}{3}\right\}=\frac{P\left\{X<\frac{1}{3},Y<\frac{1}{2}\right\}}{P\left\{X<\frac{1}{3}\right\}}$$

$$=\frac{8\int_0^{1/3}x\mathrm{d}x\int_x^{1/2}y\mathrm{d}y}{\int_0^{1/3}4x(1-x^2)\mathrm{d}x}=\frac{4\int_0^{1/3}x\left(\frac{1}{4}-x^2\right)\mathrm{d}x}{(2x^2-x^4)_0^{1/3}}=\frac{\dfrac{7}{162}}{\dfrac{17}{81}}=\frac{7}{34}.$$

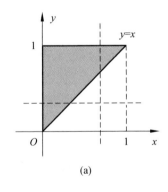 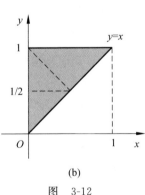 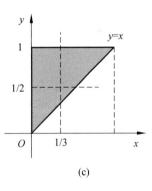

(a)   (b)   (c)

图 3-12

注 对于两个相互独立的连续型随机变量 X,Y,允许在面积为零的点集(包括点或曲线)上有 $f(x,y)\neq f_X(x)f_Y(y)$. 但如果在面积大于零的区域,比如 $0<x<y<1$ 内,$f(x,y)\neq f_X(x)f_Y(y)$,表明 X 与 Y 不独立.

评 本例结论 $P\left\{Y<\frac{1}{2}\,\big|\,X<\frac{1}{3}\right\}\neq P\left\{Y<\frac{1}{2}\right\}$,这也认证了 X 与 Y 不独立.

例 3.6.5 设二维随机变量 (X,Y) 的概率密度函数为

$$f(x,y)=\begin{cases}\dfrac{1}{4}(1+xy), & |x|<1,|y|<1,\\ 0, & \text{其他.}\end{cases}$$

试证 X 与 Y 不独立,但是 X^2 与 Y^2 相互独立.

分析 证明(1)存在平面区域 D,使 $f(x,y)\neq f_X(x)f_Y(y)$;(2) 对任意 $x,y\in\mathbb{R}$,

$$F_{(X^2,Y^2)}(x,y)=F_{X^2}(x)F_{Y^2}(y).$$

证 (1) 依定义,有

$$f_X(x)=\int_{-\infty}^{+\infty}f(x,y)\mathrm{d}y=\begin{cases}\displaystyle\int_{-1}^{1}\dfrac{1}{4}(1+xy)\mathrm{d}y=\dfrac{1}{4}\left(y+\dfrac{x}{2}y^2\right)\Big|_{-1}^{1}=\dfrac{1}{2}, & |x|\leqslant 1,\\ 0, & |x|>1,\end{cases}$$

即 $X\sim U(-1,1)$. 同理

$$f_Y(y)=\int_{-\infty}^{+\infty}f(x,y)\mathrm{d}x=\begin{cases}\displaystyle\int_{-1}^{1}\dfrac{1}{4}(1+xy)\mathrm{d}x=\dfrac{1}{4}\left(x+\dfrac{y}{2}x^2\right)\Big|_{-1}^{1}=\dfrac{1}{2}, & |y|\leqslant 1,\\ 0, & |y|>1,\end{cases}$$

即 $Y\sim U(-1,1)$.

因为在区域 $|x|<1,|y|<1$ 内,$f(x,y)\neq f_X(x)f_Y(y)$,因此 X 与 Y 不独立.

(2) 由(1)知,$X^2\in[0,1]$,设 X^2 的分布函数为 $F_{X^2}(x)$,依定义,有

$$F_{X^2}(x)=P\{X^2\leqslant x\},\quad \forall x\in\mathbb{R}.$$

当 $x<0$ 时,$F_{X^2}(x)=P(\varnothing)=0$;当 $x\geqslant 1$ 时,$F_{X^2}(x)=P(\Omega)=1$;当 $0<x<1$ 时,有

$$F_{X^2}(x)=P\{X^2\leqslant x\}=P\{-\sqrt{x}\leqslant X\leqslant\sqrt{x}\}=\dfrac{2\sqrt{x}}{2}=\sqrt{x};$$

当 $x=0$ 时,$F_{X^2}(0)=P\{x^2\leqslant 0\}=P\{x=0\}=0$. 故 X^2 的分布函数为

$$F_{X^2}(x)=\begin{cases}0, & x<0,\\ \sqrt{x}, & 0\leqslant x<1,\\ 1, & x\geqslant 1.\end{cases}$$

同理,Y^2 的分布函数为

$$F_{Y^2}(y)=\begin{cases}0, & y<0,\\ \sqrt{y}, & 0\leqslant y<1,\\ 1, & y\geqslant 1.\end{cases}$$

由题设知,$(X^2,Y^2)\in D=\{(x,y)\,|\,0\leqslant x\leqslant 1,0\leqslant y\leqslant 1\}$. 设 (X^2,Y^2) 的分布函数为 $F_{(X^2,Y^2)}(x,y)$,依定义,$F_{(X^2,Y^2)}(x,y)=P\{X^2\leqslant x,Y^2\leqslant y\},\forall x,y\in\mathbb{R}$.

如图 3-13 所示,当 $x<0$ 或 $y<0$ 时,$F_{(X^2,Y^2)}(x,y)=P(\varnothing)=0$;当 $x\geqslant 1,y\geqslant 1$ 时,$F_{(X^2,Y^2)}(x,y)=P(\Omega)=1$;当 $0<x<1,0<y<1$ 时,有

$$\begin{aligned}F_{(X^2,Y^2)}(x,y)&=P\{X^2\leqslant x,Y^2\leqslant y\}\\ &=P\{-\sqrt{x}\leqslant X\leqslant\sqrt{x},-\sqrt{y}\leqslant Y\leqslant\sqrt{y}\}\\ &=\int_{-\sqrt{x}}^{\sqrt{x}}\mathrm{d}s\int_{-\sqrt{y}}^{\sqrt{y}}\dfrac{1}{4}(1+st)\mathrm{d}t=\int_{-\sqrt{x}}^{\sqrt{x}}\dfrac{1}{2}\sqrt{y}\,\mathrm{d}s\end{aligned}$$

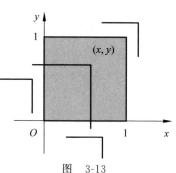

图 3-13

$$= \frac{1}{2}\sqrt{y}\left(2\sqrt{x}\right) = \sqrt{xy};$$

当 $0 < x < 1, y \geqslant 1$ 时,有

$$F_{(X^2,Y^2)}(x,y) = P\{X^2 \leqslant x, Y^2 \leqslant y\} = P(\{-\sqrt{x} \leqslant X \leqslant \sqrt{x}\} \cap \Omega)$$

$$= P\{-\sqrt{x} \leqslant X \leqslant \sqrt{x}\} = \sqrt{x};$$

同理当 $x \geqslant 1, 0 < y < 1$ 时,$F_{(X^2,Y^2)}(x,y) = P\{X^2 \leqslant x, Y^2 \leqslant y\} = \sqrt{y}$;当 $x = 0, 0 < y < 1$ 时,$F_{(X^2,Y^2)}(0,y) = P\{X^2 \leqslant 0, Y^2 \leqslant y\} = P\{x = 0, -\sqrt{y} \leqslant y \leqslant \sqrt{y}\} = 0$(此时,$(X,Y)$ 落在线段上).$y = 0$ 的情形同理可得.故 (X^2,Y^2) 的分布函数为

$$F_{(X^2,Y^2)}(x,y) = \begin{cases} 0, & x < 0 \text{ 或 } y < 0, \\ \sqrt{xy}, & 0 \leqslant x < 1, 0 \leqslant y < 1, \\ \sqrt{x}, & 0 \leqslant x < 1, y \geqslant 1, \\ \sqrt{y}, & x \geqslant 1, 0 \leqslant y < 1, \\ 1, & x \geqslant 1, y \geqslant 1. \end{cases}$$

因此对任意 $x, y \in \mathbb{R}$,恒有 $F_{(X^2,Y^2)}(x,y) = F_{X^2}(x)F_{Y^2}(y)$,依定义,$X^2$ 与 Y^2 相互独立.

注 先确定 $(X^2, Y^2) \in D = \{(x,y) \mid 0 \leqslant x \leqslant 1, 0 \leqslant y \leqslant 1\}$,再逐片区域求其分布函数更简便.

评 若 X 与 Y 相互独立,则 X^2 与 Y^2 一定相互独立.但若 X^2 与 Y^2 相互独立,则 X 与 Y 未必相互独立.

习题 3-6

1. 设二维随机变量 (X,Y) 的分布律为

X＼Y	1	2	3
1	1/6	1/9	1/18
2	1/3	a	b

且 X 与 Y 相互独立,求常数 a, b 的值.

2. 设随机变量 X 与 Y 相互独立且同服从分布 $\begin{array}{c|cc} X(Y) & -1 & 1 \\ \hline P & 1/2 & 1/2 \end{array}$,随机变量 $Z = XY$,证明 X 与 Z 相互独立,Y 与 Z 相互独立,但 X, Y, Z 不独立.

3. 设随机变量 X 与 Y 相互独立,下表为 (X,Y) 的分布律及边缘分布律的部分概率值.又知 $P\{X+Y=2\} = \dfrac{1}{4}$,试将其余概率值填入表中:

X \ Y	0	1	2	$P\{X=x_i\}$
0			1/12	
1				
$P\{Y=y_j\}$		1/4		1

4. 设随机变量 X 与 Y 相互独立, $X\sim U(0,1)$, Y 的概率密度函数为

$$f_Y(y)=\begin{cases}\dfrac{1}{2}\mathrm{e}^{-\frac{y}{2}}, & y>0,\\[2mm] 0, & y\leqslant 0.\end{cases}$$

求:(1) X 和 Y 的联合概率密度函数;(2) 关于 a 的二次方程 $a^2+2Xa+Y=0$ 有实根的概率.

5. 设三维随机变量 (X,Y,Z) 的概率密度函数为

$$f(x,y,z)=\begin{cases}\dfrac{1-\sin x\sin y\sin z}{8\pi^3}, & 0\leqslant x,y,z\leqslant 2\pi,\\[2mm] 0, & \text{其他},\end{cases}$$

试证 X,Y,Z 两两相互独立,但 X,Y,Z 不独立.

3.7 二维随机变量函数的分布

一、内容要点与评注

设二维随机变量 (X,Y), $g(x,y)$ 是连续函数或分段连续函数,则 $Z=g(X,Y)$ 仍是一个随机变量. 称 $g(X,Y)$ 为 (X,Y) 的函数,一般地,可通过 (X,Y) 的分布确定 $g(X,Y)$ 的分布.

二维离散型随机变量函数的概率分布 设二维随机变量 (X,Y) 的概率分布为
$$P\{X=x_i,Y=y_j\}=p_{ij},\quad i,j=1,2,\cdots,$$
则随机变量 $Z=g(X,Y)$ 也是离散型随机变量,且 Z 的概率分布为
$$P\{Z=z_k\}=P\{g(X,Y)=z_k\}=\sum_{g(x_i,y_j)=z_k}p_{ij},\quad k=1,2,\cdots.$$
上式是对所有满足 $g(x_i,y_j)=z_k$ 的点 (x_i,y_j) 取和.

设 $Z=X+Y$ 的所有可能取值为 $Z_1,Z_2,\cdots$,则 $Z=X+Y$ 的概率分布为
$$P\{Z=z_k\}=P\{X+Y=z_k\}=P\Big(\bigcup_{i=1}^{\infty}\{X=x_i,Y=z_k-x_i\}\Big)$$
$$=\sum_{i=1}^{\infty}P\{X=x_i,Y=z_k-x_i\},\quad k=1,2,\cdots.$$
或者 $\quad P\{Z=z_k\}=\sum_{j=1}^{\infty}P\{X=z_k-y_j,Y=y_j\},\quad k=1,2,\cdots.$

特别地,如果 X 与 Y 相互独立,则
$$P\{Z=z_k\}=\sum_{i=1}^{\infty}P\{X=x_i\}P\{Y=z_k-x_i\},\quad k=1,2,\cdots,$$

或者 $\qquad P\{Z=z_k\}=\sum_{j=1}^{\infty}P\{X=z_k-y_j\}P\{Y=y_j\}, \quad k=1,2,\cdots.$

上两式称为**离散卷积公式**.

如果 $X\sim P(\lambda_1),Y\sim P(\lambda_2)$,且 X 与 Y 相互独立,则 $X+Y\sim P(\lambda_1+\lambda_2)$(参见例 3.7.1).

推广 如果 $X_k\sim P(\lambda_k),k=1,2,\cdots,n$,且 $X_1,X_2,\cdots,X_n$ 相互独立,则

$$X_1+X_2+\cdots+X_n\sim P(\lambda_1+\lambda_2+\cdots+\lambda_n).$$

上述结论也称泊松分布对其参数具有"可加性".

如果 $X\sim B(n_1,p),Y\sim B(n_2,p)$,且 X 与 Y 相互独立,则 $X+Y\sim B(n_1+n_2,p)$(参见习题 3-7 第 2 题).

推广 如果 $X_k\sim B(n_k,p),k=1,2,\cdots,m$,且 $X_1,X_2,\cdots,X_m$ 相互独立,则

$$X_1+X_2+\cdots+X_m\sim B(n_1+n_2+\cdots+n_m,p).$$

上述结论也称二项分布关于相同 p 对参数 n 具有"可加性".

二维连续型随机变量函数的分布 设二维随机变量 (X,Y) 的概率密度函数为 $f(x,y)$,则随机变量 $Z=g(X,Y)$ 的分布函数为

$$F_Z(z)=P\{Z\leqslant z\}=P\{g(X,Y)\leqslant z\}=P\{(X,Y)\in G\}=\iint\limits_{G}f(x,y)\mathrm{d}x\mathrm{d}y, \quad \forall z\in\mathbb{R},$$

其中 $G=\{(x,y)\mid g(x,y)\leqslant z\}$. 如果 $Z=g(X,Y)$ 是连续型随机变量,再求导得 Z 的概率密度函数.

定理 设二维连续型随机变量 (X,Y) 的概率密度函数为 $f(x,y)$,则

(1) $V=X+Y$ 仍是连续型随机变量,且其概率密度函数为

$$f_V(v)=\int_{-\infty}^{+\infty}f(x,v-x)\mathrm{d}x, \quad 或者 \ f_V(v)=\int_{-\infty}^{+\infty}f(v-y,y)\mathrm{d}y, \quad -\infty<v<+\infty.$$

特别地,如果 X 与 Y 相互独立,则有卷积公式

$$f_V(v)=\int_{-\infty}^{+\infty}f_X(x)f_Y(v-x)\mathrm{d}x,$$

或者 $\qquad f_V(v)=\int_{-\infty}^{+\infty}f_X(v-y)f_Y(y)\mathrm{d}y, \quad -\infty<v<+\infty.$

(2) $U=X-Y$ 仍是连续型随机变量,且其概率密度函数为

$$f_U(u)=\int_{-\infty}^{+\infty}f(x,x-u)\mathrm{d}x, \quad 或者 \ f_U(u)=\int_{-\infty}^{+\infty}f(u+y,y)\mathrm{d}y, \quad -\infty<u<+\infty.$$

特别地,如果 X 与 Y 相互独立,则

$$f_U(u)=\int_{-\infty}^{+\infty}f_X(x)f_Y(x-u)\mathrm{d}x,$$

或者 $\qquad f_U(u)=\int_{-\infty}^{+\infty}f_X(u+y)f_Y(y)\mathrm{d}y, \quad -\infty<u<+\infty.$

(3) $T=XY$ 仍是连续型随机变量,且其概率密度函数为

$$f_T(t)=\int_{-\infty}^{+\infty}\frac{1}{|y|}f\left(\frac{t}{y},y\right)\mathrm{d}y, \quad 或者 \ f_T(t)=\int_{-\infty}^{+\infty}\frac{1}{|x|}f\left(x,\frac{t}{x}\right)\mathrm{d}x, \ -\infty<t<+\infty.$$

特别地,如果 X 与 Y 相互独立,则

$$f_T(t)=\int_{-\infty}^{+\infty}\frac{1}{|y|}f_X\left(\frac{t}{y}\right)f_Y(y)\mathrm{d}y,$$

或者
$$f_T(t) = \int_{-\infty}^{+\infty} \frac{1}{|x|} f_X(x) f_Y\left(\frac{t}{x}\right) \mathrm{d}x, \quad -\infty < t < +\infty.$$

（4）$W = \dfrac{X}{Y}$ 仍是连续型随机变量，且其概率密度函数为

$$f_W(w) = \int_{-\infty}^{+\infty} |y| f(yw, y) \mathrm{d}y, \quad -\infty < w < +\infty.$$

特别地，如果 X 与 Y 相互独立，则

$$f_W(w) = \int_{-\infty}^{+\infty} |y| f_X(yw) f_Y(y) \mathrm{d}y, \quad -\infty < w < +\infty.$$

（5）$Z = aX + bY (ab \neq 0)$ 仍是连续型随机变量，且其概率密度函数为

$$f_Z(z) = \frac{1}{|b|} \int_{-\infty}^{+\infty} f\left(x, \frac{1}{b}(z - ax)\right) \mathrm{d}x,$$

或者
$$f_Z(z) = \frac{1}{|a|} \int_{-\infty}^{+\infty} f\left(\frac{1}{a}(z - by), y\right) \mathrm{d}y, \quad -\infty < z < +\infty.$$

特别地，如果 X 与 Y 相互独立，则

$$f_Z(z) = \frac{1}{|b|} \int_{-\infty}^{+\infty} f_X(x) f_Y\left(\frac{1}{b}(z - ax)\right) \mathrm{d}x, \quad -\infty < z < +\infty,$$

或者
$$f_Z(z) = \frac{1}{|a|} \int_{-\infty}^{+\infty} f_X\left(\frac{1}{a}(z - by)\right) f_Y(y) \mathrm{d}y, \quad -\infty < z < +\infty.$$

如果 $X \sim N(\mu_1, \sigma_1^2), Y \sim N(\mu_2, \sigma_2^2)$，且 X 与 Y 相互独立，则
$$X \pm Y \sim N(\mu_1 \pm \mu_2, \sigma_1^2 + \sigma_2^2) \text{（参见例 3.7.4）}.$$

推广　如果 $X_k \sim N(\mu_k, \sigma_k^2), k = 1, 2, \cdots, n$，且 $X_1, X_2, \cdots, X_n$ 相互独立，则
$$X_1 + X_2 + \cdots + X_n \sim N(\mu_1 + \mu_2 + \cdots + \mu_n, \sigma_1^2 + \sigma_2^2 + \cdots + \sigma_n^2).$$

上述结论也称正态分布对其参数具有"可加性".

如果随机变量 $X \sim G(\gamma_1, \theta), Y \sim G(\gamma_2, \theta)$，且 X 与 Y 相互独立，则
$$X + Y \sim G(\gamma_1 + \gamma_2, \theta).$$

推广　如果 $X_k \sim G(\gamma_k, \theta), k = 1, 2, \cdots, n$，且 $X_1, X_2, \cdots, X_n$ 相互独立，则
$$X_1 + X_2 + \cdots + X_n \sim G(\gamma_1 + \gamma_2 + \cdots + \gamma_n, \theta).$$

上述结论也称伽马分布关于相同 θ 对参数 γ 具有"可加性".

评　均匀分布对其参数不具有可加性. 例如，设 $X \sim U(0,1), Y \sim U(0,1)$，且 X 与 Y 相互独立，令 $Z = X + Y$，依卷积公式，如图 3-14 所示，Z 的概率密度函数为

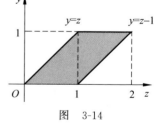

$$f_Z(z) = \int_{-\infty}^{+\infty} f_X(z - y) f_Y(y) \mathrm{d}y$$

$$= \begin{cases} \int_0^z \mathrm{d}y = z, & 0 \leqslant z < 1, \\ \int_{z-1}^1 \mathrm{d}y = 2 - z, & 1 \leqslant z < 2, \\ 0, & \text{其他}, \end{cases}$$

图　3-14

即和变量 Z 不再服从均匀分布.

二、典型例题

例 3.7.1 设随机变量 X 与 Y 相互独立,且 $X \sim P(\lambda_1)$,$Y \sim P(\lambda_2)$,求:(1) 随机变量 $Z = X + Y$ 的概率分布;(2) 在 $X + Y = n(n \geqslant 1)$ 的条件下,X 的条件分布律.

分析 (1) 依离散卷积公式求 Z 的概率分布;(2) $P\{X=k \mid X+Y=n\} = \dfrac{P\{X=k, Y=n-k\}}{P\{X+Y=n\}}$.

解 (1) 依题设,$P\{X=i\} = \dfrac{\lambda_1^i}{i!} e^{-\lambda_1}$,$i=0,1,2,\cdots$,$P\{Y=j\} = \dfrac{\lambda_2^j}{j!} e^{-\lambda_2}$,$j=0,1,2,\cdots$,$Z$ 的所有可能取值点为 $0,1,2,\cdots$,且

$$P\{Z=n\} = P\{X+Y=n\} = P\{X=0, Y=n\} + P\{X=1, Y=n-1\} + \cdots +$$
$$P\{X=n-1, Y=1\} + P\{X=n, Y=0\}.$$

因为 X 与 Y 相互独立,依离散卷积公式,有

$$P\{Z=n\} = P\{X=0\}P\{Y=n\} + P\{X=1\}P\{Y=n-1\} + \cdots +$$
$$P\{X=n-1\}P\{Y=1\} + P\{X=n\}P\{Y=0\}$$
$$= \sum_{k=0}^{n} P\{X=k\}P\{Y=n-k\} = \sum_{k=0}^{n} \frac{\lambda_1^k}{k!} e^{-\lambda_1} \frac{\lambda_2^{n-k}}{(n-k)!} e^{-\lambda_2}$$
$$= \frac{e^{-(\lambda_1+\lambda_2)}}{n!} \sum_{k=0}^{n} \frac{n!}{k!(n-k)!} \lambda_1^k \lambda_2^{n-k}$$
$$\underline{\underline{\text{二项展开式}}} \frac{(\lambda_1+\lambda_2)^n}{n!} e^{-(\lambda_1+\lambda_2)},$$

即 $X+Y \sim P(\lambda_1+\lambda_2)$.

(2) 由(1)知,$P\{X+Y=n\} = \dfrac{(\lambda_1+\lambda_2)^n}{n!} e^{-(\lambda_1+\lambda_2)} > 0$. 因为 X 与 Y 相互独立,依条件概率的定义及(1)的结论,有

$$P\{X=k \mid X+Y=n\} = \frac{P\{X=k, X+Y=n\}}{P\{X+Y=n\}} = \frac{P\{X=k, Y=n-k\}}{P\{X+Y=n\}}$$
$$= \frac{P\{X=k\}P\{Y=n-k\}}{P\{X+Y=n\}} = \frac{\dfrac{\lambda_1^k}{k!} e^{-\lambda_1} \dfrac{\lambda_2^{n-k}}{(n-k)!} e^{-\lambda_2}}{\dfrac{(\lambda_1+\lambda_2)^n}{n!} e^{-(\lambda_1+\lambda_2)}}$$
$$= \frac{n!}{k!(n-k)!} \frac{\lambda_1^k \lambda_2^{n-k}}{(\lambda_1+\lambda_2)^n}$$
$$= C_n^k \left(\frac{\lambda_1}{\lambda_1+\lambda_2}\right)^k \left(1 - \frac{\lambda_1}{\lambda_1+\lambda_2}\right)^{n-k}, \quad k=0,1,2,\cdots,n,$$

即在 $X+Y=n$ 的条件下,$X \sim B\left(n, \dfrac{\lambda_1}{\lambda_1+\lambda_2}\right)$.

注 依离散卷积公式:$P\{Z=n\} = P\{X=0\}P\{Y=n\} + P\{X=1\}P\{Y=n-1\} + \cdots + P\{X=n-1\}P\{Y=1\} + P\{X=n\}P\{Y=0\}$.

评 如果 $X \sim P(\lambda_1), Y \sim P(\lambda_2)$，$X$ 与 Y 相互独立，则 $X+Y \sim P(\lambda_1+\lambda_2)$，且在 $X+Y=n$ 条件下，$X \sim B\left(n, \dfrac{\lambda_1}{\lambda_1+\lambda_2}\right)$.

例 3.7.2 设随机变量 X 与 Y 相互独立，(X,Y) 在区域 $D=\{(x,y) \mid 1<x<3, 1<y<3\}$ 上服从均匀分布，试求随机变量 $Z=|X-Y|$ 的概率密度函数. 【2001 研数三】

分析 设 Z 的分布函数为 $F_Z(z)$，则 $F_Z(z)=P\{Z \leqslant z\}=P\{|X-Y| \leqslant z\}=\iint\limits_{|x-y| \leqslant z} f(x,y)\mathrm{d}x\mathrm{d}y, \forall z \in \mathbb{R}$，再求导得概率密度函数.

解 依题设，(X,Y) 的概率密度函数为

$$f(x,y)=\begin{cases} \dfrac{1}{4}, & 1<x<3, 1<y<3, \\ 0, & 其他, \end{cases}$$

$Z=|X-Y| \in [0,2]$，设 Z 的分布函数为 $F_Z(z)$，依定义，$F_Z(z)=P\{Z \leqslant z\}, \forall z \in \mathbb{R}$，再依性质有

$F_Z(z) = P\{Z \leqslant z\} = P\{|X-Y| \leqslant z\} = \iint\limits_{|x-y| \leqslant z} f(x,y)\mathrm{d}x\mathrm{d}y, \forall z \in \mathbb{R}$，如图 3-15 所示.

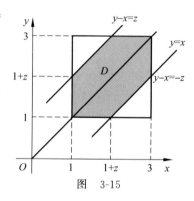

图 3-15

当 $z<0$ 时，$F_Z(z)=P(\varnothing)=0$；当 $z \geqslant 2$ 时，$F_Z(z)=P(\Omega)=1$；区域 $|x-y| \leqslant z$ 是指两条直线 $|x-y|=z$ 的之间的阴影部分区域，当 $0 \leqslant z<2$ 时，有

$$\begin{aligned} F_Z(z) &= \iint\limits_{|x-y| \leqslant z} f(x,y)\mathrm{d}x\mathrm{d}y = \frac{1}{4}\iint\limits_D 1 \cdot \mathrm{d}x\mathrm{d}y \\ &= \frac{1}{4}S_D = \frac{1}{4}\left(4-2 \times \frac{1}{2}(2-z)^2\right) \\ &= 1 - \frac{1}{4}(2-z)^2, \end{aligned}$$

其中 S_D 代表积分区域 D 的面积，即 Z 的分布函数为

$$F_Z(z)=\begin{cases} 0, & z<0, \\ 1-\dfrac{1}{4}(2-z)^2, & 0 \leqslant z<2, \\ 1, & z \geqslant 2. \end{cases}$$

求导得 Z 的概率密度函数为

$$f_Z(z)=F_Z'(z)=\begin{cases} 1-\dfrac{1}{2}z, & 0<z<2, \\ 0, & 其他. \end{cases}$$

注 依二重积分的性质，$\iint\limits_D 1 \cdot \mathrm{d}x\mathrm{d}y = S_D = S_\square - 2 \times S_\triangle = 4-2 \times \dfrac{1}{2}(2-z)^2 = 4z-z^2$，其中 $S_\square$ 代表正方形的面积，$S_\triangle$ 代表阴影右下角三角形的面积.

评 关于 $Z=|X-Y|$ 的概率密度函数，没有现成的公式可循，可先求其分布函数，再求导得 $f_Z(z)=[F_Z(z)]'$. $(X,Y) \sim U(D)$，但是 $Z=|X-Y|$ 并不服从均匀分布.

例 3.7.3 设二维随机变量 (X,Y) 的概率密度函数为

$$f(x,y)=\begin{cases}2-x-y, & 0<x<1,0<y<1,\\ 0, & \text{其他,}\end{cases}$$

求随机变量 $Z=X+Y$ 的概率密度函数 $f_Z(z)$.　　　　　　　　　　　【2007 研数一、三】

分析 依定理,$f_Z(z)=\displaystyle\int_{-\infty}^{+\infty}f(x,z-x)\mathrm{d}x,\quad -\infty<z<+\infty.$

解 解法一 依定理,$Z=X+Y$ 的概率密度函数为

$$f_Z(z)=\int_{-\infty}^{+\infty}f(x,z-x)\mathrm{d}x,\quad -\infty<z<+\infty,$$

被积函数大于零的区域为 $\begin{cases}0<x<1,\\0<z-x<1,\end{cases}\Rightarrow\begin{cases}0<x<1,\\x<z<1+x,\end{cases}$ 如图 3-16(a)所示,有

$$f_Z(z)=\begin{cases}\displaystyle\int_0^z(2-z)\mathrm{d}x=2z-z^2, & 0<z<1,\\ \displaystyle\int_{z-1}^1(2-z)\mathrm{d}x=(2-z)^2, & 1\leqslant z<2,\\ 0, & \text{其他,}\end{cases}$$

即 Z 的概率密度函数为

$$f_Z(z)=\begin{cases}2z-z^2, & 0<z<1,\\ (2-z)^2, & 1\leqslant z<2,\\ 0, & \text{其他.}\end{cases}$$

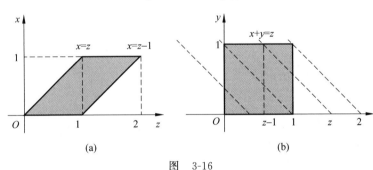

图 3-16

解法二 设 Z 的分布函数为 $F_Z(z)$,依定义及概率密度函数的性质,有

$$F_Z(z)=P\{Z\leqslant z\}=P\{X+Y\leqslant z\}=\iint\limits_{x+y\leqslant z}f(x,y)\mathrm{d}x\mathrm{d}y,\quad \forall z\in\mathbb{R},$$

依题设,$Z=X+Y\in[0,2]$,如图 3-16(b)所示,区域 $x+y\leqslant z$ 是指直线 $x+y=z$ 的左下方.

当 $z<0$ 时,$F_Z(z)=P(\varnothing)=0$;当 $z\geqslant2$ 时,$F_Z(z)=P(\Omega)=1$;当 $0\leqslant z<1$ 时,有

$$F_Z(z)=\iint\limits_{x+y\leqslant z}f(x,y)\mathrm{d}x\mathrm{d}y=\int_0^z\mathrm{d}x\int_0^{z-x}(2-x-y)\mathrm{d}y=\frac{1}{2}\int_0^z((4-z)z-4x+x^2)\mathrm{d}x$$

$$=\frac{1}{2}\left((4-z)zx-2x^2+\frac{1}{3}x^3\right)\Big|_0^z=z^2-\frac{1}{3}z^3,$$

当 $1\leqslant z<2$ 时,

$$F_Z(z) = 1 - P\{X+Y > z\} = 1 - \iint\limits_{x+y>z} f(x,y)\,dx\,dy = 1 - \int_{z-1}^{1} dy \int_{z-y}^{1} (2-x-y)\,dx$$

$$= 1 - \int_{z-1}^{1} \left(\frac{3}{2} - 2z + \frac{1}{2}z^2 + y - \frac{1}{2}y^2 \right) dy = 1 - \frac{1}{3}(2-z)^3,$$

即 $Z = X+Y$ 的分布函数为

$$F_Z(z) = \begin{cases} 0, & z < 0, \\ z^2 - \dfrac{1}{3}z^3, & 0 \leqslant z < 1, \\ 1 - \dfrac{1}{3}(2-z)^3, & 1 \leqslant z < 2, \\ 1, & z \geqslant 2. \end{cases}$$

求导得 Z 的概率密度函数为

$$f_Z(z) = F_Z'(z) = \begin{cases} 2z - z^2, & 0 < z < 1, \\ (2-z)^2, & 1 \leqslant z < 2, \\ 0, & \text{其他}. \end{cases}$$

注 依规范性,当 $1 \leqslant z < 2$ 时,$F_Z(z) = \iint\limits_{x+y \leqslant z} f(x,y)\,dx\,dy = 1 - \iint\limits_{x+y>z} f(x,y)\,dx\,dy$.

评 关于 $Z = X+Y$ 的概率密度函数的两种求法:

(1) 依公式,$f_Z(z) = \displaystyle\int_{-\infty}^{+\infty} f(x, z-x)\,dx \ (-\infty < z < +\infty)$;

(2) 依分布函数,$F_Z(z) = P\{Z \leqslant z\} = P\{X+Y \leqslant Z\} = \iint\limits_{x+y \leqslant z} f(x,y)\,dx\,dy$,$f_Z(z) = F_Z'(z) \ (\forall z \in \mathbb{R})$.

相比较知,方法(1)更简便快捷.

例 3.7.4 设二维随机变量 (X,Y) 服从二维正态分布 $N(0,0,\sigma^2,\sigma^2,0)$,求随机变量 $T = X+Y$ 的概率密度函数.

分析 因 X 与 Y 相互独立,依定理,$f_T(t) = \displaystyle\int_{-\infty}^{+\infty} f_X(x) f_Y(t-x)\,dx$,$-\infty < t < +\infty$.

解 因为 $(X,Y) \sim N(0,0,\sigma^2,\sigma^2,0)$,则 $X \sim N(0,\sigma^2)$,$Y \sim N(0,\sigma^2)$. 由于 $\rho = 0$,X 与 Y 相互独立,依定理,$T = X+Y$ 的概率密度函数为

$$f_T(t) = \int_{-\infty}^{+\infty} f_X(x) f_Y(t-x)\,dx, \quad -\infty < t < +\infty,$$

$$f_T(t) = \frac{1}{2\pi\sigma^2} \int_{-\infty}^{+\infty} e^{-\frac{1}{2\sigma^2}(x^2+(t-x)^2)}\,dx = \frac{1}{2\pi\sigma^2} e^{-\frac{t^2}{4\sigma^2}} \int_{-\infty}^{+\infty} e^{-\frac{1}{\sigma^2}\left(x-\frac{t}{2}\right)^2}\,dx.$$

令 $\dfrac{1}{\sigma}\left(x - \dfrac{t}{2}\right) = u$,则 $dx = \sigma\,du$,代入上式得

$$f_T(t) = \frac{1}{2\pi\sigma} e^{-\frac{t^2}{4\sigma^2}} \int_{-\infty}^{+\infty} e^{-u^2}\,du = \frac{1}{2\pi\sigma} e^{-\frac{t^2}{4\sigma^2}} \sqrt{\pi} = \frac{1}{\sqrt{2\pi}\sqrt{2}\sigma} e^{-\frac{(t-0)^2}{2(\sqrt{2}\sigma)^2}}, \quad -\infty < t < +\infty.$$

由此得 $T \sim N(0, 2\sigma^2)$.

注 $\int_{-\infty}^{+\infty} e^{-\frac{u^2}{2}} du = \sqrt{2\pi}$，同理 $\int_{-\infty}^{+\infty} e^{-u^2} du = \sqrt{\pi}$，参见 2.3 节.

评 本例中，$X \sim N(0, \sigma^2)$，$Y \sim N(0, \sigma^2)$，且 X 与 Y 相互独立，则 $X + Y \sim N(0, 2\sigma^2)$.
同理可证，如果 $X \sim N(\mu_1, \sigma_1^2)$，$Y \sim N(\mu_2, \sigma_2^2)$，且 X 与 Y 相互独立，则

$$X + Y \sim N(\mu_1 + \mu_2, \sigma_1^2 + \sigma_2^2).$$

例 3.7.5 设二维随机变量 (X, Y) 在矩形区域 $D = \{(x, y) \mid 0 \leqslant x \leqslant 1, 0 \leqslant y \leqslant 2\}$ 上服从均匀分布，求：(1) 边长分别为 X 与 Y 的矩形面积 Z 的概率密度函数；(2) 随机变量 $U = \dfrac{X}{Y}$ 的概率密度函数. 【1999 研数四】

分析 依定理，$Z = XY$，$U = \dfrac{X}{Y}$ 的概率密度函数分别为

$$f_Z(z) = \int_{-\infty}^{+\infty} \frac{1}{|x|} f\left(x, \frac{z}{x}\right) dx, \quad -\infty < z < +\infty,$$

$$f_U(u) = \int_{-\infty}^{+\infty} |y| f(yu, y) dy, \quad -\infty < u < +\infty.$$

解 (1) 依题设，(X, Y) 的概率密度函数为

$$f(x, y) = \begin{cases} \dfrac{1}{2}, & 0 < x < 1, 0 < y < 2, \\ 0, & \text{其他}, \end{cases}$$

依定理，$Z = XY$ 的概率密度函数为

$$f_Z(z) = \int_{-\infty}^{+\infty} \frac{1}{|x|} f\left(x, \frac{z}{x}\right) dx, \quad -\infty < z < +\infty,$$

被积函数大于零的区域为 $\begin{cases} 0 < x < 1, \\ 0 < \dfrac{z}{x} < 2, \end{cases} \Rightarrow \begin{cases} 0 < x < 1, \\ 0 < z < 2x, \end{cases}$ 如图 3-17(a) 所示，有

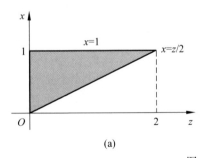
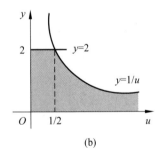

(a)   (b)

图 3-17

$$f_Z(z) = \begin{cases} \int_{\frac{z}{2}}^{1} \frac{1}{x} \cdot \frac{1}{2} dx = \frac{1}{2}(\ln 2 - \ln z), & 0 < z < 2, \\ 0, & \text{其他}, \end{cases}$$

(2) 依定理，$U = \dfrac{X}{Y}$ 的概率密度函数为

$$f_U(u) = \int_{-\infty}^{+\infty} |y| f(yu, y) dy, \quad -\infty < u < +\infty,$$

被积函数大于零的区域为 $\begin{cases} 0<y<2, \\ 0<yu<1, \end{cases} \Rightarrow \begin{cases} 0<y<2, \\ 0<u<\dfrac{1}{y}, \end{cases}$ 如图 3-17(b)所示,有

$$f_U(u) = \begin{cases} 0, & u<0, \\[2mm] \displaystyle\int_0^2 \frac{y}{2}\,\mathrm{d}y = 1, & 0\leqslant u<\dfrac{1}{2}, \\[2mm] \displaystyle\int_0^{1/u} \frac{y}{2}\,\mathrm{d}y = \frac{1}{4u^2}, & u\geqslant \dfrac{1}{2}. \end{cases}$$

注 要求 $f_U(u)=\displaystyle\int_{-\infty}^{+\infty} |y| f(yu,y)\,\mathrm{d}y$ $(-\infty<u<+\infty)$,积分需在被积函数大于零的区域内实施,即

$$\begin{cases} 0<y<2, \\ 0<yu<1, \end{cases} \Rightarrow \begin{cases} 0<y<2, \\ 0<u<\dfrac{1}{y}. \end{cases}$$

评 $X\sim U(0,1)$, $Y\sim U(0,1)$,且相互独立,但是 XY 和 $\dfrac{X}{Y}$ 皆不服从均匀分布.

例 3.7.6 设随机变量 X 与 Y 相互独立,其概率密度函数分别为

$$f_X(x) = \begin{cases} 1, & 0<x<1, \\ 0, & \text{其他}, \end{cases} \qquad f_Y(y) = \begin{cases} \mathrm{e}^{-y}, & y>0, \\ 0, & \text{其他}. \end{cases}$$

求:(1) 随机变量 $Z=2X+Y$ 的概率密度函数;(2) 随机变量 $Z=2X-Y$ 的概率密度函数.

分析 依定理,$Z=2X+Y$,$Z=2X-Y$ 的概率密度函数分别为

$$f_Z(z) = \frac{1}{|b|}\int_{-\infty}^{+\infty} f_X(x) f_Y\left(\frac{1}{b}(z-ax)\right)\mathrm{d}x = \int_{-\infty}^{+\infty} f_X(x) f_Y(z-2x)\,\mathrm{d}x, \quad -\infty<z<+\infty,$$

$$f_Z(z) = \frac{1}{|b|}\int_{-\infty}^{+\infty} f_X(x) f_Y\left(\frac{1}{b}(ax-z)\right)\mathrm{d}x = \int_{-\infty}^{+\infty} f_X(x) f_Y(2x-z)\,\mathrm{d}x, \quad -\infty<z<+\infty.$$

解 (1) **解法一** 依定理,$Z=2X+Y$ 的概率密度函数为

$$f_Z(z) = \frac{1}{|b|}\int_{-\infty}^{+\infty} f_X(x) f_Y\left(\frac{1}{b}(z-ax)\right)\mathrm{d}x = \int_{-\infty}^{+\infty} f_X(x) f_Y(z-2x)\,\mathrm{d}x, \quad -\infty<z<+\infty,$$

被积函数大于零的区域为 $\begin{cases} 0<x<1, \\ z-2x>0, \end{cases} \Rightarrow \begin{cases} 0<x<1, \\ z>2x, \end{cases}$ 如图 3-18(a)所示,有

$$f_Z(z) = \begin{cases} 0, & z<0, \\[2mm] \displaystyle\int_0^{z/2} \mathrm{e}^{-(z-2x)}\,\mathrm{d}x = \frac{1}{2}\mathrm{e}^{-z}(\mathrm{e}^{2x})_0^{z/2} = \frac{1}{2}(1-\mathrm{e}^{-z}), & 0\leqslant z<2, \\[2mm] \displaystyle\int_0^1 \mathrm{e}^{-(z-2x)}\,\mathrm{d}x = \frac{1}{2}\mathrm{e}^{-z}(\mathrm{e}^{2x})_0^1 = \frac{1}{2}(\mathrm{e}^2-1)\mathrm{e}^{-z}, & z\geqslant 2. \end{cases}$$

解法二 令 $U=2X$,则 $U\in[0,2]$,依定理,U 的概率密度函数为

$$f_U(u) = \begin{cases} f_X\left(\dfrac{u}{2}\right)\left|\left(\dfrac{u}{2}\right)'\right| = \dfrac{1}{2}, & 0<u<2, \\[2mm] 0, & \text{其他}, \end{cases} \quad \text{即} \ U\sim(0,2),$$

因为 X 与 Y 相互独立,所以 U 与 Y 相互独立,依卷积公式,$Z=U+Y$ 的概率密度函数为

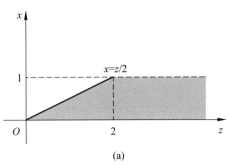 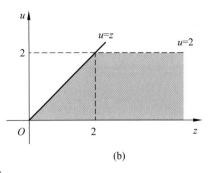

图 3-18

$$f_Z(z) = \int_{-\infty}^{+\infty} f_U(u) f_Y(z-u) \mathrm{d}u, \quad -\infty < z < +\infty,$$

被积函数大于零的区域为 $\begin{cases} 0 < u < 2, \\ z - u > 0, \end{cases} \Rightarrow \begin{cases} 0 < u < 2, \\ z > u, \end{cases}$ 如图 3-18(b) 所示,有

$$f_Z(z) = \begin{cases} 0, & z < 0, \\ \int_0^z \dfrac{1}{2} \mathrm{e}^{-(z-u)} \mathrm{d}u = \dfrac{1}{2} \mathrm{e}^{-z} (\mathrm{e}^u)_0^z = \dfrac{1}{2}(1 - \mathrm{e}^{-z}), & 0 \leqslant z < 2, \\ \int_0^2 \dfrac{1}{2} \mathrm{e}^{-(z-u)} \mathrm{d}u = \dfrac{1}{2} \mathrm{e}^{-z} (\mathrm{e}^u)_0^2 = \dfrac{1}{2}(\mathrm{e}^2 - 1) \mathrm{e}^{-z}, & z \geqslant 2. \end{cases}$$

(2) **解法一** 依定理,$Z = 2X - Y$ 的概率密度函数为

$$f_Z(z) = \frac{1}{|b|} \int_{-\infty}^{+\infty} f_X(x) f_Y\left(\frac{1}{b}(z - ax)\right) \mathrm{d}x = \int_{-\infty}^{+\infty} f_X(x) f_Y(2x - z) \mathrm{d}x, \quad -\infty < z < +\infty,$$

被积函数大于零的区域为 $\begin{cases} 0 < x < 1, \\ 2x - z > 0, \end{cases} \Rightarrow \begin{cases} 0 < x < 1, \\ z < 2x, \end{cases}$ 如图 3-19(a) 所示,有

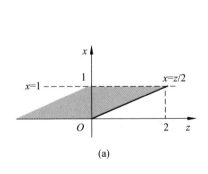 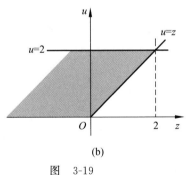 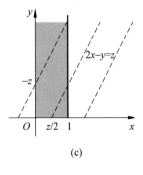

图 3-19

$$f_Z(z) = \begin{cases} \int_0^1 \mathrm{e}^{-(2x-z)} \mathrm{d}x = -\dfrac{1}{2} \mathrm{e}^z (\mathrm{e}^{-2x})_0^1 = \dfrac{1}{2}(1 - \mathrm{e}^{-2}) \mathrm{e}^z, & z < 0, \\ \int_{z/2}^1 \mathrm{e}^{-(2x-z)} \mathrm{d}x = -\dfrac{1}{2} \mathrm{e}^z (\mathrm{e}^{-2x})_{z/2}^1 = \dfrac{1}{2}(1 - \mathrm{e}^{z-2}), & 0 \leqslant z < 2, \\ 0, & z \geqslant 2. \end{cases}$$

解法二　由(1)知,$U=2X$ 的概率密度函数为 $f_U(u)=\begin{cases}\dfrac{1}{2}, & 0<u<2,\\ 0, & \text{其他},\end{cases}$ 因为 X 与 Y 相互独立,所以 U 与 Y 相互独立,依定理,$Z=U-Y$ 的概率密度函数为

$$f_Z(z)=\int_{-\infty}^{+\infty}f_U(u)f_Y(u-z)\mathrm{d}u,\quad -\infty<z<+\infty,$$

被积函数大于零的区域为 $\begin{cases}0<u<2,\\ u-z>0,\end{cases}\Rightarrow\begin{cases}0<u<2,\\ u>z,\end{cases}$ 如图 3-19(b)所示,有

$$f_Z(z)=\begin{cases}\displaystyle\int_0^2\frac{1}{2}\mathrm{e}^{-(u-z)}\mathrm{d}u=-\frac{1}{2}\mathrm{e}^z(\mathrm{e}^{-u})_0^2=\frac{1}{2}(1-\mathrm{e}^{-2})\mathrm{e}^z, & z<0,\\ \displaystyle\int_z^2\frac{1}{2}\mathrm{e}^{-(u-z)}\mathrm{d}u=-\frac{1}{2}\mathrm{e}^z(\mathrm{e}^{-u})_z^2=\frac{1}{2}(1-\mathrm{e}^{z-2}), & 0\leqslant z<2,\\ 0, & z\geqslant 2.\end{cases}$$

解法三　设 $Z=2X-Y$ 的分布函数为 $F_Z(z)$,依定义及概率密度函数的性质,有

$$F_Z(z)=P\{Z\leqslant z\}=P\{2X-Y\leqslant z\}=\iint\limits_{2x-y\leqslant z}f(x,y)\mathrm{d}y\mathrm{d}x,\quad \forall z\in\mathbb{R},$$

如图 3-19(c)所示,经一点判别法,区域 $2x-y\leqslant z$ 是指直线 $2x-y=z$ 的左上方:

当 $z<0$ 时,$F_Z(z)=\int_0^1\mathrm{d}x\int_{2x-z}^{+\infty}\mathrm{e}^{-y}\mathrm{d}y=\int_0^1\mathrm{e}^{z-2x}\mathrm{d}x=\mathrm{e}^z\left[-\frac{1}{2}(\mathrm{e}^{-2x})\right]_0^1=\frac{1}{2}(1-\mathrm{e}^{-2})\mathrm{e}^z$;

当 $0\leqslant z<2$ 时,

$$F_Z(z)=1-\int_{z/2}^1\mathrm{d}x\int_0^{2x-z}\mathrm{e}^{-y}\mathrm{d}y=1-\int_{z/2}^1(1-\mathrm{e}^z\mathrm{e}^{-2x})\mathrm{d}x=1-\left(x+\frac{1}{2}\mathrm{e}^z\mathrm{e}^{-2x}\right)_{z/2}^1$$
$$=\frac{1}{2}(1+z-\mathrm{e}^{z-2}),$$

或者

$$F_Z(z)=\int_0^{z/2}\mathrm{d}x\int_0^{+\infty}\mathrm{e}^{-y}\mathrm{d}y+\int_{z/2}^1\mathrm{d}x\int_{2x-z}^{+\infty}\mathrm{e}^{-y}\mathrm{d}y=\int_0^{z/2}\mathrm{d}x+\int_{z/2}^1\mathrm{e}^{z-2x}\mathrm{d}x=\frac{1}{2}(1+z-\mathrm{e}^{z-2});$$

当 $z\geqslant 2$ 时,$F_Z(z)=P(\Omega)=1$,即 $Z=2X-Y$ 的分布函数为

$$F_Z(z)=\begin{cases}\dfrac{1}{2}(1-\mathrm{e}^{-2})\mathrm{e}^z, & z<0,\\ \dfrac{1}{2}(1+z-\mathrm{e}^{z-2}), & 0\leqslant z<2,\\ 1, & z\geqslant 2,\end{cases}$$

求导得 Z 的概率密度函数为

$$f_Z(z)=F_Z'(z)=\begin{cases}\dfrac{1}{2}(1-\mathrm{e}^{-2})\mathrm{e}^z, & z<0,\\ \dfrac{1}{2}(1-\mathrm{e}^{z-2}), & 0\leqslant z<2,\\ 0, & z\geqslant 2.\end{cases}$$

注　利用一点判别法判定 $2x-y\leqslant z$ 所指区域.

评　求 $Z=2X-Y$ 的概率密度函数的三种方法:

(1) 依公式，$f_Z(z) = \displaystyle\int_{-\infty}^{+\infty} f_X(x) f_Y(2x - z)\,\mathrm{d}x$，$-\infty < z < +\infty$；

(2) 依变量重组，令 $U = 2X$，$Z = U - Y$ 的概率密度函数为

$$f_Z(z) = \int_{-\infty}^{+\infty} f_U(u) f_Y(u - z)\,\mathrm{d}u, \quad -\infty < z < +\infty;$$

(3) 依分布函数，$F_Z(z) = P\{Z \leqslant z\} = P\{2X - Y \leqslant z\} = \displaystyle\iint\limits_{2x - y \leqslant z} f(x, y)\,\mathrm{d}y\,\mathrm{d}x$（$\forall z \in$

$\mathbb{R}$），$f_Z(z) = [F_Z(z)]'$.

显然方法(1)简便快捷.

例 3.7.7 设随机变量 X 与 Y 相互独立，其概率密度函数分别为

$$f_X(x) = \begin{cases} \lambda \mathrm{e}^{-\lambda x}, & x > 0, \\ 0, & x \leqslant 0, \end{cases} \qquad f_Y(y) = \begin{cases} \mu \mathrm{e}^{-\mu y}, & y > 0, \\ 0, & y \leqslant 0, \end{cases}$$

其中常数 $\lambda > 0$，$\mu > 0$，引入随机变量 $Z = \begin{cases} 1, & X > Y, \\ 0, & X \leqslant Y, \end{cases}$ 求 Z 的概率分布.

分析 依题设，$P\{Z = 0\} = P\{X \leqslant Y\} = \displaystyle\iint\limits_{x \leqslant y} f(x,$

$y)\mathrm{d}x\mathrm{d}y$，其中 $f(x, y) = f_X(x) f_Y(y)$.

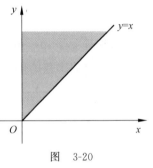

图 3-20

解 依卷积公式，(X, Y) 的概率密度函数为

$$f(x, y) = f_X(x) f_Y(y) = \begin{cases} \lambda \mu \mathrm{e}^{-\lambda x - \mu y}, & x > 0, y > 0, \\ 0, & \text{其他}. \end{cases}$$

依题设，Z 的所有可能取值为 $0, 1$，如图 3-20 所示，依概率密度函数的性质，有

$$P\{Z = 0\} = P\{X \leqslant Y\} = \iint\limits_{x \leqslant y} f(x, y)\mathrm{d}x\mathrm{d}y$$

$$= \lambda \mu \int_0^{+\infty} \mathrm{e}^{-\mu y}\mathrm{d}y \int_0^y \mathrm{e}^{-\lambda x}\mathrm{d}x = \mu \int_0^{+\infty} (\mathrm{e}^{-\mu y} - \mathrm{e}^{-(\lambda + \mu)y})\,\mathrm{d}y$$

$$= \left(-\mathrm{e}^{-\mu y} + \frac{\mu}{\lambda + \mu}\mathrm{e}^{-(\lambda + \mu)y} \right)\Bigg|_0^{+\infty} = \frac{\lambda}{\lambda + \mu},$$

于是 $P\{Z = 1\} = 1 - P\{Z = 0\} = 1 - \dfrac{\lambda}{\lambda + \mu} = \dfrac{\mu}{\lambda + \mu}$，即 Z 的概率分布为

Z	0	1
P	$\dfrac{\lambda}{\lambda + \mu}$	$\dfrac{\mu}{\lambda + \mu}$

注 显然 Z 是离散型随机变量，服从 0-1 分布，且 $\{Z = 0\} = \{X \leqslant Y\}$.

评 相互独立的连续型随机变量 X, Y 的函数 Z 有可能是离散型随机变量.

习题 3-7

1. 设二维随机变量 (X, Y) 的概率分布为

X \ Y	−1	0	1
−1	0.2	0	0.2
0	0.1	a	0.2
1	0	0.1	b

其中 a,b 为常数,且 $P\{Y\leqslant 0 \,|\, X\leqslant 0\}=0.5$,记随机变量 $Z=X+Y$,求:

(1) a,b 的值;(2) Z 的概率分布;(3) $P\{X=Z\}$.

2. 设随机变量 X 与 Y 相互独立,且 $X\sim B(n_1,p)$,$Y\sim B(n_2,p)$,求:(1)随机变量 $Z=X+Y$ 的概率分布;(2)在 $X+Y=n(1\leqslant n\leqslant n_1+n_2)$ 的条件下,X 的条件分布律.

3. 设二维随机变量 (X,Y) 服从二维正态分布 $N(0,0,\sigma^2,\sigma^2,0)$,求随机变量 $Z=\sqrt{X^2+Y^2}$ 的概率密度函数.

4. 某种商品一周的需求量 X 是一个随机变量,其概率密度函数为

$$f(x)=\begin{cases} x\mathrm{e}^{-x}, & x>0, \\ 0, & x\leqslant 0, \end{cases}$$

设各周的需求量是相互独立的,试求:

(1) 两周需求量的概率密度函数;(2) 三周需求量的概率密度函数.

5. 随机变量 X,Y,Z 相互独立,均服从区间 $[0,1]$ 上的均匀分布,求概率 $P\{X\geqslant YZ\}$.

6. 设二维随机变量 (X,Y) 的概率密度函数为

$$f(x,y)=\begin{cases} 1, & 0<x<1, \, 0<y<2x, \\ 0, & \text{其他}. \end{cases}$$

求:(1) (X,Y) 关于 X 和关于 Y 的边缘概率密度函数 $f_X(x)$,$f_Y(y)$;

(2) 随机变量 $Z=2X-Y$ 的概率密度函数 $f_Z(z)$;

(3) 条件概率 $P\left\{Y\leqslant\dfrac{1}{2}\,\Big|\,X\leqslant\dfrac{1}{2}\right\}$. 【2005 研数一、三】

7. 设随机变量 $X\sim U(0,1)$,$Y\sim E\left(\dfrac{1}{2}\right)$,且 X 与 Y 相互独立,求随机变量 $Z=2X+Y$ 的概率密度函数.

3.8 n 个独立随机变量最大(小)值的分布

一、内容要点与评注

定理 设随机变量 $X_1,X_2,\cdots,X_n$ 相互独立,其分布函数分别为 $F_{X_1}(x),F_{X_2}(x),\cdots,F_{X_n}(x)$,则随机变量 $Y=\max\{X_1,X_2,\cdots,X_n\}$ 的分布函数为

$$F_Y(y)=F_{X_1}(y)F_{X_2}(y)\cdots F_{X_n}(y), \quad \forall y\in\mathbb{R}.$$

随机变量 $Z=\min\{X_1,X_2,\cdots,X_n\}$ 的分布函数为

$$F_Z(z)=1-(1-F_{X_1}(z))(1-F_{X_2}(z))\cdots(1-F_{X_n}(z)), \quad \forall z\in\mathbb{R}.$$

证 依定义及 $X_1,X_2,\cdots,X_n$ 相互独立,有

$$F_Y(y) = P\{Y \leqslant y\} = P\{\max\{X_1, X_2, \cdots, X_n\} \leqslant y\}$$
$$= P\{X_1 \leqslant y, X_2 \leqslant y, \cdots, X_n \leqslant y\}$$
$$= P\{X_1 \leqslant y\} P\{X_2 \leqslant y\} \cdots P\{X_n \leqslant y\}$$
$$= F_{X_1}(y) F_{X_2}(y) \cdots F_{X_n}(y), \quad \forall y \in \mathbb{R}.$$

$$F_Z(z) = P\{Z \leqslant z\} = P\{\min\{X_1, X_2, \cdots, X_n\} \leqslant z\}$$
$$= 1 - P\{\min\{X_1, X_2, \cdots, X_n\} > z\}$$
$$= 1 - P\{X_1 > z, X_2 > z, \cdots, X_n > z\}$$
$$= 1 - P\{X_1 > z\} P\{X_2 > z\} \cdots P\{X_n > z\}$$
$$= 1 - (1 - F_{X_1}(z))(1 - F_{X_2}(z)) \cdots (1 - F_{X_n}(z)), \quad \forall z \in \mathbb{R}.$$

注 事件 $\{\max\{X_1, X_2, \cdots, X_n\} \leqslant y\} = \{X_1 \leqslant y, X_2 \leqslant y, \cdots, X_n \leqslant y\}$,事件 $\{\min\{X_1, X_2, \cdots, X_n\} > z\} = \{X_1 > z, X_2 > z, \cdots, X_n > z\}$,最值变量 Y, Z 的分布函数都是一元函数.

如果 $X_1, X_2, \cdots, X_n$ 独立同分布,设其共同的分布函数为 $F(x)$,则 Y, Z 的分布函数分别为

$$F_Y(y) = (F(y))^n, \quad \forall y \in \mathbb{R}, \quad F_Z(z) = 1 - (1 - F(z))^n, \quad \forall z \in \mathbb{R}.$$

特别地,如果 $X_1, X_2, \cdots, X_n$ 同为连续型随机变量,其共同的概率密度函数为 $f(x)$,则 Y, Z 均为连续型随机变量,且其概率密度函数分别为

$$f_Y(y) = n(F(y))^{n-1} f(y), \quad \forall y \in \mathbb{R}, \quad f_Z(z) = n(1 - F(z))^{n-1} f(z), \quad \forall z \in \mathbb{R}.$$

二、典型例题

例 3.8.1 设随机变量 X 与 Y 独立同分布,且其分布律为

$X(Y)$	1	2
P	2/3	1/3

记随机变量 $U = \max\{X, Y\}$,$V = \min\{X, Y\}$,求:

(1) 二维随机变量 (U, V) 的分布律及其关于 U 和关于 V 的边缘分布律;

(2) 条件概率 $P\{U + V \leqslant 3 \mid U \geqslant 2\}$;

(3) 判别 U 与 V 的独立性,说明理由.

分析 (1) 依题设确定 (U, V) 的所有可能取值点,依 X 与 Y 相互独立求 (U, V) 各点的概率值;(2) 依联合分布及边缘分布求条件概率;(3) 依充分必要条件判断 U 与 V 的独立性.

解 (1) 依题设,(U, V) 的所有可能取值点为 $(1, 1)$,$(2, 1)$,$(2, 2)$,且

$$P\{U = 1, V = 1\} = P\{X = 1, Y = 1\} = P\{X = 1\} P\{Y = 1\} = \frac{2}{3} \times \frac{2}{3} = \frac{4}{9},$$

$$P\{U = 2, V = 1\} = P\{X = 1, Y = 2\} + P\{X = 2, Y = 1\}$$
$$= P\{X = 1\} P\{Y = 2\} + P\{X = 2\} P\{Y = 1\}$$
$$= \frac{2}{3} \times \frac{1}{3} + \frac{1}{3} \times \frac{2}{3} = \frac{4}{9},$$

$$P\{U = 2, V = 2\} = P\{X = 2, Y = 2\} = P\{X = 2\} P\{Y = 2\} = \frac{1}{3} \times \frac{1}{3} = \frac{1}{9},$$

于是 (U,V) 的分布律及其关于 U 和关于 V 的边缘分布律分别为

U \ V	1	2	$P\{U=u_i\}$
1	4/9	0	4/9
2	4/9	1/9	5/9
$P\{V=v_j\}$	8/9	1/9	1

(2) $P\{U\geqslant 2\}=P\{U=2\}=\dfrac{5}{9}>0$，依定义，有

$$P\{U+V\leqslant 3\,|\,U\geqslant 2\}=\frac{P\{U+V\leqslant 3,U\geqslant 2\}}{P\{U\geqslant 2\}}=\frac{P\{U=2,V=1\}}{P\{U=2\}}=\frac{\dfrac{4}{9}}{\dfrac{5}{9}}=\frac{4}{5}.$$

(3) 由(1)知，$P\{U=1,V=1\}=\dfrac{4}{9}$，而 $P\{U=1\}=\dfrac{4}{9}$，$P\{V=1\}=\dfrac{8}{9}$，即

$$P\{U=1,V=1\}\neq P\{U=1\}P\{V=1\},$$

依离散型随机变量相互独立的充分必要条件知，U 与 V 不独立.

　　注　依离散型随机变量相互独立的充分必要条件，只要存在一点 (u_0,v_0)，有

$$P\{U=u_0,V=v_0\}\neq P\{U=u_0\}P\{V=v_0\},\quad\text{则 } U \text{ 与 } V \text{ 不独立.}$$

　　评　X 与 Y 相互独立，但是 $U=\max\{X,Y\}$ 与 $V=\min\{X,Y\}$ 不相互独立.

　　例 3.8.2　设随机变量 $X_1,X_2,\cdots,X_n$ 独立同服从几何分布 $G(p)(0<p<1)$，求随机变量 $Y=\min\{X_1,X_2,\cdots,X_n\}$ 的概率分布.

　　分析　设 $X_1,X_2,\cdots,X_n$ 的分布函数为 $F_X(x)$，Y 的分布函数为 $F_Y(y)$，依定理，$F_Y(y)=1-(1-F_X(y))^n,\forall y\in\mathbb{R}$，从而

$$P\{Y=k\}=P\{Y\leqslant k\}-P\{Y\leqslant k-1\}=F_Y(k)-F_Y(k-1).$$

　　解　依题设，$P\{X_m=k\}=(1-p)^{k-1}p\ (k=1,2,\cdots,m=1,2,\cdots,n,)$ $Y=\min\{X_1,X_2,\cdots,X_n\}$ 的所有可能取值为 $1,2,\cdots$. 因为 $X_1,X_2,\cdots,X_n$ 相互独立，依定理，$F_Y(y)=1-(1-F_X(y))^n(\forall y\in\mathbb{R})$，则

$$\begin{aligned}P\{Y=k\}&=P\{Y\leqslant k\}-P\{Y\leqslant k-1\}=F_Y(k)-F_Y(k-1)\\&=(1-(1-F_X(k))^n)-(1-(1-F_X(k-1))^n),\end{aligned}$$

其中 $F_X(k)=P\{X_m\leqslant k\}=P\{X_m=1\}+P\{X_m=2\}+\cdots+P\{X_m=k\}$

$$=\sum_{l=0}^{k-1}(1-p)^l p=p(1+(1-p)+(1-p)^2+\cdots+(1-p)^{k-1})$$

$$=p\frac{1-(1-p)^k}{1-(1-p)}=1-(1-p)^k.$$

同理 $F_X(k-1)=1-(1-p)^{k-1}$，则

$$P\{Y=k\}=(1-(1-p)^{nk})-(1-(1-p)^{n(k-1)})=(1-(1-p)^n)(1-p)^{n(k-1)}$$

$$\xlongequal{q=1-p}(1-q^n)q^{n(k-1)},\quad k=1,2,\cdots.$$

　　注　$P\{X_m\leqslant k\}=P\{X_m=1\}+P\{X_m=2\}+\cdots+P\{X_m=k\}=\displaystyle\sum_{l=0}^{k-1}(1-p)^l p.$

评 先依 X 的概率分布确定 X 的分布函数,再依公式 $F_Y(y)=1-(1-F_X(y))^n$ 确定 Y 的分布函数. 最后依 Y 的分布函数确定 Y 的分布律:

$$X_m \text{ 的分布律} \Rightarrow \begin{cases} F_X(k) \Rightarrow F_Y(k) \\ F_X(k-1) \Rightarrow F_Y(k-1) \end{cases} \Rightarrow P\{Y=k\} = F_Y(k) - F_Y(k-1).$$

议 显然 $P\{Y=k\} = (1-q^n)q^{n(k-1)} \geqslant 0$,且

$$\sum_{k=1}^{\infty} (1-q^n)q^{n(k-1)} = \frac{1-q^n}{q^n} \sum_{k=1}^{\infty} (q^n)^k = \frac{1-q^n}{q^n} \cdot \frac{q^n}{1-q^n} = 1.$$

例 3.8.3 如果随机变量 $X_1, X_2, \cdots, X_n$ 相互独立,且分别服从参数为 $\frac{1}{\lambda_1}, \frac{1}{\lambda_2}, \cdots, \frac{1}{\lambda_n}$ 的指数分布,求随机变量 $Y = \min\{X_1, X_2, \cdots, X_n\}$ 的分布函数 $F_Y(y)$ 和概率密度函数 $f_Y(y)$.

分析 依定理,Y 的分布函数为 $F_Y(y) = 1 - (1-F_{X_1}(y)) \cdots (1-F_{X_n}(y))$,则 $f_Y(y) = [F_Y(y)]'$.

解 依题设,$X_1, X_2, \cdots, X_n$ 的分布函数为

$$F_{X_i}(x) = \begin{cases} 1 - e^{-\lambda_i x}, & x > 0, \\ 0, & x \leqslant 0, \end{cases} \quad i = 1, 2, \cdots, n,$$

因为 $X_1, X_2, \cdots, X_n$ 相互独立,依定理,Y 的分布函数为

$$F_Y(y) = 1 - (1-F_{X_1}(y))(1-F_{X_2}(y)) \cdots (1-F_{X_n}(y)) = \begin{cases} 1 - e^{-(\lambda_1 + \lambda_2 + \cdots + \lambda_n)y}, & y > 0, \\ 0, & y \leqslant 0, \end{cases}$$

求导得 Y 的概率密度函数为

$$f_Y(y) = \begin{cases} (\lambda_1 + \lambda_2 + \cdots + \lambda_n)e^{-(\lambda_1 + \lambda_2 + \cdots + \lambda_n)y}, & y > 0, \\ 0, & y \leqslant 0, \end{cases}$$

上式表明 Y 服从参数为 $\frac{1}{\lambda_1 + \lambda_2 + \cdots + \lambda_n}$ 的指数分布.

注 最小值变量 Y 的分布函数为一元函数:

$$F_Y(y) = 1 - (1-F_{X_1}(y))(1-F_{X_2}(y)) \cdots (1-F_{X_n}(y)), \quad \forall y \in \mathbb{R},$$

而非下述表达式:

$$F_Y(y) = 1 - (1-F_{X_1}(x_1))(1-F_{X_2}(x_2)) \cdots (1-F_{X_n}(x_n)), \quad \forall y \in \mathbb{R}.$$

评 求最值变量 Y 的概率密度函数应从求 Y 的分布函数入手. 如果随机变量 $X_1, X_2, \cdots, X_n$ 相互独立,且分别服从参数为 $\frac{1}{\lambda_1}, \frac{1}{\lambda_2}, \cdots, \frac{1}{\lambda_n}$ 的指数分布,则 $Y = \min\{X_1, X_2, \cdots, X_n\}$ 服从参数为 $\frac{1}{\lambda_1 + \lambda_2 + \cdots + \lambda_n}$ 的指数分布.

例 3.8.4 设 $X_1, X_2, \cdots, X_n (n \geqslant 2)$ 独立同服从参数为 $\frac{1}{\lambda}$ 的指数分布,令随机变量 $Z = \max\{X_1, X_2, \cdots, X_n\}$,求概率 $P\{X_n = Z\}$.

分析 令 $Y = \max\{X_1, X_2, \cdots, X_{n-1}\}$,$Y$ 和 X 的分布函数分别为 $F_Y(y)$ 和 $F_X(x)$,依定理,$F_Y(y) = (F_X(y))^{n-1}$,$f_Y(y) = [F_Y(y)]'$,则 $P\{X_n = Z\} = P\{X_n \geqslant Y\}$.

解　依题设，$X_1, X_2, \cdots, X_n$ 的共同分布函数和概率密度函数分别为

$$F_X(x) = \begin{cases} 1 - e^{-\lambda x}, & x > 0, \\ 0, & x \leqslant 0, \end{cases} \quad f_X(x) = \begin{cases} \lambda e^{-\lambda x}, & x > 0, \\ 0, & x \leqslant 0. \end{cases}$$

令 $Y = \max\{X_1, X_2, \cdots, X_{n-1}\}$，设 Y 的分布函数为 $F_Y(y)$，因为 $X_1, X_2, \cdots, X_{n-1}$ 相互独立，依定理

$$F_Y(y) = (F_X(y))^{n-1} = \begin{cases} (1 - e^{-\lambda y})^{n-1}, & y > 0, \\ 0, & y \leqslant 0, \end{cases}$$

求导得 Y 的概率密度函数为

$$f_Y(y) = [F_Y(y)]' = \begin{cases} (n-1)\lambda(1 - e^{-\lambda y})^{n-2} e^{-\lambda y}, & y > 0, \\ 0, & y \leqslant 0. \end{cases}$$

因为 $Z \geqslant Y$，所以

$$P\{X_n = Z\} = P\{X_n = Z, Z \geqslant Y\} = P\{X_n \geqslant Y\}.$$

又因为 $X_1, X_2, \cdots, X_n$ 相互独立，因此 X_n 与 Y 相互独立，且 (X_n, Y) 的概率密度函数为

$$f(x, y) = f_X(x)f_Y(y) = \begin{cases} (n-1)\lambda^2(1 - e^{-\lambda y})^{n-2} e^{-\lambda(x+y)}, & x > 0, y > 0, \\ 0, & \text{其他,} \end{cases}$$

依概率密度函数的性质，如图 3-21 所示，有

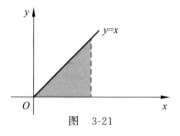

图　3-21

$$\begin{aligned} P\{X_n \geqslant Y\} &= \iint\limits_{x \geqslant y} f(x, y)\mathrm{d}x\mathrm{d}y \\ &= (n-1)\lambda^2 \int_0^{+\infty} e^{-\lambda x}\mathrm{d}x \int_0^x (1 - e^{-\lambda y})^{n-2} e^{-\lambda y}\mathrm{d}y \\ &= \lambda \int_0^{+\infty} (1 - e^{-\lambda x})^{n-1} e^{-\lambda x}\mathrm{d}x \\ &= \frac{1}{n}((1 - e^{-\lambda x})^n) \Big|_0^{+\infty} = \frac{1}{n}, \end{aligned}$$

即 $P\{X_n = Z\} = \dfrac{1}{n}$.

注　问题的转化：事件 $\{X_n = Z\} = \{X_n \geqslant Y\}$.

评　令 $Y = \max\{X_1, X_2, \cdots, X_{n-1}\}$，因为 X_n 与 Y 相互独立，所以 (X_n, Y) 的概率密度函数为 $f(x, y) = f_X(x)f_Y(y)$，依概率密度函数的性质，有

$$P\{X_n = Z\} = P\{X_n \geqslant Y\} = \iint\limits_{x \geqslant y} f(x, y)\mathrm{d}x\mathrm{d}y,$$

$$F_X(x) \Rightarrow F_Y(y) \Rightarrow f_Y(y) \Rightarrow f(x, y) \Rightarrow P\{X_n \geqslant Y\}.$$

例 3.8.5　设 $X_1, X_2, \cdots, X_n$ 独立同分布，其概率密度函数为

$$f(x) = \begin{cases} 2x e^{-x^2}, & x > 0, \\ 0, & x \leqslant 0. \end{cases}$$

求：(1) 随机变量 $Z = \max\{X_1, X_2, \cdots, X_n\}$，$Y = \min\{X_1, X_2, \cdots, X_n\}$ 的概率密度函数；

(2) 概率 $P\{Z \geqslant 2, Y \leqslant 1\}$.

分析　设 X_i, Y, Z 的分布函数分别为 $F_X(x), F_Y(y), F_Z(z)$，则：(1) 依定理，$F_Z(z) = (F_X(z))^n$，$F_Y(y) = 1 - (1 - (F_X(y)))^n$，$f_Y(y) = F_Y'(y)$；

(2) $\{Z\geqslant2,Y<1\}=\{Y<1\}-\{Z<2,Y<1\}=\{Y<1\}-(\{Z<2\}-\{Z<2,Y\geqslant1\})$.

解 (1) 依题设,$X_1,X_2,\cdots,X_n$ 共同的分布函数为

$$F_X(x)=\int_{-\infty}^{x}f(t)\mathrm{d}t=\begin{cases}\int_0^x 2t\,\mathrm{e}^{-t^2}\,\mathrm{d}t=(-\mathrm{e}^{-t^2})\Big|_0^x=1-\mathrm{e}^{-x^2}, & x>0,\\ 0, & x\leqslant0.\end{cases}$$

因为 $X_1,X_2,\cdots,X_n$ 相互独立,依定理,Z 的分布函数为

$$F_Z(z)=(F_X(z))^n=\begin{cases}(1-\mathrm{e}^{-z^2})^n, & z>0,\\ 0, & z\leqslant0,\end{cases}$$

求导得 Z 的概率密度函数为

$$f_Z(z)=[F_Z(z)]'=\begin{cases}2nz\,\mathrm{e}^{-z^2}(1-\mathrm{e}^{-z^2})^{n-1}, & z>0,\\ 0, & z\leqslant0.\end{cases}$$

同理 $Y=\min\{X_1,X_2,\cdots,X_n\}$ 的分布函数为

$$F_Y(y)=1-(1-(F_X(y)))^n=\begin{cases}1-\mathrm{e}^{-ny^2}, & y>0,\\ 0, & y\leqslant0,\end{cases}$$

求导得 Y 的概率密度函数为

$$f_Y(y)=[F_Y(y)]'=\begin{cases}2ny\,\mathrm{e}^{-ny^2}, & y>0,\\ 0, & y\leqslant0.\end{cases}$$

(2) 依概率的性质及 $X_1,X_2,\cdots,X_n$ 相互独立,有

$$\{Z\geqslant2,Y<1\}=\{Y<1\}-\{Z<2,Y<1\}=\{Y<1\}-(\{Z<2\}-\{Z<2,Y\geqslant1\}),$$

依概率密度函数的性质,有

$$\begin{aligned}P\{Z\geqslant2,Y<1\}&=P\{Y<1\}-(P\{Z<2\}-P\{Z<2,Y\geqslant1\})\\ &=F_Y(1)-F_Z(2)+P\Big(\bigcap_{k=1}^{n}\{1\leqslant X_k<2\}\Big)\\ &=(1-\mathrm{e}^{-n})-(1-\mathrm{e}^{-4})^n+\prod_{k=1}^{n}P\{1\leqslant X_k<2\}\\ &=(1-\mathrm{e}^{-n})-(1-\mathrm{e}^{-4})^n+(F_X(2)-F_X(1))^n\\ &=(1-\mathrm{e}^{-n})-(1-\mathrm{e}^{-4})^n+(\mathrm{e}^{-1}-\mathrm{e}^{-4})^n.\end{aligned}$$

注 求最值变量的概率密度函数往往先从其分布函数入手. 比如,

$$F_X(x)\Rightarrow\begin{cases}F_Z(z)=(F_X(z))^n\Rightarrow f_Z(z),\\ F_Y(y)=1-(1-(F_X(y)))^n\Rightarrow f_Y(y)\end{cases}$$

评 本例的解题技巧为

$$\begin{aligned}\{Z\geqslant2,Y<1\}&=\{Y<1\}-\{Z<2,Y<1\}\\ &=\{Y<1\}-(\{Z<2\}-\{Z<2,Y\geqslant1\}).\end{aligned}$$

又 $\{Z<2,Y\geqslant1\}=\bigcap\limits_{k=1}^{n}\{1\leqslant X_k<2\}$,所以

$$P\{Z\geqslant2,Y<1\}=P\{Y<1\}-P\{Z<2\}+P\Big(\bigcap_{k=1}^{n}\{1\leqslant X_k<2\}\Big)$$

$$= F_Y(1) - F_Z(2) + (F_X(2) - F_X(1))^n,$$

其中,$\{Y < 1\} \supset \{Z < 2, Y < 1\}$,$\{Z < 2\} \supset \{Z < 2, Y \geqslant 1\}$,所以

$$P(\{Y < 1\} - \{Z < 2, Y < 1\}) = P\{Y < 1\} - P\{Z < 2, Y < 1\},$$

$$P(\{Z < 2\} - \{Z < 2, Y \geqslant 1\}) = P\{Z < 2\} - P\{Z < 2, Y \geqslant 1\}.$$

习题 3-8

1. 设随机变量 X 与 Y 相互独立,且

X	0	1	2
P	1/9	2/9	2/3

Y	-1	0	1
P	1/6	1/2	1/3

记随机变量 $Z = \max\{X, Y\}$,$U = \min\{X, Y\}$,求 Z 的概率分布和 U 的概率分布.

2. 设随机变量 $X_1, X_2, \cdots, X_n$ 独立同服从均匀分布 $U\left(\theta - \dfrac{1}{2}, \theta + \dfrac{1}{2}\right)$,求随机变量 $Z = \max\{X_1, X_2, \cdots, X_n\}$,$Y = \min\{X_1, X_2, \cdots, X_n\}$ 的分布函数和概率密度函数.

3. 设随机变量 $X_1, X_2, \cdots, X_n$ 独立同服从 $U(0, \theta)$,记随机变量 $Y_n = \max\{X_1, X_2, \cdots, X_n\}$,$Z_n = n(\theta - Y_n)$,求 Z_n 的极限分布.

4. 设随机变量 X 与 Y 相互独立,其概率密度函数分别为

$$f_X(x) = \begin{cases} 1, & 0 \leqslant x \leqslant 1, \\ 0, & \text{其他}, \end{cases} \qquad f_Y(y) = \begin{cases} 2y, & 0 < y < 1, \\ 0, & \text{其他}, \end{cases}$$

求随机变量 $Z = X + Y$,$U = \max\{X, Y\}$,$V = \min\{X, Y\}$ 的概率密度函数.

5. 设连续型随机变量 X_1, X_2, X_3, X_4 独立同分布,记随机变量 $U = \max\{X_1, X_2\}$,$V = \min\{X_3, X_4\}$,证明概率 $P\{V > U\} = \dfrac{1}{6}$.

3.9 二维随机变量变换的分布

一、内容要点与评注

定理 设二维随机变量 (X, Y) 的概率密度函数为 $f(x, y)$,随机变量 $U = s(X, Y)$,$V = t(X, Y)$,如果函数 $u = s(x, y)$,$v = t(x, y)$ 满足:

(1) 有连续的一阶偏导数 $\dfrac{\partial u}{\partial x}, \dfrac{\partial u}{\partial y}, \dfrac{\partial v}{\partial x}, \dfrac{\partial v}{\partial y}$,

(2) 存在唯一的反函数 $x = x(u, v)$,$y = y(u, v)$,

(3) 雅可比行列式 $J = \dfrac{\partial(x, y)}{\partial(u, v)} = \begin{vmatrix} \dfrac{\partial x}{\partial u} & \dfrac{\partial x}{\partial v} \\ \dfrac{\partial y}{\partial u} & \dfrac{\partial y}{\partial v} \end{vmatrix} \neq 0$,

则二维随机变量 (U, V) 是连续型的,且其概率密度函数为

$$g(u, v) = \begin{cases} f(x(u, v), y(u, v)) \, |J|, & (u, v) \text{ 在 } s(x, y), t(x, y) \text{ 的值域内}, \\ 0, & \text{其他}, \end{cases}$$

注　上述求(U,V)概率密度函数的方法称为变换法.

二、典型例题

例 3.9.1　设二维随机变量(X,Y)的概率密度函数为$f(x,y)$,记随机变量$U=XY$,求U的概率密度函数.

分析　令$V=Y$,$g_U(u)=\displaystyle\int_{-\infty}^{+\infty}g(u,v)\mathrm{d}v$,$-\infty<u<+\infty$,其中

$$g(u,v)=\begin{cases}f(x(u,v),y(u,v))\,|J|,&(u,v)\text{ 在 }s(x,y),t(x,y)\text{ 的值域内,}\\0,&\text{其他.}\end{cases}$$

解　令$V=Y$,函数$u=xy$,$v=y$具有连续的一阶偏导数,且存在唯一的反函数$x=\dfrac{u}{v}$,$y=v$,雅可比行列式

$$J=\frac{\partial(x,y)}{\partial(u,v)}=\begin{vmatrix}\dfrac{\partial x}{\partial u}&\dfrac{\partial x}{\partial v}\\[2mm]\dfrac{\partial y}{\partial u}&\dfrac{\partial y}{\partial v}\end{vmatrix}=\begin{vmatrix}\dfrac{1}{v}&-\dfrac{u}{v^2}\\[2mm]0&1\end{vmatrix}=\frac{1}{v}\neq0,$$

依定理,(U,V)是连续型随机变量,且其概率密度函数为

$$g(u,v)=\begin{cases}f(x(u,v),y(u,v))\,|J|=f\left(\dfrac{u}{v},v\right)\dfrac{1}{|v|},&(u,v)\text{ 在 }s(x,y),t(x,y)\text{ 的值域内,}\\0,&\text{其他,}\end{cases}$$

于是(U,V)关于U的边缘概率密度函数为

$$g_U(u)=\int_{-\infty}^{+\infty}g(u,v)\mathrm{d}v=\int_{-\infty}^{+\infty}f\left(\frac{u}{v},v\right)\frac{1}{|v|}\mathrm{d}v,\quad-\infty<u<+\infty.$$

注　上式与 3.7 节中的定理所述的相关结论一致.

评　相比较于下述方法求U的分布函数,再求导得概率密度函数:

$$F_U(u)=P\{U\leqslant u\}=P\{XY\leqslant u\}=\iint\limits_{xy\leqslant u}f(x,y)\mathrm{d}x\mathrm{d}y,\quad f_U(u)=F_U'(u),$$

变换法更简便快捷.

例 3.9.2　设随机变量X与Y相互独立,同服从参数为 1 的指数分布,记随机变量$U=X+Y$,$V=\dfrac{X}{Y}$,证明U与V也相互独立.

分析　依变换法求$g(u,v)$,$g_U(u)$,$g_V(v)$,证明$g(u,v)=g_U(u)g_V(v)$几乎处处成立.

证　依题设,X,Y的概率密度函数分别为

$$f_X(x)=\begin{cases}\mathrm{e}^{-x},&x>0,\\0,&x\leqslant0,\end{cases}\quad f_Y(y)=\begin{cases}\mathrm{e}^{-y},&y>0,\\0,&y\leqslant0,\end{cases}$$

于是X和Y的联合概率密度函数为

$$f(x,y)=f_X(x)f_Y(y)=\begin{cases}\mathrm{e}^{-(x+y)},&x>0,y>0.\\0,&\text{其他,}\end{cases}$$

函数$u=x+y$,$v=\dfrac{x}{y}$具有连续的一阶偏导数,且存在唯一的反函数$x=\dfrac{uv}{v+1}$,$y=\dfrac{u}{v+1}$,且

由 $\begin{cases} x>0, \\ y>0, \end{cases} \Rightarrow \begin{cases} u>0, \\ v>0, \end{cases}$ 雅可比行列式

$$J = \frac{\partial(x,y)}{\partial(u,v)} = \begin{vmatrix} \dfrac{\partial x}{\partial u} & \dfrac{\partial x}{\partial v} \\ \dfrac{\partial y}{\partial u} & \dfrac{\partial y}{\partial v} \end{vmatrix} = \begin{vmatrix} \dfrac{v}{v+1} & \dfrac{u}{(v+1)^2} \\ \dfrac{1}{v+1} & -\dfrac{u}{(v+1)^2} \end{vmatrix} = -\frac{u}{(v+1)^2} \neq 0,$$

依定理,(U,V) 的概率密度函数为

$$g(u,v) = \begin{cases} f(x(u,v),y(u,v))\,|J| = \dfrac{1}{(v+1)^2}u\mathrm{e}^{-u}, & u>0, v>0, \\ 0, & \text{其他}, \end{cases}$$

(U,V) 关于 U 的边缘概率密度函数为

$$g_U(u) = \int_{-\infty}^{+\infty} g(u,v)\mathrm{d}v = \begin{cases} u\mathrm{e}^{-u}\displaystyle\int_0^{+\infty} \dfrac{1}{(v+1)^2}\mathrm{d}v = u\mathrm{e}^{-u}\left(-\dfrac{1}{v+1}\right)_0^{+\infty} = u\mathrm{e}^{-u}, & u>0, \\ 0, & u\leqslant 0, \end{cases}$$

(U,V) 关于 V 的边缘概率密度函数为

$$g_V(v) = \int_{-\infty}^{+\infty} g(u,v)\mathrm{d}u$$
$$= \begin{cases} \dfrac{1}{(v+1)^2}\displaystyle\int_0^{+\infty} u\mathrm{e}^{-u}\mathrm{d}u = -\dfrac{1}{(v+1)^2}(u\mathrm{e}^{-u}+\mathrm{e}^{-u})_0^{+\infty} = \dfrac{1}{(v+1)^2}, & v>0, \\ 0, & v\leqslant 0, \end{cases}$$

于是对任意 $u,v\in\mathbb{R}$,$g(u,v)=g_U(u)g_V(v)$,因此 U 与 V 相互独立.

注　解题思路:$f(x,y)\Rightarrow g(u,v)\Rightarrow \begin{cases} g_U(u), \\ g_V(v). \end{cases}$

评　尽管 $U=X+Y$,$V=\dfrac{X}{Y}$ 都是 X,Y 的函数变量,但是 U 与 V 相互独立.

例 3.9.3　设随机变量 X 与 Y 独立同服从参数为 $\dfrac{1}{\lambda}$ 的指数分布,记随机变量 $U=X+Y$,$V=\dfrac{X}{X+Y}$,求:(1) (U,V) 的概率密度函数;(2) 判断 U 与 V 是否相互独立.

分析　(1) 依变换法求 (U,V) 的概率密度函数.(2) 依充分必要条件判断 U 与 V 的独立性.

解　依题设,X,Y 的概率密度函数分别为

$$f_X(x) = \begin{cases} \lambda\mathrm{e}^{-\lambda x}, & x>0, \\ 0, & x\leqslant 0, \end{cases} \qquad f_Y(y) = \begin{cases} \lambda\mathrm{e}^{-\lambda y}, & y>0, \\ 0, & y\leqslant 0, \end{cases}$$

因为 X 与 Y 相互独立,所以 (X,Y) 的概率密度函数为

$$f(x,y) = f_X(x)f_Y(y) = \begin{cases} \lambda^2\mathrm{e}^{-\lambda(x+y)}, & x>0, y>0, \\ 0, & \text{其他}. \end{cases}$$

(1) $u=x+y$,$v=\dfrac{x}{x+y}$ 具有连续的一阶偏导数,且存在唯一的反函数 $x=uv$,$y=u(1-v)$,且由 $\begin{cases} x>0, \\ y>0, \end{cases} \Rightarrow \begin{cases} u>0, \\ 0<v<1, \end{cases}$ 雅可比行列式

$$J = \frac{\partial(x,y)}{\partial(u,v)} = \begin{vmatrix} \dfrac{\partial x}{\partial u} & \dfrac{\partial x}{\partial v} \\ \dfrac{\partial y}{\partial u} & \dfrac{\partial y}{\partial v} \end{vmatrix} = \begin{vmatrix} v & u \\ 1-v & -u \end{vmatrix} = -u \neq 0,$$

依定理，(U,V) 的概率密度函数为

$$g(u,v) = \begin{cases} f(x(u,v),y(u,v))|J| = \lambda^2 u e^{-\lambda u}, & u>0, 0<v<1, \\ 0, & \text{其他.} \end{cases}$$

（2）如图 3-22 所示，(U,V) 关于 U 和关于 V 的边缘概率密度函数分别为

$$g_U(u) = \int_{-\infty}^{+\infty} g(u,v)\mathrm{d}v = \begin{cases} \lambda^2 u e^{-\lambda u}\int_0^1 \mathrm{d}v = \lambda^2 u e^{-\lambda u}, & u>0, \\ 0, & u\leqslant 0, \end{cases}$$

$$g_V(v) = \int_{-\infty}^{+\infty} g(u,v)\mathrm{d}u$$

$$= \begin{cases} \lambda^2 \int_0^{+\infty} u e^{-\lambda u}\mathrm{d}u = -\lambda\left(u e^{-\lambda u} + \dfrac{1}{\lambda}e^{-\lambda u}\right)\Big|_0^{+\infty} = 1, & 0<v<1, \\ 0, & \text{其他,} \end{cases}$$

因为对任意 $u,v\in\mathbb{R}$，$g(u,v)=g_U(u)g_V(v)$，因此 U 与 V 相互独立.

注 因为 $X\in[0,+\infty)$，$Y\in[0,+\infty)$，所以 $U=X+Y\in$ $[0,+\infty)$，$V=\dfrac{X}{X+Y}\in[0,1]$.

评 表面上看似乎 $U=X+Y$ 与 $V=\dfrac{X}{X+Y}$ 不独立，但由理论证明可知 U 与 V 相互独立.

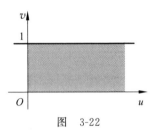

图 3-22

习题 3-9

1. 设随机变量 X 与 Y 独立同服从正态分布 $N(\mu,\sigma^2)$，记 $U=X+Y$，$V=X-Y$，证明 U 与 V 相互独立.

2. 设随机变量 X 与 Y 相互独立，且都服从均匀分布 $U(0,1)$，令随机变量 $Z=X+Y$，$V=X-Y$，问 Z 与 V 是否相互独立？

3. 设随机变量 $X\sim U(1,2)$，在 $X=x$ 条件下，Y 的条件分布是参数为 $\dfrac{1}{x}$ 的指数分布 $E\left(\dfrac{1}{x}\right)$，试证明 $XY\sim E(1)$.

3.10 专题讨论

一、相互独立的离散型随机变量（取值有限）与连续型随机变量函数的分布

设随机变量 X 与 Y 相互独立，且 X 的分布律为

X	x_1	x_2	x_3	$\cdots$	x_n
P	p_1	p_2	p_3	$\cdots$	p_n

而 Y 的概率密度函数为 $f_Y(y)$,令随机变量 $Z=X+Y$,设 Z 的分布函数为 $F_Z(z)$,依定义,

$$F_Z(z)=P\{Z\leqslant z\},\quad \forall z\in\mathbb{R},$$

以 $\{X=x_1\},\{X=x_2\},\cdots,\{X=x_n\}$ 为一个划分,依全概率公式,有

$$\begin{aligned}
F_Z(z)=P\{X+Y\leqslant z\}=&P\{X+Y\leqslant z\,|\,X=x_1\}P\{X=x_1\}+\\
&P\{X+Y\leqslant z\,|\,X=x_2\}P\{X=x_2\}+\cdots+\\
&P\{X+Y\leqslant z\,|\,X=x_n\}P\{X=x_n\}\\
=&p_1P\{Y\leqslant z-x_1\,|\,X=x_1\}+p_2P\{Y\leqslant z-x_2\,|\,X=x_2\}+\cdots+\\
&p_nP\{Y\leqslant z-x_n\,|\,X=x_n\}\,(X\text{ 与 }Y\text{ 相互独立})\\
=&p_1P\{Y\leqslant z-x_1\}+p_2P\{Y\leqslant z-x_2\}+\cdots+p_nP\{Y\leqslant z-x_n\}\\
=&p_1F_Y(z-x_1)+p_2F_Y(z-x_2)+\cdots+p_nF_Y(z-x_n).
\end{aligned}$$

例 3.10.1 设随机变量 X 与 Y 相互独立, X 的概率分布为 $P\{X=i\}=\dfrac{1}{3}(i=-1,0,1)$, Y 的概率密度函数为

$$f_Y(y)=\begin{cases}1,&0\leqslant y\leqslant 1,\\0,&\text{其他},\end{cases}$$

引入随机变量 $Z=X+Y$,求:(1) 条件概率 $P\left\{Z\leqslant\dfrac{1}{2}\,\middle|\,X=0\right\}$;(2) Z 的分布函数 $F_Z(z)$.

【2008 研数一、三】

分析 (1) $P\left\{Z\leqslant\dfrac{1}{2}\,\middle|\,X=0\right\}=P\left\{X+Y\leqslant\dfrac{1}{2}\,\middle|\,X=0\right\}=P\left\{Y\leqslant\dfrac{1}{2}\,\middle|\,X=0\right\}=P\left\{Y\leqslant\dfrac{1}{2}\right\}$;

(2) $F_Z(z)=P\{X+Y\leqslant z\}$

$$\begin{aligned}
=&P\{X+Y\leqslant z\,|\,X=-1\}P\{X=-1\}+P\{X+Y\leqslant z\,|\,X=0\}P\{X=0\}+\\
&P\{X+Y\leqslant z\,|\,X=1\}P\{X=1\}.
\end{aligned}$$

解 依题设, Y 的分布函数为

$$F_Y(y)=\begin{cases}0,&y<0,\\y,&0\leqslant y<1,\\1,&y\geqslant 1.\end{cases}$$

(1) $P\left\{Z\leqslant\dfrac{1}{2}\,\middle|\,X=0\right\}=P\left\{X+Y\leqslant\dfrac{1}{2}\,\middle|\,X=0\right\}=P\left\{Y\leqslant\dfrac{1}{2}\,\middle|\,X=0\right\}(X\text{ 与 }Y\text{ 相互独立})$

$$=P\left\{Y\leqslant\dfrac{1}{2}\right\}=F_Y\left(\dfrac{1}{2}\right)=\dfrac{1}{2}.$$

(2) 依定义, $F_Z(z)=P\{Z\leqslant z\}$, $\forall z\in\mathbb{R}$,由题设, $Z\in[-1,2]$,于是当 $z<-1$ 时, $F_Z(z)=P(\varnothing)=0$;当 $z\geqslant 2$ 时, $F_Z(z)=P(\Omega)=1$;当 $-1\leqslant z<2$ 时,以 $\{X=-1\}$, $\{X=0\}$, $\{X=1\}$ 为一个划分,依全概率公式,有

$$\begin{aligned}
F_Z(z)=P\{X+Y\leqslant z\}=&P\{X+Y\leqslant z\,|\,X=-1\}P\{X=-1\}+P\{X+Y\leqslant z\,|\,X=0\}P\{X=0\}+\\
&P\{X+Y\leqslant z\,|\,X=1\}P\{X=1\}\\
=&\dfrac{1}{3}(P\{Y\leqslant z+1\,|\,X=-1\}+P\{Y\leqslant z\,|\,X=0\}+P\{Y\leqslant z-1\,|\,X=1\})
\end{aligned}$$

（X 与 Y 相互独立）

$$=\frac{1}{3}(P\{Y\leqslant z+1\}+P\{Y\leqslant z\}+P\{Y\leqslant z-1\})$$

$$=\frac{1}{3}(F_Y(z+1)+F_Y(z)+F_Y(z-1)),$$

其中，$F_Y(z+1)=\begin{cases}z+1, & -1\leqslant z<0,\\ 1, & 0\leqslant z<2,\end{cases}$ $F_Y(z)=\begin{cases}0, & -1\leqslant z<0,\\ z, & 0\leqslant z<1,\\ 1, & 1\leqslant z<2,\end{cases}$

$$F_Y(z-1)=\begin{cases}0, & -1\leqslant z<1,\\ z-1, & 1\leqslant z<2,\end{cases}$$

代入上式得 Z 的分布函数为

$$F_Z(z)=\begin{cases}0, & z<-1,\\ \dfrac{1}{3}(z+1), & -1\leqslant z<2,\\ 1, & z\geqslant 2,\end{cases}$$

求导得 Z 的概率密度函数为

$$f_Z(z)=F_Z'(z)=\begin{cases}\dfrac{1}{3}, & -1<z<2,\\ 0, & \text{其他}.\end{cases}$$

注 因为 X 与 Y 相互独立，故

$$P\left\{Z\leqslant\frac{1}{2}\middle|X=0\right\}=P\left\{X+Y\leqslant\frac{1}{2}\middle|X=0\right\}=P\left\{Y\leqslant\frac{1}{2}\middle|X=0\right\}=P\left\{Y\leqslant\frac{1}{2}\right\},$$

上述方法为求分布函数 $F_Z(z)$ 提供了思路和启发.

评 如果 Y 是连续型随机变量，X 是离散型随机变量（其所有可能取值为有限个），且 X 与 Y 相互独立，则 $X+Y$ 为连续型随机变量.

例 3.10.2 设二维随机变量 (X,Y) 在区域 $D=\{(x,y)\mid 0<x<1, x^2<y<\sqrt{x}\}$ 上服从均匀分布，令随机变量 $U=\begin{cases}1, & X\leqslant Y,\\ 0, & X>Y,\end{cases}$ $Z=U+X$.

(1) 写出 (X,Y) 的概率密度函数 $f(x,y)$； (2) U 与 X 是否相互独立？并说明理由；

(3) 求 $Z=U+X$ 的分布函数 $F_Z(z)$. 【2015 研数一、三】

分析 (1) (X,Y) 的概率密度函数 $f(x,y)=\begin{cases}\dfrac{1}{S(D)}, & (x,y)\in D,\\ 0, & \text{其他},\end{cases}$ 其中 $S(D)$ 为区域 D 的面积；(2) 依 $P\left\{U\leqslant\frac{1}{3},X\leqslant\frac{1}{2}\right\}=P\left\{U\leqslant\frac{1}{3}\right\}P\left\{X\leqslant\frac{1}{2}\right\}$ 是否成立来判断独立性；

(3) $F_Z(z)=P\{U+X\leqslant z\}=P\{U+X\leqslant z|U=0\}P\{U=0\}+P\{U+X\leqslant z|U=1\}\cdot P\{U=1\}, \forall z\in\mathbb{R}$.

解 (1) 如图 3-23(a) 所示，区域 D 的面积为

$$S(D)=\int_0^1(\sqrt{x}-x^2)\mathrm{d}x=\left(\frac{2}{3}x^{\frac{3}{2}}-\frac{1}{3}x^3\right)\Big|_0^1=\frac{2}{3}-\frac{1}{3}=\frac{1}{3},$$

所以 (X, Y) 的概率密度函数为

$$f(x, y) = \begin{cases} 3, & (x, y) \in D, \\ 0, & \text{其他.} \end{cases}$$

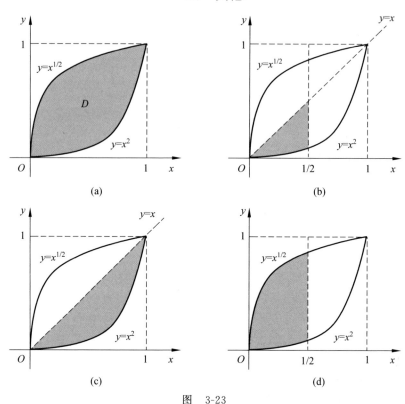

图　3-23

（2）如图 3-23（b）所示，有

$$P\left\{U \leqslant \frac{1}{3}, X \leqslant \frac{1}{2}\right\} = P\left\{U = 0, X \leqslant \frac{1}{2}\right\} = P\left\{X > Y, X \leqslant \frac{1}{2}\right\}$$

$$= \iint\limits_{x > y, x \leqslant \frac{1}{2}} f(x, y) \mathrm{d}x \mathrm{d}y = \int_0^{1/2} \mathrm{d}x \int_{x^2}^x 3 \mathrm{d}y = 3 \int_0^{1/2} (x - x^2) \mathrm{d}x$$

$$= 3\left(\frac{1}{2}x^2 - \frac{1}{3}x^3\right)\Big|_0^{1/2} = 3\left(\frac{1}{8} - \frac{1}{24}\right) = \frac{1}{4}.$$

又因为 $(X, Y) \sim U(D)$，如图 3-23（c）所示，所以

$$P\left\{U \leqslant \frac{1}{3}\right\} = P\{U = 0\} = P\{X > Y\} = \frac{1}{2},$$

如图 3-23（d）所示，依联合概率密度函数的性质，有

$$P\left\{X \leqslant \frac{1}{2}\right\} = P\left\{X \leqslant \frac{1}{2}, Y < +\infty\right\} = \iint\limits_{x \leqslant \frac{1}{2}, y < +\infty} f(x, y) \mathrm{d}x \mathrm{d}y$$

$$= \int_0^{1/2} \mathrm{d}x \int_{x^2}^{\sqrt{x}} 3 \mathrm{d}y = 3 \int_0^{1/2} (\sqrt{x} - x^2) \mathrm{d}x = 3\left(\frac{2}{3}x^{\frac{3}{2}} - \frac{1}{3}x^3\right)\Big|_0^{1/2} = \sqrt{\frac{1}{2}} - \frac{1}{8},$$

因此 $P\left\{U\leqslant\dfrac{1}{3},X\leqslant\dfrac{1}{2}\right\}\neq P\left\{U\leqslant\dfrac{1}{3}\right\}P\left\{X\leqslant\dfrac{1}{2}\right\}$,故 X 与 U 不独立.

(3) 依定义,$F_Z(z)=P\{Z\leqslant z\}$,$\forall z\in\mathbb{R}$. 由题设,U 服从 0-1 分布,$X\in[0,1]$,所以 $Z=U+X\in[0,2]$,因此:当 $z<0$ 时,$F_Z(z)=P(\varnothing)=0$;当 $z\geqslant 2$ 时,$F_Z(z)=P(\Omega)=1$;当 $0\leqslant z<2$ 时,以 $\{U=0\}$,$\{U=1\}$ 为一个划分,依全概率公式,有

$$\begin{aligned}F_Z(z)&=P\{U+X\leqslant z\}\\&=P\{U+X\leqslant z\,|\,U=0\}P\{U=0\}+P\{U+X\leqslant z\,|\,U=1\}P\{U=1\}\\&=P\{X\leqslant z\,|\,U=0\}P\{U=0\}+P\{X\leqslant z-1\,|\,U=1\}P\{U=1\}\\&=P\{X\leqslant z,U=0\}+P\{X\leqslant z-1,U=1\}\\&=P\{X\leqslant z,X>Y\}+P\{X\leqslant z-1,X\leqslant Y\},\end{aligned}$$

其中,如图 3-24(a)所示,依联合概率密度函数的性质,有

$$P\{X\leqslant z,X>Y\}=\iint\limits_{x\leqslant z,x>y}f(x,y)\mathrm{d}x\mathrm{d}y=\begin{cases}\displaystyle\int_0^z\mathrm{d}x\int_{x^2}^x 3\mathrm{d}y=\dfrac{3}{2}z^2-z^3,&0\leqslant z<1,\\[3mm]P\{X\leqslant 1,X>Y\}=\dfrac{1}{2},&1\leqslant z<2.\end{cases}$$

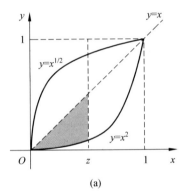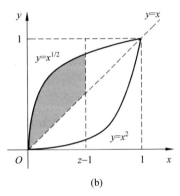

(a)　　　　　　　　　　　　(b)

图　3-24

同理,如图 3-24(b)所示,有

$$\begin{aligned}P\{X\leqslant z-1,X\leqslant Y\}&=\iint\limits_{x\leqslant z-1,x\leqslant y}f(x,y)\mathrm{d}x\mathrm{d}y\\&=\begin{cases}0,&0\leqslant z<1,\\[2mm]\displaystyle\int_0^{z-1}\mathrm{d}x\int_x^{\sqrt{x}}3\mathrm{d}y=2(z-1)^{\frac{3}{2}}-\dfrac{3}{2}(z-1)^2,&1\leqslant z<2,\end{cases}\end{aligned}$$

因此 $Z=U+X$ 的分布函数为

$$F_Z(z)=\begin{cases}0,&z<0,\\[2mm]\dfrac{3}{2}z^2-z^3,&0\leqslant z<1,\\[3mm]2(z-1)^{\frac{3}{2}}-\dfrac{3}{2}z^2+3z-1,&1\leqslant z<2,\\[2mm]1,&z\geqslant 2.\end{cases}$$

注　(1) 在求 $F_Z(z)$ 时,注意选取划分 $\{U=0\}$,$\{U=1\}$ 的作用:

$$F_Z(z) = P\{U+X \leqslant z \mid U=0\}P\{U=0\} + P\{U+X \leqslant z \mid U=1\}P\{U=1\}.$$

（2）当 $0 \leqslant z \leqslant 1$ 时，$P\{X \leqslant z-1, X \leqslant Y\}=0$. 当 $1 \leqslant z < 2$ 时，

$$P\{X \leqslant z, X > Y\} = P\{X \leqslant 1, X > Y\} = \frac{1}{2}.$$

评　（1）显然，X 是连续型随机变量，U 是离散型随机变量，且 X 与 U 不独立，但 $U+X$ 仍是连续型随机变量，且其概率密度函数为

$$f_Z(z) = [F_Z(z)]' = \begin{cases} 3z - 3z^2, & 0 < z < 1, \\ 3\sqrt{z-1} - 3z + 3, & 1 \leqslant z < 2, \\ 0, & \text{其他}. \end{cases}$$

（2）本例乘法公式的妙用：

$$P\{X \leqslant z \mid U=0\}P\{U=0\} = P\{X \leqslant z, U=0\} = P\{X \leqslant z, X > Y\}$$

$$= \iint\limits_{x \leqslant z, x > y} f(x,y)\,\mathrm{d}x\,\mathrm{d}y.$$

（3）证明 U 与 X 不独立的方法值得借鉴.

二、服从正态分布的两个随机变量和的分布

依例 3.7.4 结论可知，如果 $X \sim N(\mu_1, \sigma_1^2)$，$Y \sim N(\mu_2, \sigma_2^2)$，且 X 与 Y 相互独立，则

$$X + Y \sim N(\mu_1 + \mu_2, \sigma_1^2 + \sigma_2^2).$$

如果 $X \sim N(\mu_1, \sigma_1^2)$，$Y \sim N(\mu_2, \sigma_2^2)$，且 X 与 Y 不独立，那么，$X+Y$ 还服从正态分布吗？下面通过示例来进一步讨论.

例 3.10.3　设随机变量 X 与 Y 相互独立，X 的分布律为

X	0	1
P	1/2	1/2

随机变量 Y 服从标准正态分布 $N(0,1)$，令随机变量 $Z = \begin{cases} Y, & X=0, \\ -Y, & X=1. \end{cases}$

（1）证明 $Z \sim N(0,1)$；

（2）Y 与 Z 相互独立吗？为什么？

（3）随机变量 $Y+Z$ 服从正态分布吗？为什么？

分析　（1）证明 Z 的分布函数为 $F_Z(z) = \Phi(z)$（标准正态分布函数）；（2）依两个连续型随机变量相互独立的充分必要条件判断独立性；（3）可考查 $Y+Z$ 是否为连续型随机变量？

解　（1）设标准正态分布函数为 $\Phi(x)$，Z 的分布函数为 $F_Z(z)$，依定义，有

$$F_Z(z) = P\{Z \leqslant z\}, \quad \forall z \in \mathbb{R},$$

以 $\{X=0\}$，$\{X=1\}$ 为一个划分，依全概率公式，有

$$F_Z(z) = P\{Z \leqslant z \mid X=0\}P\{X=0\} + P\{Z \leqslant z \mid X=1\}P\{X=1\}$$

$$= P\{Y \leqslant z \mid X=0\}P\{X=0\} + P\{-Y \leqslant z \mid X=1\}P\{X=1\} \quad (X \text{ 与 } Y \text{ 相互独立})$$

$$= \frac{1}{2}(P\{Y \leqslant z\} + P\{Y \geqslant -z\})$$

$$=\frac{1}{2}(\varPhi(z)+(1-\varPhi(-z)))$$

$$=\frac{1}{2}(\varPhi(z)+\varPhi(z))=\varPhi(z),\quad z\in\mathbb{R}.$$

综上所述,$F_Z(z)=\varPhi(z),\forall z\in\mathbb{R}$,所以 $Z\sim N(0,1)$.

(2) 下面考查事件 $\{Z\leqslant1,Y\geqslant1\}$,$\{Z\leqslant1\}$,$\{Y\geqslant1\}$ 的概率,同理依全概率公式,有

$$P\{Z\leqslant1,Y\geqslant1\}$$
$$=P\{Z\leqslant1,Y\geqslant1|X=0\}P\{X=0\}+P\{Z\leqslant1,Y\geqslant1|X=1\}P\{X=1\}$$
$$=P\{Y\leqslant1,Y\geqslant1|X=0\}P\{X=0\}+P\{-Y\leqslant1,Y\geqslant1|X=1\}P\{X=1\}$$
$$=\frac{1}{2}(P\{Y\leqslant1,Y\geqslant1\}+P\{-Y\leqslant1,Y\geqslant1\})\quad(X\text{ 与 }Y\text{ 相互独立})$$
$$=\frac{1}{2}(P\{Y=1\}+P\{Y\geqslant1\})$$
$$=\frac{1}{2}(0+(1-\varPhi(1)))=\frac{1}{2}(1-\varPhi(1)).$$

由(1)知,$Z\sim N(0,1)$,所以 $P\{Z\leqslant1\}=\varPhi(1)\left(\neq\frac{1}{2}\right)$,$P\{Y\geqslant1\}=1-\varPhi(1)$,从而

$$P\{Z\leqslant1,Y\geqslant1\}\neq P\{Z\leqslant1\}P\{Y\geqslant1\},$$

因此 Y 与 Z 不独立.

(3) $P\{Z+Y=0\}=P\{Z=-Y\}=P\{X=1\}=\frac{1}{2}\neq0$,因此 $Y+Z$ 不是连续型随机变量,故 $Y+Z$ 不服从正态分布.

注 (1) 要证明 $Z\sim N(0,1)$,可证 $F_Z(z)=\varPhi(z),\forall z\in\mathbb{R}$. (2) 分布函数 $F_Z(z)$ 和概率 $P\{Z\leqslant1,Y\geqslant1\}$ 都是以 $\{X=0\}$,$\{X=1\}$ 为划分,利用全概率公式求解的,同时注意证明 Y,Z 不独立的方法.(3) 因为 $Y+Z$ 不是连续型随机变量,所以 $Y+Z$ 必不服从正态分布.

评 如果 $X\sim N(\mu_1,\sigma_1^2)$,$Y\sim N(\mu_2,\sigma_2^2)$,且 X 与 Y 不独立,则 $X+Y$ 未必服从正态分布.

议 在第 4 章将学习二维正态变量的性质,其中有下述结论:
设 $(X,Y)\sim N(\mu_1,\mu_2,\sigma_1^2,\sigma_2^2,\rho)$,则 $X\sim N(\mu_1,\sigma_1^2)$,$Y\sim N(\mu_2,\sigma_2^2)$,且

$$X+Y\sim N(\mu_1+\mu_2,\sigma_1^2+\sigma_2^2+2\rho\sigma_1\sigma_2),$$

而当 $\rho\neq0$ 时,X 与 Y 不独立.

三、服从正态分布的两个随机变量的联合分布

如果 $(X,Y)\sim N(\mu_1,\mu_2,\sigma_1^2,\sigma_2^2,\rho)$,则 $X\sim N(\mu_1,\sigma_1^2)$,$Y\sim N(\mu_2,\sigma_2^2)$,且此时当 $\rho=0$ 时,X 与 Y 相互独立,当 $\rho\neq0$ 时,X 与 Y 不独立.

反之,如果 $X\sim N(\mu_1,\sigma_1^2)$,$Y\sim N(\mu_2,\sigma_2^2)$,且 X 与 Y 相互独立,则

$$(X,Y)\sim N(\mu_1,\mu_2,\sigma_1^2,\sigma_2^2,0).$$

倘若 X 与 Y 不独立,(X,Y) 一定服从二维正态分布吗?

例 3.10.4 设二维随机变量 (X,Y) 的概率密度函数为

$$f(x,y)=\frac{1}{2\pi}\mathrm{e}^{-\frac{x^2+y^2}{2}}(1+\sin x\sin y),$$

求 (X,Y) 关于 X 和关于 Y 的边缘概率密度函数.

分析　依公式, $f_X(x)=\displaystyle\int_{-\infty}^{+\infty}f(x,y)\mathrm{d}y,\quad -\infty<x<+\infty,$

$$f_Y(y)=\int_{-\infty}^{+\infty}f(x,y)\mathrm{d}x,\quad -\infty<y<+\infty.$$

解　依定义,有

$$f_X(x)=\int_{-\infty}^{+\infty}f(x,y)\mathrm{d}y=\frac{1}{2\pi}\int_{-\infty}^{+\infty}\mathrm{e}^{-\frac{x^2+y^2}{2}}(1+\sin x\sin y)\mathrm{d}y$$

$$=\frac{1}{2\pi}\mathrm{e}^{-\frac{x^2}{2}}\left(\int_{-\infty}^{+\infty}\mathrm{e}^{-\frac{y^2}{2}}\mathrm{d}y+\sin x\int_{-\infty}^{+\infty}\mathrm{e}^{-\frac{y^2}{2}}\sin y\mathrm{d}y\right),$$

对于广义积分 $\displaystyle\int_{-\infty}^{+\infty}\mathrm{e}^{-\frac{y^2}{2}}\sin y\mathrm{d}y$, 由于 $\left|\mathrm{e}^{-\frac{y^2}{2}}\sin y\right|\leqslant\mathrm{e}^{-\frac{y^2}{2}}$, 而 $\displaystyle\int_{-\infty}^{+\infty}\mathrm{e}^{-\frac{y^2}{2}}\mathrm{d}y=\sqrt{2\pi}$ 收敛,所以

$\displaystyle\int_{-\infty}^{+\infty}\mathrm{e}^{-\frac{y^2}{2}}\sin y\mathrm{d}y$ 绝对收敛,于是 $\displaystyle\int_{-\infty}^{+\infty}\mathrm{e}^{-\frac{y^2}{2}}\sin y\mathrm{d}y=\lim_{a\to+\infty}\int_{-a}^{+a}\mathrm{e}^{-\frac{y^2}{2}}\sin y\mathrm{d}y=0$, 代入上式有

$$f_X(x)=\frac{1}{\sqrt{2\pi}}\mathrm{e}^{-\frac{x^2}{2}},-\infty<x<+\infty,\quad 即\ X\sim N(0,1).$$

同理 $f_Y(y)=\dfrac{1}{\sqrt{2\pi}}\mathrm{e}^{-\frac{y^2}{2}},-\infty<y<+\infty$, 即 $Y\sim N(0,1)$.

注　$\displaystyle\int_{-\infty}^{+\infty}\mathrm{e}^{-\frac{y^2}{2}}\mathrm{d}y=\sqrt{2\pi}$, $\displaystyle\int_{-\infty}^{+\infty}\mathrm{e}^{-\frac{y^2}{2}}\sin y\mathrm{d}y=0$.

评　由 (X,Y) 的概率密度函数可知, (X,Y) 不服从二维正态分布,但是 $X\sim N(0,1)$, $Y\sim N(0,1)$. 同时当 $x>0,y>0$ 时, $f(x,y)\neq f_X(x)f_Y(y)$,说明 X 与 Y 不独立. 即两个不独立的正态变量,其联合分布未必服从二维正态分布.

习题 3-10

1. 设随机变量 X 与 Y 相互独立,且 X 的分布律为 $P\{X=1\}=0.3,P\{X=2\}=0.7$, 而 Y 的概率密度函数为 $f_Y(y)$,求随机变量 $Z=X+Y$ 的概率密度函数.　**【2003 研数三】**

2. 已知随机变量 X 与 Y 相互独立,且 X 服从参数 $p=\dfrac{3}{4}$ 的 0-1 分布, $Y\sim U(0,1)$,求随机变量 $Z=X+Y,T=XY$ 的分布函数.

单元练习题 3

一、选择题(下列每小题给出的四个选项中,只有一项是符合题目要求的,请将所选项前的字母写在指定位置)

1. 设二维随机变量 (X,Y) 的分布函数为 $F(x,y)$,则概率 $P\{X>0,Y>1\}$ 为(　　).
   A. $F(0,1)$
   B. $1-F(+\infty,1)-F(0,+\infty)+F(0,1)$
   C. $F(+\infty,1)-F(0,1)$
   D. $1-F(0,1)$

2. 设 X_1,X_2 是任意两个相互独立的连续型随机变量,它们的概率密度函数分别为 $f_1(x)$ 和 $f_2(x)$,它们的分布函数分别为 $F_1(x)$ 和 $F_2(x)$,则(　　).

A. $f_1(x)+f_2(x)$ 必为某一随机变量的概率密度函数

B. $F_1(x)F_2(x)$ 必为某一随机变量的分布函数

C. $F_1(x)+F_2(x)$ 必为某一随机变量的分布函数

D. $f_1(x)f_2(x)$ 必为某一随机变量的概率密度函数 【2002 研数一、四】

3. 设随机变量 X 与 Y 相互独立,且 X 服从标准正态分布 $N(0,1)$,Y 的概率分布为 $P\{Y=0\}=P\{Y=1\}=\dfrac{1}{2}$,记 $F_Z(z)$ 为随机变量 $Z=XY$ 的分布函数,则函数 $F_Z(z)$ 的间断点的个数为( ).

A. 0   B. 1   C. 2   D. 3

【2009 研数一、三】

4. 设随机变量 X 与 Y 同服从 0-1 分布 $B(1,0.2)$,已知 $P\{XY=0\}=1$,则概率 $P\{X=0,Y=0\}=$( ).

A. 0.2   B. 0.4   C. 0.6   D. 0.8

5. 设二维随机变量 (X,Y) 的概率分布为

X ＼ Y	0	1
0	0.4	a
1	b	0.1

若随机事件 $\{X=0\}$ 与 $\{X+Y=1\}$ 相互独立,则( ).

A. $a=0.2,b=0.3$ B. $a=0.4,b=0.1$

C. $a=0.3,b=0.2$ D. $a=0.1,b=0.4$ 【2005 研数一】

6. 设随机变量 X 与 Y 相互独立,且

$$P\{X=-1\}=P\{Y=-1\}=\frac{1}{2}, \quad P\{X=1\}=P\{Y=1\}=\frac{1}{2},$$

则下列各式中成立的是( ).

A. $P\{X=Y\}=\dfrac{1}{2}$ B. $P\{X=Y\}=1$

C. $P\{X+Y=0\}=\dfrac{1}{4}$ D. $P\{XY=1\}=\dfrac{1}{4}$ 【1997 研数三】

7. 设随机变量 X 与 Y 相互独立,且 $X\sim N(0,1)$,$Y\sim N(1,1)$,则( ).

A. $P\{X+Y\leqslant 0\}=\dfrac{1}{2}$ B. $P\{X+Y\leqslant 1\}=\dfrac{1}{2}$

C. $P\{X-Y\leqslant 0\}=\dfrac{1}{2}$ D. $P\{X-Y\leqslant 1\}=\dfrac{1}{2}$ 【1999 研数一】

8. 设随机变量 X 与 Y 相互独立,且 $X\sim E(1)$,$Y\sim E\left(\dfrac{1}{4}\right)$,则概率 $P\{X<Y\}=$( ).

A. $\dfrac{1}{5}$ B. $\dfrac{1}{3}$ C. $\dfrac{2}{5}$ D. $\dfrac{4}{5}$

【2012 研数一】

9. 设随机变量 X 与 Y 相互独立,且都服从区间 $[0,1]$ 上的均匀分布,则 $P\{X^2+Y^2\leqslant 1\}=(\quad)$.

A. $\dfrac{1}{4}$　　　　B. $\dfrac{1}{2}$　　　　C. $\dfrac{\pi}{8}$　　　　D. $\dfrac{\pi}{4}$

【2012 研数三】

10. 设随机变量 X 与 Y 相互独立,X 和 Y 的概率分布分别为

X	0	1	2	3
P	1/2	1/4	1/8	1/8

Y	-1	0	1
P	1/3	1/3	1/3

则 $P\{X+Y=2\}=(\quad)$.

【2013 研数三】

A. $\dfrac{1}{12}$　　　　B. $\dfrac{1}{6}$　　　　C. $\dfrac{1}{8}$　　　　D. $-\dfrac{1}{2}$

11. 设随机变量 X 与 Y 相互独立,分别服从泊松分布 $P(\lambda_1),P(\lambda_2)$,则下列结论中正确的是(　　).

A. $P\{X+Y=0\}=e^{-\lambda_1}+e^{-\lambda_2}$　　　　B. $P\{XY=0\}=e^{-\lambda_1-\lambda_2}$

C. $P\{X+Y=1\}=\lambda_1 e^{-\lambda_1}+\lambda_2 e^{-\lambda_2}$　　　　D. $P\{XY=1\}=\lambda_1\lambda_2 e^{-\lambda_1-\lambda_2}$

12. 设二维随机变量 (X,Y) 的分布函数为 $F(x,y)$,则 $Z=\min\{X,Y\}$ 的分布函数 $F_Z(z)$ 为(　　).

A. $F(z,z)$

B. $1-F(z,z)$

C. $F(z,+\infty)+F(+\infty,z)$

D. $F(z,+\infty)+F(+\infty,z)-F(z,z)$

13. 设随机变量 X 与 Y 独立同分布,其分布函数为 $F(x)$,则 $Z=\max\{X,Y\}$ 的分布函数为(　　).

A. $F^2(x)$

B. $F(x)F(y)$

C. $1-(1-F(x))^2$

D. $(1-F(x))(1-F(y))$

【2008 研数一、三】

14. 设随机变量 X 与 Y 相互独立,且都服从标准正态分布 $N(0,1)$,则(　　).

A. $P\{X+Y\geqslant 0\}=\dfrac{1}{4}$　　　　B. $P\{X-Y\geqslant 0\}=\dfrac{1}{4}$

C. $P\{\max\{X,Y\}\geqslant 0\}=\dfrac{1}{4}$　　　　D. $P\{\min\{X,Y\}\geqslant 0\}=\dfrac{1}{4}$

15. 设随机变量 X 和 Y,已知 $P\{X\leqslant 0,Y\leqslant 0\}=\dfrac{1}{7}$,$P\{X\leqslant 0\}=P\{Y\leqslant 0\}=\dfrac{3}{7}$,则 $P\{\min\{X,Y\}\leqslant 0\}=(\quad)$.

A. $\dfrac{3}{7}$　　　　B. $\dfrac{2}{7}$　　　　C. $\dfrac{5}{7}$　　　　D. $\dfrac{16}{49}$

二、填空题(请将答案写在指定位置)

1. 设二维随机变量 (X,Y) 的概率密度函数为

$$f(x,y)=\begin{cases}6x, & 0\leqslant x\leqslant y\leqslant 1,\\ 0, & \text{其他,}\end{cases}$$

则 $P\{X+Y\leqslant1\}=$_____. 【2003 研数一】

2. 设随机变量 X 与 Y 相互独立,$X\sim B(2,p)$,$Y\sim B(3,p)$,且 $P\{X\geqslant1\}=\dfrac{5}{9}$,则 $P\{X+Y=1\}=$_____.

3. 设随机变量 X 与 Y 相互独立,均服从几何分布 $G(p)$,则 $P\{X=Y\}=$_____.

4. 在区间 $[0,1]$ 上随机地取两个数,则这两数之差的绝对值小于 $\dfrac{1}{2}$ 的概率为_____.

5. 设平面区域 D 由曲线 $y=\dfrac{1}{x}$ 及直线 $y=0$,$x=1$,$x=e^2$ 所围成,二维随机变量 (X,Y) 在区域 D 上服从均匀分布,则 (X,Y) 关于 X 的边缘概率密度在 $x=2$ 处的值为_____. 【1998 研数一】

6. 设随机变量 X 与 Y 相互独立,且均服从区间 $[0,3]$ 上的均匀分布,则 $P\{\max\{X,Y\}\leqslant1\}=$_____. 【2006 研数一、三】

7. 用一台机器接连独立地制造 3 个同种零件,第 i 个零件是次品的概率为 $\dfrac{1}{i+1}$,$i=1,2,3$,设 X 为 3 个零件中合格品(即非次品)的个数,$Y=\max\{X,2\}$,则 $P\{Y=2\}=$_____.

8. 设 X 与 Y 为两个随机变量,且 $P\{X\geqslant0,Y\geqslant0\}=\dfrac{3}{7}$,$P\{X\geqslant0\}=P\{Y\geqslant0\}=\dfrac{4}{7}$,则 $P\{\min\{X,Y\}<0\}=$_____,$P\{\max\{X,Y\}\geqslant0\}=$_____.

9. 设随机变量 X 与 Y 相互独立,其分布函数分别为 $F_X(x)$,$F_Y(y)$,则随机变量 $Z=\min\{X,Y\}-1$ 的分布函数 $F_Z(z)=$_____.

10. 设二维随机变量 (X,Y) 服从区域 $G=\{(x,y)\,|\,0\leqslant x\leqslant1,0\leqslant y\leqslant2\}$ 上的均匀分布,令 $Z=\max\{X,Y\}$,则 $P\left\{Z>\dfrac{1}{2}\right\}=$_____.

三、判断题(请将判断结果写在题前的括号内,正确写√,错误写×)

1. (   )设随机变量 X 和 Y 的联合概率密度函数为

$$f(x,y)=\begin{cases}\dfrac{1}{\pi},&x^2+y^2\leqslant1,\\0,&\text{其他},\end{cases}$$

则 (X,Y) 关于 X 的边缘概率密度函数为

$$f_X(x)=\begin{cases}\dfrac{1}{\pi}\displaystyle\int_{-1}^{1}\mathrm{d}y=\dfrac{2}{\pi},&-1<x<1,\\0,&\text{其他}.\end{cases}$$

2. (   )设随机变量 X 和 Y 的联合概率密度函数为

$$f(x,y)=\begin{cases}3x,&0<x<1,0<y<x,\\0,&\text{其他},\end{cases}$$

则在 $Y=y(0<y<1)$ 条件下,X 的条件概率密度函数为

$$f_{X|Y}(x\mid y)=\begin{cases}\dfrac{2x}{1-y^2},&0<x<1,\\0,&\text{其他}.\end{cases}$$

3. （　）设二维随机变量 (X,Y) 的概率密度函数及其关于 X 和关于 Y 的边缘概率密度函数分别为 $f(x,y),f_X(x),f_Y(y)$，若存在一点 (x_0,y_0)，使 $f(x_0,y_0)\neq f_X(x_0)f_Y(y_0)$，则 X 与 Y 不独立.

4. （　）设随机变量 X 和 Y 的分布函数分别为

$$F_X(x)=\begin{cases}0, & x<0,\\ \dfrac{x}{2}, & 0\leqslant x<2,\\ 1, & x\geqslant 2,\end{cases} \quad F_Y(y)=\begin{cases}0, & y<0,\\ 1-\mathrm{e}^{-y}, & y>0,\end{cases}$$

且 X 与 Y 相互独立，则 $M=\max\{X,Y\}$ 的分布函数是

$$F_M(x,y)=\begin{cases}0, & x<0,y<0,\\ \dfrac{x}{2}(1-\mathrm{e}^{-y}), & 0\leqslant x<2,0\leqslant y<2,\\ 1-\mathrm{e}^{-y}, & x\geqslant 2,y\geqslant 2.\end{cases}$$

5. （　）二维均匀分布的边缘分布一定是一维均匀分布.

6. （　）如果随机变量 $X\sim N(0,1),Y\sim N(0,1)$，则 $X+Y\sim N(0,2)$.

7. （　）如果随机变量 X 与 Y 均服从正态分布，则 (X,Y) 必服从二维正态分布.

8. （　）二维随机变量 (X,Y) 的边缘分布一般不能确定其联合分布，但当 X 与 Y 相互独立时，依边缘分布可确定联合分布.

9. （　）设随机变量 X,Y 相互独立，同服从 $B\left(1,\dfrac{1}{2}\right)$，则 $P\{X=Y\}=1$.

10. （　）设随机变量 $X\sim U(0,1),Y\sim U(0,1)$，且 X 与 Y 相互独立，则 $X+Y\sim U(0,2)$.

四、解答题（解答应写出文字说明、证明过程或演算步骤）

1. 投掷一枚硬币直至正面出现为止，引入随机变量

$$X=投掷总次数，\quad Y=\begin{cases}1, & 首次投掷出现正面，\\ 0, & 首次投掷出现反面，\end{cases}$$

求 X 和 Y 的联合分布律及其关于 X 和关于 Y 的边缘分布律.

2. 已知随机变量 X_1 和 X_2 的分布律分别为

X_1	0	1
P	3/4	1/4

X_2	-1	0	1
P	1/4	1/2	1/4

且 $P\{X_1X_2=0\}=1$，求 $P\{X_1=X_2\}$.

3. 二维随机变量 (X,Y) 在 G 上服从均匀分布，平面区域 G 由 $x-y=0,x+y=2$ 与 $y=0$ 所围成，求：(1) 边缘概率密度函数 $f_X(x)$；(2) 条件概率密度函数 $f_{X|Y}(x|y)$.

【2011 研数三】

4. 某公司提供一个基本人寿保险及一个附加保险. 购买附加保险必须先买基本人寿保险. 假定购买基本人寿保险与购买附加保险的人的比例数分别为随机变量 X 与 Y，且联合概率密度函数

$$f(x,y)=\begin{cases}2(x+y), & 0<y<x<1,\\ 0, & 其他，\end{cases}$$

求在已知有 10% 的员工购买基本人寿保险的条件下, 购买附加保险的员工小于 5% 的概率.

5. 设某系统 L 由两个子系统 L_1, L_2 组成, 已知 L_1, L_2 的寿命分别为随机变量 X, Y, 它们相互独立, 都服从指数分布, 概率密度函数分别为

$$f_X(x) = \begin{cases} \lambda_1 e^{-\lambda_1 x}, & x > 0, \\ 0, & x \leqslant 0, \end{cases} \qquad f_Y(y) = \begin{cases} \lambda_2 e^{-\lambda_2 y}, & y > 0, \\ 0, & y \leqslant 0, \end{cases}$$

其中常数 $\lambda_1 > 0, \lambda_2 > 0, \lambda_1 \neq \lambda_2$, 试就下面三种情况求系统 L 的寿命的概率密度函数.

(1) 两个子系统并联; (2) 两个子系统串联; (3) 两个子系统一个工作, 一个备用.

6. 设二维随机变量 (X, Y) 的概率密度函数为

$$f(x, y) = \begin{cases} A e^{-x}, & 0 < y < x < +\infty, \\ 0, & \text{其他.} \end{cases}$$

求: (1) 常数 A;

(2) (X, Y) 关于 X 与关于 Y 的边缘概率密度函数 $f_X(x), f_Y(y)$;

(3) X 与 Y 是否相互独立? 为什么?

(4) 条件概率密度函数 $f_{X|Y}(x|y), f_{Y|X}(y|x)$;

(5) $P\{X+Y<1\}, P\{X<1|Y<1\}, P\{X<2|Y=1\}$;

(6) $P\{\min\{X, Y\} \leqslant 1\}, P\{\max\{X, Y\} \geqslant 1\}$;

(7) (X, Y) 的分布函数 $F(x, y)$;

(8) $Z = X + Y$ 的概率密度函数 $f_Z(z)$;

(9) $T = 2X - Y$ 的概率密度函数 $f_T(t)$.

五、证明题(要求写出证明过程)

设随机变量 U 与 V 相互独立, 同服从参数为 1 的指数分布 $E(1)$, 记

$$X = \min\{U, V\}, \quad Y = \max\{U, V\}, \quad T = 2X, \quad Z = Y - X,$$

证明 T 与 Z 均服从指数分布 $E(1)$, 且相互独立.

第4章 随机变量的数字特征

随机变量的数字特征是由随机变量的分布所确定的,用来描述随机变量某一方面特征的常数.

4.1 数学期望

一、内容要点与评注

离散型随机变量的数学期望 设随机变量 X 的概率分布为

$$P\{X = x_i\} = p_i, \quad i = 1, 2, \cdots,$$

如果 $\sum\limits_{i=1}^{\infty} x_i p_i$ 绝对收敛,即 $\sum\limits_{i=1}^{\infty} |x_i| p_i < +\infty$,则称该级数 $\sum\limits_{i=1}^{\infty} x_i p_i$ 的和为 X 的数学期望,简称 X 的期望,记作 $E(X)$,即 $E(X) = \sum\limits_{i=1}^{\infty} x_i p_i$.

注 (1) 如果 $\sum\limits_{i=1}^{\infty} |x_i| p_i$ 发散,就称 X 的数学期望不存在.

(2) 如果离散型随机变量 X 的所有可能取值为有限个 $x_1, x_2, \cdots, x_n$,则 $E(X)$ 是存在的,且 $E(X) = \sum\limits_{i=1}^{n} x_i p_i$.

(3) $E(X)$ 是以 X 取值的概率为权的加权平均,故也称 $E(X)$ 为 X 的均值.

离散型随机变量函数的数学期望

定理 1 设随机变量 X 的分布律为

$$P\{X = x_i\} = p_i, \quad i = 1, 2, \cdots,$$

随机变量 $Y = g(X), g(x)$ 是连续函数或分段连续函数,如果级数 $\sum\limits_{i=1}^{\infty} g(x_i) p_i$ 绝对收敛,则 Y 的数学期望存在,且 $E(Y) = \sum\limits_{i=1}^{\infty} g(x_i) p_i$.

定理 2 设二维随机变量 (X, Y) 的分布律为

$$P\{X = x_i, Y = y_j\} = p_{ij}, \quad i, j = 1, 2, \cdots$$

随机变量 $Z = g(X, Y), g(x, y)$ 是连续函数或分段连续函数,如果级数 $\sum\limits_{i=1}^{\infty} \sum\limits_{j=1}^{\infty} g(x_i, y_j) p_{ij}$ 绝对收敛,则 Z 的数学期望存在,且 $E(Z) = \sum\limits_{i=1}^{\infty} \sum\limits_{j=1}^{\infty} g(x_i, y_j) p_{ij}$.

注 如果 $E(X),E(Y)$ 存在,依定理 2,有

$$E(X) = \sum_{i=1}^{\infty} \sum_{j=1}^{\infty} x_i p_{ij} = \sum_{i=1}^{\infty} x_i \sum_{j=1}^{\infty} p_{ij} = \sum_{i=1}^{\infty} x_i p_{i\cdot},$$

$$E(Y) = \sum_{j=1}^{\infty} \sum_{i=1}^{\infty} y_j p_{ij} = \sum_{j=1}^{\infty} y_j \sum_{i=1}^{\infty} p_{ij} = \sum_{j=1}^{\infty} y_j p_{\cdot j},$$

其中 $p_{i\cdot}=P\{X=x_i\}(i=1,2,\cdots),p_{\cdot j}=P\{Y=y_j\}(j=1,2,\cdots)$ 分别为 (X,Y) 关于 X 和关于 Y 的边缘概率分布.上式表明求 $E(X)$(或 $E(Y)$)既可依联合分布律,也可依边缘分布律.

连续型随机变量的数学期望 设随机变量 X 的概率密度函数为 $f(x)$,如果 $\int_{-\infty}^{+\infty} x f(x) \mathrm{d}x$ 绝对收敛,即 $\int_{-\infty}^{+\infty} |x| f(x) \mathrm{d}x < +\infty$,则称该积分 $\int_{-\infty}^{+\infty} x f(x) \mathrm{d}x$ 的值为 X 的数学期望,简称 X 的期望,记作 $E(X)$,即 $E(X) = \int_{-\infty}^{+\infty} x f(x) \mathrm{d}x$.

注 如果 $\int_{-\infty}^{+\infty} |x| f(x) \mathrm{d}x$ 发散,就称 X 的数学期望不存在.

连续型随机变量函数的数学期望

定理 3 设随机变量 X 的概率密度函数为 $f(x)$,随机变量 $Y=g(X)$,$g(x)$ 为连续函数或分段连续函数,如果积分 $\int_{-\infty}^{+\infty} g(x) f(x) \mathrm{d}x$ 绝对收敛,则 Y 的数学期望存在,且

$$E(Y) = \int_{-\infty}^{+\infty} g(x) f(x) \mathrm{d}x.$$

定理 4 设二维随机变量 (X,Y) 的概率密度函数为 $f(x,y)$,随机变量 $Z=g(X,Y)$,$g(x,y)$ 为连续函数或分段连续函数,如果积分 $\int_{-\infty}^{+\infty}\int_{-\infty}^{+\infty} g(x,y) f(x,y) \mathrm{d}x \mathrm{d}y$ 绝对收敛,则 Z 的数学期望存在,且 $E(Z) = \int_{-\infty}^{+\infty}\int_{-\infty}^{+\infty} g(x,y) f(x,y) \mathrm{d}x \mathrm{d}y$.

注 如果 $E(X),E(Y)$ 存在,依定理 4,有

$$E(X) = \int_{-\infty}^{+\infty}\int_{-\infty}^{+\infty} x f(x,y) \mathrm{d}x \mathrm{d}y = \int_{-\infty}^{+\infty} x \mathrm{d}x \int_{-\infty}^{+\infty} f(x,y) \mathrm{d}y = \int_{-\infty}^{+\infty} x f_X(x) \mathrm{d}x,$$

$$E(Y) = \int_{-\infty}^{+\infty}\int_{-\infty}^{+\infty} y f(x,y) \mathrm{d}y \mathrm{d}x = \int_{-\infty}^{+\infty} y \mathrm{d}y \int_{-\infty}^{+\infty} f(x,y) \mathrm{d}x = \int_{-\infty}^{+\infty} y f_Y(y) \mathrm{d}y,$$

其中 $f_X(x),f_Y(y)$ 分别为 (X,Y) 关于 X 和关于 Y 的边缘概率密度函数.上式表明求 $E(X)$(或 $E(Y)$)既可依联合概率密度,也可依边缘概率密度.

数学期望的性质 设随机变量 X,Y 的数学期望存在,C 为任意常数,则:

(1) 如果 $a \leqslant X \leqslant b$,则 $E(X)$ 存在,且 $a \leqslant E(X) \leqslant b$.

(2) $E(C) = C$.

(3) $E(X+C) = E(X) + C$.

(4) $E(CX) = CE(X)$.

(5) $E(X+Y) = E(X) + E(Y)$.

推广 设随机变量 $X_1,X_2,\cdots,X_n$ 的数学期望均存在,C 为任意常数,则

$$E(a_1 X_1 + a_2 X_2 + \cdots + a_n X_n + C) = a_1 E(X_1) + a_2 E(X_2) + \cdots + a_n E(X_n) + C,$$

其中 $a_1,a_2,\cdots,a_n$ 均为常数.

（6）如果 X,Y 相互独立,则 $E(XY)=E(X)E(Y)$.

推广　如果随机变量 $X_1,X_2,\cdots,X_n$ 的数学期望均存在,且相互独立,则

$$E(X_1X_2\cdots X_n)=E(X_1)E(X_2)\cdots E(X_n).$$

常用分布的数学期望列表如下:

分　　布	参　　数	分布律或概率密度函数	期望
0-1 分布	$0<p<1$	$P\{X=k\}=p^k(1-p)^{1-k},k=0,1$	p
二项分布	$0<p<1,n=1,2,\cdots$	$P\{X=k\}=C_n^k p^k(1-p)^{n-k},k=0,1,2,\cdots,n$	np
几何分布	$0<p<1$	$P\{X=k\}=p(1-p)^{k-1},k=1,2,\cdots$	$1/p$
帕斯卡分布	$0<p<1,r=1,2,\cdots$	$P\{X=k\}=C_{k-1}^{r-1}p^r(1-p)^{k-r},k=r,r+1,\cdots$	r/p
泊松分布	$\lambda>0$	$P\{X=k\}=\dfrac{\lambda^k e^{-\lambda}}{k!},k=0,1,2,\cdots$	λ
超几何分布	$M\leqslant N,n\leqslant N,M,N,n$ 为正整数	$P\{X=k\}=\dfrac{C_M^k C_{N-M}^{n-k}}{C_N^n},k=0,1,2,\cdots,\min\{M,n\}$	nM/N
均匀分布	$a,b\in\mathbb{R},a<b$	$f(x)=\begin{cases}\dfrac{1}{b-a}, & a\leqslant x\leqslant b,\\ 0, & \text{其他}\end{cases}$	$\dfrac{a+b}{2}$
指数分布	$\theta>0$	$f(x)=\begin{cases}\dfrac{1}{\theta}e^{-\frac{x}{\theta}}, & x>0,\\ 0, & \text{其他}\end{cases}$	θ
正态分布	$\mu\in\mathbb{R},\sigma>0$	$f(x)=\dfrac{1}{\sqrt{2\pi}\sigma}e^{-\frac{(x-\mu)^2}{2\sigma^2}},-\infty<x<+\infty$	μ
伽马分布	$\gamma>0,\theta>0$	$f(x)=\begin{cases}\dfrac{1}{\theta^\gamma\Gamma(\gamma)}x^{\gamma-1}e^{-x/\theta}, & x>0,\\ 0, & x\leqslant 0\end{cases}$	$\gamma\theta$

二、典型例题

例 4.1.1　假设一部机器在一天内发生故障的概率为 0.2,机器发生故障时全天停止工作.若一周 5 个工作日无故障,可获利润 10 万元,发生 1 次故障仍可获利润 5 万元,发生 2 次故障所获利润 0 元,发生 3 次或 3 次以上故障就要亏损 2 万元,求一周内期望利润是多少?

【1996 研数三】

分析　设一周内发生故障的次数 $X\sim B(5,0.2)$,一周内的利润 Y 满足:

$$Y=g(X)=\begin{cases}10, & X=0,\\ 5, & X=1,\\ 0, & X=2,\\ -2, & X\geqslant 3.\end{cases}\quad \text{依 } Y \text{ 的概率分布求 } E(Y).$$

解　依题设,一周内发生故障的次数 $X\sim B(5,0.2)$,设一周内的利润为 Y,则

$$Y = g(X) = \begin{cases} 10, & X = 0, \\ 5, & X = 1, \\ 0, & X = 2, \\ -2, & X \geqslant 3, \end{cases}$$

依二项分布的概率计算公式,有

$$P\{Y = 10\} = P\{X = 0\} = (1 - 0.2)^5 = 0.8^5 = 0.3277,$$

$$P\{Y = 5\} = P\{X = 1\} = C_5^1 \times 0.2 \times (1 - 0.2)^4 = 0.8^4 = 0.4096,$$

$$P\{Y = 0\} = P\{X = 2\} = C_5^2 \times 0.2^2 \times (1 - 0.2)^3 = 0.2048,$$

$$P\{Y = -2\} = P\{X \geqslant 3\} = P\{X = 3\} + P\{X = 4\} + P\{X = 5\} = 0.0579.$$

于是 Y 的概率分布为

Y	-2	0	5	10
P	0.0579	0.2048	0.4096	0.3277

依定义, $E(Y) = -2 \times 0.0579 + 5 \times 0.4096 + 10 \times 0.3277 = 5.209$(万元).

注 因 Y 取有限值,所以 $E(Y)$ 存在,且 $E(Y) = \sum_{k=1}^{n} y_k P\{Y = y_k\}$.

评 依 X 的概率分布确定 Y 的概率分布,再依定义, $E(Y) = \sum_{k=1}^{n} y_k P\{Y = y_k\}$.

例 4.1.2 游客乘电梯从底层到电视塔顶层观光,电梯于每个整点的第 5 分钟,25 分钟和 55 分钟从底层起行,假设一游客在早上 8 点的第 X 分钟到达底层的候梯处,且 X 在[0, 60]上服从均匀分布,求等候时间的数学期望. **【1997 研数三】**

分析 设游客等候电梯的时间为 Y(单位: min),则

$$Y = g(X) = \begin{cases} 5 - X, & 0 < X \leqslant 5, \\ 25 - X, & 5 < X \leqslant 25, \\ 55 - X, & 25 < X \leqslant 55, \\ 60 - X + 5, & 55 < X \leqslant 60, \end{cases} \qquad E(g(X)) = \int_{-\infty}^{+\infty} g(x) f(x) \mathrm{d}x.$$

解 依题设, X 的概率密度函数为

$$f(x) = \begin{cases} \dfrac{1}{60}, & 0 < x \leqslant 60, \\ 0, & \text{其他}. \end{cases}$$

设 Y 为游客等候电梯的时间(单位: min),则

$$Y = g(X) = \begin{cases} 5 - X, & 0 < X \leqslant 5, \\ 25 - X, & 5 < X \leqslant 25, \\ 55 - X, & 25 < X \leqslant 55, \\ 60 - X + 5, & 55 < X \leqslant 60. \end{cases}$$

依定理 3,有

$$E(Y) = E(g(X)) = \int_{-\infty}^{+\infty} g(x) f(x) \mathrm{d}x = \frac{1}{60} \int_0^{60} g(x) \mathrm{d}x$$

$$= \frac{1}{60} \left(\int_0^5 (5-x) \mathrm{d}x + \int_5^{25} (25-x) \mathrm{d}x + \int_{25}^{55} (55-x) \mathrm{d}x + \int_{55}^{60} (65-x) \mathrm{d}x \right)$$

$$= 11.67.$$

注　因 $Y \in [0,30]$，所以 $E(Y)$ 存在. 又因 $g(x)$ 是分段连续函数，所以 $E(g(X)) = \int_{-\infty}^{+\infty} g(x) f(x) \mathrm{d}x$ 应分段积分.

评　依定理 3，$E(Y) = E(g(X)) = \int_{-\infty}^{+\infty} g(x) f(x) \mathrm{d}x$，无需确定 $Y = g(X)$ 的分布.

例 4.1.3　设随机变量 Y 服从参数为 $\theta = 1$ 的指数分布，令随机变量

$$X_1 = \begin{cases} 0, & Y \leqslant 1, \\ 1, & Y > 1, \end{cases} \qquad X_2 = \begin{cases} 0, & Y \leqslant 2, \\ 1, & Y > 2, \end{cases}$$

求：(1) X_1 和 X_2 的联合概率分布；(2) 数学期望 $E(X_1 + X_2)$.　　　　【1997 研数四】

分析　(1) 依 Y 的分布求 X_1 和 X_2 的联合概率分布；(2) 再依定理 2 求 $E(X_1 + X_2)$.

解　(1) 依题设，Y 的分布函数为

$$F_Y(y) = \begin{cases} 1 - \mathrm{e}^{-y}, & y > 0, \\ 0, & y \leqslant 0, \end{cases}$$

二维随机变量 (X_1, X_2) 的所有可能取值点为 $(0,0),(1,0),(1,1)$，且

$$P\{X_1 = 0, X_2 = 0\} = P\{Y \leqslant 1, Y \leqslant 2\} = P\{Y \leqslant 1\} = F_Y(1) = 1 - \mathrm{e}^{-1},$$

$$P\{X_1 = 1, X_2 = 0\} = P\{Y > 1, Y \leqslant 2\} = P\{1 \leqslant Y \leqslant 2\} = F_Y(2) - F_Y(1) = \mathrm{e}^{-1} - \mathrm{e}^{-2},$$

$$P\{X_1 = 1, X_2 = 1\} = P\{Y > 1, Y > 2\} = P\{Y > 2\} = 1 - F_Y(2) = \mathrm{e}^{-2},$$

即 (X_1, X_2) 的分布律为

X_1＼X_2	0	1
0	$1 - \mathrm{e}^{-1}$	0
1	$\mathrm{e}^{-1} - \mathrm{e}^{-2}$	e^{-2}

(2) 依定理 2，有

$$E(X_1 + X_2) = (0+0) \times (1 - \mathrm{e}^{-1}) + (1+0) \times (\mathrm{e}^{-1} - \mathrm{e}^{-2}) + (1+1) \times \mathrm{e}^{-2} = \mathrm{e}^{-1} + \mathrm{e}^{-2}.$$

或者 $X_1 + X_2$ 的概率分布为

$X_1 + X_2$	0	1	2
P	$1 - \mathrm{e}^{-1}$	$\mathrm{e}^{-1} - \mathrm{e}^{-2}$	e^{-2}

依定义，有

$$E(X_1 + X_2) = 0 \times (1 - \mathrm{e}^{-1}) + 1 \times (\mathrm{e}^{-1} - \mathrm{e}^{-2}) + 2 \times \mathrm{e}^{-2} = \mathrm{e}^{-1} + \mathrm{e}^{-2}.$$

再或者 X_1, X_2 的边缘概率分布分别为

X_1	0	1
P	$1 - \mathrm{e}^{-1}$	e^{-1}

X_2	0	1
P	$1 - \mathrm{e}^{-2}$	e^{-2}

$E(X_1)=\mathrm{e}^{-1},E(X_2)=\mathrm{e}^{-2}$,依性质,有 $E(X_1+X_2)=E(X_1)+E(X_2)=\mathrm{e}^{-1}+\mathrm{e}^{-2}$.

注 求 $E(X_1+X_2)$ 的方法有多种,可依定义、定理和性质等.

评 由连续型随机变量 Y 引入离散型随机变量 X_1 和 X_2,依 Y 的分布确定 X_1 和 X_2 的联合概率分布,依定义或性质或定理求 $E(X_1+X_2)$.

例 4.1.4 设随机变量 X 与 Y 相互独立且同服从正态分布 $N(\mu,\sigma^2)$,求随机变量 $\max\{X,Y\},\min\{X,Y\}$ 的数学期望.

分析 将 X 与 Y 标准化:$U=\dfrac{X-\mu}{\sigma},V=\dfrac{Y-\mu}{\sigma}$,则 $U\sim N(0,1),V\sim N(0,1)$,且

$$X=\sigma U+\mu,\quad Y=\sigma V+\mu,\quad \max\{X,Y\}=\sigma\max\{U,V\}+\mu,$$

$$E(\max\{X,Y\})=\sigma E(\max\{U,V\})+\mu,\quad 又\ \max\{U,V\}=\frac{1}{2}(U+V+|U-V|).$$

而 $\min\{X,Y\}=X+Y-\max\{X,Y\}$,或者 $\min\{X,Y\}=\sigma\min\{U,V\}+\mu$.

解 令 $U=\dfrac{X-\mu}{\sigma},V=\dfrac{Y-\mu}{\sigma}$,则 U 与 V 独立同服从 $N(0,1),E(U)=E(V)=0$,且 $X=\sigma U+\mu,Y=\sigma V+\mu$,则 $\max\{X,Y\}=\sigma\max\{U,V\}+\mu$,于是

$$E(\max\{X,Y\})=\sigma E(\max\{U,V\})+\mu. \tag{1}$$

因为 $\max\{U,V\}=\dfrac{1}{2}(U+V+|U-V|)$,所以

$$E(\max\{U,V\})=\frac{1}{2}(E(U)+E(V)+E|U-V|)=\frac{1}{2}E(|U-V|).$$

令 $Z=U-V$,因为 X 与 Y 相互独立,所以 U 与 V 相互独立,依正态变量的性质,$Z\sim N(0,2)$,即 Z 的概率密度函数为

$$f(z)=\frac{1}{\sqrt{2\pi}\sqrt{2}}\mathrm{e}^{-\frac{z^2}{4}},\quad -\infty<z<+\infty.$$

依定理3,有

$$E(|U-V|)=E(|Z|)=\int_{-\infty}^{+\infty}|z|f(z)\mathrm{d}z=\frac{1}{\sqrt{2\pi}\sqrt{2}}\int_{-\infty}^{+\infty}|z|\mathrm{e}^{-\frac{z^2}{4}}\mathrm{d}z$$

$$=\frac{1}{\sqrt{\pi}}\int_0^{+\infty}z\mathrm{e}^{-\frac{z^2}{4}}\mathrm{d}z=-\frac{2}{\sqrt{\pi}}\left(\mathrm{e}^{-\frac{z^2}{4}}\right)_0^{+\infty}=\frac{2}{\sqrt{\pi}},$$

于是 $E(\max\{U,V\})=\dfrac{1}{2}E(|U-V|)=\dfrac{1}{\sqrt{\pi}}$,代入(1)式得

$$E(\max\{X,Y\})=\sigma E(\max\{U,V\})+\mu=\frac{\sigma}{\sqrt{\pi}}+\mu.$$

又因为 $\min\{X,Y\}=X+Y-\max\{X,Y\}$,且 $E(X)=\mu=E(Y)$,依数学期望的性质,有

$$E(\min\{X,Y\})=E(X)+E(Y)-E(\max\{X,Y\})=2\mu-\left(\frac{\sigma}{\sqrt{\pi}}+\mu\right)=\mu-\frac{\sigma}{\sqrt{\pi}}.$$

或者由 $\min\{X,Y\}=\sigma\min\{U,V\}+\mu,\min\{U,V\}=\dfrac{1}{2}(U+V-|U-V|)$,于是

$$E(\min\{U,V\})=\frac{1}{2}(E(U)+E(V)-E(|U-V|))=-\frac{1}{2}E(|U-V|)$$

$$=-\frac{1}{2}\times\frac{2}{\sqrt{\pi}}=-\frac{1}{\sqrt{\pi}},$$

故得

$$E(\min\{X,Y\})=\sigma E(\min\{U,V\})+\mu=\sigma\left(-\frac{1}{\sqrt{\pi}}\right)+\mu=\mu-\frac{\sigma}{\sqrt{\pi}}.$$

注　(1) 引入标准化变量 U,V，将问题转化为 $\max\{X,Y\}=\sigma\max\{U,V\}+\mu$，于是 $E(\max\{X,Y\})=\sigma E(\max\{U,V\})+\mu$，其中 $\max\{U,V\}=\frac{1}{2}(U+V+|U-V|)$，因此

$$E(\max\{U,V\})=\frac{1}{2}E(|U-V|).$$

因为 $\min\{X,Y\}=X+Y-\max\{X,Y\}$，所以

$$E(\min\{X,Y\})=E(X)+E(Y)-E(\max\{X,Y\}).$$

(2) $Z=U-V\sim N(0,2)$，依定理 3，$E(|Z|)=\int_{-\infty}^{+\infty}|z|f(z)\mathrm{d}z$，无需知道 $|Z|$ 的分布.

评　较之于先确定 $\max\{X,Y\}$，$\min\{X,Y\}$ 的分布再求均值，借助 X 与 Y 的标准化变量 U 与 V 可简化计算，解题的链条如下：

$$E(|U-V|)\Rightarrow E(\max\{U,V\})\Rightarrow E(\max\{X,Y\})\Rightarrow E(\min\{X,Y\}).$$

例 4.1.5　一商店经销某种商品，每周进货的数量 X 与顾客对该种商品的需求量 Y 是相互独立的随机变量，且都服从区间 $[10,20]$ 上的均匀分布，商店每售出一单位商品可得利润 1000 元；若需求量超过了进货量，商店可从其他商店调剂供应，这时每单位商品获利润 500 元，试计算此商店经销该种商品每周所得利润的期望值.　**【1998 研数三】**

分析　依题设确定利润与 X,Y 的关系 $L=g(X,Y)$，再依定理 4，有

$$E(L)=E(g(X,Y))=\int_{-\infty}^{+\infty}\int_{-\infty}^{+\infty}g(x,y)f(x,y)\mathrm{d}x\mathrm{d}y.$$

解　依题设，X 与 Y 的联合概率密度函数为

$$f(x,y)=\begin{cases}\dfrac{1}{100}, & 10<x<20,10<y<20,\\ 0, & \text{其他.}\end{cases}$$

设 L 表示商店每周所得的利润，依题意，有

$$L=g(X,Y)=\begin{cases}1000Y, & 10\leqslant Y\leqslant X,\\ 1000X+500(Y-X)=500(X+Y), & X<Y\leqslant20,\end{cases}$$

因 L 的取值有限，依性质，$E(L)$ 存在，且依定理 4，有

$$E(L)=E(g(X,Y))=\int_{-\infty}^{+\infty}\int_{-\infty}^{+\infty}g(x,y)f(x,y)\mathrm{d}x\mathrm{d}y$$

$$=\iint_{y\leqslant x}1000y\times\frac{1}{100}\mathrm{d}x\mathrm{d}y+\iint_{y>x}500(x+y)\times\frac{1}{100}\mathrm{d}x\mathrm{d}y$$

$$=10\int_{10}^{20}y\mathrm{d}y\int_{y}^{20}\mathrm{d}x+5\int_{10}^{20}\mathrm{d}y\int_{10}^{y}(x+y)\mathrm{d}x$$

$$=10\int_{10}^{20}(20y-y^2)\mathrm{d}y+5\int_{10}^{20}\left(\frac{3}{2}y^2-10y-50\right)\mathrm{d}y$$

$$= \left(-\frac{5}{6}y^3 + 75y^2 - 250y \right)\Big|_{10}^{20} \approx 14166.67,$$

即此商店经销该商品每周所得利润的期望值为 14166.67 元.

注 依定理 4，$E(L) = E(g(X,Y)) = \int_{-\infty}^{+\infty}\int_{-\infty}^{+\infty} g(x,y)f(x,y)\mathrm{d}x\,\mathrm{d}y$，无需知道 $g(X,Y)$ 的分布. 同时 $g(x,y)$ 是"分片"函数，应"分片"求积分，同时注意 X 与 Y 相互独立，则 $f(x,y) = f_X(x) \cdot f_Y(y)$.

评 本例解法的关键是确立利润 L 与 X,Y 的关系：

$$L = g(X,Y) = \begin{cases} 1000Y, & 10 \leqslant Y \leqslant X, \\ 500(X+Y), & X < Y \leqslant 20. \end{cases}$$

例 4.1.6 设某企业生产线上产品合格率为 0.96，不合格产品中只有 3/4 的产品可进行再加工，且再加工的产品合格率为 0.8，其余均为废品. 已知每件合格品可获利 80 元，每件废品亏损 20 元. 为保证企业每天平均利润不低于 2 万元，问：该企业每天至少应生产多少件产品？ 【2008 研数四】

分析 先求产品的合格率，再确定 n 件产品中合格产品数的概率分布，依它的均值确定利润的均值.

解 设每天至少应生产 n 件产品，则产品的合格率为

$$p = 0.96 + 0.04 \times 0.75 \times 0.8 = 0.984.$$

记 X 为 n 件产品中合格的产品数，$X \sim B(n, 0.984)$，$E(X) = np = 0.984n$，$T(n)$ 为 n 件产品所获利润，则 $T(n) = 80X - 20(n-X) = 100X - 20n$，依定理 1，

$$E(T(n)) = E(100X - 20n) = 100E(X) - 20n = 78.4n,$$

要使 $E(T(n)) \geqslant 20000$，即 $78.4n \geqslant 20000$，解之得 $n \geqslant 255.10$，即为保证企业每天平均利润不低于 2 万元，企业每天至少应生产 256 件产品.

注 n 件产品中的合格品数 $X \sim B(n, 0.984)$，所获利润 $T(n) = 100X - 20n$，且

$$E(T(n)) = 100E(X) - 20n.$$

评 不合格品可以再加工，依题意，产品的合格率应为

$$p = 0.96 + 0.04 \times 0.75 \times 0.8 = 0.984.$$

解题的链条：产品合格率 $p \Rightarrow$ 合格品数期望 $E(X) \Rightarrow$ 利润均值 $E(T(n)) \Rightarrow n$.

习题 4-1

1. 试说明下述随机变量 X,Y 的数学期望不存在.

(1) X 为离散型随机变量，其分布律为

$$P\left\{X = (-1)^{k+1}\frac{3^k}{k}\right\} = \frac{2}{3^k}, \quad k = 1, 2, \cdots;$$

(2) Y 为连续型随机变量，其概率密度函数为

$$f(y) = \frac{1}{\pi(1+y^2)}, \quad -\infty < y < +\infty.$$

2. 已知甲、乙两箱中装有同种产品，其中甲箱中装有 3 件合格品和 3 件次品，乙箱中装有 3 件合格品，从甲箱中任取 3 件产品放入乙箱后，求：

（1）乙箱中次品件数 X 的数学期望；

（2）从乙箱中任取一件产品是次品的概率.　　　　　　　【2003 研数一】

3. 设随机变量 X 的概率密度函数为

$$f(x)=\begin{cases}\dfrac{1}{2}\cos\dfrac{x}{2}, & 0\leqslant x\leqslant\pi,\\ 0, & \text{其他.}\end{cases}$$

对 X 独立地重复观察 4 次，用 Y 表示观察值大于 $\dfrac{\pi}{3}$ 的次数，求数学期望 $E(Y^2)$.

【2002 研数一】

4. 设随机变量 X 的概率密度函数为

$$f(x)=\begin{cases}2^{-x}\ln2, & x>0,\\ 0, & x\leqslant0.\end{cases}$$

对 X 进行独立重复的观测，直到两个大于 3 的观测值出现停止，记随机变量 Y 为观测次数，求：（1）Y 的概率分布；（2）数学期望 $E(Y)$.　　　【2015 研数一、三】

5. 设随机变量 X 服从拉普拉斯分布，其概率密度函数为

$$f(x)=\frac{1}{2}\mathrm{e}^{-|x|}, \quad -\infty<x<+\infty,$$

求数学期望 $E(\min\{|X|,1\})$.

6. 设某种商品每周的需求量 X 是服从 $[10,30]$ 上均匀分布的随机变量，而经销商店进货数量为 $(10,30)$ 中某一整数，商店每销售一单位商品可获利 500 元，若供大于求则可削价处理，每处理一单位商品亏损 100 元，若供不应求，则可从外部调剂，此时每一单位商品仅获利 300 元. 为了使商品所获利润不少于 9280 元，试确定最少进货量.　【1998 研数四】

4.2　方差

一、内容要点与评注

随机变量的方差　设 X 为一个随机变量，如果数学期望 $E((X-E(X))^2)$ 存在，则称其为 X 的方差，记作 $D(X)$，即 $D(X)=E((X-E(X))^2)$. 称 $\sqrt{D(X)}=\sqrt{E((X-E(X))^2)}$ 为 X 的标准差或均方差.

注　X 的方差 $D(X)$ 刻画了 X 取值与其期望的偏离程度，方差越小，说明 X 的取值越集中在 $E(X)$ 的左右，相对稳定.

离散型随机变量的方差　设随机变量 X 的概率分布为

$$P\{X=x_i\}=p_i, \quad i=1,2,\cdots,$$

如果 $D(X)$ 存在，依 4.1 节定理 1，有

$$D(X)=E((X-E(X))^2)=\sum_{i=1}^{\infty}(x_i-E(X))^2p_i.$$

注　设二维离散型随机变量 (X,Y) 的分布律为

$$P\{X=x_i,Y=y_j\}=p_{ij}, \quad i,j=1,2,\cdots,$$

(X,Y)关于 X 和关于 Y 的边缘分布律分别为

$$p_{i\cdot}=P\{X=x_i\}=\sum_{j=1}^{\infty}p_{ij},\quad i=1,2,\cdots,\quad p_{\cdot j}=P\{Y=y_j\}=\sum_{i=1}^{\infty}p_{ij},\quad j=1,2,\cdots,$$

如果 $D(X),D(Y)$ 存在,依 4.1 节定理 2,有

$$D(X)=\sum_{i=1}^{\infty}\sum_{j=1}^{\infty}(x_i-E(X))^2p_{ij}=\sum_{i=1}^{\infty}(x_i-E(X))^2\sum_{j=1}^{\infty}p_{ij}=\sum_{i=1}^{\infty}(x_i-E(X))^2p_{i\cdot},$$

$$D(Y)=\sum_{j=1}^{\infty}\sum_{i=1}^{\infty}(y_j-E(Y))^2p_{ij}=\sum_{j=1}^{\infty}(y_j-E(Y))^2\sum_{i=1}^{\infty}p_{ij}=\sum_{j=1}^{\infty}(y_j-E(Y))^2p_{\cdot j}.$$

上式表明求 $D(X)$(或 $D(Y)$)既可依联合分布律,也可依边缘分布律.

连续型随机变量的方差 设随机变量 X 的概率密度函数为 $f(x)$. 如果 $D(X)$ 存在,依 4.1 节定理 3,有

$$D(X)=E((X-E(X))^2)=\int_{-\infty}^{+\infty}(x-E(X))^2f(x)\mathrm{d}x.$$

注 设二维连续型随机变量 (X,Y) 的概率密度函数为 $f(x,y)$,(X,Y) 关于 X 和关于 Y 的边缘概率密度函数分别为 $f_X(x),f_Y(y)$,如果 $D(X),D(Y)$ 存在,依 4.1 节定理 4,有

$$D(X)=\int_{-\infty}^{+\infty}\int_{-\infty}^{+\infty}(x-E(X))^2f(x,y)\mathrm{d}x\mathrm{d}y=\int_{-\infty}^{+\infty}(x-E(X))^2\int_{-\infty}^{+\infty}f(x,y)\mathrm{d}y\mathrm{d}x$$

$$=\int_{-\infty}^{+\infty}(x-E(X))^2f_X(x)\mathrm{d}x,$$

$$D(Y)=\int_{-\infty}^{+\infty}\int_{-\infty}^{+\infty}(y-E(Y))^2f(x,y)\mathrm{d}y\mathrm{d}x=\int_{-\infty}^{+\infty}(y-E(Y))^2\int_{-\infty}^{+\infty}f(x,y)\mathrm{d}x\mathrm{d}y$$

$$=\int_{-\infty}^{+\infty}(y-E(Y))^2f_Y(y)\mathrm{d}y.$$

上式表明求 $D(X)$(或 $D(Y)$)既可依联合概率密度,也可依边缘概率密度.

方差的计算公式 $D(X)=E(X^2)-(E(X))^2$.

方差的性质 设随机变量 X,Y 的方差存在,C 为任意常数,则:

(1) $D(C)=0$.

(2) $D(X+C)=D(X)$.

(3) $D(CX)=C^2D(X)$.

(4) $D(X+Y)=D(X)+D(Y)+2E((X-E(X))(Y-E(Y)))$.

推广 如果 $D(X_1),D(X_2),\cdots,D(X_n)$ 均存在,则

$$D(X_1+X_2+\cdots+X_n)=\sum_{i=1}^{n}D(X_i)+2\sum_{1\leqslant i<j\leqslant n}E(X_i-E(X_i))(X_j-E(X_j)).$$

(5) 设 X 与 Y 相互独立,则 $D(X\pm Y)=D(X)+D(Y)$.

推广 如果随机变量 $X_1,X_2,\cdots,X_n$ 的方差均存在,且两两相互独立,则

$$D(X_1+X_2+\cdots+X_n)=D(X_1)+D(X_2)+\cdots+D(X_n).$$

(6) 设 X 与 Y 相互独立,则

$$D(XY)=D(X)D(Y)+D(X)(E(Y))^2+D(Y)(E(X))^2.$$

证 依定义,有

$$D(XY)=E((XY-E(XY))^2)=E((XY)^2-2E(XY)XY+(E(XY))^2)$$

$$=E((XY)^2)-2(E(XY))^2+(E(XY))^2$$

$$= E(X^2)E(Y^2) - (E(X))^2(E(Y))^2 \text{（因 } X \text{ 与 } Y \text{ 相互独立）}$$

$$= (D(X) + (E(X))^2)(D(Y) + (E(Y))^2) - (E(X))^2(E(Y))^2$$

$$= D(X)D(Y) + D(X)(E(Y))^2 + D(Y)(E(X))^2.$$

（7）如果随机变量 X 的方差存在，则 $D(X) = 0$ 的充分必要条件是 $P\{X = E(X)\} = 1$.

（8）如果常数 $C \neq E(X)$，则 $D(X) < E((X - C)^2)$.

切比雪夫不等式　设随机变量 X 的数学期望和方差分别为 $E(X) = \mu$，$D(X) = \sigma^2$，则对任意 $\varepsilon > 0$，有

$$P\{|X - \mu| \geqslant \varepsilon\} \leqslant \frac{\sigma^2}{\varepsilon^2}, \quad \text{或者 } P\{|X - \mu| < \varepsilon\} \geqslant 1 - \frac{\sigma^2}{\varepsilon^2}.$$

证　不妨设 X 为连续型随机变量，其概率密度函数为 $f(x)$，

$$P\{|X - \mu| \geqslant \varepsilon\} = \int_{|x-\mu| \geqslant \varepsilon} f(x)\,\mathrm{d}x \leqslant \int_{|x-\mu| \geqslant \varepsilon} \frac{(x-\mu)^2}{\varepsilon^2} f(x)\,\mathrm{d}x \text{（被积函数放大）}$$

$$= \frac{1}{\varepsilon^2} \int_{|x-\mu| \geqslant \varepsilon} (x - E(X))^2 f(x)\,\mathrm{d}x$$

$$\leqslant \frac{1}{\varepsilon^2} \int_{-\infty}^{+\infty} (x - E(X))^2 f(x)\,\mathrm{d}x \text{（积分区间放大）}$$

$$= \frac{1}{\varepsilon^2} D(X) \text{（依定义）}.$$

常用分布的数学期望和方差列表如下：

分　布	参　　数	分布律或概率密度函数	期望	方差
0-1 分布	$0 < p < 1$	$P\{X = k\} = p^k(1-p)^{1-k}, k = 0, 1$	p	$p(1-p)$
二项分布	$0 < p < 1, n = 1, 2, \cdots$	$P\{X = k\} = \mathrm{C}_n^k p^k(1-p)^{n-k}, k = 0, 1, 2, \cdots, n$	np	$np(1-p)$
几何分布	$0 < p < 1$	$P\{X = k\} = p(1-p)^{k-1}, k = 1, 2, \cdots$	$1/p$	$(1-p)/p^2$
帕斯卡分布	$0 < p < 1, r = 1, 2, \cdots$	$P\{X = k\} = \mathrm{C}_{k-1}^{r-1} p^r(1-p)^{k-r}, k = r, r+1, \cdots$	r/p	$r(1-p)/p^2$
泊松分布	$\lambda > 0$	$P\{X = k\} = \dfrac{\lambda^k \mathrm{e}^{-\lambda}}{k!}, k = 0, 1, 2, \cdots$	λ	λ
超几何分布	$M \leqslant N, n \leqslant N,$ M, N, n 为正整数	$P\{X = k\} = \dfrac{\mathrm{C}_M^k \mathrm{C}_{N-M}^{n-k}}{\mathrm{C}_N^n}, k = 0, 1, 2, \cdots, \min\{M, n\}$	$\dfrac{nM}{N}$	$\dfrac{nM(N-M)(N-n)}{N^2(N-1)}$
均匀分布	$a, b \in \mathbf{R}, a < b$	$f(x) = \begin{cases} \dfrac{1}{b-a}, & a \leqslant x \leqslant b, \\ 0, & \text{其他} \end{cases}$	$\dfrac{a+b}{2}$	$\dfrac{(b-a)^2}{12}$
指数分布	$\theta > 0$	$f(x) = \begin{cases} \dfrac{1}{\theta} \mathrm{e}^{-\frac{x}{\theta}}, & x > 0, \\ 0, & \text{其他} \end{cases}$	θ	θ^2

续表

分 布	参 数	分布律或概率密度函数	期望	方差
正态分布	$\mu \in \mathbf{R}, \sigma > 0$	$f(x) = \dfrac{1}{\sqrt{2\pi}\sigma} \mathrm{e}^{-\frac{(x-\mu)^2}{2\sigma^2}}, -\infty < x < +\infty$	μ	σ^2
伽马分布	$\gamma > 0, \theta > 0$	$f(x) = \begin{cases} \dfrac{1}{\theta^\gamma \Gamma(\gamma)} x^{\gamma-1} \mathrm{e}^{-x/\theta}, & x > 0, \\ 0, & x \leqslant 0 \end{cases}$	$\gamma\theta$	$\gamma\theta^2$

注 关于伽马分布超几何分布和帕斯卡分布的期望和方差分别参见例 4.7.4 和习题 4-7 中题 1.表中期望和方差需牢记.

二、典型例题

例 4.2.1 设随机变量 X 服从伽马分布 $G(\gamma, \theta)$,求 X 的数学期望与方差.

分析 依定义,定理和计算公式,有

$$E(X) = \int_{-\infty}^{+\infty} x f(x) \mathrm{d}x, E(X^2) = \int_{-\infty}^{+\infty} x^2 f(x) \mathrm{d}x, D(X) = E(X^2) - (E(X))^2.$$

解 依题设,X 的概率密度函数为

$$f(x) = \begin{cases} \dfrac{1}{\theta^\gamma \Gamma(\gamma)} x^{\gamma-1} \mathrm{e}^{-x/\theta}, & x > 0, \\ 0, & x \leqslant 0, \end{cases} \quad \theta > 0, \gamma > 0.$$

依定义,$E(X) = \displaystyle\int_{-\infty}^{+\infty} x f(x) \mathrm{d}x = \dfrac{1}{\theta^\gamma \Gamma(\gamma)} \int_0^{+\infty} x^\gamma \mathrm{e}^{-x/\theta} \mathrm{d}x$(令 $t = x/\theta$)

$$= \dfrac{\theta}{\Gamma(\gamma)} \int_0^{+\infty} t^\gamma \mathrm{e}^{-t} \mathrm{d}t = \dfrac{\theta}{\Gamma(\gamma)} \Gamma(\gamma+1) = \dfrac{\theta}{\Gamma(\gamma)} \gamma \Gamma(\gamma) = \gamma\theta.$$

又因为

$$E(X^2) = \int_{-\infty}^{+\infty} x^2 f(x) \mathrm{d}x = \dfrac{1}{\theta^\gamma \Gamma(\gamma)} \int_0^{+\infty} x^{\gamma+1} \mathrm{e}^{-x/\theta} \mathrm{d}x$$

$$\xrightarrow{\text{令} t = x/\theta} \dfrac{\theta^2}{\Gamma(\gamma)} \int_0^{+\infty} t^{\gamma+1} \mathrm{e}^{-t} \mathrm{d}t = \dfrac{\theta^2}{\Gamma(\gamma)} \Gamma(\gamma+2)$$

$$= \dfrac{\theta^2}{\Gamma(\gamma)} (\gamma+1)\gamma\Gamma(\gamma) = (\gamma+1)\gamma\theta^2,$$

依方差的计算公式,有

$$D(X) = E(X^2) - (E(X))^2 = (\gamma+1)\gamma\theta^2 - (\gamma\theta)^2 = \gamma\theta^2.$$

注 $\Gamma(\gamma) = \displaystyle\int_0^{+\infty} x^{\gamma-1} \mathrm{e}^{-x} \mathrm{d}x \, (\gamma > 0), \Gamma(\gamma+1) = \gamma\Gamma(\gamma).$

评 如果 $X \sim G(\gamma, \theta)$,则 $E(X) = \gamma\theta, D(X) = \gamma\theta^2.$

例 4.2.2 设随机变量 U 在 $[-2, 2]$ 上服从均匀分布,令随机变量

$$X = \begin{cases} -1, & U \leqslant -1, \\ 1, & U > -1, \end{cases} \quad Y = \begin{cases} -1, & U \leqslant 1, \\ 1, & U > 1. \end{cases}$$

试求:(1) X 和 Y 的联合概率分布;(2) 方差 $D(X+Y)$. 【2002 研数三】

分析　(1) 依 U 的分布确定 X 和 Y 的联合概率分布；(2) 令 $Z = X + Y$,依 Z 的概率分布,求 $D(Z) = E(Z^2) - (E(Z))^2$,或者直接依公式 $D(X+Y) = E((X+Y)^2) - (E(X+Y))^2$ 计算.

解　(1) 依题设,U 的分布函数为

$$F_U(u) = \begin{cases} 0, & u \leqslant -2, \\ \dfrac{u+2}{4}, & -2 < u < 2, \\ 1, & u \geqslant 2, \end{cases}$$

(X,Y) 的所有可能取值点为 $(-1,-1),(1,-1),(1,1)$,且

$$P\{X=-1,Y=-1\} = P\{U \leqslant -1, U \leqslant 1\} = P\{U \leqslant -1\} = F_U(-1) = \frac{1}{4},$$

$$P\{X=1,Y=-1\} = P\{U>-1, U \leqslant 1\} = P\{-1 < U \leqslant 1\} = F_U(1) - F_U(-1) = \frac{1}{2},$$

$$P\{X=1,Y=1\} = P\{U>-1, U>1\} = P\{U>1\} = 1 - F_U(1) = \frac{1}{4},$$

即 X 和 Y 的联合分布律为

X \ Y	−1	1
−1	1/4	0
1	1/2	1/4

(2) **解法一**　令 $Z = X + Y$,由(1)知,Z 的所有可能取值为 $-2,0,2$,且 Z 的概率分布为

Z	−2	0	2
P	1/4	1/2	1/4

依定义,有 $E(Z) = \sum_k z_k p_k = (-2) \times \dfrac{1}{4} + 0 \times \dfrac{1}{2} + 2 \times \dfrac{1}{4} = 0.$

依 4.1 节定理 1,有

$$E(Z^2) = \sum_k z_k^2 p_k = (-2)^2 \times \frac{1}{4} + 0^2 \times \frac{1}{2} + 2^2 \times \frac{1}{4} = 2,$$

依方差的计算公式,得 $D(Z) = E(Z^2) - (E(Z))^2 = 2 - 0 = 2.$

解法二　依 4.1 节定理 2,依 (X,Y) 的概率分布,有

$$E(X+Y) = \sum_i \sum_j (x_i + y_j) p_{ij}$$

$$= (-1-1) \times \frac{1}{4} + (1-1) \times \frac{1}{2} + (1+1) \times \frac{1}{4} = 0,$$

$$E((X+Y)^2) = \sum_i \sum_j (x_i + y_j)^2 p_{ij}$$

$$= (-1-1)^2 \times \frac{1}{4} + (1-1)^2 \times \frac{1}{2} + (1+1)^2 \times \frac{1}{4} = 2,$$

依方差的计算公式,得

$$D(X+Y)=E((X+Y)^2)-(E(X+Y))^2=2-0=2.$$

注 试比较求离散型随机变量函数的数学期望的两个方法:

(1) 已知 Z 的概率分布, $E((X+Y)^2)=E(Z^2)=\sum_k z_k^2 p_k$;

(2) 已知 (X,Y) 的概率分布, $E((X+Y)^2)=\sum_i \sum_j (x_i+y_j)^2 p_{ij}$.

评 求离散型随机变量方差 $D(X+Y)$ 的两个方法:(1) 依分布,先求 $Z=X+Y$ 的概率分布,再依公式 $D(Z)=E(Z^2)-(E(Z))^2$ 计算;(2) 依定理,无需确定 $Z=X+Y$ 的概率分布,直接由 (X,Y) 的概率分布,依公式 $D(X+Y)=E((X+Y)^2)-(E(X+Y))^2$ 计算.

例 4.2.3 设随机变量 X 和 Y 的联合分布在以点 $(0,1),(1,0),(1,1)$ 为顶点的三角形区域 G 上服从均匀分布,试求随机变量 $Z=X+Y$ 的方差. 【2001 研数四】

分析 直接依公式 $D(X+Y)=E((X+Y)^2)-(E(X+Y))^2$ 计算,或者先求 $Z=X+Y$ 的概率密度函数 $f_Z(z)=\int_{-\infty}^{+\infty}f(z-y,y)\mathrm{d}y$,再依公式 $D(Z)=E(Z^2)-(E(Z))^2$ 计算.

解法一 如图 4-1 所示,依题设,(X,Y) 的概率密度函数为

$$f(x,y)=\begin{cases}2,&(x,y)\in G,\\0,&\text{其他},\end{cases}$$

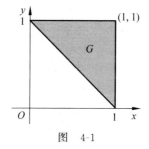

图 4-1

依 4.1 节定理 4,有

$$\begin{aligned}E(X+Y)&=\int_{-\infty}^{+\infty}\int_{-\infty}^{+\infty}(x+y)f(x,y)\mathrm{d}x\mathrm{d}y\\&=\int_0^1\mathrm{d}y\int_{1-y}^1 2(x+y)\mathrm{d}x=\int_0^1(x^2+2xy)\big|_{1-y}^1\mathrm{d}y\\&=\int_0^1(y^2+2y)\mathrm{d}y=\left(\frac{1}{3}y^3+y^2\right)\big|_0^1=\frac{4}{3},\end{aligned}$$

$$\begin{aligned}E((X+Y)^2)&=\int_{-\infty}^{+\infty}\int_{-\infty}^{+\infty}(x+y)^2 f(x,y)\mathrm{d}x\mathrm{d}y=\int_0^1\mathrm{d}y\int_{1-y}^1 2(x+y)^2\mathrm{d}x\\&=2\int_0^1\left(y+y^2+\frac{1}{3}y^3\right)\mathrm{d}y=2\left(\frac{1}{2}y^2+\frac{1}{3}y^3+\frac{1}{12}y^4\right)\big|_0^1=\frac{11}{6},\end{aligned}$$

依方差的计算公式,得

$$D(X+Y)=E((X+Y)^2)-(E(X+Y))^2=\frac{11}{6}-\left(\frac{4}{3}\right)^2=\frac{1}{18}.$$

解法二 依公式,$Z=X+Y$ 的概率密度函数为

$$f_Z(z)=\int_{-\infty}^{+\infty}f(z-y,y)\mathrm{d}y,$$

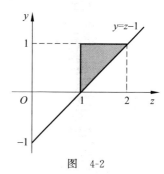

图 4-2

如图 4-2 所示,被积函数大于零的区域为

$$\begin{cases}0<y<1,\\1-y<z-y<1,\end{cases}\quad\text{即}\quad\begin{cases}0<y<1,\\1<z<1+y,\end{cases}$$

$$f_Z(z)=\begin{cases}\int_{z-1}^1 2\mathrm{d}y=2(2-z),&1<z<2,\\0,&\text{其他}.\end{cases}$$

依定义,有 $E(Z)=\int_{-\infty}^{+\infty}zf_Z(z)\mathrm{d}z=\int_1^2 2z(2-z)\mathrm{d}z=2\left(z^2-\dfrac{1}{3}z^3\right)\Big|_1^2=\dfrac{4}{3}.$

依 4.1 节定理 3,有

$$E(Z^2)=\int_{-\infty}^{+\infty}z^2f_Z(z)\mathrm{d}z=\int_1^2 2z^2(2-z)\mathrm{d}z=2\left(\dfrac{2}{3}z^3-\dfrac{1}{4}z^4\right)\Big|_1^2=\dfrac{11}{6}.$$

依方差的计算公式,$D(Z)=E(Z^2)-(E(Z))^2=\dfrac{11}{6}-\left(\dfrac{4}{3}\right)^2=\dfrac{1}{18}.$

注　试比较求连续型随机变量函数的数学期望的两个方法:

(1) 已知 Z 的概率密度函数,$E((X+Y)^2)=E(Z^2)=\int_{-\infty}^{+\infty}z^2f_Z(z)\mathrm{d}z$;

(2) 已知 (X,Y) 的概率密度函数,$E((X+Y)^2)=\int_{-\infty}^{+\infty}\int_{-\infty}^{+\infty}(x+y)^2f(x,y)\mathrm{d}x\,\mathrm{d}y.$

评　求连续型随机变量方差 $D(X+Y)$ 的两个方法:(1) 依定理,无需确定 $Z=X+Y$ 的分布,直接依公式 $D(X+Y)=E((X+Y)^2)-(E(X+Y))^2$ 计算;(2) 依分布,先求 $Z=X+Y$ 的分布,再依公式 $D(Z)=E(Z^2)-(E(Z))^2$ 计算.

例 4.2.4　已知随机变量 X 服从参数为 1 的指数分布,且随机变量 $Y=X+\mathrm{e}^{-2X}$,求 $E(Y),D(Y).$

分析　依数学期望的性质及计算公式

$$E(Y)=E(X+\mathrm{e}^{-2X})=E(X)+E(\mathrm{e}^{-2X}),\text{其中 } E(\mathrm{e}^{-2x})=\int_{-\infty}^{+\infty}\mathrm{e}^{-2x}f(x)\mathrm{d}x;$$

$$D(Y)=E(Y^2)-(E(Y))^2,\text{其中 } E(Y^2)=E((X+\mathrm{e}^{-2X})^2)=\int_{-\infty}^{+\infty}(x+\mathrm{e}^{-2x})^2f(x)\mathrm{d}x.$$

解　依题设,X 的概率密度函数为

$$f(x)=\begin{cases}\mathrm{e}^{-x},&x>0,\\0,&x\leqslant 0,\end{cases}\quad\text{且 } E(X)=D(X)=1.$$

依 4.1 节定理 3,得

$$E(\mathrm{e}^{-2X})=\int_{-\infty}^{+\infty}\mathrm{e}^{-2x}f(x)\mathrm{d}x=\int_0^{+\infty}\mathrm{e}^{-3x}\mathrm{d}x=-\dfrac{1}{3}(\mathrm{e}^{-3x})_0^{+\infty}=\dfrac{1}{3}.$$

依数学期望的性质,

$$E(Y)=E(X+\mathrm{e}^{-2X})=E(X)+E(\mathrm{e}^{-2X})=1+\dfrac{1}{3}=\dfrac{4}{3}.$$

同理

$$E((X+\mathrm{e}^{-2X})^2)=\int_{-\infty}^{+\infty}(x+\mathrm{e}^{-2x})^2f(x)\mathrm{d}x=\int_0^{+\infty}(x+\mathrm{e}^{-2x})^2\mathrm{e}^{-x}\mathrm{d}x$$

$$=\int_0^{+\infty}(x^2\mathrm{e}^{-x}+2x\mathrm{e}^{-3x}+\mathrm{e}^{-5x})\mathrm{d}x$$

$$=-(x^2\mathrm{e}^{-x}+2x\mathrm{e}^{-x}+2\mathrm{e}^{-x})_0^{+\infty}+$$

$$\left(-\dfrac{2}{3}\left(x\mathrm{e}^{-3x}+\dfrac{1}{3}\mathrm{e}^{-3x}\right)\right)_0^{+\infty}+\left(-\dfrac{1}{5}\mathrm{e}^{-5x}\right)_0^{+\infty}$$

$$=2+\dfrac{2}{9}+\dfrac{1}{5}=\dfrac{109}{45},\quad\text{即 } E(Y^2)=\dfrac{109}{45}.$$

又依方差的计算公式,有

$$D(Y) = E(Y^2) - (E(Y))^2 = \frac{109}{45} - \left(\frac{4}{3}\right)^2 = \frac{29}{45}.$$

注 依定理求 $E((X + e^{-2X})^2)$ 时无需知道 $(X + e^{-2X})^2$ 的分布.

评 相比于利用数学期望的性质:

$$E(Y^2) = E((X + e^{-2X})^2) = E(X^2) + 2E(Xe^{-2X}) + E(e^{-4X}),$$

本例解法简便易行.

例 4.2.5 设二维随机变量 (X,Y) 的概率密度函数为

$$f(x,y) = \begin{cases} 3e^{-(3x+y)}, & x > 0, y > 0, \\ 0, & \text{其他}, \end{cases}$$

令随机变量 $Z = 3X + Y$,求 $D(Z)$.

分析 经判断 X 与 Y 相互独立,依方差的性质,$D(3X+Y) = 9D(X) + D(Y)$.

解 依定义,(X,Y) 关于 X 与关于 Y 的边缘概率密度函数分别为

$$f_X(x) = \int_{-\infty}^{+\infty} f(x,y)\mathrm{d}y = \begin{cases} 3e^{-3x} \int_0^{+\infty} e^{-y}\mathrm{d}y = -3e^{-3x}(e^{-y})\Big|_0^{+\infty} = 3e^{-3x}, & x > 0, \\ 0, & x \leqslant 0, \end{cases}$$

$$f_Y(y) = \int_{-\infty}^{+\infty} f(x,y)\mathrm{d}x = \begin{cases} e^{-y} \int_0^{+\infty} 3e^{-3x}\mathrm{d}x = -e^{-y}(e^{-3x})\Big|_0^{+\infty} = e^{-y}, & y > 0, \\ 0, & y \leqslant 0. \end{cases}$$

对任意 $x, y \in \mathbb{R}$,有 $f(x,y) = f_X(x)f_Y(y)$,故 X 与 Y 相互独立. 显然 X 服从参数为 $\frac{1}{3}$ 的指数分布,Y 服从参数为 1 的指数分布,所以 $D(X) = \frac{1}{9}$, $D(Y) = 1$.

因为 X 与 Y 相互独立,依方差的性质,有 $D(3X+Y) = 9D(X) + D(Y) = 9 \times \frac{1}{9} + 1 = 2$.

注 相比较于利用定理 4:

$$E(3X+Y) = \int_{-\infty}^{+\infty}\int_{-\infty}^{+\infty} (3x+y)f(x,y)\mathrm{d}x\,\mathrm{d}y,$$

$$E((3X+Y)^2) = \int_{-\infty}^{+\infty}\int_{-\infty}^{+\infty} (3x+y)^2 f(x,y)\mathrm{d}x\,\mathrm{d}y,$$

再依计算公式得 $D(3X+Y) = E((3X+Y)^2) - (E(3X+Y))^2$,本例的方法简便易行.

评 在求 X 和 Y 的边缘概率密度时,不仅得知 X 与 Y 相互独立,又知 X 和 Y 分别服从参数为 $\frac{1}{3}$ 和 1 的指数分布,故 $D(X) = \frac{1}{9}$,$D(Y) = 1$,于是有 $D(3X+Y) = 9D(X) + D(Y) = 2$,可见常用分布的均值和方差需牢记.

例 4.2.6 一商店一个月的销售额 X(单位:万元)是一个随机变量,且 $E(X) = 18$,$D(X) = 4$,利用切比雪夫不等式估计 $P\{13 < X < 23\}$.

分析 $P\{13 < X < 23\} = P\{|X - 18| < 5\} = P\{|X - E(X)| < 5\} \geqslant 1 - \frac{D(X)}{5^2}$.

解 依切比雪夫不等式,有

$$P\{13 < X < 23\} = P\{-5 < X - 18 < 5\} = P\{|X - E(X)| < 5\}$$

$$\geqslant 1 - \frac{D(X)}{5^2} = 1 - \frac{4}{5^2} = \frac{21}{25}.$$

注　事件$\{13 < X < 23\} = \{|X - 18| < 5\}$.

评　由切比雪夫不等式的证明过程可知,依此不等式估计的概率相对粗糙,仅供参考.

习题 4-2

1. 设二维随机变量(X, Y)在区域$D = \{(x, y) | 0 \leqslant x \leqslant 2, 0 \leqslant y \leqslant 1\}$上服从均匀分布,记随机变量

$$U = \begin{cases} 0, & X \leqslant Y, \\ 1, & X > Y, \end{cases} \qquad V = \begin{cases} 0, & X \leqslant 2Y, \\ 1, & X > 2Y, \end{cases}$$

求:(1) U 和 V 的联合分布律;(2) 方差 $D(U), D(2V), D(U+V)$.

2. 设二维随机变量(X, Y)的概率密度函数为

$$f(x, y) = \begin{cases} 8xy, & 0 \leqslant x \leqslant 1, 0 \leqslant y \leqslant x, \\ 0, & \text{其他,} \end{cases}$$

求方差 $D(X), D(3Y), D(X-Y)$.

3. 设随机变量 X 与 Y 相互独立,且都服从 $N\left(0, \dfrac{1}{2}\right)$,求随机变量$|X - Y|$的方差.

【1998 研数一】

4. 设随机变量 X 与 Y 相互独立且均服从 $U(0, 1)$,求 $E(|X - Y|)$,$D(|X - Y|)$.

5. 两台同样的自动记录仪,每台无故障工作的时间服从参数为 $\dfrac{1}{5}$ 的指数分布,首先开动其中一台,当其发生故障时停用而另一台自动开动.试求两台自动记录仪无故障工作的总时间 T 的概率密度函数 $f_T(t)$、数学期望和方差.

【1997 研数三】

4.3　协方差、矩和协方差矩阵

一、内容要点与评注

协方差　设(X, Y)是二维随机变量,如果 $E((X - E(X))(Y - E(Y)))$ 存在,则称其为 X 与 Y 的协方差,记作 $\text{Cov}(X, Y)$,即 $\text{Cov}(X, Y) = E((X - E(X))(Y - E(Y)))$.

注　X 与 Y 的协方差 $\text{Cov}(X, Y)$ 一定程度上刻画了 X 与 Y "协变"的关系.

离散型随机变量的协方差　设随机变量(X, Y)的概率分布为

$$P\{X = x_i, Y = y_j\} = p_{ij}, \quad i, j = 1, 2, \cdots,$$

如果 $\text{Cov}(X, Y)$ 存在,依定义,有

$$\text{Cov}(X, Y) = E((X - E(X))(Y - E(Y))) = \sum_i \sum_j ((x_i - E(X))(y_j - E(Y)))p_{ij}.$$

连续型随机变量的协方差　设随机变量(X, Y)的概率密度函数为 $f(x, y)$,如果 $\text{Cov}(X, Y)$ 存在,依定义,有

$$\text{Cov}(X, Y) = E((X - E(X))(Y - E(Y)))$$

$$= \int_{-\infty}^{+\infty} \int_{-\infty}^{+\infty} (x - E(X))(y - E(Y))f(x, y)\mathrm{d}x\mathrm{d}y.$$

协方差的计算公式 $\mathrm{Cov}(X,Y)=E(XY)-E(X)E(Y)$.

协方差的性质 设下述表达式中出现的协方差均存在,a,b,c,d 是任意常数,则:

(1) $\mathrm{Cov}(X,Y)=\mathrm{Cov}(Y,X)$(对称性).

(2) $\mathrm{Cov}(X,a)=0$.

(3) $\mathrm{Cov}(aX+b,cY+d)=ac\,\mathrm{Cov}(X,Y)$.

(4) $\mathrm{Cov}(X+Y,Z)=\mathrm{Cov}(X,Z)+\mathrm{Cov}(Y,Z)$.

推广 $\mathrm{Cov}(X_1+X_2+\cdots+X_n,Z)=\mathrm{Cov}(X_1,Z)+\mathrm{Cov}(X_2,Z)+\cdots+\mathrm{Cov}(X_n,Z)$.

(5) $D(X\pm Y)=D(X)+D(Y)\pm 2\mathrm{Cov}(X,Y)$(其中 $D(X),D(Y)$ 存在).

推广 设 $a_1,a_2,\cdots,a_n$ 为任意常数,则

$$D(a_1X_1+a_2X_2+\cdots+a_nX_n)=\sum_{i=1}^{n}a_i^2D(X_i)+2\sum_{1\leqslant i<j\leqslant n}a_ia_j\mathrm{Cov}(X_i,X_j).$$

(6) $(\mathrm{Cov}(X,Y))^2\leqslant D(X)D(Y)$.

事实上,对任意实数 t,有

$$0\leqslant D(Y-tX)=t^2D(X)-2t\mathrm{Cov}(X,Y)+D(Y).$$

上述不等式的右端是关于 t 的二次三项式,无相异实根,因此其判别式非正,即

$$(2\mathrm{Cov}(X,Y))^2-4D(X)D(Y)\leqslant 0,\quad (\mathrm{Cov}(X,Y))^2\leqslant D(X)D(Y).$$

(7) 如果 X 与 Y 相互独立,则 $\mathrm{Cov}(X,Y)=0$.

矩 设 X,Y 为随机变量,

如果 $E(X^k)(k=1,2,\cdots)$ 存在,则称其为 X 的 k 阶原点矩;

如果 $E(X-E(X))^k(k=2,3,\cdots)$ 存在,则称其为 X 的 k 阶中心矩;

如果 $E(X^kY^m)(k,m=1,2,\cdots)$ 存在,则称其为 X 和 Y 的 $k+m$ 阶混合原点矩;

如果 $E((X-E(X))^k(Y-E(Y))^m)(k,m=1,2,\cdots)$ 存在,则称其为 X 和 Y 的 $k+m$ 阶混合中心矩.

注 $E(X)$ 为 X 的 1 阶原点矩,$D(X)$ 为 X 的 2 阶中心矩,$\mathrm{Cov}(X,Y)$ 为 X 和 Y 的 2 阶混合中心矩.

协方差矩阵 设 (X,Y) 是二维随机变量,如果 $D(X),D(Y),\mathrm{Cov}(X,Y)$ 都存在,则称 $\begin{pmatrix} D(X) & \mathrm{Cov}(X,Y) \\ \mathrm{Cov}(Y,X) & D(Y) \end{pmatrix}$ 为 (X,Y) 的协方差矩阵.

二、典型例题

例 4.3.1 设随机变量 X 与 Y 独立同分布,其分布律为

$X(Y)$	1	2
P	2/3	1/3

记随机变量 $U=\max\{X,Y\}$,$V=\min\{X,Y\}$,求:(1)(U,V) 的概率分布;(2)U 与 V 的协方差. 【2007 研数四】

分析 依 X 与 Y 的分布求 (U,V) 的概率分布,进而得 U,V,UV 的分布律,再依计算公式,$\mathrm{Cov}(U,V)=E(UV)-E(U)E(V)$.

解 (1)依题设,(U,V) 的所有可能取值点为 $(1,1),(2,1),(2,2)$,且

$$P\{U=1,V=1\}=P\{X=1,Y=1\}=P\{X=1\}P\{Y=1\}=\frac{2}{3}\times\frac{2}{3}=\frac{4}{9},$$

$$P\{U=2,V=2\}=P\{X=2,Y=2\}=P\{X=2\}P\{Y=2\}=\frac{1}{3}\times\frac{1}{3}=\frac{1}{9},$$

依规范性，$P\{U=2,V=1\}=1-P\{U=1,V=1\}-P\{U=2,V=2\}=1-\frac{4}{9}-\frac{1}{9}=\frac{4}{9}$，

(U,V) 的分布律为

U＼V	1	2
1	4/9	0
2	4/9	1/9

（2）由（1）知，(U,V) 关于 U 与关于 V 的边缘分布律分别为

U	1	2
P	4/9	5/9

V	1	2
P	8/9	1/9

依定义，有 $E(U)=1\times\frac{4}{9}+2\times\frac{5}{9}=\frac{14}{9}$，　$E(V)=1\times\frac{8}{9}+2\times\frac{1}{9}=\frac{10}{9}$.

UV 的概率分布为

UV	1	2	4
P	4/9	4/9	1/9

依定义，有 $E(UV)=1\times\frac{4}{9}+2\times\frac{4}{9}+4\times\frac{1}{9}=\frac{16}{9}$.

依协方差的计算公式，有 $\mathrm{Cov}(U,V)=E(UV)-E(U)E(V)=\frac{16}{9}-\frac{14}{9}\times\frac{10}{9}=\frac{4}{81}$.

注　也可依 4.1 节定理 2 直接求 $E(UV)$，无需确定 UV 的概率分布，

$$E(UV)=\sum_i\sum_j u_iv_jp_{ij}=(1\times1)\times\frac{4}{9}+(2\times1)\times\frac{4}{9}+(2\times2)\times\frac{1}{9}=\frac{16}{9}.$$

评　相比于定义 $\mathrm{Cov}(X,Y)=E((X-E(X))(Y-E(Y)))$，依计算公式 $\mathrm{Cov}(U,V)=E(UV)-E(U)E(V)$ 求解更快捷.

例 4.3.2　已知二维随机变量 (X,Y) 的概率密度函数为

$$f(x,y)=\begin{cases}\frac{1}{8}(x+y),&0<x<2,0<y<2,\\0,&\text{其他},\end{cases}$$

求 $D(X),D(Y),\mathrm{Cov}(X,Y),D(X-Y)$.

分析　依计算公式及方差的性质，$D(X)=E(X^2)-(E(X))^2$，$\mathrm{Cov}(X,Y)=E(XY)-E(X)E(Y)$，$D(X-Y)=D(X)+D(Y)-2\mathrm{Cov}(X,Y)$.

解　（1）如图 4-3 所示，依 4.1 节定理 4，有

$$E(X) = \int_{-\infty}^{+\infty} \int_{-\infty}^{+\infty} x f(x,y) \, dx \, dy = \frac{1}{8} \int_0^2 x \, dx \int_0^2 (x+y) \, dy$$

$$= \frac{1}{8} \int_0^2 x \left(xy + \frac{1}{2} y^2 \right) \Big|_0^2 \, dx$$

$$= \frac{1}{4} \int_0^2 x(x+1) \, dx = \frac{1}{4} \left(\frac{1}{3} x^3 + \frac{1}{2} x^2 \right) \Big|_0^2 = \frac{7}{6},$$

$$E(X^2) = \int_{-\infty}^{+\infty} \int_{-\infty}^{+\infty} x^2 f(x,y) \, dx \, dy = \frac{1}{8} \int_0^2 x^2 \, dx \int_0^2 (x+y) \, dy$$

$$= \frac{1}{4} \int_0^2 x^2 (x+1) \, dx = \frac{1}{4} \left(\frac{1}{4} x^4 + \frac{1}{3} x^3 \right) \Big|_0^2 = \frac{5}{3},$$

$$E(XY) = \int_{-\infty}^{+\infty} \int_{-\infty}^{+\infty} xy f(x,y) \, dx \, dy = \frac{1}{8} \int_0^2 x \, dx \int_0^2 y(x+y) \, dy$$

$$= \frac{1}{8} \int_0^2 x \left(\frac{x}{2} y^2 + \frac{1}{3} y^3 \right) \Big|_0^2 \, dx$$

$$= \frac{1}{8} \int_0^2 x \left(2x + \frac{8}{3} \right) \, dx = \frac{1}{4} \left(\frac{1}{3} x^3 + \frac{2}{3} x^2 \right) \Big|_0^2 = \frac{4}{3},$$

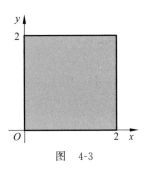

图 4-3

依方差的计算公式，有 $D(X) = E(X^2) - (E(X))^2 = \frac{5}{3} - \left(\frac{7}{6} \right)^2 = \frac{11}{36}$.

依对称性，可得 $E(Y) = \frac{7}{6}$，$E(Y^2) = \frac{5}{3}$，$D(Y) = \frac{11}{36}$. 依协方差的计算公式，有

$$\mathrm{Cov}(X,Y) = E(XY) - E(X)E(Y) = \frac{4}{3} - \frac{7}{6} \times \frac{7}{6} = -\frac{1}{36}.$$

依方差的性质，有

$$D(X-Y) = D(X) + D(Y) - 2\mathrm{Cov}(X,Y) = \frac{11}{36} + \frac{11}{36} - 2 \times \left(-\frac{1}{36} \right) = \frac{2}{3}.$$

注 因为 $\mathrm{Cov}(X,Y) \neq 0$，所以 X 与 Y 不独立. 另外注意对称性在求数字特征中的作用.

评 依方差的性质，$D(X \pm Y) = D(X) + D(Y) \pm 2\mathrm{Cov}(X,Y)$，公式需牢记.

例 4.3.3 设随机变量 X 的概率密度函数为

$$f_X(x) = \begin{cases} \dfrac{1}{2}, & -1 < x < 0, \\ \dfrac{1}{4}, & 0 \leqslant x < 2, \\ 0, & \text{其他}, \end{cases}$$

令随机变量 $Y = X^2$，$F(x,y)$ 为二维连续型随机变量 (X,Y) 的分布函数，求：

（1）Y 的概率密度函数 $f_Y(y)$；（2）函数值 $F\left(-\frac{1}{2}, 4 \right)$；（3）$\mathrm{Cov}(X,Y)$.

【2006 研数一、三】

分析 （1）依 Y 的分布函数为 $F_Y(y)$，求导得 $f_Y(y)$；（2）依定义，$F\left(-\frac{1}{2}, 4 \right) = P\left\{ X \leqslant -\frac{1}{2}, Y \leqslant 4 \right\}$；（3）依计算公式，$\mathrm{Cov}(X,Y) = \mathrm{Cov}(X, X^2) = E(X^3) - E(X)E(X^2)$.

解 (1) 依题设,$X \in [-1, 2]$,则 $Y = X^2 \in [0, 4]$,设 Y 的分布函数为 $F_Y(y)$,依定义,有

$$F_Y(y) = P\{Y \leqslant y\}, \quad \forall y \in \mathbb{R}.$$

当 $y < 0$ 时,$F_Y(y) = 0$;当 $y = 0$ 时,$F_Y(y) = P\{X^2 = 0\} = P\{X = 0\} = 0$;当 $y \geqslant 4$ 时,$F_Y(y) = P(\Omega) = 1$;当 $0 < y < 4$ 时,有

$$F_Y(y) = P\{X^2 \leqslant y\} = P\{-\sqrt{y} \leqslant X \leqslant \sqrt{y}\} = F_X(\sqrt{y}) - F_X(-\sqrt{y}),$$

即 Y 的分布函数为

$$F_Y(y) = \begin{cases} 0, & y \leqslant 0, \\ F_X(\sqrt{y}) - F_X(-\sqrt{y}), & 0 < y < 4, \\ 1, & y \geqslant 4, \end{cases}$$

求导得 Y 的概率密度函数为

$$f_Y(y) = \begin{cases} \dfrac{1}{2\sqrt{y}}\left(f_X(\sqrt{y}) + f_X(-\sqrt{y})\right), & 0 < y < 4, \\ 0, & \text{其他}. \end{cases}$$

依 $f_X(x)$ 的表达式,有

当 $0 < y < 1$ 时,

$$\begin{cases} 0 < \sqrt{y} < 1 \Rightarrow f_X(\sqrt{y}) = 1/4, \\ -1 < -\sqrt{y} < 0 \Rightarrow f_X(-\sqrt{y}) = 1/2, \end{cases}$$

当 $1 \leqslant y < 4$ 时,$\begin{cases} 1 < \sqrt{y} < 2 \Rightarrow f_X(\sqrt{y}) = 1/4, \\ -2 < -\sqrt{y} < -1 \Rightarrow f_X(-\sqrt{y}) = 0, \end{cases}$

代入 $f_Y(y)$ 的表达式得

$$f_Y(y) = \begin{cases} \dfrac{1}{2\sqrt{y}}\left(\dfrac{1}{4} + \dfrac{1}{2}\right) = \dfrac{3}{8\sqrt{y}}, & 0 < y < 1, \\ \dfrac{1}{2\sqrt{y}}\left(\dfrac{1}{4} + 0\right) = \dfrac{1}{8\sqrt{y}}, & 1 \leqslant y < 4, \\ 0, & \text{其他}. \end{cases}$$

(2) 依定义,$F(x, y) = P\{X \leqslant x, Y \leqslant y\}$,$\forall x, y \in \mathbb{R}$,于是

$$F\left(-\dfrac{1}{2}, 4\right) = P\left\{X \leqslant -\dfrac{1}{2}, Y \leqslant 4\right\} = P\left\{X \leqslant -\dfrac{1}{2}, X^2 \leqslant 4\right\} = P\left\{-2 \leqslant X \leqslant -\dfrac{1}{2}\right\}$$

$$= P\{-2 \leqslant X < -1\} + P\left\{-1 \leqslant X \leqslant -\dfrac{1}{2}\right\} = 0 + \int_{-1}^{-1/2} \dfrac{1}{2} \, \mathrm{d}x = \dfrac{1}{4}.$$

(3) 依 4.1 节定理 3,有

$$E(X) = \int_{-\infty}^{+\infty} x f_X(x) \, \mathrm{d}x = \int_{-1}^{0} \dfrac{x}{2} \, \mathrm{d}x + \int_{0}^{2} \dfrac{x}{4} \, \mathrm{d}x = \left(\dfrac{x^2}{4}\right)_{-1}^{0} + \left(\dfrac{x^2}{8}\right)_{0}^{2} = -\dfrac{1}{4} + \dfrac{1}{2} = \dfrac{1}{4},$$

$$E(X^2) = \int_{-\infty}^{+\infty} x^2 f_X(x) \, \mathrm{d}x = \int_{-1}^{0} \dfrac{x^2}{2} \, \mathrm{d}x + \int_{0}^{2} \dfrac{x^2}{4} \, \mathrm{d}x = \left(\dfrac{x^3}{6}\right)_{-1}^{0} + \left(\dfrac{x^3}{12}\right)_{0}^{2} = \dfrac{1}{6} + \dfrac{2}{3} = \dfrac{5}{6},$$

$$E(X^3) = \int_{-\infty}^{+\infty} x^3 f_X(x) \, \mathrm{d}x = \int_{-1}^{0} \dfrac{x^3}{2} \, \mathrm{d}x + \int_{0}^{2} \dfrac{x^3}{4} \, \mathrm{d}x = \left(\dfrac{x^4}{8}\right)_{-1}^{0} + \left(\dfrac{x^4}{16}\right)_{0}^{2} = -\dfrac{1}{8} + 1 = \dfrac{7}{8}.$$

依协方差的计算公式,有

$$\operatorname{Cov}(X,Y)=\operatorname{Cov}(X,X^2)=E(X^3)-E(X)E(X^2)=\frac{7}{8}-\frac{1}{4}\times\frac{5}{6}=\frac{2}{3}.$$

注 依平方变换确定 $Y=X^2$ 的分布函数 $F_Y(y)$,再求导得 $f_Y(y)$.依定义,

$$F\left(-\frac{1}{2},4\right)=P\left\{X\leqslant-\frac{1}{2},X^2\leqslant 4\right\}=P\left\{-2\leqslant X\leqslant-\frac{1}{2}\right\}.$$

依 $Y=X^2$,将 $\operatorname{Cov}(X,Y)$ 转为 X 及其函数期望的代数和,即

$$\operatorname{Cov}(X,Y)=E(X^3)-E(X)E(X^2).$$

评 本例解法的关键:由分布函数求导得概率密度函数.由概率值求分布函数值.由数学期望求协方差.

例 4.3.4 设随机变量 $X_1,X_2,\cdots,X_n(n>2)$ 独立同分布,且均服从 $N(0,1)$,记随机变量 $\overline{X}=\dfrac{1}{n}\sum_{i=1}^{n}X_i$,$Y_i=X_i-\overline{X}$ $(i=1,2,\cdots,n)$,求:

(1) $D(Y_i),i=1,2,\cdots,n$; (2) $\operatorname{Cov}(Y_1,Y_n)$; (3) $P\{Y_1+Y_n\leqslant 0\}$(附加).

【2005 研数一、三】

分析 将 Y_i 分解成独立变量的线性组合,即

$$Y_i=-\frac{1}{n}X_1-\cdots-\frac{1}{n}X_{i-1}+\left(1-\frac{1}{n}\right)X_i-\frac{1}{n}X_{i+1}-\cdots-\frac{1}{n}X_n,\quad i=1,2,\cdots,n,$$

因为 $X_1,X_2,\cdots,X_n$ 相互独立,依方差、协方差和正态变量的性质,有

$$D(Y_i)=\frac{1}{n^2}D(X_1)+\cdots+\frac{1}{n^2}D(X_{i-1})+\frac{(n-1)^2}{n^2}D(X_i)+\frac{1}{n^2}D(X_{i+1})+\cdots+\frac{1}{n^2}D(X_n),$$

$$\operatorname{Cov}(Y_1,Y_n)=\operatorname{Cov}\left(\frac{n-1}{n}X_1-\frac{1}{n}X_2-\cdots-\frac{1}{n}X_n,-\frac{1}{n}X_1-\cdots-\frac{1}{n}X_{n-1}+\frac{n-1}{n}X_n\right),$$

故 $Y_1+Y_n=\dfrac{n-2}{n}X_1-\dfrac{2}{n}(X_2+\cdots+X_{n-1})+\dfrac{n-2}{n}X_n$ 服从正态分布.

解 依题设,$X_i\sim N(0,1)$,$i=1,2,\cdots,n$,$E(X_i)=0$,$D(X_i)=1$.

$$Y_i=\frac{1}{n}X_1-\cdots-\frac{1}{n}X_{i-1}+\left(1-\frac{1}{n}\right)X_i-\frac{1}{n}X_{i+1}-\cdots-\frac{1}{n}X_n,\quad i=1,2,\cdots,n.$$

(1) 因为 $X_1,X_2,\cdots,X_n$ 相互独立,依方差的性质,有

$$D(Y_i)=D(X_i-\overline{X})=D\left(-\frac{1}{n}X_1-\cdots-\frac{1}{n}X_{i-1}+\left(1-\frac{1}{n}\right)X_i-\frac{1}{n}X_{i+1}-\cdots-\frac{1}{n}X_n\right).$$

$$=\frac{1}{n^2}D(X_1)+\cdots+\frac{1}{n^2}D(X_{i-1})+\left(1-\frac{1}{n}\right)^2D(X_i)+\frac{1}{n^2}D(X_{i+1})+\cdots+\frac{1}{n^2}D(X_n)$$

$$=\left(1-\frac{1}{n}\right)^2+\frac{n-1}{n^2}=\frac{n-1}{n},\quad i=1,2,\cdots,n.$$

(2) $\operatorname{Cov}(Y_1,Y_n)=\operatorname{Cov}\left(X_1-\frac{1}{n}(X_1+X_2+\cdots+X_n),X_n-\frac{1}{n}(X_1+X_2+\cdots+X_n)\right)$

$$=\operatorname{Cov}\left(\frac{n-1}{n}X_1-\frac{1}{n}X_2-\cdots-\frac{1}{n}X_n,-\frac{1}{n}X_1-\cdots-\frac{1}{n}X_{n-1}+\frac{n-1}{n}X_n\right).$$

因为 $X_1,X_2,\cdots,X_n$ 相互独立,所以 $\operatorname{Cov}(X_i,X_j)=0$ $(i\neq j;i,j=1,2,\cdots,n)$,依协方差的性质,有

$$\mathrm{Cov}(Y_1, Y_n) = \mathrm{Cov}\left(\frac{n-1}{n}X_1, -\frac{1}{n}X_1\right) + \mathrm{Cov}\left(-\frac{1}{n}X_2, -\frac{1}{n}X_2\right) + \cdots +$$

$$\mathrm{Cov}\left(-\frac{1}{n}X_{n-1}, -\frac{1}{n}X_{n-1}\right) + \mathrm{Cov}\left(-\frac{1}{n}X_n, \frac{n-1}{n}X_n\right)$$

$$= \frac{1-n}{n^2}D(X_1) + \frac{1}{n^2}(D(X_2) + \cdots + D(X_{n-1})) + \frac{1-n}{n^2}D(X_n)$$

$$= \frac{1-n}{n^2} + \frac{n-2}{n^2} + \frac{1-n}{n^2} = -\frac{1}{n}.$$

（3）$Y_1 + Y_n = \frac{n-2}{n}X_1 - \frac{2}{n}(X_2 + \cdots + X_{n-1}) + \frac{n-2}{n}X_n.$

因为 $X_1, X_2, \cdots, X_n$ 相互独立，依正态变量的性质，$Y_1 + Y_n$ 服从正态分布，且

$$E(Y_1 + Y_n) = E\left(\frac{n-2}{n}X_1 - \frac{2}{n}(X_2 + \cdots + X_{n-1}) + \frac{n-2}{n}X_n\right)$$

$$= \frac{n-2}{n}E(X_1) - \frac{2}{n}(E(X_2) + \cdots + E(X_{n-1})) + \frac{n-2}{n}E(X_n) = 0,$$

从而 $P\{Y_1 + Y_n \leqslant 0\} = \frac{1}{2}.$

注　因为 $X_1, X_2, \cdots, X_n$ 相互独立，将 Y_i 分解成独立变量之和：

$$Y_i = -\frac{1}{n}X_1 - \cdots - \frac{1}{n}X_{i-1} + \left(1 - \frac{1}{n}\right)X_i - \frac{1}{n}X_{i+1} - \cdots - \frac{1}{n}X_n, \quad i = 1, 2, \cdots, n,$$

则

$$D(Y_i) = \frac{n-1}{n^2}\sigma^2 + \frac{(n-1)^2}{n^2}\sigma^2,$$

$$\mathrm{Cov}(Y_1, Y_n) = -\frac{n-1}{n^2}\mathrm{Cov}(X_1, X_1) + \sum_{i=2}^{n-1}\frac{1}{n^2}\mathrm{Cov}(X_i, X_i) - \frac{n-1}{n^2}\mathrm{Cov}(X_n, X_n),$$

故　$Y_1 + Y_n = \frac{n-2}{n}X_1 - \frac{2}{n}(X_2 + \cdots + X_{n-1}) + \frac{n-2}{n}X_n$ 服从正态分布.

独立变量的组合不仅简化了数字特征的计算，而且有时也使分布易于判断.

评　将变量 Y_i 表征成独立变量的线性组合是本例解法的关键，特别强调：

$$Y_i = -\frac{1}{n}X_1 - \cdots - \frac{1}{n}X_{i-1} + \left(1 - \frac{1}{n}\right)X_i - \frac{1}{n}X_{i+1} - \cdots - \frac{1}{n}X_n, \quad i = 1, 2, \cdots, n,$$

$$Y_1 + Y_n = \frac{n-2}{n}X_1 - \frac{2}{n}(X_2 + \cdots + X_{n-1}) + \frac{n-2}{n}X_n.$$

例 4.3.5　设二维随机变量 (X, Y) 的概率密度函数为

$$f(x, y) = \begin{cases} 6xy^2, & 0 < x < 1, 0 < y < 1, \\ 0, & \text{其他,} \end{cases}$$

试求 (X, Y) 的协方差矩阵.

分析　(X, Y) 的协方差矩阵为 $\begin{pmatrix} D(X) & \mathrm{Cov}(X, Y) \\ \mathrm{Cov}(Y, X) & D(Y) \end{pmatrix}.$

解　如图 4-4 所示，依 4.1 节定理 4，有

$$E(X) = \int_{-\infty}^{+\infty}\int_{-\infty}^{+\infty} xf(x,y)\,\mathrm{d}x\mathrm{d}y = 6\int_0^1 x^2\,\mathrm{d}x\int_0^1 y^2\,\mathrm{d}y = 2\int_0^1 x^2\,\mathrm{d}x = \frac{2}{3}(x^3)\Big|_0^1 = \frac{2}{3},$$

$$E(X^2) = \int_{-\infty}^{+\infty}\int_{-\infty}^{+\infty} x^2 f(x,y)\,\mathrm{d}x\mathrm{d}y = 6\int_0^1 x^3\,\mathrm{d}x\int_0^1 y^2\,\mathrm{d}y = 2\int_0^1 x^3\,\mathrm{d}x = \frac{2}{4}(x^4)\Big|_0^1 = \frac{1}{2},$$

$$E(Y) = \int_{-\infty}^{+\infty}\int_{-\infty}^{+\infty} yf(x,y)\,\mathrm{d}x\mathrm{d}y = 6\int_0^1 x\,\mathrm{d}x\int_0^1 y^3\,\mathrm{d}y = \frac{3}{2}\int_0^1 x\,\mathrm{d}x = \frac{3}{4}(x^2)\Big|_0^1 = \frac{3}{4},$$

$$E(Y^2) = \int_{-\infty}^{+\infty}\int_{-\infty}^{+\infty} y^2 f(x,y)\,\mathrm{d}x\mathrm{d}y = 6\int_0^1 x\,\mathrm{d}x\int_0^1 y^4\,\mathrm{d}y = \frac{6}{5}\int_0^1 x\,\mathrm{d}x = \frac{3}{5}(x^2)\Big|_0^1 = \frac{3}{5},$$

$$E(XY) = \int_{-\infty}^{+\infty}\int_{-\infty}^{+\infty} xyf(x,y)\,\mathrm{d}x\mathrm{d}y = 6\int_0^1 x^2\,\mathrm{d}x\int_0^1 y^3\,\mathrm{d}y = \frac{3}{2}\int_0^1 x^2\,\mathrm{d}x = \frac{1}{2}(x^3)\Big|_0^1 = \frac{1}{2}.$$

依方差的计算公式,有

$$D(X) = E(X^2) - (E(X))^2 = \frac{1}{2} - \left(\frac{2}{3}\right)^2 = \frac{1}{18},$$

$$D(Y) = E(Y^2) - (E(Y))^2 = \frac{3}{5} - \left(\frac{3}{4}\right)^2 = \frac{3}{80},$$

依协方差的计算公式,有

$$\mathrm{Cov}(X,Y) = E(XY) - E(X)E(Y) = \frac{1}{2} - \frac{2}{3}\times\frac{3}{4} = 0.$$

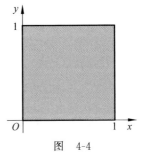

图 4-4

同理 $\mathrm{Cov}(Y,X) = \mathrm{Cov}(X,Y) = 0$,依协方差矩阵的定义,有

$$\begin{pmatrix} D(X) & \mathrm{Cov}(X,Y) \\ \mathrm{Cov}(Y,X) & D(Y) \end{pmatrix} = \begin{pmatrix} 1/18 & 0 \\ 0 & 3/80 \end{pmatrix}.$$

注 协方差矩阵是实对称矩阵.

评 经验证可知 $f(x,y) = f_X(x)f_Y(y)$ 几乎处处成立,所以 X 与 Y 相互独立,由此也可知 $\mathrm{Cov}(X,Y) = 0$.

习题 4-3

1. 设二维随机变量 (X,Y) 的概率分布为

X \ Y	0	1
0	1/4	1/8
1	1/8	1/2

求 $D(X),D(Y),\mathrm{Cov}(X,Y),D(3X-2Y)$.

2. 已知二维随机变量 (X,Y) 的概率密度函数为

$$f(x,y) = \begin{cases} 8xy, & 0 < x < 1, 0 < y < x, \\ 0, & \text{其他}, \end{cases}$$

求协方差 $\mathrm{Cov}(X,Y)$ 和方差 $D(5X-3Y)$.

3. 掷一枚骰子两次,求两次出现的点数之和与点数之差的协方差.

4. 设二维随机变量 (X,Y) 的概率密度函数为

$$f(x,y) = \begin{cases} 1, & 0 < x < 1, -x < y < x, \\ 0, & \text{其他}, \end{cases}$$

试求 (X,Y) 的协方差矩阵.

4.4 相关系数

一、内容要点与评注

相关系数 设 X,Y 为随机变量,如果 $D(X),D(Y)$ 存在且均大于零,则称 $\dfrac{\mathrm{Cov}(X,Y)}{\sqrt{D(X)}\sqrt{D(Y)}}$ 为 X 和 Y 的相关系数,记作 ρ_{XY},即 $\rho_{XY}=\dfrac{\mathrm{Cov}(X,Y)}{\sqrt{D(X)}\sqrt{D(Y)}}$.

将 X,Y 标准化,即 $X^*=\dfrac{X-E(X)}{\sqrt{D(X)}}$, $Y^*=\dfrac{Y-E(Y)}{\sqrt{D(Y)}}$,依协方差的性质,有

$$\mathrm{Cov}(X^*,Y^*)=\mathrm{Cov}\left(\dfrac{X-E(X)}{\sqrt{D(X)}},\dfrac{Y-E(Y)}{\sqrt{D(Y)}}\right)=\dfrac{\mathrm{Cov}(X-E(X),Y-E(Y))}{\sqrt{D(X)}\sqrt{D(Y)}}$$

$$=\dfrac{\mathrm{Cov}(X,Y)}{\sqrt{D(X)}\sqrt{D(Y)}}=\rho_{XY},$$

因此相关系数 ρ_{XY} 为标准化变量的协方差.

随机变量的正相关与负相关 设 X 和 Y 的相关系数为 ρ_{XY}. 如果 $|\rho_{XY}|=1$,则称 X 与 Y 完全相关,且若 $\rho_{XY}=1(\rho_{XY}=-1)$,则称 X 与 Y 完全正(负)相关.

$0<|\rho_{XY}|<1$,则称 X 与 Y 相关,且若 $0<\rho_{XY}<1(-1<\rho_{XY}<0)$,则称 X 与 Y 正(负)相关.

$\rho_{XY}=0$,则称 X 与 Y 不相关.

注 (1) 相关系数没有量纲.

(2) 相关系数 ρ_{XY} 刻画的是 X 与 Y 之间线性关系的强与弱. 当 $|\rho_{XY}|=1$ 时,Y 与 X 有完全的线性关系;而 $|\rho_{XY}|$ 越小,Y 与 X 之间的线性关系越弱;如果 $\rho_{XY}=0$,则 Y 与 X 之间不存在线性关系,故称 Y 与 X 不相关.

(3) 如果 X 与 Y 相互独立 $\Rightarrow X$ 与 Y 不相关. 但如果 X 与 Y 不相关,则 X 与 Y 未必相互独立. 例 $X\sim N(0,1),Y=X^2$,显然 X 与 Y 不独立. 但是 $E(X)=E(X^3)=0$,因此,$\mathrm{Cov}(X,Y)=\mathrm{Cov}(X,X^2)=E(X^3)-E(X)E(X^2)=0$,即 $\rho_{XY}=0$,表明 X 与 Y 不相关.

相关系数的性质 设随机变量 X 和 Y 的相关系数 ρ_{XY} 存在,则

(1) $|\rho_{XY}|\leqslant 1$;

(2) $\rho_{XY}=1$ 的充分必要条件是存在常数 $a(a>0),b$,使 $P\{Y=aX+b\}=1$;

(3) $\rho_{XY}=-1$ 的充分必要条件是存在常数 $c(c<0),d$,使 $P\{Y=cX+d\}=1$.

特别地,如果 $Y=aX+b$,则当 $a>0$ 时,$\rho_{XY}=1$,当 $a<0$ 时,$\rho_{XY}=-1$.

下述结论等价:

(1) X 与 Y 不相关;

(2) $\mathrm{Cov}(X,Y)=0$;

(3) $E(XY)=E(X)E(Y)$;

(4) $D(X\pm Y)=D(X)+D(Y)$.

注 (1) 上述各式都表明 X 与 Y 不相关,因此各式是 X 与 Y 相互独立的必要条件,而非充分条件.

(2) 尽管 $\rho_{XY} = \dfrac{\mathrm{Cov}(X,Y)}{\sqrt{D(X)}\sqrt{D(Y)}}$ 中严格限制 $D(X) \neq 0$, $D(Y) \neq 0$,但是如果 $D(X) = 0$,则 $P\{X = E(X)\} = 1$,此时可视 X 与任一随机变量 Y 皆相互独立,进而也就不相关了,从而 X 与 Y 的相关系数可规定为零.

两种特殊情形

设随机变量 $(X,Y) \sim N(\mu_1, \mu_2, \sigma_1^2, \sigma_2^2, \rho)$,则 $\rho_{XY} = \rho$,且

$$X \text{ 与 } Y \text{ 相互独立} \Leftrightarrow \rho = 0 = \rho_{XY} \Leftrightarrow X \text{ 与 } Y \text{ 不相关}.$$

设随机变量 X, Y 都服从 0-1 分布,则

$$X \text{ 与 } Y \text{ 不相关} \Leftrightarrow X \text{ 与 } Y \text{ 相互独立}. \text{(参见习题 4-4 第 4 题)}$$

二、典型例题

例 4.4.1 设 A, B 为两个随机事件,且 $P(A) = \dfrac{1}{4}$, $P(B|A) = \dfrac{1}{3}$, $P(A|B) = \dfrac{1}{2}$. 令随机变量

$$X = \begin{cases} 1, & A \text{ 发生}, \\ 0, & \bar{A} \text{ 发生}, \end{cases} \qquad Y = \begin{cases} 1, & B \text{ 发生}, \\ 0, & \bar{B} \text{ 发生}, \end{cases}$$

求:(1) (X,Y) 的概率分布;(2) 相关系数 ρ_{XY};(3) $Z = X^2 + Y^2$ 的概率分布.

【2004 研数一、三】

分析 先依题设求 (X,Y) 的概率分布及其关于 X 和关于 Y 的边缘概率分布,以及 $Z = X^2 + Y^2$ 的概率分布. 再依定义求 $\rho_{XY} = \dfrac{\mathrm{Cov}(X,Y)}{\sqrt{D(X)}\sqrt{D(Y)}}$.

解 依乘法公式及条件概率的定义,有

$$P(AB) = P(B|A)P(A) = \frac{1}{3} \times \frac{1}{4} = \frac{1}{12}, \quad P(B) = \frac{P(AB)}{P(A|B)} = \frac{\frac{1}{12}}{\frac{1}{2}} = \frac{1}{6}.$$

(1) (X,Y) 的所有可能取值点为 $(0,0)$, $(0,1)$, $(1,0)$, $(1,1)$,且依概率的性质,有

$$P\{X=1, Y=1\} = P(AB) = \frac{1}{12},$$

$$P\{X=1, Y=0\} = P(A\bar{B}) = P(A) - P(AB) = \frac{1}{4} - \frac{1}{12} = \frac{1}{6},$$

$$P\{X=0, Y=1\} = P(\bar{A}B) = P(B) - P(AB) = \frac{1}{6} - \frac{1}{12} = \frac{1}{12},$$

依分布律的规范性,有

$$P\{X=0, Y=0\} = 1 - P\{X=1, Y=1\} - P\{X=0, Y=1\} -$$

$$P\{X=1, Y=0\} = 1 - \frac{1}{12} - \frac{1}{6} - \frac{1}{12} = \frac{2}{3}.$$

于是 (X,Y) 的分布律为

X \ Y	0	1
0	2/3	1/12
1	1/6	1/12

(2) 由(1)知,(X,Y)关于 X 和关于 Y 的边缘分布律分别为

X	0	1
P	3/4	1/4

Y	0	1
P	5/6	1/6

依定义及计算公式,有

$$E(X)=E(X^2)=P\{X=1\}=\frac{1}{4},\quad D(X)=E(X^2)-(E(X))^2=\frac{1}{4}-\left(\frac{1}{4}\right)^2=\frac{3}{16},$$

$$E(Y)=E(Y^2)=P\{Y=1\}=\frac{1}{6},\quad D(Y)=E(Y^2)-(E(Y))^2=\frac{1}{6}-\left(\frac{1}{6}\right)^2=\frac{5}{36},$$

XY 的分布律为

XY	0	1
P	11/12	1/12

因此 $E(XY)=P\{XY=1\}=\dfrac{1}{12}$,依协方差的计算公式,有

$$\mathrm{Cov}(X,Y)=E(XY)-E(X)E(Y)=\frac{1}{12}-\frac{1}{4}\times\frac{1}{6}=\frac{1}{24}.$$

依定义,有 $\rho_{XY}=\dfrac{\mathrm{Cov}(X,Y)}{\sqrt{D(X)}\sqrt{D(Y)}}=\dfrac{\dfrac{1}{24}}{\sqrt{\dfrac{3}{16}}\sqrt{\dfrac{5}{36}}}=\dfrac{1}{\sqrt{15}}.$

(3) 由(1)知,$Z=X^2+Y^2$ 的可能取值为 $0,1,2$,且

$$P\{Z=0\}=P\{X=0,Y=0\}=\frac{2}{3},\quad P\{Z=2\}=P\{X=1,Y=1\}=\frac{1}{12},$$

$$P\{Z=1\}=1-P\{Z=0\}-P\{Z=2\}=1-\frac{2}{3}-\frac{1}{12}=\frac{1}{4},$$

于是 $Z=X^2+Y^2$ 的概率分布为

Z	0	1	2
P	2/3	1/4	1/12

注　依乘法公式及条件概率的定义,有

$$P(AB)=P(B\mid A)P(A),\quad P(B)=\frac{P(AB)}{P(A\mid B)}=\frac{P(B\mid A)P(A)}{P(A\mid B)}.$$

评　$\rho_{XY}=\dfrac{1}{\sqrt{15}}>0$,说明 X 与 Y 正相关.依定义,有

$$\rho_{XY} = \frac{\text{Cov}(X,Y)}{\sqrt{D(X)}\,\sqrt{D(Y)}} = \frac{E(XY) - E(X)E(Y)}{\sqrt{E(X^2) - (E(X))^2}\,\sqrt{E(Y^2) - (E(Y))^2}},$$

一般地，要求 ρ_{XY}，需求 5 个数学期望：$E(X),E(Y),E(X^2),E(Y^2),E(XY)$。

例 4.4.2 设二维随机变量 (X,Y) 的概率密度函数为

$$f(x,y) = \begin{cases} 2 - x - y, & 0 \leqslant x \leqslant 1,\ 0 \leqslant y \leqslant 1, \\ 0, & \text{其他}, \end{cases}$$

(1) 判别 X 与 Y 是否相互独立，是否不相关；(2) 求 $D(X+Y)$。

分析 (1) 依充分必要条件，X 与 Y 相互独立 $\Leftrightarrow f(x,y) = f_X(x)f_Y(y)$ 几乎处处成立，依定义，X 与 Y 不相关 $\Leftrightarrow \rho_{XY} = 0$。(2) 依方差的性质

$$D(X+Y) = D(X) + D(Y) + 2\text{Cov}(X,Y).$$

解 (1) 如图 4-5 所示，依定义，有

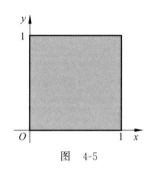

$$f_X(x) = \int_{-\infty}^{+\infty} f(x,y)\,\mathrm{d}y = \int_0^1 (2 - x - y)\,\mathrm{d}y$$

$$= \begin{cases} \dfrac{3}{2} - x, & 0 < x < 1, \\ 0, & \text{其他}. \end{cases}$$

依对称性，有 $f_Y(y) = \begin{cases} \dfrac{3}{2} - y, & 0 < y < 1, \\ 0, & \text{其他}. \end{cases}$

图 4-5

在 $0 < x < 1, 0 < y < 1$ 内，$f(x,y) \neq f_X(x)f_Y(y)$，故 X 与 Y 不独立。

依定义及 4.1 节定理 3，有

$$E(X) = \int_{-\infty}^{+\infty} x f_X(x)\,\mathrm{d}x = \int_0^1 x\left(\frac{3}{2} - x\right)\mathrm{d}x = \left(\frac{3}{4}x^2 - \frac{1}{3}x^3\right)\Big|_0^1 = \frac{5}{12},$$

$$E(X^2) = \int_{-\infty}^{+\infty} x^2 f_X(x)\,\mathrm{d}x = \int_0^1 x^2\left(\frac{3}{2} - x\right)\mathrm{d}x = \left(\frac{1}{2}x^3 - \frac{1}{4}x^4\right)\Big|_0^1 = \frac{1}{4},$$

依方差的计算公式，有 $D(X) = E(X^2) - (E(X))^2 = \frac{1}{4} - \left(\frac{5}{12}\right)^2 = \frac{11}{144}$。

依对称性，得 $E(Y) = \frac{5}{12}, E(Y^2) = \frac{1}{4}, D(Y) = \frac{11}{144}$。依 4.1 节定理 4，有

$$E(XY) = \int_{-\infty}^{+\infty}\int_{-\infty}^{+\infty} xy f(x,y)\,\mathrm{d}x\,\mathrm{d}y = \int_0^1 x\,\mathrm{d}x \int_0^1 y(2 - x - y)\,\mathrm{d}y = \int_0^1 x\left(\frac{2}{3} - \frac{x}{2}\right)\mathrm{d}x$$

$$= \left(\frac{1}{3}x^2 - \frac{1}{6}x^3\right)\Big|_0^1 = \frac{1}{6}.$$

依协方差的计算公式，有

$$\text{Cov}(X,Y) = E(XY) - E(X)E(Y) = \frac{1}{6} - \frac{5}{12} \times \frac{5}{12} = -\frac{1}{144}.$$

依定义，得 $\rho_{XY} = \dfrac{\text{Cov}(X,Y)}{\sqrt{D(X)}\,\sqrt{D(X)}} = \dfrac{-\dfrac{1}{144}}{\sqrt{\dfrac{11}{144}}\sqrt{\dfrac{11}{144}}} = -\dfrac{1}{11}$，即 $\rho_{XY} \neq 0$，所以 X 与 Y 不是不相

关(即相关).

(2) 依方差的性质,有

$$D(X+Y)=D(X)+D(Y)+2\mathrm{Cov}(X,Y)=\frac{11}{144}+\frac{11}{144}+2\times\left(-\frac{1}{144}\right)=\frac{5}{36}.$$

注 因为 $\rho_{XY}<0$,说明 X 与 Y 负相关.

评 随机变量的不相关性和独立性揭示的是两个变量之间的某种关系,但判断的方法有所不同.独立性通常依分布判断,不相关性通常依数字特征判断.

例 4.4.3 设随机变量 X 的概率密度函数为

$$f(x)=\frac{1}{2}\mathrm{e}^{-|x|},\quad -\infty<x<+\infty,$$

(1) 求 $E(X),D(X)$;

(2) 求 $\mathrm{Cov}(X,|X|)$,并判断 X 与 $|X|$ 是否不相关;

(3) 判断 X 与 $|X|$ 是否相互独立,为什么?

分析 (1) $E(X^k)=\int_{-\infty}^{+\infty}x^k f(x)\mathrm{d}x,k=1,2,D(X)=E(X^2)-(E(X))^2$;(2) 依协方差的计算公式,$\mathrm{Cov}(X,|X|)=E(X|X|)-E(X)E(|X|)$, X 与 $|X|$ 不相关 $\Leftrightarrow$ $\mathrm{Cov}(X,|X|)=0$;(3) 依定义判断独立性.

解 (1) 依定义及定理,有

$$E(X)=\int_{-\infty}^{+\infty}xf(x)\mathrm{d}x=\frac{1}{2}\int_{-\infty}^{+\infty}x\,\mathrm{e}^{-|x|}\,\mathrm{d}x=0\quad(被积函数为奇函数),$$

$$E(X^2)=\int_{-\infty}^{+\infty}x^2f(x)\mathrm{d}x=\frac{1}{2}\int_{-\infty}^{+\infty}x^2\mathrm{e}^{-|x|}\,\mathrm{d}x=\int_0^{+\infty}x^2\mathrm{e}^{-x}\mathrm{d}x$$

$$=-(x^2\mathrm{e}^{-x}+2(x\mathrm{e}^{-x}+\mathrm{e}^{-x}))\Big|_0^{+\infty}=2,$$

依方差的计算公式,有 $D(X)=E(X^2)-(E(X))^2=2-0=2$.

(2) 依 4.1 节定理 3,有

$$E(X|X|)=\int_{-\infty}^{+\infty}x|x|f(x)\mathrm{d}x=\frac{1}{2}\int_{-\infty}^{+\infty}x|x|\mathrm{e}^{-|x|}\,\mathrm{d}x=0,$$

依协方差的计算公式,得

$$\mathrm{Cov}(X,|X|)=E(X|X|)-E(X)E(|X|)=E(X|X|)=0,$$

因此 X 与 $|X|$ 不相关.

(3) $|X|$ 与 X 不独立.下面考查事件 $\{|X|\leqslant 1\}$ 与 $\{X\leqslant 1\}$ 来说明.

$$P\{X\leqslant 1\}=\int_{-\infty}^1 f(x)\mathrm{d}x=\frac{1}{2}\int_{-\infty}^1\mathrm{e}^{-|x|}\,\mathrm{d}x=\frac{1}{2}\int_{-\infty}^0\mathrm{e}^x\mathrm{d}x+\frac{1}{2}\int_0^1\mathrm{e}^{-x}\mathrm{d}x$$

$$=\frac{1}{2}(\mathrm{e}^x)_{-\infty}^0-\frac{1}{2}(\mathrm{e}^{-x})_0^1=1-\frac{1}{2}\mathrm{e}^{-1}<1,$$

所以 $P\{|X|\leqslant 1\}P\{X\leqslant 1\}<P\{|X|\leqslant 1\}$. 又因为 $\{|X|\leqslant 1\}\subset\{X\leqslant 1\}$,所以 $\{|X|\leqslant 1,X\leqslant 1\}=\{|X|\leqslant 1\}$,则 $P\{|X|\leqslant 1,X\leqslant 1\}=P\{|X|\leqslant 1\}$,因此

$$P\{|X|\leqslant 1,X\leqslant 1\}<P\{|X|\leqslant 1\}\cdot P\{X\leqslant 1\},$$

依定义,X 与 $|X|$ 不独立.

注 可以验证 $E(X)$ 存在.本例证明两个连续型随机变量 X 与 $|X|$ 不独立的方法值得

借鉴.

评 表面上看 X 与 $|X|$ 似乎是线性相关的,但由 $\mathrm{Cov}(X,|X|)=0$,表明 X 与 $|X|$ 不相关,即 X 与 $|X|$ 没有线性关系. 又因为 X 与 $|X|$ 不独立,说明 X 与 $|X|$ 有其他关系. 关于两个变量不相关的判断应遵循理论证明,而非直觉.

例 4.4.4 掷一枚匀质的骰子两次,设 X 表示两次出现的点数之和,Y 表示第一次出现的点数减去第二次出现的点数. 求:$D(X),D(Y),\rho_{XY}$;判断 X 与 Y 是否不相关? 是否相互独立?

分析 设 X_i 为第 i 次出现的点数 $(i=1,2)$,$X=X_1+X_2$,$Y=X_1-X_2$,X_1,X_2 相互独立,则 $D(X_1\pm X_2)=D(X_1)+D(X_2)$,$\rho_{XY}=\dfrac{\mathrm{Cov}(X,Y)}{\sqrt{D(X)}\sqrt{D(Y)}}$,$X$ 与 Y 不相关 $\Leftrightarrow \rho_{XY}=0$;判断 X 与 Y 是否相互独立,借鉴上例的方法.

解 设 X_i 为第 i 次出现的点数 $(i=1,2)$,则 X_1 与 X_2 独立同分布,且

X_i	1	2	3	4	5	6
P	1/6	1/6	1/6	1/6	1/6	1/6

$i=1,2$

依定义,有 $E(X_i)=\dfrac{1}{6}(1+2+\cdots+6)=\dfrac{7}{2}$,$D(X_i)=E(X_i^2)-(E(X_i))^2=\dfrac{35}{12}$.

依题设,$X=X_1+X_2$,$Y=X_1-X_2$,依方差的性质,有

$$D(X)=D(X_1+X_2)=D(X_1)+D(X_2)=\frac{35}{12}+\frac{35}{12}=\frac{35}{6},$$

$$D(Y)=D(X_1-X_2)=D(X_1)+D(X_2)=\frac{35}{6}.$$

依协方差的性质,有

$$\mathrm{Cov}(X,Y)=\mathrm{Cov}(X_1+X_2,X_1-X_2)=\mathrm{Cov}(X_1,X_1)-\mathrm{Cov}(X_2,X_2)$$
$$=D(X_1)-D(X_2)=0.$$

依定义,得 $\rho_{XY}=\dfrac{\mathrm{Cov}(X,Y)}{\sqrt{D(X)}\sqrt{D(Y)}}=0$,因此 X 与 Y 不相关. 但 X 与 Y 不独立,这是因为

$$P\{X=2,Y=0\}=P\{X_1=1,X_2=1\}=P\{X_1=1\}P\{X_2=1\}=\frac{1}{6}\times\frac{1}{6}=\frac{1}{36},$$

$$P\{X=2\}=P\{X_1=1,X_2=1\}=\frac{1}{36},$$

$$P\{Y=0\}=P\{X_1=X_2\}=P\{X_1=1,X_2=1\}+\cdots+P\{X_1=6,X_2=6\}$$
$$=P\{X_1=1\}P\{X_2=1\}+\cdots+P\{X_1=6\}P\{X_2=6\}=6\times\frac{1}{36}=\frac{1}{6},$$

所以 $P\{X=2,Y=0\}\neq P\{X=2\}P\{Y=0\}$,因此 X 与 Y 不独立.

注 对比定义和计算公式,本例利用性质计算协方差简约易行,比如:
$$\mathrm{Cov}(X,Y)=\mathrm{Cov}(X_1+X_2,X_1-X_2)=D(X_1)-D(X_2)=0.$$
本例证明两个离散型变量 X 与 Y 不独立的方法值得借鉴.

评 本例的结论再次表明"X 与 Y 不相关"与"X 与 Y 相互独立"不等价.

例 4.4.5　设 $X \sim N(0,1)$，Y 的概率分布为

Y	-1	1
P	$1/2$	$1/2$

且假定 X 与 Y 相互独立，令随机变量 $Z = XY$，证明：

(1) $Z \sim N(0,1)$；(2) X 与 Z 不相关但不独立.

分析　(1) 证明 Z 的分布函数 $F_Z(z) = \Phi(z)$；(2) X 与 Y 不相关性 $\Leftrightarrow \mathrm{Cov}(X,Z) = 0$，依定义证明 X 与 Z 不独立.

证　(1) 设 Z 的分布函数为 $F_Z(z)$，依定义，$F_Z(z) = P\{Z \leqslant z\}$，$\forall z \in \mathbb{R}$，以 $\{Y = -1\}$，$\{Y = 1\}$ 为一个划分，依全概率公式，有

$$
\begin{aligned}
F_Z(z) &= P\{XY \leqslant z\} \\
&= P\{XY \leqslant z \mid Y = -1\} P\{Y = -1\} + P\{XY \leqslant z \mid Y = 1\} P\{Y = 1\} \\
&= \frac{1}{2}(P\{X \geqslant -z \mid Y = -1\} + P\{X \leqslant z \mid Y = 1\})\ (X \text{ 与 } Y \text{ 相互独立}) \\
&= \frac{1}{2}(P\{X \geqslant -z\} + P\{X \leqslant z\})\ (X \sim N(0,1)) \\
&= \frac{1}{2}((1 - \Phi(-z)) + \Phi(z)) = \Phi(z),
\end{aligned}
$$

所以 $Z \sim N(0,1)$，其中 $\Phi(z)$ 为标准正态分布函数.

(2) 依题设，$E(X) = 0$，$E(Y) = 0$，依协方差的计算公式，有

$$
\begin{aligned}
\mathrm{Cov}(X,Z) &= \mathrm{Cov}(X,XY) = E(X^2 Y) - E(X)E(XY)\ (X \text{ 与 } Y \text{ 相互独立}) \\
&= E(X^2)E(Y) - (E(X))^2 E(Y) = 0,
\end{aligned}
$$

所以 X 与 Z 不相关. 但是 X 与 Z 独立，这是因为

$$
\begin{aligned}
P\{X \leqslant 1, Z \geqslant 1\} &= P\{X \leqslant 1, XY \geqslant 1\} = P\{X \leqslant 1, XY \geqslant 1 \mid Y = -1\} P\{Y = -1\} + \\
&\quad P\{X \leqslant 1, XY \geqslant 1 \mid Y = 1\} P\{Y = 1\} \\
&= \frac{1}{2}(P\{X \leqslant 1, X \leqslant -1 \mid Y = -1\} + P\{X \leqslant 1, X \geqslant 1 \mid Y = 1\}) \\
&= \frac{1}{2}(P\{X \leqslant -1 \mid Y = -1\} + P\{X = 1 \mid Y = 1\})\ (X \text{ 与 } Y \text{ 相互独立}) \\
&= \frac{1}{2}(P\{X \leqslant -1\} + P\{X = 1\}) \\
&= \frac{1}{2}(\Phi(-1) + 0) = \frac{1}{2}(1 - \Phi(1)),
\end{aligned}
$$

因为 $P\{X \leqslant 1\} = \Phi(1)$，$P\{Z \geqslant 1\} = 1 - \Phi(1)$，即 $P\{X \leqslant 1\} P\{Z \geqslant 1\} = \Phi(1)(1 - \Phi(1))$，其中 $\Phi(1) > \Phi(0) = \frac{1}{2}$，所以 $P\{X \leqslant 1, Z \geqslant 1\} \neq P\{X \leqslant 1\} P\{Z \geqslant 1\}$，故 X 与 Z 不独立.

注　要证 $Z \sim N(0,1)$，可证 Z 的分布函数 $F_Z(z) = \Phi(z)$.

评　尽管 $Z = XY$，且 Y 的取值为 $-1, 1$，但是 X 与 Z 不相关. 同时注意完备事件组 $\{Y = -1\}$，$\{Y = 1\}$ 的作用，依全概率公式：

(1) $P\{XY\leqslant z\}=P\{XY\leqslant z\,|\,Y=-1\}P\{Y=-1\}+P\{XY\leqslant z\,|\,Y=1\}P\{Y=1\}.$

(2) $P\{X\leqslant 1,XY\geqslant 1\}=P\{X\leqslant 1,XY\geqslant 1\,|\,Y=-1\}P\{Y=-1\}+$
$\qquad\qquad\qquad\quad P\{X\leqslant 1,XY\geqslant 1\,|\,Y=1\}P\{Y=1\}.$

体现一个划分在不同场合下的应用.讨论两个变量是否独立的方法值得总结.

习题 4-4

1. 某箱装有某种产品 100 件,其中一、二、三等品分别为 80 件,10 件和 10 件,现从中随机抽取一件,记随机变量

$$X_i=\begin{cases}1, & \text{若抽到 } i \text{ 等品,}\\ 0, & \text{若没有抽到 } i \text{ 等品,}\end{cases}\quad i=1,2,3.$$

求:(1) X_1 和 X_2 的联合概率分布;(2) X_1 和 X_2 的相关系数 $\rho_{X_1X_2}$. 【1998 研数四】

2. 设二维随机变量 (X,Y) 的概率分布为

X \ Y	0	1	2
0	1/4	0	1/4
1	0	1/3	0
2	1/12	0	1/12

求:(1) $P\{X=2Y\}$;(2) 协方差 $\mathrm{Cov}(X-Y,Y)$ 及相关系数 ρ_{XY}. 【2012 研数一、三】

3. 设二维随机变量 (X,Y) 的概率密度函数为

$$f(x,y)=\begin{cases}3x, & 0<y<x<1,\\ 0, & \text{其他,}\end{cases}$$

求方差 $D(X+Y)$ 和相关系数 ρ_{XY}.

4. 对于任意两事件 A 和 B,$0<P(A)<1$, $0<P(B)<1$,令

$$\rho=\frac{P(AB)-P(A)P(B)}{\sqrt{P(A)P(\overline{A})}\sqrt{P(B)P(\overline{B})}},\quad \text{称为 } A \text{ 和 } B \text{ 的相关系数,}$$

(1) 证明 A 和 B 相互独立的充分必要条件是 $\rho=0$;

(2) 利用随机变量相关系数的基本性质证明 $|\rho|\leqslant 1$. 【2003 研数四】

5. 设随机变量 $X_1,X_2,\cdots,X_{n+m}(n>m)$ 独立同分布,且方差
$$D(X_i)=\sigma^2>0,\quad i=1,2,\cdots,n+m.$$
求随机变量 $X_1+X_2+\cdots+X_n$ 和 $X_{m+1}+X_{m+2}+\cdots+X_{m+n}$ 的相关系数.

6. 设随机变量 $X_1,X_2,\cdots,X_n(n>2)$ 独立同分布,且 $D(X_i)=\sigma^2>0(i=1,2,\cdots,n)$,令随机变量 $\overline{X}=\frac{1}{n}\sum_{i=1}^n X_i$,证明随机变量 $X_i-\overline{X}$ 和 $X_j-\overline{X}(i\neq j)$ 的相关系数为 $-\frac{1}{n-1}$.

4.5　二维正态变量的性质

一、内容要点与评注

二维正态变量的性质

1. 如果二维随机变量 $(X_1,X_2)\sim N(\mu_1,\mu_2,\sigma_1^2,\sigma_2^2,\rho)$，则 $\rho=\rho_{X_1X_2}$ 且
$$X_1\sim N(\mu_1,\sigma_1^2),\quad X_2\sim N(\mu_2,\sigma_2^2).$$
反之，如果随机变量 $X_1\sim N(\mu_1,\sigma_1^2)$，$X_2\sim N(\mu_2,\sigma_2^2)$，且 X_1 与 X_2 相互独立，则
$$(X_1,X_2)\sim N(\mu_1,\mu_2,\sigma_1^2,\sigma_2^2,0).$$

2. 二维随机变量 (X_1,X_2) 服从二维正态分布的充分必要条件是 X_1,X_2 的任意线性组合 $k_1X_1+k_2X_2$（其中 k_1,k_2 不全为零）服从一维正态分布.

3. 如果随机变量 (X_1,X_2) 服从二维正态分布，$Y_1=a_1X_1+a_2X_2$，$Y_2=b_1X_1+b_2X_2$，且行列式 $\begin{vmatrix} a_1 & a_2 \\ b_1 & b_2 \end{vmatrix}\neq 0$，则 (Y_1,Y_2) 也服从二维正态分布. 此性质称为正态变量线性变换的不变性.

4. 设二维随机变量 $(X_1,X_2)\sim N(\mu_1,\mu_2,\sigma_1^2,\sigma_2^2,\rho)$，则
$$X_1\text{ 与 }X_2\text{ 相互独立}\Leftrightarrow\rho=0=\rho_{X_1X_2}\Leftrightarrow X_1\text{ 和 }X_2\text{ 不相关},$$
即"X_1 与 X_2 相互独立"等价于"X_1 与 X_2 不相关".

二、典型例题

例 4.5.1　设二维随机变量 $(X,Y)\sim N(0,0,\sigma^2,\sigma^2,0)$，证明
$$E(\max\{|X|,|Y|\})=\frac{2\sigma}{\sqrt{\pi}}.$$

分析　依题设，$|X|$ 与 $|Y|$ 独立同分布，其分布函数 $F(x)=P\{|X|\leqslant x\}$，$\forall x\in\mathbb{R}$，令 $Z=\max\{|X|,|Y|\}$，$F_Z(z)=(F(z))^2$，$f_Z(z)=F_Z'(z)$，$E(Z)=\int_{-\infty}^{+\infty}zf_Z(z)\mathrm{d}z$.

证　依题设及性质 1 和性质 4，X 与 Y 相互独立且服从正态分布 $N(0,\sigma^2)$，且 $E(X)=E(Y)=0$，$D(X)=D(Y)=\sigma^2$. 因此，$|X|$ 与 $|Y|$ 独立同分布，设其分布函数为 $F(x)$，依定义，$F(x)=P\{|X|\leqslant x\}$（$\forall x\in\mathbb{R}$），于是
$$F(x)=\begin{cases} P\{-x\leqslant X\leqslant x\}=P\left\{-\dfrac{x}{\sigma}\leqslant\dfrac{X}{\sigma}\leqslant\dfrac{x}{\sigma}\right\}=2\Phi\left(\dfrac{x}{\sigma}\right)-1, & x>0, \\ 0, & x\leqslant 0, \end{cases}$$
其中 $\Phi(x)$ 为标准正态分布函数.

令 $Z=\max\{|X|,|Y|\}$，依定理，Z 的分布函数为
$$F_Z(z)=(F(z))^2=\begin{cases} \left(2\Phi\left(\dfrac{z}{\sigma}\right)-1\right)^2, & z>0, \\ 0, & z\leqslant 0, \end{cases}$$
求导得其概率密度函数为

$$f_Z(z)=[F_Z(z)]'=\begin{cases}2\left(2\Phi\left(\dfrac{z}{\sigma}\right)-1\right)\cdot 2\Phi'\left(\dfrac{z}{\sigma}\right)\dfrac{1}{\sigma}=\dfrac{4}{\sigma}\left(2\Phi\left(\dfrac{z}{\sigma}\right)-1\right)\varphi\left(\dfrac{z}{\sigma}\right), & z>0,\\ 0, & z\leqslant 0,\end{cases}$$

其中 $\varphi(x)$ 为标准正态分布的概率密度函数,于是

$$E(\max\{|X|,|Y|\})=E(Z)=\int_{-\infty}^{+\infty}zf_Z(z)\mathrm{d}z=\int_0^{+\infty}z\frac{4}{\sigma}\left(2\Phi\left(\frac{z}{\sigma}\right)-1\right)\varphi\left(\frac{z}{\sigma}\right)\mathrm{d}z.$$

令 $\dfrac{z}{\sigma}=t$,则 $\mathrm{d}z=\sigma\mathrm{d}t$,并将 $\varphi(t)=\dfrac{1}{\sqrt{2\pi}}\mathrm{e}^{-\frac{t^2}{2}}$ 代入,有

$$E(Z)=\frac{4\sigma}{\sqrt{2\pi}}\int_0^{+\infty}t\mathrm{e}^{-\frac{t^2}{2}}(2\Phi(t)-1)\mathrm{d}t$$

$$=-\frac{4\sigma}{\sqrt{2\pi}}\left[\left((2\Phi(t)-1)\mathrm{e}^{-\frac{t^2}{2}}\right)_0^{+\infty}-2\int_0^{+\infty}\mathrm{e}^{-\frac{t^2}{2}}\varphi(t)\mathrm{d}t\right]$$

$$=-\frac{4\sigma}{\sqrt{2\pi}}\left(0-2\int_0^{+\infty}\mathrm{e}^{-\frac{t^2}{2}}\frac{1}{\sqrt{2\pi}}\mathrm{e}^{-\frac{t^2}{2}}\mathrm{d}t\right)$$

$$=\frac{4\sigma}{\pi}\int_0^{+\infty}\mathrm{e}^{-t^2}\mathrm{d}t=\frac{4\sigma}{\pi}\frac{\sqrt{\pi}}{2}=\frac{2\sigma}{\sqrt{\pi}}.$$

注 常用结论:$\int_0^{+\infty}\mathrm{e}^{-t^2}\mathrm{d}t=\frac{1}{2}\int_{-\infty}^{+\infty}\mathrm{e}^{-t^2}\mathrm{d}t=\frac{\sqrt{\pi}}{2}$,$\int_0^{+\infty}\mathrm{e}^{-\frac{t^2}{2}}\mathrm{d}t=\frac{1}{2}\int_{-\infty}^{+\infty}\mathrm{e}^{-\frac{t^2}{2}}\mathrm{d}t=\frac{\sqrt{2\pi}}{2}$.

评 解题思路:$F(x)\Rightarrow F_Z(z)=(F(z))^2\Rightarrow f_Z(z)\Rightarrow E(z)=\int_{-\infty}^{+\infty}zf_Z(z)\mathrm{d}z$.

例 4.5.2 设二维随机变量 $(X,Y)\sim N(0,0,1,1,\rho)$,随机变量 $Z=\max\{X,Y\}$,(1) 证明 $E(Z)=\sqrt{\dfrac{1-\rho}{\pi}}$;(2) 求随机变量 $X-Y$ 与 XY 的协方差.

分析 (1) $Z=\max\{X,Y\}=\dfrac{1}{2}(X+Y+|X-Y|)$,于是

$$E(Z)=\frac{1}{2}(E(X)+E(Y)+E(|X-Y|));$$

(2) $\mathrm{Cov}(X-Y,XY)=\mathrm{Cov}(X,XY)-\mathrm{Cov}(Y,XY)$.

解 (1) 依题设及性质 1,$X\sim N(0,1)$,$Y\sim N(0,1)$,$E(X)=0=E(Y)$,注意 X 与 Y 未必相互独立.

$$Z=\max\{X,Y\}=\frac{1}{2}(X+Y+|X-Y|),$$

$$E(Z)=\frac{1}{2}(E(X)+E(Y)+E(|X-Y|))=\frac{1}{2}E(|X-Y|).\quad(*)$$

因为 (X,Y) 服从二维正态分布,依性质 2,$X-Y$ 服从一维正态分布,且

$$E(X-Y)=E(X)-E(Y)=0,$$

$$D(X-Y)=D(X)+D(Y)-2\rho\sqrt{D(X)}\sqrt{D(Y)}=2-2\rho,$$

即 $X-Y\sim N(0,2-2\rho)$.令 $T=X-Y$,其概率密度函数为

$$f_T(t)=\frac{1}{\sqrt{2\pi(2-2\rho)}}\mathrm{e}^{-\frac{t^2}{2(2-2\rho)}},\quad -\infty<t<+\infty,$$

依 4.1 节定理 3,有

$$E(|X \quad Y|) - E(|T|) = \int_{-\infty}^{+\infty} |t| f_T(t) \mathrm{d}t = \frac{2}{\sqrt{2\pi(2-2\rho)}} \int_0^{+\infty} t \mathrm{e}^{-\frac{t^2}{2(2-2\rho)}} \mathrm{d}t$$

$$= -(2-2\rho) \frac{1}{\sqrt{\pi(1-\rho)}} \left(\mathrm{e}^{-\frac{t^2}{2(2-2\rho)}} \right)_0^{+\infty} = 2\sqrt{\frac{1-\rho}{\pi}},$$

代入(∗)式,有 $E(Z) = \frac{1}{2} E(|X-Y|) = \frac{1}{2} \times 2 \sqrt{\frac{1-\rho}{\pi}} = \sqrt{\frac{1-\rho}{\pi}}$.

(2) 依协方差的性质,有

$$\mathrm{Cov}(X-Y, XY) = \mathrm{Cov}(X, XY) - \mathrm{Cov}(Y, XY)$$

$$= (E(X^2 Y) - E(X)E(XY)) - (E(XY^2) - E(Y)E(XY))$$

$$= E(X^2 Y) - E(XY^2) = 0,$$

其中因为 $(X,Y) \sim N(0,0,1,1,\rho)$,依对称性,$E(X^2 Y) = E(XY^2)$.

注　因为 $(X,Y) \sim N(0,0,1,1,\rho)$,则 $X-Y \sim N(E(X-Y), D(X-Y))$,$E(Z) = \frac{1}{2} E(|X-Y|)$.从而可求 $E(|X-Y|) = E(T) = \int_{-\infty}^{+\infty} |t| f_T(t) \mathrm{d}t$.当 $\rho \neq 0$ 时,X 与 Y 不独立,所以上例求数学期望的方法不可用.

评　一般地,如果 $X \sim N(0,1)$,$Y \sim N(0,1)$,而 X 与 Y 不独立,则 $X-Y$ 未必服从正态分布.但如果 $(X,Y) \sim N(0,0,1,1,\rho)$,即使 X 与 Y 可能不独立,依性质 2,$X-Y$ 仍服从正态分布.另由 $\mathrm{Cov}(X-Y, XY) = 0$,说明 $X-Y$ 与 XY 不相关.

议　依定理,

$$E(X^2 Y) = \int_{-\infty}^{+\infty} \int_{-\infty}^{+\infty} x^2 y f(x,y) \mathrm{d}x \mathrm{d}y$$

$$= \frac{1}{2\pi\sqrt{1-\rho^2}} \int_{-\infty}^{+\infty} x^2 \mathrm{d}x \int_{-\infty}^{+\infty} y \mathrm{e}^{-\frac{1}{2(1-\rho^2)}((x-\rho y)^2 + (1-\rho^2)y^2)} \mathrm{d}y,$$

$$E(XY^2) = \int_{-\infty}^{+\infty} \int_{-\infty}^{+\infty} xy^2 f(x,y) \mathrm{d}x \mathrm{d}y$$

$$= \frac{1}{2\pi\sqrt{1-\rho^2}} \int_{-\infty}^{+\infty} y^2 \mathrm{d}y \int_{-\infty}^{+\infty} x \mathrm{e}^{-\frac{1}{2(1-\rho^2)}((y-\rho x)^2 + (1-\rho^2)x^2)} \mathrm{d}x,$$

即 $E(X^2 Y) = E(XY^2)$.

例 4.5.3　设二维随机变量 $(X,Y) \sim N\left(35, 25, 4^2, 2^2, \frac{3}{4}\right)$.令随机变量 $Z = 2X - 3Y$,(1) 求 $P\{-20 \leqslant Z \leqslant 10\}$;(2) Y 与 Z 是否不相关? 为什么? (3) Y 与 Z 是否相互独立? 为什么?

分析　因为 (X,Y) 服从二维正态分布,(1) 依性质 2,$Z = 2X - 3Y$ 服从正态分布;(2) 考查 $\mathrm{Cov}(Z,Y) = \mathrm{Cov}(2X-3Y, Y) = 2\mathrm{Cov}(X,Y) - 3D(Y)$;(3) 依性质 3,$(Y, 2X-3Y)$ 服从二维正态分布,依性质 4,"Y 与 $2X-3Y$ 不相关"等价于"Y 与 $2X-3Y$ 相互独立".

解　因为 $(X,Y) \sim N\left(35, 25, 4^2, 2^2, \frac{3}{4}\right)$,依性质 1,$X \sim N(35, 4^2)$,$Y \sim N(25, 2^2)$,依性质 2,$Z = 2X - 3Y$ 服从正态分布,且

$$E(Z) = E(2X - 3Y) = 2E(X) - 3E(Y) = 2 \times 35 - 3 \times 25 = -5,$$

$$D(Z) = D(2X) + D(3Y) - 2\text{Cov}(2X, 3Y) = 2^2 D(X) + 3^2 D(Y) - 12\text{Cov}(X, Y)$$

$$= 2^2 \times 4^2 + 3^2 \times 2^2 - 12\rho_{XY}\sqrt{D(X)}\sqrt{D(Y)}$$

$$= 100 - 12 \times \frac{3}{4} \times 4 \times 2 = 28, \text{ 即 } Z \sim N(-5, 28).$$

(1) 因为 $Z \sim N(-5, 28)$，所以 $\dfrac{Z+5}{\sqrt{28}} \sim N(0, 1)$，于是

$$P\{-20 \leqslant Z \leqslant 10\} = P\left\{\frac{-20+5}{\sqrt{28}} \leqslant \frac{Z+5}{\sqrt{28}} \leqslant \frac{10+5}{\sqrt{28}}\right\} = \Phi(2.83) - \Phi(-2.83)$$

$$= 2\Phi(2.83) - 1 \approx 2 \times 0.9977 - 1 = 0.9954 (查表得).$$

(2) 依协方差的性质，有

$$\text{Cov}(Y, Z) = \text{Cov}(Y, 2X - 3Y) = 2\text{Cov}(Y, X) - 3D(Y)$$

$$= 2\rho_{XY}\sqrt{D(Y)}\sqrt{D(X)} - 3 \times 2^2 = 2 \times \frac{3}{4} \times 4 \times 2 - 12 = 0,$$

因此 Y 与 Z 不相关.

(3) 因为 (X, Y) 服从二维正态分布，依性质 3，(Z, Y) 也服从二维正态分布，又由(2)知，Y 与 Z 不相关，依性质 4，Y 与 Z 相互独立.

注 因为 (X, Y) 服从二维正态分布，则(1) 依性质 2，$2X - 3Y$ 服从正态分布；(2) 依性质 3，$(2X - 3Y, Y)$ 服从二维正态分布.(3) 依性质 4，"Y 与 $2X - 3Y$ 不相关"等价于"Y 与 $2X - 3Y$ 相互独立".

评 表面上看 Y 与 $2X - 3Y$ 似乎既相关又不独立，但理论证明告诉我们二者既不相关又相互独立.

例 4.5.4 设随机变量 $X_i \sim N(\mu_i, \sigma_i^2)(i = 1, 2)$ 且 X_1 与 X_2 相互独立，试求 $X_1 + X_2$ 与 $X_1 - X_2$ 的数学期望、方差、相关系数、联合分布及 $X_1 + X_2$ 与 $X_1 - X_2$ 相互独立的充分必要条件.

分析 依性质 1，(X_1, X_2) 服从二维正态分布.又依性质 3，$(X_1 + X_2, X_1 - X_2)$ 服从二维正态分布，$X_1 + X_2$ 与 $X_1 - X_2$ 相互独立 $\Leftrightarrow \rho_{(X_1+X_2)(X_1-X_2)} = 0$.

解 依性质 1，(X_1, X_2) 服从二维正态分布，依性质 3，有

$$E(X_1 + X_2) = E(X_1) + E(X_2) = \mu_1 + \mu_2,$$

$$E(X_1 - X_2) = E(X_1) - E(X_2) = \mu_1 - \mu_2,$$

$$D(X_1 + X_2) = D(X_1) + D(X_2) = \sigma_1^2 + \sigma_2^2,$$

$$D(X_1 - X_2) = D(X_1) + D(X_2) = \sigma_1^2 + \sigma_2^2,$$

$$\text{Cov}(X_1 + X_2, X_1 - X_2) = \text{Cov}(X_1, X_1) - \text{Cov}(X_2, X_2) = D(X_1) - D(X_2) = \sigma_1^2 - \sigma_2^2,$$

依定义，得 $\rho_{(X_1+X_2)(X_1-X_2)} = \dfrac{\text{Cov}(X_1 + X_2, X_1 - X_2)}{\sqrt{D(X_1 + X_2)}\sqrt{D(X_1 - X_2)}} = \dfrac{\sigma_1^2 - \sigma_2^2}{\sigma_1^2 + \sigma_2^2}$，所以

$$(X_1 + X_2, X_1 - X_2) \sim N\left(\mu_1 + \mu_2, \mu_1 - \mu_2, \sigma_1^2 + \sigma_2^2, \sigma_1^2 + \sigma_2^2, \frac{\sigma_1^2 - \sigma_2^2}{\sigma_1^2 + \sigma_2^2}\right),$$

因此 $X_1 + X_2$ 与 $X_1 - X_2$ 相互独立的充分必要条件是 $\rho_{(X_1+X_2)(X_1-X_2)} = 0$，即 $\sigma_1 = \sigma_2$.

注 因为 X_1 与 X_2 相互独立,依方差和协方差的性质,有 $D(X_1 \pm X_2) = D(X_1) + D(X_2)$,

$$\mathrm{Cov}(X_1 + X_2, X_1 - X_2) = \mathrm{Cov}(X_1, X_1) - \mathrm{Cov}(X_2, X_2) = D(X_1) - D(X_2).$$

评 依二维正态分布的性质,(X_1, X_2) 服从二维正态分布,则 $(X_1 + X_2, X_1 - X_2)$ 也服从二维正态分布,因此 $X_1 + X_2$ 与 $X_1 - X_2$ 相互独立 $\Leftrightarrow \rho_{(X_1 + X_2)(X_1 - X_2)} = 0$.

例 4.5.5 设随机变量 X 与 Y 相互独立,同服从 $N(0,1)$,令随机变量

$$Z = \begin{cases} |Y|, & X \geqslant 0, \\ -|Y|, & X < 0. \end{cases}$$

(1) 试证明 $Z \sim N(0,1)$;(2) 问随机变量 (Y, Z) 服从二维正态分布吗?

分析 要证 $Z \sim N(0,1)$,可证 Z 的分布函数是标准正态分布函数. 考查 $P\{Y - Z = 0\}$,如果 $P\{Y - Z = 0\} \neq 0$,说明 $Y - Z$ 不是连续型随机变量,当然 $Y - Z$ 不服从正态分布.

解 (1) 设 Z 的分布函数为 $F_Z(z)$,依定义,$F_Z(z) = P\{Z \leqslant z\}$($\forall z \in \mathbb{R}$),以 $\{X < 0\}$,$\{X \geqslant 0\}$ 为一完备事件组,依全概率公式,有

$$F_Z(z) = P\{Z \leqslant z \mid X < 0\} P\{X < 0\} + P\{Z \leqslant z \mid X \geqslant 0\} P\{X \geqslant 0\}$$
$$= P\{-|Y| \leqslant z \mid X < 0\} P\{X < 0\} + P\{|Y| \leqslant z \mid X \geqslant 0\} P\{X \geqslant 0\}.$$

依题设,$X \sim N(0,1)$,所以 $P\{X < 0\} = P\{X \geqslant 0\} = \dfrac{1}{2}$,代入上式得

$$F_Z(z) = \frac{1}{2}(P\{-|Y| \leqslant z \mid X < 0\} + P\{|Y| \leqslant z \mid X \geqslant 0\}).$$

因为 X 与 Y 相互独立,故 $F_Z(z) = \dfrac{1}{2}(P\{-|Y| \leqslant z\} + P\{|Y| \leqslant z\})$.

当 $z < 0$ 时,

$$F_Z(z) = \frac{1}{2}(P\{|Y| \geqslant -z\} + 0) = \frac{1}{2}(1 - P\{|Y| < -z\})$$
$$= \frac{1}{2}(1 - (\Phi(-z) - \Phi(z))) = \Phi(z);$$

当 $z \geqslant 0$ 时,

$$F_Z(z) = \frac{1}{2}(1 + P\{|Y| \leqslant z\}) = \frac{1}{2}(1 + \Phi(z) - \Phi(-z)) = \Phi(z),$$

其中 $\Phi(z)$ 为标准正态分布函数,即对任意 $z \in \mathbb{R}$,有 $F_Z(z) = \Phi(z)$,故 $Z \sim N(0,1)$.

(2) 以 $\{X < 0\}$,$\{X \geqslant 0\}$ 为一完备事件组,依全概率公式,同理有

$$P\{Y - Z = 0\} = P\{Y - Z = 0 \mid X < 0\} P\{X < 0\} + P\{Y - Z = 0 \mid X \geqslant 0\} P\{X \geqslant 0\}$$
$$= \frac{1}{2}(P\{Y + |Y| = 0 \mid X < 0\} + P\{Y - |Y| = 0 \mid X \geqslant 0\})$$
$$= \frac{1}{2}(P\{Y + |Y| = 0\} + P\{Y - |Y| = 0\})$$
$$= \frac{1}{2}(P\{Y \leqslant 0\} + P\{Y \geqslant 0\})$$
$$= \frac{1}{2}\left(\frac{1}{2} + \frac{1}{2}\right) = \frac{1}{2},$$

即 $P\{Y-Z=0\}\neq 0$，显然 $Y-Z$ 不是连续型随机变量，所以 $Y-Z$ 也不服从正态分布，因此依性质 2，(Y,Z) 不服从二维正态分布.

注 （1）当 $z<0$ 时，$\{|Y|\leqslant z\}=\varnothing$，当 $z\geqslant 0$ 时，$\{-|Y|\leqslant z\}=\Omega$. $\{Y+|Y|=0\}=\{Y\leqslant 0\}$，$\{Y-|Y|=0\}=\{Y\geqslant 0\}$. （2）以 $\{X<0\}$，$\{X\geqslant 0\}$ 为一完备事件组，依全概率公式求 $F_Z(z)$ 和 $P\{Y-Z=0\}$ 的方法值得借鉴.

评 如果 (Y,Z) 服从二维正态分布，依性质 2，$Y-Z$ 必服从正态分布，必是连续型随机变量. 但在本例中 $Y-Z$ 不是连续型随机变量，当然 (Y,Z) 也不服从二维正态分布. 又因为 $Y\sim N(0,1)$，$Z\sim N(0,1)$，而 (Y,Z) 不服从二维正态分布，依性质 1 也说明 Y 与 Z 不独立.

例 4.5.6 设二维随机变量 (X,Y) 的概率密度函数为 $f(x,y)=\dfrac{1}{2}(\varphi_1(x,y)+\varphi_2(x,y))$，其中 $\varphi_1(x,y)$ 和 $\varphi_2(x,y)$ 都是二维正态概率密度函数，且它们对应的两个随机变量的相关系数分别为 $\dfrac{1}{3}$ 和 $-\dfrac{1}{3}$，其边缘概率密度函数所对应的随机变量的数学期望都是 0，方差都是 1，

（1）分别求 X 和 Y 的概率密度函数 $f_X(x)$，$f_Y(y)$ 以及 X 和 Y 的相关系数；

（2）X 与 Y 是否相互独立？为什么？ **【2000 研数四】**

分析 （1）先确定分别以 $\varphi_1(x,y)$，$\varphi_2(x,y)$ 为概率密度函数的二维正态随机变量的边缘分布，再求 $f_X(x)$，$f_Y(y)$ 及 ρ_{XY}；（2）依 $f(x,y)=f_X(x)f_Y(y)$ 是否几乎处处成立判断 X 与 Y 的独立性.

解 设以 $\varphi_1(x,y)$，$\varphi_2(x,y)$ 为概率密度函数的二维正态随机变量分别为 (U,V) 和 (S,T)，依题设，$(U,V)\sim N\left(0,0,1,1,\dfrac{1}{3}\right)$，$(S,T)\sim N\left(0,0,1,1,-\dfrac{1}{3}\right)$，依性质 1，有

$$U\sim N(0,1),V\sim N(0,1)，且 \rho_{UV}=\frac{1}{3},S\sim N(0,1),T\sim N(0,1)，且 \rho_{ST}=-\frac{1}{3}.$$

（1）依公式，有

$$f_X(x)=\int_{-\infty}^{+\infty}f(x,y)\mathrm{d}y=\frac{1}{2}\left(\int_{-\infty}^{+\infty}\varphi_1(x,y)\mathrm{d}y+\int_{-\infty}^{+\infty}\varphi_2(x,y)\mathrm{d}y\right). \tag{1}$$

因为 $U\sim N(0,1),S\sim N(0,1)$，则

$$\int_{-\infty}^{+\infty}\varphi_1(u,v)\mathrm{d}v=\varphi_{1U}(u)=\frac{1}{\sqrt{2\pi}}\mathrm{e}^{-\frac{u^2}{2}},\quad -\infty<u<+\infty,$$

$$\int_{-\infty}^{+\infty}\varphi_2(s,t)\mathrm{d}t=\varphi_{2S}(s)=\frac{1}{\sqrt{2\pi}}\mathrm{e}^{-\frac{s^2}{2}},\quad -\infty<s<+\infty.$$

代入（1）式得

$$f_X(x)=\frac{1}{2}\left(\frac{1}{\sqrt{2\pi}}\mathrm{e}^{-\frac{x^2}{2}}+\frac{1}{\sqrt{2\pi}}\mathrm{e}^{-\frac{x^2}{2}}\right)=\frac{1}{\sqrt{2\pi}}\mathrm{e}^{-\frac{x^2}{2}},\quad -\infty<x<+\infty,$$

即 $X\sim N(0,1)$，因此 $E(X)=0,D(X)=1$.

同理 $f_Y(y)=\dfrac{1}{\sqrt{2\pi}}\mathrm{e}^{-\frac{y^2}{2}}$，$-\infty<y<+\infty$，即 $Y\sim N(0,1)$，因此 $E(Y)=0,D(Y)=1$.

依定义

$$\rho_{XY} = \frac{\text{Cov}(X,Y)}{\sqrt{D(X)}\sqrt{D(Y)}} = \text{Cov}(X,Y) = E(XY) - E(X)E(Y) = E(XY),$$

依 4.1 节定理 4,有

$$E(XY) = \int_{-\infty}^{+\infty} \int_{-\infty}^{+\infty} xy f(x,y) \,dx\,dy$$

$$= \frac{1}{2} \Big(\int_{-\infty}^{+\infty} \int_{-\infty}^{+\infty} xy \varphi_1(x,y) \,dx\,dy + \int_{-\infty}^{+\infty} \int_{-\infty}^{+\infty} xy \varphi_2(x,y) \,dx\,dy \Big)$$

$$= \frac{1}{2} (E(UV) + E(ST)). \tag{2}$$

因为 $E(U) = 0 = E(V), D(U) = 1 = D(V),$

$$\frac{1}{3} = \rho_{UV} = \frac{\text{Cov}(U,V)}{\sqrt{D(U)}\sqrt{D(V)}} = \text{Cov}(U,V) = E(UV) - E(U)E(V) = E(UV).$$

同理,$E(S) = 0 = E(T), D(S) = 1 = D(T),$

$$-\frac{1}{3} = \rho_{ST} = \frac{\text{Cov}(S,T)}{\sqrt{D(S)}\sqrt{D(T)}} = \text{Cov}(S,T) = E(ST) - E(S)E(T) = E(ST).$$

代入(2)式,得 $E(XY) = 0$,故 $\rho_{XY} = E(XY) = \frac{1}{2}\Big(\frac{1}{3} - \frac{1}{3}\Big) = 0$,故 X 与 Y 不相关.

(2) 由(1)知,X,Y 的边缘概率密度函数分别为

$$f_X(x) = \frac{1}{\sqrt{2\pi}} e^{-\frac{x^2}{2}}, \quad -\infty < x < +\infty, \quad f_Y(y) = \frac{1}{\sqrt{2\pi}} e^{-\frac{y^2}{2}}, \quad -\infty < y < +\infty,$$

因为 $(U,V) \sim N\Big(0,0,1,1,\frac{1}{3}\Big)$,于是 (U,V) 的概率密度函数为

$$\varphi_1(x,y) = \frac{1}{2\pi\sqrt{1 - \big(\frac{1}{3}\big)^2}} e^{-\frac{1}{2\big(1 - \big(\frac{1}{3}\big)^2\big)}\big(x^2 - \frac{2}{3}xy + y^2\big)} = \frac{3}{4\pi\sqrt{2}} e^{-\frac{9}{16}\big(x^2 - \frac{2}{3}xy + y^2\big)}.$$

同理 $(S,T) \sim N\Big(0,0,1,1,-\frac{1}{3}\Big)$,于是 (S,T) 的概率密度函数为

$$\varphi_2(x,y) = \frac{1}{2\pi\sqrt{1 - \big(-\frac{1}{3}\big)^2}} e^{-\frac{1}{2\big(1 - \big(-\frac{1}{3}\big)^2\big)}\big(x^2 + \frac{2}{3}xy + y^2\big)} = \frac{3}{4\pi\sqrt{2}} e^{-\frac{9}{16}\big(x^2 + \frac{2}{3}xy + y^2\big)}.$$

于是 (X,Y) 的概率密度函数为

$$f(x,y) = \frac{1}{2}(\varphi_1(x,y) + \varphi_2(x,y)) = \frac{3}{8\pi\sqrt{2}}\Big(e^{-\frac{9}{16}\big(x^2 - \frac{2}{3}xy + y^2\big)} + e^{-\frac{9}{16}\big(x^2 + \frac{2}{3}xy + y^2\big)} \Big).$$

显然在 $-\infty < x,y < +\infty$ 内,$f(x,y) \neq f_X(x) f_Y(y)$,故 X 与 Y 不独立.

　　注　(1) 以 $(U,V),(S,T)$ 的边缘分布确定 (X,Y) 的边缘分布,比如

$$f_X(x) = \int_{-\infty}^{+\infty} f(x,y)\,dy = \frac{1}{2}\Big(\int_{-\infty}^{+\infty} \varphi_1(x,y)\,dy + \int_{-\infty}^{+\infty} \varphi_2(x,y)\,dy \Big) = \frac{1}{2}(\varphi_{1U}(x) + \varphi_{2S}(x)).$$

　　(2) 以 UV, ST 的数学期望确定 XY 的数学期望,比如

$$E(XY) = \frac{1}{2}\Big(\int_{-\infty}^{+\infty} \int_{-\infty}^{+\infty} xy \varphi_1(x,y)\,dx\,dy + \int_{-\infty}^{+\infty} \int_{-\infty}^{+\infty} xy \varphi_2(x,y)\,dx\,dy \Big)$$

$$=\frac{1}{2}(E(UV)+E(ST)).$$

评 依性质 4,如果(X,Y)服从二维正态分布,则 X 与 Y 不相关$\Leftrightarrow X$ 与 Y 相互独立.而在本例中,X 与 Y 不相关,但是 X 与 Y 不独立.由此也说明(X,Y)不服从二维正态分布.同时注意到(X,Y)关于 X 和关于 Y 的边缘分布却都是正态分布.

习题 4-5

1. (1) 设随机变量 X,Y 相互独立,$X\sim N(1,4)$,$Y\sim N(2,9)$,求随机变量 $2X-Y$ 的分布;(2) 设二维随机变量$(X,Y)\sim N\left(1,2,4,9,\frac{1}{2}\right)$,求随机变量 $2X-Y$ 的分布.

2. 设二维随机变量 $(X,Y)\sim N(0,0,\sigma^2,\sigma^2,0)$,现有 $U=aX+bY$,$V=aX-bY$,$ab\neq 0$.
   (1) 求 U 和 V 的相关系数 ρ_{UV};
   (2) U 与 V 是否不相关? 是否相互独立?
   (3) 如果 U 与 V 相互独立,求(U,V)的概率密度函数.

3. 设二维随机变量(X_1,X_2)的概率密度函数为
$$f(x_1,x_2)=\frac{1}{2\sqrt{3}\pi}e^{-\frac{1}{2}\left(\frac{(x_1-4)^2}{3}+(x_2-2)^2\right)},\quad -\infty<x_1,x_2<+\infty,$$

令随机变量 $X=\frac{1}{2}(X_1+X_2)$,$Y=\frac{1}{2}(X_1-X_2)$,求:
   (1) X,Y 各自的概率密度函数 $f_X(x),f_Y(y)$;(2) ρ_{XY}.

4. 已知二维随机变量(X,Y)服从二维正态分布,并且 X 和 Y 分别服从正态分布 $N(1,3^2),N(0,4^2)$,X 和 Y 的相关系数 $\rho_{XY}=-\frac{1}{2}$,设随机变量 $Z=\frac{X}{3}+\frac{Y}{2}$.
   (1) 求 $E(Z)$ 和 $D(Z)$;(2) 求 ρ_{XZ};(3) X 与 Z 是否相互独立? 为什么?

5. 设随机变量(X,Y)服从二维正态分布 $N(0,0,1,1,\rho)$,求随机变量 $Z=\min\{X,Y\}$ 的数学期望.

*4.6 条件数学期望

一、内容要点与评注

离散型随机变量的条件数学期望 设二维随机变量(X,Y)的分布律为
$$P\{X=x_i,Y=y_j\}=p_{ij},\quad i,j=1,2,\cdots.$$

对于给定的 x_i,如果 $P\{X=x_i\}>0$,且级数 $\sum_{j=1}^{\infty}y_jP\{Y=y_j\mid X=x_i\}$ 绝对收敛,即

$\sum_{j=1}^{\infty}|y_j|P\{Y=y_j\mid X=x_i\}<+\infty$,则称该级数 $\sum_{j=1}^{\infty}y_jP\{Y=y_j\mid X=x_i\}$ 的和为在 $X=x_i$

---
*号内容为选学.

条件下 Y 的条件数学期望,记作 $E(Y \mid X = x_i)$,即

$$E(Y \mid X = x_i) = \sum_{j=1}^{\infty} y_j P\{Y = y_j \mid X = x_i\}.$$

对于给定的 y_j,如果 $P\{Y = y_j\} > 0$,且级数 $\sum_{i=1}^{\infty} x_i P\{X = x_i \mid Y = y_j\}$ 绝对收敛,即 $\sum_{i=1}^{\infty} |x_i| P\{X = x_i \mid Y = y_j\} < +\infty$,则称该级数 $\sum_{i=1}^{\infty} x_i P\{X = x_i \mid Y = y_j\}$ 的和为在 $Y = y_j$ 条件下 X 的条件数学期望,记作 $E(X \mid Y = y_j)$,即

$$E(X \mid Y = y_j) = \sum_{i=1}^{\infty} x_i P\{X = x_i \mid Y = y_j\}.$$

注 如果 $\sum_{j=1}^{\infty} |y_j| P\{Y = y_j \mid X = x_i\}$ 发散,则称在 $X = x_i$ 条件下 Y 的条件数学期望不存在;同理如果 $\sum_{i=1}^{\infty} |x_i| P\{X = x_i \mid Y = y_j\}$ 发散,则称在 $Y = y_j$ 条件下 X 的条件数学期望不存在.

连续型随机变量的条件数学期望 设二维随机变量 (X, Y) 的概率密度函数为 $f(x, y)$,(X, Y) 关于 X 和关于 Y 的边缘概率密度函数分别为 $f_X(x)$,$f_Y(y)$.

对于给定的 x,如果 $f_X(x) > 0$,且积分 $\int_{-\infty}^{+\infty} y f_{Y \mid X}(y \mid x) \mathrm{d}y$ 绝对收敛,即 $\int_{-\infty}^{+\infty} |y| f_{Y \mid X}(y \mid x) \mathrm{d}y < +\infty$,则称该积分 $\int_{-\infty}^{+\infty} y f_{Y \mid X}(y \mid x) \mathrm{d}y$ 的值为在 $X = x$ 条件下 Y 的条件数学期望,记作 $E(Y \mid X = x)$,即 $E(Y \mid X = x) = \int_{-\infty}^{+\infty} y f_{Y \mid X}(y \mid x) \mathrm{d}y$.

对于给定的 y,如果 $f_Y(y) > 0$,且积分 $\int_{-\infty}^{+\infty} x f_{X \mid Y}(x \mid y) \mathrm{d}x$ 绝对收敛,即 $\int_{-\infty}^{+\infty} |x| f_{X \mid Y}(x \mid y) \mathrm{d}x < +\infty$,则称该积分 $\int_{-\infty}^{+\infty} x f_{X \mid Y}(x \mid y) \mathrm{d}x$ 的值为在 $Y = y$ 条件下 X 的条件数学期望,记作 $E(X \mid Y = y)$,即 $E(X \mid Y = y) = \int_{-\infty}^{+\infty} x f_{X \mid Y}(x \mid y) \mathrm{d}x$.

注 如果 $\int_{-\infty}^{+\infty} |y| f_{Y \mid X}(y \mid x) \mathrm{d}y$ 发散,则称在 $X = x$ 条件下 Y 的条件数学期望不存在;如果 $\int_{-\infty}^{+\infty} |x| f_{X \mid Y}(x \mid y) \mathrm{d}x$ 发散,则称在 $Y = y$ 条件下 X 的条件数学期望不存在.

条件方差 在 $Y = y$ 条件下,如果条件数学期望 $E((X - E(X))^2 \mid Y = y)$ 存在,则称其为在 $Y = y$ 条件下 X 的条件方差,记作 $D(X \mid Y = y)$,即

$$D(X \mid Y = y) = E((X - E(X))^2 \mid Y = y).$$

在 $X = x$ 条件下,如果条件数学期望 $E((Y - E(Y))^2 \mid X = x)$ 存在,则称其为在 $X = x$ 条件下 Y 的条件方差,记作 $D(Y \mid X = x)$,即 $D(Y \mid X = x) = E((Y - E(Y))^2 \mid X = x)$.

注 可以证明,条件方差有如下计算公式:

$$D(X \mid Y = y) = E(X^2 \mid Y = y) - (E(X \mid Y = y))^2,$$
$$D(Y \mid X = x) = E(Y^2 \mid X = x) - (E(Y \mid X = x))^2.$$

二、典型例题

例 4.6.1 设随机变量 X 与 Y 独立同服从参数为 $p(0<p<1)$ 的几何分布 $G(p)$，求在 $X+Y=n(n=2,3,\cdots)$ 条件下，X 的条件分布律及条件数学期望 $E(X \mid X+Y=n)$.

分析 $P\{X=k \mid X+Y=n\}=\dfrac{P\{X=k,Y=n-k\}}{P\{X+Y=n\}}$. 依离散卷积公式求 $P\{X+Y=n\}$.

依定义，$E(X \mid X+Y=n)=\sum\limits_{k=1}^{n-1}kP\{X=k \mid X+Y=n\}$.

解 设 $1-p=q$，依题设，X,Y 的分布律为
$$P\{X=k\}=P\{Y=k\}=(1-p)^{k-1}p=pq^{k-1}, \quad k=1,2,\cdots.$$
因为 X 与 Y 相互独立，依离散卷积公式，有
$$P\{X+Y=n\}=P\{X=1\}P\{Y=n-1\}+P\{X=2\}P\{Y=n-2\}+\cdots+$$
$$P\{X=n-1\}P\{Y=1\}=(n-1)p^2q^{n-2},$$
在 $X+Y=n(n=2,3,\cdots)$ 条件下，X 的所有可能取值为 $k=1,2,\cdots,n-1$，则
$$P\{X=k \mid X+Y=n\}=\frac{P\{X=k,X+Y=n\}}{P\{X+Y=n\}}=\frac{P\{X=k,Y=n-k\}}{P\{X+Y=n\}}.$$
因为 X 与 Y 相互独立，故
$$P\{X=k \mid X+Y=n\}=\frac{P\{X=k\}P\{Y=n-k\}}{P\{X+Y=n\}}$$
$$=\frac{pq^{k-1}pq^{n-k-1}}{(n-1)p^2q^{n-2}}=\frac{1}{n-1},$$
$$k=1,2,\cdots,n-1,$$
即在 $X+Y=n(n=2,3,\cdots)$ 的条件下，X 的条件分布律为

X	1	2	$\cdots$	$n-1$
$P\{X=k \mid X+Y=n\}$	$\dfrac{1}{n-1}$	$\dfrac{1}{n-1}$	$\cdots$	$\dfrac{1}{n-1}$

在 $X+Y=n$ 的条件下，X 的取值为有限个，所以 $E(X \mid X+Y=n)$ 存在，且依定义，有
$$E(X \mid X+Y=n)=\sum_{k=1}^{n-1}kP\{X=k \mid X+Y=n\}=\sum_{k=1}^{n-1}\frac{k}{n-1}=\frac{1}{n-1}\cdot\frac{n(n-1)}{2}=\frac{n}{2}.$$

注 依离散卷积公式，有
$$P\{X+Y=n\}=P\{X=1\}P\{Y=n-1\}+\cdots+P\{X=n-1\}P\{Y=1\}.$$
由本例结论，在 $X+Y=n$ 的条件下，X 服从离散均匀分布.

评 在 $X+Y=n$ 条件下，可依 X 的条件分布律判断 $E(X \mid X+Y=n)$ 存在并依定义求之.

例 4.6.2 袋中有标有 $1,2,3$ 的三个球，从中不放回依次取两球，以 X 表示第一次取到的球的号码，Y 表示两次取球号码差的绝对值. 求：在 $Y=1$ 的条件下，X 的条件分布律；条件分布函数值 $F_{X \mid Y}\left(\dfrac{5}{2} \middle| 1\right)$ 和条件数学期望 $E(X \mid Y=1)$.

分析 依 (X,Y) 的分布律及其关于 X 和关于 Y 的边缘分布律，求在 $Y=1$ 的条件下 X

的条件分布律;依定义 $F_{X|Y}\left(\dfrac{5}{2}\Big|1\right)=P\left\{X\leqslant\dfrac{5}{2}\Big|Y=1\right\};E(X\mid Y=1)=\sum\limits_i x_i P\{X=x_i\mid Y=1\}$.

解　依题设,X 的取值为 1,2,3,Y 的取值为 1,2,

$$P\{X=1,Y=1\}=P\{Y=1\mid X=1\}P\{X=1\}=\frac{1}{2}\times\frac{1}{3}=\frac{1}{6},$$

$$P\{X=1,Y=2\}=P\{Y=2\mid X=1\}P\{X=1\}=\frac{1}{2}\times\frac{1}{3}=\frac{1}{6},$$

同理可得其他概率.(X,Y) 的分布律及其关于 X 和关于 Y 的边缘分布律分别为

X ＼ Y	1	2	$P\{X=x_i\}$
1	1/6	1/6	1/3
2	1/3	0	1/3
3	1/6	1/6	1/3
$P\{Y=y_j\}$	2/3	1/3	1

因 $P\{Y=1\}=\dfrac{2}{3}\neq0$,于是 $P\{X=1\mid Y=1\}=\dfrac{P\{X=1,Y=1\}}{P\{Y=1\}}=\dfrac{1/6}{2/3}=\dfrac{1}{4}$,同理可得其他条件概率.于是在 $Y=1$ 的条件下,X 的条件分布律为

X	1	2	3
$P\{X=x_i\mid Y=1\}$	1/4	1/2	1/4

依定义,

$$F_{X|Y}\left(\frac{5}{2}\Big|1\right)=P\left\{X\leqslant\frac{5}{2}\Big|Y=1\right\}=P\{X=1\mid Y=1\}+P\{X=2\mid Y=1\}$$

$$=\frac{1}{4}+\frac{1}{2}=\frac{3}{4}.$$

$$E(X\mid Y=1)=1\times\frac{1}{4}+2\times\frac{1}{2}+3\times\frac{1}{4}=2.$$

注　依在 $Y=1$ 的条件下 X 的条件分布律,有

$$F_{X|Y}\left(\frac{5}{2}\Big|1\right)=\sum_{x_i\leqslant\frac{5}{2}}P\{X=x_i\mid Y=1\},$$

$$E(X\mid Y=1)=\sum_i x_i P\{X=x_i\mid Y=1\}.$$

评　试比较无条件分布函数和条件分布函数:

$$F_X\left(\frac{5}{2}\right)=\sum_{x_i\leqslant\frac{5}{2}}P\{X=x_i\},\quad F_{X|Y}\left(\frac{5}{2}\Big|1\right)=\sum_{x_i\leqslant\frac{5}{2}}P\{X=x_i\mid Y=1\}.$$

试比较无条件数学期望和条件数学期望:

$$E(X)=\sum_i x_i P\{X=x_i\},\quad E(X\mid Y=1)=\sum_i x_i P\{X=x_i\mid Y=1\}.$$

例 4.6.3 设二维随机变量 (X, Y) 的概率密度函数为

$$f(x, y) = \begin{cases} 2 - x - y, & 0 < x < 1, 0 < y < 1, \\ 0, & \text{其他.} \end{cases}$$

求：(1) 条件概率密度函数 $f_{X|Y}(x|y)$ 及条件分布函数值 $F_{X|Y}\left(\frac{1}{3}\middle|\frac{1}{2}\right)$；

(2) 条件数学期望 $E\left(X\middle|Y=\frac{1}{2}\right)$ 及条件方差 $D\left(X\middle|Y=\frac{1}{2}\right)$.

分析 (1) 依公式，$f_{X|Y}(x|y) = \dfrac{f(x, y)}{f_Y(y)}$. $F_{X|Y}\left(\dfrac{1}{3}\middle|\dfrac{1}{2}\right) = \displaystyle\int_{-\infty}^{1/3} f_{X|Y}\left(x\middle|\dfrac{1}{2}\right)\mathrm{d}x$；

(2) 依定义，有

$$E\left(X\middle|Y=\frac{1}{2}\right) = \int_{-\infty}^{+\infty} x f_{X|Y}\left(x\middle|\frac{1}{2}\right)\mathrm{d}x.$$

$$D\left(X\middle|Y=\frac{1}{2}\right) = E\left(X^2\middle|Y=\frac{1}{2}\right) - E\left(X\middle|Y=\frac{1}{2}\right)^2.$$

解 (1) 如图 4-6 所示，依定义，有

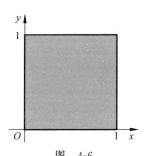

图 4-6

$$f_Y(y) = \int_{-\infty}^{+\infty} f(x, y)\mathrm{d}x$$

$$= \begin{cases} \displaystyle\int_0^1 (2 - x - y)\mathrm{d}x = \frac{3}{2} - y, & 0 < y < 1, \\ 0, & \text{其他.} \end{cases}$$

在 $Y = y\,(0 < y < 1)$ 条件下，有

$$f_{X|Y}(x|y) = \frac{f(x, y)}{f_Y(y)} = \frac{f(x, y)}{\dfrac{3}{2} - y} = \begin{cases} \dfrac{2 - x - y}{\dfrac{3}{2} - y}, & 0 < x < 1, \\ 0, & \text{其他.} \end{cases}$$

特别地，当 $y = \dfrac{1}{2}$ 时，$f_{X|Y}\left(x\middle|\dfrac{1}{2}\right) = \begin{cases} \dfrac{3}{2} - x, & 0 < x < 1, \\ 0, & \text{其他,} \end{cases}$

依概率密度函数的性质，有

$$F_{X|Y}\left(\frac{1}{3}\middle|\frac{1}{2}\right) = \int_{-\infty}^{1/3} f_{X|Y}\left(x\middle|\frac{1}{2}\right)\mathrm{d}x$$

$$= \int_0^{1/3}\left(\frac{3}{2} - x\right)\mathrm{d}x = \left(\frac{3}{2}x - \frac{1}{2}x^2\right)\Big|_0^{1/3} = \frac{4}{9}.$$

(2) 依定义，有

$$E\left(X\middle|Y=\frac{1}{2}\right) = \int_{-\infty}^{+\infty} x f_{X|Y}\left(x\middle|\frac{1}{2}\right)\mathrm{d}x = \int_0^1 x\left(\frac{3}{2} - x\right)\mathrm{d}x = \left(\frac{3}{4}x^2 - \frac{1}{3}x^3\right)\Big|_0^1 = \frac{5}{12},$$

$$E\left(X^2\middle|Y=\frac{1}{2}\right) = \int_{-\infty}^{+\infty} x^2 f_{X|Y}\left(x\middle|\frac{1}{2}\right)\mathrm{d}x = \int_0^1 x^2\left(\frac{3}{2} - x\right)\mathrm{d}x = \left(\frac{1}{2}x^3 - \frac{1}{4}x^4\right)\Big|_0^1 = \frac{1}{4},$$

$$D\left(X\middle|Y=\frac{1}{2}\right) = E\left(X^2\middle|Y=\frac{1}{2}\right) - \left(E\left(X\middle|Y=\frac{1}{2}\right)\right)^2 = \frac{1}{4} - \left(\frac{5}{12}\right)^2 = \frac{11}{144}.$$

注 (1) 试比较无条件分布函数和条件分布函数：

$$F_X\left(\frac{1}{3}\right)=\int_{-\infty}^{\frac{1}{3}}f_X(x)\,\mathrm{d}x,\quad F_{X|Y}\left(\frac{1}{3}\,\Big|\,\frac{1}{2}\right)=\int_{-\infty}^{\frac{1}{3}}f_{X|Y}\left(x\,\Big|\,\frac{1}{2}\right)\mathrm{d}x.$$

（2）试比较无条件数学期望和条件数学期望：

$$E(X)=\int_{-\infty}^{+\infty}xf_X(x)\,\mathrm{d}x,\quad E\left(X\,\Big|\,Y=\frac{1}{2}\right)=\int_{-\infty}^{+\infty}xf_{X|Y}\left(x\,\Big|\,\frac{1}{2}\right)\mathrm{d}x.$$

（3）试比较无条件方差和条件方差：

$$D(X)=E(X^2)-(E(X))^2,\quad D\left(X\,\Big|\,Y=\frac{1}{2}\right)=E\left(X^2\,\Big|\,Y=\frac{1}{2}\right)-\left(E\left(X\,\Big|\,Y=\frac{1}{2}\right)\right)^2.$$

评 在 $Y=\dfrac{1}{2}$ 条件下，$f_{X|Y}\left(x\,\Big|\,\dfrac{1}{2}\right)=\begin{cases}\dfrac{3}{2}-x,&0<x<1,\\[2mm]0,&\text{其他,}\end{cases}$ 所以 $E\left(X\Big|Y=\dfrac{1}{2}\right)$，

$E\left(X^2\Big|Y=\dfrac{1}{2}\right)$，$D\left(X\Big|Y=\dfrac{1}{2}\right)$ 存在，且 $E\left(X\,\Big|\,Y=\dfrac{1}{2}\right)=\displaystyle\int_{-\infty}^{+\infty}xf_{X|Y}\left(x\,\Big|\,\dfrac{1}{2}\right)\mathrm{d}x.$

$D\left(X\,\Big|\,Y=\dfrac{1}{2}\right)=E\left(X^2\,\Big|\,Y=\dfrac{1}{2}\right)-\left(E\left(X\,\Big|\,Y=\dfrac{1}{2}\right)\right)^2.$

例 4.6.4 设二维随机变量 (X,Y) 的概率密度函数为

$$f(x,y)=\begin{cases}\mathrm{e}^{-y},&0<x<y<+\infty,\\0,&\text{其他.}\end{cases}$$

求：（1）条件概率密度函数 $f_{X|Y}(x|y)$；

（2）条件概率 $P\{X>3|Y=5\}$ 及 $P\{X>3|Y>5\}$；

（3）条件数学期望 $E(X|Y=5)$ 及条件方差 $D(X|Y=5)$。

分析 $f_{X|Y}(x\mid y)=\dfrac{f(x,y)}{f_Y(y)}.\ P\{X>3\mid Y=5\}=\displaystyle\int_3^{+\infty}f_{X|Y}(x\mid 5)\,\mathrm{d}x.$

$P\{X>3\mid Y>5\}=\dfrac{P\{X>3,Y>5\}}{P\{Y>5\}}.\quad E(X\mid Y=5)=\displaystyle\int_{-\infty}^{+\infty}xf_{X|Y}(x\mid 5)\,\mathrm{d}x,$

$D(X\mid Y=5)=E(X^2\mid Y=5)-(E(X\mid Y=5))^2.$

解 （1）如图 4-7 所示，依定义，有

$$f_Y(y)=\int_{-\infty}^{+\infty}f(x,y)\,\mathrm{d}x=\begin{cases}\displaystyle\int_0^y\mathrm{e}^{-y}\,\mathrm{d}x=y\mathrm{e}^{-y},&y>0,\\0,&y\leqslant 0.\end{cases}$$

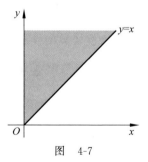

图 4-7

在 $Y=y\,(y>0)$ 条件下，

$$f_{X|Y}(x\mid y)=\frac{f(x,y)}{f_Y(y)}=\frac{f(x,y)}{y\mathrm{e}^{-y}}=\begin{cases}\dfrac{\mathrm{e}^{-y}}{y\mathrm{e}^{-y}}=\dfrac{1}{y},&0<x<y,\\[2mm]0,&\text{其他.}\end{cases}$$

（2）特别地，当 $y=5$ 时，$f_{X|Y}(x|5)=\begin{cases}\dfrac{1}{5},&0<x<5,\\[2mm]0,&\text{其他,}\end{cases}$

依概率密度函数的性质，有

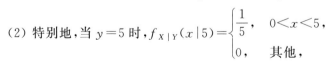

$$P\{X>3\mid Y=5\}=\int_3^{+\infty}f_{X|Y}(x\mid 5)\,\mathrm{d}x=\int_3^5\frac{1}{5}\,\mathrm{d}x=\frac{2}{5},$$

$$P\{X>3\mid Y>5\}=\frac{P\{X>3,Y>5\}}{P\{Y>5\}}=\frac{\iint\limits_{x>3,y>5}f(x,y)\mathrm{d}y\mathrm{d}x}{\int_5^{+\infty}f_Y(y)\mathrm{d}y}=\frac{\int_5^{+\infty}\mathrm{e}^{-y}\mathrm{d}y\int_3^y\mathrm{d}x}{\int_5^{+\infty}y\mathrm{e}^{-y}\mathrm{d}y}$$

$$=\frac{(-(y\mathrm{e}^{-y}+\mathrm{e}^{-y})+3\mathrm{e}^{-y})_5^{+\infty}}{-(y\mathrm{e}^{-y}+\mathrm{e}^{-y})_5^{+\infty}}=\frac{3\mathrm{e}^{-5}}{6\mathrm{e}^{-5}}=\frac{1}{2}.$$

(3) 在 $Y=5$ 条件下，$X\sim U(0,5)$，因此

$$E(X\mid Y=5)=\frac{5}{2},\quad D(X\mid Y=5)=\frac{25}{12}.$$

注 试比较两种条件概率的求法：

$$P\{X>3\mid Y=5\}=\int_3^{+\infty}f_{X\mid Y}(x\mid5)\mathrm{d}x,\quad P\{X>3\mid Y>5\}=\frac{P\{X>3,Y>5\}}{P\{Y>5\}}.$$

从中体会条件概率密度的作用.

评 同样可借助常用分布的数字特征确认条件数学期望和条件方差. 比如，在 $Y=5$ 条件下，$X\sim U(0,5)$，则 $E(X\mid Y=5)=\frac{5}{2}$，$D(X\mid Y=5)=\frac{25}{12}$.

例 4.6.5 设随机变量 Y 的概率密度函数为

$$f_Y(y)=\begin{cases}\dfrac{\beta^{\gamma}}{\Gamma(\gamma)}y^{\gamma-1}\mathrm{e}^{-\beta y},&y>0,\\0,&y\leqslant0,\end{cases}\quad\beta>0,\gamma>0,$$

且在 $Y=y(y>0)$ 条件下，X 服从参数为 $\dfrac{1}{y}$ 的指数分布 $E\left(\dfrac{1}{y}\right)$. 求条件数学期望 $E(Y\mid X=x)(x>0)$ 及条件方差 $D(Y\mid X=x)$.

分析 $f(x,y)=f_{X\mid Y}(x\mid y)f_Y(y),f_X(x)=\int_{-\infty}^{+\infty}f(x,y)\mathrm{d}y,f_{Y\mid X}(y\mid x)=\dfrac{f(x,y)}{f_X(x)}$，

$E(Y\mid X=x)=\int_{-\infty}^{+\infty}yf_{Y\mid X}(y\mid x)\mathrm{d}y,D(Y\mid X=x)=E(Y^2\mid X=x)-(E(Y\mid X=x))^2$.

解 依题设，$Y\sim G\left(\gamma,\dfrac{1}{\beta}\right)$，且在 $Y=y(y>0)$ 条件下，X 的条件概率密度函数为

$$f_{X\mid Y}(x\mid y)=\begin{cases}y\mathrm{e}^{-yx},&x>0,\\0,&x\leqslant0,\end{cases}$$

于是 (X,Y) 的概率密度函数为

$$f(x,y)=f_{X\mid Y}(x\mid y)f_Y(y)=\begin{cases}\dfrac{\beta^{\gamma}}{\Gamma(\gamma)}y^{\gamma-1}\mathrm{e}^{-\beta y}y\mathrm{e}^{-yx}=\dfrac{\beta^{\gamma}}{\Gamma(\gamma)}y^{\gamma}\mathrm{e}^{-(\beta+x)y},&x>0,y>0,\\0,&\text{其他},\end{cases}$$

在 $X=x(x>0)$ 条件下，有

$$f_X(x)=\int_{-\infty}^{+\infty}f(x,y)\mathrm{d}y=\begin{cases}\dfrac{\beta^{\gamma}}{\Gamma(\gamma)}\int_0^{+\infty}y^{\gamma}\mathrm{e}^{-(\beta+x)y}\mathrm{d}y,&x>0,\\0,&x\leqslant0,\end{cases}$$

令 $t=(\beta+x)y$，则 $\mathrm{d}y=\dfrac{1}{\beta+x}\mathrm{d}t$，于是

$$\int_0^{+\infty} y^\gamma e^{-(\beta+x)y} dy = \frac{1}{(\beta+x)^{\gamma+1}} \int_0^{+\infty} t^\gamma e^{-t} dt = \frac{1}{(\beta+x)^{\gamma+1}} \Gamma(\gamma+1) = \frac{\gamma\Gamma(\gamma)}{(\beta+x)^{\gamma+1}},$$

代入上式得

$$f_X(x) = \begin{cases} \dfrac{\gamma\beta^\gamma}{(\beta+x)^{\gamma+1}}, & x>0, \\ 0, & x\leqslant 0, \end{cases}$$

在 $X=x(x>0)$ 条件下,有

$$f_{Y|X}(y|x) = \frac{f(x,y)}{f_X(x)} = \frac{f(x,y)}{\dfrac{\gamma\beta^\gamma}{(\beta+x)^{\gamma+1}}} = \begin{cases} \dfrac{\dfrac{\beta^\gamma}{\Gamma(\gamma)} y^\gamma e^{-(\beta+x)y}}{\dfrac{\gamma\beta^\gamma}{(\beta+x)^{\gamma+1}}} = \dfrac{(\beta+x)^{\gamma+1}}{\Gamma(\gamma+1)} y^\gamma e^{-(\beta+x)y}, & y>0, \\ 0, & y\leqslant 0. \end{cases}$$

依定义,有

$$\begin{aligned} E(Y|X=x) &= \int_{-\infty}^{+\infty} y f_{Y|X}(y|x) dy = \int_0^{+\infty} y \frac{(\beta+x)^{\gamma+1}}{\Gamma(\gamma+1)} y^\gamma e^{-(\beta+x)y} dy \\ &= \frac{(\beta+x)^{\gamma+1}}{\Gamma(\gamma+1)} \int_0^{+\infty} y^{\gamma+1} e^{-(\beta+x)y} dy \\ &\xlongequal{t=(\beta+x)y} \frac{(\beta+x)^{\gamma+1}}{\Gamma(\gamma+1)} \frac{1}{(\beta+x)^{\gamma+2}} \int_0^{+\infty} t^{\gamma+1} e^{-t} dt \\ &= \frac{1}{\Gamma(\gamma+1)} \frac{1}{(\beta+x)} \Gamma(\gamma+2) = \frac{\gamma+1}{\beta+x}. \end{aligned}$$

同理

$$\begin{aligned} E(Y^2|X=x) &= \int_{-\infty}^{+\infty} y^2 f_{Y|X}(y|x) dy = \int_0^{+\infty} y^2 \frac{(\beta+x)^{\gamma+1}}{\Gamma(\gamma+1)} y^\gamma e^{-(\beta+x)y} dy \\ &= \frac{(\beta+x)^{\gamma+1}}{\Gamma(\gamma+1)} \int_0^{+\infty} y^{\gamma+2} e^{-(\beta+x)y} dy = \frac{(\beta+x)^{\gamma+1}}{\Gamma(\gamma+1)} \frac{1}{(\beta+x)^{\gamma+3}} \int_0^{+\infty} t^{\gamma+2} e^{-t} dt \\ &= \frac{1}{\Gamma(\gamma+1)} \frac{1}{(\beta+x)^2} \Gamma(\gamma+3) = \frac{(\gamma+2)(\gamma+1)}{(\beta+x)^2}, \end{aligned}$$

依计算公式,有

$$\begin{aligned} D(Y|X=x) &= E(Y^2|X=x) - (E(Y|X=x))^2 \\ &= \frac{(\gamma+2)(\gamma+1)}{(\beta+x)^2} - \left(\frac{\gamma+1}{\beta+x}\right)^2 = \frac{\gamma+1}{(\beta+x)^2}. \end{aligned}$$

注　$\displaystyle\int_0^{+\infty} t^{\gamma+1} e^{-t} dt = \Gamma(\gamma+2), \Gamma(\gamma+3) = (\gamma+2)\Gamma(\gamma+2) = (\gamma+2)(\gamma+1)\Gamma(\gamma+1).$

评　解题思路为

$$f_{X|Y}(x|y) f_Y(y) = f(x,y) \Rightarrow f_X(x) = \int_{-\infty}^{+\infty} f(x,y) dy \Rightarrow f_{Y|X}(y|x) = \frac{f(x,y)}{f_X(x)}$$

$$\Rightarrow E(Y|X=x) = \int_{-\infty}^{+\infty} y f_{Y|X}(y|x) dy$$

$$\Rightarrow D(Y|X=x) = E(Y^2|X=x) - (E(Y|X=x))^2.$$

习题 4-6

1. 设随机变量 X 与 Y 相互独立,且 $X \sim P(\lambda_1)$,$Y \sim P(\lambda_2)$,求在 $X+Y=n$ ($n=1$,2,$\cdots$)条件下,X 的条件分布律及条件数学期望 $E(X|X+Y=n)$.

2. 设随机变量 X 的分布律为

X	-1	0	1
P	$1/4$	$1/2$	$1/4$

求:(1) $Y=X^2$ 的分布律及 (X,Y) 的分布律;(2) 条件数学期望 $E(X|Y=1)$ 及条件方差 $D(X|Y=1)$.

3. 设二维随机变量 (X,Y) 的概率密度函数为
$$f(x,y)=\begin{cases}6y, & 0<y<x<1,\\0, & 其他.\end{cases}$$

求:(1) 条件概率密度函数 $f_{Y|X}(y|x)$;

(2) 条件概率 $P\left\{Y\leqslant\dfrac{1}{3}\Big|X=\dfrac{1}{2}\right\}$ 及 $P\left\{Y\leqslant\dfrac{1}{3}\Big|X>\dfrac{1}{2}\right\}$;

(3) 条件数学期望 $E\left(Y\Big|X=\dfrac{1}{2}\right)$ 及条件方差 $D\left(Y\Big|X=\dfrac{1}{2}\right)$.

4. 两种公司股票在年终的价格分别为随机变量 X 和 Y,它们的联合概率密度函数为
$$f(x,y)=\begin{cases}2x, & 0<x<1,x<y<x+1,\\0, & 其他.\end{cases}$$

求:(1) 条件概率密度函数 $f_{Y|X}(y|x)$ 及条件分布函数值 $F_{Y|X}\left(1\Big|\dfrac{1}{2}\right)$;

(2) 条件数学期望 $E(Y|X=x)(0<x<1)$ 及条件方差 $D(Y|X=x)$ $(0<x<1)$.

5. 设二维随机变量 (X,Y) 在区域 $D=\{(x,y)|x^2+y^2\leqslant1\}$ 上服从均匀分布,求条件数学期望 $E(X|Y=y)(-1<y<1)$ 及条件方差 $D(X|Y=y)$ $(-1<y<1)$.

4.7 专题讨论

利用随机变量的和式分解求数字特征

设随机变量 $X_1,X_2,\cdots,X_n$ 和 X,如果 $D(X_i)(i=1,2,\cdots,n)$ 存在,且 $X=X_1+X_2+\cdots+X_n$,则
$$E(X)=E(X_1+X_2+\cdots+X_n)=E(X_1)+E(X_2)+\cdots+E(X_n),$$
$$D(X)=D(X_1+\cdots+X_n)=D(X_1)+\cdots+D(X_n)+2\sum_{1\leqslant i<j\leqslant n}\operatorname{Cov}(X_i,X_j).$$
特别地,如果 $X_1,X_2,\cdots,X_n$ 相互独立(或者 $X_1,X_2,\cdots,X_n$ 两两不相关),则
$$D(X)=D(X_1)+D(X_2)+\cdots+D(X_n).$$
又设随机变量 $Y=Y_1+Y_2+\cdots+Y_n$,如果 $\operatorname{Cov}(X_i,Y_j)(i,j=1,2,\cdots,n)$ 存在,则
$$\operatorname{Cov}(X,Y)=\operatorname{Cov}(X_1+X_2+\cdots+X_n,Y_1+Y_2+\cdots+Y_n)$$

$$= \sum_{i=1}^{n} \mathrm{Cov}(X_i, Y_i) + 2 \sum_{1 \leqslant i < j \leqslant n} \mathrm{Cov}(X_i, Y_j).$$

特别地,如果 X_i, Y_j ($i \neq j$; $i,j = 1,2,\cdots,n$) 不相关,则 $\mathrm{Cov}(X,Y) = \sum_{i=1}^{n} \mathrm{Cov}(X_i, Y_i)$.

例 4.7.1　掷一枚匀质的骰子直到所有点数(6 个点)全部出现为止,求所需投掷次数 Y 的数学期望和方差.

分析　引入随机变量 $Y_i = \{$第 $i-1$ 个点出现后,等待第 i 个点出现所需投掷的次数$\}$, $i = 2,3,4,5,6$,则 $Y = Y_1 + Y_2 + \cdots + Y_6$,其中 $Y_1 = 1$ 且 $Y_1, Y_2, \cdots, Y_6$ 相互独立, $E(Y) = E(Y_1) + E(Y_2) + \cdots + E(Y_6)$, $D(Y) = D(Y_1) + D(Y_2) + \cdots + D(Y_6)$.

解　引入随机变量如下:

$Y_1 = 1$,

$Y_2 = \{$第一个点数(比如"5")出现后,等待第二个不同点数出现所需投掷的次数$\}$,

$Y_3 = \{$第一、第二个点数出现后,等待第三个不同点数出现所需投掷的次数$\}$,

Y_4, Y_5, Y_6 的意义类似,则所需投掷的总次数为 $Y = Y_1 + Y_2 + \cdots + Y_6$,　且 $Y_1, Y_2, \cdots, Y_6$ 相互独立.

依题设, $P\{Y_1 = 1\} = 1$,由性质,有

$$E(Y_1) = P\{Y_1 = 1\} = 1, \quad D(Y_1) = 0;$$

$$P\{Y_2 = k\} = \left(1 - \frac{5}{6}\right)^{k-1} \frac{5}{6}, \quad k = 1,2,\cdots, Y_2 \sim G\left(\frac{5}{6}\right),$$

则 $E(Y_2) = \dfrac{6}{5}$, $\quad D(Y_2) = \dfrac{36}{25}\left(1 - \dfrac{5}{6}\right) = \dfrac{6}{25}$;

$$P\{Y_3 = k\} = \left(1 - \frac{4}{6}\right)^{k-1} \frac{4}{6}, \quad k = 1,2,\cdots, Y_3 \sim G\left(\frac{4}{6}\right),$$

则 $E(Y_3) = \dfrac{6}{4} = \dfrac{3}{2}$, $\quad D(Y_3) = \dfrac{6^2}{4^2}\left(1 - \dfrac{4}{6}\right) = \dfrac{3}{4}$;

$$P\{Y_4 = k\} = \left(1 - \frac{3}{6}\right)^{k-1} \frac{3}{6}, \quad k = 1,2,\cdots, Y_4 \sim G\left(\frac{3}{6}\right),$$

则 $E(Y_4) = \dfrac{6}{3} = 2$, $\quad D(Y_4) = \dfrac{6^2}{3^2}\left(1 - \dfrac{3}{6}\right) = 2$;

$$P\{Y_5 = k\} = \left(1 - \frac{2}{6}\right)^{k-1} \frac{2}{6}, \quad k = 1,2,\cdots, Y_5 \sim G\left(\frac{2}{6}\right),$$

则 $E(Y_5) = \dfrac{6}{2} = 3$, $\quad D(Y_5) = \dfrac{6^2}{2^2}\left(1 - \dfrac{2}{6}\right) = 6$;

$$P\{Y_6 = k\} = \left(1 - \frac{1}{6}\right)^{k-1} \frac{1}{6}, \quad k = 1,2,\cdots, Y_6 \sim G\left(\frac{1}{6}\right),$$

则 $E(Y_6) = \dfrac{6}{1} = 6$, $\quad D(Y_6) = 6^2\left(1 - \dfrac{1}{6}\right) = 30$.

依数学期望的性质,有

$$E(Y) = E(Y_1 + Y_2 + \cdots + Y_6) = E(Y_1) + E(Y_2) + \cdots + E(Y_6)$$

$$= 1 + \frac{6}{5} + \frac{3}{2} + 2 + 3 + 6 = 14.7.$$

因为 $Y_1, Y_2, \cdots, Y_6$ 相互独立,依方差的性质,有

$$D(Y) = D(Y_1 + Y_2 + \cdots + Y_6) = D(Y_1) + D(Y_2) + \cdots + D(Y_6)$$

$$= 0 + \frac{6}{25} + \frac{3}{4} + 2 + 6 + 30 = 38.99.$$

注 引入随机变量 $Y_1, Y_2, \cdots, Y_6$,其中 Y_1 服从退化分布 $P\{Y_1 = 1\} = 1, Y_2, \cdots, Y_6$ 均服从几何分布,其数学期望和方差可依几何分布的数字特征确定.同时注意到 $Y_1, Y_2, \cdots, Y_6$ 相互独立,使求 $D(Y)$ 变得简便易行.

评 巧妙地引入随机变量 $Y_i = \{$第 $i-1$ 个点数出现后,等待第 i 个点数出现所需投掷的次数$\}$ $(i = 2, \cdots, 6)$,将 Y 分解为独立变量之和 $Y = Y_1 + Y_2 + \cdots + Y_6$,且 Y_i $(i = 2, 3, \cdots, 6)$ 均服从几何分布,数学期望和方差可知.

例 4.7.2 一巴士客车载有 20 位乘客自机场开出,乘客有 10 个站点可以下车,如到达一站点没有乘客下车,就不停车,以 X 表示停车的次数,求数学期望 $E(X)$.(设每位乘客在各个站点下车是等可能的,且各位乘客是否下车相互独立)

分析 引入随机变量

$$X_i = \begin{cases} 1, & \text{第 } i \text{ 站有人下车,} \\ 0, & \text{第 } i \text{ 站无人下车,} \end{cases} \quad i = 1, 2, \cdots, 10, \quad \text{则 } X = \sum_{i=1}^{10} X_i.$$

解 设 $A_k = \{$第 k 位乘客在第 i 站下车$\}$,则

$$P(A_k) = \frac{1}{10}, \quad P(\overline{A_k}) = \frac{9}{10}, \quad k = 1, 2, \cdots, 20.$$

又因为 $A_1, A_2, \cdots, A_{20}$ 相互独立,所以 $\overline{A_1}, \overline{A_2}, \cdots, \overline{A_{20}}$ 也相互独立,于是第 i 站无人下车的概率为 $P(\overline{A_1}\ \overline{A_2} \cdots \overline{A_{20}}) = P(\overline{A_1}) P(\overline{A_2}) \cdots P(\overline{A_{20}}) = \left(\frac{9}{10}\right)^{20}.$

引入随机变量

$$X_i = \begin{cases} 1, & \text{第 } i \text{ 站有人下车,} \\ 0, & \text{第 } i \text{ 站无人下车,} \end{cases} \quad i = 1, 2, \cdots, 10,$$

于是 $X_1, X_2, \cdots, X_{10}$ 同分布,且其共同的概率分布为

X_i	0	1
P	$\left(\frac{9}{10}\right)^{20}$	$1 - \left(\frac{9}{10}\right)^{20}$

于是 $E(X_i) = P\{X_i = 1\} = 1 - \left(\frac{9}{10}\right)^{20}$,且 $X = \sum_{i=1}^{10} X_i$,依数学期望的性质,有

$$E(X) = \sum_{i=1}^{10} E(X_i) = 10\left(1 - \left(\frac{9}{10}\right)^{20}\right).$$

注 先确定 $P\{X_i = 0\} = \left(\frac{9}{10}\right)^{20}$,从而 $P\{X_i = 1\} = 1 - \left(\frac{9}{10}\right)^{20}, i = 1, 2, \cdots, 10.$

评 巧妙地引入随机变量

$X_i = \begin{cases} 1, & \text{第 } i \text{ 站有人下车,} \\ 0, & \text{第 } i \text{ 站无人下车,} \end{cases} i = 1, 2, \cdots, 10$,将 X 分解成 $X = X_1 + X_2 + \cdots + X_{10}$,其中

X_i 均服从 0-1 分布,其数学期望易求,为 $E(X_i) = 1 - \left(\dfrac{9}{10}\right)^{20}$ $(i = 1, 2, \cdots, 10)$,则

$$E(X) = E(X_1) + E(X_2) + \cdots + E(X_{10}) = 10\left(1 - \left(\dfrac{9}{10}\right)^{20}\right).$$

需注意的是,这里的 $X_1, X_2, \cdots, X_n$ 不独立,试想若 $X_i = 0$ $(i = 1, 2, \cdots, 9)$,那么必有 $X_{10} = 1$.

例 4.7.3 某班共有 n 名新生,班长从学校领来全班所有的学生证,随机地发给每一名同学,求恰好拿到自己学生证的学生人数 X 的数学期望与方差.

分析 引入随机变量

$$X_i = \begin{cases} 1, & \text{第 } i \text{ 名学生拿到自己的学生证}, \\ 0, & \text{第 } i \text{ 名学生没有拿到自己的学生证}, \end{cases} \quad i = 1, 2, \cdots, n,$$

使 $X = X_1 + X_2 + \cdots + X_n$,注意到 $X_1, X_2, \cdots, X_n$ 不独立(试想若 $X_1 = 0$,则必有某 $X_j = 0$ $(j \neq 1)$),因此

$$D(X) = D(X_1 + X_2 + \cdots + X_n) = D(X_1) + D(X_2) + \cdots + D(X_n) +$$
$$2 \sum_{1 \leqslant i < j \leqslant n} \mathrm{Cov}(X_i, X_j).$$

解 引入随机变量

$$X_i = \begin{cases} 1, & \text{第 } i \text{ 名学生拿到自己的学生证}, \\ 0, & \text{第 } i \text{ 名学生没有拿到自己的学生证}, \end{cases} \quad i = 1, 2, \cdots, n,$$

则 $X = X_1 + X_2 + \cdots + X_n$,且

$$E(X_i) = E(X_i^2) = P\{X_i = 1\} = \frac{1}{n}, \quad i = 1, 2, \cdots, n,$$

$$D(X_i) = E(X_i^2) - (E(X_i))^2 = \frac{1}{n} - \left(\frac{1}{n}\right)^2 = \frac{n-1}{n^2}, \quad i = 1, 2, \cdots, n.$$

依数学期望的性质,有

$$E(X) = E(X_1 + X_2 + \cdots + X_n) = E(X_1) + E(X_2) + \cdots + E(X_n) = 1.$$

因为 $X_1, X_2, \cdots, X_n$ 不独立,故

$$D(X) = D(X_1 + X_2 + \cdots + X_n) = D(X_1) + D(X_2) + \cdots + D(X_n) +$$
$$2 \sum_{1 \leqslant i < j \leqslant n} \mathrm{Cov}(X_i, X_j),$$

依乘法公式,$P\{X_i X_j = 1\} = P\{X_j = 1 \mid X_i = 1\} P\{X_i = 1\} = \dfrac{1}{n-1} \cdot \dfrac{1}{n} = \dfrac{1}{n(n-1)}$,即 $X_i X_j$ 的概率分布为

$X_i X_j$	0	1	
P	$1 - \dfrac{1}{n(n-1)}$	$\dfrac{1}{n(n-1)}$	$i \neq j$; $i, j = 1, 2, \cdots, n$,

于是 $E(X_i X_j) = P\{X_i X_j = 1\} = \dfrac{1}{n(n-1)}$,依协方差的计算公式,有

$$\mathrm{Cov}(X_i, X_j) = E(X_i X_j) - E(X_i)E(X_j) = \frac{1}{n(n-1)} - \frac{1}{n^2} = \frac{1}{n^2(n-1)}, \quad i \neq j.$$

注意到上式结果与 i,j 无关,即适用于所有的 $i,j=1,2,\cdots,n;i\neq j$,依方差的性质,有

$$D(X)=D(X_1)+D(X_2)+\cdots+D(X_n)+2\sum_{1\leqslant i<j\leqslant n}\text{Cov}(X_i,X_j)$$

$$=n\frac{n-1}{n^2}+2C_n^2\frac{1}{n^2(n-1)}=1.$$

注 由于 X_i,X_j 服从 0-1 分布,所以 X_iX_j 服从 0-1 分布,且 $P\{X_i=1\}=\dfrac{1}{n}$,

$P\{X_iX_j=1\}=\dfrac{1}{n(n-1)},i\neq j,i,j=1,2,\cdots,n$. 随机变量 X 也称"配对"变量,依本例的结论,$E(X)=1=D(X)$.

评 巧妙地引入随机变量

$$X_i=\begin{cases}1, & \text{第 }i\text{ 名学生拿到自己的学生证,}\\0, & \text{第 }i\text{ 名学生没有拿到自己的学生证,}\end{cases}\quad i=1,2,\cdots,n,$$

将 X 分解成 $X=X_1+X_2+\cdots+X_n$,则 $E(X)=E(X_1)+E(X_2)+\cdots+E(X_n)$,同时注意到 $X_1,X_2,\cdots,X_n$ 不独立,有

$$D(X)=D(X_1)+D(X_2)+\cdots+D(X_n)+2\sum_{1\leqslant i<j\leqslant n}\text{Cov}(X_i,X_j).$$

例 4.7.4 设 X 服从超几何分布,其分布律为 $P\{X=k\}=\dfrac{C_M^kC_{N-M}^{n-k}}{C_N^n}$,其中 X 表示抽取的次品数,N 为总产品数,M 为次品数,n 为所抽取的产品数,$k=0,1,\cdots,\min\{M,n\}$,求数学期望 $E(X)$ 和方差 $D(X)$.

分析 将 M 个次品编号 $1,2,\cdots,M$,引入随机变量

$$X_i=\begin{cases}1, & \text{第 }i\text{ 件次品被抽出,}\\0, & \text{第 }i\text{ 件次品没有被抽出,}\end{cases}\quad i=1,2,\cdots,M,$$

据题意,$X=X_1+X_2+\cdots+X_M$,注意 $X_1,X_2,\cdots,X_M$ 不独立.

解 将 M 个次品编号 $1,2,\cdots,M$,引入随机变量

$$X_i=\begin{cases}1, & \text{第 }i\text{ 件次品被抽出,}\\0, & \text{第 }i\text{ 件次品没有被抽出,}\end{cases}\quad i=1,2,\cdots,M,$$

使 $X=X_1+X_2+\cdots+X_M$,注意 $X_1,X_2,\cdots,X_M$ 不独立,因此

$$E(X_i)=E(X_i^2)=P\{X_i=1\}=\frac{C_1^1C_{N-1}^{n-1}}{C_N^n}=\frac{n}{N},\quad i=1,2,\cdots,M,$$

$$D(X_i)=E(X_i^2)-(E(X_i))^2=\frac{n}{N}-\left(\frac{n}{N}\right)^2=\frac{n(N-n)}{N^2},\quad i=1,2,\cdots,M.$$

依数学期望的性质,有

$$E(X)=E(X_1+X_2+\cdots+X_M)=E(X_1)+E(X_2)+\cdots+E(X_M)=M\frac{n}{N}.$$

依方差的性质,有

$$D(X)=D(X_1+X_2+\cdots+X_M)=\sum_{i=1}^M D(X_i)+2\sum_{1\leqslant i<j\leqslant M}\text{Cov}(X_i,X_j),$$

依乘法公式,有

$$E(X_iX_j)=P\{X_iX_j=1\}=P\{X_j=1\mid X_i=1\}P\{X_i=1\}$$

$$=\frac{C_1^1C_{N-2}^{n-2}}{C_{N-1}^{n-1}}\frac{C_1^1C_{N-1}^{n-1}}{C_N^n}=\frac{n(n-1)}{N(N-1)},$$

依计算公式,有

$$\mathrm{Cov}(X_i,X_j)=E(X_iX_j)-E(X_i)E(X_j)=\frac{n(n-1)}{N(N-1)}-\frac{n}{N}\frac{n}{N}$$

$$=-\frac{n(N-n)}{N^2(N-1)},\quad i\neq j.$$

注意到上式结果与 i,j 无关,即适用于所有 $i,j=1,2,\cdots,n,i\neq j$,代入 $D(X)$,有

$$D(X)=M\frac{n(N-n)}{N^2}+2C_M^2\left(-\frac{n(N-n)}{N^2(N-1)}\right)=\frac{nM(N-n)(N-M)}{N^2(N-1)}.$$

注　$E(X_iX_j)=P\{X_j=1\mid X_i=1\}P\{X_i=1\}=\dfrac{C_1^1C_{N-2}^{n-2}}{C_{N-1}^{n-1}}\dfrac{C_1^1C_{N-1}^{n-1}}{C_N^n}.$

评　将 M 个次品编号 $1,2,\cdots,M$,引入随机变量

$$X_i=\begin{cases}1,&\text{第 }i\text{ 件次品被抽出},\\0,&\text{第 }i\text{ 件次品没有被抽出},\end{cases}\quad i=1,2,\cdots,M,$$

将 X 分解成 $X=X_1+X_2+\cdots+X_M$,而 0-1 分布的期望和方差便于确定,再依性质求 $E(X)$ 和 $D(X)$ 相对易行.

例 4.7.5　将一枚均匀的骰子独立地掷 n 次,求 3 点和 5 点出现次数的协方差及相关系数.

分析　设 X 为 3 点出现的次数,Y 为 5 点出现的次数,引入随机变量

$$X_i=\begin{cases}1,&\text{若第 }i\text{ 次投掷出现 3 点},\\0,&\text{若第 }i\text{ 次投掷没有出现 3 点},\end{cases}\quad i=1,2,\cdots,n,\text{则 }X=X_1+X_2+\cdots+X_n,$$

$$Y_j=\begin{cases}1,&\text{若第 }j\text{ 次投掷出现 5 点},\\0,&\text{若第 }j\text{ 次投掷没有出现 5 点},\end{cases}\quad j=1,2,\cdots,n,\text{则 }Y=Y_1+Y_2+\cdots+Y_n,$$

依性质和定义,$\mathrm{Cov}(X,Y)=\mathrm{Cov}(X_1+X_2+\cdots+X_n,Y_1+Y_2+\cdots+Y_n)$

$$=\sum_{i=1}^n\mathrm{Cov}(X_i,Y_i)+2\sum_{1\leqslant i<j\leqslant n}\mathrm{Cov}(X_i,Y_j),$$

$$\rho_{XY}=\frac{\mathrm{Cov}(X,Y)}{\sqrt{D(X)}\sqrt{D(Y)}}.$$

解　设 X 为 3 点出现的次数,Y 为 5 点出现的次数,引入随机变量

$$X_i=\begin{cases}1,&\text{若第 }i\text{ 次投掷出现 3 点},\\0,&\text{若第 }i\text{ 次投掷没有出现 3 点},\end{cases}\quad i=1,2,\cdots,n,\text{则 }E(X_i)=P\{X_i=1\}=\frac{1}{6},$$

显然 $X_1,X_2,\cdots,X_n$ 相互独立,则 $X=X_1+X_2+\cdots+X_n$,$X\sim B\left(n,\dfrac{1}{6}\right)$,且 $D(X)=n\times\dfrac{1}{6}\times\dfrac{5}{6}=\dfrac{5n}{36}.$

$$Y_j=\begin{cases}1,&\text{若第 }j\text{ 次投掷出现 5 点},\\0,&\text{若第 }j\text{ 次投掷没有出现 5 点},\end{cases}\quad j=1,2,\cdots,n,\text{则 }E(Y_j)=P\{Y_j=1\}=\frac{1}{6}.$$

显然 $Y_1,Y_2,\cdots,Y_n$ 相互独立,同理 $Y=Y_1+Y_2+\cdots+Y_n$,$Y\sim B\left(n,\dfrac{1}{6}\right)$,且 $D(Y)=\dfrac{5n}{36}.$

当 $i=j$ 时，X_iY_i 的概率分布为

X_iY_i	0	1
P	1	0

其中 $P\{X_iY_i=1\}=P\{X_i=1,Y_i=1\}=P(\varnothing)=0$，也即 $E(X_iY_i)=0,i=1,2,\cdots,n$，

因此 $\mathrm{Cov}(X_i,Y_i)=E(X_iY_i)-E(X_i)E(Y_i)=0-\dfrac{1}{6}\times\dfrac{1}{6}=-\dfrac{1}{36},i=1,2,\cdots,n.$

当 $i\neq j$ 时，因为 X_i 与 Y_j 相互独立，因此 $\mathrm{Cov}(X_i,Y_j)=0,i,j=1,2,\cdots,n$，依协方差的性质，有

$$\mathrm{Cov}(X,Y)=\mathrm{Cov}(X_1+X_2+\cdots+X_n,Y_1+Y_2+\cdots+Y_n)$$
$$=\sum_{i=1}^{n}\mathrm{Cov}(X_i,Y_i)+2\sum_{1\leqslant i<j\leqslant n}\mathrm{Cov}(X_i,Y_j)=-\frac{n}{36}+0=-\frac{n}{36},$$

依定义，有 $\rho_{XY}=\dfrac{\mathrm{Cov}(X,Y)}{\sqrt{D(X)}\sqrt{D(Y)}}=\dfrac{-\dfrac{n}{36}}{\sqrt{\dfrac{5n}{36}}\sqrt{\dfrac{5n}{36}}}=-\dfrac{1}{5}.$

注 当 $i=j$ 时，$\mathrm{Cov}(X_i,Y_i)=-\dfrac{1}{36}$，当 $i\neq j$ 时，$\mathrm{Cov}(X_i,Y_j)=0,i,j=1,2,\cdots,n$，则

$$\mathrm{Cov}(X_1+X_2+\cdots+X_n,Y_1+Y_2+\cdots+Y_n)=\sum_{i=1}^{n}\mathrm{Cov}(X_i,Y_i)=-\frac{n}{36}.$$

评 巧妙地引入随机变量

$$X_i=\begin{cases}1, & \text{若第 } i \text{ 次投掷出现 3 点,}\\ 0, & \text{若第 } i \text{ 次投掷没有出现 3 点,}\end{cases} \quad i=1,2,\cdots,n,$$

$$Y_j=\begin{cases}1, & \text{若第 } j \text{ 次投掷出现 5 点,}\\ 0, & \text{若第 } j \text{ 次投掷没有出现 5 点,}\end{cases} \quad j=1,2,\cdots,n,$$

将 X,Y 分解成 $X=X_1+X_2+\cdots+X_n,Y=Y_1+Y_2+\cdots+Y_n$. 由于 0-1 分布的方差及这样两个变量的协方差易于计算，再依性质求 $\mathrm{Cov}(X,Y)$ 简便易行.

习题 4-7

1. 设 X 服从参数为 $r,p(r\in Z^+,0<p<1)$ 的帕斯卡分布 $Q(r,p)$，试利用随机变量的和式分解求数学期望 $E(X)$ 和方差 $D(X)$.

2. 将 n 个不同的小球放入 M 个不同的盒子，设每个球落入各个盒子是等可能的，且每盒可容 n 个球，记 X 为有球的盒子数，求数学期望 $E(X)$.

单元练习题 4

一、选择题（下列每小题给出的四个选项中，只有一项是符合题目要求的，请将所选项前的字母写在指定位置）

1. 现有 10 张奖券，其中 8 张为 2 元，2 张为 5 元，某人从中随机无放回地抽取 3 张，则此人所得奖金的数学期望为（　　）.

A. 6 元　　　　B. 12 元　　　　C. 7.8 元　　　　D. 9 元

2. 设随机变量 X,Y 相互独立,且 $E(X),E(Y)$ 存在,记 $U=\max\{X,Y\}$,$V=\min\{X,Y\}$,则 $E(UV)=(\quad)$.

A. $E(U)E(V)$　　B. $E(X)E(Y)$　　C. $E(U)E(Y)$　　D. $E(X)E(V)$

【2011 研数一】

3. 设随机变量 $X,E(X)=\mu,D(X)=\sigma^2$(常数 $\mu\in\mathbb{R},\sigma>0$),则对任意常数 C,必有( ).

A. $E((X-C)^2)=E(X^2)-C^2$　　B. $E((X-C)^2)=E((X-\mu)^2)$

C. $E((X-C)^2)<E((X-\mu)^2)$　　D. $E((X-C)^2)\geqslant E((X-\mu)^2)$

【1997 研数四】

4. 设随机变量 X,Y 不相关,且 $E(X)=2,E(Y)=1,D(X)=3$,则 $E(X(X+Y-2))=(\quad)$.

A. -3　　　　B. 3　　　　C. -5　　　　D. 5【2015 研数一】

5. 设随机变量 X 与 Y 相互独立,且 $X\sim N(1,2),Y\sim N(1,4)$,则 $D(XY)=(\quad)$.

A. 6　　　　B. 8　　　　C. 14　　　　D. 15

【2016 研数三】

6. 设随机变量 $X_1,X_2,\cdots,X_n(n>1)$ 独立同分布,且其方差为 $\sigma^2>0$,令随机变量 $Y=\frac{1}{n}(X_1+X_2+\cdots+X_n)$,则( ).

A. $\mathrm{Cov}(X_1,Y)=\frac{\sigma^2}{n}$　　　　B. $\mathrm{Cov}(X_1,Y)=\sigma^2$

C. $D(X_1+Y)=\frac{n+2}{n}\sigma^2$　　　　D. $D(X_1-Y)=\frac{n+1}{n}\sigma^2$　【2004 研数一】

7. 将一枚硬币掷 n 次,以 X 和 Y 分别表示正面向上和反面向上的次数,则 X 与 Y 的相关系数为( ).

A. -1　　　　B. 0　　　　C. $\frac{1}{2}$　　　　D. 1

【2001 研数一】

8. 将长度为 1 的木棒随机地截成两段,则两段长度的相关系数为( ).

A. 1　　　　B. $\frac{1}{2}$　　　　C. $-\frac{1}{2}$　　　　D. -1

【2012 研数一、三】

9. 设随机变量 $X\sim N(0,1),Y\sim N(1,4)$,且 $\rho_{XY}=1$,则( ).

A. $P\{Y=-2X-1\}=1$　　B. $P\{Y=2X-1\}=1$

C. $P\{Y=-2X+1\}=1$　　D. $P\{Y=2X+1\}=1$【2008 研数一、三】

10. 设存在常数 $a(a\neq0),b$,使 $P\{Y=aX+b\}=1$,则必有( ).

A. $0<\rho_{XY}<1$　　B. $\rho_{XY}=1$　　C. $\rho_{XY}=-1$　　D. $\rho_{XY}=\frac{a}{|a|}$

11. 设随机变量 X 和 Y 均服从正态分布,且它们不相关,则( ).

A. X 与 Y 一定相互独立　　B. (X,Y) 服从二维正态分布

  C. X 与 Y 未必相互独立   D. $X+Y$ 服从一维正态分布

【2003 研数四】

  12. 设随机变量 (X,Y) 服从二维正态分布,则随机变量 $\xi=X+Y,\eta=X-Y$ 不相关的充分必要条件是( ).

    A. $E(X)=E(Y)$

    B. $E(X^2)-(E(X))^2=E(Y^2)-(E(Y))^2$

    C. $E(X^2)=E(Y^2)$

    D. $E(X^2)+(E(X))^2=E(Y^2)+(E(Y))^2$ 【2000 研数一】

  13. 设随机变量 X 与 Y 的方差存在且大于 0,则 $D(X+Y)=D(X)+D(Y)$ 是 X 与 Y ( ).

    A. 不相关的充分条件,但不是必要条件

    B. 独立的充分条件,但不是必要条件

    C. 不相关的充分必要条件

    D. 独立的充分必要条件   【1999 研数四】

  14. 设随机变量 X 的分布函数为 $F(x)=0.3\Phi(x)+0.7\Phi\left(\dfrac{x-1}{2}\right)$,其中 $\Phi(x)$ 为标准正态分布函数,则 $E(X)=($).

    A. 0   B. 0.3   C. 0.7   D. 1

【2009 研数一】

  15. 随机试验 E 有三种两两不相容的结果 A_1,A_2,A_3,且三种结果发生的概率均为 $\dfrac{1}{3}$,将试验 E 独立重复进行两次,X 表示两次试验中结果 A_1 发生的次数,Y 表示两次试验中结果 A_2 发生的次数,则 X 与 Y 的相关系数为( ).

    A. $-\dfrac{1}{2}$ B. $-\dfrac{1}{3}$ C. $\dfrac{1}{3}$ D. $\dfrac{1}{2}$

【2016 研数一】

二、填空题(请将答案写在指定位置)

  1. 设随机变量 X 的概率分布为 $P\{X=k\}=\dfrac{C}{k!},k=0,1,2,\cdots$,则 $E(X^2)=$ _____.

【2010 研数一】

  2. 设二维随机变量 (X,Y) 服从 $N(\mu,\mu,\sigma^2,\sigma^2,0)$,则 $E(XY^2)=$ _____.

【2011 研数三】

  3. 设随机变量 X 服从标准正态分布 $N(0,1)$,则 $E(Xe^{2X})=$ _____. 【2013 研数三】

  4. 设随机变量 X 的所有可能取值为 $-1,0,1$,已知 $E(X)=\dfrac{1}{3},D(X)=\dfrac{5}{9}$,则 $P\{X=0\}=$ _____.

  5. 设随机变量 X 的分布函数为 $F(x)=\dfrac{1}{2}\Phi(x)+\dfrac{1}{2}\Phi\left(\dfrac{x-4}{2}\right)$,其中 $\Phi(x)$ 为标准正态分布函数,则 $E(X)=$ _____.   【2017 研数一】

6. 设随机变量 X 的概率分布为 $P\{X=-2\}=\dfrac{1}{2}$，$P\{X=1\}=a$，$P\{X=3\}=b$，如果 $E(X)=0$，则 $D(X)=$_____. 【2017 研数三】

7. 设随机变量 X 与 Y 相互独立，且 X 服从参数为 2 的指数分布，$Y\sim N(1,2)$，则 $D(2X-3Y+4)=$_____.

8. 设随机变量 X 服从参数为 1 的泊松分布，则 $P\{X=E(X^2)\}=$_____. 【2008 研数一、三】

9. 设随机变量 X 服从参数为 λ 的泊松分布，且已知 $E((X-1)(X-2))=1$，则 $\lambda=$_____. 【1999 研数四】

10. 设随机变量 X 在区间 $[-1,2]$ 上服从均匀分布，随机变量 $Y=\begin{cases}-1, & X>0,\\ 0, & X=0,\\ 1, & X<0,\end{cases}$ 则 $D(Y)=$_____. 【2000 研数三】

11. 设随机变量 X 服从指数分布，其均值为 $\dfrac{1}{\lambda}$，则 $P\{X>\sqrt{D(X)}\}=$_____. 【2004 研数一】

12. 设随机变量 X 的方差为 2，则根据切比雪夫不等式估计 $P\{|X-E(X)|\geqslant 2\}\leqslant$_____. 【2001 研数一】

13. 设随机变量 X 和 Y 的数学期望分别为 -2 和 2，方差为 1 和 4，而相关系数为 -0.5，则根据切比雪夫不等式，$P\{|X+Y|\geqslant 6\}\leqslant$_____. 【2001 研数三、四】

14. 设随机变量 X 和 Y 的联合概率分布为

X\Y	-1	0	1
0	0.07	0.18	0.15
1	0.08	0.32	0.20

则 X 与 Y 的相关系数 $\rho_{XY}=$_____. 【2002 研数四】

15. 设随机变量 X 和 Y 的相关系数为 0.9，若 $Z=X-0.4$，则 Y 与 Z 的相关系数为_____. 【2003 研数三】

16. 设随机变量 X 和 Y 的相关系数为 0.5，$E(X)=E(Y)=0$，$E(X^2)=E(Y^2)=2$，则 $E((X+Y)^2)=$_____. 【2003 研数四】

17. 设随机变量 $X\sim N(0,4)$，Y 服从指数分布，其概率密度函数为
$$f(y)=\begin{cases}\dfrac{1}{2}\mathrm{e}^{-\frac{1}{2}y}, & y>0,\\ 0, & y\leqslant 0.\end{cases}$$
如果 $\mathrm{Cov}(X,Y)=-1$，$Z=X-aY$，$\mathrm{Cov}(X,Z)=\mathrm{Cov}(Y,Z)$，则 $a=$_____，此时 X 与 Z 的相关系数为 $\rho_{XZ}=$_____.

18. 设二维随机变量 $(X,Y)\sim N(1,0,2^2,3^2,0.5)$，则 $\mathrm{Cov}(X-Y,Y)=$_____.

19. 设随机变量 (X,Y) 服从二维正态分布 $N(1,0,1,1,0)$，则 $P\{XY-Y<0\}=$

_____.

【2015 研数一、三】

20. 设 (X,Y) 服从二维正态分布,且 $E(X)=E(Y)=0,D(X)=D(Y)=1,X$ 与 Y 的相关系数 $\rho_{XY}=-\dfrac{1}{2}$,则当 $a=$ _____时,随机变量 $aX+Y$ 与 Y 相互独立.

三、判断题(请将判断结果写在题前的括号内,正确写√,错误写×)

1. (   )设随机变量 X,Y,且 $\mathrm{Cov}(X,Y)=5$,则 $\mathrm{Cov}(X+3,Y)=\mathrm{Cov}(X,Y)=5$.

2. (   )设随机变量 X 和 Y 的联合分布律为

Y＼X	−1	1	2
−1	1/4	1/4	0
1	1/4	0	1/4

则 X 与 Y 相互独立,因而不相关.

3. (   )设随机变量 X 的概率密度函数为 $f(x)=\begin{cases}\dfrac{1}{2}\mathrm{e}^{-x}, & x>0,\\[2mm] \dfrac{1}{2}\mathrm{e}^{x}, & x<0,\end{cases}$ 则 X 的数学期望为

$$E(X)=\begin{cases}\dfrac{1}{2}\displaystyle\int_0^{+\infty}x\mathrm{e}^{-x}\mathrm{d}x=\dfrac{1}{2}, & x>0,\\[3mm] \dfrac{1}{2}\displaystyle\int_{-\infty}^{0}x\mathrm{e}^{x}\mathrm{d}x=-\dfrac{1}{2}, & x<0.\end{cases}$$

4. (   )设二维随机变量 X 与 Y 的联合概率密度函数为

$$f(x,y)=\begin{cases}\sin x\sin y, & 0\leqslant x,y\leqslant\dfrac{\pi}{2},\\[2mm] 0, & \text{其他},\end{cases}$$

则数学期望 $E(X)=\displaystyle\int_0^{\pi/2}x\sin x\sin y\,\mathrm{d}x=\sin y.$

5. (   )若二维随机变量 (X,Y) 的概率密度函数为

$$f(x,y)=\begin{cases}x+y, & 0<x<1,0<y<1,\\ 0, & \text{其他},\end{cases}$$

则 X 与 Y 不是不相关,因而 X 与 Y 不独立.

四、解答题(解答应写出文字说明、证明过程或演算步骤)

1. 设二维随机变量 (X,Y) 的概率分布

X＼Y	−1	0	1
−1	a	0	0.2
0	0.1	b	0.2
1	0	0.1	c

其中 a,b,c 为常数,且 $E(X)=-0.2,P\{Y\leqslant0\,|\,X\leqslant0\}=0.5$,记随机变量 $Z=X+Y$,求:
(1) a,b,c 的值;(2) Z 的概率分布;(3) $P\{X=Z\}$. 　　　　　　【2006 研数四】

2. 假设一设备开机后无故障工作时间 X 服从指数分布,平均无故障工作的时间(即 $E(X)$)为 5h,设备定时开机,出现故障时自动关机,而在无故障的情况下,工作 2h 便关机,试求该设备每次开机无故障工作时间 Y 的分布函数 $F(y)$. 　　　　　【2002 研数三】

3. 在线段 $[0,1]$ 上任取 n 个点,试求其中最远两点之间距离的数学期望.

4. 连续做某项试验,每次试验只有成功和失败两个结果,已知当第 k 次试验成功时,第 $k+1$ 次成功的概率为 $\dfrac{1}{2}$,当第 k 次试验失败时,第 $k+1$ 次成功的概率为 $\dfrac{3}{4}$,第 1 次试验成功和失败的概率均为 $\dfrac{1}{2}$.

(1) 设第 n 次试验成功的概率为 p_n,求 $\lim\limits_{n\to\infty}p_n$;

(2) 用 X 表示首次获得成功的试验次数,求 $E(X)$.

5. 设随机变量 X 与 Y 相互独立,且 X 的概率分布为 $P\{X=0\}=P\{X=2\}=\dfrac{1}{2}$,$Y$ 的概率密度函数为 $f(y)=\begin{cases}2y, & 0<y<1 \\ 0, & \text{其他}.\end{cases}$ 求:

(1) $P\{Y\leqslant E(Y)\}$;(2) $Z=X+Y$ 的概率密度函数. 　　　　　【2017 研数一、三】

6. 设随机变量 X 的概率分布为 $P\{X=1\}=P\{X=2\}=\dfrac{1}{2}$,在给定 $X=k$ 的条件下,随机变量 Y 服从均匀分布 $U(0,k)(k=1,2)$,求:(1) Y 的分布函数 $F_Y(y)$;(2) 数学期望 $E(Y)$. 　　　　　　　　　　　　　　　　　　　　　　　　　　　　【2014 研数一、三】

7. 设 $\varphi(x)=\dfrac{1}{\sqrt{2\pi}}e^{-\frac{x^2}{2}}$,$-\infty<x<+\infty$,$g(x)=\begin{cases}\cos x, & |x|<\pi, \\ 0, & |x|\geqslant\pi,\end{cases}$

$$f(x,y)=\varphi(x)\varphi(y)+\dfrac{1}{2\pi}e^{-\pi^2}g(x)g(y), \quad -\infty<x,y<+\infty,$$

试证明:(1) 判断 $f(x,y)$ 是否为某二维随机变量 (X,Y) 的概率密度函数;

(2) 问 (X,Y) 服从二维正态分布吗?

(3) 求 (X,Y) 的边缘概率密度函数;

(4) 判断 X 与 Y 是否相互独立;

(5) 求 X 与 Y 的相关系数 ρ_{XY}.

8. 设二维随机变量 (X,Y) 的概率密度函数为

$$f(x,y)=\begin{cases}8xy, & 0<x<1,0<y<x, \\ 0, & \text{其他}.\end{cases}$$

求条件概率密度函数 $f_{Y|X}(y\,|\,x)$ 及 Y 的条件数学期望 $E(Y|X=x)(0<x<1)$.

9. 某甲与其他三人参与一个项目的竞拍,价格以万元计,价格高者获胜.若甲中标,他就将此项目以 15 万元转让给他人.可以认为其他三人的竞拍价格是相互独立的,且都在 12 万~16 万元之间服从均匀分布,问甲应如何报价才能使获利的数学期望最大?(若甲能中标必须将此项目以他自己的报价买下)

10. 设随机变量 X,Y 相互独立,且 X 的概率分布为 $P\{X=1\}=P\{X=-1\}=\dfrac{1}{2}$,$Y$ 服从参数为 λ 的泊松分布,令随机变量 $Z=XY$,求:(1) $\mathrm{Cov}(X,Z)$;(2) Z 的概率分布.

【2018 研数一、三】

五、证明题(要求写出证明过程)

设 X 为任一随机变量,$y=g(x)$ 为 $[0,+\infty)$ 上的非负不减函数,$E(g(|X|))$ 存在,证明:对任意给定的 $\varepsilon>0$,成立 $P\{|X|>\varepsilon\}\leqslant\dfrac{1}{g(\varepsilon)}E(g(|X|))$.

第 5 章

极 限 定 理

由试验可知,频率是有稳定性的,正是这一稳定性为概率的公理化定义奠定了客观基础.伯努利大数定律则以严格的数学形式论证了频率的稳定性.中心极限定理表明,在一般条件下,当独立的随机变量个数充分大时,其和变量近似于正态分布.

5.1 依概率收敛

一、内容要点与评注

依概率收敛 设 $X_1, X_2, \cdots$ 是一个随机变量序列,a 是一个常数.若对于任意 $\varepsilon > 0$,有

$$\lim_{n \to \infty} P\{|X_n - a| < \varepsilon\} = 1, \quad \text{或者} \lim_{n \to \infty} P\{|X_n - a| \geqslant \varepsilon\} = 0,$$

则称 $\{X_n\}$ 依概率收敛于 a,记作 $X_n \xrightarrow{P} a$.

依概率收敛的性质

(1) 设随机变量序列 $\{X_n\}$ 依概率收敛于 a,$f(x)$ 在点 a 处连续,则 $\{f(X_n)\}$ 依概率收敛于 $f(a)$,即 $f(X_n) \xrightarrow{P} f(a)$.

(2) 设随机变量序列 $\{X_n\}$ 依概率收敛于 a,$\{Y_n\}$ 依概率收敛于 b,$g(x, y)$ 在点 (a, b) 处连续,则 $\{g(X_n, Y_n)\}$ 依概率收敛于 $g(a, b)$,即 $g(X_n, Y_n) \xrightarrow{P} g(a, b)$.

二、典型例题

例 5.1.1 设独立同分布的随机变量序列 $X_1, X_2, X_3, \cdots$ 均在 $[0, a]$ 上服从均匀分布,令 $Y_n = \max\{X_1, X_2, \cdots, X_n\}$,试证明 $Y_n \xrightarrow{P} a$.

分析 先求 $P\{|Y_n - a| \geqslant \varepsilon\}$,再讨论 $\lim_{n \to \infty} P\{|Y_n - a| \geqslant \varepsilon\}$.

证 依题设,$X_1, X_2, X_3, \cdots$ 共同的分布函数为

$$F_X(x) = \begin{cases} 0, & x < 0, \\ \dfrac{x}{a}, & 0 \leqslant x < a, \\ 1, & x \geqslant a. \end{cases}$$

$Y_n \in [0, a]$,$n = 1, 2, \cdots$,设 Y_n 的分布函数为 $F_{Y_n}(y)$,依定理,有

$$F_{Y_n}(y) = (F_X(y))^n = \begin{cases} 0, & y < 0, \\ \left(\dfrac{y}{a}\right)^n, & 0 \leqslant y < a, \\ 1, & y \geqslant a, \end{cases}$$

对任意 $\varepsilon > 0$，有

$$P\{|Y_n - a| \geqslant \varepsilon\} = P\{Y_n \leqslant a - \varepsilon\} + P\{Y_n \geqslant a + \varepsilon\}$$

$$= P\{Y_n \leqslant a - \varepsilon\} + P(\varnothing)$$

$$= F_{Y_n}(a - \varepsilon) = \begin{cases} \left(\dfrac{a-\varepsilon}{a}\right)^n, & 0 < \varepsilon < a, \\ 0, & \varepsilon \geqslant a, \end{cases}$$

因此 $\lim\limits_{n \to \infty} P\{|Y_n - a| \geqslant \varepsilon\} = 0$，依定义，$Y_n \xrightarrow{P} a$.

注 因为 $Y_n \in [0, a]$，$n = 1, 2, \cdots$，$P\{Y_n \geqslant a + \varepsilon\} = P(\varnothing) = 0$.

评 本例证法的关键是 $P\{|Y_n - a| \geqslant \varepsilon\} = F_{Y_n}(a - \varepsilon)$. 或者

$$P\{|Y_n - a| < \varepsilon\} = P\{a - \varepsilon < Y_n < a + \varepsilon\} = F_{Y_n}(a + \varepsilon) - F_{Y_n}(a - \varepsilon) = 1 - F_{Y_n}(a - \varepsilon).$$

例 5.1.2 设随机变量序列 $X_1, X_2, X_3, \cdots$ 相互独立，X_i 的分布律为

X_i	$-ia$	0	ia	
P	$\dfrac{1}{2i^2}$	$1 - \dfrac{1}{i^2}$	$\dfrac{1}{2i^2}$	$i = 1, 2, \cdots,$

a 为常数，证明 $\dfrac{1}{n} \sum\limits_{i=1}^{n} X_i \xrightarrow{P} 0$.

分析 先求 $E\left(\dfrac{1}{n} \sum\limits_{i=1}^{n} X_i\right)$ 和 $D\left(\dfrac{1}{n} \sum\limits_{i=1}^{n} X_i\right)$，再依切比雪夫不等式求证.

证 依题设，有

$$E(X_i) = -ia \cdot \frac{1}{2i^2} + 0 \cdot \left(1 - \frac{1}{i^2}\right) + ia \cdot \frac{1}{2i^2} = 0, \quad i = 1, 2, \cdots,$$

$$E(X_i^2) = (-ia)^2 \cdot \frac{1}{2i^2} + (ia)^2 \cdot \frac{1}{2i^2} = a^2, \quad i = 1, 2, \cdots,$$

因此 $D(X_i) = E(X_i^2) - (E(X_i))^2 = a^2 - 0 = a^2$，$i = 1, 2, \cdots$，依性质，有

$$E\left(\frac{1}{n} \sum_{i=1}^{n} X_i\right) = \frac{1}{n} \sum_{i=1}^{n} E(X_i) = 0.$$

因为 $X_1, X_2, X_3, \cdots$ 相互独立，依性质，有

$$D\left(\frac{1}{n} \sum_{i=1}^{n} X_i\right) = \frac{1}{n^2} \sum_{i=1}^{n} D(X_i) = \frac{1}{n^2} \cdot n \cdot a^2 = \frac{a^2}{n},$$

依切比雪夫不等式，有

$$P\left\{\left|\frac{1}{n} \sum_{i=1}^{n} X_i - E\left(\frac{1}{n} \sum_{i=1}^{n} X_i\right)\right| \geqslant \varepsilon\right\} \leqslant \frac{1}{\varepsilon^2} D\left(\frac{1}{n} \sum_{i=1}^{n} X_i\right) = \frac{a^2}{n\varepsilon^2} \to 0, \quad n \to \infty,$$

即 $\lim\limits_{n \to \infty} P\left\{\left|\dfrac{1}{n} \sum\limits_{i=1}^{n} X_i - 0\right| \geqslant \varepsilon\right\} = 0$，依定义，$\dfrac{1}{n} \sum\limits_{i=1}^{n} X_i \xrightarrow{P} 0$.

注 注意切比雪夫不等式在证明 $\dfrac{1}{n} \sum\limits_{i=1}^{n} X_i \xrightarrow{P} 0$ 中的重要作用.

评 随机变量序列 $X_1, X_2, X_3, \cdots$ 相互独立，且

$$E\left(\frac{1}{n}\sum_{i=1}^{n}X_i\right)=0,\quad \frac{1}{n^2}D\left(\sum_{i=1}^{n}X_i\right)=\frac{a^2}{n}\to 0,\quad n\to\infty,$$

依切比雪夫不等式,$\dfrac{1}{n}\sum_{i=1}^{n}X_i \xrightarrow{P} 0$.

例 5.1.3　设随机变量序列 $\{X_i\}$ 独立同分布,且 $X_i \sim U(0,1)(i=1,2,\cdots)$,令 $Y_n=\left(\prod_{i=1}^{n}X_i\right)^{\frac{1}{n}}$,证明 $Y_n \xrightarrow{P} C$,其中 C 为常数,并求出 C.

分析　$\ln Y_n=\dfrac{1}{n}\ln\left(\prod_{i=1}^{n}X_i\right)=\dfrac{1}{n}\sum_{i=1}^{n}\ln X_i$,求 $E(\ln Y_n)$,可证 $\ln Y_n \xrightarrow{P} E(\ln Y_n)$,依性质 1,$Y_n=\mathrm{e}^{\ln Y_n} \xrightarrow{P} \mathrm{e}^{E(\ln Y_n)}$.

证　依题设,$\ln Y_n=\dfrac{1}{n}\ln\left(\prod_{i=1}^{n}X_i\right)=\dfrac{1}{n}\sum_{i=1}^{n}\ln X_i$,$X_1,X_2,X_3,\cdots$ 的概率密度函数为

$$f_X(x)=\begin{cases}1, & 0\leqslant x\leqslant 1,\\ 0, & \text{其他,}\end{cases}$$

依定理,$E(\ln X_i)=\displaystyle\int_{-\infty}^{+\infty}\ln x f_X(x)\mathrm{d}x=\int_0^1\ln x\,\mathrm{d}x=(x\ln x-x)\Big|_0^1=-1$,依性质,有

$$E(\ln Y_n)=\frac{1}{n}\sum_{i=1}^{n}E(\ln X_i)=\frac{1}{n}\sum_{i=1}^{n}(-1)=-1.$$

同理 $E((\ln X_i)^2)=\displaystyle\int_{-\infty}^{+\infty}(\ln x)^2 f_X(x)\mathrm{d}x=\int_0^1(\ln x)^2\mathrm{d}x=(x\ln^2 x-2(x\ln x-x))\Big|_0^1=2$,则 $D(\ln X_i)=E((\ln X_i)^2)-(E(\ln X_i))^2=2-(-1)^2=2-1=1$. 因为 $X_1,X_2,X_3,\cdots$ 相互独立,所以 $\ln X_1,\ln X_2,\ln X_3,\cdots$ 相互独立,从而

$$D(\ln Y_n)=D\left(\frac{1}{n}\sum_{i=1}^{n}\ln X_i\right)=\frac{1}{n^2}\sum_{i=1}^{n}D(\ln X_i)=\frac{1}{n^2}\sum_{i=1}^{n}1=\frac{1}{n},$$

依切比雪夫不等式,有

$$P\{|\ln Y_n-E(\ln Y_n)|\geqslant\varepsilon\}\leqslant\frac{1}{\varepsilon^2}D(\ln Y_n)=\frac{1}{n\varepsilon^2}\to 0,\quad n\to\infty,$$

即 $\lim\limits_{n\to\infty}P\{|\ln Y_n-(-1)|\geqslant\varepsilon\}=0$,依定义,$\ln Y_n \xrightarrow{P} -1$,再依性质 1,有 $Y_n=\mathrm{e}^{\ln Y_n} \xrightarrow{P} \mathrm{e}^{-1}$,从而常数 $C=\mathrm{e}^{-1}$.

注　依切比雪夫不等式,$P\{\ln Y_n-E(\ln Y_n)|\geqslant\varepsilon\}\to 0(n\to\infty)$,依定义,$\ln Y_n \xrightarrow{P} E(\ln Y_n)=-1$,再依性质 1,$Y_n=\mathrm{e}^{\ln Y_n} \xrightarrow{P} \mathrm{e}^{-1}$.

评　因为 $\ln Y_n=\dfrac{1}{n}\ln\left(\prod_{i=1}^{n}X_i\right)=\dfrac{1}{n}\sum_{i=1}^{n}\ln X_i$,且 $E(\ln Y_n),D(\ln Y_n)$ 存在,可依切比雪夫不等式求证当 n 充分大时,

$$P\{|\ln Y_n-E(\ln Y_n)|\geqslant\varepsilon\}\to 0\Rightarrow\ln Y_n \xrightarrow{P} E(\ln Y_n)=-1\Rightarrow Y_n=\mathrm{e}^{\ln Y_n} \xrightarrow{P} \mathrm{e}^{-1}.$$

例 5.1.4　将 $n(n>1)$ 个带有号码 1 至 n 的卡片投入 n 个编号为 1 至 n 的盒子中,并限制每一个盒子只能投一张卡片,设卡片与盒子号码一致的个数是 Z_n,试证明

$$\frac{Z_n-E(Z_n)}{n} \xrightarrow{P} 0.$$

分析 $P\left\{\left|\dfrac{Z_n-E(Z_n)}{n}\right|\geqslant\varepsilon\right\}=P\{|Z_n-E(Z_n)|\geqslant n\varepsilon\}$，因为 $D(Z_n)$ 存在，依切比雪夫不等式，只需证明

$$P\{|Z_n-E(Z_n)|\geqslant n\varepsilon\}\leqslant\dfrac{D(Z_n)}{n^2\varepsilon^2}\to 0,\quad n\to\infty,\quad 则\ Z_n-E(Z_n)\xrightarrow{P}0.$$

证 引入随机变量

$$X_i=\begin{cases}1,&写有\ i\ 的卡片投入第\ i\ 号盒子,\\0,&写有\ i\ 的卡片没有投入第\ i\ 号盒子,\end{cases}\quad i=1,2,\cdots,n,$$

则 X_i 的分布律为

X_i	0	1
P	$1-1/n$	$1/n$

则 $Z_n=X_1+X_2+\cdots+X_n$，且

$$E(X_i)=E(X_i^2)=P\{X_i=1\}=\dfrac{1}{n},$$

$$D(X_i)=E(X_i^2)-(E(X_i))^2=\dfrac{1}{n}\left(1-\dfrac{1}{n}\right).$$

$$E(Z_n)=E(X_1+X_2+\cdots+X_n)=E(X_1)+E(X_2)+\cdots+E(X_n)=1,$$

因为 $X_1,X_2,\cdots,X_n$ 不独立，则

$$E(X_iX_j)=P\{X_i=1,X_j=1\}=P\{X_j=1|X_i=1\}P\{X_i=1\}=\dfrac{1}{n(n-1)},\quad i\neq j,$$

依计算公式，有

$$\mathrm{Cov}(X_i,X_j)=E(X_iX_j)-E(X_i)E(X_j)=\dfrac{1}{n(n-1)}-\left(\dfrac{1}{n}\right)^2=\dfrac{1}{n^2(n-1)},\quad i\neq j,$$

上式结果与 i,j 无关，即适用于 $i,j=1,2,\cdots,n;i\neq j$. 依性质，有

$$D(Z_n)=D(X_1+X_2+\cdots+X_n)=\sum_{i=1}^n D(X_i)+2\sum_{1\leqslant i<j\leqslant n}\mathrm{Cov}(X_i,X_j)$$

$$=nD(X_i)+2C_n^2\mathrm{Cov}(X_i,X_j)$$

$$=n\cdot\dfrac{1}{n}\left(1-\dfrac{1}{n}\right)+2\cdot\dfrac{n(n-1)}{2}\cdot\dfrac{1}{n^2(n-1)}=1.$$

由切比雪夫不等式，对 $\forall\varepsilon>0$，有

$$P\{|Z_n-E(Z_n)|\geqslant n\varepsilon\}\leqslant\dfrac{D(Z_n)}{n^2\varepsilon^2}=\dfrac{1}{n^2\varepsilon^2}\to 0,\quad n\to\infty,$$

即 $\lim\limits_{n\to\infty}P\left\{\left|\dfrac{Z_n-E(Z_n)}{n}\right|\geqslant\varepsilon\right\}=\lim\limits_{n\to\infty}P\{|Z_n-E(Z_n)|\geqslant n\varepsilon\}=0$，依定义，有

$$\dfrac{Z_n-E(Z_n)}{n}\xrightarrow{P}0.$$

注 对 Z_n 实施和式分解，以使期望和方差易求，同时注意到如果 $X_1=0$，势必有某一随机变量 $X_k=0$，所以 $X_1,X_2,\cdots,X_n$ 不独立，因此

$$D(Z_n)=D(X_1+X_2+\cdots+X_n)=\sum_{i=1}^{n}D(X_i)+2\sum_{1\leqslant i<j\leqslant n}\text{Cov}(X_i,X_j).$$

评　由于 $D(Z_n)$ 存在,依切比雪夫不等式,有

$$P\left\{\left|\frac{Z_n-E(Z_n)}{n}\right|\geqslant\varepsilon\right\}=P\{|Z_n-E(Z_n)|\geqslant n\varepsilon\}\leqslant\frac{D(Z_n)}{n^2\varepsilon^2}\to0,\quad n\to\infty.$$

这为证明 $\dfrac{Z_n-E(Z_n)}{n}\xrightarrow{P}0$ 提供了理论依据.

例 5.1.5　证明:若随机变量序列 $\{X_n\}$ 满足 $\lim\limits_{n\to\infty}E(X_n)=0,\lim\limits_{n\to\infty}D(X_n)=0$,则 $X_n\xrightarrow{P}0$.

分析　若 $\{X_n\}$ 为连续型随机变量序列,且 $X_n(n=1,2,\cdots)$ 的概率密度函数为 $f_n(x)$,有

$$0\leqslant P\{|X_n-0|\geqslant\varepsilon\}=\int_{|x|\geqslant\varepsilon}f_n(x)\mathrm{d}x\leqslant\int_{|x|\geqslant\varepsilon}\frac{x^2}{\varepsilon^2}f_n(x)\mathrm{d}x$$
$$\leqslant\frac{1}{\varepsilon^2}\int_{-\infty}^{+\infty}x^2f_n(x)\mathrm{d}x=\frac{1}{\varepsilon^2}E(X_n^2)=\frac{1}{\varepsilon^2}(D(X_n)+E^2(X_n)).$$

证　若 $\{X_n\}$ 为连续型随机变量序列,且 $X_n(n=1,2,\cdots)$ 的概率密度函数为 $f_n(x)$,则对 $\forall\varepsilon>0$,有

$$0\leqslant P\{|X_n-0|\geqslant\varepsilon\}=\int_{|x|\geqslant\varepsilon}f_n(x)\mathrm{d}x\leqslant\int_{|x|\geqslant\varepsilon}\frac{x^2}{\varepsilon^2}f_n(x)\mathrm{d}x\leqslant\frac{1}{\varepsilon^2}\int_{-\infty}^{+\infty}x^2f_n(x)\mathrm{d}x$$
$$=\frac{1}{\varepsilon^2}E(X_n^2)=\frac{1}{\varepsilon^2}(D(X_n)+(E(X_n))^2).$$

依题设,$\lim\limits_{n\to\infty}E(X_n)=0,\lim\limits_{n\to\infty}D(X_n)=0$,所以 $P\{|X_n-0|\geqslant\varepsilon\}\to0(n\to\infty)$.

若 $\{X_n\}$ 为离散型随机变量序列,且 $P\{X_n=x_k\}=p_k,k=1,2,\cdots$,则对 $\forall\varepsilon>0$,有

$$0\leqslant P\{|X_n-0|\geqslant\varepsilon\}=\sum_{|x_k|\geqslant\varepsilon}P\{X_n=x_k\}\leqslant\sum_{|x_k|\geqslant\varepsilon}\frac{x_k^2}{\varepsilon^2}P\{X_n=x_k\}$$
$$\leqslant\frac{1}{\varepsilon^2}\sum_i x_i^2 P\{X_n=x_i\}=\frac{1}{\varepsilon^2}E(X_n^2)=\frac{1}{\varepsilon^2}(D(X_n)+(E(X_n))^2),$$

依题设,$\lim\limits_{n\to\infty}E(X_n)=0,\lim\limits_{n\to\infty}D(X_n)=0$,所以 $P\{|X_n-0|\geqslant\varepsilon\}\to0(n\to\infty)$.

综上所述,$\lim\limits_{n\to\infty}P\{|X_n-0|\geqslant\varepsilon\}=0$,依定义 $X_n\xrightarrow{P}0$.

注　若 $\{X_n\}$ 满足 $\lim\limits_{n\to\infty}E(X_n)=0,\lim\limits_{n\to\infty}D(X_n)=0$,则 $\lim\limits_{n\to\infty}E(X_n^2)=\lim\limits_{n\to\infty}(D(X_n)+E^2(X_n))=0$.

评　本例可借鉴的方法是:

$$0\leqslant P\{|X_n-0|\geqslant\varepsilon\}\leqslant\frac{1}{\varepsilon^2}E(X_n^2)=\frac{1}{\varepsilon^2}(D(X_n)+E^2(X_n))\to0,\quad n\to\infty.$$

习题 5-1

1. 设随机变量序列 $\{X_n\}$ 独立同分布,且其共同的概率密度函数为

$$f(x) = \begin{cases} \mathrm{e}^{-(x-a)}, & x > a, \\ 0, & x \leqslant a, \end{cases}$$

令 $Y_n = \min\{X_1, X_2, \cdots, X_n\}$，试证 $Y_n \xrightarrow{P} a$.

2. 设随机变量序列 $X_1, X_2, X_3, \cdots$ 相互独立，X_i 的分布律为

X_i	$-\sqrt{i+1}$	0	$\sqrt{i+1}$	
P	$\dfrac{1}{i+1}$	$1-\dfrac{2}{i+1}$	$\dfrac{1}{i+1}$	$i=1,2,\cdots$

证明 $\dfrac{1}{n}\sum\limits_{i=1}^{n} X_i \xrightarrow{P} 0.$

3. 设随机变量序列 $\{X_k\}$ 独立同分布，且 $E(X_k) = \mu$，$D(X_k) = \sigma^2$，$k = 1, 2, \cdots$，令

$$Z_n = \frac{2}{n(n+1)}\sum_{k=1}^{n} kX_k,$$

试证随机变量序列 $\{Z_n\}$ 依概率收敛于 μ.

4. 设随机变量序列 $\{X_n\}$ 独立同分布，$E(X_n) = 0$，$D(X_n) = \sigma^2 < +\infty$，证明

$$Y_n = \left(\frac{1}{n}\sum_{k=1}^{n} X_k\right)^2 \xrightarrow{P} 0.$$

5. 设随机变量序列 $\{X_n\}$ 服从同一分布，$E(X_n) = \mu$，$D(X_n) = C$，且 X_n 仅与 X_{n-1} 及 X_{n+1} $(n = 2, 3, \cdots)$ 是相关的，证明 $\dfrac{1}{n}\sum\limits_{k=1}^{n} X_k \xrightarrow{P} \mu.$

5.2 大数定律

一、内容要点与评注

随机变量序列服从大数定理 设 $\{X_i\}$ 为随机变量序列，如果 $E(X_i)(i = 1, 2, \cdots)$ 都存在，且对任意 $\varepsilon > 0$，有

$$\lim_{n\to\infty} P\left\{\left|\frac{1}{n}\sum_{i=1}^{n} X_i - \frac{1}{n}\sum_{i=1}^{n} E(X_i)\right| \geqslant \varepsilon\right\} = 0,$$

或者 $\lim\limits_{n\to\infty} P\left\{\left|\dfrac{1}{n}\sum\limits_{i=1}^{n} X_i - \dfrac{1}{n}\sum\limits_{i=1}^{n} E(X_i)\right| < \varepsilon\right\} = 1$，则称 $\{X_i\}$ 服从大数定律.

注 $E(X_i)(i = 1, 2, \cdots)$ 存在是 $\{X_i\}$ 服从大数定律的前提，同时依定义，有

$$\frac{1}{n}\sum_{i=1}^{n} X_i - \frac{1}{n}\sum_{i=1}^{n} E(X_i) \xrightarrow{P} 0.$$

切比雪夫大数定律 设随机变量序列 $\{X_i\}$ 两两不相关，$E(X_i)$，$D(X_i)$ 都存在，且有常数 C，使得 $D(X_i) \leqslant C$，$i = 1, 2, \cdots$，则对任意 $\varepsilon > 0$，皆有

$$\lim_{n\to\infty} P\left\{\left|\frac{1}{n}\sum_{i=1}^{n} X_i - \frac{1}{n}\sum_{i=1}^{n} E(X_i)\right| \geqslant \varepsilon\right\} = 0.$$

证 依题设，$\{X_i\}$ 两两不相关，依方差的性质，有

$$D(X_1 + X_2 + \cdots + X_n) = D(X_1) + D(X_2) + \cdots + D(X_n),$$

于是 $D\left(\dfrac{1}{n}\sum\limits_{i=1}^{n}X_i\right) = \dfrac{1}{n^2}\sum\limits_{i=1}^{n}D(X_i) \leqslant \dfrac{1}{n^2}nC = \dfrac{1}{n}C$，依切比雪夫不等式，有

$$0 \leqslant P\left\{\left|\frac{1}{n}\sum_{i=1}^{n}X_i - \frac{1}{n}\sum_{i=1}^{n}E(X_i)\right| \geqslant \varepsilon\right\} = P\left\{\left|\frac{1}{n}\sum_{i=1}^{n}X_i - E\left(\frac{1}{n}\sum_{i=1}^{n}X_i\right)\right| \geqslant \varepsilon\right\}$$

$$\leqslant \frac{1}{\varepsilon^2}D\left(\frac{1}{n}\sum_{i=1}^{n}X_i\right) \leqslant \frac{1}{\varepsilon^2}\frac{1}{n}C \to 0 (n \to \infty),$$

即 $\lim\limits_{n\to\infty}P\left\{\left|\dfrac{1}{n}\sum\limits_{i=1}^{n}X_i - \dfrac{1}{n}\sum\limits_{i=1}^{n}E(X_i)\right| \geqslant \varepsilon\right\} = 0$，这表明 $\{X_i\}$ 服从大数定律.

注　切比雪夫大数定律的前提要求 $\{X_i\}$ 两两不相关，且方差 $D(X_i)(i=1,2,\cdots)$ 有公共上界.

切比雪夫大数定律的特殊情形　设随机变量序列 $\{X_i\}$ 相互独立同分布，且

$$E(X_i) = \mu, \quad D(X_i) = \sigma^2, \quad i = 1, 2, \cdots,$$

依切比雪夫大数定律，对任意 $\varepsilon > 0$，皆有

$$\lim_{n\to\infty}P\left\{\left|\frac{1}{n}\sum_{i=1}^{n}X_i - \frac{1}{n}\sum_{i=1}^{n}E(X_i)\right| \geqslant \varepsilon\right\} = \lim_{n\to\infty}P\left\{\left|\frac{1}{n}\sum_{i=1}^{n}X_i - \mu\right| \geqslant \varepsilon\right\} = 0,$$

表明 $\{X_i\}$ 服从大数定律，且 $\dfrac{1}{n}\sum\limits_{i=1}^{n}X_i \xrightarrow{P} \mu$.

伯努利大数定律　设 μ_A 是 n 重伯努利试验中事件 A 出现的次数，$p(0 < p < 1)$ 是事件 A 在每次试验中出现的概率，则对任意 $\varepsilon > 0$，皆有

$$\lim_{n\to\infty}P\left\{\left|\frac{\mu_A}{n} - p\right| \geqslant \varepsilon\right\} = 0.$$

证　令 $X_i = \begin{cases} 1, & \text{第 } i \text{ 次试验中 } A \text{ 发生}, \\ 0, & \text{第 } i \text{ 次试验中 } A \text{ 不发生} \end{cases} (i = 1, 2, \cdots, n)$，则 $\{X_n\}$ 独立同分布，且

$$E(X_i) = p, \quad D(X_i) = p(1-p), \quad \mu_A = X_1 + X_2 + \cdots + X_n.$$

依切比雪夫大数定律的特殊情形，有

$$\lim_{n\to\infty}P\left\{\left|\frac{1}{n}\sum_{i=1}^{n}X_i - \frac{1}{n}\sum_{i=1}^{n}E(X_i)\right| \geqslant \varepsilon\right\} = \lim_{n\to\infty}P\left\{\left|\frac{\mu_A}{n} - p\right| \geqslant \varepsilon\right\} = 0,$$

上式表明 $\{X_i\}$ 服从大数定律，且 $\dfrac{\mu_A}{n} \xrightarrow{P} p$.

注　伯努利大数定律仅适用于伯努利试验场合，它说明"概率是频率的稳定中心"，当试验次数 n 增大时，也是"用频率去估计概率"的理论依据.

辛钦大数定律　设随机变量序列 $\{X_i\}$ 独立同分布，且具有有限的数学期望 $E(X_i) = \mu(i=1,2,\cdots)$，则对任意 $\varepsilon > 0$，皆有 $\lim\limits_{n\to\infty}P\left\{\left|\dfrac{1}{n}\sum\limits_{i=1}^{n}X_i - \mu\right| \geqslant \varepsilon\right\} = 0$.

上式表明 $\{X_i\}$ 服从大数定律，且 $\dfrac{1}{n}\sum\limits_{i=1}^{n}X_i \xrightarrow{P} \mu$.

注　辛钦大数定律的前提要求 $\{X_i\}$ 独立同分布，但不要求 $D(X_i)$ 一定存在. 伯努利大数定律是辛钦大数定律的特殊情形，结果表明算术平均 $\dfrac{1}{n}\sum\limits_{i=1}^{n}X_i$ 具有稳定性.

泊松大数定律 如果在一独立试验序列中,事件 A 在第 k 次试验中出现的概率为 p_k, $k=1,2,\cdots$,以 μ_A 记在前 n 次试验中事件 A 出现的次数,则对任意 $\varepsilon>0$,皆有

$$\lim_{n\to\infty}P\left\{\left|\frac{\mu_A}{n}-\frac{p_1+p_2+\cdots+p_n}{n}\right|\geqslant\varepsilon\right\}=0.$$

证 引入随机变量

$$X_i=\begin{cases}1, & \text{第 } i \text{ 次试验中 } A \text{ 发生,}\\ 0, & \text{第 } i \text{ 次试验中 } A \text{ 不发生,}\end{cases}\quad i=1,2,\cdots$$

则 X_i 的分布律为

X_i	0	1
P	$1-p_i$	p_i

$$E(X_i)=p_i,\quad D(X_i)=p_i(1-p_i)\leqslant\frac{1}{4},\quad i=1,2,\cdots,\quad \mu_A=X_1+X_2+\cdots+X_n,$$

且 $X_1,X_2,\cdots,X_n$ 相互独立,于是

$$E\left(\frac{\mu_A}{n}\right)=\frac{1}{n}E(X_1+X_2+\cdots+X_n)=\frac{1}{n}\sum_{i=1}^{n}E(X_i)=\frac{1}{n}\sum_{i=1}^{n}p_i,$$

$$D\left(\frac{\mu_A}{n}\right)=\frac{1}{n^2}D(X_1+X_2+\cdots+X_n)=\frac{1}{n^2}\sum_{i=1}^{n}D(X_i)$$

$$=\frac{1}{n^2}\sum_{i=1}^{n}p_i(1-p_i)\leqslant\frac{1}{n^2}\sum_{i=1}^{n}\frac{1}{4}=\frac{1}{4n},$$

依切比雪夫不等式,对任意 $\varepsilon>0$,有

$$0\leqslant P\left\{\left|\frac{\mu_A}{n}-\frac{1}{n}\sum_{i=1}^{n}p_i\right|\geqslant\varepsilon\right\}=P\left\{\left|\frac{\mu_A}{n}-E\left(\frac{\mu_A}{n}\right)\right|\geqslant\varepsilon\right\}$$

$$\leqslant\frac{1}{\varepsilon^2}D\left(\frac{\mu_A}{n}\right)\leqslant\frac{1}{4n\varepsilon^2}\to 0\quad(n\to\infty),$$

即 $\lim_{n\to\infty}P\left\{\left|\frac{\mu_A}{n}-\frac{1}{n}\sum_{i=1}^{n}p_i\right|\geqslant\varepsilon\right\}=0$,这表明 $\{X_i\}$ 服从大数定律.

注 伯努利大数定律是泊松大数定律的特殊情形,泊松大数定律是切比雪夫大数定律的特殊情形.

马尔可夫大数定律 设随机变量序列 $\{X_i\}$,如果 $E(X_i)(i=1,2,\cdots)$ 存在,且

$$\frac{1}{n^2}D\left(\sum_{i=1}^{n}X_i\right)\to 0,\quad n\to\infty$$

成立,则对任意 $\varepsilon>0$,皆有 $\lim_{n\to\infty}P\left\{\left|\frac{1}{n}\sum_{i=1}^{n}X_i-\frac{1}{n}\sum_{i=1}^{n}E(X_i)\right|\geqslant\varepsilon\right\}=0$.

证 依性质,有 $\frac{1}{n}\sum_{i=1}^{n}E(X_i)=E\left(\frac{1}{n}\sum_{i=1}^{n}X_i\right)$,$\frac{1}{n^2}D\left(\sum_{i=1}^{n}X_i\right)=D\left(\frac{1}{n}\sum_{i=1}^{n}X_i\right)$,依切比雪夫不等式及题设,有

$$0\leqslant P\left\{\left|\frac{1}{n}\sum_{i=1}^{n}X_i-\frac{1}{n}\sum_{i=1}^{n}E(X_i)\right|\geqslant\varepsilon\right\}=P\left\{\left|\frac{1}{n}\sum_{i=1}^{n}X_i-E\left(\frac{1}{n}\sum_{i=1}^{n}X_i\right)\right|\geqslant\varepsilon\right\}$$

$$\leqslant \frac{1}{\varepsilon^2} D\left(\frac{1}{n}\sum_{i=1}^{n} X_i\right) = \frac{1}{\varepsilon^2} \frac{1}{n^2} D\left(\sum_{i=1}^{n} X_i\right) \to 0, \quad n \to \infty,$$

即 $\lim\limits_{n\to\infty} P\left\{\left|\dfrac{1}{n}\sum\limits_{i=1}^{n} X_i - \dfrac{1}{n}\sum\limits_{i=1}^{n} E(X_i)\right| \geqslant \varepsilon\right\} = 0$，这表明 $\{X_i\}$ 服从大数定律.

注　马尔可夫大数定律的前提要求 $D\left(\sum\limits_{i=1}^{n} X_i\right)$ 存在，但不要求 $\{X_i\}$ 两两不相关或者相互独立，即可适用具有相依关系的随机变量序列. 称 $\lim\limits_{n\to\infty} \dfrac{1}{n^2} D\left(\sum\limits_{i=1}^{n} X_i\right) = 0$ 为马尔可夫条件. 切比雪夫大数定律、伯努利大数定律和泊松大数定律都可视为马尔可夫大数定律的特殊情形.

评　上述各大数定律的前提条件都是使各随机变量序列 $\{X_i\}$ 服从大数定律的充分条件而非必要条件.

二、典型例题

例 5.2.1　设下述随机变量序列相互独立，判定各序列是否服从大数定律.

(1) $Y_n (n=1,2,\cdots)$ 的概率分布同为

Y_n	-2	2	$-8/3$	$\cdots$	$(-2)^k/k$	$\cdots$
P	$1/2$	$1/4$	$1/8$	$\cdots$	$1/2^k$	$\cdots$

(2) $Z_k (k=1,2,\cdots)$ 的概率密度函数同为

$$f(z) = \begin{cases} \dfrac{2}{z^3}, & z \geqslant 1, \\ 0, & z < 1. \end{cases}$$

分析　先考查 $E(Y_n)$，$E(Z_n)$ 是否存在，再依定义判别.

解　(1) 依题设，$\{Y_n\}$ 独立同分布，且

$$\sum_{k=1}^{\infty}\left|\frac{(-2)^k}{k}\right|\frac{1}{2^k} = \sum_{k=1}^{\infty}\frac{1}{k},$$

因为级数 $\sum\limits_{k=1}^{\infty}\dfrac{1}{k}$ 发散，即 $E(Y_n)$ 不存在，依定义，$\{Y_n\}$ 不服从大数定律.

(2) 依题设，$\{Z_k\}$ 独立同分布，而

$$\int_{-\infty}^{+\infty} |z| f(z)\,\mathrm{d}z = \int_{1}^{+\infty} z\,\frac{2}{z^3}\,\mathrm{d}z = 2\int_{1}^{+\infty}\frac{1}{z^2}\,\mathrm{d}z = 2\left(-\frac{1}{z}\right)\Big|_{1}^{+\infty} = 2,$$

这说明 $E(Z_k)$ 存在，且

$$E(Z_k) = \int_{-\infty}^{+\infty} z f(z)\,\mathrm{d}z = \int_{1}^{+\infty} z\,\frac{2}{z^3}\,\mathrm{d}z = 2\int_{1}^{+\infty}\frac{1}{z^2}\,\mathrm{d}z = 2\left(-\frac{1}{z}\right)\Big|_{1}^{+\infty} = 2,$$

依辛钦大数定律，对任意 $\varepsilon>0$，有

$$\lim_{n\to\infty} P\left\{\left|\frac{1}{n}\sum_{k=1}^{n} Z_k - \frac{1}{n}\sum_{k=1}^{n} E(Z_k)\right| < \varepsilon\right\} = \lim_{n\to\infty} P\left\{\left|\frac{1}{n}\sum_{k=1}^{n} Z_k - 2\right| < \varepsilon\right\} = 1,$$

依定义，$\{Z_k\}$ 服从大数定律.

注 因为 $E(Y_n)$ 不存在,依定义,$\{Y_n\}$ 不服从大数定律.

评 由(2)的结论可知,$\dfrac{1}{n}\displaystyle\sum_{k=1}^{n}Z_k \xrightarrow{P} 2$.

例 5.2.2 设随机变量序列 $\{X_k\}$ 相互独立,且

X_k	$-\sqrt{\ln k}$	$\sqrt{\ln k}$
P	$1/2$	$1/2$

$k=1,2,\cdots$.

试证 $\{X_k\}$ 服从大数定律.

分析 依定义,要证对任意 $\varepsilon>0$,都有

$$\lim_{n\to\infty}P\left\{\left|\frac{1}{n}\sum_{k=1}^{n}X_k-\frac{1}{n}\sum_{k=1}^{n}E(X_k)\right|\geqslant\varepsilon\right\}=0.$$

证 依题设,有

$$E(X_k)=-\sqrt{\ln k}\times\frac{1}{2}+\sqrt{\ln k}\times\frac{1}{2}=0,$$

$$E(X_k^2)=(-\sqrt{\ln k})^2\times\frac{1}{2}+(\sqrt{\ln k})^2\times\frac{1}{2}=\ln k,$$

$$D(X_k)=E(X_k^2)-(E(X_k))^2=\ln k-0=\ln k,\quad k=1,2,\cdots$$

依性质,有 $E\left(\dfrac{1}{n}\displaystyle\sum_{k=1}^{n}X_k\right)=\dfrac{1}{n}\displaystyle\sum_{k=1}^{n}E(X_k)=0$. 因为 $X_1,X_2,\cdots,X_n$ 相互独立,所以

$$D\left(\frac{1}{n}\sum_{k=1}^{n}X_k\right)=\frac{1}{n^2}\sum_{k=1}^{n}D(X_k)=\frac{1}{n^2}(\ln1+\ln2+\cdots+\ln n)<\frac{1}{n^2}n\ln n$$

$$=\frac{\ln n}{n}\to0,\quad n\to\infty,$$

依马尔可夫大数定律,$\lim\limits_{n\to\infty}P\left\{\left|\dfrac{1}{n}\displaystyle\sum_{k=1}^{n}X_k-\dfrac{1}{n}\displaystyle\sum_{k=1}^{n}E(X_k)\right|\geqslant\varepsilon\right\}=0$,即 $\{X_k\}$ 服从大数定律.

注 要证 $\{X_k\}$ 服从大数定律,可先考查马尔可夫条件 $\dfrac{1}{n^2}D\left(\displaystyle\sum_{k=1}^{n}X_k\right)=\dfrac{\ln n}{n}\to0(n\to\infty)$,同时再依马尔可夫大数定律,$\dfrac{1}{n}\displaystyle\sum_{k=1}^{n}X_k\xrightarrow{P}0$.

习题 5-2

1. 设 $\{X_k\}$ 为相互独立的随机变量序列,且

X_k	$-k^a$	k^a
P	$1/2$	$1/2$

$k=1,2,\cdots,\ 0<\alpha<\dfrac{1}{2}$,

试证 $\{X_k\}$ 服从大数定律.

2. 设下述随机变量序列相互独立,判定各序列是否服从大数定律.

(1) $X_n(n=1,2,\cdots)$ 同服从参数为 2 的泊松分布 $P(2)$;

（2）$Y_n(n=1,2,\cdots)$的概率密度函数同为

$$f(y)=\frac{1}{\pi(1+y^2)},\quad -\infty<y<+\infty.$$

3. 设随机变量序列$\{X_k\}$具有相同的期望和方差，试证如果所有的协方差$\mathrm{Cov}(X_i,X_j)<0(i\neq j)$，则$\{X_k\}$服从大数定律.

5.3 中心极限定理

一、内容要点与评注

随机变量序列服从中心极限定理　设随机变量序列$\{X_k\}$相互独立，有有限的数学期望和方差，且

$$E(X_k)=\mu_k,\quad D(X_k)=\sigma_k^2>0,\quad k=1,2,\cdots.$$

令$C_n=\sqrt{\sigma_1^2+\sigma_2^2+\cdots+\sigma_n^2}$，如果对任意$x\in\mathbb{R}$，都有

$$\lim_{n\to\infty}P\left\{\frac{\sum_{k=1}^{n}X_k-\sum_{k=1}^{n}\mu_k}{C_n}\leqslant x\right\}=\frac{1}{\sqrt{2\pi}}\int_{-\infty}^{x}e^{-\frac{t^2}{2}}dt,$$

则称$\{X_k\}$服从中心极限定理.

注　设$\sum_{k=1}^{n}X_k$的标准化变量的分布函数为$F_n(x)$，$\Phi(x)$为标准正态分布函数，上式即为，$\lim\limits_{n\to\infty}F_n(x)=\Phi(x)(\forall x\in\mathbb{R})$.

林德伯格-莱维中心极限定理　设$\{X_k\}$为独立同分布的随机变量序列，且有有限的数学期望与方差，$E(X_k)=\mu$，$D(X_k)=\sigma^2>0(k=1,2,\cdots)$，则对任意$x\in\mathbb{R}$，有

$$\lim_{n\to\infty}P\left\{\frac{\sum_{k=1}^{n}X_k-n\mu}{\sqrt{n}\sigma}\leqslant x\right\}=\frac{1}{\sqrt{2\pi}}\int_{-\infty}^{x}e^{-\frac{t^2}{2}}dt.$$

上式表明$\{X_k\}$服从中心极限定理.

注　林德伯格-莱维中心极限定理适用于独立同分布场合，因此也称为独立同分布中心极限定理. 在定理的前提条件下，无论$\{X_k\}$服从什么分布，当n充分大时，有

$$\frac{\sum_{k=1}^{n}X_k-n\mu}{\sqrt{n}\sigma}\overset{近似}{\sim}N(0,1),\quad 或者\sum_{k=1}^{n}X_k\overset{近似}{\sim}N(n\mu,n\sigma^2),\quad 或者\frac{1}{n}\sum_{k=1}^{n}X_k\overset{近似}{\sim}N\left(\mu,\frac{\sigma^2}{n}\right).$$

因此

$$P\left\{a<\sum_{k=1}^{n}X_k\leqslant b\right\}=P\left\{\frac{a-n\mu}{\sqrt{n}\sigma}<\frac{\sum_{k=1}^{n}X_k-n\mu}{\sqrt{n}\sigma}\leqslant\frac{b-n\mu}{\sqrt{n}\sigma}\right\}\approx\Phi\left(\frac{b-n\mu}{\sqrt{n}\sigma}\right)-\Phi\left(\frac{a-n\mu}{\sqrt{n}\sigma}\right).$$

设$\{X_k\}$为独立同分布的随机变量序列，且

$$P\{X_k=1\}=p, \quad P\{X_k=0\}=1-p, \quad 0<p<1, k=1,2,\cdots,$$

则依独立同分布中心极限定理,对任意 $x\in\mathbb{R}$,有

$$\lim_{n\to\infty}P\left\{\frac{\sum_{k=1}^{n}X_k-np}{\sqrt{np(1-p)}}\leqslant x\right\}=\frac{1}{\sqrt{2\pi}}\int_{-\infty}^{x}e^{-\frac{t^2}{2}}dt.$$

若令 $\mu_n=X_1+X_2+\cdots+X_n(n=1,2,\cdots)$,则 $\mu_n\sim B(n,p)$,且上式可写为

$$\lim_{n\to\infty}P\left\{\frac{\mu_n-np}{\sqrt{np(1-p)}}\leqslant x\right\}=\frac{1}{\sqrt{2\pi}}\int_{-\infty}^{x}e^{-\frac{t^2}{2}}dt.$$

棣莫弗-拉普拉斯中心极限定理 设 $\mu_n\sim B(n,p)$,则

$$\lim_{n\to\infty}P\left\{\frac{\mu_n-np}{\sqrt{np(1-p)}}\leqslant x\right\}=\frac{1}{\sqrt{2\pi}}\int_{-\infty}^{x}e^{-\frac{t^2}{2}}dt.$$

注 棣莫弗-拉普拉斯中心极限定理仅适用于伯努利试验场合,只要 $\mu_n\sim B(n,p)$. 当 n 充分大时,有

$$\frac{\mu_n-np}{\sqrt{np(1-p)}}\overset{\text{近似}}{\sim}N(0,1), \quad \text{或者} \quad \mu_n\overset{\text{近似}}{\sim}N(np,np(1-p)),$$

因此二项分布可以用正态分布近似,从而

$$P\{a<\mu_n\leqslant b\}=P\left\{\frac{a-np}{\sqrt{np(1-p)}}<\frac{\mu_n-np}{\sqrt{np(1-p)}}\leqslant\frac{b-np}{\sqrt{np(1-p)}}\right\}$$

$$\approx\Phi\left(\frac{b-np}{\sqrt{np(1-p)}}\right)-\Phi\left(\frac{a-np}{\sqrt{np(1-p)}}\right).$$

评 二项分布可以用泊松分布和正态分布近似. n 越大($n\geqslant50$),正态分布近似的结果越好. n 相对大,p 相对小($p\leqslant0.1$),泊松分布近似的结果相对好.

二、典型例题

例 5.3.1 一本书共有一百万个印刷符号,在打字时每个符号被打错的概率为 0.0001,校对时每个被打错的符号被改正的概率为 0.9,试用中心极限定理求在校对之后错误符号不多于 15 个的概率(假设打字时打正确的符号不会被校对为错误符号).

分析 引入随机变量 $Y_k=\begin{cases}1, & \text{第 } k \text{ 个符号校对之后是错的,}\\0, & \text{第 } k \text{ 个符号校对之后是正确的}\end{cases}$ $(k=1,2,\cdots,10^6)$,再依 林德伯格-莱维中心极限定理讨论.

解 引进随机变量

$$X_k=\begin{cases}1, & \text{第 } k \text{ 个符号被打错,}\\0, & \text{第 } k \text{ 个符号没被打错,}\end{cases} \quad \text{则 } X_k\sim B(1,0.0001), k=1,2,\cdots,10^6,$$

$$Y_k=\begin{cases}1, & \text{校对之后第 } k \text{ 个符号是错的,}\\0, & \text{校对之后第 } k \text{ 个符号是正确的,}\end{cases} \quad k=1,2,\cdots,10^6,$$

诸 $Y_1,Y_2,\cdots,Y_{10^6}$ 独立同分布,依全概率公式,有

$$P\{Y_k=1\}=P\{Y_k=1|X_k=1\}P\{X_k=1\}+P\{Y_k=1|X_k=0\}P\{X_k=0\}$$

$$=0.1\times0.0001+0=0.00001,$$

则 $Y_k \sim B(1, 0.00001)$，$k = 1, 2, \cdots, 10^6$，且 $E(Y_k) = 0.00001$，$D(Y_k) = 0.0000099999$，$\sum\limits_{k=1}^{10^6} Y_k$ 表示 10^6 个印刷符号校对后仍错的符号数，依林德伯格-莱维中心极限定理，有

$$\frac{\sum\limits_{k=1}^{10^6} Y_k - E\left(\sum\limits_{k=1}^{10^6} Y_k\right)}{\sqrt{D\left(\sum\limits_{k=1}^{10^6} Y_k\right)}} = \frac{\sum\limits_{k=1}^{10^6} Y_k - 10}{\sqrt{9.9999}} \overset{\text{近似}}{\sim} N(0, 1),$$

于是

$$P\left\{0 < \sum_{k=1}^{10^6} Y_k \leqslant 15\right\} = P\left\{\frac{0 - 10}{\sqrt{9.9999}} < \frac{\sum\limits_{k=1}^{10^6} Y_k - 10}{\sqrt{9.9999}} \leqslant \frac{15 - 10}{\sqrt{9.9999}}\right\}$$

$$\approx \Phi(1.58) - \Phi(-3.1623)$$

$$\overset{\text{查表}}{=} 0.943 - 0 = 0.943.$$

注　引入随机变量 X_k, Y_k，利用 X_k 的概率分布求 Y_k 的概率分布，进而确认 $\{Y_k\}$ 服从林德伯格-莱维中心极限定理，从而

$$P\left\{0 < \sum_{k=1}^{10^6} Y_k \leqslant 15\right\} \approx \Phi\left(\frac{15 - E\left(\sum\limits_{k=1}^{10^6} Y_k\right)}{\sqrt{D\left(\sum\limits_{k=1}^{10^6} Y_k\right)}}\right) - \Phi\left(\frac{0 - E\left(\sum\limits_{k=1}^{10^6} Y_k\right)}{\sqrt{D\left(\sum\limits_{k=1}^{10^6} Y_k\right)}}\right).$$

评　对于 $n = 10^6$ 个符号，$\dfrac{\sum\limits_{k=1}^{10^6} Y_k - E\left(\sum\limits_{k=1}^{10^6} Y_k\right)}{\sqrt{D\left(\sum\limits_{k=1}^{10^6} Y_k\right)}} \overset{\text{近似}}{\sim} N(0, 1)$ 的近似效果更佳.

例 5.3.2　一小区有 400 户住户，每一住户拥有车辆数 X 为一随机变量，其分布律为

X	0	1	2
P	0.1	0.6	0.3

试用中心极限定理确定：小区需要多少车位，才能使每辆汽车都具有一个车位的概率至少为 0.95.

分析　将小区的 400 户住户编号为 1～400，再设第 k 户拥有车辆数为 X_k $(k = 1, 2, \cdots, 400)$，则 $\{X_k\}$ 独立同分布，均值和方差存在且有限，则可依林德伯格-莱维中心极限定理讨论.

解　设需要车位数为 n，且设第 k 户有车辆数为 X_k $(k = 1, 2, \cdots, 400)$，依题设，X_1，$X_2, \cdots, X_{400}$ 独立同分布，且

$$E(X_k) = 0 \times 0.1 + 1 \times 0.6 + 2 \times 0.3 = 1.2,$$

$$E(X_k^2) = 0^2 \times 0.1 + 1^2 \times 0.6 + 2^2 \times 0.3 = 1.8,$$

$$D(X_k) = E(X_k^2) - (E(X_k))^2 = 1.8 - 1.2^2 = 0.36, \quad k = 1, 2, \cdots, 400,$$

则 $\sum\limits_{k=1}^{400} X_k$ 为小区所需的车位数,依林德伯格 - 莱维中心极限定理,有

$$\frac{\sum\limits_{i=1}^{400} X_i - E\left(\sum\limits_{i=1}^{400} X_i\right)}{\sqrt{D\left(\sum\limits_{i=1}^{400} X_i\right)}} = \frac{\sum\limits_{i=1}^{400} X_i - 400 \times 1.2}{\sqrt{400 \times 0.36}} \stackrel{\text{近似}}{\sim} N(0,1),$$

要求车位数 n,使 $0.95 \leqslant P\left\{0 < \sum\limits_{k=1}^{400} X_k \leqslant n\right\}$,即

$$0.95 \leqslant P\left\{\frac{0-480}{\sqrt{144}} < \frac{\sum\limits_{k=1}^{400} X_k - 480}{\sqrt{144}} \leqslant \frac{n-480}{\sqrt{144}}\right\}$$

$$\approx \Phi\left(\frac{n-480}{\sqrt{144}}\right) - \Phi(-40) = \Phi\left(\frac{n-480}{12}\right) - 0,$$

经反查表得,$\Phi(1.645) = 0.95$,即 $\Phi(1.645) \leqslant \Phi\left(\frac{n-480}{12}\right)$,因 $\Phi(x)$ 单调上升,有 $\frac{n-480}{12} \geqslant$ 1.645,解之得 $n \geqslant 480 + 1.645 \times 12 = 499.74$,即小区至少需 500 个车位.

注 依林德伯格 - 莱维中心极限定理,$\dfrac{\sum\limits_{k=1}^{400} X_k - 400 \times 1.2}{\sqrt{400 \times 0.36}} \stackrel{\text{近似}}{\sim} N(0,1).$

评 尽管 $\{X_k\}$ 是离散型随机变量序列,依林德伯格 - 莱维中心极限定理,有

$$\sum\limits_{k=1}^{400} X_k \stackrel{\text{近似}}{\sim} N(400 \times 1.2, 400 \times 0.36).$$

上式表明若满足独立同分布中心极限定理的条件,则其和变量可用连续型的正态分布近似.

例 5.3.3 一学院有师生 1600 人,到学院食堂就餐人数约占师生总人数的 3/4,试用中心极限定理确定:

(1) 学院食堂应最多安排多少个座位,使空座位超过 100 个的概率不超过 0.01;

(2) 在此安排下,有师生就餐无座位的概率是多少?

分析 设 X 表示某一时刻就餐的人数,则 $X \sim B\left(1600, \dfrac{3}{4}\right)$,依棣莫弗-拉普拉斯中心极限定理,$\dfrac{X-1200}{\sqrt{300}} \stackrel{\text{近似}}{\sim} N(0,1).$

解 设 X 表示某一时刻就餐的人数,依题设,有

$$X \sim B\left(1600, \frac{3}{4}\right), \quad E(X) = np = 1200, \quad D(X) = np(1-p) = 300,$$

依棣莫弗-拉普拉斯中心极限定理,有 $\dfrac{X-np}{\sqrt{np(1-p)}} = \dfrac{X-1200}{\sqrt{300}} \stackrel{\text{近似}}{\sim} N(0,1).$

(1) 设应安排 N 个座位,依题设,有

$$0.01 \geqslant P\{0 < X < N-100\} \approx \Phi\left(\frac{N-100-1200}{\sqrt{300}}\right) - \Phi\left(\frac{0-1200}{\sqrt{300}}\right),$$

即 $\Phi\left(\dfrac{N-100-1200}{\sqrt{300}}\right)-\Phi(-69.28)\leqslant 0.01=1-0.99$，经反查表得，$\Phi(2.33)=0.99$，代

入得 $\Phi\left(\dfrac{N-100-1200}{\sqrt{300}}\right)\leqslant 1-\Phi(2.33)=\Phi(-2.33)$，因 $\Phi(x)$ 单调上升，有 $\dfrac{N-1300}{\sqrt{300}}\leqslant$

-2.33，解之得 $N\leqslant 1259.64$，即学院食堂最多应安排 1259 个座位.

（2）依题设，有

$$P\{X>1259\}=1-P\{X\leqslant 1259\}\approx 1-\Phi\left(\frac{1259-1200}{\sqrt{300}}\right)=1-\Phi(3.4)$$

$$\overset{查表}{=}1-0.9997=0.0003.$$

注 为方便于查表，$\Phi\left(\dfrac{N-1300}{\sqrt{300}}\right)\leqslant 0.01=1-0.99=1-\Phi(2.33)=\Phi(-2.33)$.

评 因 $X\sim B\left(1600,\dfrac{3}{4}\right)$，依棣莫弗-拉普拉斯中心极限定理，$X\overset{近似}{\sim}N(1200,300)$.

例 5.3.4 对于一个学生而言，来参加家长会的家长人数是一个随机变量. 设每个学生无家长、1 名家长、2 名家长来参加会议的概率分别为 0.05,0.8,0.15，若学校共有 400 名学生，设各学生参加会议的家长数相互独立，且服从同一分布，试用中心极限定理求：

（1）参加会议的家长数 X 超过 460 的概率；

（2）有 1 名家长来参加会议的学生数不多于 335 的概率.

分析 将全校 400 名学生编号为 $1\sim 400$，以 X_k 记第 k 个学生来参加会议的家长数 $(k=1,2,\cdots,400)$，依林德伯格-莱维中心极限定理，$\displaystyle\sum_{k=1}^{400}X_k\overset{近似}{\sim}N(400\times 1.1,400\times 0.19)$. 以 Y 记有 1 名家长来参加会议的学生人数，则 $Y\sim B(400,0.8)$，依棣莫弗-拉普拉斯中心极限定理，有

$$Y\overset{近似}{\sim}N(400\times 0.80,400\times 0.8\times 0.2).$$

解 （1）以 X_k 记第 k 名学生来参加会议的家长数 $(k=1,2,\cdots,400)$，则 X_k 的分布律为

X_k	0	1	2
P	0.05	0.8	0.15

易知 $E(X_k)=1.1, D(X_k)=0.19, k=1,2,\cdots,400, X=\displaystyle\sum_{k=1}^{400}X_k$，依林德伯格-莱维中心极限

定理，有 $\dfrac{\displaystyle\sum_{k=1}^{400}X_k-E\left(\sum_{k=1}^{400}X_k\right)}{\sqrt{D\left(\displaystyle\sum_{k=1}^{400}X_k\right)}}=\dfrac{\displaystyle\sum_{k=1}^{400}X_k-400\times 1.1}{\sqrt{400\times 0.19}}\overset{近似}{\sim}N(0,1)$，于是

$$P\{X>460\}=P\left\{\frac{X-400\times 1.1}{\sqrt{400\times 0.19}}>\frac{460-400\times 1.1}{\sqrt{400\times 0.19}}\right\}=1-P\left\{\frac{X-400\times 1.1}{\sqrt{400\times 0.19}}\leqslant 2.294\right\}$$

$$\overset{查表}{\approx}1-\Phi(2.294)=1-0.9891=0.0109.$$

(2) 以 Y 记有 1 名家长来参加会议的学生人数,则 $Y \sim B(400, 0.8)$,依棣莫弗-拉普拉斯中心极限定理,有 $\dfrac{Y - 400 \times 0.8}{\sqrt{400 \times 0.8 \times 0.2}} \overset{\text{近似}}{\sim} N(0,1)$,于是

$$P\{0 < Y \leqslant 335\} = P\left\{\frac{0 - 400 \times 0.8}{\sqrt{400 \times 0.8 \times 0.2}} < \frac{Y - 400 \times 0.8}{\sqrt{400 \times 0.8 \times 0.2}} \leqslant \frac{335 - 400 \times 0.8}{\sqrt{400 \times 0.8 \times 0.2}}\right\}$$

$$\overset{\text{查表}}{\approx} \Phi(1.875) - \Phi(-40) = 0.9696 - 0 = 0.9696.$$

注 $\{X_n\}$ 独立同分布,依林德伯格-莱维中心极限定理,$\displaystyle\sum_{k=1}^{400} X_k \overset{\text{近似}}{\sim} N(440, 76)$. $Y \sim B(400, 0.8)$,依棣莫弗-拉普拉斯中心极限定理,$Y \overset{\text{近似}}{\sim} N(320, 64)$,注意区别.

评 $Y \sim B(400, 0.8)$,依二项分布概率的计算公式,有

$$P\{0 < Y \leqslant 335\} = \sum_{k=0}^{335} C_{400}^{k} (0.8)^k (0.2)^{400-k}.$$

依棣莫弗-拉普拉斯中心极限定理,$Y \overset{\text{近似}}{\sim} N(320, 64)$,于是

$$P\{Y \leqslant 335\} = P\left\{\frac{Y - 400 \times 0.8}{\sqrt{400 \times 0.8 \times .2}} \leqslant \frac{335 - 400 \times 0.8}{\sqrt{400 \times 0.8 \times 0.2}}\right\} \approx \Phi(1.875),$$

显然后一方法计算快捷.

例 5.3.5 设随机变量 $X_1, X_2, \cdots, X_{100}$ 相互独立,且均服从 $U(0,1)$,$Y = \displaystyle\prod_{i=1}^{100} X_i$,试用中心极限定理估计概率 $P\{Y < 10^{-40}\}$.

分析 事件 $\{Y < 10^{-40}\} = \{\ln Y < -40\ln 10\} = \left\{\ln\left(\prod_{i=1}^{100} X_i\right) < -40\ln 10\right\} = \left\{\sum_{i=1}^{100} \ln X_i < -40\ln 10\right\}$,随机变量 $\{\ln X_i\}$ 独立同分布,$E(\ln X_i)$,$D(\ln X_i)$ 存在.

解 依题设,X 的概率密度函数为 $f(x) = \begin{cases} 1, & 0 \leqslant x \leqslant 1, \\ 0, & \text{其他}, \end{cases}$

$$\{Y < 10^{-40}\} = \{\ln Y < -40\ln 10\} = \left\{\ln\left(\prod_{i=1}^{100} X_i\right) < -40\ln 10\right\}$$

$$= \left\{\sum_{i=1}^{100} \ln X_i < -40\ln 10\right\}.$$

因为 $X_1, X_2, \cdots, X_{100}$ 独立同分布,故 $\ln X_1, \ln X_2, \cdots, \ln X_{100}$ 也独立同分布,且

$$E(\ln X_i) = \int_{-\infty}^{+\infty} \ln x f(x) \mathrm{d}x = \int_0^1 \ln x \, \mathrm{d}x$$

$$= \lim_{\varepsilon \to 0^+} (x \ln x)\Big|_{0+\varepsilon}^1 - (x)\Big|_0^1 = 0 - 1 = -1,$$

$$E((\ln X_i)^2) = \int_{-\infty}^{+\infty} (\ln x)^2 f(x) \mathrm{d}x = \int_0^1 \ln^2 x \, \mathrm{d}x$$

$$= \lim_{\varepsilon \to 0^+} (x \ln^2 x - 2x \ln x)\Big|_{0+\varepsilon}^1 + (2x)\Big|_0^1 = 0 + 2 = 2,$$

于是 $D(\ln X_i) = E((\ln X_i)^2) - (E(\ln X_i))^2 = 2 - 1 = 1$,依林德伯格-莱维中心极限定理,有

$$\frac{\displaystyle\sum_{i=1}^{100} \ln X_i - E\left(\sum_{i=1}^{100} \ln X_i\right)}{\sqrt{D\left(\displaystyle\sum_{i=1}^{100} \ln X_i\right)}} = \frac{\displaystyle\sum_{i=1}^{100} \ln X_i + 100}{\sqrt{100}} \overset{\text{近似}}{\sim} N(0,1),$$

于是 $P\left\{\sum\limits_{i=1}^{100}\ln X_i <-40\ln10\right\}=P\left\{\dfrac{\sum\limits_{i=1}^{100}\ln X_i+100}{\sqrt{100}}<\dfrac{-40\ln10+100}{\sqrt{100}}\right\}\approx\Phi(0.79)=0.7852,$

即 $P\{Y<10^{-40}\}\approx0.7852.$

注　事件 $\{Y<10^{-40}\}=\left\{\sum\limits_{i=1}^{100}\ln X_i<-40\ln10\right\}$，且 $\{\ln X_i\}$ 满足独立同分布的中心极限定理的条件.

评　$Y=\prod\limits_{i=1}^{100}X_i$，而 $\ln Y=\ln\left(\prod\limits_{i=1}^{100}X_i\right)=\sum\limits_{i=1}^{100}\ln X_i$，依独立同分布的中心极限定理，

$$\sum_{i=1}^{100}\ln X_i\overset{\text{近似}}{\sim}N(-100,100).$$

例 5.3.6　设 $X_1,X_2,\cdots$ 独立同分布，已知 $E(X_i^k)=\mu_k,k=1,2,3,4,\mu_4>\mu_2^2$，证明：当 n 充分大时，随机变量 $Z_n=\dfrac{1}{n}\sum\limits_{i=1}^{n}X_i^2$ 近似地服从正态分布，并指出其分布参数.

分析　要证 $Z_n=\dfrac{1}{n}\sum\limits_{i=1}^{n}X_i^2$ 近似服从正态分布，先考查 $\{X_i^2\}$ 是否满足林德伯格-莱维中心极限定理的条件.

证　依题设，$X_1,X_2\cdots$ 独立同分布，所以 $X_1^2,X_2^2,\cdots$ 独立同分布，且
$$E(X_i^2)=\mu_2,\quad D(X_i^2)=E(X_i^4)-(E(X_i^2))^2=\mu_4-\mu_2^2(>0),$$

依林德伯格-莱维中心极限定理，当 n 充分大时，有 $\sum\limits_{i=1}^{n}X_i^2\overset{\text{近似}}{\sim}N(n\mu_2,n(\mu_4-\mu_2^2))$，此时 $\dfrac{1}{n}\sum\limits_{i=1}^{n}X_i^2\overset{\text{近似}}{\sim}N\left(E\left(\dfrac{1}{n}\sum\limits_{i=1}^{n}X_i\right),D\left(\dfrac{1}{n}\sum\limits_{i=1}^{n}X_i\right)\right)$，而

$$E(Z_n)=E\left(\frac{1}{n}\sum_{i=1}^{n}X_i^2\right)=\frac{1}{n}\sum_{i=1}^{n}E(X_i^2)=\frac{1}{n}\sum_{i=1}^{n}\mu_2=\mu_2,$$
$$D(Z_n)=D\left(\frac{1}{n}\sum_{i=1}^{n}X_i^2\right)=\frac{1}{n^2}\sum_{i=1}^{n}D(X_i^2)=\frac{1}{n^2}\sum_{i=1}^{n}(\mu_4-\mu_2^2)=\frac{1}{n}(\mu_4-\mu_2^2),$$

于是 $\dfrac{1}{n}\sum\limits_{i=1}^{n}X_i^2\overset{\text{近似}}{\sim}N\left(\mu_2,\dfrac{\mu_4-\mu_2^2}{n}\right).$

注　$\sum\limits_{i=1}^{n}X_i^2\overset{\text{近似}}{\sim}N(n\mu_2,n(\mu_4-\mu_2^2))\Rightarrow\dfrac{1}{n}\sum\limits_{i=1}^{n}X_i^2\overset{\text{近似}}{\sim}N\left(\mu_2,\dfrac{\mu_4-\mu_2^2}{n}\right).$

评　要证 $\dfrac{1}{n}\sum\limits_{i=1}^{n}X_i^2$ 近似服从正态分布，可先考查 $\{X_n^2\}$，如果 $\{X_n^2\}$ 满足独立同分布的中心极限定理的条件，则 $\sum\limits_{i=1}^{n}X_i^2\overset{\text{近似}}{\sim}N\left(E\left(\sum\limits_{i=1}^{n}X_i^2\right),D\left(\sum\limits_{i=1}^{n}X_i^2\right)\right)$，从而

$$\frac{1}{n}\sum_{i=1}^{n}X_i^2\overset{\text{近似}}{\sim}N\left(E\left(\frac{1}{n}\sum_{i=1}^{n}X_i^2\right),D\left(\frac{1}{n}\sum_{i=1}^{n}X_i^2\right)\right).$$

习题 5-3

1.某接收器同时收到 50 个信号 $U_i(i=1,2,\cdots,50)$，设它们是相互独立的随机变量，且

都在区间 $[0,10]$ 上服从均匀分布,记 $U=\sum\limits_{i=1}^{50}U_i$,试用中心极限定理求:

(1) $P\{U>260\}$;

(2) 要使 $P\{U>260\}$ 不超过 10%,应该把接收到的信号个数控制在什么范围内?

2. 某地有甲、乙两家电影院竞争当地的 1000 名观众,观众选择电影院是相互独立的和随机的,试用中心极限定理确定:每个电影院至少应设有多少个座位,才能保证观众因缺少座位而离去的概率小于 1%?

3. 某电站对一万个用户供电,设用电高峰时每户用电的概率为 0.9,试用中心极限定理求:

(1) 高峰时同时用电户数在 9030 户以上的概率;

(2) 若每户用电 0.2kW·h,电站至少应具有多大发电量,才能以 0.95 的概率保证供电.

4. 某系统由 100 个相互独立起作用的部件组成,在整个运行期间,每个部件损坏的概率为 0.1,假设至少有 85 个部件正常工作时,整个系统才能正常运行,试用中心极限定理确定:

(1) 整个系统正常运行的概率;

(2) 要使整个系统正常运行的概率达到 0.98,每个部件在运行中保持完好的概率应达到多少?

5. 设某市原有一个小电影院,政府拟筹建一个较大的电影院.根据调查,该市每日平均看电影的人数大约为 1600 人,且预计新电影院落成后,平均大约有 3/4 的观众将去这个新电影院.在设计该电影院的座位时,要求座位尽可能地多,但是还要求"空座达到 200 或更多"的概率又不能超过 0.1,试用中心极限定理确定应设置多少个座位.

5.4 专题讨论

利用马尔可夫条件证明随机变量序列服从大数定律

例 5.4.1 设 $\{X_k\}$ 为同分布的随机变量序列,若 $E(X_k)$,$D(X_k)$ 存在,$k=1,2,\cdots$,且当 $|k-j|\geqslant 2$ 时,X_k 与 X_j 相互独立,证明 $\{X_k\}$ 服从大数定律.

分析 因为方差存在,$D\left(\sum\limits_{k=1}^{n}X_k\right)=\sum\limits_{k=1}^{n}D(X_k)+2\sum\limits_{1\leqslant k<j\leqslant n}\mathrm{Cov}(X_k,X_j)$,考查马尔可夫条件.

证 依题意,设 $E(X_k)=\mu$,$D(X_k)=\sigma^2$,依性质,有 $E\left(\dfrac{1}{n}\sum\limits_{k=1}^{n}X_k\right)=\dfrac{1}{n}\sum\limits_{k=1}^{n}E(X_k)=\mu$.

当 $|k-j|\geqslant 2$ 时,X_k 与 X_j 相互独立,有 $\mathrm{Cov}(X_k,X_j)=0$. 又依协方差的性质,有

$$|\mathrm{Cov}(X_k,X_{k+1})|\leqslant\sqrt{D(X_k)D(X_{k+1})}=\sigma^2,$$

于是

$$D\left(\sum_{k=1}^{n}X_k\right)=\sum_{k=1}^{n}D(X_k)+2\sum_{1\leqslant k<j\leqslant n}\mathrm{Cov}(X_k,X_j)$$

$$= \sum_{k=1}^{n} D(X_k) + 2\sum_{k=1}^{n-1} \text{Cov}(X_k, X_{k+1})$$

$$\leqslant \sum_{k=1}^{n} D(X_k) + 2\sum_{k=1}^{n-1} \sqrt{D(X_k)D(X_{k+1})}$$

$$= n\sigma^2 + 2(n-1)\sigma^2 = (3n-2)\sigma^2,$$

因为 $\lim\limits_{n\to\infty} \dfrac{1}{n^2} D\left(\sum\limits_{k=1}^{n} X_k\right) = \dfrac{1}{n^2}(3n-2)\sigma^2 = 0$，$\{X_k\}$ 满足马尔可夫条件，依马尔可夫大数定律，

得 $\lim\limits_{n\to\infty} P\left\{\left|\dfrac{1}{n}\sum\limits_{k=1}^{n} X_k - \dfrac{1}{n}\sum\limits_{k=1}^{n} E(X_k)\right| \geqslant \varepsilon\right\} = 0$，这表明 $\{X_k\}$ 服从大数定律.

注　依协方差的性质，有 $\left|\text{Cov}(X_i, X_j)\right| \leqslant \sqrt{D(X_i)D(X_j)}$.

评　尽管 $\{X_k\}$ 同分布但是不独立，所以 $\{X_k\}$ 不适用辛钦大数定律，但是满足马尔可夫条件 $\lim\limits_{n\to\infty} \dfrac{1}{n^2} D\left(\sum\limits_{k=1}^{n} X_k\right) = 0$，这表明 $\{X_k\}$ 服从大数定律.

例 5.4.2　在伯努利试验序列中，事件 A 出现的概率为 $p(0 < p < 1)$，令

$$X_k = \begin{cases} 1, & \text{在第 } k \text{ 次及第 } k+1 \text{ 次试验中 } A \text{ 都发生,} \\ 0, & \text{在第 } k \text{ 次及第 } k+1 \text{ 次试验中 } A \text{ 不都发生,} \end{cases} \quad k = 1, 2, \cdots,$$

证明 $\{X_k\}$ 服从大数定律.

分析　因为 $X_1, X_2, \cdots$，有相依关系，考查马尔可夫条件，依马尔可夫大数定律求证.

证　依题设，随机变量序列 $\{X_k\}$ 同分布，其共同的概率分布为

X_k	0	1
P	$1-p^2$	p^2

$$E(X_k) = p^2, \quad E(X_k^2) = p^2, \quad D(X_k) = p^2(1-p^2).$$

又当 $|k-j| \geqslant 2$ 时，X_k 与 X_j 相互独立，所以 $\text{Cov}(X_k, X_j) = 0$，依性质，有

$$D\left(\sum_{k=1}^{n} X_k\right) = \sum_{k=1}^{n} D(X_k) + 2\sum_{1 \leqslant k < j \leqslant n} \text{Cov}(X_k, X_j) = \sum_{k=1}^{n} D(X_k) + 2\sum_{k=1}^{n-1} \text{Cov}(X_k, X_{k+1}).$$

又依协方差的性质，有

$$\left|\text{Cov}(X_k, X_j)\right| \leqslant \sqrt{D(X_k)}\sqrt{D(X_j)} = p^2(1-p^2),$$

代入上式，得

$$D\left(\sum_{k=1}^{n} X_k\right) \leqslant np^2(1-p^2) + 2(n-1)p^2(1-p^2) = (3n-2)p^2(1-p^2),$$

从而

$$\frac{1}{n^2} D\left(\sum_{k=1}^{n} X_k\right) \leqslant \frac{3n-2}{n^2} p^2(1-p^2) \to 0, \quad n \to \infty,$$

即 $\lim\limits_{n\to\infty} \dfrac{1}{n^2} D\left(\sum\limits_{k=1}^{n} X_k\right) = 0$，这表明 $\{X_k\}$ 满足马尔可夫条件，依马尔可夫大数定律，有

$$\lim_{n\to\infty} P\left\{\left|\frac{1}{n}\sum_{k=1}^{n} X_k - \frac{1}{n}\sum_{k=1}^{n} E(X_k)\right| \geqslant \varepsilon\right\} = 0,$$

从而 $\{X_k\}$ 服从大数定律.

注 依题设,当 $|k-j| \geqslant 2$ 时,X_k 与 X_j 相互独立,所以 $\mathrm{Cov}(X_k, X_j) = 0$.

评 依定义,$\dfrac{1}{n}\sum\limits_{i=1}^{n} X_i \xrightarrow{P} p^2$.

议 在序列 $\{X_k\}$ 中,X_{k-1} 与 X_k 不独立,X_k 与 X_{k+1} 不独立,但是 X_{k-1} 与 X_{k+1} 相互独立,$k=2,3,\cdots$. 事实上,X_k 共同的概率分布为

X_k	0	1
P	$1-p^2$	p^2

$k=1,2,\cdots$

$X_k X_{k+1}$ 共同的概率分布为

$X_k X_{k+1}$	0	1
P	$1-p^3$	p^3

$k=1,2,\cdots$

于是

$$\mathrm{Cov}(X_k, X_{k+1}) = E(X_k X_{k+1}) - E(X_k)E(X_{k+1}) = p^3 - p^2 \times p^2 = p^3 - p^4 \neq 0,$$

所以 X_k 与 X_{k+1} 不是不相关(即相关),从而 X_k 与 $X_{k+1}(k=1,2,\cdots)$ 不独立. 同理 X_{k-1} 与 X_k 不独立. 又因为 X_{k-1} 与 X_{k+1} 的联合概率分布及其边缘概率分布分别为

X_{k+1} ＼ X_{k-1}	0	1	$P\{X_{k+1}=x_{k+1}\}$
0	$(1-p^2)(1-p^2)$	$p^2(1-p^2)$	$1-p^2$
1	$p^2(1-p^2)$	p^4	p^2
$P\{X_{k-1}=x_{k-1}\}$	$1-p^2$	p^2	1

可以验证 X_{k-1} 与 $X_{k+1}(k=2,3,\cdots)$ 相互独立.

例 5.4.3 设 $\{X_k\}$ 是独立同分布的随机变量序列,有有限的方差,令 $Y_k = X_k + X_{k+1} + X_{k+2}(k=1,2,\cdots)$,试证明 $\{Y_k\}$ 服从大数定律.

分析 因为 $\{Y_k\}$ 具有相依关系,方差存在,考查马尔可夫条件,再求证.

证 设 $D(X_k) = \sigma^2, k=1,2,\cdots$,依题设,$X_k, X_{k+1}, X_{k+2}$ 相互独立,所以

$$D(Y_k) = D(X_k + X_{k+1} + X_{k+2}) = D(X_k) + D(X_{k+1}) + D(X_{k+2}) = 3\sigma^2,$$

$$\mathrm{Cov}(Y_k, Y_{k+1}) = \mathrm{Cov}(X_k + X_{k+1} + X_{k+2}, X_{k+1} + X_{k+2} + X_{k+3})$$

$$= D(X_{k+1}) + D(X_{k+2}) = 2\sigma^2, \quad k=1,2,\cdots,$$

$$\mathrm{Cov}(Y_k, Y_{k+2}) = \mathrm{Cov}(X_k + X_{k+1} + X_{k+2}, X_{k+2} + X_{k+3} + X_{k+4})$$

$$= D(X_{k+2}) = \sigma^2, \quad k=1,2,\cdots,$$

又当 $|k-j| \geqslant 3$ 时,Y_k 与 Y_j 相互独立,所以 $\mathrm{Cov}(Y_k, Y_j) = 0$,依性质,有

$$D\Big(\sum_{k=1}^{n} Y_k\Big) = \sum_{k=1}^{n} D(Y_k) + 2\sum_{1 \leqslant k < j \leqslant n} \mathrm{Cov}(Y_k, Y_j)$$

$$= \sum_{k=1}^{n} D(Y_k) + 2\left\{\sum_{k-1}^{n-2}\left[\mathrm{Cov}(Y_k,Y_{k+1}) + \mathrm{Cov}(Y_k,Y_{k+2})\right] + \mathrm{Cov}(Y_{n-1},Y_n)\right\}$$

$$= \sum_{k=1}^{n} 3\sigma^2 + 2\left[\sum_{k=1}^{n-2}(2\sigma^2 + \sigma^2) + 2\sigma^2\right]$$

$$= 3n\sigma^2 + 2(n-2)\cdot 3\sigma^2 + 4\sigma^2$$

$$= 9n\sigma^2 - 8\sigma^2,$$

或者 $D\left(\sum_{k=1}^{n} Y_k\right) = D(X_1 + 2X_2 + 3(X_3 + X_4 + \cdots + X_n) + 2X_{n+1} + X_{n+2})$

$$= D(X_1) + 4D(X_2) + 9(D(X_3) + \cdots + D(X_n)) + 4D(X_{n+1}) + D(X_{n+2})$$

$$= 9n\sigma^2 - 8\sigma^2,$$

从而 $\dfrac{1}{n^2}D\left(\sum_{k=1}^{n} Y_k\right) = \dfrac{1}{n^2}(9n\sigma^2 - 8\sigma^2) = \left(\dfrac{9}{n} - \dfrac{8}{n^2}\right)\sigma^2 \to 0\,(n\to\infty)$，即 $\lim\limits_{n\to\infty}\dfrac{1}{n^2}D\left(\sum_{k=1}^{n} Y_k\right)=0$，

这表明 $\{Y_k\}$ 满足马尔可夫条件，依马尔可夫大数定律，有

$$\lim_{n\to\infty}P\left\{\left|\frac{1}{n}\sum_{k=1}^{n} Y_k - \frac{1}{n}\sum_{k=1}^{n} E(Y_k)\right| \geqslant \varepsilon\right\}=0,$$

从而 $\{Y_k\}$ 服从大数定律.

注　$D\left(\sum\limits_{k=1}^{n} Y_k\right) = \sum\limits_{k=1}^{n} D(Y_k) + 2\sum\limits_{1\leqslant k<j\leqslant n}\mathrm{Cov}(Y_k,Y_j)$，其中

$\mathrm{Cov}(Y_k,Y_{k+1})=2\sigma^2,\quad \mathrm{Cov}(Y_k,Y_{k+2})=\sigma^2,\quad \mathrm{Cov}(Y_k,Y_j)=0,\quad k-j\geqslant 3.$

评　对于方差存在且相依的随机变量序列 $\{Y_k\}$，证明其服从大数定律时，考查马尔可夫条件是证明的首选.

习题 5-4

设 $\{X_i\}$ 为独立同分布的随机变量序列，$E(X_i)=0$，$D(X_i)$ 存在，$i=1,2,\cdots$. 又设 $\sum\limits_{n=1}^{\infty}|a_n|<+\infty$，令随机变量 $Y_n=\sum\limits_{i=1}^{n} X_i$，证明 $\{a_nY_n\}$ 服从大数定律.

单元练习题 5

一、选择题（下列每小题给出的四个选项中，只有一项是符合题目要求的，请将所选项前的字母写在指定位置）

1. 设 $\{X_n\}$ 为随机变量序列，a 为一常数，则 $\{X_n\}$ 依概率收敛于 a 是指（　　）.

　　A. 对 $\forall \varepsilon>0$，$\lim\limits_{n\to\infty}P\{|X_n-a|\geqslant\varepsilon\}=0$　　B. 对 $\forall\varepsilon>0$，$\lim\limits_{n\to\infty}P\{|X_n-a|\geqslant\varepsilon\}=1$

　　C. $\lim\limits_{n\to\infty}X_n=a$　　　　　　　　　　　　D. $\lim\limits_{n\to\infty}P\{X_n=a\}=1$

2. 设随机变量序列 $\{X_i\}$ 相互独立，$S_n=X_1+X_2+\cdots+X_n$，则根据林德伯格-莱维中心极限定理，当 n 充分大时，S_n 近似服从正态分布，只要 $\{X_i\}$（　　）.

　　A. 有相同的数学期望　　　　　　　　B. 有相同的方差

　　C. 服从同一指数分布　　　　　　　　D. 服从同一离散型随机变量的分布

【2002 研数四】

3. 设随机变量序列 $\{X_i\}$ 独立同分布,其共同的概率密度函数为

$$f(x) = \begin{cases} \lambda e^{-\lambda x}, & x > 0, \\ 0, & x \leqslant 0, \end{cases} \quad \lambda > 0,$$

$\Phi(x)$ 为标准正态分布函数,则(   ).

A. $\lim\limits_{n \to \infty} P\left\{ \dfrac{\lambda \sum\limits_{i=1}^{n} X_i - n}{\sqrt{n}} \leqslant x \right\} = \Phi(x)$ B. $\lim\limits_{n \to \infty} P\left\{ \dfrac{\sum\limits_{i=1}^{n} X_i - n}{\sqrt{n}} \leqslant x \right\} = \Phi(x)$

C. $\lim\limits_{n \to \infty} P\left\{ \dfrac{\sum\limits_{i=1}^{n} X_i - \lambda}{\sqrt{n}\lambda} \leqslant x \right\} = \Phi(x)$ D. $\lim\limits_{n \to \infty} P\left\{ \dfrac{\sum\limits_{i=1}^{n} X_i - \lambda}{\sqrt{n\lambda}} \leqslant x \right\} = \Phi(x)$

【2005 研数四】

4. 设 $X_1, X_2, \cdots, X_{1000}$ 是独立同分布的随机变量序列,且 $X_k \sim B(1, p)\,(0 < p < 1)$,则下列式子不正确的是(   )(其中 $\Phi(x)$ 为标准正态分布函数).

A. $\dfrac{1}{1000} \sum\limits_{k=1}^{1000} X_k$ 在概率的意义下近似于 p

B. $P\left\{ a < \sum\limits_{k=1}^{1000} X_k < b \right\} \approx \Phi\left(\dfrac{b - 1000p}{\sqrt{1000p(1-p)}} \right) - \Phi\left(\dfrac{a - 1000p}{\sqrt{1000p(1-p)}} \right)$

C. $P\left\{ a < \sum\limits_{k=1}^{1000} X_k < b \right\} \approx \Phi(b) - \Phi(a)$

D. $\sum\limits_{k=1}^{1000} X_k \sim B(1000, p)$

5. 设随机变量序列 $\{X_i\}$ 相互独立,且都服从参数为 $\lambda\,(\lambda > 0)$ 的泊松分布,则下列选项正确的是(   )(其中 $\Phi(x)$ 为标准正态分布函数).

A. $\lim\limits_{n \to \infty} P\left\{ \dfrac{\sum\limits_{i=1}^{n} X_i - \lambda}{\sqrt{n\lambda}} \leqslant x \right\} = \Phi(x)$

B. 当 n 充分大时,$\sum\limits_{i=1}^{n} X_i \overset{近似}{\sim} N(0, 1)$

C. 当 n 充分大时,$P\left\{ \sum\limits_{i=1}^{n} X_i \leqslant x \right\} \approx \Phi(x)$

D. 当 n 充分大时,$\sum\limits_{i=1}^{n} X_i \overset{近似}{\sim} N(n\lambda, n\lambda)$.

二、填空题(请将答案写在指定位置)

1. 掷一枚均匀的骰子 n 次,用 X 表示出现的点数不超过 3 点的次数,则 $\lim\limits_{n \to \infty} P\left\{ \left| \dfrac{X}{n} - \dfrac{1}{2} \right| \geqslant 0.1 \right\} = \underline{\qquad}$.

2. 设随机变量序列 $\{X_k\}$ 独立且同服从指数分布,均值为 $\dfrac{1}{2}$,记 $Y_n = \dfrac{1}{n} \sum\limits_{k=1}^{n} X_k^2$,则当 $n \to \infty$ 时,Y_n 依概率收敛于 $\underline{\qquad}$.

3. 设随机变量序列 $\{X_i\}$ 独立同分布，且 $E(X_i)=\mu$，则对任意 $\varepsilon>0$，

$$\lim_{n\to\infty}P\left\{\frac{1}{n}\left|\sum_{i=1}^n X_i - n\mu\right| \geqslant \varepsilon\right\} = \underline{\qquad}.$$

4. 将一枚骰子独立重复地掷 n 次，则当 $n\to\infty$ 时，n 次掷出的点数的算术平均值依概率收敛于 _____.

5. 设随机变量序列 $\{X_i\}$ 独立同服从参数为 1 的泊松分布 $P(1)$，记 $\overline{X}=\frac{1}{n}\sum_{i=1}^n X_i$，当

$n\to\infty$ 时，$\frac{1}{n}\sum_{i=1}^n (X_i-\overline{X})^2 \xrightarrow{P} \underline{\qquad}.$

6. 设随机变量序列 $\{X_i\}$ 独立同分布，且 $E(X_i)=\mu$，$D(X_i)=\sigma^2>0$，试用中心极限定

理确定 $\lim_{n\to\infty}P\left\{\dfrac{\sum_{i=1}^n X_i - n\mu}{\sqrt{n}\,\sigma} > 0\right\} = \underline{\qquad}.$

7. 设随机变量序列 $\{X_i\}$ 独立且同服从区间 $[-1,1]$ 上的均匀分布，试用中心极限定理

确定 $\lim_{n\to\infty}P\left\{\dfrac{\sum_{i=1}^n X_i}{\sqrt{n}} \leqslant 1\right\} = \underline{\qquad}.$

8. 设 $X_1,X_2,\cdots,X_{100}$ 独立同服从泊松分布 $P(3)$，依中心极限定理，$\frac{1}{100}\sum_{i=1}^{100}X_i$ 近似分

布于 _____.

9. 在伯努利试验序列中，事件 A 发生的概率为 $\frac{2}{3}$，试用中心极限定理估计在 180 次试

验中，事件 A 发生的次数不低于 120 次的概率近似于 _____.

10. 在天平上重复称量一重为 a 的物品，假设各次称量结果相互独立，且同服从正态分

布 $N(a,0.2^2)$. 若以 $\overline{X}_n$ 表示 n 次称量结果的算术平均，则为使 $P\{|\overline{X}_n-a|<0.1\}\geqslant$

0.95，n 的最小值应不小于正整数 _____. 【1999 研数三】

三、解答题（解答应写出文字说明、证明过程或演算步骤）

1. 假设生产线上组装每件成品的时间服从指数分布，统计资料表明，该生产线每件成品的组装时间平均为 10min，各件产品的组装时间相互独立，试用中心极限定理求：

（1）组装 100 件需要 15～20h 的概率；

（2）以 95％ 的概率在 16h 内最多可以组装多少件成品？

2. 一生产线生产的产品成箱包装，每箱的重量是随机的，假设每箱平均重 50kg，标准差 5kg，若用最大载重量 5000kg 的汽车来承运，试用中心极限定理说明每辆车最多可以装多少箱，才能保障不超载的概率大于 0.977？ 【2001 研数三、四】

3. 某药厂断言，该厂生产的某种药品对于医治一种疑难疾病的治愈率为 0.8，检验员任意抽查 100 个服用此药品的患者，如果其中有多于 75 人治愈就接受这一断言，否则就拒绝这一断言，试用中心极限定理，求：

（1）若实际上此药品的治愈率确为 0.8，接受这一断言的概率是多少？

（2）若实际上此药品的治愈率只有 0.7，接受这一断言的概率是多少？

4．设函数 $g(x)$ 在区间 $[0,1]$ 上连续，记 $a = \int_0^1 g(x)\mathrm{d}x$，随机变量序列 $\{X_i\}$ 独立且同服从 $[0,1]$ 上的均匀分布，$Y_n = \dfrac{1}{n}\sum_{i=1}^n g(X_i)$，且 $D(g(X_i)) = \sigma^2 > 0$.

（1）求 $E(Y_n)$，$D(Y_n)$，并证明 $Y_n \xrightarrow{P} a$；

（2）对任意 $\varepsilon > 0$，试用中心极限定理估计概率 $P\{|Y_n - a| < \varepsilon\}$.

5．某厂产品的次品率为 0.04，现对该厂的 100 台产品逐个独立地测试.

（1）求不少于 4 台次品的概率（写出精确计算的表达式）；

（2）利用泊松定理求不少于 4 台次品概率的近似值；

（3）利用中心极限定理求不少于 4 台次品概率的近似值.

四、证明题（要求写出证明过程）

设 $\{X_k\}$ 为独立同分布且方差有限的随机变量序列，$Y_n = X_1 + X_2 + \cdots + X_n$，$\{a_n\}$ 为常数序列常数，存在常数 $C > 0$，使对一切 n，$|na_n| \leqslant C$，证明 $\{a_n Y_n\}$ 服从大数定律。

第6章

抽 样 分 布

6.1 基本概念及常用的分布

数理统计是具有广泛应用的一个数学学科,它以概率论为基础,根据试验或观测所得到的数据,对随机现象的统计规律性作出种种合理的估计和推断.

一、内容要点与评注

总体 称研究对象的全体为总体,它是由许多具有某种共同性质的个别事物组成的整体.总体中的每个元素称为个体.总体常用随机变量 X 来表示.

样本 称从总体中抽取的一部分个体为样本,其中所含的个体数称为样本容量.当样本容量为 n 时,记为 $X_1, X_2, \cdots, X_n$,而以 $x_1, x_2, \cdots, x_n$ 表示样本的具体数值,称为样本值或观察值.

简单随机样本 设来自总体 X 的样本 $X_1, X_2, \cdots, X_n$,如果满足:

(1) $X_1, X_2, \cdots, X_n$ 服从同一总体分布,其分布函数为 $F(x)$;

(2) $X_1, X_2, \cdots, X_n$ 相互独立,

则称 $X_1, X_2, \cdots, X_n$ 为 X 的简单随机样本,简称样本.

注 如果 $X_1, X_2, \cdots, X_n$ 是简单随机样本,则 $X_1, X_2, \cdots, X_n$ 独立且与总体同分布.

统计量 设 $X_1, X_2, \cdots, X_n$ 是来自总体 X 的样本,如果 $X_1, X_2, \cdots, X_n$ 的函数 $g(X_1, X_2, \cdots, X_n)$ 不含未知参数,则称它为统计量.

统计量也是随机变量.设 $x_1, x_2, \cdots, x_n$ 是 $X_1, X_2, \cdots, X_n$ 的观察值,称 $g(x_1, x_2, \cdots, x_n)$ 为统计量 $g(X_1, X_2, \cdots, X_n)$ 的观察值.

样本均值 称 $\dfrac{1}{n} \sum\limits_{i=1}^{n} X_i$ 为样本均值,记作 $\overline{X}$,即 $\overline{X} = \dfrac{1}{n} \sum\limits_{i=1}^{n} X_i$.

样本方差 称 $\dfrac{1}{n-1} \sum\limits_{i=1}^{n} (X_i - \overline{X})^2$ 为样本方差,记作 S^2,即

$$S^2 = \frac{1}{n-1} \sum_{i=1}^{n} (X_i - \overline{X})^2 = \frac{1}{n-1} \left(\sum_{i=1}^{n} X_i^2 - n\overline{X}^2 \right).$$

样本标准差 称 $\sqrt{\dfrac{1}{n-1} \sum\limits_{i=1}^{n} (X_i - \overline{X})^2}$ 为样本标准差,记作 S,即

$$S = \sqrt{\frac{1}{n-1} \sum_{i=1}^{n} (X_i - \overline{X})^2}.$$

样本 k 阶原点矩　称 $\dfrac{1}{n}\sum\limits_{i=1}^{n}X_i^k$ 为样本 k 阶原点矩,记作 A_k,即 $A_k=\dfrac{1}{n}\sum\limits_{i=1}^{n}X_i^k$.

样本 k 阶中心矩　称 $\dfrac{1}{n}\sum\limits_{i=1}^{n}(X_i-\overline{X})^k$ 为样本 k 阶中心矩,记作 B_k,即

$$B_k=\frac{1}{n}\sum_{i=1}^{n}(X_i-\overline{X})^k.$$

注　(1) 无论总体 X 服从什么分布,只要 X 的各阶矩存在,依辛钦大数定律,有

$$\overline{X}=\frac{1}{n}\sum_{i=1}^{n}X_i\xrightarrow{P}E(X),\quad \overline{X}^2\xrightarrow{P}(E(X))^2,$$

$$A_k=\frac{1}{n}\sum_{i=1}^{n}X_i^k\xrightarrow{P}E(X^k),\quad k=1,2,\cdots,$$

$$S^2=\frac{1}{n-1}\sum_{i=1}^{n}(X_i-\overline{X})^2=\frac{1}{n-1}\Big(\sum_{i=1}^{n}X_i^2-n\overline{X}^2\Big)=\frac{n}{n-1}\Big(\frac{1}{n}\sum_{i=1}^{n}X_i^2-\overline{X}^2\Big)$$

$$\xrightarrow{P}(E(X^2)-(E(X))^2)=D(X).$$

样本均值依概率收敛于总体均值;样本 k 阶原点矩依概率收敛于总体 k 阶原点矩;样本方差依概率收敛于总体方差.

(2) 无论总体 X 服从什么分布,只要 X 的 $k(k=1,2,\cdots)$ 阶原点矩存在,依性质,有

$$E(\overline{X})=E\Big(\frac{1}{n}\sum_{i=1}^{n}X_i\Big)=\frac{1}{n}\sum_{i=1}^{n}E(X_i)=E(X),$$

$$D(\overline{X})=D\Big(\frac{1}{n}\sum_{i=1}^{n}X_i\Big)=\frac{1}{n^2}\sum_{i=1}^{n}D(X_i)=\frac{1}{n}D(X),$$

$$E(S^2)=\frac{1}{n-1}E\Big(\sum_{i=1}^{n}X_i^2-n\overline{X}^2\Big)=\frac{1}{n-1}\Big(\sum_{i=1}^{n}E(X_i^2)-nE(\overline{X}^2)\Big)$$

$$=\frac{1}{n-1}\Big(\sum_{i=1}^{n}(D(X_i)+(E(X_i))^2)-n(D(\overline{X})+(E(\overline{X}))^2)\Big)$$

$$=\frac{1}{n-1}\Big(nD(X)+n(E(X))^2-n\Big(\frac{1}{n}D(X)+(E(X))^2\Big)\Big)=D(X),$$

$$E(A_k)=\frac{1}{n}\sum_{i=1}^{n}E(X_i^k)=E(X^k),\quad k=1,2,\cdots.$$

三种常见的分布

(1) χ^2 分布　如果 $Y_1,Y_2,\cdots,Y_n$ 独立同服从标准正态分布 $N(0,1)$,则称随机变量 $Y=Y_1^2+Y_2^2+\cdots+Y_n^2$ 服从自由度为 n 的 χ^2 分布,记作 $\chi^2(n)$,即 $Y\sim\chi^2(n)$,其概率密度函数为

$$f(y)=\begin{cases}\dfrac{1}{2^{\frac{n}{2}}\Gamma(n/2)}y^{\frac{n}{2}-1}\mathrm{e}^{-\frac{y}{2}},& y>0,\\[2mm]0,& y\leqslant 0.\end{cases}$$

注　(1) $E(Y)=n,D(Y)=2n$.

(2) 设 $Y_1\sim\chi^2(n_1),Y_2\sim\chi^2(n_2)$,且 Y_1,Y_2 相互独立,则 $Y_1+Y_2\sim\chi^2(n_1+n_2)$.

推广　设 $Y_i\sim\chi^2(n_i)(i=1,2,\cdots,k)$,且 $Y_1,Y_2,\cdots,Y_k$ 相互独立,则

$$Y_1+Y_2+\cdots+Y_k\sim\chi^2(n_1+n_2+\cdots+n_k),$$

上述性质表明,χ^2 分布对其参数具有可加性.

设 $Y \sim \chi^2(n)$, $0 < \alpha < 1$, 称满足 $P\{Y > \chi_\alpha^2(n)\} = \alpha$ 的点 $\chi_\alpha^2(n)$ 为 $\chi^2(n)$ 分布的上 α 分位点.

(2) t 分布 设 $Z \sim N(0,1)$, $Y \sim \chi^2(n)$, 且 Z 与 Y 相互独立, 则称随机变量 $T = \dfrac{Z}{\sqrt{Y/n}}$ 服从自由度为 n 的 t 分布, 记作 $t(n)$, 即 $T \sim t(n)$, 其概率密度函数为

$$h(t) = \frac{\Gamma((n+1)/2)}{\sqrt{\pi n}\,\Gamma(n/2)} \left(1 + \frac{t^2}{n}\right)^{-\frac{n+1}{2}}, \quad -\infty < t < +\infty.$$

注 (1) $E(T) = 0$, $D(T) = \dfrac{n}{n-2}$ $(n > 2)$.

(2) t 分布是对称分布, 当自由度 n 很大时, t 分布近似于标准正态分布 $N(0,1)$.

设 $T \sim t(n)$, $0 < \alpha < 1$, 称满足 $P\{T > t_\alpha(n)\} = \alpha$ 的点 $t_\alpha(n)$ 为 $t(n)$ 分布的上 α 分位点, 且 $t_\alpha(n) = -t_{1-\alpha}(n)$.

(3) F 分布 设 $Y \sim \chi^2(n_1)$, $Z \sim \chi^2(n_2)$, 且 Y 与 Z 相互独立, 则称随机变量 $F = \dfrac{Y/n_1}{Z/n_2}$ 服从自由度为 (n_1, n_2) 的 F 分布, 记作 $F(n_1, n_2)$, 即 $F \sim F(n_1, n_2)$, 其概率密度函数为

$$g(y) = \begin{cases} \dfrac{\Gamma\left(\dfrac{n_1+n_2}{2}\right)\left(\dfrac{n_1}{n_2}\right)^{\frac{n_1}{2}} y^{\frac{n_1}{2}-1}}{\Gamma\left(\dfrac{n_1}{2}\right)\Gamma\left(\dfrac{n_2}{2}\right)\left(1 + \dfrac{n_1}{n_2}y\right)^{\frac{n_1+n_2}{2}}}, & y > 0, \\ 0, & y \leqslant 0. \end{cases}$$

注 如果 $F \sim F(n_1, n_2)$, 则 $\dfrac{1}{F} \sim F(n_2, n_1)$.

设 $F \sim F(n_1, n_2)$, $0 < \alpha < 1$, 称满足 $P\{F > F_\alpha(n_1, n_2)\} = \alpha$ 的点 $F_\alpha(n_1, n_2)$ 为 $F(n_1, n_2)$ 分布的上 α 分位点, 且 $F_{1-\alpha}(n_2, n_1) = \dfrac{1}{F_\alpha(n_1, n_2)}$.

上述三种分布的分位点均可通过查表确定.

二、典型例题

例 6.1.1 设 $X_1, X_2, \cdots, X_n$ 为总体 X 的一个样本, 试证 $\dfrac{1}{n(n-1)} \displaystyle\sum_{1 \leqslant i < j \leqslant n} (X_i - X_j)^2 = S^2$.

分析 依定义, $S^2 = \dfrac{1}{n-1} \displaystyle\sum_{i=1}^{n} (X_i - \overline{X})^2 = \dfrac{1}{n-1}\left(\displaystyle\sum_{i=1}^{n} X_i^2 - n(\overline{X})^2\right)$.

证 依题设, 有

$$\sum_{1 \leqslant i < j \leqslant n} (X_i - X_j)^2 = \sum_{1 \leqslant i < j \leqslant n} (X_i^2 + X_j^2 - 2X_i X_j)$$

$$= (n-1)\sum_{i=1}^{n} X_i^2 - 2\sum_{1 \leqslant i < j \leqslant n} X_i X_j$$

$$= (n-1)\sum_{i=1}^{n} X_i^2 - \left(\left(\sum_{i=1}^{n} X_i\right)^2 - \sum_{i=1}^{n} X_i^2\right)$$

$$= n\left(\sum_{i=1}^{n} X_i^2 - n(\overline{X})^2\right),$$

于是 $\dfrac{1}{n(n-1)}\sum_{1\leqslant i<j\leqslant n}(X_i-X_j)^2 = \dfrac{1}{n-1}\left(\sum_{i=1}^{n}X_i^2 - n(\overline{X})^2\right) = S^2.$

注 $\sum_{1\leqslant i<j\leqslant n}(X_i^2+X_j^2)=(n-1)\sum_{i=1}^{n}X_i^2,\quad 2\sum_{1\leqslant i<j\leqslant n}X_iX_j=\left(\sum_{i=1}^{n}X_i\right)^2-\sum_{i=1}^{n}X_i^2.$

评 样本方差的三种表示形式:

$$S^2 = \frac{1}{n-1}\sum_{i=1}^{n}(X_i-\overline{X})^2 = \frac{1}{n-1}\left(\sum_{i=1}^{n}X_i^2 - n(\overline{X})^2\right) = \frac{1}{n(n-1)}\sum_{1\leqslant i<j\leqslant n}(X_i-X_j)^2.$$

例 6.1.2 从正态总体 $N(3.4,6^2)$ 中抽取容量为 n 的样本,如果要使其样本均值位于区间 $(1.4,5.4)$ 内的概率不小于 0.95,问样本容量 n 至少应取多大? **【1998 研数一】**

分析 $\overline{X}\sim N\left(3.4,\dfrac{6^2}{n}\right)\Rightarrow P\{1.4<\overline{X}<5.4\}=P\left\{\dfrac{1.4-3.4}{6/\sqrt{n}}<\dfrac{\overline{X}-3.4}{6/\sqrt{n}}<\dfrac{5.4-3.4}{6/\sqrt{n}}\right\}.$

解 依题设,$X_i\sim N(3.4,6^2)(i=1,2,\cdots,n)$,则 $\overline{X}\sim N\left(3.4,\dfrac{6^2}{n}\right)$,要求 n,使 $P\{1.4<\overline{X}<5.4\}\geqslant 0.95$,即

$$0.95\leqslant P\{1.4<\overline{X}<5.4\}=P\left\{\frac{1.4-3.4}{6/\sqrt{n}}<\frac{\overline{X}-3.4}{6/\sqrt{n}}<\frac{5.4-3.4}{6/\sqrt{n}}\right\}=2\Phi\left(\frac{\sqrt{n}}{3}\right)-1,$$

即 $\Phi\left(\dfrac{\sqrt{n}}{3}\right)\geqslant 0.975$,经反查表 $\Phi(1.96)=0.975$,即 $\Phi\left(\dfrac{\sqrt{n}}{3}\right)\geqslant\Phi(1.96)$,因 $\Phi(x)$ 单调递增,故有 $\dfrac{\sqrt{n}}{3}\geqslant 1.96$,解之得 $n\approx 34.57$,故 n 至少要取 35.

注 因为 $\overline{X}\sim N\left(3.4,\dfrac{6^2}{n}\right)$,所以 $P\{1.4<\overline{X}<5.4\}$ 可借助标准正态分布表求值.

评 要求样本容量 n,可依样本均值的分布查表求之.

例 6.1.3 设样本 $X_1,X_2,\cdots,X_{10}$ 取自正态总体 $N(0,0.3^2)$,求 $P\left\{\sum_{i=1}^{10}X_i^2>1.44\right\}.$

分析 依题设,$\sum_{i=1}^{10}\left(\dfrac{X_i}{0.3}\right)^2\sim\chi^2(10),P\left\{\sum_{i=1}^{10}X_i^2>1.44\right\}=P\left\{\dfrac{\sum_{i=1}^{10}X_i^2}{0.3^2}>\dfrac{1.44}{0.3^2}\right\}.$

解 依题设,有

$$\frac{X_i}{0.3}\sim N(0,1),\quad i=1,2,\cdots,10,$$

因为 $X_1,X_2,\cdots,X_{10}$ 相互独立,依定义,$\sum_{i=1}^{10}\left(\dfrac{X_i}{0.3}\right)^2\sim\chi^2(10)$,经查表,得

$$P\left\{\sum_{i=1}^{10}X_i^2>1.44\right\}=P\left\{\frac{\sum_{i=1}^{10}X_i^2}{0.3^2}>\frac{1.44}{0.3^2}\right\}=P\left\{\frac{\sum_{i=1}^{10}X_i^2}{0.3^2}>16\right\}=0.10.$$

注　本例解法的关键是确认 $\sum\limits_{i=1}^{10}\left(\dfrac{X_i}{0.3}\right)^2 \sim \chi^2(10)$.

评　确认了分布,再由"凑分布法",借助该分布的分位点求概率

$$P\left\{\sum_{i=1}^{10}X_i^2 > 1.44\right\} = P\left\{\frac{\sum\limits_{i=1}^{10}X_i^2}{0.3^2} > \frac{1.44}{0.3^2}\right\} = P\left\{\frac{\sum\limits_{i=1}^{10}X_i^2}{0.3^2} > 16\right\},$$

且 16 是 $\chi^2(10)$ 的上 α 分位点,查表求 α.

例 6.1.4　设 $X_1,X_2,\cdots,X_{15}$ 是总体 $N(0,2^2)$ 的样本,求 $Y = \dfrac{X_1^2+X_2^2+\cdots+X_{10}^2}{2(X_{11}^2+X_{12}^2+\cdots+X_{15}^2)}$ 的分布.

分析　依题设

$$\frac{X_1^2}{4}+\frac{X_2^2}{4}+\cdots+\frac{X_{10}^2}{4} \sim \chi^2(10),\qquad \frac{X_{11}^2}{4}+\frac{X_{12}^2}{4}+\cdots+\frac{X_{15}^2}{4} \sim \chi^2(5),$$ 且两者相互独立.

解　依题设,$X_i \sim N(0,2^2)$,$\dfrac{X_i}{2} \sim N(0,1)$,$i=1,2,\cdots,15$,且相互独立,依定义,有

$$\left(\frac{X_1}{2}\right)^2+\left(\frac{X_2}{2}\right)^2+\cdots+\left(\frac{X_{10}}{2}\right)^2 \sim \chi^2(10),\qquad \left(\frac{X_{11}}{2}\right)^2+\left(\frac{X_{12}}{2}\right)^2+\cdots+\left(\frac{X_{15}}{2}\right)^2 \sim \chi^2(5).$$

因为 $\dfrac{X_1^2}{4}+\dfrac{X_2^2}{4}+\cdots+\dfrac{X_{10}^2}{4}$ 与 $\dfrac{X_{11}^2}{4}+\dfrac{X_{12}^2}{4}+\cdots+\dfrac{X_{15}^2}{4}$ 相互独立,依定义,有

$$\frac{\dfrac{X_1^2+X_2^2+\cdots+X_{10}^2}{4}\bigg/10}{\dfrac{X_{11}^2+X_{12}^2+\cdots+X_{15}^2}{4}\bigg/5} = \frac{X_1^2+X_2^2+\cdots+X_{10}^2}{2(X_{11}^2+X_{12}^2+\cdots+X_{15}^2)} \sim F(10,5),$$

即 $Y \sim F(10,5)$.

注　因为 $X_1,X_2,\cdots,X_{10},X_{11},X_{12},\cdots,X_{15}$ 相互独立,所以 $\dfrac{X_1^2}{4}+\dfrac{X_2^2}{4}+\cdots+\dfrac{X_{10}^2}{4}$ 与 $\dfrac{X_{11}^2}{4}+\dfrac{X_{12}^2}{4}+\cdots+\dfrac{X_{15}^2}{4}$ 相互独立,这是 $Y \sim F(10,5)$ 成立的前提条件.

评　因为 $Y = \dfrac{X_1^2+X_2^2+\cdots+X_{10}^2}{2(X_{11}^2+X_{12}^2+\cdots+X_{15}^2)}$ 的分子和分母都是独立的正态变量的平方和,且分子与分母相互独立,一般地,可考虑 Y 服从的是 F 分布.

例 6.1.5　设总体 $X \sim N(0,1)$,$X_1,X_2,\cdots,X_5$ 是来自总体 X 的样本,求常数 $C(C \neq 0)$,使统计量 $\dfrac{C(X_1+X_2)}{\sqrt{X_3^2+X_4^2+X_5^2}}$ 服从 t 分布.

分析　依题设 $X_1+X_2 \sim N(0,2)$,则 $\dfrac{X_1+X_2}{\sqrt{2}} \sim N(0,1)$,$X_3^2+X_4^2+X_5^2 \sim \chi^2(3)$.

解　依性质,X_1+X_2 服从正态分布,且
$$E(X_1+X_2) = E(X_1)+E(X_2) = 0,$$
$$D(X_1+X_2) = D(X_1)+D(X_2) = 2,$$

即 $X_1+X_2\sim N(0,2)$,于是 $\dfrac{X_1+X_2}{\sqrt{2}}\sim N(0,1)$.

依题设,$X_3^2+X_4^2+X_5^2\sim\chi^2(3)$,且 X_1+X_2 与 $X_3^2+X_4^2+X_5^2$ 相互独立,依定义,有

$$\dfrac{\dfrac{X_1+X_2}{\sqrt{2}}}{\sqrt{\dfrac{X_3^2+X_4^2+X_5^2}{3}}}\sim t(3),\quad 从而\sqrt{\dfrac{3}{2}}\dfrac{X_1+X_2}{\sqrt{X_3^2+X_4^2+X_5^2}}\sim t(3),$$

同理 $-\sqrt{\dfrac{3}{2}}\dfrac{X_1+X_2}{\sqrt{X_3^2+X_4^2+X_5^2}}\sim t(3)$,因此取 $C=\pm\sqrt{\dfrac{3}{2}}$.

注 先依题设"凑"成服从 $t(3)$ 的统计量,再求常数 C.

评 因统计量服从 t 分布,分子是正态变量,可"凑"成服从标准正态分布的统计量,分母根号下包含的是独立的正态变量的平方和,可"凑"成服从 χ^2 分布的统计量,同时注意分子与分母相互独立.

例 6.1.6 设 X_1,X_2 为来自总体 $N(0,\sigma^2)$ 的一个样本,证明 $\dfrac{(X_1-X_2)^2}{(X_1+X_2)^2}\sim F(1,1)$.

分析 要证明 $\dfrac{(X_1-X_2)^2}{(X_1+X_2)^2}\sim F(1,1)$,需利用凑分布法,说明与分子有关的统计量和与分母有关的统计量均服从 $\chi^2(1)$ 分布,且这两个统计量相互独立.

解 依题设,X_1 与 X_2 相互独立,依正态变量的性质,

$$X_1-X_2\sim N(0,2\sigma^2),\quad X_1+X_2\sim N(0,2\sigma^2),$$

所以 $\dfrac{X_1-X_2}{\sqrt{2}\sigma}\sim N(0,1),\dfrac{X_1+X_2}{\sqrt{2}\sigma}\sim N(0,1)$,因此

$$\left(\dfrac{X_1-X_2}{\sqrt{2}\sigma}\right)^2\sim\chi^2(1),\quad \left(\dfrac{X_1+X_2}{\sqrt{2}\sigma}\right)^2\sim\chi^2(1).$$

又因为 (X_1,X_2) 服从二维正态分布 $N(0,0,\sigma^2,\sigma^2,0)$,依二维正态变量的线性变换的不变性,$(X_1-X_2,X_1+X_2)$ 服从二维正态分布,且

$$\mathrm{Cov}(X_1-X_2,X_1+X_2)=D(X_1)-D(X_2)=\sigma^2-\sigma^2=0,$$

所以 X_1-X_2 与 X_1+X_2 不相关,因此 X_1-X_2 与 X_1+X_2 相互独立,此时

$$(X_1-X_2,X_1+X_2)\sim N(0,0,2\sigma^2,2\sigma^2,0).$$

依定义,

$$\dfrac{\left(\dfrac{X_1-X_2}{\sqrt{2}\sigma}\right)^2\big/1}{\left(\dfrac{X_1+X_2}{\sqrt{2}\sigma}\right)^2\big/1}\sim F(1,1),\quad 即\dfrac{(X_1-X_2)^2}{(X_1+X_2)^2}\sim F(1,1).$$

注 因为 (X_1-X_2,X_1+X_2) 服从二维正态分布,所以 X_1-X_2 与 X_1+X_2 不相关 $\Leftrightarrow$ X_1-X_2 与 X_1+X_2 相互独立,从而才能有 $F=\dfrac{(X_1-X_2)^2}{(X_1+X_2)^2}\sim F(1,1)$.

评 由 $\begin{cases} X_1 \sim N(0,\sigma^2), \\ X_2 \sim N(0,\sigma^2), \end{cases}$ 且相互独立 $\Rightarrow \begin{cases} \left(\dfrac{X_1 - X_2}{\sqrt{2}\,\sigma}\right)^2 \sim \chi^2(1), \\ \left(\dfrac{X_1 + X_2}{\sqrt{2}\,\sigma}\right)^2 \sim \chi^2(1). \end{cases}$

又由 $\begin{cases} X_1 \sim N(0,\sigma^2), \\ X_2 \sim N(0,\sigma^2), \end{cases}$ 且 相 互 独 立 $\Rightarrow (X_1, X_2)$ 服从二维正态分布 $\Rightarrow$ $(X_1 - X_2, X_1 + X_2)$ 服从二维正态分布 $\Rightarrow X_1 - X_2$ 与 $X_1 + X_2$ 不相关，则 $X_1 - X_2$ 与 $X_1 + X_2$ 相互独立 $\Rightarrow (X_1 - X_2, X_1 + X_2) \sim N(0, 0, 2\sigma^2, 2\sigma^2, 0)$.

习题 6-1

1. 某市要调查成年男子的吸烟率，特聘请 30 名某专业学生做街头随机调查，要求每位学生调查 200 名成年男子，问该项调查的总体和样本分别是什么？总体用什么分布为宜.

2. 设 $X_1, X_2, \cdots, X_n, X_{n+1}$ 为来自正态总体 $N(\mu, \sigma^2)$ 的样本，$\overline{X} = \dfrac{1}{n}\sum_{i=1}^{n} X_i$，求：

(1) $X_{n+1} - \overline{X}$ 所服从的分布；(2) $X_1 - \overline{X}$ 所服从的分布.

3. 设 X_1, X_2, X_3, X_4 是来自正态总体 $X \sim N(0, 2^2)$ 的样本，令 $Y = a(X_1 - 2X_2)^2 + b(3X_3 - 4X_4)^2$，求常数 a, b，使 Y 服从 χ^2 分布，并求其自由度. **【1998 研数三】**

4. 设 $X_1, X_2, \cdots, X_n$ 为来自正态总体 $N(\mu, 0.2^2)$ 的样本，为使 $P\{|\overline{X} - \mu| < 0.1\} \geqslant 0.95$，求样本容量 n.

5. 设 $X_1, X_2, \cdots, X_{20}$ 是来自正态总体 $N(0, \sigma^2)$ 的样本，求统计量 $\dfrac{\sum_{i=1}^{10}(-1)^i X_i}{\sqrt{\sum_{i=11}^{20} X_i^2}}$ 所服从的分布.

6. 设随机变量 $X \sim F(n, n)$，证明 $P\{X < 1\} = \dfrac{1}{2}$.

6.2 正态总体的抽样分布

一、内容要点与评注

抽样分布 称统计量的分布为抽样分布.

单个正态总体的场合抽样分布定理 设总体 $X \sim N(\mu, \sigma^2)$，$X_1, X_2, \cdots, X_n$ 是来自 X 的简单随机样本，$\overline{X} = \dfrac{1}{n}\sum_{i=1}^{n} X_i$，$S^2 = \dfrac{1}{n-1}\sum_{i=1}^{n}(X_i - \overline{X})^2$，则

(1) $\sum_{i=1}^{n}\left(\dfrac{X_i - \mu}{\sigma}\right)^2 \sim \chi^2(n)$；　　(2) $\overline{X} \sim N\left(\mu, \dfrac{\sigma^2}{n}\right)$；

(3) $\dfrac{\overline{X} - \mu}{\sigma/\sqrt{n}} \sim N(0, 1)$；　　(4) $\dfrac{(n-1)S^2}{\sigma^2} = \sum_{i=1}^{n}\left(\dfrac{X_i - \overline{X}}{\sigma}\right)^2 \sim \chi^2(n-1)$；

(5) $\overline{X}$ 与 S^2 相互独立； (6) $\dfrac{\overline{X}-\mu}{S/\sqrt{n}}\sim t(n-1).$

证 (4) 令 $Y_i=\dfrac{X_i-\mu}{\sigma}$，则 $Y_i\sim N(0,1),E(Y_i)=0,D(Y_i)=1(i=1,2,\cdots,n)$，且 Y_1，$Y_2,\cdots,Y_n$ 相互独立，则

$$\overline{Y}=\frac{1}{n}\sum_{i=1}^{n}Y_i=\frac{1}{n}\sum_{i=1}^{n}\frac{X_i-\mu}{\sigma}=\frac{\overline{X}-\mu}{\sigma},$$

$$\frac{(n-1)S^2}{\sigma^2}=\frac{\sum_{i=1}^{n}(X_i-\overline{X})^2}{\sigma^2}=\sum_{i=1}^{n}\left(\frac{X_i-\mu-(\overline{X}-\mu)}{\sigma}\right)^2$$

$$=\sum_{i=1}^{n}(Y_i-\overline{Y})^2=\sum_{i=1}^{n}Y_i^2-n\overline{Y}^2,$$

依 n 维正态变量的性质，$(Y_1,Y_2,\cdots,Y_n)$ 服从 n 维正态分布. 令正交矩阵

$$A=\begin{bmatrix}t_{11}&t_{12}&\cdots&t_{1n}\\t_{21}&t_{22}&\cdots&t_{2n}\\\vdots&\vdots&&\vdots\\t_{n1}&t_{n2}&\cdots&t_{nn}\end{bmatrix},\quad Y=\begin{bmatrix}Y_1\\Y_2\\\vdots\\Y_n\end{bmatrix},\quad Z=\begin{bmatrix}Z_1\\Z_2\\\vdots\\Z_n\end{bmatrix},$$

作正交替换 $Z=AY$，即

$$\begin{bmatrix}Z_1\\Z_2\\\vdots\\Z_n\end{bmatrix}=\begin{bmatrix}t_{11}&t_{12}&\cdots&t_{1n}\\t_{21}&t_{22}&\cdots&t_{2n}\\\vdots&\vdots&&\vdots\\t_{n1}&t_{n2}&\cdots&t_{nn}\end{bmatrix}\begin{bmatrix}Y_1\\Y_2\\\vdots\\Y_n\end{bmatrix},$$

则 $Z_j=t_{j1}Y_1+t_{j2}Y_2+\cdots+t_{jn}Y_n(j=1,2,\cdots,n)$，依 n 维正态变量的线性变换的不变性，$(Z_1,Z_2,\cdots,Z_n)$ 服从 n 维正态分布，且 $Z_j(j=1,2,\cdots,n)$ 服从正态分布，

$$E(Z_j)=E(t_{j1}Y_1+t_{j2}Y_2+\cdots+t_{jn}Y_n)=t_{j1}E(Y_1)+t_{j2}E(Y_2)+\cdots+t_{jn}E(Y_n)=0,$$

$$D(Z_j)=D(t_{j1}Y_1+t_{j2}Y_2+\cdots+t_{jn}Y_n)=t_{j1}^2D(Y_1)+t_{j2}^2D(Y_2)+\cdots+t_{jn}^2D(Y_n)$$

$$=t_{j1}^2+t_{j2}^2+\cdots+t_{jn}^2.$$

依正交矩阵的性质，得

$$t_{j1}^2+t_{j2}^2+\cdots+t_{jn}^2=1,\quad j=1,2,\cdots,n,$$

故 $Z_i\sim N(0,1)(i=1,2,\cdots,n)$. 又因为

$$\mathrm{Cov}(Z_i,Z_j)=\mathrm{Cov}(t_{i1}Y_1+t_{i2}Y_2+\cdots+t_{in}Y_n,t_{j1}Y_1+t_{j2}Y_2+\cdots+t_{jn}Y_n)$$

$$=t_{i1}t_{j1}D(Y_1)+t_{i2}t_{j2}D(Y_2)+\cdots+t_{in}t_{jn}D(Y_n)$$

$$=t_{i1}t_{j1}+t_{i2}t_{j2}+\cdots+t_{in}t_{jn}=\begin{cases}1,&i=j,\\0,&i\neq j,\end{cases}\quad i,j=1,2,\cdots,n,$$

上式表明，$Z_1,Z_2,\cdots,Z_n$ 两两不相关，依 n 维正态变量的性质，$Z_1,Z_2,\cdots,Z_n$ 相互独立. 取 $t_{11}=t_{12}=\cdots=t_{1n}=\dfrac{1}{\sqrt{n}}$，则 $Z_1=\dfrac{1}{\sqrt{n}}(Y_1+Y_2+\cdots+Y_n)=\sqrt{n}\;\overline{Y}$，即 $\overline{Y}=\dfrac{1}{\sqrt{n}}Z_1$，依正交矩阵的性质，有

$$\sum_{i=1}^{n} Z_i^2 = \boldsymbol{Z}^{\mathrm{T}} \boldsymbol{Z} = (\boldsymbol{A}\boldsymbol{Y})^{\mathrm{T}}(\boldsymbol{A}\boldsymbol{Y}) = \boldsymbol{Y}^{\mathrm{T}}(\boldsymbol{A}^{\mathrm{T}}\boldsymbol{A})\boldsymbol{Y} = \boldsymbol{Y}^{\mathrm{T}}\boldsymbol{Y} = \sum_{i=1}^{n} Y_i^2,$$

于是 $\dfrac{(n-1)S^2}{\sigma^2} = \sum_{i=1}^{n} Y_i^2 - n\bar{Y}^2 = \sum_{i=1}^{n} Z_i^2 - n\left(\dfrac{1}{\sqrt{n}}Z_1\right)^2 = \sum_{i=2}^{n} Z_i^2.$ 因为 $Z_i \sim N(0,1)(i=2,$

$3,\cdots,n)$，且 $Z_2,Z_3,\cdots,Z_n$ 相互独立，所以 $\sum_{i=2}^{n} Z_i^2 \sim \chi^2(n-1)$，即 $\dfrac{(n-1)S^2}{\sigma^2} \sim \chi^2(n-1).$

（5）因为 $\bar{X} = \sigma\bar{Y} + \mu = \dfrac{\sigma}{\sqrt{n}}Z_1 + \mu$，$\dfrac{(n-1)S^2}{\sigma^2} = \sum_{i=2}^{n} Z_i^2$，且 $Z_1,Z_2,\cdots,Z_n$ 相互独立，所以

$\bar{X}$ 与 S^2 相互独立.

（6）由（3），有 $\dfrac{\bar{X}-\mu}{\sigma/\sqrt{n}} \sim N(0,1)$，由（4），有 $\dfrac{(n-1)S^2}{\sigma^2} \sim \chi^2(n-1)$，由（5），有 $\dfrac{\bar{X}-\mu}{\sigma/\sqrt{n}}$ 与

$\dfrac{(n-1)S^2}{\sigma^2}$ 相互独立，依定义，$\dfrac{\dfrac{\bar{X}-\mu}{\sigma/\sqrt{n}}}{\sqrt{\dfrac{(n-1)S^2}{\sigma^2}/n-1}} = \dfrac{\bar{X}-\mu}{S/\sqrt{n}} \sim t(n-1).$

* **两个正态总体的抽样分布定理**　设总体 $X \sim N(\mu_1,\sigma_1^2)$，$Y \sim N(\mu_2,\sigma_2^2)$，且 X 与 Y 相互独立，$X_1,X_2,\cdots,X_{n_1}(n_1 \geqslant 2)$，$Y_1,Y_2,\cdots,Y_{n_2}(n_2 \geqslant 2)$ 是分别来自 X 和 Y 的样本，记

$$\bar{X} = \frac{1}{n_1}\sum_{i=1}^{n_1} X_i, \quad S_1^2 = \frac{1}{n_1-1}\sum_{i=1}^{n_1}(X_i-\bar{X})^2,$$

$$\bar{Y} = \frac{1}{n_2}\sum_{i=1}^{n_2} Y_i, \quad S_2^2 = \frac{1}{n_2-1}\sum_{i=1}^{n_2}(Y_i-\bar{Y})^2.$$

则（1）$\bar{X} \pm \bar{Y} \sim N\left(\mu_1 \pm \mu_2, \dfrac{\sigma_1^2}{n_1} + \dfrac{\sigma_2^2}{n_2}\right)$，$\dfrac{\bar{X} \pm \bar{Y} - (\mu_1 \pm \mu_2)}{\sqrt{\dfrac{\sigma_1^2}{n_1} + \dfrac{\sigma_2^2}{n_2}}} \sim N(0,1)$；

（2）当 $\sigma_1^2 = \sigma_2^2 = \sigma^2$ 时，

$$\sqrt{\frac{n_1 n_2 (n_1 + n_2 - 2)}{n_1 + n_2}} \frac{(\bar{X} \pm \bar{Y}) - (\mu_1 \pm \mu_2)}{\sqrt{(n_1-1)S_1^2 + (n_2-1)S_2^2}} \sim t(n_1 + n_2 - 2);$$

（3）$\dfrac{n_2}{n_1} \dfrac{\displaystyle\sum_{i=1}^{n_1}\left(\dfrac{X_i-\mu_1}{\sigma_1}\right)^2}{\displaystyle\sum_{j=1}^{n_2}\left(\dfrac{Y_j-\mu_2}{\sigma_2}\right)^2} \sim F(n_1,n_2);$

（4）$\dfrac{S_1^2/\sigma_1^2}{S_2^2/\sigma_2^2} \sim F(n_1-1, n_2-1).$

证　（1）由定理 1 知 $\bar{X} \sim N\left(\mu_1, \dfrac{\sigma_1^2}{n_1}\right)$，$\bar{Y} \sim N\left(\mu_2, \dfrac{\sigma_2^2}{n_2}\right)$，因为 $\bar{X}$ 与 $\bar{Y}$ 相互独立，则 $\bar{X} \pm$

$\bar{Y} \sim N\left(\mu_1 \pm \mu_2, \dfrac{\sigma_1^2}{n_1} + \dfrac{\sigma_2^2}{n_2}\right)$，所以

$$\frac{\overline{X} \pm \overline{Y} - (\mu_1 \pm \mu_2)}{\sqrt{\dfrac{\sigma_1^2}{n_1} + \dfrac{\sigma_2^2}{n_2}}} \sim N(0,1).$$

(2) 当 $\sigma_1^2 = \sigma_2^2 = \sigma^2$ 时，因为 $\dfrac{(n_1-1)S_1^2}{\sigma^2} \sim \chi^2(n_1-1)$，$\dfrac{(n_2-1)S_2^2}{\sigma^2} \sim \chi^2(n_2-1)$，且 S_1^2 与 S_2^2

相互独立，所以 $\dfrac{(n_1-1)S_1^2 + (n_2-1)S_2^2}{\sigma^2} \sim \chi^2(n_1+n_2-2)$. 又由(1)知，$\dfrac{\overline{X} \pm \overline{Y} - (\mu_1 \pm \mu_2)}{\sigma\sqrt{\dfrac{1}{n_1} + \dfrac{1}{n_2}}} \sim$

$N(0,1)$，且 $\overline{X} \pm \overline{Y}$ 与 $(n_1-1)S_1^2 + (n_2-1)S_2^2$ 相互独立，依定义，有

$$\frac{\dfrac{\overline{X} \pm \overline{Y} - (\mu_1 \pm \mu_2)}{\sigma\sqrt{\dfrac{1}{n_1} + \dfrac{1}{n_2}}}}{\sqrt{\dfrac{(n_1-1)S_1^2 + (n_2-1)S_2^2}{\sigma^2} / (n_1+n_2-2)}} \sim t(n_1+n_2-2),$$

即 $\sqrt{\dfrac{n_1 n_2 (n_1+n_2-2)}{n_1+n_2}} \dfrac{(\overline{X} \pm \overline{Y}) - (\mu_1 \pm \mu_2)}{\sqrt{(n_1-1)S_1^2 + (n_2-1)S_2^2}} \sim t(n_1+n_2-2)$.

(3) 因为 $\displaystyle\sum_{i=1}^{n_1} \left(\dfrac{X_i - \mu_1}{\sigma_1}\right)^2 \sim \chi^2(n_1)$，$\displaystyle\sum_{j=1}^{n_2} \left(\dfrac{Y_j - \mu_2}{\sigma_2}\right)^2 \sim \chi^2(n_2)$，且 $\displaystyle\sum_{i=1}^{n_1} \left(\dfrac{X_i - \mu_1}{\sigma_1}\right)^2$ 与

$\displaystyle\sum_{j=1}^{n_2} \left(\dfrac{Y_j - \mu_2}{\sigma_2}\right)^2$ 相互独立，依定义，$\dfrac{\displaystyle\sum_{i=1}^{n_1} \left(\dfrac{X_i - \mu_1}{\sigma_1}\right)^2 / n_1}{\displaystyle\sum_{j=1}^{n_2} \left(\dfrac{Y_j - \mu_2}{\sigma_2}\right)^2 / n_2} \sim F(n_1, n_2)$.

(4) 因为 $\dfrac{(n_1-1)S_1^2}{\sigma_1^2} = \displaystyle\sum_{i=1}^{n_1} \left(\dfrac{X_i - \overline{X}}{\sigma_1}\right)^2 \sim \chi^2(n_1-1)$，$\dfrac{(n_2-1)S_2^2}{\sigma_2^2} = \displaystyle\sum_{j=1}^{n_2} \left(\dfrac{Y_j - \overline{Y}}{\sigma_2}\right)^2 \sim$

$\chi^2(n_2-1)$，且 $\displaystyle\sum_{i=1}^{n_1} \left(\dfrac{X_i - \overline{X}}{\sigma_1}\right)^2$ 与 $\displaystyle\sum_{j=1}^{n_2} \left(\dfrac{Y_j - \overline{Y}}{\sigma_2}\right)^2$ 相互独立，依定义，

$$\frac{\displaystyle\sum_{i=1}^{n_1} \left(\dfrac{X_i - \overline{X}}{\sigma_1}\right)^2 / (n_1-1)}{\displaystyle\sum_{j=1}^{n_2} \left(\dfrac{Y_j - \overline{Y}}{\sigma_2}\right)^2 / (n_2-1)} = \frac{S_1^2/\sigma_1^2}{S_2^2/\sigma_2^2} \sim F(n_1-1, n_2-1).$$

二、典型例题

例 6.2.1 设 $X_1, X_2, \cdots, X_{16}$ 是来自正态总体 $N(\mu, \sigma^2)$ 的样本，$\overline{X}, S$ 为样本均值和样本标准差，若 $P\{\overline{X} > \mu + aS\} = 0.95$，试求常数 a.

分析 依题设，$\dfrac{\overline{X} - \mu}{S/\sqrt{16}} \sim t(15)$，$P\{\overline{X} > \mu + aS\} = P\left\{\dfrac{\overline{X} - \mu}{S/\sqrt{16}} > 4a\right\}$.

解 依定理 1，$\dfrac{\overline{X} - \mu}{S/\sqrt{16}} \sim t(15)$，于是

$$0.95 = P\{\overline{X} > \mu + aS\} = P\left\{\frac{\overline{X} - \mu}{S/\sqrt{16}} > 4a\right\} = P\left\{\frac{\overline{X} - \mu}{S/\sqrt{16}} > 4a\right\},$$

即 $4a = t_{0.95}(15) = -t_{0.05}(15)$，经查表 $4a = -1.7531$，即 $a = -0.4383$.

注　凑分布 $\dfrac{\overline{X} - \mu}{S/\sqrt{16}} \sim t(15)$，$t_{0.95}(15) = -t_{0.05}(15)$.

评　在求概率时，采用"凑分布法"，比如 $\dfrac{\overline{X} - \mu}{S/\sqrt{16}}$

$$P\{\overline{X} > \mu + aS\} = P\left\{\frac{\overline{X} - \mu}{S/\sqrt{16}} > 4a\right\} = P\{T > 4a\},$$

再明确 $4a$ 是 $t(15)$ 的上 0.95 分位点，查表求 a.

例 6.2.2　设来自正态总体 $N(\mu, \sigma^2)$ 的样本 $X_1, X_2, \cdots, X_n (n \geqslant 2)$.

$$S^2 = \frac{1}{n-1}\sum_{i=1}^{n}(X_i - \overline{X})^2,$$

(1) 求 $E(S^2), D(S^2)$；(2) 如果 $n = 11$，求 $P\left\{\dfrac{S^2}{\sigma^2} \leqslant 1.5987\right\}$.

分析　$\dfrac{(n-1)S^2}{\sigma^2} \sim \chi^2(n-1)$，$E\left(\dfrac{(n-1)S^2}{\sigma^2}\right) = n-1$，$D\left(\dfrac{(n-1)S^2}{\sigma^2}\right) = 2(n-1)$.

解　(1) 依定理 1，有 $\dfrac{(n-1)S^2}{\sigma^2} \sim \chi^2(n-1)$，依 χ^2 分布的数字特征，得

$$E\left(\frac{(n-1)S^2}{\sigma^2}\right) = n-1, \qquad 即 \frac{n-1}{\sigma^2}E(S^2) = n-1,$$

故 $E(S^2) = \sigma^2$.

$$D\left(\frac{(n-1)S^2}{\sigma^2}\right) = 2(n-1), \qquad 即 \frac{(n-1)^2}{\sigma^4}D(S^2) = 2(n-1),$$

故 $D(S^2) = \dfrac{2}{n-1}\sigma^4$.

(2) 如果 $n = 11$，$\dfrac{10S^2}{\sigma^2} \sim \chi^2(10)$，于是

$$P\left\{\frac{S^2}{\sigma^2} \leqslant 1.5987\right\} = P\left\{\frac{10S^2}{\sigma^2} \leqslant 10 \times 1.5987\right\}$$

$$= 1 - P\left\{\frac{10S^2}{\sigma^2} > 15.987\right\} \stackrel{查表}{=\!=\!=} 1 - 0.10 = 0.90.$$

注　如果 $X \sim N(\mu, \sigma^2)$，$E(S^2) = \sigma^2$，$D(S^2) = \dfrac{2}{n-1}\sigma^4$.

评　在计算概率时，采用"凑分布法"，再借助该分布的分位点求概率. 比如 $\dfrac{10S^2}{\sigma^2} \sim \chi^2(10)$，

$$P\left\{\frac{S^2}{\sigma^2} \leqslant 1.5987\right\} = P\left\{\frac{10S^2}{\sigma^2} \leqslant 10 \times 1.5987\right\} = 1 - P\left\{\frac{10S^2}{\sigma^2} > 15.987\right\}.$$

明确 15.987 是 $\chi^2(10)$ 的上 α 分位点，查表求 α.

例 6.2.3 设 $X_1, X_2, \cdots, X_n (n \geqslant 2)$ 是来自正态总体 $N(\mu, \sigma^2)$ 的简单随机样本,

$$\overline{X} = \frac{1}{n} \sum_{i=1}^{n} X_i, \quad S_1^2 = \sum_{i=1}^{n} (X_i - \mu)^2, \quad S_2^2 = \sum_{i=1}^{n} (X_i - \overline{X})^2,$$

试求 $E(S_1^2), D(S_1^2), E(S_2^2), D(S_2^2)$.

分析 $\dfrac{\sum\limits_{i=1}^{n} (X_i - \mu)^2}{\sigma^2} \sim \chi^2(n), \dfrac{\sum\limits_{i=1}^{n} (X_i - \overline{X})^2}{\sigma^2} \sim \chi^2(n-1)$, 再依 χ^2 分布求数字特

征 $E(\chi^2(n)) = n, D(\chi^2(n)) = 2n$.

解 依定理 1, 有

$$\sum_{i=1}^{n} \left(\frac{X_i - \mu}{\sigma} \right)^2 = \frac{\sum\limits_{i=1}^{n} (X_i - \mu)^2}{\sigma^2} \sim \chi^2(n), \quad 即 \frac{S_1^2}{\sigma^2} \sim \chi^2(n).$$

依 χ^2 分布的性质, 有

$$E\left(\frac{S_1^2}{\sigma^2} \right) = n, \quad 即 \frac{1}{\sigma^2} E(S_1^2) = n, \quad 故 E(S_1^2) = n\sigma^2,$$

$$D\left(\frac{S_1^2}{\sigma^2} \right) = 2n, \quad 即 \frac{1}{\sigma^4} D(S_1^2) = 2n, \quad 故 D(S_1^2) = 2n\sigma^4.$$

设 $S^2 = \dfrac{1}{n-1} \sum\limits_{i=1}^{n} (X_i - \overline{X})^2$, 则 $S^2 = \dfrac{1}{n-1} S_2^2$, 依定理 1, 有

$$\frac{(n-1)S^2}{\sigma^2} = \frac{\sum\limits_{i=1}^{n} (X_i - \overline{X})^2}{\sigma^2} \sim \chi^2(n-1), \quad 即 \frac{S_2^2}{\sigma^2} \sim \chi^2(n-1).$$

同理依 χ^2 分布的性质, 有

$$E\left(\frac{S_2^2}{\sigma^2} \right) = n-1, \quad 即 \frac{1}{\sigma^2} E(S_2^2) = n-1, 故 E(S_2^2) = (n-1)\sigma^2,$$

$$D\left(\frac{S_2^2}{\sigma^2} \right) = 2(n-1), \quad 即 \frac{1}{\sigma^4} D(S_2^2) = 2(n-1), \quad 故 D(S_2^2) = 2(n-1)\sigma^4.$$

注 $\dfrac{\sum\limits_{i=1}^{n} (X_i - \mu)^2}{\sigma^2} \sim \chi^2(n),$ 而 $\dfrac{\sum\limits_{i=1}^{n} (X_i - \overline{X})^2}{\sigma^2} \sim \chi^2(n-1).$

评 采用分布法依已知分布求数字特征, 比如, 因 $\dfrac{S_1^2}{\sigma^2} \sim \chi^2(n)$, 则

$$E(S_1^2) = \sigma^2 E\left(\frac{S_1^2}{\sigma^2} \right) = \sigma^2 n, \quad D(S_1^2) = \sigma^4 D\left(\frac{S_1^2}{\sigma^2} \right) = 2\sigma^4 n.$$

例 6.2.4 设 $X_1, X_2, \cdots, X_n (n \geqslant 2)$ 是来自正态总体 $X \sim N(\mu, \sigma^2)$ 的样本, $\overline{X}, S^2$ 分别

为样本均值和样本方差, 试证 $E((\overline{X} S^2)^2) = \dfrac{n+1}{n-1} \left(\dfrac{\sigma^2}{n} + \mu^2 \right) \sigma^4$.

分析 $E((\overline{X} S^2)^2) = E(\overline{X}^2) E(S^4)$, 且 $\overline{X} \sim N\left(\mu, \dfrac{\sigma^2}{n} \right), \dfrac{(n-1)S^2}{\sigma^2} \sim \chi^2(n-1)$.

证 依定理 $1,\overline{X}\sim N\left(\mu,\dfrac{\sigma^2}{n}\right),E(\overline{X})=\mu,D(\overline{X})=\dfrac{\sigma^2}{n}$,于是

$$E((\overline{X})^2)=D(\overline{X})+(E(\overline{X}))^2=\frac{\sigma^2}{n}+\mu^2.$$

$E(S^2)=\sigma^2$,依例 6.2.2 结论,$D(S^2)=\dfrac{2\sigma^4}{n-1}$,于是

$$E(S^4)=D(S^2)+(E(S^2))^2=\frac{2\sigma^4}{n-1}+\sigma^4=\frac{n+1}{n-1}\sigma^4.$$

依定理 $1,\overline{X}$ 与 S^2 相互独立,所以 $\overline{X}^2$ 与 S^4 相互独立,因此

$$E((\overline{X}S^2)^2)=E(\overline{X}^2)E(S^4)=\left(\frac{\sigma^2}{n}+\mu^2\right)\cdot\frac{n+1}{n-1}\sigma^4=\frac{n+1}{n-1}\left(\frac{\sigma^2}{n}+\mu^2\right)\sigma^4.$$

注 因为 $\overline{X}$ 与 S^2 相互独立,所以 $\overline{X}^2$ 与 S^4 相互独立,故

$$E((\overline{X}S^2)^2)=E(\overline{X}^2)E(S^4).$$

评 设总体 $X\sim N(\mu,\sigma^2)$,综上讨论,有

$$E(\overline{X})=\mu,\quad D(\overline{X})=\frac{\sigma^2}{n},\quad E(\overline{X}^2)=\frac{\sigma^2}{n}+\mu^2;$$

$$E(S^2)=\sigma^2,\quad D(S^2)=\frac{2\sigma^4}{n-1},\quad E(S^4)=\frac{n+1}{n-1}\sigma^4.$$

例 6.2.5 设 $X_1,X_2,\cdots,X_n(n\geqslant2)$ 是来自正态总体 $X\sim N(\mu_1,\sigma^2)$ 的样本,$\overline{X},S_X^2$ 分别为其样本均值和样本方差,$Y_1,Y_2,\cdots,Y_m(m\geqslant2)$ 是来自正态总体 $Y\sim N(\mu_2,\sigma^2)$ 的样本,$\overline{Y},S_Y^2$ 分别为其样本均值和样本方差,且总体 X 与 Y 相互独立,a,b 为非零常数,证明

$$\frac{a(\overline{X}-\mu_1)+b(\overline{Y}-\mu_2)}{\sqrt{\dfrac{(n-1)S_X^2+(m-1)S_Y^2}{n+m-2}}\sqrt{\dfrac{a^2}{n}+\dfrac{b^2}{m}}}\sim t(n+m-2).$$

分析 $a(\overline{X}-\mu_1)+b(\overline{Y}-\mu_2)$ 服从正态分布,$\dfrac{(n-1)S_X^2}{\sigma^2}+\dfrac{(m-1)S_Y^2}{\sigma^2}$ 服从 χ^2 分布.

证 依定理 $1,\overline{X}$ 与 $\overline{Y}$ 皆服从正态分布,且 $\overline{X}$ 与 $\overline{Y}$ 相互独立,所以 $a(\overline{X}-\mu_1)+b(\overline{Y}-\mu_2)$ 服从正态分布,且

$$E(a(\overline{X}-\mu_1)+b(\overline{Y}-\mu_2))=aE(\overline{X}-\mu_1)+bE(\overline{Y}-\mu_2)=0+0=0,$$

$$D(a(\overline{X}-\mu_1)+b(\overline{Y}-\mu_2))=a^2D(\overline{X}-\mu_1)+b^2D(\overline{Y}-\mu_2)$$

$$=a^2D(\overline{X})+b^2D(\overline{Y})=a^2\frac{\sigma^2}{n}+b^2\frac{\sigma^2}{m},$$

即 $a(\overline{X}-\mu_1)+b(\overline{Y}-\mu_2)\sim N\left(0,a^2\dfrac{\sigma^2}{n}+b^2\dfrac{\sigma^2}{m}\right)$,因此

$$\frac{a(\overline{X}-\mu_1)+b(\overline{Y}-\mu_2)}{\sqrt{a^2\dfrac{\sigma^2}{n}+b^2\dfrac{\sigma^2}{m}}}\sim N(0,1).$$

依定理 1,有

$$\frac{(n-1)S_X^2}{\sigma^2}\sim\chi^2(n-1),\quad\frac{(m-1)S_Y^2}{\sigma^2}\sim\chi^2(m-1),$$

依题设，$\dfrac{(n-1)S_X^2}{\sigma^2}$ 与 $\dfrac{(m-1)S_Y^2}{\sigma^2}$ 相互独立，依 χ^2 分布的性质，有

$$\frac{(n-1)S_X^2}{\sigma^2}+\frac{(m-1)S_Y^2}{\sigma^2}\sim\chi^2(n+m-2).$$

依定理 1，$\dfrac{a(\overline{X}-\mu_1)+b(\overline{Y}-\mu_2)}{\sqrt{a^2\dfrac{\sigma^2}{n}+b^2\dfrac{\sigma^2}{m}}}$ 与 $\dfrac{(n-1)S_X^2}{\sigma^2}+\dfrac{(m-1)S_Y^2}{\sigma^2}$ 相互独立，依定理 2，有

$$\frac{\dfrac{a(\overline{X}-\mu_1)+b(\overline{Y}-\mu_2)}{\sqrt{a^2\dfrac{\sigma^2}{n}+b^2\dfrac{\sigma^2}{m}}}}{\sqrt{\left.\dfrac{(n-1)S_X^2}{\sigma^2}+\dfrac{(m-1)S_Y^2}{\sigma^2}\right/(n+m-2)}}\sim t(n+m-2),$$

即 $\dfrac{a(\overline{X}-\mu_1)+b(\overline{Y}-\mu_2)}{\sqrt{\dfrac{(n-1)S_X^2+(m-1)S_Y^2}{n+m-2}}\sqrt{\dfrac{a^2}{n}+\dfrac{b^2}{m}}}\sim t(n+m-2).$

注 依定理 2，有

$$\frac{a(\overline{X}-\mu_1)+b(\overline{Y}-\mu_2)}{\sqrt{a^2\dfrac{\sigma^2}{n}+b^2\dfrac{\sigma^2}{m}}}\sim N(0,1),\ \frac{(n-1)S_X^2}{\sigma^2}+\frac{(m-1)S_Y^2}{\sigma^2}\sim\chi^2(n+m-2).$$

评 来自两个独立总体的样本当然是独立的. 要证由它们组成的统计量服从 $t(n+m-2)$，依定义需证与分子有关的统计量服从标准正态分布，与分母根号下有关的统计量服从 $\chi^2(n+m-2)$，再需说明两个统计量相互独立.

习题 6-2

1. 设正态总体 X 与 Y 相互独立，皆服从 $N(30,3^2)$，$X_1,X_2,\cdots,X_{20}$ 与 $Y_1,Y_2,\cdots,Y_{25}$ 是分别来自总体 X 与 Y 的样本，求 $P\{|\overline{X}-\overline{Y}|>0.4\}$.

2. 设 $X_1,X_2,\cdots,X_{20}$ 是来自正态总体 $N(\mu,\sigma^2)$ 的样本，求：

(1) $P\left\{10.9\leqslant\sum\limits_{i=1}^{20}\dfrac{(X_i-\mu)^2}{\sigma^2}\leqslant 37.6\right\}$；(2) $P\left\{11.7\leqslant\sum\limits_{i=1}^{20}\dfrac{(X_i-\overline{X})^2}{\sigma^2}\leqslant 38.6\right\}$.

3. 设 $X_1,X_2,\cdots,X_9$ 是来自正态总体 $X\sim N(\mu,\sigma^2)$ 的样本，

$$Y_1=\frac{1}{6}(X_1+X_2+\cdots+X_6),\quad Y_2=\frac{1}{3}(X_7+X_8+X_9),\quad S^2=\frac{1}{2}\sum\limits_{i=7}^{9}(X_i-Y_2)^2,$$

$Z=\dfrac{\sqrt{2}(Y_1-Y_2)}{S}(S>0)$，证明统计量 $Z\sim t(2)$. **【1999 研数三】**

4. 设正态总体 $X\sim N(\mu_1,\sigma^2)$ 与 $Y\sim N(\mu_2,\sigma^2)$ 相互独立，$X_1,X_2,\cdots,X_{n_1}$ 和 $Y_1,Y_2,\cdots,Y_{n_2}$ 是分别来自 X 和 Y 的样本，$\overline{X}=\dfrac{1}{n_1}\sum\limits_{i=1}^{n_1}X_i$，$\overline{Y}=\dfrac{1}{n_2}\sum\limits_{i=1}^{n_2}Y_i$，求证

$$E\left(\frac{\sum_{i=1}^{n_1}(X_i-\overline{X})^2+\sum_{i=1}^{n_2}(Y_i-\overline{Y})^2}{n_1+n_2-2}\right)=\sigma^2.$$

6.3　专题讨论

非正态总体的抽样分布

设随机变量 X 服从参数为 2 的指数分布 $E(2)$，则 $X\sim\chi^2(2)$．这是因为，X 的概率密度函数为

$$f(x)=\begin{cases}\dfrac{1}{2}\mathrm{e}^{-\frac{x}{2}}, & x>0,\\ 0, & x\leqslant 0,\end{cases}$$

上式也正是 $\chi^2(2)$ 分布的概率密度函数，因此 $X\sim\chi^2(2)$．

依 χ^2 分布的可加性，若 $X_1,X_2,\cdots,X_n$ 均服从参数为 2 的指数分布 $E(2)$，且相互独立，则

$$X_1+X_2+\cdots+X_n\sim\chi^2(2n).$$

例 6.3.1　设 $Y_1,Y_2,\cdots,Y_n$ 是来自总体 Y 的样本，且 Y_i 服从参数为 $\dfrac{1}{\lambda}(\lambda>0)$ 的指数分布 $E\left(\dfrac{1}{\lambda}\right)$，则 $2\lambda n\overline{Y}\sim\chi^2(2n)$．

分析　可证 $2\lambda Y_i\sim E(2)$，即 $2\lambda Y_i\sim\chi^2(2)$，则 $2\lambda(Y_1+Y_2+\cdots+Y_n)\sim\chi^2(2n)$．

证　依题设，$Y_i(i=1,2,\cdots,n)$ 的分布函数为

$$F(y)=\begin{cases}1-\mathrm{e}^{-\lambda y}, & y>0,\\ 0, & y\leqslant 0.\end{cases}$$

令 $Z_i=2\lambda Y_i(i=1,2,\cdots,n)$，则 $Z_i=2\lambda Y_i\in[0,+\infty)$，且 $Z_1,Z_2,\cdots,Z_n$ 独立同分布．设 Z_i 的分布函数为 $F_Z(z)$，依定义，$F_Z(z)=P\{Z_i\leqslant z\},\forall z\in\mathbb{R}$．

当 $z\leqslant 0$ 时，$F_Z(z)=P(\varnothing)=0$；

当 $z>0$ 时，$F_Z(z)=P\{2\lambda Y_i\leqslant z\}=P\left\{Y_i\leqslant\dfrac{z}{2\lambda}\right\}=F_Y\left(\dfrac{z}{2\lambda}\right)=1-\mathrm{e}^{-\lambda\frac{z}{2\lambda}}=1-\mathrm{e}^{-\frac{z}{2}}$，

即 Z_i 的分布函数为

$$F_Z(z)=\begin{cases}1-\mathrm{e}^{-\frac{z}{2}}, & z>0,\\ 0, & z\leqslant 0,\end{cases}$$

故 $Z_i\sim E(2)$．由上面的结论知，$Z_i\sim\chi^2(2)(i=1,2,\cdots,n)$，又 $Z_1,Z_2,\cdots,Z_n$ 相互独立，依 χ^2 分布的性质

$$Z_1+Z_2+\cdots+Z_n\sim\chi^2(2n),$$

即 $2\lambda(Y_1+Y_2+\cdots+Y_n)\sim\chi^2(2n)$，令 $\overline{Y}=\dfrac{1}{n}\sum_{i=1}^{n}Y_i$，因此 $2\lambda n\overline{Y}\sim\chi^2(2n)$．

注 若 $Y_i \sim E\left(\dfrac{1}{\lambda}\right)$，则 $2\lambda Y_i \sim E(2)$，$2\lambda(Y_1+Y_2+\cdots+Y_n) \sim \chi^2(2n)$.

评 试比较：若 $X_i \sim N(0,1)(i=1,2,\cdots,n)$，且相互独立，则 $X_1^2+X_2^2+\cdots+X_n^2 \sim \chi^2(n)$；若 $Y_i \sim E\left(\dfrac{1}{\lambda}\right)(i=1,2,\cdots,n)$，且相互独立，则 $2\lambda(Y_1+Y_2+\cdots+Y_n) \sim \chi^2(2n)$.

例 6.3.2 设 $X_1,X_2,\cdots,X_n$ 是来自某连续型随机变量总体 X 的样本，X 的分布函数 $F(x)$ 严格单调递增，试证统计量 $T=-2\sum_{i=1}^{n}\ln F(X_i) \sim \chi^2(2n)$.

分析 令 $Y_i=F(X_i)$，可证 $Y_i \sim U(0,1)$，令 $Z_i=-\ln Y_i$，进而有

$$Z_i \sim E(1), \quad \text{则} \quad 2Z_i \sim E(2), \quad \sum_{i=1}^{n}(2Z_i) \sim \chi^2(2n).$$

证 令 $Y_i=F(X_i)\in[0,1]$，则 $Y_1,Y_2,\cdots,Y_n$ 独立同分布，设其分布函数为 $F_Y(y)$，依定义，$F_Y(y)=P\{Y_i \leqslant y\}(\forall y \in \mathbb{R})$.

当 $y<0$ 时，$F_Y(y)=P(\varnothing)=0$；当 $y \geqslant 1$ 时，$F_Y(y)=P(\Omega)=1$；当 $0 \leqslant y<1$ 时，因为 $F(x)$ 严格单调递增，所以

$$F_Y(y)=P\{F(X_i) \leqslant y\}=P\{X_i \leqslant F^{-1}(y)\}=F(F^{-1}(y))=y,$$

即 Y_i 的分布函数为

$$F_Y(y)=\begin{cases}0, & y<0,\\ y, & 0 \leqslant y<1, \\ 1, & y \geqslant 1,\end{cases} \quad \text{显然} \quad Y_i \sim U(0,1), \quad i=1,2,\cdots,n.$$

令 $Z_i=-\ln Y_i \in[0,+\infty)(i=1,2,\cdots,n)$，则 $Z_1,Z_2,\cdots,Z_n$ 独立同分布.设其分布函数为 $F_Z(z)$，依定义，$F_Z(z)=P\{Z \leqslant z\}$.

当 $z \leqslant 0$ 时，$F_Z(z)=P(\varnothing)=0$；当 $z>0$ 时，

$$F_Z(z)=P\{-\ln Y_i \leqslant z\}=P\{Y_i \geqslant e^{-z}\}=1-F_Y(e^{-z})=1-e^{-z},$$

即 Z_i 的分布函数为

$$F_Z(z)=\begin{cases}1-e^{-z}, & z>0,\\ 0, & z \leqslant 0,\end{cases} \quad \text{显然} \quad Z_i \sim E(1), \quad i=1,2,\cdots,n,$$

易知 $2Z_i$ 的分布函数为

$$F_{2Z}(z)=\begin{cases}1-e^{-\frac{1}{2}z}, & z>0,\\ 0, & z \leqslant 0,\end{cases} \quad \text{显然} \quad 2Z_i \sim E(2), \quad i=1,2,\cdots,n,$$

因此 $2Z_i \sim \chi^2(2)(i=1,2,\cdots,n)$，且相互独立，依 χ^2 分布的性质，有

$$2(Z_1+Z_2+\cdots+Z_n) \sim \chi^2(2n),$$

即 $-2\sum_{i=1}^{n}\ln F(X_i) \sim \chi^2(2n)$.

注 证明问题的思路是：

$$F(X_i) \sim U(0,1) \Rightarrow -2\ln F(X_i) \sim \chi^2(2) \Rightarrow \sum_{i=1}^{n}(-2\ln F(X_i)) \sim \chi^2(2n).$$

评 若连续型随机变量 $X_1,X_2,\cdots,X_n$ 独立同分布，其分布函数 $F(x)$ 严格单调递增，则

$$F(X_i) \sim U(0,1), \quad -2\ln F(X_i) \sim \chi^2(2), \quad -2\sum_{i=1}^{n}\ln F(X_i) \sim \chi^2(2n).$$

单元练习题 6

一、选择题(下列每小题给出的四个选项中,只有一项是符合题目要求的,请将所选项前的字母写在指定位置)

1. 设总体 $X \sim N(\mu,\sigma^2)$,μ 已知,σ^2 未知,$X_1,X_2,\cdots,X_n$ 为样本,则下述各式不是统计量的是( ).

    A. $T_1 = \dfrac{1}{n}\sum_{i=1}^{n}X_i^2$ B. $T_2 = \dfrac{1}{n}\sum_{i=1}^{n}(X_i - \overline{X})^2$

    C. $T_3 = \dfrac{1}{n}\sum_{i=1}^{n}(X_i - \mu)^2$ D. $T_4 = \dfrac{1}{n}\sum_{i=1}^{n}\left(\dfrac{X_i - \mu}{\sigma}\right)^2$.

2. 设随机变量 X 和 Y 都服从标准正态分布,则下述结论正确的是( ).

    A. $X+Y$ 服从正态分布   B. X^2+Y^2 服从 χ^2 分布

    C. X^2 和 Y^2 都服从 χ^2 分布   D. X^2/Y^2 服从 F 分布

【2002 研数三】

3. 设 $X_1,X_2,\cdots,X_n(n \geq 2)$ 为来自总体 $N(0,1)$ 的样本,$\overline{X},S^2$ 分别为样本均值和样本方差,则( ).

    A. $n\overline{X} \sim N(0,1)$ B. $nS^2 \sim \chi^2(n)$

    C. $\dfrac{(n-1)\overline{X}}{S} \sim t(n-1)$ D. $\dfrac{(n-1)X_1^2}{\sum_{i=2}^{n}X_i^2} \sim F(1,n-1)$.

【2005 研数一】

4. 设 X_1,X_2,X_3 为来自正态总体 $N(0,\sigma^2)$ 的样本,记统计量 $S = \dfrac{X_1 - X_2}{\sqrt{2}\,|X_3|}$,则 S 服从的分布为( ).

    A. $F(1,1)$ B. $F(2,1)$ C. $t(1)$ D. $t(2)$

【2014 研数三】

5. 设随机变量 X_1,X_2,X_3,X_4 为来自总体 $N(1,\sigma^2)$ 的简单随机样本,则统计量 $\dfrac{X_1 - X_2}{|X_3 + X_4 - 2|}$ 服从的分布为( ).

    A. $N(0,1)$ B. $t(1)$ C. $\chi^2(1)$ D. $F(1,1)$

【2012 研数三】

6. 设随机变量 $X \sim t(n)$,$Y \sim F(1,n)$,给定 $\alpha(0 < \alpha < 0.5)$,常数 C 满足 $P\{X > C\} = \alpha$,则 $P\{Y > C^2\} = ($).

    A. α B. $1 - \alpha$ C. 2α D. $1 - 2\alpha$

【2013 研数一】

7. 设总体 $X \sim B(m,\theta)(0 < \theta < 1)$,$X_1,X_2,\cdots,X_n$ 为来自总体 X 的简单随机样本,$\overline{X}$

为样本均值，则 $E\left(\sum\limits_{i=1}^{n}(X_i-\overline{X})^2\right)=($ $)$.

    A. $(m-1)n\theta(1-\theta)$ B. $m(n-1)\theta(1-\theta)$

    C. $(m-1)(n-1)\theta(1-\theta)$ D. $mn\theta(1-\theta)$ **【2015 研数三】**

8. 对于给定的正数 $\alpha(0<\alpha<1)$，设 $z_\alpha,t_\alpha(n),\chi_\alpha^2(n),F_\alpha(n_1,n_2)$ 分别为 $N(0,1)$、$t(n)$、$\chi^2(n)$ 和 $F(n_1,n_2)$ 的上 α 分位点，则以下结论中不正确的是(   ).

    A. $z_{1-\alpha}=-z_\alpha$ B. $t_{1-\alpha}(n)=-t_\alpha(n)$

    C. $\chi_{1-\alpha}^2(n)=-\chi_\alpha^2(n)$ D. $F_{1-\alpha}(n_1,n_2)=\dfrac{1}{F_\alpha(n_2,n_1)}$

9. 设 $X_1,X_2,\cdots,X_n(n\geqslant2)$ 为来自总体 $N(\mu,1)$ 的简单随机样本，记 $\overline{X}=\dfrac{1}{n}\sum\limits_{i=1}^{n}X_i$，则下列结论不正确的是(   ).

    A. $\sum\limits_{i=1}^{n}(X_i-\mu)^2$ 服从 χ^2 分布   B. $2(X_n-X_1)^2$ 服从 χ^2 分布

    C. $\sum\limits_{i=1}^{n}(X_i-\overline{X})^2$ 服从 χ^2 分布   D. $n(\overline{X}-\mu)^2$ 服从 χ^2 分布

【2017 研数一、三】

10. 设 $X_1,X_2,\cdots,X_n(n\geqslant2)$ 是来自总体 $X\sim N(\mu,\sigma^2)(\sigma^2>0$ 已知) 的简单随机样本，令 $\overline{X}=\dfrac{1}{n}\sum\limits_{i=1}^{n}X_i,S=\sqrt{\dfrac{1}{n-1}\sum\limits_{i=1}^{n}(X_i-\overline{X})^2},S^*=\sqrt{\dfrac{1}{n-1}\sum\limits_{i=1}^{n}(X_i-\mu)^2}$，则下述结论正确的是(   ).

    A. $\dfrac{\sqrt{n}(\overline{X}-\mu)}{S}\sim t(n)$ B. $\dfrac{\sqrt{n}(\overline{X}-\mu)}{S}\sim t(n-1)$

    C. $\dfrac{\sqrt{n}(\overline{X}-\mu)}{S^*}\sim t(n)$ D. $\dfrac{\sqrt{n}(\overline{X}-\mu)}{S^*}\sim t(n-1)$

【2018 研数三】

二、填空题(请将答案写在指定位置)

1. 设总体 X 的概率密度函数为 $f(x)=\dfrac{1}{2}\mathrm{e}^{-|x|}$，$-\infty<x<+\infty$，$X_1,X_2,\cdots,X_n$ 为来自总体 X 的样本，其样本方差为 S^2，则 $E(S^2)=$_____.   **【2006 研数三】**

2. 设 $X_1,X_2,\cdots,X_n$ 为来自二项分布总体 $B(n,p)$ 的样本，$\overline{X}$ 和 S^2 分别为样本均值和样本方差，记统计量 $T=\overline{X}-S^2$，则 $E(T)=$_____.   **【2009 研数三】**

3. 设 $X_1,X_2,\cdots,X_n$ 是来自正态总体 $N(\mu,\sigma^2)$ 的样本，记统计量 $T=\dfrac{1}{n}\sum\limits_{i=1}^{n}X_i^2$，则 $E(T)=$_____.   **【2010 研数三】**

4. 设正态总体 $X\sim N(\mu,\sigma^2)$，$X_1,X_2,\cdots,X_n$ 为来自 X 的样本，$\overline{X},S^2$ 分别为样本均值和样本方差，则统计量 $U=n\left(\dfrac{\overline{X}-\mu}{\sigma}\right)^2$ 服从的分布是_____(要求注明分布参数或自由度)，$V=n\left(\dfrac{\overline{X}-\mu}{S}\right)^2$ 服从的分布是_____(要求注明分布参数或自由度).

5. 设正态总体 $X \sim N(0,1)$，$X_1, X_2, \cdots, X_n(n > 4)$ 为来自 X 的样本，指出下列统计量所服从的分布及其参数：(1) $\sqrt{n-1}\ \dfrac{X_1}{\sqrt{\sum\limits_{i=2}^{n} X_i^2}} \sim$ _____；(2) $\dfrac{X_1 - X_2}{\sqrt{X_3^2 + X_4^2}} \sim$

_____；(3) $\left(\dfrac{X_1 - X_2}{X_3 + X_4}\right)^2 \sim$ _____；(4) $\left(\dfrac{n}{3} - 1\right)\dfrac{\sum\limits_{i=1}^{3} X_i^2}{\sum\limits_{i=4}^{n} X_i^2} \sim$ _____.

6. 设 $X_1, X_2, \cdots, X_{15}$ 是正态总体 $N(0, 2^2)$ 的样本，则 $Y = \dfrac{X_1^2 + X_2^2 + \cdots + X_{10}^2}{2(X_{11}^2 + X_{12}^2 + \cdots + X_{15}^2)}$ 服从_____分布，参数为_____. 　【2001 研数三】

7. 设 $X_1, X_2, \cdots, X_9$ 和 $Y_1, Y_2, \cdots, Y_9$ 是来自总体 X 和 Y 的样本，X, Y 独立同服从正态分布 $N(0, 3^2)$，则统计量 $Z = \dfrac{X_1 + X_2 + \cdots + X_9}{\sqrt{Y_1^2 + Y_2^2 + \cdots + Y_9^2}}$ 服从的分布是_____（要求注明分布参数或自由度）. 　【1997 研数三】

8. 设正态总体 $X \sim N(\mu_1, \sigma^2)$，总体 $Y \sim N(\mu_2, \sigma^2)$，$X_1, X_2, \cdots, X_{n_1}(n_1 > 1)$，$Y_1, Y_2, \cdots, Y_{n_2}(n_2 > 1)$ 是分别来自总体 X 和 Y 的简单随机样本，则 $E\left(\sum\limits_{i=1}^{n_1}(X_i - \overline{X})^2 + \sum\limits_{j=1}^{n_2}(Y_j - \overline{Y})^2\right) =$ _____.

9. 设 $X_1, X_2, \cdots, X_{10}$ 是来自总体 $X \sim \chi^2(n)$ 的一个简单随机样本，$\overline{X}$ 是样本均值，则 $E(\overline{X}) =$ _____，$D(\overline{X}) =$ _____.

10. 设总体 $X \sim N(\mu, 2^2)$，$X_1, X_2, \cdots, X_n$ 为来自总体 X 的样本，$\overline{X}$ 为样本均值，问样本容量 $n \geqslant$ _____，才能使 $E(|\overline{X} - \mu|) \leqslant 0.1$ 成立.

三、判断题（请将判断结果写在题前的括号内，正确写√，错误写×）

1. （　　）设 $X \sim N(0,1)$，$Y \sim \chi^2(n)$，则 $\dfrac{X}{\sqrt{Y/n}} \sim t(n)$.

2. （　　）设 $X_1, X_2, \cdots, X_n$ 是来自正态总体 $N(\mu, \sigma^2)$ 的样本，则 $\dfrac{(\overline{X} - \mu)^2}{\sigma^2/n} \sim \chi^2(1)$.

3. （　　）设 $X_1, X_2, \cdots, X_n$ 是来自正态总体 $N(1,2)$ 的样本，则 $\dfrac{\overline{X} - 1}{1/\sqrt{n}} \sim N(0,1)$.

4. （　　）设 $X_1, X_2, \cdots, X_n$ 是来自总体 $N(\mu, \sigma^2)$ 的样本，则 $\dfrac{1}{\sigma^2}\sum\limits_{i=1}^{n}(X_i - \overline{X})^2 \sim \chi^2(n-1)$.

5. （　　）设 $X_1, X_2, \cdots, X_n$ 是来自正态总体 $N(\mu, \sigma^2)$ 的样本，则
$$E\left(\dfrac{1}{\sigma^2}\sum_{i=1}^{n}(X_i - \overline{X})^2\right) = n, \quad D\left(\dfrac{1}{\sigma^2}\sum_{i=1}^{n}(X_i - \overline{X})^2\right) = 2n.$$

四、解答题（解答应写出文字说明、证明过程或演算步骤）

1. 设 $X_1,X_2,\cdots,X_n,X_{n+1}$ 是来自正态总体 $N(\mu,\sigma^2)$ 的样本，记 $\overline{X}=\dfrac{1}{n}\sum_{i=1}^{n}X_i$，$S^2=\dfrac{1}{n-1}\sum_{i=1}^{n}(X_i-\overline{X})^2$，试求常数 C，使 $C\dfrac{X_{n+1}-\overline{X}}{S}$ 服从 t 分布，并指出其自由度.

2. (1) 设总体 $X\sim N(2.5,6^2)$，X_1,X_2,X_3,X_4,X_5 是来自 X 的样本，$\overline{X}$ 与 S^2 分别为样本均值和样本方差，求 $P\{1\leqslant\overline{X}\leqslant 3,6.3<S^2<9.6\}$；

(2) 设 X 与 Y 相互独立，且 $X\sim N(5,15)$，$Y\sim\chi^2(5)$，求 $P\{X-5\geqslant 3.5\sqrt{Y}\}$.

3. 设 $X_1,X_2,\cdots,X_n,X_{n+1}$ 是来自正态总体 $N(\mu,\sigma^2)$ 的样本，$\overline{X}=\dfrac{1}{n}\sum_{i=1}^{n}X_i$，$B_2=\dfrac{1}{n}\sum_{i=1}^{n}(X_i-\overline{X})^2$，求下述统计量的分布及其参数：

(1) $\dfrac{n(X_1-\mu)^2}{\sum_{i=2}^{n+1}(X_i-\mu)^2}$；

(2) $\sqrt{\dfrac{n-1}{n+1}}\dfrac{X_{n+1}-\overline{X}}{\sqrt{B_2}}$.

4. 设总体 $X\sim N(\mu,\sigma^2)$，$X_1,X_2,\cdots,X_{2n}(n\geqslant 2)$ 为来自 X 的样本，$\overline{X}=\dfrac{1}{2n}\sum_{i=1}^{2n}X_i$，求统计量 $Y=\sum_{i=1}^{n}(X_i+X_{n+i}-2\overline{X})^2$ 的数学期望. 【2001 研数一】

5. 设总体 $X\sim N(0,1)$，$X_1,X_2,\cdots,X_{100}$ 是来自 X 的样本，试用中心极限定理求：

(1) $P\{80\leqslant\sum_{i=1}^{100}X_i^2\leqslant 120\}$；　(2) 确定 C，使 $P\{\sum_{i=1}^{100}X_i^2\leqslant 100+C\}=0.95$.

五、证明题（要求写出证明过程）

设 $X_1,X_2,\cdots,X_n(n\geqslant 2)$ 是来自总体 $X\sim N(\mu_1,n\sigma^2)$ 的样本，$Y_1,Y_2,\cdots,Y_m(m\geqslant 2)$ 是来自总体 $Y\sim N(\mu_2,m\sigma^2)$ 的样本，且 X 与 Y 相互独立，记 X 和 Y 的样本均值分别为 $\overline{X},\overline{Y}$. 又记

$$S_1^2=\frac{1}{n}\sum_{i=1}^{n}(X_i-\overline{X})^2,\quad S_2^2=\frac{1}{m}\sum_{j=1}^{m}(Y_j-\overline{Y})^2,$$

证明 $T=\sqrt{\dfrac{n+m}{2}-1}\,\dfrac{(\overline{X}+\overline{Y})-(\mu_1+\mu_2)}{\sqrt{S_1^2+S_2^2}}\sim t(n+m-2)$.

第 7 章　参 数 估 计

在实际问题中,经常遇到总体 X 的分布类型已知,但是其中的某些参数未知.有时甚至对总体的分布类型不关心,感兴趣的仅是其某些特征参数,这时需要用总体的样本来估计其未知参数,这就是参数估计.

7.1　估计方法

一、内容要点与评注

估计量与估计值　设总体 X 的分布函数为 $F(x;\theta_1,\theta_2,\cdots,\theta_k)$,其中 $\theta_1,\theta_2,\cdots,\theta_k$ 是未知参数,且 $\theta_1,\theta_2,\cdots,\theta_k\in\Theta$,其中 Θ 为 $\theta_i(i=1,2,\cdots,k)$ 可能取值的范围.在参数的点估计中,就是根据样本 $X_1,X_2,\cdots,X_n$,对每一个未知参数 $\theta_i(i=1,2,\cdots,k)$,构造一个统计量 $\widehat{\theta_i}=\theta_i(X_1,X_2,\cdots,X_n)(i=1,2,\cdots,k)$,用 $\widehat{\theta_i}$ 估计 θ_i,称 $\widehat{\theta_i}=\theta_i(X_1,X_2,\cdots,X_n)$ 为 $\theta_i(i=1,2,\cdots,k)$ 的估计量,将样本观察值 $x_1,x_2,\cdots,x_n$ 代入得具体数值 $\widehat{\theta_i}=\theta_i(x_1,x_2,\cdots,x_n)$,称 $\widehat{\theta_i}=\theta_i(x_1,x_2,\cdots,x_n)$ 为 $\theta_i(i=1,2,\cdots,k)$ 的估计值.

矩估计法　矩估计法是以样本矩替换相应的总体矩,当一个参数可以表达成某总体矩的连续函数时,就以样本矩的同一函数作为该参数的估计.

(1) 设总体 X 有直到 k 阶的原点矩,$\theta_1,\theta_2,\cdots,\theta_k$ 是未知参数,$X_1,X_2,\cdots,X_n$ 为总体 X 的一个样本,以 μ_l 记 X 的 $l(l=1,2,\cdots,k)$ 阶原点矩,即

$$\begin{cases}\mu_1=E(X)=\mu_1(\theta_1,\theta_2,\cdots,\theta_k),\\ \mu_2=E(X^2)=\mu_2(\theta_1,\theta_2,\cdots,\theta_k),\\ \vdots\\ \mu_k=E(X^k)=\mu_k(\theta_1,\theta_2,\cdots,\theta_k),\end{cases}\quad 解之得\quad\begin{cases}\theta_1=\theta_1(\mu_1,\mu_2,\cdots,\mu_k),\\ \theta_2=\theta_2(\mu_1,\mu_2,\cdots,\mu_k),\\ \vdots\\ \theta_k=\theta_k(\mu_1,\mu_2,\cdots,\mu_k),\end{cases}$$

依概率收敛的定义,有

$$A_1=\frac{1}{n}\sum_{i=1}^{n}X_i\xrightarrow{P}\mu_1,\quad A_2=\frac{1}{n}\sum_{i=1}^{n}X_i^2\xrightarrow{P}\mu_2,\quad\cdots,\quad A_k=\frac{1}{n}\sum_{i=1}^{n}X_i^k\xrightarrow{P}\mu_k.$$

若上述函数 $\theta_l(l=1,2,\cdots,k)$ 皆为连续函数,那么由依概率收敛的性质,有

$$\theta_l(A_1,A_2,\cdots,A_k)\xrightarrow{P}\theta_l(\mu_1,\mu_2,\cdots,\mu_k),\quad l=1,2,\cdots,k.$$

以样本矩替换相应的总体矩,得 $\theta_1,\theta_2,\cdots,\theta_k$ 的估计量分别为

$$\begin{cases} \hat{\theta}_1 = \theta_1(A_1, A_2, \cdots, A_k), \\ \hat{\theta}_2 = \theta_2(A_1, A_2, \cdots, A_k), \\ \quad\vdots \\ \hat{\theta}_k = \theta_k(A_1, A_2, \cdots, A_k), \end{cases}$$

称估计量 $\hat{\theta}_i$ 为 $\theta_i(i=1,2,\cdots,k)$ 的矩估计量, $\hat{\theta}_i$ 的估计值为 $\theta_i(i=1,2,\cdots,k)$ 的矩估计值, 上述方法称为矩估计法.

注 矩估计法实际上是一种替换估计, 它强调总体 X 的直到 k(k 是未知参数的个数) 阶原点矩存在, 而原则上不要求已知总体的分布信息.

例如, 设总体 X 的均值 μ 及方差 σ^2($\sigma^2 > 0$) 都存在且未知, $X_1, X_2, \cdots, X_n$ 为来自总体 X 的一个样本, 则

$$\begin{cases} E(X) = \mu, \\ E(X^2) = D(X) + (E(X))^2 = \sigma^2 + \mu^2, \end{cases} \quad 解之得 \begin{cases} \mu = E(X), \\ \sigma^2 = E(X^2) - (E(X))^2, \end{cases}$$

分别用 $A_1 = \overline{X}, A_2 = \dfrac{1}{n}\sum_{i=1}^{n} X_i^2$ 替换 $E(X), E(X^2)$, 得 μ, σ^2 的矩估计量为

$$\hat{\mu} = A_1 = \overline{X}, \quad \hat{\sigma^2} = A_2 - A_1^2 = \frac{1}{n}\sum_{i=1}^{n} X_i^2 - \overline{X}^2 = \frac{1}{n}\sum_{i=1}^{n}(X_i - \overline{X})^2.$$

评 无论总体服从什么分布, 则总体均值的矩估计量为样本均值, 总体方差的矩估计量为样本的二阶中心矩, 即总体均值和总体方差的矩估计量不因不同的总体分布而异.

求矩估计的步骤(以总体包含两个未知参数 θ_1, θ_2 为例说明):

(1) 依题设, $\begin{cases} \mu_1 = E(X) = \mu_1(\theta_1, \theta_2), \\ \mu_2 = E(X^2) = \mu_2(\theta_1, \theta_2), \end{cases}$ 解之得 $\begin{cases} \theta_1 = \theta_1(\mu_1, \mu_2), \\ \theta_2 = \theta_2(\mu_1, \mu_2). \end{cases}$

(2) 分别用样本的一阶原点矩和二阶原点矩 $A_1 = \overline{X} = \dfrac{1}{n}\sum_{i=1}^{n} X_i, A_2 = \dfrac{1}{n}\sum_{i=1}^{n} X_i^2$ 替换 $E(X), E(X^2)$, 得 θ_1, θ_2 的矩估计量分别为 $\hat{\theta}_1 = \theta_1(A_1, A_2), \hat{\theta}_2 = \theta_2(A_1, A_2)$.

(3) 将样本观察值代入 $\hat{\theta}_1$ 和 $\hat{\theta}_2$, 得 θ_1, θ_2 的矩估计值.

矩估计的性质 设 $\eta = g(\theta)$ 是未知参数 θ 的连续函数, 若 η 也是未知参数, 则可依矩估计法得 η 的矩估计量为 $\hat{\eta} = g(\hat{\theta})$, 其中 $\hat{\theta}$ 是 θ 的矩估计量.

最大似然估计法 设 $X_1, X_2, \cdots, X_n$ 为总体 X 的一个样本, 其观察值为 $x_1, x_2, \cdots, x_n$, 总体 X 的概率分布为

$$P\{X = x_i\} = p(x_i; \theta_1, \theta_2, \cdots, \theta_k), \quad i = 1, 2, \cdots, n,$$

或者 X 的概率密度函数为 $f(x; \theta_1, \theta_2, \cdots, \theta_k)$, 参数 $\theta_1, \theta_2, \cdots, \theta_k$ 未知, 则称函数

$$L(\theta_1, \theta_2, \cdots, \theta_k) = L(x_1, x_2, \cdots, x_n; \theta_1, \theta_2, \cdots, \theta_k) = \prod_{i=1}^{n} p(x_i; \theta_1, \theta_2, \cdots, \theta_k),$$

或者

$$L(\theta_1, \theta_2, \cdots, \theta_k) = L(x_1, x_2, \cdots, x_n; \theta_1, \theta_2, \cdots, \theta_k) = \prod_{i=1}^{n} f(x_i; \theta_1, \theta_2, \cdots, \theta_k)$$

为似然函数.

对于给定的 $x_1, x_2, \cdots, x_n$，选取 $\widehat{\theta}_1, \widehat{\theta}_2, \cdots, \widehat{\theta}_k \in \Theta$，使

$$L(\widehat{\theta}_1, \widehat{\theta}_2, \cdots, \widehat{\theta}_k) = \max_{\substack{\theta_i \in \Theta \\ i=1,2,\cdots,k}} L(x_1, x_2, \cdots, x_n; \theta_1, \theta_2, \cdots, \theta_k),$$

则称 $\widehat{\theta}_i = \theta_i(x_1, x_2, \cdots, x_n)$ 为 $\theta_i(i = 1, 2, \cdots, k)$ 的最大似然估计值，$\widehat{\theta}_i = \theta_i(X_1, X_2, \cdots, X_n)$ 为 $\theta_i(i = 1, 2, \cdots, k)$ 的最大似然估计量，上述方法称为最大似然估计法.

求最大似然估计的步骤（以总体包含两个未知参数 θ_1, θ_2 为例说明）：

（1）若 $L(\theta_1, \theta_2)$ 关于 $\theta_l(l = 1, 2)$ 是可微函数且有驻点，则其最大值点 $\widehat{\theta}_1, \widehat{\theta}_2$ 可通过方程（也称为似然方程）

$$\frac{\partial(L(\theta_1, \theta_2))}{\partial \theta_l} = 0, \quad \text{或者方程} \frac{\partial(\ln L(\theta_1, \theta_2))}{\partial \theta_l} = 0, \quad l = 1, 2$$

求得.

（2）将样本值 $x_1, x_2, \cdots, x_n$ 改写成相应的 $X_1, X_2, \cdots, X_n$，即得 θ_1, θ_2 的最大似然估计量.

（3）如果 $L(\theta_1, \theta_2)$ 不可微或者单调，则其最大值 $\widehat{\theta}_1, \widehat{\theta}_2$ 要依定义及具体情况而定.

评 只有当总体的分布形式已知时才能使用最大似然估计法，因此它的应用范围较之矩估计法为窄，但也正因为它用了分布的信息，所以利用最大似然估计法得到的估计量一般具有较好的统计性质.

例如，设正态总体 $X \sim N(\mu, \sigma^2)$，参数 μ, σ^2 未知，$X_1, X_2, \cdots, X_n$ 为总体 X 的一个样本，$x_1, x_2, \cdots, x_n$ 为样本观察值，依最大似然估计法，似然函数为

$$L(\mu, \sigma^2) = \prod_{i=1}^{n} f(x_i; \mu, \sigma^2) = \prod_{i=1}^{n} \frac{1}{\sqrt{2\pi}\sigma} e^{-\frac{1}{2\sigma^2}(x_i-\mu)^2} = (2\pi)^{-\frac{n}{2}} (\sigma^2)^{-\frac{n}{2}} e^{-\frac{1}{2\sigma^2}\sum_{i=1}^{n}(x_i-\mu)^2}.$$

对似然函数取对数，得 $\ln L(\mu, \sigma^2) = -\dfrac{n}{2}\ln(2\pi) - \dfrac{n}{2}\ln(\sigma^2) - \dfrac{1}{2\sigma^2}\sum_{i=1}^{n}(x_i-\mu)^2$，$\ln L(\mu, \sigma^2)$ 分别关于 μ, σ^2 求偏导并令偏导数等于零，得

$$\begin{cases} \dfrac{\partial(\ln L(\mu, \sigma^2))}{\partial \mu} = \dfrac{1}{\sigma^2}\sum_{i=1}^{n}(x_i-\mu) = 0, \\[3mm] \dfrac{\partial(\ln L(\mu, \sigma^2))}{\partial(\sigma^2)} = -\dfrac{n}{2\sigma^2} + \dfrac{1}{2(\sigma^2)^2}\sum_{i=1}^{n}(x_i-\mu)^2 = 0, \end{cases}$$

解之得 $\ln L(\mu, \sigma^2)$ 的唯一驻点

$$\widehat{\mu} = \frac{1}{n}\sum_{i=1}^{n} x_i = \bar{x}, \quad \widehat{\sigma^2} = \frac{1}{n}\sum_{i=1}^{n}(x_i - \bar{x})^2,$$

则它就是 μ, σ^2 的最大似然估计值，于是 μ, σ^2 的最大似然估计量分别为 $\widehat{\mu} = \overline{X}$，$\widehat{\sigma^2} = \dfrac{1}{n}\sum_{i=1}^{n}(X_i - \overline{X})^2$.

注 对于正态总体 $X \sim N(\mu, \sigma^2)$，μ 的矩估计量和最大似然估计量同为 $\widehat{\mu} = \overline{X}$，$\sigma^2$ 的矩估计量和最大似然估计量同为 $\widehat{\sigma^2} = \dfrac{1}{n}\sum_{i=1}^{n}(X_i - \overline{X})^2$.

最大似然估计的性质 设 $\mu=\mu(\theta)$ 具有单值反函数,已知 $\hat{\theta}$ 是 θ 的最大似然估计,则 $\hat{\mu}=\mu(\hat{\theta})$ 是 μ 的最大似然估计.这一性质称为最大似然估计的不变性.

二、典型例题

例 7.1.1 一个人重复向同一目标射击,设他每次击中目标的概率为 $p(0<p<1)$ 且未知,射击直至命中目标为止,此人进行了 $n(n\geqslant2)$ 轮这样的射击,各轮射击的次数分别 x_1, $x_2,\cdots,x_n$,试求命中率 p 的矩估计量和最大似然估计量.

分析 设 X 为直到命中目标为止所进行的射击次数,则 $X\sim G(p)$,$E(X)=\dfrac{1}{p}$. 视 x_1, $x_2,\cdots,x_n$ 为样本观察值,建立似然函数 $L(p)=\prod\limits_{i=1}^{n}P\{X_i=x_i\}$,求 $L(p)$ 或 $\ln L(p)$ 的最大值点.

解 设 $X_1,X_2,\cdots,X_n$ 为总体 X 的一个样本,依题设,X 服从参数为 p 的几何分布,其分布律为

$$P\{X=x_i\}=(1-p)^{x_i-1}p,\quad x_i=1,2,\cdots,$$

依矩估计法,总体的一阶原点矩为 $E(X)=\dfrac{1}{p}$,故 $p=\dfrac{1}{E(X)}$,用样本的一阶原点矩 $A_1=\overline{X}$ 替换 $E(X)$,得 p 的矩估计量为

$$\hat{p}=\frac{1}{\overline{X}}=\frac{n}{\sum\limits_{i=1}^{n}X_i}.$$

依最大似然估计法,由题设,样本观察值为 $x_1,x_2,\cdots,x_n$,似然函数为

$$L(p)=\prod_{i=1}^{n}P\{X_i=x_i\}=\prod_{i=1}^{n}(1-p)^{x_i-1}p=(1-p)^{\sum\limits_{i=1}^{n}x_i-n}p^n.$$

对似然函数取对数,得

$$\ln L(p)=\ln\left((1-p)^{\sum\limits_{i=1}^{n}x_i-n}p^n\right)=\left(\sum_{i=1}^{n}x_i-n\right)\ln(1-p)+n\ln p,$$

$\ln L(p)$ 关于 p 求导并令导数等于零,得

$$\frac{\mathrm{d}}{\mathrm{d}p}(\ln L(p))=-\left(\sum_{i=1}^{n}x_i-n\right)\frac{1}{1-p}+\frac{n}{p}=-n(\overline{x}-1)\frac{1}{1-p}+\frac{n}{p}=0,$$

解之得唯一驻点为 $p_0=\dfrac{1}{\overline{x}}=\dfrac{n}{\sum\limits_{i=1}^{n}x_i}$,因为

$$\frac{\mathrm{d}^2}{\mathrm{d}p^2}(\ln L(p))=\frac{\mathrm{d}}{\mathrm{d}p}\left(-n(\overline{x}-1)\frac{1}{1-p}+\frac{n}{p}\right)=-n(\overline{x}-1)\frac{1}{(1-p)^2}-\frac{n}{p^2},$$

且 $\dfrac{\mathrm{d}^2}{\mathrm{d}p^2}(\ln L(p))_{p=p_0}=-n\overline{x}^2\left(\dfrac{1}{\overline{x}-1}+1\right)<0$,所以 $p_0=\dfrac{1}{\overline{x}}$ 就是 p 的最大似然估计值,故 p 的最大似然估计量为

$$\hat{p} = \frac{1}{\bar{X}} = \frac{n}{\sum\limits_{i=1}^{n} X_i}.$$

注　视 $x_1, x_2, \cdots, x_n$ 为样本观察值,似然函数应为 $L(p) = \prod\limits_{i=1}^{n} P\{X_i = x_i\}$,而非

$$\prod_{i=1}^{n} P\{X = x\} = (P\{X = x\})^n.$$

评　如果总体 $X \sim G(p)$,则未知参数 p 的矩估计量和最大似然估计量同为 $\hat{p} = \frac{1}{\bar{X}}$. 由

于 $\ln L(p)$ 和 $L(p)$ 在 p 的同一值处取得最大值,因而也可由 $\dfrac{\mathrm{d}}{\mathrm{d}p} \ln L(p) = 0$ 求最大似然估

计值.如果总体的概率分布图的图像只有一个峰,且 $\dfrac{\mathrm{d}}{\mathrm{d}p} L(p) = 0$ 或者 $\dfrac{\mathrm{d}}{\mathrm{d}p} \ln L(p) = 0$ 有解,

则其解就是 p 的最大似然估计值.

例 7.1.2　设总体 X 的概率分布为

X	0	1	2	3
P	θ^2	$2\theta(1-\theta)$	θ^2	$1-2\theta$

其中参数 $\theta\left(0 < \theta < \dfrac{1}{2}\right)$ 未知,利用如下的样本值:3,1,3,0,3,1,2,3,求 θ 的矩估计值和最大
似然估计值.

【2002 研数一】

分析　$E(X) = \sum\limits_{k=0}^{3} kP\{X = k\}$. 样本的观察值为 $x_1 = 3, x_2 = 1, x_3 = 3, x_4 = 0, x_5 = 3,$
$x_6 = 1, x_7 = 2, x_8 = 3$,建立似然函数为 $L(\theta) = \prod\limits_{i=1}^{n} P\{X_i = x_i\}$,其中 $n = 8$,求 $L(\theta)$ 或
$\ln L(\theta)$ 的最大值点.

解　(1) 依矩估计法,总体的一阶原点矩为
$$E(X) = 0 \times \theta^2 + 1 \times 2\theta(1-\theta) + 2 \times \theta^2 + 3 \times (1-2\theta) = 3 - 4\theta,$$

解之得 $\theta = \dfrac{3 - E(X)}{4}$,用样本的一阶原点矩 $A_1 = \bar{X}$ 替换 $E(X)$,得 θ 的矩估计量为 $\hat{\theta} =$

$\dfrac{3 - \bar{X}}{4}$,故 θ 的矩估计值为 $\hat{\theta} = \dfrac{3 - \bar{x}}{4}$. 依题设,$\bar{x} = \dfrac{1}{8}(3+1+3+0+3+1+2+3) = 2$,代入上

式得 $\hat{\theta} = \dfrac{1}{4}$.

(2) 依最大似然估计法,似然函数为
$$\begin{aligned}
L(\theta) &= P\{X_1 = 3, X_2 = 1, X_3 = 3, X_4 = 0, X_5 = 3, X_6 = 1, X_7 = 2, X_8 = 3\} \\
&= (P\{X_1 = 3\})^4 (P\{X_2 = 1\})^2 P\{X_4 = 0\} P\{X_7 = 2\} \\
&= 4\theta^6 (1-2\theta)^4 (1-\theta)^2.
\end{aligned}$$

对似然函数取对数,得 $\ln L(\theta) = \ln 4 + 6\ln\theta + 4\ln(1-2\theta) + 2\ln(1-\theta)$,$\ln L(\theta)$ 关于 θ 求

导并令导数等于零,得 $\frac{d}{d\theta}(\ln L(\theta)) = \frac{6}{\theta} - \frac{8}{1-2\theta} - \frac{2}{1-\theta} = 0$,解之得唯一驻点为 $\frac{7-\sqrt{13}}{12}$,因此它就是 θ 的最大似然估计值,故 θ 的最大似然估计值为 $\hat{\theta} = \frac{7-\sqrt{13}}{12}$.

注 (1) 依题设,似然函数为

$$L(\theta) = P\{X_1=3\}P\{X_2=1\}P\{X_3=3\}P\{X_4=0\}P\{X_5=3\}P\{X_6=1\} \cdot$$
$$P\{X_7=2\}P\{X_8=3\}.$$

(2) θ 的估计值应表示为 $\hat{\theta} = \frac{7-\sqrt{13}}{12}$,而非 $\theta = \frac{7-\sqrt{13}}{12}$,以示"估计".

(3) θ 的矩估计值与最大似然估计值不同.

评 最大似然估计法的关键是建立似然函数,对于离散型总体,似然函数为

$$L(\theta) = \prod_{i=1}^{n} P\{X_i = x_i\}.$$

例 7.1.3 设总体 X 的概率密度函数为

$$f(x;\lambda) = \begin{cases} \lambda^2 x e^{-\lambda x}, & x > 0, \\ 0, & x \leq 0, \end{cases}$$

其中参数 $\lambda(\lambda>0)$ 未知,$X_1, X_2, \cdots, X_n$ 为来自总体 X 的简单随机样本,$x_1, x_2, \cdots, x_n$ 为样本观察值,求:(1) λ 的矩估计量;(2) λ 的最大似然估计量. 【2009 研数一】

分析 (1) 求 $E(X) = \int_{-\infty}^{+\infty} x f(x;\lambda) dx$. (2) 建立似然函数 $L(\lambda) = \prod_{i=1}^{n} f(x_i;\lambda)$,求其最大值点.

解 (1) 依矩估计法,总体的一阶原点矩为

$$E(X) = \int_{-\infty}^{+\infty} x f(x;\lambda) dx = \int_0^{+\infty} \lambda^2 x^2 e^{-\lambda x} dx = -\lambda \int_0^{+\infty} x^2 d(e^{-\lambda x})$$
$$= -\lambda \left(x^2 e^{-\lambda x} + \frac{2}{\lambda}\left(x e^{-\lambda x} + \frac{1}{\lambda} e^{-\lambda x} \right) \right)\Big|_0^{+\infty} = \frac{2}{\lambda},$$

解之得 $\lambda = \frac{2}{E(X)}$,用样本的一阶原点矩 $A_1 = \overline{X}$ 替换 $E(X)$,得 λ 的矩估计量为

$$\hat{\lambda} = \frac{2}{\overline{X}} = \frac{2n}{\sum_{i=1}^{n} X_i}.$$

(2) 依最大似然估计法,似然函数为

$$L(\lambda) = \prod_{i=1}^{n} f(x_i;\lambda) = \begin{cases} \prod_{i=1}^{n} \lambda^2 x_i e^{-\lambda x_i}, & x_1>0, x_2>0, \cdots, x_n>0, \\ 0, & 其他, \end{cases}$$

当 $x_1>0, x_2>0, \cdots, x_n>0$ 时,对似然函数取对数,得

$$\ln L(\lambda) = \ln(\lambda^{2n} x_1 x_2 \cdots x_n e^{-\lambda(x_1+x_2+\cdots+x_n)}) = 2n\ln\lambda + \sum_{i=1}^{n} \ln x_i - \lambda \sum_{i=1}^{n} x_i.$$

$\ln L(\lambda)$ 关于 λ 求导并令导数等于零,得 $\frac{d}{d\lambda}(\ln L(\lambda)) = \frac{2n}{\lambda} - \sum_{i=1}^{n} x_i = 0$,解之得唯一驻点

为 $\dfrac{2n}{\sum\limits_{i=1}^{n} x_i}$，因此它就是 λ 的最大似然估计值，故 λ 的最大似然估计量为

$$\hat{\lambda} = \frac{2n}{\sum\limits_{i=1}^{n} X_i} = \frac{2}{\overline{X}}.$$

注　因求 $L(\lambda)$ 的最大值点，故仅考虑 $L(\lambda) > 0$ 的情形. 又似然函数应为

$$L(\lambda) = \prod_{i=1}^{n} f(x_i; \lambda), \quad 而非 \quad \prod_{i=1}^{n} f(x; \lambda) = (f(x; \lambda))^n.$$

评　(1) 本例中 λ 的矩估计量和最大似然估计量同为 $\dfrac{2}{\overline{X}}$.

(2) 矩估计法三步骤：$E(X) = \dfrac{2}{\lambda} \Rightarrow \lambda = \dfrac{2}{E(X)} \Rightarrow \hat{\lambda} = \dfrac{2}{\overline{X}}$.

(3) 最大似然估计法三步骤：

$$L(\lambda) = \prod_{i=1}^{n} f(x_i; \lambda) \Rightarrow \frac{d}{d\lambda}(\ln L(\lambda)) = 0 \ 得最大值点 \ \hat{\lambda} = \frac{2n}{\sum\limits_{i=1}^{n} x_i} \Rightarrow \hat{\lambda} = \frac{2n}{\sum\limits_{i=1}^{n} X_i}.$$

(4) 一般地，如果 $L(\lambda)$ 或 $\ln L(\lambda)$ 的最大值存在，且由似然方程 $\dfrac{d}{d\lambda} L(\lambda) = 0$ 或 $\dfrac{d}{d\lambda} \ln L(\lambda) = 0$ 得唯一驻点，则该唯一驻点就是 $L(\lambda)$ 或 $\ln L(\lambda)$ 的最大值点，即是 λ 的最大似然估计值.

例 7.1.4　设总体 X 的概率密度函数为

$$f(x; \theta) = \begin{cases} \dfrac{1}{1-\theta}, & \theta \leqslant x \leqslant 1, \\ 0, & 其他, \end{cases}$$

参数 $\theta(\theta < 1)$ 未知，$X_1, X_2, \cdots, X_n$ 为来自总体 X 的简单随机样本，求：

(1) θ 的矩估计量；(2) θ 的最大似然估计量.　　　　　　【2015 研数一、三】

分析　(1) $X \sim U(\theta, 1)$，$E(X) = \dfrac{\theta+1}{2}$；(2) 似然函数为 $L(\theta) = \prod\limits_{i=1}^{n} f(x_i; \theta)$，求其最大值点.

解　(1) 依矩估计法，总体的一阶原点矩为

$$E(X) = \int_{-\infty}^{+\infty} x f(x; \theta) dx = \int_{\theta}^{1} x \frac{1}{1-\theta} dx = \frac{1}{1-\theta} \cdot \left(\frac{x^2}{2}\right)_{\theta}^{1} = \frac{1+\theta}{2},$$

解之得 $\theta = 2E(X) - 1$，用样本的一阶原点矩 $A_1 = \overline{X}$ 替换 $E(X)$，得 θ 的矩估计量为

$$\hat{\theta} = 2\overline{X} - 1 = \frac{2}{n} \sum_{i=1}^{n} X_i - 1.$$

(2) 依最大似然估计法，设 $x_1, x_2, \cdots, x_n$ 为样本观察值，似然函数为

$$L(\theta) = \prod_{i=1}^{n} f(x_i; \theta) = \begin{cases} \prod\limits_{i=1}^{n} \dfrac{1}{1-\theta}, & \theta \leqslant x_1 \leqslant 1, \theta \leqslant x_2 \leqslant 1, \cdots, \theta \leqslant x_n \leqslant 1, \\ 0, & 其他. \end{cases}$$

当 $\theta \leqslant x_1 \leqslant 1, \theta \leqslant x_2 \leqslant 1, \cdots, \theta \leqslant x_n \leqslant 1$ 时,对似然函数取对数,有

$$\ln L(\theta) = \ln\left(\frac{1}{1-\theta}\right)^n = -n\ln(1-\theta).$$

因 $\dfrac{\mathrm{d}}{\mathrm{d}\theta}(\ln L(\theta)) = \dfrac{n}{1-\theta} > 0$,显然 $\ln L(\theta)$ 关于 θ 严格单调递增. 又因为 $\theta \leqslant \min\{x_1, x_2, \cdots,$ $x_n\}$,所以 θ 的最大似然估计值为 $\hat{\theta} = \min\{x_1, x_2, \cdots, x_n\}$,故 θ 的最大似然估计量为 $\hat{\theta} = \min\{X_1, X_2, \cdots, X_n\}$.

注 因为 $\ln L(\theta)$ 关于 θ 严格单调递增,没有驻点,故不能采用求驻点的方法来得到最大似然估计值. 又由于 θ 越大,$\ln L(\theta)$ 越大,且 $\theta \leqslant \min\{x_1, x_2, \cdots, x_n\}$,故取 θ 的最大似然估计值为 $\hat{\theta} = \min\{x_1, x_2, \cdots, x_n\}$.

评 依最大似然估计法求估计量时,如果似然函数的导函数严格单调,没有驻点,此时要依定义和具体情况确定最大值点,比如本例的方法.

例 7.1.5 设总体 X 的分布函数为

$$F(x; \alpha, \beta) = \begin{cases} 1 - \left(\dfrac{\alpha}{x}\right)^\beta, & x \geqslant \alpha, \\ 0, & x < \alpha, \end{cases}$$

其中参数 $\alpha, \beta(\alpha > 0, \beta > 1)$ 未知,$X_1, X_2, \cdots, X_n$ 为来自总体 X 的简单随机样本.

(1) 当 $\alpha = 1$ 时,求 β 的矩估计量;

(2) 当 $\alpha = 1$ 时,求 β 的最大似然估计量;

(3) 当 $\beta = 2$ 时,求 α 的最大似然估计量. **【2004 研数三】**

分析 (1) 当 $\alpha = 1$ 时,求导得 X 的概率密度为 $f(x; \beta) = \begin{cases} \beta x^{-\beta-1}, & x \geqslant 1, \\ 0, & x < 1, \end{cases}$ $E(X) =$ $\displaystyle\int_{-\infty}^{+\infty} x f(x; \beta)\mathrm{d}x$;(2) 似然函数 $L(\beta) = \displaystyle\prod_{i=1}^{n} f(x_i; \beta)$;(3) 当 $\beta = 2$ 时,同理 X 的概率密度为 $f(x; \alpha) = \begin{cases} 2\alpha^2 x^{-3}, & x \geqslant \alpha, \\ 0, & x < \alpha, \end{cases}$ 似然函数 $L(\alpha) = \displaystyle\prod_{i=1}^{n} f(x_i; \alpha)$.

解 (1) 当 $\alpha = 1$ 时,对 $F(x; \beta)$ 关于 x 求导,得 X 的概率密度函数为

$$f(x; \beta) = \begin{cases} \beta x^{-\beta-1}, & x \geqslant 1, \\ 0, & x < 1, \end{cases}$$

依矩估计法,总体的一阶原点矩为

$$E(X) = \int_{-\infty}^{+\infty} x f(x; \beta)\mathrm{d}x = \int_{1}^{+\infty} x \beta x^{-\beta-1}\mathrm{d}x = \frac{\beta}{-\beta+1}(x^{-\beta+1})\Big|_{1}^{+\infty} = \frac{\beta}{\beta-1},$$

解之得 $\beta = \dfrac{E(X)}{E(X)-1}$,用样本的一阶原点矩 $A_1 = \overline{X}$ 替换 $E(X)$,得 β 的矩估计量为 $\hat{\beta} = \dfrac{\overline{X}}{\overline{X}-1}$.

(2) 依最大似然估计法,设 $x_1, x_2, \cdots, x_n$ 为样本观察值. 当 $\alpha = 1$ 时,由(1)知 X 的概率密度函数为

$$f(x; \beta) = \begin{cases} \beta x^{-\beta-1}, & x \geqslant 1, \\ 0, & x < 1, \end{cases}$$

似然函数为

$$L(\beta) = \prod_{i=1}^{n} f(x_i;\beta) = \begin{cases} \prod_{i=1}^{n} \beta x_i^{-\beta-1}, & x_1 \geqslant 1, x_2 \geqslant 1, \cdots, x_n \geqslant 1, \\ 0, & \text{其他}. \end{cases}$$

当 $x_1 \geqslant 1, x_2 \geqslant 1, \cdots, x_n \geqslant 1$ 时,对似然函数取对数,得

$$\ln L(\beta) = \ln(\beta^n (x_1 x_2 \cdots x_n)^{-\beta-1}) = n\ln\beta - (\beta+1)\sum_{i=1}^{n} \ln x_i,$$

$\ln L(\beta)$ 关于 β 求导并令导数等于零,得 $\dfrac{\mathrm{d}}{\mathrm{d}\beta}(\ln L(\beta)) = \dfrac{n}{\beta} - \sum_{i=1}^{n} \ln x_i = 0$,解之得唯一驻点为

$\dfrac{n}{\sum\limits_{i=1}^{n} \ln x_i}$,因此它就是 β 的最大似然估计值,故 β 的最大似然估计量为 $\hat{\beta} = \dfrac{n}{\sum\limits_{i=1}^{n} \ln X_i}$.

(3) 当 $\beta=2$ 时,对 $F(x;\alpha)$ 关于 x 求导,得 X 的概率密度函数为

$$f(x;\alpha) = \begin{cases} 2\alpha^2 x^{-3}, & x \geqslant \alpha, \\ 0, & x < \alpha, \end{cases}$$

依最大似然估计法,设 $x_1, x_2, \cdots, x_n$ 为样本观察值,似然函数为

$$L(\alpha) = \prod_{i=1}^{n} f(x_i;\alpha) = \begin{cases} \prod_{i=1}^{n} 2\alpha^2 x_i^{-3}, & x_1 \geqslant \alpha, x_2 \geqslant \alpha, \cdots, x_n \geqslant \alpha, \\ 0, & \text{其他}, \end{cases}$$

当 $x_1 \geqslant \alpha, x_2 \geqslant \alpha, \cdots, x_n \geqslant \alpha$ 时,有 $L(\alpha) = \dfrac{2^n \alpha^{2n}}{(x_1 x_2 \cdots x_n)^3}$,显然 $L(\alpha)$ 关于 α 严格单调递增,且 $0 < \alpha \leqslant \min\{x_1, x_2, \cdots, x_n\}$,因此 α 的最大似然估计值为 $\hat{\alpha} = \min\{x_1, x_2, \cdots, x_n\}$,故 α 的最大似然估计量为 $\hat{\alpha} = \min\{X_1, X_2, \cdots, X_n\}$.

注 (1) 在(2)问中,对似然函数 $L(\beta)$ 求驻点时,应是 $\dfrac{\mathrm{d}}{\mathrm{d}\beta}(L(\beta)) = 0$,而非 $\dfrac{\mathrm{d}}{\mathrm{d}x}(L(\beta)) = 0$.

(2) 在(3)问中,因为 $L(\alpha) = \dfrac{2^n \alpha^{2n}}{(x_1 x_2 \cdots x_n)^3}$ 关于 α 严格单调递增,没有驻点. 此时依具体情况 $0 < \alpha \leqslant \min\{x_1, x_2, \cdots, x_n\}$,确定 α 的最大似然估计值为 $\hat{\alpha} = \min\{x_1, x_2, \cdots, x_n\}$.

评 在上例(2)问和本例(3)问中,似然函数都是单调函数,没有驻点,此时最大似然估计值要依具体情况而选定. 同时注意到,这两个未知参数都在概率密度函数分段表达式的分界点处,值得总结.

例 7.1.6 设总体 X 的分布函数为

$$F(x;\theta) = \begin{cases} 1 - \mathrm{e}^{-\frac{x^2}{\theta}}, & x \geqslant 0, \\ 0, & x < 0, \end{cases}$$

其中参数 $\theta(\theta > 0)$ 未知,$X_1, X_2, \cdots, X_n$ 为来自总体 X 的简单随机样本.

(1) 求 $E(X)$ 和 $E(X^2)$;

(2) 求 θ 的最大似然估计量 $\widehat{\theta_n}$;

（3）是否存在实数 a，使得对任何 $\varepsilon>0$，都有 $\lim\limits_{n\to\infty}P\{|\widehat{\theta}_n-a|\geqslant\varepsilon\}=0$. 【2014 研数一】

分析 （1）对 $F(x;\theta)$ 关于 x 求导得 X 的概率密度为 $f(x;\theta)=\begin{cases}\dfrac{2}{\theta}x\,\mathrm{e}^{-\frac{x^2}{\theta}}, & x>0,\\[2mm] 0, & x\leqslant 0,\end{cases}$
$E(X)=\displaystyle\int_{-\infty}^{+\infty}xf(x;\theta)\mathrm{d}x$，$E(X^2)=\displaystyle\int_{-\infty}^{+\infty}x^2f(x;\theta)\mathrm{d}x$；（2）$L(\theta)=\displaystyle\prod_{i=1}^{n}f(x_i;\theta)$；（3）可由依概率收敛的定义证明.

解 对 $F(x;\theta)$ 关于 x 求导得 X 的概率密度函数为

$$f(x;\theta)=\begin{cases}\dfrac{2}{\theta}x\,\mathrm{e}^{-\frac{x^2}{\theta}}, & x>0,\\[3mm] 0, & x\leqslant 0,\end{cases}$$

（1）依定义及定理，有

$$E(X)=\int_{-\infty}^{+\infty}xf(x;\theta)\mathrm{d}x=\int_{0}^{+\infty}x\cdot\frac{2}{\theta}x\,\mathrm{e}^{-\frac{x^2}{\theta}}\mathrm{d}x=-\int_{0}^{+\infty}x\,\mathrm{d}\mathrm{e}^{-\frac{x^2}{\theta}}$$

$$=-\left(x\,\mathrm{e}^{-\frac{x^2}{\theta}}\right)\Big|_{0}^{+\infty}+\int_{0}^{+\infty}\mathrm{e}^{-\frac{x^2}{\theta}}\mathrm{d}x=0+\frac{\sqrt{\pi\theta}}{2}=\frac{\sqrt{\pi\theta}}{2},$$

$$E(X^2)=\int_{-\infty}^{+\infty}x^2f(x;\theta)\mathrm{d}x=\int_{0}^{+\infty}x^2\cdot\frac{2}{\theta}x\,\mathrm{e}^{-\frac{x^2}{\theta}}\mathrm{d}x=-\int_{0}^{+\infty}x^2\,\mathrm{d}\mathrm{e}^{-\frac{x^2}{\theta}}$$

$$=-\left(x^2\,\mathrm{e}^{-\frac{x^2}{\theta}}\right)\Big|_{0}^{+\infty}+2\int_{0}^{+\infty}x\,\mathrm{e}^{-\frac{x^2}{\theta}}\mathrm{d}x=0-\theta\left(\mathrm{e}^{-\frac{x^2}{\theta}}\right)\Big|_{0}^{+\infty}=\theta.$$

（2）依最大似然估计法，设 $x_1,x_2,\cdots,x_n$ 为样本观察值，似然函数为

$$L(\theta)=\prod_{i=1}^{n}f(x_i;\theta)=\begin{cases}\displaystyle\prod_{i=1}^{n}\frac{2}{\theta}x_i\,\mathrm{e}^{-\frac{x_i^2}{\theta}}, & x_1>0,x_2>0,\cdots,x_n>0,\\[3mm] 0, & \text{其他.}\end{cases}$$

当 $x_1>0,x_2>0,\cdots,x_n>0$ 时，对似然函数取对数，有

$$\ln L(\theta)=\ln\left(\frac{2^n}{\theta^n}(x_1x_2\cdots x_n)\mathrm{e}^{-\frac{1}{\theta}(x_1^2+x_2^2+\cdots+x_n^2)}\right)=\ln 2^n-n\ln\theta+\sum_{i=1}^{n}\ln x_i-\frac{1}{\theta}\sum_{i=1}^{n}x_i^2,$$

$\ln L(\theta)$ 关于 θ 求导并令导数等于零，得 $\dfrac{\mathrm{d}}{\mathrm{d}\theta}(\ln L(\theta))=-\dfrac{n}{\theta}+\dfrac{1}{\theta^2}\sum\limits_{i=1}^{n}x_i^2=0$，解之得唯一驻点

为 $\dfrac{1}{n}\sum\limits_{i=1}^{n}x_i^2$，因此它就是 θ 的最大似然估计值，故 θ 的最大似然估计量为 $\widehat{\theta}_n=\dfrac{1}{n}\sum\limits_{i=1}^{n}X_i^2$.

（3）因 $X_1,X_2,\cdots,X_n$ 独立同分布，所以 $X_1^2,X_2^2,\cdots,X_n^2$ 独立同分布，且由（1）知
$E(X_i^2)=\theta$，依辛钦大数定律，$\dfrac{1}{n}\sum\limits_{i=1}^{n}X_i^2\xrightarrow{P}\theta$，即对任何 $\varepsilon>0$，都有 $\lim\limits_{n\to\infty}P\{|\widehat{\theta}_n-\theta|\geqslant\varepsilon\}=0$，从而取实数 $a=\theta$，有 $\lim\limits_{n\to\infty}P\{|\widehat{\theta}_n-a|\geqslant\varepsilon\}=0$.

注 $\displaystyle\int_{0}^{+\infty}\mathrm{e}^{-\frac{x^2}{\theta}}\mathrm{d}x\xlongequal{x=\sqrt{\theta}t}\sqrt{\theta}\int_{0}^{+\infty}\mathrm{e}^{-t^2}\mathrm{d}t=\frac{\sqrt{\theta}}{2}\int_{-\infty}^{+\infty}\mathrm{e}^{-t^2}\mathrm{d}t=\frac{\sqrt{\theta}}{2}\cdot\sqrt{\pi}=\frac{\sqrt{\pi\theta}}{2}.$

评 θ 的最大似然估计量 $\widehat{\theta}_n=\dfrac{1}{n}\sum\limits_{i=1}^{n}X_i^2$ 同时还满足：$\widehat{\theta}_n\xrightarrow{P}\theta$.

习题 7-1

1. 设总体 X 的概率分布为
$$P\{X=k\}=(k-1)\theta^2(1-\theta)^{k-2}, \quad k=2,3,4,\cdots,$$
其中参数 $\theta(0<\theta<1)$ 未知, $X_1,X_2,\cdots,X_n$ 是来自 X 的样本, 求未知参数 θ 的矩估计量和最大似然估计量.

2. 设总体 X 的概率分布为

X	1	2	3
P	θ^2	$2\theta(1-\theta)$	$(1-\theta)^2$

其中参数 $\theta(0<\theta<1)$ 未知, 已知样本观察值为 $1,2,1$, 求 θ 的矩估计值和最大似然估计值.

3. 设总体 X 的概率密度函数为
$$f(x;\theta)=\begin{cases}(\theta+1)x^\theta, & 0<x<1,\\ 0, & \text{其他},\end{cases}$$
其中参数 $\theta(\theta>-1)$ 为未知, $X_1,X_2,\cdots,X_n$ 是一个来自总体 X 的容量为 n 的样本, 试分别就矩估计法和最大似然估计法求 θ 的估计量. 　【1997 研数一】

4. 设总体 X 的概率密度函数为
$$f(x;\theta)=\begin{cases}\theta, & 0<x<1,\\ 1-\theta, & 1\leqslant x<2,\\ 0, & \text{其他},\end{cases}$$
其中参数 $\theta(0<\theta<1)$ 未知, $X_1,X_2,\cdots,X_n$ 为来自总体 X 的样本, 记 N 为样本值 $x_1,x_2,\cdots,x_n$ 中小于 1 的个数, 求:

(1) θ 的矩估计量; (2) θ 的最大似然估计值. 　【2006 研数一】

5. 设总体 $X\sim U[-2\theta,2\theta]$, 其中参数 $\theta(\theta>0)$ 未知, $X_1,X_2,\cdots,X_n$ 为来自总体 X 的样本, 求 θ 的最大似然估计量.

6. 设总体 X 的分布函数为
$$F(x;\beta)=\begin{cases}1-\dfrac{1}{x^\beta}, & x\geqslant 1,\\ 0, & x<1,\end{cases}$$
其中参数 $\beta(\beta>1)$ 未知, $X_1,X_2,\cdots,X_n$ 为来自总体 X 的简单随机样本, 求:

(1) β 的矩估计量; (2) β 的最大似然估计量. (3) $U=\mathrm{e}^{1/\beta}$ 的最大似然估计值.
　【2004 研数一】

7.2　估计量的评选标准

一、内容要点与评注

无偏性标准　设 $\hat{\theta}$ 是未知参数 θ 的估计量, 如果

$$E(\hat{\theta}) = \theta, \quad \forall\, \theta \in \Theta,$$

则称 $\hat{\theta}$ 是 θ 的无偏估计量. 否则称 $\hat{\theta}$ 为 θ 的有偏估计量.

注 如果 $\hat{\theta}_1, \hat{\theta}_2$ 都是 θ 的无偏估计量, 则 $a\hat{\theta}_1 + (1-a)\hat{\theta}_2 (0 \leqslant a \leqslant 1)$ 也是 θ 的无偏估计量, 即 θ 的无偏估计量可不唯一.

有效性标准 设 $\hat{\theta}_1, \hat{\theta}_2$ 是 θ 的两个无偏估计量, 如果

$$D(\hat{\theta}_1) \leqslant D(\hat{\theta}_2), \quad \forall\, \theta \in \Theta,$$

则称 $\hat{\theta}_1$ 较 $\hat{\theta}_2$ 更有效.

相合性标准 设 $\hat{\theta}_n$ 是样本容量为 n 时 θ 的估计量, 如果对任意 $\varepsilon > 0$, 有

$$\lim_{n \to \infty} P\{|\hat{\theta}_n - \theta| \geqslant \varepsilon\} = 0, \quad \text{或者} \quad \hat{\theta}_n \xrightarrow{P} \theta$$

成立, 则称 $\hat{\theta}_n$ 是 θ 的相合估计量或一致估计量.

注 一般地, 未知参数的矩估计量都是相合估计量. 相合性是对估计量的一个基本要求, 不具备相合性的估计量一般不作考虑.

议 (1) 设总体 X 的均值 μ, 方差 σ^2 都未知, $\overline{X}, S^2$ 分别为样本均值和样本方差, 则

$$E(\overline{X}) = \mu, \quad E(S^2) = \sigma^2,$$

即样本均值 $\overline{X}$ 是 μ 的无偏估计量, 样本方差 S^2 是 σ^2 的无偏估计量.

依辛钦大数定律, 有 $\overline{X} \xrightarrow{P} \mu$, 所以 $\overline{X}$ 还是 μ 的相合估计量.

同理 $\dfrac{1}{n}\sum\limits_{i=1}^{n} X_i^2 \xrightarrow{P} E(X_i^2) = D(X_i) + (E(X_i))^2 = \sigma^2 + \mu^2$, 由依概率收敛的性质, 有

$$(\overline{X})^2 \xrightarrow{P} \mu^2, \quad \frac{1}{n}\sum_{i=1}^{n} X_i^2 - \overline{X}^2 \xrightarrow{P} (\sigma^2 + \mu^2) - \mu^2 = \sigma^2,$$

$$S^2 = \frac{1}{n-1}\Big(\sum_{i=1}^{n} X_i^2 - n\overline{X}^2\Big) = \frac{n}{n-1}\Big(\frac{1}{n}\sum_{i=1}^{n} X_i^2 - \overline{X}^2\Big) \xrightarrow{P} \sigma^2,$$

所以 S^2 还是 σ^2 的相合估计量.

又设总体 X 的 k 阶原点矩 $E(X^k) = \mu_k$ 存在, 样本 $X_1, X_2, \cdots, X_n$ 的 k 阶原点矩为 $A_k = \dfrac{1}{n}\sum\limits_{i=1}^{n} X_i^k (k = 1, 2, \cdots)$, 因为 $E(A_k) = \dfrac{1}{n}\sum\limits_{i=1}^{n} E(X_i^k) = \mu_k$, 即 A_k 是 μ_k 的无偏估计量. 又依辛钦大数定律, $A_k \xrightarrow{P} \mu_k$, 所以 A_k 还是 μ_k 的相合估计量.

(2) 在 n 重伯努利试验中, 设 $P(A) = p, 0 < p < 1$. 令 μ_n 为事件 A 出现的次数, 则 $\mu_n \sim B(n, p)$, $E(\mu_n) = np$, 通常用频率 $\hat{p} = \dfrac{\mu_n}{n}$ 作为 p 的估计量. 因为

$$E(\hat{p}) = E\left(\frac{\mu_n}{n}\right) = \frac{1}{n}E(\mu_n) = \frac{1}{n} \times np = p,$$

依定义, $\hat{p} = \dfrac{\mu_n}{n}$ 是 p 的无偏估计量.

又依伯努利大数定律, $\hat{p} \xrightarrow{P} p$, $\hat{p} = \dfrac{\mu_n}{n}$ 还是概率 p 的相合估计量.

（3）由例 7.1.1 知，如果总体 $X \sim G(p)$，则未知参数 p 的矩估计量和最大似然估计量同为 $\hat{p} = \dfrac{1}{\overline{X}}$，依辛钦大数定律，$\overline{X} \xrightarrow{P} E(X) = \dfrac{1}{p}$，由依概率收敛的性质，有

$$\hat{p} = \frac{1}{\overline{X}} \xrightarrow{P} p.$$

上式表明，p 的矩估计量和最大似然估计量 $\hat{p} = \dfrac{1}{\overline{X}}$ 也是 p 的相合估计量.

二、典型例题

例 7.2.1　设总体 X 的概率分布为

X	1	2	3
P	$1-\theta$	$\theta(1-\theta)$	θ^2

其中参数 $\theta(0<\theta<1)$ 未知，以 X_i 表示来自总体 X 的容量为 n 的样本中等于 $i(i=1,2,3)$ 的个数，试求常数 a_1, a_2, a_3，使 $T = a_1 X_1 + a_2 X_2 + a_3 X_3$ 为 θ 的无偏估计量，并求方差 $D(T)$. 【2010 研数一】

分析　$X_1 + X_2 + X_3 = n$，且 $X_1 \sim B(n, 1-\theta)$，$X_2 \sim B(n, \theta-\theta^2)$，$X_3 \sim B(n, \theta^2)$，确定 a_1, a_2, a_3，使 $E(T) = \theta$，以此求 $D(T)$.

解　依题意，有 $X_1 \sim B(n, 1-\theta)$，$X_2 \sim B(n, \theta-\theta^2)$，$X_3 \sim B(n, \theta^2)$，依性质，有
$$E(T) = a_1 E(X_1) + a_2 E(X_2) + a_3 E(X_3)$$
$$= a_1 n(1-\theta) + a_2 n(\theta-\theta^2) + a_3 n\theta^2$$
$$= na_1 + n(a_2 - a_1)\theta + n(a_3 - a_2)\theta^2.$$
因为 T 为 θ 的无偏估计量，则 $E(T) = \theta$，即 $na_1 + n(a_2 - a_1)\theta + n(a_3 - a_2)\theta^2 = \theta$，故
$$\begin{cases} na_1 = 0, \\ n(a_2 - a_1) = 1, \\ n(a_3 - a_2) = 0, \end{cases} \quad \text{解之得} \quad \begin{cases} a_1 = 0, \\ a_2 = 1/n, \\ a_3 = 1/n, \end{cases}$$
代入得 $T = \dfrac{1}{n}(X_2 + X_3) = \dfrac{1}{n}(n - X_1)$. 因为 $X_1 \sim B(n, 1-\theta)$，所以 $D(X_1) = n(1-\theta)\theta$，依方差的性质，有
$$D(T) = \frac{1}{n^2} D(n-X_1) = \frac{1}{n^2} D(X_1) = \frac{1}{n^2} \cdot n(1-\theta)\theta = \frac{1}{n}(1-\theta)\theta.$$

注　依题意，$X_1 + X_2 + X_3 = n$，且
$$X_1 \sim B(n, 1-\theta), \quad X_2 \sim B(n, \theta-\theta^2), \quad X_3 \sim B(n, \theta^2).$$

评　作为无偏估计量 $T = \dfrac{1}{n}(n - X_1)$，样本容量 n 越大，$D(T) = \dfrac{1}{n}(1-\theta)\theta$ 越小，T 的估计效果越优.

例 7.2.2　设 $X_1, X_2, \cdots, X_n (n \geqslant 2)$ 是总体 $X \sim N(\mu, \sigma^2)$ 的样本，记
$$\overline{X} = \frac{1}{n} \sum_{i=1}^{n} X_i, \quad S^2 = \frac{1}{n-1} \sum_{i=1}^{n} (X_i - \overline{X})^2, \quad T = \overline{X}^2 - \frac{1}{n} S^2,$$

(1) 证明 T 是 μ^2 的无偏估计量；(2) 当 $\mu=0,\sigma=1$ 时，求 $D(T)$. 【2008 研数一、三】

分析 (1)要证 $E(T)=\mu^2$；(2)当 $\mu=0,\sigma=1$ 时，$X\sim N(0,1)$，$\overline{X}^2$ 与 S^2 相互独立，于是 $D\left(\overline{X}^2-\dfrac{1}{n}S^2\right)=D(\overline{X}^2)+\dfrac{1}{n^2}D(S^2)$.

解 (1) 依题设，$E(\overline{X})=E(X)=\mu$，$D(\overline{X})=\dfrac{1}{n}D(X)=\dfrac{\sigma^2}{n}$，$E(S^2)=\sigma^2$，依性质，有

$$E(T)=E\left(\overline{X}^2-\frac{1}{n}S^2\right)=E(\overline{X}^2)-\frac{1}{n}E(S^2)$$

$$=D(\overline{X})+(E(\overline{X}))^2-\frac{1}{n}\sigma^2=\frac{\sigma^2}{n}+\mu^2-\frac{1}{n}\sigma^2=\mu^2,$$

依定义，T 是 μ^2 的无偏估计量.

(2) 当 $\mu=0,\sigma=1$ 时，$X\sim N(0,1)$，依定理，$\overline{X}\sim N\left(0,\dfrac{1}{n}\right)$，$\dfrac{\overline{X}}{1/\sqrt{n}}\sim N(0,1)$，则 $\dfrac{\overline{X}^2}{1/n}=n\overline{X}^2\sim\chi^2(1)$，$(n-1)S^2\sim\chi^2(n-1)$，依 χ^2 分布的性质，有

$$D(n\overline{X}^2)=2,\quad 即\ n^2D(\overline{X}^2)=2,\quad 解之得\ D(\overline{X}^2)=\frac{2}{n^2},$$

$$D((n-1)S^2)=2(n-1),即\ (n-1)^2D(S^2)=2(n-1),$$

解之得 $D(S^2)=\dfrac{2}{n-1}$.

又依定理，$\overline{X}$ 与 S^2 相互独立，则 $\overline{X}^2$ 与 S^2 相互独立，因此

$$D(T)=D\left(\overline{X}^2-\frac{1}{n}S^2\right)=D(\overline{X}^2)+\frac{1}{n^2}D(S^2)=\frac{2}{n^2}+\frac{1}{n^2}\cdot\frac{2}{n-1}=\frac{2}{n(n-1)}.$$

注 若 $X\sim N(\mu,\sigma^2)$，所以 $\overline{X}$ 与 S^2 相互独立，因此 $\overline{X}^2$ 与 S^2 相互独立，且 $E(\overline{X})=\mu$，$D(\overline{X})=\dfrac{\sigma^2}{n}$，$E(S^2)=\sigma^2$.

若 $X\sim N(0,1)$，则 $n\overline{X}^2\sim\chi^2(1)$，$(n-1)S^2\sim\chi^2(n-1)$.

评 依分布确定 $n\overline{X}$ 和 $(n-1)S^2$ 的方差是本例的妙笔，且作为估计量 $T=\overline{X}^2-\dfrac{1}{n}S^2$，$n$ 越大，$D(T)=\dfrac{2}{n(n-1)}$ 越小，T 的估计效果越优.

例 7.2.3 设随机变量 X 与 Y 相互独立且分别服从正态分布 $N(\mu,\sigma^2)$，$N(\mu,2\sigma^2)$，其中参数 σ^2 未知，设随机变量 $Z=X-Y$.

(1) 求 Z 的概率密度函数 $f_Z(z)$；

(2) 设 $Z_1,Z_2,\cdots,Z_n$ 为来自总体 Z 的简单随机样本，求 σ^2 的最大似然估计量 $\widehat{\sigma^2}$；

(3) 证明 $\widehat{\sigma^2}$ 为 σ^2 的无偏估计量. 【2012 研数一】

分析 (1) $Z=X-Y\sim N(0,3\sigma^2)$；(2) 依似然函数 $L(\sigma^2)=\displaystyle\prod_{i=1}^n f_Z(z_i;\sigma^2)$ 求最大值点；(3) 要证 $E(\widehat{\sigma^2})=\sigma^2$.

解 (1) 依正态分布的性质，$Z=X-Y\sim N(0,3\sigma^2)$，即 Z 的概率密度函数为

$$f_Z(z;\sigma^2)\frac{1}{\sqrt{2\pi}\,\sqrt{3\sigma^2}}\mathrm{e}^{-\frac{z^2}{2\cdot 3\sigma^2}}=\frac{1}{\sqrt{6\pi}\,\sigma}\mathrm{e}^{-\frac{z^2}{6\sigma^2}},\quad -\infty<z<+\infty.$$

（2）依最大似然估计法，设 $z_1,z_2,\cdots,z_n$ 为样本观察值，似然函数为

$$L(\sigma^2)=\prod_{i=1}^n f_Z(z_i;\sigma^2)=\left(\frac{1}{\sqrt{6\pi}\,\sigma}\right)^n \mathrm{e}^{-\frac{1}{6\sigma^2}\sum\limits_{i=1}^n z_i^2}.$$

对似然函数取对数，得

$$\ln L(\sigma^2)=n\ln\left(\frac{1}{\sqrt{6\pi}\,\sigma}\right)-\frac{1}{6\sigma^2}\sum_{i=1}^n z_i^2=-n\ln(\sqrt{6\pi})-\frac{n}{2}\ln(\sigma^2)-\frac{1}{6\sigma^2}\sum_{i=1}^n z_i^2,$$

$\ln L(\sigma^2)$ 关于 σ^2 求导并令导数等于零，得

$$\frac{\mathrm{d}}{\mathrm{d}(\sigma^2)}(\ln L(\sigma^2))=-\frac{n}{2}\cdot\frac{1}{\sigma^2}+\frac{1}{6}\sum_{i=1}^n z_i^2\cdot\frac{1}{(\sigma^2)^2}=0,$$

解之得唯一驻点为 $\frac{1}{3n}\sum\limits_{i=1}^n z_i^2$. 所以它就是 σ^2 的最大似然估计值，故 σ^2 的最大似然估计量为 $\widehat{\sigma^2}=\frac{1}{3n}\sum\limits_{i=1}^n Z_i^2$.

（3）由（1）知，$Z_i\sim N(0,3\sigma^2)$，$\frac{Z_i-0}{\sqrt{3\sigma^2}}\sim N(0,1)$，$i=1,2,\cdots,n$，依定义，有

$$\sum_{i=1}^n\left(\frac{Z_i}{\sqrt{3\sigma^2}}\right)^2\sim\chi^2(n),$$

所以 $E\left(\sum\limits_{i=1}^n\frac{Z_i^2}{3\sigma^2}\right)=n$，即 $E\left(\sum\limits_{i=1}^n Z_i^2\right)=3\sigma^2 n$，于是

$$E(\widehat{\sigma^2})=E\left(\frac{1}{3n}\sum_{i=1}^n Z_i^2\right)=\frac{1}{3n}\sum_{i=1}^n E(Z_i^2)=\frac{1}{3n}\cdot 3n\sigma^2=\sigma^2,$$

因此 $\widehat{\sigma^2}$ 为 σ^2 的无偏估计量.

注　本例的 3 个问题环环相扣：

$$Z=X-Y\sim N(0,3\sigma^2)\Rightarrow f_Z(z;\sigma^2)\Rightarrow L(\sigma^2)=\prod_{i=1}^n f_Z(z_i;\sigma^2)\Rightarrow\widehat{\sigma^2}.$$

评　$\sum\limits_{i=1}^n\left(\frac{Z_i}{\sqrt{3\sigma^2}}\right)^2\sim\chi^2(n)\Rightarrow E\left(\sum\limits_{i=1}^n Z_i^2\right)=3\sigma^2 n\Rightarrow E(\widehat{\sigma^2})=\sigma^2$，可见依分布确认 $E\left(\sum\limits_{i=1}^n Z_i^2\right)$ 是证明 $\widehat{\sigma^2}$ 为 σ^2 的无偏估计量的简约之举.

例 7.2.4　设总体 X 的概率密度函数为

$$f(x;\sigma)=\frac{1}{2\sigma}\mathrm{e}^{-\frac{|x|}{\sigma}},\quad -\infty<x<+\infty,$$

其中参数 $\sigma(\sigma>0)$ 未知，$X_1,X_2,\cdots,X_n$ 是来自总体 X 的样本.

（1）试求 σ 的最大似然估计量 $\hat\sigma$；

（2）证明 $\hat\sigma$ 是 σ 的无偏估计量和相合估计量；

（3）计算 $D(\hat\sigma)$.

【2018 研数一、三】

分析 （1）依似然函数为 $L(\sigma)=\prod\limits_{i=1}^{n}f(x_i;\sigma)$ 求最大值点；（2）要证 $E(\hat{\sigma})=\sigma$，且 $\forall\varepsilon>0,\lim\limits_{n\to\infty}P\{|\hat{\sigma}-\sigma|\geqslant\varepsilon\}=0$；（3）依性质求 $D(\hat{\sigma})$.

解 （1）依最大似然估计法，设 $x_1,x_2,\cdots,x_n$ 为样本观察值，似然函数为

$$L(\sigma)=\prod_{i=1}^{n}f(x_i;\sigma)=\prod_{i=1}^{n}\frac{1}{2\sigma}\mathrm{e}^{-\frac{|x_i|}{\sigma}}=\frac{1}{2^n\sigma^n}\mathrm{e}^{-\frac{1}{\sigma}(|x_1|+|x_2|+\cdots+|x_n|)}.$$

对似然函数取对数，得

$$\ln L(\sigma)=\ln\left(\frac{1}{2^n\sigma^n}\mathrm{e}^{-\frac{1}{\sigma}(|x_1|+|x_2|+\cdots+|x_n|)}\right)$$

$$=-n\ln2-n\ln\sigma-\frac{1}{\sigma}(|x_1|+|x_2|+\cdots+|x_n|),$$

$\ln L(\sigma)$ 关于 σ 求导并令导数等于零，得 $\dfrac{\mathrm{d}}{\mathrm{d}\sigma}(\ln L(\sigma))=-\dfrac{n}{\sigma}+\dfrac{1}{\sigma^2}\sum\limits_{i=1}^{n}|x_i|=0$，解之得唯一驻点为 $\dfrac{1}{n}\sum\limits_{i=1}^{n}|x_i|$，所以它就是 σ 的最大似然估计值，因此 σ 的最大似然估计量为 $\hat{\sigma}=\dfrac{1}{n}\sum\limits_{i=1}^{n}|X_i|$.

（2）依定理

$$E(|X_i|)=E(|X|)=\int_{-\infty}^{+\infty}|x|f(x;\sigma)\mathrm{d}x=\frac{1}{2\sigma}\int_{-\infty}^{+\infty}|x|\mathrm{e}^{-\frac{|x|}{\sigma}}\mathrm{d}x$$

$$=\frac{1}{\sigma}\int_{0}^{+\infty}x\mathrm{e}^{-\frac{x}{\sigma}}\mathrm{d}x=-\left(x\mathrm{e}^{-\frac{x}{\sigma}}+\sigma\mathrm{e}^{-\frac{x}{\sigma}}\right)\Big|_{0}^{+\infty}=\sigma,$$

于是 $E(\hat{\sigma})=E\left(\dfrac{1}{n}\sum\limits_{i=1}^{n}|X_i|\right)=\dfrac{1}{n}\sum\limits_{i=1}^{n}E(|X_i|)=\sigma$，所以 $\hat{\sigma}$ 是 σ 的无偏估计量.

因为 $X_1,X_2,\cdots,X_n$ 独立同分布，所以 $|X_1|,|X_2|,\cdots,|X_n|$ 独立同分布，依辛钦大数定律，$\dfrac{1}{n}\sum\limits_{i=1}^{n}|X_i|\xrightarrow{P}E(|X_i|)=\sigma$，依定义，$\hat{\sigma}$ 是 σ 的相合估计量.

（3）依定理

$$E(|X_i|^2)=E(X^2)=\int_{-\infty}^{+\infty}x^2f(x;\sigma)\mathrm{d}x=\frac{1}{\sigma}\int_{0}^{+\infty}x^2\mathrm{e}^{-\frac{x}{\sigma}}\mathrm{d}x$$

$$=-\left(x^2\mathrm{e}^{-\frac{x}{\sigma}}+2\sigma\left(x\mathrm{e}^{-\frac{x}{\sigma}}+\sigma\mathrm{e}^{-\frac{x}{\sigma}}\right)\right)\Big|_{0}^{+\infty}=2\sigma^2.$$

依方差的计算公式，有 $D(|X_i|)=E(|X_i|^2)-(E(|X_i|))^2=2\sigma^2-\sigma^2=\sigma^2$，因为 $|X_1|,|X_2|,\cdots,|X_n|$ 独立同分布，于是

$$D(\hat{\sigma})=D\left(\frac{1}{n}\sum_{i=1}^{n}|X_i|\right)=\frac{1}{n^2}\sum_{i=1}^{n}D(|X_i|)=\frac{1}{n^2}\cdot n\sigma^2=\frac{\sigma^2}{n}.$$

注 （1）因为 $X_1,X_2,\cdots,X_n$ 独立同分布，所以 $|X_1|,|X_2|,\cdots,|X_n|$ 独立同分布. 又因为 $E(|X_i|),D(|X_i|)$ 存在，依辛钦大数定律，$\dfrac{1}{n}\sum\limits_{i=1}^{n}|X_i|\xrightarrow{P}E(|X_i|)=\sigma$，且

$$D\left(\frac{1}{n}\sum_{i=1}^{n}|X_i|\right)=\frac{1}{n^2}\sum_{i=1}^{n}D(|X_i|).$$

（2）依 4.1 节定理 3，有

$$E(\mid X_i\mid)=\int_{-\infty}^{+\infty}\mid x\mid f(x;\sigma)\mathrm{d}x,\quad E(\mid X_i\mid^2)=\int_{-\infty}^{+\infty}x^2 f(x;\sigma)\mathrm{d}x.$$

评　作为 σ 的最大似然估计量，$\hat{\sigma}$ 兼具无偏性和相合性，且 n 越大，$D(\hat{\sigma})$ 越小，σ 估计的效果越优.

习题 7-2

1. 设总体 $X\sim B(1,p)$，参数 $p(0<p<1)$ 未知，$X_1,X_2,\cdots,X_n(n\geqslant2)$ 是来自 X 的简单随机样本，求：（1）p^2 的无偏估计量；（2）$p(1-p)$ 的无偏估计量.

2. 设总体 X 的概率密度函数为

$$f(x;\theta)=\begin{cases}\dfrac{1}{2\theta}, & 0<x<\theta,\\[2mm]\dfrac{1}{2(1-\theta)}, & \theta\leqslant x<1,\\[2mm]0, & 其他,\end{cases}$$

其中参数 $\theta(0<\theta<1)$ 未知，$X_1,X_2,\cdots,X_n$ 是来自总体 X 的简单随机样本，$\overline{X}$ 为样本均值.

（1）求 θ 的矩估计量 $\hat{\theta}$；（2）判断 $4\overline{X}^2$ 是否为 θ^2 的无偏估计量，并说明理由.

【2007 研数一、三】

3. 设分别自总体 $X_1\sim N(\mu_1,\sigma^2)$ 和 $X_2\sim N(\mu_2,\sigma^2)$ 中抽取容量为 n_1,n_2 $(n_1\geqslant2,n_2\geqslant2)$ 的两个独立样本，其样本方差分别为 S_1^2,S_2^2，试证，对于任何常数 $a,b(a+b=1)$，统计量 $aS_1^2+bS_2^2$ 都是 σ^2 的无偏估计量，并确定常数 a,b，使 $D(aS_1^2+bS_2^2)$ 达到最小.

4. 设总体 X 的概率密度函数为

$$f(x;\theta)=\begin{cases}\dfrac{2\theta^2}{x^3}, & x\geqslant\theta,\\[2mm]0, & x<\theta,\end{cases}$$

其中参数 $\theta(\theta>0)$ 未知，$X_1,X_2,\cdots,X_n(n\geqslant2)$ 是来自总体 X 的样本，其观察值为 $x_1,x_2,\cdots,x_n$.

（1）求 θ 的最大似然估计量 $\hat{\theta}$；

（2）问 $\hat{\theta}$ 是否为 θ 的无偏估计量，说明理由；

（3）如果 $\hat{\theta}$ 不是 θ 的无偏估计量，修正它，并由此给出 θ 的一个无偏估计量 $\hat{\theta}^*$.

5. 设总体 X 的概率密度函数为

$$f(x;\theta)=\begin{cases}2\mathrm{e}^{-2(x-\theta)}, & x\geqslant\theta,\\0, & x<\theta,\end{cases}$$

其中参数 $\theta(\theta>0)$ 未知，从总体中抽取样本 $X_1,X_2,\cdots,X_n$，其观察值为 $x_1,x_2,\cdots,x_n$.

（1）求参数 θ 的最大似然估计值 $\hat{\theta}$；

【2000 研数一】

(2) 讨论最大似然估计量 $\hat{\theta}$ 是否具有无偏性;

(3) 如果 $\hat{\theta}$ 不是 θ 的无偏估计量,修正它,并由此给出 θ 的一个无偏估计量 $\hat{\theta}^*$.

7.3 单个正态总体参数的区间估计

一、内容要点与评注

设总体 X 的分布函数为 $F(x;\theta)$,其中参数 $\theta(\theta \in \Theta)$ 未知,$X_1, X_2, \cdots, X_n$ 是来自总体 X 的样本.

置信区间和置信上(下)限 如果统计量 $\underline{\theta} = \underline{\theta}(X_1, X_2, \cdots, X_n)$ 和 $\bar{\theta} = \bar{\theta}(X_1, X_2, \cdots, X_n)$ 满足 $P\{\underline{\theta} < \theta < \bar{\theta}\} \geqslant 1-\alpha \, (0<\alpha<1)$,则称随机区间 $(\underline{\theta}, \bar{\theta})$ 是参数 θ 的置信水平(置信度)为 $1-\alpha$ 的(双侧)置信区间,$\underline{\theta}$ 为置信下限,$\bar{\theta}$ 为置信上限.

注 参数 θ 虽为未知但却是常数,而 $\underline{\theta}, \bar{\theta}$ 则是样本的函数,是随机变量,因此 $(\underline{\theta}, \bar{\theta})$ 是随机区间,且以不低于 $1-\alpha$ 的概率覆盖(包含)参数 θ.

单侧置信上(下)限 如果统计量 $\underline{\theta} = \underline{\theta}(X_1, X_2, \cdots, X_n)$ 满足 $P\{\theta > \underline{\theta}\} \geqslant 1-\alpha \, (0<\alpha<1)$,则称随机区间 $(\underline{\theta}, +\infty)$ 是参数 θ 的置信水平(置信度)为 $1-\alpha$ 的单侧置信区间,$\underline{\theta}$ 为单侧置信下限.

如果统计量 $\bar{\theta} = \bar{\theta}(X_1, X_2, \cdots, X_n)$ 满足 $P\{\theta < \bar{\theta}\} \geqslant 1-\alpha$,则称随机区间 $(-\infty, \bar{\theta})$ 是参数 θ 的置信水平(置信度)为 $1-\alpha \, (0<\alpha<1)$ 的单侧置信区间,$\bar{\theta}$ 为单侧置信上限.

求未知参数 θ 的置信区间的步骤:

(1) 寻求一个关于样本 $X_1, X_2, \cdots, X_n$ 和未知参数 θ 的函数 $W(X_1, X_2, \cdots, X_n; \theta)$,除了要估的参数 θ,它不含其他未知参数,且分布已知.

(2) 对于给定的置信水平 $1-\alpha$,寻找两个常数 a, b,使

$$P\{a < W(X_1, X_2, \cdots, X_n; \theta) < b\} = 1-\alpha,$$

(3) 解不等式得等价事件

$$\{a < W(X_1, X_2, \cdots, X_n; \theta) < b\} = \{\underline{\theta}(X_1, X_2, \cdots, X_n) < \theta < \bar{\theta}(X_1, X_2, \cdots, X_n)\},$$

即 $P\{\underline{\theta}(X_1, X_2, \cdots, X_n) < \theta < \bar{\theta}(X_1, X_2, \cdots, X_n)\} = 1-\alpha$,则 $(\underline{\theta}, \bar{\theta})$ 就是参数 θ 的置信水平为 $1-\alpha$ 的置信区间.

称 $W(X_1, X_2, \cdots, X_n; \theta)$ 为枢轴量.

类似的步骤可得单侧置信区间.

评 (1) 置信区间的长度 $\bar{\theta} - \underline{\theta}$ 是区间估计的估计精度,因此区间长度越短,精度越高.

(2) 置信水平是随机区间 $(\underline{\theta}, \bar{\theta})$ 覆盖(包含)θ 的可靠程度.

(3) 在样本容量 n 一定的前提下,估计精度和置信水平是矛盾的.当置信水平增大时,置信区间伸长,则估计精度降低.当置信水平减小时,置信区间缩短,则估计精度提高.例如,关于 μ 的双侧置信区间 $\left(\bar{X} \pm \dfrac{\sigma}{\sqrt{n}} z_{\alpha/2}\right)$,区间长度为 $d = 2\dfrac{\sigma}{\sqrt{n}} z_{\alpha/2}$,当 n 一定时,

置信水平 $1-\alpha$ 增大 $\Rightarrow \alpha$ 减小 $\Rightarrow z_{\alpha/2}$ 变大 $\Rightarrow d = \left(2\dfrac{\sigma}{\sqrt{n}}\right) z_{\alpha/2}$ 伸长 $\Rightarrow$ 估计精度降低.

置信水平 $1-\alpha$ 减小$\Rightarrow\alpha$ 增大$\Rightarrow z_{\alpha/2}$ 变小$\Rightarrow d=\left(2\dfrac{\sigma}{\sqrt{n}}\right)z_{\alpha/2}$ 缩短$\Rightarrow$估计精度提高.

一般地,只有增大样本容量 n,才能同时提高估计精度和置信水平.

设总体 $X\sim N(\mu,\sigma^2)$,$\overline{X}$ 为样本均值,S 为样本标准差,则未知参数 μ 的置信水平为 $1-\alpha$ 的双(单)侧置信区间见下表:

	枢轴量及其分布	$\dfrac{\overline{X}-\mu}{\sigma/\sqrt{n}}\sim N(0,1)$
σ^2 已知	置信区间	$\left(\overline{X}-\dfrac{\sigma}{\sqrt{n}}z_{\alpha/2},\overline{X}+\dfrac{\sigma}{\sqrt{n}}z_{\alpha/2}\right)$
	置信下限和上限	$\underline{\mu}=\overline{X}-\dfrac{\sigma}{\sqrt{n}}z_{\alpha/2},\quad \overline{\mu}=\overline{X}+\dfrac{\sigma}{\sqrt{n}}z_{\alpha/2}$
	单侧置信区间	$\left(\overline{X}-\dfrac{\sigma}{\sqrt{n}}z_{\alpha},+\infty\right),\quad \left(-\infty,\overline{X}+\dfrac{\sigma}{\sqrt{n}}z_{\alpha}\right)$
	单侧置信下限和上限	$\underline{\mu}=\overline{X}-\dfrac{\sigma}{\sqrt{n}}z_{\alpha},\quad \overline{\mu}=\overline{X}+\dfrac{\sigma}{\sqrt{n}}z_{\alpha}$
σ^2 未知	枢轴量及其分布	$\dfrac{\overline{X}-\mu}{S/\sqrt{n}}\sim t(n-1)$
	置信区间	$\left(\overline{X}-\dfrac{S}{\sqrt{n}}t_{\alpha/2}(n-1),\overline{X}+\dfrac{S}{\sqrt{n}}t_{\alpha/2}(n-1)\right)$
	置信下限和上限	$\underline{\mu}=\overline{X}-\dfrac{S}{\sqrt{n}}t_{\alpha/2}(n-1),\quad \overline{\mu}=\overline{X}+\dfrac{S}{\sqrt{n}}t_{\alpha/2}(n-1)$
	单侧置信区间	$\left(\overline{X}-\dfrac{S}{\sqrt{n}}t_{\alpha}(n-1),+\infty\right),\quad \left(-\infty,\overline{X}+\dfrac{S}{\sqrt{n}}t_{\alpha}(n-1)\right)$
	单侧置信下限和上限	$\underline{\mu}=\overline{X}-\dfrac{S}{\sqrt{n}}t_{\alpha}(n-1),\quad \overline{\mu}=\overline{X}+\dfrac{S}{\sqrt{n}}t_{\alpha}(n-1)$

未知参数 σ^2 的置信水平为 $1-\alpha$ 的置信区间见下表:

	枢轴量及其分布	$\displaystyle\sum_{i=1}^{n}\left(\dfrac{X_i-\mu}{\sigma}\right)^2\sim\chi^2(n)$
μ 已知	置信区间	$\left(\dfrac{\sum_{i=1}^{n}(X_i-\mu)^2}{\chi^2_{\alpha/2}(n)},\dfrac{\sum_{i=1}^{n}(X_i-\mu)^2}{\chi^2_{1-\alpha/2}(n)}\right)$
	置信下限和上限	$\underline{\sigma^2}=\dfrac{\sum_{i=1}^{n}(X_i-\mu)^2}{\chi^2_{\alpha/2}(n)},\quad \overline{\sigma^2}=\dfrac{\sum_{i=1}^{n}(X_i-\mu)^2}{\chi^2_{1-\alpha/2}(n)}$
	单侧置信区间	$\left(\dfrac{\sum_{i=1}^{n}(X_i-\mu)^2}{\chi^2_{\alpha}(n)},+\infty\right),\quad \left(0,\dfrac{\sum_{i=1}^{n}(X_i-\mu)^2}{\chi^2_{1-\alpha}(n)}\right)$
	单侧置信下限和上限	$\underline{\sigma^2}=\dfrac{\sum_{i=1}^{n}(X_i-\mu)^2}{\chi^2_{\alpha}(n)},\quad \overline{\sigma^2}=\dfrac{\sum_{i=1}^{n}(X_i-\mu)^2}{\chi^2_{1-\alpha}(n)}$

	枢轴量及其分布	$\dfrac{(n-1)S^2}{\sigma^2} \sim \chi^2(n-1)$
μ 未知	置信区间	$\left(\dfrac{(n-1)S^2}{\chi^2_{\alpha/2}(n-1)}, \dfrac{(n-1)S^2}{\chi^2_{1-\alpha/2}(n-1)}\right)$
	置信下限和上限	$\underline{\sigma^2} = \dfrac{(n-1)S^2}{\chi^2_{\alpha/2}(n-1)}, \quad \overline{\sigma^2} = \dfrac{(n-1)S^2}{\chi^2_{1-\alpha/2}(n-1)}$
	单侧置信区间	$\left(\dfrac{(n-1)S^2}{\chi^2_{\alpha}(n-1)}, +\infty\right), \quad \left(0, \dfrac{(n-1)S^2}{\chi^2_{1-\alpha}(n-1)}\right)$
	单侧置信下限和上限	$\underline{\sigma^2} = \dfrac{(n-1)S^2}{\chi^2_{\alpha}(n-1)}, \quad \overline{\sigma^2} = \dfrac{(n-1)S^2}{\chi^2_{1-\alpha}(n-1)}$

注 上述的置信区间是不唯一的. 但以左右对称截取面积为 $\dfrac{\alpha}{2}$ 时, 双侧置信区间为短, 估计精度为优.

当 μ 未知时, 标准差 σ 的置信水平为 $1-\alpha$ 的置信区间为

$$\left(\frac{\sqrt{n-1}\,S}{\sqrt{\chi^2_{\alpha/2}(n-1)}}, \frac{\sqrt{n-1}\,S}{\sqrt{\chi^2_{1-\alpha/2}(n-1)}}\right).$$

标准差 σ 的其他置信区间情形同理可得.

如果 $\eta = g(\theta)$ 是 θ 的单调函数, 依置信区间的定义, 由 θ 的置信区间 $(\hat{\theta}_1, \hat{\theta}_2)$ 可得 η 的置信区间. 当 $g(\theta)$ 单调递增时, η 的置信区间为 $(g(\hat{\theta}_1), g(\hat{\theta}_2))$, 当 $g(\theta)$ 单调递减时, η 的置信区间为 $(g(\hat{\theta}_2), g(\hat{\theta}_1))$.

二、典型例题

例 7.3.1 设某种清漆的干燥时间总体 $X \sim N(\mu, \sigma^2)$, 现抽取 9 个样品, 测得其干燥时间 (单位: h) 的样本均值为 $\bar{x} = 7.3$, 样本标准差为 $s = 0.45$, 求 μ 的置信水平为 0.95 的置信区间. (1) $\sigma = 0.5$; (2) σ 未知.

分析 在 σ 已知和 σ 未知两种情形下, μ 的置信水平为 $1-\alpha$ 的置信区间分别为

$$\left(\bar{X} \pm \frac{\sigma}{\sqrt{n}} z_{\alpha/2}\right), \quad \left(\bar{X} \pm \frac{S}{\sqrt{n}} t_{\alpha/2}(n-1)\right).$$

解 (1) $\sigma = 0.5$ 已知, 故选取的枢轴量及其分布为 $\dfrac{\bar{X} - \mu}{0.5/\sqrt{n}} \sim N(0,1)$, 则 μ 的置信水平为 $1-\alpha$ 的置信区间是 $\left(\bar{X} - \dfrac{0.5}{\sqrt{n}} z_{\alpha/2}, \bar{X} + \dfrac{0.5}{\sqrt{n}} z_{\alpha/2}\right)$.

依题设, $\bar{x} = 7.3, n = 9, \alpha = 0.05$, 经查表 $z_{0.025} = 1.96$, 代入上式得 μ 的置信水平为 0.95 的置信区间是

$$\left(7.3 - \frac{0.5}{3} \times 1.96, 7.3 + \frac{0.5}{3} \times 1.96\right) = (6.97, 7.63).$$

(2) σ 未知, 故选取的枢轴量及其分布为 $\dfrac{\bar{X} - \mu}{S/\sqrt{n}} \sim t(n-1)$, 则 μ 的置信水平为 $1-\alpha$ 的

置信区间是 $\left(\overline{X}-\dfrac{S}{\sqrt{n}}t_{a/2}(n-1),\overline{X}+\dfrac{S}{\sqrt{n}}t_{a/2}(n-1)\right)$.

依题设,$\overline{x}=7.3,s=0.45,n=9,\alpha=0.05$,经查表 $t_{0.025}(8)=2.306$,代入上式得 μ 的置信水平为 0.95 的置信区间是

$$\left(7.3-\dfrac{0.45}{3}\times2.306,7.3+\dfrac{0.45}{3}\times2.306\right)=(6.95,7.65).$$

注　在 σ 已知和 σ 未知两种情形下,枢轴量的选取是不同的.

评　尽管当 σ 已知时,也可利用枢轴量 $\dfrac{\overline{X}-\mu}{S/\sqrt{n}}$ 确定置信区间,但只要已知分布的信息,当然不应选用样本的信息来估计,因此选取枢轴量为 $\dfrac{\overline{X}-\mu}{\sigma/\sqrt{n}}$,以使置信区间的估计精度更优.

例 7.3.2　设某厂生产的瓶装运动饮料的体积总体 $X\sim N(\mu,\sigma^2)$,抽得 10 瓶,测得体积(单位:mL)的样本方差为 $s^2=102.667$,求 σ^2 和 σ 的置信水平为 0.90 的置信区间.

分析　μ 未知,σ^2 和 σ 的置信水平为 $1-\alpha$ 的置信区间分别是

$$\left(\dfrac{(n-1)S^2}{\chi^2_{a/2}(n-1)},\dfrac{(n-1)S^2}{\chi^2_{1-a/2}(n-1)}\right),\quad\left(\dfrac{\sqrt{n-1}S}{\sqrt{\chi^2_{a/2}(n-1)}},\dfrac{\sqrt{n-1}S}{\sqrt{\chi^2_{1-a/2}(n-1)}}\right).$$

解　μ 未知,故选取的枢轴量及其分布为 $\dfrac{(n-1)S^2}{\sigma^2}\sim\chi^2(n-1)$,则 σ^2 和 σ 的置信水平为 $1-\alpha$ 的置信区间分别是

$$\left(\dfrac{(n-1)S^2}{\chi^2_{a/2}(n-1)},\dfrac{(n-1)S^2}{\chi^2_{1-a/2}(n-1)}\right),\quad\left(\dfrac{\sqrt{n-1}S}{\sqrt{\chi^2_{a/2}(n-1)}},\dfrac{\sqrt{n-1}S}{\sqrt{\chi^2_{1-a/2}(n-1)}}\right).$$

依题设,$n=10,s^2=102.667,\alpha=0.10$,经查表,$\chi^2_{0.05}(9)=16.919,\chi^2_{0.95}(9)=3.325$,代入上式得 σ^2 的置信水平为 0.90 的置信区间是 $\left(\dfrac{9\times102.667}{16.919},\dfrac{9\times102.667}{3.325}\right)=(54.61,277.90)$.

由此可知,σ 的置信水平为 0.90 的置信区间是 $(\sqrt{54.613},\sqrt{277.90})=(7.39,16.67)$.

注　可依 σ^2 的置信水平为 $1-\alpha$ 的置信区间直接得 σ 的置信水平为 $1-\alpha$ 的置信区间.

例 7.3.3　设总体 $X\sim N(6.5,\sigma^2)$,其样本观察值为 7.5,7.1,6.3,6.8,7.2,7,6.9,6.3,7.0,试求 σ^2 的置信水平为 0.95 的置信区间.

分析　μ 已知,σ^2 的置信水平为 $1-\alpha$ 的置信区间是 $\left(\dfrac{\sum\limits_{i=1}^{n}(X_i-\mu)^2}{\chi^2_{a/2}(n)},\dfrac{\sum\limits_{i=1}^{n}(X_i-\mu)^2}{\chi^2_{1-a/2}(n)}\right).$

解　$\mu=6.5$ 已知,故选取的枢轴量及其分布为 $\sum\limits_{i=1}^{n}\left(\dfrac{X_i-\mu}{\sigma}\right)^2\sim\chi^2(n)$,则 σ^2 的置信水平为 $1-\alpha$ 的置信区间是 $\left(\dfrac{\sum\limits_{i=1}^{n}(X_i-\mu)^2}{\chi^2_{a/2}(n)},\dfrac{\sum\limits_{i=1}^{n}(X_i-\mu)^2}{\chi^2_{1-a/2}(n)}\right).$

依题设,$x_1=7.5,x_2=7.1,x_3=6.3,x_4=6.8,x_5=7.2,x_6=7,x_7=6.9,x_8=6.3,$

$x_9=7.0,n=9,\alpha=0.05$,经查表 $\chi^2_{0.025}(9)=19.022,\chi^2_{0.975}(9)=2.700$,代入上式得 σ^2 的置信水平为 0.95 的置信区间是 $\left(\dfrac{2.68}{19.022},\dfrac{2.68}{2.700}\right)=(0.14,0.99)$.

注 μ 已知,故选取枢轴量为 $\sum\limits_{i=1}^{n}\left(\dfrac{X_i-\mu}{\sigma}\right)^2$.

例 7.3.4 为估计制造某种产品所需的平均时间(单位:h),现制造 5 件,记录每件所需时间为 6.661,6.667,6.661,6.667,6.664,制造单件产品所需时间 $X\sim N(\mu,\sigma^2)$,参数 μ,σ^2 未知,给定置信水平为 0.95,试求 μ 的单侧置信上限和 σ^2 的单侧置信下限.

分析 μ 的置信水平为 $1-\alpha$ 的单侧置信上限是 $\bar{\mu}=\bar{X}+\dfrac{S}{\sqrt{n}}t_\alpha(n-1)$,$\sigma^2$ 的置信水平为 $1-\alpha$ 的单侧置信下限是 $\underline{\sigma^2}=\dfrac{(n-1)S^2}{\chi^2_\alpha(n-1)}$.

解 (1) σ^2 未知,故选取的枢轴量及其分布为 $\dfrac{\bar{X}-\mu}{S/\sqrt{n}}\sim t(n-1)$,则 μ 的置信水平为 $1-\alpha$ 的单侧置信上限是 $\bar{\mu}=\bar{X}+\dfrac{S}{\sqrt{n}}t_\alpha(n-1)$.

依题设,$\bar{x}=6.664,s=0.003,\alpha=0.05,n=5$,经查表 $t_{0.05}(4)=2.132$,代入上式得 μ 的置信水平为 0.95 的单侧置信上限是 $\bar{\mu}=6.664+\dfrac{0.003}{\sqrt{5}}\times2.132=6.67$.

(2) μ 未知,故选取枢轴量及其分布为 $\dfrac{(n-1)S^2}{\sigma^2}\sim\chi^2(n-1)$,则 σ^2 的置信水平为 $1-\alpha$ 的单侧置信下限是 $\underline{\sigma^2}=\dfrac{(n-1)S^2}{\chi^2_\alpha(n-1)}$.

依题设,$n=5,s^2=0.000009,\alpha=0.05$,经查表 $\chi^2_{0.05}(4)=9.488$,代入上式得 σ^2 的置信水平为 0.95 的单侧置信下限是 $\underline{\sigma^2}=\dfrac{4\times0.000009}{9.488}=0.000004$.

注 同一置信水平下,注意比较单侧置信上(下)限与置信区间的置信上(下)限之间的共同点和区别.

例 7.3.5 设样本观察值为 0.50,1.25,0.80,2.00 来自总体 X,已知 $Y=\ln X\sim N(\mu,1)$.
(1) 求 X 的数学期望 $E(X)(=v)$;
(2) 求 μ 的置信水平为 0.95 的置信区间;
(3) 利用上述结果求 v 的置信水平为 0.95 的置信区间. **【2000 研数三】**

分析 (1) $v=E(e^Y)=\int_{-\infty}^{+\infty}e^y f_Y(y)\mathrm{d}y$. (2) μ 是正态总体 Y 的均值,其置信水平为 0.95 的置信区间是 $\left(\bar{Y}-\dfrac{\sigma}{\sqrt{n}}z_{0.025},\bar{Y}+\dfrac{\sigma}{\sqrt{n}}z_{0.025}\right)$. (3) 依 μ 的置信区间求 v 的置信区间.

解 (1) 依题设,$Y\sim N(\mu,1)$,即 Y 的概率密度函数为

$$f_Y(y)=\dfrac{1}{\sqrt{2\pi}}e^{-\frac{(y-\mu)^2}{2}},\quad -\infty<y<+\infty.$$

$X=e^Y$,依定理,有

$$v = E(X) = E(e^Y) = \int_{-\infty}^{+\infty} e^y f_Y(y) \mathrm{d}y = \int_{-\infty}^{+\infty} e^y \frac{1}{\sqrt{2\pi}} e^{-\frac{(y-\mu)^2}{2}} \mathrm{d}y$$

$$\xlongequal{y-\mu=t} \int_{-\infty}^{+\infty} e^{\mu+t} \frac{1}{\sqrt{2\pi}} e^{-\frac{t^2}{2}} \mathrm{d}t = \frac{1}{\sqrt{2\pi}} e^{\mu+\frac{1}{2}} \int_{-\infty}^{+\infty} e^{-\frac{(t-1)^2}{2}} \mathrm{d}(t-1)$$

$$= \frac{1}{\sqrt{2\pi}} e^{\mu+\frac{1}{2}} \sqrt{2\pi} = e^{\mu+\frac{1}{2}}.$$

（2）正态总体 Y 的方差 $\sigma = 1$ 已知,故选取的枢轴量及其分布为 $\dfrac{\bar{Y}-\mu}{1/\sqrt{n}} \sim N(0,1)$,则 μ 的置信水平为 0.95 的置信区间是 $\left(\bar{Y} - \dfrac{1}{\sqrt{n}} z_{0.025}, \bar{Y} + \dfrac{1}{\sqrt{n}} z_{0.025} \right)$.

依题设, $n=4$,且

$$\bar{y} = \frac{1}{4}(\ln x_1 + \ln x_2 + \ln x_3 + \ln x_4) = \frac{1}{4}\ln(x_1 x_2 x_3 x_4) = \frac{1}{4}\ln 1 = 0,$$

代入得 μ 的置信水平为 0.95 的置信区间是

$$\left(0 - \frac{1}{\sqrt{4}} \times 1.96, 0 + \frac{1}{\sqrt{4}} \times 1.96 \right), \quad \text{即} \quad (-0.98, 0.98).$$

（3）由（1）知, $v = e^{\mu+\frac{1}{2}}$ 关于 μ 严格单调递增,所以 v 的置信水平为 0.95 的置信区间是

$$(e^{-0.98+\frac{1}{2}}, e^{0.98+\frac{1}{2}}), \quad \text{即} \quad (e^{-0.48}, e^{1.48}).$$

注 因为 $v = e^{\mu+\frac{1}{2}}$ 单调递增,由 μ 的置信水平是 0.95 的置信区间是 $(-0.98, 0.98)$,可得 $e^{\mu+\frac{1}{2}}$ 的置信水平为 0.95 的置信区间是 $(e^{-0.98+\frac{1}{2}}, e^{0.98+\frac{1}{2}})$. $\int_{-\infty}^{+\infty} e^{-\frac{(t-1)^2}{2}} \mathrm{d}(t-1) = \sqrt{2\pi}$.

评 对于严格单调函数而言,由自变量的置信区间可推知其因变量的置信区间.

习题 7-3

1. 从一批针中随机地抽取 16 根,测得其长度(单位: cm)分别为 2.14, 2.10, 2.13, 2.15, 2.13, 2.12, 2.13, 2.10, 2.15, 2.12, 2.14, 2.10, 2.13, 2.11, 2.14, 2.11,假设针的长度总体 $X \sim N(\mu, \sigma^2)$,按如下情形求 μ 的置信水平为 0.90 的置信区间.（1）$\sigma = 0.01$;（2）σ 未知.

2. 设总体 $X \sim N(\mu, \sigma^2)$,测得样本观察值分别为 6.683, 6.681, 6.676, 6.678, 6.679, 6.672,求 μ 和 σ^2 的置信水平为 0.90 的置信区间.

3. 设从正态总体 $X \sim N(\mu, 1)$ 中抽取容量为 n 的样本,为得到 μ 的长度不超过 0.2 的置信水平为 0.99 的置信区间,问样本容量至少应为多大?

4. 设随机抽取某种炮弹 9 发做试验,测得炮口速度的样本标准差为 11m/s. 设炮口速度总体 $X \sim N(\mu, \sigma^2)$,试求这种炮弹炮口速度的标准差 σ 的置信水平为 0.95 的置信区间.

5. 某地农户人均生产水果量 X 服从正态分布 $N(\mu, \sigma^2)$, μ, σ^2 均未知,现随机抽取 6 户,得人均生产水果量(单位: kg)分别为 21.5, 19.8, 17.6, 18.7, 19.6, 17.7. 给定置信水平为 0.95,求 μ 的单侧置信下限和 σ^2 的单侧置信上限.

7.4　专题讨论

一、关于同一总体的两个未知参数的估计

例 7.4.1　设总体 X 的概率密度函数为

$$f(x;\theta,\beta)=\begin{cases}\theta e^{-\theta(x-\beta)}, & x\geqslant\beta,\\ 0, & x<\beta,\end{cases}$$

其中参数 $\theta,\beta(\theta>0,\beta\in\mathbb{R})$ 均未知，$X_1,X_2,\cdots,X_n$ 是来自总体 X 的简单随机样本，试求 θ，β 的最大似然估计量.

分析　建立似然函数为 $L(\theta,\beta)=\prod\limits_{i=1}^{n}f(x_i;\theta,\beta)$，求其最大值点.

解　依最大似然估计法，设 $x_1,x_2,\cdots,x_n$ 是样本观察值，似然函数为

$$L(\theta,\beta)=\prod_{i=1}^{n}f(x_i;\theta,\beta)=\begin{cases}\prod\limits_{i=1}^{n}\theta e^{-\theta(x_i-\beta)}, & x_1\geqslant\beta,x_2\geqslant\beta,\cdots,x_n\geqslant\beta,\\ 0, & \text{其他}.\end{cases}$$

当 $x_1\geqslant\beta,x_2\geqslant\beta,\cdots,x_n\geqslant\beta$ 时，对似然函数取对数，得

$$\ln L(\theta,\beta)=\ln(\theta^n e^{-\theta(x_1+x_2+\cdots+x_n-n\beta)})=n\ln\theta-\theta\Big(\sum_{i=1}^{n}x_i-n\beta\Big),$$

$\ln L(\theta,\beta)$ 分别关于 θ 和 β 求偏导，有

$$\begin{cases}\dfrac{\partial}{\partial\theta}(\ln L(\theta,\beta))=\dfrac{n}{\theta}-\Big(\sum\limits_{i=1}^{n}x_i-n\beta\Big),\\[2mm]\dfrac{\partial}{\partial\beta}(\ln L(\theta,\beta))=n\theta>0,\end{cases}$$

显然 $\ln L(\theta,\beta)$ 关于 β 严格单调递增. 又因为 $\beta\leqslant\min\{x_1,x_2,\cdots,x_n\}$，所以 β 的最大似然估计值为 $\hat\beta=\min\{x_1,x_2,\cdots,x_n\}$.

将 $\hat\beta=\min\{x_1,x_2,\cdots,x_n\}$ 代入 $\dfrac{\partial}{\partial\theta}(\ln L(\theta,\beta))$ 并令其等于零，有

$$\frac{\partial}{\partial\theta}(\ln L(\theta,\hat\beta))=\frac{n}{\theta}-\Big(\sum_{i=1}^{n}x_i-n\hat\beta\Big)=0,$$

解之得唯一驻点为 $\dfrac{n}{\sum\limits_{i=1}^{n}x_i-n\min\{x_1,x_2,\cdots,x_n\}}$. 所以它就是 θ 的最大似然估计值，故 θ，β 的最大似然估计量分别为

$$\hat\theta=\frac{n}{\sum\limits_{i=1}^{n}X_i-n\min\{X_1,X_2,\cdots,X_n\}},\quad\hat\beta=\min\{X_1,X_2,\cdots,X_n\}.$$

注　因为 $\ln L(\theta,\beta)$ 关于 β 严格单调递增，又因为 $\beta\leqslant\min\{x_1,x_2,\cdots,x_n\}$，所以可认定 β 的最大似然估计值为 $\hat\beta=\min\{x_1,x_2,\cdots,x_n\}$. 将 $\hat\beta$ 代入 $\dfrac{\partial}{\partial\theta}(\ln L(\theta,\beta))$ 中，并令其等于零，

所得唯一驻点就是 θ 的最大似然估计值 $\hat{\theta}$.

评　求同一总体的两个未知参数的最大似然估计时,同样要借助似然函数及其偏导数确定其最大值点.

例 7.4.2　设总体 X 服从对数正态分布,其概率密度函数为

$$f(x;\mu,\sigma^2)=\begin{cases}\dfrac{1}{\sqrt{2\pi}\sigma x}\mathrm{e}^{-\frac{(\ln x-\mu)^2}{2\sigma^2}}, & x>0,\\[2mm] 0, & x\leqslant 0,\end{cases}$$

其中参数 $\mu,\sigma^2\ (\mu\in\mathbb{R},\sigma>0)$ 均未知,$X_1,X_2,\cdots,X_n$ 为来自总体 X 的简单随机样本,求:

(1) μ,σ^2 的矩估计量和最大似然估计量;(2) $E(X),D(X)$ 的最大似然估计量.

分析　(1)因有两个未知参数,利用 $E(X),E(X^2)$ 求 μ,σ^2 的矩估计量.建立似然函数 $L(\mu,\sigma^2)=\prod\limits_{i=1}^{n}f(x_i;\mu,\sigma^2)$,求 $L(\mu,\sigma^2)$ 的最大值点;(2) 依最大似然估计的性质,由 μ,σ^2 的最大似然估计求 $E(X),D(X)$ 的最大似然估计.

解　(1) 依矩估计法,总体的一阶原点矩为

$$E(X)=\int_{-\infty}^{+\infty}xf(x;\mu,\sigma^2)\mathrm{d}x=\frac{1}{\sqrt{2\pi}\sigma}\int_{0}^{+\infty}\mathrm{e}^{-\frac{(\ln x-\mu)^2}{2\sigma^2}}\mathrm{d}x.$$

令 $\dfrac{\ln x-\mu}{\sigma}=t$,即 $x=\mathrm{e}^{\sigma t+\mu}$,则 $\mathrm{d}x=\sigma\mathrm{e}^{\sigma t+\mu}\mathrm{d}t$,于是

$$E(X)=\frac{1}{\sqrt{2\pi}}\mathrm{e}^{\mu}\int_{-\infty}^{+\infty}\mathrm{e}^{-\frac{t^2}{2}}\mathrm{e}^{\sigma t}\mathrm{d}t=\frac{1}{\sqrt{2\pi}}\mathrm{e}^{\mu+\frac{\sigma^2}{2}}\int_{-\infty}^{+\infty}\mathrm{e}^{-\frac{1}{2}(t-\sigma)^2}\mathrm{d}(t-\sigma)$$

$$=\frac{1}{\sqrt{2\pi}}\mathrm{e}^{\mu+\frac{\sigma^2}{2}}\sqrt{2\pi}=\mathrm{e}^{\mu+\frac{\sigma^2}{2}},$$

总体的二阶原点矩为

$$E(X^2)=\int_{-\infty}^{+\infty}x^2f(x;\mu,\sigma^2)\mathrm{d}x=\frac{1}{\sqrt{2\pi}\sigma}\int_{0}^{+\infty}x\,\mathrm{e}^{-\frac{(\ln x-\mu)^2}{2\sigma^2}}\mathrm{d}x$$

$$\xlongequal{x=\mathrm{e}^{\sigma t+\mu}}\frac{1}{\sqrt{2\pi}}\mathrm{e}^{2\mu}\int_{-\infty}^{+\infty}\mathrm{e}^{-\frac{t^2}{2}}\mathrm{e}^{2\sigma t}\mathrm{d}t=\frac{1}{\sqrt{2\pi}}\mathrm{e}^{2\mu+2\sigma^2}\int_{-\infty}^{+\infty}\mathrm{e}^{-\frac{1}{2}(t-2\sigma)^2}\mathrm{d}(t-2\sigma)$$

$$=\frac{1}{\sqrt{2\pi}}\mathrm{e}^{2\mu+2\sigma^2}\sqrt{2\pi}=\mathrm{e}^{2\mu+2\sigma^2},$$

即 $\begin{cases}E(X)=\mathrm{e}^{\mu+\frac{\sigma^2}{2}},\\ E(X^2)=\mathrm{e}^{2\mu+2\sigma^2},\end{cases}$ 解之得 $\begin{cases}\mu=2\ln E(X)-\dfrac{1}{2}\ln(E(X^2)),\\ \sigma^2=\ln(E(X^2))-2\ln E(X).\end{cases}$

用样本的一阶原点矩和二阶原点矩 $A_1=\overline{X},A_2=\dfrac{1}{n}\sum\limits_{i=1}^{n}X_i^2$ 分别替换 $E(X),E(X^2)$,得 μ,σ^2 的矩估计量分别为

$$\hat{\mu}=2\ln\overline{X}-\frac{1}{2}\ln\left(\frac{1}{n}\sum_{i=1}^{n}X_i^2\right),\quad \hat{\sigma^2}=\ln\left(\frac{1}{n}\sum_{i=1}^{n}X_i^2\right)-2\ln\overline{X}.$$

依最大似然估计法,设 $x_1,x_2,\cdots,x_n$ 为样本观察值,似然函数为

$$L(\mu,\sigma^2)=\prod_{i=1}^{n}f(x_i;\mu,\sigma^2)=\begin{cases}\displaystyle\prod_{i=1}^{n}\frac{1}{\sqrt{2\pi}\sigma x_i}e^{-\frac{(\ln x_i-\mu)^2}{2\sigma^2}}, & x_1>0,x_2>0,\cdots,x_n>0.\\[2mm] 0, & \text{其他}.\end{cases}$$

当 $x_1>0,x_2>0,\cdots,x_n>0$ 时,似然函数为 $L(\mu,\sigma^2)=\dfrac{1}{(\sqrt{2\pi\sigma^2})^n}\dfrac{1}{x_1 x_2\cdots x_n}e^{-\frac{1}{2\sigma^2}\sum\limits_{i=1}^{n}(\ln x_i-\mu)^2}$,

对似然函数取对数,有

$$\ln L(\mu,\sigma^2)=-\frac{n}{2}\ln(2\pi\sigma^2)-\sum_{i=1}^{n}\ln x_i-\frac{1}{2\sigma^2}\sum_{i=1}^{n}(\ln x_i-\mu)^2,$$

$\ln L(\mu,\sigma^2)$ 关于 μ 和 σ^2 求偏导并令导数等于零,有

$$\begin{cases}\dfrac{\partial}{\partial\mu}(\ln L(\mu,\sigma^2))=\dfrac{1}{\sigma^2}\sum\limits_{i=1}^{n}(\ln x_i-\mu)=0,\\[3mm] \dfrac{\partial}{\partial(\sigma^2)}(\ln L(\mu,\sigma^2))=-\dfrac{n}{2\sigma^2}+\dfrac{1}{2(\sigma^2)^2}\sum\limits_{i=1}^{n}(\ln x_i-\mu)^2=0,\end{cases}$$

解之得唯一驻点,它们就是 μ,σ^2 的最大似然估计值

$$\hat{\mu}=\frac{1}{n}\sum_{i=1}^{n}\ln x_i,\quad \hat{\sigma}^2=\frac{1}{n}\sum_{i=1}^{n}(\ln x_i-\hat{\mu})^2=\frac{1}{n}\sum_{i=1}^{n}\left(\ln x_i-\frac{1}{n}\sum_{i=1}^{n}\ln x_i\right)^2,$$

于是 μ,σ^2 的最大似然估计量分别为 $\hat{\mu}=\dfrac{1}{n}\sum\limits_{i=1}^{n}\ln X_i,\hat{\sigma}^2=\dfrac{1}{n}\sum\limits_{i=1}^{n}\left(\ln X_i-\dfrac{1}{n}\sum\limits_{i=1}^{n}\ln X_i\right)^2$.

(2) 由(1)知,$E(X)=e^{\mu+\frac{\sigma^2}{2}}$,

$$D(X)=E(X^2)-(E(X))^2=e^{2\mu+2\sigma^2}-(e^{\mu+\frac{\sigma^2}{2}})^2=e^{2\mu+2\sigma^2}-e^{2\mu+\sigma^2}=e^{2\mu+\sigma^2}(e^{\sigma^2}-1),$$

因为 $E(X),D(X)$ 具有单值反函数,依最大似然估计的不变性,$E(X),D(X)$ 的最大似然估计量分别为

$$\widehat{E(X)}=e^{\hat{\mu}+\frac{1}{2}\hat{\sigma}^2}=e^{\frac{1}{n}\sum\limits_{i=1}^{n}\ln X_i+\frac{1}{2n}\sum\limits_{i=1}^{n}\left(\ln X_i-\frac{1}{n}\sum\limits_{i=1}^{n}\ln X_i\right)^2},$$

$$\widehat{D(X)}=e^{2\hat{\mu}+\hat{\sigma}^2}(e^{\hat{\sigma}^2}-1)=e^{\frac{2}{n}\sum\limits_{i=1}^{n}\ln X_i+\frac{1}{n}\sum\limits_{i=1}^{n}\left(\ln X_i-\frac{1}{n}\sum\limits_{i=1}^{n}\ln X_i\right)^2}\left(e^{\frac{1}{n}\sum\limits_{i=1}^{n}\left(\ln X_i-\frac{1}{n}\sum\limits_{i=1}^{n}\ln X_i\right)^2}-1\right).$$

注 为求两个未知参数 μ,σ^2 的最大似然估计,先求 $\ln L(\mu,\sigma^2)$ 的驻点,则所得唯一驻点就是 $\ln L(\mu,\sigma^2)$ 的最大值点,即 μ,σ^2 的最大似然估计值.

评 依最大似然估计的不变性,由 μ,σ^2 的最大似然估计 $\hat{\mu},\hat{\sigma}^2$ 代入所得的 $\widehat{E(X)}=e^{\hat{\mu}+\frac{1}{2}\hat{\sigma}^2}$ 和 $\widehat{D(X)}=e^{2\hat{\mu}+\hat{\sigma}^2}(e^{\hat{\sigma}^2}-1)$ 就是 $E(X),D(X)$ 的最大似然估计.

二、关于估计量的无偏性、有效性和相合性的判定

例 7.4.3 设总体 X 的概率密度函数为

$$f(x;\theta)=\begin{cases}e^{-(x-\theta)}, & x\geqslant\theta,\\ 0, & x<\theta,\end{cases}$$

其中参数 $\theta(\theta>0)$ 未知,从总体中抽取样本 $X_1,X_2,\cdots,X_n$,其观察值为 $x_1,x_2,\cdots,x_n$.

(1) 求 θ 的矩估计量 $\widehat{\theta_1}$ 和最大似然估计量 $\widehat{\theta_2}$;

(2) 讨论 $\widehat{\theta_1},\widehat{\theta_2}$ 是否具有无偏性,如果不是无偏估计量的修正它,使修正估计量是无偏估计量;

(3) 试讨论两个无偏估计量的相合性和有效性.

分析　(1) $E(X)=\displaystyle\int_{-\infty}^{+\infty}xf(x;\theta)\mathrm{d}x$,依似然函数为 $L(\theta)=\displaystyle\prod_{i=1}^{n}f(x_i;\theta)$ 求最大值点;

(2) 考查 $E(\widehat{\theta_1})=\theta,E(\widehat{\theta_2})=\theta$ 是否成立? 如果不成立,基于它构造新的估计量,使这两个式子成立;(3) 经修正后 $\hat{\theta}$ 是 θ 的无偏估计量,考查 $\lim_{n\to\infty}P\{|\hat{\theta}-\theta|\geqslant\varepsilon\}=0$ 是否成立,再比较两者方差的大小.

解　(1) 依矩估计法,总体的一阶原点矩为

$$E(X)=\int_{-\infty}^{+\infty}xf(x;\theta)\mathrm{d}x=\int_{\theta}^{+\infty}xe^{-(x-\theta)}\mathrm{d}x=-e^{\theta}(xe^{-x}+e^{-x})\Big|_{\theta}^{+\infty}=\theta+1,$$

解之得 $\theta=E(X)-1$,用样本的一阶原点矩 $A_1=\overline{X}$ 替换 $E(X)$,得 θ 的矩估计量为

$$\widehat{\theta_1}=\overline{X}-1=\frac{1}{n}\sum_{i=1}^{n}X_i-1.$$

依最大似然估计法,似然函数为

$$L(\theta)=\prod_{i=1}^{n}f(x_i;\theta)=\begin{cases}\displaystyle\prod_{i=1}^{n}e^{-(x_i-\theta)}, & x_1\geqslant\theta,x_2\geqslant\theta,\cdots,x_n\geqslant\theta,\\ 0, & \text{其他}.\end{cases}$$

当 $x_1\geqslant\theta,x_2\geqslant\theta,\cdots,x_n\geqslant\theta$ 时,对似然函数取对数,有

$$\ln L(\theta)=\ln\Big(e^{-(\sum_{i=1}^{n}x_i-n\theta)}\Big)=n\theta-\sum_{i=1}^{n}x_i,$$

显然 $\ln L(\theta)$ 关于 θ 严格单调递增.又因为 $0<\theta\leqslant\min\{x_1,x_2,\cdots,x_n\}$,所以 θ 的最大似然估计值为 $\widehat{\theta_2}=\min\{x_1,x_2,\cdots,x_n\}$,故 θ 的最大似然估计量为 $\widehat{\theta_2}=\min\{X_1,X_2,\cdots,X_n\}$.

(2) 因为 $E(\widehat{\theta_1})=E(\overline{X}-1)=E(\overline{X})-1=E(X)-1=(\theta+1)-1=\theta$,则 $\widehat{\theta_1}$ 是 θ 的无偏估计量.

设总体 X 的分布函数为 $F(x)$,依定义,有

$$F(x)=\int_{-\infty}^{x}f(t;\theta)\mathrm{d}t=\begin{cases}\displaystyle\int_{\theta}^{x}e^{-(t-\theta)}\mathrm{d}t=-e^{\theta}(e^{-t})\Big|_{\theta}^{x}=1-e^{-(x-\theta)}, & x\geqslant\theta,\\ 0, & x<\theta,\end{cases}$$

依定理,$\widehat{\theta_2}=\min\{X_1,X_2,\cdots,X_n\}$ 的分布函数为

$$F_{\widehat{\theta_2}}(z)=1-(1-F((z)))^n=\begin{cases}1-e^{-n(z-\theta)}, & z\geqslant\theta,\\ 0, & z<\theta,\end{cases}$$

求导得其概率密度函数为

$$f_{\widehat{\theta_2}}(z)=\begin{cases}ne^{-n(z-\theta)}, & z\geqslant\theta,\\ 0, & z<\theta,\end{cases}$$

依定义,有

$$E(\widehat{\theta}_2) = \int_{-\infty}^{+\infty} z f_{\widehat{\theta}_2}(z)\,\mathrm{d}z = n\int_{\theta}^{+\infty} z \mathrm{e}^{-n(z-\theta)}\,\mathrm{d}z = -\mathrm{e}^{n\theta}\left(z\mathrm{e}^{-nz} + \frac{1}{n}\mathrm{e}^{-nz}\right)\Big|_{\theta}^{+\infty} = \theta + \frac{1}{n},$$

所以 $\widehat{\theta}_2$ 不是 θ 的无偏估计量,取修正估计量 $\widehat{\theta}_3 = \widehat{\theta}_2 - \dfrac{1}{n}$,则

$$E(\widehat{\theta}_3) = E\left(\widehat{\theta}_2 - \frac{1}{n}\right) = E(\widehat{\theta}_2) - \frac{1}{n} = \left(\theta + \frac{1}{n}\right) - \frac{1}{n} = \theta,$$

则 $\widehat{\theta}_3$ 是 θ 的无偏估计量.

(3) 因为 $\widehat{\theta}_1$ 是 θ 的矩估计量,所以 $\widehat{\theta}_1$ 是 θ 的相合估计量.或者还可依如下方法讨论,因为 $\dfrac{1}{n}\sum\limits_{i=1}^{n} X_i \xrightarrow{P} E(X_i) = \theta + 1$,依性质,$\widehat{\theta}_1 = \dfrac{1}{n}\sum\limits_{i=1}^{n} X_i - 1 \xrightarrow{P} (\theta + 1) - 1 = \theta$.

又因为

$$E((\widehat{\theta}_2)^2) = \int_{-\infty}^{+\infty} z^2 f_{\widehat{\theta}_2}(z)\,\mathrm{d}z = n\int_{\theta}^{+\infty} z^2 \mathrm{e}^{-n(z-\theta)}\,\mathrm{d}z$$

$$= -\mathrm{e}^{n\theta}\left(z^2\mathrm{e}^{-nz} + \frac{2}{n}\left(z\mathrm{e}^{-nz} + \frac{1}{n}\mathrm{e}^{-nz}\right)\right)\Big|_{\theta}^{+\infty} = \theta^2 + \frac{2}{n}\theta + \frac{2}{n^2},$$

依方差的计算公式,得

$$D(\widehat{\theta}_2) = E((\widehat{\theta}_2)^2) - (E(\widehat{\theta}_2))^2 = \theta^2 + \frac{2}{n}\theta + \frac{2}{n^2} - \left(\theta + \frac{1}{n}\right)^2 = \frac{1}{n^2},$$

于是 $D(\widehat{\theta}_3) = D\left(\widehat{\theta}_2 - \dfrac{1}{n}\right) = D(\widehat{\theta}_2) = \dfrac{1}{n^2}$,依切比雪夫不等式,对 $\forall \varepsilon > 0$,有

$$P\{|\widehat{\theta}_3 - \theta| \geqslant \varepsilon\} = P\{|\widehat{\theta}_3 - E(\widehat{\theta}_3)| \geqslant \varepsilon\} \leqslant \frac{1}{\varepsilon^2}D(\widehat{\theta}_3) = \frac{1}{n^2\varepsilon^2} \to 0, \quad n \to \infty,$$

即 $\lim\limits_{n\to\infty} P\{|\widehat{\theta}_3 - \theta| \geqslant \varepsilon\} = 0$,依定义,$\widehat{\theta}_3$ 是 θ 的相合估计量.

因为 $E(X^2) = \int_{-\infty}^{+\infty} x^2 f(x;\theta)\,\mathrm{d}x = \int_{\theta}^{+\infty} x^2 \mathrm{e}^{-(x-\theta)}\,\mathrm{d}x = -\mathrm{e}^{\theta}(x^2\mathrm{e}^{-x} + 2(x\mathrm{e}^{-x} + \mathrm{e}^{-x}))\big|_{\theta}^{+\infty} = \theta^2 + 2\theta + 2$,依方差的计算公式,$D(X) = E(X^2) - E^2(X) = \theta^2 + 2\theta + 2 - (\theta + 1)^2 = 1$,则 $D(\widehat{\theta}_1) = D(\overline{X} - 1) = D(\overline{X}) = \dfrac{1}{n}D(X) = \dfrac{1}{n}$.

显然当 $n > 1$ 时,有 $D(\widehat{\theta}_1) = \dfrac{1}{n} > \dfrac{1}{n^2} = D(\widehat{\theta}_3)$,所以 $\widehat{\theta}_3$ 较 $\widehat{\theta}_1$ 更有效.

注 一般地,矩估计量也是相合估计量.修正有偏估计量为无偏估计量,以及利用切比雪夫不等式考查估计量相合性的方法值得借鉴.

评 $\widehat{\theta}_1, \widehat{\theta}_3$ 都具有无偏性和相合性,且 $\widehat{\theta}_3$ 较 $\widehat{\theta}_1$ 更有效,因此估计量 $\widehat{\theta}_3$ 为优.

例 7.4.4 设总体 $X \sim U(0, \theta]$,$X_1, X_2, \cdots, X_n$ 是来自 X 的一个样本,参数 $\theta(\theta > 0)$ 未知.

(1) 求 θ 的矩估计量 $\widehat{\theta}_1$ 和最大似然估计量 $\widehat{\theta}_2$;

(2) 试讨论 $\widehat{\theta}_1$ 和 $\widehat{\theta}_2$ 的无偏性,如果不是无偏估计量,求修正后的无偏估计量;

(3) 讨论两个无偏估计量的有效性;

(4) 证明两个无偏估计量都是 θ 的相合估计量.

分析 (1) $E(X) = \dfrac{\theta}{2}$. 依似然函数为 $L(\theta) = \prod\limits_{i=1}^{n} f(x_i; \theta)$ 求最大值点；(2) 考查 $E(\widehat{\theta_1})$, $E(\widehat{\theta_2})$ 是否等于 θ？ (3) 就所得的两个无偏估计量，比较方差的大小；(4) 证明 $\lim\limits_{n \to \infty} P\{|\widehat{\theta} - \theta| \geqslant \varepsilon\} = 0$, 其中 $\widehat{\theta}$ 是所得的无偏估计量.

解 (1) 依矩估计法，总体的一阶原点矩为 $E(X) = \dfrac{\theta}{2}$, 解之得 $\theta = 2E(X)$, 用样本的一阶原点矩 $A_1 = \overline{X}$ 替换 $E(X)$, 得 θ 的矩估计量为 $\widehat{\theta_1} = 2\overline{X}$.

依题设，X 的概率密度函数为

$$f(x; \theta) = \begin{cases} \dfrac{1}{\theta}, & 0 < x \leqslant \theta, \\ 0, & \text{其他}, \end{cases}$$

依最大似然估计法，设 $x_1, x_2, \cdots, x_n$ 为样本观察值，似然函数为

$$L(\theta) = \prod_{i=1}^{n} f(x_i; \theta) = \begin{cases} \prod\limits_{i=1}^{n} \dfrac{1}{\theta}, & 0 < x_1 \leqslant \theta, 0 < x_2 \leqslant \theta, \cdots, 0 < x_n \leqslant \theta, \\ 0, & \text{其他}. \end{cases}$$

当 $0 < x_1 \leqslant \theta, 0 < x_2 \leqslant \theta, \cdots, 0 < x_n \leqslant \theta$ 时，似然函数为 $L(\theta) = \dfrac{1}{\theta^n}$, 显然 $L(\theta)$ 关于 θ 严格单调递减. 又因为 $\theta \geqslant \max\{x_1, x_2, \cdots, x_n\}$, 所以取 θ 的最大似然估计值为 $\widehat{\theta_2} = \max\{x_1, x_2, \cdots, x_n\}$, 于是 θ 的最大似然估计量为 $\widehat{\theta_2} = \max\{X_1, X_2, \cdots, X_n\}$.

(2) 依定义，$E(\widehat{\theta_1}) = E(2\overline{X}) = 2E(\overline{X}) = 2E(X) = 2 \cdot \dfrac{\theta}{2} = \theta$, 所以 $\widehat{\theta_1}$ 是 θ 的无偏估计量.

依题设，X 的分布函数为

$$F(x) = \begin{cases} 0, & x < 0, \\ \dfrac{x}{\theta}, & 0 \leqslant x < \theta, \\ 1, & x \geqslant \theta, \end{cases}$$

令 $Z = \max\{X_1, X_2, \cdots, X_n\}$, 则 Z 的分布函数为

$$F_Z(z) = (F(z))^n = \begin{cases} 0, & z < 0, \\ \left(\dfrac{z}{\theta}\right)^n, & 0 \leqslant z < \theta, \\ 1, & z \geqslant \theta, \end{cases}$$

求导得 Z 的概率密度函数为

$$f_Z(z) = \begin{cases} \dfrac{n}{\theta^n} z^{n-1}, & 0 < z < \theta, \\ 0, & \text{其他}, \end{cases}$$

依定义，有 $E(Z) = \displaystyle\int_{-\infty}^{+\infty} z f_Z(z) \mathrm{d}z = \int_0^{\theta} z \dfrac{n}{\theta^n} z^{n-1} \mathrm{d}z = \dfrac{n}{\theta^n} \int_0^{\theta} z^n \mathrm{d}z = \dfrac{n}{n+1}\theta$, 即 $E(\widehat{\theta_2}) = E(Z) =$

$\dfrac{n}{n+1}\theta\neq\theta$，所以 $\widehat{\theta_2}$ 不是 θ 的无偏估计量，取修正估计量 $\widehat{\theta_3}=\dfrac{n+1}{n}\widehat{\theta_2}=$

$\dfrac{n+1}{n}\max\{X_1,X_2,\cdots,X_n\}$，因为 $E(\widehat{\theta_3})=E\left(\dfrac{n+1}{n}\widehat{\theta_2}\right)=\dfrac{n+1}{n}E(\widehat{\theta_2})=\dfrac{n+1}{n}\dfrac{n}{n+1}\theta=\theta$，所

以 $\widehat{\theta_3}$ 是 θ 的无偏估计量.

（3）依题设，$D(\widehat{\theta_1})=D(2\overline{X})=4D(\overline{X})=4\dfrac{1}{n}D(X)=\dfrac{4}{n}\dfrac{\theta^2}{12}=\dfrac{\theta^2}{3n}$.

又因为 $E(Z^2)=\displaystyle\int_{-\infty}^{+\infty}z^2f_Z(z)\mathrm{d}z=\int_0^\theta z^2\dfrac{n}{\theta^n}z^{n-1}\mathrm{d}z=\dfrac{n}{n+2}\theta^2$，依方差的计算公式，有

$$D(Z)=E(Z^2)-(E(Z))^2=\dfrac{n}{n+2}\theta^2-\left(\dfrac{n}{n+1}\theta\right)^2=\dfrac{n}{(n+1)^2(n+2)}\theta^2,$$

因此

$$D(\widehat{\theta_3})=D\left(\dfrac{n+1}{n}Z\right)=\left(\dfrac{n+1}{n}\right)^2D(Z)=\left(\dfrac{n+1}{n}\right)^2\dfrac{n}{(n+1)^2(n+2)}\theta^2=\dfrac{1}{n(n+2)}\theta^2,$$

显然当 $n>1$ 时，$D(\widehat{\theta_3})<D(\widehat{\theta_1})$，因此 $\widehat{\theta_3}$ 较 $\widehat{\theta_1}$ 更有效.

（4）因 $\widehat{\theta_1}$ 是 θ 的矩估计量，所以 $\widehat{\theta_1}$ 是 θ 的相合估计量.

令 $Y_n=\max\{X_1,X_2,\cdots,X_n\}$，依例 5.1.1 的结论，$Y_n\xrightarrow{P}\theta$，所以

$$\widehat{\theta_3}=\dfrac{n+1}{n}\max\{X_1,X_2,\cdots,X_n\}\xrightarrow{P}\theta,$$

因此 $\widehat{\theta_3}$ 是 θ 的相合估计量.

注 只对无偏估计量比较有效性，同时注意修正估计量的选取方法.

评 有偏估计量有时可经修正成为无偏估计量. 经修正后的估计量 $\widehat{\theta_3}$ 不仅是 θ 的无偏估计量和相合估计量，同时随着 n 的增大，$\widehat{\theta_3}$ 较 $\widehat{\theta_1}$ 更有效.

议 令 $\widehat{\theta_4}=(n+1)\min\{X_1,X_2,\cdots,X_n\}$，则 $\widehat{\theta_4}$ 也是 θ 的无偏估计量.

这是因为，若令 $T=\min\{X_1,X_2,\cdots,X_n\}$，则

$$F_T(t)=1-(1-F(t))^n=\begin{cases}0, & t<0,\\ 1-\left(1-\dfrac{t}{\theta}\right)^n, & 0\leqslant t<\theta,\\ 1, & t\geqslant\theta,\end{cases}$$

求导得 T 的概率密度函数为

$$f_T(t)=\begin{cases}\dfrac{n}{\theta^n}(\theta-t)^{n-1}, & 0<t<\theta,\\ 0, & \text{其他},\end{cases}$$

依定义

$$E(T)=\int_{-\infty}^{+\infty}tf_T(t)\mathrm{d}t=\int_0^\theta t\dfrac{n}{\theta^n}(\theta-t)^{n-1}\mathrm{d}t$$

$$=-\dfrac{n}{\theta^n}\int_0^\theta(\theta-(\theta-t))(\theta-t)^{n-1}\mathrm{d}(\theta-t)$$

$$= -\frac{n}{\theta^n}\left(\theta\,\frac{(\theta-t)^n}{n} - \frac{(\theta-t)^{n+1}}{n+1}\right)\Big|_0^\theta$$

$$= \frac{n}{\theta^n}\left(\frac{\theta^{n+1}}{n} - \frac{\theta^{n+1}}{n+1}\right) = \frac{1}{n+1}\theta,$$

所以 $E(\widehat{\theta}_4) = E((n+1)T) = (n+1)E(T) = (n+1)\dfrac{1}{n+1}\theta = \theta$，即 $\widehat{\theta}_4$ 也是 θ 的无偏估计量.

又因为

$$E(T^2) = \int_{-\infty}^{+\infty} t^2 f_T(t)\,\mathrm{d}t = \int_0^\theta t^2 \cdot \frac{n}{\theta^n}(\theta-t)^{n-1}\,\mathrm{d}t = \frac{n}{\theta^n}\int_0^\theta t^2(\theta-t)^{n-1}\,\mathrm{d}t$$

$$= -\frac{n}{\theta^n}\int_0^\theta (\theta-(\theta-t))^2(\theta-t)^{n-1}\,\mathrm{d}(\theta-t)$$

$$= \frac{n}{\theta^n}\left(\frac{\theta^{n+2}}{n} - 2\,\frac{\theta^{n+2}}{n+1} + \frac{\theta^{n+2}}{n+2}\right) = \frac{2}{(n+1)(n+2)}\theta^2,$$

$$D(T) = E(T^2) - (E(T))^2 = \frac{2}{(n+1)(n+2)}\theta^2 - \left(\frac{1}{n+1}\theta\right)^2 = \frac{n}{(n+1)^2(n+2)}\theta^2,$$

$$D(\widehat{\theta}_4) = D((n+1)T) = (n+1)^2 D(T) = (n+1)^2\,\frac{n}{(n+1)^2(n+2)}\theta^2 = \frac{n}{n+2}\theta^2,$$

依切比雪夫不等式可以证明，$\widehat{\theta}_4$ 不是相合估计量.

显然当 $n>1$ 时，有 $D(\widehat{\theta}_3) < D(\widehat{\theta}_1) < D(\widehat{\theta}_4)$，$\widehat{\theta}_3$ 较 $\widehat{\theta}_1$，$\widehat{\theta}_4$ 更有效.

综上所述，$\widehat{\theta}_1$，$\widehat{\theta}_3$，$\widehat{\theta}_4$ 都具有无偏性，$\widehat{\theta}_1$，$\widehat{\theta}_3$ 具有相合性. 又 $\widehat{\theta}_3$ 较 $\widehat{\theta}_1$，$\widehat{\theta}_4$ 更有效，因此修正估计量 $\widehat{\theta}_3$ 为优.

习题 7-4

1. 设总体 X 的概率密度函数为

$$f(x;a,b) = \begin{cases} ba^b x^{-b-1}, & x \geqslant a, \\ 0, & x < a, \end{cases}$$

其中参数 $a,b\,(a>0,b>0)$ 未知，$x_1,x_2,\cdots,x_n$ 为样本 $X_1,X_2,\cdots,X_n$ 的观察值，求 a 和 b 的最大似然估计量.

2. 设总体 X 的概率密度函数为

$$f(x;\theta) = \begin{cases} \dfrac{x}{\theta}\mathrm{e}^{-\frac{x^2}{2\theta}}, & x > 0, \\ 0, & x \leqslant 0, \end{cases}$$

其中参数 $\theta\,(\theta>0)$ 未知，$X_1,X_2,\cdots,X_n$ 是来自 X 的样本.

(1) 试求 θ 的矩估计量 $\widehat{\theta}_1$ 和最大似然估计量 $\widehat{\theta}_2$；

(2) 证明估计量 $\widehat{\theta}_2$ 是 θ 的无偏估计量和相合估计量.

3. 设总体 $X \sim U[\theta,\theta+1]$，$X_1,X_2,\cdots,X_n$ 为来自 X 的样本，$\overline{X}$ 为样本均值，$X_{(1)} = \min\{X_1,X_2,\cdots,X_n\}$，记估计量 $\widehat{\theta}_1 = \overline{X} - \dfrac{1}{2}$，$\widehat{\theta}_2 = X_{(1)} - \dfrac{1}{n+1}$.

（1）证明 $\hat{\theta}_1$ 和 $\hat{\theta}_2$ 都是 θ 的无偏估计量；

（2）试比较 $\hat{\theta}_1$ 和 $\hat{\theta}_2$ 的有效性；

（3）证明 $\hat{\theta}_1$ 和 $\hat{\theta}_2$ 都是 θ 的相合估计量.

单元练习题 7

一、选择题（下列每小题给出的四个选项中，只有一项是符合题目要求的，请将所选项前的字母写在指定位置）

1. 设总体 X 服从参数为 $\theta(\theta>0)$ 的指数分布，$X_1,X_2,\cdots,X_n$ 为 X 的样本，$\overline{X}$ 是样本均值，若 $C\overline{X}^2$ 为 $D(X)$ 的无偏估计量，则常数 $C=($ $)$.

    A. $\dfrac{n+1}{n}$ B. $\dfrac{n}{n+1}$ C. $\dfrac{1}{n}$ D. $\dfrac{1}{n+1}$

2. 设 $X_1,X_2,\cdots,X_n$ 是来自总体 X 的样本，$E(X)=\mu$，$D(X)=\sigma^2$，则可以作为 σ^2 的无偏估计量的是（   ）.

    A. 当 μ 为已知时，$\displaystyle\sum_{i=1}^{n}\dfrac{(X_i-\mu)^2}{n}$ B. 当 μ 为已知时，$\displaystyle\sum_{i=1}^{n}\dfrac{(X_i-\mu)^2}{n-1}$

    C. 当 μ 为未知时，$\displaystyle\sum_{i=1}^{n}\dfrac{(X_i-\mu)^2}{n}$ D. 当 μ 为未知时，$\displaystyle\sum_{i=1}^{n}\dfrac{(X_i-\mu)^2}{n-1}$

3. 设 $\hat{\theta}_1$ 和 $\hat{\theta}_2$ 是总体未知参数 $\theta(\theta\in\Theta)$ 的两个估计量，说 $\hat{\theta}_1$ 较 $\hat{\theta}_2$ 更有效是指，对任意 $\theta\in\Theta$，有（   ）.

    A. $E(\hat{\theta}_1)=E(\hat{\theta}_2)=\theta$，且 $\hat{\theta}_1<\hat{\theta}_2$

    B. $E(\hat{\theta}_1)=E(\hat{\theta}_2)=\theta$，$D(\hat{\theta}_1)\leqslant D(\hat{\theta}_2)$，且对某一 $\theta\in\Theta$，不等号成立

    C. $E(\hat{\theta}_1)<E(\hat{\theta}_2)$

    D. $D(\hat{\theta}_1)<D(\hat{\theta}_2)$

4. 设总体 X 的数学期望 μ 未知，$X_1,X_2,\cdots,X_n$ 是来自总体 X 的样本，则下述结论正确的是（   ）.

    A. X_1 是 μ 的相合估计量   B. X_1 是 μ 的最大似然估计量

    C. X_1 是 μ 的无偏估计量   D. X_1 不是 μ 的估计量

5. 设一批零件的长度 $X\sim N(\mu,\sigma^2)$，其中参数 μ,σ^2 均未知，现从中随机抽取 16 个零件，测得样本均值的观测值 $\bar{x}=20(\mathrm{cm})$，样本标准差的观测值 $s=1(\mathrm{cm})$，则 μ 的置信水平为 0.90 的置信区间为（   ）.

    A. $\left(20-\dfrac{1}{4}t_{0.05}(16),20+\dfrac{1}{4}t_{0.05}(16)\right)$ B. $\left(20-\dfrac{1}{4}t_{0.1}(16),20+\dfrac{1}{4}t_{0.1}(16)\right)$

    C. $\left(20-\dfrac{1}{4}t_{0.05}(15),20+\dfrac{1}{4}t_{0.05}(15)\right)$ D. $\left(20-\dfrac{1}{4}t_{0.1}(15),20+\dfrac{1}{4}t_{0.1}(15)\right)$

【2005 研数三】

6. 从总体 $X\sim N(\mu,\sigma^2)$ 中抽取容量为 9 的样本，μ,σ^2 未知，测得样本均值的观测值

$\bar{x}=15$,样本方差的观测值 $s^2=0.4^2$,总体均值 μ 的置信水平为 0.95 的单侧置信下限为（　　）.

A. $15-\dfrac{0.4}{3}t_{0.05}(8)$　　　　　　　　B. $15-\dfrac{0.4}{3}t_{0.025}(8)$

C. $15-\dfrac{0.16}{9}t_{0.05}(9)$　　　　　　　　D. $15-\dfrac{0.16}{9}t_{0.025}(9)$

7. 设 $X_1,X_2,\cdots,X_n$ 是来自正态总体 $N(\mu,\sigma^2)$ 的样本,μ 未知,σ^2 已知,则 $\left(\bar{X}-\dfrac{\sigma}{\sqrt{n}}z_{0.05},\bar{X}+\dfrac{\sigma}{\sqrt{n}}z_{0.05}\right)$ 作为 μ 的置信区间,置信水平为（　　）.

A. 0.1　　　　　　B. 0.05　　　　　　C. 0.90　　　　　　D. 0.95

8. 设总体 $X\sim N(\mu,\sigma^2)$,μ 未知,σ^2 已知,$X_1,X_2,\cdots,X_n$ 是来自 X 的样本,当固定样本容量 n 时,均值 μ 的置信区间长度 L 与置信水平 $1-\alpha$ 的关系是（　　）.

A. 当 $1-\alpha$ 减小时,L 缩短　　　　　　B. 当 $1-\alpha$ 减小时,L 伸长

C. 当 $1-\alpha$ 减小时,L 不变　　　　　　D. 当 $1-\alpha$ 减小时,L 伸长与缩短不确定

9. 总体 X 的均值 μ 的置信水平为 0.95 的置信区间的意义是指这个区间（　　）.

A. 平均含总体 0.95 的值　　　　　　B. 平均含样本 0.95 的值

C. 有不低于 0.95 的可能覆盖 μ 的真值　　D. 有不低于 0.95 的可能含样本均值 $\bar{X}$.

10. 设总体 $X\sim N(\mu,\sigma^2)$,μ,σ^2 未知,若样本容量 n 和置信水平 $1-\alpha$ 均不变,则对于不同的样本值,总体均值 μ 的置信区间的长度为（　　）.

A. 变长　　　　　　B. 变短　　　　　　C. 不变　　　　　　D. 不能确定

二、填空题（请将答案写在指定位置）

1. 设总体 X 的概率密度函数为 $f(x;\theta)=\begin{cases}\mathrm{e}^{-(x-\theta)}, & x\geqslant\theta, \\ 0, & x<\theta,\end{cases}$ 其中参数 $\theta(\theta>0)$ 未知,$X_1,X_2,\cdots,X_n$ 为 X 的样本,则 θ 的矩估计量为_____,θ 的最大似然估计量为_____.

【2002 研数三】

2. 设 $X_1,X_2,\cdots,X_n(n\geqslant2)$ 为来自二项分布总体 $B(n,p)(0<p<1)$ 的样本,$\bar{X}$ 和 S^2 分别为样本均值与样本方差,若 $\bar{X}+kS^2$ 为 np^2 的无偏估计量,则常数 $k=$_____.

【2009 研数一】

3. 设总体 X 的概率密度函数为

$$f(x;\theta)=\begin{cases}\dfrac{2x}{3\theta^2}, & \theta<x<2\theta, \\ 0, & \text{其他},\end{cases}$$

参数 $\theta(\theta>0)$ 未知,$X_1,X_2,\cdots,X_n$ 为来自总体 X 的简单随机样本,若 $C\displaystyle\sum_{i=1}^{n}X_i^2$ 是 θ^2 的无偏估计量,则常数 $C=$_____.

【2014 研数一、三】

4. 设总体 $X\sim N(\mu,\sigma^2)$,μ,σ^2 未知,根据来自 X 的容量为 9 的样本,测得样本均值为 $\bar{x}=5$,$s^2=0.9^2$,则 μ 的置信水平为 0.95 的置信区间为_____.

【1996 研数三】

5. 设 $X_1,X_2,\cdots,X_n$ 为来自总体 $N(\mu,\sigma^2)$ 的样本,μ 未知,σ^2 已知,样本均值 $\bar{x}=9.5$,参数 μ 的置信水平为 0.95 的置信区间的置信上限为 10.8,则 μ 的置信水平为 0.95 的置信

区间为_____.

【2016 研数一】

三、判断题（请将判断结果写在题前的括号内，正确写√，错误写×）

1. （   ）未知参数的矩估计量和最大似然估计量都是无偏估计量.

2. （   ）未知参数的置信水平为 $1-\alpha$ 的置信区间是唯一的.

3. （   ）依矩估计法和最大似然估计法求出的估计量一定不同.

4. （   ）设 $g(\theta)$ 是 θ 的函数，如果 $\hat{\theta}$ 是 θ 的无偏估计量，则 $g(\hat{\theta})$ 是 $g(\theta)$ 的无偏估计量.

5. （   ）设总体 $X\sim N(\mu,1)$，μ 未知，$X_1,X_2,\cdots,X_n$ 是 X 的样本，其样本均值的观察值为 $\bar{x}$，于是 μ 的置信水平为 $1-\alpha$ 的置信区间为 $\left(\bar{x}\pm\dfrac{1}{\sqrt{n}}z_{\alpha/2}\right)$，则

$$P\left\{\bar{x}-\frac{1}{\sqrt{n}}z_{\alpha/2}<\mu<\bar{x}+\frac{1}{\sqrt{n}}z_{\alpha/2}\right\}=1-\alpha.$$

四、解答题（解答应写出文字说明、证明过程或演算步骤）

1. 设总体 X 服从参数为 λ 的泊松分布，概率分布为

$$P\{X=k\}=\frac{\lambda^k}{k!}\mathrm{e}^{-\lambda},\quad k=0,1,2,\cdots,$$

其中参数 $\lambda(\lambda>0)$ 未知，$X_1,X_2,\cdots,X_n$ 为来自总体的样本，求：

（1）λ 的矩估计量；（2）λ 的最大似然估计量.

2. 设 X 是在一次随机试验中事件 A 发生的次数（如果 A 没有发生，记 $X=0$），进行了 n 次试验，所得一组样本观察值为 $x_1,x_2,\cdots,x_n$，其中 A 发生了 k 次，求 A 发生的概率 p 的矩估计值和最大似然估计值.

3. 设 $X_1,X_2,\cdots,X_n$ 为来自正态总体 $N(\mu_0,\sigma^2)$ 的简单随机样本，其中参数 μ_0 已知，σ^2 未知，$\bar{X}$ 与 S^2 分别为样本均值与样本方差，求：

（1）σ^2 的最大似然估计量 $\widehat{\sigma^2}$；（2）$E(\widehat{\sigma^2})$，$D(\widehat{\sigma^2})$. 【2011 研数一】

4. 设总体 X 的概率密度函数为

$$f(x;\theta)=\begin{cases}\theta x^{\theta-1}, & 0<x<1,\\ 0, & \text{其他},\end{cases}$$

$X_1,X_2,\cdots,X_n$ 是来自 X 的样本，参数 $\theta(\theta>0)$ 未知，求 $U=\mathrm{e}^{-1/\theta}$ 的最大似然估计量.

5. 某工程师为了解一台天平的精度，用该天平对一物体的质量做 n 次测量，该物体的质量 μ 是已知的，设 n 次测量结果 $X_1,X_2,\cdots,X_n$ 相互独立且均服从正态分布 $N(\mu,\sigma^2)$. 该工程师记录的是 n 次测量的绝对误差 $Z_i=|X_i-\mu|(i=1,2,\cdots,n)$，利用 $Z_1,Z_2,\cdots,Z_n$ 估计 σ.

（1）求 Z_1 的概率密度函数；

（2）利用一阶矩求 σ 的矩估计量；

（3）求 σ 的最大似然估计量. 【2017 研数一、三】

6. 设随机变量 $X\sim N(\mu,2.8^2)$，μ 未知，现抽取 10 个样本观察值，得 $\bar{x}=1500$.

（1）试求 μ 的置信水平为 0.95 的置信区间；

（2）要使置信水平为 0.95 的置信区间长度小于 1，样本容量 n 至少为多少？

（3）若 $n=100$，区间 $\left(\bar{X}-\dfrac{1}{2},\bar{X}+\dfrac{1}{2}\right)$ 作为 μ 的置信区间，其置信水平为多少？

第 8 章 假 设 检 验

依问题的实际背景提出假设,然后根据样本提供的信息对假设作出接受或拒绝的决策,假设检验就是作出这一决策的过程.

8.1 单个正态总体参数的假设检验

一、内容要点与评注

假设检验的相关概念

原假设和备择假设 当总体的类型已知,对其一个或几个未知参数提出假设,这种假设称为原假设,通常用 H_0 表示,放弃原假设而可供选择的假设称为备择假设,用 H_1 表示. H_0 与 H_1 互为对立.

在假设检验中,原假设 H_0 和备择假设 H_1 的地位并不相等,本着保护原假设的原则,一般地,应将有把握的、没有充分理由不能轻易否定的命题或论断作为原假设 H_0,而将没有把握的、不能轻易肯定的命题或论断作为备择假设 H_1.假设有如下三种(μ_0 为已知数):

双边假设检验 $H_0: \mu = \mu_0, H_1: \mu \neq \mu_0$.

左边假设检验 $H_0: \mu \geqslant \mu_0$(或 $\mu = \mu_0$),$H_1: \mu < \mu_0$.

右边假设检验 $H_0: \mu \leqslant \mu_0$(或 $\mu = \mu_0$),$H_1: \mu > \mu_0$.

检验统计量 用来检验假设的统计量称为检验统计量.

拒绝域和接受域 检验统计量把样本空间分成两个区域,使原假设 H_0 被拒绝的样本观察值所组成的区域称为 H_0 的拒绝域.而使原假设 H_0 被接受的样本观察值所组成的区域称为 H_0 的接受域.拒绝域与接受域的分界点称为临界值.

显著性水平 满足概率 $P\{拒绝\ H_0 | H_0\ 为真\} \leqslant \alpha$ 的实数 $\alpha (0 < \alpha < 1)$ 称为显著性水平.

假设检验的基本思想

在对假设进行检验时,通常依据来自总体的样本 $X_1, X_2, \cdots, X_n$,选取一个合适的检验统计量 $Y = g(X_1, X_2, \cdots, X_n)$,并在原假设 H_0 成立(或取等号)时确定该统计量的分布,以此构造出一个检验法则.

假定原假设 H_0 为真,利用样本的观察值,将检验统计量的观察值集合划分为 W 和 $\overline{W}$ 两部分,使对于很小的数 $\alpha (0 < \alpha < 1)$,有 $P\{Y \in W | H_0\ 为真\} \leqslant \alpha$.

因为 α 很小,当 H_0 为真时,$\{Y \in W\}$ 是一个小概率事件,如果将样本的一组观察值 $\{X_1 = x_1, X_2 = x_2, \cdots, X_n = x_n\}$ 看成一次试验的结果,则根据实际推断原理,可以认为在一

次试验中事件 $\{Y \in W\}$ 几乎不可能发生,而如果在这次试验中,检验统计量的观察值 $y = g(x_1, x_2, \cdots, x_n) \in W$,说明事件 $\{Y \in W\}$ 发生了,这显然不合理,追根溯源,问题出在"假定原假设 H_0 为真"上,所以 H_0 不真,于是拒绝 H_0,从而 W 就是 H_0 的拒绝域.如果检验统计量的观察值 $y = g(x_1, x_2, \cdots, x_n) \notin W$,说明事件 $\{Y \in W\}$ 没有发生,也就没有理由拒绝 H_0,因此,$\overline{W}$ 就是 H_0 的接受域.

例如,设总体 $X \sim N(\mu, \sigma^2)$,参数 μ, σ^2 未知,$X_1, X_2, \cdots, X_n$ 是来自 X 的简单随机样本,在给定显著性水平 $\alpha(0 < \alpha < 1)$ 下,试确定左边假设 $H_0: \mu \geqslant \mu_0$,$H_1: \mu < \mu_0$(μ_0 为已知数)的检验法则.

假定 H_0 为真,因为 $\dfrac{\overline{X} - \mu}{S/\sqrt{n}} \sim t(n-1)$,所以 $P\left\{\dfrac{\overline{X} - \mu}{S/\sqrt{n}} \leqslant -t_\alpha(n-1)\right\} = \alpha$,注意到 $\dfrac{\overline{X} - \mu}{S/\sqrt{n}}$ 不是检验统计量(因含未知参数 μ),选取检验统计量为 $T = \dfrac{\overline{X} - \mu_0}{S/\sqrt{n}}$,当 H_0 为真时,$\mu \geqslant \mu_0$,于是 $\left\{\dfrac{\overline{X} - \mu_0}{S/\sqrt{n}} \leqslant -t_\alpha(n-1)\right\} \subset \left\{\dfrac{\overline{X} - \mu}{S/\sqrt{n}} \leqslant -t_\alpha(n-1)\right\}$,如图 8-1 所示.所以

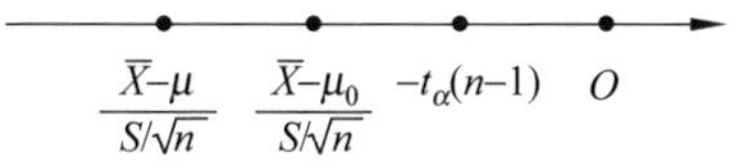

图 8-1

$$P\left\{\frac{\overline{X} - \mu_0}{S/\sqrt{n}} \leqslant -t_\alpha(n-1)\right\} \leqslant P\left\{\frac{\overline{X} - \mu}{S/\sqrt{n}} \leqslant -t_\alpha(n-1)\right\} = \alpha,$$

于是 $\left\{\dfrac{\overline{X} - \mu_0}{S/\sqrt{n}} \leqslant -t_\alpha(n-1)\right\}$ 为一小概率事件,其中 $t_\alpha(n-1)$ 为分布 $t(n-1)$ 的上 α 分位点,依实际推断原理,上述小概率事件在一次试验中几乎不可能发生.现经一次试验(观测),依样本计算得检验统计量的观察值,如果它满足

(1) $t = \dfrac{\overline{x} - \mu_0}{s/\sqrt{n}} \leqslant -t_\alpha(n-1)$,则说明小概率事件 $\left\{\dfrac{\overline{X} - \mu_0}{S/\sqrt{n}} \leqslant -t_\alpha(n-1)\right\}$ 发生了,矛盾.追根溯源,问题出在"假定原假设 H_0 为真"上,因此 H_0 不真,于是拒绝 H_0,从而 H_0 的拒绝域为 $t \leqslant -t_\alpha(n-1)$.

(2) $t = \dfrac{\overline{x} - \mu_0}{s/\sqrt{n}} > -t_\alpha(n-1)$,则说明小概率事件 $\left\{\dfrac{\overline{X} - \mu_0}{S/\sqrt{n}} \leqslant -t_\alpha(n-1)\right\}$ 没有发生,因此也就没有理由拒绝 H_0,即不拒绝 H_0,从而 H_0 的接受域为 $t > -t_\alpha(n-1)$,这就是检验法则.

假设检验的一般步骤:

(1) 依具体问题背景或题意合理提出原假设 H_0 和备择假设 H_1;

(2) 选取检验统计量,使在 H_0 为真(或取等号)时能确定其所服从的分布;

(3) 在显著性水平 α 下,由 H_1 确定 H_0 拒绝域的形式,依检验统计量所服从分布的分位点查表得临界值,以确定 H_0 的拒绝域;

(4) 依据样本计算检验统计量的观察值,判断该观察值是否落入 H_0 的拒绝域,如果其

落入拒绝域,就决策拒绝 H_0,否则决策接受 H_0;

(5) 在显著性水平 α 下,就实际问题给出合理推断.

单个正态总体参数的假设检验

原假设 H_0	备择假设 H_1	其他参数	检验统计量及其分布	H_0 的拒绝域
$\mu=\mu_0$	$\mu\neq\mu_0$	σ^2 已知	$Z=\dfrac{\overline{X}-\mu_0}{\sigma/\sqrt{n}}$	$\lvert z\rvert\geqslant z_{\alpha/2}$
$\mu\geqslant\mu_0$(或 $\mu=\mu_0$)	$\mu<\mu_0$			$z\leqslant-z_\alpha$
$\mu\leqslant\mu_0$(或 $\mu=\mu_0$)	$\mu>\mu_0$		$\mu=\mu_0$ 时,$Z\sim N(0,1)$	$z\geqslant z_\alpha$
$\mu=\mu_0$	$\mu\neq\mu_0$	σ^2 未知	$T=\dfrac{\overline{X}-\mu_0}{S/\sqrt{n}}$	$\lvert t\rvert\geqslant t_{\alpha/2}(n-1)$
$\mu\geqslant\mu_0$(或 $\mu=\mu_0$)	$\mu<\mu_0$			$t\leqslant-t_\alpha(n-1)$
$\mu\leqslant\mu_0$(或 $\mu=\mu_0$)	$\mu>\mu_0$		$\mu=\mu_0$ 时,$T\sim t(n-1)$	$t\geqslant t_\alpha(n-1)$
$\sigma^2=\sigma_0^2$	$\sigma^2\neq\sigma_0^2$	μ 已知	$\chi^2=\sum\limits_{i=1}^n\left(\dfrac{X_i-\mu}{\sigma_0}\right)^2$	$0<\chi^2\leqslant\chi_{1-\alpha/2}^2(n)$ 或者 $\chi^2\geqslant\chi_{\alpha/2}^2(n)$
$\sigma^2\geqslant\sigma_0^2$(或 $\sigma^2=\sigma_0^2$)	$\sigma^2<\sigma_0^2$			$0<\chi^2\leqslant\chi_{1-\alpha}^2(n)$
$\sigma^2\leqslant\sigma_0^2$(或 $\sigma^2=\sigma_0^2$)	$\sigma^2>\sigma_0^2$		$\sigma^2=\sigma_0^2$ 时,$\chi^2\sim\chi^2(n)$	$\chi^2\geqslant\chi_\alpha^2(n)$
$\sigma^2=\sigma_0^2$	$\sigma^2\neq\sigma_0^2$	μ 未知	$\chi^2=\dfrac{(n-1)S^2}{\sigma_0^2}$ $=\dfrac{1}{\sigma_0^2}\sum\limits_{i=1}^n(X_i-\overline{X})^2$	$0<\chi^2\leqslant\chi_{1-\alpha/2}^2(n-1)$ 或者 $\chi^2\geqslant\chi_{\alpha/2}^2(n-1)$
$\sigma^2\geqslant\sigma_0^2$(或 $\sigma^2=\sigma_0^2$)	$\sigma^2<\sigma_0^2$			$0<\chi^2\leqslant\chi_{1-\alpha}^2(n-1)$
$\sigma^2\leqslant\sigma_0^2$(或 $\sigma^2=\sigma_0^2$)	$\sigma^2>\sigma_0^2$		$\sigma^2=\sigma_0^2$ 时,$\chi^2\sim\chi^2(n-1)$	$\chi^2\geqslant\chi_\alpha^2(n-1)$

其中 α 为显著性水平,$X_1,X_2,\cdots,X_n$ 为总体 X 的样本,$\overline{X},S^2$ 分别为样本均值和样本方差.

注 在左边假设检验或右边假设检验中,把 H_0 中的"$\geqslant$"或"$\leqslant$"换成"$=$",拒绝域不变.

二、典型例题

例 8.1.1 设某次考试考生的成绩 $X\sim N(\mu,\sigma^2)$,μ,σ^2 均未知,从中随机地抽取 36 位考生的成绩,算得平均成绩为 66.5 分,标准差为 15 分,问在显著性水平 $\alpha=0.05$ 下,是否可以认为在这次考试中全体考生的平均成绩为 70 分? **【1998 研数一】**

分析 提出双边假设 $H_0:\mu=\mu_0=70,H_1:\mu\neq\mu_0$.再依步骤实施检验.

解 依题意,需检验假设 $H_0:\mu=\mu_0=70,H_1:\mu\neq\mu_0$.

因为 σ^2 未知,选取检验统计量为 $T=\dfrac{\overline{X}-\mu_0}{S/\sqrt{n}}$,当 $\mu=\mu_0$ 时,$T\sim t(n-1)$.

$\alpha=0.05,n=36$,H_0 的拒绝域为 $\lvert t\rvert\geqslant t_{\alpha/2}(n-1)=t_{0.025}(35)=2.0301$.

依题设,$\bar{x}=66.5,s=15$,代入计算得检验统计量的观察值为 $\lvert t\rvert=\dfrac{\lvert 66.5-70\rvert}{15/\sqrt{36}}=1.4<$

2.0301.

因为观察值落入接受域,所以不拒绝 H_0,即在显著性水平 $\alpha=0.05$ 下,认为在这次考试中全体学生的平均成绩为 70 分.

注 题设中 66.5 和 15 分别为样本均值和样本标准差,而非总体均值和总体标准差.

评 由于检验统计量的观察值落入接受域,也可说不拒绝 H_0,同时强调检验应遵循的步骤.

例 8.1.2 某厂生产的某种产品抗裂强度 $X \sim N(\mu, 1.1^2)$,μ 未知,为检验生产质量,质检科从该厂生产的这种产品中随机抽取 6 件,测得抗裂强度(单位:kg/cm^2)分别为 32.54,29.68,31.61,30.04,31.87,31.04,试检验这批产品的平均抗裂强度是否为 32.50?(取显著性水平 $\alpha=0.05$)

分析 提出双边假设 $H_0: \mu=\mu_0=32.50$,$H_1: \mu \neq \mu_0$.再依步骤实施检验.

解 依题意,需检验假设 $H_0: \mu=\mu_0=32.50$,$H_1: \mu \neq \mu_0$.

因为 $\sigma^2=1.1^2$ 已知,故选取检验统计量为 $Z=\dfrac{\overline{X}-\mu_0}{\sigma/\sqrt{n}}$,当 $\mu=\mu_0$ 时,$Z \sim N(0,1)$.

在显著性水平 $\alpha=0.05$ 下,H_0 的拒绝域为 $|z| \geqslant z_{\alpha/2}=z_{0.025}=1.960$.

依题设,$\overline{x}=31.13$,$\sigma=1.1$,$n=6$,代入计算得检验统计量的观察值为

$$|z|=\frac{|31.13-32.50|}{1.1/\sqrt{6}}=3.050>1.960.$$

因为观察值落入拒绝域,所以拒绝 H_0,即在显著性水平 $\alpha=0.05$ 下,认为这批产品的平均抗裂强度不为 32.50.

注 前表中关于拒绝域的结论可以直接使用.

评 鉴于 $\overline{x}=31.13<\mu_0=32.50$,为得到更明确的结论,可再进行左边假设检验:

$$H_0: \mu=\mu_0=32.50, \qquad H_1: \mu<\mu_0.$$

在显著性水平 $\alpha=0.05$ 下,H_0 的拒绝域为 $z \leqslant -z_\alpha=-z_{0.05}=-1.645$,因为检验统计量的观察值 $z=-3.050<-1.645$ 落入拒绝域,所以拒绝 H_0,即在显著性水平 $\alpha=0.05$ 下,认为这批产品的平均抗裂强度小于 32.50.

例 8.1.3 某车间用一台包装机包装精盐,额定标准每袋净重 500g,设包装机包装出的盐每袋重量 $X \sim N(\mu, \sigma^2)$,为检查包装机的工作情况,随机地抽取 9 袋,称得净重(单位:g)分别为 498,505,516,526,487,510,512,513,514,显著性水平为 $\alpha=0.05$,在下列两种情形下,问包装精盐的每袋标准净重有无显著变化?

(1) 已知 $\sigma^2=15^2$;(2) σ^2 未知.

分析 提出双边假设 $H_0: \mu=\mu_0=500$,$H_1: \mu \neq \mu_0$.(1) $\sigma^2=15^2$,选取检验统计量为 $Z=\dfrac{\overline{X}-\mu_0}{\sigma/\sqrt{n}}$;(2) σ^2 未知,选取检验统计量为 $T=\dfrac{\overline{X}-\mu_0}{S/\sqrt{n}}$.再依步骤实施检验.

解 依题意,需检验假设 $H_0: \mu=\mu_0=500$,$H_1: \mu \neq \mu_0$,且

$$\overline{x}=\frac{1}{9}(x_1+x_2+\cdots+x_9)=509, \quad s^2=\frac{1}{8}\sum_{i=1}^{9}(x_i-509)^2=126.25, s=11.236.$$

(1) $\sigma^2=15^2$,选取检验统计量为 $Z=\dfrac{\overline{X}-\mu_0}{\sigma/\sqrt{n}}$,当 $\mu=\mu_0$ 时,$Z \sim N(0,1)$.

在显著性水平 $\alpha=0.05$ 下，H_0 的拒绝域为 $|z|\geqslant z_{\alpha/2}=z_{0.025}=1.960$.

依题设，$\bar{x}=509$，$\sigma=15$，$n=9$，代入计算得检验统计量的观察值为 $|z|=\dfrac{|509-500|}{15/\sqrt{9}}=1.8<1.960$.

因为观察值落入接受域，所以不拒绝（接受）H_0，即在显著性水平 $\alpha=0.05$ 下，认为包装精盐每袋的标准净重无显著变化.

注 尽管也可用 $T=\dfrac{\bar{X}-\mu_0}{S/\sqrt{n}}$ 来进行检验，但在总体方差 σ^2 已知时，要尽量采用分布的信息，以使检验的结果更切合实际，为此要选 $Z=\dfrac{\bar{X}-\mu_0}{\sigma/\sqrt{n}}$ 为检验统计量，而不是 $T=\dfrac{\bar{X}-\mu_0}{S/\sqrt{n}}$.

评 （1）由于检验统计量的观察值 $|z|=1.8$ 落入接受域，但它毕竟离临界值 1.960 很近，因此与其说接受 H_0，不如说不拒绝 H_0 为妥，以表示对检验结果持有保留态度.

（2）鉴于 $|z|=1.8$ 毕竟离临界值 1.960 很近. 又 $\bar{x}=509>\mu_0=500$，可再进行右边假设检验 $H_0:\mu=\mu_0=500$，$H_1:\mu>\mu_0$.

在显著性水平 $\alpha=0.05$ 下，H_0 的拒绝域为 $z\geqslant z_{\alpha}=z_{0.05}=1.645$. 因为检验统计量的观察值 $z=1.8>1.645$ 落入拒绝域，所以拒绝 H_0，即在显著性水平 $\alpha=0.05$ 下，认为包装精盐每袋的标准净重显著变大.

议 针对两个不同的假设检验得出了两个截然相反的结论：一个说标准净重无显著变化，而另一个又说标准净重显著变大，表面上看这是矛盾的，其实不然. 在给定显著性水平下，不同的假设对应不同的拒绝域，因此来自一次试验的同一个检验统计量的观察值落入双边假设检验 H_0 的接受域，同时又落入右边假设检验 H_0 的拒绝域也就不足为奇了.

（2）σ^2 未知，选取检验统计量为 $T=\dfrac{\bar{X}-\mu_0}{S/\sqrt{n}}$，当 $\mu=\mu_0$ 时，$T\sim t(n-1)$.

$\alpha=0.05$，$n=9$，H_0 的拒绝域为 $|t|\geqslant t_{\alpha/2}(n-1)=t_{0.025}(8)=2.3060$.

依题设，$\bar{x}=509$，$s=11.236$，代入计算得检验统计量的观察值为 $|t|=\dfrac{|509-500|}{11.236/\sqrt{9}}=2.4030>2.3060$.

因为观察值落入拒绝域，所以拒绝 H_0，即在显著性水平 $\alpha=0.05$ 下，认为包装精盐的每袋标准净重有显著变化.

评 鉴于 $\bar{x}=509>\mu_0=500$，为得到更明确的结论，可再进行右边假设检验：
$$H_0:\mu=\mu_0=500，\quad H_1:\mu>\mu_0.$$

在显著性水平 $\alpha=0.05$ 下，H_0 的拒绝域为 $t\geqslant t_{\alpha}(n-1)=t_{0.05}(8)=1.8595$. 因为检验统计量的观察值 $t=2.4030>1.8595$ 落入拒绝域，所以拒绝 H_0，即在显著性水平 $\alpha=0.05$ 下，认为包装精盐的每袋标准净重显著变大.

例 8.1.4 在例 8.1.3 中，设包装机包装的精盐每袋重量 $X\sim N(500,\sigma^2)$，其他条件不变，试检验假设 $H_0:\sigma^2=\sigma_0^2=15^2$，$H_1:\sigma^2\neq\sigma_0^2$.

分析 因为 $\mu=500$ 已知,故选取检验统计量为 $\chi^2=\sum_{i=1}^{n}\left(\dfrac{X_i-500}{\sigma_0}\right)^2$.

解 需检验假设 $H_0:\sigma^2=\sigma_0^2=15^2,H_1:\sigma^2\neq\sigma_0^2$.

选取检验统计量为 $\chi^2=\sum_{i=1}^{n}\left(\dfrac{X_i-500}{\sigma_0}\right)^2$,当 $\sigma^2=\sigma_0^2$ 时,$\chi^2\sim\chi^2(n)$.

$\alpha=0.05,n=9,H_0$ 的拒绝域为

$$0<\chi^2\leqslant\chi^2_{1-\alpha/2}(n)=\chi^2_{0.975}(9)=2.70,\quad 或者 \quad \chi^2\geqslant\chi^2_{\alpha/2}(n)=\chi^2_{0.025}(9)=19.022.$$

将样本观察值代入计算得检验统计量的观察值为

$$\chi^2=\sum_{i=1}^{9}\left(\frac{x_i-500}{15}\right)^2=7.729,\quad 2.70<7.729<19.022.$$

因为观察值落入接受域,所以不拒绝 H_0,即在显著性水平 $\alpha=0.05$ 下,认为 $\sigma^2=15^2$.

注 关于假设 $H_0:\sigma=\sigma_0=15,H_1:\sigma\neq\sigma_0$,检验的步骤与本例相同.

评 因为 μ 已知,所以选取检验统计量为 $\chi^2=\sum_{i=1}^{n}\left(\dfrac{X_i-\mu}{\sigma_0}\right)^2$,而不是 $\chi^2=\dfrac{(n-1)S^2}{\sigma_0^2}$.

例 8.1.5 某厂生产的某种型号的电池,其寿命(单位:h)长期以来服从方差为 $\sigma^2=4800$ 的正态分布,现有一批这种电池,从它的生产情况来看,寿命的波动性有所改变.现随机取 24 只电池,得样本方差 $s^2=9000$,在显著性水平 $\alpha=0.05$ 下,问能否认为这批电池寿命的波动性较以往的有显著的变化?

分析 提出双边假设:$H_0:\sigma^2=\sigma_0^2=4800,H_1:\sigma^2\neq\sigma_0^2$.再依步骤实施检验.

解 依题意,需检验假设,$H_0:\sigma^2=\sigma_0^2=4800,H_1:\sigma^2\neq\sigma_0^2$.

因 μ 未知,选取检验统计量为 $\chi^2=\dfrac{(n-1)S^2}{\sigma_0^2}$,当 $\sigma^2=\sigma_0^2$ 时,$\chi^2\sim\chi^2(n-1)$.

$\alpha=0.05,n=24,H_0$ 的拒绝域为

$$0<\chi^2\leqslant\chi^2_{1-\alpha/2}(n-1)=\chi^2_{0.975}(23)=11.688,或者 \chi^2\geqslant\chi^2_{\alpha/2}(n-1)=\chi^2_{0.025}(23)=38.075.$$

依题设,$s^2=9000,\sigma_0^2=4800$,代入计算得检验统计量的观察值为

$$\chi^2=\frac{23\times9000}{4800}=43.125>38.075,$$

因为观察值落入拒绝域,所以拒绝 H_0,即在显著性水平 $\alpha=0.05$ 下,认为这批电池寿命的波动性较以往的有显著的变化.

注 单个正态总体未知参数双(单)边假设检验的拒绝域要记牢.

评 鉴于 $s^2=9000>4800=\sigma_0^2$,为得到更明确的结论,可再进行右边假设检验:

$$H_0:\sigma^2=\sigma_0^2=4800,\quad H_1:\sigma^2>\sigma_0^2,$$

$n=24$.在显著性水平 $\alpha=0.05$ 下,H_0 的拒绝域为 $\chi^2\geqslant\chi^2_{\alpha}(n-1)=\chi^2_{0.05}(23)=35.172$.因为检验统计量的观察值 $\chi^2=43.125>35.172$ 落入拒绝域,所以拒绝 H_0,即在显著性水平 $\alpha=0.05$ 下,认为这批电池寿命的波动性较以往的显著变大.

例 8.1.6 某种罐头在正常情况下,按规格平均净重 380(单位:g),标准差不超过 11,现抽查 9 罐,测得平均净重和标准差分别为 $\bar{x}=385.2,s=9.06$,试根据抽样结果,判断平均净重和标准差是否符合规格要求,假定罐头的净重服从正态分布 $N(\mu,\sigma^2)(\alpha=0.05)$.

分析 提出如下假设.

$$H_0: \mu = \mu_0 = 380, \quad H_1: \mu \neq \mu_0, \quad H_0: \sigma^2 \leqslant \sigma_0^2 = 11^2, \quad H_1: \sigma^2 > \sigma_0^2.$$

解　(1) 依题意,需检验假设 $H_0: \mu = \mu_0 = 380, H_1: \mu \neq \mu_0$.

因 σ^2 未知,选取检验统计量为 $T = \dfrac{\overline{X} - \mu_0}{S/\sqrt{n}}$,当 $\mu = \mu_0$ 时,$T \sim t(n-1)$.

$\alpha = 0.05, n = 9$, H_0 的拒绝域为 $|t| \geqslant t_{\alpha/2}(n-1) = t_{0.025}(8) = 2.3060$.

依题设,$\overline{x} = 385.2, s = 9.06$,代入计算得检验统计量的观察值为

$$|t| = \frac{385.2 - 380}{9.06/\sqrt{9}} = 1.678 < 2.3060.$$

因为观察值落入接受域,所以不拒绝 H_0,即在显著性水平 $\alpha = 0.05$ 下,认为平均净重符合规格要求.

(2) 依题意,需检验假设 $H_0: \sigma^2 \leqslant \sigma_0^2 = 11^2, H_1: \sigma^2 > \sigma_0^2$.

按 μ 未知选取检验统计量为 $\chi^2 = \dfrac{(n-1)S^2}{\sigma_0^2}$,当 $\sigma^2 = \sigma_0^2$ 时,$\chi^2 \sim \chi^2(n-1)$.

$\alpha = 0.05, n = 9$, H_0 的拒绝域为 $\chi^2 \geqslant \chi_\alpha^2(n-1) = \chi_{0.05}^2(8) = 15.507$.

依题设,$s^2 = 9.06^2, \sigma_0^2 = 11^2$,代入计算得检验统计量的观察值为

$$\chi^2 = \frac{(n-1)s^2}{\sigma_0^2} = \frac{8 \times 9.06^2}{11^2} = 5.427 < 15.507.$$

因为观察值落入接受域,所以不拒绝 H_0,即在显著性水平 $\alpha = 0.05$ 下,认为净重的标准差符合规格要求.

习题 8-1

1. 某电器零件的电阻(单位:Ω)服从正态分布 $N(\mu, \sigma^2)$,其平均电阻为 2.64,均方差为 0.06,改进加工工艺后,测得 100 个零件的平均电阻为 2.62,而均方差保持不变,试检验新工艺下零件的平均电阻是否有显著差异? (取 $\alpha = 0.01$)

2. 某食品厂用自动装罐机装罐头食品,每罐标准重量(单位:g)为 500,假定罐头重量 $X \sim N(\mu, \sigma^2)$,μ, σ^2 未知. 现抽取 10 盒罐头,称得样本均值和样本标准差分别为 $\overline{x} = 504.6, s = 6.18$,问罐头的标准重量是否有显著变化? (取 $\alpha = 0.05$)

3. 某溶液中的水分服从正态分布,$N(\mu, \sigma^2)$,μ, σ^2 未知. 现抽取一容量为 10 的样本,测得样本均值和样本标准差分别为 $\overline{x} = 0.452\%, s = 0.0375\%$. 在显著性水平 $\alpha = 0.05$ 下,试检验假设:(1) $H_0: \mu = \mu_0 = 0.5\%$;$H_1: \mu < \mu_0$. (2) $H_0: \sigma \geqslant \sigma_0 = 0.04\%$,$H_1: \sigma < \sigma_0$.

4. 某工厂生产的钢丝的忍耐力 $X \sim N(\mu, \sigma^2)$,μ, σ^2 未知. 某日抽取 10 根钢丝,进行忍耐力检测,测得结果(单位:N)如下:578,572,570,568,572,570,572,596,584,570,问是否可认为该日生产的钢丝忍耐力的标准差为 8? (取 $\alpha = 0.05$)

5. 机器包装砂糖,规定每袋糖的标准重量(单位:g)为 500,均方差不得超过 10,假设每袋糖的重量 $X \sim N(\mu, \sigma^2)$,μ, σ^2 未知. 现从包装好的各袋中随机地抽取 9 袋,测得净重分别为 507,497,510,475,484,488,524,491,515,问包装机工作是否正常? (取 $\alpha = 0.05$)

6. 某厂生产的螺丝钉长度 $X \sim N(\mu, \sigma^2)$,μ, σ^2 未知,按需要规定,螺丝钉的标准长度(单位:cm)为 5.50,方差不得超过 0.09^2. 现从该厂生产的一批螺丝钉中随机地抽取 6 个,

测得长度的平均值为 $\bar{x}=5.46$，标准差为 $s=0.08$，问这批产品是否合格？（取 $\alpha=0.10$）

8.2 专题讨论

两类错误的分析

当决策接受或拒绝原假设 H_0 时，所依据的就是一次观测的样本值，而由于样本的随机性，当 H_0 为真时，检验统计量的观察值有可能落入拒绝域，致使作出拒绝 H_0 的错误决策。当 H_0 为假时，检验统计量的观察值也有可能落入接受域，致使作出不拒绝（接受）H_0 的错误决策。

第 I 类错误（也称为弃真错误） 在原假设 H_0 正确的情况下，拒绝 H_0，其概率记为
$$P\{\text{拒绝 } H_0 \mid H_0 \text{正确}\} = \gamma.$$

第 II 类错误（也称为取伪错误） 在原假设 H_0 不正确的情况下，接受 H_0，其概率记为
$$P\{\text{接受 } H_0 \mid H_0 \text{不正确}\} = \beta.$$

H_0 真伪 样本观察值	H_0 真	H_0 不真
检验统计量观察值落入拒绝域	拒绝 $H_0 \Rightarrow$ 犯第 I 类错误	拒绝 $H_0 \Rightarrow$ 决策正确
检验统计量观察值落入接受域	接受 $H_0 \Rightarrow$ 决策正确	接受 $H_0 \Rightarrow$ 犯第 II 类错误

注 接受一个假设并不意味着确信这个假设一定是真的，只是一个推断。拒绝一个假设也并不意味着确信这个假设一定是假的，也只是一个推断。无论哪种决策，都不乏有作出错误决策的可能性。

评 要想减小犯第 I 类错误的可能性是很容易做到的，只需缩小原假设 H_0 的拒绝域，以更多的接受。同理要想减小犯第 II 类错误的可能性也是很容易做到的，只需缩小原假设 H_0 的接受域，以更多地拒绝。但当样本容量固定时，若要使犯两类错误的概率都减小是不可能的。这是因为若减小犯第 I 类错误的概率，则犯第 II 类错误的概率将增大，反之，若减小犯第 II 类错误的概率，则犯第 I 类错误的概率将增大。为此我们控制犯第 I 类错误的概率，使
$$P\{\text{拒绝 } H_0 \mid H_0 \text{正确}\} \leqslant \alpha,$$
其中 $\alpha(0<\alpha<1)$ 是给定的很小的数，称 α 为显著性水平，这种只对犯第 I 类错误的概率加以控制而不考虑犯第 II 类错误概率的检验称为显著性检验。在进行显著性检验时，控制了犯第 I 类错误的概率，$P\{\text{拒绝 } H_0 \mid H_0 \text{正确}\} \leqslant \alpha$，这也就保证了当 H_0 为真时错误地拒绝 H_0 的可能性不会超过 α，原假设 H_0 是被保护的。因此，在提出原假设和备择假设时需谨慎。

议 设 $X_1, X_2, \cdots, X_n$ 是取自正态总体 $X \sim N(\mu, \sigma_0^2)$ 的样本，σ_0^2 已知，给定显著性水平 α，需检验假设 $H_0: \mu=\mu_0$，$H_1: \mu=\mu_1<\mu_0$，选取检验统计量为 $Z = \dfrac{\overline{X}-\mu_0}{\sigma_0/\sqrt{n}}$.

如果 H_0 为真，即 $\mu=\mu_0$，此时 $Z \sim N(0,1)$，H_0 的拒绝域为 $z \leqslant -z_\alpha$，接受域为 $z > -z_\alpha$.

$$P\{拒绝\ H_0\,|\,H_0为真\}=P\left\{\frac{\overline{X}-\mu_0}{\sigma_0/\sqrt{n}}\leqslant-z_\alpha\right\}=\Phi(-z_\alpha)=1-\Phi(z_\alpha).$$

如果 H_0 不真,即 H_1 为真,$\mu=\mu_1<\mu_0$,则 $\dfrac{\overline{X}-\mu_1}{\sigma_0/\sqrt{n}}\sim N(0,1)$,

$$\beta=P\{接受\ H_0\,|\,H_0不真\}=P\left\{\frac{\overline{X}-\mu_0}{\sigma_0/\sqrt{n}}>-z_\alpha\right\}$$

$$=P\left\{\frac{\overline{X}-\mu_1}{\sigma_0/\sqrt{n}}>-z_\alpha+\frac{\mu_0-\mu_1}{\sigma_0/\sqrt{n}}\right\}$$

$$=1-\Phi\left(-z_\alpha+\frac{\mu_0-\mu_1}{\sigma_0/\sqrt{n}}\right)=\Phi\left(z_\alpha-\frac{\mu_0-\mu_1}{\sigma_0/\sqrt{n}}\right).$$

又设 z_β 是标准正态分布的上 β 分位点,则 $\beta=\Phi(-z_\beta)$,所以 $\Phi\left(z_\alpha-\dfrac{\mu_0-\mu_1}{\sigma_0/\sqrt{n}}\right)=\beta=\Phi(-z_\beta)$,即

$$z_\alpha+z_\beta=\frac{\mu_0-\mu_1}{\sigma_0/\sqrt{n}}.$$

上式表明,如果 n 一定,则

$$\alpha\ 越小\Rightarrow z_\alpha\ 越大\Rightarrow z_\beta\ 越小\Rightarrow\beta\ 应越大,$$
$$\alpha\ 越大\Rightarrow z_\alpha\ 越小\Rightarrow z_\beta\ 越大\Rightarrow\beta\ 应越小.$$

即如果降低犯其中一类错误的概率,势必提高犯另一类错误的概率.

一般地,若要使犯两类错误的概率 α 与 β 都减小,除非增大样本容量 n.

例 8.2.1 设总体 $X\sim N(\mu,\sigma_0^2)$,μ 未知,σ_0^2 已知,$X_1,X_2,\cdots,X_n$ 为来自 X 的样本,对于双边假设 $H_0:\mu=\mu_0$,$H_1:\mu=\mu_1\neq\mu_0$.

(1) 试给出在显著性水平 $\alpha(0<\alpha<1)$ 下的检验法则;

(2) 如果 $\mu=\mu_1\neq\mu_0$,试利用所得检验法则计算犯第 II 类错误的概率 β.

分析 (1) 依题设,选取检验统计量为 $Z=\dfrac{\overline{X}-\mu_0}{\sigma_0/\sqrt{n}}$,$H_0$ 的拒绝域为 $|z|\geqslant z_{\alpha/2}$. (2) $\beta=P\{检验统计量的观察值落入\ H_0\ 的接受域\,|\,H_0\ 不真\}$.

解 依题设,σ_0 已知,选取检验统计量为 $Z=\dfrac{\overline{X}-\mu_0}{\sigma_0/\sqrt{n}}$.

(1) 如果 H_0 为真,即 $\mu=\mu_0$,此时 $Z\sim N(0,1)$,在显著性水平 α 下,H_0 的拒绝域为 $|z|\geqslant z_{\alpha/2}$,即检验统计量的观察值满足 $|z|=\dfrac{|\bar{x}-\mu_0|}{\sigma_0/\sqrt{n}}\geqslant z_{\alpha/2}$,即当 $\bar{x}\leqslant\mu_0-\dfrac{\sigma_0}{\sqrt{n}}z_{\alpha/2}$,或者 $\bar{x}\geqslant\mu_0+\dfrac{\sigma_0}{\sqrt{n}}z_{\alpha/2}$ 时拒绝 H_0,从而 H_0 的拒绝域还可表示为

$$W=\left\{\bar{x}\leqslant\mu_0-\frac{\sigma_0}{\sqrt{n}}z_{\alpha/2}\right\}\bigcup\left\{\bar{x}\geqslant\mu_0+\frac{\sigma_0}{\sqrt{n}}z_{\alpha/2}\right\},$$

这就是在显著性水平 α 下的检验法则.

(2) 如果 H_0 不真，即 H_1 为真，$\mu=\mu_1\neq\mu_0$，此时 $\dfrac{\overline{X}-\mu_1}{\sigma_0/\sqrt{n}}\sim N(0,1)$，则由（1）的结论，有

$$\beta=P\{\text{接受 }H_0\,|\,H_0\text{不真}\}=P\left\{\mu_0-\frac{\sigma_0}{\sqrt{n}}z_{\alpha/2}<\overline{X}<\mu_0+\frac{\sigma_0}{\sqrt{n}}z_{\alpha/2}\right\}$$

$$=P\left\{-z_{\alpha/2}+\frac{\mu_0-\mu_1}{\sigma_0/\sqrt{n}}<\frac{\overline{X}-\mu_1}{\sigma_0/\sqrt{n}}<z_{\alpha/2}+\frac{\mu_0-\mu_1}{\sigma_0/\sqrt{n}}\right\}$$

$$=\Phi\left(z_{\alpha/2}+\frac{\mu_0-\mu_1}{\sigma_0/\sqrt{n}}\right)-\Phi\left(-z_{\alpha/2}+\frac{\mu_0-\mu_1}{\sigma_0/\sqrt{n}}\right).$$

注 当 $\mu=\mu_1\neq\mu_0$ 时，$\overline{X}\sim N\left(\mu_1,\dfrac{\sigma_0^2}{n}\right)$，而非 $\overline{X}\sim N\left(\mu_0,\dfrac{\sigma_0^2}{n}\right)$.

评 在显著性水平 α 下，当 n 很大时，若 $\mu_1>\mu_0$，则 $\beta=\Phi\left(z_{\alpha/2}-\dfrac{\mu_1-\mu_0}{\sigma_0/\sqrt{n}}\right)-\Phi\left(-z_{\alpha/2}-\dfrac{\mu_1-\mu_0}{\sigma_0/\sqrt{n}}\right)$，如图 8-2（a）所示，随着 n 的增大，点 $z_{\alpha/2}-\dfrac{\mu_1-\mu_0}{\sigma_0/\sqrt{n}}$ 与 $-z_{\alpha/2}-\dfrac{\mu_1-\mu_0}{\sigma_0/\sqrt{n}}$ 同步向左平移的距离增大，则 β 越来越小. 若 $\mu_1<\mu_0$，则 $\beta=\Phi\left(z_{\alpha/2}+\dfrac{\mu_0-\mu_1}{\sigma_0/\sqrt{n}}\right)-\Phi\left(-z_{\alpha/2}+\dfrac{\mu_0-\mu_1}{\sigma_0/\sqrt{n}}\right)$，如图 8-2（b）所示，随着 n 的增大，点 $z_{\alpha/2}+\dfrac{\mu_0-\mu_1}{\sigma_0/\sqrt{n}}$ 与 $-z_{\alpha/2}+\dfrac{\mu_0-\mu_1}{\sigma_0/\sqrt{n}}$ 同步向右平移的距离增大，则 β 越来越小.

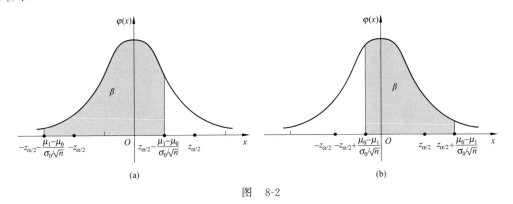

图 8-2

议 在显著性水平 α 下，当 n 很大时，对于单边检验

$$H_0:\mu\geqslant\mu_0,\quad H_1:\mu=\mu_2<\mu_0,\quad H_0\text{ 的拒绝域为 }W=\left\{\overline{x}\leqslant\mu_0-\frac{\sigma_0}{\sqrt{n}}z_{\alpha}\right\}.$$

在拒绝域内，即 $\mu=\mu_2<\mu_0$，同理可得

$$\beta=1-\Phi\left(-z_{\alpha}+\frac{\mu_0-\mu_2}{\sigma_0/\sqrt{n}}\right)=\Phi\left(z_{\alpha}-\frac{\mu_0-\mu_2}{\sigma_0/\sqrt{n}}\right),\ n\text{ 越小}，z_{\alpha}-\frac{\mu_0-\mu_2}{\sigma_0/\sqrt{n}}\text{ 越小，则 }\beta\text{ 越小}.$$

对于单边检验 $H_0:\mu\leqslant\mu_0$，$H_1:\mu=\mu_3>\mu_0$，H_0 的拒绝域为 $W=\left\{\overline{x}\geqslant\mu_0+\dfrac{\sigma_0}{\sqrt{n}}z_\alpha\right\}$．在拒绝域内，即 $\mu=\mu_3>\mu_0$，同理可得 $\beta=\Phi\left(z_\alpha-\dfrac{\mu_3-\mu_0}{\sigma_0/\sqrt{n}}\right)$，$n$ 越大，$z_\alpha-\dfrac{\mu_3-\mu_0}{\sigma_0/\sqrt{n}}$ 越小，则 β 越小．

综上所述，在显著性水平 α 下，当 n 很大时，β 随着 n 的增大而减小．

例 8.2.2　设总体 $X\sim N(\mu,3.6^2)$，μ 未知，$X_1,X_2,\cdots,X_n$ 为来自 X 的容量为 n 的样本，对于双边假设检验，$H_0:\mu=\mu_0$，$H_1:\mu=\mu_1\neq\mu_0$，若取 H_0 的接受域为 $\overline{x}\in(69,71)$，试就下述两种情形，求犯两类错误的概率．

(1) $\mu_0=70,\mu_1=72,n=36$；(2) $\mu_0=70,\mu_1=72,n=64$.

分析　犯第 I 类错误的概率 $\gamma=P\{$拒绝 $H_0\mid H_0$ 为真$\}=1-P\{69<\overline{X}<71\}$，犯第 II 类错误的概率 $\beta=P\{$接受 $H_0\mid H_0$ 不真$\}=P\{69<\overline{X}<71\}$．

解　依题设，$\sigma_0=3.6$ 已知，选取检验统计量为 $Z=\dfrac{\overline{X}-\mu_0}{3.6/\sqrt{n}}$.

(1) 如果 H_0 为真，即 $\mu=\mu_0=70,n=36$，此时 $Z=\dfrac{\overline{X}-70}{3.6/\sqrt{36}}\sim N(0,1)$，则

$$\gamma=P\{拒绝\ H_0\mid H_0为真\}=1-P\{69<\overline{X}<71\}$$
$$=1-P\left\{\frac{69-70}{0.6}<\frac{\overline{X}-70}{0.6}<\frac{71-70}{0.6}\right\}=1-(\Phi(1.667)-\Phi(-1.667))$$
$$=2-2\Phi(1.667)=2-2\times0.9522=0.0956.$$

如果 H_0 不真，即 H_1 为真，$\mu=\mu_1=72,n=36$，此时 $\dfrac{\overline{X}-72}{3.6/\sqrt{36}}\sim N(0,1)$，则

$$\beta=P\{接受\ H_0\mid H_0不真\}=P\{69<\overline{X}<71\}$$
$$=P\left\{\frac{69-72}{0.6}<\frac{\overline{X}-72}{0.6}<\frac{71-72}{0.6}\right\}=\Phi(-1.67)-\Phi(-5)$$
$$=\Phi(5)-\Phi(1.667)=1-0.9522=0.0478.$$

(2) 如果 H_0 为真，即 $\mu=\mu_0=70,n=64$，此时 $Z=\dfrac{\overline{X}-70}{3.6/\sqrt{64}}\sim N(0,1)$，则

$$\gamma=P\{拒绝\ H_0\mid H_0为真\}=1-P\{69<\overline{X}<71\}$$
$$=1-P\left\{\frac{69-70}{0.45}<\frac{\overline{X}-70}{0.45}<\frac{71-70}{0.45}\right\}=1-(\Phi(2.22)-\Phi(-2.22))$$
$$=2-2\Phi(2.22)=2-2\times0.9868=0.0264.$$

如果 H_0 不真，即 H_1 为真，$\mu=\mu_1=72,n=64$，此时 $\dfrac{\overline{X}-72}{3.6/\sqrt{64}}\sim N(0,1)$，则

$$\beta=P\{接受\ H_0\mid H_0不真\}=P\{69<\overline{X}<71\}$$
$$=P\left\{\frac{69-72}{0.45}<\frac{\overline{X}-72}{0.45}<\frac{71-72}{0.45}\right\}=\Phi(-2.22)-\Phi(-6.67)$$
$$=\Phi(6.67)-\Phi(2.22)=1-0.9868=0.0132.$$

注　由本例 $\gamma+\beta\neq1$ 可知，犯两类错误的概率之和未必等于 1.

评 在本例中,当 $n=36$ 时, $\begin{cases}\gamma=0.0956,\\ \beta=0.0478;\end{cases}$ 当 $n=64$ 时, $\begin{cases}\gamma=0.0264,\\ \beta=0.0132.\end{cases}$ 上式表明,随着样本容量增大,犯两类错误的概率都减小了.

例 8.2.3 设 $X_1,X_2,\cdots,X_n$ 是来自总体 $X\sim N(\mu,1)$ 的简单随机样本,关于假设检验
$$H_0:\mu=\mu_0=2,\quad H_1:\mu=\mu_1=3>\mu_0,$$
如果 H_0 的拒绝域为 $W=\{\bar x\geqslant 2.5\}$.

(1) 当 $n=20$ 时,求犯第 Ⅰ 类错误的概率 γ;

(2) 如果要使犯第 Ⅱ 类错误的概率 $\beta\leqslant 0.02$,问 n 最小应取多少?

(3) 证明当 $n\to\infty$ 时, $\alpha\to 0,\beta\to 0$.

分析 H_0 为真时, $\bar X\sim N\left(2,\frac{1}{n}\right)$, $\gamma=P\{\bar X\geqslant 2.5\}$. H_0 不真时, $\bar X\sim N\left(3,\frac{1}{n}\right)$, $\beta=P\{\bar X<2.5\}$.

解 依题设, $\sigma=1$ 已知,选取检验统计量为 $Z=\dfrac{\bar X-\mu_0}{1/\sqrt{n}}$.

(1) 如果 H_0 为真,即 $\mu=\mu_0=2,n=20$,此时 $Z=\dfrac{\bar X-2}{1/\sqrt{20}}\sim N(0,1)$,则
$$\gamma=P\{拒绝 H_0\,|\,H_0为真\}=P\{\bar X\geqslant 2.5\}=1-P\left\{\frac{\bar X-2}{1/\sqrt{20}}<\frac{2.5-2}{1/\sqrt{20}}\right\}$$
$$=1-\Phi\left(\frac{2.5-2}{1/\sqrt{20}}\right)=1-\Phi(2.24)=1-0.9875=0.0125.$$

(2) 如果 H_0 不真,即 H_1 为真, $\mu=\mu_1=3$. 此时 $\dfrac{\bar X-3}{1/\sqrt{n}}\sim N(0,1)$,则
$$\beta=P\{接受 H_0\,|\,H_0不真\}=P\{\bar X<2.5\}=P\left\{\frac{\bar X-3}{1/\sqrt{n}}<\frac{2.5-3}{1/\sqrt{n}}\right\}$$
$$=\Phi\left(\frac{2.5-3}{1/\sqrt{n}}\right)=\Phi(-0.5\sqrt{n}).$$

依题意,要求 n,使 $\beta=\Phi(-0.5\sqrt{n})\leqslant 0.02$,经反查表, $\Phi(-2.06)=0.02$,代入得, $\Phi(-0.5\sqrt{n})\leqslant\Phi(-2.06)$,因为 $\Phi(x)$ 严格单调递增,故 $-0.5\sqrt{n}\leqslant -2.06$,解之得 $n\geqslant\left(\dfrac{2.06}{0.5}\right)^2=16.97$, n 最小应取 17.

(3) 设样本容量为 n,由(1)和(2)知,犯两类错误的概率分别为 $\gamma=1-\Phi(0.5\times\sqrt{n})=\beta$,当 $n\to\infty$ 时, $\gamma\to 0,\beta\to 0$.

评 一般地,要使犯两类错误的概率都减小是很困难的,除非增加样本容量.

例 8.2.4 设总体 X 服从参数为 p 的 0-1 分布, p 未知, $X_1,X_2,\cdots,X_{10}$ 是来自总体 X 的简单随机样本,关于假设检验 $H_0:p=p_0=0.2,H_1:p=p_1=0.4>p_0$,取 H_0 的拒绝域为 $W=\{\bar x\geqslant 0.5\}$,求犯两类错误的概率.

分析 如果 $X_i\sim B(1,p),i=1,2,\cdots,10,10\bar X=X_1+X_2+\cdots+X_{10}\sim B(10,p)$.

解 如果 H_0 为真,即 $p=p_0=0.2,n=10$,此时 $10\bar X\sim B(10,0.2)$,则

$$\gamma = P\{拒绝\ H_0 | H_0\ 为真\} = P\{\overline{X} \geqslant 0.5\} = 1 - P\{10\overline{X} < 5\}$$

$$-1 - P\{10\overline{X} = 0\} - P\{10\overline{X} = 1\} - \cdots - P\{10\overline{X} = 4\}$$

$$= 1 - 0.8^{10} - C_{10}^1 0.2 \times 0.8^9 - \cdots - C_{10}^4 0.2^4 \times 0.8^6$$

$$= 1 - 0.1074 - 0.2684 - 0.3020 - 0.2013 - 0.0881 = 0.0328.$$

如果 H_0 不真,即 H_1 为真,$p = p_1 = 0.4$,此时 $10\overline{X} \sim B(10, 0.4)$,则

$$\beta = P\{接受\ H_0 | H_0\ 不真\} = P\{\overline{X} < 0.5\} = P\{10\overline{X} < 5\}$$

$$= P\{10\overline{X} = 0\} + P\{10\overline{X} = 1\} + \cdots + P\{10\overline{X} = 4\}$$

$$= 0.6^{10} + C_{10}^1 0.4 \times 0.6^9 + \cdots + C_{10}^4 0.4^4 \times 0.6^6$$

$$= 0.00605 + 0.0403 + 0.1209 + 0.2150 + 0.2508 = 0.6331.$$

注　$n = 10, \gamma = 0.0328$ 偏小,$\beta = 0.6331$ 偏大.

评　若 n 一定,如果扩大 H_0 的拒绝域,即缩小了 H_0 的接受域,此时 γ 增大,β 减小. 如果缩小 H_0 的拒绝域,即扩大了 H_0 的接受域,此时 γ 减小,β 增大.

习题 8-2

1. 设总体 $X \sim N(\mu, 4^2)$,X_1, X_2, X_3, X_4 为来自 X 的简单随机样本,对于双边假设检验

$$H_0: \mu = \mu_0 = 5, \quad H_1: \mu \neq \mu_0,$$

(1) 试给出在显著性水平 $\alpha = 0.05$ 下的检验法则;

(2) 如果 $\mu = \mu_1 = 6 > \mu_0$,试利用所得检验法则计算犯第 II 类错误的概率 β.

2. 设总体 $X \sim N(\mu, \sigma_0^2)$,$\mu$ 未知,σ_0^2 已知,$X_1, X_2, \cdots, X_n$ 为来自 X 的样本,对于右边假设检验

$$H_0: \mu \leqslant \mu_0 (\mu_0\ 已知), \quad H_1: \mu > \mu_0,$$

(1) 试给出在显著性水平 α 下的检验法则;

(2) 如果 $\mu = \mu_1 > \mu_0$,试利用所得检验法则计算犯第 II 类错误的概率 β.

3. 设总体 $X \sim N(\mu, 300^2)$,μ 未知,$X_1, X_2, \cdots, X_{25}$ 为来自 X 的样本,对于右边假设检验 $H_0: \mu = \mu_0, H_1: \mu = \mu_1 > \mu_0$,若取 H_0 的接受域为 $\overline{x} \in (-\infty, 1000)$.

(1) 如果 $\mu = \mu_0 = 950$,求犯第 I 类错误的概率 γ;

(2) 如果 $\mu = \mu_1 = 1050$,求犯第 II 类错误的概率 β;

(3) 若要使犯第 I 类错误的概率不超过 (1) 中 γ 的一半,问样本容量 n 应增大到多少?

4. 设总体 $X \sim N(\mu, 2.5)$,μ 未知,$X_1, X_2, \cdots, X_n$ 为来自 X 的样本,对于左边假设检验 $H_0: \mu = \mu_0 = 15, H_1: \mu < \mu_0$,取显著性水平 $\alpha = 0.05$,若要使当 $H_1: \mu = \mu_1 = 13 < \mu_0$ 时犯第 II 类错误的概率 $\beta \leqslant 0.05$,问样本容量 n 至少应为多少?

5. 设总体 $X \sim N(\mu, 4)$,μ 未知,$X_1, X_2, \cdots, X_{16}$ 为来自 X 的简单随机样本,对于双边假设检验 $H_0: \mu = \mu_0 = 6, H_1: \mu \neq \mu_0, H_0$ 的拒绝域为 $W = \{|\overline{x} - 6| \geqslant c\}$. 试求 c,使犯第 I 类错误的概率为 $\gamma = 0.05$,并求当 $\mu = \mu_1 = 7$ 时犯第 II 类错误的概率 β.

6. 设总体 X 服从参数为 p 的 0-1 分布,$X_1, X_2, \cdots, X_{10}$ 为来自 X 的样本,对于双边假设检验 $H_0: p = p_0 = 0.6, H_1: p \neq p_0, H_0$ 的拒绝域为 $W = \{\overline{x} \leqslant 0.1\} \cup \{\overline{x} \geqslant 0.9\}$,求:

(1) 犯第 I 类错误的概率 γ;

（2）当 $p=p_1=0.3$ 时,犯第Ⅱ类错误的概率 β.

单元练习题 8

一、选择题(下列每小题给出的四个选项中,只有一项是符合题目要求的,请将所选项前的字母写在指定位置)

1. 设总体 $X \sim N(\mu, \sigma^2)$, μ 和 σ^2 均未知, $X_1, X_2, \cdots, X_n (n \geqslant 2)$ 是来自总体 X 的样本, $\overline{X}, S^2$ 分别为样本均值和样本方差,则假设检验 $H_0: \sigma^2 = \sigma_0^2 (\sigma_0^2$ 已知), $H_1: \sigma^2 > \sigma_0^2$ 所用的检验统计量及其分布为( ).

A. 当 H_0 为真时, $Z = \dfrac{\overline{X} - \mu_0}{\sigma_0 / \sqrt{n}} \sim N(0,1)$

B. 当 H_0 为真时, $\chi^2 = \dfrac{1}{\sigma_0^2} \displaystyle\sum_{i=1}^{n} (X_i - \overline{X})^2 \sim \chi^2(n-1)$

C. 当 H_0 为真时, $\chi^2 = \dfrac{nS^2}{\sigma_0^2} \sim \chi^2(n-1)$

D. 当 H_0 为真时, $\chi^2 = \dfrac{1}{\sigma_0^2} \displaystyle\sum_{i=1}^{n} (X_i - \mu)^2 \sim \chi^2(n)$

2. 设总体 $X \sim N(\mu, \sigma^2)$, $X_1, X_2, \cdots, X_n$ 是来自总体 X 的样本,对总体均值进行检验,假设 $H_0: \mu = \mu_0 (\mu_0$ 已知), $H_1: \mu \neq \mu_0$,则下述结论正确的是( ).

A. 在显著性水平 $\alpha = 0.05$ 下拒绝 H_0,则在显著性水平 $\alpha = 0.01$ 下必拒绝 H_0

B. 在显著性水平 $\alpha = 0.05$ 下接受 H_0,则在显著性水平 $\alpha = 0.01$ 下必拒绝 H_0

C. 在显著性水平 $\alpha = 0.05$ 下拒绝 H_0,则在显著性水平 $\alpha = 0.01$ 下必接受 H_0

D. 在显著性水平 $\alpha = 0.05$ 下接受 H_0,则在显著性水平 $\alpha = 0.01$ 下必接受 H_0

【2018 研数一】

3. 在假设检验问题中,如果原假设 H_0 的拒绝域是 W,那么样本值 $(x_1, x_2, \cdots, x_n)$ 只可能有下列四种情形,其中拒绝 H_0 且不会犯错误的是( ).

A. H_0 为真, $(x_1, x_2, \cdots, x_n) \in W$ B. H_0 为真, $(x_1, x_2, \cdots, x_n) \notin W$

C. H_0 不真, $(x_1, x_2, \cdots, x_n) \in W$ D. H_0 不真, $(x_1, x_2, \cdots, x_n) \notin W$

4. 在假设检验中,原假设为 H_0,备择假设为 H_1,则称( )为犯第Ⅱ类错误.

A. H_0 为真,接受 H_1 B. H_0 不真,接受 H_0

C. H_0 为真,拒绝 H_1 D. H_0 为真,拒绝 H_0

5. 下列结论正确的是( ).

A. 犯第Ⅰ类错误的概率为 $P\{$拒绝 $H_0\}$

B. 犯第Ⅱ类错误的概率为 $P\{$接受 $H_0\}$

C. 犯第Ⅰ类错误与犯第Ⅱ类错误的概率之和必为 1

D. 当 n 一定时,增大犯第Ⅰ类错误的概率,则犯第Ⅱ类错误的概率将减小

6. 假设检验是根据检验统计量的观察值是否落入原假设 H_0 的拒绝域(或接受域),以决策拒绝(或接受 H_0),因此决策( ).

A. 不可能犯错误   B. 只可能犯第Ⅰ类错误

C. 只可能犯第 Ⅱ 类错误　　　　　　　D. 两类错误都有可能犯

二、填空题（请将答案写在指定位置）

1. 设总体 $X \sim N(\mu, \sigma^2)$，μ 和 σ^2 未知，$X_1, X_2, \cdots, X_n$ 是来自总体 X 的样本，对于假设 $H_0: \mu = \mu_0$（μ_0 已知），$H_1: \mu < \mu_0$ 选取的检验统计量为 _____. 对于左边假设检验 $H_0: \sigma^2 \geqslant \sigma_0^2$（$\sigma_0^2$ 已知），$H_1: \sigma^2 < \sigma_0^2$ 选取的检验统计量为 _____.

2. 长期以来，某厂生产的某种型号电池的寿命（单位：h）服从方差为 $\sigma^2 = 5000$ 的正态分布，现有一批这种电池，从它的生产情况看，寿命波动性有所改变，随机抽取 26 只电池，测得其寿命的样本方差的观测值 $s^2 = 9200$，根据这一数据推断这批电池的寿命波动性较以往有无显著变化（取 $\alpha = 0.02$）？可提出假设 $H_0:$ _____，$H_1:$ _____，选取检验统计量为 _____，H_0 的拒绝域为 _____，其检验结果为 _____.

3. 设总体 $X \sim N(\mu, \sigma^2)$，原假设 $H_0: \mu = \mu_0$（μ_0 已知）. 若 H_0 的拒绝域为 $[t_\alpha(n-1), +\infty)$，则备择假设 $H_1:$ _____；若 H_0 的拒绝域为 $(-\infty, -t_{\alpha/2}(n-1)] \bigcup [t_{\alpha/2}(n-1), +\infty)$，则备择假设 $H_1:$ _____.

4. 设总体 $X \sim N(\mu, \sigma^2)$，μ 和 σ^2 未知，$X_1, X_2, \cdots, X_{10}$ 是来自总体 X 的样本，且样本方差的观测值 $s^2 = 8.7^2$，检验假设 $H_0: \sigma^2 \leqslant \sigma_0^2 = 64$，$H_1: \sigma^2 > \sigma_0^2$，在显著性水平 $\alpha = 0.05$ 下，可选取检验统计量为 _____，H_0 的拒绝域为 _____，其检验结果为 _____.

5. 自动装袋机装出的每袋重量服从正态分布，规定每袋重量的方差不超过 σ_0^2，为了检验自动装袋机的生产是否正常，对产品进行抽样检查，检验假设 $H_0: \sigma^2 \leqslant \sigma_0^2$，$H_1: \sigma^2 > \sigma_0^2$，已知犯第 Ⅰ 类错误的概率为 $\gamma = 0.05$，如果生产正常，则 $P\{$检验结果也认为生产正常$\} =$ _____.

三、判断题（请将判断结果写在题前的括号内，正确写 √，错误写 ×）

1. （　）在假设检验问题中，如果检验结果是接受原假设 H_0，则表明 H_0 所述的命题绝对正确.

2. （　）在假设检验问题中，如果检验结果是拒绝原假设 H_0，则一定不会犯错误.

3. （　）犯第 Ⅰ 类错误与犯第 Ⅱ 类错误的概率之和 $\gamma + \beta = 1$.

4. （　）显著性水平 α 对接受 H_0 或拒绝 H_0 没有影响.

5. （　）一般地，当样本容量固定时，若要减小犯第 Ⅰ 类错误的概率，则犯第 Ⅱ 类错误的概率就增大.

6. （　）若要使犯两类错误的概率都减小是很困难的，除非增加样本容量.

四、解答题（解答应写出文字说明、证明过程或演算步骤）

1. 要求一种元件平均使用寿命（单位：h）不得低于 1000，生产者从一批这种元件中随机抽取 25 件，测得其寿命的平均值为 950，已知该种元件的寿命服从 $N(\mu, 100^2)$，μ 未知，试在显著性水平 $\alpha = 0.05$ 下，判断这批元件是否合格？

2. 某高中一年级学生的英语成绩服从正态分布 $N(\mu, \sigma^2)$，其中 μ 和 σ^2 未知，从该班抽取 25 名学生的成绩，算得平均成绩为 80 分，样本标准差为 8 分. 如果整个年级学生的英语平均成绩为 85 分，问该班学生的英语平均成绩是否低于整个年级的英语平均成绩？（取 $\alpha = 0.05$）

3. 某种导线，其电阻（单位：Ω）服从 $N(\mu, \sigma^2)$，μ 和 σ^2 未知，现要求其电阻的标准差不得超过 0.005. 今在生产的一批导线中取样品 9 根,测得 $s=0.007$,问在显著性水平 $\alpha=0.05$ 下,能否认为这批导线的标准差显著偏大? 如果取 $\alpha=0.01$,结论又如何?

4. 根据国际标准,手机发射功率(单位:W)的标准差不小于 10. 从某型号手机中抽取样品 10 部,测得样本标准差为 8. 设这种手机发射功率服从正态分布 $N(\mu,\sigma^2)$,μ 和 σ^2 未知,问在显著性水平 $\alpha=0.05$ 下,能否认为这批手机发射功率的标准差显著偏小?

5. 酒厂用自动生产线装酒,每瓶规定标准重量为 500(单位:g),标准差不超过 10,某天取样 9 瓶,测得 $\bar{x}=499$,$s=16.03$. 假设瓶装酒的重量 X 服从,$N(\mu,\sigma^2)$,μ 和 σ^2 未知,问机器工作是否正常?($\alpha=0.05$)

6. 设正态总体 $X \sim N(\mu,1)$,μ 未知,关于右边假设检验
$$H_0: \mu=\mu_0=0, \quad H_1: \mu=\mu_1=1>\mu_0,$$
X_1,X_2,X_3,X_4 是来自总体 X 的样本,若取 H_0 的拒绝域为 $W=\{\bar{x} \geqslant 0.98\}$,求犯两类错误的概率.

7. 设总体 $X \sim N(\mu,5^2)$,μ 未知,$X_1,X_2,\cdots,X_{16}$ 为来自 X 的样本,对于假设检验
$$H_0: \mu=\mu_0=50, \quad H_1: \mu \neq \mu_0, \quad H_0 \text{ 的拒绝域为 } W=\{|\bar{x}-50| \geqslant 2.5\}.$$
(1) 求犯第 I 类错误的概率 γ;

(2) 如果 $\mu=\mu_1=49$,求犯第 II 类错误的概率 β.

8. 设总体 $X \sim N(\mu,4)$,μ 未知,$X_1,X_2,\cdots,X_{16}$ 为来自 X 的样本,对于假设检验

① $H_0: \mu=\mu_0=0,H_1: \mu=\mu_1=-1<\mu_0$. H_0 的拒绝域 $W_1=\{2\bar{x} \leqslant -1.645\}$

② $H_0: \mu=\mu_0=0,H_1: \mu=\mu_1=-1 \neq \mu_0$. H_0 的拒绝域 $W_2=\{2\bar{x} \leqslant -1.96\} \bigcup \{2\bar{x} \geqslant 1.96\}$

(1) 对于上述两个检验法则,证明犯第 I 类错误的概率 γ 同为 0.05.

(2) 就上述两种检验法则,计算犯第 II 类错误的概率 β,并说明哪个检验法则好?

习题答案与提示

第1章　随机事件与概率

习题 1-1

1. (1) $\Omega=\{2,3,\cdots,12\}$；　　(2) $\Omega=\{5,6,\cdots\}$．

2. (1) $A_1A_2A_3A_4A_5A_6$；

(2) $\overline{A_1}A_2A_3A_4A_5A_6\cup A_1\overline{A_2}A_3A_4A_5A_6\cup A_1A_2\overline{A_3}A_4A_5A_6\cup A_1A_2A_3\overline{A_4}A_5A_6$
$\cup A_1A_2A_3A_4\overline{A_5}A_6\cup A_1A_2A_3A_4A_5\overline{A_6}$；

(3) $\overline{A_1}\cup\overline{A_2}\cup\overline{A_3}\cup\overline{A_4}\cup\overline{A_5}\cup\overline{A_6}$，或者 $\overline{A_1A_2A_3A_4A_5A_6}$；

(4) $\overline{A_1}\ \overline{A_2}\cup\overline{A_1}\ \overline{A_3}\cup\overline{A_1}\ \overline{A_4}\cup\overline{A_1}\ \overline{A_5}\cup\overline{A_1}\ \overline{A_6}\cup\overline{A_2}\ \overline{A_3}\cup\overline{A_2}\ \overline{A_4}\cup\overline{A_2}\ \overline{A_5}\cup\overline{A_2}\ \overline{A_6}$
$\cup\overline{A_3}\ \overline{A_4}\cup\overline{A_3}\ \overline{A_5}\cup\overline{A_3}\ \overline{A_6}\cup\overline{A_4}\ \overline{A_5}\cup\overline{A_4}\ \overline{A_6}\cup\overline{A_5}\ \overline{A_6}$；

(5) $A_1\cup A_2\cup A_3\cup A_4\cup A_5\cup A_6$；

(6) $\overline{A_1}\ \overline{A_2}\ \overline{A_3}\ \overline{A_4}\ \overline{A_5}\ \overline{A_6}$，或者 $\overline{A_1\cup A_2\cup A_3\cup A_4\cup A_5\cup A_6}$．

3. ① $=A-(B\cup C)=A\overline{B\cup C}=A\overline{B}\overline{C}$；② $=AB-C=AB\overline{C}$；③ $=ABC$；④ $=\overline{A}\ \overline{B}C$．

4. (1) $\overline{A}B\overline{C}$；　　(2) $A\overline{B}\overline{C}\cup\overline{A}B\overline{C}\cup\overline{A}\ \overline{B}C$；　　(3) $A\cup B\cup C$；　　(4) $\overline{A}\ \overline{B}C\cup\overline{A}B\overline{C}\cup A\overline{B}\overline{C}\cup\overline{A}\ \overline{B}\overline{C}$；

(5) $\overline{A}B\overline{C}$；　　(6) $\overline{A}B\overline{C}\cup\overline{A}\ \overline{B}C$；　　(7) $AB\overline{C}\cup\overline{A}BC\cup A\overline{B}C$；　　(8) $AB\cup BC\cup AC$；

(9) $\overline{ABC}$ 或者 $\overline{A}\cup\overline{B}\cup\overline{C}$ 或者 $\overline{A}B\ \overline{C}\cup AB\ \overline{C}\cup\overline{A}B\ \overline{C}\cup\overline{A}\ \overline{B}C\cup AB\ \overline{C}\cup\overline{A}BC\cup A\overline{B}C$．(10) $\overline{A}\ \overline{B}C$．

5. 【提示】 $(A-B)\cap(AB)=(A\overline{B})\cap(AB)=A(\overline{B}\cap B)=A\varnothing=\varnothing$．

6. $C=\overline{B}$．

【提示】由题设，$\overline{B}=(C\cup A)\cap(C\cup\overline{A})=C\cup(A\cap\overline{A})=C\cup\varnothing=C$，即 $C=\overline{B}$．

习题 1-2

1. (1) $\dfrac{2\,197}{20\,825}$；　　(2) $\dfrac{11}{4165}$；　　(3) $\dfrac{44}{4165}$；　　(4) $\dfrac{92}{833}$．

【提示】该试验属于古典概型. 从 52 张扑克牌中任取 4 张，有 C_{52}^4 种取法.

(1) 记事件 $B_1=\{$它们分属不同的花色$\}$，则 B_1 有 $C_{13}^1C_{13}^1C_{13}^1C_{13}^1$ 种取法，且 $P(B_1)=\dfrac{(C_{13}^1)^4}{C_{52}^4}$．

(2) 记事件 $B_2=\{$它们全是红桃$\}$，则 B_2 有 C_{13}^4 种取法，且 $P(B_2)=\dfrac{C_{13}^4}{C_{52}^4}$．

(3) 记事件 $B_3=\{$它们属于同一种花色$\}$，则 B_3 有 $C_4^1C_{13}^4$ 种取法，且 $P(B_3)=\dfrac{C_4^1C_{13}^4}{C_{52}^4}$．

(4) 记事件 $B_4=\{$它们属于同色$\}$，则 B_4 有 $C_2^1C_{26}^4$ 种取法，且 $P(B_4)=\dfrac{C_2^1C_{26}^4}{C_{52}^4}$．

2. $\dfrac{3}{28}$.

【提示】该试验属于古典概型.8个人随机地排成一排共有 A_8^8 种排法,即样本空间 Ω 包含 A_8^8 个样本点. 记 $A=\{$指定的3人排在一起$\}$,则 A 包含 $A_3^3 A_6^6$ 种排法,且 $P(A)=\dfrac{A_6^6 A_3^3}{A_8^8}$.

3. (1) $\dfrac{2}{7}$;　　(2) $\dfrac{1}{21}$;　　(3) $\dfrac{11}{21}$;　　(4) $\dfrac{10}{21}$;　　(5) $\dfrac{1}{7}$;　　(6) $\dfrac{2}{7}$.

【提示】该试验属于古典概型.编号 $1\sim7$ 的学生任意排成一排,共有 $A_7^7=7!$ 种排法,即样本空间 Ω 包含 $7!$ 个样本点.

(1) "1号学生在旁边"意指1号学生有2个位置可选,其余学生任意排,则 F_1 包含 $C_2^1 A_6^6$ 种排法,且 $P(F_1)=\dfrac{C_2^1 A_6^6}{7!}$.

(2) "1号和7号学生都在旁边"意指1号和7号学生有2个位置可互选,其余学生任意排,则 F_2 包含 $A_2^2 A_5^5$ 种排法,且 $P(F_2)=\dfrac{A_2^2 A_5^5}{7!}$.

(3) "1号或7号学生在旁边"意指仅1号学生在旁边或仅7号学生在旁边或1号和7号学生都在旁边,则 F_3 有 $2C_2^1 C_5^1 A_5^5+A_2^2 A_5^5$ 种排法,且 $P(F_3)=\dfrac{2C_2^1 C_5^1 A_5^5+A_2^2 A_5^5}{7!}$.

(4) "1号和7号学生都不在旁边"意指 $2\sim6$ 号学生中有2人在旁边,则 F_4 包含 $A_5^2 A_5^5$ 种排法,则 $P(F_4)=\dfrac{A_5^2 A_5^5}{7!}$,或者 F_4 包含 $7!-2C_2^1 C_5^1 A_5^5-A_2^2 A_5^5$ 种排法.

(5) "1号学生正好在正中"意指其余6名学生在其余6个位置全排列,则 F_5 包含 A_6^6 种排法,且 $P(F_5)=\dfrac{A_6^6}{7!}$.

(6) "1号和7号学生相邻"意指1号和7号学生相邻,其余学生任意排,则 F_6 包含 $A_2^2 A_6^6$ 种排法,且 $P(F_6)=\dfrac{A_2^2 A_6^6}{7!}$.

4. $\dfrac{2(n-m-1)}{n(n-1)}$.

【提示】该试验属于古典概型.样本空间 Ω 包含 $n!$ 个样本点.记事件 $A=\{$甲与乙之间恰有 m 人$\}$,先从甲、乙两人中任选一人排在第 k 位,则另一人必须排在第 $k+m+1$ 位,且 $k+m+1\leqslant n$,即 $k\leqslant n-m-1$,所以甲、乙两人中先选出的一人有 $n-m-1$ 个位置可选,甲、乙站好后,其余 $n-2$ 人有 $(n-2)!$ 种排法,则 A 包含 $C_2^1 C_{n-m-1}^1 C_1^1 (n-2)!$ 种排法,故 $P(A)=\dfrac{C_2^1 C_{n-m-1}^1 C_1^1 (n-2)!}{n!}$.

5. (1) $\dfrac{5}{54}$;　　(2) $\dfrac{25}{54}$;　　(3) $\dfrac{25}{648}$;　　(4) $\dfrac{25}{54}$.

【提示】该试验属于古典概型.同时掷5枚骰子,样本空间 Ω 包含 6^5 个样本点.

(1) 记事件 $B_1=\{5$枚骰子不同点$\}$,则 B_1 包含 A_6^5 种结果,且 $P(B_1)=\dfrac{A_6^5}{6^5}$.

(2) 记事件 $B_2=\{5$枚骰子恰有2枚同点$\}$,则 B_2 包含 $C_5^2 C_6^1 A_5^3$ 种结果,且 $P(B_2)=\dfrac{C_5^2 C_6^1 A_5^3}{6^5}$.

(3) 记事件 $B_3=\{5$枚骰子恰有2枚同一点,其余3枚同是另一点$\}$,则 B_3 包含 $C_5^2 C_6^1 C_3^3 C_5^1$ 种结果,且 $P(B_3)=\dfrac{C_5^2 C_6^1 C_3^3 C_5^1}{6^5}$.

(4) 记事件 $B_4=\{5$枚骰子恰有2枚同一点,其余2枚同是另一点,剩余一枚是第三点$\}$,则 B_4 包含

$C_5^2 C_6^1 C_3^2 C_5^1 C_1^1 C_4^1$ 种结果,且 $P(B_4) = \dfrac{C_5^2 C_6^1 C_3^2 C_5^1 C_1^1 C_4^1}{6^5}$.

6. (1) $\dfrac{63}{125}$;　(2) $\dfrac{189}{625}$;　(3) $\dfrac{1}{32}$;　(4) $\dfrac{15\,961}{100\,000}$;　(5) $\dfrac{63}{12\,500}$.

【提示】该试验属于古典概型. 从 $0,1,2,\cdots,9$ 中有放回地取 5 次,样本空间 Ω 包含 10^5 个样本点.

(1) B_1 意指先从 $0,1,2,\cdots,9$ 中任取 1 个数字占有 2 个位置,再从其余 9 个数字中任取 3 个不同的数字占有其余 3 个位置,则 B_1 包含 $C_{10}^1 C_5^2 A_9^3$ 种排法,且 $P(B_1) = \dfrac{C_{10}^1 C_5^2 A_9^3}{10^5}$.

(2) B_2 意指从 $0,1,2,\cdots,9$ 中任取 5 个不同的数字,则 B_2 包含 A_{10}^5(含数字 0 在首位的)种排法,且 $P(B_2) = \dfrac{A_{10}^5}{10^5}$.

(3) B_3 意指从 $1,3,5,7,9$ 中可重复地任取 5 个数字,则 B_3 包含 5^5 种排法,且 $P(B_3) = \dfrac{5^5}{10^5}$.

(4) B_4 意指从 $0,1,2,\cdots,7$ 中可重复地任意取 5 个数字除去从 $0,1,2,\cdots,6$ 中可重复地任意取 5 个数字,留下的就是最大数字是 7 的,则 B_4 包含 $8^5 - 7^5$ 种排法,且 $P(B_4) = \dfrac{8^5-7^5}{10^5}$.

(5) B_5 意指从 $0,1,2,\cdots,9$ 中任取 5 个不同的数字,由左向右或递增或递降,则 B_5 包含 $2C_{10}^5$ 种排法,且 $P(B_5) = \dfrac{2C_{10}^5}{10^5}$.

习题 1-3

1. $\dfrac{1}{2}$.

【提示】该试验属于几何概型. 如答图 1-1 所示,$OB=2,OA=1$. 设 $OC=x$,则 $CB=2-x$,样本空间为 $\Omega = \{x \mid 0<x<2\} = (0,2)$,其长度为 $L(\Omega)=2$,记事件 $G=\{OC,CB,OA$ 能构成三角形$\}$,依三角形两边之和大于第三边,即

$$\begin{cases} x+(2-x)>1, \\ x+1>2-x, \\ (2-x)+1>x, \end{cases} \quad 解之得 \quad \frac{1}{2}<x<\frac{3}{2},$$

即 $G = \left\{ x \mid \dfrac{1}{2}<x<\dfrac{3}{2} \right\} = \left(\dfrac{1}{2}, \dfrac{3}{2} \right)$,其长度 $L(G)=1$,则 $P(G) = \dfrac{L(G)}{L(\Omega)}$.

2. $\dfrac{1}{4}$.

【提示】该试验属于几何概型. 不妨设圆周的方程为 $x^2+y^2=r^2$,记 $\overparen{AB},\overparen{BC},\overparen{CA}$ 的弧长分别为 x,y,z,则样本空间为 $\Omega = \{(x,y,z) \mid x+y+z=2\pi r, x>0, y>0, z>0\}$,要使 $\triangle ABC$ 成为锐角三角形,则

$$G = \{(x,y,z) \mid x+y+z = 2\pi r, 0<x<\pi r, 0<y<\pi r, 0<z<\pi r\},$$

如答图 1-2 所示,$S(\Omega)=4S(G)$,$P(A) = \dfrac{S(G)}{S(\Omega)}$.

3. $\dfrac{1}{4}$.

【提示】该试验属于几何概型. 设圆周的方程为 $x^2+y^2=r^2$,在该圆周上随机地取三点,依顺时针方向分别记为 A,B,C,记 x,y,z 分别表示圆弧 $\overparen{AB},\overparen{BC},\overparen{CA}$ 的长度,如答图 1-3(a)所示,则样本空间为 $\Omega = \{(x,y,z) \mid x+y+z=2\pi r, x>0, y>0, z>0\}$,记事件 $G=\{$点 A,B,C 在同一半圆周上$\}$,则

$$G = \{(x,y,z) \mid x+y+z = 2\pi r, 0 < x < \pi r, 0 < y < \pi r, \pi r < z < 2\pi r\},$$

如答图 1-3(b)所示，G 为阴影区域，$S(\Omega)=4S(G)$，则 $P(G)=\dfrac{S(G)}{S(\Omega)}$.

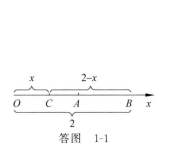

答图　1-1

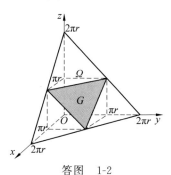

答图　1-2

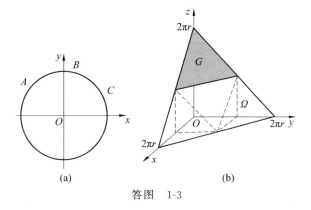

(a)　　　　　　(b)

答图　1-3

4. $\dfrac{311}{1152}$.

【提示】该试验属于几何概型. 记 x,y 分别为甲、乙两艘大型轮船到达码头的时刻，甲、乙两艘大型轮船需停泊的时间分别为 3h 和 4h，则样本空间为

$$\Omega = \{(x,y) \mid 0 \leqslant x \leqslant 24, 0 \leqslant y \leqslant 24\},$$

其面积为 $S(\Omega)=24^2$，记事件 $A=\{有一艘轮船要在江中等待\}$，依题意，有

$$A = \{(x,y) \mid 0 \leqslant x \leqslant 24, 0 \leqslant y \leqslant 24, x-y < 3, y-x < 4\},$$

如答图 1-4 所示，其面积为 $S(A)=\dfrac{311}{2}$，则 $P(A)=\dfrac{S(A)}{S(\Omega)}$.

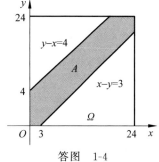

答图　1-4

5. (1) $\dfrac{17}{25}$;　　(2) 0.596.

【提示】该试验属于几何概型. 设从 $[0,1]$ 上取出的两个数分别为 x,y，则 $\Omega = \{(x,y) \mid 0 \leqslant x \leqslant 1, 0 \leqslant y \leqslant 1\}$，其面积为 $S(\Omega)=1$.

(1) 如答图 1-5(a)所示，记事件 $A=\left\{(x,y) \,\middle|\, 0 \leqslant x \leqslant 1, 0 \leqslant y \leqslant 1, x+y < \dfrac{6}{5}\right\}$，其面积为 $S(A)=$

$1 \times \dfrac{1}{5} + \displaystyle\int_{1/5}^{1} \left(\dfrac{6}{5}-x\right) \mathrm{d}x = \dfrac{17}{25}$，则 $P(A)=\dfrac{S(A)}{S(\Omega)}$;

(2) 如答图 1-5(b)所示，记事件 $B=\left\{(x,y) \,\middle|\, 0 \leqslant x \leqslant 1, 0 \leqslant y \leqslant 1, xy < \dfrac{1}{4}\right\}$，其面积为 $S(B)=$

$$1 \times \frac{1}{4} + \int_{1/4}^{1} \left(\frac{1}{4x} \right) dx = 0.596, P(B) = \frac{S(B)}{S(\Omega)}.$$

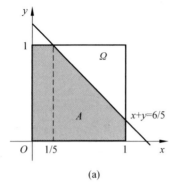

(a)

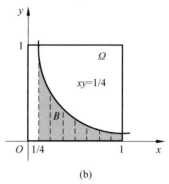

(b)

答图　1-5

习题 1-4

1. (1) $\dfrac{2}{3}$;　　(2) $\dfrac{3}{4}$.

【提示】样本空间 $\Omega = \{1, 2, \cdots, 12\}$ 包含 12 个样本点.

(1) 记事件 $A = \{$取到的球的号码能被 2 整除$\}$, $B = \{$取到的球的号码能被 3 整除$\}$, 则

$$A = \{2, 4, 6, 8, 10, 12\}, \quad B = \{3, 6, 9, 12\}, \quad AB = \{6, 12\},$$

$$P(A) = \frac{6}{12}, \quad P(B) = \frac{4}{12}, \quad P(AB) = \frac{2}{12}.$$

依加法公式, 有 $P(A \cup B) = P(A) + P(B) - P(AB)$.

(2) 记事件 $C = \{$取到的球的号码能被 5 整除$\}$, 则 $C = \{5, 10\}$, 由 (1) 知, $AC = \{10\}$, $BC = \varnothing$, $ABC = \varnothing$, 于是 $P(C) = \dfrac{2}{12}$, $P(AC) = \dfrac{1}{12}$, $P(BC) = 0$, $P(ABC) = 0$, 依加法公式, 有

$$P(A \cup B \cup C) = P(A) + P(B) + P(C) - P(AB) - P(BC) - P(CA) + P(ABC).$$

2. $\dfrac{11}{12}$.

【提示】样本空间 Ω 包含的样本点数为 C_9^3, 记事件 $A = \{$三个数字中不含 2$\}$, $B = \{$三个数字中不含 3$\}$, 依概率的性质, 有 $P(A \cup B) = 1 - P(\overline{A \cup B}) = 1 - P(\overline{A}\,\overline{B}) = 1 - \dfrac{C_1^1 C_1^1 C_7^1}{C_9^3}$.

3. $1 - \dfrac{1}{(2m-1)!!}$. (注: $(2m-1)!! = 1 \cdot 3 \cdot \cdots \cdot (2m-3)(2m-1)$).

【提示】样本空间 Ω 包含 $(2m)!$ 个样本点, 记事件 $A = \{$同班的两人不都相邻$\}$, $\overline{A} = \{$同班两人都相邻$\}$, $\overline{A}$ 包含 $m! \underbrace{2! 2! \cdots 2!}_{m\uparrow}$ 个样本点, 依概率的性质, $P(A) = 1 - P(\overline{A}) = 1 - \dfrac{m! 2^m}{(2m)!}$.

4. (1) 0.35;　　(2) 0.05;　　(3) 0.73;　　(4) 0.14;　　(5) 0.90;　　(6) 0.10.

【提示】记事件 $A = \{$订购报纸 $A\}$, $B = \{$订购报纸 $B\}$, $C = \{$订购报纸 $C\}$, 依题设 $P(A) = 0.45$, $P(B) = 0.35$, $P(C) = 0.3$, $P(AB) = 0.08$, $P(AC) = 0.05$, $P(BC) = 0.10$, $P(ABC) = 0.03$, 依概率的性质, 有:

(1) $P(A\overline{B}\,\overline{C}) = P(A\overline{B \cup C}) = P(A) - P(A(B \cup C)) = P(A) - P(AB) - P(AC) + P(ABC)$;

(2) $P(AB\overline{C}) = P(AB) - P(ABC)$；

(3) $P(AB\overline{C} \cup A\overline{B}C \cup \overline{A}\,BC) = P(AB\overline{C}) + P(A\overline{B}C) + P(\overline{A}\,BC) = 0.35 + 0.20 + 0.18$；

(4) $P(A\overline{B}\,\overline{C} \cup \overline{A}B\overline{C} \cup \overline{A}\,\overline{B}C) = P(A\overline{B}\,\overline{C}) + P(\overline{A}B\overline{C}) + P(\overline{A}\,\overline{B}C) = 0.05 + 0.02 + 0.07$；

(5) $P(A \cup B \cup C) = P(A) + P(B) + P(C) - P(AB) - P(AC) - P(BC) + P(ABC)$；

(6) $P(\overline{A}\,\overline{B}\,\overline{C}) = P(\overline{A \cup B \cup C}) = 1 - P(A \cup B \cup C)$.

5. $p_1 = P(A_1 \cup A_2 \cup A_3)$；$p_2 = P(A_1 A_2 A_3)$；$p_3 = P(((A_1 \cup A_2)A_3) \cup (A_4 A_5 \cup A_6))A_7)$.

【提示】(1) 如图 1-6(a)所示，$p_1 = P(A_1 \cup A_2 \cup A_3)$.

(2) 如图 1-6(b)所示，$p_2 = P(A_1 A_2 A_3)$.

(3) 如图 1-6(c)所示，$p_3 = P((((A_1 \cup A_2)A_3) \cup (A_4 A_5 \cup A_6))A_7)$.

习题 1-5

1. $\dfrac{5}{9}$.

【提示】$P(A \mid \overline{A} \cup B) = \dfrac{P(A(\overline{A} \cup B))}{P(\overline{A} \cup B)} = \dfrac{P(AB)}{P(\overline{A}) + P(B) - P(\overline{A}B)} = \dfrac{P(AB)}{1 - P(A) + P(AB)}$.

2. 0.12.

【提示】记事件 $A = \{$孩子得病$\}$，$B = \{$父亲得病$\}$，$C = \{$母亲得病$\}$，依题设，有 $P(A) = 0.6$，$P(B \mid A) = 0.4$，$P(C \mid BA) = 0.5$，依乘法公式，有

$$P(AB\overline{C}) = P(\overline{C} \mid AB)P(B \mid A)P(A) = (1 - P(C \mid AB))P(B \mid A)P(A).$$

3. (1) $\dfrac{3}{10}$；　(2) $\dfrac{3}{5}$.

【提示】记事件 $A_i = \{$第 i 次拨对电话号码$\}(i = 1,2,3)$，$B = \{$拨号不超过 3 次而拨对$\}$，则

$$B = A_1 \cup \overline{A_1}A_2 \cup \overline{A_1}\,\overline{A_2}A_3.$$

(1) 依题设，$P(A_1) = \dfrac{1}{10}$，$P(A_2 \mid \overline{A_1}) = \dfrac{1}{9}$，$P(A_3 \mid \overline{A_1}\,\overline{A_2}) = \dfrac{1}{8}$，依有限可加性及乘法公式，有

$$P(B) = P(A_1 \cup \overline{A_1}A_2 \cup \overline{A_1}\,\overline{A_2}A_3) = P(A_1) + P(\overline{A_1}A_2) + P(\overline{A_1}\,\overline{A_2}A_3)$$
$$= P(A_1) + P(A_2 \mid \overline{A_1})P(\overline{A_1}) + P(A_3 \mid \overline{A_1}\,\overline{A_2})P(\overline{A_2} \mid \overline{A_1})P(\overline{A_1}).$$

(2) 依题设，$P(A_1) = \dfrac{1}{5}$，$P(A_2 \mid \overline{A_1}) = \dfrac{1}{4}$，$P(A_3 \mid \overline{A_1}\,\overline{A_2}) = \dfrac{1}{3}$，用与(1)类似的方法可得 $P(B)$.

4. 甲先取到黑球的概率为 $\dfrac{3}{5}$；乙先取到黑球的概率为 $\dfrac{2}{5}$.

【提示】因为取出白球不再放回，所以最多取球 4 次，必可取到黑球，记事件 $A_i = \{$第 i 次取到黑球$\}(i = 1,2,3)$，$B = \{$甲先取到黑球$\}$，则 $B = A_1 \cup \overline{A_1}\,\overline{A_2}A_3$，注意到 A_1 与 $\overline{A_1}\,\overline{A_2}A_3$ 互斥，$P(A_1) = \dfrac{2}{5}$，$P(\overline{A_2} \mid \overline{A_1}) = \dfrac{2}{4}$，$P(A_3 \mid \overline{A_1}\,\overline{A_2}) = \dfrac{2}{3}$，依有限可加性及乘法公式，有

$$P(B) = P(A_1 \cup \overline{A_1}\,\overline{A_2}A_3) = P(A_1) + P(\overline{A_1}\,\overline{A_2}A_3) = P(A_1) + P(A_3 \mid \overline{A_1}\,\overline{A_2})P(\overline{A_2} \mid \overline{A_1})P(\overline{A_1}).$$

乙先取到黑球的概率为 $P(\overline{B}) = 1 - P(B) = \dfrac{2}{5}$.

5. (1) $\dfrac{1}{11}$；　(2) $\dfrac{3}{55}$.

【提示】记事件 $A_i = \{$第 i 次取到白球$\}(i = 1,2,3)$，依题设，有

$$P(A_1) = \dfrac{4}{12}, \quad P(A_2 \mid A_1) = \dfrac{3}{11}, \quad P(A_3 \mid A_1 A_2) = \dfrac{2}{10}, \quad P(A_3 \mid A_1 \overline{A_2}) = \dfrac{3}{10}.$$

(1) 依有限可加性及乘法公式，有

$$P(A_1A_3) = P((A_1A_3)(A_2 \bigcup \overline{A_2})) = P((A_1A_2A_3) \bigcup (A_1\overline{A_2}A_3))$$
$$= P(A_1A_2A_3) + (A_1\overline{A_2}A_3)$$
$$= P(A_3 \mid A_1A_2)P(A_2 \mid A_1)P(A_1) + P(A_3 \mid A_1\overline{A_2})P(\overline{A_2} \mid A_1)P(A_1).$$

（2）依条件概率的定义及乘法公式，有

$$P(A_1A_2A_3 \mid A_1) = \frac{P(A_1A_2A_3)}{P(A_1)} = \frac{P(A_3 \mid A_1A_2)P(A_2 \mid A_1)P(A_1)}{P(A_1)}.$$

习题 1-6

1. $\dfrac{103}{196}$.

【提示】记事件 $A=\{$在甲箱中取出一红球$\}$，$B=\{$在乙箱中取出两红球$\}$，$C=\{$在乙箱中取出两黑球$\}$，

依题设，$P(A) = \dfrac{4}{7}$，$P(\overline{A}) = \dfrac{3}{7}$，$P(B \mid A) = \dfrac{C_6^2}{C_8^2} = \dfrac{15}{28}$，$P(B \mid \overline{A}) = \dfrac{C_5^2}{C_8^2} = \dfrac{5}{14}$，$P(C \mid A) = \dfrac{C_2^2}{C_8^2} = \dfrac{1}{28}$，

$P(C \mid \overline{A}) = \dfrac{C_3^2}{C_8^2} = \dfrac{3}{28}$. 以 $A, \overline{A}$ 为一个划分，依全概率公式，有

$$P(B) = P(B \mid A)P(A) + P(B \mid \overline{A})P(\overline{A}), \quad P(C) = P(C \mid A)P(A) + P(C \mid \overline{A})P(\overline{A}).$$

因为 $BC = \varnothing$，依有限可加性，有 $P(B \bigcup C) = P(B) + P(C) = \dfrac{45}{98} + \dfrac{13}{196}$.

2. $\dfrac{12}{19}$.

【提示】记事件 $A=\{$该医生对患有这种稀有疾病的患者能正确诊断$\}$，$B=\{$患有这种稀有疾病的患者已痊愈$\}$，依题设，$P(A)=0.3$，$P(\overline{A})=0.7$，$P(B \mid A)=0.4$，$P(B \mid \overline{A})=0.1$. 以 $A, \overline{A}$ 为一个划分，依贝叶斯公式，有 $P(A \mid B) = \dfrac{P(AB)}{P(B)} = \dfrac{P(B \mid A)P(A)}{P(B \mid A)P(A) + P(B \mid \overline{A})P(\overline{A})}$.

3. $\dfrac{1}{5}$.

【提示】记事件 $A=\{$从甲、乙两盒中各任取一球，颜色都是黑色$\}$，$B_i=\{$甲盒有 i 只白球$\}$，则

$$P(B_i) = \frac{C_4^i C_4^{4-i}}{C_8^4}, \quad i = 0,1,2,3,4, \quad P(A \mid B_0) = P(A \mid B_4) = 0,$$

$$P(A \mid B_1) = \frac{3}{4} \cdot \frac{1}{4} = \frac{3}{16}, \quad P(A \mid B_2) = \frac{2}{4} \cdot \frac{2}{4} = \frac{4}{16}, \quad P(A \mid B_3) = \frac{1}{4} \cdot \frac{3}{4} = \frac{3}{16}.$$

以 B_0, B_1, B_2, B_3, B_4 为一个划分，依全概率公式，有

$$P(A) = P(A \mid B_0)P(B_0) + P(A \mid B_1)P(B_1) + P(A \mid B_2)P(B_2) + P(A \mid B_3)P(B_3) + P(A \mid B_4)P(B_4),$$

依贝叶斯公式，$P(B_3 \mid A) = \dfrac{P(A \mid B_3)P(B_3)}{P(A)} = \dfrac{\dfrac{3}{16} \times \dfrac{8}{35}}{\dfrac{3}{14}}$.

4. （1）0.943；　（2）0.85.

【提示】记事件 $A_i=\{$箱中有 i 件残次品$\}$ $(i=0,1,2)$，$B=\{$顾客买下该箱$\}$，则

$$P(A_0) = 0.8, \quad P(A_1) = 0.1, \quad P(A_2) = 0.1, \quad P(B \mid A_0) = 1, \quad P(B \mid A_1) = \frac{C_{19}^4}{C_{20}^4} = \frac{4}{5},$$

$$P(B \mid A_2) = \frac{C_{18}^4}{C_{20}^4} = \frac{12}{19}.$$

(1) 以 A_0, A_1, A_2 为一个划分,依全概率公式,有

$$P(B) = P(B|A_0)P(A_0) + P(B|A_1)P(A_1) + P(B|A_2)P(A_2).$$

(2) 依贝叶斯公式,$P(A_0|B) = \dfrac{P(A_0B)}{P(B)} = \dfrac{P(B|A_0)P(A_0)}{0.943}.$

5. $\dfrac{83}{120}$.

【提示】记事件 $A_k = \{$第 k 次试验成功$\}(k=1,2,3)$,依题设,有

$$P(A_1) = \frac{3}{5}, \quad P(\overline{A_1}) = \frac{2}{5}, \quad P(A_2|A_1) = \frac{2}{3}, \quad P(A_2|\overline{A_1}) = \frac{3}{4}.$$

以 $A_1, \overline{A_1}$ 为一个划分,依全概率公式,$P(A_2) = P(A_2|A_1)P(A_1) + P(A_2|\overline{A_1})P(\overline{A_1})$,于是 $P(\overline{A_2}) = 1 - P(A_2) = \dfrac{3}{10}$,同理 $P(A_3|A_2) = \dfrac{2}{3}, P(A_3|\overline{A_2}) = \dfrac{3}{4}$. 以 $A_2, \overline{A_2}$ 为一划分,再依全概率公式,有

$$P(A_3) = P(A_3|A_2)P(A_2) + P(A_3|\overline{A_2})P(\overline{A_2}).$$

6. $\dfrac{n-1}{2n-1}$.

【提示】记事件 $A = \{$乙在当天收到了甲发给他的 E-mail$\}, B = \{$甲在当天收到了乙回复给他的 E-mail$\}$,依题设,$P(A) = \dfrac{n-1}{n}, P(\overline{A}) = \dfrac{1}{n}, P(\overline{B}|A) = \dfrac{1}{n}, P(\overline{B}|\overline{A}) = 1.$

以 $A, \overline{A}$ 为一个划分,依贝叶斯公式,有 $P(A|\overline{B}) = \dfrac{P(\overline{B}|A)P(A)}{P(\overline{B}|A)P(A) + P(\overline{B}|\overline{A})P(\overline{A})}.$

习题 1-7

1. 44 张.

【提示】设某人应购买这种福利彩券 n 张,记事件 $A_k = \{$所购买的第 k 张彩券中奖$\}(k=1,2,\cdots,n)$,$B_n = \{$所购买的 n 张彩券中至少有一张中奖$\}$,则 $B_n = \bigcup\limits_{k=1}^{n} A_k$.

依题设,$P(A_k) = 0.1(k=1,2,\cdots,n)$,$A_1, A_2, \cdots, A_n$ 相互独立,依概率的性质,有

$$P(B_n) = P\left(\bigcup_{k=1}^{n} A_k\right) = 1 - P\left(\overline{\bigcup_{k=1}^{n} A_k}\right) = 1 - P(\overline{A_1})P(\overline{A_2})\cdots P(\overline{A_n}) = 1 - 0.9^n,$$

依题意,要求 n,使 $0.99 \leqslant P(B_n) = 1 - 0.9^n$.

2. (1) 0.3328;　(2) 0.4220.

【提示】(1) 记事件 $A = \{$三次均命中目标$\}, B = \{$取到已校正的枪$\}$,依题设,有

$$P(B) = \frac{6}{10}, \quad P(\overline{B}) = \frac{4}{10}, \quad P(A|B) = 0.8^3, \quad P(A|\overline{B}) = 0.4^3.$$

以 $B, \overline{B}$ 为一个划分,依全概率公式,有 $P(A) = P(A|B)P(B) + P(A|\overline{B})P(\overline{B})$.

(2) 记事件 $C = \{$三次均命中目标$\}, G_i = \{$取到 i 支经过校正的枪$\}(i=0,1,2,3)$,依题设

$P(G_0) = \left(\dfrac{4}{10}\right)^3, P(G_1) = C_3^1 \dfrac{6}{10}\left(\dfrac{4}{10}\right)^2, P(G_2) = C_3^2 \left(\dfrac{6}{10}\right)^2 \dfrac{4}{10}, P(G_3) = \left(\dfrac{6}{10}\right)^3, P(C|G_0) = 0.4^3,$

$P(C|G_1) = 0.8 \times 0.4^2, P(C|G_2) = 0.8^2 \times 0.4, P(C|G_3) = 0.8^3.$

以 G_0, G_1, G_2, G_3 为一个划分,依全概率公式,有

$$P(C) = P(C|G_0)P(G_0) + P(C|G_1)P(G_1) + P(C|G_2)P(G_2) + P(C|G_3)P(G_3),$$

依贝叶斯公式,$P(G_2|C) = \dfrac{P(C|G_2)P(G_2)}{P(C)} = \dfrac{0.1106}{0.2621}.$

3. $\dfrac{2ap_1}{(3a-1)p_1 + 1 - a}$.

【提示】记事件 $A_1=\{$输入 AAAA$\}$，$B_1=\{$输入 BBBB$\}$，$C_1=\{$输入 CCCC$\}$，$D=\{$输出 AACB$\}$，依题设，$P(A_1)=p_1,P(B_1)=p_2,P(C_1)=p_3,P(D|A_1)=\alpha^2\left(\dfrac{1-\alpha}{2}\right)^2,(D|B_1)=P(D|C_1)=\alpha\left(\dfrac{1-\alpha}{2}\right)^3$，以 A_1,B_1,C_1 为一个划分，依全概率公式，有 $P(D)=P(D|A_1)P(A_1)+P(D|B_1)P(B_1)+P(D|C_1)P(C_1)$.依贝叶斯公式，有

$$P(A_1\mid D)=\frac{P(D|A_1)P(A_1)}{P(D)}.$$

4. $\dfrac{19}{24}$.

【提示】记事件 $A_i=\{$第一次取出的产品来自第 i 箱$\}(i=1,2)$，$B=\{$第一次取出的 1 件产品为次品$\}$，$C=\{$第二次取出的 1 件产品为正品$\}$，则 $P(A_1)=\dfrac{1}{2},P(A_2)=\dfrac{1}{2},P(B|A_1)=\dfrac{1}{8},P(B|A_2)=\dfrac{1}{4}$.以 A_1,A_2 为一个划分，依全概率公式，$P(B)=P(B|A_1)P(A_1)+P(B|A_2)P(A_2)$.

依题设，B,C 关于 A_1 条件独立，B,C 关于 A_2 条件独立，所以

$$P(BC|A_1)=P(B|A_1)P(C|A_1),\quad P(BC|A_2)=P(B|A_2)P(C|A_2).$$

同理，以 A_1,A_2 为一个划分，依全概率公式，有

$$\begin{aligned}P(BC)&=P(BC|A_1)P(A_1)+P(BC|A_2)P(A_2)\\&=P(B|A_1)P(C|A_1)P(A_1)+P(B|A_2)P(C|A_2)P(A_2),\end{aligned}$$

依条件概率的定义，$P(C|B)=\dfrac{P(BC)}{P(B)}$.

5. 0.588.

【提示】记事件 $A=\{$目标进入射程$\}$，$B_i=\{$第 i 次射击命中目标$\}(i=1,2)$，依题设，$P(A)=0.7$，$P(\overline{A})=0.3,P(B_1\cup B_2|\overline{A})=0,P(B_1|A)=P(B_2|A)=0.6$，依条件概率的性质，$P(B_1\cup B_2|A)=P(B_1|A)+P(B_2|A)-P(B_1B_2|A)=P(B_1|A)+P(B_2|A)-P(B_1|A)P(B_2|A)$（$B_1,B_2$ 关于 A 条件独立）. 以 $A,\overline{A}$ 为一个划分，依全概率公式，有

$$P(B_1\cup B_2)=P(B_1\cup B_2|A)P(A)+P(B_1\cup B_2|\overline{A})P(\overline{A}).$$

习题 1-8

1. 0.9997.

【提示】400 次射击可视为 400 重伯努利试验，且 $p=0.02$，依伯努利概型概率的计算公式，有

$$P\{400 \text{ 次射击至少击中一次}\}=1-P\{400 \text{ 次射击都没击中}\}=1-(0.98)^{400}.$$

2. 0.018.

【提示】20 台设备是否出现故障可视为 20 重伯努利试验，$p=0.01$，依伯努利概型概率的计算公式，有

$$P\{\text{设备发生故障不能及时维修}\}=P\{\text{至少有 2 台设备同时出现故障}\}=\sum_{k=2}^{20}C_{20}^k\times 0.01^k\times 0.99^{20-k}.$$

3. 2 台.

【提示】(1) 3 名售货员用秤可视为 3 重伯努利试验，每人用秤的概率为 $\dfrac{20}{60}=\dfrac{1}{3}$，依伯努利概型概率的计算公式，$P\{\text{某时刻没人用秤}\}\approx0.2963,P\{\text{某时刻只有 1 人用秤}\}\approx0.4444,P\{\text{某时刻只有 2 人用秤}\}\approx0.2222,P\{\text{某时刻 3 人同时用秤}\}\approx0.037.$ 故 1 台秤是必要的，2 台秤正合适.

4. (1) 0.94^n;　(2) $0.0018n(n-1)0.94^{n-2}$;　(3) $1-0.94^{n-1}(0.94+0.06n)$.

【提示】(1) 记事件 $A=\{$仪器需进一步调试$\}$，$B=\{$仪器可以出厂$\}$，$C=\{n$ 台仪器全部能出厂$\}$，$D=\{$恰好有两台不能出厂$\}$，$E=\{$至少有两台不能出厂$\}$.

(1) $P(A)=0.3,P(\bar{A})=0.7,P(B\,|\,A)=0.8,P(B\,|\,\bar{A})=1$. 以 $A,\bar{A}$ 为一个划分,依全概率公式,有 $P(B)=P(B\,|\,A)P(A)+P(B\,|\,\bar{A})P(\bar{A})=0.94$.

n 台仪器能否出场的考查,可视为 n 重伯努利试验,且 $p=0.94$,依伯努利概型概率的计算公式,

$$P(C)=C_n^n\times 0.94^n\times 0.06^0=0.94^n.$$

(2) 同理 $P(D)=C_n^{n-2}\times 0.94^{n-2}\times 0.06^2$.

(3) 同理 $P(E)=1-(0.94^n+C_n^{n-1}\times 0.94^{n-1}\times 0.06)$.

5. (1) $(1-p)^{r-1}p$;　　(2) $C_n^r p^r(1-p)^{n-r}$;　　(3) $C_{n-1}^{r-1}p^r(1-p)^{n-r}$.

【提示】(1) 直到第 r 次才成功,意指前 $r-1$ 次试验都失败了,因此 $P_1=(1-p)^{r-1}p$.

(2) n 次试验中有 $r(1\leqslant r\leqslant n)$ 次成功,有 C_n^r 种可能,因此 $P_2=C_n^r p^r(1-p)^{n-r}$.

(3) 直到第 n 次试验才取得第 $r(1\leqslant r\leqslant n)$ 次成功,意指前 $n-1$ 次试验中有 $r-1$ 成功,第 n 次试验成功,因此

$$P_3=C_{n-1}^{r-1}p^{r-1}(1-p)^{n-1-(r-1)}p=C_{n-1}^{r-1}p^r(1-p)^{n-r}.$$

习题 1-9

1. (1) $1-\dfrac{1}{2!}+\dfrac{1}{3!}-\cdots+(-1)^{n-1}\dfrac{1}{n!}$;　　(2) $\dfrac{1}{m!}\left(\dfrac{1}{2!}-\dfrac{1}{3!}+\cdots+(-1)^{n-m}\dfrac{1}{(n-m)!}\right)$.

【提示】(1) 记事件 $A_i=\{$第 i 人拿对自己帽子$\}(i=1,2,\cdots,n),B=\{$至少有一人拿对自己的帽子$\}$,则 $B=\bigcup\limits_{i=1}^n A_i,P(A_i)=\dfrac{(n-1)!}{n!},P(A_iA_j)=\dfrac{(n-2)!}{n!},P(A_iA_jA_k)=\dfrac{(n-3)!}{n!},\cdots,P(A_1A_2\cdots A_n)=\dfrac{1}{n!}$,依加法公式,有

$$P(B)=\sum_{k=1}^n P(A_k)-\sum_{1\leqslant i<j\leqslant n}P(A_iA_j)+\sum_{1\leqslant i<j<k\leqslant n}P(A_iA_jA_k)-\cdots+(-1)^{n-1}P(A_1A_2\cdots A_n)$$

$$=C_n^1\frac{(n-1)!}{n!}-C_n^2\frac{(n-2)!}{n!}+C_n^3\frac{(n-3)!}{n!}-\cdots+(-1)^{n-1}\frac{1}{n!}.$$

(2) 某指定 m 人拿对自己帽子的概率为 $\dfrac{(n-m)!}{n!}$,由(1)知,其余 $n-m$ 人中至少有一人拿对自己帽子的概率为 $\sum\limits_{k=1}^{n-m}(-1)^{k-1}\dfrac{1}{k!}$,于是这 $n-m$ 人中无一人拿对自己帽子的概率为 $1-\sum\limits_{k=1}^{n-m}(-1)^{k-1}\dfrac{1}{k!}$,故 n 个人中指定 m 人拿对自己帽子,其余 $n-m$ 人无一人拿对自己帽子的概率为 $\dfrac{(n-m)!}{n!}\left(1-\sum\limits_{k=1}^{n-m}(-1)^{k-1}\dfrac{1}{k!}\right)$,于是恰有 m 人拿对自己帽子的概率为 $P(D)=C_n^m\dfrac{(n-m)!}{n!}\left(1-\sum\limits_{k=1}^{n-m}(-1)^{k-1}\dfrac{1}{k!}\right)$.

2. $\sum\limits_{i=0}^{n-1}(-1)^i C_n^i\dfrac{(n-i)^m}{n^m}$.

【提示】记事件 $A_i=\{$第 i 个会场没有观众$\},B=\{$至少有一个会场没有观众$\}$,则

$$B=\bigcup_{i=1}^n A_i,\quad P(A_i)=\frac{(n-1)^m}{n^m},\quad P(A_iA_j)=\frac{(n-2)^m}{n^m},\quad P(A_iA_jA_k)=\frac{(n-3)^m}{n^m},\cdots,$$

$$P(A_1A_2\cdots A_{n-1})=\frac{1}{n^m},\quad P(A_1A_2\cdots A_n)=0,$$

依加法公式,有

$$P(B)=\sum_{k=1}^n P(A_k)-\sum_{1\leqslant i<j\leqslant n}P(A_iA_j)+\sum_{1\leqslant i<j<k\leqslant n}P(A_iA_jA_k)-\cdots-(-1)^{n-1}P(A_1A_2\cdots A_{n-1}),$$

依概率的性质,$P(\bar{B})=1-P(B)=1-\sum\limits_{i=1}^{n-1}(-1)^{i-1}C_n^i\dfrac{(n-i)^m}{n^m}$.

3. $\dfrac{1-p}{2-p}$.

【提示】甲总是在奇数轮射击,乙总是在偶数轮射击,先考虑甲击中两枪的情况.

记事件 $A_{2n+1}=\{$甲在第 $2n+1$ 轮射击时击中第 2 次,乙一直未击中,射击在此时结束$\}(n=1,2,\cdots)$,A_{2n+1} 发生表示前 $2n$ 轮中甲共射击 n 枪而击中一枪,同时乙在前 $2n$ 轮中共射击 n 枪但一枪未击中,因此

$$P(A_{2n+1})=(\mathrm{C}_n^1 p(1-p)^{n-1}p)(1-p)^n=np^2(1-p)^{2n-1},$$

注意到 $A_1,A_3,A_5,\cdots$ 两两互不相容,故由甲击中了两枪而结束射击的概率为

$$P\Big(\bigcup_{n=1}^{\infty}A_{2n+1}\Big)=\sum_{n=1}^{\infty}P(A_{2n+1})=\sum_{n=1}^{\infty}np^2(1-p)^{2n-1}=p^2(1-p)\sum_{n=1}^{\infty}n\big((1-p)^2\big)^{n-1}$$

$$=p^2(1-p)\frac{1}{(1-(1-p)^2)^2}=\frac{1-p}{(2-p)^2}.$$

若两枪均由乙击中,记事件 $B_{2n+2}=\{$乙在第 $2n+2$ 轮射击时击中第 2 次,甲一直未击中,射击在此时结束$\}(n=1,2,\cdots)$,B_{2n+2} 发生表示在前 $2n+1$ 轮中乙射击 n 枪而击中一枪,同时甲在前 $2n+1$ 轮中共射击 $n+1$ 枪,但一枪未中,因此

$$P(B_{2n+2})=(\mathrm{C}_n^1 p(1-p)^{n-1}p)(1-p)^{n+1}=np^2(1-p)^{2n},$$

注意到 $B_2,B_4,B_6,\cdots$ 两两互不相容,故由乙击中了两枪而结束射击的概率为

$$P\Big(\bigcup_{n=1}^{\infty}B_{2n+2}\Big)=\sum_{n=1}^{\infty}np^2(1-p)^{2n}=p^2(1-p)^2\sum_{n=1}^{\infty}n\big((1-p)^2\big)^{n-1}=\frac{(1-p)^2}{(2-p)^2},$$

因此击中的两枪是同一人完成的概率为

$$P\Big(\Big(\bigcup_{n=1}^{\infty}A_{2n+1}\Big)\cup\Big(\bigcup_{n=1}^{\infty}B_{2n+2}\Big)\Big)=P\Big(\bigcup_{n=1}^{\infty}A_{2n+1}\Big)+P\Big(\bigcup_{n=1}^{\infty}B_{2n+2}\Big).$$

注 级数求和公式:$\displaystyle\sum_{n=1}^{\infty}nx^{n-1}=\Big(\frac{1}{1-x}\Big)'=\frac{1}{(1-x)^2}$,$|x|<1$.

4. $\dfrac{m-n+1}{m+1}$.

【提示】先将持有 10 元纸币的 m 位观众编号为 $1\sim m$,持有 20 元纸币的 n 位观众编号为 $m+1\sim m+n$,记事件 $B=\{$在买票过程中没有一个人等候找钱$\}$,先让持有 10 元纸币的 m 位观众按编号 $1\sim m$ 站好,持有 20 元纸币的 n 位观众可以插空排入队伍,有 $m+1$ 个空可插入,但若不需要等候找钱,不能排在首位,记事件 $A_k=\{$编号为 $m+k$ 持有 20 元纸币的观众不需要等候找钱$\}$,$k=1,2,\cdots,n$,

$$P(A_1)=\frac{m}{m+1},\quad P(A_2\mid A_1)=\frac{m-1}{m},P(A_3\mid A_1A_2)=\frac{m-2}{m-1},\cdots,P(A_n\mid A_1A_2\cdots A_{n-1})=\frac{m-n+1}{m-n+2},$$

依乘法公式有

$$P(B)=P(A_1A_2\cdots A_{n-1}A_n)=P(A_n\mid A_1A_2\cdots A_{n-1})P(A_{n-1}\mid A_1A_2\cdots A_{n-2})\cdots P(A_2\mid A_1)P(A_1).$$

5. 当第二次取的球号 $i=1$ 时,$\dfrac{1}{m+1}$;当第二次取的球号 $i\neq 1$ 时,$\dfrac{m-1}{m^2-m-1}$.

【提示】记事件 $A_k=\{$第一次取到 k 号球$\}$,$B_i=\{$第二次取到 i 号球$\}(k,i=1,2,\cdots,m)$.

当第二次取的球号 $i=1$ 时,$P(A_1)=\dfrac{1}{m}$,$P(\overline{A_1})=\dfrac{m-1}{m}$,$P(B_1\mid A_1)=\dfrac{1}{m}$,$P(B_1\mid \overline{A_1})=\dfrac{1}{m-1}$. 以 $A_1,\overline{A_1}$ 为一个划分,依全概率公式,有

$$P(B_1)=P(B_1\mid A_1)P(A_1)+P(B_1\mid \overline{A_1})P(\overline{A_1})=\frac{1}{m}\cdot\frac{1}{m}+\frac{1}{m-1}\cdot\frac{m-1}{m}=\frac{1+m}{m^2},$$

依贝叶斯公式,有 $P(A_1\mid B_1)=\dfrac{P(A_1B_1)}{P(B_1)}=\dfrac{P(B_1\mid A_1)P(A_1)}{P(B_1)}$.

当第二次取的球号 $i\neq 1$ 时,$P(A_1)=\dfrac{1}{m}$,$P(A_i)=\dfrac{1}{m}$,$P(\overline{A_1}\ \overline{A_i})=\dfrac{m-2}{m}$,$P(B_i\mid A_1)=\dfrac{1}{m}$,

$$P(B_i\,|\,A_i)=0,P(B_i\,|\,\overline{A_1}\,\overline{A_i})=\frac{1}{m-1}.\text{ 以 }A_1,A_i,\overline{A_1}\,\overline{A_i}\text{ 为一个划分，依全概率公式，有}$$

$$P(B_i)=P(B_i\,|\,A_1)P(A_1)+P(B_i\,|\,A_i)P(A_i)+P(B_i\,|\,\overline{A_1}\,\overline{A_i})P(\overline{A_1}\,\overline{A_i}),$$

依贝叶斯公式，有 $P(A_1\,|\,B_i)=\dfrac{P(A_1B_i)}{P(B_i)}=\dfrac{P(B_i\,|\,A_1)P(A_1)}{P(B_i)}.$

单元练习题 1

一、选择题

1. D.　　2. D.　　3. C.　　4. B.　　5. D.　　6. B.　　7. C.　　8. B.　　9. C.　　10. C.

11. A.　12. D.　13. C.　14. A.　15. D.　16. C.　17. B.　18. A.　19. C.　20. B.

【提示】

1. 依事件间的关系与运算规则，$A\cup B=B\Rightarrow\begin{cases}A\subset B,\\\overline{B}\subset\overline{A},\\A\overline{B}=A-AB=A-A=\varnothing,\end{cases}$

而 $\overline{A}B=B-AB=B-A$ 未必是不可能事件.

2. 依事件间的关系与运算规则，$\overline{A}B\cup B=A\cup B=\overline{A}B\cup A,(AB)\cup(A\overline{B})=A(B\cup\overline{B})=A\Omega=A.$

3. 依事件间的关系与运算规则，$A\cup B\neq\overline{A}B\neq AB,\overline{A\cup B}C=\overline{A}\,\overline{B}C,(AB)\cap(A\overline{B})=A(B\cap\overline{B})=A\varnothing=\varnothing.$

4. 要使得分不大于 3 分，取出的两个球应为两个红球或一红一黑，因此所求概率为 $P=\dfrac{C_5^2+C_5^1C_3^1}{C_8^2}=\dfrac{25}{28}.$

5. 因为 $AB=\varnothing$，所以 $P(AB)=0$，则 $P(\overline{A}\cup\overline{B})=P(\overline{AB})=1-P(AB)=1.$ 例如掷一枚匀质的骰子，记事件 $A=\{1\},B=\{2\}$，则 $AB=\varnothing,\overline{A}=\{2,3,4,5,6\},\overline{B}=\{1,3,4,5,6\},\overline{A}\,\overline{B}=\{3,4,5,6\}$，且

$$P(A)=\frac{1}{6}=P(B),\quad P(\overline{A}\,\overline{B})=\frac{4}{6}\neq0,\quad P(AB)=0\neq P(A)P(B).$$

6. $0.3=P(A-B)=P(A\overline{B})=P(A)P(\overline{B})=0.5P(A)$，解之得 $P(A)=0.6$，于是

$$P(B-A)=P(B\overline{A})=P(B)P(\overline{A})=P(B)(1-P(A))=0.5\times0.4=0.2.$$

7. 因为 $AB\subset A,AB\subset B$，依概率的性质，$P(AB)\leqslant P(A)$ 且 $P(AB)\leqslant P(B)$，从而 $P(AB)\leqslant\dfrac{P(A)+P(B)}{2}.$ 掷一枚匀质的骰子，记事件 $A=\{1,2,4\},B=\{2,4,6\},C=\{1,2,3\}$，则 $AB=\{2,4\}$，$BC=\{2\}$，于是 $P(A)=P(B)=P(C)=\dfrac{1}{2},P(AB)=\dfrac{1}{3},P(BC)=\dfrac{1}{6}$，则

$$P(AB)=\frac{1}{3}>\frac{1}{4}=P(A)P(B),\quad P(BC)=\frac{1}{6}<\frac{1}{4}=P(B)P(C).$$

8. $AB=\varnothing,P(AB)=P(\varnothing)=0$，则 $P(B\,|\,A)=\dfrac{P(AB)}{P(A)}=0$，且

$$P(A\,|\,B)=\frac{P(AB)}{P(B)}=0\neq P(A),\quad P(AB)=0\neq P(A)P(B).$$

9. 依 $P(B\,|\,A)=P(B\,|\,\overline{A})$ 知，$\dfrac{P(AB)}{P(A)}=\dfrac{P(\overline{A}B)}{P(\overline{A})}=\dfrac{P(B)-P(AB)}{1-P(A)}$，整理得 $P(AB)=P(A)P(B)$，即 A,B 相互独立，依定理

$$P(A\,|\,B)=\frac{P(AB)}{P(B)}=P(A),\quad P(\overline{A}\,|\,B)=\frac{P(\overline{A}B)}{P(B)}=\frac{P(B)-P(AB)}{P(B)}=1-P(A).$$

10. $P(AB)=P(A\,|\,B)P(B)=P(B)$，所以 $P(A\cup B)=P(A)+P(B)-P(AB)=P(A).$

11. $P(B)=P(AB)$，$P(B\overline{A})=P(B)-P(AB)=0$，$P(B\mid\overline{A})=\dfrac{P(B\overline{A})}{P(\overline{A})}=0$，$P(\overline{B}\mid\overline{A})=1-P(B\mid\overline{A})=1$，$P(A\bigcup B)=P(A)+P(B)-P(AB)=P(A)<1$．例如，掷一枚匀质的骰子，记事件 $A=\{1,2,3\}$，$B=\{1,2\}$，则 $AB=\{1,2\}$，$P(A)=\dfrac{1}{2}$，$P(B)=P(AB)=\dfrac{1}{3}$，则

$$P(A\mid\overline{B})=\frac{P(A\overline{B})}{P(\overline{B})}=\frac{P(A)-P(AB)}{1-P(B)}=\frac{1}{4}, \quad P(B\mid A)=\frac{P(AB)}{P(A)}=\frac{2}{3}.$$

12. $P(\overline{A}\mid\overline{B})=1-P(A\mid\overline{B})$．又 $P(\overline{A}\mid\overline{B})=1-P(A\mid B)$，即 $P(A\mid\overline{B})=P(A\mid B)$，由 9 题知，$A$，$B$ 相互独立，且 $AB\neq\varnothing$．

13. $P(A_1A_2\mid B)=0$，

$P(A_1\bigcup A_2\mid B)=P(A_1\mid B)+P(A_2\mid B)-P(A_1A_2\mid B)=P(A_1\mid B)+P(A_2\mid B)$，

$P(\overline{A_1}\bigcup\overline{A_2}\mid B)=P(\overline{A_1A_2}\mid B)=1-P(A_1A_2\mid B)=1-0=1$，

$P(\overline{A_1}\,\overline{A_2}\mid B)=P(\overline{A_1\bigcup A_2}\mid B)=1-P(A_1\bigcup A_2\mid B)=1-P(A_1\mid B)-P(A_2\mid B)$．

14. 因为 $P(A\mid B)=0.7=P(A)$，则 A，B 相互独立，且 $AB\neq\varnothing$，$P(A\bigcup B)\neq P(A)+P(B)$，且 $P(A\bigcup B)=P(A)+P(B)-P(AB)=0.79\neq1$，即 $A\bigcup B\neq\Omega$．

15. $0\leqslant P(AB)\leqslant P(A)=0$，故 $P(AB)=0=P(A)P(B)$，则 A，B 相互独立．又如在几何概型中，$\Omega=[0,1)$，记事件 $A=\{0\}$，$B=(0,1)$，则 $P(A)=0$，$P(B)=1$，但是 $A\neq\varnothing$，$A\not\subset B$，$A\neq\overline{B}$．

16. 如果 A_1，A_2，A_3 中任意两个事件都相互独立 $\nRightarrow P(A_1A_2A_3)=P(A_1)P(A_2)P(A_3)$．

17. 因为 A，B，C 相互独立，所以 $\overline{A}\bigcup B$ 与 C，$\overline{A-B}$ 与 $\overline{C}$ 及 $\overline{AB}$ 与 $\overline{C}$ 皆相互独立，而 $\overline{AC}$ 与 $\overline{C}$ 不独立．例如，掷一枚匀质的骰子，记事件 $A=\{1,2\}$，$C=\{2,3\}$，$AC=\{2\}$，则

$$\overline{AC}=\{1,3,4,5,6\}, \quad \overline{C}=\{1,4,5,6\}, \quad \overline{AC}\bigcap\overline{C}=\overline{C},$$

于是 $P(\overline{AC})=\dfrac{5}{6}$，$P(\overline{C})=\dfrac{4}{6}$，$P(\overline{AC}\bigcap\overline{C})=P(\overline{C})\neq P(\overline{AC})P(\overline{C})$，即 $\overline{AC}$，$\overline{C}$ 不独立．

18. A，B，C 相互独立的充分必要条件还须满足 $P(ABC)=P(A)P(B)P(C)$．A 与 BC 相互独立 $\Leftrightarrow P(ABC)=P(A)P(BC)=P(A)P(B)P(C)$．一般地，$AB$ 与 $A\bigcup C$、AB 与 AC 和 $A\bigcup B$ 与 $A\bigcup C$ 不独立．

19. $P(A_1)=\dfrac{1}{2}=P(A_2)=P(A_3)$，$P(A_4)=\dfrac{1}{4}$，则 $P(A_1A_2)=\dfrac{1}{4}=P(A_1)P(A_2)$，同理 $P(A_1A_3)=P(A_1)P(A_3)$，$P(A_2A_3)=P(A_2)P(A_3)$，所以 A_1，A_2，A_3 两两独立，但 $P(A_1A_2A_3)=0\neq P(A_1)P(A_2)P(A_3)$，所以 A_1，A_2，A_3 不独立．又因为 $A_4\subset A_2$，故 $P(A_2A_4)=P(A_4)=\dfrac{1}{4}\neq P(A_2)P(A_4)$，则 A_2，A_4 不独立，A_2，A_3，A_4 不独立．

20. 例如掷一枚匀质的骰子，记事件 $A=\{1,2\}$，$B=\{1\}$，$AB=\{1\}\neq\varnothing$，则 $P(AB)=\dfrac{1}{6}\neq\dfrac{2}{6}\times\dfrac{1}{6}=P(A)P(B)$，$A$，$B$ 不独立．又记 $C=\{1,2,3\}$，$D=\{3,4\}$，$E=\{4,5\}$，则 $CD=\{3\}\neq\varnothing$，$CE=\varnothing$，且 $P(CD)=\dfrac{1}{6}=P(C)P(D)$，$C$，$D$ 相互独立，$P(CE)=0\neq P(C)P(E)$，C，E 不独立．又设 $F=\varnothing$，则 $P(CF)=0=P(C)P(F)$，C，F 相互独立．

二、填空题

1. $\dfrac{1}{3}$．   2. 0.3．   3. $\dfrac{2}{5}$．   4. 0．   5. $\dfrac{1}{4}$．   6. $\dfrac{2}{3}$．   7. $\dfrac{3}{4}$．   8. $\dfrac{3}{4}$．

9. $\dfrac{2}{9}$．   10. $\dfrac{3}{4}$．   11. $\dfrac{1}{5}$．   12. $\dfrac{1}{2}$．   13. $\dfrac{91}{216}$．   14. $\dfrac{1}{4}$．   15. $\dfrac{1}{3}$．

【提示】

1. $P(A-B)=P(A)-P(AB)=P(A)-P(B\mid A)P(A)=\dfrac{1}{2}-\dfrac{1}{3}\times\dfrac{1}{2}=\dfrac{1}{3}$．

2. $P(AB)=0,P(\bar{A}\ \bar{B})=P(\overline{A\cup B})=1-P(A\cup B)=1-P(A)-P(B).$

3. 抽签与顺序无关,所以第二人取得黄球的概率是 $\dfrac{20}{50}=\dfrac{2}{5}$.

4. 依事件的运算规则 ,$(A\cup B)(\bar{A}\cup B)=(A\cap\bar{A})\cup B=B$,$(A\cup\bar{B})(\bar{A}\cup\bar{B})=(A\cap\bar{A})\cup\bar{B}=\bar{B}$,所以
$$P((A\cup B)(\bar{A}\cup B)(A\cup\bar{B})(\bar{A}\cup\bar{B}))=P(B\bar{B})=P(\varnothing).$$

5. $\dfrac{9}{16}=P(A\cup B\cup C)=P(A)+P(B)+P(C)-P(AB)-P(BC)-P(CA)+P(ABC)$
$$=3P(A)-3(P(A))^2.$$

6. $P(\bar{A}B)=P(A\bar{B})$,即 $P(A)-P(AB)=P(B)-P(AB)$,得 $P(A)=P(B)$,
$$\frac{1}{9}=P(\overline{AB})=P(\bar{A})P(\bar{B})=(1-P(A))^2.$$

7. 该试验属于几何概型,设 x,y 为区间 $(0,1)$ 内所取的两个数,则 $\Omega=\{(x,y)\mid 0<x,y<1\}$,记事件 $A=\left\{(x,y)\mid (x,y)\in\Omega,\ |x-y|<\dfrac{1}{2}\right\}$,故 $P(A)=\dfrac{S_A}{S_\Omega}=\dfrac{3/4}{1}$,其中 S_A,S_Ω 分别表示 A,Ω 的面积.

8. 因为 $AC=\varnothing$,则 $ABC=\varnothing$,依条件概率的定义,有
$$P(AB\mid\bar{C})=\frac{P(AB\bar{C})}{P(\bar{C})}=\frac{P(AB)-P(ABC)}{1-P(C)}=\frac{P(AB)}{1-P(C)}.$$

9. 该试验属于古典概型,样本空间所含的样本点数为 3^4,前 3 次所取的球的颜色为两种,第 4 次为第三种颜色的所有可能为 $C_3^1(2^3-2)$,于是 $P=\dfrac{C_3^1(2^3-2)}{3^4}$.

10. 记事件 $A=\{$甲命中$\}$,$B=\{$乙命中$\}$,则
$$P(A\mid(A\cup B))=\frac{P(A(A\cup B))}{P(A\cup B)}=\frac{P(A)}{P(A)+P(B)-P(A)P(B)}.$$

11. 记事件 $A_i=\{$所取的 2 件产品中有 i 件不合格$\}(i=1,2)$,则 $A_1A_2=\varnothing$,且
$$P(A_2\mid(A_1\cup A_2))=\frac{P(A_2(A_1\cup A_2))}{P(A_1\cup A_2)}=\frac{P(A_2)}{P(A_1)+P(A_2)}=\frac{\dfrac{C_4^2}{C_{10}^2}}{\dfrac{C_4^1C_6^1}{C_{10}^2}+\dfrac{C_4^2}{C_{10}^2}}=\frac{12}{48+12}.$$

12. 记事件 $A=\{$掷 3 枚骰子所得 3 个点数都不同$\}$,$B=\{3$ 个不同点中含有 1 点$\}$,依条件概率的定义,有 $P(B\mid A)=\dfrac{P(AB)}{P(A)}=\dfrac{\dfrac{C_3^1C_5^1C_4^1}{6^3}}{\dfrac{C_6^1C_5^1C_4^1}{6^3}}.$

13. 记事件 $A=\{$掷 3 枚骰子至少有 1 枚出现 6 点$\}$,依概率的性质,有
$$P(A)=1-P(\bar{A})=1-\frac{5^3}{6^3}.$$

14. $\dfrac{1}{4}=P(AC\mid(AB\cup C))=\dfrac{P(AC(AB\cup C))}{P(AB\cup C)}=\dfrac{P(AC)}{P(AB)+P(C)-P(ABC)}$
$$=\frac{P(A)P(C)}{P(A)P(B)+P(C)}=\frac{\dfrac{1}{2}P(C)}{\dfrac{1}{4}+P(C)}.$$

15. $P(AC\mid(A\cup B))=\dfrac{P(AC(A\cup B))}{P(A\cup B)}=\dfrac{P(AC)}{P(A)+P(B)-P(AB)}=\dfrac{P(A)P(C)}{P(A)+P(B)-P(A)P(B)}.$

三、判断题

1. ×.　　2. √.　　3. ×.　　4. ×.　　5. √.　　6. √.　　7. ×.　　8. ×.

9. √.　　10. √.

【提示】

1. 依德摩根律，$\overline{A} \cup \overline{B} = \overline{AB}$，表示 A 与 B 至少有一个不发生.

2. 依德摩根律，$\overline{AB} = \overline{A} \cup \overline{B}$.

3. 如果经大量重复试验，平均每抽取 100 件产品有 3 件次品，则称该批产品的次品率为 3%.

4. 概率为 0 的事件未必是不可能事件.

5. 在古典概型中，$P(A) = 0 \Leftrightarrow A = \varnothing$.

6. 由 $P(A) = P(A \mid B)$，A, B 相互独立，所以 $A, \overline{B}$ 相互独立.

7. $P(ABC) = P(A)P(B)P(C) \not\Rightarrow P(AB) = P(A)P(B)$.

8. $AB = \varnothing$，则 $P(AB) = P(\varnothing) = 0 \neq P(A)P(B)$，所以 A, B 不独立.

9. 如果 A, B, C 相互独立，则其中任意两个事件经"复合"而成的事件与第三个事件仍是相互独立的.

10. $1 = P(A \mid B) = \dfrac{P(AB)}{P(B)}$，即 $P(B) = P(AB)$，则

$$P(\overline{B} \mid \overline{A}) = \frac{P(\overline{A}\,\overline{B})}{P(\overline{A})} = \frac{P(\overline{A \cup B})}{1 - P(A)} = \frac{1 - (P(A) + P(B) - P(AB))}{1 - P(A)} = 1.$$

四、解答题

1. $\dfrac{3}{8}$，$\dfrac{9}{16}$，$\dfrac{1}{16}$.

【提示】 该试验属于古典概型，样本空间 Ω 包含 4^3 个样本点，记事件 $A_i = \{$盒子中球的最大个数为 $i\}$，$i = 1, 2, 3$.

(1) 如果盒子中球的最大个数为 1，说明每个盒子中至多一球，有 $C_4^1 A_3^3$ 种放法，则 $P(A_1) = \dfrac{C_4^1 A_3^3}{4^3}$.

(2) 如果盒子中球的最大个数为 2，说明有两个球进了一个盒，第三个球进了另一盒，有 $C_3^2 C_4^1 C_1^1 C_3^1$ 种放法，则 $P(A_2) = \dfrac{C_3^2 C_4^1 C_1^1 C_3^1}{4^3}$.

(3) 如果盒子中球的最大个数为 3，说明有三个球进了一个盒，有 C_4^1 种放法，则 $P(A_3) = \dfrac{C_4^1}{4^3}$，或者，$P(A_3) = 1 - P(A_1) - P(A_2)$.

2. (1) $\dfrac{19}{130}$;　　(2) $\dfrac{1}{38}$;　　(3) $\dfrac{2}{39}$;　　(4) $\dfrac{3}{40}$;　　(5) $\dfrac{37}{520}$.

【提示】 记事件 $A_i = \{$第 i 次取出的是次品$\}$ $(i = 1, 2)$.

(1) 依德摩根律及乘法公式，有 $P(A_1 \cup A_2) = 1 - P(\overline{A_1}\,\overline{A_2}) = 1 - P(\overline{A_2} \mid \overline{A_1})P(\overline{A_1}) = 1 - \dfrac{36}{39} \times \dfrac{37}{40}$.

(2) 依条件概率的定义及乘法公式，有

$$P(A_1 A_2 \mid A_1 \cup A_2) = \frac{P(A_1 A_2 (A_1 \cup A_2))}{P(A_1 \cup A_2)} = \frac{P(A_1 A_2)}{P(A_1 \cup A_2)} = \frac{P(A_2 \mid A_1)P(A_1)}{P(A_1 \cup A_2)}.$$

注　参见选择题 11 题的提示.

(3) $P(A_2 \mid A_1) = \dfrac{2}{39}$.

(4) 抽签与顺序无关，所以 $P(A_2) = \dfrac{3}{40}$，或者 $P(A_2) = P(A_2 \mid A_1)P(A_1) + P(A_2 \mid \overline{A_1})P(\overline{A_1})$.

(5) 依乘法公式，$P(\overline{A_1} A_2) = P(A_2 \mid \overline{A_1})P(\overline{A_1}) = \dfrac{3}{39} \times \dfrac{37}{40}$.

3. $P\{$甲先投中$\} = \dfrac{1}{2-p}$，$P\{$乙先投中$\} = \dfrac{1-p}{2-p}$，甲先投中的可能性大.

【提示】记事件 $A_k=\{$第 k 次投篮投中$\}(k=1,2,\cdots)$，依题设，$P(A_k)=p$，$P(\overline{A_k})=1-p$，且 $\{$甲先投中$\}=A_1\bigcup\overline{A_1}\,\overline{A_2}A_3\bigcup\overline{A_1}\,\overline{A_2}\,\overline{A_3}\,\overline{A_4}A_5\bigcup\cdots$，其中 $A_k(k=1,2,\cdots)$ 相互独立，依可列可加性及事件的独立性，有

$$P\{甲先投中\}=P(A_1\bigcup\overline{A_1}\,\overline{A_2}A_3\bigcup\overline{A_1}\,\overline{A_2}\,\overline{A_3}\,\overline{A_4}A_5\bigcup\cdots)$$
$$=P(A_1)+P(\overline{A_1}\,\overline{A_2}A_3)+P(\overline{A_1}\,\overline{A_2}\,\overline{A_3}\,\overline{A_4}A_5)+\cdots$$
$$=P(A_1)+P(\overline{A_1})P(\overline{A_2})P(A_3)+P(\overline{A_1})(\overline{A_2})P(\overline{A_3})P(\overline{A_4})P(A_5)+\cdots$$
$$=p+(1-p)^2p+(1-p)^4p+\cdots=p\,\frac{1}{1-(1-p)^2}.$$

$P\{乙先投中\}=1-P\{甲先投中\}$.

4. $\dfrac{3}{10}$.

【提示】记事件 $A_i(i=1,2,3)$ 分别表示事件甲、乙、丙取出红球，$B=\{$甲取回红球$\}$，依题设，因为事件 $\overline{A_1},A_2,A_3$ 相互独立，故

$$P(\overline{A_1}A_2A_3)=P(\overline{A_1})P(A_2)P(A_3)=\frac{3}{10},\quad P(\overline{A_1}A_2\overline{A_3})=P(\overline{A_1})P(A_2)P(\overline{A_3})=\frac{3}{10},$$
$$P(B\,|\,\overline{A_1}A_2A_3)=\frac{2}{3},\quad P(B\,|\,\overline{A_1}A_2\overline{A_3})=\frac{1}{3},$$

以 $\overline{A_1}A_2A_3,\overline{A_1}A_2\overline{A_3}$ 为一个划分，依全概率公式，有

$$P\{甲的红球数增加\}=P(B\overline{A_1})=P(B\overline{A_1}A_2A_3)+P(B\overline{A_1}A_2\overline{A_3})$$
$$=P(B\,|\,\overline{A_1}A_2A_3)P(\overline{A_1}A_2A_3)+P(B\,|\,\overline{A_1}A_2\overline{A_3})P(\overline{A_1}A_2\overline{A_3}).$$

5. (1) 0.75,0.75;　　(2) $\dfrac{5}{8}$;　　(3) 0.2.

【提示】记事件 $A=\{$母亲患病$\}$，$B_1=\{$第 1 个孩子未患病$\}$，$B_2=\{$第 2 个孩子未患病$\}$.

(1) $P(A)=0.5,P(\overline{A})=0.5,P(B_1|A)=0.5,P(B_1|\overline{A})=1.$ 以 $A,\overline{A}$ 为一个划分，依全概率公式，有 $P(B_1)=P(B_1|A)P(A)+P(B_1|\overline{A})P(\overline{A})$，同理 $P(B_2)=P(B_1)$.

(2) $P(B_1B_2|A)=0.25,P(B_1B_2|\overline{A})=1.$ 以 $A,\overline{A}$ 为一个划分，依全概率公式，$P(B_1B_2)=P(B_1B_2|A)P(A)+P(B_1B_2|\overline{A})P(\overline{A})$，依条件概率的定义，$P(B_2|B_1)=\dfrac{P(B_1B_2)}{P(B_1)}$.

(3) 依贝叶斯公式，有 $P(A\,|\,B_1B_2)=\dfrac{P(B_1B_2\,|\,A)P(A)}{P(B_1B_2)}$.

6. $\dfrac{n}{n+m-2}$.

【提示】记事件 $A=\{$丢失白球$\}$，$B=\{$任取两个球都是黑球$\}$，要求 $P(A\,|\,B)$，依题设，

$$P(A)=\frac{n}{m+n},\quad P(\overline{A})=\frac{m}{m+n},\quad P(B\,|\,A)=\frac{C_m^2}{C_{m+n-1}^2}=\frac{m(m-1)}{(m+n-1)(m+n-2)},$$
$$P(B\,|\,\overline{A})=\frac{C_{m-1}^2}{C_{m+n-1}^2}=\frac{(m-1)(m-2)}{(m+n-1)(m+n-2)},$$

依贝叶斯公式，有 $P(A\,|\,B)=\dfrac{P(B\,|\,A)P(A)}{P(B\,|\,A)P(A)+P(B\,|\,\overline{A})P(\overline{A})}$.

7. (1) 0.1402;　　(2) 0.33.

【提示】记事件 $A_k=\{$仪器上的 3 个部件中有 k 件非优质品$\}(k=0,1,2,3)$，$B=\{$仪器不合格$\}$.

(1) A_0,A_1,A_2,A_3 两两互斥，$A_0\bigcup A_1\bigcup A_2\bigcup A_3=\Omega$(必然事件)，且

$$P(A_0)=0.8\times0.7\times0.9,\quad P(A_1)=0.2\times0.7\times0.9+0.8\times0.3\times0.9+0.8\times0.7\times0.1.$$

同理 $P(A_2)=0.092$，$P(A_3)=0.006$，$P(B\,|\,A_0)=0$，$P(B\,|\,A_1)=0.2$，$P(B\,|\,A_2)=0.6$，$P(B\,|\,A_3)=0.9$.

以 A_0,A_1,A_2,A_3 为一个划分,依全概率公式,有

$$P(B)=P(B\,|\,A_0)P(A_0)+P(B\,|\,A_1)P(A_1)+P(B\,|\,A_2)P(A_2)+P(B\,|\,A_3)P(A_3).$$

(2) 由(1)的结论及贝叶斯公式,$P(A_2\,|\,B)=\dfrac{P(A_2B)}{P(B)}=\dfrac{P(B\,|\,A_2)P(A_2)}{P(B)}$.

8. $\dfrac{3p_1^2(1-p_1)^3}{3p_1^2(1-p_1)^3+2p_2^2(1-p_2)^3}$.

【提示】设 $A=\{$射击 5 次击中目标 2 次$\}$,$B=\{$使用已校正的枪$\}$,则 $P(B)=\dfrac{3}{5}$,$P(\overline{B})=\dfrac{2}{5}$,因为 5 次射击的结果相互独立,可视为 5 重伯努利试验,所以

$$P(A\,|\,B)=C_5^2 p_1^2(1-p_1)^3,\qquad P(A\,|\,\overline{B})=C_5^2 p_2^2(1-p_2)^3.$$

以 $B,\overline{B}$ 为一个划分,依全概率公式,有

$$P(A)=P(A\,|\,B)P(B)+P(A\,|\,\overline{B})P(\overline{B})=C_5^2 p_1^2(1-p_1)^3\cdot\dfrac{3}{5}+C_5^2 p_2^2(1-p_2)^3\cdot\dfrac{2}{5},$$

再依贝叶斯公式,有

$$P(B\,|\,A)=\dfrac{P(A\,|\,B)P(B)}{P(A)}=\dfrac{C_5^2 p_1^2(1-p_1)^3\cdot\dfrac{3}{5}}{C_5^2 p_1^2(1-p_1)^3\cdot\dfrac{3}{5}+C_5^2 p_2^2(1-p_2)^3\cdot\dfrac{2}{5}}.$$

第 2 章　一维随机变量及其分布

习题 2-1

1. (1) $\{X=1\}=\{(1,2),(2,1),(2,3),(3,2)\}$,$\{X=2\}=\{(1,3),(3,1)\}$;

(2) $P\{X=1\}=\dfrac{2}{3}$,$P\{X=2\}=\dfrac{1}{3}$.

【提示】(1) X 的所有可能取值为 $1,2$,其各个可能值所对应的样本点分别为

$$\{X=1\}=\{(1,2),(2,1),(2,3),(3,2)\},\quad\{X=2\}=\{(1,3),(3,1)\}.$$

(2) 从数 $1,2,3$ 中不放回地连取 2 个数,样本空间为 $\Omega=\{(1,2),(2,1),(2,3),(3,2),(1,3),(3,1)\}$,

$$P\{X=1\}=\dfrac{4}{6},\quad P\{X=2\}=\dfrac{2}{6}.$$

2. (1) $P\{X=1\}=\dfrac{3}{5}$,$P\{X=2\}=\dfrac{3}{10}$,$P\{X=3\}=\dfrac{1}{10}$.

(2) $F(x)=\begin{cases}0, & x<1,\\ 0.6, & 1\leqslant x<2,\\ 0.9, & 2\leqslant x<3,\\ 1, & x\geqslant 3,\end{cases}$　$F(x)$ 的图像见答图 2-1.

【提示】(1) X 所有可能取值为 $1,2,3$,$P\{X=1\}=\dfrac{C_4^2}{C_5^3}$,$P\{X=2\}=\dfrac{C_3^2}{C_5^3}$,$P\{X=3\}=\dfrac{C_2^2}{C_5^3}$.

(2) 依定义,X 的分布函数为 $F(x)=P\{X\leqslant x\}$,$\forall\,x\in\mathbb{R}$,用 $1,2,3$ 分割 $D=(-\infty,+\infty)$ 为 4 个部分,当 $2\leqslant x<3$ 时,$F(x)=P\{X=1\}+P\{X=2\}=\dfrac{3}{5}+\dfrac{3}{10}$,其他同理.

$$3.\ F(x)=\begin{cases}0, & x<1,\\ 1/6, & 1\leqslant x<2,\\ 2/6, & 2\leqslant x<3,\\ 3/6, & 3\leqslant x<4,\\ 4/6, & 4\leqslant x<5,\\ 5/6, & 5\leqslant x<6,\\ 1, & x\geqslant 6,\end{cases}\quad F(x) \text{的图像见答图 2-2.}$$

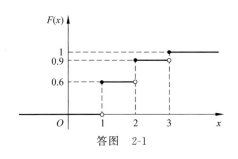

答图　2-1

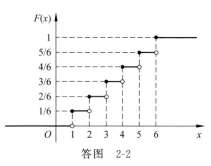

答图　2-2

【提示】X 的所有可能取值为 $1,2,\cdots,6$，其各个可能值所对应的概率为

$$P\{X=k\}=\frac{1}{6},\quad k=1,2,\cdots,6,$$

依定义，$F(x)=P\{X\leqslant x\}$，$\forall\, x\in\mathbb{R}$，用 $1,2,\cdots,6$ 将 $D=(-\infty,+\infty)$ 分割成 7 个部分，当 $2\leqslant x<3$ 时，$F(x)=P\{X=1\}+P\{X=2\}=\dfrac{1}{6}+\dfrac{1}{6}$，其他同理.

4. (1) $\dfrac{2}{3}$;　　(2) $F(x)=\begin{cases}0, & x<0,\\ \dfrac{x}{30}, & 0\leqslant x<30,\\ 1, & x\geqslant 30,\end{cases}$

$F(x)$ 的图像见答图 2-3.

【提示】(1) 记前一班车发车时刻为 0，则 $X\in[0,30]$，依几何概率的计算公式，有

$$P\{\text{乘客候车超过 10min}\}=P\{0\leqslant X<20\}=\frac{20}{30}.$$

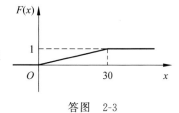

答图　2-3

(2) 用 X 的取值范围 $[0,30]$ 将 $F(x)$ 的定义域 $D=(-\infty,+\infty)$ 分割成 3 个左闭右开区间，依定义，$F(x)=P\{X\leqslant x\}$，$\forall\, x\in\mathbb{R}$，当 $x<0$ 时，$F(x)=P(\varnothing)=0$；当 $x\geqslant 30$ 时，$F(x)=F(\Omega)=1$；当 $0\leqslant x<30$ 时，$F(x)=P\{X<0\}+P\{0\leqslant X\leqslant x\}=P(\varnothing)+\dfrac{x}{30}$.

5. $c=\dfrac{1}{10}$，$d=\dfrac{1}{2}$.

【提示】依 $P\{X=k\}=F(k)-F(k-0)$，$k=0,\dfrac{1}{2},1$.

$$\frac{1}{10}=P\{X=0\}=P\{X\leqslant 0\}-P\{X<0\}=F(0)-F(0-0)=c-0=c,$$

$$\frac{1}{2}=P\{X=1\}=P\{X\leqslant 1\}-P\{X<1\}=F(1)-F(1-0)=1-d.$$

习题 2-2

1.

X	0	1	2	3
P	1/2	1/4	1/8	1/8

【提示】X 的所有可能取值为 $0,1,2,3$,记事件 $A_i = \{汽车在第 i 个路口遇到红灯\}(i=1,2,3)$,$A_1$,$A_2$,$A_3$ 相互独立,$P\{X=0\} = P(\overline{A_1}) = \dfrac{1}{2}$,$P\{X=1\} = P(\overline{A_1}A_2) = P(\overline{A_1})P(A_2)$,其余概率同理可求.

2. (1) $\dfrac{5}{6}$; (2) $\dfrac{16}{5^5}$.

【提示】(1) $X \sim G\left(\dfrac{4}{5}\right)$,其分布律为 $P\{X=k\} = \left(1-\dfrac{4}{5}\right)^{k-1}\dfrac{4}{5}$,$k=1,2,\cdots$,依概率的性质,

$$P\{X = 奇数\} = P\left(\bigcup_{k=0}^{\infty}\{X=2k+1\}\right) = \sum_{k=0}^{\infty}P\{X=2k+1\} = \sum_{k=0}^{\infty}\left(\dfrac{1}{5}\right)^{2k}\dfrac{4}{5}.$$

(2) $Y \sim Q\left(2,\dfrac{4}{5}\right)$,其分布律为 $P\{Y=k\} = C_{k-1}^1\left(1-\dfrac{4}{5}\right)^{k-2}\left(\dfrac{4}{5}\right)^2$,$k=2,3,\cdots$,因此

$$P\{Y = 6\} = C_5^1\left(1-\dfrac{4}{5}\right)^4\left(\dfrac{4}{5}\right)^2.$$

3.

X	2	3	4	5	6	7	8	9	10
P	1/45	2/45	3/45	4/45	5/45	6/45	7/45	8/45	9/45

【提示】记事件 $A_i = \{第 i 次测试到的是正品\}(i=1,2,\cdots,10)$,依题意,$X$ 的所有可能取值为 $2,3,\cdots,10$,依乘法公式,有 $P\{X=2\} = P(\overline{A_1}\,\overline{A_2}) = P(\overline{A_2}\,|\,\overline{A_1})P(\overline{A_1}) = \dfrac{1}{9}\times\dfrac{2}{10}$;

依有限可加性和乘法公式,有

$$P\{X = 3\} = P((A_1\overline{A_2}\,\overline{A_3})\bigcup(\overline{A_1}A_2\overline{A_3})) = P(A_1\overline{A_2}\,\overline{A_3}) + P(\overline{A_1}A_2\overline{A_3})$$
$$= P(\overline{A_3}\,|\,A_1\overline{A_2})P(\overline{A_2}\,|\,A_1)P(A_1) + P(\overline{A_3}\,|\,\overline{A_1}A_2)P(A_2\,|\,\overline{A_1})P(\overline{A_1}),$$
$$P\{X = 4\} = P((\overline{A_1}A_2A_3\overline{A_4})\bigcup(A_1\overline{A_2}A_3\overline{A_4})\bigcup(A_1A_2\overline{A_3}\,\overline{A_4}))$$
$$= P(\overline{A_1}A_2A_3\overline{A_4}) + P(A_1\overline{A_2}A_3\overline{A_4}) + P(A_1A_2\overline{A_3}\,\overline{A_4}),$$

其余的概率同理可求.

4. (1) $P\{X=0\} \approx 0.406\,57$; (2) $0.4066, 0.3659, 0.1646, 0.0494, 0.0135$; (3) 0.8465.

【提示】(1) $X \sim P(0.9)$,其分布律为 $P\{X=k\} = \dfrac{0.9^k}{k!}\mathrm{e}^{-0.9}$,$k=0,1,2,\cdots$,因为泊松分布的最可能出现的次数为 $[\lambda] = [0.9] = 0$.

(2) $P\{产品为优质品\} = P\{X=0\}$,$P\{产品为 1 级品\} = P\{X=1\}$,$\cdots\cdots$,$P\{产品为废品\} = P\{X\geqslant 4\} = 1 - P\{X\leqslant 3\}$.

(3) 由(2)知,$P\{产品为废品\} = P\{X\geqslant 4\} = 0.0135$,以 Y 表示 100 件产品中的废品数,则 $Y \sim B(100, 0.0135)$,其分布律为 $P\{Y=k\} = C_{100}^k 0.0135^k(1-0.0135)^{100-k}$,$k=0,1,\cdots,100$,

$$P\{Y\leqslant 2\} = P\{Y=0\} + P\{Y=1\} + P\{Y=2\}.$$

5. 0.13.

【提示】记事件 $A = \{某人一年恰患 4 次感冒\}$,$B_i(i=1,2,3)$ 分别表示该人是儿童,不吸烟成人,吸烟成人,令随机变量 $X_i(i=1,2,3)$ 分别表示儿童,不吸烟的成人,吸烟的成人患感冒的次数,依题设,$X_1 \sim$

$P(3)$, $X_2 \sim P(1)$, $X_3 \sim P(2)$, 依泊松分布的概率计算公式, 有

$$P(A \mid B_1) = P\{X_1 = 4\} = \frac{3^4 \mathrm{e}^{-3}}{4!}, \quad P(A \mid B_2) = P\{X_2 = 4\} = \frac{1^4 \mathrm{e}^{-1}}{4!},$$

$$P(A \mid B_3) = P\{X_3 = 4\} = \frac{2^4 \mathrm{e}^{-2}}{4!},$$

以 B_1, B_2, B_3 为一个划分, 依贝叶斯公式, 有

$$P(B_3 \mid A) = \frac{P(AB_3)}{P(A)} = \frac{P(A \mid B_3) P(B_3)}{P(A \mid B_1) P(B_1) + P(A \mid B_2) P(B_2) + P(A \mid B_3) P(B_3)}.$$

6. (1)

X	0	1	2
P	1/4	5/12	1/3

(2) $\dfrac{1}{3}, 0, \dfrac{5}{12}, \dfrac{3}{4}$.

【提示】(1) $F(x)$ 的所有间断点为 $0, 1, 2$, 它们即是 X 的所有可能取值点, 且

$$P\{X = k\} = F(k) - F(k - 0), \quad k = 0, 1, 2.$$

(2) $P\{1 < X \leqslant 2\} = P\{X \leqslant 2\} - P\{X \leqslant 1\} = F(2) - F(1), P\{1 < X < 2\} = P\{X < 2\} - P\{X \leqslant 1\} = F(2 - 0) - F(1)$. 其他概率同理可得.

习题 2-3

1. (1) $\dfrac{3}{4}$;   (2) $F(x) = \begin{cases} 0, & x < -1, \\ \dfrac{1}{2} x^2 + x + \dfrac{1}{2}, & -1 \leqslant x < 0, \\ -\dfrac{1}{2} x^2 + x + \dfrac{1}{2} & 0 \leqslant x < 1, \\ 1, & x \geqslant 1. \end{cases}$

【提示】(1) 依概率密度函数的性质,

$$P\left\{-\frac{1}{2} \leqslant X \leqslant \frac{1}{2}\right\} = \int_{-1/2}^{1/2} f(x) \mathrm{d}x = \int_{-1/2}^{0} (1 + x) \mathrm{d}x + \int_{0}^{1/2} (1 - x) \mathrm{d}x.$$

(2) 依题设, X 取值于 $[-1, 1)$, 用其将 $D = (-\infty, +\infty)$ 分割成 4 个部分, $(-\infty, -1)$, $[-1, 0)$, $[0, 1)$, $[1, +\infty)$, 依定义, $F(x) = \int_{-\infty}^{x} f(t) \mathrm{d}t, \forall x \in \mathbf{R}$. 当 $x < 0$ 时, $F(x) = P(\varnothing) = 0$; 当 $x \geqslant 1$ 时, $F(x) = P(\Omega) = 1$; 当 $0 \leqslant x < 1$ 时, $F(x) = \int_{-1}^{0} (1 + t) \mathrm{d}t + \int_{0}^{x} (1 - t) \mathrm{d}t$. 其他同理可得.

2. (1) $a = b = \dfrac{1}{2}$; (2) $f(x) = \begin{cases} \dfrac{1}{2} \mathrm{e}^x, & x < 0, \\ 0, & 0 \leqslant x < 1, \\ \dfrac{1}{2} \mathrm{e}^{-(x-1)}, & x \geqslant 1. \end{cases}$ (3) $\dfrac{1}{2}$.

【提示】(1) 由于 X 是连续型随机变量, 故 $F(x)$ 是连续函数, 所以 $F(x)$ 在 $x = 0$ 和 $x = 1$ 连续, $b = F(0) = F(0 - 0) = \lim_{x \to 0^-} a \mathrm{e}^x = a$, $1 - a = F(1) = F(1 - 0) = b$.

(2) 将 a, b 代入得 X 的分布函数为 $F(x) = \begin{cases} \dfrac{1}{2} \mathrm{e}^x, & x < 0, \\ \dfrac{1}{2}, & 0 \leqslant x < 1, \\ 1 - \dfrac{1}{2} \mathrm{e}^{-(x-1)}, & x \geqslant 1, \end{cases}$

求导得 $f(x)=F'(x)$. (3) $P\left\{X>\dfrac{1}{2}\right\}=1-P\left\{X\leqslant\dfrac{1}{2}\right\}=1-F\left(\dfrac{1}{2}\right)$.

3. 0.995.

【提示】依概率密度函数的性质，$P\left\{X\geqslant\dfrac{1}{3}\right\}=\displaystyle\int_{1/3}^{+\infty}f(x)\mathrm{d}x=\int_{1/3}^{1}2x\mathrm{d}x=(x^2)\,\big|_{1/3}^{1}=\dfrac{8}{9}$，依题设，

$Y\sim B\left(4,\dfrac{8}{9}\right)$，依二项分布的概率计算公式，$P\{Y\geqslant 2\}=1-P\{Y=0\}-P\{Y=1\}$.

4. $P\{Y=k\}=\mathrm{C}_5^k\,(\mathrm{e}^{-2})^k\,(1-\mathrm{e}^{-2})^{5-k}$，$k=0,1,2,3,4,5$; 0.5166.

【提示】顾客每次没有等到服务而离去的概率为

$$P\{X>10\}=\int_{10}^{+\infty}f_X(x)\mathrm{d}x=\int_{10}^{+\infty}\dfrac{1}{5}\mathrm{e}^{-\frac{1}{5}x}\mathrm{d}x=\left(-\mathrm{e}^{-\frac{1}{5}x}\right)\Big|_{10}^{+\infty}=\mathrm{e}^{-2},$$

依题设 $Y\sim B(5,\mathrm{e}^{-2})$，从而 $P\{Y\geqslant 1\}=1-P\{Y=0\}$.

5. 0.954.

【提示】依题设，X 近似服从 $N(72,\sigma^2)$，则 $\dfrac{X-72}{\sigma}\overset{\text{近似}}{\sim}N(0,1)$，

$$0.023=P\{X\geqslant 96\}=P\left\{\dfrac{X-72}{\sigma}\geqslant\dfrac{96-72}{\sigma}\right\}=1-P\left\{\dfrac{X-72}{\sigma}<\dfrac{24}{\sigma}\right\}\approx 1-\varPhi\left(\dfrac{24}{\sigma}\right),$$

反查表 $\varPhi\left(\dfrac{24}{\sigma}\right)\approx 0.977=\varPhi(2)$，解之得 $\sigma\approx 12$，即 $\dfrac{X-72}{12}\overset{\text{近似}}{\sim}N(0,1)$，于是

$$P\{48\leqslant X\leqslant 96\}=P\left\{\dfrac{48-72}{12}\leqslant\dfrac{X-72}{12}\leqslant\dfrac{96-72}{12}\right\}=2\varPhi(2)-1.$$

习题 2-4

1.

Y	1	2	$\cdots$	n
P	$1/n$	$1/n$	$\cdots$	$1/n$

【提示】X 的概率密度函数为 $f(x)=\begin{cases}1, & 0<x<1,\\ 0, & \text{其他},\end{cases}$ $Y=[nX]+1$ 的可能取值点为 $k=1,2,\cdots,n$，且

$$P\{Y=k\}=P\{[nX]+1=k\}=P\{[nX]=k-1\}=P\{k-1\leqslant nX<k\}.$$

2. (1) $f_Y(y)=\begin{cases}1, & 0<y<1,\\ 0, & \text{其他};\end{cases}$ (2) $f_Z(z)=\begin{cases}\dfrac{1}{2}\mathrm{e}^{-\frac{z}{2}}, & z>0,\\ 0, & z\leqslant 0.\end{cases}$

【提示】$X\sim U(0,1)$，设 $f_X(x),F_X(x)$ 分别为 X 的概率密度函数和分布函数. (1) $y=1-x$ 在 $(0,1)$ 内严格单调递减，且其反函数 $x=1-y$ 有连续的导数，依推论 1，Y 的概率密度函数为

$$f_Y(y)=\begin{cases}f_X(1-y)\,|(1-y)'|=1, & 0<y<1,\\ 0, & \text{其他}.\end{cases}$$

(2) $Z=-2\ln X\in[0,+\infty)$，设 Z 的分布函数为 $F_Z(z)$，则

$$F_Z(z)=\begin{cases}P\{-2\ln X\leqslant z\}=P\{X\geqslant\mathrm{e}^{-\frac{z}{2}}\}=1-F_X(\mathrm{e}^{-\frac{z}{2}})=1-\mathrm{e}^{-\frac{z}{2}}, & z\geqslant 0,\\ 0, & z<0,\end{cases}$$

求导得 Z 的概率密度函数.

3. (1) $f_Y(y)=\begin{cases}\dfrac{1}{2\sqrt{y}}\mathrm{e}^{-\sqrt{y}}, & y>0,\\ 0, & y\leqslant 0;\end{cases}$ (2) $f_Z(z)=\begin{cases}\mathrm{e}^{-\ln z}\cdot\dfrac{1}{z}=\dfrac{1}{z^2}, & z>1,\\ 0, & z\leqslant 1.\end{cases}$

【提示】$X \sim E(1)$, 设 $f_X(x)$, $F_X(x)$ 分别为 X 的概率密度函数和分布函数. (1) 因 $y = x^2$ 在 $(0, +\infty)$ 内严格单调递增, 且其反函数 $x = \sqrt{y}$ 有连续的导函数, 依定理, Y 的概率密度函数为

$$f_Y(y) = \begin{cases} \left| f_X(\sqrt{y}) \right| \left(\sqrt{y} \right)' \right| = \dfrac{1}{2\sqrt{y}} e^{-\sqrt{y}}, & y > 0, \\ 0, & y \leqslant 0, \end{cases}$$

$Y = X^2 \in [0, +\infty)$, 所以 $\alpha = 0$, $\beta = +\infty$.

(2) $Z = e^X \in [1, +\infty)$, 设 Z 的分布函数为 $F_Z(z)$, 则

$$F_Z(z) = \begin{cases} P\{e^X \leqslant z\} = P\{X \leqslant \ln z\} = F_X(\ln z) = 1 - e^{-\ln z}, & z > 1, \\ 0, & z \leqslant 1, \end{cases}$$

再求导得 Z 的概率密度函数.

4. $f_Y(y) = \begin{cases} 1, & 0 < y < 1, \\ 0, & \text{其他}. \end{cases}$

【提示】设 X 的分布函数为 $F(x)$, 则

$$F(x) = \int_{-\infty}^{x} f(t)\mathrm{d}t = \begin{cases} 0, & x < 1, \\ \int_{1}^{x} \dfrac{1}{3\sqrt[3]{x^2}}\mathrm{d}x = \sqrt[3]{x} - 1, & 1 \leqslant x < 8, \\ 1, & x \geqslant 8, \end{cases}$$

依分布函数的性质, $Y = F(X) \in [0, 1]$, 设 Y 的分布函数为 $G(y)$, 则

$$G(y) = \begin{cases} 0, & y < 0, \\ P\{F(X) \leqslant y\} = P\{\sqrt[3]{X} - 1 \leqslant y\} = F((1+y)^3), & 0 \leqslant y < 1, \\ 1, & y \geqslant 1, \end{cases}$$

求导得 Y 的概率密度函数.

5. (1) $f_Y(y) = \begin{cases} \dfrac{1}{\sqrt{2\pi}\, y} e^{-\frac{(\ln y)^2}{2}}, & y > 0, \\ 0, & y \leqslant 0; \end{cases}$ (2) $f_Z(z) = \begin{cases} \dfrac{1}{2\sqrt{\pi(z-1)}} e^{-\frac{z-1}{4}}, & z > 1, \\ 0, & z \leqslant 1; \end{cases}$

(3) $f_T(t) = \begin{cases} \sqrt{\dfrac{2}{\pi}} e^{-\frac{t^2}{2}}, & t > 0, \\ 0, & t \leqslant 0. \end{cases}$

【提示】设 $\varphi(x)$ 和 $\Phi(x)$ 分别为 $X \sim N(0, 1)$ 的概率密度函数和分布函数. (1) 因为 $Y = e^X \in (0, +\infty)$, 设 Y 的分布函数为 $F_Y(y)$, 则

$$F_Y(y) = \begin{cases} P\{e^X \leqslant y\} = P\{X \leqslant \ln y\} = \Phi(\ln y), & y > 0, \\ 0, & y \leqslant 0, \end{cases}$$

求导得 Y 的概率密度函数.

(2) 在 $(-\infty, 0)$ 内, $z = 2x^2 + 1$ 严格单调递减, 且其反函数 $x = -\sqrt{\dfrac{z-1}{2}}$ 有连续的导函数 $-\dfrac{1}{2\sqrt{2}\sqrt{z-1}}$, 依推论 1, Z 的概率密度函数为

$$g_Z(z) = \begin{cases} \left| \varphi\left(-\sqrt{\dfrac{z-1}{2}}\right) \right| \left(-\sqrt{\dfrac{z-1}{2}}\right)' \right|, & z > 1, \\ 0, & z \leqslant 1. \end{cases}$$

依题设, $Z = 2X^2 + 1 \in [1, +\infty)$, 所以 $\alpha = 1$, $\beta = +\infty$. 在 $[0, +\infty)$ 内, $z = 2x^2 + 1$ 严格单调递增, 且其反函

数 $x=\sqrt{\dfrac{z-1}{2}}$ 有连续的导函数 $\dfrac{1}{2\sqrt{2}\sqrt{z-1}}$,依推论 1,$Z$ 的概率密度函数为

$$h_Z(z)=\begin{cases}\varphi\left(\sqrt{\dfrac{z-1}{2}}\right)\left|\left(\sqrt{\dfrac{z-1}{2}}\right)'\right|, & z>1,\\ 0, & z\leqslant 1.\end{cases}$$

$Z=2X^2+1\in[1,+\infty)$,所以 $\alpha=1,\beta=+\infty$,依推论 2,Z 的概率密度函数为 $f_Z(z)=g_Z(z)+h_Z(z)$.

(3) 因为 $T=|X|\in[0,+\infty)$,设 T 的分布函数为 $F_T(t)$,则

$$F_T(t)=\begin{cases}P\{|X|\leqslant t\}=P\{-t\leqslant X\leqslant t\}=2\Phi(t)-1, & t>0,\\ 0, & t\leqslant 0,\end{cases}$$

求导得 T 的概率密度函数.

6. $f_Y(y)=\begin{cases}0, & y\leqslant 0,\\ 1/2, & 0<y<1,\\ 1/(2y^2), & y\geqslant 1.\end{cases}$

【提示】因在 $Y=\dfrac{1}{X}\in(0,+\infty)$ 内,函数 $g(x)=\dfrac{1}{x}$ 在 $(0,+\infty)$ 严格单调递减,其反函数 $g^{-1}(y)=\dfrac{1}{y}$ 的导函数 $(g^{-1}(y))'=-\dfrac{1}{y^2}$ 连续,依推论 1,Y 的概率密度函数为

$$f_Y(y)=\begin{cases}f_X(g^{-1}(y))\,|(g^{-1}(y))'|=f_X\left(\dfrac{1}{y}\right)\dfrac{1}{y^2}, & y>0,\\ 0, & y\leqslant 0,\end{cases}$$

$\alpha=0,\beta=+\infty$.

习题 2-5

1. (1) $F(x)=\begin{cases}0, & x<0,\\ 0.2+\dfrac{2x}{75}, & 0\leqslant x<30,\\ 1, & x\geqslant 30.\end{cases}$ (2) X 既不是连续型随机变量也不是离散型随机变量.

【提示】(1) 等待时间 $X\in[0,30]$,依定义,$F(x)=P\{X\leqslant x\}$,$\forall x\in\mathbb{R}$. 当 $0\leqslant x<30$ 时,记 $A=$ {指示灯亮绿灯},依全概率公式,有 $F(x)=P\{X\leqslant x\}=P\{X\leqslant x\mid A\}P(A)+P\{X\leqslant x\mid\bar{A}\}P(\bar{A})$,其中 $P\{X\leqslant x\mid A\}=1$,$P\{X\leqslant x\mid\bar{A}\}=\dfrac{x}{30}$,代入得

$$F(x)=P\{X\leqslant x\}=1\times 0.2+\dfrac{x}{30}\times 0.8=0.2+\dfrac{0.8x}{30}.$$

(2) $F(x)$ 在 $x=0$ 处间断. 又注意到,在 $F(x)$ 的任一连续点 a 处,有 $P\{X=a\}=0$,而在不连续点 0 处,$P\{X=0\}=F(0)-F(0-)=0.2$,故不存在一可列点集 $x_1,x_2,\cdots$(或有限点集 $x_1,x_2,\cdots,x_n$),使得 $\sum\limits_{k=1}^{\infty}P\{X=x_k\}=1$,或者 $\left(\sum\limits_{k=1}^{n}P\{X=x_k\}=1\right)$.

2. $F_Y(y)=\begin{cases}0, & y<-2,\\ \dfrac{y}{4}+\dfrac{1}{2}, & -2\leqslant y<0,\\ \dfrac{1}{32}y^2+\dfrac{1}{2}, & 0\leqslant y<1,\\ 1, & y\geqslant 1,\end{cases}$ $\dfrac{15}{32}$.

【提示】$X\in(-1,2]$,设 X 的分布函数为 $F_X(x)$,$F_X(x)=P\{X\leqslant x\}$,$\forall x\in\mathbb{R}$,则

$$F_X(x) = \begin{cases} 0, & x < -1, \\ \displaystyle\int_{-\infty}^{-1} 0\,dt + \int_{-1}^{x} \frac{1}{2}\,dt = \frac{1}{2}(x+1), & -1 \leqslant x < 0, \\ \displaystyle\int_{-\infty}^{-1} 0\,dt + \int_{-1}^{0} \frac{1}{2}\,dt + \int_{0}^{x} \frac{t}{4}\,dt = \frac{1}{2} + \frac{1}{8}x^2, & 0 \leqslant x < 2, \\ 1, & x \geqslant 2, \end{cases}$$

$Y = \min\{2X, 1\} \in [-2, 1]$，设 Y 的分布函数为 $F_Y(y)$．

当 $-2 \leqslant y < 1$ 时，

$$F_Y(y) = P\{\min\{2X, 1\} \leqslant y\} = P\{2X \leqslant y\} = P\left\{X \leqslant \frac{y}{2}\right\} = F_X\left(\frac{y}{2}\right),$$

其中，当 $-2 \leqslant y < 0$，即 $-1 \leqslant \frac{y}{2} < 0$ 时，$F_X\left(\frac{y}{2}\right) = \frac{1}{2}\left(\frac{y}{2}+1\right) = \frac{y}{4} + \frac{1}{2}$，当 $0 \leqslant y < 1$，即 $0 \leqslant \frac{y}{2} < \frac{1}{2}$ 时，

$F_X\left(\frac{y}{2}\right) = \frac{1}{2} + \frac{1}{8}\left(\frac{y}{2}\right)^2 = \frac{y^2}{32} + \frac{1}{2}$．于是 $P\{Y = 1\} = F_Y(1) - F_Y(1-0)$．

单元练习题 2

一、选择题

1. A.　　2. D.　　3. A.　　4. B.　　5. C.　　6. C.　　7. B.　　8. D.　　9. D.

10. A.　　11. D.　　12. C.　　13. B.　　14. C.　　15. A.　　16. B.　　17. A.　　18. A.

19. C.　　20. A.

【提示】

1. 依规范性，$1 = \lim\limits_{x \to +\infty}(aF_1(x) - bF_2(x)) = a - b$．

2. 设 $X \sim E(\theta)$，$Y \in [0, 2]$，设 Y 的分布函数为 $F_Y(y)$，依定义，$F_Y(y) = P\{Y \leqslant y\}$，$\forall y \in \mathbb{R}$．
当 $y < 0$ 时，$F_Y(y) = P(\varnothing) = 0$；当 $y \geqslant 2$ 时，$F_Y(y) = P(\Omega) = 1$；当 $0 \leqslant y < 2$ 时，

$$F_Y(y) = P\{\min\{X, 2\} \leqslant y\} = P\{X \leqslant y\} = F_X(y) = 1 - e^{-y/\theta},$$

其中 $F_X(x)$ 是 X 的分布函数，即 Y 的分布函数为

$$F_Y(y) = \begin{cases} 0, & y < 0, \\ 1 - e^{-y/\theta}, & 0 \leqslant y < 2, \\ 1, & y \geqslant 2, \end{cases}$$

显然 Y 的分布函数有一个间断点 $y = 2$．

3. $F(x) = P\{X \leqslant x\} = \begin{cases} P(\varnothing) = 0, & x < -1, \\ P\{X = -1\} = 1/3, & -1 \leqslant x < 0, \\ P\{X = -1\} + P\{X = 0\} = 1/2, & 0 \leqslant x < 1, \\ P(\Omega) = 1, & x \geqslant 1. \end{cases}$

4. 一元函数 $F(x)$ 是某随机变量的分布函数 $\Leftrightarrow F(x)$ 满足规范性、非降性和右连续性，选项 B 为所选.
选项 A，$F(+\infty) = 0 \neq 1$，选项 C，$F(-\infty) = \frac{1}{2} \neq 0$，选项 D，$F(+\infty) = 2 \neq 1$．

5. $P\{X = 1\} = P\{X \leqslant 1\} - P\{X < 1\} = F(1) - F(1-0) = 1 - e^{-1} - \frac{1}{2} = \frac{1}{2} - e^{-1}$．

6. $F(a) - F(a-0) = P\{X \leqslant a\} - P\{X < a\} = P\{X = a\}$．$P\{X < a\} = F(a-0)$，$P\{X > a\} = 1 - F(a)$，$P\{X \geqslant a\} = 1 - F(a-0)$．

7. $p_k = \dfrac{b}{k(k+1)}$ $(k = 1, 2, \cdots)$ 为概率分布 $\Leftrightarrow$ 满足 $p_k \geqslant 0$，$k = 1, 2, \cdots$，且 $\sum\limits_{k=1}^{\infty} p_k = 1$，则 $b > 0$．

$$1 = \sum_{k=1}^{\infty} \frac{b}{k(k+1)} = b\sum_{k=1}^{\infty}\left(\frac{1}{k} - \frac{1}{k+1}\right) = b\lim_{n\to\infty}\sum_{k=1}^{n}\left(\frac{1}{k} - \frac{1}{k+1}\right) = b\lim_{n\to\infty}\left(1 - \frac{1}{n+1}\right) = b.$$

8. 依规范性，$1 = \sum_{k=1}^{\infty} P\{X=k\} = \sum_{k=1}^{\infty}\frac{C}{k!} = C\left(\sum_{k=0}^{\infty}\frac{1^k}{k!} - 1\right) = C(e-1).$

9. 一元函数 $f(x)$ 是某随机变量的概率密度函数 $\Leftrightarrow f(x)$ 满足非负性和规范性. 显然 4 个选项都满足非负性.

$$\int_{-\infty}^{+\infty} f(x)\,\mathrm{d}x = \int_{a}^{+\infty} e^{-(x-a)}\,\mathrm{d}x = -(e^{-(x-a)})\Big|_{a}^{+\infty} = 1.$$

$$\int_{-1}^{1} x^3\,\mathrm{d}x = 0 \neq 1, \quad \int_{0}^{+\infty}\frac{1}{1+x^2}\,\mathrm{d}x = (\arctan x)\Big|_{0}^{+\infty} = \frac{\pi}{2} \neq 1, \quad \int_{0}^{\pi}\sin x\,\mathrm{d}x = -\cos x\Big|_{0}^{\pi} = 2 \neq 1.$$

10. 显然 $f(x)$ 已满足非负性，它还须满足规范性：

$$1 = \int_{-\infty}^{+\infty} f(x)\,\mathrm{d}x = a\int_{-\infty}^{0} f_1(x)\,\mathrm{d}x + b\int_{0}^{+\infty} f_2(x)\,\mathrm{d}x = \frac{a}{2} + b\int_{0}^{3}\frac{1}{4}\,\mathrm{d}x = \frac{1}{2}a + \frac{3}{4}b,$$

从而有 $2a + 3b = 4.$

11. 各选项均满足非负性，而满足规范性的仅有

$$\int_{-\infty}^{+\infty}(f_1(x)F_2(x) + f_2(x)F_1(x))\,\mathrm{d}x = \int_{-\infty}^{+\infty}\mathrm{d}(F_1(x)F_2(x)) = (F_1(x)F_2(x))\Big|_{-\infty}^{+\infty}$$
$$= F_1(+\infty)F_2(+\infty) - F_1(-\infty)F_2(-\infty)$$
$$= 1 - 0 = 1.$$

12. 〈第 4 次射击恰好第 2 次命中〉表示 4 次射击中第 4 次命中目标，前 3 次射击中有一次命中目标，依帕斯卡分布的概率计算公式，$C_3^1 p^2(1-p)^2.$

13. 假设 $a>0$，因为 $f(x)$ 是偶函数，依规范性及对称性，$\int_{-\infty}^{0} f(x)\,\mathrm{d}x = \frac{1}{2}$，于是

$$F(-a) = \frac{1}{2} - \int_{-a}^{0} f(x)\,\mathrm{d}x = \frac{1}{2} - \int_{0}^{a} f(x)\,\mathrm{d}x.$$

14. 设标准正态分布函数为 $\Phi(x)$，则 $\Phi(z_\alpha) = 1-\alpha$，依题设 $P\{|X|<x\} = 2\Phi(x)-1 = \alpha$，即 $\Phi(x) = \frac{1+\alpha}{2} = 1 - \frac{1-\alpha}{2}$，所以 $x = z_{\frac{1-\alpha}{2}}.$

15. $\frac{X-\mu_1}{\sigma_1} \sim N(0,1)$，$\frac{Y-\mu_2}{\sigma_2} \sim N(0,1)$，$P\{|X-\mu_1|<1\} = P\left\{\left|\frac{X-\mu_1}{\sigma_1}\right| < \frac{1}{\sigma_1}\right\}$，$P\{|Y-\mu_2|<1\} = P\left\{\left|\frac{Y-\mu_2}{\sigma_2}\right| < \frac{1}{\sigma_2}\right\}$. 因为 $P\{|X-\mu_1|<1\} > P\{|Y-\mu_2|<1\}$，所以 $\frac{1}{\sigma_1} > \frac{1}{\sigma_2}.$

16. $\frac{X-\mu}{\sigma} \sim N(0,1)$，$p = P\{X \leqslant \mu+\sigma^2\} = P\left\{\frac{X-\mu}{\sigma} \leqslant \sigma\right\}$，则 p 随着 σ 的增加而增加.

17. 设标准正态分布函数为 $\Phi(x)$，依题设

$$P_1 = \{-2 \leqslant X_1 \leqslant 2\} = \Phi(2) - \Phi(-2) = 2\Phi(2) - 1,$$
$$P_2 = \{-2 \leqslant X_2 \leqslant 2\} = \Phi\left(\frac{2-0}{2}\right) - \Phi\left(\frac{-2-0}{2}\right) = 2\Phi(1) - 1,$$
$$P_3 = \{-2 \leqslant X_3 \leqslant 2\} = \Phi\left(\frac{2-5}{3}\right) - \Phi\left(\frac{-2-5}{3}\right) = \Phi\left(\frac{7}{3}\right) - \Phi(1),$$

如答图 2-4 所示，依面积大小，有 $P_1 > P_2 > P_3.$

18. 设标准正态分布函数为 $\Phi(x)$，则

$$p_1 = P\{X \leqslant \mu-6\} = P\left\{\frac{X-\mu}{6} \leqslant -1\right\} = \Phi(-1),$$
$$p_2 = P\{Y \geqslant \mu+8\} = P\left\{\frac{Y-\mu}{8} \geqslant 1\right\} = 1 - \Phi(1).$$

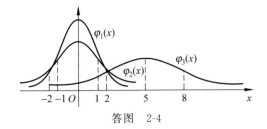

答图　2-4

又因为 $\Phi(-1)=1-\Phi(1)$.

19. $0.8=P\{X=1\mid X\leqslant 1\}=\dfrac{P\{X=1,X\leqslant 1\}}{P\{X\leqslant 1\}}=\dfrac{P\{X=1\}}{P\{X=0\}+P\{X=1\}}=\dfrac{\lambda \mathrm{e}^{-\lambda}}{\mathrm{e}^{-\lambda}+\lambda \mathrm{e}^{-\lambda}}=\dfrac{\lambda}{1+\lambda}$,解之得 $\lambda=4$.

20. $f(x)$ 关于 $x=1$ 对称,所以 $\displaystyle\int_0^1 f(x)\mathrm{d}x=0.3$,因此 $P\{X\leqslant 0\}=\dfrac{1}{2}-\displaystyle\int_0^1 f(x)\mathrm{d}x$.

二、填空题

1. $f_Y(y)=\begin{cases}\dfrac{1}{2}\mathrm{e}^{-\frac{y-1}{2}}, & y>1,\\ 0, & y\leqslant 1.\end{cases}$
2.

X	-1	1	3
P	0.4	0.4	0.2

3. $\dfrac{19}{27}$.　4. $\dfrac{20}{27}$.　5. $\dfrac{13}{48}$.

6. $1-\mathrm{e}^{-1}$.　　7. 4.　　8. 0.2.　　9. $\dfrac{9}{64}$.　　10. $\dfrac{4\mathrm{e}^{-2}}{3}$.

【提示】

1. $Y\in[1,+\infty)$,函数 $y=2x+1$ 严格单调递增,且其反函数 $x=\dfrac{y-1}{2}$ 的导函数 $\left(\dfrac{y-1}{2}\right)'=\dfrac{1}{2}$ 连续,

依 2.4 节定理,Y 的概率密度函数为

$$f_Y(y)=\begin{cases}f\left(\dfrac{y-1}{2}\right)\left|\left(\dfrac{y-1}{2}\right)'\right|, & y>1,\\ 0, & y\leqslant 1.\end{cases}$$

2. $F(x)$ 在 $x=-1,1,3$ 处间断,这就是 X 的所有取值点,且

$$P\{X=-1\}=F(-1)-F(-1-0)=0.4-0,$$
$$P\{X=1\}=F(1)-F(1-0)=0.8-0.4,$$
$$P\{X=3\}=F(3)-F(3-0)=1-0.8.$$

3. $X\sim B(2,p)$,则 $P\{X\geqslant 1\}=1-P\{X=0\}=1-(1-p)^2=\dfrac{5}{9}$,解之得 $p=\dfrac{1}{3}$,即 $Y\sim B\left(3,\dfrac{1}{3}\right)$,

则 $P\{Y\geqslant 1\}=1-P\{Y=0\}$.

4. 设 $P(A)=p$,以 X 表示 3 次独立试验中事件 A 发生的次数,则 $X\sim B(3,p)$,$\dfrac{19}{27}=P\{X\geqslant 1\}=1-$

$P\{X=0\}=1-(1-p)^3$,解之得 $p=\dfrac{1}{3}$,因此 $P\{X\leqslant 1\}=P\{X=0\}+P\{X=1\}$.

5. 取 $\{X=1\},\{X=2\},\{X=3\},\{X=4\}$ 为一个完备事件组,$P\{X=k\}=\dfrac{1}{4},i=1,2,3,4$,

$P\{Y=2\mid X=1\}=0,P\{Y=2\mid X=k\}=\dfrac{1}{k},k=2,3,4$,由全概率公式,有

$$P\{Y=2\}=P\{Y=2\mid X=2\}P\{X=2\}+P\{Y=2\mid X=3\}P\{X=3\}+$$
$$P\{Y=2\mid X=4\}P\{X=4\}.$$

6. $P\{Y\leqslant a+1\mid Y>a\}=\dfrac{P\{a<Y\leqslant a+1\}}{P\{Y>a\}}=\dfrac{\displaystyle\int_a^{a+1}\mathrm{e}^{-t}\mathrm{d}t}{\displaystyle\int_a^{+\infty}\mathrm{e}^{-t}\mathrm{d}t}=\dfrac{\mathrm{e}^{-a}-\mathrm{e}^{-a-1}}{\mathrm{e}^{-a}}$.

7. $\dfrac{X-\mu}{\sigma} \sim N(0,1)$，方程无实根 $\Leftrightarrow$ 判别式 $\Delta = 16 - 4X < 0 \Leftrightarrow X > 4$，

$$P\{X > 4\} = P\left\{\dfrac{X-\mu}{\sigma} > \dfrac{4-\mu}{\sigma}\right\} = 1 - \Phi\left(\dfrac{4-\mu}{\sigma}\right) = \dfrac{1}{2}, \quad 即 \ \Phi\left(\dfrac{4-\mu}{\sigma}\right) = \dfrac{1}{2}, \quad 所以 \ 4-\mu = 0.$$

8. $P\{X<0\} = P\{X<2\} - P\{0 \leqslant X < 2\} = 0.5 - P\{2 < X < 4\}$，或者，$P\{X<0\} = P\{X>4\} = P\{X>2\} - P\{2<X<4\} = 0.5 - P\{2<X<4\}$.

9. $P\left\{X \leqslant \dfrac{1}{2}\right\} = \displaystyle\int_0^{1/2} 2x\,\mathrm{d}x = (x^2)_0^{1/2} = \dfrac{1}{4}$，因此 $Y \sim B\left(3, \dfrac{1}{4}\right)$，则

$$P\{Y = 2\} = C_3^2 \left(\dfrac{1}{4}\right)^2 \left(1 - \dfrac{1}{4}\right).$$

10. 设 $X \sim P(\lambda)\,(\lambda > 0)$，则 $P\{X=1\} = \dfrac{\lambda \mathrm{e}^{-\lambda}}{1!}$，$P\{X=2\} = \dfrac{\lambda^2 \mathrm{e}^{-\lambda}}{2!}$，由 $\lambda \mathrm{e}^{-\lambda} = \dfrac{\lambda^2 \mathrm{e}^{-\lambda}}{2}$，解得 $\lambda = 2$，于是

$$P\{X=3\} = \dfrac{2^3 \mathrm{e}^{-2}}{3!}.$$

三、判断题

1. √.　　2. ×.　　3. √.　　4. ×.　　5. ×.　　6. √.　　7. ×.　　8. ×.

9. √.　　10. √.

【提示】

1. $F(x)$ 满足分布函数的性质：非降性，规范性和右连续性.

2. 如答图 2-5 所示，$F(x)$ 不满足非降性.

3. 显然 $f(x) \geqslant 0$，且

$$\int_{-\infty}^{+\infty} f(x)\,\mathrm{d}x = \int_0^{+\infty} \dfrac{6x}{(1+x)^4}\,\mathrm{d}x = 6\int_0^{+\infty} \dfrac{1+x-1}{(1+x)^4}\,\mathrm{d}x$$

$$= 6\left(\int_0^{+\infty} \dfrac{1}{(1+x)^3}\,\mathrm{d}x - \int_0^{+\infty} \dfrac{1}{(1+x)^4}\,\mathrm{d}x\right)$$

$$= 6\left(\left(-\dfrac{1}{2(1+x)^2}\right)_0^{+\infty} + \left(\dfrac{1}{3(1+x)^3}\right)_0^{+\infty}\right) = 1,$$

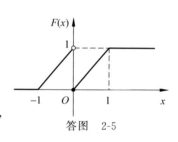

答图 2-5

即 $f(x)$ 满足规范性.

4. 如果 X 是离散型随机变量，$P\{a<X<b\} = F(b-0) - F(a)$，$P\{a \leqslant X < b\} = F(b-0) - F(a-0)$.

5. $P\{a<X<b\} = P\{X<b\} - P\{X \leqslant a\} = F(b-0) - F(a)$.

6. 因 X 是连续型随机变量，所以 $P\{X \leqslant 0\} = P\{X < 0\} = \Phi(0)$.

7. X 的分布函数应为 $F(x) = \begin{cases} 0, & x < 0, \\ \dfrac{x}{2}, & 0 \leqslant x < 2, \\ 1, & x \geqslant 2. \end{cases}$

8. $F(x)$ 在 $x=1$ 处间断.

9. 依正态密度曲线的对称性，$F(-5) = 1 - F(3)$.

10. $\dfrac{X+1}{2} \sim N(0,1)$，$P\{X > -5\} = 1 - P\{X \leqslant -5\} = 1 - \Phi\left(\dfrac{-5+1}{2}\right) = 1 - \Phi(-2) = \Phi(2)$.

四、解答题

1. (1) 0.35；　(2) 0.58；　(3) 0.59；　(4) 0.34；　(5) 0.69.

【提示】(1) 以 X 表示第一次抽取的 10 件产品中次品的件数，则 $X \sim B(10, 0.1)$，

$$P\{这批产品经第一次检验就能接收\} = P\{X = 0\}.$$

(2) $P\{这批产品需作第二次检验\} = P(\{X=1\} \bigcup \{X=2\}) = P\{X=1\} + P\{X=2\}$.

(3) 以 Y 表示第二次抽取的 5 件产品中次品的件数，则 $Y \sim B(5, 0.1)$，

$$P\{这批产品按第二次检验的标准接收\} = P\{Y = 0\}.$$

（4）$P\{这批产品在第一次检验未能作决定且第二次检验时接收\}$
$$= P((\{X = 1\} \bigcup \{X = 2\}) \bigcap \{Y = 0\}) = (P\{X = 1\} + P\{X = 2\}) P\{Y = 0\}.$$

（5）$P\{这批产品被接收的概率\} = P(\{X = 0\} \bigcup ((\{X = 1\} \bigcup \{X = 2\}) \bigcap \{Y = 0\}))$
$$= P\{X = 0\} + (P\{X = 1\} + P\{X = 2\}) P\{Y = 0\}.$$

2. $\dfrac{13}{16}$.

【提示】一个电子元件的寿命不足 200h 的概率为 $p = P\{0 \leqslant X \leqslant 200\} = \int_0^{200} f(x)\mathrm{d}x = \int_{100}^{200} \dfrac{100}{x^2}\mathrm{d}x = \dfrac{1}{2}$，以 Y 表示在 200h 内，5 只电子元件中损坏的个数，则 $Y \sim B\left(5, \dfrac{1}{2}\right)$，则

$$P\{Y \geqslant 2\} = 1 - P\{Y = 0\} - P\{Y = 1\}.$$

3.

Y	1/4	3/4	1
P	1/3	1/2	1/6

$$G(y) = \begin{cases} 0, & y < \dfrac{1}{4}, \\ \dfrac{1}{3}, & \dfrac{1}{4} \leqslant y < \dfrac{3}{4}, \\ \dfrac{5}{6}, & \dfrac{3}{4} \leqslant y < 1, \\ 1, & y \geqslant 1. \end{cases}$$

【提示】$F(x)$ 的跳跃间断点 $-1, 0, 1, 2$ 就是 X 的所有可能取值点，且
$$P\{X = k\} = P\{X \leqslant k\} - P\{X < k\} = F(k) - F(k - 0), \quad k = -1, 0, 1, 2,$$
于是得 X 的分布律为

X	-1	0	1	2
P	1/3	1/6	1/6	1/3

Y 所有可能取值为 $\dfrac{1}{4}, \dfrac{3}{4}, 1$. $P\left\{Y = \dfrac{1}{4}\right\} = P\{X = 2\}$，其他点的概率同理可得. 设 Y 的分布函数为 $G(y)$，当 $\dfrac{1}{4} \leqslant y < \dfrac{3}{4}$ 时，$G(y) = P\{Y \leqslant y\} = P\left\{Y = \dfrac{1}{4}\right\}$，其他情形同理.

4. （1）$F_X(x) = \begin{cases} 0, & x < 0, \\ \dfrac{x^2}{\pi^2}, & 0 \leqslant x < \pi, \\ 1, & x \geqslant \pi. \end{cases}$　　（2）$f_Y(y) = \begin{cases} \dfrac{2}{\pi\sqrt{1 - y^2}}, & 0 < y < 1, \\ 0, & 其他. \end{cases}$

【提示】（1）$X \in [0, \pi]$，依定义，$F_X(x) = P\{X \leqslant x\} = \int_{-\infty}^x f_X(t)\mathrm{d}t, \forall x \in \mathbb{R}$，即
$$F_X(x) = \begin{cases} 0, & x < 0, \\ \int_0^x \dfrac{2t}{\pi^2}\mathrm{d}t, & 0 \leqslant x < \pi, \\ 1, & x \geqslant \pi. \end{cases}$$

（2）设 $y = \sin x$，则 $\sin x$ 在不相重叠的区间 $\left[0, \dfrac{\pi}{2}\right), \left(\dfrac{\pi}{2}, \pi\right]$ 上逐段严格单调，依推论 1 知：

在 $\left[0, \dfrac{\pi}{2}\right)$ 上，$h_Y(y) = \begin{cases} f_X(\arcsin y)|\arcsin y'|, & 0 < y < 1, \\ 0, & 其他, \end{cases}$

在 $\left(\dfrac{\pi}{2}, \pi\right]$ 上，$s_Y(y) = \begin{cases} f_X(\pi - \arcsin y)|(\pi - \arcsin y)'|, & 0 < y < 1, \\ 0, & 其他, \end{cases}$

依推论 2,Y 的概率密度函数为 $f_Y(y)=h_Y(y)+s_Y(y)$.

5. $F_Y(y)=\begin{cases}0, & y<\dfrac{1}{e}, \\ 1+\ln y, & \dfrac{1}{e}\leqslant y<1, \\ 1, & y\geqslant 1,\end{cases}$ $f_Y(y)=\begin{cases}\dfrac{1}{y}, & \dfrac{1}{e}<y<1, \\ 0, & \text{其他}.\end{cases}$

【提示】$Y=e^{-|X|}\in[e^{-1},1]$,依定义,$F_Y(y)=P\{Y\leqslant y\}$,$\forall y\in\mathbb{R}$,则

$$F_Y(y)=\begin{cases}0, & y<\dfrac{1}{e}, \\ P\{e^{-|X|}\leqslant y\}=P\{|X|\geqslant-\ln y\}, & \dfrac{1}{e}\leqslant y<1, \\ 1, & y\geqslant 1,\end{cases} \quad f_Y(y)=[F_Y(y)]'.$$

6. (1) $T\sim E(1)$.

【提示】(1) 由 $N(t)\sim P(t)$,$P\{N(t)=k\}=\dfrac{t^k}{k!}e^{-t}$,$k=0,1,2,\cdots$,$T\in[0,+\infty)$,设 T 的分布函数为 $F_T(t)$,则 $F_T(t)=P\{T\leqslant t\}$,$\forall t\in\mathbb{R}$,则

$$F_T(t)=\begin{cases}1-P\{T>t\}=1-P\{N(t)=0\}=1-e^{-t} & t\geqslant 0, \\ 0, & t<0.\end{cases}$$

(2) $X=2-2e^{-T}\in[0,2)$,设 X 的分布函数为 $F_X(x)$,$F_X(x)=P\{X\leqslant x\}$,$\forall x\in\mathbb{R}$,则

$$F_X(x)=\begin{cases}0, & x<0, \\ P\{2-2e^{-T}\leqslant x\}=P\left\{T\leqslant-\ln\left(1-\dfrac{x}{2}\right)\right\}, & 0\leqslant x<2, \\ 1, & x\geqslant 2,\end{cases} \quad f_X(x)=[F_X(x)]'.$$

第 3 章 多维随机变量及其分布

习题 3-1

1. 【提示】因为 $F(x,y)$ 满足非降性、规范性、右连续性、非负性.

2. 不是.

【提示】显然 $F(+\infty,+\infty)=0\neq 1$,$F(x,y)$ 不满足规范性.

3. $F(1,3)-F(1,2)$;$1-F(+\infty,0)-F(3,+\infty)+F(3,0)$.

【提示】依分布函数的定义,$P\{X\leqslant 1,2<Y\leqslant 3\}=P\{X\leqslant 1,Y\leqslant 3\}-P\{X\leqslant 1,Y\leqslant 2\}$.

依概率的性质及分布函数的定义,

$$\begin{aligned}P\{X>3,Y>0\}&=P\{Y>0\}-P\{X\leqslant 3,Y>0\} \\ &=1-P\{Y\leqslant 0\}-(P\{X\leqslant 3\}-P\{X\leqslant 3,Y\leqslant 0\}).\end{aligned}$$

4. $1-F(1,+\infty)$;$F(1,3)-F(1-0,3)$.

【提示】$P\{X>1\}=1-P\{X\leqslant 1\}$. $P\{X=1,Y=3\}=P\{X\leqslant 1,Y\leqslant 3\}-P\{X<1,Y\leqslant 3\}$.

5. $0.7,0.4$.

【提示】$P\{\max\{X,Y\}>1\}=1-P\{\max\{X,Y\}\leqslant 1\}=1-P\{X\leqslant 1,Y\leqslant 1\}$.

$$\begin{aligned}P\{\min\{X,Y\}>1\}&=P\{X>1,Y>1\}=P\{Y>1\}-P\{X\leqslant 1,Y>1\} \\ &=1-P\{Y\leqslant 1\}-(P\{X\leqslant 1\}-P\{X\leqslant 1,Y\leqslant 1\}).\end{aligned}$$

习题 3-2

1.

X \ Y	3	4	5
1	0.1	0.2	0.3
2	0	0.1	0.2
3	0	0	0.1

【提示】(X,Y)的所有可能取值点为$(1,3),(1,4),(1,5),(2,4),(2,5),(3,5)$,且$\{X=1,Y=3\}$表示抽取到写有数字$1,2,3$的卡片,则$P\{X=1,Y=3\}=\dfrac{1}{C_5^3}$,$\{X=1,Y=4\}$表示抽取到写有数字$1,2,4$或者$1,3,4$的卡片,则$P\{X=1,Y=4\}=\dfrac{C_2^1}{C_5^3}$,其他概率同理可得.

2.

X \ Y	0	1
0	1/6	1/3
1	1/6	1/3

【提示】(X,Y)的所有可能取值点为$(0,0),(0,1),(1,0),(1,1)$,且$P\{X=0,Y=1\}=P\{$取出的球的号码为$2,4,8,10,14,16\}=\dfrac{6}{18}$,$P\{X=0,Y=0\}=P\{$取出的球的号码为$6,12,18\}=\dfrac{3}{18}$,其他概率同理可得.

3.

X \ Y	0	1	2
0	1/9	1/9	1/36
1	2/9	2/9	1/18
2	1/9	1/9	1/36

【提示】(X,Y)所有可能取值点为$(0,0),(0,1),(0,2),(1,0),(1,1),(1,2),(2,0),(2,1),(2,2)$,且$P\{X=0,Y=0\}=P\{$两次掷出$(1,1),(1,5),(5,1),(5,5)\}$,$P\{X=0,Y=1\}=P\{$两次掷出$(1,3),(5,3),(3,1),(3,5)\}=\dfrac{4}{6^2}$,$P\{X=0,Y=2\}=P\{$两次掷出$(3,3)\}=\dfrac{1}{6^2}$,其他概率同理可得.

4.（1)

X \ Y	0	1
0	2/3	1/12
1	1/6	1/12

(2)

Z	0	1	2
P	2/3	1/4	1/12

【提示】(1) (X,Y)的所有可能取值点为$(0,0),(0,1),(1,0),(1,1)$,依乘法公式和概率的性质,有
$$P\{X=1,Y=1\}=P(AB)=P(B\mid A)P(A),$$
$$P\{X=1,Y=0\}=P(A\bar{B})=P(A)-P(AB),$$
$$P\{X=0,Y=1\}=P(\bar{A}B)=P(B)-P(AB)=\dfrac{P(AB)}{P(A\mid B)}-P(AB),$$

$$P\{X=0, Y=0\} = P(\overline{A}\,\overline{B}) = P(\overline{A \cup B}) = 1 - P(A \cup B).$$

（2）依题设，$Z = X^2 + Y^2$ 的可能取值为 $0,1,2$，$P\{Z=0\} = P\{X=0, Y=0\} = \dfrac{2}{3}$，其他概率同理可得.

5．（1）$\dfrac{1}{4}$；　　（2）$\dfrac{1}{6}, \dfrac{5}{12}, 1, 0, \dfrac{1}{2}$.

【提示】（1）依联合分布律的规范性，解之得 $a = \dfrac{1}{4}$.

（2）设 (X,Y) 的分布函数为 $F(x,y)$，如答图 3-1 所示，

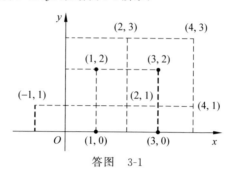

答图　3-1

$$F(2, 1) = P\{X \leqslant 2, Y \leqslant 1\} = P\{X=1, Y=0\},$$
$$F(2, 3) = P\{X \leqslant 2, Y \leqslant 3\} = P\{X=1, Y=0\} + P\{X=1, Y=2\},$$
其他分布函数值同理可得.

习题 3-3

1．不是.

【提示】显然 $f(x,y) \geqslant 0$，但是 $\displaystyle\int_{-\infty}^{+\infty}\int_{-\infty}^{+\infty} f(x,y)\mathrm{d}x\mathrm{d}y = \iint\limits_{x^2+y^2\leqslant 1}(x^2+y^2)\mathrm{d}x\mathrm{d}y \neq 1.$

2．（1）$\dfrac{1}{8}$；　　（2）$\dfrac{5}{8}, \dfrac{2}{3}$.

【提示】（1）如答图 3-2 所示，
$$1 = \int_{-\infty}^{+\infty}\int_{-\infty}^{+\infty} f(x,y)\mathrm{d}x\mathrm{d}y = A\int_0^2 \mathrm{d}x\int_0^2 (4-x-y)\mathrm{d}y = A\int_0^2 (6-2x)\mathrm{d}x.$$

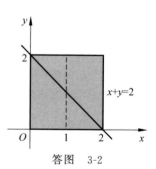

答图　3-2

（2）显然 $P\{X<1, Y<2\} = \iint\limits_{x<1, y<2} f(x,y)\mathrm{d}x\mathrm{d}y$
$$= \frac{1}{8}\int_0^1 \mathrm{d}x\int_0^2 (4-x-y)\mathrm{d}y,$$
$$= \frac{1}{8}\int_0^1 (6-2x)\mathrm{d}x,$$

$$P\{X+Y<2\} = \iint\limits_{x+y<2} f(x,y)\mathrm{d}x\mathrm{d}y = \frac{1}{8}\int_0^2 \mathrm{d}x\int_0^{2-x}(4-x-y)\mathrm{d}y$$
$$= \frac{1}{8}\int_0^2 \left(\frac{1}{2}x^2 - 4x + 6\right)\mathrm{d}x.$$

3．$F(x,y) = \begin{cases} 0, & x<0 \text{ 或 } y<0, \\ x^2 y^2, & 0\leqslant x<1,\ 0\leqslant y<1, \\ y^2, & 0\leqslant y<1,\ x\geqslant 1, \\ x^2, & 0\leqslant x<1,\ y\geqslant 1, \\ 1, & x\geqslant 1, y\geqslant 1. \end{cases}$

【提示】设 (X,Y) 的分布函数为 $F(x,y)$，依定义，$F(x,y) = \displaystyle\int_{-\infty}^{x}\int_{-\infty}^{y} f(s,t)\mathrm{d}t\mathrm{d}s, \forall x,y \in \mathbf{R}.$

用 $f(x,y)>0$ 的区域 D 及其边界直线将 xOy 坐标平面划分成 5 个部分区域,如答图 3-3(a)所示,当 $x<0$ 或 $y<0$ 时,$F(x,y)=\displaystyle\int_{-\infty}^{x}\int_{-\infty}^{y}0\mathrm{d}t\,\mathrm{d}s=0.$

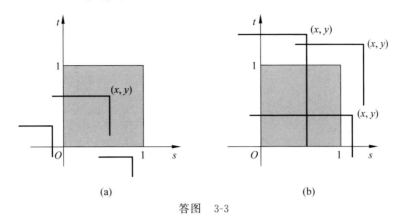

$$\text{(a)}\qquad\qquad\text{(b)}$$

答图　3-3

当 $0\leqslant x<1,0\leqslant y<1$ 时,$F(x,y)=4\displaystyle\int_{0}^{x}s\,\mathrm{d}s\int_{0}^{y}t\,\mathrm{d}t=2y^{2}\int_{0}^{x}s\,\mathrm{d}s.$

如答图 3-3(b)所示,当 $x\geqslant 1,0\leqslant y<1$ 时,$F(x,y)=4\displaystyle\int_{0}^{1}s\,\mathrm{d}s\int_{0}^{y}t\,\mathrm{d}t=2\int_{0}^{1}y^{2}s\,\mathrm{d}s.$ 当 $0\leqslant x<1,y\geqslant 1$ 时,$F(x,y)=4\displaystyle\int_{0}^{x}s\,\mathrm{d}s\int_{0}^{1}t\,\mathrm{d}t=2\int_{0}^{x}s\,\mathrm{d}s,$ 当 $x\geqslant 1,y\geqslant 1$ 时,$F(x,y)=4\displaystyle\int_{0}^{1}s\,\mathrm{d}s\int_{0}^{1}t\,\mathrm{d}t=2\int_{0}^{1}s\,\mathrm{d}s.$

4. (1) $F(x,y)=\begin{cases}(1-\mathrm{e}^{-3x})(1-\mathrm{e}^{-4y}), & x>0,\ y>0,\\ 0, & \text{其他};\end{cases}$ (2) $\dfrac{3}{7},1+3\mathrm{e}^{-4}-4\mathrm{e}^{-3}.$

【提示】(1) $F(x,y)=\displaystyle\int_{-\infty}^{x}\int_{-\infty}^{y}f(s,t)\mathrm{d}t\,\mathrm{d}s,\ \forall\,x,y\in\mathbb{R},$如答图 3-4(a)所示,当 $x<0$ 或 $y<0$ 时,$F(x,y)=\displaystyle\int_{-\infty}^{x}\int_{-\infty}^{y}0\mathrm{d}t\,\mathrm{d}s,$当 $x>0,y>0$ 时,$F(x,y)=\displaystyle\int_{-\infty}^{x}\int_{-\infty}^{y}f(s,t)\mathrm{d}t\,\mathrm{d}s=12\int_{0}^{x}\mathrm{e}^{-3s}\mathrm{d}s\int_{0}^{y}\mathrm{e}^{-4t}\mathrm{d}t=3(1-\mathrm{e}^{-4y})\displaystyle\int_{0}^{x}\mathrm{e}^{-3x}\mathrm{d}s.$

(2) 依概率密度函数的性质,如答图 3-4(b)所示,

$$P\{X\leqslant Y\}=\iint\limits_{x\leqslant y}f(x,y)\mathrm{d}x\,\mathrm{d}y=12\int_{0}^{+\infty}\mathrm{e}^{-4y}\mathrm{d}y\int_{0}^{y}\mathrm{e}^{-3x}\mathrm{d}x=4\int_{0}^{+\infty}\mathrm{e}^{-4y}(1-\mathrm{e}^{-3y})\mathrm{d}y,$$

$$P\{X+Y\leqslant 1\}=\iint\limits_{x+y\leqslant 1}f(x,y)\mathrm{d}y\,\mathrm{d}x=12\int_{0}^{1}\mathrm{e}^{-4y}\mathrm{d}y\int_{0}^{1-y}\mathrm{e}^{-3x}\mathrm{d}x=4\int_{0}^{1}\mathrm{e}^{-4y}(1-\mathrm{e}^{-3(1-y)})\mathrm{d}y.$$

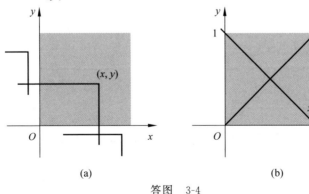

$$\text{(a)}\qquad\qquad\text{(b)}$$

答图　3-4

5. $\dfrac{1}{2}+\dfrac{1}{\pi}$.

【提示】上半圆的方程为$(x-a)^2+y^2=a^2(y>0)$，所以D的面积

为$\dfrac{\pi a^2}{2}$，(X,Y)的概率密度函数为

$$f(x,y)=\begin{cases}\dfrac{2}{\pi a^2}, & (x,y)\in D,\\[2mm]0, & \text{其他}.\end{cases}$$

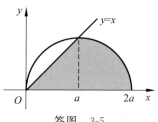

答图　3-5

令$x=r\cos\theta,y=r\sin\theta$，上半圆的极坐标方程为$r=2a\cos\theta\left(0\leqslant\theta\leqslant\dfrac{\pi}{2}\right)$

依概率密度函数的性质，如答图3-5所示，

$$P\{X\geqslant Y\}=\iint\limits_{x\geqslant y}f(x,y)\mathrm{d}x\mathrm{d}y=\int_0^{\pi/4}\mathrm{d}\theta\int_0^{2a\cos\theta}\dfrac{2}{\pi a^2}r\mathrm{d}r=\dfrac{4}{\pi}\int_0^{\pi/4}\cos^2\theta\mathrm{d}\theta.$$

习题 3-4

1. $F_X(x)=\begin{cases}1-\mathrm{e}^{-0.5x}, & x>0,\\0, & x\leqslant 0,\end{cases}\quad F_Y(y)=\begin{cases}1-\mathrm{e}^{-0.5y}, & y>0,\\0, & y\leqslant 0.\end{cases}$

$f_X(x)=\begin{cases}0.5\mathrm{e}^{-0.5x}, & x>0,\\0, & x\leqslant 0,\end{cases}\quad f_Y(y)=\begin{cases}0.5\mathrm{e}^{-0.5y}, & y>0,\\0, & y\leqslant 0.\end{cases}$

【提示】(1) 依边缘分布函数的定义，

$$F_X(x)=F(x,+\infty)=\lim_{y\to+\infty}F(x,y),\quad F_Y(y)=F(+\infty,y)=\lim_{x\to+\infty}F(x,y).$$

(2) 依概率密度函数的性质，$f_X(x)=[F_X(x)]',f_Y(y)=[F_Y(y)]'$.

2.

Y \ X	−1	0	1
−1	1/4	1/12	1/12
0	0	1/6	1/12
1	0	0	1/3

【提示】$0=P\{X<Y\}=P\{X=-1,Y=0\}+P\{X=-1,Y=1\}+P\{X=0,Y=1\}$，依概率的非负性，

有$P\{X=-1,Y=0\}=P\{X=-1,Y=1\}=P\{X=0,Y=1\}=0$，依概率的规范性，有

$$P\{X=Y\}=1-P\{X>Y\}-P\{X<Y\}=1-\dfrac{1}{4}-0=\dfrac{3}{4}.$$

设(X,Y)在各点的概率值如下表：

Y \ X	−1	0	1	$P\{Y=y_j\}$
−1	p_{11}	p_{12}	p_{13}	5/12
0	0	p_{22}	p_{23}	1/4
1	0	0	p_{33}	1/3
$P\{X=x_i\}$	1/4	1/4	1/2	1

由上式知，$p_{11}+p_{22}+p_{33}=\dfrac{3}{4}$，依边缘分布律与联合分布律的关系知，$p_{11}=\dfrac{1}{4}$，$p_{33}=\dfrac{1}{3}$，于是

$$p_{22}=\frac{3}{4}-p_{11}-p_{33},\quad p_{12}=\frac{1}{4}-p_{22},\quad p_{13}=\frac{5}{12}-p_{11}-p_{12},\quad p_{23}=\frac{1}{4}-p_{22}.$$

3. (1) $f_X(x)=\begin{cases}\dfrac{3}{8}x^2,&0<x<2,\\0,&\text{其他},\end{cases}$ $f_Y(y)=\begin{cases}6y(1-y),&0<y<1,\\0,&\text{其他};\end{cases}$ (2) $\dfrac{4}{9},\dfrac{4}{19}$.

【提示】(1) 依边缘概率密度函数的定义，如答图 3-6(a)所示，

$$f_X(x)=\int_{-\infty}^{+\infty}f(x,y)\mathrm{d}y=\begin{cases}\int_0^{x/2}3y\,\mathrm{d}y,&0<x<2,\\0,&\text{其他},\end{cases}$$

$$f_Y(y)=\int_{-\infty}^{+\infty}f(x,y)\mathrm{d}x=\begin{cases}\int_{2y}^{2}3y\,\mathrm{d}x,&0<y<1,\\0,&\text{其他}.\end{cases}$$

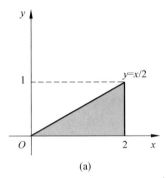 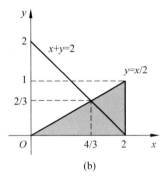

(a)　　　　　　(b)

答图　3-6

(2) 依概率密度函数的性质，如答图 3-6(b)所示，$\begin{cases}x+y=2,\\y=x/2,\end{cases}\Rightarrow x=\dfrac{4}{3},y=\dfrac{2}{3}$，

$$P\{X+Y\leqslant 2\}=\iint_{x+y\leqslant 2}f(x,y)\mathrm{d}y\mathrm{d}x=3\int_0^{2/3}y\,\mathrm{d}y\int_{2y}^{2-y}\mathrm{d}x,$$

$$P\left\{X+Y\leqslant 2\,\middle|\,X\geqslant\frac{4}{3}\right\}=\frac{P\left\{X+Y\leqslant 2,X\geqslant\dfrac{4}{3}\right\}}{P\left\{X\geqslant\dfrac{4}{3}\right\}}=\frac{\int_{4/3}^{2}\mathrm{d}x\int_0^{2-x}3y\,\mathrm{d}y}{\int_{4/3}^{2}\dfrac{3}{8}x^2\,\mathrm{d}x}.$$

4. (1) $f_X(x)=\begin{cases}2x,&0<x<1,\\0,&\text{其他},\end{cases}$ $f_Y(y)=\begin{cases}1-\dfrac{y}{2},&0<y<2,\\0,&\text{其他};\end{cases}$ (2) $\dfrac{15}{16}$.

【提示】(1) 依边缘概率密度函数的定义，如答图 3-7 所示，

$$f_X(x)=\int_{-\infty}^{+\infty}f(x,y)\mathrm{d}y=\begin{cases}\int_0^{2x}\mathrm{d}y,&0<x<1,\\0,&\text{其他},\end{cases}$$

$$f_Y(y)=\int_{-\infty}^{+\infty}f(x,y)\mathrm{d}x=\begin{cases}\int_{y/2}^{1}\mathrm{d}x,&0<y<2,\\0,&\text{其他}.\end{cases}$$

(2) 依条件概率的定义，如答图 3-7 所示，有

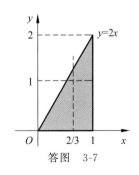

答图　3-7

$$P\left\{Y\leqslant 1\,\middle|\,X\leqslant\frac{2}{3}\right\}=\frac{P\left\{X\leqslant\frac{2}{3},Y\leqslant 1\right\}}{P\left\{X\leqslant\frac{2}{3}\right\}}=\frac{\int_0^1\mathrm{d}y\int_{y/2}^{2/3}\mathrm{d}x}{\int_0^{2/3}2x\,\mathrm{d}x}.$$

习题 3-5

1. (1)

X \ Y	−1	0	1	$P\{X=x_i\}$
−1	0	1/6	1/12	1/4
0	1/6	1/6	1/6	1/2
1	1/12	1/6	0	1/4
$P\{Y=y_j\}$	1/4	1/2	1/4	1

(2)

X	−1	0	1
$P\{X=x_i\,|\,Y=0\}$	1/3	1/3	1/3

(3)

Z	−1	0	1
P	1/3	1/3	1/3

【提示】(1) (X,Y) 的所有可能取值点为 $(-1,0),(-1,1),(0,-1),(0,0),(0,1),(1,-1),(1,0)$，依乘法公式，有

$$P\{X=-1,Y=0\}=P\{Y=0\,|\,X=-1\}P\{X=-1\}=\frac{2}{3}\times\frac{1}{4},$$

$$P\{X=-1,Y=1\}=P\{Y=1\,|\,X=-1\}P\{X=-1\}=\frac{1}{3}\times\frac{1}{4},$$

其他概率同理可得.

(2) $P\{Y=0\}=\dfrac{1}{2}>0$，依定义，$P\{X=-1\,|\,Y=0\}=\dfrac{P\{X=-1,Y=0\}}{P\{Y=0\}}$，其他点的概率同理可得.

(3) $Z=X+Y$ 的所有可能取值为 $-1,0,1$，且

$$P\{Z=0\}=P\{X=-1,Y=1\}+P\{X=0,Y=0\}+P\{X=1,Y=-1\},$$

其他概率同理可得.

2. (1) $P\{X=m,Y=n\}=(1-p)^{n-2}p^2$，$m=1,2,\cdots$，$n=m+1,m+2,\cdots$；

(2) $P\{X=m\}=(1-p)^{m-1}p$，$m=1,2,\cdots$；$P\{Y=n\}=(n-1)(1-p)^{n-2}p^2$，$n=2,3,\cdots$；

(3) 在 $X=m\,(m=1,2,\cdots)$ 条件下，$P\{Y=n\,|\,X=m\}=p(1-p)^{n-m-1}$，$n=m+1,m+2,\cdots$；在 $Y=n\,(n=2,3,\cdots)$ 条件下，$P\{X=m\,|\,Y=n\}=\dfrac{1}{n-1}$，$m=1,2,\cdots,n-1$.

【提示】(1) (X,Y) 的所有可能取值点为 $(m,n),m=1,2,\cdots,n=m+1,m+2,\cdots$，

$$P\{X=m,Y=n\}=(1-p)^{m-1}p(1-p)^{n-m-1}p.$$

(2) 依定义，$P\{X=m\}=\displaystyle\sum_{n=m+1}^{\infty}P\{X=m,Y=n\}=\sum_{n=m+1}^{\infty}(1-p)^{n-2}p^2,m=1,2,\cdots$,

$$P\{Y=n\}=\sum_{m=1}^{n-1}P\{X=m,Y=n\}=\sum_{m=1}^{n-1}(1-p)^{n-2}p^2,n=2,3,\cdots.$$

(3) 由(2)知，$P\{Y=n\}>0$，在 $Y=n\,(n=2,3,\cdots)$ 条件下，

$$P\{X=m\,|\,Y=n\}=\frac{P\{X=m,Y=n\}}{P\{Y=n\}},\quad m=1,2,\cdots,n-1,$$

$P\{X=m\}>0$,在 $X=m(m=1,2,\cdots)$ 条件下,

$$P\{Y=n\mid X=m\}=\frac{P\{X=m,Y=n\}}{P\{X=m\}},\quad n=m+1,m+2,\cdots.$$

3. (1) 在 $X=x(x>0)$ 条件下, $f_{Y\mid X}(y\mid x)=\begin{cases}\dfrac{1}{x}, & 0<y<x,\\ 0, & 其他.\end{cases}$ (2) $\dfrac{e-2}{e-1}$.

【提示】(1) 如答图 3-8 所示,依定义,有

$$f_X(x)=\int_{-\infty}^{+\infty}f(x,y)\mathrm{d}y=\begin{cases}\int_0^x e^{-x}\mathrm{d}y, & x>0,\\ 0, & x\leqslant 0,\end{cases}$$

在 $X=x(x>0)$ 条件下,依定义,

$$f_{Y\mid X}(y\mid x)=\frac{f(x,y)}{f_X(x)}=\frac{f(x,y)}{xe^{-x}}=\begin{cases}\dfrac{e^{-x}}{xe^{-x}}, & 0<y<x,\\ 0, & 其他.\end{cases}$$

(2) 如答图 3-8 所示,依定义, $P\{X\leqslant 1\mid Y\leqslant 1\}=\dfrac{P\{X\leqslant 1,Y\leqslant 1\}}{P\{Y\leqslant 1\}}$,其中

$$P\{X\leqslant 1,Y\leqslant 1\}=\iint_{x\leqslant 1,y\leqslant 1}f(x,y)\mathrm{d}x\mathrm{d}y=\int_0^1 e^{-x}\mathrm{d}x\int_0^x\mathrm{d}y,$$

$$P\{Y\leqslant 1\}=\iint_{y\leqslant 1}f(x,y)\mathrm{d}x\mathrm{d}y=\int_0^1\mathrm{d}y\int_y^{+\infty}e^{-x}\mathrm{d}x.$$

4. (1) 在 $X=x(0<x<1)$ 条件下, $f_{Y\mid X}(y\mid x)=\begin{cases}\dfrac{1}{x}, & 0<y<x,\\ 0, & 其他,\end{cases}$ 在 $Y=y(0<y<1)$ 条件下,

$f_{X\mid Y}(x\mid y)=\begin{cases}\dfrac{2x}{1-y^2}, & y<x<1,\\ 0, & 其他;\end{cases}$ (2) $\dfrac{27}{32},\dfrac{2}{3}$.

【提示】(1) 如答图 3-9 所示, $f_X(x)=\int_{-\infty}^{+\infty}f(x,y)\mathrm{d}y=\begin{cases}\int_0^x 3x\mathrm{d}y, & 0<x<1,\\ 0, & 其他,\end{cases}$

$$f_Y(y)=\int_{-\infty}^{+\infty}f(x,y)\mathrm{d}x=\begin{cases}\int_y^1 3x\mathrm{d}x, & 0<y<1,\\ 0, & 其他,\end{cases}$$

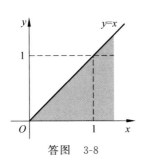

答图　3-8

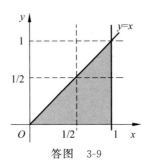

答图　3-9

在 $X=x(0<x<1)$ 条件下,

$$f_{Y\mid X}(y\mid x)=\frac{f(x,y)}{f_X(x)}=\begin{cases}\dfrac{3x}{3x^2}, & 0<y<x,\\ 0, & 其他,\end{cases}$$

在 $Y=y(0<y<1)$ 条件下,

$$f_{X|Y}(x\mid y)=\frac{f(x,y)}{f_Y(y)}=\frac{f(x,y)}{\frac{3}{2}(1-y^2)}=\begin{cases}\dfrac{3x}{\dfrac{3}{2}(1-y^2)}, & y<x<1,\\[3mm] 0, & \text{其他}.\end{cases}$$

(2) 如答图 3-9 所示,$P\left\{X\geqslant\dfrac{1}{2}\Big|Y=\dfrac{1}{3}\right\}=\int_{\frac{1}{2}}^{+\infty}f_{X|Y}\left(x\Big|\dfrac{1}{3}\right)\mathrm{d}x=\int_{\frac{1}{2}}^{1}\dfrac{9}{4}x\,\mathrm{d}x=\dfrac{9}{8}(x^2)\Big|_{\frac{1}{2}}^{1},$

$$F_{Y|X}\left(\dfrac{1}{3}\Big|\dfrac{1}{2}\right)=P\left\{Y\leqslant\dfrac{1}{3}\Big|X=\dfrac{1}{2}\right\}=\int_{-\infty}^{1/3}f_{Y|X}\left(y\Big|\dfrac{1}{2}\right)\mathrm{d}y=\int_0^{1/3}2\mathrm{d}y.$$

5. (1) $f(x,y)=\begin{cases}\dfrac{1}{x}, & 0<y<x<1,\\[2mm] 0, & \text{其他};\end{cases}$ (2) $f_Y(y)=\begin{cases}-\ln y, & 0<y<1,\\[2mm] 0, & \text{其他};\end{cases}$ (3) $1-\ln 2$.

【提示】$f_X(x)=\begin{cases}1, & 0<x<1,\\ 0, & \text{其他},\end{cases}$ 在 $X=x(0<x<1)$ 的条件下,$f_{Y|X}(y\mid x)=\begin{cases}\dfrac{1}{x}, & 0<y<x,\\[2mm] 0, & \text{其他}.\end{cases}$

(1) 依定义,$f(x,y)=f_{Y|X}(y\mid x)f_X(x)$.

(2) 如答图 3-10 所示,(X,Y) 关于 Y 的边缘概率密度函数为

$$f_Y(y)=\int_{-\infty}^{+\infty}f(x,y)\mathrm{d}x=\begin{cases}\int_y^1\dfrac{1}{x}\mathrm{d}x, & 0<y<1,\\[2mm] 0, & \text{其他}.\end{cases}$$

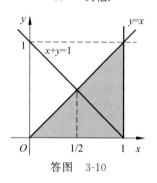

(3) 如答图 3-10 所示,依概率密度的性质,有

$$P\{X+Y>1\}=\iint\limits_{x+y>1}f(x,y)\mathrm{d}x\mathrm{d}y=\int_{1/2}^1\mathrm{d}x\int_{1-x}^x\dfrac{1}{x}\mathrm{d}y.$$

答图 3-10

习题 3-6

1. $a=\dfrac{2}{9}$,$b=\dfrac{1}{9}$.

【提示】(X,Y) 关于 X 和关于 Y 的边缘分布律如表所示:

X \ Y	1	2	3	$P\{X=x_i\}$
1	1/6	1/9	1/18	1/3
2	1/3	a	b	$(1/3)+a+b$
$P\{Y=y_j\}$	1/2	$(1/9)+a$	$(1/18)+b$	1

依 X 与 Y 相互独立及边缘律的规范性,$\dfrac{1}{9}=\left(\dfrac{1}{9}+a\right)\cdot\dfrac{1}{3}$,$\dfrac{1}{18}=\left(\dfrac{1}{18}+b\right)\cdot\dfrac{1}{3}$.

2. 【提示】Z 的所有可能取值为 $-1,1$,因为 X 与 Y 相互独立,得 Z 的概率分布为

$P\{Z=1\}=P\{X=-1,Y=-1\}+P\{X=1,Y=1\}$

$\qquad=P\{X=-1\}P\{Y=-1\}+P\{X=1\}P\{Y=1\}=\dfrac{1}{2}\times\dfrac{1}{2}+\dfrac{1}{2}\times\dfrac{1}{2}=\dfrac{1}{2},$

$P\{Z=-1\}=1-P\{Z=1\}=\dfrac{1}{2}.$

$P\{X=1,Z=1\}=P\{X=1,XY=1\}=P\{X=1,Y=1\}=P\{X=1\}P\{Y=1\}=\dfrac{1}{4}$,其他概率同理可得,即

(X,Z) 的分布律及其关于 X 和关于 Z 的边缘分布律如表所示：

X \ Z	-1	1	$P\{X=x_i\}$
-1	1/4	1/4	1/2
1	1/4	1/4	1/2
$P\{Z=z_k\}$	1/2	1/2	1

因为 $P\{X=-1,Z=-1\}=P\{X=-1\}P\{Z=-1\}$，其他概率同理可考查，因此 X 与 Z 相互独立. 同理可证 Y 与 Z 相互独立. 又因为 $P\{X=1,Y=1,Z=1\}=P\{X=1,Y=1\}=\dfrac{1}{4}\neq\dfrac{1}{8}=P\{X=1\}P\{Y=1\}P\{Z=1\}$，从而 X,Y,Z 不独立.

3.

X \ Y	0	1	2	$P\{X=x_i\}$
0	1/6	1/12	1/12	1/3
1	1/3	1/6	1/6	2/3
$P\{Y=y_j\}$	1/2	1/4	1/4	1

【提示】 $\dfrac{1}{4}=P\{X+Y=2\}=P\{X=1,Y=1\}+P\{X=0,Y=2\}$

$=P\{X=1,Y=1\}+\dfrac{1}{12}$，解之得 $P\{X=1,Y=1\}=\dfrac{1}{6}$.

依联合分布律与边缘分布律的关系，有

$\dfrac{1}{4}=P\{Y=1\}=P\{X=0,Y=1\}+P\{X=1,Y=1\}=P\{X=0,Y=1\}+\dfrac{1}{6}$,

解之得 $P\{X=0,Y=1\}=\dfrac{1}{12}$. 又因为 X 与 Y 相互独立，所以

$\dfrac{1}{6}=P\{X=1,Y=1\}=P\{X=1\}P\{Y=1\}=P\{X=1\}\times\dfrac{1}{4}$,

解之得 $P\{X=1\}=\dfrac{2}{3}$，依边缘分布律的规范性，$P\{X=0\}=1-P\{X=1\}=1-\dfrac{2}{3}=\dfrac{1}{3}$，其他概率同理可得.

4. (1) $f(x,y)=\begin{cases}\dfrac{1}{2}\mathrm{e}^{-\frac{y}{2}}, & 0<x<1,\ y>0,\\ 0, & \text{其他};\end{cases}$　(2) 0.1447.

【提示】(1) X 的概率密度函数为 $f_X(x)=\begin{cases}1, & 0<x<1,\\ 0, & \text{其他},\end{cases}$ 因为 X 与 Y

相互独立，$f(x,y)=f_X(x)f_Y(y)$.

(2) ｛方程 $a^2+2Xa+Y=0$ 有实根｝$=\{\Delta=4X^2-4Y\geqslant0\}=\{X^2\geqslant Y\}$，如答图 3-11 所示，依概率密度函数的性质，有

$P\{X^2\geqslant Y\}=\iint\limits_{x^2\geqslant y}f(x,y)\mathrm{d}x\mathrm{d}y=\int_0^1\mathrm{d}x\int_0^{x^2}\dfrac{1}{2}\mathrm{e}^{-\frac{y}{2}}\mathrm{d}y$

$=\int_0^1\left(1-\mathrm{e}^{-\frac{x^2}{2}}\right)\mathrm{d}x$

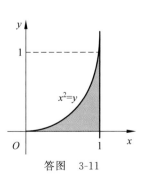

答图　3-11

$$= 1 - \sqrt{2\pi} \left(\frac{1}{\sqrt{2\pi}} \int_{-\infty}^{1} \mathrm{e}^{-\frac{x^2}{2}} \mathrm{d}x - \frac{1}{\sqrt{2\pi}} \int_{-\infty}^{0} \mathrm{e}^{-\frac{x^2}{2}} \mathrm{d}x \right)$$

$$= 1 - \sqrt{2\pi} (\Phi(1) - \Phi(0)).$$

5.【提示】依定义,如答图 3-12(a)所示,(X,Y,Z) 关于 (X,Y) 的边缘概率密度函数为

$$f_{(X,Y)}(x,y) = \int_{-\infty}^{+\infty} f(x,y,z)\mathrm{d}z = \begin{cases} \int_0^{2\pi} \dfrac{1 - \sin x \sin y \sin z}{8\pi^3} \mathrm{d}z = \dfrac{1}{4\pi^2}, & 0 \leqslant x,y \leqslant 2\pi, \\ 0, & \text{其他}, \end{cases}$$

依定义,如答图 3-12(b)所示,(X,Y) 关于 X 和关于 Y 的边缘概率密度函数分别为

$$f_X(x) = \int_{-\infty}^{+\infty} f(x,y)\mathrm{d}y = \begin{cases} \int_0^{2\pi} \dfrac{1}{4\pi^2} \mathrm{d}y = \dfrac{1}{2\pi}, & 0 \leqslant x \leqslant 2\pi, \\ 0, & \text{其他}, \end{cases}$$

$$f_Y(y) = \int_{-\infty}^{+\infty} f(x,y)\mathrm{d}x = \begin{cases} \int_0^{2\pi} \dfrac{1}{4\pi^2} \mathrm{d}x = \dfrac{1}{2\pi}, & 0 \leqslant y \leqslant 2\pi, \\ 0, & \text{其他}, \end{cases}$$

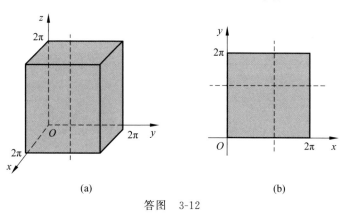

(a)   (b)

答图 3-12

因此对任意实数 x,y,$f_{(X,Y)}(x,y) = f_X(x)f_Y(y)$ 几乎处处成立,所以 X 与 Y 相互独立,同理可证 X 与 Z 相互独立,Y 与 Z 相互独立. 依对称性,有

$$f_Z(z) = \begin{cases} \dfrac{1}{2\pi}, & 0 \leqslant z \leqslant 2\pi, \\ 0, & \text{其他}, \end{cases}$$

因为在空间区域 $0 \leqslant x,y,z \leqslant 2\pi$ 内,$f(x,y,z) \neq f_X(x)f_Y(y)f_Z(z)$,因此 X,Y,Z 不独立.

习题 3-7

1. (1) $a = b = 0.1$;   (2)

Z	-2	-1	0	1	2
P	0.2	0.1	0.3	0.3	0.1

(3) 0.2.

【提示】(1) (X,Y) 关于 X 和关于 Y 的边缘分布律如下表所示:

X \ Y	-1	0	1	$P\{X = x_i\}$
-1	0.2	0	0.2	0.4

X \ Y	−1	0	1	$P\{X=x_i\}$
0	0.1	a	0.2	$0.3+a$
1	0	0.1	b	$0.1+b$
$P\{Y=y_j\}$	0.3	$a+0.1$	$0.4+b$	1

依分布律的规范性及 $\dfrac{1}{2}=P\{Y\leqslant 0\mid X\leqslant 0\}=\dfrac{P\{X\leqslant 0,Y\leqslant 0\}}{P\{X\leqslant 0\}}$

$$=\dfrac{P\{X=-1,Y=-1\}+P\{X=0,Y=-1\}+P\{X=0,Y=0\}}{P\{X=-1\}+P\{X=0\}}.$$

(2) Z 的所有可能取值为 $-2,-1,0,1,2$,且 $P\{Z=-2\}=P\{X=-1,Y=-1\}=0.2$,其他概率同理可得.

(3) $P\{X=Z\}=P\{Y=0\}$.

2. (1) $X+Y\sim B(n_1+n_2,p)$. (2) 在 $X+Y=n(1\leqslant n\leqslant n_1+n_2)$ 条件下,有

$$P\{X=k\mid X+Y=n\}=\dfrac{C_{n_1}^k C_{n_2}^{n-k}}{C_{n_1+n_2}^n},\quad k=0,1,2,\cdots,\min\{n_1,n\}.$$

【提示】$P\{X=i\}=C_{n_1}^i p^i(1-p)^{n_1-i},i=0,1,2,\cdots,n_1,P\{Y=j\}=C_{n_2}^j p^j(1-p)^{n_2-j},j=0,1,2,\cdots,$
n_2,Z 的所有可能取值为 $0,1,2,\cdots,n_1+n_2$,且

$$P\{Z=n\}=P\{X+Y=n\}=P\{X=0,Y=n\}+P\{X=1,Y=n-1\}+\cdots+$$
$$P\{X=n-1,Y=1\}+P\{X=n,Y=0\}.$$

因为 X 与 Y 相互独立,依离散卷积公式,有

$$P\{Z=n\}=P\{X=0\}P\{Y=n\}+P\{X=1\}P\{Y=n-1\}+\cdots+$$
$$P\{X=n-1\}P\{Y=1\}+P\{X=n\}P\{Y=0\}.$$

Z 的分布也可依二项分布的背景而得.依条件概率的定义及上述结论,有

$$P\{X=k\mid X+Y=n\}=\dfrac{P\{X=k,X+Y=n\}}{P\{X+Y=n\}}=\dfrac{P\{X=k,Y=n-k\}}{P\{X+Y=n\}}=\dfrac{P\{X=k\}P\{Y=n-k\}}{P\{X+Y=n\}}.$$

3. $f_Z(z)=\begin{cases}\dfrac{z}{\sigma^2}\mathrm{e}^{-\frac{z^2}{2\sigma^2}},&z>0,\\0,&z\leqslant 0.\end{cases}$

【提示】(X,Y) 的概率密度函数为 $f(x,y)=\dfrac{1}{2\pi\sigma^2}\mathrm{e}^{-\frac{x^2+y^2}{2\sigma^2}}$,$-\infty<x,y<+\infty$.

显然 $Z=\sqrt{X^2+Y^2}\in[0,+\infty)$,设 Z 的分布函数为 $F_Z(z)$,依定义,
$$F_Z(z)=P\{Z\leqslant z\},\quad \forall z\in\mathbf{R}.$$

当 $z\geqslant 0$ 时, $F_Z(z)=P\{\sqrt{X^2+Y^2}\leqslant z\}=P\{X^2+Y^2\leqslant z^2\}=\iint\limits_{x^2+y^2\leqslant z^2}f(x,y)\mathrm{d}y\mathrm{d}x$

$$=\iint\limits_{x^2+y^2\leqslant z^2}\dfrac{1}{2\pi\sigma^2}\mathrm{e}^{-\frac{x^2+y^2}{2\sigma^2}}\mathrm{d}x\mathrm{d}y=\dfrac{1}{2\pi\sigma^2}\int_0^{2\pi}\mathrm{d}\theta\int_0^z\mathrm{e}^{-\frac{r^2}{2\sigma^2}}r\mathrm{d}r=1-\mathrm{e}^{-\frac{z^2}{2\sigma^2}},$$

作极坐标变换 $x=r\cos\theta,y=r\sin\theta(0\leqslant\theta\leqslant 2\pi,0\leqslant r\leqslant z)$. $f_Z(z)=[F_Z(z)]'$.

4. (1) $f_Z(z)=\begin{cases}\dfrac{z^3}{3!}\mathrm{e}^{-z},&z>0,\\0;&z\leqslant 0;\end{cases}$　(2) $f_U(u)=\begin{cases}\dfrac{u^5}{5!}\mathrm{e}^{-u},&u>0,\\0,&u\leqslant 0.\end{cases}$

【提示】(1)记第一周的需求量为 X,第二周的需求量为 Y,则两周的需求量 $Z=X+Y$,因为 X 与 Y 相互独立,依卷积公式,Z 的概率密度函数为

$$f_Z(z)=\int_{-\infty}^{+\infty}f_X(z-y)f_Y(y)\mathrm{d}y,\quad -\infty<z<+\infty,$$

被积函数大于零的区域为 $\begin{cases}y>0,\\z-y>0,\end{cases}\Rightarrow\begin{cases}y>0,\\z>y,\end{cases}$ 如答图 3-13(a)所示,有

$$f_Z(z)=\begin{cases}\mathrm{e}^{-z}\displaystyle\int_0^z(z-y)y\mathrm{d}y,&z>0,\\0,&z\leqslant0.\end{cases}$$

(2)记第三周的需求量为 V,则三周的需求量 $U=Z+V$. 因为 X,Y,V 相互独立,所以 V 与 Z 相互独立,依卷积公式,U 的概率密度函数为

$$f_U(u)=\int_{-\infty}^{+\infty}f_Z(z)f_V(u-z)\mathrm{d}u,\quad -\infty<u<+\infty,$$

被积函数大于零的区域为 $\begin{cases}z>0,\\u-z>0,\end{cases}\Rightarrow\begin{cases}z>0,\\u>z,\end{cases}$ 如答图 3-13(b)所示,有

$$f_U(u)=\begin{cases}\dfrac{1}{6}\mathrm{e}^{-u}\displaystyle\int_0^u z^3(u-z)\mathrm{d}z,&u>0,\\0,&u\leqslant0.\end{cases}$$

注 作为随机变量,三周的需求量虽然同分布,但未必同步取等值,所以 $U=X+Y+V=Z+V$,而非 $U=3X$.

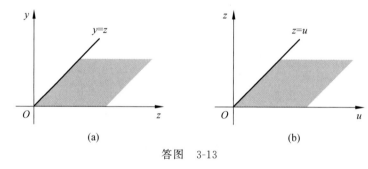

(a) (b)

答图 3-13

5. $\dfrac{3}{4}$.

【提示】X,Y,Z 的概率密度函数同为 $f(t)=\begin{cases}1,&0<t<1,\\0,&\text{其他}.\end{cases}$ 令 $U=YZ$,U 的概率密度函数为 $f_U(u)=$

$\displaystyle\int_{-\infty}^{+\infty}\dfrac{1}{|y|}f_Y(y)f_Z\left(\dfrac{u}{y}\right)\mathrm{d}y,-\infty<u<+\infty$,被积函数大于零的区域为 $\begin{cases}0<y<1,\\0<\dfrac{u}{y}<1,\end{cases}\Rightarrow\begin{cases}0<y<1,\\0<u<y,\end{cases}$ 如答

图 3-14(a)所示,$f_U(u)=\begin{cases}\displaystyle\int_u^1\dfrac{1}{y}\mathrm{d}y=-\ln u,&0<u<1,\\0,&\text{其他}.\end{cases}$ 因为 X,Y,Z 相互独立,所以 X 与 $U=YZ$ 相互独立,(X,U) 的概率密度函数为

$$f(x,u)=f_X(x)f_U(u)=\begin{cases}-\ln u,&0<x<1,0<u<1,\\0,&\text{其他},\end{cases}$$

依联合概率密度函数的性质,如答图 3-14(b)所示,

$$P\{X\geqslant YZ\}=P\{X\geqslant U\}=\iint\limits_{x\geqslant u}f(x,u)\mathrm{d}x\mathrm{d}y=\int_0^1-\ln u\mathrm{d}u\int_u^1\mathrm{d}x$$

$$= \int_0^1 (u-1)\ln u \, du = \left(\frac{u^2}{2}\ln u - \frac{1}{4}u^2\right)\Big|_0^1 - (u\ln u - u)\Big|_0^1.$$

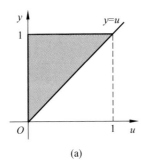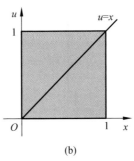

(a)　　　　　　　　　　(b)

答图　3-14

6. (1) $f_X(x)=\begin{cases}2x, & 0<x<1,\\ 0, & \text{其他},\end{cases}$ $f_Y(y)=\begin{cases}1-\dfrac{y}{2}, & 0<y<2,\\ 0, & \text{其他};\end{cases}$

(2) $f_Z(z)=\begin{cases}1-\dfrac{z}{2}, & 0<z<2,\\ 0, & \text{其他};\end{cases}$ (3) $\dfrac{3}{4}$.

【提示】(1) 如答图 3-15(a)所示，(X,Y) 关于 X 和关于 Y 的边缘概率密度函数分别为

$$f_X(x) = \int_{-\infty}^{+\infty} f(x,y)\,dy = \begin{cases}\int_0^{2x} dy, & 0<x<1,\\ 0, & \text{其他},\end{cases}$$

$$f_Y(y) = \int_{-\infty}^{+\infty} f(x,y)\,dx = \begin{cases}\int_{y/2}^1 dy, & 0<y<2,\\ 0, & \text{其他}.\end{cases}$$

(2) **解法一**　$Z=2X-Y$ 的概率密度函数为

$$f_Z(z) = \int_{-\infty}^{+\infty} f(x,2x-z)\,dx, \quad -\infty<z<+\infty,$$

被积函数大于零的区域为 $\begin{cases}0<x<1,\\ 0<2x-z<2,\end{cases} \Rightarrow \begin{cases}0<x<1,\\ 0<z<2x,\end{cases}$ 如答图 3-15(b)所示，

$$f_Z(z) = \begin{cases}\int_{z/2}^1 dx, & 0<z<2,\\ 0, & \text{其他},\end{cases}$$

解法二　设 $Z=2X-Y$ 的分布函数为 $F_Z(z)$，则

$$F_Z(z) = P\{2X-Y \leqslant z\} = \iint_{2x-y\leqslant z} f(x,y)\,dx\,dy, \quad \forall z \in \mathbb{R},$$

如答图 3-15(c)所示，当 $z<0$ 时，$F_Z(z)=P(\varnothing)=0$；当 $z\geqslant 2$ 时，$F_Z(z)=P(\Omega)=1$；当 $0\leqslant z<2$ 时，

$$F_Z(z) = \iint_{2x-y\leqslant z} f(x,y)\,dx\,dy = \iint_D 1\,dx\,dy = S_D = 1 - \frac{1}{2}\left(1-\frac{z}{2}\right)(2-z) = z\left(1-\frac{z}{4}\right),$$

$$f_Z(z) = [F_Z(z)]'.$$

(3) 如答图 3-15(d)所示，$P\left\{Y\leqslant\dfrac{1}{2}\,\Big|\,X\leqslant\dfrac{1}{2}\right\} = \dfrac{P\left\{X\leqslant\frac{1}{2}, Y\leqslant\frac{1}{2}\right\}}{P\left\{X\leqslant\frac{1}{2}\right\}} = \dfrac{\text{梯形面积}}{\text{三角形面积}}.$

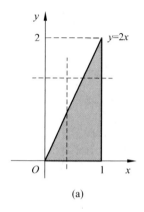

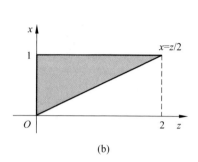

(a)

(b)

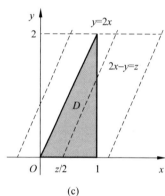

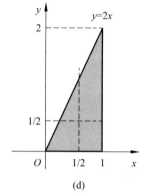

(c)

(d)

答图 3-15

7. $f_Z(z) = \begin{cases} 0, & z<0, \\ \dfrac{1}{2}(1-\mathrm{e}^{-2z}), & 0\leqslant z<2, \\ \dfrac{1}{2}(\mathrm{e}^4-1)\mathrm{e}^{-2z}, & z\geqslant 2. \end{cases}$

【提示】X,Y 的概率密度函数分别为 $f_X(x) = \begin{cases} 1, & 0<x<1, \\ 0, & 其他, \end{cases}$ $f_Y(y) = \begin{cases} 2\mathrm{e}^{-2y}, & y>0, \\ 0, & 其他, \end{cases}$ 依定理,$Z=2X+$

Y 的概率密度函数为

$$f_Z(z) = \int_{-\infty}^{+\infty} f_X(x) f_Y(z-2x)\mathrm{d}x, \quad -\infty < z < +\infty,$$

被积函数大于零的区域为

$$\begin{cases} 0<x<1, \\ z-2x>0, \end{cases} \Rightarrow \begin{cases} 0<x<1, \\ z>2x, \end{cases}$$

如答图 3-16 所示,有

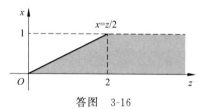

答图 3-16

$$f_Z(z) = \begin{cases} 0, & z<0, \\ \int_0^{z/2} 2\mathrm{e}^{-2(z-2x)}\mathrm{d}x, & 0\leqslant z<2, \\ \int_0^1 2\mathrm{e}^{-2(z-2x)}\mathrm{d}x, & z\geqslant 2. \end{cases}$$

习题 3-8

1.

Z	0	1	2
P	2/27	7/27	2/3

U	-1	0	1
P	1/6	29/54	8/27

【提示】$Z=\max\{X,Y\}$ 的所有可能取值点为 $0,1,2$,且
$$P\{Z=0\}=P\{X=0,Y=-1\}+P\{X=0,Y=0\}$$
$$=P\{X=0\}P\{Y=-1\}+P\{X=0\}P\{Y=0\},$$
其他概率同理可得. 依题设,$U=\min\{X,Y\}$ 的所有可能取值点为 $-1,0,1$,且
$$P\{U=-1\}=P\{X=0,Y=-1\}+P\{X=1,Y=-1\}+P\{X=2,Y=-1\}$$
$$=(P\{X=0\}+P\{X=1\}+P\{X=2\})P\{Y=-1\},$$
其他概率同理可得.

2. $F_Z(z)=\begin{cases}0,&z<\theta-\dfrac{1}{2},\\[2mm]\left(z-\theta+\dfrac{1}{2}\right)^n,&\theta-\dfrac{1}{2}\leqslant z<\theta+\dfrac{1}{2},\\[2mm]1,&z\geqslant\theta+\dfrac{1}{2},\end{cases}$ $\quad f_Z(z)=\begin{cases}n\left(z-\theta+\dfrac{1}{2}\right)^{n-1},&\theta-\dfrac{1}{2}<z<\theta+\dfrac{1}{2},\\[2mm]0,&\text{其他}.\end{cases}$

$F_Y(y)=\begin{cases}0,&y<\theta-\dfrac{1}{2},\\[2mm]1-\left(\theta+\dfrac{1}{2}-y\right)^n,&\theta-\dfrac{1}{2}\leqslant y<\theta+\dfrac{1}{2},\\[2mm]1,&y\geqslant\theta+\dfrac{1}{2},\end{cases}$ $\quad f_Y(y)=\begin{cases}n\left(\theta+\dfrac{1}{2}-y\right)^{n-1},&\theta-\dfrac{1}{2}<y<\theta+\dfrac{1}{2},\\[2mm]0,&\text{其他}.\end{cases}$

【提示】依题设,$X_1,X_2,\cdots,X_n$ 的概率密度函数同为
$$f_X(x)=\begin{cases}1,&\theta-\dfrac{1}{2}<x<\theta+\dfrac{1}{2},\\[2mm]0,&\text{其他},\end{cases}$$

$X_1,X_2,\cdots,X_n$ 的分布函数同为
$$F_X(x)=\int_{-\infty}^{x}f_X(t)\mathrm{d}t=\begin{cases}0,&x<\theta-\dfrac{1}{2},\\[2mm]x-\theta+\dfrac{1}{2},&\theta-\dfrac{1}{2}\leqslant x<\theta+\dfrac{1}{2},\\[2mm]1,&x\geqslant\theta+\dfrac{1}{2},\end{cases}$$

因 $X_1,X_2,\cdots,X_n$ 相互独立,依定理,Z 的分布函数为 $F_Z(z)=(F_X(z))^n$,$f_Z(z)=F_Z'(z)$. 同理 Y 的分布函数为 $F_Y(y)=1-(1-F_X(y))^n$,$f_Y(y)=[F_Y(y)]'$.

3. 指数分布 $E(\theta)$.

【提示】依题设,$X_1,X_2,\cdots,X_n$ 的概率密度函数同为 $f_X(x)=\begin{cases}\dfrac{1}{\theta},&0\leqslant x\leqslant\theta,\\[2mm]0,&\text{其他},\end{cases}$ 其分布函数为

$F_X(x)=\begin{cases}0,&x<0,\\[2mm]\dfrac{x}{\theta},&0\leqslant x<\theta,Y_n\in[0,\theta],Z=n(\theta-Y_n)\in[0,n\theta],\text{因为 }X_1,X_2,\cdots,X_n\text{ 相互独立,依定理,}\\[2mm]1,&x\geqslant\theta,\end{cases}$

Y_n 的分布函数为 $F_Y(y)=(F_X(y))^n=\begin{cases}0, & y<0, \\ \left(\dfrac{y}{\theta}\right)^n, & 0\leqslant y<\theta, \\ 1, & y\geqslant\theta \end{cases}=\begin{cases}\lim\limits_{n\to\infty}\dfrac{1}{\theta}\left(1-\dfrac{z}{n\theta}\right)^{n-1}-\dfrac{1}{\theta}e^{-\frac{z}{\theta}}, & z>0, \\ 0, & z\leqslant 0.\end{cases}$

设 $Z_n=n(\theta-Y_n)$ 的分布函数为 $F_Z(z)$,$F_Z(z)=P\{Z_n\leqslant z\}$,$\forall z\in\mathbf{R}$,

$$F_Z(z)=P\{n(\theta-Y_n)\leqslant z\}=P\left\{Y_n\geqslant\theta-\frac{z}{n}\right\}=1-F_Y\left(\theta-\frac{z}{n}\right),$$

于是 $f_Z(z)=[F_Z(z)]'$,令 $n\to+\infty$,因为 $\theta>0$,所以 $n\theta\to+\infty$,求 $\lim\limits_{n\to\infty}f_Z(z)$.

4. $f_Z(z)=\begin{cases}z^2, & 0<z<1, \\ 2z-z^2, & 1\leqslant z<2, \\ 0, & \text{其他}.\end{cases}$ $f_U(u)=\begin{cases}3u^2, & 0<u<1, \\ 0, & \text{其他}.\end{cases}$ $f_V(v)=\begin{cases}1+2v-3v^2, & 0<v<1, \\ 0, & \text{其他}.\end{cases}$

【提示】$X\sim U(0,1)$,X,Y 的分布函数分别为

$$F_X(x)=\begin{cases}0, & x<0, \\ x, & 0\leqslant x<1, \\ 1, & x\geqslant 1,\end{cases} \qquad F_Y(y)=\int_{-\infty}^y f_Y(t)dt=\begin{cases}0, & y<0, \\ \int_0^y 2t\,dt=y^2, & 0\leqslant y<1, \\ 1, & y\geqslant 1,\end{cases}$$

(1) 依定理,$Z=X+Y$ 的概率密度函数为

$$f_Z(z)=\int_{-\infty}^{+\infty}f_X(z-y)f_Y(y)dy,$$

被积函数大于零的区域为

$$\begin{cases}0<y<1, \\ 0<z-y<1,\end{cases}\Rightarrow\begin{cases}0<y<1, \\ y<z<1+y,\end{cases}$$

如答图 3-17 所示,有

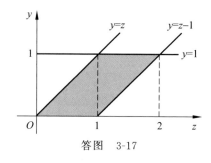

答图 3-17

$$f_Z(z)=\begin{cases}\int_0^z 2y\,dy, & 0<z<1, \\ \int_{z-1}^1 2y\,dy, & 1\leqslant z<2, \\ 0, & \text{其他}.\end{cases}$$

(2) 因为 X 与 Y 相互独立,依定理,$U=\max\{X,Y\}$ 的分布函数为 $F_U(u)=F_X(u)F_Y(u)$,于是 $f_U(u)=[F_U(u)]'$.

(3) 同理 $V=\min\{X,Y\}$ 的分布函数为 $F_V(v)=1-(1-F_X(v))(1-F_Y(v))$,$f_V(v)=[F_V(v)]'$.

5.【提示】设 X_1,X_2,X_3,X_4 的分布函数同为 $F_X(x)$,则其概率密度函数为 $f_X(x)=F_X'(x)$,因为 X_1 与 X_2 相互独立,依定理,$U=\max\{X_1,X_2\}$ 的分布函数和概率密度函数分别为

$$F_U(u)=(F_X(u))^2,\quad f_U(u)=[F_U(u)]'=2F_X(u)[F_X(u)]',\quad\forall u\in\mathbf{R}.$$

同理 $V=\min\{X_3,X_4\}$ 的分布函数和概率密度函数分别为

$$F_V(v)=1-(1-F_X(v))^2,\quad f_V(v)=[F_V(v)]'=2(1-F_X(v))[F_X(v)]',\quad\forall v\in\mathbf{R},$$

因为 U 与 V 相互独立,所以 U 与 V 的联合概率密度函数为

$$f(u,v)=f_U(u)f_V(v)=4F_X(u)[F_X(u)]'(1-F_X(v))[F_X(v)]',$$

如答图 3-18 所示,

$$P\{V>U\}=\iint\limits_{v>u}f(u,v)du\,dv$$

$$=4\iint\limits_{v>u}F_X(u)F_X'(u)(1-F_X(v))F_X'(v)du\,dv$$

$$=4\int_{-\infty}^{+\infty}(1-F_X(v))d(F_X(v))\int_{-\infty}^v F_X(u)d(F_X(u))$$

$$= 2\int_{-\infty}^{+\infty} (1 - F_X(v)) \left((F_X(v))^2 - (F_X(-\infty))^2\right) \mathrm{d}(F_X(v))$$

$$= 2\int_{-\infty}^{+\infty} (1 - F_X(v)) (F_X(v))^2 \mathrm{d}(F_X(v))$$

$$= 2\left(\frac{1}{3}(F_X(v))^3 - \frac{1}{4}(F_X(v))^4\right)\Big|_{-\infty}^{+\infty}.$$

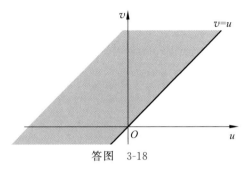

答图　3-18

习题 3-9

1.【提示】因为 X 与 Y 相互独立，所以 (X,Y) 的概率密度函数为

$$f(x,y) = f_X(x)f_Y(y) = \frac{1}{2\pi\sigma^2}\mathrm{e}^{-\frac{1}{2\sigma^2}((x-\mu)^2 + (y-\mu)^2)}, \quad -\infty < x, y < +\infty,$$

函数 $u=x+y$，$v=x-y$ 具有连续的一阶偏导数，且存在唯一的反函数 $x=\dfrac{u+v}{2}$，$y=\dfrac{u-v}{2}$，雅可比行列式为

$$J = \frac{\partial(x,y)}{\partial(u,v)} = \begin{vmatrix} \dfrac{\partial x}{\partial u} & \dfrac{\partial x}{\partial v} \\ \dfrac{\partial y}{\partial u} & \dfrac{\partial y}{\partial v} \end{vmatrix} = \begin{vmatrix} \dfrac{1}{2} & \dfrac{1}{2} \\ \dfrac{1}{2} & -\dfrac{1}{2} \end{vmatrix} = -\frac{1}{2} \neq 0,$$

依定理，(U,V) 的概率密度函数为

$$g(u,v) = f(x(u,v), y(u,v))\,|J| = \frac{1}{4\pi\sigma^2}\mathrm{e}^{-\frac{1}{2\sigma^2}\left(\left(\frac{u+v}{2}-\mu\right)^2 + \left(\frac{u-v}{2}-\mu\right)^2\right)} = \frac{1}{4\pi\sigma^2}\mathrm{e}^{-\frac{1}{8\sigma^2}((u+v-2\mu)^2 + (u-v-2\mu)^2)}$$

$$= \frac{1}{4\pi\sigma^2}\mathrm{e}^{-\frac{1}{4\sigma^2}((u-2\mu)^2 + v^2)} = \frac{1}{2\pi\sqrt{2}\,\sigma\sqrt{2}\,\sigma}\mathrm{e}^{-\frac{1}{2}\left(\frac{(u-2\mu)^2}{(\sqrt{2}\,\sigma)^2} + \frac{v^2}{(\sqrt{2}\,\sigma)^2}\right)}, \quad -\infty < u, v < +\infty,$$

依二维正态概率密度函数可知，$(U,V) \sim N(2\mu, 0, 2\sigma^2, 2\sigma^2, 0)$，其中 $\rho=0$.

2. 不独立.

【提示】因为 X 与 Y 相互独立，所以 (X,Y) 的概率密度函数为

$$f(x,y) = f_X(x)f_Y(y) = \begin{cases} 1, & 0 \leqslant x \leqslant 1,\ 0 \leqslant y \leqslant 1, \\ 0, & \text{其他}, \end{cases}$$

函数 $z=x+y$，$v=x-y$ 具有连续的一阶偏导数，且存在唯一的反函数

$$x = \frac{z+v}{2},\ y = \frac{z-v}{2}, \quad \text{且由} \begin{cases} 0 \leqslant x \leqslant 1, \\ 0 \leqslant y \leqslant 1, \end{cases} \Rightarrow \begin{cases} 0 \leqslant \dfrac{z+v}{2} \leqslant 1, \\ 0 \leqslant \dfrac{z-v}{2} \leqslant 1, \end{cases} \Rightarrow \begin{cases} 0 \leqslant z+v \leqslant 2, \\ 0 \leqslant z-v \leqslant 2, \end{cases}$$

雅可比行列式为 $J=\dfrac{\partial(x,y)}{\partial(u,v)}=\begin{vmatrix} \dfrac{\partial x}{\partial z} & \dfrac{\partial x}{\partial v} \\ \dfrac{\partial y}{\partial z} & \dfrac{\partial y}{\partial v} \end{vmatrix}=\begin{vmatrix} \dfrac{1}{2} & \dfrac{1}{2} \\ \dfrac{1}{2} & -\dfrac{1}{2} \end{vmatrix}=-\dfrac{1}{2}\neq 0.$

依定理,(Z,V)的概率密度函数为

$$g(z,v)=\begin{cases} f(x(u,v),y(u,v))\,|J|=\dfrac{1}{2}, & 0<z+v<2,\,0<z-v<2, \\ 0, & \text{其他.} \end{cases}$$

如答图 3-19 所示,(Z,V)关于 Z 和关于 V 的边缘概率密度函数分别为

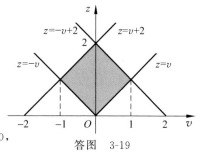

$$g_Z(z)=\int_{-\infty}^{+\infty}g(z,v)\mathrm{d}v=\begin{cases} \int_{-z}^{z}\dfrac{1}{2}\mathrm{d}v=z, & 0<z<1, \\ \int_{z-2}^{2-z}\dfrac{1}{2}\mathrm{d}v=2-z, & 1\leqslant z<2, \\ 0, & \text{其他,} \end{cases}$$

$$g_V(v)=\int_{-\infty}^{+\infty}g(z,v)\mathrm{d}z=\begin{cases} \int_{-v}^{v+2}\dfrac{1}{2}\mathrm{d}z=1+v, & -1<v<0, \\ \int_{v}^{-v+2}\dfrac{1}{2}\mathrm{d}z=1-v, & 0\leqslant v<1, \\ 0, & \text{其他,} \end{cases}$$

答图 3-19

因为在区域 $0<z+v<2$, $0<z-v<2$(正方形阴影)内,$g(z,v)\neq g_Z(z)g_V(v)$,因此 Z 与 V 不独立.

3.【提示】**证法一**　X 的边缘概率密度函数为 $f_X(x)=\begin{cases} 1, & 1<x<2, \\ 0, & \text{其他,} \end{cases}$ 在 $X=x$ 条件下,Y 的条件概率密度函数为 $f_{Y|X}(y\,|x)=\begin{cases} x\mathrm{e}^{-xy}, & y>0, \\ 0, & y\leqslant 0, \end{cases}$ 则 (X,Y) 的概率密度函数为

$$f(x,y)=f_X(x)f_{Y|X}(y\,|x)=\begin{cases} x\mathrm{e}^{-xy}, & 1<x<2,\,y>0, \\ 0, & \text{其他,} \end{cases}$$

记 $U=X$, $V=XY$,函数 $u=x$, $v=xy$ 具有连续的一阶偏导数,且存在唯一的反函数

$$x=u,\quad y=\dfrac{v}{u},\qquad \text{且由}\begin{cases} 1<x<2, \\ y>0, \end{cases}\Rightarrow\begin{cases} 1<u<2, \\ \dfrac{v}{u}>0, \end{cases}\Rightarrow\begin{cases} 1<u<2, \\ v>0, \end{cases}\qquad \text{雅可比行列式为}$$

$$J=\dfrac{\partial(x,y)}{\partial(u,v)}=\begin{vmatrix} \dfrac{\partial x}{\partial u} & \dfrac{\partial x}{\partial v} \\ \dfrac{\partial y}{\partial u} & \dfrac{\partial y}{\partial v} \end{vmatrix}=\begin{vmatrix} 1 & 0 \\ -\dfrac{v}{u^2} & \dfrac{1}{u} \end{vmatrix}=\dfrac{1}{u}\neq 0.$$

依定理,(U,V)的概率密度函数为

$$g(u,v)=\begin{cases} f(x(u,v),y(u,v))\,|J|=u\mathrm{e}^{-u\cdot\frac{v}{u}}\cdot\dfrac{1}{u}=\mathrm{e}^{-v}, & 1<u<2,\,v>0, \\ 0, & \text{其他,} \end{cases}$$

如答图 3-20(a)所示,依定义,$g_V(v)=\int_{-\infty}^{+\infty}g(u,v)\mathrm{d}u=\begin{cases} \int_{1}^{2}\mathrm{e}^{-v}\mathrm{d}u=\mathrm{e}^{-v}, & v>0, \\ 0, & v\leqslant 0, \end{cases}$

上式表明,$V=XY\sim E(1)$.

证法二　依定理,$V=XY$ 的概率密度函数为 $f_V(v)=\int_{-\infty}^{+\infty}\dfrac{1}{|y|}f\left(\dfrac{v}{y},y\right)\mathrm{d}y$, $-\infty<v<+\infty$,被积

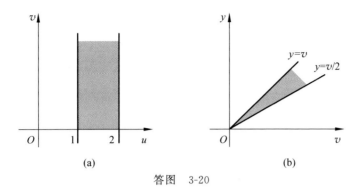

答图　3-20

函数大于零的区域为 $\begin{cases} y > 0, \\ 1 < \dfrac{v}{y} < 2, \end{cases} \Rightarrow \begin{cases} y > 0, \\ y < v < 2y, \end{cases}$ 如答图 3-20(b)所示，

$$f_V(v) = \begin{cases} \displaystyle\int_{v/2}^{v} v\mathrm{e}^{-v}\dfrac{1}{y^2}\mathrm{d}y = v\mathrm{e}^{-v}\left(-\dfrac{1}{y}\right)\Big|_{v/2}^{v} = \mathrm{e}^{-v}, & v > 0, \\ 0, & v \leqslant 0. \end{cases}$$

习题 3-10

1. $f_Z(z) = 0.3 f_Y(z-1) + 0.7 f_Y(z-2)$.

【提示】设 Z 的分布函数为 $F_Z(z)$，依定义，$F_Z(z) = P\{Z \leqslant z\}$，$\forall z \in \mathbf{R}$．以 $\{X=1\}$，$\{X=2\}$ 为一个划分，依全概率公式，有

$$F_Z(z) = P\{X+Y \leqslant z\} = P\{X+Y \leqslant z \mid X=1\} P\{X=1\} + P\{X+Y \leqslant z \mid X=2\} P\{X=2\}$$
$$= 0.3 P\{Y \leqslant z-1\} + 0.7 P\{Y \leqslant z-2\} \quad (X \text{ 与 } Y \text{ 相互独立})，$$

再求导得 Z 的概率密度函数为 $f_Z(z)$．

2. $F_Z(z) = \begin{cases} 0, & z < 0, \\ \dfrac{z}{4}, & 0 \leqslant z < 1, \\ \dfrac{3}{4}z - \dfrac{1}{2}, & 1 \leqslant z < 2, \\ 1, & z \geqslant 2. \end{cases}$　$F_T(t) = \begin{cases} 0, & t < 0, \\ \dfrac{1}{4} + \dfrac{3}{4}t, & 0 \leqslant t < 1, \\ 1, & t \geqslant 1. \end{cases}$

【提示】X 的概率分布及 Y 的分布函数为

X	0	1
P	1/4	3/4

$$F_Y(y) = \begin{cases} 0, & y < 0, \\ y, & 0 \leqslant y < 1, \\ 1, & y \geqslant 1, \end{cases}$$

(1) $Z \in [0,2]$，$Z = X + Y$ 的分布函数为 $F_Z(z)$，依定义，有

$$F_Z(z) = P\{Z \leqslant z\}, \quad \forall z \in \mathbf{R}.$$

当 $0 \leqslant z < 2$ 时，以 $\{X=0\}$，$\{X=1\}$ 为一划分，依全概率公式，有

$$F_Z(z) = P\{X+Y \leqslant z\} = P\{X+Y \leqslant z \mid X=0\} P\{X=0\} + P\{X+Y \leqslant z \mid X=1\} P\{X=1\}$$
$$= \dfrac{1}{4} P\{Y \leqslant z\} + \dfrac{3}{4} P\{Y \leqslant z-1\} \quad (X \text{ 与 } Y \text{ 相互独立}).$$

(2) 依题设，$T \in [0,1]$，设 $T = XY$ 的分布函数为 $F_T(t)$，依定义，$F_T(t) = P\{T \leqslant t\}$，$\forall t \in \mathbf{R}$．

当 $0 \leqslant t < 1$ 时，以 $\{X=0\}$，$\{X=1\}$ 为一个划分，依全概率公式，有

$$F_T(t) = P\{XY \leqslant t\} = P\{XY \leqslant t \mid X=0\} P\{X=0\} + P\{XY \leqslant t \mid X=1\} P\{X=1\}$$

$$= \frac{1}{4} P\{\Omega\} + \frac{3}{4} P\{Y \leqslant t \mid X=1\} \quad (X \text{ 与 } Y \text{ 相互独立})$$

$$= \frac{1}{4} + \frac{3}{4} P\{Y \leqslant t\} = \frac{1}{4} + \frac{3}{4} F_Y(t).$$

单元练习题 3

一、选择题

1. B.　　 2. B.　　 3. B.　　 4. C.　　 5. B.　　 6. A.　　 7. B.　　 8. A.　　 9. D.

10. B.　　 11. D.　　 12. D.　　 13. A.　　 14. D.　　 15. C.

【提示】

1. $P\{X>0, Y>1\} = P\{X>0\} - P\{X>0, Y \leqslant 1\}$

$$= 1 - P\{X \leqslant 0\} - (P\{Y \leqslant 1\} - P\{X \leqslant 0, Y \leqslant 1\})$$

$$= 1 - F(0, +\infty) - F(+\infty, 1) + F(0, 1).$$

2. $\int_{-\infty}^{+\infty} (f_1(x) + f_2(x)) \mathrm{d}x = 2$，设 $f_1(x) = f_2(x) = \begin{cases} \dfrac{1}{2}, & 0 < x < 2, \\ 0, & \text{其他,} \end{cases}$ $\int_{-\infty}^{+\infty} f_1(x) f_2(x) \mathrm{d}x =$

$\int_0^2 \dfrac{1}{4} \mathrm{d}x = \dfrac{1}{2} \neq 1$，选项 A，D 不满足概率密度的规范性. $\lim\limits_{x \to +\infty} (F_1(x) + F_2(x)) = 2 \neq 1$，选项 C 不满足分布函数的规范性. $F_1(x) F_2(x)$ 满足非降性、右连续性、规范性，必为某一随机变量的分布函数.

3. $F_z(z) = P\{XY \leqslant z\} = P\{XY \leqslant z \mid Y=0\} P\{Y=0\} + P\{XY \leqslant z \mid Y=1\} P\{Y=1\}$

$$= \frac{1}{2} (P\{0 \leqslant z \mid Y=0\} + P\{X \leqslant z \mid Y=1\}) \quad (X \text{ 与 } Y \text{ 相互独立})$$

$$= \frac{1}{2} (P\{0 \leqslant z\} + P\{X \leqslant z\}) = \begin{cases} \dfrac{1}{2} (0 + \Phi(z)), & z < 0, \\ \dfrac{1}{2} (1 + \Phi(z)), & z \geqslant 0, \end{cases}$$

显然 $z = 0$ 是 $F_Z(z)$ 唯一的间断点.

4. $P\{XY=0\} = 1$，则 $P\{X=1, Y=1\} = P\{XY \neq 0\} = 1 - P\{XY=0\} = 0$，依规范性，有

X＼Y	0	1	$P\{X=x_j\}$
0	0.6	0.2	0.8
1	0.2	0	0.2
$P\{Y=y_i\}$	0.8	0.2	1

5. 依规范性，$a + b = 1 - 0.4 - 0.1 = 0.5$，$P\{X=0, X+Y=1\} = P\{X=0, Y=1\} = a$，

$$P\{X=0\} = P\{X=0, Y=0\} + P\{X=0, Y=1\} = 0.4 + a,$$

$$P\{X+Y=1\} = P\{X=0, Y=1\} + P\{X=1, Y=0\} = a + b = 0.5,$$

依独立性定义，$P\{X=0, X+Y=1\} = P\{X=0\} P\{X+Y=1\}$，即 $a = (0.4+a) \times 0.5$，解之得 $a = 0.4$.

6. X 与 Y 相互独立，所以

$$P\{X=Y\} = P\{X=-1, Y=-1\} + P\{X=1, Y=1\}$$

$$= P\{X=-1\}P\{Y=-1\}+P\{X=1\}P\{Y=1\}=\frac{1}{4}+\frac{1}{4}=\frac{1}{2},$$

同理 $P\{X+Y=0\}=\dfrac{1}{2}=P\{XY=1\}$.

7. 依正态变量的性质，$X+Y\sim N(1,2)$，$X-Y\sim N(-1,2)$，所以

$$P\{X+Y\leqslant 1\}=\frac{1}{2}, \quad P\{X-Y\leqslant -1\}=\frac{1}{2}.$$

8. X 和 Y 的联合概率密度函数为

$$f(x,y)=f_X(x)f_Y(y)=\begin{cases}4\mathrm{e}^{-(x+4y)}, & x>0,y>0,\\ 0, & \text{其他,}\end{cases}$$

依概率密度函数的性质，于是

$$P(X<Y)=\iint\limits_{x<y}f(x,y)\mathrm{d}\sigma=4\int_0^{+\infty}\mathrm{e}^{-4y}\mathrm{d}y\int_0^y\mathrm{e}^{-x}\mathrm{d}x=4\int_0^{+\infty}(\mathrm{e}^{-4y}-\mathrm{e}^{-5y})\,\mathrm{d}y=\frac{1}{5}.$$

9. X 和 Y 的联合概率密度函数为

$$f(x,y)=f_X(x)f_Y(y)=\begin{cases}1, & 0<x<1,\,0<y<1,\\ 0, & \text{其他,}\end{cases}$$

依概率密度函数的性质，有 $P\{X^2+Y^2\leqslant 1\}=\iint\limits_{x^2+y^2\leqslant 1}f(x,y)\mathrm{d}x\,\mathrm{d}y=\iint\limits_{\substack{x^2+y^2\leqslant 1,\\0<x<1,0<y<1,}}\mathrm{d}x\,\mathrm{d}y=\dfrac{\pi}{4}.$

10. $P\{X+Y=2\}=P\{X=1,Y=1\}+P\{X=2,Y=0\}+P\{X=3,Y=-1\}$
$$=P\{X=1\}P\{Y=1\}+P\{X=2\}P\{Y=0\}+P\{X=3\}P\{Y=-1\}.$$

11. $P\{X+Y=0\}=P\{X=0,Y=0\}=P\{X=0\}P\{Y=0\}=\mathrm{e}^{-\lambda_1}\mathrm{e}^{-\lambda_2}=\mathrm{e}^{-(\lambda_1+\lambda_2)},$
$\quad P\{XY=0\}=1-P\{XY\neq 0\}=1-P\{X\neq 0,Y\neq 0\}=1-P\{X\neq 0\}P\{Y\neq 0\}$
$$=1-(1-P\{X=0\})(1-P\{Y=0\})$$
$$=1-(1-\mathrm{e}^{-\lambda_1})(1-\mathrm{e}^{-\lambda_2})=\mathrm{e}^{-\lambda_1}+\mathrm{e}^{-\lambda_2}-\mathrm{e}^{-(\lambda_1+\lambda_2)},$$
$\quad P\{X+Y=1\}=P\{X=0,Y=1\}+P\{X=1,Y=0\}$
$$=P\{X=0\}P\{Y=1\}+P\{X=1\}P\{Y=0\}=(\lambda_1+\lambda_2)\mathrm{e}^{-(\lambda_1+\lambda_2)},$$
$\quad P\{XY=1\}=P\{X=1,Y=1\}=P\{X=1\}P\{Y=1\}=\lambda_1\lambda_2\mathrm{e}^{-(\lambda_1+\lambda_2)}.$

12. $F_Z(z)=P\{Z\leqslant z\}=P\{\min\{X,Y\}\leqslant z\}=1-P\{\min\{X,Y\}>z\}$
$$=1-P\{X>z,Y>z\}=1-(P\{X>z\}-P\{X>z,Y\leqslant z\})$$
$$=P\{X\leqslant z\}+(P\{Y\leqslant z\}-P\{X\leqslant z,Y\leqslant z\})$$
$$=F(z,+\infty)+F(+\infty,z)-F(z,z).$$

13. 依定理，$F_Z(z)=(F(z))^2$.

14. 依正态变量的性质，$X+Y\sim N(0,2)$，$X-Y\sim N(0,2)$，
$$P\{X+Y\geqslant 0\}=\frac{1}{2}=P\{X-Y\geqslant 0\},$$
$$P\{\max\{X,Y\}\geqslant 0\}=1-P\{\max\{X,Y\}<0\}=1-P\{X<0,Y<0\}$$
$$=1-P\{X<0\}P\{Y<0\}=1-\frac{1}{2}\times\frac{1}{2},$$
$$P\{\min\{X,Y\}\geqslant 0\}=P\{X\geqslant 0,Y\geqslant 0\}=P\{X\geqslant 0\}P\{Y\geqslant 0\}=\frac{1}{2}\times\frac{1}{2}.$$

15. $P\{\min\{X,Y\}\leqslant 0\}=1-P\{\min\{X,Y\}>0\}=1-P\{X>0,Y>0\}$
$$=1-P\{Y>0\}-P\{X\leqslant 0,Y>0\}$$

$$= P\{Y \leqslant 0\} + P\{X \leqslant 0\} - P\{X \leqslant 0, Y \leqslant 0\}.$$

二、填空题

1. $\dfrac{1}{4}$.　　2. $\dfrac{80}{243}$.　　3. $\dfrac{p}{2-p}$.　　4. $\dfrac{3}{4}$.　　5. $\dfrac{1}{4}$.　　6. $\dfrac{1}{9}$.　　7. $\dfrac{3}{4}$.

8. $\dfrac{4}{7}$；$\dfrac{5}{7}$.　　9. $1-(1-F_X(z+1))(1-F_Y(z+1))$.　　10. $\dfrac{7}{8}$.

【提示】

1. 如答图 3-21(a)所示，依概率密度函数的性质，

$$P\{X+Y \leqslant 1\} = \iint\limits_{x+y \leqslant 1} 6x\,\mathrm{d}x\,\mathrm{d}y = \int_0^{1/2} 6x\,\mathrm{d}x \int_x^{1-x}\mathrm{d}y = \int_0^{\frac{1}{2}} 6x(1-2x)\,\mathrm{d}x.$$

2. $\dfrac{5}{9} = P\{X \geqslant 1\} = 1 - P\{X=0\} = 1 - (1-p)^2$，解之得 $p = \dfrac{1}{3}$，即 $X \sim B\left(2, \dfrac{1}{3}\right)$，$Y \sim B\left(3, \dfrac{1}{3}\right)$，

$$\begin{aligned}
P\{X+Y=1\} &= P\{X=0, Y=1\} + P\{X=1, Y=0\} \\
&= P\{X=0\}P\{Y=1\} + P\{X=1\}P\{Y=0\} \\
&= \left(1-\frac{1}{3}\right)^2 \times 3 \times \frac{1}{3} \times \left(1-\frac{1}{3}\right)^2 + 2 \times \frac{1}{3} \times \left(1-\frac{1}{3}\right) \times \left(1-\frac{1}{3}\right)^3.
\end{aligned}$$

3. $\begin{aligned}[t]
P\{X=Y\} &= P\{X=1, Y=1\} + P\{X=2, Y=2\} + \cdots \\
&= P\{X=1\}P\{Y=1\} + P\{X=2\}P\{Y=2\} + \cdots \\
&= p^2 + p^2(1-p)^2 + p^2(1-p)^4 + \cdots = p^2(1+(1-p)^2+(1-p)^4+\cdots) \\
&= p^2 \frac{1}{1-(1-p)^2}.
\end{aligned}$

4. 设这两个数为 X, Y，则 $X \sim U(0,1)$，$Y \sim U(0,1)$，(X, Y) 的概率密度函数为

$$f(x,y) = f_X(x)f_Y(y) = \begin{cases} 1, & 0 \leqslant x \leqslant 1, 0 \leqslant y \leqslant 1, \\ 0, & \text{其他}, \end{cases}$$

如答图 3-21(b)所示，依概率密度函数的性质，有

$$P\left\{|X-Y| \leqslant \frac{1}{2}\right\} = \iint\limits_{|x-y| \leqslant \frac{1}{2}} f(x,y)\,\mathrm{d}x\,\mathrm{d}y = 1 - 2 \times \frac{1}{2} \times \frac{1}{2} \times \frac{1}{2}.$$

5. 如答图 3-21(c)所示，$S_D = \int_1^{e^2} \dfrac{1}{x}\,\mathrm{d}x = 2$，$(X,Y)$ 的概率密度函数为 $f(x,y) = \begin{cases} \dfrac{1}{2}, & (x,y) \in D, \\ 0, & \text{其他}, \end{cases}$

于是 $f_X(x) = \displaystyle\int_{-\infty}^{+\infty} f(x,y)\,\mathrm{d}y = \begin{cases} \displaystyle\int_0^{1/x} \dfrac{1}{2}\,\mathrm{d}y = \dfrac{1}{2x}, & 1 < x < e^2, \\ 0, & \text{其他}. \end{cases}$

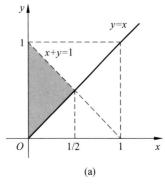
(a)

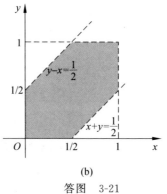
(b)

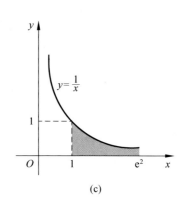
(c)

答图 3-21

6. $P\{\max\{X,Y\}\leqslant 1\}=P\{X\leqslant 1,Y\leqslant 1\}=P\{X\leqslant 1\}\,P\{Y\leqslant 1\}=\dfrac{1}{3}\times\dfrac{1}{3}.$

7. X 的所有可能取值为 $0,1,2,3$,且各件是否为合格品相互独立,则

$$P\{Y=2\}=P\{\max\{X,2\}=2\}=P\{X=0\}+P\{X=1\}+P\{X=2\}$$
$$=1-P\{X=3\}=1-\left(1-\dfrac{1}{2}\right)\times\left(1-\dfrac{1}{3}\right)\times\left(1-\dfrac{1}{4}\right).$$

8. $P\{\min\{X,Y\}<0\}=1-P\{\min\{X,Y\}\geqslant 0\}=1-P\{X\geqslant 0,Y\geqslant 0\}.$

$$P\{\max\{X,Y\}\geqslant 0\}=1-P\{\max\{X,Y\}<0\}=1-P\{X<0,Y<0\}$$
$$=1-(P\{X<0\}-P\{X<0,Y\geqslant 0\})$$
$$=P\{X\geqslant 0\}+(P\{Y\geqslant 0\}-P\{X\geqslant 0,Y\geqslant 0\}).$$

9. $F_Z(z)=P\{Z\leqslant z\}=P\{\min\{X,Y\}-1\leqslant z\}=P\{\min\{X,Y\}\leqslant z+1\}$
$$=1-P\{\min\{X,Y\}>z+1\}$$
$$=1-P\{X>z+1,Y>z+1\}\quad(X\text{ 与 }Y\text{ 相互独立})$$
$$=1-P\{X>z+1\}P\{Y>z+1\}$$
$$=1-(1-F_X(z+1))(1-F_Y(z+1)).$$

10. (X,Y) 的概率密度函数为 $f(x,y)=\begin{cases}\dfrac{1}{2}, & 0\leqslant x\leqslant 1,\ 0\leqslant y\leqslant 2,\\[2mm] 0, & \text{其他},\end{cases}$

$$P\left\{Z>\dfrac{1}{2}\right\}=P\left\{\max\{X,Y\}>\dfrac{1}{2}\right\}=1-P\left\{\max\{X,Y\}\leqslant\dfrac{1}{2}\right\}=1-P\left\{X\leqslant\dfrac{1}{2},Y\leqslant\dfrac{1}{2}\right\}$$
$$=1-\iint\limits_{x\leqslant\frac{1}{2},y\leqslant\frac{1}{2}}f(x,y)\mathrm{d}x\mathrm{d}y=1-\int_0^{1/2}\mathrm{d}x\int_0^{1/2}\dfrac{1}{2}\mathrm{d}y.$$

三、判断题

1. ×.　　2. ×.　　3. ×.　　4. ×.　　5. ×.　　6. ×.　　7. ×.　　8. √.　　9. ×.
10. ×.

【提示】

1. $f_X(x)=\displaystyle\int_{-\infty}^{+\infty}f(x,y)\mathrm{d}y=\begin{cases}\dfrac{1}{\pi}\displaystyle\int_{-\sqrt{1-x^2}}^{\sqrt{1-x^2}}\mathrm{d}y=\dfrac{2}{\pi}\sqrt{1-x^2}, & -1<x<1,\\[3mm] 0, & \text{其他}.\end{cases}$

2. $f_Y(y)=\displaystyle\int_{-\infty}^{+\infty}f(x,y)\mathrm{d}x=\begin{cases}\displaystyle\int_y^1 3x\,\mathrm{d}x=\dfrac{3}{2}(1-y^2), & 0<y<1,\\[3mm] 0, & \text{其他},\end{cases}$

则在 $Y=y(0<y<1)$ 条件下,X 的条件概率密度函数为

$$f_{X|Y}(x\mid y)=\dfrac{f(x,y)}{f_Y(y)}=\dfrac{f(x,y)}{\dfrac{3}{2}(1-y^2)}=\begin{cases}\dfrac{2x}{1-y^2}, & y<x<1,\\[3mm] 0, & \text{其他}.\end{cases}$$

3. 对任意 $x,y\in\mathbb{R}$,如果 $f(x,y)=f_X(x)f_Y(y)$ 几乎处处成立,则 X 与 Y 相互独立.

4. 依定理,$F_M(z)=F_X(z)\cdot F_Y(z)=\begin{cases}0, & z<0,\\[2mm] \dfrac{z}{2}(1-\mathrm{e}^{-z}), & 0\leqslant z<2,\\[2mm] 1-\mathrm{e}^{-z}, & z\geqslant 2.\end{cases}$

5. 由题 1 知,(X,Y) 在圆域 D 上服从二维均匀分布,而 X 不服从均匀分布.

$$f_X(x) = \int_{-\infty}^{+\infty} f(x,y)\,dy = \begin{cases} \dfrac{1}{\pi}\int_{-\sqrt{1-x^2}}^{\sqrt{1-x^2}} dy = \dfrac{2}{\pi}\sqrt{1-x^2}, & -1 < x < 1, \\ 0, & \text{其他.} \end{cases}$$

6. 参见例 3.10.3.

7. 参见例 3.10.4.

8. $F(x,y) = F_X(x)F_Y(y), \ \forall\, x,y \in \mathbf{R}$.

9. $P\{X=Y\} = P\{X=0, Y=0\} + P\{X=1, Y=1\}$

$$= P\{X=0\}P\{Y=0\} + P\{X=1\}P\{Y=1\} = \frac{1}{4} + \frac{1}{4} = \frac{1}{2}.$$

10. 依公式, $f_Z(z) = \displaystyle\int_{-\infty}^{+\infty} f_X(x) f_Y(z-x)\,dx, \ -\infty < z < +\infty$, 可得 $f_Z(z) = \begin{cases} z, & 0 < z < 1, \\ 2-z, & 1 \leqslant z < 2, \\ 0, & \text{其他.} \end{cases}$

四、解答题

1.

Y \ X	1	2	3	4	$\cdots$	$P\{Y=y_j\}$
0	0	$1/2^2$	$1/2^3$	$1/2^4$	$\cdots$	$1/2$
1	$1/2$	0	0	0	$\cdots$	$1/2$
$P\{X=x_i\}$	$1/2$	$1/2^2$	$1/2^3$	$1/2^4$	$\cdots$	1

【提示】(1) (X,Y) 的所有可能取值点为 $(1,1),(k,0),k=2,3,\cdots$,

$$P\{X=1, Y=1\} = P\{X=1 \mid Y=1\}P\{Y=1\} = 1 \times \frac{1}{2},$$

$\{Y=1\}$ 表示仅投掷 1 次就出现正面, 所以 $P\{Y=1\} = \dfrac{1}{2}$, 于是 $P\{X=1 \mid Y=1\} = 1$,

$$P\{X=k, Y=0\} = P\{X=k \mid Y=0\}P\{Y=0\} = \frac{1}{2^{k-1}} \cdot \frac{1}{2}, \quad k=2,3,\cdots,$$

其中事件 $\{X=k, Y=0\}$ 表示 "首次是反面, 且直到第 k 次才出现正面".

2. $\dfrac{1}{4}$.

【提示】二维随机变量 (X_1, X_2) 的所有可能取值点为

$$(0,-1), \quad (0,0), \quad (0,1), \quad (1,-1), \quad (1,0), \quad (1,1),$$

由题设, $P\{X_1 X_2 \neq 0\} = 1 - P\{X_1 X_2 = 0\} = 0$, 即 $P\{X_1=1, X_2=-1\} = 0, P\{X_1=1, X_2=1\} = 0$, 设 (X_1, X_2) 其余各点的概率值如下表:

X_1 \ X_2	-1	0	1	$P\{X_1=x_i\}$
0	p_{11}	p_{12}	p_{13}	$3/4$
1	0	p_{22}	0	$1/4$
$P\{X_2=x_j\}$	$1/4$	$1/2$	$1/4$	1

依联合分布律和边缘分布律的关系及分布律的性质, 有 $p_{11} = \dfrac{1}{4}, p_{12} = \dfrac{1}{4}, p_{13} = \dfrac{1}{4}, p_{22} = \dfrac{1}{4}.$

3. (1) $f_X(x) = \begin{cases} x, & 0 < x < 1, \\ 2-x, & 1 \leqslant x < 2, \\ 0, & \text{其他}; \end{cases}$　(2) 在 $Y = y(0 < y < 1)$ 条件下,

$$f_{X \mid Y}(x \mid y) = \begin{cases} \dfrac{1}{2-2y}, & y < x < 2-y, \\ 0, & \text{其他}. \end{cases}$$

【提示】(1) (X, Y) 的概率密度函数为 $f(x, y) = \begin{cases} 1, & (x, y) \in G, \\ 0, & (x, y) \notin G, \end{cases}$ 依边缘概率密度函数的定义,如答

图 3-22 所示,有

$$f_X(x) = \int_{-\infty}^{+\infty} f(x, y)\,\mathrm{d}y = \begin{cases} \int_0^x \mathrm{d}y, & 0 < x < 1, \\ \int_0^{2-x} \mathrm{d}y, & 1 \leqslant x < 2, \\ 0, & \text{其他}, \end{cases}$$

(2) Y 的边缘概率密度函数为

$$f_Y(y) = \int_{-\infty}^{+\infty} f(x, y)\,\mathrm{d}x = \begin{cases} \int_y^{2-y} \mathrm{d}x = 2 - 2y, & 0 < y < 1, \\ 0, & \text{其他}, \end{cases}$$

在 $Y = y(0 < y < 1)$ 条件下, $f_{X \mid Y}(x \mid y) = \dfrac{f(x, y)}{f_Y(y)}$.

4. $\dfrac{5}{12}$.

【提示】如答图 3-23 所示, X 的边缘概率密度函数为

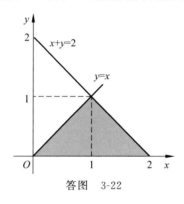

答图　3-22

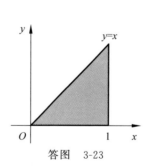

答图　3-23

$$f_X(x) = \int_{-\infty}^{+\infty} f(x, y)\,\mathrm{d}y = \begin{cases} \int_0^x 2(x+y)\,\mathrm{d}y = 3x^2, & 0 < x < 1, \\ 0, & \text{其他}, \end{cases}$$

在 $X = x(0 < x < 1)$ 条件下, $f_{Y \mid X}(y \mid x) = \dfrac{f(x, y)}{f_X(x)} = \begin{cases} \dfrac{2(x+y)}{3x^2}, & 0 < y < x, \\ 0, & y \text{ 取其他值}, \end{cases}$ 特别地,在 $X = \dfrac{1}{10}$ 条

件下, $f_{Y \mid X}\left(y \mid \dfrac{1}{10}\right) = \begin{cases} \dfrac{20}{3}(1+10y), & 0 < y < \dfrac{1}{10}, \\ 0, & y \text{ 取其他值}, \end{cases}$ 于是 $P\left\{Y < \dfrac{1}{20} \,\middle|\, X = \dfrac{1}{10}\right\} = \int_{-\infty}^{1/20} f_{Y \mid X}\left(y \,\middle|\, \dfrac{1}{10}\right) \mathrm{d}y.$

5. (1) $f_U(u) = \begin{cases} \lambda_1 \mathrm{e}^{-\lambda_1 u} + \lambda_2 \mathrm{e}^{-\lambda_2 u} - (\lambda_1 + \lambda_2) \mathrm{e}^{-(\lambda_1 + \lambda_2)u}, & u > 0, \\ 0, & u \leqslant 0; \end{cases}$

(2) $f_V(v) = \begin{cases} (\lambda_1 + \lambda_2)e^{-(\lambda_1 + \lambda_2)v}, & v > 0, \\ 0, & v \leqslant 0; \end{cases}$ (3) $f_Z(z) = \begin{cases} \dfrac{\lambda_1 \lambda_2}{\lambda_1 - \lambda_2}(e^{-\lambda_2 z} - e^{-\lambda_1 z}), & z > 0, \\ 0, & z \leqslant 0. \end{cases}$

【提示】X, Y 的分布函数分别为

$$F_X(x) = \begin{cases} 1 - e^{-\lambda_1 x}, & x > 0, \\ 0, & x \leqslant 0, \end{cases} \qquad F_Y(y) = \begin{cases} 1 - e^{-\lambda_2 y}, & y > 0, \\ 0, & y \leqslant 0. \end{cases}$$

(1) 两个子系统并联，记 $U = \max\{X, Y\}$，则 U 为系统 L 的寿命，且 U 的分布函数为

$$F_U(u) = F_X(u)F_Y(u) = \begin{cases} (1 - e^{-\lambda_1 u})(1 - e^{-\lambda_2 u}), & u > 0, \\ 0, & u \leqslant 0. \end{cases}$$

求导得 U 的概率密度函数为 $f_U(u)$.

(2) 两个子系统串联，记 $V = \min\{X, Y\}$，则 V 为系统 L 的寿命，且 V 的分布函数为

$$F_V(v) = 1 - (1 - F_X(v))(1 - F_Y(v)) = \begin{cases} 1 - e^{-(\lambda_1 + \lambda_2)v}, & v > 0, \\ 0, & v \leqslant 0. \end{cases}$$

求导得 V 的概率密度函数为 $f_V(v)$.

(3) 两个子系统一个工作，一个备用，记 $Z = X + Y$，则 Z 为系统 L 的寿命，且 Z 的概率密度函数为

$$f_Z(z) = \int_{-\infty}^{+\infty} f_X(z - y)f_Y(y)\mathrm{d}y, \quad -\infty < z < +\infty,$$

被积函数大于零的区域为 $\begin{cases} y > 0, \\ z - y > 0, \end{cases} \Rightarrow \begin{cases} y > 0, \\ z > y, \end{cases}$ 如答图 3-24 所示，

$$f_Z(z) = \begin{cases} \lambda_1 \lambda_2 e^{-\lambda_1 z}\displaystyle\int_0^z e^{(\lambda_1 - \lambda_2)y}\mathrm{d}y, & z > 0, \\ 0, & z \leqslant 0. \end{cases}$$

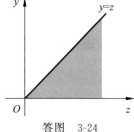

答图 3-24

6. (1) $A = 1$;   (2) $f_X(x) = \begin{cases} xe^{-x}, & x > 0, \\ 0, & x \leqslant 0, \end{cases}$ $f_Y(y) = \begin{cases} e^{-y}, & y > 0, \\ 0, & y \leqslant 0; \end{cases}$

(3) X 与 Y 不独立；

(4) 在 $Y = y \ (y > 0)$ 的条件下，$f_{X|Y}(x|y) =$
$\begin{cases} e^{-(x-y)}, & x > y, \\ 0, & x \text{ 取其他值,} \end{cases}$ 在 $X = x \ (x > 0)$ 的条件下，

$$f_{Y|X}(y|x) = \begin{cases} 1/x, & 0 < y < x, \\ 0, & y \text{ 取其他值.} \end{cases}$$

(5) $1 - 2e^{-1/2} + e^{-1}, \dfrac{1 - 2e^{-1}}{1 - e^{-1}}, 1 - e^{-1}$;   (6) $1 - e^{-1}, 2e^{-1}$;

(7) $F(x, y) = \begin{cases} 1 - xe^{-x} - e^{-x}, & 0 < x < y < +\infty, \\ 1 - ye^{-x} - e^{-y}, & 0 < y < x < +\infty, \\ 0, & \text{其他}; \end{cases}$ (8) $f_Z(z) = \begin{cases} e^{-z/2} - e^{-z}, & z > 0, \\ 0, & z \leqslant 0; \end{cases}$

(9) $f_T(t) = \begin{cases} e^{-t/2} - e^{-t}, & t > 0, \\ 0, & t \leqslant 0. \end{cases}$

【提示】(1) 依规范性，$1 = \displaystyle\iint\limits_{0 < y < x < +\infty} f(x, y)\mathrm{d}x\mathrm{d}y = A\int_0^{+\infty} e^{-x}\mathrm{d}x\int_0^x \mathrm{d}y = A\int_0^{+\infty} xe^{-x}\mathrm{d}x = -A(xe^{-x} +$
$e^{-x})\big|_0^{+\infty}$.

(2) 依定义，如答图 3-25(a) 所示，有

$$f_X(x) = \int_{-\infty}^{+\infty} f(x,y)\mathrm{d}y = \begin{cases} \int_0^x \mathrm{e}^{-x}\mathrm{d}y, & x > 0, \\ 0, & x \leqslant 0, \end{cases} \qquad f_Y(y) = \int_{-\infty}^{+\infty} f(x,y)\mathrm{d}x = \begin{cases} \int_y^{+\infty} \mathrm{e}^{-x}\mathrm{d}x, & y > 0, \\ 0, & y \leqslant 0. \end{cases}$$

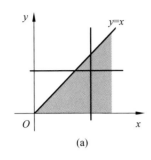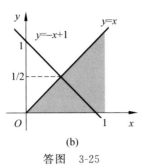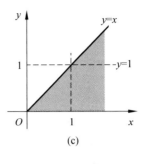

$$\text{(a)} \qquad\qquad\qquad \text{(b)} \qquad\qquad\qquad \text{(c)}$$

答图　3-25

（3）在区域 $0 < y < x < +\infty$ 内，$f(x,y) \neq f_X(x)f_Y(y)$.

（4）在 $Y = y\,(y > 0)$ 的条件下，$f_{X|Y}(x\,|\,y) = \dfrac{f(x,y)}{f_Y(y)} = \dfrac{f(x,y)}{\mathrm{e}^{-y}} = \begin{cases} \mathrm{e}^{-(x-y)}, & x > y, \\ 0, & x\ \text{取其他值}, \end{cases}$

在 $X = x\,(x > 0)$ 的条件下，$f_{Y|X}(y\,|\,x) = \dfrac{f(x,y)}{f_X(x)} = \dfrac{f(x,y)}{x\mathrm{e}^{-x}} = \begin{cases} 1/x, & 0 < y < x, \\ 0, & y\ \text{取其他值}. \end{cases}$

（5）依概率密度函数的性质，如答图 3-25(b)所示，有

$$P\{X+Y \leqslant 1\} = \int_0^{1/2} \mathrm{d}y \int_y^{1-y} \mathrm{e}^{-x}\mathrm{d}x = \int_0^{1/2}(\mathrm{e}^{-y} - \mathrm{e}^{-(1-y)})\,\mathrm{d}y = -(\mathrm{e}^{-y} - \mathrm{e}^{-1}\mathrm{e}^{y})_0^{1/2},$$

如答图 3-25(c)所示，有

$$P\{X < 1\,|\,Y < 1\} = \frac{P\{X < 1, Y < 1\}}{P\{Y < 1\}} = \frac{\displaystyle\int_0^1 \mathrm{e}^{-x}\mathrm{d}x \int_0^x \mathrm{d}y}{\displaystyle\int_0^1 \mathrm{e}^{-y}\mathrm{d}y} = \frac{\displaystyle\int_0^1 x\mathrm{e}^{-x}\mathrm{d}x}{(-\mathrm{e}^{-y})\,|\,_0^1},$$

由（4）知，$f_{X|Y}(x\,|\,1) = \begin{cases} \mathrm{e}^{-(x-1)}, & x > 1, \\ 0, & x\ \text{取其他值}, \end{cases}$　依条件概率密度函数的性质，

$$P\{X < 2\,|\,Y = 1\} = \int_{-\infty}^2 f_{X|Y}(x\,|\,1)\,\mathrm{d}x = \int_1^2 \mathrm{e}^{-(x-1)}\mathrm{d}x = -\mathrm{e}(\mathrm{e}^{-x})_1^2.$$

（6）依概率密度函数的性质，如答图 3-25(c)所示，有

$$P\{\min\{X,Y\} \leqslant 1\} = 1 - P\{\min\{X,Y\} > 1\} = 1 - P\{X > 1, Y > 1\}$$

$$= 1 - \iint\limits_{x > 1, y > 1} f(x,y)\mathrm{d}y\mathrm{d}x = 1 - \int_1^{+\infty} \mathrm{e}^{-x}\mathrm{d}x \int_1^x \mathrm{d}y,$$

$$P\{\max(X,Y) > 1\} = 1 - P\{\max(X,Y) \leqslant 1\} = 1 - P\{X \leqslant 1, Y \leqslant 1\}.$$

（7）设 (X,Y) 的分布函数为 $F(x,y)$，依定义，$F(x,y) = P\{X \leqslant x, Y \leqslant y\}$，$\forall x, y \in \mathbf{R}$.

如答图 3-26(a)所示，当 $0 < x < y < +\infty$ 时，$F(x,y) = \int_0^x \mathrm{e}^{-u}\mathrm{d}u \int_0^u \mathrm{d}v = -(u\mathrm{e}^{-u} + \mathrm{e}^{-u})\,|\,_0^x$；

当 $0 < y < x < +\infty$ 时，$F(x,y) = \int_0^y \mathrm{d}v \int_v^x \mathrm{e}^{-u}\mathrm{d}u = \int_0^y (\mathrm{e}^{-v} - \mathrm{e}^{-x})\,\mathrm{d}v.$

（8）依定理，$f_Z(z) = \displaystyle\int_{-\infty}^{+\infty} f(z-y,y)\mathrm{d}y$，$-\infty < z < +\infty$，如答图 3-26(b)所示，被积函数大于零的区域为

$$\begin{cases} y > 0, \\ z - y > y, \end{cases} \Rightarrow \begin{cases} y > 0, \\ z > 2y, \end{cases} \quad f_Z(z) = \begin{cases} \displaystyle\int_0^{z/2} \mathrm{e}^{-(z-y)}\mathrm{d}y, & z > 0, \\ 0, & \text{其他}. \end{cases}$$

(9) 设 $T = 2X - Y$ 的分布函数为 $F_T(t)$,依定义,$F_T(t) = P\{T \leqslant t\}$,$\forall t \in \mathbf{R}$. 当 $\dfrac{t}{2} \geqslant 0$,即 $t \geqslant 0$ 时,如答图 3-26(c)所示,

$$F_T(t) = \iint\limits_{2x-y \leqslant t} f(x,y)\mathrm{d}x\mathrm{d}y = \int_0^t \mathrm{d}y \int_y^{(y+t)/2} \mathrm{e}^{-x}\mathrm{d}x = \int_0^t (\mathrm{e}^{-y} - \mathrm{e}^{-\frac{t}{2}}\mathrm{e}^{-\frac{y}{2}})\mathrm{d}y,$$

即 T 的分布函数为 $F_T(t) = \begin{cases} 1 + \mathrm{e}^{-t} - 2\mathrm{e}^{-t/2}, & t \geqslant 0, \\ 0, & t < 0, \end{cases}$ $f_T(t) = [F_T(t)]'$.

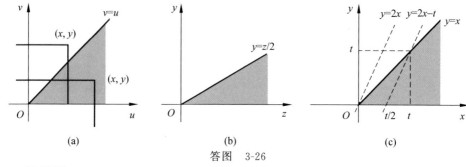

(a)   (b)   (c)

答图 3-26

五、证明题

【提示】U 与 V 分布函数与概率密度函数为

$$F(x) = \begin{cases} 1 - \mathrm{e}^{-x}, & x > 0, \\ 0, & x < 0, \end{cases} \quad f(x) = \begin{cases} \mathrm{e}^{-x}, & x > 0, \\ 0, & x \leqslant 0, \end{cases}$$

设 (X,Y) 的分布函数为 $F(x,y)$,依定义,$F(x,y) = P\{X \leqslant x, Y \leqslant y\}$,$\forall x,y \in \mathbf{R}$,

$$\begin{aligned} F(x,y) &= P\{\min\{U,V\} \leqslant x, \max\{U,V\} \leqslant y\} \\ &= P\{\max\{U,V\} \leqslant y\} - P\{\min\{U,V\} > x, \max\{U,V\} \leqslant y\} \\ &= F_Y(y) - P\{x < \min\{U,V\} \leqslant \max\{U,V\} \leqslant y\}. \end{aligned} \quad (*)$$

依定理,$F_Y(y) = (F(y))^2$,且当 $x \geqslant y$ 时,$P\{x < \min\{U,V\} \leqslant \max\{U,V\} \leqslant y\} = P(\varnothing) = 0$,当 $x < y$ 时,$P\{x < \min\{U,V\} \leqslant \max\{U,V\} \leqslant y\} = P\{x < U \leqslant y, x < V \leqslant y\} = P\{x < U \leqslant y\}P\{x < V \leqslant y\} = (F(y) - F(x))^2$($U$ 与 V 相互独立).

代入 $(*)$ 式,得 (X,Y) 的分布函数为

$$F(x,y) = \begin{cases} (F(y))^2 - (F(y) - F(x))^2, & x < y, \\ (F(y))^2, & x \geqslant y, \end{cases}$$

求导得 (X,Y) 的概率密度函数为

$$f(x,y) = \frac{\partial^2 F(x,y)}{\partial x \partial y} = \begin{cases} 2f(x)f(y) = 2\mathrm{e}^{-(x+y)}, & x < y, \\ 0, & x \geqslant y. \end{cases}$$

函数 $t = 2x$,$z = y - x$ 具有连续的一阶偏导数,且存在唯一的反函数 $x = \dfrac{t}{2}$,$y = z + \dfrac{t}{2}$,由

$0 < x < y < +\infty$ 知,$\begin{cases} t > 0, \\ z > 0, \end{cases}$ 雅可比行列式为 $J = \dfrac{\partial(x,y)}{\partial(t,z)} = \begin{vmatrix} \dfrac{\partial x}{\partial t} & \dfrac{\partial x}{\partial z} \\ \dfrac{\partial y}{\partial t} & \dfrac{\partial y}{\partial z} \end{vmatrix} = \begin{vmatrix} \dfrac{1}{2} & 0 \\ \dfrac{1}{2} & 1 \end{vmatrix} = \dfrac{1}{2} \neq 0.$

依定理,(T,Z) 的概率密度函数为

$$g(t,z) = \begin{cases} f(x(t,z), y(t,z))|J| = \mathrm{e}^{-(t+z)}, & t > 0, z > 0, \\ 0, & \text{其他}, \end{cases}$$

如答图 3-27 所示,(T,Z) 关于 T 的边缘概率密度函数为

$$g_T(t) = \int_{-\infty}^{+\infty} g(t,z)\mathrm{d}z = \begin{cases} \int_0^{+\infty} \mathrm{e}^{-(t+z)}\mathrm{d}z = -\mathrm{e}^{-t}(\mathrm{e}^{-z})_0^{+\infty} = \mathrm{e}^{-t}, & t > 0, \\ 0, & t \leqslant 0. \end{cases}$$

同理 (T, Z) 关于 Z 的边缘概率密度函数为

$$g_Z(z) = \int_{-\infty}^{+\infty} g(t,z)\mathrm{d}t = \begin{cases} \int_0^{+\infty} \mathrm{e}^{-(t+z)}\mathrm{d}t = -\mathrm{e}^{-z}(\mathrm{e}^{-t})_0^{+\infty} = \mathrm{e}^{-z}, & z > 0, \\ 0, & z \leqslant 0, \end{cases}$$

对 $\forall t, z \in \mathbb{R}, g(t,z) = g_T(t)g_Z(z)$.

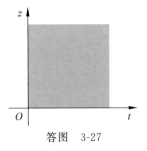

答图　3-27

第 4 章　随机变量的数字特征

习题 4-1

1. (1) 不存在;　　(2) 不存在.

【提示】(1) $\sum_{k=1}^{\infty} |x_k| P\{X = x_k\} = \sum_{k=1}^{\infty} \left| (-1)^{k+1} \dfrac{3^k}{k} \right| \dfrac{2}{3^k} = \sum_{k=1}^{\infty} \left(\dfrac{2}{k} \right) \to +\infty, \sum_{k=1}^{\infty} x_k P\{X = x_k\}$ 非绝

对收敛. (2) $\int_{-\infty}^{+\infty} |y| f(y)\mathrm{d}y = \dfrac{2}{\pi} \int_0^{+\infty} y \dfrac{1}{(1+y^2)}\mathrm{d}y = \dfrac{1}{\pi} \ln(1+y^2)_0^{+\infty} \to +\infty, \int_{-\infty}^{+\infty} y f(y)\mathrm{d}y$ 非绝对收敛.

2. (1) $\dfrac{3}{2}$;　　(2) $\dfrac{1}{4}$.

【提示】(1) X 的概率分布为 $P\{X = k\} = \dfrac{C_3^k C_3^{3-k}}{C_6^3}$, $k = 0, 1, 2, 3, X \sim H(3,3,6), E(X) = \dfrac{nM}{N}, N = 6,$

$M = 3, n = 3$.

(2) 设 A 表示事件"从乙箱中任取一件产品是次品",以 $\{X = 0\}, \{X = 1\}, \{X = 2\}, \{X = 3\}$ 为一个划

分,依全概率公式,有 $P(A) = \sum_{k=0}^{3} P\{A \mid X = k\} P\{X = k\} = 0 \cdot \dfrac{1}{20} + \dfrac{1}{6} \cdot \dfrac{9}{20} + \dfrac{2}{6} \cdot \dfrac{9}{20} + \dfrac{3}{6} \cdot \dfrac{1}{20}$.

3. 5.

【提示】依题设,$P\left\{ X > \dfrac{\pi}{3} \right\} = \int_{\pi/3}^{\pi} \dfrac{1}{2} \cos \dfrac{x}{2}\mathrm{d}x = \left(\sin \dfrac{x}{2} \right)_{\pi/3}^{\pi} = 1 - \dfrac{1}{2} = \dfrac{1}{2}$,所以 $Y \sim B\left(4, \dfrac{1}{2}\right)$,

依定理 1,$E(Y^2) = \sum_{k=0}^{4} k^2 P\{Y = k\}$.

4. (1) $P\{Y = n\} = (n-1)\left(\dfrac{1}{8} \right)^2 \left(\dfrac{7}{8} \right)^{n-2}, n = 2, 3, \cdots$;　　(2) 16.

【提示】(1) $P\{X > 3\} = \int_3^{+\infty} 2^{-x} \ln 2\mathrm{d}x = (-2^{-x})_3^{+\infty} = \dfrac{1}{8}, Y \sim Q\left(2, \dfrac{1}{8}\right)$(帕斯卡分布).

(2) $E(Y) = 2 \times 8$.

5. $1 - \mathrm{e}^{-1}$.

【提示】$\min\{|x|, 1\} = \begin{cases} |x|, & |x| < 1, \\ 1, & |x| \geqslant 1, \end{cases}$　依定理 3,有

$$E(\min\{|X|, 1\}) = \int_{-\infty}^{+\infty} \min\{|x|, 1\} f(x)\mathrm{d}x = \int_{|x| < 1} |x| f(x)\mathrm{d}x + \int_{|x| \geqslant 1} f(x)\mathrm{d}x$$

$$= \int_{-1}^{1} |x| \dfrac{1}{2} \mathrm{e}^{-|x|}\mathrm{d}x + \int_{-\infty}^{-1} \dfrac{1}{2} \mathrm{e}^{-|x|}\mathrm{d}x + \int_1^{+\infty} \dfrac{1}{2} \mathrm{e}^{-|x|}\mathrm{d}x$$

$$= \int_0^1 x \mathrm{e}^{-x}\mathrm{d}x + \dfrac{1}{2} \int_{-\infty}^{-1} \mathrm{e}^x\mathrm{d}x + \dfrac{1}{2} \int_1^{+\infty} \mathrm{e}^{-x}\mathrm{d}x$$

$$= -(x\mathrm{e}^{-x} + \mathrm{e}^{-x})_0^1 + \frac{1}{2}(\mathrm{e}^x)_{-\infty}^{-1} - \frac{1}{2}(\mathrm{e}^{-x})_1^{+\infty}.$$

6. 21 单位.

【提示】设进货量为 a,利润为 $M_a = g(X) = \begin{cases} 500X - 100(a-X), & 10 < X < a, \\ 500a + 300(X-a), & a \le X < 30, \end{cases}$

依定理 3,利润的期望为

$$E(M_a) = \int_{-\infty}^{+\infty} g(x)f(x)\mathrm{d}x = \frac{1}{20}\int_{10}^{30} g(x)\mathrm{d}x$$

$$= \frac{1}{20}\left(\int_{10}^{a}(600x - 100a)\mathrm{d}x + \int_{a}^{30}(300x + 200a)\mathrm{d}x\right) = -7.5a^2 + 350a + 5250,$$

依题意,$E(M_a) \ge 9280$,解之得 a 的取值范围.

习题 4-2

1. (1)

U＼V	0	1
0	1/4	0
1	1/4	1/2

(2) $\frac{3}{16}, 1, \frac{11}{16}$.

【提示】(1) 如答图 4-1 所示,(X,Y) 的概率密度函数为

$$f(x,y) = \begin{cases} \frac{1}{2}, & 0 \le x \le 2, 0 \le y \le 1, \\ 0, & 其他, \end{cases}$$

(U,V) 的所有可能取值点为 $(0,0),(1,0),(1,1)$,

$$P\{U=0, V=0\} = P\{X \le Y, X \le 2Y\} = P\{X \le Y\}$$

$$= P\{(X,Y) \in D_1\} = \frac{1}{4}(面积比),$$

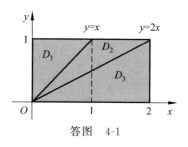

答图 4-1

其余点的概率同理可得.

(2) 由(1)知,(U,V) 关于 U 与关于 V 的边缘分布律及 $U+V$ 的分布律分别为

U	0	1
P	1/4	3/4

V	0	1
P	1/2	1/2

U+V	0	1	2
P	1/4	1/4	1/2

$$D(U) = E(U^2) - (E(U))^2, \quad D(2V) = 4D(V) = 4(E(V^2) - (E(V))^2),$$

$$D(U+V) = E((U+V)^2) - (E(U+V))^2.$$

2. $\frac{2}{75}, \frac{11}{25}, \frac{1}{25}$.

【提示】如答图 4-2 所示,依 4.1 节定理 4,有

$$E(X) = \int_{-\infty}^{+\infty}\int_{-\infty}^{+\infty} xf(x,y)\mathrm{d}x\,\mathrm{d}y = 8\int_0^1 x^2\mathrm{d}x\int_0^x y\mathrm{d}y = 4\int_0^1 x^4\mathrm{d}x = \frac{4}{5}.$$

同理可得 $E(X^2) = \frac{2}{3}, E(Y) = \frac{8}{15}, E(Y^2) = \frac{1}{3}, E(XY) = \frac{4}{9}$.

$$D(X) = E(X^2) - (E(X))^2, \quad D(3Y) = 9D(Y) = 9(E(Y^2) - (E(Y))^2).$$

又依数学期望的性质,

$$E(X-Y) = E(X) - E(Y), \quad E((X-Y)^2) = E(X^2 - 2XY + Y^2),$$

$$D(X-Y) = E((X-Y)^2) - (E(X-Y))^2.$$

3. $1-\dfrac{2}{\pi}$.

【提示】令 $Z=X-Y$，因为 X 与 Y 相互独立，依正态变量的性质，$Z\sim N(0,1)$，依性质，$E(Z)=0$，

$D(Z)=1$，依 4.1 节定理 3，有 $E(|Z|)=\displaystyle\int_{-\infty}^{+\infty}|z|\varphi(z)\mathrm{d}z=\dfrac{1}{\sqrt{2\pi}}\int_{-\infty}^{+\infty}|z|\mathrm{e}^{-\frac{z^2}{2}}\mathrm{d}z=\dfrac{2}{\sqrt{2\pi}}\int_{0}^{+\infty}z\mathrm{e}^{-\frac{z^2}{2}}\mathrm{d}z=$

$\sqrt{\dfrac{2}{\pi}}\left(-\mathrm{e}^{-\frac{z^2}{2}}\right)_{0}^{+\infty}=\sqrt{\dfrac{2}{\pi}}$，

$$E(|Z|^2)=E(Z^2)=D(Z)+(E(Z))^2,\quad D(|Z|)=E(|Z|^2)-(E(|Z|))^2.$$

4. $\dfrac{1}{3},\dfrac{1}{18}$.

【提示】如答图 4-3 所示，$f(x,y)=f_X(x)f_Y(y)=\begin{cases}1,&0\leqslant x\leqslant1,0\leqslant y\leqslant1,\\0,&\text{其他},\end{cases}$ 依 4.1 节定理 4，有

$$E(|X-Y|)=\int_{-\infty}^{+\infty}\int_{-\infty}^{+\infty}|x-y|f(x,y)\mathrm{d}x\mathrm{d}y=\int_{0}^{1}\int_{0}^{1}|x-y|\mathrm{d}x\mathrm{d}y=2\int_{0}^{1}\mathrm{d}x\int_{0}^{x}(x-y)\mathrm{d}y=\int_{0}^{1}x^2\mathrm{d}x,$$

$$E(|X-Y|^2)=\int_{-\infty}^{+\infty}\int_{-\infty}^{+\infty}|x-y|^2f(x,y)\mathrm{d}x\mathrm{d}y=\int_{0}^{1}\mathrm{d}x\int_{0}^{1}(x-y)^2\mathrm{d}y=\int_{0}^{1}\left(x^2-x+\frac{1}{3}\right)\mathrm{d}x,$$

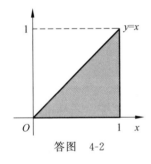

答图　4-2

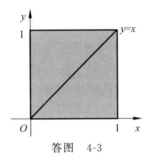

答图　4-3

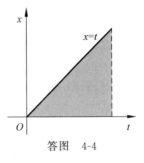

答图　4-4

依方差的计算公式，$D(|X-Y|)=E(|X-Y|^2)-(E(|X-Y|))^2$.

5. $f_T(t)=\begin{cases}25t\mathrm{e}^{-5t},&t>0,\\0,&t\leqslant0,\end{cases}\quad\dfrac{2}{5},\dfrac{2}{25}$.

【提示】设 X 和 Y 表示先后开动的记录仪无故障工作的时间，则 $T=X+Y$，X 和 Y 的概率密度函数

分别为 $f_X(x)=\begin{cases}5\mathrm{e}^{-5x},&x>0,\\0,&x\leqslant0,\end{cases}f_Y(y)=\begin{cases}5\mathrm{e}^{-5y},&y>0,\\0,&y\leqslant0,\end{cases}X$ 与 Y 相互独立，如答图 4-4 所示，依连续卷积

公式，有

$$f_T(t)=\int_{-\infty}^{+\infty}f_X(x)f_Y(t-x)\mathrm{d}x=\begin{cases}25\displaystyle\int_{0}^{t}\mathrm{e}^{-5x}\mathrm{e}^{-5(t-x)}\mathrm{d}x,&t>0,\\0,&t\leqslant0,\end{cases}\text{其中被积函数大于零的区域为}\begin{cases}x>0,\\t>x.\end{cases}$$

显然 X 和 Y 均服从参数为 $\dfrac{1}{5}$ 的指数分布，则

$$E(T)=E(X)+E(Y)=\frac{1}{5}+\frac{1}{5},\quad D(T)=D(X)+D(Y)=\frac{1}{25}+\frac{1}{25}.$$

习题 4-3

1. $\dfrac{15}{64},\dfrac{15}{64},\dfrac{7}{64};\dfrac{111}{64}$.

【提示】(X,Y) 关于 X 和关于 Y 的边缘分布律及 XY 的分布律分别为

X	0	1
P	3/8	5/8

Y	0	1
P	3/8	5/8

XY	0	1
P	1/2	1/2

依 4.1 节定理 2,有

$$E(X) = P\{X=1\} = E(X^2), \quad E(XY) = P\{XY=1\}, \quad D(X) = E(X^2) - (E(X))^2,$$
$$\text{Cov}(X,Y) = E(XY) - E(X)E(Y), \quad D(3X-2Y) = D(3X) + D(2Y) - 2\text{Cov}(3X,2Y).$$

2. $\dfrac{4}{225}, \dfrac{43}{75}$.

【提示】(1) 依协方差和方差的计算公式,有

$$\text{Cov}(X,Y) = E(XY) - E(X)E(Y), \quad D(5X-3Y) = 25D(X) + 9D(Y) - 30\text{Cov}(X,Y),$$

依习题 4-2 第 2 题的结论:$E(X) = \dfrac{4}{5}, D(X) = \dfrac{2}{75}, E(Y) = \dfrac{8}{15}, D(Y) = \dfrac{11}{225}, E(XY) = \dfrac{4}{9}$.

3. 0.

【提示】设 X 为第一次掷出的点数,Y 为第二次掷出的点数,则其概率分布为

$X(Y)$	1	2	3	4	5	6
P	1/6	1/6	1/6	1/6	1/6	1/6

$$D(X) = E(X^2) - (E(X))^2, \text{同理可得 } D(Y),$$
$$\text{Cov}(X+Y, X-Y) = \text{Cov}(X,X) - \text{Cov}(Y,Y) = D(X) - D(Y).$$

4. $\begin{pmatrix} 1/18 & 0 \\ 0 & 1/6 \end{pmatrix}$.

【提示】依 4.1 节定理 4,如答图 4-5 所示,有

$$E(X) = \int_{-\infty}^{+\infty}\int_{-\infty}^{+\infty} x f(x,y)\mathrm{d}x\mathrm{d}y = \int_0^1 x\,\mathrm{d}x \int_{-x}^x \mathrm{d}y = 2\int_0^1 x^2\,\mathrm{d}x,$$
$$E(X^2) = \int_{-\infty}^{+\infty}\int_{-\infty}^{+\infty} x^2 f(x,y)\mathrm{d}x\mathrm{d}y = \int_0^1 x^2\,\mathrm{d}x \int_{-x}^x \mathrm{d}y = 2\int_0^1 x^3\,\mathrm{d}x,$$
$$D(X) = E(X^2) - (E(X))^2.$$

同理可求 $E(Y) = 0, E(Y^2) = \dfrac{1}{6}, D(Y) = \dfrac{1}{6}$,

$$E(XY) = \int_{-\infty}^{+\infty}\int_{-\infty}^{+\infty} xy f(x,y)\mathrm{d}x\mathrm{d}y = 0, \quad \text{Cov}(X,Y) = E(XY) - E(X)E(Y),$$

$$\begin{pmatrix} D(X) & \text{Cov}(X,Y) \\ \text{Cov}(Y,X) & D(Y) \end{pmatrix}.$$

答图 4-5

习题 4-4

1. (1)

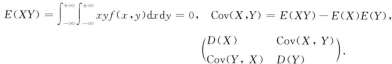

X_1 \ X_2	0	1
0	0.1	0.1
1	0.8	0

(2) $-\dfrac{2}{3}$.

【提示】(1) 设事件 $A_i = \{$抽到 i 等品$\}, i=1,2,3, (X_1, X_2)$ 的所有可能取值点为 $(0,0), (0,1), (1, 0)$,且 $P\{X_1=0, X_2=0\} = P(A_3) = 0.1$,其他概率同理可得.

(2) 由(1)知,(X_1, X_2)关于X_1与关于X_2的边缘分布律分别为

X_1	0	1
P	0.2	0.8

X_2	0	1
P	0.9	0.1

$X_1 X_2$	0
P	1

$$E(X_1) = P\{X_1 = 1\} = 0.8, \quad E(X_2) = P\{X_2 = 1\} = 0.1, \quad \text{同理} E(X_1^2) = 0.8,$$
$$E(X_2^2) = 0.1, \quad E(X_1 X_2) = 0,$$
$$D(X_1) = E(X_1^2) - (E(X_1))^2, \quad D(X_2) = E(X_2^2) - (E(X_2))^2,$$
$$\text{Cov}(X_1, X_2) = E(X_1 X_2) - E(X_1)E(X_2), \quad \rho_{X_1 X_2} = \frac{\text{Cov}(X_1, X_2)}{\sqrt{D(X_1)}\sqrt{D(X_2)}}.$$

2. (1) $\dfrac{1}{4}$;　(2) $-\dfrac{2}{3}, 0.$

【提示】(1) 依题设,$P\{X = 2Y\} = P\{X = 0, Y = 0\}.$

(2) (X, Y)关于X与关于Y的边缘分布律及XY的分布律分别为

X	0	1	2
P	1/2	1/3	1/6

Y	0	1	2
P	1/3	1/3	1/3

XY	0	1	4
P	7/12	1/3	1/12

$$D(X) = E(X^2) - (E(X))^2 = \frac{5}{9}, \quad D(Y) = E(Y^2) - (E(Y))^2 = \frac{2}{3},$$

$$\text{Cov}(X, Y) = E(XY) - E(X)E(Y), \quad \text{Cov}(X - Y, Y) = \text{Cov}(X, Y) - D(Y), \quad \rho_{XY} = \frac{\text{Cov}(X, Y)}{\sqrt{D(X)}\sqrt{D(Y)}}.$$

3. $\dfrac{43}{320}, \dfrac{3}{\sqrt{57}}.$

【提示】如答图 4-6 所示,依定义、定理及计算公式,有

$$E(X) = \int_{-\infty}^{+\infty}\int_{-\infty}^{+\infty} xf(x, y)\,\mathrm{d}x\,\mathrm{d}y = \int_0^1 3x^2\,\mathrm{d}x \int_0^x \mathrm{d}y = \int_0^1 3x^3\,\mathrm{d}x = \frac{3}{4}.$$

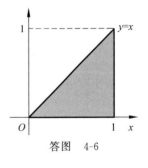

答图　4-6

同理可求

$$E(X^2) = \frac{3}{5}, \quad E(Y) = \frac{3}{8}, \quad E(Y^2) = \frac{1}{5}, \quad E(XY) = \frac{3}{10},$$

$$D(X) = E(X^2) - (E(X))^2 = \frac{3}{80}, \quad D(Y) = \frac{19}{320},$$

$$\text{Cov}(X, Y) = E(XY) - E(X)E(Y) = \frac{3}{160}, \quad D(X + Y) = D(X) + D(Y) + 2\text{Cov}(X, Y),$$

$$\rho_{XY} = \frac{\text{Cov}(X, Y)}{\sqrt{D(X)}\sqrt{D(Y)}}.$$

4. 【提示】(1) $\rho = 0 \Leftrightarrow P(AB) = P(A)P(B) \Leftrightarrow A$ 与 B 相互独立.

(2) 引入随机变量 X 和 Y 如下:

$$X = \begin{cases} 1, & A \text{ 发生}, \\ 0, & \bar{A} \text{ 发生}, \end{cases} \qquad Y = \begin{cases} 1, & B \text{ 发生}, \\ 0, & \bar{B} \text{ 发生}, \end{cases}$$

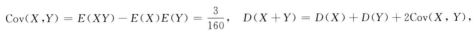

显然 X 和 Y 的分布律分别为

X	0	1
P	$P(\overline{A})$	$P(A)$

Y	0	1
P	$P(\overline{B})$	$P(B)$

$$D(X) = E(X^2) - (E(X))^2 = P(A) - (P(A))^2 = P(A)P(\overline{A}).$$

同理 $D(Y) = P(B)P(\overline{B})$，

$$E(XY) = P\{XY = 1\} = P\{X = 1, Y = 1\} = P(AB),$$

$$\mathrm{Cov}(X, Y) = E(XY) - E(X)E(Y) = P(AB) - P(A)P(B),$$

可以证明 $\rho_{XY} = \dfrac{\mathrm{Cov}(X, Y)}{\sqrt{D(X)} \sqrt{D(Y)}} = \rho$.

5. $\dfrac{n-m}{n}$.

【提示】因 $X_1, X_2, \cdots, X_{m+n}$ 相互独立, 则

$$D(X_1 + X_2 + \cdots + X_n) = D(X_1) + D(X_2) + \cdots + D(X_n) = n\sigma^2,$$

$$D(X_{m+1} + X_{m+2} + \cdots + X_{m+n}) = D(X_{m+1}) + D(X_{m+2}) + \cdots + D(X_{m+n}) = n\sigma^2.$$

因为 $\mathrm{Cov}(X_i, X_j) = \begin{cases} \sigma^2, & i = j, \\ 0, & i \neq j, \end{cases}$ 并 $n > m$, 依协方差的性质, 有

$$\mathrm{Cov}(X_1 + \cdots + X_m + X_{m+1} + \cdots + X_n, X_{m+1} + \cdots + X_n + \cdots + X_{m+n})$$

$$= \mathrm{Cov}(X_{m+1}, X_{m+1}) + \mathrm{Cov}(X_{m+2}, X_{m+2}) + \cdots + \mathrm{Cov}(X_n, X_n) = (n-m)\sigma^2,$$

依定义, $X_1 + X_2 + \cdots + X_n$ 与 $X_{m+1} + X_{m+2} + \cdots + X_{m+n}$ 的相关系数为

$$\rho = \frac{\mathrm{Cov}(X_1 + X_2 + \cdots + X_n, X_{m+1} + X_{m+2} + \cdots + X_{m+n})}{\sqrt{D(X_1 + X_2 + \cdots + X_n)} \sqrt{D(X_{m+1} + X_{m+2} + \cdots + X_{m+n})}}.$$

6. 【提示】记 $Y_i = X_i - \overline{X}$, $Y_j = X_j - \overline{X}$ $(i, j = 1, 2, \cdots, n)$, 将 Y_i $(i = 1, 2, \cdots, n)$ 分解成独立变量之和:

$$Y_i = -\frac{1}{n}X_1 - \cdots - \frac{1}{n}X_{i-1} + \left(1 - \frac{1}{n}\right)X_i - \frac{1}{n}X_{i+1} - \cdots - \frac{1}{n}X_n, \quad i = 1, 2, \cdots, n,$$

参见例 4.3.4 的结论知, $D(Y_i) = D(Y_j) = \dfrac{n-1}{n}\sigma^2$, $\mathrm{Cov}(Y_i, Y_j) = -\dfrac{1}{n}$, $i, j = 1, 2, \cdots, n, i \neq j$,

$$\rho_{Y_i Y_j} = \frac{\mathrm{Cov}(Y_i, Y_j)}{\sqrt{D(Y_i)} \sqrt{D(Y_j)}}.$$

习题 4-5

1. (1) $2X - Y \sim N(0, 25)$; (2) $2X - Y \sim N(0, 13)$.

【提示】(1) 依性质, $2X - Y$ 服从一维正态分布, 且

$$E(2X - Y) = 2E(X) - E(Y), \quad D(2X - Y) = 4D(X) + D(Y).$$

(2) 依性质 2, $2X - Y$ 服从一维正态分布, 且

$$E(2X - Y) = 2E(X) - E(Y), \quad D(2X - Y) = D(2X) + D(Y) - 2\mathrm{Cov}(2X, Y).$$

2. (1) $\dfrac{a^2 - b^2}{a^2 + b^2}$. (2) 当 $|a| \neq |b|$ 时, U 与 V 不是不相关, U 与 V 不独立, 当 $|a| = |b|$ 时, U 与 V 不

相关, U 与 V 相互独立. (3) $f(u, v) = \dfrac{1}{4\pi a^2 \sigma^2} \mathrm{e}^{-\frac{1}{4a^2\sigma^2}(u^2 + v^2)}$, $-\infty < u, v < +\infty$.

【提示】(1) 因 $(X, Y) \sim N(0, 0, \sigma^2, \sigma^2, 0)$, 依性质 1, $X \sim N(0, \sigma^2)$, $Y \sim N(0, \sigma^2)$, 且 X 与 Y 相互

独立, 所以 aX 与 bY 相互独立, 且 $D(X) = D(Y) = \sigma^2$,

$$D(U) = a^2 D(X) + b^2 D(Y), \quad D(V) = a^2 D(X) + b^2 D(Y),$$

$$\mathrm{Cov}(U,V) = \mathrm{Cov}(aX+bY, aX-bY) = a^2 \mathrm{Cov}(X,X) - b^2 \mathrm{Cov}(Y,Y),$$

依定义,$\rho_{UV} = \dfrac{\mathrm{Cov}(U,V)}{\sqrt{D(U)}\,\sqrt{D(V)}}$.

(2) 依性质 4,(U,V) 服从二维正态分布,所以"U 与 V 不相关"等价于"U 与 V 相互独立",由(1)知当 $|a| \neq |b|$ 时,$\rho_{UV} \neq 0$,U 与 V 不是不相关,即相关,故 U 与 V 不独立,当 $|a| = |b|$ 时,$\rho_{UV} = 0$,U 与 V 不相关,因此 U 与 V 相互独立.

(3) 设 U 与 V 相互独立,则 $|a| = |b|$. 又因 $E(X) = E(Y) = 0$,于是

$E(U) = aE(X) + bE(Y) = 0, E(V) = aE(X) - bE(Y) = 0$,由(1)知,$D(U) = 2a^2\sigma^2 = D(V)$,因此 $(U, V) \sim N(0, 0, 2a^2\sigma^2, 2a^2\sigma^2, 0)$.

3. (1) $f_X(x) = \dfrac{1}{\sqrt{2\pi}} e^{-\frac{(x-3)^2}{2}}$,$-\infty < x < +\infty$;$f_Y(y) = \dfrac{1}{\sqrt{2\pi}} e^{-\frac{(y-1)^2}{2}}$,$-\infty < y < +\infty$;　(2) $\dfrac{1}{2}$.

【提示】(1) $(X_1, X_2) \sim N(4, 2, \sqrt{3}^2, 1^2, 0)$,且 X_1 与 X_2 相互独立,依性质,$X_1 \sim N(4, \sqrt{3}^2)$,$X_2 \sim N(2, 1^2)$,则 $X = \dfrac{1}{2}(X_1 + X_2)$,$Y = \dfrac{1}{2}(X_1 - X_2)$ 均服从正态分布,$E(X) = \dfrac{1}{2}(E(X_1) + E(X_2)) = 3$,$D(X) = \dfrac{1}{4}(D(X_1) + D(X_2)) = 1$,即 $X \sim N(3, 1)$. 同理 $Y \sim N(1, 1)$.

(2) $\mathrm{Cov}(X, Y) = \mathrm{Cov}\left(\dfrac{1}{2}(X_1 + X_2), \dfrac{1}{2}(X_1 - X_2)\right) = \dfrac{1}{4}(D(X_1) - D(X_2)) = \dfrac{1}{2}$.

4. (1) $\dfrac{1}{3}$,3;　(2) 0;　(3) X 与 Z 相互独立. 因为 (X, Z) 服从二维正态分布,且 X 与 Z 不相关.

【提示】(1) $E(X) = 1$,$D(X) = 9$,$E(Y) = 0$,$D(Y) = 16$,

$$E(Z) = \dfrac{1}{3}E(X) + \dfrac{1}{2}E(Y), \quad D(Z) = \dfrac{1}{3^2}D(X) + \dfrac{1}{2^2}D(Y) + 2 \times \dfrac{1}{3} \times \dfrac{1}{2}\mathrm{Cov}(X,Y).$$

(2) $\mathrm{Cov}(X, Z) = \dfrac{1}{3}\mathrm{Cov}(X, X) + \dfrac{1}{2}\mathrm{Cov}(X, Y)$,$\rho_{XZ} = \dfrac{\mathrm{Cov}(X, Z)}{\sqrt{D(X)}\,\sqrt{D(Z)}}$.

(3) 因为 (X, Y) 服从二维正态分布,依性质 3,(X, Z) 服从二维正态分布,由(2)知,X 与 Z 不相关.

5. $-\sqrt{\dfrac{1-\rho}{\pi}}$.

【提示】(1) $X \sim N(0, 1)$,$Y \sim N(0, 1)$,$E(X) = 0 = E(Y)$,注意 X 与 Y 未必相互独立,$\min\{X, Y\} = \dfrac{1}{2}(X + Y - |X - Y|)$,则

$$E(\min\{X, Y\}) = \dfrac{1}{2}(E(X) + E(Y) - E(|X - Y|)) = -\dfrac{1}{2}E(|X - Y|).$$

因为 (X, Y) 服从二维正态分布,依性质 2,$X - Y$ 服从一维正态分布,且

$$E(X - Y) = E(X) - E(Y) = 0,$$

$$D(X - Y) = D(X) + D(Y) - 2\rho\sqrt{D(X)}\sqrt{D(Y)} = 2 - 2\rho,即 X - Y \sim N(0, 2 - 2\rho),$$

依 4.1 节定理 3,

$$E(|X - Y|) = E(|Z|) = \int_{-\infty}^{+\infty} |z| f_Z(z)\mathrm{d}z = \dfrac{2}{\sqrt{2\pi(2 - 2\rho)}}\int_0^{+\infty} z e^{-\frac{z^2}{2(2 - 2\rho)}}\mathrm{d}z = \dfrac{-2(1 - \rho)}{\sqrt{\pi(1 - \rho)}}\left(e^{-\frac{z^2}{4(1 - \rho)}}\right)\Big|_0^{+\infty}.$$

习题 4-6

1. $X \sim B\left(n, \dfrac{\lambda_1}{\lambda_1 + \lambda_2}\right)$,$E(X \mid X + Y = n) = \dfrac{n\lambda_1}{\lambda_1 + \lambda_2}$.

【提示】$X \sim P(\lambda_1), Y \sim P(\lambda_2)$，且 X 与 Y 相互独立，所以 $X+Y \sim P(\lambda_1+\lambda_2)$，即 $P\{X+Y=n\} = \dfrac{(\lambda_1+\lambda_2)^n}{n!} e^{-(\lambda_1+\lambda_2)}$，$n=0,1,2,\cdots$. 在 $X+Y=n$ 的条件下，X 的一切可能取值为 $0,1,2,\cdots,n$，则

$$P\{X=k \mid X+Y=n\} = \frac{P\{X=k\}P\{Y=n-k\}}{P\{X+Y=n\}} = \frac{\dfrac{\lambda_1^k}{k!}e^{-\lambda_1} \cdot \dfrac{\lambda_2^{n-k}}{(n-k)!}e^{-\lambda_2}}{\dfrac{(\lambda_1+\lambda_2)^n}{n!}e^{-(\lambda_1+\lambda_2)}}$$

$$= C_n^k \left(\frac{\lambda_1}{\lambda_1+\lambda_2}\right)^k \left(\frac{\lambda_2}{\lambda_1+\lambda_2}\right)^{n-k}, \quad k=0,1,\cdots,n.$$

2. (1)

Y	0	1
P	1/2	1/2

X \\ Y	0	1
−1	0	1/4
0	1/2	0
1	0	1/4

(2) 0;1.

【提示】(1) Y 的可能取值为 $0,1$，且 $P\{Y=0\}=P\{X=0\}=\dfrac{1}{2}$.

(X,Y) 的所有可能取值点为 $(0,0),(-1,1),(1,1)$，

$$P\{X=0, Y=0\} = P\{Y=0 \mid X=0\}P\{X=0\},$$

其他概率同理可得.

(2) 由(1)知，在 $Y=1$ 条件下，X 的条件分布律为

X	−1	1
$P\{X=x_i \mid Y=1\}$	1/2	1/2

$$E(X \mid Y=1) = (-1) \times \frac{1}{2} + 1 \times \frac{1}{2} = 0, \quad E(X^2 \mid Y=1) = (-1)^2 \times \frac{1}{2} + 1^2 \times \frac{1}{2} = 1,$$

$$D(X \mid Y=1) = E(X^2 \mid Y=1) - (E(X \mid Y=1))^2.$$

3. (1) 在 $X=x(0<x<1)$ 条件下，$f_{Y|X}(y|x) = \begin{cases} \dfrac{2y}{x^2}, & 0<y<x, \\ 0, & \text{其他}; \end{cases}$ (2) $\dfrac{4}{9}, \dfrac{4}{21}$; (3) $\dfrac{1}{3}, \dfrac{1}{72}$.

【提示】(1) 如答图 4-7 所示，依定义，有

$$f_X(x) = \int_{-\infty}^{+\infty} f(x,y)\,dy = \begin{cases} \displaystyle\int_0^x 6y\,dy = 3x^2, & 0<x<1, \\ 0, & \text{其他,} \end{cases}$$

在 $X=x(0<x<1)$ 条件下，$f_{Y|X}(y|x) = \dfrac{f(x,y)}{f_X(x)}$.

(2) $f_{Y|X}\left(y \left| \dfrac{1}{2}\right.\right) = \begin{cases} 8y, & 0<y<\dfrac{1}{2}, \\ 0, & \text{其他,} \end{cases}$ $P\left\{Y \leqslant \dfrac{1}{3} \left| X=\dfrac{1}{2}\right.\right\} = \int_{-\infty}^{1/3} f_{Y|X}\left(y \left| \dfrac{1}{2}\right.\right)\,dy$,

$$P\left\{Y \leqslant \frac{1}{3} \left| X > \frac{1}{2}\right.\right\} = \frac{P\left\{X>\dfrac{1}{2}, Y \leqslant \dfrac{1}{3}\right\}}{P\left\{X>\dfrac{1}{2}\right\}} = \frac{\displaystyle\iint_{x>\frac{1}{2}, y \leqslant \frac{1}{3}} f(x,y)\,dx\,dy}{\displaystyle\int_{1/2}^{+\infty} f_X(x)\,dx} = \frac{6\displaystyle\int_{\frac{1}{2}}^1 dx \int_0^{\frac{1}{3}} y\,dy}{3\displaystyle\int_{\frac{1}{2}}^1 x^2\,dx}.$$

（3）依定义，$E\left(Y\,\middle|\,X=\dfrac{1}{2}\right)=\displaystyle\int_{-\infty}^{+\infty}yf_{Y\,|\,X}\left(y\,\middle|\,\dfrac{1}{2}\right)\mathrm{d}y=\int_{0}^{1/2}8y^{2}\,\mathrm{d}y$，

$$E\left(Y^{2}\,\middle|\,X=\frac{1}{2}\right)=\int_{-\infty}^{+\infty}y^{2}f_{Y\,|\,X}\left(y\,\middle|\,\frac{1}{2}\right)\mathrm{d}y=\int_{0}^{1/2}8y^{3}\,\mathrm{d}y,$$

$$D\left(Y\,\middle|\,X=\frac{1}{2}\right)=E\left(Y^{2}\,\middle|\,X=\frac{1}{2}\right)-\left(E\left(Y\,\middle|\,X=\frac{1}{2}\right)\right)^{2}.$$

4.（1）在 $X=x(0<x<1)$ 条件下，$f_{Y\,|\,X}(y\,|\,x)=\begin{cases}1,&x<y<x+1,\\0,&\text{其他}\,;\end{cases}\dfrac{1}{2}$；（2）$x+\dfrac{1}{2},\dfrac{1}{12}$.

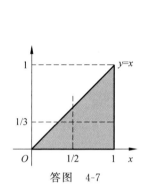

答图 4-7

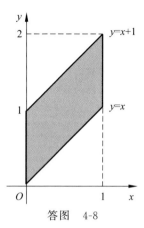

答图 4-8

【提示】（1）如答图 4-8 所示，依定义，

$$f_{X}(x)=\int_{-\infty}^{+\infty}f(x,y)\mathrm{d}y=\begin{cases}\displaystyle\int_{x}^{x+1}2x\,\mathrm{d}y=2x,&0<x<1,\\[2mm]0,&\text{其他},\end{cases}$$

在 $X=x(0<x<1)$ 条件下，

$$f_{Y\,|\,X}(y\,|\,x)=\frac{f(x,y)}{f_{X}(x)},\quad f_{Y\,|\,X}\left(y\,\middle|\,\frac{1}{2}\right)=\begin{cases}1,&\dfrac{1}{2}<y<\dfrac{3}{2},\\[2mm]0,&\text{其他},\end{cases}$$

$$F_{Y\,|\,X}\left(1\,\middle|\,\frac{1}{2}\right)=\int_{-\infty}^{1}f_{Y\,|\,X}\left(y\,\middle|\,\frac{1}{2}\right)\mathrm{d}y.$$

（2）在 $X=x(0<x<1)$ 条件下，

$$E(Y\mid X=x)=\int_{-\infty}^{+\infty}yf_{Y\,|\,X}(y\mid x)\mathrm{d}y=\int_{x}^{x+1}y\,\mathrm{d}y,$$

$$E(Y^{2}\mid X=x)=\int_{-\infty}^{+\infty}y^{2}f_{Y\,|\,X}(y\mid x)\mathrm{d}y=\int_{x}^{x+1}y^{2}\,\mathrm{d}y,$$

$$D(Y\mid X=x)=E(Y^{2}\mid X=x)-(E(Y\mid X=x))^{2}.$$

5. $0,\dfrac{1}{3}(1-y^{2})$.

【提示】$f(x,y)=\begin{cases}\dfrac{1}{\pi},&x^{2}+y^{2}\leqslant 1,\\[2mm]0,&x^{2}+y^{2}>1,\end{cases}$

$$f_{Y}(y)=\int_{-\infty}^{+\infty}f(x,y)\mathrm{d}x=\begin{cases}\displaystyle\int_{-\sqrt{1-y^{2}}}^{\sqrt{1-y^{2}}}\frac{1}{\pi}\mathrm{d}x=\frac{2}{\pi}\sqrt{1-y^{2}},&-1<y<1,\\[2mm]0,&\text{其他},\end{cases}$$

在 $Y = y (-1 < y < 1)$ 条件下,有

$$f_{X|Y}(x \mid y) = \frac{f(x,y)}{f_Y(y)} = \begin{cases} \dfrac{\dfrac{1}{\pi}}{\dfrac{2}{\pi}\sqrt{1-y^2}} = \dfrac{1}{2\sqrt{1-y^2}}, & -\sqrt{1-y^2} < x < \sqrt{1-y^2}, \\ 0, & \text{其他}, \end{cases}$$

即 $X \sim U(-\sqrt{1-y^2}, \sqrt{1-y^2})$.

习题 4-7

1. $\dfrac{r}{p}, \dfrac{r(1-p)}{p^2}$.

【提示】$Y_1 = \{$从试验开始直到事件 A 出现为止所需试验的次数$\}$,$Y_2 = \{$从 A 第一出现之后的第一次试验开始,直到 A 第二次出现为止所需试验的次数$\}$,$\cdots$,以此类推,则 $Y_1, Y_2, \cdots, Y_r$ 相互独立,且 $Y_i \sim G(p)$,$i = 1, 2, \cdots, r$,显然 $Y_1, Y_2, \cdots, Y_r$ 相互独立,且

$$X = Y_1 + Y_2 + \cdots + Y_r,$$

依几何分布的数字特征,有

$$E(X) = E(Y_1) + E(Y_2) + \cdots + E(Y_r), \quad D(X) = D(Y_1) + D(Y_2) + \cdots + D(Y_r).$$

2. $M\left(1 - \left(1 - \dfrac{1}{M}\right)^n\right)$.

【提示】引入随机变量 $X_i = \begin{cases} 1, & \text{第 } i \text{ 只盒子有球}, \\ 0, & \text{第 } i \text{ 只盒子没球}, \end{cases}$ $i = 1, 2, \cdots, M$,于是 $X_1, X_2, \cdots, X_M$ 同分布,且

X_i	0	1
P	$\left(1 - \dfrac{1}{M}\right)^n$	$1 - \left(1 - \dfrac{1}{M}\right)^n$

则 $E(X_i) = P\{X_i = 1\} = 1 - \left(1 - \dfrac{1}{M}\right)^n$,且 $X = X_1 + X_2 + \cdots + X_M$,于是 $E(X) = \sum_{i=1}^{M} E(X_i)$.

单元练习题 4

一、选择题

1. C.　　2. B.　　3. D.　　4. D.　　5. C.　　6. A.　　7. A.　　8. D

9. D.　　10. D.　　11. C.　　12. B.　　13. C.　　14. C.　　15. A.

【提示】

1. 设此人抽取的三张奖券面值总和为随机变量 X,则其所有可能取值为 $6, 9, 12$,

$$P\{X = 6\} = \frac{C_8^3}{C_{10}^3} = \frac{7}{15}, \quad P\{X = 9\} = \frac{C_8^2 C_2^1}{C_{10}^3} = \frac{7}{15}, \quad P\{X = 12\} = 1 - P\{X = 6\} - P\{X = 9\} = \frac{1}{15},$$

即 X 的分布律为

X	6	9	12
P	7/15	7/15	1/15

所以 $E(X) = 6 \times \dfrac{7}{15} + 9 \times \dfrac{7}{15} + 12 \times \dfrac{1}{15} = \dfrac{39}{5} = 7.8$.

2. $UV = XY$,因 X 与 Y 相互独立,所以 $E(UV) = E(XY) = E(X)E(Y)$.

3. 依数学期望的极小性,对任意常数 C, $E((X-C)^2) \geqslant E((X-\mu)^2)$.

4. $E(X(X+Y-2)) = E(X^2+XY-2X) = E(X^2)+E(XY)-2E(X)$
$$= D(X)+(E(X))^2+E(X)E(Y)-2E(X)$$
$$= 3+2^2+2\times1-2\times2 = 5.$$

5. $E(X)=1$, $D(X)=2$, $E(Y)=1$, $D(Y)=4$, X 与 Y 相互独立,则 X^2 与 Y^2 相互独立
$$D(XY) = E((XY)^2)-(E(XY))^2 = E(X^2)E(Y^2)-(E(X))^2(E(Y))^2$$
$$= (D(X)+(E(X))^2)(D(Y)+(E(Y))^2)-(E(X))^2(E(Y))^2$$
$$= (2+1)(4+1)-1 = 14.$$

6. X_1, X_2, $\cdots$, X_n 相互独立,则 $\mathrm{Cov}(X_1,X_i)=0(i=2,3,\cdots,n)$,且

$$\mathrm{Cov}(X_1,Y) = \mathrm{Cov}\left(X_1,\frac{1}{n}\sum_{i=1}^{n}X_i\right) = \frac{1}{n}\mathrm{Cov}(X_1,X_1) = \frac{1}{n}D(X_1) = \frac{\sigma^2}{n},$$

$$D(X_1+Y) = D\left(X_1+\frac{1}{n}\sum_{i=1}^{n}X_i\right) = D\left(\frac{n+1}{n}X_1+\frac{1}{n}X_2+\cdots+\frac{1}{n}X_n\right)$$

$$= \left(\frac{n+1}{n}\right)^2\sigma^2+\frac{n-1}{n^2}\sigma^2 = \frac{n+3}{n}\sigma^2,$$

同理 $D(X_1-Y) = \frac{n-1}{n}\sigma^2$.

7. $X+Y=n$,即 $Y=-X+n$ 即 X 与 Y 完全负相关,依性质,$\rho_{XY}=-1$.

8. 截成两段的木棒长度分别设为 X, Y,则 $X+Y=1$,即 $Y=-X+1$,X 与 Y 完全负相关,$\rho_{XY}=-1$.

9. 因 $\rho_{XY}=1$,所以 X 与 Y 完全正相关,不妨设 $Y=aX+b$,依相关系数的性质,$a>0$,又 $E(X)=0$, $E(Y)=1$,于是 $1=E(Y)=E(aX+b)=aE(X)+b=b$.

10. X 与 Y 完全相关,且 $\rho_{XY}=\begin{cases}-1, & a<0, \\ 1, & a>0.\end{cases}$

11. X 与 Y 不相关,不能说明 X 与 Y 一定独立. 而选项 B,D 成立的前提是 X 与 Y 相互独立.

12. $\xi=X+Y$, $\eta=X-Y$ 不相关 $\Leftrightarrow 0=\mathrm{Cov}(\xi,\eta)=\mathrm{Cov}(X+Y,X-Y)=D(X)-D(Y)$,也即 $E(X^2)-(E(X))^2=E(Y^2)-(E(Y))^2$.

13. 因为 $D(X+Y)=D(X)+D(Y)+2\mathrm{Cov}(X,Y)$,因此 $D(X+Y)=D(X)+D(Y)\Leftrightarrow \mathrm{Cov}(X,Y)=0\Leftrightarrow X$ 与 Y 不相关.

14. X 的概率密度函数为 $F'(x)=0.3\Phi'(x)+0.35\Phi'\left(\frac{x-1}{2}\right)$,于是

$$E(X) = \int_{-\infty}^{+\infty}xF'(x)\mathrm{d}x = 0.3\int_{-\infty}^{+\infty}x\Phi'(x)\mathrm{d}x + 0.35\int_{-\infty}^{+\infty}x\Phi'\left(\frac{x-1}{2}\right)\mathrm{d}x.$$

又因为标准正态分布的均值为 0,即 $\int_{-\infty}^{+\infty}x\Phi'(x)\mathrm{d}x=0$,依规范性,$\int_{-\infty}^{+\infty}\Phi'(x)\mathrm{d}x=1$,所以

$$E(X) = 0.35\int_{-\infty}^{+\infty}x\Phi'\left(\frac{x-1}{2}\right)\mathrm{d}x \xrightarrow{\text{令}\frac{x-1}{2}=t} 0.35\times2\int_{-\infty}^{+\infty}(2t+1)\Phi'(t)\mathrm{d}t$$

$$= 1.4\int_{-\infty}^{+\infty}t\Phi'(t)\mathrm{d}t+0.7\int_{-\infty}^{+\infty}\Phi'(t)\mathrm{d}t = 1.4\times0+0.7\times1 = 0.7.$$

15. 【提示】$X\sim B\left(2,\frac{1}{3}\right)$, $Y\sim B\left(2,\frac{1}{3}\right)$, $E(X)=E(Y)=\frac{2}{3}$, $D(X)=D(Y)=\frac{4}{9}$, XY 的所有可能

取值为 0, 1,且 $P\{XY=1\}=\frac{1}{3}\times\frac{1}{3}+\frac{1}{3}\times\frac{1}{3}=\frac{2}{9}$, $E(XY)=P\{XY=1\}=\frac{2}{9}$,依协方差的计算公式,

$$\mathrm{Cov}(X,Y) = E(XY)-E(X)E(Y) = \frac{2}{9}-\frac{2}{3}\times\frac{2}{3} = -\frac{2}{9}, \text{依定义}, \rho_{XY} = \frac{\mathrm{Cov}(X,Y)}{\sqrt{D(X)}\sqrt{D(Y)}}.$$

二、填空题

1. 2.   2. $\mu(\mu^2+\sigma^2)$.   3. $2e^2$.   4. $\dfrac{1}{3}$.   5. 2.   6. $\dfrac{9}{2}$.   7. 34.

8. $\dfrac{e^{-1}}{2}$.   9. 1.   10. $\dfrac{8}{9}$.   11. e^{-1}.   12. $\dfrac{1}{2}$.   13. $\dfrac{1}{12}$.   14. 0.

15. 0.9.   16. 6.   17. $-1,\dfrac{\sqrt{6}}{4}$.   18. -6.   19. $\dfrac{1}{2}$.   20. 2.

【提示】

1. 依规范性，$1=\sum\limits_{k=0}^{\infty}P\{X=k\}=C\sum\limits_{k=0}^{\infty}\dfrac{1^k}{k!}=Ce$，解之得 $C=e^{-1}$，于是 $P\{X=k\}=\dfrac{1^k}{k!}e^{-1}$，即 $X\sim P(1)$，因此 $E(X^2)=D(X)+(E(X))^2=1+1$.

2. $E(X)=E(Y)=\mu$，$D(Y)=\sigma^2$. 又 X 与 Y 相互独立，所以 X 与 Y^2 相互独立，则 $E(XY^2)=E(X)E(Y^2)=\mu(D(Y)+(E(Y))^2)$.

3. 依定理，$E(Xe^{2X})=\displaystyle\int_{-\infty}^{+\infty}xe^{2x}\varphi(x)dx=\int_{-\infty}^{+\infty}xe^{2x}\dfrac{1}{\sqrt{2\pi}}e^{-\frac{x^2}{2}}dt=\dfrac{1}{\sqrt{2\pi}}e^2\int_{-\infty}^{+\infty}xe^{-\frac{1}{2}(x-2)^2}dx$

$$\xlongequal{x-2=t}\dfrac{1}{\sqrt{2\pi}}e^2\int_{-\infty}^{+\infty}(t+2)e^{-\frac{1}{2}t^2}dt=\dfrac{1}{\sqrt{2\pi}}e^2\left(\left(-e^{-\frac{1}{2}t^2}\right)\Big|_{-\infty}^{+\infty}+2\times\sqrt{2\pi}\right).$$

4. 设 X 的概率分布为

X	-1	0	1
P	p_1	p_2	p_3

依公式 $E(X^2)=D(X)+(E(X))^2=\dfrac{5}{9}+\left(\dfrac{1}{3}\right)^2=\dfrac{2}{3}$. 又 $E(X^2)=p_1+p_3=\dfrac{2}{3}$，依分布律的规范性，$P\{X=0\}=p_2=1-(p_1+p_3)$.

5. X 的概率密度函数为 $f(x)=\dfrac{1}{2}\varphi(x)+\dfrac{1}{4}\varphi\left(\dfrac{x-4}{2}\right)$，$\varphi(x)$ 为标准正态分布的概率密度函数，则

$$E(X)=\int_{-\infty}^{+\infty}xf(x)dx=\int_{-\infty}^{+\infty}x\left(\dfrac{1}{2}\varphi(x)+\dfrac{1}{4}\varphi\left(\dfrac{x-4}{2}\right)\right)dx$$

$$=\dfrac{1}{2}\int_{-\infty}^{+\infty}x\varphi(x)dx+\dfrac{1}{2}\int_{-\infty}^{+\infty}(2t+4)\varphi(t)dt\left(\text{令}\dfrac{x-4}{2}=t\right)$$

$$=\dfrac{1}{2}\times0+\int_{-\infty}^{+\infty}t\varphi(t)dt+2\int_{-\infty}^{+\infty}\varphi(t)dt.$$

其中标准正态分布的均值 $\displaystyle\int_{-\infty}^{+\infty}t\varphi(t)dt=0$，依规范性，$\displaystyle\int_{-\infty}^{+\infty}\varphi(t)dt=1$.

6. 依分布律的规范性，$a+b+\dfrac{1}{2}=1$，即 $a+b=\dfrac{1}{2}$. 又 $0=E(X)=(-2)\times\dfrac{1}{2}+1\times a+3\times b$，即 $a+3b=1$，解之得 $a=\dfrac{1}{4}$，$b=\dfrac{1}{4}$，于是 X 的概率分布为

X	-2	1	3
P	$1/2$	$1/4$	$1/4$

$E(X^2)=(-2)^2\times\dfrac{1}{2}+1^2\times\dfrac{1}{4}+3^2\times\dfrac{1}{4}=\dfrac{9}{2}$，依计算公式，$D(X)=E(X^2)-(E(X))^2$.

7. $D(X)=4,D(Y)=2$，因为 X 与 Y 相互独立，依性质

$$D(2X-3Y+4)=D(2X-3Y)=4D(X)+9D(Y)=4\times4+9\times2.$$

8. $E(X)=1=D(X)$，则 $E(X^2)=D(X)+(E(X))^2=1+1=2$，所以

$$P\{X=E(X^2)\}=P\{X=2\}=\frac{e^{-1}}{2!}.$$

9. $E(X)=\lambda=D(X)$，且

$$1=E((X-1)(X-2))=E(X^2-3X+2)=E(X^2)-3E(X)+2$$
$$=D(X)+(E(X))^2-3E(X)+2=\lambda^2-2\lambda+2.$$

10. $f_X(x)=\begin{cases}1/3,&-1\leqslant x\leqslant 2,\\0,&\text{其他},\end{cases}$ 因此 $P\{Y=-1\}=P\{X>0\}=\displaystyle\int_0^2\frac{1}{3}\mathrm{d}x=\frac{2}{3},$

$$P\{Y=0\}=P\{X=0\}=0,\quad P\{Y=1\}=1-P\{Y=-1\}-P\{Y=0\}=\frac{1}{3},$$

即

Y	-1	1
P	2/3	1/3

于是 $E(Y)=-\dfrac{1}{3}$，$E(Y^2)=1$，$D(Y)=E(Y^2)-(E(Y))^2.$

11. $D(x)=\dfrac{1}{\lambda^2}$，$P\left\{X>\sqrt{D(X)}\right\}=P\left\{X>\sqrt{\dfrac{1}{\lambda^2}}\right\}=P\left\{X>\dfrac{1}{\lambda}\right\}=\displaystyle\int_{1/\lambda}^{+\infty}\lambda e^{-\lambda t}\mathrm{d}t=(-e^{-\lambda t})\Big|_{1/\lambda}^{+\infty}.$

12. $P\{|X-E(X)|\geqslant 2\}\leqslant\dfrac{D(X)}{2^2}.$

13. $E(X)=-2,E(Y)=2,D(X)=1,D(Y)=4$，且 $\rho_{XY}=-0.5$，因此
$$E(X+Y)=E(X)+E(Y)=0,$$
$$D(X+Y)=D(X)+D(Y)+2\rho_{XY}\sqrt{D(X)}\sqrt{D(Y)}=3,$$

依切比雪夫不等式，有

$$P\{|X+Y|\geqslant 6\}=P\{|(X+Y)-E(X+Y)|\geqslant 6\}\leqslant\frac{D(X+Y)}{6^2}.$$

14. X,Y 及 XY 的概率分布分别为

X	0	1
P	0.4	0.6

Y	-1	0	1
P	0.15	0.5	0.35

XY	-1	0	1
P	0.08	0.72	0.2

于是 $E(X)=0.6$，$E(Y)=0.2$，$E(X^2)=0.6$，$E(Y^2)=0.5$，$E(XY)=0.12$，且

$$\rho_{XY}=\frac{\mathrm{Cov}(X,Y)}{\sqrt{D(X)}\sqrt{D(Y)}}=\frac{E(XY)-E(X)E(Y)}{\sqrt{E(X^2)-(E(X))^2}\sqrt{E(Y^2)-(E(Y))^2}}.$$

15. $\mathrm{Cov}(Z,Y)=\mathrm{Cov}(X-0.4,Y)=\mathrm{Cov}(X,Y)$，$D(Z)=D(X-0.4)=D(X)$，因此

$$\rho_{YZ}=\frac{\mathrm{Cov}(Z,Y)}{\sqrt{D(Z)}\sqrt{D(Y)}}=\frac{\mathrm{Cov}(X,Y)}{\sqrt{D(X)}\sqrt{D(Y)}}=\rho_{XY}.$$

16. $0.5=\rho_{XY}=\dfrac{E(XY)-E(X)E(Y)}{\sqrt{E(X^2)-(E(X))^2}\sqrt{E(Y^2)-(E(Y))^2}}=\dfrac{E(XY)}{2}$，即 $E(XY)=1$，于是

$$E((X+Y)^2)=E(X^2)+E(Y^2)+2E(XY).$$

17. $E(X)=0,D(X)=4,E(Y)=2,D(Y)=4,$
$$\mathrm{Cov}(X,Z)=\mathrm{Cov}(X,X-aY)=D(X)-a\mathrm{Cov}(X,Y)=4+a,$$
$$\mathrm{Cov}(Y,Z)=\mathrm{Cov}(Y,X-aY)=\mathrm{Cov}(X,Y)-aD(Y)=-1-4a.$$

因为 $\mathrm{Cov}(X,Z)=\mathrm{Cov}(Y,Z)$，即 $4+a=-1-4a$，解之得 $a=-1$，此时 $\mathrm{Cov}(X,Z)=3$，

$$D(Z)=D(X+Y)=D(X)+D(Y)+2\mathrm{Cov}(X,Y)=6,\quad \rho_{XZ}=\frac{\mathrm{Cov}(X,Z)}{\sqrt{D(X)}\sqrt{D(Z)}}.$$

18. $\mathrm{Cov}(X-Y,Y)=\mathrm{Cov}(X,Y)-D(Y)=\rho_{XY}\sqrt{D(X)}\sqrt{D(Y)}-D(Y)=-6$.

19. $X\sim N(1,1)$，$Y\sim N(0,1)$，且 X 与 Y 相互独立，从而
$$P\{XY-Y<0\}=P\{(X-1)Y<0\}=P\{X-1>0,Y<0\}+P\{X-1<0,Y>0\}$$
$$=P\{X>1\}P\{Y<0\}+P\{X<1\}P\{Y>0\}.$$

20. 依二维正态分布的性质，$(aX+Y,Y)$ 也服从二维正态分布，因此 $aX+Y$ 与 Y 相互独立 $\Leftrightarrow aX+Y$ 与 Y 不相关 $\Leftrightarrow \mathrm{Cov}(aX+Y,Y)=0$，其中
$$\mathrm{Cov}(aX+Y,Y)=a\mathrm{Cov}(X,Y)+D(Y)=a\rho_{XY}\sqrt{D(X)}\sqrt{D(Y)}+D(Y)=a\times\left(-\frac{1}{2}\right)+1.$$

三、判断题

1. √.　　2. ×.　　3. ×.　　4. ×.　　5. √.

【提示】

1. 依性质，$\mathrm{Cov}(X+3,Y)=\mathrm{Cov}(X,Y)$.

2. (X,Y) 关于 X 与关于 Y 的边缘分布律分别为

Y	-1	1
P	$1/2$	$1/2$

X	-1	1	2
P	$1/2$	$1/4$	$1/4$

$P\{X=1,Y=1\}=0\neq\dfrac{1}{8}=P\{X=1\}P\{Y=1\}$，则 X 与 Y 不独立.

因为 $E(X)=\dfrac{1}{4}$，$E(Y)=0$，XY 的概率分布为

XY	-1	1	2
P	$1/2$	$1/4$	$1/4$

$E(XY)=\dfrac{1}{4}$，所以 $\mathrm{Cov}(X,Y)=E(XY)-E(X)E(Y)=\dfrac{1}{4}-0=\dfrac{1}{4}\neq0$，故 X 与 Y 不是不相关.

3. $E(X)=\displaystyle\int_{-\infty}^{+\infty}xf(x)\mathrm{d}x=\int_{-\infty}^{0}x\,\frac{1}{2}\mathrm{e}^{x}\mathrm{d}x+\int_{0}^{+\infty}x\,\frac{1}{2}\mathrm{e}^{-x}\mathrm{d}x=-\frac{1}{2}+\frac{1}{2}=0.$

4. 依 4.1 节定理 4，$E(X)=\displaystyle\int_{-\infty}^{+\infty}\int_{-\infty}^{+\infty}xf(x,y)\mathrm{d}x\mathrm{d}y=\int_{0}^{\pi/2}x\sin x\mathrm{d}x\int_{0}^{\pi/2}\sin y\mathrm{d}y$
$$=(-x\cos x+\sin x)\Big|_{0}^{\pi/2}(-\cos y)\Big|_{0}^{\pi/2}=1.$$

5. 依定理，$E(X)=\displaystyle\int_{-\infty}^{+\infty}\int_{-\infty}^{+\infty}xf(x,y)\mathrm{d}x\mathrm{d}y=\int_{0}^{1}x\mathrm{d}x\int_{0}^{1}(x+y)\mathrm{d}y=\int_{0}^{1}x\left(x+\frac{1}{2}\right)\mathrm{d}x=\frac{7}{12}$，依对称性，$E(Y)=\dfrac{7}{12}$，$E(XY)=\displaystyle\int_{-\infty}^{+\infty}\int_{-\infty}^{+\infty}xyf(x,y)\mathrm{d}x\mathrm{d}y=\int_{0}^{1}x\mathrm{d}x\int_{0}^{1}y(x+y)\mathrm{d}y=\int_{0}^{1}x\left(\frac{1}{2}x+\frac{1}{3}\right)\mathrm{d}x=\frac{1}{3}$，

因此 $\mathrm{Cov}(X,Y)=E(XY)-E(X)E(Y)=\dfrac{1}{3}-\dfrac{7}{12}\times\dfrac{7}{12}=-\dfrac{1}{144}\neq0$，从而 X 与 Y 不是不相关，因而 X 与 Y 不独立.

四、解答题

1. (1) $a=0.2,b=0.1,c=0.1$;　(2)

Z	-2	-1	0	1	2
P	0.2	0.1	0.3	0.3	0.1

(3) 0.2.

【提示】(1) 依联合分布律的规范性，$a+b+c=1-0.6=0.4$，依 X 的边缘分布律为

X	-1	0	1
P	$0.2+a$	$0.3+b$	$0.1+c$

$$-0.2=E(X)=-1\times(0.2+a)+1\times(0.1+c),\quad 解之得\ a-c=0.1,$$

$$0.5=P\{Y\leqslant 0\,|\,X\leqslant 0\}=\frac{P\{X\leqslant 0,Y\leqslant 0\}}{P\{X\leqslant 0\}},\quad 解之得\ a+b=0.3.$$

（2）由（1）知，(X,Y) 的概率分布为

X \ Y	-1	0	1
-1	0.2	0	0.2
0	0.1	0.1	0.2
1	0	0.1	0.1

$Z=X+Y$ 的所有可能取值为 $-2,-1,0,1,2$，且 $P\{Z=-2\}=P\{X=-1,Y=-1\}=0.2$，其他概率同理可得.

（3）$P\{X=Z\}=P\{Y=0\}$.

2. $F(y)=\begin{cases}0, & y<0,\\ 1-\mathrm{e}^{-\frac{y}{5}}, & 0\leqslant y<2,\\ 1, & y\geqslant 2.\end{cases}$

【提示】$E(X)=5$，X 服从参数为 5 的指数分布，$Y=\min\{2,X\}$，即 $Y\in[0,2]$，依定义，$F(y)=P\{Y\leqslant y\},\forall y\in\mathbf{R}$. 当 $0\leqslant y<2$ 时，$F(y)=P\{Y\leqslant y\}=P\{\min\{X,2\}\leqslant y\}=P\{X\leqslant y\}=1-\mathrm{e}^{-\frac{y}{5}}$.

3. $\dfrac{n-1}{n+1}$.

【提示】设 $X_i(i=1,2,\cdots,n)$ 为在 $[0,1]$ 上任取的第 i 个点的坐标，则 $X_1,X_2,\cdots,X_n$ 独立同服从均匀分布 $U(0,1)$，其分布函数为 $F(x)=\begin{cases}0, & x<0,\\ x, & 0\leqslant x<1,\\ 1, & x\geqslant 1.\end{cases}$

令 $X_{(1)}=\min\{X_1,X_2,\cdots,X_n\}$，$X_{(n)}=\max\{X_1,X_2,\cdots,X_n\}$，则 $X_{(n)}$ 的分布函数为

$$F_{X_{(n)}}(x)=(F(x))^n,\quad f_{X_{(n)}}(x)=F'_{X_{(n)}}(x),\quad E(X_{(n)})=\int_{-\infty}^{+\infty}xf_{X_{(n)}}(x)\mathrm{d}x=\frac{n}{n+1}.$$

同理 $X_{(1)}$ 的分布函数为 $F_{X_{(1)}}(x)=1-(1-F(x))^n$，$f_{X_{(1)}}(x)=F'_{X_{(1)}}(x)$，

$$E(X_{(1)})=\int_{-\infty}^{+\infty}xf_{X_{(1)}}(x)\mathrm{d}x=n\int_0^1((1-x)^{n-1}-(1-x)^n)\mathrm{d}x=\frac{1}{n+1},$$

$$E(X)=E(X_{(n)}-X_{(1)})=E(X_{(n)})-E(X_{(1)}).$$

4. （1）$\dfrac{3}{5}$；　（2）$\dfrac{5}{3}$.

【提示】（1）令 $A_k=\{第\ k\ 次试验成功\}$，$P(A_k)=p_k$，$k=1,2,\cdots$，则

$$P(A_k)=P(A_k\,|\,A_{k-1})P(A_{k-1})+P(A_k\,|\,\overline{A_{k-1}})P(\overline{A_{k-1}})=\frac{1}{2}P(A_{k-1})+\frac{3}{4}P(\overline{A_{k-1}}),$$

$$P(A_k)-\frac{3}{5}=-\frac{1}{4}\left(P(A_{k-1})-\frac{3}{5}\right)=\left(-\frac{1}{4}\right)^2\left(P(A_{k-2})-\frac{3}{5}\right)$$

$$=\cdots=\left(-\frac{1}{4}\right)^{k-1}\left(P(A_1)-\frac{3}{5}\right),\quad k=2,3,\cdots$$

$P(A_1) = \dfrac{1}{2}$，所以 $P(A_k) = \dfrac{3}{5} - \dfrac{1}{10}\left(-\dfrac{1}{4}\right)^{k-1}$，从而 $\lim\limits_{k\to\infty} P(A_k) = \dfrac{3}{5}$.

(2) X 的所有可能取值为 $1,2,3,\cdots$，且 $P\{X=1\} = \dfrac{1}{2}$，当 $k\geqslant 2$ 时，依乘法公式，有

$$P\{X=k\} = P\{\overline{A_1}\cdots\overline{A_{k-1}}A_k\} = P(A_k \mid \overline{A_1}\cdots\overline{A_{k-1}}) P(\overline{A_{k-1}} \mid \overline{A_1}\cdots\overline{A_{k-2}}) \cdots P(\overline{A_2} \mid \overline{A_1}) P(\overline{A_1}),$$

$$= \frac{3}{4} \times \frac{1}{4} \times \cdots \times \frac{1}{4} \times \frac{1}{2} = \frac{3}{8}\left(\frac{1}{4}\right)^{k-2}, \quad k = 2,3,\cdots.$$

依定义，$E(X) = 1 \times \dfrac{1}{2} + \sum\limits_{k=2}^{\infty} k \cdot \dfrac{3}{8}\left(\dfrac{1}{4}\right)^{k-2} = \dfrac{1}{2} + \dfrac{3}{2}\sum\limits_{k=2}^{\infty} k \cdot \left(\dfrac{1}{4}\right)^{k-1} = \dfrac{1}{2} + \dfrac{3}{2}\left(\sum\limits_{k=2}^{\infty}(q)^k\right)'_{q=\frac{1}{4}}$

$$= \frac{1}{2} + \frac{3}{2}\left(\frac{q^2}{1-q}\right)'_{q=\frac{1}{4}} = \frac{1}{2} + \frac{3}{2}\left(\frac{q(2-q)}{(1-q)^2}\right)_{q=\frac{1}{4}}.$$

5. (1) $\dfrac{4}{9}$； (2) $f_Z(z) = \begin{cases} z, & 0 < z < 1, \\ z-2, & 2 < z < 3, \\ 0, & \text{其他.} \end{cases}$

【提示】(1) $E(Y) = \displaystyle\int_{-\infty}^{+\infty} yf(y)\,\mathrm{d}y = 2\int_0^1 y^2\,\mathrm{d}y = \frac{2}{3}$，$P\{Y \leqslant E(Y)\} = P\left\{Y \leqslant \dfrac{2}{3}\right\} = \displaystyle\int_0^{\frac{3}{2}} 2y\,\mathrm{d}y$.

(2) 设 $Z = X+Y$ 的分布函数为 $F_Z(z)$，依定义，$F_Z(z) = P\{Z \leqslant z\}$，$\forall z \in \mathbf{R}$. 以 $\{X=0\}$，$\{X=2\}$ 为一划分，依全概率公式，有

$$F_Z(z) = P\{Z \leqslant z\} = P\{X+Y \leqslant z \mid X=0\}P\{X=0\} + P\{X+Y \leqslant z \mid X=2\}P\{X=2\},$$

因为 X 与 Y 相互独立，记 $F_Y(y)$ 为 Y 的分布函数，则有

$$F_Z(z) = \frac{1}{2}(P\{Y \leqslant z\} + P\{Y \leqslant z-2\}) = \frac{1}{2}(F_Y(z) + F_Y(z-2)), \quad f_Z(z) = [F_Z(z)]'.$$

6. (1) $F_Y(y) = \begin{cases} 0, & y < 0, \\ \dfrac{3}{4}y, & 0 \leqslant y < 1, \\ \dfrac{2+y}{4}, & 1 \leqslant y < 2, \\ 1, & y \geqslant 2; \end{cases}$ (2) $\dfrac{3}{4}$.

【提示】(1) 依题意，$Y \in [0,2]$，依定义，$F_Y(y) = P\{Y \leqslant y\}$，$\forall y \in \mathbf{R}$. 以 $\{X=1\}$，$\{X=2\}$ 为一划分，依全概率公式，有

当 $0 \leqslant y < 1$ 时

$$F_Y(y) = P\{Y \leqslant y \mid X=1\}P\{X=1\} + P\{Y \leqslant y \mid X=2\}P\{X=2\} = \frac{1}{2}\left(y + \frac{y}{2}\right);$$

当 $1 \leqslant y < 2$ 时，$F_Y(y) = P\{Y \leqslant y \mid X=1\}P\{X=1\} + P\{Y \leqslant y \mid X=2\}P\{X=2\} = \dfrac{1}{2}\left(1 + \dfrac{y}{2}\right)$.

(2) $f_Y(y) = [F_Y(y)]'$，$E(Y) = \displaystyle\int_{-\infty}^{+\infty} yf_Y(y)\,\mathrm{d}y = \int_0^1 y\,\frac{3}{4}\,\mathrm{d}y + \int_1^2 y\,\frac{1}{4}\,\mathrm{d}y$.

7. (1) 是；(2) 不；(3) $X \sim N(0,1)$，$Y \sim N(0,1)$；(4) 不独立；(5) 0.

【提示】(1) 对任意 $x, y \in \mathbf{R}$，$f(x,y) > 0$，且 $\displaystyle\int_{-\infty}^{+\infty}\int_{-\infty}^{+\infty} f(x,y)\,\mathrm{d}x\,\mathrm{d}y = \frac{1}{2\pi}\int_{-\infty}^{+\infty} \mathrm{e}^{-\frac{1}{2}x^2}\,\mathrm{d}x\int_{-\infty}^{+\infty} \mathrm{e}^{-\frac{1}{2}y^2}\,\mathrm{d}y +$

$\dfrac{1}{2\pi}\mathrm{e}^{-\pi^2}\displaystyle\int_{-\pi}^{\pi} \cos x\,\mathrm{d}x\int_{-\pi}^{\pi} \cos y\,\mathrm{d}y = 1$.

(2) $f(x,y)$ 不是二维正态分布的概率密度函数.

(3) $f_X(x) = \dfrac{1}{\sqrt{2\pi}}\mathrm{e}^{-\frac{1}{2}x^2}$ $(-\infty < x < +\infty)$，即 $X \sim N(0,1)$，类似可证 $Y \sim N(0,1)$.

(4) 当 $-\pi<x,y<+\pi$ 时，$f(x,y)\neq f_X(x)\cdot f_Y(y)$，所以 X 与 Y 不独立.

(5) 由(3)知，$E(X)=0=E(Y),D(X)=1=D(Y)$，

$$E(XY)=\int_{-\infty}^{+\infty}\int_{-\infty}^{+\infty}xyf(x,y)\mathrm{d}x\mathrm{d}y=\frac{1}{2\pi}\int_{-\infty}^{+\infty}x\mathrm{e}^{-\frac{1}{2}x^2}\mathrm{d}x\int_{-\infty}^{+\infty}y\mathrm{e}^{-\frac{1}{2}y^2}\mathrm{d}y+\frac{1}{2\pi}\mathrm{e}^{-\pi^2}\int_{-\pi}^{\pi}x\cos x\mathrm{d}x\int_{-\pi}^{\pi}y\cos y\mathrm{d}y=0,$$

$\mathrm{Cov}(X,Y)=E(XY)-E(X)E(Y)=0.$

8. 在 $X=x(0<x<1)$ 条件下，$f_{Y|X}(y\mid x)=\begin{cases}\dfrac{2y}{x^2},&0<y<x,\\[2mm]0,&\text{其他},\end{cases}\quad\dfrac{2}{3}x.$

【提示】如答图 4-10 所示，依定义，有

$$f_X(x)=\int_{-\infty}^{+\infty}f(x,y)\mathrm{d}y=\begin{cases}\displaystyle\int_0^x 8xy\mathrm{d}y=4x^3,&0<x<1,\\[2mm]0,&\text{其他},\end{cases}$$

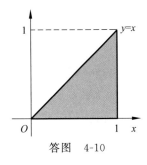

答图　4-10

在 $X=x(0<x<1)$ 条件下，

$$f_{Y|X}(y\mid x)=\frac{f(x,y)}{f_X(x)}=\begin{cases}\dfrac{8xy}{4x^3},&0<y<x,\\[2mm]0,&\text{其他},\end{cases}$$

$$E(Y\mid X=x)=\int_{-\infty}^{+\infty}yf_{Y|X}(y\mid x)\mathrm{d}y=\frac{2}{x^2}\int_0^x y^2\mathrm{d}y.$$

9. 14.25.

【提示】设 X_1,X_2,X_3 是其他三人的报价，X_1,X_2,X_3 独立同分布，其分布函数为

$$F(x)=\begin{cases}0,&x<12,\\[2mm]\dfrac{x-12}{4},&12\leqslant x<16,\\[2mm]1,&x\geqslant 16,\end{cases}$$

以 Y 记三人中最高的报价，即 $Y=\max\{X_1,X_2,X_3\}$，因为 X_1,X_2,X_3 相互独立，依定理，Y 的分布函数为 $F_Y(y)=(F(y))^3$，设甲的报价为 a，依题意，$12\leqslant a\leqslant 15$，甲能赢这一项目的概率为 $P\{Y<a\}=F_Y(a)$，以 Z 记甲所赚的钱数，则 Z 是一个随机变量，其分布律为

Z	0	$15-a$
P	$1-\left(\dfrac{a-12}{4}\right)^3$	$\left(\dfrac{a-12}{4}\right)^3$

求 a，使 $E(Z)=(15-a)\left(\dfrac{a-12}{4}\right)^3$ 最大，令 $\dfrac{\mathrm{d}}{\mathrm{d}a}(E(Z))=0$，求得唯一驻点，且满足 $\dfrac{\mathrm{d}^2}{\mathrm{d}a^2}(E(Z))<0$.

10. (1) λ；(2) $\begin{cases}\dfrac{1}{2}\dfrac{\lambda^{-k}}{(-k)!}\mathrm{e}^{-\lambda},&k<0,\\[2mm]\mathrm{e}^{-\lambda},&k=0,\\[2mm]\dfrac{1}{2}\dfrac{\lambda^k}{k!}\mathrm{e}^{-\lambda},&k>0.\end{cases}$

【提示】(1) $E(X)=0$，$E(X^2)=1\times\dfrac{1}{2}+1\times\dfrac{1}{2}=1$，$E(Y)=\lambda$，依计算公式，有

$$\mathrm{Cov}(X,Z)=E(XZ)-E(X)E(Z)=E(X^2Y)-E(X)E(XY).$$

因为 X,Y 相互独立，所以 X^2,Y 相互独立，故

$$\mathrm{Cov}(X,Z)=E(X^2)E(Y)-E(X)E(X)E(Y).$$

(2) $P\{Y=k\}=\dfrac{\lambda^k}{k!}\mathrm{e}^{-\lambda}$，$k=0,1,2,\cdots$，$Z$ 的取值为 $\cdots,-2,-1,0,1,2,\cdots$，以 $\{X=-1\}$，$\{X=1\}$ 为

一划分,依全概率公式,有

$$P\{Z=k\} = P\{XY=k \mid X=-1\}P\{X=-1\} + P\{XY=k \mid X=1\}P\{X=1\}$$

$$= \frac{1}{2}(P\{Y=-k \mid X=-1\} + P\{Y=k \mid X=1\})\,(X \text{ 与 } Y \text{ 相互独立})$$

$$= \frac{1}{2}(P\{Y=-k\} + P\{Y=k\}) = \begin{cases} \frac{1}{2}(P\{Y=-k\}+0), & k<0, \\ P\{Y=0\}, & k=0, \\ \frac{1}{2}(0+P\{Y=k\}), & k>0. \end{cases}$$

五、证明题

【提示】依 $y=g(x)$ 在 $[0,+\infty)$ 上非负不减可知,对 $\forall \varepsilon>0$,当 $|x|>\varepsilon$ 时,$g(|x|) \geqslant g(\varepsilon)$,$\dfrac{g(|x|)}{g(\varepsilon)} \geqslant 1$,依定理,有

当 X 为连续型随机变量时,设其概率密度函数为 $f(x)$,依定理,$\forall \varepsilon>0$,有

$$P\{|X|>\varepsilon\} = \int_{|x|>\varepsilon} f(x)\mathrm{d}x \leqslant \int_{|x|>\varepsilon} \frac{g(|x|)}{g(\varepsilon)} f(x)\mathrm{d}x \leqslant \frac{1}{g(\varepsilon)} \int_{-\infty}^{+\infty} g(|x|)f(x)\mathrm{d}x = \frac{1}{g(\varepsilon)} E(g(|X|)).$$

当 X 为离散型随机变量时,设其分布律为 $P\{X=x_k\}=p_k (k=1,2,\cdots)$,则对 $\forall \varepsilon>0$,有

$$P\{|X|>\varepsilon\} = \sum_{|x_k|\geqslant\varepsilon} P\{X=x_k\} \leqslant \sum_{|x_k|\geqslant\varepsilon} \frac{g(|x|)}{g(\varepsilon)} p_k \leqslant \frac{1}{g(\varepsilon)} \sum_k g(|x|) p_k = \frac{1}{g(\varepsilon)} E(g(|X|)).$$

第 5 章　极限定理

习题 5-1

1.【提示】设 $X_1, X_2, \cdots$ 的分布函数为 $F_X(x)$,则

$$F_X(x) = \int_{-\infty}^{x} f(t)\mathrm{d}t = \begin{cases} \int_a^x \mathrm{e}^{-(t-a)}\mathrm{d}t = 1-\mathrm{e}^{-(x-a)}, & x \geqslant a, \\ 0, & x<a, \end{cases}$$

因为 $X \in [a,+\infty)$,所以 $Y_n = \min\{X_1, X_2, \cdots, X_n\} \in [a,+\infty)$,设 Y_n 的分布函数为 $F_Y(y)$,则

$$F_Y(y) = 1-(1-F_X(y))^n = \begin{cases} 1-\mathrm{e}^{-n(y-a)}, & y \geqslant a, \\ 0, & y<a, \end{cases}$$ 对任意 $\varepsilon>0$,有

$$P\{|Y_n-a|\geqslant\varepsilon\} = P\{Y_n \leqslant a-\varepsilon\} + P\{Y_n \geqslant a+\varepsilon\}$$

$$= 0 + P\{Y_n \geqslant a+\varepsilon\} = 1-F_Y(a+\varepsilon) = \mathrm{e}^{-n\varepsilon} \to 0(n\to\infty).$$

2.【提示】$E(X_i)=0, E(X_i^2)=2, D(X_i)=E(X_i^2)-(E(X_i))^2=2-0=2, i=1,2,\cdots$,依性质,有

$$E\left(\frac{1}{n}\sum_{i=1}^{n}X_i\right) = \frac{1}{n}\sum_{i=1}^{n}E(X_i) = 0, \quad D\left(\frac{1}{n}\sum_{i=1}^{n}X_i\right) = \frac{1}{n^2}\sum_{i=1}^{n}D(X_i) = \frac{2}{n}(\text{独立性}),$$

依切比雪夫不等式,对任意 $\varepsilon>0$,

$$0 \leqslant P\left\{\left|\frac{1}{n}\sum_{i=1}^{n}X_i-0\right|\geqslant\varepsilon\right\} = P\left\{\left|\frac{1}{n}\sum_{i=1}^{n}X_i-E\left(\frac{1}{n}\sum_{i=1}^{n}X_i\right)\right|\geqslant\varepsilon\right\} \leqslant \frac{1}{\varepsilon^2}D\left(\frac{1}{n}\sum_{i=1}^{n}X_i\right) = \frac{2}{n\varepsilon^2} \to 0(n\to\infty).$$

3.【提示】$X_1, X_2, \cdots, X_n$ 独立同分布,令 $Z_n=X_1+X_2+\cdots+X_n$,则

$$E(Z_n) = E\left(\frac{2}{n(n+1)}\sum_{k=1}^{n}kX_k\right) = \frac{2}{n(n+1)}\sum_{k=1}^{n}kE(X_k) = \mu,$$

$$D(Z_n) = D\left(\frac{2}{n(n+1)}\sum_{k=1}^{n}kX_k\right) = \frac{4}{n^2(n+1)^2}\sum_{k=1}^{n}k^2D(X_k) = \frac{2(2n+1)\sigma^2}{3n(n+1)},$$

依切比雪夫不等式,对任意 $\varepsilon>0$,

$$0\leqslant P\{|Z_n-\mu|\geqslant\varepsilon\}=P\{|Z_n-E(Z_n)|\geqslant\varepsilon\}\leqslant\frac{1}{\varepsilon^2}D(Z_n)=\frac{1}{\varepsilon^2}\frac{2(2n+1)\sigma^2}{3n(n+1)}\rightarrow 0(n\rightarrow\infty).$$

4.【提示】不妨设 $\{Y_n\}$ 为连续型随机变量序列,Y_n 的概率密度函数为 $f_n(y)$,因为 $Y_n\geqslant 0,E(X_n)=0$,$D(X_n)=\sigma^2$,则对 $\forall\varepsilon>0$,有

$$0\leqslant P\{|Y_n-0|\geqslant\varepsilon\}=P\{Y_n\geqslant\varepsilon\}\leqslant\int_{y\geqslant\varepsilon}\frac{y}{\varepsilon}f_n(y)\mathrm{d}y\leqslant\frac{1}{\varepsilon}\int_{-\infty}^{+\infty}yf_n(y)\mathrm{d}y=\frac{1}{\varepsilon}E(Y_n)$$

$$=\frac{1}{\varepsilon}E\left(\left(\frac{1}{n}\sum_{k=1}^n X_k\right)^2\right)=\frac{1}{\varepsilon}\left(D\left(\frac{1}{n}\sum_{k=1}^n X_k\right)+\left(E\left(\frac{1}{n}\sum_{k=1}^n X_k\right)\right)^2\right)$$

$$=\frac{1}{n\varepsilon}\sigma^2\rightarrow 0(n\rightarrow\infty),$$

当 $\{Y_n\}$ 为离散型随机变量序列时,同理可证.

5.【提示】$E\left(\frac{1}{n}\sum_{k=1}^n X_k\right)=\frac{1}{n}\sum_{k=1}^n E(X_k)=\mu$,当 $|k-j|\geqslant 2$ 时,$\mathrm{Cov}(X_k,X_j)=0$,依协方差的性质,$|\mathrm{Cov}(X_k,X_{k+1})|\leqslant\sqrt{D(X_k)D(X_{k+1})}=C$,

$$D\left(\sum_{k=1}^n X_k\right)=\sum_{k=1}^n D(X_k)+2\sum_{1\leqslant k<j\leqslant n}\mathrm{Cov}(X_k,X_j)=\sum_{k=1}^n D(X_k)+2\sum_{k=1}^{n-1}\mathrm{Cov}(X_k,X_{k+1})$$

$$\leqslant\sum_{k=1}^n D(X_k)+2\sum_{k=1}^{n-1}\sqrt{D(X_k)D(X_{k+1})}=(3n-2)C,$$

依切比雪夫不等式,对任意 $\varepsilon>0$,

$$0\leqslant P\left\{\left|\frac{1}{n}\sum_{k=1}^n X_k-\mu\right|\geqslant\varepsilon\right\}=P\left\{\left|\frac{1}{n}\sum_{k=1}^n X_k-E\left(\frac{1}{n}\sum_{k=1}^n X_k\right)\right|\geqslant\varepsilon\right\}$$

$$\leqslant\frac{D\left(\frac{1}{n}\sum_{k=1}^n X_k\right)}{\varepsilon^2}=\frac{(3n-2)C}{n^2\varepsilon^2}\rightarrow 0(n\rightarrow\infty).$$

习题 5-2

1.【提示】$E(X_k)=0,E(X_k^2)=k^{2\alpha}$,故 $D(X_k)=E(X_k^2)-(E(X_k))^2=k^{2\alpha}-0=k^{2\alpha}$,依性质,$E\left(\frac{1}{n}\sum_{k=1}^n X_k\right)=\frac{1}{n}\sum_{k=1}^n E(X_k)=0$,因为 $X_1,X_2,\cdots,X_n$ 相互独立,则 $\frac{1}{n^2}D\left(\sum_{k=1}^n X_k\right)=\frac{1}{n^2}\sum_{k=1}^n D(X_k)=\frac{1}{n^2}(1^{2\alpha}+2^{2\alpha}+\cdots+n^{2\alpha})<\frac{1}{n^2}nn^{2\alpha}=\frac{1}{n^{1-2\alpha}}\rightarrow 0\left(n\rightarrow\infty,0<\alpha<\frac{1}{2}\right)$,满足马尔可夫条件.

2.(1) 服从.　(2) 不服从.

【提示】(1) $\{X_i\}$ 独立同分布,且 $E(X_i)=2(i=1,2,\cdots)$,依辛钦大数定律,对任意 $\varepsilon>0$,皆有 $\lim_{n\rightarrow\infty}P\left\{\left|\frac{1}{n}\sum_{i=1}^n X_i-2\right|\geqslant\varepsilon\right\}=0.$

(2) $\{Y_n\}$ 独立同分布,但 $\int_0^{+\infty}|y|f(y)\mathrm{d}y=\frac{1}{\pi}\int_0^{+\infty}\frac{y}{\pi(1+y^2)}\mathrm{d}y=\frac{1}{2\pi}\ln(1+y^2)\Big|_0^{+\infty}\rightarrow\infty$,因此,依定义,所以 $E(Y_n)$ 不存在.

3.【提示】$E(X_k)=\mu,D(X_k)=\sigma^2(k=1,2,\cdots)$,且 $E\left(\frac{1}{n}\sum_{k=1}^n X_k\right)=\frac{1}{n}\sum_{k=1}^n E(X_k)=\mu$,因为所有 $\mathrm{Cov}(X_i,X_j)<0$,则

$$D\left(\sum_{k=1}^n X_k\right)=\sum_{k=1}^n D(X_k)+2\sum_{1\leqslant i<j\leqslant n}\mathrm{Cov}(X_i,X_j)\leqslant n\sigma^2,$$

因此 $\dfrac{1}{n^2}D\left(\sum\limits_{k=1}^{n}X_k\right)\leqslant\dfrac{1}{n}\sigma^2\to 0(n\to\infty)$,满足马尔可夫条件.

习题 5-3

1. (1) 0.3121; (2) 最多接收 46 个信号,才能满足要求.

【提示】(1) 依题设,$U_1,U_2,\cdots,U_{50}$ 独立同分布,且 $E(U_i)=5,D(U_i)=\dfrac{25}{3}$,依林德伯格-莱维中心极

限定理,有 $\dfrac{\sum\limits_{i=1}^{50}U_i-E\left(\sum\limits_{i=1}^{50}U_i\right)}{\sqrt{D\left(\sum\limits_{i=1}^{50}U_i\right)}}=\dfrac{\sum\limits_{i=1}^{50}U_i-50\times 5}{\sqrt{50\times\dfrac{25}{3}}}\overset{\text{近似}}{\sim}N(0,1)$,于是

$$P\{U>260\}=1-P\{U\leqslant 260\}=1-P\left\{\dfrac{U-50\times 5}{\sqrt{50\times\dfrac{25}{3}}}\leqslant\dfrac{260-50\times 5}{\sqrt{50\times\dfrac{25}{3}}}\right\}\approx 1-\Phi(0.49).$$

(2) 设收到的信号数为 n,$U=\sum\limits_{i=1}^{n}U_i$,依题设,$P\{U>260\}\leqslant 10\%$,依林德伯格 - 莱维中心极限定

理,$\dfrac{\sum\limits_{i=1}^{n}U_i-E\left(\sum\limits_{i=1}^{n}U_i\right)}{\sqrt{D\left(\sum\limits_{i=1}^{n}U_i\right)}}=\dfrac{\sum\limits_{i=1}^{n}U_i-5n}{\sqrt{\dfrac{25}{3}n}}\overset{\text{近似}}{\sim}N(0,1)$,于是

$$0.1\geqslant P\{U>260\}=1-P\{U\leqslant 260\}=1-P\left\{\dfrac{U-5n}{\sqrt{\dfrac{25}{3}n}}\leqslant\dfrac{260-5n}{\sqrt{\dfrac{25}{3}n}}\right\}\approx 1-\Phi\left(\dfrac{52-n}{\sqrt{n/3}}\right).$$

经查表,$0.1=1-0.9=1-\Phi(1.282)$,即 $\Phi(1.282)\leqslant\Phi\left(\dfrac{52-n}{\sqrt{n/3}}\right)$,因为 $\Phi(x)$ 单调增加,所以 $\dfrac{52-n}{\sqrt{n/3}}\geqslant$

1.282.

2. 537.

【提示】将 1000 名观众编号为 1~1000,引进随机变量,$X_k=\begin{cases}1,&\text{第 }k\text{ 名观众选择甲电影院,}\\0,&\text{其他,}\end{cases}k=1,$

$2,\cdots,1000$,则 $X_k\sim B(1,0.5)$,$X_1,X_2,\cdots,X_{1000}$ 独立同分布,$E(X_k)=0.5,D(X_k)=0.25>0,\sum\limits_{k=1}^{1000}X_k$
为来甲电影院的观众人数,依林德伯格 - 莱维中心极限定理,

$$\dfrac{\sum\limits_{k=1}^{1000}X_k-E\left(\sum\limits_{k=1}^{1000}X_k\right)}{\sqrt{D\left(\sum\limits_{k=1}^{1000}X_k\right)}}=\dfrac{\sum\limits_{k=1}^{1000}X_k-1000\times 0.5}{\sqrt{1000\times 0.25}}\overset{\text{近似}}{\sim}N(0,1).$$

设甲电影院至少应设有 m 个座位,依题意,m 满足 $P\left\{\sum\limits_{k=1}^{1000}X_k>m\right\}<0.01$,即

$$0.01>P\left\{m<\sum\limits_{k=1}^{1000}X_k\leqslant 1000\right\}=P\left\{\dfrac{m-500}{\sqrt{250}}<\dfrac{\sum\limits_{k=1}^{1000}X_k-500}{\sqrt{250}}\leqslant\dfrac{1000-500}{\sqrt{250}}\right\}$$
$$\approx\Phi(31.623)-\Phi\left(\dfrac{m-500}{5\sqrt{10}}\right)\approx 1-\Phi\left(\dfrac{m-500}{5\sqrt{10}}\right),$$

经查表,$0.01 = 1 - 0.99 = 1 - \Phi(2.326)$,即 $\Phi(2.326) < \Phi\left(\dfrac{m-500}{5\sqrt{10}}\right)$. 因 $\Phi(x)$ 单调增加,所以 $\dfrac{m-500}{5\sqrt{10}} >$

2.326.

3. (1) 0.1587;　　(2) 至少应具有 180 987kW 发电量.

【提示】记随机变量 X 为高峰时用电户数,则 $X \sim B(10\,000, 0.9)$,依棣莫弗-拉普拉斯中心极限定理,有

$$\frac{X - 10\,000 \times 0.9}{\sqrt{10\,000 \times 0.9 \times 0.1}} \overset{近似}{\sim} N(0, 1).$$

(1) $P\{9030 < X \leqslant 10\,000\} = P\left\{\dfrac{9030 - 9000}{\sqrt{900}} < \dfrac{X - 9000}{\sqrt{900}} \leqslant \dfrac{10\,000 - 9000}{\sqrt{900}}\right\} \approx \Phi(33.33) - \Phi(1)$(查表).

(2) 设电站的发电量至少为 $a\,(\mathrm{kW \cdot h})$ 才能以 0.95 的概率保证供电,依题意,要求 a,使 $P\{0 < 200X \leqslant a\} \geqslant 0.95$,由(1)知

$$0.95 \leqslant P\{0 < 200X \leqslant a\} = P\left\{0 < X \leqslant \dfrac{a}{200}\right\} = P\left\{\dfrac{0 - 9000}{\sqrt{900}} < \dfrac{X - 9000}{\sqrt{900}} \leqslant \dfrac{\dfrac{a}{200} - 9000}{\sqrt{900}}\right\}$$

$$= \Phi\left(\dfrac{\dfrac{a}{200} - 9000}{30}\right) - \Phi(-300) \approx \Phi\left(\dfrac{a - 1\,800\,000}{6000}\right),$$

经查表,$0.95 = \Phi(1.645)$,即 $\Phi(1.645) \leqslant \Phi\left(\dfrac{a - 1\,800\,000}{6000}\right)$,因 $\Phi(x)$ 单调增加,所以 $\dfrac{a - 1\,800\,000}{6000} \geqslant$

1.645.

4. (1) 0.952;　　(2) 每个部件在运行中保持完好的概率至少应达到 0.91.

【提示】记随机变量 X 为正常工作的部件数,则 $X \sim B(100, 0.9)$.

(1) 依棣莫弗-拉普拉斯中心极限定理,$\dfrac{X - 100 \times 0.9}{\sqrt{100 \times 0.9 \times 0.1}} \overset{近似}{\sim} N(0, 1)$,于是

$$P\{85 \leqslant X \leqslant 100\} = P\left\{\dfrac{85 - 90}{\sqrt{3}} \leqslant \dfrac{X - 90}{\sqrt{3}} \leqslant \dfrac{100 - 90}{\sqrt{3}}\right\} \approx \Phi(3.33) - \Phi(-1.67).$$

(2) 设每个部件在运行中保持完好的概率为 p,则 $X \sim B(100, p)$,依题意 p 应满足,$P\{X \geqslant 85\} \geqslant$

0.98,依棣莫弗-拉普拉斯中心极限定理,有 $\dfrac{X - 100 \times p}{\sqrt{100 \times p(1-p)}} \overset{近似}{\sim} N(0, 1)$,于是

$$0.98 \leqslant P\{X \geqslant 85\} = P\left\{\dfrac{X - 100p}{\sqrt{100p(1-p)}} \geqslant \dfrac{85 - 100p}{\sqrt{100p(1-p)}}\right\} \approx 1 - \Phi\left(\dfrac{85 - 100p}{\sqrt{100p(1-p)}}\right),$$

经查表,$0.98 = \Phi(2.055)$,即 $\Phi(2.055) \leqslant 1 - \Phi\left(\dfrac{85 - 100p}{\sqrt{100p(1-p)}}\right)$,因 $\Phi(x)$ 单调增加,所以

$\dfrac{85 - 100p}{\sqrt{100p(1-p)}} \leqslant -2.055$.

5. 不应超过 1378.

【提示】记随机变量 X 为每日去新电影院看电影的人数,则 $X \sim B\left(1600, \dfrac{3}{4}\right)$,$E(X) = 1200$,$D(X) =$

300,依棣莫弗-拉普拉斯中心极限定理,$\dfrac{X - 1200}{\sqrt{300}} \overset{近似}{\sim} N(0, 1)$. 设需设置 m 个座位,则 m 应满足

$P\{m - X \geqslant 200\} = P\{X \leqslant m - 200\} \leqslant 0.1$,于是

$$0.1 \geqslant P\{0 < X \leqslant m - 200\} = P\left\{\dfrac{0 - 1200}{\sqrt{300}} < \dfrac{X - 1200}{\sqrt{300}} \leqslant \dfrac{m - 1400}{\sqrt{300}}\right\}$$

$$= \Phi\left(\frac{m-1400}{\sqrt{300}}\right) - \Phi(-69.28) \approx \Phi\left(\frac{m-1400}{\sqrt{300}}\right).$$

经查表，$0.1 = 1-0.9 = 1-\Phi(1.282)$，即 $1-\Phi(1.282) \geqslant \Phi\left(\frac{m-1400}{\sqrt{300}}\right)$. 因 $\Phi(x)$ 单调增加，所以

$$\frac{m-1400}{\sqrt{300}} \leqslant -1.282.$$

习题 5-4

【提示】设 $D(X_i) = \sigma^2$，$\sum\limits_{n=1}^{\infty} |a_n| = C < +\infty$，依题设，有

$$\sum_{k=1}^{n} a_k Y_k = \sum_{k=1}^{n} a_k \left(\sum^{k} X_i\right) = a_1 X_1 + a_2(X_1+X_2) + \cdots + a_n(X_1+X_2+\cdots+X_n)$$

$$= (a_1+a_2+\cdots+a_n)X_1 + (a_2+a_3+\cdots+a_n)X_2 + \cdots + a_n X_n$$

$$= \sum_{i=1}^{n}\left(\left(\sum_{k=i}^{n} a_k\right)X_i\right),$$

即 $\frac{1}{n}\left(\sum\limits_{k=1}^{n} a_k Y_k\right) = \frac{1}{n}\sum\limits_{i=1}^{n}\left(\left(\sum\limits_{k=i}^{n} a_k\right)X_i\right)$，依性质，有

$$\frac{1}{n^2}D\left(\sum_{k=1}^{n} a_k Y_k\right) = \frac{1}{n^2}D\left(\sum_{i=1}^{n}\left(\left(\sum_{k=i}^{n} a_k\right)X_i\right)\right) = \frac{1}{n^2}\sum_{i=1}^{n}\left(\left(\sum_{k=i}^{n} a_k\right)^2 D(X_i)\right) \leqslant \frac{\sigma^2 C^2}{n} \to 0 (n \to \infty).$$

单元练习题 5

一、选择题

1. A.　　2. C.　　3. A.　　4. C.　　5. D.

【提示】依定义，$X_n \xrightarrow{P} a$ 是指对 $\forall \varepsilon > 0$，$\lim\limits_{n\to\infty} P\{|X_n-a| \geqslant \varepsilon\} = 0$.

2. 依林德伯格-莱维中心极限定理，只要 $\{X_n\}$ 再满足同分布，均值、方差存在且方差大于 0，则当 n 充分大时，S_n 近似服从正态分布.

3. 依题设，$X_i \sim E\left(\frac{1}{\lambda}\right)$，$i=1,2,\cdots$，因此 $E(X_i) = \frac{1}{\lambda}$，$D(X_i) = \frac{1}{\lambda^2}$，依林德伯格-莱维中心极限定

理，有 $\lim\limits_{n\to\infty} P\left\{\dfrac{\sum\limits_{i=1}^{n} X_i - E\left(\sum\limits_{i=1}^{n} X_i\right)}{\sqrt{D\left(\sum\limits_{i=1}^{n} X_i\right)}} \leqslant x\right\} = \lim\limits_{n\to\infty} P\left\{\dfrac{\sum\limits_{i=1}^{n} X_i - \dfrac{n}{\lambda}}{\sqrt{\dfrac{n}{\lambda^2}}} \leqslant x\right\} = \Phi(x).$

4. 依伯努利大数定律，$\frac{1}{1000}\sum\limits_{k=1}^{1000} X_k \xrightarrow{P} p$. 因为 $X_i \sim B(1,p)$，所以 $\sum\limits_{k=1}^{1000} X_k \sim B(1000,p)$. 依林德

伯格-莱维中心极限定理，$\dfrac{\sum\limits_{k=1}^{1000} X_k - 1000p}{\sqrt{1000p(1-p)}} \overset{近似}{\sim} N(0,1)$，所以

$$P\left\{a < \sum_{k=1}^{1000} X_k < b\right\} \approx \Phi\left(\frac{b-1000p}{\sqrt{1000p(1-p)}}\right) - \Phi\left(\frac{a-1000p}{\sqrt{1000p(1-p)}}\right).$$

5. 林德伯格-莱维中心极限定理，当 n 充分大时，$\dfrac{\sum\limits_{k=1}^{n} X_k - n\lambda}{\sqrt{n\lambda}} \overset{近似}{\sim} N(0,1)$，即 $\sum\limits_{i=1}^{n} X_i \overset{近似}{\sim} N(n\lambda, n\lambda)$.

二、填空题

1. 0.　2. $\dfrac{1}{2}$.　3. 0.　4. $\dfrac{7}{2}$.　5. 1.　6. $\dfrac{1}{2}$.　7. $\Phi(\sqrt{3})$.　8. $N\left(3,\dfrac{3}{100}\right)$.　9. $\dfrac{1}{2}$.　10. 16.

【提示】

1. $X\sim B\left(n,\dfrac{1}{2}\right)$，依伯努利大数定律，$\dfrac{X}{n}\xrightarrow{P}\dfrac{1}{2}$，即 $\lim\limits_{n\to\infty}P\left\{\left|\dfrac{X}{n}-\dfrac{1}{2}\right|\geqslant 0.1\right\}=0$.

2. $X_1^2,X_2^2,\cdots,X_n^2,\cdots$ 独立同分布，且 $E(X_i)=\dfrac{1}{2}$，$D(X_i)=\dfrac{1}{4}$，所以

$$E(X_i^2)=D(X_i)+(E(X_i))^2=\dfrac{1}{4}+\left(\dfrac{1}{2}\right)^2=\dfrac{1}{2},$$

依辛钦大数定律，对任意 $\varepsilon>0$，有

$$\lim_{n\to\infty}P\left\{\left|Y_n-\dfrac{1}{2}\right|\geqslant\varepsilon\right\}=\lim_{n\to\infty}P\left\{\left|\dfrac{1}{n}\sum_{i=1}^{n}X_i^2-\dfrac{1}{2}\right|\geqslant\varepsilon\right\}=0.$$

3. 依辛钦大数定律，对任意 $\varepsilon>0$，有

$$\lim_{n\to\infty}P\left\{\dfrac{1}{n}\left|\sum_{i=1}^{n}X_i-n\mu\right|\geqslant\varepsilon\right\}=\lim_{n\to\infty}P\left\{\left|\dfrac{1}{n}\sum_{i=1}^{n}X_i-\mu\right|\geqslant\varepsilon\right\}=0.$$

4. 设 X_i 为第 i 次掷出的点数，其概率分布为

X_i	1	2	3	4	5	6	
P	1/6	1/6	1/6	1/6	1/6	1/6	$i=1,2,\cdots$

则随机变量序列 $\{X_n\}$ 独立同分布，且 $E(X_i)=\dfrac{7}{2}$，依辛钦大数定律，对任意 $\varepsilon>0$，有

$$\lim_{n\to\infty}P\left\{\left|\dfrac{1}{n}\sum_{i=1}^{n}X_i-\dfrac{7}{2}\right|\geqslant\varepsilon\right\}=0.$$

5. $\{X_n\}$ 独立同分布，且 $E(X_i)=1=D(X_i)$，依辛钦大数定律，$\overline{X}=\dfrac{1}{n}\sum\limits_{i=1}^{n}X_i\xrightarrow{P}E(X_i)=1$，依 5.1 节性质 1，$\overline{X}^2\xrightarrow{P}1^2=1$，$\dfrac{1}{n}\sum\limits_{i=1}^{n}(X_i-\overline{X})^2=\dfrac{1}{n}\sum\limits_{i=1}^{n}(X_i^2-2X_i\overline{X}+\overline{X}^2)=\dfrac{1}{n}\sum\limits_{i=1}^{n}X_i^2-\overline{X}^2$，$\{X_n^2\}$ 独立同分布，且 $E(X_i^2)=D(X_i)+(E(X_i))^2=2$，依辛钦大数定律，$\dfrac{1}{n}\sum\limits_{i=1}^{n}X_i^2\xrightarrow{P}E(X_i^2)=2$，依 5.1 节性质 1，

$$\dfrac{1}{n}\sum_{i=1}^{n}X_i^2-\overline{X}^2\xrightarrow{P}2-1=1.$$

6. 依林德伯格-莱维中心极限定理，$\dfrac{\sum\limits_{i=1}^{n}X_i-n\mu}{\sqrt{n}\sigma}\overset{近似}{\sim}N(0,1)$，于是

$$\lim_{n\to\infty}P\left\{\dfrac{\sum\limits_{i=1}^{n}X_i-n\mu}{\sqrt{n}\sigma}>0\right\}=1-\lim_{n\to\infty}P\left\{\dfrac{\sum\limits_{i=1}^{n}X_i-n\mu}{\sqrt{n}\sigma}\leqslant 0\right\}\approx 1-\Phi(0).$$

7. $E(X_i)=0$，$D(X_i)=\dfrac{2^2}{12}=\dfrac{1}{3}$，依林德伯格-莱维中心极限定理，

$$\dfrac{\sum\limits_{i=1}^{n}X_i-n\times 0}{\sqrt{n/3}}=\dfrac{\sum\limits_{i=1}^{n}X_i}{\sqrt{n/3}}\overset{近似}{\sim}N(0,1),\quad 于是\lim_{n\to\infty}P\left\{\dfrac{\sum\limits_{i=1}^{n}X_i}{\sqrt{n}}\leqslant 1\right\}=\lim_{n\to\infty}P\left\{\dfrac{\sum\limits_{i=1}^{n}X_i}{\sqrt{n/3}}\leqslant\sqrt{3}\right\}.$$

8. 依林德伯格-莱维中心极限定理，$\dfrac{\sum\limits_{i=1}^{100}X_i-E\left(\sum\limits_{i=1}^{100}X_i\right)}{\sqrt{D\left(\sum\limits_{i=1}^{100}X_i\right)}}\overset{\text{近似}}{\sim}N(0,1)$，即 $\sum\limits_{i=1}^{100}X_i\overset{\text{近似}}{\sim}N(300,300)$.

9. 设 X 为 180 次试验中 A 发生的次数，则 $X\sim B\left(180,\dfrac{2}{3}\right)$，依棣莫弗-拉普拉斯中心极限定理，

$$\dfrac{X-180\times\dfrac{2}{3}}{\sqrt{180\times\dfrac{2}{3}\times\dfrac{1}{3}}}=\dfrac{X-120}{\sqrt{40}}\overset{\text{近似}}{\sim}N(0,1)，\text{于是}$$

$$P\{X\geqslant120\}=P\left\{\dfrac{X-120}{\sqrt{40}}\geqslant\dfrac{120-120}{\sqrt{40}}\right\}=P\left\{\dfrac{X-120}{\sqrt{40}}\geqslant0\right\}.$$

10. $X_i\sim N(a,0.2^2),i=1,2,\cdots,n,\ \overline{X_n}\sim N\left(a,\dfrac{0.2^2}{n}\right),\dfrac{\overline{X_n}-a}{0.2/\sqrt{n}}\sim N(0,1)$，则

$$0.95\leqslant P\{|\overline{X_n}-a|<0.1\}=P\left\{\dfrac{|\overline{X_n}-a|}{0.2/\sqrt{n}}<\dfrac{0.1}{0.2/\sqrt{n}}\right\}=2\Phi\left(\dfrac{\sqrt{n}}{2}\right)-1,$$

$\Phi\left(\dfrac{\sqrt{n}}{2}\right)\geqslant0.975=\Phi(1.96)$. 因 $\Phi(x)$ 单调增加，所以 $\dfrac{\sqrt{n}}{2}\geqslant1.96$.

三、解答题

1. (1) 0.8185；ᅠ(2) 81 或 82.

【提示】设 $X_i=\{$第 i 件成品的组装时间$\}$（单位：min），$X_i\sim E(10)(i=1,2,\cdots,100)$，则 $X_1,X_2,\cdots,$ X_{100} 独立同分布，且 $E(X_i)=10,D(X_i)=100$.

(1) $\sum\limits_{i=1}^{100}X_i$ 为组装 100 件成品所需的时间，依林德伯格-莱维中心极限定理，$\dfrac{\sum\limits_{i=1}^{100}X_i-100\times10}{\sqrt{100\times100}}\overset{\text{近似}}{\sim}$ $N(0,1)$.

$$P\left\{15\times60\leqslant\sum_{i=1}^{100}X_i\leqslant20\times60\right\}=P\left\{\dfrac{900-1000}{100}\leqslant\dfrac{\sum\limits_{i=1}^{100}X_i-1000}{100}\leqslant\dfrac{1200-1000}{100}\right\}$$

$$\approx\Phi(2)-\Phi(-1)=\Phi(2)+\Phi(1)-1.$$

(2) 设在 16h 内最多可组装 n 件产品，则 n 应满足 $P\left\{\sum\limits_{i=1}^{n}X_i\leqslant16\times60\right\}=0.95$，依林德伯格-莱维中心极限定理，$\dfrac{\sum\limits_{i=1}^{n}X_i-n\times10}{\sqrt{n\times100}}\overset{\text{近似}}{\sim}N(0,1)$，于是

$$0.95=P\left\{\sum_{i=1}^{n}X_i\leqslant16\times60\right\}=P\left\{\dfrac{\sum\limits_{i=1}^{n}X_i-10n}{\sqrt{100n}}\leqslant\dfrac{960-10n}{10\sqrt{n}}\right\}\approx\Phi\left(\dfrac{960-10n}{10\sqrt{n}}\right).$$

经查表，$0.95=\Phi(1.645)$，即 $\Phi(1.645)\approx\Phi\left(\dfrac{960-10n}{10\sqrt{n}}\right)$. 因 $\Phi(x)$ 单调增加，所以 $1.645\approx\dfrac{960-10n}{10\sqrt{n}}$.

2. 98.

【提示】设每辆车最多可装的箱子数为 n，记 $X_i(i=1,2,\cdots,n)$ 为第 i 箱的重量（单位：kg），则 $X_1,$

$X_2,\cdots,X_n$ 独立同分布,且 $E(X_i)=50,D(X_i)=25$,则 $\sum\limits_{i=1}^{n}X_i$ 为 n 箱的重量,依林德伯格-莱维中心极

限定理,$\dfrac{\sum\limits_{i=1}^{n}X_i-n\times50}{\sqrt{n\times25}}\overset{近似}{\sim}N(0,1)$,于是

$$0.977<P\left\{\sum_{i=1}^{n}X_i\leqslant5000\right\}=P\left\{\dfrac{\sum\limits_{i=1}^{n}X_i-50n}{5\sqrt{n}}\leqslant\dfrac{5000-50n}{5\sqrt{n}}\right\}\approx\Phi\left(\dfrac{1000-10n}{\sqrt{n}}\right),$$

从而 $0.977=\Phi(2.0)<\Phi\left(\dfrac{1000-10n}{\sqrt{n}}\right)$. 因 $\Phi(x)$ 单调增加,所以,$2.0<\dfrac{1000-10n}{\sqrt{n}}$.

3. (1) 0.8944; (2) 0.1379.

【提示】(1) 设药品的治愈率确定为 0.8,记随机变量 $X=\{100$ 个服用此药品的病人中已治愈的人数$\}$,则 $X\sim B(100,0.8)$.

依棣莫弗-拉普拉斯中心极限定理,$\dfrac{X-100\times0.8}{\sqrt{100\times0.8\times0.2}}\overset{近似}{\sim}N(0,1)$,于是

$$P\{75<X\leqslant100\}=P\left\{\dfrac{75-80}{\sqrt{16}}<\dfrac{X-80}{\sqrt{16}}\leqslant\dfrac{100-80}{\sqrt{16}}\right\}\approx\Phi(5)-\Phi(-1.25).$$

(2) 设药品的治愈率只有 0.7,记 X 同上,则 $X\sim B(100,0.7)$,依棣莫弗-拉普拉斯中心极限定理,

$\dfrac{X-100\times0.7}{\sqrt{100\times0.7\times0.3}}\overset{近似}{\sim}N(0,1)$,于是

$$P\{75<X\leqslant100\}=P\left\{\dfrac{75-70}{\sqrt{21}}<X\leqslant\dfrac{100-70}{\sqrt{21}}\right\}\approx\Phi(6.55)-\Phi(1.09).$$

4. (1) $a,\dfrac{1}{n}\sigma^2$;　(2) $2\Phi\left(\dfrac{\sqrt{n}\varepsilon}{\sigma}\right)-1$.

【提示】(1) $X_i(i=1,2,\cdots)$ 的概率密度函数同为 $f(x)=\begin{cases}1,&0\leqslant x\leqslant1,\\0,&其他,\end{cases}$ $g(X_1),g(X_2),g(X_3),\cdots$ 独立同分布,且

$$E(g(X_i))=\int_{-\infty}^{+\infty}g(x)f(x)\mathrm{d}x=\int_{0}^{1}g(x)\mathrm{d}x=a,\quad i=1,2,\cdots,$$

$$E(Y_n)=E\left(\dfrac{1}{n}\sum_{i=1}^{n}g(X_i)\right)=\dfrac{1}{n}\sum_{i=1}^{n}E(g(X_i)),\quad D(Y_n)=D\left(\dfrac{1}{n}\sum_{i=1}^{n}g(X_i)\right)=\dfrac{1}{n^2}\sum_{i=1}^{n}D(g(X_i)).$$

因为 $\dfrac{1}{n^2}D(Y_n)=\dfrac{1}{n^2}\sum\limits_{i=1}^{n}D(g(X_i))=\dfrac{1}{n^2}\sigma^2\to0(n\to\infty)$,依马尔可夫大数定律,有

$$Y_n=\dfrac{1}{n}\sum_{i=1}^{n}g(X_i)\overset{P}{\longrightarrow}E(g(X_i))=a.$$

(2) 由(1)知,随机变量序列 $g(X_1),g(X_2),g(X_3),\cdots$ 独立同分布,且有有限的期望和方差,由林

德伯格-莱维中心极限定理,$\dfrac{\sum\limits_{i=1}^{n}g(X_i)-na}{\sqrt{n}\sigma}\overset{近似}{\sim}N(0,1)$,对任意 $\varepsilon>0$,有

$$P\{|Y_n-a|<\varepsilon\}=P\left\{\left|\dfrac{1}{n}\sum_{i=1}^{n}g(X_i)-a\right|<\varepsilon\right\}=P\left\{\left|\sum_{i=1}^{n}g(X_i)-na\right|<n\varepsilon\right\}$$

$$=P\left\{\left|\dfrac{\sum\limits_{i=1}^{n}g(X_i)-na}{\sqrt{n}\sigma}\right|<\dfrac{n\varepsilon}{\sqrt{n}\sigma}\right\}.$$

5. (1) 0.5788；(2) 0.5665；(3) 0.5.

【提示】(1) 令 X 为 100 台产品中的次品数，则 $X \sim B(100, 0.04)$，依二项概率的计算公式，有

$$P\{4 \leqslant X \leqslant 100\} = 1 - P\{X \leqslant 3\} = 1 - \sum_{k=0}^{3} C_{100}^{k} \times 0.04^{k} \times (1-0.04)^{100-k}.$$

(2) 依泊松定理，取 $\lambda = np = 100 \times 0.04 = 4$，则

$$P\{4 \leqslant X \leqslant 100\} = 1 - P\{X \leqslant 3\} \approx 1 - \sum_{k=0}^{3} \frac{4^k}{k!} e^{-4} \text{（可查表得值）}.$$

(3) 依棣莫弗-拉普拉斯中心极限定理，$\dfrac{X-100\times 0.04}{\sqrt{100\times 0.04\times 0.96}} \overset{\text{近似}}{\sim} N(0,1)$，

$$P\{4 \leqslant X \leqslant 100\} = P\left\{\frac{4-4}{\sqrt{3.84}} \leqslant \frac{X-4}{\sqrt{3.84}} \leqslant \frac{100-4}{\sqrt{3.84}}\right\}$$

$$= P\left\{0 \leqslant \frac{X-4}{\sqrt{3.84}} \leqslant 48.99\right\} \approx \Phi(48.99) - \Phi(0) \text{（可查表得值）}.$$

四、证明题

【提示】设 $D(X_i) = \sigma^2 (i=1,2,\cdots)$，因为 $X_1, X_2, \cdots, X_n$ 相互独立，依方差的性质，有

$$D(a_k Y_k) = a_k^2 D(Y_k) = a_k^2 D(X_1 + X_2 + \cdots + X_k) = a_k^2 \sum_{i=1}^{k} D(X_i) = k a_k^2 \sigma^2,$$

其中，$a_k^2 \leqslant \dfrac{1}{k^2} C^2 (k=1,2,\cdots)$. 又依傅里叶级数的相关结论：$1 + \dfrac{1}{2^2} + \dfrac{1}{3^2} + \cdots = \dfrac{\pi^2}{6}$，

$$\sum_{k=1}^{n} D(a_k Y_k) = \sum_{k=1}^{n} k a_k^2 \sigma^2 = \sigma^2 (a_1^2 + 2a_2^2 + \cdots + n a_n^2) \leqslant n\sigma^2 (a_1^2 + a_2^2 + \cdots + a_n^2)$$

$$\leqslant n\sigma^2 \left(1 + \frac{1}{2^2} + \cdots + \frac{1}{n^2}\right) C^2 \leqslant n\sigma^2 \frac{\pi^2}{6} C^2,$$

因此 $\dfrac{1}{n^2} \sum_{k=1}^{n} D(a_k Y_k) \leqslant \dfrac{1}{n^2} \left(n\sigma^2 \dfrac{\pi^2}{6} C^2\right) = \dfrac{1}{n} \sigma^2 \dfrac{\pi^2}{6} C^2 \to 0 (n \to +\infty)$，满足马尔可夫条件.

第6章　抽样分布

习题 6-1

1. 该市所有成年男子；调查的 6000 名成年男子；$B(1,p)$，p 为该市成年男子吸烟率.

【提示】(1) 总体是该市所有成年男子.

(2) 样本是被调查的 6000 名成年男子.

(3) 总体分布为 $B(1,p)$，p 为该市成年男子吸烟率.

2. (1) $N\left(0, \dfrac{n+1}{n}\sigma^2\right)$；(2) $N\left(0, \dfrac{n-1}{n}\sigma^2\right)$.

【提示】(1) $X_{n+1} \sim N(\mu, \sigma^2)$，$\overline{X} \sim N\left(\mu, \dfrac{\sigma^2}{n}\right)$，因为 $\overline{X}$ 与 X_{n+1} 相互独立，所以 $X_{n+1} - \overline{X} \sim N(E(X_{n+1}-\overline{X}), D(X_{n+1}-\overline{X}))$，$E(X_{n+1}-\overline{X}) = E(X_{n+1}) - E(\overline{X}) = \mu - \mu = 0$，$D(X_{n+1}-\overline{X}) = D(X_{n+1}) + D(\overline{X}) = \sigma^2 + \dfrac{1}{n}\sigma^2 = \dfrac{n+1}{n}\sigma^2$.

(2) $X_1 - \overline{X} = X_1 - \dfrac{1}{n}(X_1 + X_2 + \cdots + X_n) = \dfrac{n-1}{n} X_1 - \dfrac{1}{n} X_2 - \cdots - \dfrac{1}{n} X_n$（重组成独立变量的线性组合），

$$X_1 - \overline{X} \sim N(E(X_1 - \overline{X}), D(X_1 - \overline{X})),$$

$$E(X_1 - \overline{X}) = \frac{n-1}{n} E(X_1) - \frac{1}{n} E(X_2) - \cdots - \frac{1}{n} E(X_n) = \frac{n-1}{n} \mu - \frac{n-1}{n} \mu = 0,$$

$$D(X_1 - \overline{X}) = \left(\frac{n-1}{n}\right)^2 D(X_1) + \frac{1}{n^2} D(X_2) + \cdots + \frac{1}{n^2} D(X_n) = \left(\frac{n-1}{n}\right)^2 \sigma^2 + \frac{n-1}{n^2} \sigma^2 = \frac{n-1}{n} \sigma^2.$$

3. $a = \dfrac{1}{20}, b = \dfrac{1}{100}, 2.$

【提示】$X_1 - 2X_2 \sim N(0, 20)$，$3X_3 - 4X_4 \sim N(0, 100)$，即 $\dfrac{X_1 - 2X_2}{\sqrt{20}} \sim N(0, 1)$，$\dfrac{3X_3 - 4X_4}{10} \sim$

$N(0, 1)$，且 $X_1 - 2X_2$ 与 $3X_3 - 4X_4$ 相互独立. 依定义，$\left(\dfrac{X_1 - 2X_2}{\sqrt{20}}\right)^2 + \left(\dfrac{3X_3 - 4X_4}{10}\right)^2 \sim \chi^2(2)$.

4. n 至少应取 16.

【提示】$E(\overline{X}) = E(X) = \mu$，$D(\overline{X}) = \dfrac{1}{n} D(X) = \dfrac{0.2^2}{n}$，所以 $\dfrac{\overline{X} - \mu}{0.2/\sqrt{n}} \sim N(0, 1)$，要求 n，使 $0.95 \leqslant$

$$P\{|\overline{X} - \mu| < 0.1\} = P\left\{\left|\frac{\overline{X} - \mu}{\frac{0.2}{\sqrt{n}}}\right| < \frac{0.1}{\frac{0.2}{\sqrt{n}}}\right\} = 2\Phi\left(\frac{\sqrt{n}}{2}\right) - 1,\ \text{即}\ \Phi\left(\frac{\sqrt{n}}{2}\right) \geqslant 0.975 = \Phi(1.96)(\text{查表}).$$

5. $t(10)$.

【提示】$\displaystyle\sum_{i=1}^{10} (-1)^i X_i \sim N(0, 10\sigma^2)$，则 $\dfrac{\displaystyle\sum_{i=1}^{10} (-1)^i X_i}{\sqrt{10}\,\sigma} \sim N(0, 1)$. 又 $\dfrac{X_i}{\sigma} \sim N(0, 1)$，

$i = 11, 12, \cdots, 20$，则 $\displaystyle\sum_{i=11}^{20} \left(\frac{X_i}{\sigma}\right)^2 \sim \chi^2(10)$，且 $\displaystyle\sum_{i=1}^{10} (-1)^i X_i$ 与 $\displaystyle\sum_{i=11}^{20} \left(\frac{X_i}{\sigma}\right)^2$ 相互独立.

6. 【提示】令 $Y = \dfrac{1}{X}$，依 F 分布的性质，$Y \sim F(n, n)$，$P\{X < 1\} = P\{Y < 1\} = P\left\{\dfrac{1}{X} < 1\right\} = P\{X > 1\}$.

习题 6-2

1. 0.66.

【提示】依题设，$\overline{X} \sim N\left(30, \dfrac{3^2}{20}\right)$，$\overline{Y} \sim N\left(30, \dfrac{3^2}{25}\right)$，$\overline{X}$ 与 $\overline{Y}$ 相互独立，依定理 2，有 $\dfrac{\overline{X} - \overline{Y}}{\sqrt{\dfrac{9}{20} + \dfrac{9}{25}}} =$

$\dfrac{10}{9}(\overline{X} - \overline{Y}) \sim N(0, 1)$，

$$P\{|\overline{X} - \overline{Y}| > 0.4\} = 1 - P\{|\overline{X} - \overline{Y}| \leqslant 0.4\} = 1 - P\left\{-\frac{4}{9} \leqslant \frac{10}{9}(\overline{X} - \overline{Y}) \leqslant \frac{4}{9}\right\} = 2\left(1 - \Phi\left(\frac{4}{9}\right)\right).$$

2. (1) 0.94;　(2) 0.895.

【提示】(1) 依定理 1，$\displaystyle\sum_{i=1}^{20} \left(\frac{X_i - \mu}{\sigma}\right)^2 \sim \chi^2(20)$，

$$P\left\{10.9 \leqslant \sum_{i=1}^{20} \frac{(X_i - \mu)^2}{\sigma^2} \leqslant 37.6\right\} = P\left\{\sum_{i=1}^{20} \frac{(X_i - \mu)^2}{\sigma^2} \geqslant 10.9\right\} - P\left\{\sum_{i=1}^{20} \frac{(X_i - \mu)^2}{\sigma^2} > 37.6\right\}.$$

(2) 依定理 1，$\displaystyle\sum_{i=1}^{20} \frac{(X_i - \overline{X})^2}{\sigma^2} = \frac{19S^2}{\sigma^2} \sim \chi^2(19)$，

$$P\left\{11.7 \leqslant \sum_{i=1}^{20} \frac{(X_i - \overline{X})^2}{\sigma^2} \leqslant 38.6\right\} = P\left\{\frac{19S^2}{\sigma^2} \geqslant 11.7\right\} - P\left\{\frac{19S^2}{\sigma^2} > 38.6\right\}.$$

3.【提示】$Y_1 \sim N\left(\mu, \dfrac{\sigma^2}{6}\right)$，$Y_2 \sim N\left(\mu, \dfrac{\sigma^2}{3}\right)$. 又因为 Y_1 与 Y_2 相互独立，$\dfrac{Y_1-Y_2}{\sigma/\sqrt{2}} \sim N(0,1)$，依定理 1，

$\dfrac{2S^2}{\sigma^2} \sim \chi^2(2)$，$Y_1 - Y_2$ 与 S^2 相互独立，依定义，$\dfrac{\dfrac{Y_1-Y_2}{\sigma/\sqrt{2}}}{\sqrt{\dfrac{2S^2}{\sigma^2}\Big/2}} \sim t(2)$.

4.【提示】令 S_X^2 与 S_Y^2 是分别来自 X 和 Y 的样本方差，依定理 1，有

$$\frac{\sum\limits_{i=1}^{n_1}(X_i-\bar{X})^2}{\sigma^2} = \frac{(n_1-1)S_X^2}{\sigma^2} \sim \chi^2(n_1-1), \qquad \frac{\sum\limits_{i=1}^{n_2}(Y_i-\bar{Y})^2}{\sigma^2} = \frac{(n_2-1)S_Y^2}{\sigma^2} \sim \chi^2(n_2-1),$$

因为两者相互独立，则 $\dfrac{\sum\limits_{i=1}^{n_1}(X_i-\bar{X})^2}{\sigma^2} + \dfrac{\sum\limits_{j=1}^{n_2}(Y_j-\bar{Y})^2}{\sigma^2} \sim \chi^2(n_1+n_2-2)$，从而

$$E\left(\frac{\sum\limits_{i=1}^{n_1}(X_i-\bar{X})^2 + \sum\limits_{j=1}^{n_2}(Y_j-\bar{Y})^2}{n_1+n_2-2}\right) = \frac{\sigma^2}{n_1+n_2-2} E\left(\frac{\sum\limits_{i=1}^{n_1}(X_i-\bar{X})^2 + \sum\limits_{i=1}^{n_2}(Y_i-\bar{Y})^2}{\sigma^2}\right).$$

单元练习题 6

一、选择题

1. D.　　2. C.　　3. D.　　4. C.　　5. B.　　6. C.　　7. B.　　8. C.　　9. B.　　10. B.

【提示】

1. 依定义，$T_4 = \dfrac{1}{n}\sum\limits_{i=1}^{n}\left(\dfrac{X_i-\mu}{\sigma}\right)^2$ 含未知参数 σ^2，不是统计量.

2. 因缺少 X 与 Y 相互独立的前提条件，所以 A，B，D 不可选. 而由定义，$X^2 \sim \chi^2(1)$，$Y^2 \sim \chi^2(1)$.

3. 依定理 1，$\dfrac{\bar{X}}{1/\sqrt{n}} \sim N(0,1)$，$(n-1)S^2 \sim \chi^2(n-1)$，$\dfrac{\bar{X}}{S/\sqrt{n}} \sim t(n-1)$，又依题设，$X_1^2 \sim \chi^2(1)$，

$X_2^2 + \cdots + X_n^2 \sim \chi^2(n-1)$，且两者相互独立，依定义，$\dfrac{X_1^2/1}{\sum\limits_{i=2}^{n}X_i^2\Big/(n-1)} \sim F(1, n-1)$.

4. 因 $X_1 - X_2 \sim N(0, 2\sigma^2)$，则 $\dfrac{X_1-X_2}{\sqrt{2}\sigma} \sim N(0,1)$，$\dfrac{X_3}{\sigma} \sim N(0,1)$，且 $\left(\dfrac{X_3}{\sigma}\right)^2 \sim \chi^2(1)$，又 $\dfrac{X_1-X_2}{\sqrt{2}\sigma}$ 与

$\left(\dfrac{X_3}{\sigma}\right)^2$ 相互独立，所以 $S = \dfrac{\dfrac{X_1-X_2}{\sqrt{2}\sigma}}{\sqrt{\left(\dfrac{X_3}{\sigma}\right)^2\Big/1}} = \dfrac{X_1-X_2}{\sqrt{2}\,|X_3|} \sim t(1)$.

5. $X_1 - X_2 \sim N(0, 2\sigma^2)$，则 $\dfrac{X_1-X_2}{\sqrt{2}\sigma} \sim N(0,1)$，$X_3 + X_4 - 2 \sim N(0, 2\sigma^2)$，所以 $\dfrac{X_3+X_4-2}{\sqrt{2}\sigma} \sim N(0,1)$，

$\left(\dfrac{X_3+X_4-2}{\sqrt{2}\sigma}\right)^2 \sim \chi^2(1)$. 因为两者相互独立，所以 $\dfrac{\dfrac{X_1-X_2}{\sqrt{2}\sigma}}{\sqrt{\left(\dfrac{X_3+X_4-2}{\sqrt{2}\sigma}\right)^2\Big/1}} = \dfrac{X_1-X_2}{|X_3+X_4-2|} \sim t(1)$.

6. 依题设 $X \sim t(n)$，依定义，$X^2 \sim F(1,n)$，X^2 与 Y 同分布，依 t 分布的对称性，有

$$P\{Y > C^2\} = P\{X^2 > C^2\} = P\{X < -C\} + P\{X > C\} = 2P\{X > C\} = 2\alpha.$$

7. 令 $S^2 = \dfrac{1}{n-1}\sum\limits_{i=1}^{n}(X_i - \overline{X})^2$, $E(S^2) = D(X) = m\theta(1-\theta)$, 从而

$$E\left(\sum_{i=1}^{n}(X_i - \overline{X})^2\right) = (n-1)E\left(\dfrac{1}{n-1}\sum_{i=1}^{n}(X_i - \overline{X})^2\right) = (n-1)E(S^2) = (n-1)m\theta(1-\theta).$$

8. 依各分布分位点的定义, 只有 C 不正确.

9. $X_i \sim N(\mu,1)$, 即 $X_i - \mu \sim N(0,1)$, $i=1,2,\cdots,n$, 且 $X_1,X_2,\cdots,X_n$ 相互独立, 所以 $\sum\limits_{i=1}^{n}(X_i-\mu)^2 \sim$

$\chi^2(n)$. $\dfrac{(n-1)S^2}{\sigma^2} = \sum\limits_{i=1}^{n}(X_i-\overline{X})^2 \sim \chi^2(n-1)$. 又因为 $\overline{X} \sim N\left(\mu,\dfrac{1}{n}\right)$, $\dfrac{\overline{X}-\mu}{\sqrt{\dfrac{1}{n}}} \sim N(0,1)$, 因此

$$\left(\dfrac{\overline{X}-\mu}{\sqrt{\dfrac{1}{n}}}\right)^2 = n(\overline{X}-\mu)^2 \sim \chi^2(1). \text{ 由 } X_n - X_1 \sim N(0,2), \left(\dfrac{X_n-X_1}{\sqrt{2}}\right)^2 = \dfrac{(X_n-X_1)^2}{2} \sim \chi^2(1).$$

10. 依定理, $\dfrac{\overline{X}-u}{S/\sqrt{n}} \sim t(n-1)$.

二、填空题

1. 2.　　2. np^2.　　3. $\sigma^2+\mu^2$.　　4. $\chi^2(1)$; $F(1,n-1)$.　　5. (1) $t(n-1)$; (2) $t(2)$; (3) $F(1,1)$;

(4) $F(3,n-3)$.　　6. F;10,5.　　7. $t(9)$.　　8. $(n_1+n_2-2)\sigma^2$.　　9. n; $\dfrac{n}{5}$.　　10. 255.

【提示】

1. $E(X) = \displaystyle\int_{-\infty}^{+\infty} xf(x)\mathrm{d}x = \int_{-\infty}^{+\infty} x\dfrac{1}{2}\mathrm{e}^{-|x|}\mathrm{d}x = 0$,

$\qquad D(X) = E(X^2) - (E(X))^2 = \displaystyle\int_{-\infty}^{+\infty} x^2 f(x)\mathrm{d}x - 0 = \int_{-\infty}^{+\infty} x^2 \dfrac{1}{2}\mathrm{e}^{-|x|}\mathrm{d}x$

$\qquad = \displaystyle\int_{0}^{+\infty} x^2 \mathrm{e}^{-x}\mathrm{d}x = -(x^2\mathrm{e}^{-x} + 2(x\mathrm{e}^{-x}+\mathrm{e}^{-x}))\Big|_{0}^{+\infty} = 2$,

依样本方差的性质, $E(S^2) = D(X)$.

2. $E(T) = E(\overline{X}-S^2) = E(\overline{X})-E(S^2) = E(X)-D(X) = np-np(1-p)$.

3. $E(T) = E\left(\dfrac{1}{n}\sum\limits_{i=1}^{n}X_i^2\right) = \dfrac{1}{n}\sum\limits_{i=1}^{n}E(X_i^2) = E(X_i^2) = D(X_i)+(E(X_i))^2$.

4. 因为 $\dfrac{\overline{X}-\mu}{\sigma/\sqrt{n}} \sim N(0,1)$, 所以 $U = n\left(\dfrac{\overline{X}-\mu}{\sigma}\right)^2 = \left(\dfrac{\overline{X}-\mu}{\sigma/\sqrt{n}}\right)^2 \sim \chi^2(1)$. 因为 $\dfrac{(n-1)S^2}{\sigma^2} \sim \chi^2(n-1)$, 而 $\overline{X}$ 与 S^2 相互独立, 所以,

$$V = n\left(\dfrac{\overline{X}-\mu}{S}\right)^2 = \dfrac{\left(\dfrac{\overline{X}-\mu}{\sigma/\sqrt{n}}\right)^2 \Big/ 1}{\dfrac{(n-1)S^2}{\sigma^2} \Big/ (n-1)} \sim F(1,n-1).$$

5. (1) $X_1 \sim N(0,1)$, $\sum\limits_{i=2}^{n}X_i^2 \sim \chi^2(n-1)$, 且 X_1 与 $\sum\limits_{i=2}^{n}X_i^2$ 相互独立, 则

$$\dfrac{X_1}{\sqrt{\sum\limits_{i=2}^{n}X_i^2/(n-1)}} \sim t(n-1).$$

(2) $X_1-X_2 \sim N(0,2)$, $\dfrac{X_1-X_2}{\sqrt{2}} \sim N(0,1)$, $X_3^2+X_4^2 \sim \chi^2(2)$, 且 $\dfrac{X_1-X_2}{\sqrt{2}}$ 与 $X_3^2+X_4^2$ 相互独立, 则

$$\frac{\dfrac{X_1 - X_2}{\sqrt{2}}}{\sqrt{(X_3^2 + X_4^2)/2}} \sim t(2).$$

(3) $X_1 - X_2 \sim N(0,2)$, $\dfrac{X_1 - X_2}{\sqrt{2}} \sim N(0,1)$, 则 $\left(\dfrac{X_1 - X_2}{\sqrt{2}}\right)^2 \sim \chi^2(1)$, 同理 $\left(\dfrac{X_3 + X_4}{\sqrt{2}}\right)^2 \sim \chi^2(1)$, 且

$\left(\dfrac{X_1 - X_2}{\sqrt{2}}\right)^2$ 与 $\left(\dfrac{X_3 + X_4}{\sqrt{2}}\right)^2$ 相互独立, 所以 $\dfrac{\left(\dfrac{X_1 - X_2}{\sqrt{2}}\right)^2 \Big/ 1}{\left(\dfrac{X_3 + X_4}{\sqrt{2}}\right)^2 \Big/ 1} \sim F(1,1).$

(4) $\displaystyle\sum_{i=1}^{3} X_i^2 \sim \chi^2(3)$, $\displaystyle\sum_{i=4}^{n} X_i^2 \sim \chi^2(n-3)$, 且 $\displaystyle\sum_{i=1}^{3} X_i^2$ 与 $\displaystyle\sum_{i=4}^{n} X_i^2$ 相互独立, 则

$$\frac{\displaystyle\sum_{i=1}^{3} X_i^2 / 3}{\displaystyle\sum_{i=4}^{n} X_i^2 / (n-3)} \sim F(3, n-3).$$

6. $\dfrac{X_i}{2} \sim N(0,1)$, $i = 1, 2, \cdots, 15$, 且相互独立, 所以

$$\left(\frac{X_1}{2}\right)^2 + \cdots + \left(\frac{X_{10}}{2}\right)^2 \sim \chi^2(10), \quad \left(\frac{X_{11}}{2}\right)^2 + \cdots + \left(\frac{X_{15}}{2}\right)^2 \sim \chi^2(5),$$

因为 $\left(\dfrac{X_1}{2}\right)^2 + \cdots + \left(\dfrac{X_{10}}{2}\right)^2$ 与 $\left(\dfrac{X_{11}}{2}\right)^2 + \cdots + \left(\dfrac{X_{15}}{2}\right)^2$ 相互独立, 依定义, 有

$$\frac{\left(\left(\frac{X_1}{2}\right)^2 + \cdots + \left(\frac{X_{10}}{2}\right)^2\right) \Big/ 10}{\left(\left(\frac{X_{11}}{2}\right)^2 + \cdots + \left(\frac{X_{15}}{2}\right)^2\right) \Big/ 5} \sim F(10, 5).$$

7. $X_1 + X_2 + \cdots + X_9 \sim N(0, 9^2)$, 则 $\dfrac{X_1 + X_2 + \cdots + X_9}{9} \sim N(0,1)$, $\dfrac{Y_i}{3} \sim N(0,1)(i = 1, 2, \cdots, 9)$, 且相互独立, 所以 $\left(\dfrac{Y_1}{3}\right)^2 + \left(\dfrac{Y_2}{3}\right)^2 + \cdots + \left(\dfrac{Y_9}{3}\right)^2 \sim \chi^2(9)$. 又因为 $\dfrac{X_1 + X_2 + \cdots + X_9}{9}$ 与 $\left(\dfrac{Y_1}{3}\right)^2 + \left(\dfrac{Y_2}{3}\right)^2 + \cdots +$

$\left(\dfrac{Y_9}{3}\right)^2$ 相互独立, 所以 $\dfrac{\dfrac{X_1 + X_2 + \cdots + X_9}{9}}{\sqrt{\left(\dfrac{Y_1^2 + Y_2^2 + \cdots + Y_9^2}{9}\right) \Big/ 9}} \sim t(9).$

8. 设总体 X 和 Y 的样本方差为 $S_1^2 = \dfrac{1}{n_1 - 1} \displaystyle\sum_{i=1}^{n_1} (X_i - \overline{X})^2$, $S_2^2 = \dfrac{1}{n_2 - 1} \displaystyle\sum_{j=1}^{n_2} (Y_j - \overline{Y})^2$, 则

$E(S_1^2) = D(X) = \sigma^2$, $E(S_2^2) = D(Y) = \sigma^2$, 则 $E\left(\displaystyle\sum_{i=1}^{n_1} (X_i - \overline{X})^2\right) = E((n_1 - 1)S_1^2) = (n_1 - 1)E(S_1^2) = $

$(n_1 - 1)\sigma^2$, 同理 $E\left(\displaystyle\sum_{j=1}^{n_2} (Y_j - \overline{Y})^2\right) = (n_2 - 1)\sigma^2$, 因此

$$E\left(\sum_{i=1}^{n_1} (X_i - \overline{X})^2 + \sum_{j=1}^{n_2} (Y_j - \overline{Y})^2\right) = E\left(\sum_{i=1}^{n_1} (X_i - \overline{X})^2\right) + E\left(\sum_{j=1}^{n_2} (Y_j - \overline{Y})^2\right)$$

$$= (n_1 - 1)\sigma^2 + (n_2 - 1)\sigma^2.$$

9. 依题设, $E(X) = n$, $D(X) = 2n$, $E(\overline{X}) = E(X) = n$, $D(\overline{X}) = \dfrac{1}{10} D(X) = \dfrac{1}{10} \times 2n = \dfrac{n}{5}$.

10. $\overline{X} \sim N\left(\mu, \dfrac{4}{n}\right)$，令 $Z = \dfrac{\overline{X} - \mu}{2/\sqrt{n}}$，则 $Z \sim N(0,1)$，于是

$$0.1 \geqslant E(\,|\,\overline{X} - \mu\,|\,) = E\left(\left|\dfrac{2}{\sqrt{n}} Z\right|\right) = \dfrac{2}{\sqrt{n}} E(\,|\,Z\,|\,) = \dfrac{2}{\sqrt{n}} \int_{-\infty}^{+\infty} |z| \dfrac{1}{\sqrt{2\pi}} e^{-\frac{z^2}{2}} \, dz$$

$$= \dfrac{4}{\sqrt{2\pi n}} \int_{0}^{+\infty} z e^{-\frac{z^2}{2}} \, dz = \dfrac{4}{\sqrt{2\pi n}} \left(-e^{-\frac{z^2}{2}}\right)_0^{+\infty} = \dfrac{4}{\sqrt{2\pi n}}.$$

三、判断题

1. ×.　　2. √.　　3. ×.　　4. √.　　5. ×.

【提示】

1. 当 X 与 Y 相互独立时，结论成立.

2. 因为 $\dfrac{\overline{X} - \mu}{\sigma/\sqrt{n}} \sim N(0,1)$，所以 $\left(\dfrac{\overline{X} - \mu}{\sigma/\sqrt{n}}\right)^2 \sim \chi^2(1)$.

3. $\dfrac{\overline{X} - 1}{\sqrt{2/n}} \sim N(0,1)$.

4. $S^2 = \dfrac{1}{n-1} \sum_{i=1}^{n} (X_i - \overline{X})^2$，$\dfrac{(n-1)S^2}{\sigma^2} = \dfrac{1}{\sigma^2} \sum_{i=1}^{n} (X_i - \overline{X})^2 \sim \chi^2(n-1)$.

5. 令 $S^2 = \dfrac{1}{n-1} \sum_{i=1}^{n} (X_i - \overline{X})^2$，$\dfrac{1}{\sigma^2} \sum_{i=1}^{n} (X_i - \overline{X})^2 = \dfrac{(n-1)S^2}{\sigma^2} \sim \chi^2(n-1)$，则 $E\left(\dfrac{(n-1)S^2}{\sigma^2}\right) = n-1$，$D\left(\dfrac{(n-1)S^2}{\sigma^2}\right) = 2(n-1)$.

四、解答题

1. $C = \pm\sqrt{\dfrac{n}{n+1}}$，$n-1$.

【提示】$\overline{X} \sim N\left(\mu, \dfrac{\sigma^2}{n}\right)$，因为 X_{n+1} 与 $\overline{X}$ 相互独立，依性质，$X_{n+1} - \overline{X}$ 服从正态分布，依定义

$$E(X_{n+1} - \overline{X}) = \mu - \mu = 0, \quad D(X_{n+1} - \overline{X}) = D(X_{n+1}) + D(\overline{X}) = \dfrac{n+1}{n}\sigma^2,$$

$$\dfrac{X_{n+1} - \overline{X}}{\sqrt{\dfrac{n+1}{n}\sigma^2}} \sim N(0,1), \quad \dfrac{(n-1)S^2}{\sigma^2} \sim \chi^2(n-1),$$

两者相互独立，依定义 $\dfrac{\dfrac{X_{n+1} - \overline{X}}{\sqrt{\dfrac{n+1}{n}\sigma^2}}}{\sqrt{\dfrac{(n-1)S^2}{\sigma^2}\Big/ n-1}} \sim t(n-1)$. 同理 $-\sqrt{\dfrac{n}{n+1}} \dfrac{X_{n+1} - \overline{X}}{S} \sim t(n-1)$.

2. (1) 0.014；　(2) 0.05.

【提示】(1) $\dfrac{\overline{X} - 2.5}{6/\sqrt{5}} \sim N(0,1)$，$\dfrac{4S^2}{6^2} \sim \chi^2(4)$，且 $\overline{X}$ 与 S^2 相互独立，所以

$$P\{1 \leqslant \overline{X} \leqslant 3, 6.3 < S^2 < 9.6\} = P\{1 \leqslant \overline{X} \leqslant 3\} P\{6.3 < S^2 < 9.6\}.$$

$$= P\left\{\dfrac{1-2.5}{6/\sqrt{5}} \leqslant \dfrac{\overline{X} - 2.5}{6/\sqrt{5}} \leqslant \dfrac{3-2.5}{6/\sqrt{5}}\right\} P\left\{\dfrac{4 \times 6.3}{6^2} < \dfrac{4S^2}{6^2} < \dfrac{4 \times 9.6}{6^2}\right\}$$

$$= (\Phi(0.1863) - \Phi(-0.5590))\left(P\left\{\dfrac{4S^2}{6^2} > 0.7\right\} - P\left\{\dfrac{4S^2}{6^2} \geqslant 1.067\right\}\right).$$

(2) $\dfrac{X-5}{\sqrt{15}} \sim N(0,1)$，且 X 与 Y 相互独立，所以 $\dfrac{\dfrac{X-5}{\sqrt{15}}}{\sqrt{Y/5}}=\dfrac{X-5}{\sqrt{3Y}} \sim t(5)$，因此

$$P\{X-5 \geqslant 3.5\sqrt{Y}\}=P\left\{\dfrac{X-5}{\sqrt{3Y}} \geqslant \dfrac{3.5}{\sqrt{3}}\right\}=P\left\{\dfrac{X-5}{\sqrt{3Y}} \geqslant 2.02\right\}.$$

3. (1) $F(1,n)$；　　(2) $t(n-1)$.

【提示】(1) $\dfrac{X_i-\mu}{\sigma} \sim N(0,1)$，则 $\left(\dfrac{X_i-\mu}{\sigma}\right)^2 \sim \chi^2(1)$ $(i=1,2,\cdots,n+1)$，因为 $\left(\dfrac{X_1-\mu}{\sigma}\right)^2$ 与

$\displaystyle\sum_{i=2}^{n+1}\left(\dfrac{X_i-\mu}{\sigma}\right)^2$ 相互独立，$\dfrac{\left(\dfrac{X_1-\mu}{\sigma}\right)^2 \Big/ 1}{\displaystyle\sum_{i=2}^{n+1}\left(\dfrac{X_i-\mu}{\sigma}\right)^2 \Big/ n} \sim F(1,n)$.

(2) 依正态变量的性质，$X_{n+1}-\overline{X} \sim N\left(0,\dfrac{n+1}{n}\sigma^2\right)$，依定理，$\dfrac{(n-1)S^2}{\sigma^2} \sim \chi^2(n-1)$，即

$\dfrac{nB_2}{\sigma^2} \sim \chi^2(n-1)$，又因为 $\dfrac{X_{n+1}-\overline{X}}{\sqrt{\dfrac{n+1}{n}\sigma^2}}$ 与 $\dfrac{nB_2}{\sigma^2}$ 相互独立，$\dfrac{\dfrac{X_{n+1}-\overline{X}}{\sqrt{\dfrac{n+1}{n}\sigma^2}}}{\sqrt{\dfrac{nB_2}{\sigma^2}\Big/(n-1)}}=\sqrt{\dfrac{n-1}{n+1}}\dfrac{X_{n+1}-\overline{X}}{\sqrt{B_2}} \sim t(n-1)$.

4. $2(n-1)\sigma^2$.

【提示】$E((X_i+X_{n+i}-2\overline{X})^2)=D(X_i+X_{n+i}-2\overline{X})+(E(X_i+X_{n+i}-2\overline{X}))^2$，其中

$$E(X_i+X_{n+i}-2\overline{X})=E\left(X_i+X_{n+i}-\dfrac{2}{2n}(X_1+X_2+\cdots+X_{2n})\right)$$

$$=E(X_i)+E(X_{n+i})-\dfrac{2}{2n}(E(X_1)+E(X_2)+\cdots+E(X_{2n}))$$

$$=2\mu-\dfrac{2}{2n}\cdot 2n\mu=0;$$

将随机变量重组成独立变量的线性组合，依方差的性质，得

$$D(X_i+X_{n+i}-2\overline{X})=D\left(X_i+X_{n+i}-\dfrac{2}{2n}(X_1+X_2+\cdots+X_{2n})\right)$$

$$=D\left(-\dfrac{1}{n}X_1-\dfrac{1}{n}X_2-\cdots-\dfrac{1-n}{n}X_i-\cdots-\dfrac{1-n}{n}X_{n+i}-\cdots-\dfrac{1}{n}X_{2n}\right)$$

$$=\left(\dfrac{n-1}{n}\right)^2\sigma^2+\left(\dfrac{n-1}{n}\right)^2\sigma^2+\dfrac{2n-2}{n^2}\sigma^2=2\left(1-\dfrac{1}{n}\right)\sigma^2.$$

依方差的计算公式，得

$$E((X_i+X_{n+i}-2\overline{X})^2)=2\left(1-\dfrac{1}{n}\right)\sigma^2,$$

因此，$E(Y)=\displaystyle\sum_{i=1}^{n}E((X_i+X_{n+i}-2\overline{X})^2)=n\cdot 2\left(1-\dfrac{1}{n}\right)\sigma^2=2(n-1)\sigma^2$.

5. (1) 0.8426；　　(2) $C=23.26$.

【提示】因为 $X_1,X_2,\cdots,X_{100}$ 独立同分布，所以 $X_1^2,X_2^2,\cdots,X_{100}^2$ 独立同服从 $\chi^2(1)$，且

$$E(X_i^2)=1,\quad D(X_i^2)=2,\quad i=1,2,\cdots,100,$$

依林德伯格-莱维中心极限定理，有

$$\frac{\sum\limits_{i=1}^{100}X_i^2-100}{\sqrt{200}}\overset{\text{近似}}{\sim}N(0,1).$$

(1) $P\left\{80\leqslant\sum\limits_{i=1}^{100}X_i^2\leqslant120\right\}=P\left\{\dfrac{80-100}{\sqrt{200}}\leqslant\dfrac{\sum\limits_{i=1}^{100}X_i^2-100}{\sqrt{200}}\leqslant\dfrac{120-100}{\sqrt{200}}\right\}\approx2\Phi(\sqrt{2})-1.$

(2) $\Phi(1.645)=0.95=P\left\{\sum\limits_{i=1}^{100}X_i^2\leqslant100+C\right\}=P\left\{\dfrac{\sum\limits_{i=1}^{100}X_i^2-100}{\sqrt{200}}\leqslant\dfrac{100+C-100}{\sqrt{200}}\right\}\approx\Phi\left(\dfrac{C}{\sqrt{200}}\right).$

五、证明题

【提示】$\overline{X}\sim N(\mu_1,\sigma^2)$，$\dfrac{\overline{X}-\mu_1}{\sigma}\sim N(0,1)$，$\overline{Y}\sim N(\mu_2,\sigma^2)$，$\dfrac{\overline{Y}-\mu_2}{\sigma}\sim N(0,1)$，且 $\dfrac{\overline{X}-\mu_1}{\sigma}$ 与 $\dfrac{\overline{Y}-\mu_2}{\sigma}$

相互独立. $\dfrac{\overline{X}-\mu_1}{\sigma}+\dfrac{\overline{Y}-\mu_2}{\sigma}\sim N(0,2)$，$\dfrac{(\overline{X}+\overline{Y})-(\mu_1+\mu_2)}{\sqrt{2}\sigma}\sim N(0,1)$，又因为 $\dfrac{nS_1^2}{n\sigma^2}=\dfrac{\sum\limits_{i=1}^{n}(X_i-\overline{X})^2}{n\sigma^2}\sim$

$\chi^2(n-1)$，$\dfrac{mS_2^2}{m\sigma^2}=\dfrac{\sum\limits_{j=1}^{m}(Y_j-\overline{Y})^2}{m\sigma^2}\sim\chi^2(m-1)$，且 $\dfrac{nS_1^2}{n\sigma^2}$ 与 $\dfrac{mS_2^2}{m\sigma^2}$ 相互独立，所以 $\dfrac{nS_1^2}{n\sigma^2}+\dfrac{mS_2^2}{m\sigma^2}\sim\chi^2(n+m-2)$.

第 7 章　参数估计

习题 7-1

1. $\hat{\theta}=\dfrac{2}{\overline{X}}=\dfrac{2n}{\sum\limits_{i=1}^{n}X_i}$，　$\hat{\theta}=\dfrac{2}{\overline{X}}=\dfrac{2n}{\sum\limits_{i=1}^{n}X_i}$.

【提示】依矩估计法，$E(X)=\sum\limits_{k=2}^{\infty}kP\{X=k\}=\theta^2\sum\limits_{k=2}^{\infty}k(k-1)(1-\theta)^{k-2}=\theta^2\dfrac{\mathrm{d}^2}{\mathrm{d}\theta^2}\left(\sum\limits_{k=0}^{\infty}(1-\theta)^k\right)=$

$\theta^2\dfrac{\mathrm{d}^2}{\mathrm{d}\theta^2}\left(\dfrac{1}{\theta}\right)=\theta^2\dfrac{2}{\theta^3}=\dfrac{2}{\theta}$，解之得 $\theta=\dfrac{2}{E(X)}$，用 $A_1=\overline{X}$ 替换 $E(X)$ 得 θ 的矩估计量.

依最大似然估计法，设 $x_1,x_2,\cdots,x_n$ 为样本观察值，似然函数为

$$L(\theta)=\prod_{i=1}^{n}P\{X_i=x_i\}=\prod_{i=1}^{n}((x_i-1)\theta^2(1-\theta)^{x_i-2})=\theta^{2n}(1-\theta)^{\sum\limits_{i=1}^{n}x_i-2n}\prod_{i=1}^{n}(x_i-1).$$

对似然函数取对数，得 $\ln L(\theta)=2n\ln\theta+\left(\sum\limits_{i=1}^{n}x_i-2n\right)\ln(1-\theta)+\sum\limits_{i=1}^{n}\ln(x_i-1).$

$\ln L(\theta)$ 关于 θ 求导并令其等于零，得 $\dfrac{\mathrm{d}}{\mathrm{d}\theta}(\ln L(\theta))=\dfrac{2n}{\theta}-\left(\sum\limits_{i=1}^{n}x_i-2n\right)\dfrac{1}{1-\theta}=0$，解之得唯一驻点为

$\dfrac{2n}{\sum\limits_{i=1}^{n}x_i}=\dfrac{2}{\overline{x}}$，故它就是 θ 的最大似然估计值.

2. $\hat{\theta}=\dfrac{5}{6}$，　$\hat{\theta}=\dfrac{5}{6}$.

【提示】(1) 依矩估计法，$E(X)=1\times\theta^2+2\times2\theta(1-\theta)+3\times(1-\theta)^2=3-2\theta$，解之得 $\theta=\dfrac{3-E(X)}{2}$，

用 $A_1=\overline{X}$ 替换 $E(X)$ 得 θ 的矩估计量为 $\hat{\theta}=\dfrac{3-\overline{X}}{2}$，$\overline{x}=\dfrac{4}{3}$.

(2) 依最大似然估计法，样本观察值为 $x_1=1,x_2=2,x_3=1$，似然函数为

$$L(\theta)=P\{X_1=1,X_2=2,X_3=1\}=(P\{X_1=1\})^2(P\{X_2=2\})=2\theta^5(1-\theta).$$

对似然函数取对数，$\ln L(\theta)=\ln2+5\ln\theta+\ln(1-\theta)$，$\ln L(\theta)$关于$\theta$求导并令其等于零，得

$$\frac{\mathrm{d}}{\mathrm{d}\theta}(\ln L(\theta))=\frac{5}{\theta}-\frac{1}{1-\theta}=0,$$

解之得唯一驻点为 $\dfrac{5}{6}$，故它就是 θ 的最大似然估计值.

3. $\hat{\theta}=\dfrac{2\overline{X}-1}{1-\overline{X}}=\dfrac{2\sum\limits_{i=1}^{n}X_i-n}{n-\sum\limits_{i=1}^{n}X_i}$，$\quad\hat{\theta}=-1-\dfrac{n}{\sum\limits_{i=1}^{n}\ln X_i}$.

【提示】(1) 依矩估计法，$E(X)=\displaystyle\int_{-\infty}^{+\infty}xf(x;\theta)\mathrm{d}x=\int_0^1 x(\theta+1)x^\theta\mathrm{d}x=\dfrac{\theta+1}{\theta+2}(x^{\theta+2})\big|_0^1=\dfrac{\theta+1}{\theta+2}$，解之

得 $\theta=\dfrac{2E(X)-1}{1-E(X)}$，用 $A_1=\overline{X}$ 替换 $E(X)$ 得 θ 的矩估计量.

(2) 依最大似然估计法，设 $x_1,x_2,\cdots,x_n$ 为样本观察值，似然函数为

$$L(\theta)=\prod_{i=1}^{n}f(x_i;\theta)=\begin{cases}\prod\limits_{i=1}^{n}(\theta+1)x_i^\theta,&0<x_1<1,0<x_2<1,\cdots,0<x_n<1,\\0,&\text{其他}.\end{cases}$$

当 $0<x_1<1,0<x_2<1,\cdots,0<x_n<1$ 时，对似然函数取对数，得

$$\ln L(\theta)=\ln((\theta+1)^n x_1^\theta x_2^\theta\cdots x_n^\theta)=n\ln(\theta+1)+\theta\sum_{i=1}^{n}\ln x_i,$$

$\ln L(\theta)$关于θ求导并令其等于零，得 $\dfrac{\mathrm{d}}{\mathrm{d}\theta}(\ln L(\theta))=\dfrac{n}{\theta+1}+\sum\limits_{i=1}^{n}\ln x_i=0$，解之得唯一驻点为 -1

$-\dfrac{n}{\sum\limits_{i=1}^{n}\ln x_i}$.

4. (1) $\hat{\theta}=\dfrac{3}{2}-\overline{X}=\dfrac{3}{2}-\dfrac{1}{n}\sum\limits_{i=1}^{n}X_i$；(2) $\hat{\theta}=\dfrac{N}{n}$.

【提示】(1) 依矩估计法，$E(X)=\displaystyle\int_{-\infty}^{+\infty}xf(x;\theta)\mathrm{d}x=\int_0^1\theta x\mathrm{d}x+\int_1^2(1-\theta)x\mathrm{d}x=\dfrac{3}{2}-\theta$，解之得 $\theta=$

$\dfrac{3}{2}-E(X)$，用 $A_1=\overline{X}$ 替换 $E(X)$ 得 θ 的矩估计量.

(2) 依最大似然估计法，样本值依小至大重新排序为 $x_{(1)}\leqslant x_{(2)}\leqslant\cdots\leqslant x_{(N)}\leqslant x_{(N+1)}\leqslant x_{(N+2)}\leqslant\cdots\leqslant$
$x_{(n)}$，则似然函数为

$$L(\theta)=\prod_{i=1}^{n}f(x_{(i)};\theta)=\begin{cases}\theta^N(1-\theta)^{n-N},&0<x_{(1)}<1,\cdots,0<x_{(N)}<1,1\leqslant x_{(N+1)}<2,\cdots,1\leqslant x_{(n)}<2,\\0,&\text{其他}.\end{cases}$$

当 $0<x_{(1)}<1,\cdots,0<x_{(N)}<1,1\leqslant x_{(N+1)}<2,\cdots,1\leqslant x_{(n)}<2$ 时，对似然函数取对数，得
$$\ln L(\theta)=N\ln\theta+(n-N)\ln(1-\theta),$$

$\ln L(\theta)$ 关于 θ 求导并令其等于零，得 $\dfrac{\mathrm{d}}{\mathrm{d}\theta}(\ln L(\theta)) = \dfrac{N}{\theta} - \dfrac{n-N}{1-\theta} = 0$，解之得唯一驻点 $\dfrac{N}{n}$.

5. $\hat{\theta} = \dfrac{1}{4}(\max\{X_1, X_2, \cdots, X_n\} - \min\{X_1, X_2, \cdots, X_n\})$.

【提示】X 的概率密度函数为 $f(x;\theta) = \begin{cases} \dfrac{1}{4\theta}, & -2\theta \leqslant x \leqslant 2\theta, \\ 0, & \text{其他.} \end{cases}$

依最大似然估计法，设 $x_1, x_2, \cdots, x_n$ 为样本观察值，似然函数为

$$L(\theta) = \prod_{i=1}^{n} f(x_i; \theta) = \begin{cases} \displaystyle\prod_{i=1}^{n} \dfrac{1}{4\theta}, & -2\theta \leqslant x_i \leqslant 2\theta, i = 1, 2, \cdots, n, \\ 0, & \text{其他.} \end{cases}$$

当 $-2\theta \leqslant x_i \leqslant 2\theta$ 时，似然函数为 $L(\theta) = \dfrac{1}{4^n\theta^n}$，显然 $L(\theta)$ 关于 θ 严格单调递减，又因为 $4\theta \geqslant \max\{x_1,$

$x_2, \cdots, x_n\} - \min\{x_1, x_2, \cdots, x_n\}$，即 $\theta \geqslant \dfrac{1}{4}(\max\{x_1, x_2, \cdots, x_n\} - \min\{x_1, x_2, \cdots, x_n\})$.

6. (1) $\hat{\beta} = \dfrac{\overline{X}}{\overline{X} - 1} = \dfrac{\displaystyle\sum_{i=1}^{n} X_i}{\displaystyle\sum_{i=1}^{n} X_i - n}$;   (2) $\hat{\beta} = \dfrac{n}{\displaystyle\sum_{i=1}^{n} \ln X_i}$;   (3) $\hat{U} = \mathrm{e}^{\frac{1}{n}\sum_{i=1}^{n}\ln x_i}$.

【提示】X 的概率密度函数为 $f(x;\beta) = F'_x(x;\beta) = \begin{cases} \beta x^{-\beta-1}, & x \geqslant 1, \\ 0, & x < 1. \end{cases}$

(1) 依矩估计法，$E(X) = \displaystyle\int_{-\infty}^{+\infty} x f(x;\beta)\mathrm{d}x = \int_{1}^{+\infty} x\beta x^{-\beta-1}\mathrm{d}x = \dfrac{\beta}{-\beta+1}\left(x^{-\beta+1}\right)\Big|_{1}^{+\infty} = \dfrac{\beta}{\beta-1}$，解之得

$\beta = \dfrac{E(X)}{E(X)-1}$，用 $A_1 = \overline{X}$ 替换 $E(X)$ 得 β 的矩估计量.

(2) 依最大似然估计法，设 $x_1, x_2, \cdots, x_n$ 为样本观察值，似然函数为

$$L(\beta) = \prod_{i=1}^{n} f(x_i; \beta) = \begin{cases} \displaystyle\prod_{i=1}^{n} \beta x_i^{-\beta-1}, & x_1 \geqslant 1, x_2 \geqslant 1, \cdots, x_n \geqslant 1, \\ 0, & \text{其他.} \end{cases}$$

当 $x_1 \geqslant 1$，$x_2 \geqslant 1$，$\cdots$，$x_n \geqslant 1$ 时，对似然函数取对数，得

$$\ln L(\beta) = \ln(\beta^n (x_1 x_2 \cdots x_n)^{-\beta-1}) = n\ln\beta - (\beta+1)\sum_{i=1}^{n} \ln x_i,$$

$\ln L(\beta)$ 关于 β 求导并令其等于零，得 $\dfrac{\mathrm{d}}{\mathrm{d}\beta}(\ln L(\beta)) = \dfrac{n}{\beta} - \displaystyle\sum_{i=1}^{n} \ln x_i = 0$，解之得唯一驻点为 $\dfrac{n}{\displaystyle\sum_{i=1}^{n} \ln x_i}$.

(3) 因为 $U = \mathrm{e}^{1/\beta}$ 具有单值反函数，依最大似然估计的性质，U 的最大似然估计值，$\hat{\mu} = \mathrm{e}^{1/\hat{\beta}}$.

习题 7-2

1. (1) $\widehat{p^2} = \dfrac{n}{n-1}\overline{X}^2 - \dfrac{\overline{X}}{n-1}$;   (2) $\widehat{p(1-p)} = \dfrac{n}{n-1}\overline{X} - \dfrac{n}{n-1}\overline{X}^2$.

【提示】$E(\overline{X}) = E(X) = p$，$D(\overline{X}) = \dfrac{1}{n}D(X) = \dfrac{1}{n}p(1-p)$.

(1) 因为 $E(\overline{X}) = p$，即样本均值 $\overline{X}$ 是 p 的无偏估计量，下面考查

$$E(\overline{X}^2)=D(\overline{X})+(E(\overline{X}))^2=\frac{1}{n}p(1-p)+p^2=\frac{p}{n}+\frac{n-1}{n}p^2,$$

显然 $\overline{X}^2$ 不是 p^2 的无偏估计量,但若取 $\widehat{p^2}=\frac{n}{n-1}\overline{X}^2-\frac{1}{n-1}\overline{X}$,则 $E(\widehat{p^2})=p^2$.

(2) 同理由(1)的结论,取估计量 $\widehat{p(1-p)}=\overline{X}-\left(\frac{n}{n-1}\overline{X}^2-\frac{\overline{X}}{n-1}\right)=\frac{n}{n-1}\overline{X}-\frac{n}{n-1}\overline{X}^2$,则

$$E(\widehat{p(1-p)})=E\left(\overline{X}-\left(\frac{n}{n-1}\overline{X}^2-\frac{\overline{X}}{n-1}\right)\right)=p-p^2=p(1-p).$$

2. (1) $\hat{\theta}=2\overline{X}-\frac{1}{2}$;   (2) 不是,因为 $E(4\overline{X}^2)\neq\theta^2$.

【提示】(1) 依矩估计法,

$$E(X)=\int_{-\infty}^{+\infty}xf(x;\theta)\mathrm{d}x=\int_0^\theta\frac{x}{2\theta}\mathrm{d}x+\int_\theta^1\frac{x}{2(1-\theta)}\mathrm{d}x=\frac{\theta}{4}+\frac{1+\theta}{4}=\frac{\theta}{2}+\frac{1}{4},$$

解之得 $\theta=2E(X)-\frac{1}{2}$,用 $A_1=\overline{X}$ 替换 $E(X)$ 得 θ 的矩估计量.

(2) 依定理,$E(X^2)=\int_{-\infty}^{+\infty}x^2f(x;\theta)\mathrm{d}x=\int_0^\theta\frac{x^2}{2\theta}\mathrm{d}x+\int_\theta^1\frac{x^2}{2(1-\theta)}\mathrm{d}x=\frac{\theta^2}{3}+\frac{\theta}{6}+\frac{1}{6},D(X)=$

$E(X^2)-(E(X))^2=\frac{\theta^2}{12}-\frac{\theta}{12}+\frac{5}{48}$, 因 $E(\overline{X})=E(X)=\frac{\theta}{2}+\frac{1}{4}$, $D(\overline{X})=\frac{1}{n}D(X)=$

$\frac{1}{n}\left(\frac{\theta^2}{12}-\frac{\theta}{12}+\frac{5}{48}\right)$,则 $E(4\overline{X}^2)=4(D(\overline{X})+(E(\overline{X}))^2)=\frac{3n+1}{3n}\theta^2+\frac{3n-1}{3n}\theta+\frac{3n+5}{12n}$.

3. $a=\frac{n_1-1}{n_1+n_2-2}$, $b=\frac{n_2-1}{n_1+n_2-2}$.

【提示】(1) $E(S_1^2)=\sigma^2=E(S_2^2)$,则 $E(aS_1^2+bS_2^2)=aE(S_1^2)+bE(S_2^2)=(a+b)\sigma^2$.

(2) 因为 $\frac{(n_1-1)S_1^2}{\sigma^2}\sim\chi^2(n_1-1)$, $\frac{(n_2-1)S_2^2}{\sigma^2}\sim\chi^2(n_2-1)$,依 χ^2 分布的数字特征,有

$$D\left(\frac{(n_1-1)S_1^2}{\sigma^2}\right)=2(n_1-1),\quad 同理\quad D\left(\frac{(n_2-1)S_2^2}{\sigma^2}\right)=2(n_2-1),$$

$D(S_1^2)=D\left(\frac{\sigma^2}{(n_1-1)}\frac{(n_1-1)S_1^2}{\sigma^2}\right)=\frac{\sigma^4}{(n_1-1)^2}D\left(\frac{(n_1-1)S_1^2}{\sigma^2}\right)=\frac{2\sigma^4}{n_1-1}$,同理 $D(S_2^2)=\frac{2\sigma^4}{n_2-1}$,

依题设,S_1^2 与 S_2^2 相互独立,依方差的性质,有

$$D(aS_1^2+bS_2^2)=a^2D(S_1^2)+b^2D(S_2^2)=a^2\frac{2\sigma^4}{n_1-1}+b^2\frac{2\sigma^4}{n_2-1}=2\sigma^4\left(\frac{a^2}{n_1-1}+\frac{b^2}{n_2-1}\right),$$

下面要确定常数 $a,b,a+b=1$,使 $D(aS_1^2+bS_2^2)$ 达到最小值. 令 $a=1-b$ 代入得,$D(aS_1^2+bS_2^2)=$

$2\sigma^4\left(\frac{a^2}{n_1-1}+\frac{(1-a^2)}{n_2-1}\right)$,关于 a 求导并令导数等于零求驻点.

4. (1) $\hat{\theta}=\min\{X_1,X_2,\cdots,X_n\}$; (2) 不是,因为 $E(\hat{\theta})\neq\theta$; (3) $\hat{\theta}^*=\frac{2n-1}{2n}\min\{X_1,X_2,\cdots,X_n\}$.

【提示】(1) 依最大似然估计法,似然函数为

$$L(\theta)=\prod_{i=1}^n f(x_i;\theta)=\begin{cases}\prod_{i=1}^n\frac{2\theta^2}{x_i^3}, & x_1\geqslant\theta,x_2\geqslant\theta,\cdots,x_n\geqslant\theta,\\ 0, & 其他.\end{cases}$$

当 $x_1\geqslant\theta,x_2\geqslant\theta,\cdots,x_n\geqslant\theta$ 时,似然函数为 $L(\theta)=\frac{2^n\theta^{2n}}{(x_1x_2\cdots x_n)^3}$,显然 $L(\theta)$ 关于 θ 严格单调递增. 又

因为 $0<\theta\leqslant\min\{x_1,x_2,\cdots,x_n\}$,因此 θ 的最大似然估计值为 $\hat{\theta}=\min\{x_1,x_2,\cdots,x_n\}$.

（2）设总体 X 的分布函数 $F(x)$，依定义，

$$F(x) = \int_{-\infty}^{x} f(t;\theta)\mathrm{d}t = \begin{cases} \int_{\theta}^{x} \dfrac{2\theta^2}{t^3}\mathrm{d}t = -\theta^2 \left(\dfrac{1}{t^2}\right)_{\theta}^{x} = 1 - \left(\dfrac{\theta}{x}\right)^2, & x > \theta, \\ 0, & x \leqslant \theta. \end{cases}$$

令 $Z = \min\{X_1, X_2, \cdots, X_n\}$，则 Z 的分布函数为

$$F_Z(z) = 1 - (1-F(z))^n = \begin{cases} 1 - \left(\dfrac{\theta}{z}\right)^{2n}, & z > \theta, \\ 0, & z \leqslant \theta, \end{cases} \quad f_Z(z) = [F_Z(z)]' = \begin{cases} \dfrac{2n\theta^{2n}}{z^{2n+1}}, & z > \theta, \\ 0, & z \leqslant \theta, \end{cases}$$

$$E(Z) = \int_{-\infty}^{+\infty} z f_Z(z)\mathrm{d}z = \int_{\theta}^{+\infty} z \dfrac{2n\theta^{2n}}{z^{2n+1}}\mathrm{d}z = 2n\theta^{2n} \int_{\theta}^{+\infty} \dfrac{1}{z^{2n}}\mathrm{d}z = \dfrac{2n}{2n-1}\theta \neq \theta.$$

（3）由（2）的结论选取 θ 的无偏估计量.

5.（1）$\hat{\theta} = \min\{x_1, x_2, \cdots, x_n\}$；　（2）不是，因为 $E(\hat{\theta}) \neq \theta$；　（3）$\hat{\theta}^* = \hat{\theta} - \dfrac{1}{2n}$.

【提示】（1）依最大似然估计法，似然函数为

$$L(\theta) = \prod_{i=1}^{n} f(x_i;\theta) = \begin{cases} \displaystyle\prod_{i=1}^{n} 2\mathrm{e}^{-2(x_i-\theta)}, & x_1 \geqslant \theta, x_2 \geqslant \theta, \cdots, x_n \geqslant \theta, \\ 0, & \text{其他.} \end{cases}$$

当 $x_1 \geqslant \theta, x_2 \geqslant \theta, \cdots, x_n \geqslant \theta$ 时，对似然函数取对数，得 $\ln L(\theta) = \ln\left(2^n \mathrm{e}^{-2\left(\sum\limits_{i=1}^{n} x_i - n\theta\right)}\right) = n\ln 2 + 2n\theta - 2\sum\limits_{i=1}^{n} x_i$. 显然 $\dfrac{\mathrm{d}}{\mathrm{d}\theta}(\ln L(\theta)) = 2n > 0$，表明 $\ln L(\theta)$ 关于 θ 严格单调递增. 又因为 $\theta \leqslant \min\{x_1, x_2, \cdots, x_n\}$，所以 θ 的最大似然估计值为 $\hat{\theta} = \min\{x_1, x_2, \cdots, x_n\}$.

（2）由（1）知，θ 的最大似然估计量为 $\hat{\theta} = \min\{X_1, X_2, \cdots, X_n\}$，设总体 X 的分布函数为 $F(x)$，

$$F(x) = \int_{-\infty}^{x} f(t;\theta)\mathrm{d}t = \begin{cases} \int_{\theta}^{x} 2\mathrm{e}^{-2(x-\theta)}\mathrm{d}x = -\mathrm{e}^{2\theta}(\mathrm{e}^{-2x})_{\theta}^{x} = 1 - \mathrm{e}^{-2(x-\theta)}, & x \geqslant \theta, \\ 0, & x < \theta. \end{cases}$$

令 $Z = \min\{X_1, X_2, \cdots, X_n\}$，则 Z 的分布函数为 $F_Z(z) = 1 - (1 - F((z))^n = \begin{cases} 1 - \mathrm{e}^{-2n(z-\theta)}, & z \geqslant \theta, \\ 0, & z < \theta, \end{cases}$ $f_Z(z) = F_Z'(z)$. 依定义，$E(\hat{\theta}) = E(Z) = \int_{-\infty}^{+\infty} z f_Z(z)\mathrm{d}z = 2n \int_{\theta}^{+\infty} z\mathrm{e}^{-2n(z-\theta)}\mathrm{d}z = -\left(\left(z\mathrm{e}^{-2n(z-\theta)}\right)_{\theta}^{+\infty} - \int_{\theta}^{+\infty} \mathrm{e}^{-2n(z-\theta)}\mathrm{d}z\right) = \theta + \dfrac{1}{2n}.$

（3）取修正估计量 $\hat{\theta}^* = \hat{\theta} - \dfrac{1}{2n}$，则 $E(\hat{\theta}^*) = E\left(\hat{\theta} - \dfrac{1}{2n}\right) = E(\hat{\theta}) - \dfrac{1}{2n} = \theta.$

习题 7-3

1.（1）$(2.12, 2.13)$；　（2）$(2.12, 2.13)$.

【提示】（1）$\sigma = 0.01$，故选取的枢轴量及其分布为 $\dfrac{\overline{X} - \mu}{0.01/\sqrt{n}} \sim N(0,1)$，则 μ 的置信水平为 $1 - \alpha$ 的置信区间为 $\left(\overline{X} - \dfrac{0.01}{\sqrt{n}} z_{\alpha/2},\ \overline{X} + \dfrac{0.01}{\sqrt{n}} z_{\alpha/2}\right)$，$\bar{x} = 2.125$，$n = 16$，$\alpha = 0.10$，经查表，$z_{0.05} = 1.645$.

（2）σ 未知，故选取的枢轴量及其分布为 $\dfrac{\overline{X} - \mu}{S/\sqrt{n}} \sim t(n-1)$，则 μ 的置信水平为 $1 - \alpha$ 的置信区间为

$$\left(\overline{X}-\frac{S}{\sqrt{n}}t_{\alpha/2}(n-1),\ \overline{X}+\frac{S}{\sqrt{n}}t_{\alpha/2}(n-1)\right),\ \overline{x}=2.125,s=0.0176,n=16,\alpha=0.10,$$ 经查表，$t_{0.05}(15)=$ 1.7531.

2. $(6.67,6.68),(0.000\,006\,8,0.000\,066)$.

【提示】(1) σ 未知，故选取的枢轴量及其分布为 $\dfrac{\overline{X}-\mu}{S/\sqrt{n}}\sim t(n-1)$，则 μ 的置信水平为 $1-\alpha$ 的置信区间为 $\left(\overline{X}-\dfrac{S}{\sqrt{n}}t_{\alpha/2}(n-1),\ \overline{X}+\dfrac{S}{\sqrt{n}}t_{\alpha/2}(n-1)\right),\ \overline{x}=6.678,s=0.003\,87,n=6,\alpha=0.10,$ 经查表，$t_{0.05}(5)=$ 2.015.

(2) μ 未知，故选取的枢轴量及其分布为 $\dfrac{(n-1)S^2}{\sigma^2}\sim\chi^2(n-1)$，则 σ^2 的置信水平为 $1-\alpha$ 的置信区间为 $\left(\dfrac{(n-1)S^2}{\chi^2_{\alpha/2}(n-1)},\ \dfrac{(n-1)S^2}{\chi^2_{1-\alpha/2}(n-1)}\right),n=6,s^2=0.000\,015,\alpha=0.10,$ 经查表，$\chi^2_{0.05}(5)=11.070,\chi^2_{0.95}(5)=$ 1.145.

3. $n=664$.

【提示】$\sigma^2=1$ 已知，故选取的枢轴量及其分布为 $\dfrac{\overline{X}-\mu}{1/\sqrt{n}}\sim N(0,1)$，则 μ 的置信水平为 $1-\alpha$ 的置信区间为 $\left(\overline{X}-\dfrac{1}{\sqrt{n}}z_{\alpha/2},\ \overline{X}+\dfrac{1}{\sqrt{n}}z_{\alpha/2}\right)$，其长度为 $d=2\dfrac{1}{\sqrt{n}}z_{\alpha/2}$，依题设，$\dfrac{2}{\sqrt{n}}z_{0.05}\leqslant0.2$，即 $\sqrt{n}\geqslant10z_{0.05}$，经查表，$z_{0.05}=2.575$.

4. $(7.43,21.07)$.

【提示】μ 未知，故选取的枢轴量及其分布为 $\dfrac{(n-1)S^2}{\sigma^2}\sim\chi^2(n-1)$，则 σ 的置信水平为 0.95 的置信区间为 $\left(\dfrac{\sqrt{n-1}S}{\sqrt{\chi^2_{\alpha/2}(n-1)}},\ \dfrac{\sqrt{n-1}S}{\sqrt{\chi^2_{1-\alpha/2}(n-1)}}\right),n=9,s=11,\alpha=0.05,$ 经查表，$\chi^2_{0.025}(8)=17.534,\chi^2_{0.975}(8)=$ 2.180.

5. $17.94,9.46$.

【提示】(1) σ^2 未知，故选取的枢轴量及其分布为 $\dfrac{\overline{X}-\mu}{S/\sqrt{n}}\sim t(n-1)$，则 μ 的置信水平为 $1-\alpha$ 的单侧置信下限为 $\underline{\mu}=\overline{X}-\dfrac{S}{\sqrt{n}}t_{\alpha}(n-1),\overline{x}=19.15,s=1.472,\alpha=0.05,n=6,$ 经查表，$t_{0.05}(5)=2.0150.$

(2) μ 未知，故选取的枢轴量及其分布为 $\dfrac{(n-1)S^2}{\sigma^2}\sim\chi^2(n-1)$，则 σ^2 的置信水平为 $1-\alpha$ 的单侧置信上限为 $\overline{\sigma^2}=\dfrac{(n-1)S^2}{\chi^2_{1-\alpha}(n-1)},n=6,s^2=2.167,\alpha=0.05,$ 经查表，$\chi^2_{0.95}(5)=1.145.$

习题 7-4

1. $\hat{a}=\min\{X_1,X_2,\cdots,X_n\},\ \hat{b}=\dfrac{n}{\sum\limits_{i=1}^{n}(\ln X_i)-n\ln(\min\{X_1,X_2,\cdots,X_n\})}.$

【提示】依最大似然估计法，似然函数为

$$L(a,b)=\prod_{i=1}^{n}f(x_i;a,b)=\begin{cases}\prod\limits_{i=1}^{n}ba^bx_i^{-b-1},&x_1\geqslant a,x_2\geqslant a,\cdots,x_n\geqslant a,\\0,&\text{其他}.\end{cases}$$

当 $x_1 \geqslant a, x_2 \geqslant a, \cdots, x_n \geqslant a$ 时,对似然函数取对数,得

$$\ln L(a,b) = \ln\left(\frac{b^n a^{nb}}{(x_1 x_2 \cdots x_n)^{b+1}}\right) = n\ln b + nb\ln a - (b+1)\sum_{i=1}^{n}\ln x_i,$$

$\ln L(a,b)$ 关于 a 和 b 分别求偏导,有

$$\begin{cases} \dfrac{\partial}{\partial a}(\ln L(a,b)) = nb\dfrac{1}{a} > 0, \\ \dfrac{\partial}{\partial b}(\ln L(a,b)) = n\dfrac{1}{b} + n\ln a - \sum_{i=1}^{n}\ln x_i, \end{cases}$$

显然 $\ln L(a,b)$ 关于 a 严格单调递增. 又因为 $0 < a \leqslant \min\{x_1, x_2, \cdots, x_n\}$,所以 a 的最大似然估计值为

$$\hat{a} = \min\{x_1, x_2, \cdots, x_n\},$$

将 a 的最大似然估计值 $\hat{a} = \min\{x_1, x_2, \cdots, x_n\}$ 代入 $\dfrac{\partial}{\partial b}(\ln L(a,b))$ 并令其为零,得

$$\frac{\partial}{\partial b}(\ln L(\hat{a}, b)) = \frac{n}{b} + n\ln\hat{a} - \sum_{i=1}^{n}\ln x_i = 0,$$

解之得唯一驻点为 $\dfrac{n}{\sum_{i=1}^{n}(\ln x_i) - n\ln\hat{a}}$,所以它就是 b 的最大似然估计值.

2. (1) $\hat{\theta}_1 = \dfrac{2}{\pi}(\bar{X})^2 = \dfrac{2}{\pi n^2}\left(\sum_{i=1}^{n}X_i\right)^2, \hat{\theta}_2 = \dfrac{1}{2n}\sum_{i=1}^{n}X_i^2$.

【提示】(1) 依矩估计法,有

$$E(X) = \int_{-\infty}^{+\infty} x f(x;\theta)\,dx = \int_{0}^{+\infty}\frac{x^2}{\theta}e^{-\frac{x^2}{2\theta}}\,dx = -\left(\left(xe^{-\frac{x^2}{2\theta}}\right)_0^{+\infty} - \frac{\sqrt{\theta}}{2}\int_{-\infty}^{+\infty}e^{-\frac{1}{2}\left(\frac{x}{\sqrt{\theta}}\right)^2}\,d\left(\frac{x}{\sqrt{\theta}}\right)\right)$$

$$= -\left(0 - \frac{\sqrt{\theta}}{2}\sqrt{2\pi}\right) = \sqrt{\frac{\pi\theta}{2}},$$

解之得 $\theta = \dfrac{2}{\pi}(E(X))^2$,用 $A_1 = \bar{X}$ 替换 $E(X)$ 得 θ 的矩估计量.

依最大似然估计法,设 $x_1, x_2, \cdots, x_n$ 是样本观察值,似然函数为

$$L(\theta) = \prod_{i=1}^{n}f(x_i;\theta) = \begin{cases} \prod_{i=1}^{n}\dfrac{x_i}{\theta}e^{-\frac{x_i^2}{2\theta}}, & x_1 > 0, x_2 > 0, \cdots, x_n > 0, \\ 0, & \text{其他.} \end{cases}$$

当 $x_1 > 0, x_2 > 0, \cdots, x_n > 0$ 时,对似然函数取对数,有

$$\ln L(\theta) = \ln\left(\frac{1}{\theta^n}x_1 x_2 \cdots x_n e^{-\frac{1}{2\theta}\sum_{i=1}^{n}x_i^2}\right) = -n\ln\theta + \ln(x_1 x_2 \cdots x_n) - \frac{1}{2\theta}\sum_{i=1}^{n}x_i^2,$$

$\ln L(\theta)$ 关于 θ 求导并令其等于零,$\dfrac{d}{d\theta}(\ln L(\theta)) = -\dfrac{n}{\theta} + \dfrac{1}{2\theta^2}\left(\sum_{i=1}^{n}x_i^2\right) = 0$,解之得唯一驻点为 $\dfrac{1}{2n}\sum_{i=1}^{n}x_i^2$,

所以它就是 θ 的最大似然估计值.

(2) 依题设

$$E(X_i^2) = E(X^2) = \int_{-\infty}^{+\infty}x^2 f(x;\theta)\,dx = \int_{0}^{+\infty}x^2 \cdot \frac{x}{\theta}e^{-\frac{x^2}{2\theta}}\,dx$$

$$= -\int_{0}^{+\infty}x^2\,d\left(e^{-\frac{x^2}{2\theta}}\right) - \left[\left(x^2 e^{-\frac{x^2}{2\theta}}\right)_0^{+\infty} - 2\int_{0}^{+\infty}xe^{-\frac{x^2}{2\theta}}\,dx\right] = -\left(2\theta e^{-\frac{x^2}{2\theta}}\right)_0^{+\infty} = 2\theta.$$

则 $E(\hat{\theta}_2) = \dfrac{1}{2n}\sum_{i=1}^{n}E(X_i^2) = \theta$. 依辛钦大数定律,

$$A_2 = \frac{1}{n}\sum_{i=1}^{n}X_i^2 \xrightarrow{P} E(X_i^2) = 2\theta, \quad \hat{\theta}_2 = \frac{1}{2n}\sum_{i=1}^{n}X_i^2 \xrightarrow{P} \theta.$$

或者还可利用下述方法证明：

$$E(X_i^4) = E(X^4) = \int_{-\infty}^{+\infty}x^4 f(x;\theta)\mathrm{d}x = \int_{0}^{+\infty}x^4 \frac{x}{\theta}\mathrm{e}^{-\frac{x^2}{2\theta}}\mathrm{d}x$$

$$= -\int_{0}^{+\infty}x^4 \mathrm{d}\left(\mathrm{e}^{-\frac{x^2}{2\theta}}\right) = -\left[\left(x^4 \mathrm{e}^{-\frac{x^2}{2\theta}}\right)\Big|_{0}^{+\infty} - 4\int_{0}^{+\infty}x^3 \mathrm{e}^{-\frac{x^2}{2\theta}}\mathrm{d}x\right] = 8\theta^2,$$

$$D(X^2) = E(X^4) - (E(X^2))^2 = 8\theta^2 - (2\theta)^2 = 4\theta^2,$$

$$D(\hat{\theta}_2) = D\left(\frac{1}{2n}\sum_{i=1}^{n}X_i^2\right) = \frac{1}{4n^2}\sum_{i=1}^{n}D(X_i^2) = \frac{1}{4n^2}\cdot n4\theta^2 = \frac{1}{n}\theta^2,$$

依切比雪夫不等式，对 $\forall \varepsilon > 0, P\{|\hat{\theta}_2 - \theta| \geqslant \varepsilon\} = P\{|\hat{\theta}_2 - E(\hat{\theta}_2)| \geqslant \varepsilon\} \leqslant \frac{1}{\varepsilon^2}D(\hat{\theta}_2) = \frac{1}{n\varepsilon^2}\theta^2 \to 0(n\to\infty).$

3. (2) $\hat{\theta}_2$ 较 $\hat{\theta}_1$ 更有效.

【提示】(1)依题设, $E(\hat{\theta}_1) = E\left(\overline{X} - \frac{1}{2}\right) = E(\overline{X}) - \frac{1}{2} = E(X) - \frac{1}{2} = \left(\frac{\theta+\theta+1}{2}\right) - \frac{1}{2} = \theta.$

设 X 的分布函数为 $F(x)$，则 $F(x) = \begin{cases} 0, & x < \theta, \\ x-\theta, & \theta \leqslant x < \theta+1, \\ 1, & x \geqslant \theta+1, \end{cases}$ 则 $X_{(1)}$ 的分布函数及概率密度函数分别为

$$F_Y(y) = 1-(1-F(y))^n = \begin{cases} 0, & y < \theta, \\ 1-(1-(y-\theta))^n, & \theta \leqslant y < \theta+1, \\ 1, & y \geqslant \theta+1, \end{cases}$$

$$f_Y(y) = [F_Y(y)]' = \begin{cases} n(1-y+\theta)^{n-1}, & \theta < y < \theta+1, \\ 0 & 其他. \end{cases}$$

$$E(X_{(1)}) = \int_{-\infty}^{+\infty}yf_Y(y)\mathrm{d}y = \int_{\theta}^{\theta+1}y\cdot n(1-y+\theta)^{n-1}\mathrm{d}y$$

$$= -n\int_{\theta}^{\theta+1}((1+\theta)-(1+\theta-y))(1+\theta-y)^{n-1}\mathrm{d}(1+\theta-y) = \theta + \frac{1}{n+1},$$

$$E(\hat{\theta}_2) = E\left(X_{(1)} - \frac{1}{n+1}\right) = E(X_{(1)}) - \frac{1}{n+1} = \theta.$$

(2) 依题设, $D(X) = \frac{1}{12}, D(\hat{\theta}_1) = D\left(\overline{X} - \frac{1}{2}\right) = D(\overline{X}) = \frac{1}{n}D(X) = \frac{1}{12n},$

$$E(X_{(1)}^2) = \int_{-\infty}^{+\infty}y^2 f_Y(y)\mathrm{d}y = \int_{\theta}^{\theta+1}y^2 \cdot n(1-y+\theta)^{n-1}\mathrm{d}y$$

$$= -n\int_{\theta}^{\theta+1}((1+\theta)-(1+\theta-y))^2(1+\theta-y)^{n-1}\mathrm{d}(1+\theta-y)$$

$$= (1+\theta)^2 - \frac{2n}{n+1}(1+\theta) + \frac{n}{n+2},$$

$$D(X_{(1)}) = E(X_{(1)}^2) - (E(X_{(1)}))^2 = \frac{n}{(n+1)^2(n+2)}, \quad D(\hat{\theta}_2) = D\left(X_{(1)} - \frac{1}{n+1}\right) = D(X_{(1)}).$$

(3) 依辛钦大数定律, $\overline{X} \xrightarrow{P} E(X) = \frac{\theta+\theta+1}{2} = \theta + \frac{1}{2}$, 由依概率收敛的性质，

$$\overline{X} - \frac{1}{2} \xrightarrow{P} E(X) - \frac{1}{2} = \theta, \quad 即 \quad \hat{\theta}_1 \xrightarrow{P} \theta,$$

也即对 $\forall \varepsilon > 0$, $\lim\limits_{n \to \infty} P\{|\hat{\theta}_1 - \theta| \geqslant \varepsilon\} = 0$.

由(1),(2)知,$E(\hat{\theta}_2) = \theta$,$D(\hat{\theta}_2) = \dfrac{n}{(n+1)^2(n+2)}$,依切比雪夫不等式,对 $\forall \varepsilon > 0$,有

$$P\{|\hat{\theta}_2 - \theta| \geqslant \varepsilon\} = P\{|\hat{\theta}_2 - E(\hat{\theta}_2)| \geqslant \varepsilon\} \leqslant \frac{1}{\varepsilon^2} D(\hat{\theta}_2) \to 0 \quad (n \to \infty).$$

单元练习题 7

一、选择题

1. B.　　2. A.　　3. B.　　4. C.　　5. C.　　6. A.　　7. C.　　8. A.　　9. C.　　10. D.

【提示】

1. $E(X) = \theta$,$D(X) = \theta^2$,$E(\overline{X}) = \theta$,$D(\overline{X}) = \dfrac{1}{n}\theta^2$,若使

$$\theta^2 = D(X) = E(C\overline{X}^2) = CE(\overline{X}^2) = C(D(\overline{X}) + (E(\overline{X}))^2) = C\left(\frac{1}{n}\theta^2 + \theta^2\right),$$

解之得 $C = \dfrac{n}{n+1}$.

2. 估计量必须是统计量,不含未知参数,所以 C,D 不为所选. 又因为

$$E\left(\frac{1}{n}\sum_{i=1}^{n}(X_i - \mu)^2\right) = \frac{1}{n}\sum_{i=1}^{n}E((X_i - E(X_i))^2) = \frac{1}{n}\sum_{i=1}^{n}D(X_i) = \frac{1}{n} \cdot n\sigma^2 = \sigma^2,$$

同理 $E\left(\dfrac{1}{n-1}\sum\limits_{i=1}^{n}(X_i - \mu)^2\right) = \dfrac{n}{n-1}\sigma^2$.

3. 依定义讨论.

4. $E(X_1) = E(X) = \mu$,即 X_1 是 μ 的无偏估计量.

5. σ^2 未知,μ 的置信水平为 $1-\alpha$ 的置信区间为 $\left(\overline{X} \pm \dfrac{S}{\sqrt{n}} t_{\alpha/2}(n-1)\right)$,再代入 $\overline{x} = 20$,$s = 1$,$n = 16$,$\alpha = 0.10$.

6. σ^2 未知,μ 的置信水平为 $1-\alpha$ 的单侧置信下限为 $\overline{X} - \dfrac{S}{\sqrt{n}} t_{\alpha}(n-1)$,再代入 $\overline{x} = 15$,$s = 0.4$,$n = 9$,$\alpha = 0.05$.

7. $\alpha/2 = 0.05$,置信水平为 $1-\alpha = 0.9$.

8. σ^2 已知,μ 的置信水平为 $1-\alpha$ 的置信区间为 $\left(\overline{X} \pm \dfrac{\sigma}{\sqrt{n}} z_{\alpha/2}\right)$,$L = 2\dfrac{\sigma}{\sqrt{n}} z_{\alpha/2}$,当 $1-\alpha$ 减小时,$\dfrac{\alpha}{2}$ 增大,$z_{\alpha/2}$ 变小,因此 L 变小.

9. 依置信区间的定义.

10. σ^2 未知,μ 的置信水平为 $1-\alpha$ 的置信区间为 $\left(\overline{X} - \dfrac{S}{\sqrt{n}} t_{\alpha/2}(n-1), \ \overline{X} + \dfrac{S}{\sqrt{n}} t_{\alpha/2}(n-1)\right)$,其长度为 $2\dfrac{S}{\sqrt{n}} t_{\alpha/2}(n-1)$,因为 n 与 α 不变,故区间长与 S 有关,对于不同的样本观察值,S 不确定.

二、填空题

1. $\hat{\theta} = \dfrac{1}{n}\sum\limits_{i=1}^{n} X_i - 1$;$\hat{\theta} = \min\{X_1, X_2, \cdots, X_n\}$.　　2. -1.　　3. $C = \dfrac{2}{5n}$.　　4. $(4.412, 5.588)$.

5. $(8.2, 10.8)$.

【提示】

1. (1) 依矩估计法,有
$$E(X) = \int_{-\infty}^{+\infty} x f(x;\theta)\mathrm{d}x = \int_{\theta}^{+\infty} x\mathrm{e}^{-(x-\theta)}\mathrm{d}x = -\mathrm{e}^{\theta}(x\mathrm{e}^{-x}+\mathrm{e}^{-x})\Big|_{\theta}^{+\infty} = \theta+1,$$
即 $\theta = E(X)-1$,用 $A_1 = \overline{X}$ 替换 $E(X)$ 得 θ 的矩估计量.

(2) 依最大似然估计法,设 $x_1, x_2, \cdots, x_n$ 为样本观察值,似然函数为
$$L(\theta) = \prod_{i=1}^{n} f(x_i;\theta) = \begin{cases} \prod_{i=1}^{n} \mathrm{e}^{-(x_i-\theta)}, & x_1 \geqslant \theta, x_2 \geqslant \theta, \cdots, x_n \geqslant \theta, \\ 0, & \text{其他.} \end{cases}$$

当 $x_1 \geqslant \theta$, $x_2 \geqslant \theta$, $\cdots$, $x_n \geqslant \theta$ 时,$L(\theta) = \mathrm{e}^{n\theta}\mathrm{e}^{-\sum\limits_{i=1}^{n} x_i}$,显然 $L(\theta)$ 关于 θ 严格单调递增.

又因为 $\theta \leqslant \min\{x_1, x_2, \cdots, x_n\}$,故取 θ 的最大似然估计值为 $\hat{\theta} = \min\{x_1, x_2, \cdots, x_n\}$.

2. $E(\overline{X}) = E(X) = p$,$E(S^2) = D(X) = np(1-p)$,则
$$np^2 = E(\overline{X}+kS^2) = E(\overline{X})+kE(S^2) = E(X)+kD(X) = np+knp(1-p),$$
解之得 k.

3. $E(X^2) = \int_{-\infty}^{+\infty} x^2 f(x;\theta)\mathrm{d}x = \int_{\theta}^{2\theta} x^2 \frac{2x}{3\theta^2}\mathrm{d}x = \frac{2}{3\theta^2}\int_{\theta}^{2\theta} x^3\mathrm{d}x = \frac{2}{3\theta^2}\left(\frac{1}{4}x^4\right)\Big|_{\theta}^{2\theta} = \frac{5}{2}\theta^2,$

依性质,$\theta^2 = E\left(C\sum\limits_{i=1}^{n} X_i^2\right) = C\sum\limits_{i=1}^{n} E(X_i^2) = Cn\frac{5}{2}\theta^2$,解之得 C.

4. σ^2 未知,μ 的置信水平为 $1-\alpha$ 的置信区间为 $\left(\overline{X} \pm \frac{S}{\sqrt{n}}t_{\alpha/2}(n-1)\right)$,$\overline{x} = 5, s = 0.9, n = 9, \alpha = 0.05$,经查表 $t_{0.025}(8) = 2.3060$.

5. σ^2 未知,μ 的置信水平为 $1-\alpha$ 的置信区间为 $\left(\overline{X} \pm \frac{\sigma}{\sqrt{n}}z_{\alpha/2}\right)$,$x = 9.5, \alpha = 0.05$,由置信上限为 $9.5 + \frac{\sigma}{\sqrt{n}}z_{0.025} = 10.8$,解之得 $\frac{\sigma}{\sqrt{n}}z_{0.025} = 10.8 - 9.5 = 1.3$,代入得置信下限.

三、判断题

1. ×.   2. ×.   3. ×.   4. ×.   5. ×.

【提示】

1. 例如,总体 $X \sim N(\mu, \sigma^2)$ 中 σ^2 的最大似然估计量为 $\widehat{\sigma^2} = \frac{1}{n}\sum\limits_{i=1}^{n}(X_i-\overline{X})^2$,但 $\widehat{\sigma^2}$ 不具有无偏性.

2. 设总体 $X \sim N(\mu, 2^2)$,则 μ 的置信水平为 0.95 的置信区间为 $\left(\overline{X} \pm \frac{2}{\sqrt{n}}z_{0.025}\right)$. 又因为 $P\left\{\overline{X} - \frac{2}{\sqrt{n}}z_{0.01} < \mu < \overline{X} + \frac{2}{\sqrt{n}}z_{0.04}\right\} = 0.95$,则 μ 的置信水平为 0.95 的置信区间还有 $\left(\overline{X} - \frac{2}{\sqrt{n}}z_{0.01}, \overline{X} + \frac{2}{\sqrt{n}}z_{0.04}\right)$.

3. 设总体 $X \sim G(p)$,依例 7.1.1 结论知,未知参数 p 的矩估计量和最大似然估计量同为 $\hat{p} = \frac{1}{\overline{X}}$.

4. 若 $E(\hat{\theta}) = \theta$,且 $D(\hat{\theta}) > 0$,则 $(\hat{\theta})^2$ 就不是 θ^2 的无偏估计量. 这是因为
$$E((\hat{\theta})^2) = D(\hat{\theta}) + (E(\hat{\theta}))^2 = D(\hat{\theta}) + \theta^2 > \theta^2.$$

5. $\left(\overline{x} \pm \frac{1}{\sqrt{n}}z_{\alpha/2}\right)$ 意指区间覆盖 μ 的可信程度为 $1-\alpha$. 但是 $\left(\overline{x} \pm \frac{1}{\sqrt{n}}z_{\alpha/2}\right)$ 是一个数字区间,因此

若 $\mu \in \left(\bar{x} \pm \dfrac{1}{\sqrt{n}} z_{a/2}\right)$，则 $P\left\{\bar{x} - \dfrac{1}{\sqrt{n}} z_{a/2} < \mu < \bar{x} + \dfrac{1}{\sqrt{n}} z_{a/2}\right\} = 1$；若 $\mu \notin \left(\bar{x} \pm \dfrac{1}{\sqrt{n}} z_{a/2}\right)$，则

$P\left\{\bar{x} - \dfrac{1}{\sqrt{n}} z_{a/2} < \mu < \bar{x} + \dfrac{1}{\sqrt{n}} z_{a/2}\right\} = 0$. 正确表达为 $P\left\{\bar{X} - \dfrac{1}{\sqrt{n}} z_{a/2} < \mu < \bar{X} + \dfrac{1}{\sqrt{n}} z_{a/2}\right\} = 1 - \alpha$.

四、解答题

1. (1) $\hat{\lambda} = \bar{X} = \dfrac{1}{n} \sum\limits_{i=1}^{n} X_i$.　　(2) $\hat{\lambda} = \dfrac{1}{n} \sum\limits_{i=1}^{n} X_i = \bar{X}$.

【提示】(1) 依矩估计法，$E(X) = \lambda$，解之得 $\lambda = E(X)$，用 $A_1 = \bar{X}$ 替换 $E(X)$ 得 λ 的矩估计量.

(2) 依最大似然估计法，设 $x_1, x_2, \cdots, x_n$ 为样本观察值，似然函数为

$$L(\lambda) = \prod_{i=1}^{n} P\{X_i = x_i\} = \prod_{i=1}^{n} \frac{\lambda^{x_i}}{x_i!} e^{-\lambda}.$$

对似然函数取对数，$\ln L(\lambda) = \ln\left(\dfrac{\lambda^{\sum\limits_{i=1}^{n} x_i}}{x_1! \, x_2! \cdots x_n!} e^{-n\lambda}\right) = \left(\sum\limits_{i=1}^{n} x_i\right) \ln\lambda - \ln(x_1! \, x_2! \cdots x_n!) - n\lambda$，

$\ln L(\lambda)$ 关于 λ 求导并令其等于零，$\dfrac{d}{d\lambda}(\ln L(\lambda)) = \dfrac{1}{\lambda} \sum\limits_{i=1}^{n} x_i - n = 0$，解之得唯一驻点为 $\dfrac{1}{n} \sum\limits_{i=1}^{n} x_i$，它就是 λ 的最大似然估计值.

2. $\hat{p} = \dfrac{k}{n}$；$\hat{p} = \dfrac{k}{n}$.

【提示】X 服从 0-1 分布，$P(A) = p$，依矩估计法，$E(X) = p$，用 $\bar{X}$ 替换 $E(X)$ 得 p 的矩估计量.

依最大似然估计法，似然函数为 $L(p) = \prod\limits_{i=1}^{n} P\{X_i = x_i\} = \prod\limits_{i=1}^{n} p^{x_i} (1-p)^{1-x_i}$，对似然函数取对数，

$\ln L(p) = \ln\left(p^{\sum\limits_{i=1}^{n} x_i} (1-p)^{n - \sum\limits_{i=1}^{n} x_i}\right) = \sum\limits_{i=1}^{n} x_i \ln p + \left(n - \sum\limits_{i=1}^{n} x_i\right) \ln(1-p)$，$\ln L(p)$ 关于 p 求导并令导数

等于零，$\dfrac{d}{dp}(\ln L(p)) = \left(\sum\limits_{i=1}^{n} x_i\right) \dfrac{1}{p} - \left(n - \sum\limits_{i=1}^{n} x_i\right) \dfrac{1}{1-p} = 0$，解之得唯一驻点为 $\dfrac{1}{n} \sum\limits_{i=1}^{n} x_i = \dfrac{k}{n}$，它就是 p 的最大似然估计值.

3. (1) $\widehat{\sigma^2} = \dfrac{1}{n} \sum\limits_{i=1}^{n} (X_i - u_0)^2$；　　(2) σ^2；$\dfrac{2\sigma^4}{n}$.

【提示】(1) 依最大似然估计法，设 $x_1, x_2, \cdots, x_n$ 为样本观察值，似然函数为

$$L(\sigma^2) = \prod_{i=1}^{n} f(x_i; \sigma^2) = \prod_{i=1}^{n} \frac{1}{\sqrt{2\pi}\,\sigma} e^{-\frac{(x_i - u_0)^2}{2\sigma^2}} = (2\pi)^{-\frac{n}{2}} (\sigma^2)^{-\frac{n}{2}} e^{-\frac{1}{2\sigma^2} \sum\limits_{i=1}^{n} (x_i - u_0)^2}.$$

对似然函数取对数，$\ln L(\sigma^2) = -\dfrac{n}{2} \ln(2\pi) - \dfrac{n}{2} \ln(\sigma^2) - \dfrac{1}{2\sigma^2} \sum\limits_{i=1}^{n} (x_i - u_0)^2$，$\ln L(\sigma^2)$ 关于 σ^2 求导并令其

等于零，得 $\dfrac{d}{d(\sigma^2)}(\ln L(\sigma^2)) = -\dfrac{n}{2\sigma^2} + \dfrac{1}{2\sigma^4} \sum\limits_{i=1}^{n} (x_i - u_0)^2 = 0$，解之得唯一驻点为 $\dfrac{1}{n} \sum\limits_{i=1}^{n} (x_i - u_0)^2$.

(2) 由(1)知，因为 $\mu_0 = E(X_i)$，所以 $E(\widehat{\sigma^2}) = \dfrac{1}{n} \sum\limits_{i=1}^{n} E((X_i - u_0)^2) = \dfrac{1}{n} \sum\limits_{i=1}^{n} E((X_i - E(X_i))^2) = D(X_i)$.

因为 $\dfrac{X_i - u_0}{\sigma} \sim N(0,1)$（$i = 1, 2, \cdots, n$），且相互独立，$\sum\limits_{i=1}^{n} \left(\dfrac{X_i - u_0}{\sigma}\right)^2 \sim \chi^2(n)$. 则

$$D(\widehat{\sigma^2}) = D\left(\frac{\sigma^2}{n} \sum_{i=1}^{n} \left(\frac{X_i - u_0}{\sigma}\right)^2\right) = \frac{\sigma^4}{n^2} D\left(\sum_{i=1}^{n} \left(\frac{X_i - u_0}{\sigma}\right)^2\right) = \frac{\sigma^4}{n^2} \cdot 2n.$$

4. $\hat{U} = \mathrm{e}^{\frac{1}{n}\sum\limits_{i=1}^{n}\ln X_i}$.

【提示】依最大似然估计法,设 $x_1, x_2, \cdots, x_n$ 为样本观察值,似然函数为

$$L(\theta) = \prod_{i=1}^{n} f(x_i;\theta) = \begin{cases} \prod\limits_{i=1}^{n} \theta x_i^{\theta-1}, & 0 < x_1 < 1, 0 < x_2 < 1, \cdots, 0 < x_n < 1, \\ 0, & \text{其他}. \end{cases}$$

当 $0 < x_1 < 1, 0 < x_2 < 1, \cdots, 0 < x_n < 1$ 时,对似然函数取对数,得

$$\ln L(\theta) = \ln(\theta^n (x_1 x_2 \cdots x_n)^{\theta-1}) = n\ln\theta + (\theta-1)\sum_{i=1}^{n} \ln x_i,$$

$\ln L(\theta)$ 关于 θ 求导并令其等于零,$\dfrac{\mathrm{d}}{\mathrm{d}\theta}(\ln L(\theta)) = \dfrac{n}{\theta} + \sum\limits_{i=1}^{n} \ln x_i = 0$,解之得唯一驻点为 $-\dfrac{n}{\sum\limits_{i=1}^{n} \ln x_i}$,它就是

θ 的最大似然估计值,依最大似然估计的不变性,U 的最大似然估计值为 $\hat{U} = \mathrm{e}^{-1/\hat{\theta}}$.

5. (1) $f_Z(z;\sigma) = \begin{cases} \dfrac{2}{\sqrt{2\pi}\sigma} \mathrm{e}^{-\frac{z^2}{2\sigma^2}}, & z > 0, \\ 0, & z \leqslant 0; \end{cases}$ (2) $\hat{\sigma} = \sqrt{\dfrac{\pi}{2}} \dfrac{1}{n} \sum\limits_{i=1}^{n} |X_i - \mu|$; (3) $\hat{\sigma} = \sqrt{\dfrac{1}{n} \sum\limits_{i=1}^{n} (X_i - \mu)^2}$.

【提示】(1) $X_i \sim N(\mu, \sigma^2) (i=1,2,\cdots,n)$,所以 $\dfrac{X_i - \mu}{\sigma} \sim N(0,1)$,$Z_1, Z_2, \cdots, Z_n$ 独立同分布,设 Z_i 的分布函数为 $F_Z(z)$,依定义,$F_Z(z) = P\{Z \leqslant z\}$,$\forall z \in \mathbb{R}$. 当 $z < 0$ 时,$F_Z(z) = P\{Z_i \leqslant z\} = P(\varnothing) = 0$;当 $z \geqslant 0$ 时,$F_Z(z) = P\{Z_i \leqslant z\} = P\{|X_i - \mu| \leqslant z\} = P\left\{\left|\dfrac{X_i - \mu}{\sigma}\right| \leqslant \dfrac{z}{\sigma}\right\} = 2\Phi\left(\dfrac{z}{\sigma}\right) - 1$,即 Z_i 的分布函数和概率密度函数分别为

$$F_Z(z;\sigma) = \begin{cases} 2\Phi\left(\dfrac{z}{\sigma}\right) - 1, & z \geqslant 0, \\ 0, & z < 0, \end{cases} \quad f_Z(z;\sigma) = [F_Z(z;\sigma)]' = \begin{cases} \dfrac{2}{\sigma}\varphi\left(\dfrac{z}{\sigma}\right) = \dfrac{2}{\sqrt{2\pi}\sigma} \mathrm{e}^{-\frac{z^2}{2\sigma^2}}, & z > 0, \\ 0, & z \leqslant 0, \end{cases}$$

其中 $\varphi(x)$ 是标准正态变量的概率密度函数.

(2) 依矩估计法,$E(Z_i) = \displaystyle\int_{-\infty}^{+\infty} z f_Z(z;\sigma)\mathrm{d}z = \dfrac{2}{\sqrt{2\pi}\sigma} \int_{0}^{+\infty} z \mathrm{e}^{-\frac{z^2}{2\sigma^2}}\mathrm{d}z = -\dfrac{2\sigma}{\sqrt{2\pi}}\left(\mathrm{e}^{-\frac{z^2}{2\sigma^2}}\right)\Big|_{0}^{+\infty} = \sqrt{\dfrac{2}{\pi}}\sigma$,即

$\sigma = \sqrt{\dfrac{\pi}{2}} E(Z_i)$,用 $\dfrac{1}{n}\sum\limits_{i=1}^{n} Z_i$ 替换 $E(Z_i)$ 得 σ 的矩估计量.

(3) 依最大似然估计法,设 $Z_1, Z_2, \cdots, Z_n$ 的观察值为 $z_1, z_2, \cdots, z_n$,似然函数为

$$L(z_1, z_2, \cdots, z_n;\sigma) = \prod_{i=1}^{n} f_Z(z_i;\sigma) = \begin{cases} \dfrac{2}{\sqrt{2\pi}\sigma} \prod\limits_{i=1}^{n} \mathrm{e}^{-\frac{z_i^2}{2\sigma^2}}, & z_1 > 0, z_2 > 0, \cdots, z_n > 0, \\ 0, & \text{其他}. \end{cases}$$

当 $z_1 > 0, z_2 > 0, \cdots, z_n > 0$ 时,对似然函数取对数,有

$$\ln L(\sigma) = \ln\left(\left(\dfrac{2}{\pi}\right)^{\frac{n}{2}} \dfrac{1}{\sigma^n} \mathrm{e}^{-\frac{z_1^2 + z_2^2 + \cdots + z_n^2}{2\sigma^2}}\right) = \dfrac{n}{2}\ln\left(\dfrac{2}{\pi}\right) - n\ln\sigma - \dfrac{z_1^2 + z_2^2 + \cdots + z_n^2}{2\sigma^2}.$$

$\ln L(\sigma)$ 关于 σ 求导并令其等于零,$\dfrac{\mathrm{d}}{\mathrm{d}\sigma}(\ln L(\sigma)) = -\dfrac{n}{\sigma} + \dfrac{z_1^2 + z_2^2 + \cdots + z_n^2}{\sigma^3} = 0$,解之得唯一驻点

为 $\sqrt{\dfrac{1}{n}(z_1^2+z_2^2+\cdots+z_n^2)}$.

6. (1) (1498.26, 1501.74)；　(2) n 至少为 121；　(3) 0.926.

【提示】(1) $\sigma^2=2.8^2$ 已知,选取的枢轴量及其分布为 $\dfrac{\overline{X}-\mu}{2.8/\sqrt{n}}\sim N(0,1)$,则 μ 的置信水平为 $1-\alpha$ 的

置信区间为 $\left(\overline{X}-\dfrac{2.8}{\sqrt{n}}z_{\alpha/2},\ \overline{X}+\dfrac{2.8}{\sqrt{n}}z_{\alpha/2}\right)$, $\bar{x}=1500,n=10,\alpha=0.05$,经查表, $z_{0.025}=1.96$.

(2) μ 的置信水平为 0.95 的置信区间为 $\left(X-\dfrac{2.8}{\sqrt{n}}z_{0.025},\ \overline{X}+\dfrac{2.8}{\sqrt{n}}z_{0.025}\right)$,其长度为 $L=2\dfrac{2.8}{\sqrt{n}}z_{0.025}$.

(3) $\dfrac{\overline{X}-\mu}{2.8/\sqrt{100}}\sim N(0,1)$,且

$$P\left\{\overline{X}-\frac{1}{2}<\mu<\overline{X}+\frac{1}{2}\right\}=P\left\{-\frac{1}{2}<\overline{X}-\mu<\frac{1}{2}\right\}$$

$$=P\left\{-\frac{\frac{1}{2}}{2.8/\sqrt{100}}<\frac{\overline{X}-\mu}{2.8/\sqrt{100}}<\frac{\frac{1}{2}}{2.8/\sqrt{100}}\right\}=\Phi(1.786)-\Phi(-1.786).$$

第 8 章　假设检验

习题 8-1

1. 在显著性水平 $\alpha=0.01$ 下,认为新工艺下零件的平均电阻有显著差异.

【提示】需检验假设 $H_0:\mu=\mu_0=2.64$, $H_1:\mu\neq\mu_0$. 因 $\sigma=0.06$ 已知,选取检验统计量为 $Z=\dfrac{\overline{X}-\mu_0}{\sigma/\sqrt{n}}$,当 $\mu=\mu_0$ 时, $Z\sim N(0,1)$. 在显著性水平 $\alpha=0.01$ 下, H_0 的拒绝域为 $|z|\geqslant z_{\alpha/2}=z_{0.005}=2.575$. 依题设, $\bar{x}=2.62,n=100$,代入计算得检验统计量的观察值为 $|z|=\dfrac{|2.62-2.64|}{0.06/\sqrt{100}}=3.333>2.575$,观察值落入拒绝域.

2. 在显著性水平 $\alpha=0.05$ 下,认为罐头的标准重量有显著变化.

【提示】需检验假设 $H_0:\mu=\mu_0=500,H_1:\mu\neq\mu_0$. 因 σ^2 未知,选取检验统计量为 $T=\dfrac{\overline{X}-\mu_0}{S/\sqrt{n}}$,当 $\mu=\mu_0$ 时, $T\sim t(n-1)$. $\alpha=0.05,n=10$, H_0 的拒绝域为 $|t|\geqslant t_{\alpha/2}(n-1)=t_{0.025}(9)=2.2622$. 依题设, $\bar{x}=504.6,s=6.18$,代入计算得检验统计量的观察值为 $|t|=\dfrac{|504.6-500|}{6.18/\sqrt{10}}=2.354>2.2622$,观察值落入拒绝域.

3. (1) 拒绝 H_0 ；　(2) 不拒绝 H_0 .

【提示】(1) 选取检验统计量 $T=\dfrac{\overline{X}-\mu_0}{S/\sqrt{n}}$,当 $\mu=\mu_0$ 时, $T\sim t(n-1)$. $\alpha=0.05,n=10$, H_0 的拒绝域为 $t\leqslant -t_\alpha(n-1)=-t_{0.05}(9)=-1.8331$. 依题设, $\bar{x}=0.00452,s=0.000375$,代入计算得检验统计量的观察值为 $t=\dfrac{0.00452-0.005}{0.000375/\sqrt{10}}=-4.0478<-1.8331$,观察值落入拒绝域.

(2) 选取检验统计量为 $\chi^2=\dfrac{(n-1)S^2}{\sigma_0^2}$,当 $\sigma^2=\sigma_0^2$ 时, $\chi^2\sim\chi^2(n-1)$. $\alpha=0.05,n=10$, H_0 的拒绝域为

$0 < \chi^2 \leqslant \chi^2_{1-\alpha}(n-1) = \chi^2_{0.95}(9) = 3.325$. 依题设，$s^2 = 0.000\ 375^2 = 0.000\ 000\ 14$，代入计算得检验统计量的观察值为 $\chi^2 = \dfrac{9 \times 0.000\ 000\ 14}{0.000\ 000\ 16} = 7.910 > 3.325$，观察值落入接受域.

4. 在显著性水平 $\alpha = 0.05$ 下，认为该日生产的钢丝忍耐力的标准差为 8.

【提示】需检验假设 $H_0: \sigma^2 = \sigma_0^2 = 8^2$，$H_1: \sigma^2 \neq \sigma_0^2$. 选取检验统计量 $\chi^2 = \dfrac{(n-1)S^2}{\sigma_0^2}$，当 $\sigma^2 = \sigma_0^2$ 时，$\chi^2 \sim \chi^2(n-1)$. $\alpha = 0.05$，$n = 10$，H_0 的拒绝域为 $0 < \chi^2 \leqslant \chi^2_{1-\alpha/2}(n-1) = \chi^2_{0.975}(9) = 2.70$，或 $\chi^2 \geqslant \chi^2_{\alpha/2}(n-1) = \chi^2_{0.025}(9) = 19.022$. 依题设，$\bar{x} = 575.2$，$s^2 = 77.44$，代入计算得检验统计量的观察值为 $\chi^2 = \dfrac{(n-1)s^2}{\sigma_0^2} = \dfrac{9 \times 77.44}{8^2} = 10.89$，$2.70 < 10.89 < 19.022$，观察值落入接受域.

5. 机器工作不正常.

【提示】(1) 需检验假设 $H_0: \mu = \mu_0 = 500$，$H_1: \mu \neq \mu_0$. 选取检验统计量为 $T = \dfrac{\bar{X} - \mu_0}{S/\sqrt{n}}$，当 $\mu = \mu_0$ 时，$T \sim t(n-1)$. $\alpha = 0.05$，$n = 9$，H_0 的拒绝域为 $|t| \geqslant t_{\alpha/2}(n-1) = t_{0.025}(8) = 2.3060$. 依题设，$\bar{x} = 499$，$s = 15.56$，代入计算得检验统计量的观察值为 $|t| = \dfrac{|499 - 500|}{15.56/\sqrt{9}} = 0.1928 < 2.3060$，观察值落入接受域.

(2) 需检验假设：$H_0: \sigma^2 \leqslant \sigma_0^2 = 10^2$，$H_1: \sigma^2 > \sigma_0^2$. 按 μ 未知选取检验统计量 $\chi^2 = \dfrac{(n-1)S^2}{\sigma_0^2}$，当 $\sigma^2 = \sigma_0^2$ 时，$\chi^2 \sim \chi^2(n-1)$. $\alpha = 0.05$，$n = 9$，H_0 的拒绝域为 $\chi^2 \geqslant \chi^2_{\alpha}(n-1) = \chi^2_{0.05}(8) = 15.507$. 依题设，$\bar{x} = 499$，$s^2 = 242.1136$，代入计算得检验统计量的观察值为 $\chi^2 = \dfrac{8 \times 242.1136}{100} = 19.37 > 15.507$，观察值落入拒绝域.

6. 这批产品合格.

【提示】(1) 需检验假设 $H_0: \mu = \mu_0 = 5.50$，$H_1: \mu \neq \mu_0$. 选取检验统计量为 $T = \dfrac{\bar{X} - \mu_0}{S/\sqrt{n}}$，当 $\mu = \mu_0$ 时，$T \sim t(n-1)$. $\alpha = 0.10$，$n = 6$，H_0 的拒绝域为 $|t| \geqslant t_{\alpha/2}(n-1) = t_{0.05}(5) = 2.015$. 依题设，$\bar{x} = 5.46$，$s^2 = 0.08^2$，代入计算得检验统计量的观察值为 $|t| = \dfrac{|5.46 - 5.50|}{0.08/\sqrt{6}} = 1.225 < 2.015$，观察值落入接受域.

(2) 需检验假设：$H_0: \sigma^2 \leqslant \sigma_0^2 = 0.09^2$，$H_1: \sigma^2 > \sigma_0^2$. 按 μ 未知选取检验统计量为 $\chi^2 = \dfrac{(n-1)S^2}{\sigma_0^2}$，当 $\sigma^2 = \sigma_0^2$ 时，$\chi^2 \sim \chi^2(n-1)$. $\alpha = 0.10$，$n = 6$，H_0 的拒绝域为 $\chi^2 \geqslant \chi^2_{\alpha}(n-1) = \chi^2_{0.1}(5) = 9.236$. 依题设，$\bar{x} = 5.46$，$s = 0.08$，代入计算得检验统计量的观察值为 $\chi^2 = \dfrac{5 \times 0.08^2}{0.09^2} = 3.9506 < 9.236$，观察值落入接受域.

习题 8-2

1. (1) H_0 的拒绝域为 $W = \{\bar{x} \leqslant 1.08\} \bigcup \{\bar{x} \geqslant 8.92\}$； (2) 0.9209.

【提示】已知 $\sigma = 4$，选取检验统计量为 $Z = \dfrac{\bar{X} - \mu_0}{\sigma/\sqrt{n}}$.

(1) 如果 H_0 为真，即 $\mu = \mu_0 = 5$，又 $n = 4$，此时 $Z = \dfrac{\bar{X} - 5}{2} \sim N(0,1)$，在显著性水平 α 下，H_0 的拒绝域为 $|z| \geqslant z_{\alpha/2} = z_{0.025}$，即 $|z| = \left| \dfrac{\bar{x} - 5}{2} \right| \geqslant z_{0.025} = 1.96$.

(2) 如果 H_0 不真，即 H_1 为真，$\mu = \mu_1 = 6$. 又 $n = 4$，此时 $\dfrac{\bar{X} - 6}{2} \sim N(0,1)$，则

$$\beta = P\{接受\ H_0 \mid H_0 不真\} = P\{1.08 < \overline{X} < 8.92\} = P\left\{\frac{1.08-6}{2} < \frac{\overline{X}-6}{2} < \frac{8.92-6}{2}\right\}$$

$$= \Phi(1.46) - \Phi(-2.46).$$

2. (1) H_0 的拒绝域为 $W = \left\{\overline{x} \geqslant \mu_0 + \frac{\sigma_0}{\sqrt{n}} z_\alpha\right\}$; (2) $\Phi\left(z_\alpha - \frac{\mu_1-\mu_0}{\sigma_0/\sqrt{n}}\right)$.

【提示】σ_0^2 已知, 选取检验统计量为 $Z = \dfrac{\overline{X}-\mu_0}{\sigma_0/\sqrt{n}}$.

(1) 如果 H_0 为真, 即 $\mu = \mu_0$, $Z = \dfrac{\overline{X}-\mu_0}{\sigma_0/\sqrt{n}} \sim N(0,1)$, 在显著性水平 α 下, H_0 的拒绝域为 $z = \dfrac{\overline{x}-\mu_0}{\sigma_0/\sqrt{n}} \geqslant z_\alpha$.

(2) 如果 H_0 不真, 即 H_1 为真, $\mu = \mu_1 > \mu_0$, 此时 $\dfrac{\overline{X}-\mu_1}{\sigma_0/\sqrt{n}} \sim N(0,1)$, 则

$$\beta = P\{接受\ H_0 \mid H_0 不真\} = P\left\{\frac{\overline{X}-\mu_0}{\sigma_0/\sqrt{n}} < z_\alpha\right\} = P\left\{\frac{\overline{X}-\mu_1}{\sigma_0/\sqrt{n}} < z_\alpha + \frac{\mu_0-\mu_1}{\sigma_0/\sqrt{n}}\right\}.$$

3. (1) 0.2033; (2) 0.2025; (3) n 至少应增大到 59.

【提示】已知 $\sigma_0 = 300$, 选取检验统计量为 $Z = \dfrac{\overline{X}-\mu_0}{300/\sqrt{n}}$.

(1) 如果 H_0 为真时, $\mu = \mu_0 = 950$. 又 $n = 25$, 此时 $Z = \dfrac{\overline{X}-950}{60} \sim N(0,1)$, 则

$$\gamma = P\{拒绝\ H_0 \mid H_0 为真\} = 1 - P\{\overline{X} < 1000\} = 1 - P\left\{\frac{\overline{X}-950}{60} < \frac{1000-950}{60}\right\} = 1 - \Phi(0.83).$$

(2) 如果 H_0 不真, 即 H_1 为真, $\mu = \mu_1 = 1050$. 又 $n = 25$, 此时 $\dfrac{\overline{X}-1050}{60} \sim N(0,1)$, 则

$$\beta = P\{接受\ H_0 \mid H_0 不真\} = P\{\overline{X} < 1000\} = P\left\{\frac{\overline{X}-1050}{60} < \frac{1000-1050}{60}\right\} = 1 - \Phi(0.833).$$

(3) 设样本容量为 n, 当 H_0 为真时, $Z = \dfrac{\overline{X}-950}{300/\sqrt{n}} \sim N(0,1)$, 依题意, 要求 n, 使

$$0.1017 \geqslant P\{拒绝\ H_0 \mid H_0 为真\} = 1 - P\{\overline{X} < 1000\}$$

$$= 1 - P\left\{\frac{\overline{X}-950}{300/\sqrt{n}} < \frac{1000-950}{300/\sqrt{n}}\right\}$$

$$= 1 - \Phi\left(\frac{\sqrt{n}}{6}\right), \quad \Phi\left(\frac{\sqrt{n}}{6}\right) \geqslant \Phi(1.272).$$

4. n 至少应取 7.

【提示】$\sigma_0 = \sqrt{2.5}$, 选取检验统计量为 $Z = \dfrac{\overline{X}-\mu_0}{\sqrt{2.5}/\sqrt{n}}$, 如果 H_0 为真, 即 $\mu = \mu_0 = 15$, 此时 $Z = \dfrac{\overline{X}-15}{\sqrt{2.5}/\sqrt{n}} \sim N(0,1)$, 在显著性水平 $\alpha = 0.05$ 下, H_0 的拒绝域为 $z = \dfrac{\overline{x}-\mu_0}{\sqrt{2.5}/\sqrt{n}} \leqslant -z_\alpha = -1.645$, 当 $\overline{x} \leqslant \mu_0 - \dfrac{\sqrt{2.5}}{\sqrt{n}} \times 1.645$ 时, 拒绝 H_0, 因此 H_0 的拒绝域还可表示为 $W = \left\{\overline{x} \leqslant \mu_0 - \dfrac{\sqrt{2.5}}{\sqrt{n}} \times 1.645\right\}$.

如果 H_0 不真, 即 H_1 为真, $\mu = \mu_1 = 13 < \mu_0$, 此时 $\dfrac{\overline{X}-13}{\sqrt{2.5}/\sqrt{n}} \sim N(0,1)$, 则

$$\beta = P\{接受\ H_0 \mid H_0 不真\} = P\left\{\overline{X} > \mu_0 - \frac{\sqrt{2.5}}{\sqrt{n}} \times 1.645\right\} = P\left\{\frac{\overline{X}-13}{\sqrt{2.5}/\sqrt{n}} > \frac{15-13}{\sqrt{2.5}/\sqrt{n}} - 1.645\right\},$$

依题意, 要求 n, 使 $1 - \Phi\left(\dfrac{2\sqrt{n}}{\sqrt{2.5}} - 1.645\right) \leqslant 0.05 = 1 - 0.95 = 1 - \Phi(1.645)$, $\dfrac{2\sqrt{n}}{\sqrt{2.5}} - 1.645 \geqslant 1.645$.

5. $c = 0.98, 0.484$.

【提示】$\sigma_0 = 2, n = 16$，选取检验统计量为 $Z = \dfrac{\overline{X} - \mu_0}{2/\sqrt{16}}$，如果 H_0 为真，即 $\mu = \mu_0 = 6, Z \sim N(0,1)$，要求 c，使

$$0.05 = P\{拒绝\ H_0 \mid H_0\ 为真\} = P\{|\overline{X} - 6| \geqslant c\} = P\left\{\left|\dfrac{\overline{X} - 6}{2/\sqrt{16}}\right| \geqslant \dfrac{c}{2/\sqrt{16}}\right\} = 2 - 2\Phi(2c).$$

即 $\Phi(2c) = 0.975 = \Phi(1.96)$.

如果 H_0 不真，即 H_1 为真，$\mu = \mu_1 = 7$，此时 $\dfrac{\overline{X} - 7}{2/\sqrt{16}} \sim N(0,1)$，则

$$\beta = P\{接受\ H_0 \mid H_0\ 不真\} = P\{|\overline{X} - 6| < 0.98\} = P\{6 - 0.98 < \overline{X} < 6 + 0.98\}$$

$$= P\left\{\dfrac{5.02 - 7}{2/\sqrt{16}} < \dfrac{\overline{X} - 7}{2/\sqrt{16}} < \dfrac{6.98 - 7}{2/\sqrt{16}}\right\} = \Phi(-0.04) - \Phi(-3.96).$$

6. (1) 0.0480; (2) 0.8506.

【提示】(1) 如果 H_0 为真，即 $p = p_0 = 0.6$，此时 $10\overline{X} \sim B(10, 0.6)$，则

$$\gamma = P\{拒绝\ H_0 \mid H_0\ 为真\}$$

$$= P\{\overline{X} \leqslant 0.1\} + P\{\overline{X} \geqslant 0.9\} = P\{10\overline{X} \leqslant 1\} + P\{10\overline{X} \geqslant 9\}$$

$$= P\{10\overline{X} = 0\} + P\{10\overline{X} = 1\} + P\{10\overline{X} = 9\} + P\{10\overline{X} = 10\}$$

$$= 0.4^{10} + C_{10}^1 \times 0.6 \times 0.4^9 + C_{10}^9 \times 0.6^9 \times 0.4 + 0.6^{10}.$$

(2) 如果 H_0 不真，即 H_1 为真，$p = p_1 = 0.3$ 时，此时 $10\overline{X} \sim B(10, 0.3)$，则

$$\beta = P\{接受\ H_0 \mid H_0不真\} = P\{0.1 < \overline{X} < 0.9\} = P\{1 < 10\overline{X} < 9\}$$

$$= 1 - P\{10\overline{X} = 0\} - P\{10\overline{X} = 1\} - P\{10\overline{X} = 9\} - P\{10\overline{X} = 10\}$$

$$= 1 - (0.7^{10} + 10 \times 0.3 \times 0.7^9 + 10 \times 0.3^9 \times 0.7 + 0.3^{10}).$$

单元练习题 8

一、选择题

1. B.   2. D.   3. C.   4. B.   5. D.   6. D.

【提示】

1. 当 H_0 为真时，$\chi^2 = \dfrac{1}{\sigma_0^2} \sum_{i=1}^{n} (X_i - \overline{X})^2 = \dfrac{(n-1)S^2}{\sigma_0^2} \sim \chi^2(n-1)$.

2. 不妨设 $H_0 : \mu = \mu_0$，$H_1 : \mu \neq \mu_0$，如果 σ 未知，选取检验统计量为 $T = \dfrac{\overline{X} - \mu_0}{S/\sqrt{n}}$.

在显著性水平 $\alpha = 0.05$ 下，拒绝域为 $|t| \geqslant t_{\alpha/2}(n-1) = t_{0.025}(n-1)$，接受域为 $|t| < t_{0.025}(n-1)$.

在显著性水平 $\alpha = 0.01$ 下，拒绝域为 $|t| \geqslant t_{\alpha/2}(n-1) = t_{0.005}(n-1)$，接受域为 $|t| < t_{0.005}(n-1)$.

因为 $(-t_{0.025}(n-1), t_{0.025}(n-1)) \subset (-t_{0.005}(n-1), t_{0.005}(n-1))$，所以若检验统计量的观察值 $t = \dfrac{\overline{x} - \mu_0}{s/\sqrt{n}} \in (-t_{0.025}(n-1), t_{0.025}(n-1))$，则 $t = \dfrac{\overline{x} - \mu_0}{s/\sqrt{n}} \in (-t_{0.005}(n-1), t_{0.005}(n-1))$.

3. 拒绝 H_0 且不会犯错误是指：H_0 不真且样本值又落入拒绝域 W.

4. 第 II 类错误为取伪错误：即原假设 H_0 不真但接受 H_0.

5. 犯第 I 类错误的概率 $= P\{拒绝\ H_0 \mid H_0\ 为真\}$；犯第 II 类错误的概率 $= P\{接受\ H_0 \mid H_0\ 不真\}$；由例 8.2.2 可知，犯第 I 类错误与犯第 II 类错误的概率之和未必为 1；当 n 一定时，增大犯第 I 类错误的概率，则犯第 II 类错误的概率将减小.

6. $\gamma = P\{$拒绝 $H_0 \mid H_0$ 真$\}$，$\beta = P\{$接受 $H_0 \mid H_0$ 不真$\}$.

二、填空题

1. $\dfrac{\overline{X} - \mu_0}{S/\sqrt{n}}$；$\dfrac{(n-1)S^2}{\sigma_0^2}$.　　2. $\sigma^2 = \sigma_0^2 = 5000$，$\sigma^2 \neq \sigma_0^2$；$\dfrac{25S^2}{5000}$；$(0, 11.523] \bigcup [44.313, +\infty)$，拒绝 H_0.

3. $\mu > \mu_0$；$\mu \neq \mu_0$.　　4. $\dfrac{9S^2}{64}$；$[16.919, +\infty)$；不拒绝（或接受）H_0.　　5. 0.95.　　6. $c = 1.176$.

【提示】

1. 因为 σ^2 未知，选取检验统计量为 $T = \dfrac{\overline{X} - \mu_0}{S/\sqrt{n}}$. 当 $\mu = \mu_0$ 时，$T \sim t(n-1)$.

因为 μ 未知，选取检验统计量为 $\chi^2 = \dfrac{(n-1)S^2}{\sigma_0^2}$. 当 $\sigma^2 = \sigma_0^2$ 时，$\chi^2 \sim \chi^2(n-1)$.

2. 总体 $X \sim N(\mu, \sigma^2)$，$H_0: \sigma^2 = \sigma_0^2 = 5000$，$H_1: \sigma^2 \neq \sigma_0^2$. 选取检验统计量为 $\dfrac{25S^2}{5000}$，则 H_0 的拒绝域为

$$(0, \chi_{0.99}^2(25)] \bigcup [\chi_{0.01}^2(25), +\infty) = (0, 11.523] \bigcup [44.313, +\infty),$$

检验统计量的观察值为 $\dfrac{25 \times 9200}{5000} = 46 \in [44.313, +\infty)$.

3. $[t_\alpha(n-1), +\infty)$ 为右边假设检验的拒绝域，所以 $H_1: \mu > \mu_0$. $(-\infty, -t_{\alpha/2}(n-1)] \bigcup [t_{\alpha/2}(n-1), +\infty)$ 为双边假设检验的拒绝域，所以 $H_1: \mu \neq \mu_0$.

4. 对于右边假设，选取检验统计量为 $\chi^2 = \dfrac{(n-1)S^2}{\sigma_0^2} = \dfrac{9S^2}{64}$，当 $\sigma^2 = \sigma_0^2$ 时，$\chi^2 \sim \chi^2(9)$，H_0 的拒绝域为

$[\chi_{0.05}^2(9), +\infty) = [16.919, +\infty)$，检验统计量的观察值为 $\dfrac{9 \times 8.7^2}{64} = 10.64 \in (0, 16.919)$.

5. 若生产正常，则 $P\{$检验结果也认为生产正常$\}$，即

$$P\{$接受 $H_0 \mid H_0$ 为真$\} = 1 - P\{$拒绝 $H_0 \mid H_0$ 为真$\} = 1 - \gamma = 0.95.$$

三、判断题

1. ×.　　2. ×.　　3. ×.　　4. ×.　　5. √.　　6. √.

【提示】

1. 此时有可能犯第 Ⅱ 类错误 $\beta = P\{$接受 $H_0 \mid H_0$ 不真$\}$.

2. 此时有可能犯第 Ⅰ 类错误 $\gamma = P\{$拒绝 $H_0 \mid H_0$ 为真$\}$.

3. 依例 8.2.2 结论可知，$\gamma + \beta \neq 1$.

4. 设总体 $X \sim N(\mu, \sigma^2)$，μ, σ^2 未知，原假设 $H_0: \mu = \mu_0$，$H_1: \mu > \mu_0$，H_0 的拒绝域为 $[t_\alpha(n-1), +\infty)$，当样本容量 n 固定时，α 越小，$t_\alpha(n-1)$ 越大，H_0 的拒绝域变小，接受域变大，则拒绝 H_0 的可能性减小，接受 H_0 的可能性增大.

四、解答题

1. 在显著性水平 $\alpha = 0.05$ 下，认为这批元件不合格.

【提示】需检验假设 $H_0: \mu \geq \mu_0 = 1000$，$H_1: \mu < \mu_0$. $\sigma = 100$，选取检验统计量为 $Z = \dfrac{\overline{X} - 1000}{100/\sqrt{n}}$，当 $\mu = \mu_0$ 时，$Z \sim N(0,1)$. 在显著性水平 $\alpha = 0.05$ 下，H_0 的拒绝域为 $z \leqslant -z_\alpha = -z_{0.05} = -1.645$. 依题设，$\overline{x} = 950$，$n = 25$，代入计算得检验统计量的观察值为 $z = \dfrac{950 - 1000}{100/\sqrt{25}} = -2.5 < -1.645$，落入拒绝域.

2. 在显著性水平 $\alpha = 0.05$ 下，认为该班学生的英语平均成绩低于整个年级学生的英语平均成绩.

【提示】需检验假设 $H_0: \mu \geq \mu_0 = 85$，$H_1: \mu < \mu_0$. 选取检验统计量为 $T = \dfrac{\overline{X} - 85}{S/\sqrt{n}}$，当 $\mu = \mu_0$ 时，$T \sim$

$t(n-1).\alpha=0.05,n=25,H_0$ 的拒绝域为 $t\leqslant-t_a(n-1)=-t_{0.05}(24)=-1.7109.$ 依题设,$\bar{x}=80,s=8,$ 代入计算得检验统计量的观察值为 $t=\dfrac{80-85}{8/\sqrt{25}}=-3.125<-1.7109,$ 落入拒绝域.

3. 在显著性水平 $\alpha=0.05$ 下,认为这批导线的标准差显著偏大. 在显著性水平 $\alpha=0.01$ 下,认为这批导线的标准差没有显著偏大.

【提示】需检验假设 $H_0:\sigma^2\leqslant\sigma_0^2=0.005^2,H_1:\sigma^2>\sigma_0^2.$ 选取检验统计量为 $\chi^2=\dfrac{(n-1)S^2}{0.005^2},$ 当 $\sigma^2=\sigma_0^2$ 时,$\chi^2\sim\chi^2(n-1).\alpha=0.05,n=9,H_0$ 的拒绝域为 $\chi^2\geqslant\chi_a^2(n-1)=\chi_{0.05}^2(8)=15.507.$ 依题设,$s^2=0.007^2=0.000\,049,$ 代入计算得检验统计量的观察值为 $\chi^2=\dfrac{8\times0.007^2}{0.005^2}=15.68>15.507,$ 落入拒绝域. 在 $\alpha=0.01$ 下,H_0 的拒绝域为 $\chi^2\geqslant\chi_{0.01}^2(8)=20.09,$ 观察值 $\chi^2=15.68<20.90,$ 落入接受域.

4. 在显著性水平 $\alpha=0.05$ 下,不能认为这批手机发射功率的标准差显著偏小.

【提示】需检验假设 $H_0:\sigma^2\geqslant\sigma_0^2=10^2,H_1:\sigma^2<\sigma_0^2.$ 选取检验统计量为 $\chi^2=\dfrac{(n-1)S^2}{10^2},$ 当 $\sigma^2=\sigma_0^2,\chi^2\sim\chi^2(n-1).\alpha=0.05,n=10,H_0$ 的拒绝域为 $0<\chi^2\leqslant\chi_{1-a}^2(n-1)=\chi_{0.95}^2(9)=3.325.$ 依题设,$s^2=8^2=64,$ 代入计算得检验统计量的观察值为 $\chi^2=\dfrac{9\times8^2}{10^2}=5.76>3.325,$ 落入接受域.

5. 机器工作不正常.

【提示】(1) 需检验假设 $H_0:\mu=\mu_0=500,H_1:\mu\neq\mu_0.$ 选取检验统计量为 $T=\dfrac{\bar{X}-500}{S/\sqrt{n}},$ 当 $\mu=\mu_0$ 时,$T\sim t(n-1).\alpha=0.05,n=9,H_0$ 的拒绝域为 $|t|\geqslant t_{a/2}(n-1)=t_{0.025}(8)=2.306.$ 依题设,$\bar{x}=499,s=16.03,$ 代入计算得检验统计量的观察值为 $|t|=\left|\dfrac{499-500}{16.03/\sqrt{9}}\right|=0.1871<2.306,$ 落入接受域.

(2) 需检验假设 $H_0:\sigma^2\leqslant\sigma_0^2=10^2,H_1:\sigma^2>\sigma_0^2.$ 按 μ 未知选取检验统计量为 $\chi^2=\dfrac{(n-1)S^2}{10^2},$ 当 $\sigma^2=\sigma_0^2$ 时,$\chi^2\sim\chi^2(n-1).\alpha=0.05,n=9,H_0$ 的拒绝域为 $\chi^2\geqslant\chi_{0.05}^2(8)=15.507.$ 依题设,$s^2=16.03^2,$ 代入计算得检验统计量的观察值为 $\chi^2=\dfrac{8\times16.03^2}{10^2}=20.557>15.507,$ 落入拒绝域.

6. $0.025,0.484.$

【提示】$\sigma=1,n=4,$ 选取检验统计量为 $Z=\dfrac{\bar{X}-\mu_0}{1/\sqrt{n}},$ 如果 H_0 为真,即 $\mu=\mu_0=0,$ 此时 $Z=\dfrac{\bar{X}-0}{1/\sqrt{4}}\sim N(0,1),$ 则 $\gamma=P\{$拒绝 $H_0\,|\,H_0$为真$\}=P\{\bar{X}\geqslant0.98\}=P\left\{\dfrac{\bar{X}-0}{1/2}\geqslant\dfrac{0.98-0}{1/2}\right\}=1-\Phi(1.96).$

如果 H_0 不真,即 H_1 为真,$\mu=\mu_1=1,$ 此时 $\dfrac{\bar{X}-1}{1/\sqrt{4}}\sim N(0,1),$ 则

$$\beta=P\{$接受 $H_0\,|\,H_0$不真$\}=P\{\bar{X}<0.98\}=P\left\{\dfrac{\bar{X}-1}{1/\sqrt{4}}<\dfrac{0.98-1}{1/\sqrt{4}}\right\}=\Phi(-0.04).$$

7. (1) $0.0456;$　　(2) $0.1125.$

【提示】$\sigma=5,n=16,$ 选取检验统计量为 $Z=\dfrac{\bar{X}-\mu_0}{5/\sqrt{n}}.$

(1) 如果 H_0 为真,即 $\mu=\mu_0=50,$ 此时 $Z=\dfrac{\bar{X}-50}{5/4}\sim N(0,1),$ 则

$$\gamma=P\{$拒绝 $H_0\,|\,H_0$为真$\}=P\{|\bar{X}-50|\geqslant2.5\}=1-P\{|\bar{X}-50|<2.5\}$$

$$=1-P\left\{\dfrac{|\bar{X}-50|}{5/4}<\dfrac{2.5}{5/4}\right\}=2-2\Phi(2).$$

(2) 如果 H_0 不真,即 H_1 为真,$\mu = \mu_1 = 49$,此时 $\dfrac{\overline{X} - 49}{5/4} \sim N(0, 1)$,则

$$\beta = P\{\text{接受 } H_0 \mid H_0 \text{不真}\} = P\{|\overline{X} - 50| < 2.5\}$$
$$= P\{47.5 < \overline{X} < 52.5\}$$
$$= P\left\{\frac{47.5 - 49}{5/4} < \frac{\overline{X} - 49}{5/4} < \frac{52.5 - 49}{5/4}\right\} = \Phi(2.8) - \Phi(1.2).$$

8. (2) 0.3632;0.484,第一个检验法则好.

【提示】$\sigma = 2$,$n = 16$,选取检验统计量为 $Z = \dfrac{\overline{X} - \mu_0}{2/\sqrt{n}}$.

(1) 如果 H_0 为真,即 $\mu = \mu_0 = 0$,此时 $Z = 2\overline{X} \sim N(0, 1)$,则

$\gamma_1 = P\{\text{拒绝 } H_0 \mid H_0 \text{为真}\} = P\{2\overline{X} \leqslant -1.645\} = \Phi(-1.645) = 0.05.$

$\gamma_2 = P\{\text{拒绝 } H_0 \mid H_0 \text{为真}\} = P\{2\overline{X} \leqslant -1.96\} + P\{2\overline{X} \geqslant 1.96\} = 2 - 2\Phi(1.96) = 0.05.$

(2) 如果 H_0 不真,即 H_1 为真,$\mu = \mu_1 = -1$,此时 $\dfrac{\overline{X} + 1}{2/\sqrt{16}} = 2\overline{X} + 2 \sim N(0, 1)$,则

$\beta_1 = P\{\text{接受 } H_0 \mid H_0 \text{不真}\} = P\{2\overline{X} > -1.65\} = P\{2\overline{X} + 2 > 0.35\} = 1 - \Phi(0.35).$

$\beta_2 = P\{\text{接受 } H_0 \mid H_0 \text{不真}\} = P\{-1.96 \leqslant 2\overline{X} \leqslant 1.96\}$
$\qquad = P\{0.04 \leqslant 2\overline{X} + 2 \leqslant 3.96\} = \Phi(3.96) - \Phi(0.04).$

比较上述两种检验法则的结果:$\gamma_1 = \gamma_2$,$\beta_1 < \beta_2$,所以第一个检验法则好.

参 考 文 献

[1] 李贤平. 概率论与数理统计[M]. 上海：复旦大学出版社，2003.

[2] 李贤平. 概率论基础[M]. 3版. 北京：高等教育出版社，2010.

[3] 李贤平. 概率论基础学习指导书[M]. 北京：高等教育出版社，2011.

[4] 陈魁. 概率统计辅导[M]. 2版. 北京：清华大学出版社，2011.

[5] 陈魁. 应用概率统计[M]. 北京：清华大学出版社，2000.

[6] 胡庆军. 概率论与数理统计学习指导[M]. 北京：清华大学出版社，2013.

[7] 苏淳. 概率论[M]. 2版. 北京：科学出版社，2010.

[8] 陈家鼎，郑忠国. 概率与统计[M]. 北京：北京大学出版社，2007.

[9] 盛骤，谢式千，潘承毅. 概率论与数理统计[M]. 4版. 北京：高等教育出版社，2008.

[10] 盛骤，谢式千，潘承毅. 概率论与数理统计(第四版)附册学习指导与习题选解[M]. 北京：高等教育出版社，2008.

[11] 盛骤，谢式千，潘承毅. 概率论与数理统计(第四版)附册习题全解指南[M]. 北京：高等教育出版社，2008.

[12] 戴朝寿. 概率论简明教程[M]. 2版. 北京：高等教育出版社，2016.

[13] 茆诗松，程依明，濮晓龙. 概率论与数理统计教程[M]. 2版. 北京：高等教育出版社，2011.

[14] 茆诗松，程依明，濮晓龙. 概率论与数理统计教程习题与解答[M]. 2版. 北京：高等教育出版社，2012.

[15] 张立卓，李博纳，许静. 概率论与数理统计解题方法与技巧[M]. 北京：北京大学出版社，2009.

[16] 陈鸿建，赵永红，翁洋. 概率论与数理统计[M]. 北京：高等教育出版社，2009.

[17] 孙荣恒. 趣味随机问题[M]. 北京：科学出版社，2008.

[18] 龚光鲁. 概率论与数理统计[M]. 北京：清华大学出版社，2006.

[19] 叶俊，赵衡秀. 概率论与数理统计[M]. 北京：清华大学出版社，2005.

[20] 胡新启，徐宏毅. 概率统计习题与解析[M]. 北京：清华大学出版社，2004.

[21] 葛余博，刘坤林，谭泽光，等. 概率论与数理统计通用辅导讲义[M]. 北京：清华大学出版社，2006.

[22] 上海交通大学数学系. 概率论与数理统计习题与精解[M]. 上海：上海交通大学出版社，2004.

[23] 严士健，刘秀芳，徐承彝. 概率论与数理统计[M]. 北京：高等教育出版社，2011.

[24] 杨振明. 概率论[M]. 2版. 北京：科学出版社，2004.

[25] 林元烈，梁宗霞. 随机数学引论[M]. 北京：清华大学出版社，2003.

[26] 李裕奇，赵联文，刘海燕. 概率论与数理统计习题详解[M]. 2版. 成都：西南交通大学出版社，2005.

[27] 全国硕士研究生入学考试辅导用书编审委员会. 2010全国硕士研究生入学考试十年真题精解数学一[M]. 北京：北京大学出版社，2004.

[28] 全国硕士研究生入学考试辅导用书编审委员会. 2010全国硕士研究生入学考试十年真题精解数学三[M]. 北京：北京大学出版社，2004.

[29] 薛嘉庆. 历届考研数学真题解析大全理工类[M]. 2版. 沈阳：东北大学出版社，2004.

[30] 薛嘉庆. 历届考研数学真题解析大全经济类[M]. 2版. 沈阳：东北大学出版社，2004.